Beckers Welt der Zelle
kompakt

Beckers Welt der Zelle

kompakt

Jeff Hardin
Gregory Bertoni
Lewis J. Kleinsmith

Deutsche Bearbeitung von Wolf-Michael Weber

Bibliografische Information der Deutschen Nationalbibliothek

Die Deutsche Nationalbibliothek verzeichnet diese Publikation in der Deutschen Nationalbibliografie; detaillierte bibliografische Daten sind im Internet über *http://dnb.dnb.de* abrufbar.

10 9 8 7 6 5 4 3 2 1

20 19 18 17 16

ISBN 978-3-86894-224-8 (Buch)
ISBN 978-3-86326-749-0 (E-Book)

Übersetzung: Freya Thomm-Reitz, Regensburg
Deutsche Bearbeitung: Prof. Dr. Wolf-Michael Weber,
Institut für Tierphysiologie, Westfälische Wilhelms-Universität Münster
Programmleitung: Kathrin Mönch, kmoench@pearson.de
Lektorat: Elisabeth Prümm, epruemm@pearson.de
Korrektorat: Toni Schmid, Puchheim (Kapitel 1–14);
Isabella de la Rosée, Höhenkirchen-Siegertsbrunn (Kapitel 15–22)
Herstellung: Claudia Bäurle, cbaeurle@pearson.de
Satz: inpunkt[w]o, Haiger (www.inpunktwo.de)
Coverabbildung: www.shutterstock.com
Druck und Verarbeitung: Drukkerij Wilco BV, Amersfoort

Printed in the Netherlands

Inhaltsverzeichnis

Vorwort zur deutschen Kompaktausgabe

Diese Ausgabe von „Beckers Welt der Zelle" von Jeff Hardin, Gregory Bertoni und Lewis J. Kleinsmith stellt eine komprimierte Version der 8. Auflage der Gesamtausgabe (ISBN 978-3-8689-4222-4) dar. Der Titel des Buches geht zurück auf dessen geistigen Vater Wayne M. Becker, einen Biochemiker und begnadeten Pädagogen an der University of Wisconsin-Madison (USA), der sich für die Erstausgabe von 1986 verantwortlich zeichnete.

Das Buch richtet sich nicht nur an Studierende aller Studiengänge der Biologie und Medizin, sondern bietet allen Interessierten der Lebenswissenschaften eine hervorragende Informationsquelle. Zudem können aber auch Lehrende von „Beckers Welt der Zelle" und den darin enthaltenen neuen didaktischen Konzepten profitieren.

Das weite Gebiet der Zellbiologie mit seinen unzähligen Facetten hat in den letzten Jahrzehnten des 20. Jahrhunderts und in den ersten Jahren des noch jungen 21. Jahrhunderts einen enormen, geradezu gigantischen Wissenszuwachs erlebt. Neue Techniken haben unser zellbiologisches Wissen teilweise revolutioniert (es soll aber auch nicht verschwiegen werden, dass in Teilbereichen der zellulären Verschaltungen unser Wissen eher kläglich ist). Diesem Umstand trägt das Buch in gebührendem Maße Rechnung und integriert in der vorliegenden Form neueste, anerkannte Erkenntnisse aus der Forschung in das bestehende zellbiologische und zellphysiologische Wissen.

Ein Hauptanliegen des Buches ist es, dem Leser einen breiten Überblick über die vielen Teilbereiche der Zellbiologie zu geben. Dazu haben wir uns bemüht, das Gesamtbild des „großen Becker" zu erhalten. Sehr spezielle Teile haben wir bewusst vereinfacht, um auch Studierenden der Bachelorstudiengänge oder Studierenden mit Nebenfach Biologie einen umfassenden Überblick der Zellbiologie zu geben. Die Parallelität zum „großen Becker" haben wir dabei ganz bewusst so weit als möglich erhalten, um ein „Querlernen" zu ermöglichen.

Dieses Buch verfügt über eine Website mit zusätzlichen Materialien in digitaler Form. Dozenten finden unter *http://www.pearson-studium.de* alle Abbildungen und Tabellen aus dem Buch zum Download. Studierenden werden hier das Glossar und zahlreiche weiterführende Literaturhinweise zu den einzelnen Kapiteln angeboten.

Der Verlag und alle an diesem Buch beteiligten Bearbeiter freuen sich über jeden Verbesserungsvorschlag, Anregungen und Hinweise; aber auch Kritik nehmen wir gerne entgegen. Wir freuen uns über Ergänzungsvorschläge und natürlich auch über Lob für dieses Buch. Ich wünsche allen Lesern ebenso viel Spaß, wie ich ihn bei der Überarbeitung der vorliegenden Kompaktversion hatte und hoffe auf ein möglichst großes Feedback.

Münster, im Februar 2016
Wolf-Michael Weber

Die Chemie der Zelle

1

ÜBERBLICK

Die **Zelle** ist die Grundeinheit der Biologie. Jeder Organismus besteht entweder aus Zellen oder ist eine Zelle. Daher können wir die Fähigkeiten und Grenzen lebender Organismen nur dann erfassen, wenn wir die Struktur und Funktion von Zellen verstehen, ganz gleich ob es sich um Tiere, Pflanzen, Pilze oder Mikroorganismen handelt.

Wir leben in einer revolutionären Phase der Biologie, in der unser Verständnis vom Aufbau der Zelle und von all ihren komplizierten Funktionen, ohne die das Leben nicht möglich ist, gewaltige Fortschritte gemacht hat. Die dynamische Beschaffenheit der Zelle ist von besonderer Bedeutung, denn sie besitzt die Fähigkeit zu wachsen, sich zu reproduzieren und sich zu spezialisieren. Ferner ist sie dazu befähigt, auf Reize zu reagieren und sich an Veränderungen in ihrem Lebensraum anzupassen.

Das Gebiet der Zellbiologie befindet sich in einem Prozess der Veränderungen, denn Wissenschaftler aus einer Vielzahl verwandter Disziplinen arbeiten gemeinsam daran, ein tieferes Verständnis von der Funktionsweise der Zellen zu gewinnen. Die Fokussierung von Zytologie, Genetik und Biochemie hat dazu beigetragen, dass die moderne Zellbiologie zu einer der spannendsten und aufstrebendsten Disziplinen der Biologie wurde.

Studierende, die gerade mit dem Studium der Zellbiologie begonnen haben, sind manchmal überrascht, gelegentlich sogar verblüfft, dass man sich in allen Kursen und Textbüchern über Zellbiologie eingehend mit Chemie beschäftigt. Es ist tatsächlich so, dass die Biologie im Allgemeinen und die Zellbiologie im Besonderen sehr eng mit Chemie und Physik verknüpft sind. Schließlich sind alle Zellen und Organismen den Gesetzen des physikalischen Universums unterworfen, und im Grunde kann man die Biologie als das Studium der Chemie in lebenden Systemen betrachten. Ja auch alles, was Zellen ausmacht, hat eine molekulare und chemische Grundlage. Deshalb können wir die Zellstruktur und die Funktion der Zelle nur dann wirklich verstehen, wenn wir die Struktur mit molekularen Begriffen beschreiben und die Zellfunktionen mit den Begriffen der chemischen Reaktionen und Ereignisse ausdrücken.

Die wichtigsten Aspekte dieses Kapitels kann man in fünf Einheiten gruppieren:

1. *Die Bedeutung des Kohlenstoffs.* Die Chemie der Zellen ist im Grunde die Chemie der kohlenstoffhaltigen Verbindungen, denn das Kohlenstoffatom besitzt mehrere einzigartige Eigenschaften, durch die es sich als Rückgrat biologisch wichtiger Moleküle unentbehrlich macht.

2. *Die Bedeutung des Wassers.* Die Chemie der Zellen ist auch die Chemie der wasserlöslichen Verbindungen, denn das Wasser zeichnet sich gleichfalls durch mehrere einzigartige Eigenschaften aus, die es zum universellen Lösungsmittel aller lebendigen Systeme machen.

3. *Die Bedeutung der selektiven Permeabilität von Membranen.* Angesichts der Tatsache, dass die meisten biologisch wichtigen Moleküle in Wasser löslich sind, sind Membranen, die sich nicht in Wasser auflösen, von großer Bedeutung für die Definition zellulärer Räume und Kompartimente. Da Membranen für spezifische lösliche Substanzen von unterschiedlicher Durchlässigkeit sind, kontrollieren sie zugleich die Bewegungen von Molekülen und Ionen in die Zelle und in zelluläre Kompartimente hinein und aus ihnen heraus.

4. *Die Bedeutung der Synthese durch Polymerisation kleiner Moleküle.* Die meisten biologisch wichtigen Moleküle sind entweder kleine, wasserlösliche organische Moleküle, die durch Membranen hindurch transportiert werden können oder große Makromoleküle, die nicht zum Transport bestimmt sind. Biologische Makromoleküle sind Polymere, die durch Verbindung vieler ähnlicher oder identischer kleiner Moleküle entstehen, der sogenannten Monomere. Die Synthese von Makromolekülen durch Polymerisation von Monomeren ist ein grundlegendes Prinzip der Zellchemie.

5. *Die Bedeutung der Selbstorganisation.* Proteine und andere biologische Makromoleküle, die aus sich wiederholenden Monomeren bestehen, sind oftmals dazu befähigt, sich selbst zusammenzusetzen und so eine höhere strukturelle Organisationsstufe zu erreichen. Die Möglichkeit der Selbstorganisation liegt darin begründet, dass die Information, die erforderlich ist, um die räumliche Konfiguration eines Moleküls zu spezifizieren, der linearen Anordnung von Monomeren, die in Polymeren enthalten sind, innewohnt.

Die Beschäftigung mit diesen fünf Prinzipien wird uns helfen, ein Verständnis der wichtigsten Themen der Zellchemie zu erlangen, bevor wir uns weiter vorwagen und ergründen, was es eigentlich bedeutet, eine Zelle zu sein.

1.1 Die Bedeutung des Kohlenstoffs

Die Untersuchung der Zellmoleküle bedeutet im Grunde, die Beschäftigung mit kohlenstoffhaltigen Verbindungen. Fast ausnahmslos besitzen Moleküle, die für Zellbiologen von Interesse sind, ein Rückgrat oder Skelett aus Kohlenstoffatomen, die kovalent in Ringen oder Ketten miteinander verknüpft sind. Das Studium der kohlenstoffhaltigen Verbindungen ist die Domäne der **organischen Chemie**. Als diese Wissenschaft noch in den Kinderschuhen steckte, war die organische Chemie ein Synonym für biologische Chemie, denn die kohlenstoffhaltigen Verbindungen, denen sich die Wissenschaftler zuerst widmeten, hatten sie aus biologischen Quellen gewonnen (daher das Wort *organisch*, das auf den organischen Ursprung der Verbindungen verweist).

Die Begriffe *organische Chemie* und *biologische Chemie* gehen schon seit langem getrennte Wege, allerdings ist es den Chemikern mittlerweile gelungen, eine unglaublich große Anzahl kohlenstoffhaltiger Verbindungen zu synthetisieren, die nicht auf natürliche Weise in der biologischen Welt vorkommen. Die organische Chemie umfasst daher alle Klassen kohlenstoffhaltiger Verbindungen, während die **biologische Chemie** (kurz Biochemie), sich spezifisch mit der Chemie der lebenden Systeme beschäftigt. Sie ist, wie wir bereits gesehen haben, eines von mehreren historisch gewachsenen Fachgebieten und bildet einen unverzichtbaren Bestandteil der modernen Zellbiologie.

Das **Kohlenstoffatom** (C) ist das wichtigste Atom der biologischen Moleküle. Kohlenstoffhaltige Verbindungen verdanken ihre Vielfalt und Stabilität den spezifischen Bindungseigenschaften des Kohlenstoffatoms. Von besonderer Bedeutung sind die Wege, auf denen Kohlenstoffatome miteinander und mit den biologisch wichtigen Elementen in Wechselwirkung treten.

Eine außerordentlich wichtige Eigenschaft des Kohlenstoffatoms ist dessen **Valenz** von vier, wodurch es vier chemische Bindungen mit anderen Atomen eingehen kann. Dies bedeutet, dass dem äußersten Orbital eines Kohlenstoffatoms vier der acht Elektronen fehlen, die es benötigt, um es vollständig zu füllen und höchstmögliche Stabilität zu erlangen. Daher neigen Kohlenstoffatome dazu, miteinander oder mit anderen Atomen, denen Elektronen fehlen, zu assoziieren. Im assoziierten Zustand können benachbarte Atome ein gemeinsames Elektronenpaar haben, sodass jedes Atom insgesamt acht Elektronen besitzt. Jedes dieser Paare besitzt ein Elektron von einem der beteiligten Atome. Atome, die gemeinsame Elektronen haben, werden zusammengehalten und man bezeichnet sie als **kovalent gebunden**. *Da vier Elektronen benötigt werden, um das äußere Orbital des Kohlenstoffs zu füllen, gehen stabile organische Verbindungen mit jedem Kohlenstoffatom vier kovalente Bindungen ein.* Dies verleiht den kohlenstoffhaltigen Molekülen große Vielfalt im Hinblick auf ihre molekulare Struktur und Funktion.

Es ist sehr wahrscheinlich, dass Kohlenstoffatome miteinander und mit Sauerstoffatomen (O), Wasserstoffatomen (H), Stickstoffatomen (N) oder Schwefelatomen (S) kovalente Bindungen eingehen (Schwefel hat die gleiche Valenz wie Sauerstoff). Beachten Sie, dass in diesem Fall ein oder mehrere Elektronen benötigt werden, um das äußere Orbital zu vervollständigen. Die Anzahl der „fehlenden" Elektronen entspricht in jedem Fall der Valenz des Atoms, was wiederum auf die Anzahl der kovalenten Bindungen verweist, die das Atom eingehen kann. (Wasserstoff unterscheidet sich von den anderen dargestellten Elementen, denn sein äußerstes Elektronenorbital kann nur zwei Elektronen aufnehmen und besitzt daher eine Valenz von eins und knüpft nur eine kovalente Bindung.) Kohlenstoff, Sauerstoff, Wasserstoff und Stickstoff sind die leichtesten Elemente, die kovalente Bindungen eingehen, indem sie gemeinsame Elektronenpaare haben. Dank ihres geringen Atomgewichts sind die daraus entstehenden Verbindungen von besonderer Stabilität, denn die Stärke einer kovalenten Bindung verhält sich umgekehrt proportional zu den Atomgewichten, der an der Bindung beteiligten Elemente.

Wenn Atome ein Elektronenpaar gemeinsam haben, liegt eine **Einfachbindung** vor. Methan, Ethanol und Methylamin sind einfache Beispiele für kohlenstoffhaltige Verbindungen, die nur Einfachbindungen zwischen Atomen bilden. Manchmal können zwei Atome über zwei oder sogar drei Elektronenpaare gebunden sein, sodass **Doppelbindungen** oder **Dreifachbindungen** entstehen. Ethylen und Kohlendioxid sind Beispiele für Verbindungen, die aus Doppelbindungen bestehen. Beachten Sie bitte, dass jedes Kohlenstoffatom in diesen Verbindungen insgesamt vier kovalente Bindungen eingeht, entweder eine Doppelbindung und zwei Einfachbindungen oder zwei Doppelbindungen. Dreifachbindungen sind selten, kommen aber z. B. in molekularem Stickstoff und Wasserstoffcyanid vor. Somit verleihen sowohl die Valenz als auch das Atomgewicht dem Kohlenstoff einzigartige Eigenschaften, die der Grund für die Diversität und Stabilität der kohlenstoffhaltigen Verbindungen sind und die herausragende Rolle des Kohlenstoffs unter den biologischen Molekülen bedingen.

1.1.1 Kohlenstoffhaltige Moleküle sind stabil

Die Stabilität organischer Moleküle geht auf die vorteilhafte Elektronenkonfiguration eines jeden Kohlenstoffatoms im Molekül zurück. Diese Stabilität wird als *Bindungsenergie* bezeichnet – die Energie, die benötigt wird, um ein Mol (ungefähr 6×10^{23}) dieser Bindungen zu spalten. Der Begriff *Bindungsenergie* ist sehr häufig eine Quelle für Verwirrungen. Denken Sie stets daran, dass es sich nicht um Energie handelt, die irgendwie in der Bindung „gespeichert" ist, sondern dass es sich um die Energie handelt, die erforderlich ist, um die Bindung zu *spalten*. Die Bindungsenergie wird im Allgemeinen in *Kalorien pro Mol (cal/mol)* ausgedrückt, wobei eine Kalorie die Energiemenge ist, die man benötigt, um die Temperatur von einem Gramm Wasser um 1 °C zu erhöhen und eine *Kilokalorie (kcal)* entspricht 1.000 Kalorien. Seit 1948 ist die Einheit Kalorie an sich offiziell zugunsten des *Joule* (1 J = 4,1868 cal) abgeschafft, allerdings hat sich die neue Einheit bis heute nicht überall durchgesetzt und die Kilokalorie lebt weiter.

Man benötigt sehr viel Energie, um eine kovalente Bindung zu spalten. So besitzt beispielsweise die Kohlenstoff-Kohlenstoff-Bindung (C–C) eine Bindungsenergie von 83 Kilokalorien pro Mol (kcal/mol). Die Bindungsenergien für die Bindungen Kohlenstoff – Stickstoff (C–N), Kohlenstoff – Sauerstoff (C–O) und Kohlenstoff – Wasserstoff (C–H) liegen alle im gleichen Größenbereich: 70, 84 beziehungsweise 99 kcal/mol. Es bedarf sogar noch mehr Energie, um eine Kohlenstoff-Kohlenstoff-Doppelbindung (C=C; 146 kcal/mol) oder eine Kohlenstoff-Kohlenstoff-Dreifachbindung (C≡C; 212 kcal/mol) zu spalten, sodass diese Verbindungen sogar von noch größerer Stabilität sind.

Besonders deutlich wird die Eignung der Kohlenstoff-Kohlenstoff-Bindung für die biologische Chemie der Erde, wenn wir ihre Energie mit der Energie des Lichts vergleichen. Wie in ▸*Abbildung 1.1* dargestellt, liegt ein umgekehrtes Verhältnis zwischen der Wellenlänge der elektromagnetischen Strahlung und ihrem Energiegehalt vor. Aus dieser Darstellung wird ersichtlich, dass der sichtbare Teil des Sonnenlichts (Wellenlängen von 400–700 nm) weniger Energie besitzt als die Kohlenstoff-Kohlenstoff-Bindung. Wäre dem nicht so, dann würde sichtbares Licht kovalente Bindungen spontan brechen und es gäbe das Leben, so wie wir es kennen, nicht.

In der *Abbildung 1.1* wird noch ein weiterer wichtiger Punkt veranschaulicht: Die Gefahr, die von ultraviolettem Licht auf biologische Moleküle ausgeht, beruht auf seiner hohen Energie. Zum Beispiel hat ultraviolettes Licht bei einer Wellenlänge von 300 nm einen Energiegehalt von 95 kcal/Einstein (ein Einstein entspricht einem Mol Photonen). Dies genügt, um Kohlenstoff-Kohlenstoff-Bindungen spontan zu spalten. Diese Gefahr sorgt beständig für Probleme mit umweltschädlichen Stoffen, die die Ozonschicht in der höheren Atmosphäre zerstören, denn die Ozonschicht filtert einen Großteil der ultravioletten Strahlung aus, die sonst auf die Erdoberfläche gelangen würde und die kovalenten Bindungen spalten würde, die biologische Moleküle zusammenhalten.

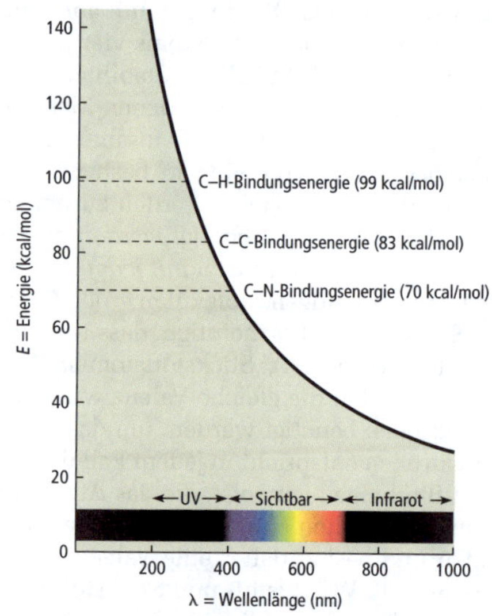

Abbildung 1.1: Die Beziehung zwischen der Energie (E) und der Wellenlänge (l) bei der elektromagnetischen Strahlung. Die gestrichelten Linien zeigen die Bindungsenergien der Einzelbindungen C–H, C–C und C–N; der Doppelbindung C=C und der Dreifachbindung C≡C. Im unteren Teil der Zeichnung ist das ungefähre Spektrum der Wellenlängen für ultraviolettes Licht (UV-Licht), sichtbares Licht und Infrarotstrahlung angegeben.

1.1.2 Kohlenstoffhaltige Moleküle sind vielfältig

Abgesehen von ihrer Stabilität zeichnen sich kohlenstoffhaltige Verbindungen durch eine große Vielfalt an Molekülen aus, die aus relativ wenigen verschiedenen Arten von Atomen gebildet werden können. Wieder geht diese Vielfalt auf die tetravalente Beschaffenheit des Kohlenstoffatoms zurück und die daraus resultierende Fähigkeit eines jeden Atoms, kovalente Bindungen mit vier anderen Atomen einzugehen. Da mit anderen Kohlenstoffatomen eine oder mehrere dieser Bindungen eingegangen werden können, ist es möglich, Moleküle zu bilden, die aus langen Kohlenstoffatomketten bestehen. Sehr häufig sind Ringverbindungen. Eine weitere Variante ergibt sich aus Verzweigungen und der Gegenwart von Doppelbindungen in den Kohlenstoff-Kohlenstoff-Ketten.

Wenn in linearen und runden Molekülen nur Wasserstoffatome an die Kohlenstoffatome gebunden sind, dann bezeichnet man die daraus entstehenden Verbindungen als Kohlenwasserstoffe (▸*Abbildung 1.2*). Kohlenwasserstoffe sind von großer wirtschaftlicher Bedeutung, denn Benzin und andere Erdölprodukte sind Mischungen kurzkettiger Kohlenwasserstoffe mit fünf bis zwölf Kohlenstoffatomen – beispielsweise Hexan (C_6H_{14}), Oktan (C_8H_{18}) und Dekan ($C_{10}H_{22}$). Das Erdgas, mit dem viele von uns heizen, ist eine Mischung aus Methan, Ethan, Propan und Butan, Kohlenwasserstoffen, die jeweils ein bis vier Kohlenstoffatome enthalten.

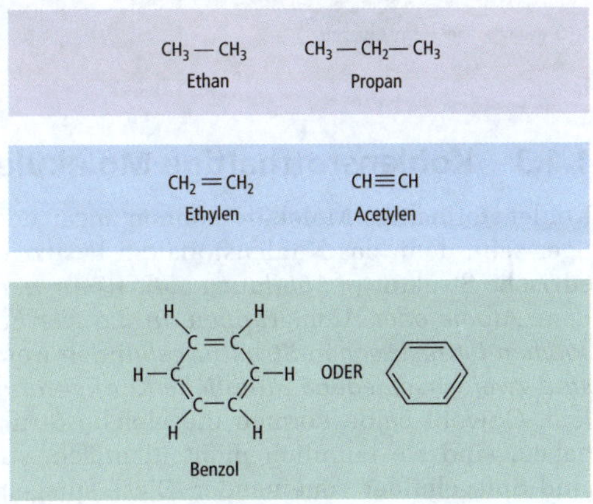

Abbildung 1.2: Einige einfache Kohlenwasserstoffe. Die Verbindungen in der oberen Reihe haben nur Einfachbindungen, während die in der zweiten Reihe Doppel- und Dreifachverbindungen besitzen. Die verdichtete Struktur von Benzol (rechts) ist ein Beispiel für die vereinfachten Darstellungen, die Chemiker oftmals für diese Art von Verbindungen verwenden.

In der Biologie spielen die Kohlenwasserstoffe allerdings nur eine begrenzte Rolle, weil sie grundsätzlich nicht in Wasser löslich sind, dem universellen Lösungsmittel in biologischen Systemen. Sie übernehmen jedoch eine bedeutende Rolle im Hinblick auf die Struktur biologischer Membranen. Das Innere einer jeden biologischen Membran ist eine nicht-flüssige Umgebung, die aus den langen „Kohlenwasserstoffschwänzen" der Phosopholipidmoleküle besteht, die von der Oberfläche in das Innere der Membran hineinragen. Dieses Merkmal der Membranen ist von großer Bedeutung für ihre Rolle als Permeabilitätsbarriereren, wie wir bald sehen werden.

Abgesehen von Kohlenstoff und Wasserstoff enthalten die meisten biologischen Verbindungen ein oder mehrere Atome Sauerstoff und oftmals auch Stickstoff, Phosphat oder Schwefel. Diese Atome sind im Allgemeinen Bestandteil verschiedener funktionaler Gruppen. Dies sind spezifische Anordnungen von Atomen, die den Molekülen, an die sie gebunden sind, charakteristische chemische Eigenschaften verleihen. In der ▸*Abbildung 1.3* haben wir einige der am häufigsten in biologischen Molekülen vorkommenden funktionalen Gruppen aufgeführt. Mehrere dieser Gruppen sind ionisiert oder protonisiert (d. h. sie haben ein Proton verloren oder dazugewonnen) im Bereich des nahezu neutralen pH-Werts der meisten Zellen, dazu gehören negativ geladene *Carboxyl-* und *Phosphat*gruppen und die positiv geladene *Amino*gruppe. Andere Gruppen wie *Hydroxyl-*, *Carbonyl-* und *Aldehyd*gruppen sind bei fast neutralen pH-Werten nicht geladen. Die Gegenwart von Sauerstoff- oder Schwefelatomen führt zu einer signifikanten Umverteilung von Elektronen innerhalb der Moleküle, woraus sich eine größere Wasserlöslichkeit und chemische Reaktionsfähigkeit ergibt.

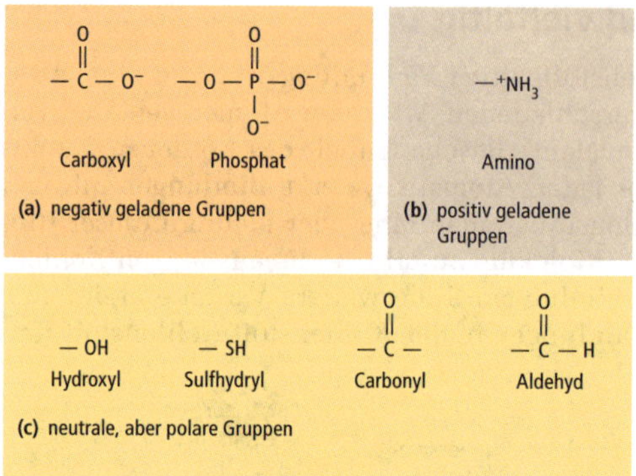

Abbildung 1.3: Einige häufig vorkommende funktionale Gruppen in biologischen Molekülen. Jede funktionale Gruppe ist in der Form dargestellt, die am häufigsten nahe dem neutralen pH-Wert der meisten Zellen vorkommt. (a) Carboxyl- und Phosphatgruppen sind ionisiert und daher negativ geladen. (b) Die Aminogruppe ist mit Protonen beladen und daher positiv geladen. (c) Hydroxyl-, Sulfhydryl-, Carbonyl- und Aldehydgruppen sind bei fast neutralem pH-Wert nicht geladen aber wesentlich polarer als Kohlenwasserstoffe, weshalb sie organischen Molekülen eine stärkere Polarität und folglich bessere Wasserlöslichkeit verleihen, wenn sie gebunden werden.

1.1.3 Kohlenstoffhaltige Moleküle können Stereoisomere bilden

Kohlenstoffhaltige Moleküle können sogar noch vielfältiger sein, denn das Kohlenstoffatom besitzt eine **tetraedrische** Struktur (▸*Abbildung 1.4*). *Wenn vier verschiedene Atome oder Atomgruppen an die vier Ecken einer solchen tetraedrischen Struktur gebunden werden, dann sind zwei verschiedene räumliche Konfigurationen möglich.* Obwohl beide Formen die gleiche Strukturformel haben, sind sie räumlich nicht identisch, sondern sie sind Spiegelbilder voneinander. Diese spiegelbildlichen Formen einer Verbindung bezeichnet man als **Stereoisomere**.

Man bezeichnet ein Kohlenstoffatom mit vier verschiedenen Substituenten (Atome oder Gruppen, mit denen eine Verbindung eingegangen wird) als **asymmetrisches Kohlenstoffatom**. Da für jedes asymmetrische Kohlenstoffatom zwei Stereoisomere möglich sind, kann eine Verbindung mit n asymmetrischen Kohlenstoffatomen 2^n mögliche Stereoisomere besitzen. Wie in der ▸*Abbildung 1.5a* dargestellt, hat die Aminosäure Alanin bei drei Kohlenstoffatomen ein einziges asymmetrisches Kohlenstoffatom (in der Mitte) und somit zwei Stereoisomere, das sogenannte L-Alanin und das D-Alanin. Keines der beiden anderen Kohlenstoffatome von Alanin ist ein asymmetrisches Kohlenstoffatom, weil das eine drei identische Substituenten hat und das andere zwei Bindungen mit einem einzigen Sauerstoffatom eingeht. Beide Stereoisomere von Alanin kommen in der Natur vor, jedoch nur L-Alanin als Baustein von Proteinen.

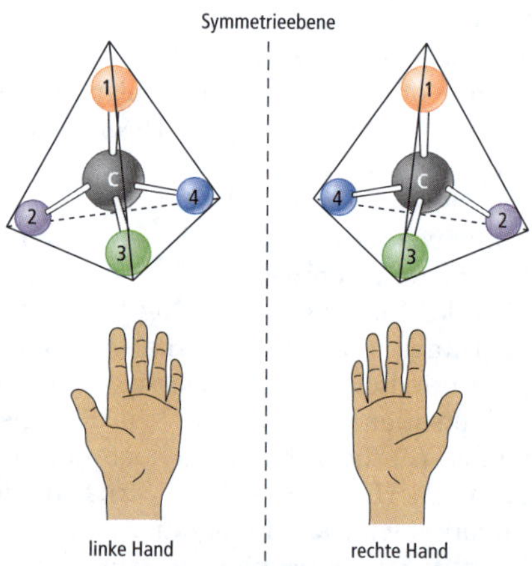

Abbildung 1.4: Stereoisomere. Stereoisomere sind organische Verbindungen, die auftreten, wenn vier verschiedene Gruppen an ein tetraedrisches Kohlenstoffatom gebunden werden. Stereoisomere sind, ebenso wie die linke und die rechte Hand, Spiegelbilder voneinander. (Die gestrichelte Linie in der Mitte der Abbildung symbolisiert die Symmetrieebene, die man sich als Spiegelfläche vorstellen muss).

Als Beispiel für eine Verbindung mit vielen asymmetrischen Kohlenstoffatomen betrachten wir den Zucker Glucose mit sechs Kohlenstoffatomen, der in der ▸*Abbildung 1.5b* dargestellt ist. Von den sechs Kohlenstoffatomen von Glucose sind die vier fettgedruckten asymmetrisch. (Können Sie sich vorstellen, warum die anderen beiden Kohlenstoffatome nicht asymmetrisch sind?) Mit vier asymmetrischen Kohlenstoffatomen ist die dargestellte Struktur D-Glucose nur eines von 2^4 oder 16 möglichen Stereoisomeren des $C_6H_{12}O_6$-Moleküls.

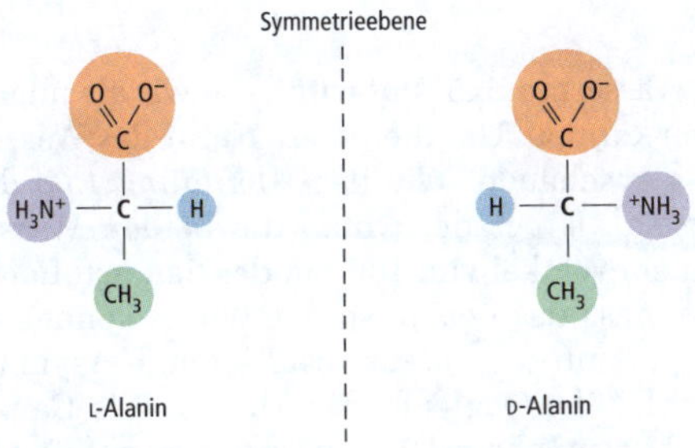

(a)

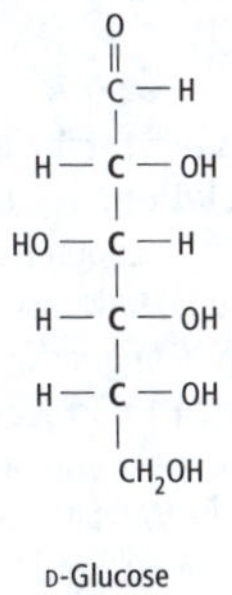

(b)

Abbildung 1.5: Stereoisomere biologischer Moleküle. (a) Die Aminosäure Alanin besitzt ein asymmetrisches Kohlenstoffatom (fettgedruckt) und kann daher in zwei räumlich unterschiedlichen Formen vorkommen, die man als L- und D-Alanin bezeichnet. (Die gestrichelte Linie in der Mitte der Abbildung symbolisiert die Spiegelfläche.) (b) Der Zucker Glucose mit sechs Kohlenstoffatomen hat vier asymmetrische Kohlenstoffatome (fettgedruckt), sodass D-Glucose nur eines von 16 (2^4) möglichen Stereoisomeren des Moleküls $C_6H_{12}O_6$ ist.

1.2 Die Bedeutung von Wasser

Ebenso wie Kohlenstoff als universelles Rückgrat biologisch wichtiger Moleküle von einzigartiger Bedeutung ist, so verlangt das Wassermolekül auf Grund seiner Unersetzlichkeit als universelles Lösungsmittel in biologischen Systemen unsere Aufmerksamkeit. Tatsächlich ist Wasser der am häufigsten vorkommende Baustein von Zellen und Organismen. Typischerweise sind 75–85 % der Zellmasse Wasser und viele Zellen sind von ihrer extrazellulären Umgebung, die grundsätzlich wässrig ist, abhängig. In einigen Fällen handelt es sich hierbei um ein Gewässer – entweder einen Ozean, einen See oder einen Fluss, wo die Zelle oder der Organismus lebt, und in anderen Fällen können es Körperflüssigkeiten sein, von denen die Zelle umspült wird. Wasser ist für das Leben, so wie wir es kennen, unerlässlich. Gewiss, es gibt Lebensformen, die in einen Ruhezustand verfallen können und längere Zeiträume trotz sehr großen Wassermangels überleben können. Pflanzensamen und Sporen von Bakterien und Pilzen gehören eindeutig zu dieser Kategorie. Der Feuchtigkeitsgehalt eines trockenen Samenkorns liegt häufig nur bei 10 %. Einige Pflanzen und Tiere – vor allem bestimmte Moose, Flechten, Nematoden und Rädertierchen – können sich auch physiologisch anpassen, sodass sie austrocknen und in stark dehydrierter Form überleben können; manchmal überleben sie überraschend lange Zeit. Diese Anpassungsvorgänge bieten in den Lebensräumen mit Dürreperioden eindeutig einen Überlebensvorteil. Jedoch handelt es sich bei all diesen Vorgängen bestenfalls um vorübergehende Überlebenstechniken. Zur Wiederaufnahme der normalen Aktivität ist eine Rehydrierung erforderlich.

Wenn wir verstehen möchten, warum Wasser sich auf so einzigartige Weise für die ihm zugedachte Rolle eignet, so müssen wir seine chemischen Eigenschaften betrachten. Das entscheidende Kriterium ist seine *Polarität*, denn auf dieses Merkmal gründen sich seine Bindungsfähigkeit, seine Fähigkeit, Temperatur zu stabilisieren und seine Eigenschaften als Lösungsmittel. All dies hat wichtige Konsequenzen für die Biochemie.

Obwohl das Wasser und seine Fähigkeiten von so elementarer Bedeutung für das gesamte Leben auf der Erde sind, ist es mehr als erstaunlich, dass wir viele der beobachteten Eigenschaften der Wassermoleküle noch gar nicht oder nur höchst unzulänglich erklären können. Dieses faszinierende Molekül hält sicherlich noch einige Überraschungen für uns parat!

1.2.1 Wassermoleküle sind polar

Die ungleiche Verteilung von Elektronen verleiht dem Wassermolekül **Polarität**, die wir als ungleiche Verteilung von Ladung in einem Molekül definieren können. Um die polare Natur des Wassers zu verstehen, müssen wir uns die Form des Moleküls anschauen. Wie in ▸*Abbildung 1.6a* dargestellt, ist die Form des Wassermoleküls eher gebogen als gerade, wobei die beiden Wasserstoffatome in einem Winkel von 104,5° und nicht in einem Winkel von 180° an das Sauerstoffatom gebunden sind. Es ist nicht übertrieben, zu behaupten, dass das Leben, so wie wir es kennen, in ganz entscheidendem Maß von diesem Winkel abhängt, denn die daraus resultierende Asymmetrie bedingt verschiedene Eigenschaften des Wassermoleküls. Obgleich das Molekül als Ganzes nicht geladen ist, sind die Elektronen ungleich verteilt. Das am oberen Pol liegende Sauerstoffatom ist **elektronegativ** – es zieht Elektronen an, was darin resultiert, dass dieses Ende des Wassermoleküls teilweise negativ geladen ist, während das andere Ende des Moleküls eine teilweise positive Ladung um die Wasserstoffatome behält.

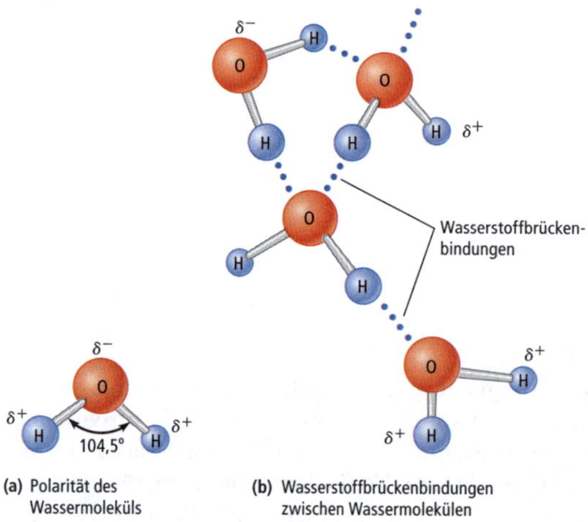

Abbildung 1.6: Wasserstoffbrückenbindungen zwischen Wassermolekülen. (a) Das Wassermolekül ist polar, weil eine ungleiche Ladungsverteilung vorliegt. Das Sauerstoffatom trägt eine teilweise negative Ladung (wird mit δ^- bezeichnet, von dem griechischen Buchstaben delta, der für „teilweise" steht) und jedes der beiden Wasserstoffatome besitzt eine teilweise positive Ladung (δ^+). (b) Die starke Assoziation der Wassermoleküle miteinander, sei es in flüssigem oder festem Zustand, beruht auf den Wasserstoffbrückenbindungen (gestrichelte Linien) zwischen dem elektronegativen Sauerstoffatom eines Wassermoleküls und den elektropositiven Wasserstoffatomen benachbarter Moleküle. Im Eis ist das entstehende Kristallgitter regelmäßig und vollständig. Jedes Sauerstoffatom ist über eine Wasserstoffbrückenbindung an die Wasserstoffatome zweier benachbarter Moleküle gebunden.

1.2.2 Wassermoleküle sind kohäsiv

Auf Grund ihrer Polarität ziehen sich Wassermoleküle an und neigen dazu, sich spontan so auszurichten, dass das elektronegative Sauerstoffatom des einen Moleküls mit dem elektropositiven Wasserstoffatom benachbarter Moleküle eine Bindung eingeht. Jede dieser Bindungen wird als Wasserstoffbrückenbindung bezeichnet und durch eine gepunktete (bzw. gestrichelte) Linie dargestellt, wie in ▸*Abbildung 1.6b*. Eine Wasserstoffbrückenbindung ist eine Form der nicht-kovalenten Wechselwirkung, die allerdings wesentlich schwächer ist als eine kovalente Bindung (ca. 1/10 der Stärke).

Jedes Sauerstoffatom kann zwei Wasserstoffatome binden und beide Wasserstoffatome können auf diese Weise mit den Sauerstoffatomen benachbarter Moleküle assoziieren. Daraus folgt, dass Wasser charakteristischerweise ein großes dreidimensionales Netzwerk von wasserstoffbrückengebundenen Molekülen hat. Obgleich eine einzelne Wasserstoffbrückenbindung schwach ist, kann die gemeinsame Wirkung großer Mengen ganz erheblich sein. In flüssigem Wasser werden die Wasserstoffbrückenbindungen zwischen benachbarten Molekülen ständig gespalten und wieder gebildet, wobei eine typische Bindung eine Halbwertszeit von wenigen Mikrosekunden hat. Im Durchschnitt ist jedes Wassermolekül im flüssigen Zustand zu jeder Zeit mit mindestens drei benachbarten Molekülen über eine Wasserstoffbrückenbindung verknüpft. Im Eis liegt eine noch stärkere Wasserstoffbrückenbindung vor, woraus eine starre, hexagonale Kristallstruktur resultiert, bei der jedes Sauerstoffatom über eine Wasserstoffbrückenbindung mit den Wasserstoffatomen von zwei benachbarten Molekülen verknüpft ist und jedes Wassermolekül daher mit vier benachbarten Molekülen über eine Wasserstoffbrückenbindung verknüpft ist.

Es liegt an diesem Bestreben, Wasserstoffbrückenbindungen zwischen benachbarten Molekülen zu bilden, dass Wasser derart stark *kohäsiv* ist. Die *Kohäsivität* ist für die hohe Oberflächenspannung des Wassers verantwortlich und auch für den hohen **Siedepunkt**, die hohe *spezifische Wärme* und die hohe *Verdampfungswärme*. Aufgrund der hohen Oberflächenspannung des Wassers können einige Insekten über die Oberfläche eines Teichs laufen, ohne die Oberfläche aufzureißen. Die Oberflächenspannung spielt auch eine wichtige Rolle für die Pflanzen, denn dadurch kann das Wasser sich durch die leitenden Gewebe der Pflanzen nach oben bewegen.

1.2.3 Wasser besitzt eine starke temperaturstabilisierende Fähigkeit

Eine wichtige Eigenschaft von Wasser, die unmittelbar auf der Wasserstoffbrückenbindung zwischen benachbarten Molekülen beruht, ist die hohe spezifische Wärme, die dem Wasser seine Fähigkeit verleiht, Temperatur zu stabilisieren. Die **spezifische Wärme** ist die Menge an Wärme, die eine Substanz pro Gramm absorbieren muss, um ihre Temperatur um 1 °C zu erhöhen. Die spezifische Wärme von Wasser beträgt 1,0 Kalorie pro Gramm.

Auf Grund der starken Wasserstoffbrückenbindung ist die spezifische Wärme von Wasser wesentlich höher als die der meisten anderen Flüssigkeiten. Bei diesen würde ein Großteil der Energie direkt in Bewegung der gelösten Moleküle umgesetzt werden und daher einen Temperaturanstieg bewirken. Stattdessen wird die Energie im Wasser genutzt, um Wasserstoffbrückenbindungen zwischen nebeneinander liegenden Molekülen zu brechen. Durch die Aufnahme von Wärme, die sonst einen schnelleren Temperaturanstieg des Wassers zur Folge hätte, puffern Wasserstoffbrückenbindungen wässrige Lösungen gegen große Temperaturveränderungen ab. Diese Fähigkeit ist für die Zellbiologie von großer Bedeutung, denn die Zellen setzen während metabolischer Reaktionen große Energiemengen in Form von Wärme frei. Gäbe es keine starke Wasserstoffbrückenbindung und die daraus resultierende hohe spezifische Wärme von Wassermolekülen, dann würde die Freisetzung von Energie die Zellen der Gefahr aussetzen, sich zu überhitzen und Leben, so wie wir es kennen, wäre nicht möglich.

Wasser hat außerdem eine hohe Verdampfungswärme, die man als die Energiemenge definiert, die benötigt wird, um ein Gramm einer Flüssigkeit in Gas umzuwandeln. Dieser Wert ist für Wasser hoch, denn die Wasserstoffbrückenbindungen müssen bei diesem Vorgang aufgebrochen werden. Dank dieser Eigenschaft ist Wasser ein hervorragendes Kühlungsmittel und man versteht, warum Menschen schwitzen, warum Hunde hecheln und warum Pflanzen durch Evaporation Wasser verlieren. In jedem Fall wird die zur Verdampfung benötigte Wärme aus dem Organismus herausgezogen, der daher durch diesen Vorgang gekühlt wird.

1.2.4 Wasser ist ein hervorragendes Lösungsmittel

Aus biologischer Sicht ist eine der wichtigsten Eigenschaften des Wassers seine hervorragende Eignung als Lösungsmittel für die Umsetzung von Stoffen. Ein **Lösungsmittel (Solvens)** ist eine Flüssigkeit, in der eine andere Substanz, der sogenannte **gelöste Stoff (Solut)**, gelöst werden kann. Wasser eignet sich für biologische Zwecke besonders gut als Lösungsmittel, denn es besitzt die bemerkenswerte Fähigkeit, eine große Anzahl löslicher Substanzen zu lösen.

Die hervorragende Eignung des Wassers als Lösungsmittel beruht auf der Polarität des Wassers. Die meisten Moleküle in Zellen sind auch polar (oder geladen) und gehen daher Wasserstoffbrückenbindungen (oder ionische Bindungen) mit Wassermolekülen ein. Gelöste Stoffe, die eine große Affinität für Wasser besitzen, sind daher in Wasser leicht löslich und werden als **hydrophil** („Wasser liebend") bezeichnet. Die meisten kleinen organischen Moleküle der Zellen sind hydrophil. Als Beispiel nennen wir Zucker, Salze, organische Säuren und einige Aminosäuren. Moleküle, die nicht in wasserlöslich sind, bezeichnet man als **hydrophob** („Wasser hassend"). Zu den wichtigsten hydrophoben Verbindungen in Zellen gehören die Lipide und die Proteine, die in biologischen Membranen vorkommen. Im Allgemeinen sind polare Moleküle und Ionen hydrophil und nicht-polare Moleküle hydrophob. Einige biologische Makromoleküle, vor allem Proteine, besitzen sowohl hydrophobe als auch hydrophile Regionen, sodass einige Teile des Moleküls eine Affinität für Wasser aufweisen, was auf andere Teile des Moleküls nicht zutrifft.

Um zu verstehen, warum polare Substanzen so leicht in Wasser löslich sind, betrachten wir zuerst ein Salz, beispielsweise Natriumchlorid (NaCl) (▸*Abbildung 1.7*). Da NaCl ein Salz ist, liegt es in kristalliner Form als Gitter positiv geladener *Natriumkationen* (Na^+) und negativ geladener *Chloridanionen* (Cl^-) vor. Damit NaCl sich in einer Flüssigkeit löst, müssen die Moleküle des Lösungsmittels die Anziehungskraft der entgegengesetzt geladenen Na^+-Kationen und Cl^--Anionen überwinden. Gibt man NaCl in Wasser, besteht keine Wechselwirkung mehr zwischen den Natrium- und den Chloridionen, stattdessen sind die Natrium- und die Chloridionen an elektrostatischen Wechselwirkungen mit den Wassermolekülen beteiligt und Na^+- und Cl^--Ionen werden getrennt und gelöst. Aufgrund ihrer Polarität können Wassermoleküle sowohl um Na^+ als auch um Cl^- Hydrathüllen bilden, wodurch die zwischen ihnen bestehende Anziehungskraft neutralisiert und die Wahrscheinlichkeit, dass sie sich wieder verbinden, verringert wird. Wie in ▸*Abbildung 1.7a* dargestellt, gehören zu der Hydrathülle um ein Kation wie Na^+ Wassermoleküle, die sich um das Ion gruppieren und ihre negativen (Sauerstoff-)Enden auf das Ion ausrichten. Bei einem Anion wie Cl^- ist die Ausrichtung der Wassermoleküle entgegengesetzt, sodass die positiven (Wasserstoff-)Enden der Lösungsmittel-Moleküle in Richtung des Ions zeigen.

Einige biologische Verbindungen sind in Wasser löslich, weil sie als Ionen nahe dem neutralen pH-Wert einer Zelle existieren und daher ebenso wie die Ionen in der *Abbildung 1.7* gelöst und hydratisiert werden. Verbindungen, die Carboxyl-, Phosphat- oder Aminogruppen enthalten, gehören zu dieser Kategorie (siehe *Abbildung 1.3*). Die meisten organischen Säuren sind zum Beispiel bei einem pH-Wert um 7 fast vollständig ionisiert und existieren daher als Anionen, die von Hydrathüllen in Lösung gehalten werden, wie wir es gerade im Fall des Chloridions in der ▸*Abbildung 1.7b* gesehen haben. Andererseits werden Amine im Allgemeinen beim pH-Wert der Zelle protoniert (mit Protonen beladen) und existieren als hydratisierte Kationen, wie das Natriumion in der *Abbildung 1.7a*.

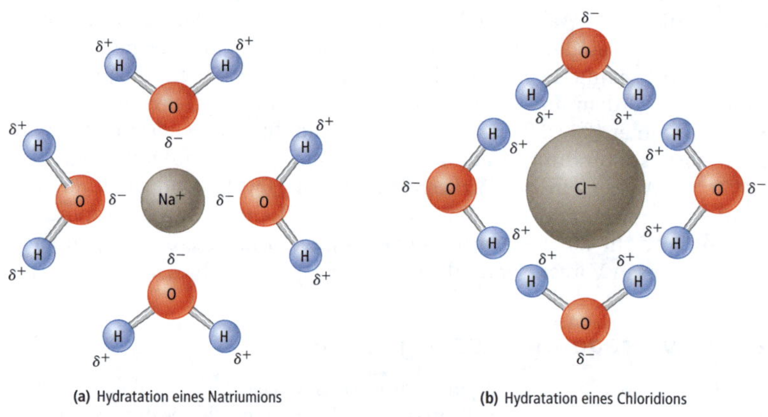

Abbildung 1.7: Die Löslichkeit von Natriumchlorid. Natriumchlorid (NaCl) ist in Wasser löslich, weil sich um (a) die Natriumionen und (b) die Chloridionen Hydrathüllen bilden. Das Sauerstoffatom, die Natriumionen und die Chloridionen sind maßstabsgerecht dargestellt.

Oftmals haben organische Moleküle keine Nettoladung – das heißt, dass sie Protonen weder abgegeben noch aufgenommen haben und daher als neutrale Moleküle existieren. Es gibt allerdings viele organische Moleküle, die trotzdem hydrophil sind, weil sie einige Regionen besitzen, die positiv geladen sind, und andere Regionen, die negativ geladen sind. Wassermoleküle bilden tendenziell Cluster um diese Regionen und die daraus resultierenden elektrostatischen Wechselwirkungen zwischen dem gelösten Stoff und den Wassermolekülen bewirken, dass sich die Moleküle des gelösten Stoffes nicht verbinden. Verbindungen, die Hydroxyl-, Sulfhydryl-, Carbonyl- und Aldehydgruppen enthalten, gehören zu dieser in *Abbildung 1.3* dargestellten Kategorie.

Hydrophobe Moleküle wie Kohlenwasserstoffe besitzen hingegen keine polaren Regionen und neigen nicht dazu, elektrostatisch mit Wassermolekülen zu interagieren. Tatsächlich spalten sie die auf Wasserstoffbrückenbindungen beruhende Struktur des Wassers und werden eher von den Wassermolekülen ausgeschlossen. Hydrophobe Moleküle neigen also dazu, sich in einem wässrigen Medium zu verbinden, wobei sie miteinander und nicht mit dem Wasser assoziieren. Die Triebkraft dieser Verbindung entspringt nicht einer spezifischen Affinität der hydrophoben Moleküle füreinander, sondern geht vielmehr auf die starke Tendenz der Wassermoleküle zurück, Wasserstoffbrückenbindungen zu bilden und Moleküle auszuschließen, die diese Bindungen spalten. Später werden wir uns in diesem Kapitel mit diesen Verbindungen hydrophober Moleküle (oder Teilen von Molekülen) beschäftigen und sehen, dass sie eine der wichtigsten Triebkräfte für die Faltung von Molekülen, den Zusammenbau zellulärer Strukturen und der Organisation der Membranen sind.

1.3 Die Bedeutung der selektiven Permeabilität von Membranen

Jede Zelle und jedes Organell benötigt eine physikalische Barriere, um ihren Inhalt zu bewahren und externes Material nicht hineinzulassen. Desweiteren benötigt eine Zelle ein Hilfsmittel, um den Austausch zwischen ihrer inneren Umgebung und der extrazellulären Umgebung zu kontrollieren. Idealerweise sollte eine solche Barriere für die meisten Moleküle und Ionen, die in den Zellen und ihren Umgebungen vorkommen, undurchlässig sein. Andernfalls könnten die Substanzen frei hinein und heraus diffundieren und die Zelle hätte keinen wirklich definierten Inhalt. Andererseits darf die Barriere nicht vollkommen undurchlässig sein, da in diesem Fall notwendige Austauschvorgänge zwischen der Zelle und ihrer Umgebung nicht ablaufen könnten. Die Barriere darf nicht wasserlöslich sein, sodass sie sich nicht im wässrigen Medium der Zelle löst. Zugleich muss sie gut wasserdurchlässig sein, denn Wasser ist das wichtigste Lösungssystem der Zelle und muss je nach Bedarf in die Zelle hinein oder aus der Zelle heraus fließen können.

Wie Sie gewiss erwartet haben, erfüllen die Membranen, die Zellen und Organellen umgeben, diese Anforderungen auf wunderbare Weise. Eine biologische **Membran** ist grundsätzlich eine hydrophobe Permeabilitätsbarriere, die aus *Phospholipiden*, *Glykolipiden* und *Membranproteinen* besteht. Mit Ausnahme der Bakterien enthält die Membran der meisten Organismen auch *Sterole* – im Fall der tierischen Zellen *Cholesterin*, bei Pilzen *Ergosterole* und bei pflanzlichen Zellen *Phytosterole*. (Machen Sie sich bitte keine Sorgen, wenn sie diese Moleküle noch nicht kennen; wir werden ihnen in *Kapitel 2* wieder begegnen).

Die meisten Membranlipide und -proteine sind nicht einfach hydrophob oder hydrophil. Typischerweise besitzen sie sowohl hydrophobe als auch hydrophile Regionen, weshalb man sie als **amphipathische Moleküle** (die griechische Vorsilbe *amphi* bedeutet „von beiden Arten") bezeichnet. Die amphipathische Natur der Membranphospholipide wird in der ▸ *Abbildung 1.8* dargestellt, die die Struktur von Phosphatidylethanolamin veranschaulicht, einem wichtigen Phospholipid vieler Membranen. Das unterscheidende Merkmal der amphipathischen Phospholipide ist, dass jedes Molekül aus einem polaren *Kopf* und zwei nicht-polaren Kohlenwasserstoff*schwänzen* besteht. Die Polarität des hydrophilen Kopfes beruht auf der Gegenwart einer negativ geladenen Phosphatgruppe, die oftmals mit einer positiv geladenen Gruppe – einer Aminogruppe im Fall von Phosphatidylethanolamin und den meisten anderen Phosphoglyceriden – verknüpft ist. In *Kapitel 2* werden wir mehr über die Phospholipide lernen.

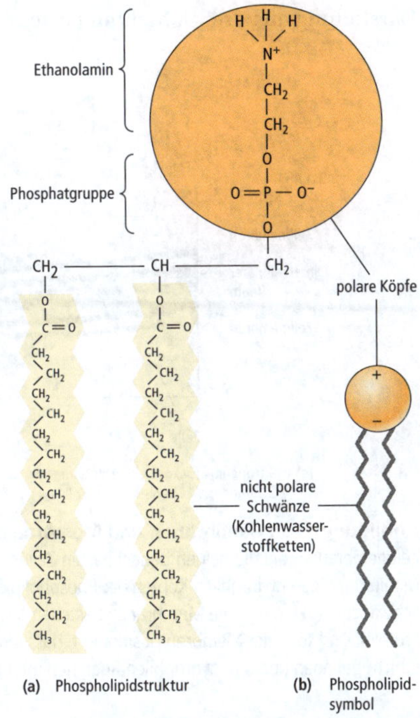

Abbildung 1.8: Die amphipathische Natur der Membranphospholipide. (a) Ein Phospholipidmolekül besteht aus zwei langen nicht-polaren Schwänzen (gelb) und einem polaren Kopf (orange). Hier ist Phosphatidylethanolamin dargestellt, ein Beispiel aus der Phosphoglyceridklasse der Membranphospholipide. Die Polarität des Kopfes eines Phospholipidmoleküls resultiert aus der negativ geladenen Phosphatgruppe, die an eine positiv geladene Gruppe – eine Aminogruppe im Fall von Phosphatidylethanolamin – geknüpft ist. (b) Ein Phospholipidmolekül wird oftmals schematisch dargestellt, wobei ein Kreis für den polaren Kopf steht (beachten Sie die Plus- und Minusladungen) und zwei Zickzacklinien für die nicht-polaren Kohlenwasserstoffketten.

1.3.1 Eine Membran ist eine Lipiddoppelschicht, in die Proteine eingebettet sind

Wenn man amphipathische Moleküle einer wässrigen Umgebung aussetzt, ereignen sich hydrophobe Wechselwirkungen. In einer Membran sind die Phospholipide zum Beispiel in zwei Schichten angeordnet: die polaren Köpfe zeigen nach außen – in Richtung der zu beiden Seiten wässrigen Umgebung – und ihre hydrophoben Schwänze sind durch Wechselwirkungen mit den Schwänzen anderer Moleküle, die in die entgegensetzte Richtung zeigen, vor dem Wasser geschützt. Daraus resultiert die Struktur der **Lipiddoppelschicht** (engl.: *lipid bilayer*), die in ▸*Abbildung 1.9* dargestellt ist. Die Köpfe beider Schichten sind nach außen gerichtet und die Kohlenwasserstoffschwänze erstrecken sich nach innen, woraus das stets hydrophobe Innere der Membran resultiert.

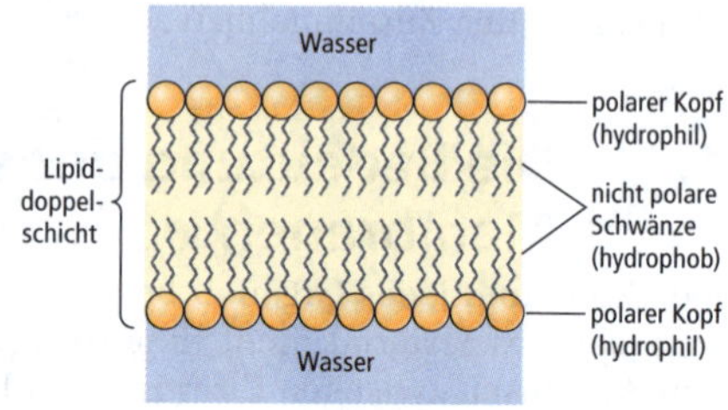

Abbildung 1.9: Die Lipiddoppelschicht als Grundlage der Membranstruktur. Aufgrund ihrer amphipathischen Natur richten sich die Phospholipide in einer wässrigen Umgebung in einer Doppelschicht aus, wobei die hydrophoben Schwänze (Zickzacklinien) nach innen gerichtet sind und die hydrophilen Köpfe (orange) mit der wässrigen Umgebung auf jeder Seite der Membran in Wechselwirkung stehen.

Jede uns bekannte biologische Membran hat eine solche Lipiddoppelschicht als Grundstruktur. Jede der einzelnen Lipidschichten (Layer) ist normalerweise 3–4 nm dick, sodass die Lipiddoppelschicht 7–8 nm dick ist. Diese Lipiddoppelschicht verleiht jeder Membran das typische Erscheinungsbild einer „Eisenbahnschiene", wenn man sie sich im Dünnschnitt unter dem Transmissionselektronenmikroskop anschaut (TEM, ▸*Abbildung 1.10a*). Das Osmium, das für die Präparation von Gewebe zur Untersuchung unter dem Elektronenmikroskop verwendet wird, reagiert mit den hydrophilen Köpfen der Phospholipidmoleküle auf beiden Membranoberflächen, aber nicht mit den hydrophoben Schwänzen im Inneren der Membran, sodass jede Membran in dieser Darstellung aus drei Schichten besteht.

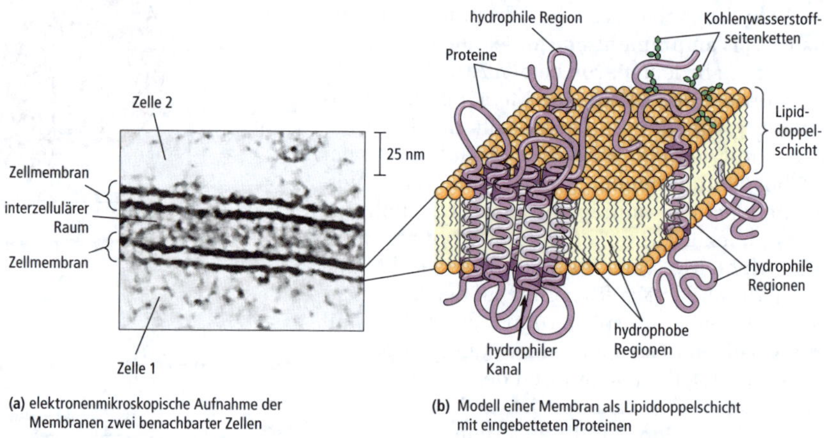

(a) elektronenmikroskopische Aufnahme der Membranen zwei benachbarter Zellen

(b) Modell einer Membran als Lipiddoppelschicht mit eingebetteten Proteinen

Abbildung 1.10: Membranen und Membranstruktur. (a) Unter dem Transmissionselektronenmikroskop (TEM) wird jede der Zellmembranen, die die beiden benachbarten Zellen umgeben, als Paar dunkler Bänder erkennbar, was auf die Wechselwirkung von Osmium mit den hydrophilen Köpfen der Phospholipidmoleküle zurückgeht, nicht aber auf Wechselwirkungen mit ihren hydrophoben Schwänzen. (b) Biologische Membranen bestehen aus amphipathischen Proteinen, die in eine Lipiddoppelschicht eingebettet sind. Die Proteine sind so in der Membran positioniert, dass ihre hydrophoben Regionen sich im hydrophoben Inneren der Phospholipiddoppelschicht befinden und ihre hydrophilen Regionen mit der wässrigen Umgebung auf jeder Seite der Membran in Kontakt kommen.

Die Struktur biologischer Membranen wird in der ▸*Abbildung 1.10b* veranschaulicht. Verschiedene Membranproteine sind in die Membranlipiddoppelschicht eingebettet oder mit ihr verknüpft. Diese

Proteine sind fast immer amphipathisch und entsprechend in der Lipiddoppelschicht ausgerichtet. Hydrophobe Regionen des Proteins assoziieren mit dem Inneren der Membran, während hydrophile Regionen in die wässrige Umgebung an beiden Membranoberflächen hineinreichen.

Je nach Membran können die Membranproteine verschiedene Rollen übernehmen. Einige sind *Transportproteine*, die für den Transport spezifischer Substanzen durch die sonst undurchlässige Membran verantwortlich sind. Andere sind *Enzyme*, die Reaktionen katalysieren, die mit der jeweiligen Membran assoziiert sind. Wieder andere sind die *Rezeptoren* auf der äußeren Oberfläche der Zellmembran, wie die Proteine für die Elektronentransportzwischenprodukte der mitochondrialen Membran oder die chlorophyllbindenden Proteine der Chloroplasten. Ab *Kapitel 4* sowie in den darauf folgenden Kapiteln werden wir diesen Membranproteinen wieder begegnen.

1.3.2 Membranen sind selektiv permeabel

Aufgrund des hydrophoben Inneren können nicht-polare Moleküle eine Membran gut durchqueren. Allerdings ist die Membran für die meisten polaren Moleküle undurchlässig und für alle Ionen undurchlässig. Da die meisten Zellbestandteile entweder polar oder geladen sind, besitzen sie nur eine geringe oder gar keine Affinität für das Innere der Membran und sie sind wirkungsvoll daran gehindert, in die Zelle einzudringen oder aus ihr herauszukommen. Sehr kleine Moleküle bilden jedoch eine Ausnahme. Verbindungen, deren Molekulargewicht unter ungefähr 100 Dalton (Da) liegt, diffundieren durch Membranen unabhängig davon, ob sie nicht-polar (O_2 und CO_2) oder polar (Ethanol und Harnstoff) sind. Wasser stellt ein besonders wichtiges Beispiel eines sehr kleinen Moleküls dar, das schnell durch die meisten Membranen diffundieren kann und in Zellen eindringt oder diese verlässt.

Im Gegensatz dazu werden noch die kleinsten Ionen wirksam vom hydrophoben Inneren der Membran ferngehalten. Zum Beispiel ist eine Lipiddoppelschicht mindesten 108 Mal weniger durchlässig für kleine Kationen wie Na^+ oder K^+ als für Wasser. Dieser erstaunliche Unterschied beruht sowohl auf der Ladung eines Ions als auch auf der Hydrathülle, die das Ion umgibt.

Selbstverständlich ist von grundlegender Bedeutung, dass Zellen über Wege verfügen, ihre Ionen wie Na^+ oder K^+ sowie eine Vielzahl polarer Moleküle durch die Membranen zu schleusen, die sonst für diese Substanzen undurchlässig sind. Wie wir bereits anmerkten, sind Membranen mit Transportproteinen ausgestattet, die diese Funktion erfüllen. Ein Transportprotein ist ein spezialisiertes Transmembranprotein, das entweder als *hydrophiler Kanal* durch eine ansonsten hydrophobe Membran dient oder als *Carrier („Träger")*, an den ein spezifischer, gelöster Stoff auf einer Seite der Membran bindet und der dann eine Konformationsänderung durchläuft, um den gebundenen Stoff durch die Membran zu transportieren.

Ganz gleich, ob das Transportprotein die Aufgabe eines Kanals oder eines Carriers erfüllt, jedes Transportprotein ist für ein bestimmtes Molekül oder Ion spezifisch (oder in einigen Fällen für eine Klasse entfernt verwandter Moleküle oder Ionen). Desweiteren können die Aktivitäten dieser Proteine fein reguliert werden, um den Bedürfnissen der Zelle zu entsprechen. Daraus folgt, dass man biologische Membranen am besten als *selektiv permeabel* beschreiben kann. Mit Ausnahme sehr kleiner und nicht-polarer Moleküle können sich Moleküle und Ionen nur dann durch eine bestimmte Membran bewegen, wenn die Membran ein geeignetes Transportprotein besitzt.

1.4 Die Bedeutung der Synthese durch Polymerisation

Zum größten Teil bestehen zelluläre Strukturen wie Ribosomen, Chromosomen, Membranen, Geißeln und Zellwände aus geordneten Reihen linearer *Polymere*, den sogenannten Makromolekülen. Zu den wichtigen Makromolekülen in Zellen gehören Proteine, Nucleinsäuren (sowohl DNA als auch RNA) und *Polysaccharide*, beispielsweise Stärke, Glykogen und Cellulose. Auch *Lipide* gelten manchmal als Makromoleküle. Allerdings unterscheiden sie sich ein wenig von den anderen Klassen der Makromoleküle in der Art, wie sie synthetisiert werden. Makromoleküle sind im Hinblick auf Struktur und Funktion von Zellen von großer Bedeutung. Die biochemischen Grundlagen der Zellbiologie zu verstehen, bedeutet daher, ein Verständnis von den Makromolekülen zu erlangen – wie sie gebildet werden, wie sie zusammengesetzt werden und wie sie funktionieren.

1.4.1 Makromoleküle sind für Form und Funktion lebender Systeme von maßgeblicher Bedeutung

Die Bedeutung der Makromoleküle in der Zellbiologie wird durch die Zellhierarchie unterstrichen. Wir verwenden den Begriff *Hierarchie*, um darauf hinzuweisen, wie biologische Moleküle und Strukturen in Niveaustufen organisiert sein können, wobei jedes Niveau auf dem vorhergehenden aufbaut. Die meisten zellulären Strukturen bestehen aus kleinen, wasserlöslichen *organischen Molekülen* (Niveau 1), die Zellen entweder von anderen Zellen erhalten oder aus einfachen, nicht-biologischen Molekülen wie Kohlendioxid, Ammoniak oder Phosphationen synthetisieren, die in ihrer Umgebung vorliegen. Kleine organische Moleküle polymerisieren und bilden *biologische Makromoleküle* (Niveau 2), beispielsweise Polysaccharide, Proteine oder Nucleinsäuren. Diese Makromoleküle können allein ihre Aufgabe erfüllen oder werden zu einer Vielzahl von *supramolekularen Strukturen* (Niveau 3) zusammengesetzt. Diese supramolekularen Strukturen sind Bestandteile von Organellen und anderen *subzellulären Strukturen* (Niveau 4), aus denen schließlich die *Zelle* selbst besteht (Niveau 5).

Beispiele für die sich wiederholenden Einheiten oder **Monomere** sind die *Glucose*, die in der Cellulose und der Stärke vorkommt, die *Aminosäuren*, die zur Proteinbildung benötigt werden, und die *Nucleotide*, aus denen die Nucleinsäuren bestehen. Im Allgemeinen sind dies kleine, wasserlösliche, organische Moleküle, deren Molekulargewicht weniger als circa 350 Dalton beträgt. Sie können nicht durch biologische Membranen diffundieren, es sei denn, die geeigneten Transportproteine liegen vor. Im Gegensatz dazu sind die meisten Makromoleküle, die aus diesen Monomeren synthetisiert werden, zu groß, um die Membranen zu durchqueren. Sie müssen daher in der Zelle oder in einem Zellkompartiment, in dem sie benötigt werden, gebildet werden.

Aus diesen Beispielen ergibt sich ein allgemeines Prinzip: *Die Makromoleküle, die maßgeblich für die charakteristische Form und Ordnung lebender Systeme verantwortlich sind, entstehen durch Polymerisation kleiner organischer Moleküle.*

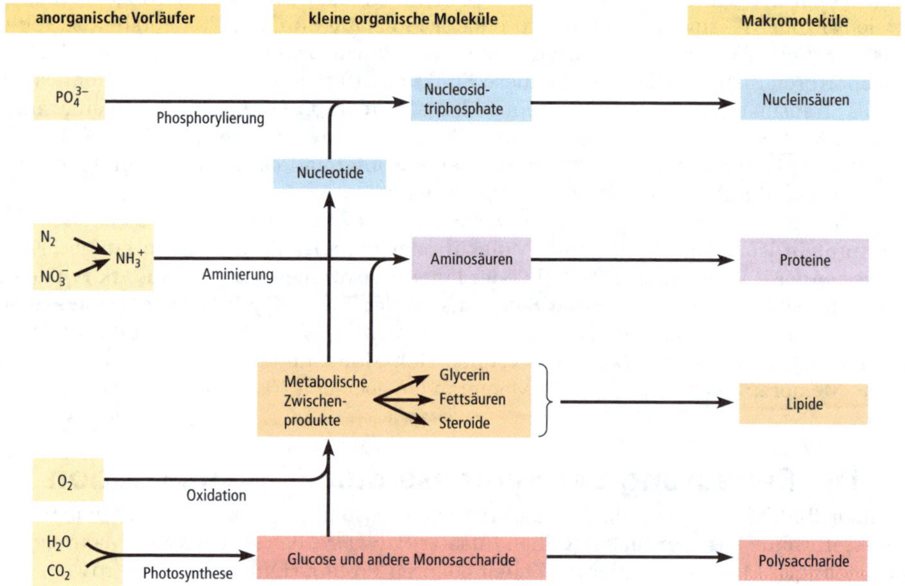

Abbildung 1.11: Die Synthese biologischer Makromoleküle. Einfache anorganische Vorläufer (links) reagieren und bilden kleine organische Moleküle (Mitte), die als Monomere zur Synthese von Makromolekülen (rechts) dienen, aus denen die meisten zellulären Strukturen bestehen.

1.4.2 Zellen enthalten verschiedene Arten von Makromolekülen

Die drei wichtigsten Arten der makromolekularen Polymere der Zellen sind Proteine, Nucleinsäuren und Polysaccharide. Bei den Nucleinsäuren und Proteinen ist die exakte Anordnung der verschiedenen Monomere von entscheidender Bedeutung für die Funktion. Sowohl bei den Nucleinsäuren als auch bei den Proteinen gibt es fast unbegrenzte Variationsmöglichkeiten im Hinblick auf die lineare Anordnung der verschiedenen Monomere. Somit gibt es Millionen unterschiedlicher DNA-, RNA- und Proteinsequenzen. Im Gegensatz dazu bestehen die Polysaccharide typischerweise aus einem einzigen Monomer oder zwei verschiedenen Monomeren. Diese Monomere treten in einem Wiederholungsmuster auf, daher gibt es eine relativ geringe Anzahl unterschiedlicher Typen von Polysacchariden.

Nucleinsäuren (sowohl DNA als auch RNA) bezeichnet man als **informationstragende Makromoleküle**, denn die Anordnung der vier Arten von Nucleotidmonomeren in jeder Nucleinsäure unterliegt nicht dem Zufall und trägt wichtige Information. Der Begriff „informationstragend" bedeutet, dass eine bestimmte Nucleinsäuresequenz in einem spezifischen DNA- oder RNA-Molekül eine kodierende Funktion erfüllt, denn sie enthält die Information, die notwendig ist, um die Aminosäuresequenz des entsprechenden Proteins zu spezifizieren. Auf diese Weise wird in der spezifischen Anordnung der Monomeruntereinheiten in Nucleinsäuren die genetische Information der Zelle gespeichert und übertragen.

Proteine sind ein zweiter Typ der Makromoleküle, die aus einer nicht-zufälligen Reihe von Monomeren – in diesem Fall Aminosäuren – zusammengesetzt sind. Im Gegensatz zu den Nucleinsäuren überträgt die Monomersequenz keine Information, sondern bestimmt vielmehr die dreidimensionale Struktur des Proteins, die – wie wir bald sehen werden – die biologische Aktivität vorschreibt. Da in den Proteinen 20 verschiedene Aminosäuren vorkommen, gibt es eine nahezu unendliche Menge möglicher Aminosäuresequenzen. Die unterschiedlichen Proteine erfüllen eine Vielzahl von Funktionen im Hinblick auf Struktur, Verteidigung, Transport, Katalyse und Signalwirkung. Da die präzise Sequenz von Aminosäuren in einem Protein von so großer Bedeutung ist, wirken sich störende Variationen in der Sequenz oftmals negativ auf die Fähigkeit des Proteins aus, seine Funktion korrekt zu erfüllen.

Polysaccharide wiederum bestehen typischerweise entweder aus einer einzigen, sich wiederholenden Untereinheit oder aus zwei, sich abwechselnden Untereinheiten. Die Anordnung von Monomeren in einem Polysaccharid trägt daher keine Information und ist nicht unabdingbar für die Funktion des Polymers. Die meisten Polysaccharide sind entweder **Speichermakromoleküle** oder **Strukturmakromoleküle**. Die bekanntesten Polysaccharide mit Speicherfunktion sind die *Stärke* der Pflanzenzellen und das *Glykogen*, das in Bakterien und tierischen Zellen enthalten ist. Wie in ▸*Abbildung 1.12a* dargestellt, bestehen diese beiden Speicherpolysaccharide aus einem sich wiederholenden Monomer – dem einfachen Zucker Glucose – und sie dienen beide der Energiespeicherung.

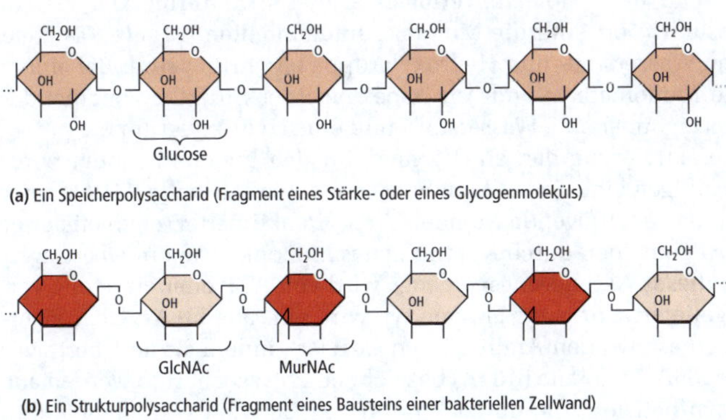

Abbildung 1.12: Speicher- und Strukturmakromoleküle. Speicher- und Strukturmakromoleküle enthalten eine oder einige sich wiederholende Einheiten in einer repetitiven Sequenz. (a) Teil der Sequenz in einem linearen Segment der Speicherpolysaccharide Stärke oder Glykogen, die aus Glucoseeinheiten bestehen, die durch glykosidische Bindungen verbunden sind. (b) Teil der Sequenz eines Polysaccharids einer bakteriellen Zellwand, die aus den Zuckerderivaten *N*-Acetylglucosamin (GlcNAc) und *N*-Acetylmuraminsäure (MurNAc) besteht, die sich stets abwechseln.

Das bekannteste Beispiel eines Strukturpolysaccharids ist die *Cellulose*, die in den Zellwänden der Pflanzen und den holzigen Geweben enthalten ist. Ebenso wie Stärke und Glykogen besteht Cellulose einzig aus Glucoseeinheiten; aber in der Cellulose sind die Einheiten durch eine etwas andere Bindung verknüpft. Ein weiteres Beispiel für ein Strukturpolysaccharid, das aus einem einzigen Monosaccharid besteht, ist *Chitin*, das in den Exoskeletten der Insekten, in den Zellwänden der Pilze und den Schalen der Schalentiere enthalten ist. Chitin besteht nur aus *N*-Acetylglucosamin-Untereinheiten (GlcNAc). Die Zellwände der meisten Bakterien enthalten eine komplizierte Form eines Strukturpolysaccharids, das aus zwei Arten von Monomeren besteht – GlcNAc und *N*-Acetylmuraminsäure (MurNAc), die in einer sich stets abwechselnden Sequenz angeordnet sind (▸*Abbildung 1.12b*).

1.4.3 Makromoleküle werden schrittweise durch Polymerisation von Monomeren synthetisiert

Obwohl die Chemie der monomeren Untereinheiten und somit die daraus entstehenden Polymere sich erheblich bei den jeweiligen Makromolekülen unterscheiden, treffen die nachfolgend aufgeführten Prinzipien immer zu:

1. Makromoleküle werden immer durch die schrittweise Polymerisation ähnlicher oder identischer kleiner Moleküle, der sogenannten *Monomere*, gebildet.

2. Das Anfügen eines jeden Monomers erfolgt durch Abspaltung eines Wassermoleküls und wird daher als **Kondensationsreaktion** bezeichnet.

3. Die Monomereinheiten, die zusammengefügt werden, müssen vor der Kondensierung als **aktivierte Monomere** vorliegen.

4. Die Aktivierung erfolgt im Allgemeinen durch Kopplung des Monomers an ein **Überträgermolekül**, das ein aktiviertes Monomer bildet.

5. Die Energie, die benötigt wird, um das Monomer an das Überträgermolekül zu koppeln, wird von einem Molekül mit der Bezeichnung *Adenosintriphosphat (ATP)* oder einer verwandten, stark Energie geladenen Verbindung zur Verfügung gestellt.

6. Bedingt durch die Art und Weise, wie Makromoleküle gebildet werden, besitzen sie eine ihnen innewohnende **Direktionalität**. Das bedeutet, dass sich die beiden Enden der Polymerkette chemisch voneinander unterscheiden.

Da die Abspaltung eines Wassermoleküls für alle biologischen Polymerisationsreaktionen von grundlegender Bedeutung ist, muss jedes Monomer sowohl über ein Wasserstoffatom (–H) als auch über eine Hydroxylgruppe (–OH) irgendwo in dem Molekül verfügen. Dieses Strukturmerkmal ist in ▸*Abbildung 1.13a* schematisch dargestellt. Dort sind die Monomeruntereinheiten (M) als Kästchen dargestellt, die mit der entsprechenden Wasserstoff- und Hydroxylgruppe beschriftet sind. Bei einem bestimmten Polymer können sich die Monomere in anderen Aspekten ihrer Struktur voneinander unterscheiden; aber jedes Monomer verfügt über eine Wasserstoff- und eine Hydroxylgruppe.

Abbildung 1.13a stellt die Monomeraktivierung dar, ein Vorgang, für den Energie benötigt wird. Unabhängig vom Polymertyp ist das Anfügen eines jeden Monomers an eine wachsende Kette immer energetisch unvorteilhaft, es sei denn, das anzufügende Monomer liegt in aktivierter, energetisierter Form vor. Die Aktivierung erfolgt im Allgemeinen durch Kopplung des Monomers an ein Überträgermolekül (C). Die Energie zum Antrieb dieses Aktivierungsvorgangs wird von ATP oder einer eng verwandten, energiereichen Verbindung geliefert. Für jeden Polymertyp wird eine andere Art Überträgermolekül verwendet. Bei der Proteinsynthese werden Aminosäuren aktiviert, indem sie an Überträger geknüpft werden, die man als Transfer-RNA-Moleküle (tRNA) bezeichnet. Polysaccharide werden aus Zuckermolekülen (oftmals Glucose) synthetisiert, die durch Bindung an Derivate von Nucleotiden (Adenosintriphosphat für Stärke, Uridindiphosphat für Glykogen) aktiviert werden. Bei der Nucleinsäuresynthese werden keine spezifischen Überträgermoleküle benötigt, denn die Nucleotide selbst (zum Beispiel ATP oder GTP) sind sehr energiereiche Moleküle.

Nach ihrer Aktivierung können die Monomere miteinander in einer Kondensierungsreaktion reagieren, die mit der Freisetzung des Überträgermoleküls aus einem der beiden Monomere einhergeht oder an die sich die Freisetzung des Überträgermoleküls anschließt (▸ *Abbildung 1.13b*). Die nachfolgende Verlängerung des Polymers ist ein sequenzieller, schrittweise ablaufender Vorgang. Es wird jeweils ein aktivierte Monomereinheit nach der anderen angefügt, wodurch das Polymer jeweils um eine Einheit verlängert wird. In der ▸ *Abbildung 1.13c* wird der *n*. Schritt eines solchen Vorgangs dargestellt, wenn die nächste Polymereinheit an ein sich verlängerndes Polymer angefügt wird, das bereits *n* Monomereinheiten enthält. Die chemische Beschaffenheit der energetisierten Monomere, des Überträgers und des tatsächlichen Aktivierungsvorgangs sind bei jedem biologischen Polymer anders, aber das allgemeine Prinzip ist immer das gleiche: An der Polymersynthese wirken immer aktivierte Monomere mit, die über Kondensationsreaktionen verbunden werden und ATP oder eine ähnliche, sehr energiereiche Verbindung wird benötigt, um die Monomere zu aktivieren, indem sie an das geeignete Überträgermolekül gekoppelt werden.

Der Abbau dieser Makromoleküle erfolgt auf einem den Kondensationsreaktionen der Synthese entgegengesetzten Weg. Während des Abbaus werden durch Hydrolyse – Anfügen eines Wassermoleküls, das die Bindung zwischen benachbarten Monomeren spaltet – Monomere aus dem Polymer entfernt. Bei diesem Vorgang erhält ein Monomer von dem Wassermolekül eine Hydroxylgruppe und das andere erhält ein Wasserstoffatom, sodass die ursprünglichen Monomere wieder hergestellt werden.

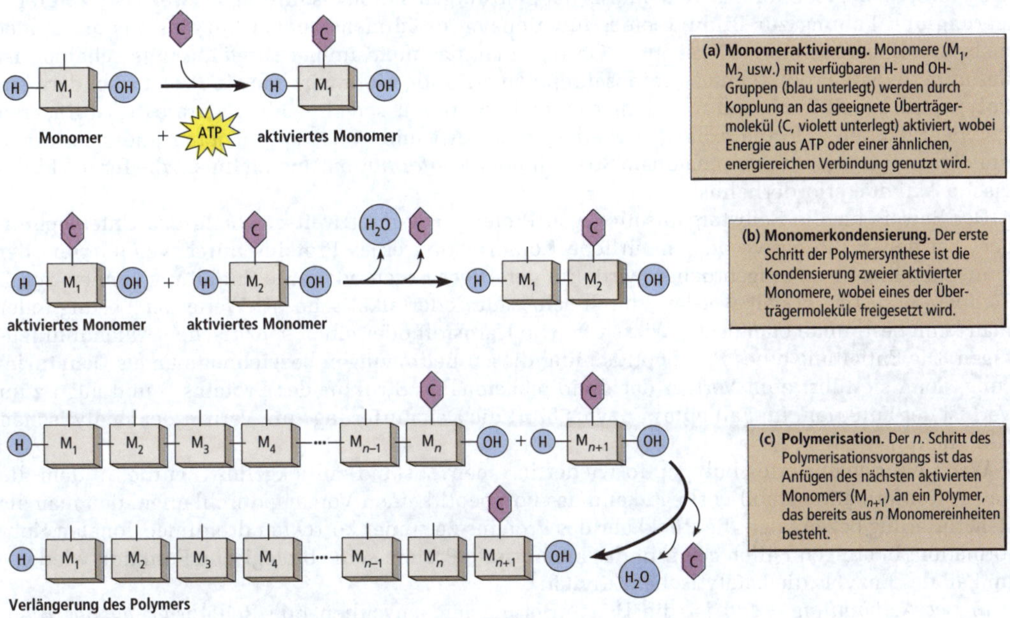

Abbildung 1.13: Die Biosynthese der Makromoleküle. Biologische Makromoleküle werden in einem Prozess synthetisiert, an dem (a) Monomeraktivierung, (b) Kondensierung und (c) Polymerisation mitwirken. Je nach Polymer können die Monomere identisch sein (einige Polysaccharide) oder sich voneinander unterscheiden (Proteine und Nucleinsäuren).

1.5 Die Bedeutung der Selbstorganisation

Bisher haben wir erfahren, dass die Makromoleküle, die die biologische Organisation und Funktion charakterisieren, Polymere aus kleinen, hydrophilen, organischen Molekülen sind. Die einzigen Anforderungen, die an die Polymerisation gestellt werden, sind eine angemessene Versorgung mit Monomeruntereinheiten und eine Energiequelle – sowie, im Fall der Proteine und der Nucleinsäuren, genügend Information, um die Reihenfolge der Monomere zu spezifizieren. Wir müssen uns aber noch mit den Schritten beschäftigen, die jenseits dieser Anforderungen liegen – den Vorgängen, mittels derer diese Makromoleküle zu supramolekularen Strukturen und Organellen zusammengesetzt werden, die leicht als zelluläre Strukturen zu erkennen sind.

Von entscheidender Bedeutung für unser Verständnis dieser Strukturen höherer Ordnung ist das Prinzip der **Selbstorganisation**, demzufolge *die Information, die benötigt wird, um die Faltung von Makromolekülen und ihre Wechselwirkungen zu spezifizieren, damit diese kompliziertere Strukturen mit spezifischen biologischen Funktionen bilden, den Polymeren innewohnt.* Dieses Prinzip besagt, dass nach der Synthetisierung von Makromolekülen in der Zelle der Zusammenbau zu komplexeren Strukturen spontan abläuft, ohne weitere Zugabe von Energie oder Information. Bald werden wir sehen, dass dieses Prinzip in gewisser Weise an Qualität gewonnen hat, denn man hat erkannt, dass Proteine, die sogenannten *molekularen Chaperone* (engl.: Begleiter, Anstandsdame), in einigen Fällen für die Proteinfaltung gebraucht werden, um falsche molekulare Wechselwirkungen zu verhindern, aus denen inaktive Strukturen hervorgehen würden. Sogar in solchen Fällen liefern die Chaperonmoleküle aber keine weitere Information. Sie unterstützen lediglich den Vorgang des Zusammensetzens, indem sie Wechselwirkungen hemmen, die zur Bildung falscher Strukturen führen könnten.

1.5.1 Viele Proteine setzen sich selbst zusammen

Ein Prototyp, der sich für das Verständnis der Selbstorganisation als hilfreich erweist, sind Spiralisierung und Faltung zur Bildung eines funktionalen dreidimensionalen Proteins aus einer oder mehreren linearen Aminosäureketten. Obwohl man das nicht immer sorgfältig unterscheidet, ist das unmittelbare Produkt einer Aminosäurepolymerisation nicht wirklich ein Protein, sondern ein **Polypeptid**. Damit dieses ein funktionales Protein wird, müssen eine oder mehrere dieser linearen Polypeptidketten auf eine exakte, vorherbestimmte Art und Weise spiralisieren und sich falten, um die einzigartige, dreidimensionale Struktur oder *Konformation*, anzunehmen, die für die biologische Aktivität erforderlich ist.

Der Beweis für die Selbstorganisation von Proteinen stammt weitestgehend aus Untersuchungen, bei denen die native oder natürliche Konformation eines Proteins durch Veränderung der Umweltbedingungen aufgebrochen wird. Ein derartiger Bruch oder eine Entfaltung können durch Temperaturanstieg erzielt werden, durch sehr saure oder alkalische pH-Werte der Lösung, oder man kann bestimmte chemische Wirkstoffe wie Harnstoff oder einen spezifischen Alkohol hinzufügen. Die Entfaltung eines Polypeptids unter diesen Bedingungen bezeichnet man als **Denaturierung**, denn sie führt zum Verlust der dreidimensionalen Struktur des Proteins – und auch zum Verlust der Funktion. Im Fall eines Enzyms führt die Denaturierung zum Verlust der katalytischen Aktivität.

Wenn ein denaturiertes Polypeptid wieder in einen Zustand zurückgeführt wurde, in dem die native Konformation stabil vorliegt, kann das Polypeptid einen Vorgang durchlaufen, den man als Renaturierung bezeichnet, die Rückkehr des Proteins zu seiner korrekten dreidimensionalen Konformation. In einigen Fällen gewinnt das renaturierte Protein seine biologische Funktion wieder – im Fall des Enzyms die katalytische Aktivität.

In der ▸*Abbildung 1.14a* ist die Denaturierung und anschließende Renaturierung der *Ribonuclease* dargestellt, das Protein, mit dem Christian Anfinsen und seine Kollegen ihre klassischen Experimente zur Proteinfaltung durchführten. Wenn eine Lösung von Ribonuclease erhitzt wird, denaturiert das Protein, was zu einem entfalteten, zufällig spiralisierten Polypeptid ohne klare Form führt. Zudem geht die katalytische Aktivität verloren. Wenn eine Lösung denaturierter Moleküle langsam abkühlt, erlangen die Ribonucleasemoleküle ihre ursprüngliche Konformation sowie ihre katalytische Aktivität wieder. Daher beinhaltet die Aminosäuresequenz die gesamte Information, die benötigt wird, um die dreidimensionale Struktur des Ribonucleasemoleküls zu spezifizieren. Ähnliche Ergebnisse erhielt man bei Denaturierungs- und Renaturierungsexperimenten mit anderen Proteinen, obwohl sich der Renaturierungsvorgang bei größeren, komplexeren Proteinen erheblich schwieriger, wenn nicht unmöglich gestaltete.

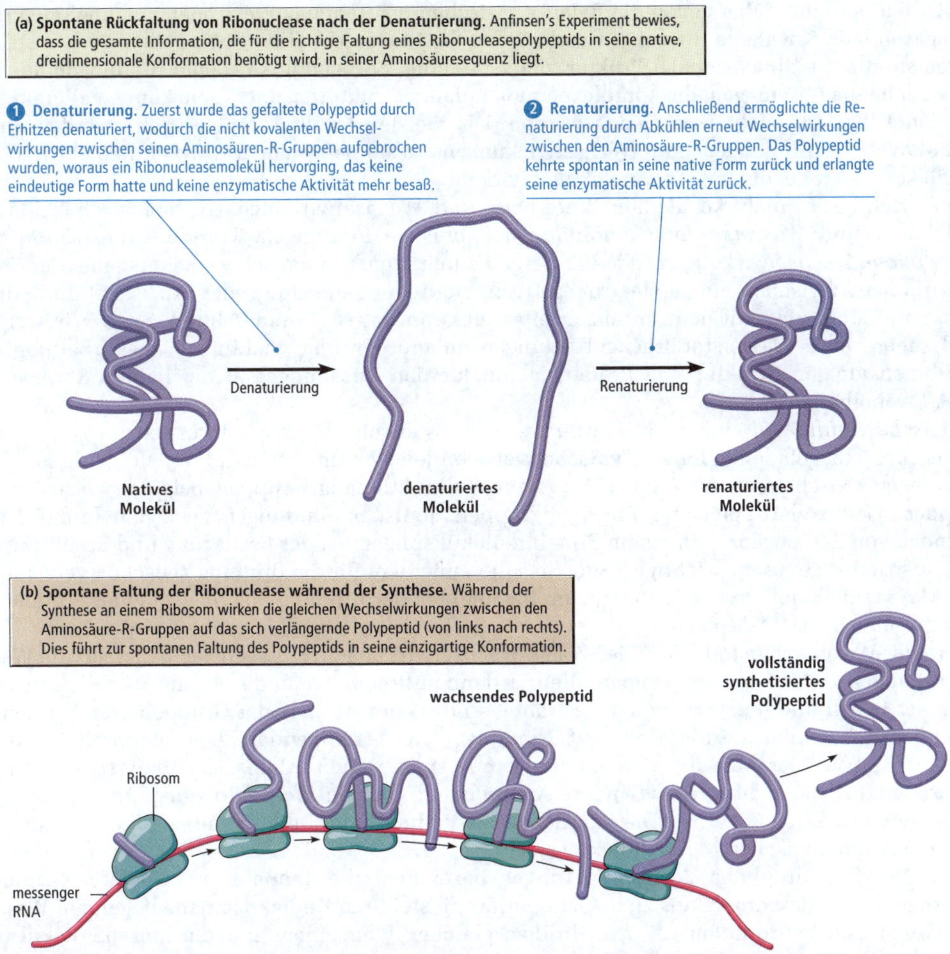

Abbildung 1.14: Die spontane Faltung eines Polypeptids. Das hier dargestellte Protein ist das Enzym Ribonuclease, das in (a) so dargestellt ist, wie es in Anfinsens klassischen Experimenten zur Proteinfaltung in vitro verwendet wurde und (b) während der In-vivo-Synthese.

1.5.2 Nicht-kovalente Bindungen und Wechselwirkungen sind wichtig für die Faltung von Makromolekülen

Ganz gleich, ob Polypeptide bei Faltung und Selbstorganisation von molekularen Chaperonen unterstützt werden oder nicht, der Vorgang der Selbstorganisation erfolgt ohne zusätzliche Informationszufuhr. Außerdem ist die dreidimensionale Struktur eines Proteins oder eines Proteinkomplexes von bemerkenswerter Stabilität, wenn das Protein in der dreidimensionalen Struktur vorliegt. Zum Verständnis der Selbstorganisation von Proteinen (und, wie sich herausstellt, auch des Zusammenbaus anderer biologischer Moleküle und Strukturen), müssen wir uns mit kovalenten und nicht-kovalenten Bindungen beschäftigen, die Polypeptide und andere Makromoleküle zusammenhalten.

Kovalente Bindungen sind leicht zu verstehen. Jedes Protein oder Makromolekül in der Zelle wird durch starke kovalente Bindungen zusammengehalten, wie wir sie zuvor in diesem Kapitel beschrieben haben. Eine kovalente Bindung entsteht immer dann, wenn zwei Atome Elektronen gemeinsam haben und nicht, wenn sie Elektronen aufnehmen oder abgeben. Der gemeinsame Besitz von Elektronen ist ein hervorstechendes Merkmal des Kohlenstoffatoms, das vier Elektronen in seinem äußeren Orbital hat und daher genau die Balance zwischen der Tendenz Elektronen aufzunehmen oder abzugeben hält. Kovalente Bindungen verknüpfen die Monomere eines Polypeptids; zudem stabilisieren sie die dreidimensionale Struktur vieler Proteine. So wichtig kovalente Bindungen auch in der Zellchemie sein mögen, die komplexen molekularen Strukturen einer Zelle können allein durch kovalente Bindung nicht beschrieben werden. Die meisten Strukturen einer Zelle werden durch **nicht-kovalente Bindungen und Wechselwirkungen** zusammengehalten – wesentlich schwächere Kräfte als die Kräfte, die in Makromolekülen wirken.

Die wichtigsten nicht-kovalenten Bindungen und Wechselwirkungen in biologischen Makromolekülen sind *Wasserstoffbrückenbindungen*, *ionische Bindungen*, *Van-der-Waals-Kräfte* und *hydrophobe Wechselwirkungen*. Wie wir bereits anmerkten, wirken schwache, anziehende Wechselwirkungen zwischen einem elektronegativen Atom wie Sauerstoff (oder Stickstoff) und einem Wasserstoffatom, das kovalent an ein zweites elektronegatives Atom gebunden ist. Wir werden bald sehen, dass Wasserstoffbrückenbindungen außerordentlich wichtig für die Erhaltung der dreidimensionalen Struktur von Proteinen und für den Zusammenhalt der beiden Stränge der DNA-Doppelhelix sind.

Ionische Bindungen sind nicht-kovalente, elektrostatische Wechselwirkungen zwischen zwei entgegengesetzt geladenen Ionen. Typischerweise bilden sich im Fall der Makromoleküle ionische Bindungen zwischen positiv und negativ geladenen funktionalen Gruppen, beispielsweise Aminogruppen, Carboxylgruppen und Phosphatgruppen. Ionische Bindungen zwischen funktionalen Gruppen von Aminosäuren in einem Proteinmolekül spielen bei der Festlegung und Erhaltung der Proteinstruktur eine sehr wichtige Rolle. Sie sind außerdem für die Bindung zwischen verschiedenen Makromolekülen von Bedeutung, zum Beispiel bei der Bindung positiv geladener Proteine an negativ geladene DNA-Moleküle.

Van-der-Waals-Kräfte (oder Van-der-Waals-Wechselwirkungen) sind schwach anziehende Wechselwirkungen zwischen zwei Atomen, die nur dann auftreten, wenn die Atome sehr dicht nebeneinander liegen und entsprechend ausgerichtet sind. Wenn Atome oder Gruppen von Atomen zu dicht liegen, beginnen sie allerdings, auf Grund der sich überlappenden Elektronenorbitale, einander abzustoßen. Der Van-der-Waals-Radius eines spezifischen Atoms spezifiziert die „Privatsphäre" und Distanz, auf die sich andere Atome nähern dürfen. Der Radius liegt im Allgemeinen bei ungefähr 0,12 bis 0,19 nm. Die Van-der-Waals-Radien liefern die Grundlage für die Kalottenmodelle der biologischen Makromoleküle.

Der Begriff hydrophobe Wechselwirkungen bezeichnet die Tendenz nicht-polarer Gruppen, innerhalb eines Makromoleküls zu assoziieren, wenn sie ihren Kontakt zu nahe liegenden Wassermolekülen und hydrophilen Gruppen in dem gleichen oder einem anderen Makromolekül einschränken. Hydrophobe Wechselwirkungen zwischen nicht-polaren Gruppen kommen sehr häufig bei Proteinen vor und sind die Ursache dafür, dass nicht-polare Gruppen im Inneren eines Proteinmoleküls vorkommen oder in das nicht-polare Innere einer Membran eingebettet sind (siehe *Abbildung 1.10b*).

1.5.3 Selbstorganisation findet auch in anderen Zellstrukturen statt

Das gleiche Prinzip der Selbstorganisation, auf dem Faltung und Wechselwirkungen von Polypeptiden beruhen, gilt auch für komplexere Zellstrukturen. Viele der charakteristischen Strukturen der Zelle sind Komplexe aus zwei oder mehr unterschiedlichen Arten von Polymeren und gehen auf Wechselwirkungen zurück, die sich chemisch von denen der Polypeptidfaltung und der Assoziation unterscheiden. Das Prinzip der Selbstorganisation gilt aber trotzdem. So enthalten zum Beispiel *Ribosomen* sowohl RNA als auch Proteine und *Membranen* bestehen aus Phospholipiden und Proteinen. Obwohl die Primärwand der Zelle, die eine Pflanzenzelle umgibt, hauptsächlich aus Cellulosefibrillen besteht, enthält sie auch eine Vielzahl anderer Kohlenhydrate sowie einen wichtigen Proteinbaustein. Trotz der chemischen Unterschiede zwischen diesen Polymeren wie Proteinen, Nucleinsäuren und Polysacchariden, ähneln die nicht kovalenten Wechselwirkungen, die die supramolekularen Vorgänge des Zusammenbaus vorantreiben, denen, die die Faltung der einzelnen Proteinmoleküle vorschreiben.

1.5.4 Grenzen der Selbstorganisation

In vielen Fällen scheint die Information, die benötigt wird, um die genaue Konformation der Zellstruktur zu spezifizieren, ganz in den Polymeren zu liegen, die zu der Struktur beitragen. Diese Systeme der Selbstorganisation erreichen ohne weitere Informationseingabe stabile, dreidimensionale Konformationen, denn der Informationsgehalt des Bausteinpolymers reicht zur Steuerung des gesamten Zusammensetzungsvorgangs. Sogar bei der unterstützten Selbstorganisation liefern die mitwirkenden molekularen Chaperone keine weitere Information.

Es scheint allerdings einige Systeme der Selbstorganisation zu geben, die von weiterer Information abhängig sind, die von einer bereits existierenden Struktur zur Verfügung gestellt wird. In diesen Fällen entsteht die endgültige Struktur nicht durch Zusammensetzung von Bausteinen zu einer neuen Struktur, sondern durch Einordnung der Bausteine in die Matrix einer bereits existierenden Struktur. Membranen, Zellwände und Chromosomen sind Beispiele für Zellstrukturen, die standardmäßig durch Anfügen neuen Materials an bestehende Strukturen aufgebaut werden.

Andererseits sind diese Strukturen noch nicht hinreichend charakterisiert worden, um mit Bestimmtheit zu sagen, ob die Gegenwart bereits existierender Strukturen notwendig ist oder die Komponenten unter geeigneten Bedingungen zur Selbstorganisation fähig sind. Hinweise durch Untersuchungen zum Beispiel mit künstlichen Membranen und mit Chromatin (isolierte chromosomale Bausteine) legen die Vermutung nahe, dass eine bereits existierende Struktur, die in vivo standardmäßig mitwirkt, keine unabdingbare Voraussetzung für den Zusammenbau sein müsste. Weitere Untersuchungen werden erforderlich sein, bevor wir mit Sicherheit sagen können, ob und in welchem Maß externe Information beim Vorgang des Zusammenbaus dieser zellulären Komponenten benötigt oder genutzt wird.

1.5.5 Der hierarchische Zusammenbau bringt der Zelle Vorteile

Jeder der untersuchten Vorgänge, die beim Zusammenbau ablaufen, steht beispielhaft für die grundlegende Zellstrategie des **hierarchischen Zusammenbaus**.

Biologische Strukturen werden fast immer hierarchisch aufgebaut, wobei zuvor zusammengesetzte Einheiten als wichtige Zwischenprodukte auf dem Weg von einfachen Startermolekülen zu den Endprodukten wie Organellen, Zellen und Organismen dienen. Betrachten Sie, wie diese Zellstrukturen gebaut werden. Zuerst werden große Mengen ähnlicher oder sogar identischer monomerer Untereinheiten durch Kondensation zu Polymeren zusammengesetzt. Diese Polymere aggregieren spontan, aber spezifisch, zu charakteristischen Einheiten aus vielen Polymeren. Aus diesen multimeren Einheiten gehen noch komplexere Strukturen hervor und schließlich entstehen Komplexe, die als unverwechselbare, subzelluläre Strukturen zu erkennen sind.

Dieser hierarchische Vorgang bietet aufgrund der chemischen Einfachheit und der Effizienz des Zusammenbaus einen doppelten Vorteil. Möchte man die chemische Einfachheit würdigen, so muss man nur erkennen, dass fast alle Strukturen in einer Zelle und in Organismen aus ungefähr 30 kleinen Vorläufermolekülen synthetisiert werden, die George Wald als das „Alphabet der Biochemie" bezeichnete. Dieses Alphabet umfasst 20 Aminosäuren, die in Proteinen enthalten sind, die fünf aromatischen Basen der Nucleinsäuren, zwei Zucker und drei Lipidmoleküle. Da die Polymere aus diesen Bausteinen durch einige wenige Typen von Kondensationsreaktionen abgeleitet werden können, kann ein Großteil der strukturellen Komplexität des Lebens leicht durch hierarchischen Zusammenbau zu nacheinander immer komplexer werdenden Strukturen hervorgebracht werden.

Der zweite Vorteil des hierarchischen Zusammenbaus liegt in der „Qualitätskontrolle", die auf jeder Baustufe durchgeführt werden kann, wodurch defekte Komponenten zu einem frühen Zeitpunkt verworfen werden können und nicht in eine komplexere Struktur eingebaut werden, die unter größerem Aufwand entfernt und ersetzt werden müsste. Wenn eine falsche Untereinheit an einem entscheidenden Punkt der Kette in ein Polymer eingebaut wird, dann könnte es sein, dass dieses bestimmte Molekül entsorgt werden muss; aber den Zellen bleibt der Aufwand für die Synthese eines komplizierteren Supramoleküls oder sogar eines ganzen Organells erspart, wenn der Defekt frühzeitig erkannt wird. Im Laufe des Buches werden wir häufig sehen, über welch hervorragende Hilfsmittel die Zellen verfügen, um sicherzustellen, dass die richtige Struktur und Funktion der Zellbausteine gewährleistet wird; wir werden auch sehen, wie Zellen defekte Bausteine erkennen und ersetzen können.

Die Makromoleküle der Zelle

2

ÜBERBLICK

In *Kapitel 1* haben wir uns mit den chemischen Prinzipien der Zellorganisation beschäftigt. Wir haben gesehen, dass die wichtigsten biologischen Makromoleküle – Proteine, Nucleinsäuren und Polysaccharide – aus einer relativ geringen Anzahl (von 1 bis 20) sich wiederholenden monomeren Einheiten bestehen. Diese Polymere werden durch Kondensationsreaktionen synthetisiert, bei denen aktivierte Monomere durch Entfernen von Wasser verbunden werden. Nach der Synthese kommt es zur spontanen Faltung und Spiralisierung der einzelnen Polymermoleküle zu stabilen, dreidimensionalen Strukturen. Diese gefalteten Moleküle assoziieren dann gemäß einer hierarchischen Ordnung zu Organisationsstufen höherer struktureller Komplexität, wofür im Allgemeinen keine weitere Energie oder Information benötigt wird.

Nun können wir uns mit den wichtigsten Arten der biologischen Makromoleküle beschäftigen. In jedem Fall werden wir uns zuerst auf die chemische Beschaffenheit der monomeren Bausteine konzentrieren und uns anschließend mit der Synthese und den Merkmalen des Polymers auseinandersetzen. Bald werden wir sehen, dass die meisten biologischen Makromoleküle aus nur ungefähr 30 häufig vorkommenden, kleinen Molekülen in den Zellen synthetisiert werden. Wir beginnen unseren Überblick mit den Proteinen, denn diesen kommen sehr wichtige und vielfältige Aufgaben im Hinblick auf Zellstruktur und Zellfunktion zu. Dann schreiten wir weiter zu den Nucleinsäuren und den Polysacchariden. Unsere Rundreise endet mit den Lipiden, die nicht ganz der Definition eines Polymers entsprechen, aber sie sind wichtige Zellbausteine, deren Synthese mit der Synthese der echten Polymere Ähnlichkeit aufweist.

2.1 Proteine

Proteine sind eine außerordentlich wichtige und zudem in allen Organismen vorkommende Art von Makromolekülen, die an fast jedem Ort in der Zelle anzutreffen sind. Ihre Bedeutung findet sich in ihrem Namen wieder, der von dem griechischen Wort *proteios* abgeleitet wurde, was „erster Platz" bedeutet. Ganz gleich ob wir von der Synthese von Zucker aus Kohlendioxid bei der Photosynthese sprechen, dem Sauerstofftransport im Blut, der Regulation der Genexpression durch Transkriptionsfaktoren, der Zell-Zell-Kommunikation, der Motilität begeißelter Bakterien, es handelt sich immer um Vorgänge, die in entscheidendem Maß von bestimmten Proteinen mit spezifischen Merkmalen und Funktionen abhängen.

Entsprechend ihrer Funktion teilt man die Proteine in neun Hauptklassen ein. Viele Proteine sind *Enzyme*, die als Katalysatoren die Geschwindigkeit Tausender chemischer Reaktionen, von denen das Leben abhängt, ganz erheblich erhöhen. Andererseits gibt es die *Strukturproteine*, die die Zellen und Organellen physikalisch stützen und ihnen Gestalt verleihen, wodurch diese ihr charakteristisches Erscheinungsbild erhalten. Die *Motilitätsproteine* spielen bei der Kontraktion und Bewegung von Zellen und intrazellulären Strukturen eine Schlüsselrolle. *Regulatorische Proteine* sind für Kontrolle und Koordination zellulärer Funktionen verantwortlich, wodurch sichergestellt wird, dass die zellulären Aktivitäten so geregelt werden, dass sie den Bedürfnissen der Zelle gerecht werden. *Transportproteine* bewerkstelligen den Transport vieler verschiedener Substanzen über die Membranen der Zellen und der vielen Kompartimente innerhalb der Zellen. *Hormonale Proteine* vermitteln die Kommunikation zwischen den Zellen in den verschiedenen Teilen eines Organismus, und die *Rezeptorproteine* befähigen Zellen, auf chemische Reize aus ihrer Umgebung zu reagieren. Schließlich gibt es die *Proteine des Immunsystems* zum Schutz vor Krankheit und die *Speicherproteine* als Reservoirs von Aminosäuren.

Angesichts der Tatsache, dass praktisch alles, was eine Zelle ist oder was sie macht, von den in ihr enthaltenen Proteinen abhängt, wird klar, dass wir verstehen müssen, was Proteine sind und warum sie gerade die ihnen eigenen Eigenschaften besitzen. Wir beginnen unsere Diskussion mit einem Blick auf die Aminosäuren, welche die Proteine aufbauen, und dann werden wir einige Eigenschaften der Proteine genauer anschauen.

2.1.1 Die Monomere der Proteine sind Aminosäuren

Proteine sind lineare Polymere aus **Aminosäuren**. Obwohl im Allgemeinen mehr als 60 verschiedene Aminosäuren in einer Zelle vorkommen, werden lediglich 20 zur Proteinsynthese benötigt.

Einige Proteine enthalten mehr als 20 verschiedene Aminosäuren, aber bei diesen zusätzlichen Aminosäuren handelt es sich im Allgemeinen um Modifikationen, die nach der Synthese des Proteins auftreten. Obgleich die meisten Proteine alle oder fast alle 20 Aminosäuren enthalten, unterscheiden sie sich im Hinblick auf die anteiligen Verhältnisse erheblich und es gibt nicht zwei Proteine mit gleicher Aminosäuresequenz.

Jede Aminosäure besitzt die in der ▸*Abbildung 2.1* dargestellte Struktur mit einer Carboxylgruppe, einer Aminogruppe, einem Wasserstoffatom und einer Seitenkette, die man als R-Gruppe bezeichnet. Sie alle sind an ein zentrales Kohlenstoffatom geknüpft, den sogenannten α-Kohlenstoff. Mit Ausnahme von Glycin, bei dem die R-Gruppe lediglich ein Wasserstoffatom ist, haben alle Aminosäuren ein asymmetrisches α-Kohlenstoffatom und existieren daher in zwei stereoisomeren Formen, die man als D- und L-Aminosäuren bezeichnet (siehe *Abbildung 1.4* und *1.5*). Beide Formen kommen in der Natur vor, aber nur die L-Aminosäuren gibt es in Proteinen.

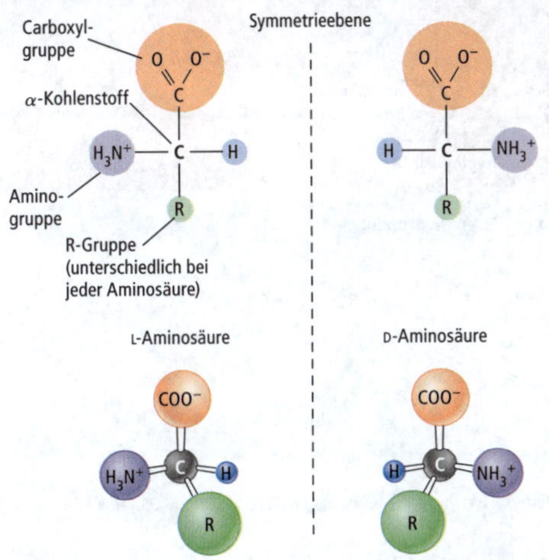

Abbildung 2.1: Struktur und Stereochemie einer Aminosäure. Da das zentrale Kohlenstoffatom aller Aminosäuren mit Ausnahme von Glycin asymmetrisch ist, kommen die meisten Aminosäuren in zwei isomeren Formen vor, die mit L und D bezeichnet wurden und hier (oben) als konventionelle Strukturformeln und (unten) als Kugel-Stab-Modelle dargestellt werden. Die L-Form und die D-Form sind Stereoisomere, wobei die vertikale gestrichelte Linie die Symmetrieachse ist. Von den beiden Formen kommen nur die L-Aminosäuren in Proteinen vor.

Da die in der *Abbildung 2.1* dargestellten Carboxyl- und Aminogruppen ein gemeinsames Merkmal aller Aminosäuren sind, hängen die spezifischen Eigenschaften der verschiedenen Aminosäuren von der chemischen Beschaffenheit ihrer jeweiligen R-Gruppen ab, die aus einem einzigen Kohlenstoffatom oder sogar aus relativ komplexen aromatischen Gruppen bestehen können. In der ▸*Abbildung 2.2* sind die Strukturen der 20 L-Aminosäuren dargestellt, die in Proteinen vorkommen. Die für jede Aminosäure in Klammern stehende Abkürzung aus drei Buchstaben wird standardmäßig von Biochemikern und Molekularbiologen verwendet. In der ▸*Tabelle 2.1* werden diese Abkürzungen aus drei Buchstaben sowie die entsprechenden Abkürzungen aus nur einem Buchstaben, die häufig verwendet werden, aufgeführt.

Neun dieser Aminosäuren haben nicht-polare R-Gruppen und sind daher *hydrophob* (Gruppe A). Wenn Sie sich ihre Strukturen ansehen, so wird Ihnen die Kohlenwasserstoffnatur der R-Gruppen auffallen, wobei nur wenige oder gar keine Sauerstoff- und Stickstoffatome vorkommen. Diese hydrophoben Aminosäuren liegen im Allgemeinen im Inneren des Moleküls vor, wenn sich ein Polypeptid in seine dreidimensionale Form faltet. Wenn ein Protein (oder eine Region des Moleküls) ein Übergewicht an hydrophoben Aminosäuren aufweist, dann wird das gesamte Protein (oder der hydrophobe Teil des Moleküls) aus der wässrigen Umgebung abgestoßen und kommt stattdessen in hydrophoben Regionen, beispielsweise im Membraninneren vor.

Die verbleibenden elf Aminosäuren sind *hydrophil*, wobei die R-Gruppen entweder eindeutig *polar* (Gruppe B) oder tatsächlich *geladen* vorliegen, bei den für Zellen charakteristischen pH-Werten. Beachten Sie, dass die beiden sauren Aminosäuren negativ geladen und dass die drei basischen Aminosäuren positiv geladen sind. Hydrophile Aminosäuren treten tendenziell an der Oberfläche von Proteinen auf, wodurch sich die Anzahl der Wechselwirkungen mit Wassermolekülen sowie anderen polaren oder geladenen Substanzen in der näheren Umgebung steigert.

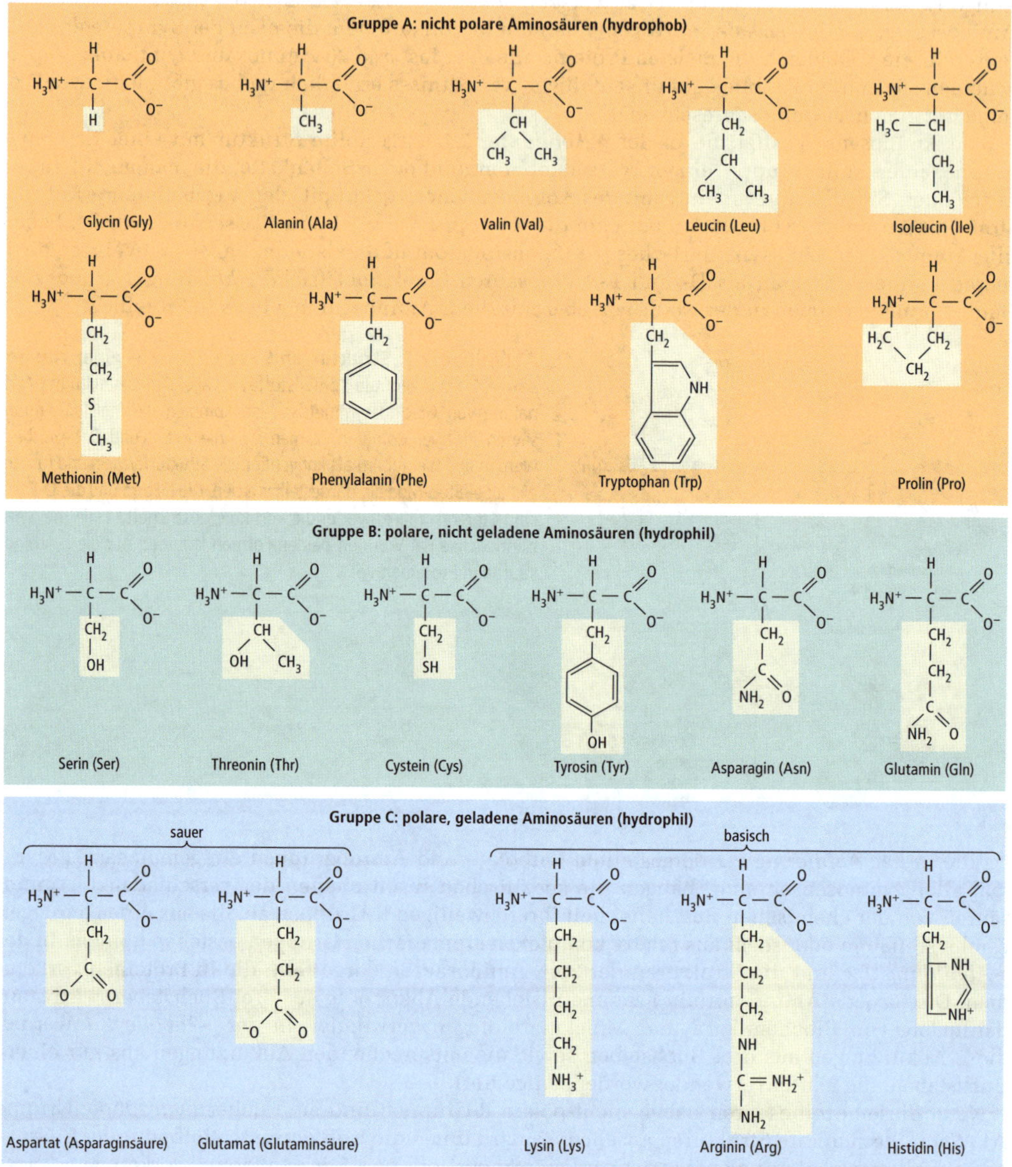

Abbildung 2.2: Die Strukturen der 20 Aminosäuren, die in Proteinen vorkommen. Alle Aminosäuren besitzen eine Carboxylgruppe und eine Aminogruppe, die mit dem zentralen Kohlenstoff (α-Kohlenstoff) verbunden sind, aber jede Aminosäure hat eine eigene, charakteristische R-Gruppe (hell unterlegte Kästen). Die Aminosäuren der Gruppe A haben nicht-polare R-Gruppen und sind daher hydrophob; beachten Sie die Kohlenwasserstoffnatur ihrer R-Gruppen. Die anderen sind hydrophil, was daran liegt, dass die R-Gruppe entweder polar ist (Gruppe B) oder dass die R-Gruppe beim zellulären pH-Wert protonisiert oder ionisiert wurde und daher eine formale elektrostatische Ladung trägt (Gruppe C). Beachten Sie die ungewöhnliche Struktur von Prolin – seine R-Gruppe ist kovalent an den Aminostickstoff gebunden.

Tabelle 2.1

Abkürzungen der Aminosäuren

Aminosäure	Abkürzung aus drei Buchstaben	Abkürzung aus einem Buchstaben (heutzutage gebräuchlicher)
Alanin	Ala	A
Arginin	Arg	R
Asparagin	Asn	N
Aspartat	Asp	D
Cystein	Cys	C
Glutamat	Glu	E
Glutamin	Gln	Q
Glycin	Gly	G
Histidin	His	H
Isoleucin	Ile	I
Leucin	Leu	L
Lysin	Lys	K
Methionin	Met	M
Phenylalanin	Phe	F
Prolin	Pro	P
Serin	Ser	S
Threonin	Thr	T
Tryptophan	Trp	W
Tyrosin	Tyr	Y
Valin	Val	V

2.1.2 Die Polymere sind Polypeptide und Proteine

Die Verknüpfung einzelner Aminosäuren nacheinander zu einem Strang linearer Polymere erfolgt mittels einer Dehydratisierung (oder Kondensierungsreaktion), die das schrittweise Anfügen jeder neuen Aminosäure an die wachsende Kette ermöglicht (siehe *Abbildung 1.13*). Wenn die drei Atome, aus denen H_2O besteht, entfernt werden, werden der Carboxylkohlenstoff der einen Aminosäure und der Aminostickstoff der zweiten direkt miteinander verknüpft. Diese kovalente C–N-Bindung, die zwei Aminosäuren verbindet, bezeichnet man als Peptidbindung, die in der Darstellung fett gedruckt ist.

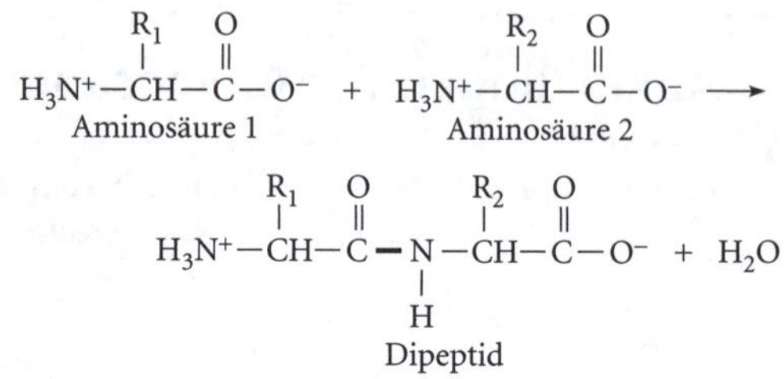

Durch jede neue Peptidbindung, die durch Dehydratisierung entsteht, wird die wachsende Kette von Aminosäuren um eine Aminosäure verlängert. Die Peptidbindung ist in ▸*Abbildung 2.3* durch Kugel-Stab-Modelle der Aminosäuren Glycin und Alanin schematisch dargestellt. Beachten Sie, dass der Kette aus Aminosäuren, die auf diese Weise entsteht, eine *Direktionalität* innewohnt, denn an einem Ende liegt immer eine Aminogruppe vor und an dem anderen Ende stets eine Carboxylgruppe. Das Ende mit der Aminogruppe bezeichnet man als **N-Terminus** (oder **Aminoterminus**) und das Ende mit der Carboxylgruppe als **C-Terminus** (oder **Carboxylterminus**).

Obgleich dieser Vorgang der Verlängerung einer Kette aus Aminosäuren oftmals als *Proteinsynthese* bezeichnet wird, trifft dieser Begriff nicht ganz zu, denn das unmittelbare Produkt der Aminosäurepolymerisation ist nicht ein Protein, sondern ein **Polypeptid**. Ein Protein ist eine Polypeptidkette (oder ein Komplex aus mehreren Polypeptiden), die eine einzigartige, stabile, dreidimensionale Form erreicht hat und folglich ihre biologische Aktivität entfalten kann. Einige Proteine bestehen aus einem einzigen Polypeptid und ihre endgültige Form beruht auf Faltung und Spiralisierung, die spontan während der Kettenbildung ablaufen (siehe *Abbildung 1.14b*). Diese Proteine bezeichnet man als **monomere Proteine**. Viele andere Proteine sind **multimere Proteine**, die aus zwei oder mehr Polypeptiden bestehen, die häufig als Polypeptiduntereinheiten bezeichnet werden.

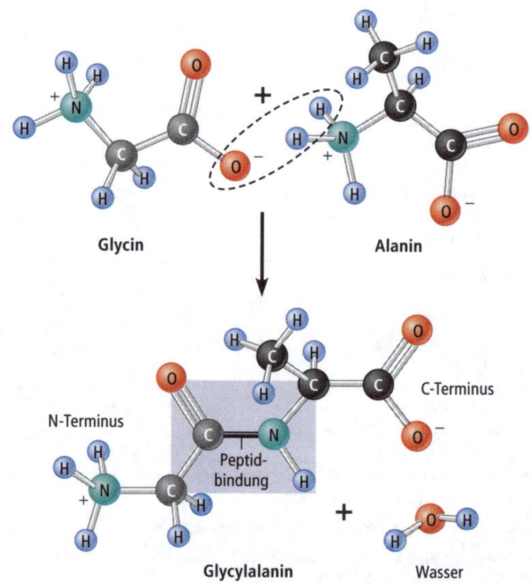

Abbildung 2.3: Bildung einer Peptidbindung. Nacheinander werden Aminosäuren in einem Polypeptid durch Peptidbindungen zwischen der Carboxylgruppe einer Aminosäure und der Aminogruppe der nächsten verknüpft. Hier ist die Bildung einer Peptidbindung zwischen den Aminosäuren Glycin und Alanin dargestellt, während ein Wassermolekül abgespalten wird (gepunktetes Oval).

Aber gehen Sie trotz allem vorsichtig mit der Terminologie um: Einerseits ist ein Polypeptid ein Polymer, dessen monomere, sich wiederholende Einheiten die Aminosäuren sind, andererseits kann das gesamte Polypeptid manchmal eine *monomere* Einheit sein, die Teil eines multimeren Proteins ist. Besteht ein multimeres Protein aus zwei Polypeptiden, dann bezeichnet man es als *Dimer*; besteht es aus drei Polypeptiden, so ist es ein *Trimer*. Das Hämoglobin, das Sauerstoff durch Ihren Blutkreislauf transportiert, ist ein multimeres Protein, das man als *Tetramer* bezeichnet, weil es vier Polypeptide enthält, jeweils zwei der beiden verschiedenen Typen, der sogenannten *a*- und *b-Untereinheiten*. Bei den multimeren Proteinen findet bei der Proteinsynthese nicht nur eine Verlängerung und Faltung der einzelnen Polypeptiduntereinheiten statt, sondern es schließt sich die nachfolgende Interaktion und Organisation zu einem multimeren Protein an.

2.1.3 Mehrere Arten von Bindungen und Wechselwirkungen sind für Faltung und Stabilität von Proteinen von Bedeutung

Wie wir bereits in *Kapitel 1* gesehen haben, hängt die anfängliche Faltung eines Polypeptids in seine richtige Form oder Konformation von verschiedenen Arten von Bindungen und Wechselwirkungen ab, darunter die kovalente Disulfidbindung und mehrere nicht-kovalente Wechselwirkungen. Weiterhin hängt die Assoziation einzelner Polypeptide zu einem multimeren Protein von den Bindungen und Wechselwirkungen ab, die in der ▸*Abbildung 2.4* dargestellt sind. An diesen Wechselwirkungen wirken die Carboxyl-, Amino- und R-Gruppen, die man als *Aminosäurereste* bezeichnet, der einzelnen Aminosäuren mit, nachdem sie in das Polypeptid eingebaut wurden.

Disulfidbindungen Ein besonderer Typ der kovalenten Bindung, der zur Stabilisierung der Proteinkonformation beiträgt, ist die **Disulfidbindung** zwischen den Schwefelatomen zweier Cysteinaminosäurereste. Diese werden nach einer Oxidationsreaktion, mittels derer die Protonen an den Sulfhydrylgruppen der beiden Cysteine entfernt werden, kovalent gebunden und es entsteht eine Disulfidbindung, die in ▸*Abbildung 2.4a* fett gekennzeichnet ist.

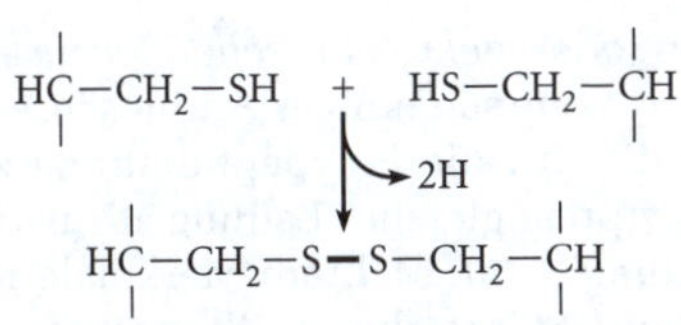

Nachdem die Disulfidbindung gebildet wurde, verleiht sie der Struktur des Proteins aufgrund ihrer kovalenten Beschaffenheit ganz erstaunliche Stabilität. Die Disulfidbindung kann nur durch Reduktion gespalten werden – indem zwei Wasserstoffatome angefügt werden und die beiden Sulfhydrylgruppen durch Umkehr der oben dargestellten Reaktion wieder aufgenommen werden. In vielen Fällen sind die Cysteinreste, die an einer bestimmten Disulfidbindung mitwirken, Teil des gleichen Polypeptids. Sie können recht weit voneinander auf dem Polypeptid liegen, gelangen aber durch den Faltungsvorgang näher zueinander. Diese *intramolekularen Disulfidbindungen* stabilisieren die Konformation des Polypeptids. Im Fall der multimeren Proteine kann zwischen Cysteinresten, die in zwei verschiedenen Polypeptiden liegen, eine Disulfidbindung entstehen. Diese *intermolekularen Disulfidbindungen* verknüpfen zwei Polypeptide kovalent. Das Hormon Insulin ist ein dimeres Protein, das zwei auf diese Weise verknüpfte Untereinheiten besitzt (siehe *Abbildung 2.6*).

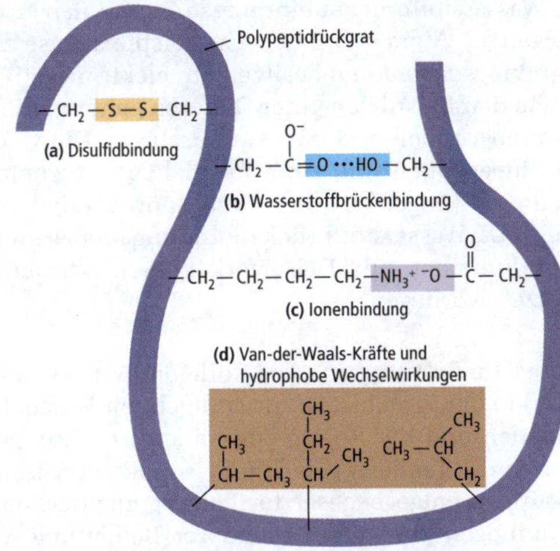

Abbildung 2.4: Bindungen und Wechselwirkungen, die an der Faltung und Stabilität eines Proteins mitwirken. Die anfängliche Faltung und darauffolgende Stabilität eines Polypeptids hängt (a) von kovalenten Disulfidbindungen sowie von mehreren nicht-kovalenten Bindungen und Wechselwirkungen ab, darunter (b) Wasserstoffbrückenbindungen, (c) ionische Bindungen, (d) Van-der-Waals-Kräfte und hydrophobe Wechselwirkungen.

Abgesehen von den kovalenten Disulfidbindungen sind auch die nicht-kovalenten Bindungen und Wechselwirkungen für die Aufrechterhaltung der Proteinstruktur von Bedeutung. Obwohl einzeln wesentlich schwächer als kovalente Bindungen, zeichnen sie sich durch Vielfalt und Anzahl aus und üben gemeinsam einen großen Einfluss auf die Proteinstruktur und Stabilität aus. Wie wir bereits kurz in *Kapitel 1* anmerkten, gehören dazu *Wasserstoffbrückenbindungen, ionische Bindungen, Van-der-Waals-Kräfte* und *hydrophobe Wechselwirkungen* (*Abbildung 2.4*).

Wasserstoffbrückenbindungen Die Wasserstoffbrückenbindungen sind Ihnen aus unserer Darstellung der Eigenschaften des Wassers in *Kapitel 1* bereits vertraut. Im Fall der Wassermoleküle entsteht eine Wasserstoffbrückenbindung zwischen einem kovalent gebundenen Wasserstoffatom aus einem Wassermolekül und einem Sauerstoff aus einem anderen Molekül (siehe *Abbildung 1.6b*). Im Fall eines Polypeptids ist die Wasserstoffbrückenbindung für die Stabilität helikaler Strukturen und Faltblattstrukturen von besonderer Bedeutung. Bald werden wir sehen, dass dies wichtige Bestandteile vieler Proteine sind. Des Weiteren besitzen die R-Gruppen vieler Aminosäuren funktionale Gruppen, die an einer Wasserstoffbrückenbindung mitwirken können. Daher können Wasserstoffbrückenbindungen zwischen Aminosäureresten entstehen, die in der Aminosäuresequenz sehr weit voneinander entfernt sind, aber durch Faltung des Polypeptids ganz dicht zueinander gelangen (▸ *Abbildung 2.4b*).

Wasserstoffbrückenbindungs*donoren* haben ein Wasserstoffatom, das kovalent an ein elektronegatives Atom gebunden ist, beispielsweise Sauerstoff oder Stickstoff und Wasserstoffbrückenbindungs*akzeptoren* besitzen ein elektronegatives Atom, das dieses Wasserstoffatom anzieht.

Zu den Beispielen guter Donoren gehören die Hydroxylgruppen mehrerer Aminosäuren und die Aminogruppen anderer Aminosäuren. Die Carbonyl- und Sulfhydrylgruppen mehrerer anderer Aminogruppen sind zum Beispiel gute Akzeptoren. Eine einzelne Wasserstoffbrückenbindung ist schwach (ungefähr 2 bis 5 kcal/mol, verglichen mit 70 bis 100 kcal/mol bei kovalenten Bindungen). Da Wasserstoffbrückenbindungen aber in sehr großer Zahl in biologischen Makromolekülen wie Proteinen und DNA vorkommen, werden sie zu einer gewaltigen Kraft, wenn sie in großer Anzahl vorliegen.

Ionische Bindungen Die Rolle der **ionischen Bindungen** (oder *elektrostatischen Wechselwirkungen*) in der Proteinstruktur ist leicht zu verstehen. Da die R-Gruppen einiger Aminosäuren positiv geladen und die R-Gruppen anderer negativ geladen sind, wird die Polypeptidfaltung zum Teil durch die Tendenz geladener Gruppen vorgeschrieben, Gruppen gleicher Ladung abzustoßen und Gruppen entgegengesetzter Ladung anzuziehen (▸ *Abbildung 2.4c*). Mehrere Merkmale ionischer Bindungen sind von besonderer Bedeutung. Aufgrund der Stärke dieser Wechselwirkungen – ungefähr 3 kcal/mol – können sie eine Anziehungskraft über größere Entfernungen ausüben als einige der anderen nicht-kovalenten Wechselwirkungen. Hinzu kommt, dass die Anziehungskraft nicht direktional ist, sodass ionische Bindungen nicht auf bestimmte Winkel beschränkt sind, wie im Fall der kovalenten Bindungen. Da ionische Bindungen auf beiden geladenen Gruppen beruhen, werden sie gespalten, wenn der pH-Wert zu stark ansteigt oder so weit sinkt, dass eine der Gruppen ihre Ladung verliert. Der Verlust von ionischen Bindungen ist zum Teil für die Denaturierung der meisten Proteine bei hohem oder niedrigem pH-Wert verantwortlich.

Van-der-Waals-Kräfte Wechselwirkungen aufgrund einer Ladung sind nicht auf Ionen beschränkt, die eine bestimmte Ladung tragen. Sogar Moleküle mit nicht-polaren kovalenten Bindungen können vorübergehend positiv oder negativ geladene Regionen besitzen. Zeitweilige Asymmetrien im Hinblick auf die Verteilung von Elektronen und damit im Hinblick auf die Ladungstrennung innerhalb eines Moleküls bezeichnet man als *Dipole*. Wenn zwei Moleküle mit solchen vorübergehenden Dipolen sehr dicht nebeneinander liegen und entsprechend ausgerichtet sind, dann ziehen sie einander an, sei es auch nur für die Zeit der asymmetrischen Elektronenverteilung in beiden Molekülen. Die vorübergehende Anziehung zweier nicht-polarer Moleküle bezeichnet man als *Van-der-Waals-Kräfte* (▸ *Abbildung 2.4d*). Eine einzelne dieser Kräfte oder Wechselwirkungen ist flüchtig und sehr schwach – im Allgemeinen 0,1 bis 0,2 kcal/mol – und nur dann wirkungsvoll, wenn zwei Moleküle recht dicht nebeneinander liegen – mit einem Abstand von nur 0,2 nm. Van-der-Waals-Kräfte sind aber trotzdem für die Struktur von Proteinen und anderen biologischen Makromolekülen wichtig, sowie auch für die Bindung zwischen zwei Molekülen mit komplementären Oberflächen, die nahe nebeneinander liegen.

Hydrophobe Wechselwirkungen Der vierte Typ der nicht-kovalenten Wechselwirkungen, der bei der Aufrechterhaltung der Proteinkonformation eine Rolle spielt, wird im Allgemeinen als

hydrophobe Wechselwirkung bezeichnet, aber in Wahrheit handelt es sich nicht um eine Bindung oder Wechselwirkung. Es handelt sich vielmehr um die Neigung hydrophober Moleküle oder Molekülteile, nicht an Wechselwirkungen mit Wassermolekülen teilzunehmen (*Abbildung 2.4d*). Wir haben ja bereits angemerkt, dass die Seitenketten der 20 verschiedenen Aminosäuren sich hinsichtlich ihrer Affinität für Wasser stark unterscheiden. Aminosäuren mit hydrophilen R-Gruppen liegen tendenziell nahe der Oberfläche eines gefalteten Polypeptids, wo sie maximal mit den umgebenden Wassermolekülen interagieren können. Im Gegensatz dazu sind Aminosäuren mit hydrophoben R-Gruppen grundsätzlich nicht-polar und liegen im Allgemeinen auf der Innenseite des Polypeptids, wo sie untereinander in Wechselwirkungen treten, denn sie werden durch das Wasser abgestoßen.

Somit ist die Faltung eines Polypeptids zu seiner endgültigen Proteinstruktur teilweise ein Balanceakt zwischen der Tendenz hydrophiler Gruppen, eine wässrige Umgebung nahe der Oberfläche des Moleküls zu suchen und dem Bestreben hydrophober Gruppen, den Kontakt mit Wasser zu verringern, indem sie im Inneren des Moleküls assoziieren. Angenommen die Aminosäuren in einem Protein wären hydrophob, dann wäre das Protein in Wasser praktisch unlöslich und würde stattdessen in einer nicht-polaren Umgebung vorkommen. Membranproteine, die viele hydrophobe Reste besitzen, liegen aus eben diesem Grunde in Membranen. Ähnliches gilt, wenn alle oder die meisten Aminosäuren hydrophil wären, dann müsste das Polypeptid mit größter Wahrscheinlichkeit in einer recht ausgestreckten, zufälligen Form vorliegen, wodurch jede Aminosäure der wässrigen Umgebung in maximaler Weise ausgesetzt wäre. Da nun die meisten Polypeptidketten eben sowohl hydrophobe als auch hydrophile Aminosäuren enthalten, werden die hydrophilen Regionen des Moleküls zur Membranoberfläche gezogen, während die hydrophoben Regionen in das Innere gezogen werden.

Insgesamt hängt also die Stabilität der gefalteten Struktur eines Polypeptids von dem Zusammenspiel zwischen kovalenten Disulfidbindungen und vier nicht-kovalenten Faktoren ab: Wasserstoffbrückenbindungen zwischen R-Gruppen, die gute Donoren und gute Akzeptoren sind, ionischen Bindungen zwischen geladenen Aminosäure-R-Gruppen, vorübergehenden Van-der-Waals-Kräften zwischen dicht nebeneinander liegenden, nicht-polaren Molekülen und hydrophoben Wechselwirkungen, die nicht-polare Gruppen in das Innere des Moleküls lenken.

Die endgültige Konformation des vollständig gefalteten Polypeptids ist das Endergebnis all dieser Kräfte und Bestrebungen. Für sich genommen ist der Energiegehalt jeder dieser nicht-kovalenten Wechselwirkungen recht schwach. Der kummulative Effekt vieler Wechselwirkungen – an denen die Seitengruppen hunderter Aminosäuren mitwirken, aus denen ein typisches Polypeptid besteht – stabilisiert ganz erheblich die Konformation des gefalteten Polypeptids.

2.1.4 Die Proteinstruktur hängt von der Aminosäuresequenz und verschiedenen Wechselwirkungen ab

Die Gesamtform und die Struktur eines Proteins werden im Allgemeinen mit vier hierarchischen Organisationsstufen beschrieben, wobei jede Stufe auf die vorangehende aufbaut: die *Primär-*, *Sekundär-*, *Tertiär-* und die *Quartärstruktur*. Die Primärstruktur bezieht sich auf die Aminosäuresequenz, während die höheren Organisationsstufen die Wechselwirkungen zwischen den Aminosäureresten betreffen. Diese Wechselwirkungen verleihen dem Protein seine charakteristische Konformation oder dreidimensionale Anordnung der Atome im Raum (▸*Abbildung 2.5*).

An der Sekundärstruktur wirken lokale Wechselwirkungen zwischen Aminosäureresten mit, die sehr dicht beieinander auf der Kette liegen, während die Tertiärstruktur mit Wechselwirkungen zwischen weit voneinander liegenden Stücken von Aminosäureresten aus verschiedenen Teilen des Moleküls zu tun hat. Die Quartärstruktur bezieht sich auf die Wechselwirkung zwischen zwei oder mehreren einzelnen Polypeptiden, aus denen ein einzelnes multimeres Protein hervorgeht. Diese drei höherrangigen Organisationsstrukturen werden von der Primärstruktur vorgeschrieben, aber jede leistet ihren bedeutenden Beitrag für die Gesamtstruktur des Proteins. Sekundär- und Tertiärstrukturen bestimmen die Konformation des einzelnen Polypeptids, während die Quartärstruktur für Proteine von Bedeutung ist, die aus mehr als einem Polypeptid bestehen.

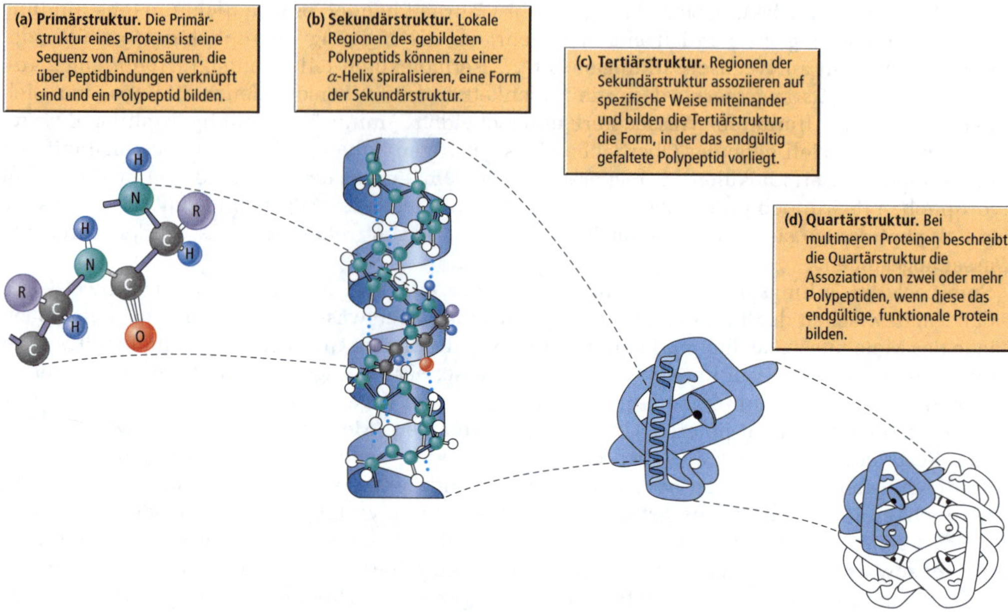

Abbildung 2.5: Die vier Organisationsstufen der Proteinstruktur. Das tetramere Protein Hämoglobin dient hier als Beispiel zur Veranschaulichung der vier Organisationsstufen der Proteinstruktur.

Die Primärstruktur Wie wir bereits angemerkt haben, ist die **Primärstruktur** eines Proteins eine formale Bezeichnung der Aminosäuresequenz (▸*Abbildung 2.5a*). Wenn wir die Primärstruktur beschreiben, spezifizieren wir einfach die Reihenfolge der Aminosäuren von einem Ende bis zum anderen Ende des Moleküls. Vereinbarungsgemäß werden Aminosäuresequenzen immer vom N-Terminus zum C-Terminus des Polypeptids geschrieben, was zugleich die Richtung angibt, in der das Polypeptid synthetisiert wird.

Das erste Protein, dessen Aminosäuresequenz vollständig bestimmt wurde, war das Hormon *Insulin*. Dieser wichtige technische Fortschritt gelang Frederick Sanger im Jahr 1956, der schließlich den Nobelpreis für seine Arbeit erhielt. Zur Bestimmung der Sequenz des Insulinmoleküls spaltete Sanger dies in kleinere Fragmente und analysierte die Aminosäuresequenz innerhalb einzelner, überlappender Fragmente. Insulin besteht aus zwei Polypeptiden, der sogenannten A-Untereinheit und der B-Untereinheit, mit 21 bzw. 30 Aminosäureresten. In der ▸*Abbildung 2.6* ist die Primärstruktur von Insulin dargestellt, wobei die Primärsequenz einer jeden aufeinander folgenden Untereinheit vom N-Terminus (links) zum C-Terminus (rechts) dargestellt ist. Achten Sie auch auf die kovalente Disulfidbindung (– S – S –) zwischen zwei Cysteinresten innerhalb der A-Kette und die beiden Disulfidbindungen, die die A- und B-Ketten verknüpfen. Bald werden wir sehen, dass Disulfidbindungen bei der Stabilisierung der Tertiärstruktur vieler Proteine eine wichtige Rolle spielen.

Sangers Techniken ebneten den Weg zur Sequenzierung Hunderter weiterer Proteine und führten letztendlich zur Entwicklung von Maschinen zur automatischen Ermittlung einer Aminosäuresequenz. Ein neueres Verfahren zur Bestimmung von Proteinsequenzen beruht auf der Erkenntnis, dass Nucleotidsequenzen in der DNA die Aminosäuresequenzen von Proteinmolekülen kodieren. Heutzutage ist es wesentlich einfacher, eine DNA-Nucleotidsequenz zu bestimmen als ein Protein zu reinigen und dessen Aminosäuresequenz zu analysieren. Nachdem man eine DNA-Nucleotidsequenz ermittelt hat, kann man die Aminosäuresequenz des Polypeptids, das von dem DNA-Segment kodiert wird, leicht bestimmen. Computergestützte Datenbanken stehen zur Verfügung, in denen Tausende von Polypeptidsequenzen gespeichert werden, sodass man ohne Weiteres Sequenzen vergleichen und nach ähnlichen Regionen bei bekannten Polypeptiden durchmustern kann.

Die Primärstruktur eines Proteins ist sowohl genetisch als auch für die Struktur von Bedeutung. In Hinblick auf die Genetik liegt die Bedeutung darin, dass die Aminosäuresequenz des Polypeptids durch die Reihenfolge der Nucleotide in der entsprechenden mRNA bestimmt wird. Die mRNA wird wiederum von der DNA kodiert, die Gene für Proteine kodiert, sodass die Struktur eines Proteins das Ergebnis der Reihenfolge der Nucleotide in der DNA des Gens ist.

Die Primärsequenz der Proteine hat große Bedeutung für die höheren Organisationsstufen der Proteinstruktur. Im Grunde ergeben sich die drei höheren Stufen der Proteinorganisation direkt aus der Primärstruktur. Wenn also synthetische Polypeptide gebildet werden, deren Sequenz den α- und β-Untereinheiten des Hämoglobins entspricht, dann werden sie die ursprünglichen dreidimensionalen Konformationen dieser Untereinheiten annehmen, spontan interagieren und das native $\alpha_2\beta_2$-Tetramer bilden, das wir als Hämoglobin kennen.

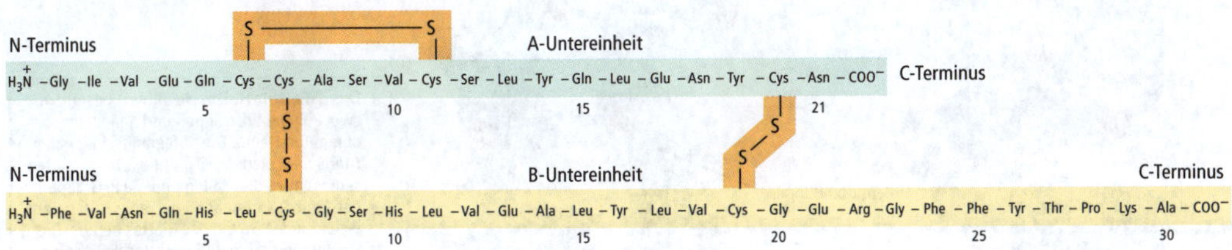

Abbildung 2.6: Die Primärstruktur von Insulin. Insulin besteht aus je zwei Polypeptiden, den sogenannten A-Untereinheiten und den B-Untereinheiten, jede ist hier vom N-Terminus zum C-Terminus dargestellt. Die beiden Untereinheiten werden kovalent durch zwei Disulfidbindungen verknüpft. (Für die Abkürzungen der Aminosäuren verweisen wir Sie auf die *Tabelle 2.1*).

Die Sekundärstruktur Die **Sekundärstruktur** eines Proteins enthält sich wiederholende Muster einer lokalen Struktur. Diese Muster sind das Ergebnis von Wasserstoffbrückenbindungen zwischen Atomen in Peptidbindungen auf dem Polypeptidrückgrat (▸ *Abbildung 2.5b*). Aus diesen lokalen Wechselwirkungen gehen zwei wichtige Strukturmuster hervor, die man als **α-Helix** bzw. **β-Faltblattkonformation** bezeichnet (▸ *Abbildung 2.7*).

Linus Pauling und Robert Corey schlugen 1951 die Struktur der α-Helix vor. Wie in der ▸ *Abbildung 2.7a* dargestellt, hat eine α-Helix die Form einer Spirale und besteht aus einem Rückgrat aus Peptidbindungen, wobei die spezifischen R-Gruppen der einzelnen Aminosäurereste nach außen stehen. Die helikale Form kommt bei sich wiederholenden Polymeren häufig vor, was wir auch noch bei den Nucleinsäuren und Polysacchariden sehen werden. In der α-Helix gibt es 3,6 Aminosäurereste pro Windung, sodass die Peptidbindungen jeder vierten Aminosäure dicht beieinander liegen. Die Entfernung zwischen diesen Peptidbindungen eignet sich exakt für die Bildung einer Wasserstoffbrückenbindung zwischen der NH-Gruppe einer Peptidbindung und der CO-Gruppe der anderen, wie in der *Abbildung 2.7a* dargestellt.

Daraus ergibt sich, dass jede Peptidbindung in der Helix durch die CO-Gruppe an die Peptidgruppe unmittelbar „unter" ihr in der Spirale über eine Wasserstoffbrückenbindung gebunden ist und durch die NH-Gruppe mit dem Peptid, das gerade „oberhalb" ist, obwohl diese Aminosäurereste nicht direkt nebeneinander liegen. Diese Wasserstoffbrückenbindungen liegen fast parallel zur Hauptachse der Helix und stabilisieren daher tendenziell die Spiralstruktur, indem sie aufeinanderfolgende Windungen der Helix zusammenhalten.

Eine weitere, häufig vorkommende Form der Sekundärstruktur von Proteinen ist das β-Faltblatt, das erstmalig von Pauling und Corey vorgeschlagen wurde. Wie in ▸ *Abbildung 2.7b* dargestellt, handelt es sich bei dieser Struktur um eine ausgedehnte, blattähnliche Konformation mit aufeinanderfolgenden Atomen in der Polypeptidkette, die an den „Spitzen" und „Tiefpunkten" der Falten liegen. Die R-Gruppen der aufeinanderfolgenden Aminosäuren stehen auf verschiedenen Seiten des Blatts nach außen ab. Da sich die Kohlenstoffatome, aus denen sich das Rückgrat der Polypeptidkette zusammensetzt, aufeinanderfolgend ein wenig oberhalb und ein wenig unterhalb einer gedachten mittleren Ebene befinden, und diese Struktur einem gefalteten Blatt ähnelt, bezeichnet man diese Strukturen als β-Faltblätter. Ob eine Aminosäuresequenz zu einer α-Helix oder einem β-Faltblatt führt, hängt von der besonderen Kombination der vorliegenden Aminosäuren ab.

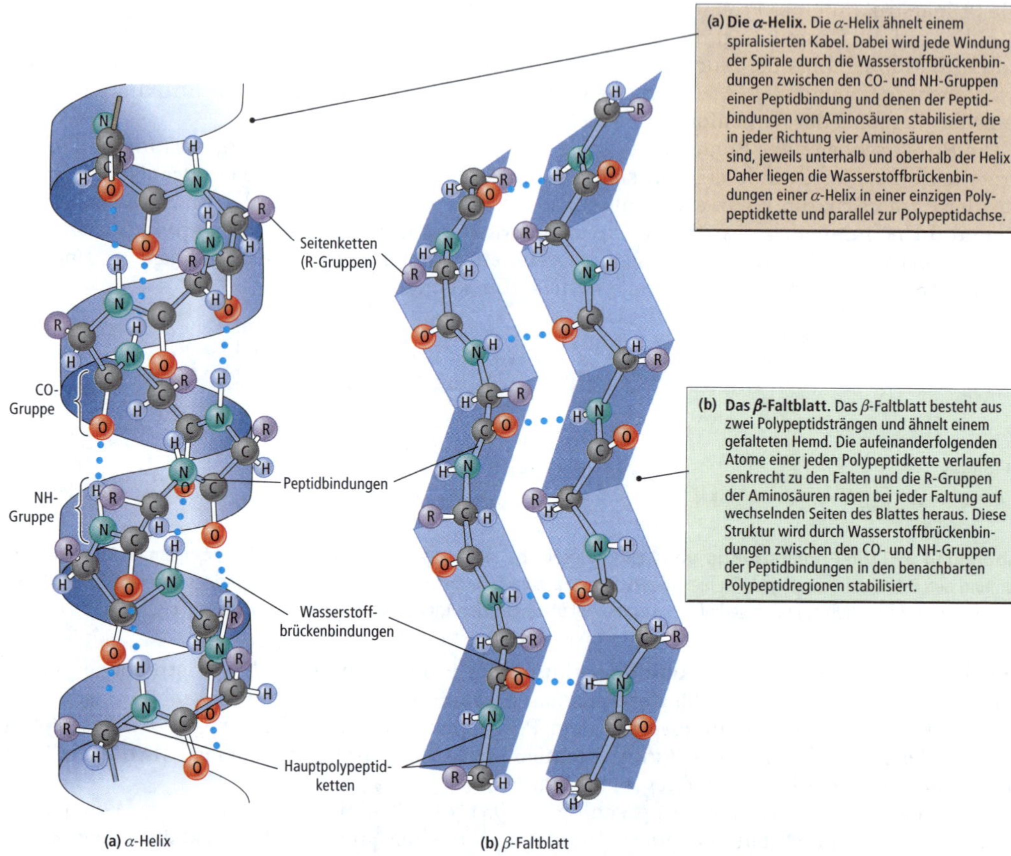

Abbildung 2.7: Die α-Helix und das β-Faltblatt. Die in (a) dargestellte α-Helix und das in (b) dargestellte β-Faltblatt sind wichtige Elemente der Sekundärstruktur von Proteinen. Beide werden durch Wasserstoffbrückenbindungen stabilisiert (blaue Punkte), entweder innerhalb einer lokalen Region der Primärsequenz (α-Helix) oder zwischen zwei getrennten Regionen (β-Faltblatt).

Ebenso wie die α-Helix kennzeichnet sich das β-Faltblatt durch eine maximale Anzahl von Wasserstoffbrückenbindungen. In beiden Fällen wirken alle CO-Gruppen und NH-Gruppen an den Peptidbindungen mit. Die Wasserstoffbindung in einer α-Helix ist allerdings immer intramolekular (zwischen Peptidbindungen innerhalb des gleichen Polypeptids), während die Wasserstoffbrückenbindung in einem β-Faltblatt entweder intramolekular (zwischen zwei Segmenten des gleichen Polypeptids) oder intermolekular (zwei verschiedene Polypeptide verknüpfend) liegen kann. Die Proteinregionen, die β-Faltblätter bilden, können auf zwei verschiedene Weisen interagieren. Wenn zwei interagierende Regionen in die gleiche Richtung verlaufen (N-Terminus zu C-Terminus), dann bezeichnet man dies als ein *paralleles* β-*Faltblatt* (siehe ▸ *Abbildung 2.8a*); wenn die beiden Stränge vom N-Terminus zum C-Terminus in entgegengesetzte Richtung verlaufen, nennt man die Struktur ein *antiparalleles* β-*Faltblatt* (siehe ▸ *Abbildung 2.8b*).

Um lokalisierte Regionen einer Struktur innerhalb eines Proteins darzustellen, haben Biochemiker die in der ▸ *Abbildung 2.8* dargestellten Konventionen vereinbart. Eine α-helikale Region wird entweder als Spirale oder Zylinder dargestellt, während eine β-Faltregion als flaches Band oder als Pfeil dargestellt wird, dessen Spitze in Richtung des C-Terminus zeigt. Ein Segment mit einer Schleife, die α-helikale und/oder β-Faltblattregionen verbindet, bezeichnet man als *Zufallsknäuel* (engl.: *random coil*), und sie wird als schmales Band dargestellt.

In vielen Proteinen hat man bestimmte Kombinationen von α-Helices und β-Faltblättern identifiziert. Diese Einheiten der Sekundärstruktur, die sogenannten Motive, bestehen aus kleinen Segmenten von α-Helix und/oder β-Faltblatt, die über Schleifenregionen unterschiedlicher Länge untereinander verbunden sind. Zu den am häufigsten vorkommenden Motiven gehören das β-α-β-Motiv (*Abbildung 2.8a*), die Haarnadelschleife (*Abbildung 2.8b*) und das Helix-turn-Helix-Motiv (▸*Abbildung 2.8c*). Wenn das Motiv in verschiedenen Proteinen vorkommt, übernimmt es im Allgemeinen in jedem die gleiche Aufgabe. Beispielsweise ist das Helix-Turn-Helix-Motiv eines von mehreren Sekundärstrukturmotiven, die für DNA-Bindeproteine charakteristisch sind.

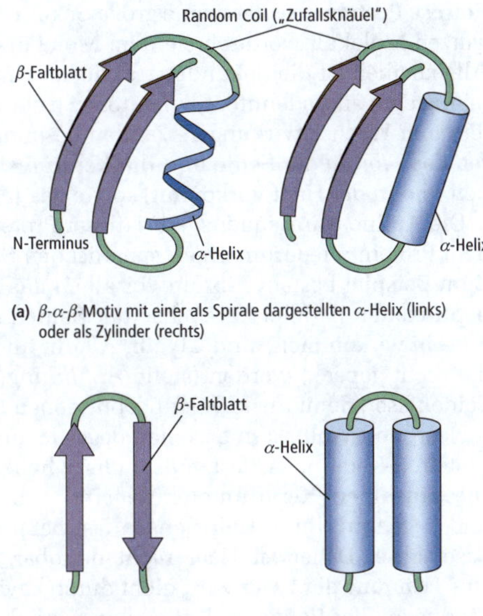

(a) β-α-β-Motiv mit einer als Spirale dargestellten α-Helix (links) oder als Zylinder (rechts)

(b) Haarnadelschleifenmotiv (c) Helix-Turn-Helix-Motiv

Abbildung 2.8: Häufig vorkommende Strukturmotive. Die hier dargestellten kurzen Abschnitte von Polypeptiden zeigen drei häufig vorkommende Einheiten der Sekundärstruktur: (a) β-α-β-Motiv, (b) die Haarnadelschleife und (c) das Helix-Turn-Helix-Motiv. Eine α-Helix kann man entweder als Spirale oder als Zylinder darstellen, während das β-Faltblatt als flaches Band oder als Pfeil, der in Richtung des C-Terminus weist, dargestellt wird. In Teil a liegen die β-Faltblätter parallel; in Teil b sind sie antiparallel ausgerichtet. Die kurzen Segmente (grün), die die α-Helices und die β-Faltblätter verbinden, werden als Random Coils bezeichnet und besitzen keine definierte Sekundärstruktur.

Die Tertiärstruktur Wahrscheinlich kann man die Tertiärstruktur eines Proteins am besten verstehen, wenn man sie mit der Sekundärstruktur vergleicht (▸*Abbildung 2.5*, Teile *b* und *c*). Die Sekundärstruktur ist ein vorhersagbares, sich wiederholendes Konformationsmuster, das sich aus der repetitiven Natur des Polypeptids ableitet, denn es beruht auf Wasserstoffbrückenbindungen zwischen Peptidbindungen – den häufig vorkommenden Strukturelementen in jeder Polypeptidkette. Angenommen Proteine enthielten nur eine oder wenige ähnliche Aminosäuren, dann könnte man vermutlich alle Aspekte der Proteinkonformation mit Hilfe der Sekundärstruktur verstehen, wobei es nur geringfügige Variationen unter den Proteinen gäbe.

Die Tertiärstruktur geht jedoch gerade auf die Vielfalt der Aminosäuren zurück, die in Proteinen vorkommen, und auf die sehr voneinander abweichenden chemischen Eigenschaften ihrer R-Gruppen. Tatsächlich hängt die Tertiärstruktur fast gänzlich von Wechselwirkungen zwischen den verschiedenen R-Gruppen ab, unabhängig von der zufälligen Lage der Primärsequenz. Die Tertiärstruktur spiegelt deshalb den nicht-repetitiven und einzigartigen Aspekt eines jeden Polypeptids wider, denn sie hängt nicht von den CO- und den NH-Gruppen ab, die in allen Aminosäuren einer Ketten enthalten sind, sondern von dem Merkmal, auf dem die Einzigartigkeit einer jeden Aminosäure beruht – ihrer R-Gruppe.

Die Tertiärstruktur ist weder repetitiv noch leicht vorhersagbar; sie beruht auf konkurrierenden Wechselwirkungen zwischen Seitengruppen mit unterschiedlichen Merkmalen. Beispielsweise suchen hydrophobe R-Gruppen spontan eine nicht wässrige Umgebung im Inneren des Moleküls, während polare Aminosäuren an die Oberfläche gezogen werden. Entgegengesetzt geladene R-Gruppen können ionische Bindungen eingehen, während ähnlich geladene Gruppen einander abstoßen. Daraus folgt, dass sich die Polypeptidkette faltet, spiralisiert und in die **native Konformation** gedreht wird – die stabilste, dreidimensionale Struktur für eine bestimmte Sequenz von Aminosäuren.

Die relativen Beiträge der Sekundär- und Tertiärstrukturen zum Gesamterscheinungsbild eines Polypeptids variieren von Protein zu Protein und hängen entscheidend von den relativen Anteilen und der Sequenz der Aminosäuren in der Kette ab. Grob gesagt kann man Proteine in zwei Kategorien einteilen: *fibröse Proteine* und *globuläre Proteine*.

Fibröse Proteine besitzen eine große Sekundärstruktur (entweder eine α-Helix oder ein β-Faltblatt) im ganzen Molekül, wodurch sie dem Molekül eine höchst geordnete, repetitive Struktur verleihen. Im Allgemeinen ist die Sekundärstruktur im Hinblick auf die Festlegung der Form fibröser Proteine, die häufig eine ausgedehnte, filamentöse Struktur aufweisen, von wesentlich größerer Bedeutung als die tertiären Wechselwirkungen. Zu den besonders hervorstechenden Beispielen fibröser Proteine gehören das *Fibroin* der Seide und die *Keratine* des Haares und der Wolle, das *Kollagen* (das in den Sehnen und in der Haut vorkommt) sowie das *Elastin* (das in Bändern und Blutgefäßen enthalten ist).

Die Aminosäuresequenz jedes dieser Proteine bevorzugt eine bestimmte Sekundärstruktur, welche dem Protein wiederum einen spezifischen Satz wünschenswerter mechanischer Merkmale verleiht. Zum Beispiel besteht Fibroin vor allem aus langen Abschnitten von β-Faltblättern, wobei die Polypeptidketten parallel zur Achse der Seidenfaser verlaufen. Die Aminosäuren, die am häufigsten in Fibroin vorkommen, sind Glycin, Alanin und Serin. Diese Aminosäuren besitzen kleine R-Gruppen, die dicht gepackt werden (siehe *Abbildung 2.2*). Das Ergebnis ist eine starke und relativ dehnbare Seidenfaser, denn die kovalent gebundenen Ketten sind fast bis auf ihre maximale Länge gestreckt.

Haar- und Wollfasern bestehen dagegen aus dem Protein α-Keratin, das fast vollständig α-helikal ist. Die einzelnen Keratinmoleküle sind sehr lang und liegen mit ihren Helixachsen fast parallel zur Faserachse. Daher ist Haar recht dehnbar, denn eine Dehnung der Faser wird nicht durch kovalente Bindungen der Polypeptidkette eingeschränkt, wie es bei den β-Faltblättern der Fall ist, sondern von Wasserstoffbrückenbindungen, welche die Struktur der α-Helix stabilisieren. Die einzelnen α-Helices in einem Haar umschlingen einander und bilden eine starke, einem Seil ähnliche Struktur, wie in der ▸*Abbildung 2.9* dargestellt. Zuerst bilden zwei Keratin-α-Helices eine Spirale und zwei dieser spiralisierten Paare assoziieren zu einem Protofilament, das vier α-Helices enthält. Gruppen von acht Protofilamenten treten sodann in Wechselwirkung und bilden intermediäre Filamente, die sich zu einem Bündel verdichten und die eigentliche Haarfaser bilden. Es überrascht keineswegs, dass die α-Keratinpolypeptide im Haar reich an hydrophoben Resten sind, die an den Stellen, an denen sich die Helix berührt, in Wechselwirkung treten, wodurch ein dichtes Packen der Filamente im Haar ermöglicht wird.

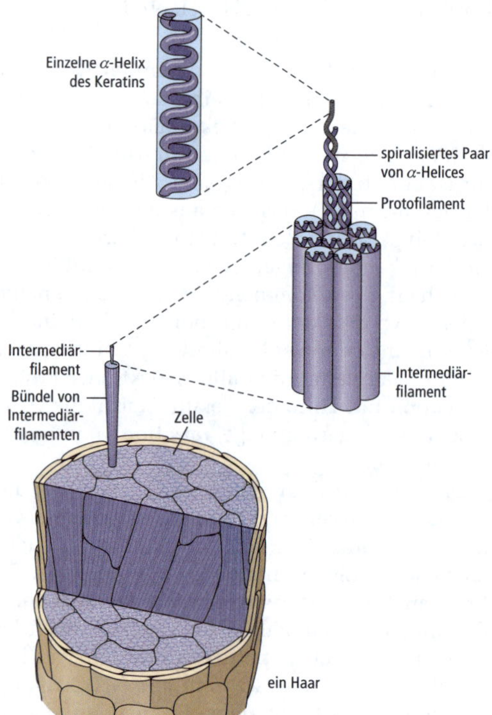

Abbildung 2.9: Die Struktur des Haars. Das wichtigste Strukturprotein eines Haars ist das α-Keratin, ein fibröses Protein mit α-helikaler Form. Die einzelnen α-Helices in einem Haar sind umeinander geschlungen, so dass sie eine starke, einem Seil ähnliche Struktur bilden. Zwei Keratin-α-Helices sind umeinander spiralisiert und zwei dieser spiralisierten Paare assoziieren und bilden ein Protofilament, das vier α-Helices enthält. Gruppen aus acht Protofilamenten treten dann in Wechselwirkung und bilden intermediäre Filamente, die sich zu Bündeln verdichten und die Haarfasern bilden.

So wichtig fibröse Proteine auch sein mögen, sie stellen nur einen kleinen Teil der Proteinarten dar, die in den meisten Zellen vorkommen. Die meisten Proteine, die an den zellulären Strukturen beteiligt sind, sind **globuläre Proteine**, die ihren Namen ihren Polypeptidketten verdanken, die zu kompakten Strukturen gefaltet werden und nicht zu ausgedehnten Filamenten. Die Polypeptidkette eines globulären Proteins ist häufig lokal zu Regionen mit α-Helix- oder β-Faltblattstrukturen gefaltet. Diese Regionen der Sekundärstruktur sind wiederum auf sich selber zurückgefaltet und verleihen dem Protein die typische kompakte runde Form. Diese Faltung ist möglich, weil Regionen einer α-Helix oder eines β-Faltblatts von zufälligen Spiralen durchsetzt sind, unregelmäßig strukturierten Regionen, die eine Schleifenbildung und Faltung der

Polypeptidkette ermöglichen (*Abbildung 2.8*). Daher besitzt jedes globuläre Protein seine einzigartige Tertiärstruktur, die sich aus sekundären Strukturelementen (Helices und Faltblätter) zusammensetzt, die auf spezifische Weise gefaltet sind, sodass das Protein sich besonders für eine funktionale Aufgabe eignet.

Ob ein spezifisches Segment eines Polypeptids eine α-Helix, ein β-Faltblatt oder keines von beiden bildet, hängt von den in diesem Segment vorkommenden Aminosäuren ab. So sind beispielsweise Leucin, Methionin und Glutamat starke „α-Helix-Bildner“, was bedeutet, dass sie häufig in α-helikalen Regionen vorkommen. Isoleucin, Valin und Phenylalanin sind starke „β-Faltblatt-Bildner“, die häufig in den β-Faltblattregionen vorliegen. Prolin wird als „Helixspalter“ betrachtet und kommt niemals in einer α-Helix vor. Seine R-Gruppe ist kovalent an seinen Aminostickstoff gebunden und daher fehlt das für die Wasserstoffbindung erforderliche Wasserstoffatom.

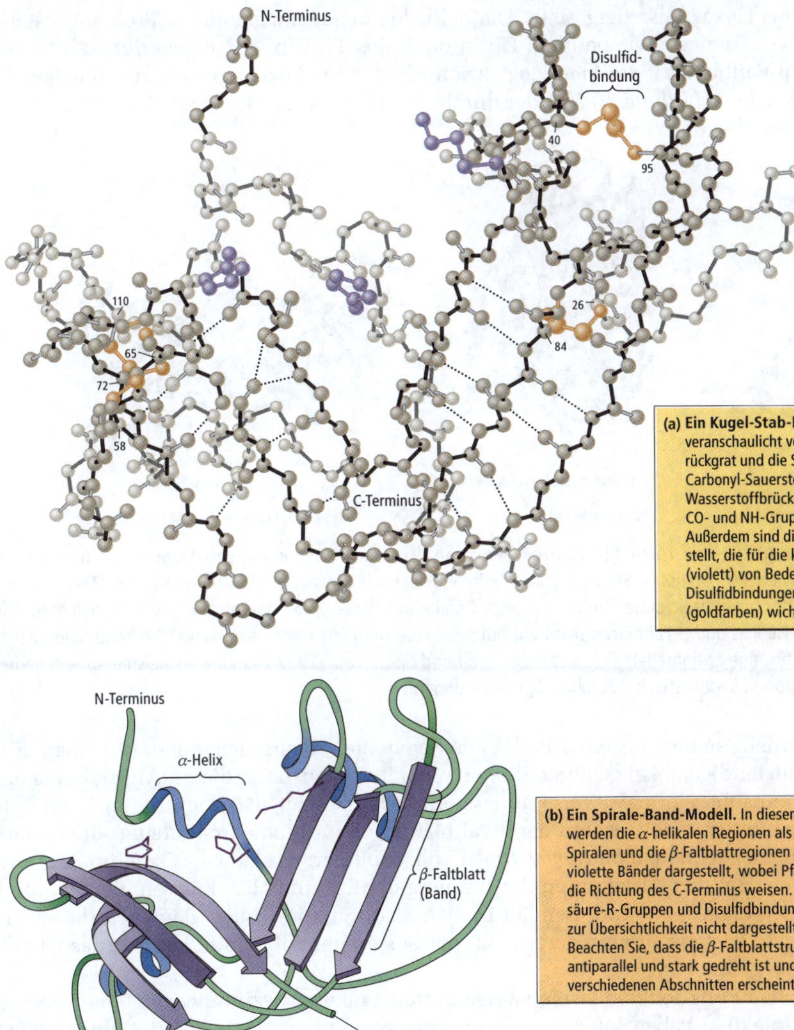

(a) Ein Kugel-Stab-Modell. Dieses Modell veranschaulicht vor allem das Kohlenstoffrückgrat und die Stickstoffatome sowie die Carbonyl-Sauerstoffatome (grau) und die Wasserstoffbrückenbindungen zwischen den CO- und NH-Gruppen (gepunktete Linien). Außerdem sind die drei R-Gruppen dargestellt, die für die katalytische Aktivität (violett) von Bedeutung sind und mehrere Disulfidbindungen, die für die Tertiärstruktur (goldfarben) wichtig sind.

(b) Ein Spirale-Band-Modell. In diesem Modell werden die α-helikalen Regionen als blaue Spiralen und die β-Faltblattregionen als violette Bänder dargestellt, wobei Pfeile in die Richtung des C-Terminus weisen. Aminosäure-R-Gruppen und Disulfidbindungen sind zur Übersichtlichkeit nicht dargestellt. Beachten Sie, dass die β-Faltblattstruktur antiparallel und stark gedreht ist und in zwei verschiedenen Abschnitten erscheint.

Abbildung 2.10: Die dreidimensionale Struktur der Ribonuclease. Die Ribonuclease ist ein monomeres, globuläres Protein mit wichtigen α-helikalen und β-Faltblattsegmenten, die durch zufällige Spiralen verbunden sind. Am besten kann man seine Tertiärstruktur entweder durch (a) ein Kugel-Stab-Modell oder durch (b) ein Spirale-Band-Modell darstellen.

In der ▸*Abbildung 2.10* wird die native Tertiärstruktur der Ribonuclease dargestellt, eines typischen globulären Proteins. In der *Abbildung 1.14* sind Sie der Ribonuclease bereits begegnet, dort wurde sie beispielhaft für Denaturierung und Renaturierung eines Polypeptids und die Spontanität von dessen Faltung angeführt. In der *Abbildung 2.10* verwendet man zwei verschiedene Konformationen, um die Struktur der Ribonuclease darzustellen: das in ▸*Abbildung 2.10a* verwendete Kugel-Stab-Modell und das Spirale-Band-Modell aus ▸*Abbildung 2.10b*. Zur Übersichtlichkeit hat man die Seitenketten der Ribonuclease in beiden Modellen außer Acht gelassen. Die goldfarben unterlegten Gruppen in der *Abbildung 2.10a* stellen die vier Disulfidbindungen dar, die zur Stabilisierung der Struktur der Ribonuclease beitragen.

Die Strukturen globulärer Proteine können vorrangig eine α-Helix sein, ein β-Faltblatt oder eine Mischung aus beiden Strukturen. Diese Kategorien werden in der ▸*Abbildung 2.11* jeweils am Beispiel des Hüllproteins des Tabakmosaikvirus (TMV), eines Teils eines Immunglobulinmoleküls und eines Teils des Enzyms Hexokinase dargestellt. Die helikalen Segmente globulärer Proteine bestehen häufig aus Bündeln von Helices, wie bei dem Hüllprotein des TMV in der ▸*Abbildung 2.11a*. Segmente, in denen die β-Faltblattstruktur überwiegt, zeichnen sich im Allgemeinen durch eine fassähnliche Konfiguration aus (▸*Abbildung 2.11b*) oder durch ein spiralisiertes Blatt (▸*Abbildung 2.11c*).

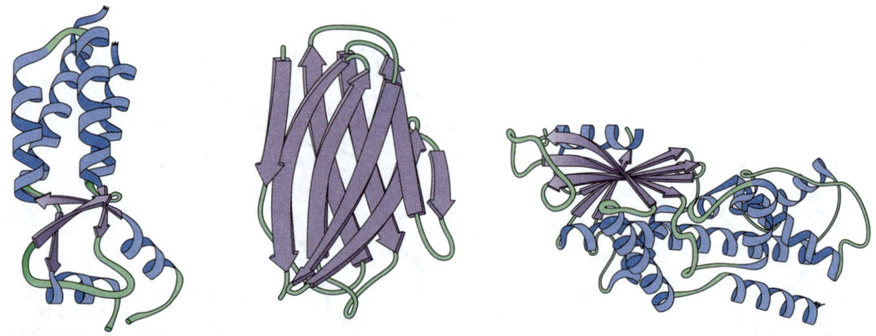

Abbildung 2.11: Die Struktur mehrerer globulärer Proteine. Hier sind Proteine mit verschiedenen Tertiärstrukturen dargestellt: (a) eine überwiegend α-helikale Struktur (blaue Spiralen), das Hüllprotein des Tabakmosaikvirus (TMV); (b) eine vorrangig durch β-Faltblätter gekennzeichnete Struktur (violette Bänder mit Pfeilen), die V_2-Domäne des Immunglobulins und (c) eine Struktur, in der α-Helices und β-Faltblätter gemischt auftreten, die Domäne 2 der Hexokinase. Die Immunglobulin-V_2-Domäne gibt ein Beispiel für eine antiparallele β-Fassstruktur, während die Hexokinase-2-Domäne als Beispiel für ein gedrehtes β-Faltblatt steht (die grünen Segmente sind zufällige Spiralisierungen).

Viele globuläre Proteine bestehen aus einer Reihe von Segmenten, den sogenannten Domänen. Eine **Domäne** ist eine eigenständige, lokal gefaltete Einheit einer Tertiärstruktur, die im Allgemeinen eine spezifische Funktion ausübt. Normalerweise umfasst eine Domäne 50–350 Aminosäuren mit kompakt gepackten Regionen der α-Helices und der β-Faltblätter. Kleine globuläre Proteine sind zumeist in eine einzelne Domäne gefaltet (*Abbildung 2.10b*). Große globuläre Proteine besitzen im Allgemeinen mehrere Domänen. Bei den Abschnitten der Immunglobulin- und Hexokinasemoleküle, die in *Abbildung 2.11b* und *c* dargestellt sind, handelt es sich also um spezifische Domänen dieser Proteine. In ▸*Abbildung 2.12* ist ein Protein dargestellt, das aus einem Polypeptid besteht, das zu zwei funktionalen Domänen gefaltet ist.

Proteine mit ähnlichen Funktionen (beispielsweise Bindung an ein spezifisches Ion oder Erkennen eines spezifischen Moleküls) haben im Allgemeinen eine gemeinsame Domäne, die eine Sequenz identischer oder sehr ähnlicher Aminosäurereste enthält. Des Weiteren weisen Proteine mit mehreren Funktionen normalerweise für jede Funktion eine eigene Domäne auf. Somit kann man sich Domänen als modulare Funktionseinheiten vorstellen, aus denen globuläre Proteine zusammengesetzt werden. Man hat in den Proteinen viele verschiedene Typen von Domänen beschrieben und ihnen Namen verliehen wie beispielsweise Immunglobulindomäne, Kringledomäne oder Todesdomäne.

Jeder Typ besteht aus einer bestimmten Kombination von α-Helix- und β-Faltblattstrukturen, die der Domäne ihre spezifische Funktion zuteilen.

Bevor wir das Thema der Tertiärstruktur verlassen, möchten wir nochmals betonen, dass diese Strukturen höherer Organisationsstufen von der Primärstruktur des Polypeptids abhängig sind. Die Bedeutung der Primärstruktur lässt sich besonders gut am Beispiel der Sichelzellanämie darstellen. Die roten Blutkörperchen der Menschen mit diesem Merkmal liegen nicht als normale runde Scheiben vor, sondern weisen eine verzerrte „Sichelform" auf. Dies führt dazu, dass die anormalen Zellen die Blutgefäße verstopfen und den Blutfluss hemmen, wodurch in den Geweben nicht ausreichend Sauerstoff zur Verfügung steht.

Dieser Zustand geht auf eine geringfügige Veränderung im Hämoglobinmolekül innerhalb der roten Blutkörperchen zurück. Bei Menschen, die an Sichelzellanämie leiden, haben die Hämoglobinmoleküle normale α-Polypeptidketten, aber die β-Ketten besitzen eine einzige andere Aminosäure. An einer spezifischen Position in der Kette (dem sechsten Aminosäurerest des N-Terminus) wird das normalerweise vorkommende Glutamat durch Valin ersetzt. Diese Substitution führt zu einer Veränderung in der Tertiärstruktur der β-Ketten, die genügt, um eine Kristallisation der Hämoglobinmoleküle herbeizuführen und die Zelle derart zu verformen, dass sie die Gestalt einer Sichel annimmt. Nicht alle Aminosäuresubstitutionen verursachen dramatische Veränderungen im Hinblick auf Struktur und Funktion, aber dieses Beispiel unterstreicht die entscheidende Beziehung zwischen der Aminosäuresequenz eines Polypeptids und der endgültigen Form und biologischen Aktivität des Moleküls.

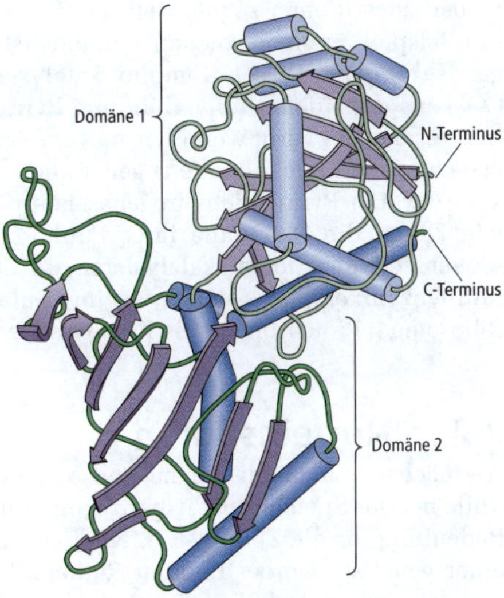

Abbildung 2.12: Beispiel für zwei funktionale, proteinhaltige Domänen. Dieses Modell des Enzyms Glycerinaldehydphosphatdehydrogenase weist eine einzelne Polypeptidkette auf, die in zwei Domänen gefaltet ist. Eine Domäne bindet das Substrat, das methyliert wird, während die andere Domäne an einen chemischen Cofaktor bindet, der für den Ablauf der Reaktion notwendig ist. Die beiden Domänen sind verschiedenfarbig unterlegt.

Die Quartärstruktur Die Quartärstruktur eines Proteins ist die Organisationsstufe, auf der Wechselwirkungen zwischen Untereinheiten und Vorgänge der endgültigen Strukturfestlegung ablaufen (siehe ▸ *Abbildung 2.5d*). Daher werden bei der Quartärstruktur ausschließlich multimere Proteine eingesetzt. Viele Proteine gehören zu dieser Kategorie, vor allem Proteine, deren Molekulargewicht über 50.000 liegt. Hämoglobin ist beispielsweise ein multimeres Protein mit zwei α-Ketten und zwei β-Ketten. Einige multimere Proteine besitzen identische Polypeptiduntereinheiten, andere, zum Beispiel Hämoglobin, enthalten zwei oder mehrere verschiedene Arten von Polypeptiden.

Die Bindungen und Kräfte, durch die die Quartärstruktur aufrechterhalten wird, sind mit denen identisch, die für die Tertiärstruktur verantwortlich sind: Wasserstoffbrückenbindungen, elektrostatische Wechselwirkungen, Van-der-Waals-Kräfte, hydrophobe Wechselwirkungen und kovalente Disulfidbindungen. Wie bereits zuvor angemerkt, können Disulfidbindungen entweder innerhalb einer Polypeptidkette oder zwischen verschiedenen Ketten auftreten. Wenn sie in einem Polypeptid vorkommen, stabilisieren sie die Tertiärstruktur. Wenn sie zwischen Polypeptiden auftreten, unterstützen sie die Quartärstruktur und halten die einzelnen Polypeptide zusammen (siehe *Abbildung 2.6*). Ebenso wie bei der Polypeptidfaltung erfolgt die Zusammensetzung der Untereinheiten oftmals spontan, jedoch nicht immer. Meistens wird die benötigte Information, wenn nicht sogar die gesamte Information, von der Aminosäuresequenz der einzelnen Polypeptide zur Verfügung gestellt, aber häufig werden molekulare Chaperone hinzugezogen, um die korrekte Zusammensetzung sicherzustellen.

Es gibt Fälle, in denen eine noch höhere Stufe des Zusammenbaus möglich ist, was bedeutet, das zwei oder mehr Proteine (häufig Enzyme) zu einem **Multiproteinkomplex** zusammengesetzt werden, wobei jedes Protein sequenziell an einem gemeinsamen Vorgang in mehreren Schritten mitwirkt. Ein Beispiel für einen solchen Komplex ist ein Enzymsystem mit der Bezeichnung *Pyruvatdehydrogenasekomplex*. Dieser Komplex katalysiert das oxidative Entfernen eines Kohlenstoffatoms (als CO_2) aus der Kohlenstoffverbindung Pyruvat (oder Brenztraubensäure), eine Reaktion, die für uns interessant sein wird, wenn wir in *Kapitel 9* angelangt sein werden. Drei einzelne Enzyme und fünf verschiedene Moleküle, die sogenannten Coenzyme, bilden einen hoch organisierten *Multienzymkomplex*. Der Pyruvatdehydrogenasekomplex ist eines der am besten verstandenen Beispiele dafür, wie Zellen die Ökonomie ihrer Funktion bewerkstelligen, indem sie nämlich die Enzyme, die sequenziell Reaktionen katalysieren, in einem einzigen Multienzymkomplex anordnen. Weitere Multienzymkomplexe, denen wir im Laufe unserer Studien begegnen werden, sind unter anderem Ribosomen, Proteosomen, die Photosysteme und der DNA-Replikationskomplex.

2.2 Nucleinsäuren

Als nächstes kommen wir zu den Nucleinsäuren. Das sind Makromoleküle, die aufgrund ihrer Rolle bei der Speicherung, Übertragung und Expression genetischer Information von allerhöchster Bedeutung für die Zellen sind. Nucleinsäuren sind lineare Polymere aus Nucleotiden, die gemäß einer genetisch vorbestimmten Reihenfolge, die für ihre Rolle als informationstragende Makromoleküle von entscheidender Bedeutung ist, umeinander gewunden sind. Die beiden wichtigsten Typen der Nucleinsäuren sind die **DNA (Desoxyribonucleinsäure)** und die **RNA (Ribonucleinsäure)**. Die DNA und die RNA unterscheiden sich im Hinblick auf ihre Chemie und ihre Rolle in der Zelle. Wie die Namen bereits vermuten lassen, enthält die RNA in jedem ihrer Nucleotide den Zucker **Ribose** mit fünf Kohlenstoffatomen, während die DNA den nah verwandten Zucker **Desoxyribose** enthält. Im Hinblick auf ihre Funktion dient die DNA in erster Linie als Speicher der genetischen Information, während RNA-Moleküle mehrere verschiedene Aufgaben bei der Expression dieser Information übernehmen – das heißt, bei der Proteinsynthese.

Der größte Teil der DNA ist im Zellkern lokalisiert, dem wichtigsten Ort der RNA-Synthese in der Zelle. (1) *Transkription:* Ein spezifisches Segment eines DNA-Moleküls, das man als Gen bezeichnet, steuert die Synthese eines komplementären Moleküls der *Messenger-RNA (mRNA)* in einem Vorgang mit der Bezeichnung *Transkription*. Jedes Gen enthält die Information, die es mit Hilfe dieser mRNA zur Bildung eines spezifischen Polypeptids benötigt. (2) *mRNA-Export:* Die mRNA verlässt den Zellkern durch *Kernporen* – winzige Kanäle in der Zellkernmembran – und gelangt in das Cytoplasma. (3) *Translation (Polypeptidsynthese):* Im Cytoplasma dient die Nucleotidsequenz der mRNA dazu, die Synthese des spezifischen Polypeptids, das von dem Gen kodiert wird, zu steuern. Ein Ribosom, ein Komplex ribosomaler Proteine und *ribosomaler RNA-Moleküle (rRNA)*, heftet sich an die mRNA, um die kodierte Information abzulesen. Während sich das Ribosom entlang der mRNA bewegt, bringen Moleküle der *Transfer-RNA (tRNA)* die richtigen Aminosäuren, die an die wachsende Polypeptidkette angefügt werden sollen.

2.2.1 Nucleotide sind die Monomere

Nucleinsäuren sind informationstragende Makromoleküle und enthalten in einer spezifischen Sequenz nichtidentische, monomere Einheiten. Die monomeren Einheiten der Nucleinsäuren werden als **Nucleotide** bezeichnet. Nucleotide weisen weniger Vielfalt auf als Aminosäuren; DNA und RNA enthalten jeweils nur vier verschiedene Arten von Nucleotiden. (Tatsächlich gibt es eine größere Vielfalt, vor allem in einigen RNA-Molekülen, in denen einige Nucleotide nach Insertion in die Kette modifiziert werden.)

Wie in der ▸*Abbildung 2.13* dargestellt, besteht jedes Nucleotid aus einem Pentosezucker, an den eine Phosphatgruppe und eine stickstoffhaltige aromatische Base geknüpft sind. Bei dem Zucker handelt es sich entweder um D-Ribose (in der RNA) oder um D-Desoxyribose (in der DNA). Das Phosphat wird durch eine Phosphoesterbindung an das 5′-Kohlenstoffatom des Zuckers gebunden und die Base wird mit dem 1′-Kohlenstoffatom verknüpft. Die Base kann entweder ein Purin oder ein Pyrimidin sein. Die DNA enthält die Purine Adenin (A) und Guanin (G) und die Pyrimidine Cytosin (C) und Thymin (T). Die RNA enthält auch Adenin, Guanin und Cytosin, aber an Stelle von Thymin enthält sie Uracil (U). Ebenso wie die 20 Aminosäuren der Proteine, gehören auch diese fünf aromatischen Basen zu den am häufigsten in Zellen vorkommenden kleinen Molekülen.

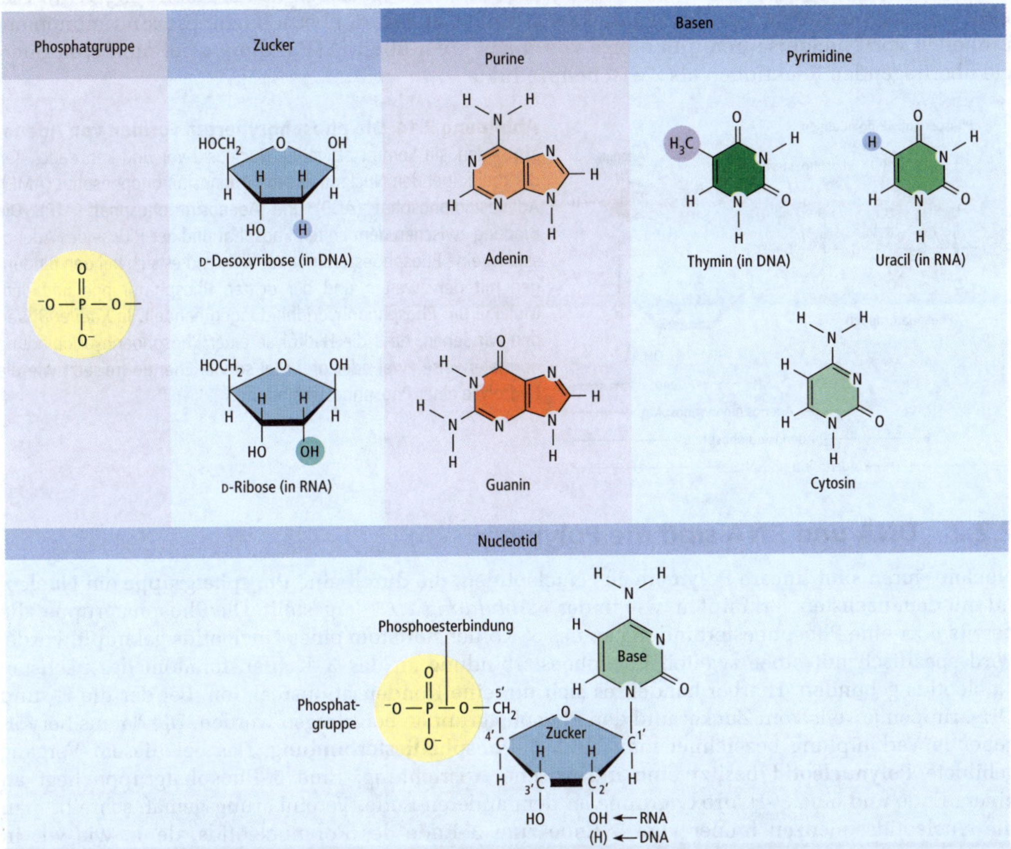

Abbildung 2.13: Die Struktur eines Nucleotids. Bei der RNA besteht ein Nucleotid aus der Pentose D-Ribose und einer aromatischen, stickstoffhaltigen Base, die an das 1′-Kohlenstoffatom und eine Phosphatgruppe geknüpft ist, die über eine Phosphoesterbindung an das 5′-Kohlenstoffatom gebunden sind. (Kohlenstoffatome im Zucker eines Nucleotids werden von 1′ bis 5′ nummeriert, um sie von denen in der Base zu unterscheiden, die ohne Strich nummeriert werden.) Bei der DNA wird die Hydroxylgruppe am 2′-Kohlenstoffatom durch ein Wasserstoffatom ersetzt, sodass man den Zucker als D-Desoxyribose bezeichnet. Die Basen in der DNA sind die Purine Adenin (A) und Guanin (G) und die Pyrimidine Thymin (T) und Cytosin (C). In der RNA wird Thymin durch das Pyrimidin Uracil (U) ersetzt.

Ohne das Phosphat bezeichnet man die verbleibende Base-Zucker-Einheit als **Nucleosid**. Jedes Pyrimidin und Purin kann daher als freie Base auftreten, als Nucleosid oder als Nucleotid. Beachten Sie, dass die Nucleotide und Nucleoside, die Desoxyribose enthalten, durch einen Kleinbuchstaben gekennzeichnet werden, der vor den Buchstaben steht, die zur Bezeichnung der Base dienen.

Wie Sie der Nomenklatur entnehmen können, kann man sich ein Nucleotid als Nucleosidmonophosphat vorstellen, denn es ist ein Nucleosid, an das eine einzige Phosphatgruppe geknüpft ist. Diese Terminologie kann man gut auf Moleküle übertragen, die an zwei oder drei Phosphatgruppen des 5′-Kohlenstoffatoms geknüpft sind. So kann zum Beispiel das Nucleosid Adenosin (Adenin plus Ribose) mit ein, zwei oder drei Phosphaten verknüpft sein und wird entsprechend als

Adenosinmonophosphat (AMP), **Adenosindiphosphat (ADP)** oder **Adenosintriphosphat (ATP)** bezeichnet. In der ▸*Abbildung 2.14* werden die Beziehungen zwischen diesen Verbindungen dargestellt.

Gewiss werden Sie ATP als die energiereiche Verbindung wiedererkennen, die verschiedene Reaktionen in der Zelle antreibt, unter anderem die Aktivierung von Monomeren zur Bildung von Polymeren, mit der wir uns im vorherigen Kapitel beschäftigt haben (siehe *Abbildung 1.13*). Das Beispiel lässt vermuten, dass Nucleotide zwei Rollen in Zellen übernehmen: Sie sind monomere Einheiten von Nucleinsäuren und einige von ihnen – vor allem ATP – dienen bei mehreren Energie übertragenden Reaktionen als Zwischenprodukte.

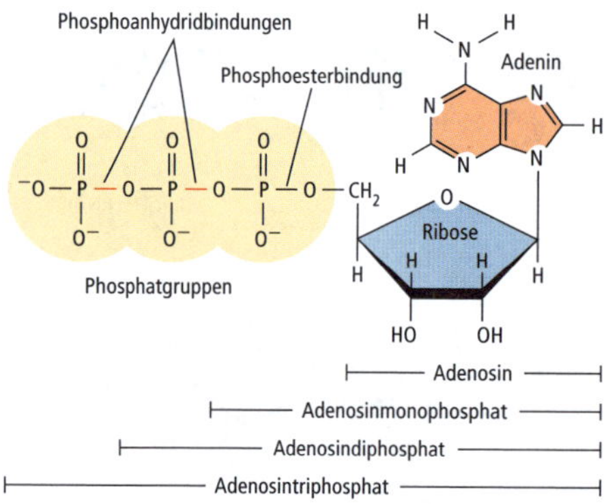

Abbildung 2.14: Die phosphorylierten Formen von Adenosin. Adenosin kommt als freies Nucleosid vor und kann auch Teil der drei folgenden Nucleotide sein: Adenosinmonophosphat (AMP), Adenosindiphosphat (ADP) und Adenosintriphosphat (ATP). Die Bindung zwischen dem ersten Phosphat und der Ribose des Adenosins ist eine Phosphoesterbindung, während es sich bei den Bindungen mit der zweiten und der dritten Phosphatgruppe und dem Molekül um Phosphoanhydridbindungen handelt. In *Kapitel 8* werden wir sehen, dass die Hydrolyse einer Phosphoanhydridbindung normalerweise zwei oder drei Mal so viel Energie freisetzt wie die Hydrolyse einer Phosphoesterbindung.

2.2.2 DNA und RNA sind die Polymere

Nucleinsäuren sind lineare Polymere aus Nucleotiden, die durch eine Phosphatgruppe ein Nucleotid mit dem nächsten verknüpfen, wie in der ▸*Abbildung 2.15* dargestellt. Die Phosphatgruppe, die bereits über eine Phosphoesterbindung an das 5′-Kohlenstoffatom eines Nucleotids geknüpft wurde, wird spezifisch mit einer zweiten Phosphoesterbindung an das 3′-Kohlenstoffatom des nächsten Nucleotids gebunden. Hierbei handelt es sich um eine Kondensationsreaktion, bei der die H- und OH-Gruppen jeweils vom Zucker und den Phosphatgruppen beigetragen werden. Die daraus hervorgehende Verknüpfung bezeichnet man als **3′,5′-Phosphodiesterbindung**. Das bei diesem Vorgang gebildete **Polynucleotid** besitzt eine intrinsische Ausrichtung: Eine 5′-Phosphatgruppe liegt an einem Ende und eine 3′-Hydroxylgruppe an dem anderen Ende. Vereinbarungsgemäß schreibt man die Nucleotidsequenzen immer vom 5′-Ende zum 3′-Ende des Polynucleotids, denn, wie wir in *Kapitel 18* sehen werden, verläuft in dieser Richtung die Nucleinsäuresynthese in Zellen.

Für die Nucleinsäuresynthese wird sowohl Energie als auch Information benötigt. Jedes nachfolgende Nucleotid tritt als hochenergetisches Nucleosidtriphosphat ein, um die Energie zur Verfügung zu stellen, die für die Bildung einer jeden neuen Phosphodiesterbindung benötigt wird. Daher sind die Vorläufer der DNA-Synthese dATP, dCTP, dGTP und dTTP. Für die RNA-Synthese werden ATP, CTP, GTP und UTP benötigt. Des Weiteren wird Information für die Nucleinsäuresynthese benötigt, denn die nachfolgend ankommenden Nucleotide müssen in einer spezifischen, genetisch bestimmten Sequenz angefügt werden. Zu diesem Zweck wird eine bereits existierende **Matrize** verwendet, um die Reihenfolge der Nucleotide zu spezifizieren. Sowohl für die DNA- als auch für die RNA-Synthese wird im Allgemeinen die DNA genommen. Die matrizengestützte Nucleinsäuresynthese beruht auf einer exakten und vorhersagbaren Basenpaarung zwischen einem Matrizennucleotid und dem spezifischen, ankommenden Nucleotid, das mit dem Matrizennucleotid eine Paarung eingehen kann.

Dieser Erkennungsprozess hängt von einem wichtigen chemischen Merkmal der Purin- und Pyrimidinbasen ab, die in der ▸*Abbildung 2.16* dargestellt werden. Diese Basen besitzen Carbonylgruppen und Stickstoffatome, die unter geeigneten Bedingungen Wasserstoffbrückenbindungen aufbauen können. Aufgrund komplementärer Beziehungen zwischen Purinen und Pyrimidinen kann A zwei Wasserstoffbrückenbindungen mit T (oder U) und G kann drei Wasserstoffbindungen mit C bilden, wie Sie der *Abbildung 2.16* entnehmen können. Diese Paarung von A mit T (oder U) und G mit C ist eine grundlegende Eigenschaft der Nucleinsäuren. Im Hinblick auf die Genetik liefert die **Basenpaarung** den Nucleinsäuren einen Mechanismus zur gegenseitigen Erkennung. Jetzt werden wir uns allerdings auf die Bedeutung dieses Sachverhalts für die Struktur konzentrieren.

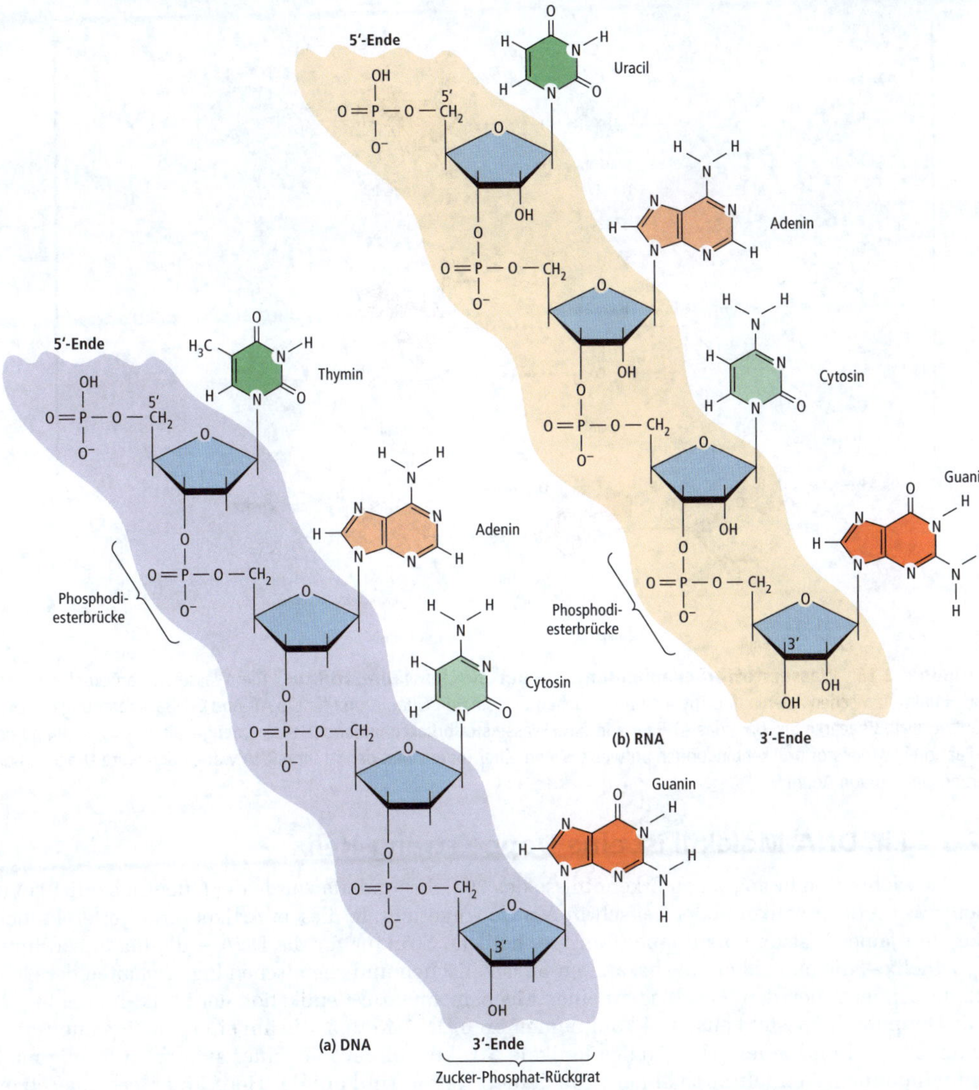

Abbildung 2.15: Die Struktur der Nucleinsäuren. Nucleinsäuren bestehen aus linearen Ketten von Nucleotiden, wobei jedes einen Zucker, ein Phosphat und eine Base enthält. Der Zucker ist (a) Desoxyribose bei der DNA und (b) Ribose bei der RNA. Nacheinander werden Nucleotide über 3′,5′-Phosphodiesterbindungen an die Kette angefügt. Das entstandene Polynucleotid hat eine Ausrichtung mit einem 5′- und einem 3′-Ende. Sowohl bei der DNA als auch bei der RNA bildet eine alternierende Zucker-Phosphat-Sequenz das Rückgrat, von dem die Basen abstehen.

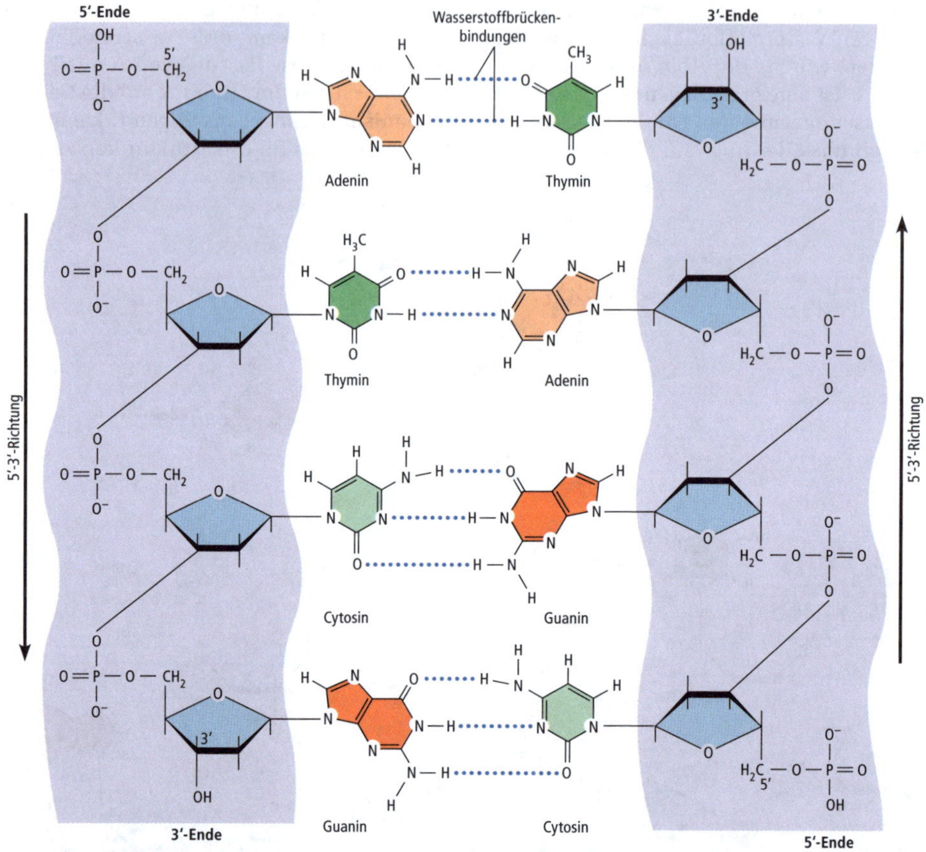

Abbildung 2.16: Wasserstoffbrückenbindung in der Nucleinsäurestruktur. Die Wasserstoffbrückenbindungen (blaue Punkte) zwischen Adenin und Thymin und zwischen Cytosin und Guanin sind für die AT- und CG-Basenpaarung der DNA verantwortlich. Beachten Sie, dass das AT-Paar von zwei Wasserstoffbrückenbindungen zusammengehalten wird, während das CG-Paar drei Wasserstoffbrückenbindungen aufweist. Wenn einer (oder zwei) der Stränge RNA wäre, dann wäre Uracil (U) der Paarungspartner von Adenin.

2.2.3 Ein DNA-Molekül ist eine Doppelstrang-Helix

Eine der wichtigsten biologischen Erkenntnisse des 20. Jahrhunderts wurde der Öffentlichkeit 1953 in einem zweiseitigen Artikel in der Zeitschrift *Nature* vorgestellt. In diesem Artikel postulierten Francis Crick und James Watson eine doppelsträngige, helikale Struktur für die DNA – die heute berühmte **Doppelhelix** –, die nicht allein die bekannten physikalischen und chemischen Eigenschaften der DNA erklärte, sondern auch den Vorschlag für einen Mechanismus zur Replikation der Struktur erlaubte.

Die Doppelhelix besteht aus zwei komplementären DNA-Ketten, die um eine gemeinsame Achse gewunden sind und eine rechtsgängige helikale Struktur bilden, die einer sich spiralförmig nach oben windenden Wendeltreppe ähnelt. Die beiden Ketten sind auf der Helix in entgegengesetzter Richtung ausgerichtet, eine verläuft in der Richtung $5' \rightarrow 3'$ und die andere in Richtung $3' \rightarrow 5'$. Das Rückgrat jeder Kette besteht aus Zuckermolekülen, die sich mit Phosphatgruppen abwechseln (siehe *Abbildung 2.16*). Die Phosphatgruppen sind geladen und die Zuckermoleküle enthalten polare Hydroxylgruppen. Daher ist es keineswegs überraschend, dass die Zucker-Phosphat-Rückgrate der beiden Stränge auf der Außenseite der DNA-Helix liegen, wo ihre Wechselwirkung mit der wässrigen Umgebung maximiert werden kann. Die Pyrimidin- und Purinbasen sind wiederum aromatische Verbindungen, die weniger Affinität für Wasser aufweisen. Entsprechend sind sie nach innen ausgerichtet und bilden Basenpaare, die die beiden Ketten zusammenhalten.

Damit eine stabile Doppelhelix entstehen kann, müssen die beiden Teilstränge sowohl *antiparallel* (in entgegengesetzter Richtung) als auch *komplementär* verlaufen. Unter komplementär verstehen wir, dass jede Base in einem Strang mit der direkt gegenüberliegenden Base des anderen Strangs spezifische Wasserstoffbrückenbindungen eingehen kann. Ausgehend von den Paarungsmöglichkeiten, die in der *Abbildung 2.16* dargestellt werden, bedeutet dies, dass jedes A mit einem T und jedes G mit einem C ein Paar bilden muss. In beiden Fällen ist ein Partner des Paares ein Pyrimidin (T oder C) und der andere Partner ein Purin (A oder G). Die Entfernung zwischen den beiden Zucker-Phosphat-Rückgraten in der Doppelhelix reicht gerade aus, um jeweils eine Base mit einer anderen zu versorgen. Wenn wir uns die Zucker-Phosphat-Rückgrate der beiden Stränge als Seiten einer runden Wendeltreppe vorstellen, dann entspricht jeder Schritt oder jede Stufe der Treppe einem Basenpaar, das von einer Wasserstoffbindung an Ort und Stelle gehalten wird (▸ *Abbildung 2.17*).

Bei der in *Abbildung 2.17* dargestellten rechtsgängigen Helix von Watson und Crick handelt es sich um eine idealisierte Version der sogenannten B-DNA. Die B-DNA ist die Hauptform von DNA in Zellen, aber es gibt noch zwei weitere, die vielleicht in kurzen, verstreut liegenden Segmenten innerhalb von Molekülen, die vor allem aus B-DNA bestehen, vorliegen. Die A-DNA ist rechtsgängig und hat eine helikale, kürzere und dickere Konformation als die B-DNA. Die Z-DNA ist wiederum eine linksgängige Helix, deren Name sich von dem Zick-Zack-Muster des längeren und dünneren Zucker-Phosphat-Rückgrats ableitet.

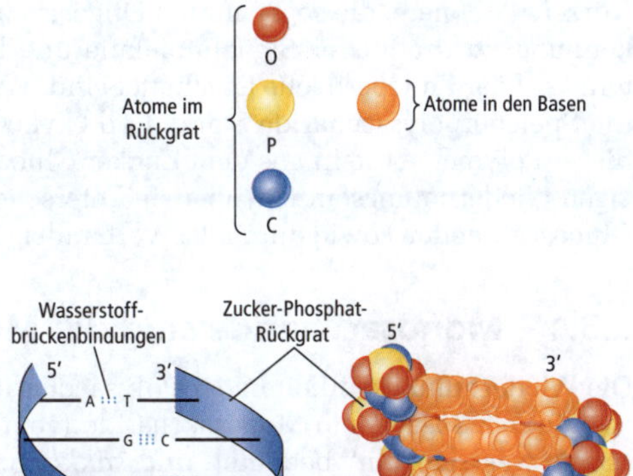

Abbildung 2.17: Die Struktur der DNA-Doppelhelix. (a) Schematische Darstellung der Doppelhelixstruktur der DNA. Die sich kontinuierlich drehenden Streifen stellen die Zucker-Phosphat-Rückgrate des Moleküls dar, während die horizontalen Bänder die gepaarten Basen der beiden Stränge darstellen. (b) Ein Kalottenmodell der DNA-Doppelhelix mit farbig markierten H-, O-, C-, N- und P-Atomen.

Die RNA-Struktur hängt außerdem zum Teil von der Basenpaarung ab, aber diese Paarung liegt im Allgemeinen zwischen komplementären Regionen innerhalb des gleichen Strangs vor und ist wesentlich weniger ausgedehnt als die Paarung zwischen den Strängen eines DNA-Doppelstrangs. Bei den verschiedenen RNA-Typen treten die Sekundär- und Tertiärstrukturen vor allem in der rRNA und der tRNA auf, worauf wir in *Kapitel 20* zurückkommen werden. Desweiteren bestehen einige infektiöse Viren aus doppelsträngiger RNA, die durch Wasserstoffbrückenbindungen zwischen komplementären Basenpaaren zusammengehalten wird.

2.3 Polysaccharide

Die nächsten Makromoleküle, mit denen wir uns beschäftigen, sind die Polysaccharide. Polysaccharide sind lange Ketten von Polymeren aus Zuckern und Zuckerderivaten. Polysaccharide bestehen im Allgemeinen aus einer einzigen, sich wiederholenden Einheit oder manchmal aus dem alternierenden Muster von zwei Wiederholungseinheiten, und diese Moleküle tragen keine Information.

Kürzere Polymere, die sogenannten Oligosaccharide, übernehmen wichtige Aufgaben bei der Zellerkennung extrazellulärer Signalmoleküle und bei der Erkennung anderer Zellen, wenn sie an Proteine auf der Zelloberfläche angeheftet sind. Wie bereits angemerkt, gehören zu den Polysacchariden die Speicherpolysaccharide Stärke und Glykogen sowie das Strukturpolysaccharid Cellulose. Jedes dieser Polymere besteht aus dem Zucker Glucose, der aus sechs Kohlenstoffatomen besteht, der einzigen Wiederholungseinheit, aber sie unterscheiden sich im Hinblick auf die Bindung zwischen den Glucoseeinheiten sowie durch das Vorhandensein und die Größe der Verzweigungen auf den Ketten.

2.3.1 Monosaccharide sind die Monomere

Die Wiederholungseinheiten der Polysaccharide sind einfache Zucker, sogenannte Monosaccharide (vom Griechischen *mono*, was „einzeln“ bedeutet, und *sakkharon*, „Zucker“). Ein Zucker kann als Aldehyd oder Keton definiert werden, die zwei oder mehr Hydroxylgruppen besitzen. Somit gibt es zwei Kategorien von Zuckern: die *Aldozucker* mit einer terminalen Carbonylgruppe (▸*Abbildung 2.18a*) und die *Ketozucker*, mit einer internen Carbonylgruppe (▸*Abbildung 2.18b*). Innerhalb dieser Kategorien werden die Zucker gattungsmäßig benannt, entsprechend der Anzahl von Kohlenstoffatomen, die sie enthalten. Die meisten Zucker haben zwischen drei und sieben Kohlenstoffatomen und werden daher als Triosen (drei Kohlenstoffatome), Tetrosen (vier Kohlenstoffatome), Pentosen (fünf Kohlenstoffatome), Hexosen (sechs Kohlenstoffatome) oder Heptosen (sieben Kohlenstoffatome) klassifiziert. Wir sind bereits zwei Pentosen begegnet – der Ribose der RNA und der Desoxyribose der DNA.

Das am häufigsten in der biologischen Welt vorkommende Monosaccharid ist die Aldohexose D-Glucose mit der Formel $C_6H_{12}O_6$ und der in ▸*Abbildung 2.19* dargestellten Struktur. Die Formel $C_6H_{12}O_6$ ist für Zucker charakteristisch und aus ihr entwickelte sich der allgemeine Begriff Kohlenhydrat, denn ursprünglich hielt man Verbindungen dieser Art für „Hydrate von Kohlenstoff“ – $C_n(H_2O)_n$. Obgleich Kohlenhydrate nicht einfach hydrierte Kohlenstoffe sind, werden wir in *Kapitel 10* sehen, dass für jedes CO_2-Molekül, das in einen Zucker eingebaut wird, ein Wassermolekül verbraucht wird (siehe *Reaktion 10-2*).

In Übereinstimmung mit der allgemeinen Regel zur Nummerierung von Kohlenstoffatomen in organischen Molekülen, beginnt die Nummerierung der Kohlenstoffatome von Glucose bei dem oxidierten Ende des Moleküls, der Carbonylgruppe. Da Glucose vier asymmetrische Kohlenstoffatome besitzt (die Kohlenstoffatome 2, 3, 4 und 5), gibt es $2^4 = 16$ mögliche und verschiedene Stereoisomere des Aldozuckers $C_6H_{12}O_6$. In diesem Zusammenhang beschränken wir uns auf die D-Glucose, das stabilste der 16 Isomere.

In der *Abbildung 2.19* ist die D-Glucose in der sogenannten **Fischerprojektion** abgebildet, bei der man davon ausgeht, dass die H-Atome und OH-Gruppen leicht aus der Ebene des Papiers herausragen. Diese Struktur stellt Glucose als lineares Molekül dar und erweist sich häufig als sehr nützlich für den Unterricht. In Wirklichkeit existiert Glucose in der Zelle in einem dynamischen Gleichgewicht

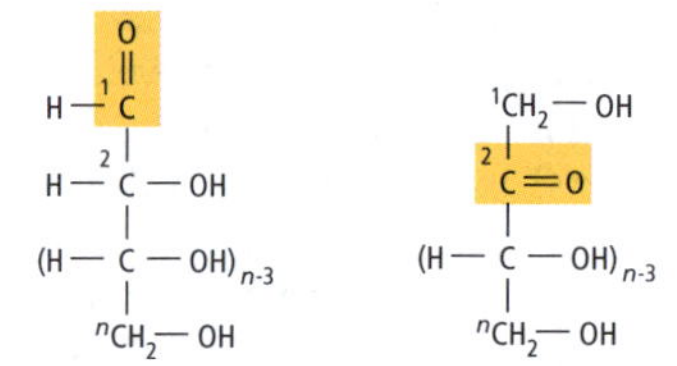

Abbildung 2.18: Strukturen von Monosacchariden. (a) Aldozucker haben eine Carbonylgruppe am Kohlenstoffatom 1. (b) Ketozucker haben eine Carbonylgruppe am Kohlenstoffatom 2. Die Anzahl der Kohlenstoffatome in einem Monosaccharid (*n*) liegt zwischen drei und sieben.

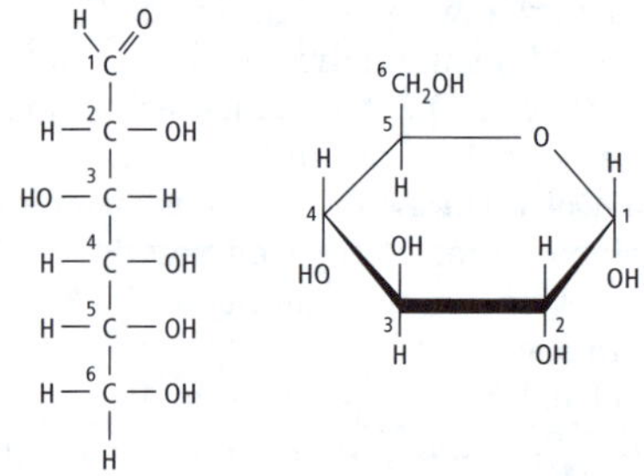

Abbildung 2.19: Die Struktur der D-Glucose. Das D-Glucose-Molekül wird mittels Fischerprojektion der (a) geradkettigen Form oder (b) Ringform des Moleküls dargestellt (Haworth-Projektion der Ringform). In den Fischerprojektionen geht man davon aus, dass die H-Atome und OH-Gruppen leicht aus der Ebene des Papiers herausragen. Bei den Haworth-Projektionen nimmt man an, dass die Kohlenstoffatome 2 und 3 aus der Papierebene herausragen und die Kohlenstoffatome 5 und 6 hinter der Ebene des Papiers liegen. Die H-Atome und die OH-Gruppen ragen nach oben oder nach unten, wie dargestellt. Beachten Sie, dass die Kohlenstoffatome ausgehend von dem stärker oxidierten Ende des Moleküls nummeriert werden.

zwischen der linearen (oder geradkettigen) Konfiguration (▸*Abbildung 2.19a*) und der Ringform in ▸*Abbildung 2.19b*. Die Ringform ist die vorherrschende Form, denn sie ist energetisch stabiler und wird daher bevorzugt. Die Ringform ergibt sich durch Anfügen der Hydroxylgruppe an das Kohlenstoffatom 5 über die Carbonylgruppe des Kohlenstoffatoms 1. Obwohl die für die Ringbildung erforderliche Bindung zwischen den Kohlenstoffatomen 1 und 5 bei der Fischerprojektion eher unwahrscheinlich erscheint, wird sie jedoch von der Tetraeder-Natur eines jeden Kohlenstoffatoms in der Kette bevorzugt.

Eine bessere Darstellung der Glucose bietet die *Abbildung 2.19b*. Der Vorteil der **Haworth-Projektion** liegt darin, dass sie eine räumliche Beziehung verschiedener Teile des Moleküls nahelegt und daher die spontane Bildung einer Bindung zwischen den Kohlenstoffatomen 1 und 5 wahrscheinlicher ist. Jede der zwei Darstellungen von Glucose in der *Abbildung 2.19* hat ihre Gültigkeit, aber die Haworth-Projektion wird im Allgemeinen favorisiert, denn sie zeigt sowohl die Ringform als auch die räumliche Beziehung zwischen den Kohlenstoffatomen.

Beachten Sie, dass die Bildung der Ringstruktur zur Erzeugung einer oder zwei alternativer Formen des Moleküls führt, je nach räumlicher Ausrichtung der Hydroxylgruppe am Kohlenstoffatom 1. Diese alternativen Formen der Glucose werden mit α und β bezeichnet. Wie in der ▸*Abbildung 2.20* dargestellt, liegt bei der α-D-Glucose die Hydroxylgruppe am Kohlenstoffatom 1 und zeigt in der Haworth-Projektion nach unten und bei der β-D-Glucose liegt die Hydroxylgruppe am Kohlenstoffatom 1 und zeigt nach oben. Bei Stärke und Glykogen liegt die α-D-Glucose als Wiederholungseinheit vor, während Cellulose aus Strängen von β-D-Glucose besteht.

Abgesehen von dem freien Monosaccharid und den langkettigen Polysacchariden kommt Glucose auch in den **Disacchariden** vor, die aus zwei kovalent verknüpften Monosaccharid-Einheiten bestehen. In der ▸*Abbildung 2.21* sind drei häufig vorkommende Disaccharide dargestellt. Maltose (Malzzucker) besteht aus zwei miteinander verknüpften Glucoseeinheiten, während Lactose (Milchzucker) eine Glucose enthält, die mit Galactose verbunden ist und Saccharose (haushaltsüblicher weißer Zucker) besitzt eine Glucose, die mit einer Fructose verbunden ist.

Jedes dieser Disaccharide entsteht durch eine Kondensationsreaktion, bei der zwei Monosaccharide durch Entfernen eines Wassermoleküls verknüpft werden. Die daraus hervorgehende **glykosidische Bindung** ist typisch für Verknüpfungen zwischen Zuckern. Im Fall von Maltose liegen beide Glucosemoleküle in der α-Form vor und die glykosidische Bindung ent-

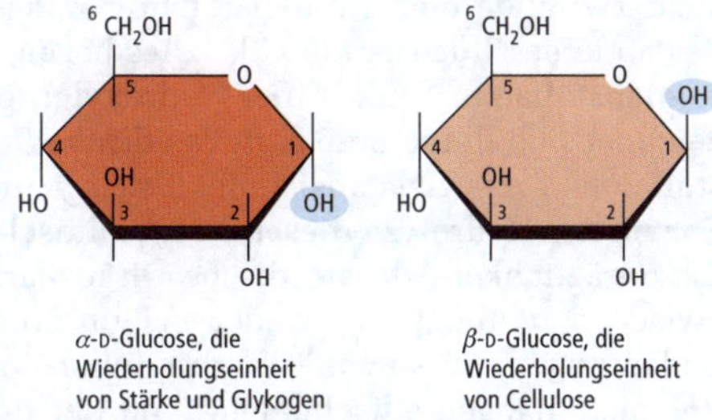

Abbildung 2.20: Die Ringformen der D-Glucose. Die Hydroxylgruppe am Kohlenstoffatom 1 (blaues Oval) zeigt nach unten in der α-Form und nach oben in der β-Form.

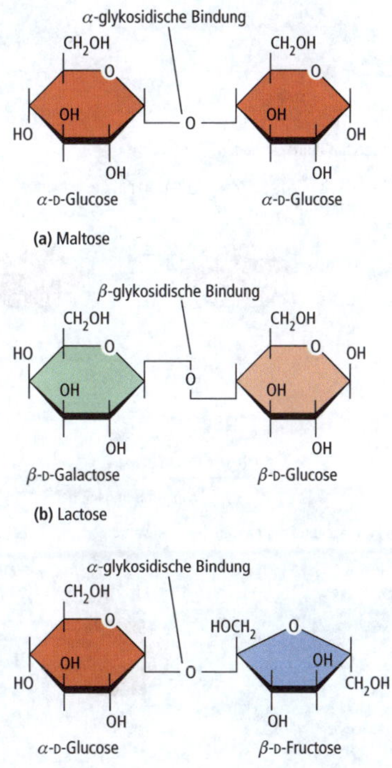

Abbildung 2.21: Einige häufig vorkommende Disaccharide. (a) Maltose (Malzzucker) besteht aus zwei Molekülen α-D-Glucose, die über eine α-glykosidische Bindung verknüpft sind. (b) Lactose (Milchzucker) besteht aus einem Molekül β-D-Galactose, das über eine β-glykosidische Bindung mit einem Molekül β-D-Glucose verknüpft ist. (c) Saccharose (weißer Zucker) besteht aus einem Molekül α-D-Glucose, das über eine α-glykosidische Bindung mit einem Molekül β-D-Fructose verknüpft ist.

steht zwischen dem Kohlenstoffatom 1 des einen Glucosemoleküls und dem Kohlenstoffatom 4 des anderen Glucosemoleküls. Dies bezeichnet man als *α-glykosidische Bindung*, denn es ist ein Kohlenstoffatom 1 mit seiner Hydroxylgruppe an der α-Konfiguration beteiligt. Lactose wiederum zeichnet sich durch eine *β-glykosidische Bindung* aus, denn die Hydroxylgruppe auf dem Kohlenstoffatom 1 des Galactosemoleküls liegt in der β-Konfiguration vor. Einigen Menschen fehlt das Enzym zur Hydrolyse dieser β-glykosidischen Bindung und daher spricht man von einer Lactoseunverträglichkeit, da sie dieses Disaccharid nicht metabolisieren können. Die Unterscheidung zwischen α und β ist wieder bei unserer Beschäftigung mit den Polysacchariden von großer Bedeutung, denn sowohl die dreidimensionale Konfiguration als auch die biologische Rolle des Polymers hängen entscheidend von der Beschaffenheit der Bindung zwischen den sich wiederholenden Monosaccharid-Einheiten ab.

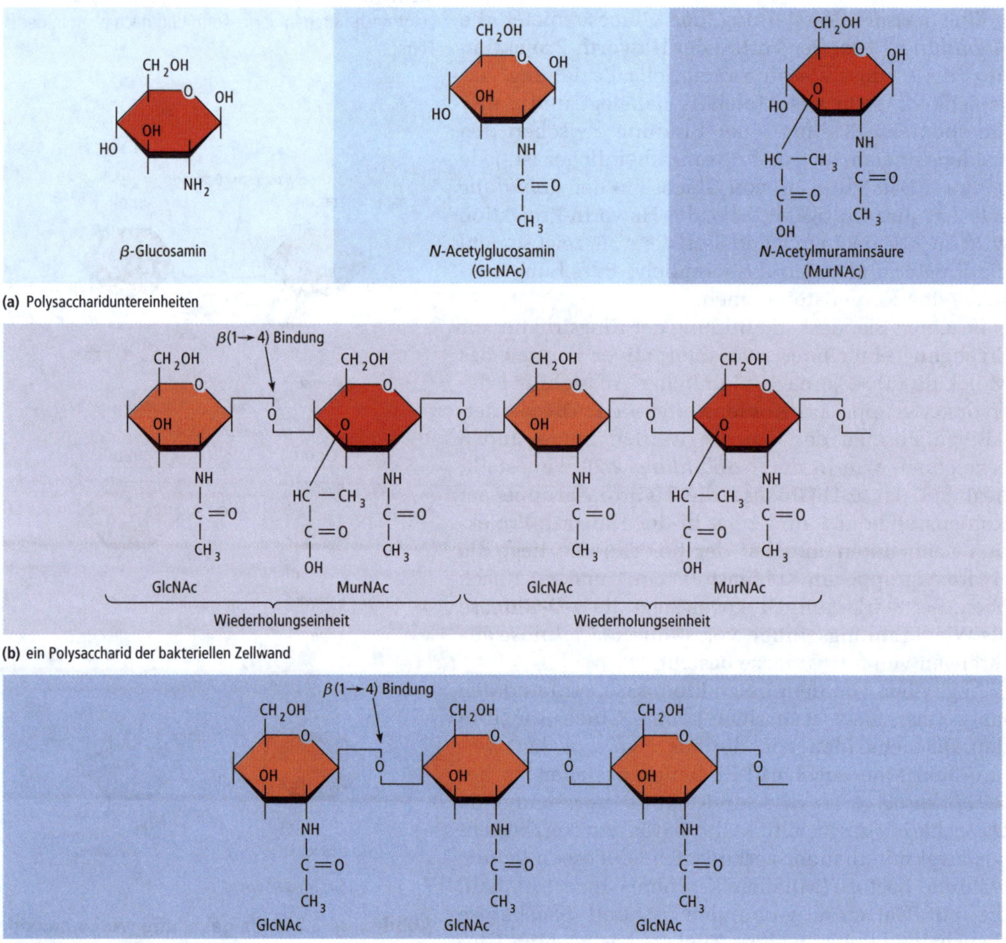

Abbildung 2.22: Die Polysaccharide der bakteriellen Zellwände und der Insektenexoskelette. (a) Die chemischen Strukturen der Monosacchariduntereinheiten Glucosamin, *N*-Acetylglucosamin (GlcNAc) und *N*-Acetylmuraminsäure (MurNAc). (b) Eine bakterielles Zellwandpolysaccharid, das aus alternierenden GlcNAc- und MurNAc-Einheiten besteht, die durch β-(1,4)-Bindungen verknüpft sind. (c) Das Polysaccharid Chitin im Exoskelett der Insekten und den Schalen der Krustentiere mit GlcNAc als einziger Wiederholungseinheit und aufeinanderfolgenden GlcNAc-Einheiten, die durch β-(1,4)-Bindungen verknüpft sind.

2.3.2 Speicher- und Strukturpolysaccharide sind die Polysaccharide

Typischerweise erfüllen Polysaccharide in den Zellen entweder Funktionen zur Speicherung oder zur Struktur. Die bekanntesten Speicherpolysaccharide sind Stärke, die in Pflanzenzellen enthalten ist und Glykogen, das in tierischen Zellen und Bakterien vorkommt. Beide Polymere bestehen aus α-D-Glucoseeinheiten, die über α-glykosidische Bindungen verknüpft sind. Außer den α-(1,4)-Bindungen, die die Kohlenstoffatome 1 und 4 benachbarter Glucoseeinheiten verknüpfen, können diese Polysaccharide gelegentlich auch auf dem Rückgrat α-(1,6)-Verknüpfungen haben, aus denen Seitenketten hervorgehen. Speicherpolysaccharide können daher als verzweigte oder nicht verzweigte Polymere vorliegen, je nachdem ob α-(1,6)-Verknüpfungen vorliegen oder nicht.

Glykogen ist stark verzweigt mit α-(1,6)-Verknüpfungen, die als acht bis zehn Glucoseeinheiten auf dem Rückgrat vorliegen und aus denen kurze Seitenketten mit ungefähr acht bis zwölf Glucoseeinheiten entspringen. In unseren Körpern wird Glucose vorrangig in der Leber und im Muskelgewebe gespeichert. In der Leber dient die Glucosequelle zur Aufrechterhaltung des Blutzuckerspiegels. Im Muskel dient Glucose als Energiequelle zur Erzeugung von ATP für die Muskelkontraktion. Im Allgemeinen speichern Bakterien Glykogen als Glucosereserve.

Stärke, die Glucosereserve der Pflanzenzellen, kommt sowohl als unverzweigte **Amylose** als auch verzweigt als **Amylopektin** vor. Ebenso wie Glykogen hat Amylopektin α-(1,6)-Verknüpfungen, aber diese sind in geringerer Anzahl auf dem Rückgrat angesiedelt (nur alle 12 bis 25 Glucoseeinheiten) und von ihnen zweigen längere Seitenketten ab (üblicherweise Längen von 20 bis 25 Glucoseeinheiten). Stärkespeicher bestehen im Allgemeinen zu 10 bis 30 % aus Amylose und 70–90 % aus Amylopektin. Stärke wird in pflanzlichen Zellen in Form von *Stärkekörnern* innerhalb der Plastiden gespeichert – entweder innerhalb der *Chloroplasten*, den Orten der Kohlenstofffixierung und der Zuckersynthese im photosynthetischen Gewebe oder in den *Amyloplasten* – Plastiden, die auf die Speicherung von Stärke spezialisiert sind. Beispielsweise ist die Kartoffelknolle mit Amyloplasten, die sehr viel Stärke enthalten, gefüllt.

Das bekannteste Beispiel eines Strukturpolysaccharids ist die Cellulose der pflanzlichen Zellwände. Cellulose ist quantitativ ein wichtiges Polymer; in vielen Pflanzen liegt mehr als die Hälfte des Kohlenstoffs in Form von Cellulose vor. Ebenso wie Stärke und Glykogen ist Cellulose ein Polymer von Glucose, aber das sich wiederholende Monomer ist β-D-Glucose und daher liegt eine β-(1,4)-Verknüpfung vor. Diese Verknüpfung hat Folgen für die Struktur, auf die wir bald eingehen werden, aber sie wirkt sich auch auf die Nährstoffversorgung aus. Säugetiere besitzen kein Enzym zur Hydrolyse von β-(1,4)-Verknüpfungen; deshalb können Säugetiere Cellulose nicht als Nahrungsquelle nutzen. Daraus folgt, dass Sie zwar Kartoffeln (Stärke) verdauen können, nicht aber Gras und Wolle (Cellulose).

Tiere wie Kühe und Schafe scheinen eine Ausnahme zu bilden, denn sie fressen Gras und ähnliche Pflanzen. Allerdings sind auch sie nicht in der Lage, β-glykosidische Bindungen zu spalten; sie sind von Mikroorganismen in ihrem Verdauungssystem abhängig (Bakterien und Protozoen), die diese Aufgabe für sie übernehmen. Die Mikroorganismen bauen die Cellulose ab und das Wirtstier erhält die Endprodukte des mikrobiellen Verdauungsvorgangs, die dann in einer für das Tier verwertbaren Form (Glucose) vorliegen. Sogar Termiten können nicht wirklich Holz verdauen. Sie zerkauen einfach das Holz zu kleinen Stückchen, es wird anschließend von Mikroorganismen in ihrem Verdauungstrakt zu Glucosemonomeren hydrolysiert.

Obwohl β-(1,4)-verknüpfte Cellulose das am häufigsten vorkommende Polysaccharid ist, sind noch weitere bekannt. Die Cellulosen der Zellwände der Pilze, zum Beispiel, enthalten je nach Spezies entweder β-(1,4)- oder β-(1,3)-Verknüpfungen. Die Zellwand der meisten Bakterien ist ein wenig komplexer und enthält zwei Zucker, *N-Acetylglucosamin (GlcNAc)* und *N-Acetylmuraminsäure (MurNAc)*. Wie in Abbildung ▸ *Abbildung 2.22a* dargestellt, handelt es sich bei GlcNAc und MurNAc um Derivate von *D-Glucosamin*, einem Glucosemolekül, bei dem die Hydroxylgruppe am Kohlenstoffatom 2 durch eine Aminogruppe ersetzt wurde. GlcNAc wird durch Acetylierung der Aminogruppe gebildet und MurNAc erfordert das Anfügen einer Lactylgruppe mit drei Kohlenstoffatomen an das Kohlenstoffatom 3. Das Zellwandpolysaccharid wird dann durch Verknüpfung von GlcNAc und MurNAc in einer streng alternierenden Abfolge von β-(1,4)-Bindungen gebildet (▸ *Abbildung 2.22b*). Chitin ist ein weiteres Polysaccharid (▸ *Abbildung 2.22c*), das in den Exoskeletten der Insekten, den Schalen der Krustentiere und den Zellwänden der Pilze enthalten ist. Chitin besteht ausschließlich aus GlcNAc-Einheiten, die über β-(1,4)-Bindungen verknüpft sind.

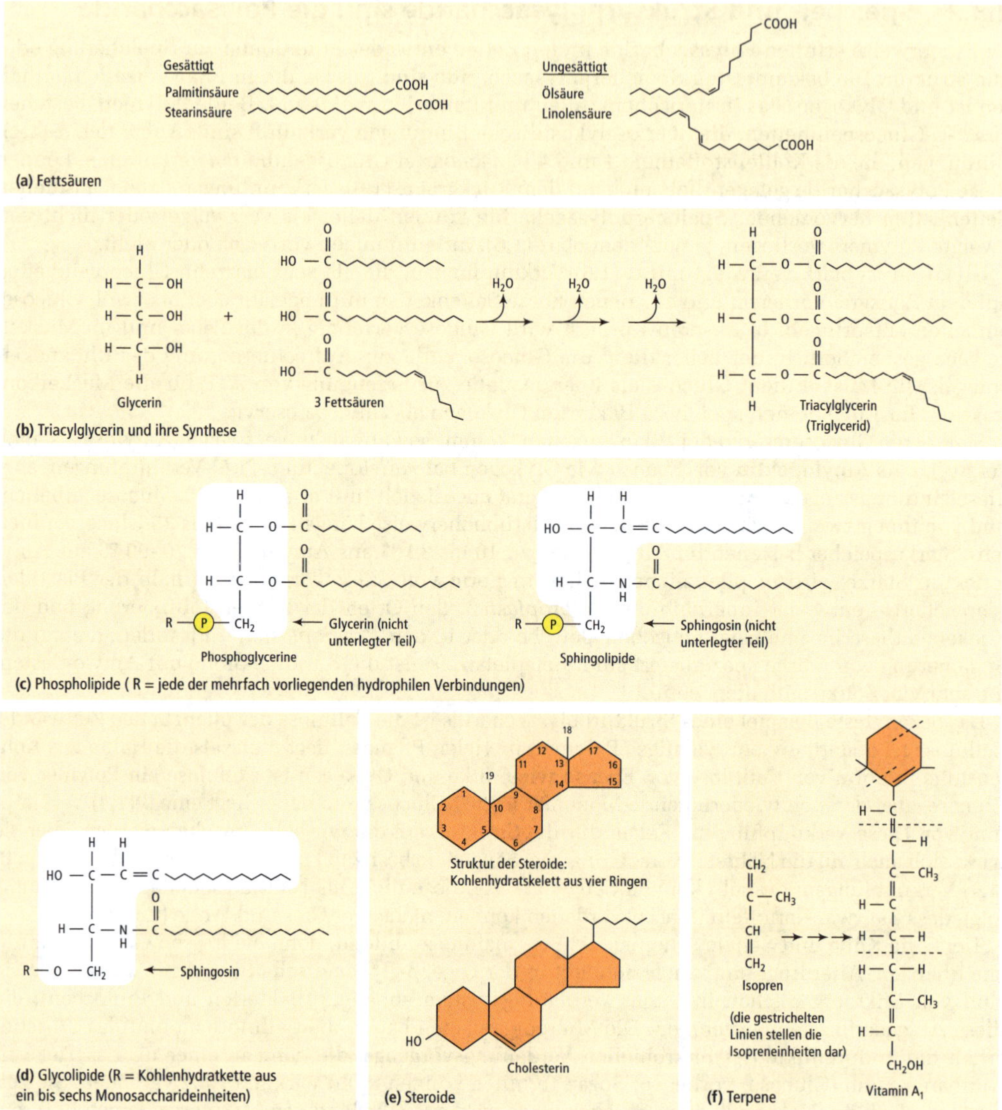

Abbildung 2.23: Die Hauptklassen der Lipide. Die Zickzacklinien in den Abschnitten a–d stehen für die langen Kohlenwasserstoffketten der Fettsäuren. Jeder Scheitelpunkt oder jede „Zickzackspitze" steht für eine Methylen-Gruppe ($-CH_2$).

2.3.3 Die Struktur des Polysaccharids hängt von den jeweiligen glykosidischen Bindungen ab

Die Unterscheidung zwischen den α- und den β-glykosidischen Bindungen der Speicher- und der Strukturpolysaccharide ist nicht allein für die Nährstoffaufnahme von Bedeutung. Aufgrund der unterschiedlichen Verknüpfungen und damit der räumlichen Beziehung zwischen aufeinanderfolgenden Glucoseeinheiten weisen die zwei Klassen der Polysaccharide ganz erhebliche Unterschiede in der Sekundärstruktur auf. Die helikale Form, die wir bereits als Charakteristikum sowohl der Proteine als auch der Nucleinsäuren kennenlernten, findet sich auch bei den Polysacchariden. Stärke und Glykogen spiralisieren spontan zu einer lockeren Helix, aber oftmals liegt die

Struktur aufgrund der zahlreichen Seitenketten von Amylopektin und Glykogen nicht höher geordnet vor.

Im Gegensatz dazu bildet Cellulose starre lineare Stäbchen. Diese aggregieren wiederum seitlich zu *Mikrofibrillen*. Mikrofibrillen haben einen Durchmesser von ungefähr 25 nm und setzen sich aus ungefähr 2.000 Celluloseketten zusammen. Die Wände der Pflanzen- und Pilzzellen bestehen aus festen Cellulose-Mikrofibrillen, die in die *nicht-cellulosehaltige Matrix* eingebettet sind und eine recht variable Mischung aus mehreren anderen Polymeren enthält (überwiegend *Hemicellulose* und *Pektin*) sowie ein Protein mit der Bezeichnung Extensin, das nur in der Zellwand vorkommt. Zellwände hat man mit verstärktem Beton verglichen, bei dem man vor der Härtung des Zements Stahlstäbe einsetzt, um ihm größere Stärke zu verleihen. Bei den Zellwänden entsprechen die Cellulose-Mikrofibrillen den „Stahlstäben" und die nicht-cellulosehaltige Matrix ist der „Beton".

2.4 Lipide

Streng genommen unterscheiden sich die Lipide von den bisher in diesem Kapitel besprochenen Makromolekülen, weil sie nicht durch lineare Polymerisation entstehen wie Proteine, Nucleinsäuren und Polysaccharide. Allerdings werden sie im Allgemeinen als Makromoleküle angesehen, denn sie besitzen ein höheres Molekulargewicht und ihr Vorkommen ist für Zellstrukturen, vor allem für Membranen, von zentraler Bedeutung. Außerdem sind an den letzten Schritten der Synthese von Triglyceriden, Phospholipiden und anderen großen Lipidmolekülen Kondensationsreaktionen beteiligt, die denen der Polymersynthese ähneln.

Lipide bilden eine eher heterogene Kategorie von Zellbausteinen, die einander stärker im Hinblick auf die Löslichkeitseigenschaften als in ihren chemischen Strukturen ähneln. *Das Unterscheidungsmerkmal der Lipide ist ihre hydrophobe Natur.* Obwohl sie nur eine geringe, wenn überhaupt, Affinität für Wasser besitzen, sind sie leichter als nicht-polare lösliche Stoffe löslich, beispielsweise Chloroform oder Ether. Daher können wir erwarten, dass sie reich an nicht-polaren Kohlenwasserstoffregionen sind und relativ wenige polare Gruppen besitzen. Einige Lipide sind allerdings *amphipathisch*, denn sie besitzen eine polare und eine nicht-polare Region.

Da man die Lipide entsprechend ihrer Löslichkeitseigenschaften und nicht ihrer chemischen Struktur charakterisiert, sollte es uns nicht überraschen, dass zur Gruppe der Lipide auch Moleküle zählen, die sich im Hinblick auf Funktion und Chemie stark unterscheiden. In Bezug auf die Funktion üben die Lipide mindestens drei Hauptrollen aus. Einige dienen als Formen zur *Energiespeicherung*, andere sind an der *Membranstruktur* beteiligt und wieder andere übernehmen *spezifische biologische Funktionen* wie die Übertragung chemischer Signale in die Zelle hinein oder aus der Zelle heraus. Was die chemische Struktur betrifft, bilden die *Fettsäuren*, die *Triacylglycerine*, die *Phospholipide*, die *Glykolipide*, die *Steroide* und die *Terpene* die sechs Hauptklassen der Lipide. In ▸*Abbildung 2.23* sind diese Klassen dargestellt, wobei stets die repräsentativsten Beispiele einer Klasse aufgeführt werden. Wir werden uns kurz mit jeder dieser sechs Klassen von Lipiden beschäftigen und auf ihre Funktionen in dem jeweiligen Vorgang hinweisen.

2.4.1 Fettsäuren sind die Bausteine der verschiedenen Klassen von Lipiden

Wir beginnen unsere Darstellung mit den **Fettsäuren**, denn sie sind Bausteine der anderen Lipidklassen. Eine Fettsäure ist eine lange, nichtverzweigte Kohlenstoffkette mit einer Carboxylgruppe an einem Ende (▸*Abbildung 2.23a*). Daher ist das Fettsäuremolekül amphipathisch; die Carboxylgruppe bewirkt, dass ein Ende (das oftmals als „Kopf" bezeichnet wird) polar ist, während der Kohlenwasserstoff„schwanz" nicht-polar ist. Fettsäuren enthalten eine variable, aber im Allgemeinen gerade Anzahl von Kohlenstoffatomen. Üblicherweise kommen 12 bis 20 Kohlenstoffatome pro Kette vor, wobei Fettsäuren mit 16 bis 18 Kohlenstoffatomen pro Kette sehr häufig vorliegen.

Fettsäuren mit gerader Anzahl von Kohlenstoffatomen werden stark bevorzugt, denn die Fettsäuresynthese erfolgt durch schrittweises Anfügen von Einheiten aus zwei Kohlenstoffatomen an die wachsende Fettsäurekette. Da sie stark reduziert sind, denn sie besitzen viele Wasserstoffatome und nur wenige Sauerstoffatome, setzen die Fettsäuren bei der Oxidation eine große Menge von Energie frei und eignen sich somit hervorragend als Energiespeicher – ein Gramm Fett enthält mehr als doppelt so viel verwertbare Energie wie ein Gramm Zucker oder ein anderes Polysaccharid.

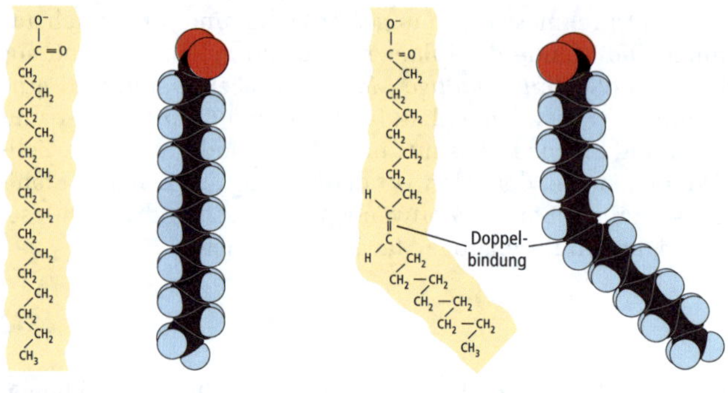

(a) Palmitinsäure (gesättigt) (b) Ölsäure (ungesättigt)

Abbildung 2.24: Strukturen der gesättigten und der ungesättigten Fettsäuren. (a) Die gesättigte Fettsäure Palmitat mit 16 Kohlenstoffatomen. (b) Die ungesättigte Fettsäure Oleat mit 18 Kohlenstoffatomen. Die Kalottenmodelle veranschaulichen gut die Form der Moleküle. Achten Sie auf den Knick im Oleat-Molekül, der von der Doppelbindung herbeigeführt wird.

Die Vielfalt der Fettsäurestrukturen beruht auf der Gegenwart von Doppelbindungen zwischen Kohlenstoffatomen. Fettsäuren ohne Doppelbindungen bezeichnet man als **gesättigte Fettsäuren**, denn an jedes Kohlenstoffatom in der Kette ist die maximale Anzahl von Wasserstoffatomen gebunden (▸*Abbildung 2.24a*). Die allgemeine Formel für eine gesättigte Fettsäure mit *n* Kohlenstoffatomen lautet $C_nH_{2n}O_2$. Gesättigte Fettsäuren haben lange, gerade und dicht gepackte Ketten. Im Gegensatz dazu enthalten ungesättigte Fettsäuren eine oder mehrere Doppelbindungen, was zu einer Beugung oder einem Knick in der Kette führt, was ein dichtes Packen verhindert (▸*Abbildung 2.24b*).

2.4.2 Die Triacylglycerine sind Speicherlipide

Die **Triacylglycerine**, auch *Triglyceride*, bestehen aus einem Glycerinmolekül, an das drei Fettsäuren geknüpft sind. Wie in ▸*Abbildung 2.23b* dargestellt, handelt es sich bei Glycerin um einen Alkohol mit drei Kohlenstoffatomen, wobei an jedes Kohlenstoffatom eine Hydroxylgruppe gebunden ist. Fettsäuren sind über *Esterbindungen*, die durch Entfernen von Wassermolekülen entstehen, mit dem Glycerin verknüpft. Triacylglycerine werden stufenweise durch Anfügen jeweils einer Fettsäure synthetisiert. *Monoacylglycerine* enthalten eine einzige Fettsäure, *Diacylglycerine* zwei und Triacylglycerine drei. Die drei Fettsäuren eines Triacylglycerin müssen nicht identisch sein. Sie können – und das trifft im Allgemeinen auch zu – sich im Hinblick auf die Länge der Kette, den Sättigungsgrad oder in beiden Aspekten unterscheiden. Jede Fettsäure eines Triacylglycerins wird durch eine Kondensationsreaktion mit einem Kohlenstoffatom des Glycerins verbunden.

Die Hauptfunktion der Triacylglycerine ist die Speicherung von Energie. Einige Tiere werden zum Schutz vor niedrigen Temperaturen durch Triacylglycerine mit Energie versorgt. Tiere wie beispielsweise Walrösser, Seelöwen und Pinguine leben in sehr kalten Klimazonen und speichern Triacylglycerine unter ihrer Haut und ihr Überleben hängt auch von den Isolierungseigenschaften dieser Fette ab.

Triacylglycerine, die vorrangig gesättigte Fettsäuren enthalten, sind bei Raumtemperatur im Allgemeinen fest oder halbfest und werden als *Fette* bezeichnet. Fette sind in großer Menge in Tierkörpern enthalten, was ganz offensichtlich ist, wenn man sich ein Stück Fleisch anschaut oder an die große Mengen von Speck denkt, die als Nebenprodukt in der Fleischindustrie anfallen. Dies zeigt sich auch in der weit verbreiteten Befürchtung der Menschen, dass sie „zu fett werden könnten". In den Pflanzen sind die Triacylglycerine bei Raumtemperatur flüssig, worauf die Bezeichnung „Pflanzenöl" verweist. Da es sich bei den Fettsäuren der Öle in erster Linie um ungesättigte Fettsäuren handelt, besitzen die Kohlenwasserstoffketten Knicke, die ein ordentliches Packen der Moleküle verhindern. Daher liegt die Schmelztemperatur der Pflanzenöle niedriger als die der meisten tierischen Fette. Sonnenblumenöl und Olivenöl sind zwei bekannte Pflanzenöle. Man kann Pflanzenöle durch Hydrogenierung (Sättigung) der Doppelbindungen zu festen Produkten wie Margarine oder Backfett umwandeln.

2.4.3 Phospholipide sind wichtig für die Membranstruktur

Die **Phospholipide** sind die dritte Klasse der Lipide (▸*Abbildung 2.23c*). In einigen chemischen Eigenschaften ähneln sie den Triacylglyerinen, aber im Hinblick auf ihre Eigenschaften sowie ihre Rolle in der Zelle unterscheiden sie sich eklatant von den Triacylglycerinen. Zu allererst sind Phospholipide aufgrund ihrer amphipathischen Natur von großer Bedeutung für die Struktur biologischer Membranen. Sie sind von größter Wichtigkeit für die Doppelschichtstruktur aller Membranen. Entsprechend ihrer Chemie werden die Phospholipide als *Phosphoglyceride* oder *Sphingolipide* klassifiziert (*Abbildung 2.23c*).

Phosphoglyceride sind die am häufigsten in den Membranen enthaltenen Phospholipide. Ebenso wie die Triacylglycerine besteht ein Phosphoglycerid aus zwei Fettsäuren, die mit einem Glycerinmolekül verestert sind. Der Grundbaustein eines Phosphoglycerids ist allerdings die **Phosphatidsäure**, die lediglich zwei Fettsäuren und eine Phosphatgruppe besitzt, die an ein Glycerinrückgrat gebunden sind (▸*Abbildung 2.25a*). Phosphatidsäure ist ein Schlüsselzwischenprodukt der Synthese anderer Phosphoglyceride, kommt aber selbst nicht in Membranen vor. Stattdessen besitzen alle Phosphoglyceride der Membran immer einen kleinen hydrophilen Alkohol, der über eine Esterbindung an das Phosphat gebunden ist und in der *Abbildung 2.25a* als R-Gruppe dargestellt wird. Bei dem Alkohol handelt es sich im Allgemeinen um Serin, Ethanolamin, Cholin oder Inosit (▸*Abbildung 2.25b*). Dies sind Gruppen, die zur polaren Natur der wichtigsten Gruppe der Phospholipide beitragen.

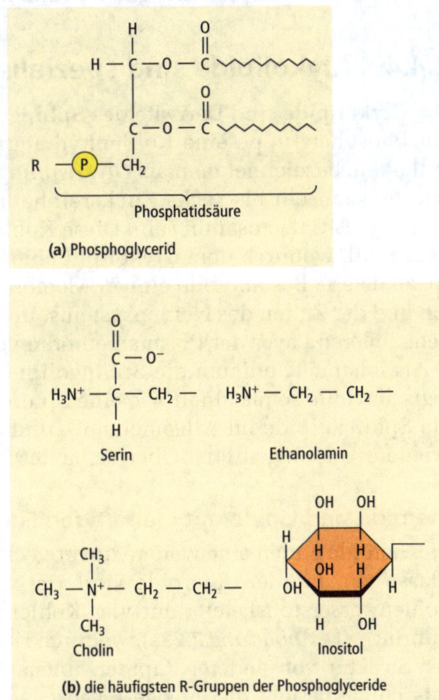

Abbildung 2.25: Strukturen häufig vorkommender Phosphoglyceride. (a) Ein Phosphoglycerid besteht aus einem Molekül Phosphatidsäure (Glycerin, das mit zwei Fettsäuren und einer Phosphatgruppe verestert ist) mit einem kleinen polaren Alkohol, der mit R dargestellt ist und gleichfalls mit einer Phosphatgruppe verestert ist. (b) Die vier am häufigsten in Phosphoglyceriden vorkommenden R-Gruppen sind Serin, Ethanolamin, Cholin und Inosit, wobei die drei zuerst genannten eine positiv geladene Aminogruppe oder Stickstoffgruppen enthalten.

Die Kombination stark polarer Köpfe und zweier langer nicht-polarer Ketten verleiht den Phosphoglyceriden ihre charakteristische amphipathische Natur, die für die Erfüllung ihrer Aufgaben in der Membranstruktur von entscheidender Bedeutung ist. Wie wir bereits zuvor gesehen haben, können sich die Fettsäuren sowohl im Hinblick auf die Länge als auch, was Gegenwart und Position der Sättigungsstellen betrifft, erheblich voneinander unterscheiden. Sehr häufig findet man Fettsäuren aus 16 bis 18 Kohlenstoffatomen in Membranen und ein typisches Phosphoglyceridmolekül hat mit großer Wahrscheinlichkeit eine gesättigte und eine nicht-gesättigte Fettsäure. Länge und Sättigungsgrad von Fettsäureketten der Phospholipide der Membran üben einen erheblichen Einfluss auf die Fluidität (Fließfähigkeit) der Membran aus und können sogar von den Zellen einiger Organismen reguliert werden.

Abgesehen von den Phosphoglyceriden enthalten einige Membranen eine weitere Klasse von Phospholipiden, die sogenannten **Sphingolipide**. Wie der Name bereits vermuten lässt, beruht die Natur dieser Lipide nicht auf Glycerin, sondern auf dem Aminoalkohol Sphingosin. Aus der *Abbildung 2.23c* ist zu entnehmen, dass Sphingosin aus einer langen Kohlenwasserstoffkette mit einer einzigen nicht gesättigten Stelle in der Nähe des polaren Endes besteht. Mittels seiner Aminogruppe vermag Sphingosin mit einer langkettigen Fettsäure eine Amidbindung einzugehen. Das daraus hervorgehende Molekül trägt die Bezeichnung *Ceramid* und besteht aus einer polaren Region, die von zwei nicht-polaren Schwänzen flankiert wird. Aufgrund ihrer nicht-polaren Natur neigen die beiden Schwänze zur Assoziierung, wodurch das Molekül eine Haarnadelbiegung und eine den Phospholipiden ähnliche Gestalt erhält.

Die Hydroxylgruppe des Kohlenstoffatoms 1 von Sphingosin ragt aus dem Kopf dieses Haarnadelmoleküls heraus. Ein Sphingolipid entsteht durch Verbindung mehrerer polarer Gruppen mit dieser Hydroxylgruppe. Es gibt eine ganze Familie von Sphingolipiden, die sich einzig in der chemischen Beschaffenheit der polaren Gruppen unterscheiden, die an die Hydroxylgruppe des Ceramids angeheftet ist (das heißt, an die R-Gruppe in der *Abbildung 2.23c*). Die Sphingomyeline enthalten zum Beispiel Ethanolamin oder Cholin und weisen daher in Bezug auf Form und chemischer Beschaffenheit des polaren Kopfes eine große Ähnlichkeit mit den Phosphoglyceriden auf.

2.4.4 Glykolipide sind spezialisierte Membranbestandteile

Die **Glykolipide** sind Derivate des Sphingosins (oder manchmal des Glycerins) und enthalten statt der Phosphatgruppe eine Kohlenhydratgruppe (▸*Abbildung 2.23d*). Glykolipide, die Sphingosin enthalten, bezeichnet man als *Glykosphingolipide*. Die an ein Glykolipid geknüpfte Kohlenhydratgruppe kann ein bis sechs Zuckereinheiten enthalten, das können D-Glucose, D-Galactose oder *N*-Acetyl-D-Galactosamin sein. Diese Kohlenhydratgruppen sind ebenso wie die Phosphatgruppen hydrophil, wodurch dem Glykolipid eine amphipathische Natur verliehen wird. Glykolipide sind spezialisierte Bestandteile einiger Membranen, vor allem der Membranen bestimmter Pflanzenzellen und der Zellen des Nervensystems. In diesen Zellen kommen Glykolipide in großen Mengen in dem äußeren Layer der Plasmamembran vor.

Als Johann Thudicum die Sphingolipide Ende des 19. Jahrhunderts entdeckte, schien ihre biologische Rolle so rätselhaft wie eine Sphinx, nach der er sie auch benannte. Heute wissen wir, dass die Sphingolipide im Allgemeinen – und Glykosphingolipide im Besonderen – Orte biologischer Wiedererkennung auf der Oberfläche der Plasmamembran sind, ein Thema.

Steroide sind Lipide mit vielfältigen Funktionen

Die Steroide bilden eine weitere unverwechselbare Klasse von Lipiden. Steroide sind Derivate des Kohlenwasserstoffskeletts mit vier Kohlenwasserstoffringen (▸*Abbildung 2.23e*), wodurch sie sich in der Struktur von anderen Lipiden unterscheiden. Tatsächlich besteht die einzige Eigenschaft, durch die sie sich von den anderen Klassen der Lipide unterscheiden, darin, dass sie relativ nicht-polar sind und daher hydrophob. Die ▸*Abbildung 2.26* veranschaulicht, dass sich Steroide durch Anzahl und Positionen der Doppelbindungen und funktionellen Gruppen voneinander unterscheiden.

Steroide kommen fast ausschließlich in eukaryotischen Zellen vor. Das am häufigsten in tierischen Zellen enthaltene Steroid ist Cholesterin, dessen Struktur Sie in der *Abbildung 2.23* vorfinden. Cholesterin ist ein amphipathisches Molekül mit einer polaren Kopfgruppe (der Hydroxylgruppe auf Position 3) und einem nicht-polaren Kohlenwasserstoffkörper und Kohlenwasserstoffschwanz (das Skelett mit vier Kohlenwasserstoffringen und der Kohlenwasserstoffseitenkette an Position 17). Da das Molekül größtenteils hydrophob ist, ist Cholesterin unlöslich und kommt in erster Linie in Membranen vor. Es ist in der Plasmamembran der tierischen Zellen sowie in den meisten Membranen der Organellen vorhanden, jedoch nicht in den inneren Membranen der Mitochondrien und der Chloro-

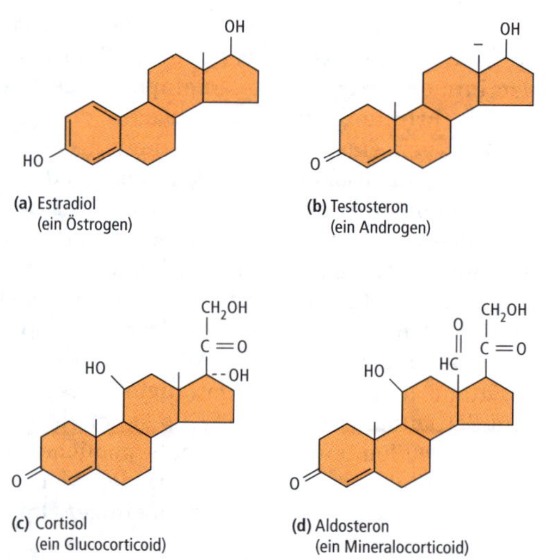

Abbildung 2.26: Strukturen mehrerer häufig vorkommender Steroidhormone. Zu den vielen Steroiden, die aus Cholesterin synthetisiert werden, gehören (a) Estradiol, ein Östrogen; (b) Testosteron, ein Androgen; (c) Cortisol, ein Glucocorticoid und (d) Aldosteron, ein Mineralocorticoid.

plasten. Ähnliche Membransteroide gibt es in anderen Zellen, dazu gehören *Stigmasterol* und *Sitosterol* in Pflanzenzellen, *Ergosterol* in Pilzzellen und verwandte Steroide in *Mycoplasma*-Bakterien.

Cholesterin ist der Ausgangspunkt für die Synthese aller **Steroidhormone** (*Abbildung 2.26*), zu denen die männlichen und weiblichen *Sexualhormone*, die *Glucocorticoide* und die *Mineralocorticoide* gehören. Zu den Sexualhormonen zählen die in den Eierstöcken gebildeten Östrogene (zum Beispiel *Estradiol*) und die Androgene, die in den Hoden gebildet werden (zum Beispiel *Testosteron*). Die Glucocorticoide (*Cortison* zum Beispiel) bilden eine Familie von Hormonen, die die Gluconeogenese anregen (die Synthese von Glucose) und Entzündungsreaktionen hemmen. Mineralocorticoide wie beispielsweise *Aldosteron* regulieren die Ionenhomöostase (Ionenhaushalt), indem sie die Wiederaufnahme von Natrium-, Chlorid- und Bicarbonat-Ionen in der Niere fördern.

2.4.5 Terpene werden aus Isopren gebildet

Die letzte Klasse der in *Abbildung 2.23* aufgeführten Lipide sind die **Terpene**. Terpene werden von der aus fünf Kohlenstoffatomen bestehenden Verbindung *Isopren* gebildet und werden daher auch als *Isoprenoide* bezeichnet. Isopren und seine Derivate werden in verschiedenen Kombinationen verbunden und bilden Substanzen wie zum Beispiel *Vitamin A* (▸*Abbildung 2.23f*), ein Vitamin, das unser Körper benötigt, und Carotinoid-Pigmente, die am Vorgang der Lichtabsorption bei Pflanzen während der Photosynthese mitwirken. Weitere Verbindungen auf Basis von Isopren sind die Dolichole, die an der Aktivierung von Zuckerderivaten beteiligt sind, und Elektronenüberträger wie das *Coenzym Q* und *Plastochinon*.

Zellen und Organellen

3

ÜBERBLICK

In den vorhergehenden zwei Kapiteln haben Sie die wichtigsten Moleküle der Zellen kennengelernt sowie einige Prinzipien, die den Zusammenbau dieser Moleküle zu supramolekularen Strukturen regeln, aus denen Zellen und ihre Organellen bestehen. Jetzt werden wir unsere Aufmerksamkeit direkt auf Zellen und Organellen richten.

3.1 Alle Organismen sind Bakterien, Archaea oder Eukaryoten

Dank der Fortschritte der Mikroskopie erkannten die Biologen zwei sich fundamental voneinander unterscheidende Typen der Zellorganisation: eine einfachere Form bei den Bakterien und eine komplexere bei allen anderen Zellarten. Ausgehend von den Strukturunterschieden ihrer Zellen hat man die Organismen seit jeher in zwei große Gruppen eingeteilt: die Prokaryoten (Bakterien) und die Eukaryoten (Pflanzen, Tiere, Pilze, Algen und Protozoen). Das grundlegende Unterscheidungsmerkmal zwischen den beiden Gruppen besteht darin, dass die eukaryotische Zelle einen echten, von einer Membran umgebenen Zellkern besitzt (*eu-* ist griechisch für „wahr" oder „echt"; *-karyon* bedeutet „Kern"), während prokaryotische Zellen keinen Zellkern besitzen (*pro-* bedeutet „vorher", was auf die evolutionär frühere Lebensform verweist).

In jüngster Zeit erweist sich der Begriff Prokaryot als weniger zufriedenstellende Beschreibung der Zellen ohne Zellkern, was zum Teil daran liegt, dass es sich um eine negative Klassifizierung handelt, die darauf beruht, was Zellen nicht haben, und zum Teil liegt es auch daran, dass der Begriff fälschlicherweise von einer fundamentalen Ähnlichkeit aller Organismen ausgeht, deren Zellen keinen Zellkern besitzen. Die Tatsache, dass zwei Organismen ein besonders herausstechendes Strukturmerkmal fehlt, impliziert nicht unbedingt ihre evolutionäre Verwandtschaft – die Zellen der Menschen und die Zellen von *Mycoplasma*, einem Bakterium, haben beide keine Zellwände, aber sie sind nicht eng verwandt. Ebenso bedeutet ein gemeinsames hervorstechendes Strukturmerkmal nicht notwendigerweise, dass man eng verwandt ist. Obwohl Pflanzen und die meisten Bakterien Zellwände besitzen, sind sie nur entfernt miteinander verwandt.

Molekulare und biochemische Kriterien sind verlässlicher zur Beschreibung evolutionärer Verwandtschaften zwischen Organismen als Strukturkriterien. Je enger die Verwandtschaft zwischen zwei verschiedenen Organismen, desto mehr Ähnlichkeiten erkennen wir in den Sequenzen bestimmter DNA-, RNA- und Proteinmoleküle. Besonders hilfreich für vergleichende Untersuchungen sind Moleküle, die in allen lebenden Organismen vorkommen und die für universelle, grundlegende Abläufe notwendig sind und in denen selbst geringste Veränderungen in den Molekülkomponenten nicht gut toleriert werden. Dazu gehören Moleküle wie ribosomale RNAs, die für die Proteinsynthese benötigt werden und Cytochromproteine für den Energiemetabolismus.

Ausgehend von den Pionierleistungen zur Sequenzierung ribosomaler RNA von Carl Woese, Ralph Wolfe und ihren Mitarbeitern gehen wir heute davon aus, dass zu der Gruppe, die man früher als Prokaryoten bezeichnete, zwei weit auseinanderliegende Gruppen gehören – die **Bakterien** und die **Archaea**, die sich so stark voneinander unterscheiden wie wir von den Bakterien! Anstatt die ursprüngliche Zweigliederung Prokaryot – Eukaryot aufrechtzuhalten, ist es vom Standpunkt der modernen Biologie aus richtiger, alle Organismen in eine der drei *Domänen* einzuteilen – die Bakterien, die Archaea und die **Eukarya** (Eukaryoten).

Zu den Bakterien gehören die meisten, am häufigsten vorkommenden, einzelligen Organismen ohne Zellkern, die wir üblicherweise als Bakterien bezeichnet haben – zum Beispiel *Escherichia coli*, *Pseudomonas* und *Streptococcus*. Zu den *Archaea* (die man *Archaebakterien* nannte, bevor man erkannte, wie sehr sie sich von den Bakterien unterscheiden) gehören viele Spezies, die in extremen Habitaten auf der Erde leben und sehr unterschiedliche metabolische Strategien nutzen. Zu den Mitgliedern der Archaea gehören die Methanogenen, die ihre Energie aus Wasserstoff gewinnen, indem sie Kohlendioxid zu Methan umwandeln; die Halophilen, die in extrem salzigen Lebensräumen wachsen und die Thermacidophilen, die in heißen, sauren Quellen gedeihen, in denen ein pH-Wert von nur 2 vorliegt und teilweise Temperaturen von mehr als 100 °C herrschen! Hatte man sie früher als eine evolutionär sehr alte Form von Prokaryoten betrachtet (*archae-* ist eine griechische Vorsilbe mit der Bedeutung „alt"), so ist man heute der Auffassung, dass die Archaea von einem gemeinsamen

Vorfahren abstammen, aus dem auch die Eukaryoten hervorgingen, lange nachdem dieser Entwicklungszweig sich von den Bakterien getrennt hatte, wie hier dargestellt:

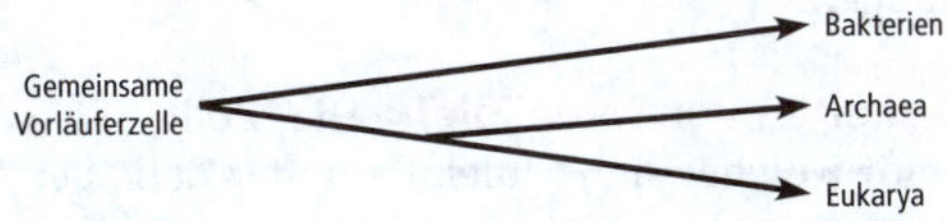

Zwar ähneln die Archaea den Bakterien in vielerlei Hinsicht, doch besitzen sie einzigartige Merkmale, die man auch bei den Eukaryoten findet. Sie ähneln den Bakterien im Hinblick auf Größe und grob in der Struktur, im Hinblick auf die Methode bei der Zellteilung und in vielen Aspekten des grundlegenden Ablaufs ihres Metabolismus sowie des Enzymgehalts. Allerdings sind sie den Eukaryoten wesentlich ähnlicher in Bezug auf viele Aspekte der DNA-Replikation, der Transkription, der RNA-Prozessierung und der Initiation der Proteinsynthese. Charakteristische Merkmale der Archaea sind ihre ribosomalen RNAs und ihre Membranphospholipide.

3.2 Grenzen der Zellgröße

Zellen begegnen uns in verschiedenen Größen und Formen. Einige der kleinsten bakteriellen Zellen haben zum Beispiel einen Durchmesser von nur circa 0,2–0,3 µm. Sie sind so klein, dass ungefähr 5 Millionen dieser Zellen nebeneinander auf dem Daumennagel Platz hätten. Das andere Extrem sind stark verlängerte Nervenzellen, die eine Länge von einem oder mehreren Metern erreichen können. Die Nervenzellen, die entlang des Nackens oder der Beine einer Giraffe verlaufen, sind besonders eindrucksvolle Beispiele. Dies gilt auch für Vogeleier, die außerordentlich lange Zellen haben, obwohl ein Großteil ihres inneren Volumens vom Eigelb eingenommen wird, das dem sich entwickelnden Embryo als Nahrungsquelle dient.

Trotz dieser Extreme gehören die meisten Zellen eher wenigen und vorhersagbaren Größenordnungen an. Bakterien und Archaea haben beispielsweise im Allgemeinen einen Durchmesser von 1–5 µm, während sich die Dimension der Zellen der meisten höheren Pflanzen und Tiere zwischen 10–100 µm bewegen. Warum sind Zellen so klein? Mehrere Faktoren schränken die Größe der Zelle ein, aber die drei wichtigsten sind: (1) die Notwendigkeit eines angemessenen Oberfläche-Volumen-Verhältnisses, (2) die Geschwindigkeiten, mit denen Moleküle diffundieren und (3) die Notwendigkeit, angemessene lokale Konzentrationen spezifischer Substanzen und Enzyme aufrechtzuhalten, die an wichtigen zellulären Vorgängen mitwirken. Schauen wir uns diese Faktoren nun nacheinander einmal genauer an.

Das Oberfläche-Volumen-Verhältnis In den meisten Fällen wird die Zellgröße von der Notwendigkeit bestimmt, ein angemessenes Oberfläche-Volumen-Verhältnis aufrechtzuhalten. Die Oberfläche ist von entscheidender Bedeutung, denn eben dort finden die überlebensnotwendigen Austauschvorgänge zwischen einer Zelle und ihrer Umgebung statt. Das innere Volumen einer Zelle bestimmt die Menge von Nährstoffen, die eingeführt werden müssen und die Menge von Abfallprodukten, die ausgeschieden werden müssen. Die Oberfläche steht für die Fläche von Zellmembran, die für die Aufnahme- und Ausscheidungsprozesse zur Verfügung stehen.

Das Problem, eine angemessene Oberfläche zur Verfügung zu haben, ergibt sich daraus, dass das Volumen einer Zelle mit der dritten Potenz der Zelllänge oder des Zelldurchmessers zunimmt, während ihre Oberfläche nur mit dem Quadrat zunimmt. Daher ist das Verhältnis der Oberfläche zum Volumen bei großen Zellen niedriger als bei kleinen Zellen. Dieser Vergleich veranschaulicht eine wichtige Beschränkung, welche die Zellgröße bestimmt: Wenn die Größe der Zelle zunimmt, dann hält die Oberfläche nicht mit dem Volumen Schritt und der notwendige Austausch von Substanzen zwischen der Zelle und ihrer Lebensumgebung wird zunehmend erschwert. Daher kann die Zellgröße nur so lange zunehmen, wie die Membranoberfläche noch für die Austauschprozesse von Material in die Zelle hinein und aus ihr heraus ausreichend ist.

Einige Zellen, vor allem Zellen, die an der Absorption mitwirken, besitzen Merkmale, die ihre Oberfläche maximieren. Die effektive Oberfläche wird sehr häufig durch Faltung der Zellmembran nach innen oder Dehnung nach außen vergrößert. Die Zellen, die den Dünndarm auskleiden, enthalten zum Beispiel viele fingerähnliche Ausstülpungen, die sogenannten Mikrovilli, die ganz erheblich die effektive Membranoberfläche vergrößern und daher die Fähigkeit dieser Zellen, Nährstoffe aufzunehmen, steigern.

Die Diffusionsgeschwindigkeiten von Molekülen Die Zellgröße wird außerdem durch die Geschwindigkeit begrenzt, mit welcher sich Moleküle in der Zelle bewegen, um zu Orten spezifischer zellulärer Aktivitäten zu gelangen. Viele Moleküle bewegen sich in der Zelle mittels **Diffusion**, der freien, nicht unterstützten Bewegung einer Substanz von einer Region hoher Konzentration zu einer Region niedriger Konzentration. Molekulare Bewegung kann daher durch die Diffusionsgeschwindigkeiten von Molekülen unterschiedlicher Größe begrenzt sein. Da die Geschwindigkeit der Diffusion mit steigender Größe des Moleküls abnimmt, ist die Begrenzung für Makromoleküle wie Proteine und Nucleinsäuren von großer Bedeutung.

Neuere Arbeiten zeigen, dass viele eukaryotische Zellen diese Einschränkung umgehen können, indem sie mit Hilfe spezieller intrazellulärer Transportproteine aktiv Ionen, Makromoleküle oder andere Substanzen durch das Cytoplasma transportieren. Einige Zellen höherer Organismen umgehen bis zu einem gewissen Grad diese Begrenzung durch **Cytoplasmaströmung** (sie wird in pflanzlichen Zellen als **Cyclose** bezeichnet), einem Vorgang der aktiven Bewegung und Vermischung cytoplasmatischer Inhalte. Andere Zellen transportieren spezifische Moleküle in Vesikeln, die entlang von Mikrotubuli durch Motorproteine gerichtet bewegt werden, wie wir später noch genauer sehen werden. Sollten diese Mechanismen aber nicht zur Verfügung stehen, so wird die Zellgröße durch die Diffusionsgeschwindigkeiten der in ihr vorhandenen Moleküle bestimmt.

Die Notwendigkeit entsprechender Konzentrationen von Reaktanten und Katalysatoren Eine dritte Begrenzung der Zellgröße ist die Notwendigkeit, angemessene Konzentrationen lebenswichtiger Verbindungen und Enzyme aufrechtzuhalten, die für überlebensnotwendige Vorgänge innerhalb von Zellen benötigt werden. Zur Durchführung einer chemischen Reaktion in einer Zelle müssen die entsprechenden Reaktanten aufeinandertreffen und an ein bestimmtes Enzym binden. Die Häufigkeit solcher Kollisionen wird durch höhere Konzentrationen der Reaktanten und des Enzyms erhöht. Ohne spezifische Konzentrationsmechanismen muss die Anzahl all dieser Moleküle proportional mit dem Zellvolumen ansteigen. Bei jeder Verdopplung der drei Dimensionen einer Zelle ergibt sich eine Vergrößerung der Anzahl der Moleküle um das Achtfache. Das übersteigt ganz offensichtlich die Synthesefähigkeit der Zellen.

3.3 Eukaryotische Zellen nutzen Organellen zur Kompartimentierung zellulärer Funktionen

Eine wirksame Lösung des Konzentrationsproblems ist die *Kompartimentierung der Aktivitäten* innerhalb spezifischer Regionen der Zelle. Wenn alle Enzyme und Verbindungen, die für einen bestimmten Vorgang benötigt werden, innerhalb einer spezifischen Region vorliegen, dann werden nur in dieser Region hohe Konzentrationen dieser Substanzen benötigt und nicht in der gesamten Zelle.

Für die Kompartimentierung der Aktivitäten steht den meisten Zellen eine Vielzahl von **Organellen** zur Verfügung, das sind von Membranen umgebene Kompartimente, die stark auf spezifische Funktionen spezialisiert sind. Beispielsweise liegen in den Zellen eines Pflanzenblattes die meisten Enzyme, Verbindungen und Pigmente, die für die Photosynthese benötigt werden, in kompartimentierten Strukturen vor, den sogenannten *Chloroplasten*. Eine solche Zelle kann daher in ihren Chloroplasten angemessen hohe Konzentrationen von allem aufrechterhalten, was sie für die Photosynthese benötigt, ohne entsprechende Konzentrationen dieser Substanzen in der gesamten Zelle bereitstellen zu müssen. Ganz ähnlich sind weitere Vorgänge innerhalb anderer Kompartimente lokalisiert.

Diese Kompartimentierung befähigt große Zellen der Eukaryoten, lokal große Konzentrationen spezifischer Enzyme und Verbindungen aufrechtzuhalten, die für bestimmte zelluläre Abläufe benötigt werden, um diese effektiv durchzuführen.

3.4 Bakterien, Archaea und Eukaryoten unterscheiden sich in vielen Aspekten

Wir kehren wieder zur Unterscheidung zwischen Bakterien, Archaea und Eukaryoten zurück und sehen viele wichtige strukturelle, biochemische und genetische Unterschiede zwischen diesen Gruppen. Einige dieser Unterschiede werden hier kurz besprochen – auf andere werden wir in späteren Kapiteln eingehen. Jetzt genügt es, zu verstehen, dass jeder Zelltyp einen einzigartigen Satz von Alleinstellungsmerkmalen besitzt, obwohl die Zellen dieser drei Domänen einige gemeinsame Merkmale besitzen.

Gegenwart oder Fehlen eines von einer Membran umgebenen Zellkerns Wie bereits festgestellt, hat man früher Eukaryoten und Prokaryoten (Bakterien und Archaea) im Hinblick auf die Struktur unterschieden, und dies spiegelte sich in der Nomenklatur wider. Wenn wir allerdings mehr über die zellulären Feinheiten der drei Domänen lebender Organismen lernen, dann verliert diese Unterscheidung an Bedeutung und andere Aspekte der Struktur und Funktion gewinnen an Bedeutung. Eine eukaryotische Zelle hat einen echten, von einer Membran umgebenen Zellkern, eine prokaryotische Zelle aber nicht. Die genetische Information einer Bakterie oder eines Archaea ist nicht von einer Membran umgeben, sondern zu einer kompakten Struktur gefaltet, die man als *Nucleoid* bezeichnet, der an die Zellmembran in einer bestimmten Region des Cytoplasmas geheftet ist (▸*Abbildung 3.1*). Andererseits liegt in einer eukaryotischen Zelle der größte Teil der genetischen Information im Zellkern, der nicht von einer einzigen Membran umschlossen ist, sondern von einer *Zellkernhülle*, die aus zwei Membranen besteht. Weitere Strukturmerkmale des Zellkerns sind der *Nucleolus*, der Ort der Ribosomensynthese und die DNA tragenden *Chromosomen*, die als Chromatin im *Nucleoplasma* verstreut vorliegen, das das innere Volumen des Zellkerns ausfüllt.

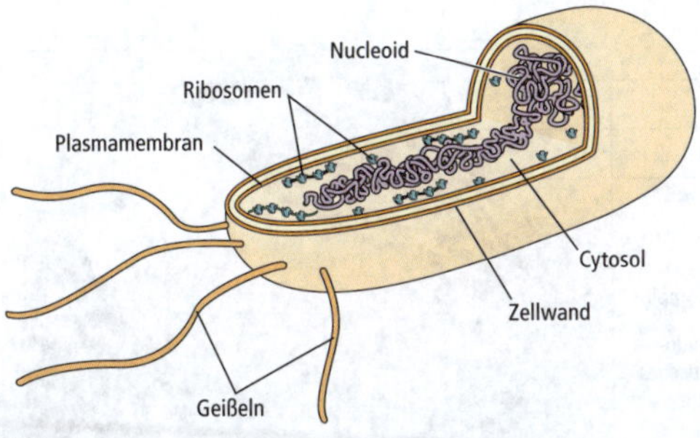

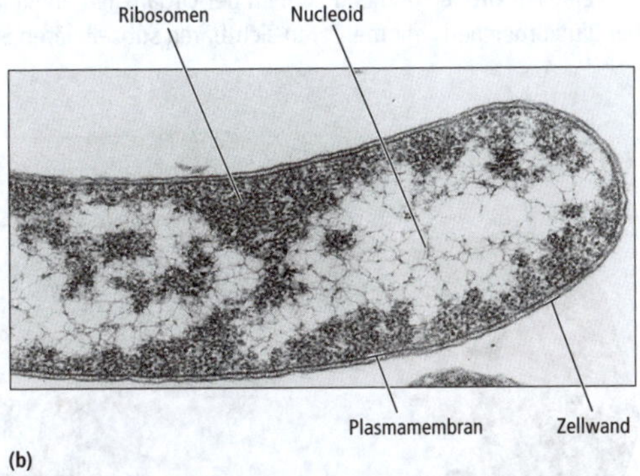

Abbildung 3.1: Struktur einer typischen bakteriellen Zelle. (a) Ein dreidimensionales Modell, das die Komponenten eines typischen Bakteriums darstellt. (b) Eine elektronenmikroskopische Aufnahme einer Bakterienzelle mit mehreren auch in (a) angezeigten Komponenten. Beachten Sie, dass sich „Nucleoid" auf das gefaltete bakterielle Chromosom bezieht, nicht auf ein von einer Membran umschlossenes Kompartiment (TEM).

Die Nutzung interner Membranen zur Trennung von Funktionen Wie in der *Abbildung 3.1* dargestellt, enthalten typische Zellen der Bakterien und Archaea wenige oder gar keine intrazellulären Membranen; die meisten zellulären Funktionen laufen entweder im Cytoplasma oder auf der Plasmamembran ab. Es gibt allerdings eine Gruppe photosynthetischer Bakterien – die sogenannten *Cyanobakterien* –, die große intrazelluläre Membranen besitzen, an denen photosynthetische Reaktionen ablaufen. Des Weiteren gibt es einige wissenschaftliche Artikel über von Membranen umschlossene Strukturen in Bakterien, die Organellen ähneln. Im Gegensatz dazu machen fast alle eukaryotischen Zellen intensiven Gebrauch von internen Membranen, um spezifische Funktionen auf verschiedene Kompartimente zu verteilen (▸*Abbildung 3.2* und ▸*Abbildung 3.3*) und häufig besitzen sie mehrere Organellen.

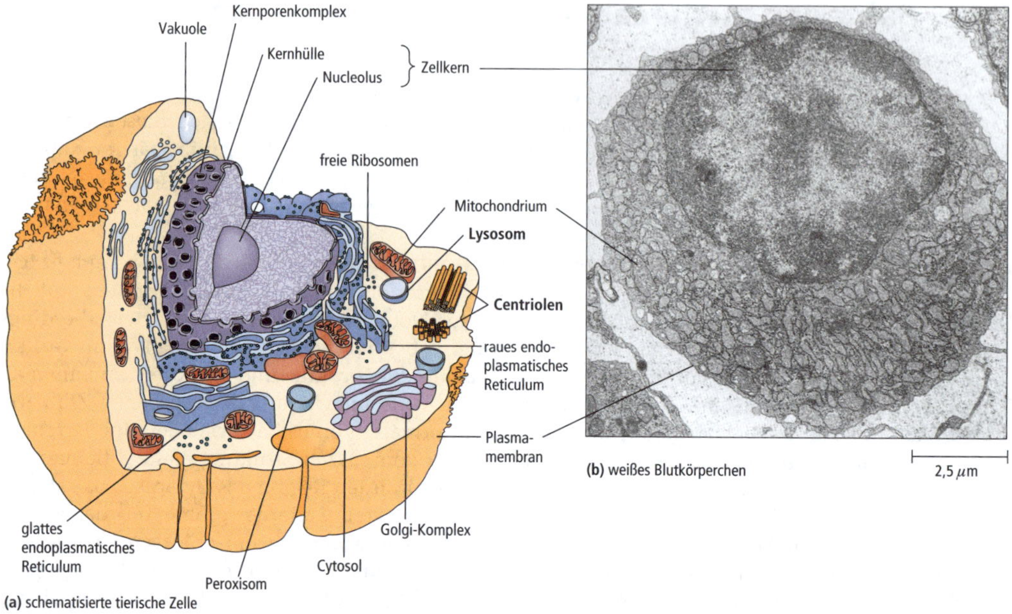

Abbildung 3.2: Eine typische tierische Zelle. (a) Schematische Zeichnung einer tierischen Zelle, die eine Vorstellung von den relativen Größen und den Formen der Organellen und anderen subzellulären Strukturen vermitteln soll. (b) Zelle eines weißen Blutkörperchens mit mehreren sichtbaren subzellulären Strukturen.

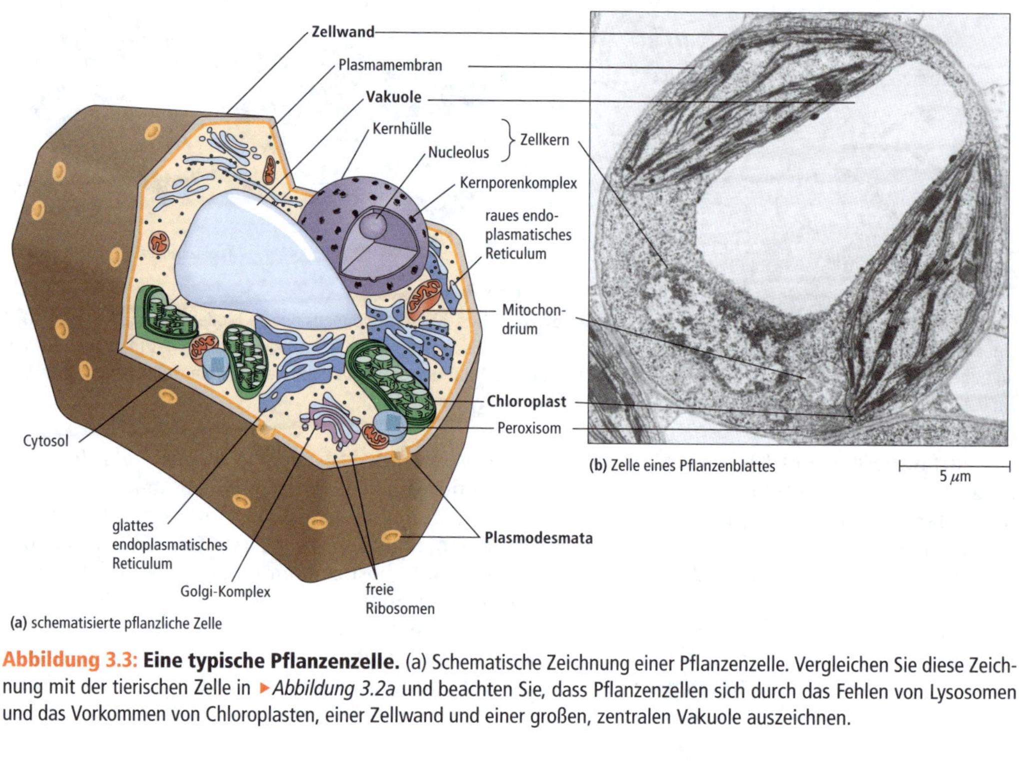

Abbildung 3.3: Eine typische Pflanzenzelle. (a) Schematische Zeichnung einer Pflanzenzelle. Vergleichen Sie diese Zeichnung mit der tierischen Zelle in ▸*Abbildung 3.2a* und beachten Sie, dass Pflanzenzellen sich durch das Fehlen von Lysosomen und das Vorkommen von Chloroplasten, einer Zellwand und einer großen, zentralen Vakuole auszeichnen.

Zu den internen Membransystemen der eukaryotischen Zellen gehören das *endoplasmatische Reticulum*, der *Golgi-Komplex*, die Membranen, die die Organellen wie *Mitochondrien*, *Chloroplasten*, *Lysosomen* und *Peroxisomen* umgeben, sowie verschiedene Arten von *Vakuolen* und *Vesikeln*. Jedes dieser Organellen besitzt ihre eigene charakteristische Membran (oder ein Membranenpaar), die in ihrer Grundstruktur anderen Membranen ähneln kann, sich aber in der biochemischen Zusammensetzung unterscheidet. Innerhalb jedes Organells befindet sich die molekulare Maschinerie, die zur Ausführung der jeweiligen zellulären Funktion, auf welche die Struktur spezialisiert ist, benötigt wird. Zu einem späteren Zeitpunkt werden wir diesen Organellen wieder begegnen und auf jede in ihrem Kontext in den darauffolgenden Kapiteln genauer eingehen.

Das Cytoskelett Im Cytoplasma der eukaryotischen Zellen gibt es außerdem mehrere nicht membranartige Proteinstrukturen, die an der zellulären Kontraktion, Motilität und an Aufbau und Zusammenhalt der zellulären Architektur beteiligt sind. Dazu zählen die *Mikrotubuli*, die in den Cilien und Geißeln vieler Zelltypen vorkommen, die *Mikrofilamente* der Muskelfibrillen und andere Strukturen, die an der Motilität mitwirken, sowie die *intermediären Filamente*, die vor allem in Zellen vorkommen, die Stress ausgesetzt sind. Mikrotubuli, Mikrofilamente und intermediäre Filamente sind Schlüsselbausteine des Cytoskeletts, das fast allen eukaryotischen Zellen Struktur und Elastizität verleiht, was Sie bald und im Detail in *Kapitel 14* lernen werden. Kürzlich entdeckte man Cytoskelettproteine in Bakterien, die bei der Aufrechterhaltung der Zellform eine Rolle zu spielen scheinen.

Exocytose und Endocytose Ein weiteres Merkmal der eukaryotischen Zellen ist ihre Fähigkeit, Substanzen zwischen den von Membranen umgebenen Kompartimenten innerhalb der Zelle und mit der Umgebung der Zelle auszutauschen. Dieser Austausch wird durch *Exocytose* und *Endocytose* ermöglicht, also durch Vorgänge, die über Membranfusionsereignisse ablaufen, die nur bei eukaryotischen Zellen vorkommen. Bei der Endocytose stülpen sich Teile der Plasmamembran ein und werden abgeschnürt, sodass von einer Membran umschlossene cytoplasmatische Vesikel entstehen, die Substanzen enthalten, die sich zuvor auf der Außenseite der Zelle befanden. Exocytose ist im Grunde die Umkehr dieses Vorgangs. Von Membranen umschlossene Vesikel in der Zelle verschmelzen mit der Plasmamembran und setzen ihren Inhalt an der Außenseite der Zelle frei. Aber auch innerhalb der Zelle können durch exo- und endocytotische Vorgänge Membranmaterial oder andere Substanzen zwischen den Kompartimenten gerichtet ausgetauscht werden.

Organisation der DNA Ein weiterer Unterschied zwischen Bakterien, Archaea und Eukaryoten liegt in der Menge und Organisation des genetischen Materials. Die bakterielle DNA liegt im Allgemeinen in der Zelle als ringförmiges Molekül vor, das mit relativ wenigen Proteinen assoziiert ist. Andererseits existiert die eukaryotische DNA in der Zelle als multiple lineare Moleküle, die mit großen Mengen von Proteinen Komplexe bilden und als *Histone* bezeichnet werden. Die DNA der Archaea ist typischerweise ringförmig und wird mit geringen Mengen von Proteinen komplexiert, die den eukaryotischen Histonproteinen ähneln.

Das ringförmige DNA-Molekül einer Bakterien- oder Archaeazelle ist wesentlich länger als die Zelle selber. Daher muss es gefaltet und dicht gepackt werden, um in die Zelle hineinzupassen. Das häufig vorkommende Darmbakterium *Escherichia coli* ist nur ungefähr einen Mikrometer lang, hat aber ein ringförmiges DNA-Molekül mit einem Umfang von ungefähr 1.300 µm. Es ist offensichtlich, dass es erforderlich ist, die DNA eng zu falten und dicht zu verpacken, um eine so große DNA in der vergleichsweise kleinen Zelle unterzubringen. Analog müsste man ungefähr 18 Meter sehr dünnen Fadens auf einen normalen Fingerhut wickeln.

Betrachten wir uns nun die eukaryotischen Zellen. Obwohl einige einfachere Eukaryoten (beispielsweise Hefen und Fruchtfliegen) nur 10- bis 50-mal so viel DNA enthalten wie Bakterien, besitzen die meisten eukaryotischen Zellen mindestens 1.000-mal mehr DNA als *E. coli*, obwohl sie nur fünf bis zehn Mal so viele Proteine kodieren. Da den Wissenschaftlern die Funktion dieses Überflusses an nicht kodierender DNA noch weitgehend unbekannt ist, wurde diese lange Zeit als „Schrott-DNA“ (engl.: *junk DNA*) bezeichnet. Es zeigt sich aber durch neue molekulare Methoden, die uns nun zur Verfügung stehen, dass diese nichtcodierenden Bereiche der DNA sicherlich kein „Müll“ sind, sondern wichtige Funktionen besitzen.

Unabhängig von der genetischen Funktion derart großer Mengen von DNA, das Packungsproblem stellt sich immer. Bei allen Eukaryoten wird es durch Organisation der DNA zu komplexen Strukturen gelöst, den sogenannten *Chromosomen*, die mindestens ebenso viel Histonprotein wie DNA enthalten. Die DNA der eukaryotischen Zellen ist in den Chromosomen verpackt, segregiert während der Zellteilung und wird an die Tochterzellen übertragen.

Die Segregation der genetischen Information Ein weiterer Unterschied zwischen Prokaryoten und Eukaryoten ist die Übertragungsweise der genetischen Information an die Tochterzellen nach der Zellteilung. Bakterien und Archaea replizieren ihre DNA und teilen sich mittels eines recht einfachen Vorgangs, den man als *binäre Teilung* bezeichnet, wobei ein Molekül der replizierten DNA und die Hälfte des Cytoplasmas an jede Tochterzelle übertragen werden. Nach der DNA-Replikation bei eukaryotischen Zellen werden die Chromosomen mittels der komplexeren Abläufe *Mitose* und *Meiose* zu gleichen Teilen an die Tochterzellen weitergegeben und daraufhin erfolgt die Teilung des Cytoplasmas, die *Cytokinese*.

Die Expression der DNA Die Unterschiede zwischen den Zellen der Bakterien, der Archaea und der Eukaryoten erstrecken sich auch auf die Expression der genetischen Information. Eukaryotische Zellen transkribieren die genetische Information im Zellkern zu langen RNA-Molekülen und hängen von der weiteren Prozessierung und den Transportvorgängen ab, um RNA-Moleküle richtiger Größe für die korrekte Proteinsynthese im Cytoplasma zur Verfügung zu stellen. Jedes RNA-Molekül kodiert im Allgemeinen ein Polypeptid.

Im Gegensatz dazu transkribieren Bakterien sehr spezifische Segmente genetischer Information zu Messenger-RNAs und dabei enthält oftmals ein einziges RNA-Molekül die für die Bildung mehrerer Polypeptide erforderliche Information. Bei den Bakterien findet nur wenig oder gar keine Prozessierung der RNA statt. Bei den Archaea wird eine geringe Menge RNA prozessiert, jedoch weniger als bei den Eukaryoten. Das Fehlen der Zellkernmembran bei Bakterien und Archaea gibt den Messenger-RNA-Molekülen die Möglichkeit, am Vorgang der Proteinsynthese mitzuwirken noch bevor sie vollständig synthetisiert vorliegen. Des Weiteren unterscheiden sich Bakterien, Archaea und Eukaryoten im Hinblick auf Größe und Zusammensetzung der Ribosomen und der ribosomalen RNAs, die an der Proteinsynthese beteiligt sind. Wir werden später in diesem Kapitel genauer auf diesen Unterschied eingehen.

3.5 Die Zellspezialisierung beweist die Einheit und die Vielfalt in der Biologie

Hinsichtlich ihrer Struktur und ihrer Funktion zeichnen sich Zellen sowohl durch Einheit als auch durch Vielfalt aus, was Sie an den typischen tierischen und pflanzlichen Zellen in der *Abbildung 3.2* und der *Abbildung 3.3* erkennen. Mit den Begriffen Einheit und Vielfalt möchten wir ganz einfach sagen, dass alle Zellen grundlegende Ähnlichkeit besitzen, sich jedoch in wichtigen Aspekten voneinander unterscheiden. In den folgenden Kapiteln werden wir uns auf Struktur und Funktion der am häufigsten vorkommenden Zelltypen konzentrieren. So werden wir zum Beispiel feststellen, dass praktisch alle Zellen zur Energiegewinnung Zuckermoleküle oxidieren, Ionen durch Membranen transportieren, DNA zu RNA transkribieren und zur Bildung von Tochterzellen eine Zellteilung durchlaufen.

Vieles davon trifft auch auf Strukturmerkmale zu. Alle Zellen sind von einer selektiv permeablen Plasmamembran umgeben, alle besitzen Ribosomen für die Proteinsynthese und alle Zellen enthalten doppelsträngige DNA als genetische Information. Ganz eindeutig haben wir es mit fundamentalen Aspekten der Zellorganisation und der Zellfunktion zu tun, wenn wir uns mit Abläufen und Strukturen beschäftigen, die fast alle, wenn nicht sogar alle Zellen betreffen.

Gelegentlich können wir unser Verständnis der Zellbiologie aber vertiefen, indem wir nicht nur die Einheit betrachten, sondern auch die Vielfalt der Zellen – nicht nur die allen Zellen gemeinsamen Merkmale, sondern die Merkmale, die bei jedem Zelltyp besonders herausstechen. Möchte man verstehen, wie Proteinsekretion abläuft, so ist es zum Beispiel von Vorteil, eine Zelle unter dem Aspekt zu betrachten, dass sie für diese Sekretion hoch spezialisiert ist. Zellen der menschlichen Bauchspeicheldrüse bieten sich für die Untersuchung dieses Vorgangs an, denn sie sekretieren große Mengen von Verdauungsenzymen aus.

Ähnlich verhält es sich mit der Untersuchung von Funktionen, die in den Mitochondrien ablaufen, denn auch in diesem Fall ist es angeraten, einen für diesen Vorgang hoch spezialisierten Zelltyp auszuwählen, bei dem im Mitochondrium Energie freigesetzt wird. Eine solche Zelle würde wahrscheinlich viele hochentwickelte, höchst aktive Mitochondrien besitzen. Tatsächlich war dies der Grund für Hans Krebs den Flugmuskel der Taube als Gewebe zu wählen, um die heutzutage klassischen Untersuchungen des Zyklus der oxidativen Reaktionen durchzuführen, die wir als *Tricarbonsäurezyklus (TCA-Zyklus)* oder *Krebszyklus* kennen.

Wann immer wir uns mit den spezialisierten Funktionen spezifischer Zelltypen beschäftigen, um eine bestimmte Funktion zu untersuchen, werden wir Zeuge der Vielfalt der Zellstrukturen und Funktionen, die in erster Linie auf der Zellspezialisierung beruhen. Wir nutzen außerdem die Tatsache, dass die meisten Organismen viele Zellen besitzen, denn nur als Teil eines vielzelligen Organismus muss eine Zelle eine spezialisierte Funktion ausüben. Im Allgemeinen muss eine einzige Zelle eines einzelligen Organismus fähig sein, alle für Überleben, Wachstum und Reproduktion notwendigen Funktionen auszuführen. Normalerweise wird keine Einzelfunktion zum Nachteil anderer Funktionen überbetont. Andererseits zeichnen sich vielzellige Organismen durch Arbeitsteilung zwischen den Geweben und Organen aus, was nicht nur die Spezialisierung von Struktur und Funktion ermöglicht, sondern sie davon sogar abhängig macht. Ganze Zellgruppen werden für eine bestimmte Aufgabe stark spezialisiert, die sich dann zur spezifischen Aufgabe dieser Zellen im Ablauf aller Funktionen des Organismus entwickelt.

Bioenergetik: Der Energiefluss in der Zelle

4

ÜBERBLICK

4.1 Die Bedeutung der Energie

Alle lebenden Systeme benötigen eine nicht endende Versorgung mit **Energie**. Im Allgemeinen wird Energie als Fähigkeit, Arbeit zu verrichten, definiert. Diese Definition kann aber zu einem Zirkelschluss führen, denn häufig wird Arbeit als Veränderung der Energie definiert. Eine nützlichere Definition lautet: *Energie ist die Fähigkeit, spezifische physikalische oder chemische Veränderungen herbeizuführen.* Da Leben sich zuerst und vor allem durch Veränderungen auszeichnet, unterstreicht diese Definition die völlige Abhängigkeit aller Lebensformen von der ständigen Verfügbarkeit von Energie.

4.1.1 Zellen benötigen Energie für sechs verschiedene Arten der Veränderung

Nun, da wir mit einer Definition der Energie arbeiten können, könnten Sie die Frage stellen: Welche Arten zellulärer Aktivitäten bewirken spezifische physikalische und chemische Veränderungen? Da treten sechs Kategorien auf, in die man Veränderungen einteilt, die wiederum sechs Formen von Arbeit definieren, die Energie benötigen: synthetische Arbeit, mechanische Arbeit, Konzentrationsarbeit und elektrische Arbeit sowie die Erzeugung von Wärme und die Erzeugung von Licht (▸*Abbildung 4.1*).

Synthetische Arbeit: Veränderung der chemischen Bindungen Eine wichtige Aktivität, die wirklich jede Zelle jederzeit ausführen muss, ist die **Biosynthese** zur Bildung neuer chemischer Bindungen und die Synthese neuer Moleküle. Diese Aktivität wird in einer Population wachsender Zellen besonders deutlich, in der weitere Moleküle für die Zellen synthetisiert werden müssen, damit die Zellen im Hinblick auf Größe und Anzahl wachsen können. Des Weiteren wird synthetische Arbeit benötigt, um bereits existierende Zellstrukturen zu erhalten. Da die meisten Strukturkomponenten der Zelle sich im Zustand eines ständigen Umsatzes befinden, werden die Moleküle, aus denen diese Strukturen bestehen, andauernd abgebaut und ersetzt. Fast die gesamte Energie, die eine Zelle für ihre biosynthetische Arbeit benötigt, wird zur Bildung energiereicher organischer Moleküle aus einfacheren Ausgangssubstanzen und zum Einbau dieser Ausgangssubstanzen in Makromoleküle aufgebracht.

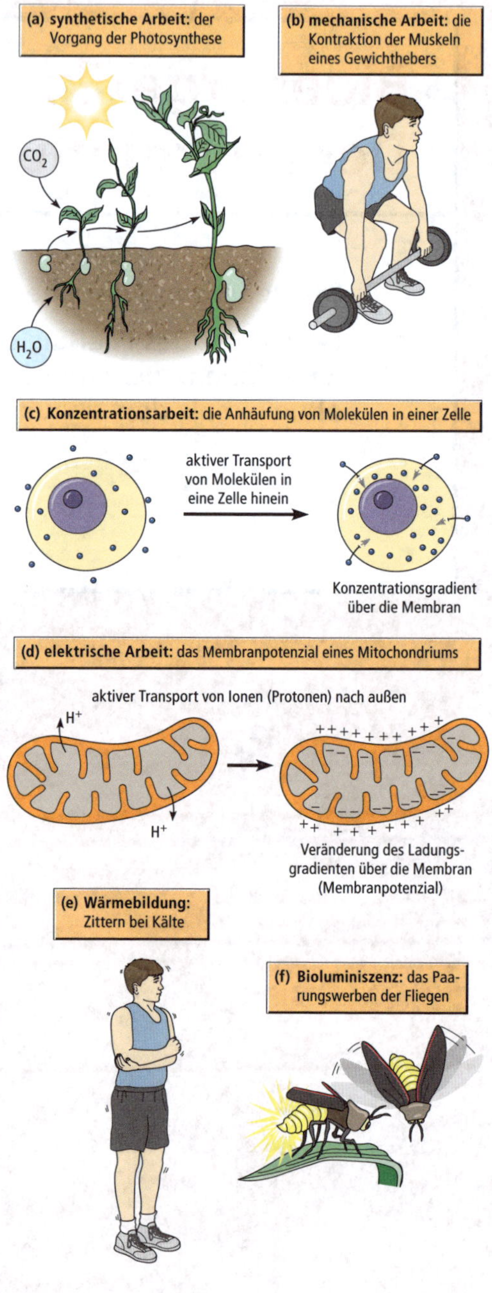

Abbildung 4.1: Mehrere Arten biologischer Arbeit. Die sechs wichtigsten Kategorien biologischer Arbeit sind hier dargestellt. Alle erfordern das Aufbringen von Energie, um physikalische und chemische Veränderung zu bewirken.

Mechanische Arbeit: Veränderungen in Position und Ausrichtung einer Zelle oder einer subzellulären Struktur Häufig benötigen Zellen Energie zur Verrichtung **mechanischer Arbeit**, die für eine physikalische Veränderung der Position oder Ausrichtung einer Zelle oder eines Teils der Zelle geleistet wird. Ein besonders gutes Beispiel liefert die Bewegung einer Zelle in ihrer Umgebung. Häufig werden für diese Bewegung ein oder mehrere bewegliche Strukturen benötigt, beispielsweise Cilien oder Geißeln, die Energie benötigen, um die Zelle vorwärts zu treiben. In anderen Fällen wird die Umgebung an der Zelle vorbeibewegt, wie es zum Beispiel die mit Cilien ausgestatteten Epithelzellen der Atemwege tun, die inhalierte Partikel nach oben bewegen und so aus der Lunge fernhalten. Auch für diese Bewegung wird Energie benötigt. Die Muskelkontraktion ist ein weiteres gutes Beispiel für mechanische Arbeit, wobei nicht nur eine einzelne Zelle arbeitet, sondern eine große Anzahl von Muskelzellen zusammenarbeitet (siehe *Abbildung 15.6*). Weitere Beispiele mechanischer Arbeit, die wir bei den Zellen kennenlernen werden, sind die Bewegung der Chromosomen entlang der Spindelfasern während der Mitose, die Strömung des Cytoplasmas, die Bewegung der Organellen und die Translokation eines Ribosoms entlang eines Strangs der mRNA.

Konzentrationsarbeit: Bewegung von Molekülen durch eine Membran gegen den Konzentrationsgradienten Weniger offensichtlich als die beiden vorher beschriebenen Kategorien, aber ebenso bedeutend für die Zelle ist die Arbeit, die geleistet wird, um Moleküle oder Ionen gegen einen Konzentrationsgradienten zu bewegen. Das Ziel der Konzentrationsarbeit besteht darin, entweder Substanzen in einer Zelle oder einem Organell anzuhäufen oder potenziell toxische Nebenprodukte der Zellaktivität zu entfernen. Die Diffusion von Substanzen (aus Regionen hoher Konzentration in Regionen niedriger Konzentration) ist ein spontaner Vorgang, für den keine weitere Energie aufgebracht werden muss. Daher erfordert der umgekehrte Vorgang, die Konzentration, Energieaufwand. Zu den Beispielen für Konzentrationsarbeit gehören der Import bestimmter Zucker- und Aminosäuremoleküle durch die Membran aus Regionen niedriger Konzentration hin zu Regionen hoher Konzentration, die Konzentrierung spezifischer Moleküle und Enzyme in den Organellen und die Anhäufung von Abbauenzymen in sekretorischen Vesikeln, die während der Verdauung der Nahrung freigesetzt werden.

Elektrische Arbeit: Bewegung von Ionen durch eine Membran gegen den elektrochemischen Gradienten Häufig wird **elektrische Arbeit** als Sonderfall der Konzentrationsarbeit angesehen, denn auch hier findet eine Bewegung durch Membranen statt. In diesem Fall werden allerdings Ionen transportiert und das Ergebnis ist nicht einfach eine Veränderung der Konzentration. Es wird außerdem eine Ladungsdifferenz, das sogenannte *elektrische Potenzial* oder *Membranpotenzial*, an der Membran aufgebaut. Jede Zellmembran besitzt ein charakteristisches elektrisches Potenzial, das auf diese Weise erzeugt wird. Eine Konzentrationsdifferenz der Protonen auf jeder Seite der Membran des Mitochondriums oder des Chloroplasten baut ein elektrisches Potenzial auf, das für die Bildung von ATP sowohl bei der Atmung als auch bei der Photosynthese unverzichtbar ist. Außerdem ist elektrische Arbeit wichtig für die Übertragung von Impulsen in Nervenzellen. Dafür ist es erforderlich, ein Membranpotenzial aufzubauen, was durch Pumpen von Na^+-Ionen und K^+-Ionen aus der Zelle heraus und in die Zelle hinein geschieht (*Kapitel 12*). Ein besonders faszinierendes Beispiel für elektrische Arbeit kann man bei *Electrophorus electricus* beobachten, dem Zitteraal. Einzelne Zellen seines elektrischen Organs nutzen Energie zur Erzeugung eines Membranpotenzials von circa 150 Millivolt (mV) in einer Zelle, und Tausende dieser Zellen sind in Reihen angeordnet, sodass der Zitteraal ein elektrisches Potenzial von mehreren Hundert Volt erzeugen kann (Autsch!).

Wärme: ein Temperaturanstieg, der warmblütigen Tieren nützt Obwohl lebende Organismen **Wärme** nicht auf die gleiche Weise als Energie nutzen wie eine Dampfmaschine, ist die Erzeugung von Wärme eine wichtige Form der Energienutzung aller *Endothermen* (Tiere, die ihre Körpertemperatur unabhängig von ihrer Umgebung regulieren und nahe einem konstanten Wert halten). Tatsächlich ist es so, dass Sie während des Lesens dieser Zeilen ungefähr zwei Drittel ihrer metabolischen Energie aufbringen, um warm zu bleiben – das heißt, zur Erhaltung einer Kernkörpertemperatur von 37 °C, der Temperatur, bei der ihr Körper am effektivsten funktioniert. Wenn Ihnen kalt ist, nutzen

Ihre Muskeln Energie, um zu zittern und erzeugen dadurch Wärme, um die Körpertemperatur konstant zu halten.

Biolumiszenz: Die Erzeugung von Licht Zur Vervollständigung unserer Liste müssen wir noch die Erzeugung von Licht, also die **Bioluminiszenz**, hinzufügen, ein weiterer Weg der Zellen, Energie zu nutzen. Das von bioluminiszenten Organismen erzeugte Licht entsteht durch die Reaktion von ATP mit spezifischen luminiszenten Verbindungen. Diese Bioluminiszenz ist im Allgemeinen von blassblauer Farbe, gelb oder grün. Dabei handelt es sich um eine wesentlich spezialisiertere Form der Energienutzung als bei den anderen fünf Kategorien; als Beispiele können Glühwürmchen, luminiszente Giftpilze, Dinoflagellaten und manche Tiefseefische aufgezählt werden.

4.1.2 Organismen erhalten ihre Energie entweder durch Sonnenlicht oder durch Oxidation chemischer Verbindungen

Fast das gesamte Leben auf der Erde wird direkt oder indirekt durch das Sonnenlicht erhalten, das unseren Planeten ständig mit Energie überflutet. Selbstverständlich sind nicht alle Organismen dazu befähigt, Energie direkt aus Sonnenlicht zu gewinnen. Tatsächlich kann man die Organismen (und die Zellen) auf der Grundlage ihrer Energiequellen entweder als phototrophe („Lichtverwerter") oder als chemotrophe („Verwerter chemischer Substanzen") Organismen klassifizieren. Ferner kann man Organismen als autotrophe („Selbstverwerter") oder heterotrophe („Verwerter anderer Quellen") Organismen bezeichnen, je nachdem, ob sie als Kohlenstoffquelle CO_2 oder organische Moleküle verwerten. Die meisten Organismen sind entweder Photoautotrophe oder Chemoheterotrophe.

Phototrophe sind Organismen, die die gesamte Energie, die sie für ihre zellulären Bedürfnisse benötigen, mittels spezifischer Pigmentsysteme durch Aufnahme von Lichtenergie aus der Sonne erlangen. Sie wandeln diese Lichtenergie dann in chemische Energie um und speichern die Energie in Form von ATP. *Photoautotrophe* können Sonnenenergie zur Bildung aller für sie notwendigen Kohlenstoffverbindungen aus CO_2 nutzen. Als Beispiele für Photoautotrophe führen wir Pflanzen, Algen, Cyanobakterien und photosynthetische Bakterien an. *Photoheterotrophe* (einige Bakterien) können gleichfalls Sonnenenergie für den Antrieb ihrer Zellaktivitäten nutzen, aber sie sind im Hinblick auf ihre Kohlenstoffbedürfnisse von der Aufnahme organischer Moleküle abhängig.

Im Gegensatz dazu sind **Chemotrophe** von der Oxidation chemischer Verbindungen in organischen oder anorganischen Molekülen abhängig, um auf diese Weise Energie für ihre Zellaktivitäten zu gewinnen. *Chemoautotrophe* (einige wenige Bakterien) oxidieren zumeist anorganische Verbindungen wie H_2S, H_2-Gas oder anorganische Ionen, um die Energie bereitzustellen, die sie für die Synthese all ihrer organischen Verbindungen aus CO_2 benötigen. Andererseits müssen *Chemoheterotrophe* chemische Verbindungen wie Kohlenhydrate, Fette und Proteine aufnehmen, um sowohl Energie als auch Kohlenstoff für ihre zellulären Bedürfnisse zur Verfügung zu haben. Alle Tiere, Protozoen, Pilze und viele Bakterien sind chemoheterotrophe Organismen.

Ein Aspekt, der oftmals bei den Phototrophen nicht ausreichend gewürdigt wird, ist folgender: Zwar sind sie befähigt, Sonnenenergie zu nutzen, wenn diese zur Verfügung steht, doch müssen sie ihre Energie wie Chemotrophe gewinnen, wenn sie nicht bestrahlt werden. Die meisten Pflanzen bestehen tatsächlich aus einer Mischung phototropher und chemotropher Zellen. Die Zelle einer Pflanzenwurzel ist zwar offensichtlich Teil eines phototrophen Organismus, kann aber im Allgemeinen keine Photosynthese durchführen und ist ebenso ein chemotropher Organismus wie eine tierische Zelle (oder die Zelle eines Pflanzenblattes im Dunkeln).

4.1.3 Energie fließt unablässig durch die Biosphäre

Während sowohl die Chemotrophen als auch die Phototrophen zur Wahrung ihrer Energiebedürfnisse von ihrer Umgebung abhängen, unterscheiden sie sich in den von ihnen genutzten Energieformen. Chemotrophe oxidieren zur Energiegewinnung Moleküle aus der Umwelt, während Phototrophe Sonnenstrahlung nutzen. Bevor wir unsere Diskussion des Energieflusses fortsetzen, wollen wir uns zuerst die chemischen Konzepte Oxidation und Reduktion anschauen, denn sie sind für das Verständnis des Energieflusses in Zellen und Organismen von entscheidender Bedeutung.

Oxidation ist das Entfernen von Elektronen aus einer Substanz. In der Biologie bedeutet Oxidation im Allgemeinen das Entfernen von Wasserstoffatomen (ein Wasserstoffion plus ein Elektron) und das Anfügen von Sauerstoffatomen. Oxidationsreaktionen setzen Energie frei, beispielsweise bei der Oxidation von Glucose ($C_6H_{12}O_6$) oder Methan (CH_4) zu Kohlendioxid (CO_2). Während dieser Oxidationen verlor jedes Kohlenstoffatom in der Glucose oder im Methan Elektronen und Wasserstoffionen und gewann bei der Bildung von Kohlendioxid und der Freisetzung von Energie Sauerstoffatome hinzu. Die Umkehrreaktion ist die *Reduktion* – das Anfügen von Elektronen an eine Substanz, was im Allgemeinen mit dem Anfügen von Wasserstoffatomen (und dem Verlust von Sauerstoffatomen) einhergeht. Für diese Reaktion muss Energie aufgewendet werden, beispielsweise bei der Reduktion von Kohlendioxid zu Glucose während der Photosynthese. Achten Sie darauf, wie die Kohlenstoffatome in sechs Molekülen Kohlendioxid (CO_2) Wasserstoffatome hinzubekamen und Sauerstoffatome bei ihrer Reduktion zu Glucose ($C_6H_{12}O_6$), die Energie benötigte, verloren.

Glucose-Oxidation: $$C_6H_{12}O_6 + 6\ O_2 \longrightarrow 6\ CO_2 + 6\ H_2O + \text{Energie} \quad (4\text{-}1)$$

Methan-Oxidation: $$CH_4 + 2\ O_2 \longrightarrow CO_2 + 2\ H_2O + \text{Energie} \quad (4\text{-}2)$$

Reduktion von CO_2: $$\text{Energie} + 6\ CO_2 + 6\ H_2O \longrightarrow C_6H_{12}O_6 + 6\ O_2 \quad (4\text{-}3)$$

Der Energiefluss durch die Biosphäre wird in ▸*Abbildung 4.2* dargestellt. Die Phototrophen fangen Sonnenenergie auf, die bei der Photosynthese zur Umwandlung von Kohlendioxid und Wasser in komplexere (und stärker reduzierte) zelluläre Substanzen dient. Wir werden sehen, dass Zucker mit drei Kohlenstoffatomen die unmittelbaren Produkte der photosynthetischen Kohlenstofffixierung sind. In gewisser Weise können wir den gesamten photosynthetischen Organismus als das „Produkt" der Photosynthese betrachten, denn jedes Kohlenstoffatom in jedem Molekül dieses Organismus stammt von dem Kohlendioxid, das durch Photosynthese in organischer Form fixiert wird.

Chemotrophe sind wiederum nicht in der Lage, Sonnenenergie direkt zu nutzen und sind von der Verfügbarkeit organischer oder anorganischer Moleküle abhängig, die oxidiert werden können, um Energie freizusetzen. Chemoheterotrophe sind vollständig von Energie abhängig, die von Phototrophen in oxidierbare Nahrungsmittelmoleküle gepackt wurde. Zur Energiegewinnung oxidieren Chemoautotrophe anorganische Moleküle. Eine Welt, die ausschließlich aus Chemoheterotrophen bestünde, hätte nur so lange Bestand, wie Nahrungsmittelvorräte vorhanden wären, denn wir leben zwar auf einem Planeten, der jeden Tag mit Sonnenenergie überschüttet wird, doch können wir Menschen diese Form der Energie nicht zur Wahrung unserer physiologischer Bedürfnisse nutzen.

Sowohl Phototrophe als auch Chemotrophe nutzen Energie, um Arbeit auszuführen – das heißt, um die sechs Arten der Veränderungen herbeizuführen, die wir bereits besprochen haben (siehe *Abbildung 4.1*). Ein wichtiges Prinzip der Energiekonservierung ist, dass keine chemischen oder physikalischen Abläufe mit 100 % Effektivität ablaufen – ein Teil der Energie wird immer als Wärme freigesetzt. Obgleich biologische Abläufe im Hinblick auf Energiekonservierung von bemerkenswerter Effektivität sind, ist der Energieverlust durch Wärme bei biologischen Abläufen unvermeidbar. Manchmal wird die Wärme, die während der zellulären Prozesse freigesetzt wird, genutzt, beispielsweise von warmblütigen Tieren, die eine konstante Körpertemperatur beibehalten. Einige Pflanzen nutzen metabolisch erzeugte Wärme, um auf ihnen liegenden Schnee zu schmelzen oder Bestäuber anzulocken. Im Allgemeinen wird die Wärme einfach an die Umgebung abgegeben, was für den Organismus einen Energieverlust bedeutet.

In kosmischer Größenordnung gesehen, ergießt sich ein ständiger, massiver und unidirektionaler Energiefluss auf die Erde, der seinen Ursprung in den Kernverschmelzungsreaktionen der Sonne hat. Wir in der Biosphäre sind die vorübergehenden Hüter eines unendlich kleinen Teils dieser Energie. Es ist eben dieser kleine, aber entscheidende Bruchteil von Energie und dessen

Fluss durch die lebenden Systeme der Biosphäre, der das Leben auf der Erde erhält. Der Energiestrom der Biosphäre beginnt bei den Phototrophen, die Lichtenergie dazu nutzen, Elektronen energetisch „bergauf" zu treiben, um hochenergetische, reduzierte Verbindungen zu gewinnen. Diese Energie wird dann sowohl von Phototrophen als auch von Chemotrophen in den „bergab" verlaufenden Oxidationsreaktionen freigesetzt. Dieser Energiefluss durch die lebende Materie – von der Sonne zu Phototrophen, von dort zu Chemotrophen und dann als Wärme freigesetzt – treibt alle Lebensabläufe an.

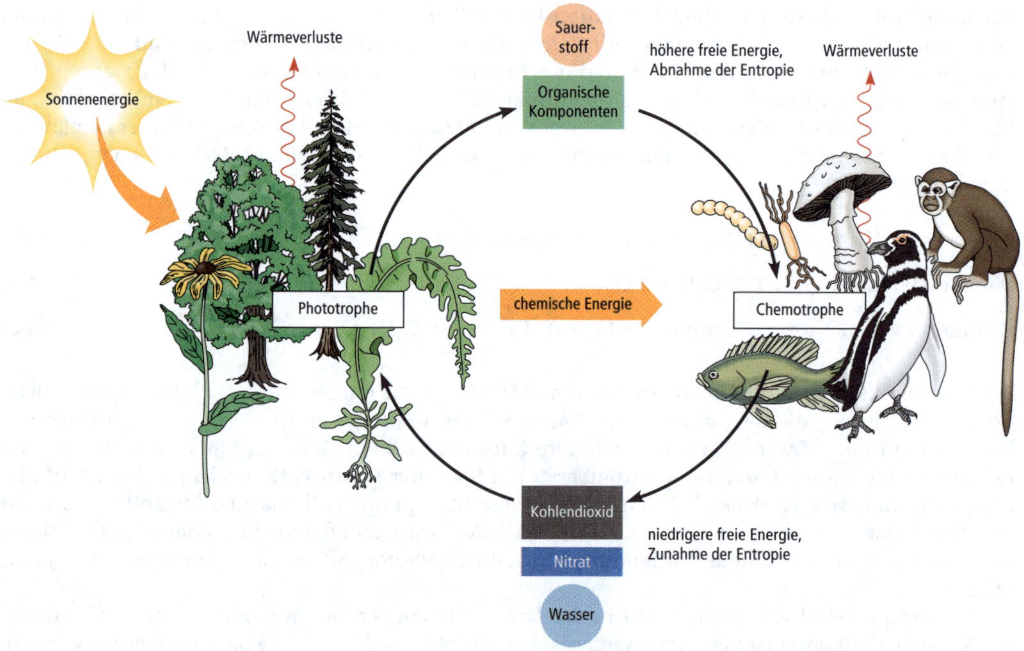

Abbildung 4.2: Der Energiefluss durch die Biosphäre. Der größte Teil der Energie in der Biosphäre stammt von der Sonne und wird schließlich als Wärme in die Umgebung freigesetzt. Ein zyklischer Strom von Substanzen zwischen den beiden Organismengruppen geht mit dem unidirektionalen Energiefluss von Phototrophen zu Chemotrophen einher. Die Sonnenenergie wird zur Reduktion energiearmer anorganischer Verbindungen zu energiereichen organischen Verbindungen genutzt, die sowohl von den Phototrophen als auch von den Chemotrophen verwertet werden.

4.1.4 Der Energiefluss durch die Biosphäre wird vom Fluss der Materie begleitet

Energie gelangt in die Biosphäre als Photonen des Lichts, die nicht von Materie begleitet werden, und verlässt die Biosphäre als Wärme, wiederum ohne Materie. Während die Lichtenergie die Biosphäre durchfließt, existiert Energie in erster Linie in Form chemischer Bindungsenergien oxidierbarer organischer Moleküle in Zellen und Organismen. Daraus resultiert, dass der Energiefluss in der Biosphäre an einen entsprechend gewaltigen Materiefluss gekoppelt ist.

Energie fließt unidirektional von der Sonne durch die Phototrophen zu den Chemotrophen und in die Umwelt. Materie fließt zyklisch innerhalb der Phototrophen und zwischen Phototrophen und Chemotrophen (siehe *Abbildung 4.2*). Phototrophe nutzen die Sonnenenergie, um aus anorganischen Ausgangssubstanzen wie Kohlendioxid, Nitrat und Wasser organische Nährstoffe zu erzeugen und setzen bei diesem Vorgang Sauerstoff frei. Phototrophe machen sich diese hochenergetischen reduzierten Nährstoffe zu Nutze und einige stehen dann den Chemotrophen zur Verfügung, die Phototrophe konsumieren. Chemotrophe nehmen im Allgemeinen organische Nährstoffe aus ihrer Umgebung auf und nutzen Sauerstoff, um diese wieder zu Kohlendioxid, Nitrat und

Wasser zu oxidieren. Diese oxidierten Moleküle mit niedriger Energie werden an die Umgebung abgegeben und sind dann Rohstoffe, die die phototrophen Organismen zur Bildung neuer organischer Moleküle nutzen, wobei sie bei diesem Vorgang Sauerstoff an die Umgebung abgeben.

Diese Kreisläufe werden von einem Stickstoffkreislauf begleitet. Phototrophe erhalten Stickstoff in oxidierter anorganischer Form aus der Umgebung (als Nitrat aus dem Boden oder in einigen Fällen als N_2 aus der Atmosphäre). Sie wandeln es durch Reduktion in Ammoniak (NH_4) um, eine hochenergetische Form des Stickstoffs, die zur Synthese von Aminosäuren, Proteinen, Nucleotiden und Nucleinsäuren dient. Schließlich werden diese zellulären Moleküle ebenso wie andere Bausteine der phototrophen Zellen von den Chemotrophen verwertet. Der Stickstoff wird dann wieder zu Ammoniak zurückverwandelt und schließlich vor allem von Bodenmikroorganismen zu Nitrat oxidiert.

Kohlenstoff, Wasserstoff, Stickstoff und Wasser kreisen somit unaufhörlich zwischen der phototrophen und der chemotrophen Welt. Sie dringen als reduzierte energiereiche Verbindungen in die chemotrophe Sphäre ein und verlassen diese als oxidierte energiearme Substanzen. Man geht daher davon aus, dass die beiden großen Gruppen von Organismen – Phototrophe und Chemotrophe – in einer Art von symbiontischer Beziehung leben, wobei die Symbiose aus zwei Komponenten besteht, dem zyklischen Fluss von Substanzen und dem unidirektionalen Fluss von Energie.

Wenn wir uns ein Gesamtbild vom makroskopischen Fluss von Energie und Materie machen möchten, der alle lebenden Organismen durchströmt, dann stellen wir fest, dass Zellbiologie und Ökologie sich überschneiden. Ökologen sind sehr besorgt wegen der Energie- und Nährstoffkreisläufe, der Rollen der verschiedenen Spezies in diesen Kreisläufen und wegen der Umweltfaktoren, die auf diesen Fluss wirken. Auf zellulärer Ebene interessiert uns letztendlich, wie der Energie- und Materiefluss, den wir im makroskopischen Maßstab betrachtet haben, im molekularen Maßstab mit den Begriffen für Energieaustauschvorgänge und chemische Abläufe ausgedrückt und erklärt werden kann, die innerhalb von Zellen ablaufen. Daher werden wir die makroskopischen Kreisläufe den Ökologen überlassen und unsere Aufmerksamkeit den Reaktionen widmen, die innerhalb der einzelnen Zellen der Bakterien, Pflanzen und Tiere ablaufen und mit diesen Kreisläufen zusammenhängen. Zuerst werden wir uns allerdings mit den physikalischen Prinzipien vertraut machen müssen, die diesen Energieaustauschvorgängen zugrunde liegen.

Näheres zur Bioenergetik finden Sie in den meisten Lehrbüchern zur Biochemie wie auch in der Komplettausgabe „Beckers Welt der Zelle“ (ISBN: 978-3-86894-222-4).

4.2 Leben und das Fließgleichgewicht: Reaktionen, die zum Gleichgewicht fortschreiten, ohne jemals dort anzukommen

In diesem Kapitel haben wir betont, dass die Triebkraft aller Reaktionen ihre Tendenz ist, sich in Richtung des Gleichgewichts zu bewegen. In der Tat sind $\Delta G^{\circ\prime}$ und $\Delta G'$ wirklich nichts anderes als verlässliche Hilfsmittel zur Quantifizierung, wie weit entfernt vom Gleichgewicht eine Reaktion liegt und in welcher Richtung das Gleichgewicht unter den spezifischen Bedingungen, die vom Standard oder vorliegenden Produkt- und Reaktantenkonzentrationen bestimmt werden, liegt. Allerdings muss man, wenn man wirklich verstehen möchte, wie Zellen funktionieren, die Bedeutung von Reaktionen anerkennen, die in Richtung des Gleichgewichts fortschreiten, ohne dieses jemals zu erreichen. Im Gleichgewicht sind die Geschwindigkeiten der Vorwärts- und der Rückwärtsbewegung für eine Reaktion gleich und daher gibt es keinen Nettofluss von Materie in eine der beiden Richtungen. Vor allem aber ist von Bedeutung, dass aus der Reaktion keine weitere Energie herausgezogen werden kann, denn $\Delta G'$ ist für eine Reaktion im Gleichgewicht gleich null. Vielleicht können Sie den mathematischen Beweis dafür erbringen, dass bei jeder Reaktion im Gleichgewicht $\Delta G' = 0$ gilt.

Für alle praktischen Anwendungen gilt mithin, dass eine Reaktion im Gleichgewicht beendet ist. Allerdings zeichnet sich eine lebende Zelle durch kontinuierliche Reaktionen aus, nicht durch beendete. Eine Zelle im Gleichgewicht wäre eine tote Zelle. Tatsächlich könnten wir Leben als ständigen Kampf definieren, in dem es gilt, viele zelluläre Reaktionen in Positionen zu halten, die weit vom Gleichgewicht entfernt sind – denn im Gleichgewicht sind keine Nettoreaktionen möglich, es kann keine Energie freigesetzt bzw. keine Arbeit verrichtet werden und der Zustand des Lebens kann nicht aufrechterhalten werden.

Leben ist also nur deshalb möglich, weil alle lebenden Zellen sich selbst im **Fließgleichgewicht** halten, wobei die meisten ihrer Reaktionen weit vom thermodynamischen Gleichgewicht entfernt sind. Die Konzentrationen von Glucose-6-Phosphat und Fructose-6-Phosphat in den roten Blutkörperchen veranschaulichen diesen Punkt. Wie wir gesehen haben, werden diese Verbindungen in der Zelle in Konzentrationen des Fließgleichgewichts gehalten, die weit von dem Gleichgewichtszustand entfernt sind, der durch einen K'_{eq}-Wert von 0,5 charakterisiert wird. Tatsächlich liegen die Konzentrationen soweit vom Gleichgewicht der Konzentrationen entfernt, dass die Umwandlung von Glucose-6-Phosphat zu Fructose-6-Phosphat ständig in der Zelle ablaufen kann, obwohl der Gleichgewichtszustand einen positiven $\Delta G^{\circ\prime}$ hat und tatsächlich das Glucose-6-Phosphat vorzieht. Das gleiche gilt für die meisten Reaktionen und Wege in der Zelle. Sie können fortschreiten und für verschiedene Arten der Zellarbeit nutzbar gemacht werden, denn Reaktanten, Produkte und Zwischenprodukte werden in Fließgleichgewichts-Konzentrationen gehalten, die weit vom thermodynamischen Gleichgewicht entfernt liegen.

Dieser Zustand ist wiederum nur möglich, weil eine Zelle ein offenes System ist und große Mengen von Energie aus ihrer Umgebung bezieht. Wäre eine Zelle ein geschlossenes System, dann würden alle Reaktionen im Gleichgewicht enden. Die Zelle würde unweigerlich einen Zustand minimaler freier Energie erreichen, nach dem keine weiteren Veränderungen stattfinden könnten, keine Arbeit könnte verrichtet werden und das Leben würde enden. Das Fließgleichgewicht, das von so entscheidender Bedeutung für das Leben ist, beruht darauf, dass die Zelle in der Lage ist, ständig Energie aus ihrer Umgebung aufzunehmen, sei es in Form von Licht oder aufgenommener Nahrungsmoleküle. Die ständige Aufnahme von Energie und der diese begleitende Fluss von Materie ermöglichen die Aufrechterhaltung eines Fließgleichgewichts, in dem alle Reaktanten und Produkte der Zellchemie vom Gleichgewicht ferngehalten werden, um sicherzustellen, dass sich die Zelle das thermodynamische Streben nach Gleichgewicht zur Verrichtung von Arbeit zu Nutze machen kann, wodurch sie ihre Aktivitäten und ihre strukturelle Komplexität erhält und erweitert.

Enzyme: Katalysatoren des Lebens

5

ÜBERBLICK

Damit kommen wir zum Thema Enzymkatalyse, denn praktisch alle zellulären Reaktionen oder Vorgänge werden von Proteinkatalysatoren (oder in bestimmten Fällen RNA-Katalysatoren) vermittelt, den sogenannten Enzymen. Die einzigen Reaktionen, die mit ausreichender Geschwindigkeit in einer Zelle ablaufen, sind die Reaktionen, für die geeignete Enzyme vorhanden sind, die aktiv an den Reaktionen mitwirken. Somit liegt es fast immer an den Enzymen, ob eine Reaktion „ablaufen kann“ und „ablaufen wird“. Nur wenn wir uns mit der Natur der Enzyme und ihren katalytischen Eigenschaften auseinandersetzen, können wir verstehen, wie energetisch durchführbare Reaktionen tatsächlich in den Zellen ablaufen und wie die Geschwindigkeiten dieser Reaktionen kontrolliert werden.

In diesem Kapitel werden wir uns zuerst mit der Frage beschäftigen, warum thermodynamisch spontane Reaktionen im Allgemeinen ohne Katalysator nicht mit ausreichender Geschwindigkeit ablaufen. Anschließend werden wir uns ansehen, wie Enzyme als spezifische biologische Katalysatoren wirken. Außerdem werden wir uns damit auseinandersetzen, wie sich die Konzentration verfügbaren Substrats, die Affinität des Enzyms für das Substrat und die kovalente Modifikation des Enzyms selbst auf die Geschwindigkeit der Reaktion auswirken, die von einem Enzym katalysiert wird. Wir werden desweiteren einige Wege kennenlernen, mittels derer Reaktionsgeschwindigkeiten entsprechend den Bedürfnissen der Zelle reguliert werden. Weiterführende und vertiefende Informationen finden Sie in Lehrbüchern der Biochemie.

5.1 Aktivierungsenergie und der metastabile Zustand

Wenn Sie genau nachdenken, werden Sie feststellen, dass sie mit vielen Reaktionen vertraut sind, die thermodynamisch möglich sind, jedoch nicht mit der notwendigen Geschwindigkeit ablaufen. Ein offensichtliches Beispiel ist die Oxidation von Glucose (siehe Reaktion 5-1). Diese Reaktion (oder in Wahrheit ja Reaktionsreihen) ist stark exergonisch ($\Delta G^{\circ\prime} = -686$ kcal/mol) und kann trotzdem nicht eigenständig ablaufen. Tatsächlich kann man Glucosekristalle oder Glucoselösung unendlich lange dem Sauerstoff der Luft aussetzen, es läuft nur eine geringe oder gar keine Oxidation ab. Die Cellulose in dem Papier, auf das diese Worte gedruckt wurden, bietet ein weiteres Beispiel – und so bestehen übrigens auch *Sie* aus einer komplexen Anhäufung thermodynamisch instabiler Moleküle.

Bei weitem nicht ganz so vertraut, aber ebenso wichtig für die Zellchemie sind die vielen thermodynamisch möglichen Reaktionen in Zellen, die ablaufen könnten, aber nicht eigenständig mit der notwendigen Geschwindigkeit ablaufen. Betrachten Sie beispielsweise das stark energiegeladene Molekül Adenosintriphosphat (ATP), mit einem äußerst günstigen $\Delta G^{\circ\prime}$-Wert (–7,3 kcal/mol) für die Hydrolyse seiner terminalen Phosphatgruppe zur Bildung des entsprechenden Diphosphats (ADP) und anorganischen Phosphats (P_i):

$$ATP + H_2O \rightleftharpoons ADP + P_i \qquad (5\text{-}1)$$

Die Reaktion ist unter Standardbedingungen stark exergonisch und unter den Bedingungen, die in Zellen vorliegen, sogar noch stärker exergonisch. Trotz der günstigen Veränderung der freien Energie läuft diese Reaktion von selbst nur sehr langsam ab, sodass ATP mehrere Tage stabil bleibt, wenn man es in reinem Wasser auflöst. Diese Eigenschaft ist vielen biologisch relevanten Molekülen und Reaktionen gemeinsam und es ist wichtig zu verstehen, woran das liegt.

5.1.1 Bevor eine chemische Reaktion ablaufen kann, muss die Grenze der Aktivierungsenergie überwunden werden

Moleküle, die miteinander reagieren könnten, reagieren oftmals nicht miteinander, weil ihnen die dafür erforderliche Energie fehlt. Es gibt für jede Reaktion eine spezifische **Aktivierungsenergie (E_A)**, die geringste Energiemenge, die die Reaktanten besitzen müssen, bevor Kollisionen zwischen ihnen erfolgreich zur Bildung neuer Produkte führen. Genauer gesagt, Reaktanten müssen ein chemisches Zwischenstadium erreichen, das sogenannte **Übergangsstadium**, dessen freie Energie größer ist als die der Ausgangsreaktanten. In der ▸*Abbildung 5.1a* wird die Aktivierungsenergie dargestellt, die die Moleküle von ATP und H_2O benötigen, um den Übergangszustand zu erreichen.

$\Delta G^{\circ\prime}$ misst die Differenz der freien Energie zwischen Reaktanten und Produkten (–7,3 kcal/mol bei dieser Reaktion), während E_A die geringste Energiemenge angibt, die die Reaktanten benötigen, um das Übergangsstadium zu erreichen und damit in der Lage zu sein, neue Produkte zu bilden.

Die tatsächliche Geschwindigkeit einer Reaktion verhält sich immer proportional zum Anteil von Molekülen, deren Energiegehalt gleich oder größer als E_A ist. Wenn sich Moleküle von ATP und Wasser bei Raumtemperatur in einer Lösung bewegen, dann besitzt jedes Molekül zu jedem Zeitpunkt eine bestimmte Energiemenge. Wie in ▸*Abbildung 5.1b* dargestellt, wird die Energie unter den Molekülen ganz normal um den Mittelwert verteilt sein (eine glockenförmige Kurve). Einige Moleküle werden sehr wenig Energie besitzen, andere sehr viel und die Energie der meisten Moleküle wird etwa im Durchschnitt liegen. Der entscheidende Punkt ist, dass nur die Moleküle zu einem bestimmten Zeitpunkt reagieren können, deren Energie ausreicht, um die Aktivierungsenergiegrenze, E_A (*Abbildung 5.1b*, gestrichelte Linie), zu überwinden.

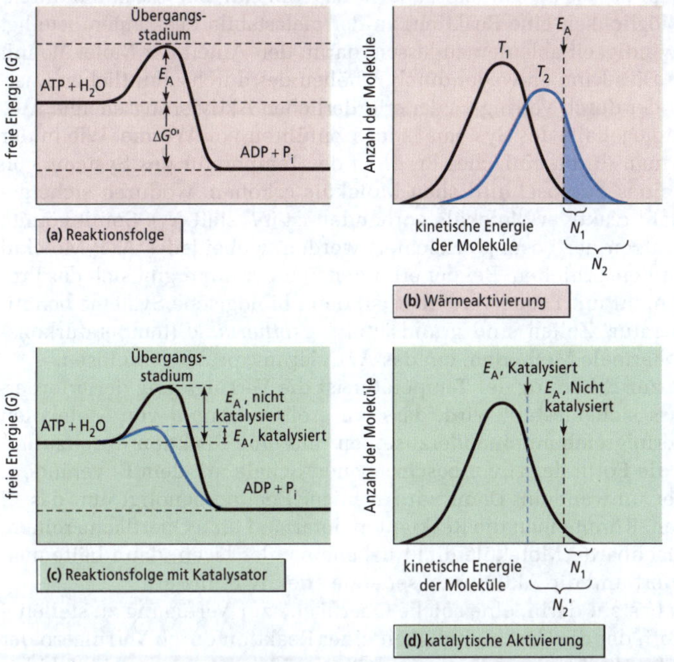

Abbildung 5.1: Die Wirkung der Katalyse auf die Aktivierungsenergie und die Anzahl der zur Reaktion fähigen Moleküle. (a) Die Aktivierungsenergie E_A ist die Menge kinetischer Energie, die die Reaktantenmoleküle (hier ATP und H_2O) besitzen müssen, um das Übergangsstadium zu erreichen, das zur Produktbildung führt. Nachdem die Reaktanten die Grenze der Aktivierungsenergie überwunden haben und reagieren, verringert sich die freie Energie der Produkte um den Betrag $\Delta G^{\circ\prime}$. (b) Die Anzahl der Moleküle N_1, deren Energie genügt, um die Grenze der Aktivierungsenergie (E_A) zu überwinden, kann auf N_2 erhöht werden, indem die Temperatur von T_1 auf T_2 erhöht wird. (c) Alternativ kann die Aktivierungsenergie durch einen Katalysator (blaue Linie) gesenkt werden, wodurch (d) die Anzahl der Moleküle von N_1 zu N_2' ansteigt, aber nicht die Temperatur.

5.1.2 Der metastabile Zustand ist eine Folge der Aktivierungsgrenze

Für die meisten biologisch wichtigen Reaktionen, die bei normalen Zelltemperaturen ablaufen, genügt die Höhe der Aktivierungsenergie, sodass der Anteil von Molekülen, die zu jedem Zeitpunkt viel Energie besitzen, außerordentlich gering ist. Entsprechend laufen katalysierte Reaktionen in allen Zellen sehr langsam ab und die meisten Moleküle scheinen stabil zu sein, obwohl sie potenzielle Reaktanten thermodynamisch günstiger Reaktionen sind. Sie sind, mit anderen Worten, thermodynamisch instabil, aber sie besitzen nicht ausreichend Energie, um die Aktivierungsenergiegrenze zu überwinden.

Man sagt, dass sich diese scheinbar stabilen Moleküle in einem **metastabilen Zustand** befinden. Für Zellen und Zellbiologen sind hohe Aktivierungsenergien und der daraus resultierende metastabile Zustand der Zellbestandteile von ganz entscheidender Bedeutung, denn das Leben an sich ist ein System, das sich weit vom Gleichgewicht entfernt in einem Fließgleichgewicht befindet. Gäbe es keinen metastabilen Zustand, dann würden alle Reaktionen schnell zum Gleichgewicht fortschreiten und das Leben, so wie wir es kennen, wäre nicht möglich. Leben hängt also entscheidend von hohen Aktivierungsenergien ab, die die meisten zellulären Reaktionen daran hindern, mit einer ausreichenden Geschwindigkeit ohne geeigneten Katalysator abzulaufen.

Eine Analogie könnte Ihnen helfen, den metastabilen Zustand und seine Bedeutung zu verstehen. Denken Sie an ein Ei in einer Schüssel, die am Rand eines Tisches steht – die statische Position der Schüssel steht für den metastabilen Zustand. Obwohl Energie freigesetzt würde, wenn das Ei auf den Boden fiele, kann es aber nicht auf den Boden fallen, weil die Schüssel eine Grenze setzt. Eine geringe Energiemenge muss aufgewendet werden, um das Ei aus der Schüssel zu heben und über den Rand des Tisches zu rollen. Danach wird eine wesentlich größere Energiemenge freigesetzt, wenn das Ei spontan zu Boden fällt und zerbricht.

5.1.3 Katalysatoren überwinden die Aktivierungsenergiegrenze

Die Notwendigkeit der Aktivierungsenergie stellt eine Barriere da, die überwunden werden muss, wenn gewünschte Reaktionen mit der notwendigen Geschwindigkeit ablaufen sollen. Da der Energiegehalt eines bestimmten Moleküls größer als E_A sein muss, bevor das Molekül, eine Reaktion durchlaufen kann, besteht die einzige Möglichkeit eine Reaktion, an der metastabile Reaktanten beteiligt sind, mit der notwendigen Geschwindigkeit ablaufen zu lassen, darin, den Anteil der Moleküle mit ausreichender Energie zu erhöhen. Dies kann entweder durch Erhöhen des durchschnittlichen Energiegehalts aller Moleküle erfolgen oder durch Verringern der erforderlichen Aktivierungsenergie.

Ein Weg zur Erhöhung des Energiegehalts des Systems ist das Zuführen von Wärme. Wie in der *Abbildung 5.1b* dargestellt, kann man durch einfaches Erhöhen der Temperatur des Systems von T_1 zu T_2 die kinetische Energie eines durchschnittlichen Moleküls erhöhen, wodurch sichergestellt wird, dass eine größere Anzahl reaktiver Moleküle vorhanden ist (N_2 statt N_1). Somit könnte die Hydrolyse von ATP durch Erhitzen der Lösung erleichtert werden, wobei jedes ATP-Molekül und jedes Wassermolekül mehr Energie erhielten. Bei der erhöhten Temperatur ergibt sich das Problem, dass diese Vorgehensweise nicht mit Leben vereinbar ist, denn biologische Systeme benötigen eine relativ konstante Temperatur. Zellen sind grundsätzlich *isothermale* (temperaturkonstante) Systeme und benötigen isothermale Methoden, um das Aktivierungsproblem zu lösen.

Die alternative Vorgehensweise zur Erhöhung der Temperatur ist die Verringerung der erforderlichen Aktivierungsenergie, sodass sichergestellt wird, dass ein größerer Anteil von Molekülen ausreichend Energie besitzt, um erfolgreich aufeinanderzustoßen und eine Reaktion durchzuführen. Das wäre so, als würde man die Form der zuvor beschriebenen Schale mit dem Ei verändern und diese zu einem flachen Teller umwandeln. Dann wird weniger Energie benötigt, um das Ei über den Rand des Tellers zu heben. Könnte man die Reaktanten derart auf eine Oberfläche reihen, dass potenziell reaktive Teile benachbarter Moleküle dicht nebeneinander lägen, dann hätte man deren Interaktion erheblich gefördert und die Aktivierungsenergie effektiv reduziert.

Die Aufgabe eines **Katalysators** besteht darin, eine solche Oberfläche zur Verfügung zu stellen – ein Katalysator ist also ein Wirkstoff, der die Geschwindigkeit einer Reaktion durch Verringern der Aktivierungsenergie beschleunigt (▸*Abbildung 5.1c*), wodurch eine größere Menge von Molekülen ausreichend Energie besitzt, um eine Reaktion zu durchlaufen, ohne zusätzliche Zufuhr von Wärme (▸*Abbildung 5.1d*). Ein hervorstechendes Merkmal eines Katalysators ist, dass er selbst *nicht von der Reaktion dauerhaft transformiert oder verbraucht wird.* Er stellt lediglich eine geeignete Oberfläche und Umgebung zur Verfügung, um die Reaktion zu beschleunigen.

Neuere Forschungsarbeiten haben einen weiteren Mechanismus aufgedeckt, um die Aktivierungsenergiegrenze zu überwinden. Dieser Mechanismus wird als „Quantumtunneln" bezeichnet und hört sich an als hätte man ihn einem Science-Fiction-Roman entnommen. Er beruht zum Teil auf der Erkenntnis, dass Materie sowohl partikelähnliche als auch wellenähnliche Eigenschaften besitzt. Man nimmt an, dass das Enzym bei gewissen Dehydrogenierungsreaktionen einem Wasserstoffatom erlaubt, die Barriere durch einen Tunnel zu durchschreiten, wodurch es auf die andere Seite gelangt, ohne jemals über die Barriere gestiegen zu sein. Anders als die meisten von Enzymen katalysierten Reaktionen sind die Tunnelreaktionen nicht temperaturabhängig, denn es wird keine thermale Energie benötigt, um die Aktivierungsenergiegrenze zu überwinden.

Schauen wir uns als spezifisches Beispiel eines Katalysevorgangs den Abbau von Wasserstoffperoxid (H_2O_2) zu Wasser und Sauerstoff an:

$$2\,H_2O_2 \rightleftharpoons 2\,H_2O + O_2 \qquad (5\text{-}2)$$

Hierbei handelt es sich um eine thermodynamisch durchführbare Reaktion, jedoch liegt das Wasserstoffperoxid in einem metastabilen Zustand vor, denn für diese Reaktion wird eine hohe Aktivierungsenergie benötigt. Wenn wir nun der Wasserstoffperoxidlösung eine geringe Menge von Fe^{3+}-Ionen zugeben, steigert sich die Geschwindigkeit der Abbaureaktion auf das 30.000-Fache der Geschwindigkeit, mit der die Reaktion spontan ablaufen würde. Eindeutig ist Fe^{3+} ein Katalysator dieser Reaktion, der die Aktivierungsenergie herabsetzt (wie in *Abbildung 5.1c* dargestellt). Dadurch wird sichergestellt, dass ein erheblich größerer Teil (das 30.000-Fache) von Wasserstoffperoxidmolekülen die notwendige Energie besitzt, um die Abbaureaktion bei der bestehenden Temperatur ohne zusätzliche Energie von außen ablaufen zu lassen.

Zellen haben das Problem des Abbaus von Wasserstoffperoxid nicht durch Zufügen von Fe^{3+} gelöst, sondern nehmen das Enzym Katalase, ein eisenhaltiges Protein, zu Hilfe. In der Gegenwart von Katalase schreitet die Reaktion mit einer Geschwindigkeit voran, die ungefähr 100.000.000-mal größer ist als bei der nicht katalysierten Reaktion. Katalase enthält Eisenatome und macht sich dadurch die Prinzipien der anorganischen Katalyse in einem Proteinmolekül zu Nutze.

5.2 Enzyme als biologische Katalysatoren

Unabhängig von ihrer chemischen Beschaffenheit haben alle Katalysatoren die folgenden drei Grundeigenschaften gemeinsam:

1. Ein Katalysator erhöht die Geschwindigkeit einer Reaktion, indem er die erforderliche Aktivierungsenergie verringert, wodurch eine thermodynamisch durchführbare Reaktion mit der notwendigen Geschwindigkeit abläuft, ohne thermale Aktivierung zu benötigen.

2. Ein Katalysator entfaltet seine Wirkung durch Bildung vorübergehender, reversibler Komplexe mit Substratmolekülen, indem er sie so bindet, dass ihre Wechselwirkung erleichtert und ihr intermediärer Übergangszustand stabilisiert wird.

3. Ein Katalysator verändert nur die *Geschwindigkeit*, mit der eine Reaktion das Gleichgewicht erreicht; er hat keine Wirkung auf die *Position* des Gleichgewichts. Dies bedeutet, dass ein Katalysator die Geschwindigkeit exergonischer Reaktionen erhöhen kann, aber nicht $\Delta G'$, um eine endergonische Reaktion spontan ablaufen zu lassen. Mit anderen Worten, Katalysatoren sind keine thermodynamischen Zauberkünstler.

Diese Eigenschaften haben alle Katalysatoren gemeinsam, organische ebenso wie anorganische. Im Hinblick auf unser Beispiel bedeutet dies, dass sie sowohl für Fe^{3+}-Ionen als auch für Katalasemoleküle zutreffen. Allerdings nutzen biologische Systeme höchst selten anorganische Katalysatoren. Stattdessen werden im Grunde alle Katalysen in Zellen von organischen Molekülen (meistens von Proteinen) durchgeführt, den sogenannten **Enzymen**. Da Enzyme organische Moleküle sind, wirken sie wesentlich spezifischer als anorganische Katalysatoren und ihre Aktivitäten können wesentlich feiner reguliert werden.

5.2.1 Die meisten Enzyme sind Proteine

Die Fähigkeit von Zellextrakten, chemische Reaktionen zu katalysieren, ist seit den Fermentationsversuchen von Eduard und Hans Buchner im Jahr 1897 bekannt. Tatsächlich war eine der ersten Bezeichnungen für Enzyme *Fermente*. Allerdings wurde erst 1926 ein spezifisches Enzym, Urease, kristallisiert (von James B. Sumner aus Riesenbohnen) und der Nachweis erbracht, dass es sich um ein Protein handelt. Damit war die Proteinnatur der Enzyme nachgewiesen und die Annahme, dass biochemische Reaktionen in Zellen mittels irgendeiner „vitalen Kraft“ abliefen, wurde ad acta gelegt. Seit den frühen 1980er Jahren wissen Biologen, dass neben den Proteinen bestimmte RNA-Moleküle, die *Ribozyme*, auch katalytische Aktivität besitzen. Später in diesem Kapitel werden wir uns mit den Ribozymen beschäftigen. Hier werden wir die Enzyme als Proteine besprechen, denn die meisten von ihnen sind ja auch Proteine.

Das aktive Zentrum Eines der wichtigsten Konzepte, das wir benötigen, um Enzyme als Proteine zu betrachten, ist das **aktive Zentrum**. Jedes Enzym enthält eine charakteristische Menge von Aminosäuren, die das aktive Zentrum bilden, an dem die Substrate andocken und der katalytische Vorgang abläuft. Im Allgemeinen ist das aktive Zentrum eine Spalte oder Tasche mit chemischen und strukturellen Eigenschaften, die für die Aufnahme des Substrats oder der Substrate mit hoher Spezifität sorgen. Das aktive Zentrum setzt sich aus einer Reihe von Aminosäuren zusammen, die nicht unbedingt auf der Primärsequenz des Proteins nebeneinander liegen müssen. Stattdessen werden sie oftmals durch die spezifische dreidimensionale Faltung der Polypeptidkette einander nahe gebracht, wenn das Protein seine charakteristische Tertiärstruktur einnimmt.

Von den 20 verschiedenen Aminosäuren, aus denen die Proteine bestehen, wirken nur wenige an den aktiven Zentren der vielen Enzyme mit, die man bisher untersucht hat. Oftmals sind dies Cystein, Histidin, Serin, Aspartat, Glutamat und Lysin. Diese Reste können alle bei der Bindung des Substrats an das aktive Zentrum während der Katalyse mitwirken und mehrere dienen außerdem als Donoren oder Akzeptoren von Protonen.

Einige Enzyme enthalten spezifische Nichtprotein-Cofaktoren, die sich auf dem aktiven Zentrum befinden und für die katalytische Aktivität unerlässlich sind. Diese Cofaktoren, die sogenannten **prosthetischen Gruppen**, sind zumeist entweder Metallionen oder kleine organische Moleküle, die *Coenzyme*, Derivate der Vitamine. Sehr häufig dienen die prosthetischen Gruppen (vor allem positiv geladene Metallionen) als Elektronenakzeptoren, denn keine Aminosäureseitenkette ist ein guter Elektronenakzeptor.

Die prosthetischen Gruppen liegen, falls vorhanden, oftmals auf dem aktiven Zentrum und sind für die katalytische Aktivität des Enzyms unverzichtbar. Beispielsweise enthält jedes Katalaseenzymmolekül eine Ringstruktur, den sogenannten *Porphyrinring*, an den ein für die Katalyse notwendiges Eisenatom gebunden ist.

Die Notwendigkeit, dass Enzyme verschiedene prothetische Gruppen für die Katalyse benötigen, erklärt, dass wir auf Vitamine und bestimmte Metalle in unserer Nahrung angewiesen sind, wenn auch teilweise nur in ganz geringen Mengen. In den *Kapiteln 8* und *9* werden Sie sehen, dass für die Oxidation von Glucose zur Energiegewinnung zwei spezifische Coenzyme benötigt werden, die Derivate der Vitamine Niacin und Riboflavin. Sowohl Niacin als auch Riboflavin sind essenzielle Nährstoffe des Menschen, denn unsere Zellen können sie nicht selber synthetisieren. Diese Coenzyme, die an das aktive Zentrum bestimmter Enzyme gebunden werden, nehmen Elektronen und Wasserstoffionen der Glucose auf, wenn diese oxidiert wird. Ebenso benötigt Carboxypeptidase A, ein Verdauungsenzym, das Proteine abbaut, ein einzelnes Zinkatom, das an das aktive Zentrum gebunden wird, worauf wir später in diesem Kapitel zu sprechen kommen. Andere Enzyme benötigen beispielsweise Eisenatome, Kupferatome, Molybdänatome oder sogar Lithiumatome. Ebenso wie die Enzyme werden die prosthetischen Gruppen nicht von den chemischen Reaktionen verbraucht, sodass die Zellen nur winzige katalytische Mengen benötigen.

Enzymspezifität Aufgrund der Struktur des aktiven Zentrums sind Enzyme in hohem Maße **substratspezifisch**, worunter man die Fähigkeit versteht, zwischen sehr ähnlichen Molekülen zu unterscheiden. Diese Spezifität ist eine der charakteristischen Eigenschaften lebender Systeme und Enzyme bieten ein hervorragendes Beispiel für biologische Spezifität.

Ihre Spezifität lässt sich durch einen Vergleich der Enzyme mit anorganischen Katalysatoren veranschaulichen. Die meisten anorganischen Katalysatoren sind insofern recht unspezifisch, als sie auf viele verschiedene Verbindungen wirken, die ein gemeinsames chemisches Merkmal haben. Betrachten Sie zum Beispiel die Hydrogenierung (das Anfügen von Wasserstoff) an eine ungesättigte Kohlenstoffdoppelbindung:

$$\mathrm{R{-}\overset{\displaystyle H}{\overset{|}{C}}{=}\overset{\displaystyle H}{\overset{|}{C}}{-}R'} + H_2 \xrightarrow[\text{Pt oder Ni}]{} \mathrm{R{-}\underset{\displaystyle H}{\underset{|}{\overset{\displaystyle H}{\overset{|}{C}}}}{-}\underset{\displaystyle H}{\underset{|}{\overset{\displaystyle H}{\overset{|}{C}}}}{-}R'} \qquad (5\text{-}3)$$

Diese Reaktion kann im Labor mittels Platin (Pt) oder Nickel (Ni) als Katalysatoren durchgeführt werden. Diese anorganischen Katalysatoren sind allerdings höchst unspezifisch, sie können die Hydrogenierung einer Vielzahl ungesättigter Verbindungen katalysieren. In der Praxis verwendet man Nickel und Platin zur kommerziellen Hydrogenierung mehrfach ungesättigter Pflanzenöle, die zur Herstellung fester Bratfette oder Backfette benötigt werden. Unabhängig von der exakten Struktur der ungesättigten Verbindung kann diese in Gegenwart von Nickel oder Platin effektiv hydrogeniert werden. Diese fehlende Spezifität anorganischer Katalysatoren bei der Hydrogenierung führt zur Bildung bestimmter *Transfette* (siehe *Kapitel 6*), die sehr selten in der Natur vorkommen.

Schauen Sie sich im Gegensatz dazu das biologische Beispiel der Hydrogenisierung von Fumarat an, das zu Succinat umgewandelt wird, einer Reaktion, der wir in *Kapitel 9* wiederbegegnen werden:

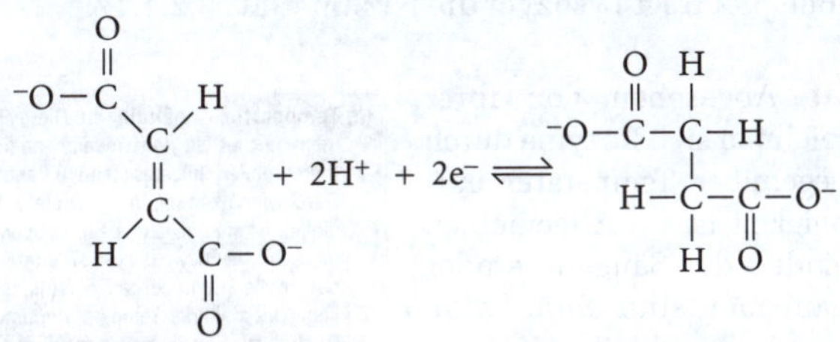

(5-4)

Diese besondere Reaktion wird in den Zellen von dem Enzym *Succinatdehydrogenase* (so benannt, weil die Reaktion während des Energiemetabolismus im Allgemeinen in der entgegengesetzten Richtung abläuft) katalysiert. Diese Dehydrogenase ist wie die meisten Enzyme hoch spezifisch. Es werden keine weiteren Wasserstoffatome, neben den in der Reaktion 5-4 aufgeführten, den Verbindungen hinzugefügt oder entfernt. Tatsächlich ist dieses besondere Enzym sogar so spezifisch, dass es als Substrat nicht einmal Maleat erkennt, ein Isomer von Fumarat (▸ *Abbildung 5.2*).

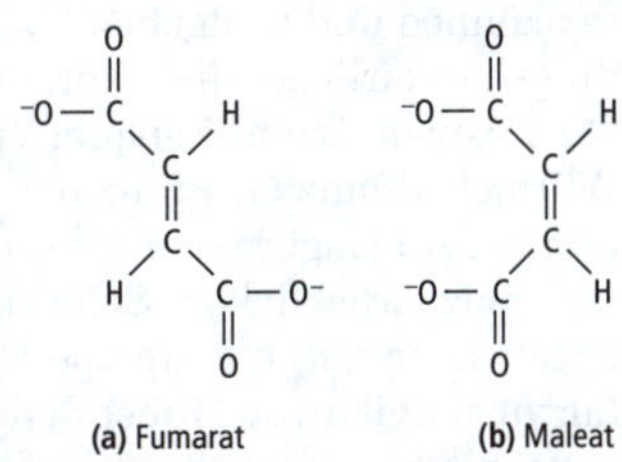

Abbildung 5.2: Die Spezifität von Enzymen. Im Gegensatz zu den meisten anorganischen Katalysatoren, können Enzyme zwischen eng verwandten Isomeren unterscheiden. So nutzt beispielsweise das Enzym Succinatdehydrogenase (a) Fumarat als Substrat, aber nicht dessen (b) Isomer Maleat.

Nicht alle Enzyme wirken dermaßen spezifisch. Einige akzeptieren eine Reihe eng verwandter Substrate und andere akzeptieren eine ganze Gruppe von Substraten, vorausgesetzt diese haben ein gemeinsames Strukturmerkmal. Diese Gruppenspezifität trifft auf die meisten Enzyme zu, die an der Synthese oder dem Abbau von Polymeren beteiligt sind. Da die Carboxypeptidase A das Ziel hat, Polypeptidketten aus der Nahrung durch Entfernen der C-terminalen Aminosäure abzubauen, ist nachvollziehbar, dass das Enzym viele Polypeptide als Substrat akzeptiert. Es wäre für die Zelle sinnlos, für jede einzelne Aminosäure, die während des Polypeptidabbaus entfernt werden müsste, abhängig vom Aminosäurerest ein eigenes Enzym herzustellen.

Im Allgemeinen sind Enzyme jedoch im Hinblick auf das Substrat hoch spezifisch, sodass eine Zelle fast ebenso viele verschiedene Arten von Enzymen besitzen muss wie zu katalysierende Reaktionen. Für eine typische Zelle bedeutet dies, dass Tausende verschiedener Enzyme notwendig sind, um das gesamte Programm ihres Metabolismus zu bewältigen. Auf den ersten Blick scheint das verschwenderisch zu sein, denn es müssen so viele Proteine synthetisiert werden, genetische Information muss gespeichert und gelesen werden und die Enzymmoleküle müssen in der Zelle verfügbar sein. Sie sollten allerdings auch die gewaltigen regulatorischen Möglichkeiten erkennen, die sich daraus ergeben – ein Aspekt, auf den wir später zurückkommen werden.

Enzymdiversität und Nomenklatur Angesichts der Spezifität von Enzymen und der großen Anzahl von Reaktionen, die in einer Zelle ablaufen, überrascht es nicht, dass man Tausende verschiedener Enzyme identifiziert hat. Als man sie entdeckte und charakterisierte führte diese enorme Vielfalt der Enzyme zur Entwicklung einer Reihe von Systemen zur Benennung der Enzyme. Einige

Enzyme wurden nach dem Substrat benannt; *Ribonuclease*, *Protease* und *Amylase* zum Beispiel. Die Bezeichnung der Succinatdehydrogenase ist an ihre Funktion gekoppelt. Wieder andere Enzyme tragen Bezeichnungen wir *Trypsin* und *Katalase* und verraten uns wenig über ihre Substrate oder Funktionen.

Daraus entwickelte sich ein Zustand allgemeiner Verwirrung, der die International Union of Biochemistry veranlasste, eine Enzyme Commission (EC) einzuberufen, um ein vernünftiges System zur Bezeichnung von Enzymen zu entwickeln. Auf der Grundlage des Systems der EC werden die Enzyme entsprechend ihrer allgemeinen Funktionen in die folgenden sechs Hauptklassen eingeteilt: *Oxidoreduktasen*, *Transferasen*, *Hydrolasen*, *Lyasen*, *Isomerasen* und *Ligasen*. Das EC-System teilt jedem bekannten Enzym eine eigene vierstellige Zahlenfolge zu, die auf der Funktion des Enzyms beruht – zum Beispiel trägt Lysozym die Nummer EC 3.2.1.17.

Temperatursensitivität Abgesehen von ihrer Spezifität und Vielfalt zeichnen sich Enzyme durch ihre Empfindlichkeit gegenüber Temperatur aus. Diese Temperaturabhängigkeit ist im Allgemeinen kein Problem in den Zellen der Säugetiere oder Vögel, denn diese Organismen sind *endotherm*, also „warmblütige" Organismen, die ihre Körpertemperatur unabhängig von der Umgebung regulieren können und weitgehend konstant halten. Allerdings unterliegt die Körpertemperatur vieler Organismen (zum Beispiel Insekten, Reptilien, Würmer, Pflanzen, Protozoen, Algen und Bakterien), in Abhängigkeit von der Umgebungstemperatur, ganz erheblichen Schwankungen. Für diese Organismen ist die Temperaturabhängigkeit der Enzymaktivität von großer Bedeutung.

Bei niedrigen Temperaturen steigt die Geschwindigkeit einer von einem Enzym katalysierten Reaktion mit der Temperatur. Je größer die kinetische Energie sowohl des Enzymmoleküls als auch der Substratmoleküle, desto häufiger finden Kollisionen statt, wodurch die Wahrscheinlichkeit der Bindung an das richtige Substrat erhöht wird und genügend Energie zur Durchführung der Reaktion zur Verfügung steht. Von einem bestimmten Punkt an führt ein weiterer Temperaturanstieg allerdings zur *Denaturierung* des Enzymmoleküls. Es verliert seine definierte Tertiärstruktur, wenn die Wasserstoffbrückenbindungen und ionischen Bindungen aufgebrochen werden und das native Polypeptid eine zufällige ausgedehnte Konformation annimmt. Während der Denaturierung wird die strukturelle Integrität des aktiven Zentrums zerstört, was zum Verlust der Enzymaktivität führt.

Der Temperaturbereich, innerhalb dessen ein Enzym denaturiert, unterscheidet sich erheblich bei den einzelnen Enzymen und ganz besonders von Organismus zu Organismus. In ▸*Abbildung 5.3a* wird die Temperaturabhängigkeit eines typischen Enzyms des menschlichen Körpers einem

(a) Temperatur-Abhängigkeit. Dieses Diagramm zeigt für ein typisches menschliches Enzym (schwarz) und für ein typisches Enzym eines thermophilen (hitzeresistenten) Bakteriums (grün), wie die Reaktions-Geschwindigkeit mit der Temperatur variiert. Die Reaktions-Geschwindigkeit ist am höchsten beim Temperaturoptimum, das für das menschliche Enzym bei ca. 37°C (Körpertemperatur) und für das bakterielle Enzym bei ca. 75°C (die typische Temperatur heißer Quellen) liegt. Oberhalb des Temperaturoptimums wird das bakterielle Enzym rasch durch Denaturierung inaktiviert.

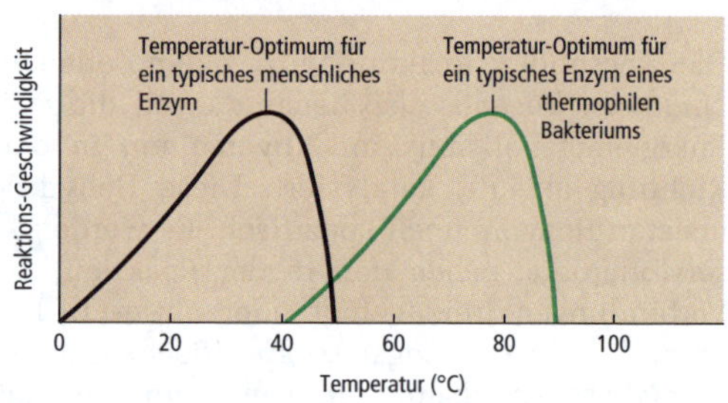

(b) pH-Abhängigkeit. Dieses Diagramm zeigt für das Magen-Enzym Pepsin (schwarz) und für das Darm-Enzym Trypsin (rot), wie die Reaktions-Geschwindigkeit mit dem pH-Wert variiert. Die Reaktions-Geschwindigkeit ist am höchsten beim pH-Optimum, das für Pepsin bei ca. 2,0 (pH-Wert des Magens) und für Trypsin bei ca. 8,0 liegt (pH-Wert des Darms) liegt. Beim pH-Optimum eines Enzyms befinden sich die ionisierbaren Gruppen sowohl auf dem Enzym als auch auf den Substratmolekülen in der für die Reaktivität geeignetsten Form.

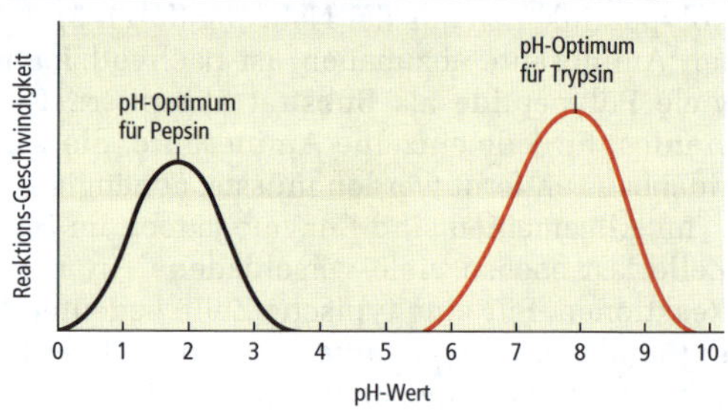

Abbildung 5.3: Die Wirkung der Temperatur und des pH-Werts auf die Reaktionsgeschwindigkeit von Reaktionen, die von Enzymen katalysiert werden. Jedes Enzym hat eine optimale Temperatur und einen optimalen pH-Wert, die im Allgemeinen die Umgebung widerspiegeln, in der das Enzym in der Natur vorkommt.

typischen Enzym eines thermophilen Bakteriums gegenübergestellt. Es überrascht nicht, dass die maximale Reaktionsgeschwindigkeit des menschlichen Enzyms bei ungefähr 37 °C liegt (der für das Enzym *optimalen Temperatur*), was der normalen Körpertemperatur entspricht. Der steile Abfall der Aktivität bei höheren Temperaturen spiegelt die Denaturierung der Enzymmoleküle wider. Die meisten Enzyme der Endothermen werden bei Temperaturen über 50–55 °C inaktiviert. Einige Enzyme sind bemerkenswert empfindlich gegenüber Hitze. Sie werden bei niedrigerer Temperatur als 50–55 °C denaturiert und inaktiviert – und in einigen Fällen sogar bei erhöhter Körpertemperatur (zum Beispiel bei Menschen, die hohes Fieber über 40 °C haben). Man nimmt an, dass dies eine der positiven Wirkungen des Fiebers bei Krankheit ist – die Denaturierung der wärmeempfindlichen Enzyme der Pathogene.

Einige Enzyme bewahren ihre Aktivität bei ungewöhnlich hohen Temperaturen. Die grüne Kurve in der *Abbildung 5.3a* stellt die Temperaturabhängigkeit eines Enzyms eines thermophilen Bakteriums dar. Einige dieser Organismen gedeihen in heißen sauren Quellen bei Temperaturen über 80 °C, mit optimalen Wachstumstemperaturen nahe dem Siedepunkt des Wassers und andere leben in den Hydrothermalsystemen der Tiefsee, in denen Temperaturen über 100 °C herrschen. Wiederum andere Enzyme, beispielsweise die des kryophilen („Kälte liebenden") Bakteriums *Listeria* und bestimmter Hefen und Pilze sind bei niedrigen Temperaturen aktiv, wodurch diese Organismen sogar bei Kühlschranktemperatur von 4–6 °C wachsen können.

pH-Sensitivität Enzyme sind auch gegenüber dem pH-Wert empfindlich. Tatsächlich sind die meisten von ihnen nur innerhalb eines pH-Bereichs von ungefähr drei bis vier pH-Einheiten aktiv. Diese Abhängigkeit vom pH-Wert beruht im Allgemeinen auf der Gegenwart einer oder mehrerer geladener Aminosäuren im aktiven Zentrum und/oder Ladungen des Substrates selbst. Die Aktivität hängt normalerweise von der Gegenwart solcher Gruppen in einer spezifischen geladenen oder ungeladenen Form ab. Beispielsweise gehören zum aktiven Zentrum der Carboxypeptidase A die Carboxylgruppen von zwei Glutamatresten. Diese Carboxylgruppen müssen in geladener Form (ionisiert) vorliegen, weshalb das Enzym inaktiviert wird, wenn der pH-Wert so weit absinkt, dass die Glutamatcarboxylgruppen auf den Enzymmolekülen protonisiert werden und damit ungeladen sind. Außerdem brechen extreme Schwankungen des pH-Werts ionischen Bindungen und Wasserstoffbrückenbindungen, wodurch Tertiärstruktur und Funktion verändert werden.

Wie Sie sich bestimmt schon denken, spiegelt die Abhängigkeit eines Enzyms vom pH-Wert die Umgebung wider, in der das Enzym normalerweise aktiv ist. In ▸*Abbildung 5.3b* wird die pH-Wert-Abhängigkeit von zwei Enzymen dargestellt, die Proteine abbauen und im Verdauungstrakt des Menschen vorkommen. Pepsin (schwarze Linie) kommt im Magen vor, wo der pH-Wert im Allgemeinen ungefähr 2 beträgt, während Trypsin (rote Linie) in den Dünndarm ausgeschieden wird, dessen pH-Wert zwischen 7 und 8 liegt. Beide Enzyme sind über einen Bereich von fast vier pH-Einheiten aktiv, unterscheiden sich aber erheblich hinsichtlich ihrer pH-Optima, die mit den Bedingungen an den jeweiligen Orten im Körper übereinstimmen.

Empfindlichkeit gegenüber anderen Faktoren Abgesehen von der Temperatur und dem pH-Wert sind Enzyme auch gegenüber anderen Faktoren empfindlich, unter anderem gegenüber Molekülen und Ionen, die die Aktivität von Enzymen hemmen oder anregen. Beispielsweise wirken mehrere Enzyme an der Energiebildung über den Glucoseabbau mit und werden von ATP gehemmt, das sie inaktiviert, wenn ausreichend Energie vorhanden ist. Andere Enzyme des Glucoseabbaus werden von Adenosinmonophosphat (AMP) und ADP aktiviert, die signalisieren, dass die Energieversorgung niedrig ist und mehr Glucose abgebaut werden sollte.

Die meisten Enzyme sind auch gegenüber hoher Ionenkonzentration (Konzentration gelöster Ionen) in der Umgebung empfindlich, was sich auf die Wasserstoffbrückenbindungen und die ionischen Wechselwirkungen auswirkt, die zur Erhaltung der Tertiärkonformation beitragen. Da diese Wechselwirkungen oftmals an der Interaktion zwischen dem Substrat und dem aktiven Zentrum beteiligt sind, kann eine hohe Ionenkonzentration auch die Bindung des Substrats betreffen. Mehrere Chloroplastenenzyme, die Magnesium benötigen und für die photosynthetische Kohlenstofffixierung gebraucht werden, sind nur in Gegenwart hoher Konzentrationen von Magnesiumionen aktiv, die dann vorliegen, wenn die Blätter angestrahlt werden.

5.2.2 Substratbindung, Aktivierung und Katalyse laufen am aktiven Zentrum ab

Aufgrund der exakten chemischen Übereinstimmung zwischen dem aktiven Zentrum eines Enzyms und seinen Substraten, sind Enzyme hoch spezifisch und effektiver als anorganische Katalysatoren. Wie bereits zuvor angemerkt, laufen von Enzymen katalysierte Reaktionen 10^7- bis 10^{17}-mal schneller ab als nicht katalysierte Reaktionen, gegenüber einer Geschwindigkeitssteigerung von 10^3 bis 10^4 bei anorganischen Katalysatoren. Sicherlich können Sie sich bereits denken, dass sich unser Interesse für Enzyme auf das aktive Zentrum richtet, an dem Bindung, Aktivierung und chemische Umwandlung des Substrates erfolgen.

Substratbindung Der Erstkontakt zwischen dem aktiven Zentrum eines Enzyms und einem potenziellen Substratmolekül hängt von einem Zusammenstoß ab. Nachdem die Substratmoleküle in das aktive Zentrum gelangt sind, werden sie in exakt der richtigen Ausrichtung an die Oberfläche des Enzyms gebunden, sodass spezifische katalytische Gruppen auf dem Enzym die Reaktion einleiten können. An der Substratbindung wirken im Allgemeinen Wasserstoffbrückenbindungen oder ionische Bindungen (oder beide) mit geladenen oder polaren Aminosäuren mit. Dabei handelt es sich zumeist um schwache Bindungen, aber mehrere Bindungen halten ein einzelnes Molekül an Ort und Stelle. Die Stärke der Bindungen zwischen einem Enzym und einem Substratmolekül liegt häufig im Bereich von 3 bis 12 kcal/mol. Dies ist weniger als ein Zehntel der Stärke einer einzigen kovalenten Bindung. Daher ist die Substratbindung ein leicht umkehrbarer Vorgang.

Viele Jahre lang haben Enzymologen ein Enzym für eine starre Struktur gehalten, bei der ein spezifisches Substrat in das aktive Zentrum passt wie ein Schlüssel in ein Schlüsselloch. Dieses *Schlüssel-Schloss-Prinzip*, das 1894 erstmalig von dem deutschen Biochemiker Emil Fischer vorgeschlagen wurde, erklärte zwar die Spezifität eines Enzyms, trägt aber nur wenig oder gar nicht zum Verständnis des katalytischen Ereignisses bei. Eine verfeinerte Sichtweise der Enzym-Substrat-Wechselwirkung bietet das **Modell der induzierten Anpassung** (engl.: *induced fit*), das Daniel Koshland 1958 entwickelte. Gemäß diesem Modell verzerrt die Bindung des Substrats an das aktive Zentrum sowohl das Enzym als auch das Substrat, wodurch die Substratmoleküle in ihrem Übergangsstadium stabilisiert werden und bestimmte Substratbindungen für das katalytische Ereignis empfänglicher werden. Im Fall des Lysozyms induziert die Substratbindung eine Konformationsänderung in dem Enzym, was das Peptidoglycansubstrat deformiert und die Bindung schwächt, die durch die Reaktion gespalten werden soll.

Wie in ▸*Abbildung 5.4* dargestellt, wirkt bei der induzierten Anpassung eine Konformationsänderung im Hinblick auf die Form des Enzymmoleküls nach der Substratbindung mit. Dadurch wird die Konfiguration der aktiven Seite verändert und die richtigen reaktiven Gruppen des Enzyms werden für die optimale Katalyse der Reaktion positioniert. Den Nachweis für derartige Konformationsänderungen nach Bindung des Substrats lieferten Röntgenstrahlenversuche mit kristallisierten Proteinen und Kernspinresonanzversuche (NMR; engl.: *nuclear magnetic resonance*) von Proteinen in Lösung, wodurch man die Form eines Enzymmoleküls mit und ohne Substratbindung bestimmen kann. In *Abbildung 5.4* wird die Konformationsänderung dargestellt, die nach der Substratbindung an die Hexokinase erfolgt, wodurch eine Phosphatgruppe an die D-Glucose geknüpft wird. Wenn die Glucose an das aktive Zentrum andockt, falten sich die beiden Domänen der Hexokinase aufeinander zu, wodurch die Bindungsstellenfurche geschlossen wird, die die Substratkatalyse ermöglicht.

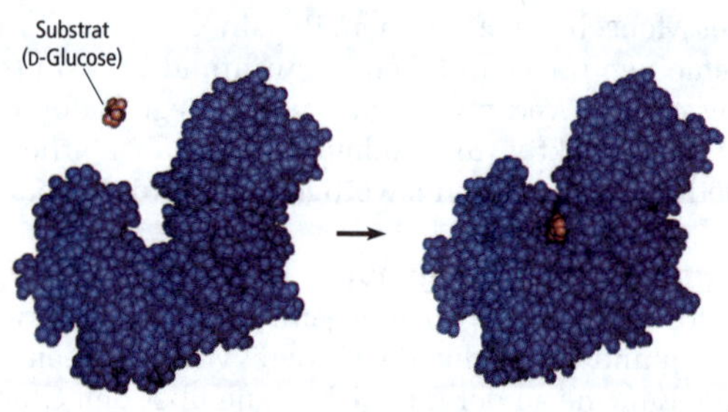

Abbildung 5.4: Durch Substratbindung induzierte Konformationsänderung der Enzymstruktur. Abbildung eines Kalottenmodells des Enzyms Hexokinase mit seinem Substrat, einem Molekül D-Glucose. Die Substratbindung induziert eine Konformationsänderung in der Hexokinase, die man als induzierte Anpassung bezeichnet, wodurch die katalytische Aktivität des Enzyms erhöht wird.

Oftmals werden durch eine induzierte Konformationsänderung sehr wichtige Aminosäureketten in das aktive Zentrum transportiert, sogar wenn sie nicht in der Nähe liegen und kein Substrat vorliegt. Im aktiven Zentrum der Carboxypeptidase (▸*Abbildung 5.5*) ist ein Zinkion fest an drei Aminosäurereste des Enzyms (Glu-72, His-69 und His-196) gebunden und geht mit einem Wassermolekül (nicht dargestellt) eine lockere Bindung ein. Durch die Substratbindung an das Zinkion wird das gebundene Wassermolekül ersetzt und eine Konformationsänderung in dem Enzym herbeigeführt, die weitere Aminosäureseitenketten in das aktive Zentrum bringt, darunter Arg-145, Tyr-248 und Glu-270. Diese Aminosäurereste werden für die Mitwirkung an der Katalyse in Position gebracht.

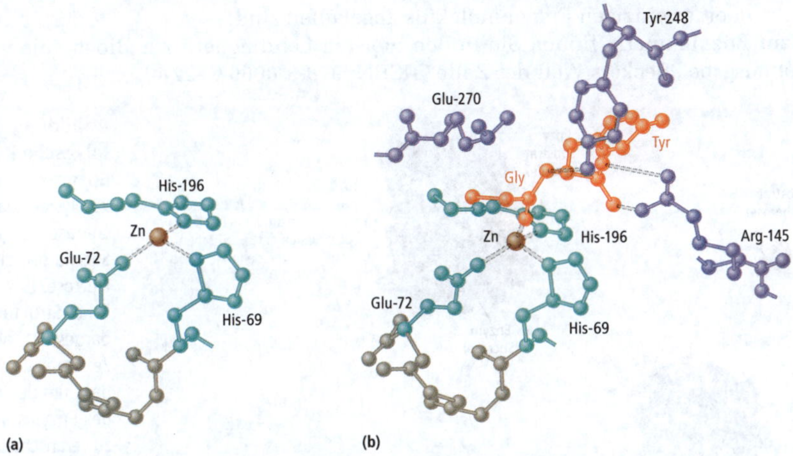

Abbildung 5.5: Durch Substratbindung induzierte Veränderung des aktiven Zentrums. (a) Das unbesetzte aktive Zentrum der Carboxypeptidase A enthält ein Zinkion, das fest mit den Seitenketten der drei Aminosäuren (türkis) verbunden ist. (b) Die Bindung des Substrats (das Dipeptid ist orange dargestellt) an das Zinkion induziert eine Konformationsänderung in dem Enzym, womit die anderen Aminosäureseitenketten (violett) in das aktive Zentrum gebracht werden, um an der Katalyse mitzuwirken.

Substrataktivierung Die Aufgabe des aktiven Zentrums besteht nicht allein darin, das richtige Substrat zu finden und zu binden, sondern auch darin, das Substrat zu aktivieren, indem es in die für die Katalyse geeignete chemische Umgebung gebracht wird. Eine bestimmte von einem Enzym katalysierte Reaktion kann durch eine oder mehrere Wege der Substrataktivierung ablaufen.

1. *Beeinträchtigung der Bindung.* Die Veränderung der Enzymkonformation, die von der ersten Substratbindung an das aktive Zentrum induziert wird, bewirkt nicht nur eine größere Komplementarität und einen festeren Enzym-Substrat-Kontakt, sondern beeinträchtigt auch eine oder mehrere Bindungen des Substrats, wodurch die Bindungen geschwächt und für das katalytische Ereignis empfindlicher werden.

2. *Protonentransfer.* Das Enzym kann auch als Protonendonor oder Protonenakzeptor wirken, wodurch die chemische Reaktivität des Substrats erhöht wird. Dies spricht für die Bedeutung geladener Aminosäuren im Hinblick auf die Chemie des aktiven Zentrums, wodurch wiederum erklärt wird, warum die Enzymaktivität so häufig vom pH-Wert abhängt.

3. *Elektronentransfer.* Als weiteres Hilfsmittel zur Substrataktivierung können Enzyme Elektronen aufnehmen oder abgeben, wodurch intermediäre kovalente Bindungen zwischen dem Enzym und seinem Substrat gebildet werden.

Das katalytische Ereignis In ▸*Abbildung 5.6* wird beispielhaft an dem Enzym Saccharase die Reihenfolge der Ereignisse am aktiven Zentrum dargestellt. Saccharase (auch unter der Bezeichnung Invertase oder β-Fructofuranosidase) hydrolysiert das Disaccharid Saccharose zu Glucose und Fructose. Die erste zufällige Kollision eines Substratmoleküls – in diesem Fall Saccharose –

mit dem aktiven Zentrum führt zur Bindung des Substratmoleküls an Aminosäurereste, die nahe des aktiven Zentrums positioniert sind (Schritt ❶). Die Substratbindung induziert eine Veränderung der Enzymkonformation, wodurch die Bindung zwischen dem Substratmolekül und dem aktiven Zentrum gefestigt und die freie Energie des Übergangszustands gesenkt wird. Dies ermöglicht die Umwandlung von Substrat in Produkte – in diesem Fall Glucose und Fructose (Schritt ❷). Die Produkte werden anschließend aus dem aktiven Zentrum freigesetzt (Schritt ❸), wodurch das Enzymmolekül wieder in seine Ausgangskonformation zurückkehren kann und das aktive Zentrum jetzt für ein anderes Substratmolekül bereit steht (Schritt ❹). Die gesamte Abfolge dieser Ereignisse dauert so lange, bis Hunderte oder sogar Tausende solcher Reaktionen pro Sekunde am aktiven Zentrum eines einzigen Enzymmoleküls abgelaufen sind!

Näheres zur Enzymkinetik finden Sie in den meisten Lehrbüchern zur Biochemie wie auch in der Komplettausgabe „Beckers Welt der Zelle“ (ISBN: 978-3-86894-222-4).

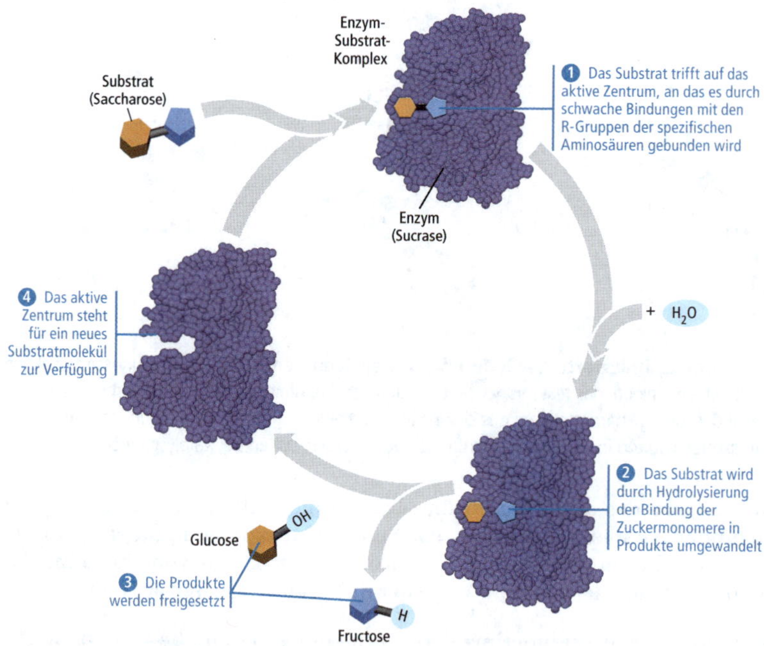

Abbildung 5.6: Der katalytische Kreislauf eines Enzyms. In diesem Beispiel katalysiert das Enzym Saccharase die Hydrolyse von Saccharose zu Glucose und Fructose. Es wird die tatsächliche Struktur des Enzyms dargestellt, aber das aktive Zentrum wurde leicht verändert, um den engen Kontakt des Enzyms an das Substrat zu veranschaulichen.

5.3 Enzymregulierung

Zum Verständnis der Rolle von Enzymen in der Zelle, müssen wir zunächst ganz klar erkennen, dass es nicht im Interesse einer Zelle liegt, ein Enzym mit ungebremster Geschwindigkeit wirken zu lassen. Stattdessen müssen die Geschwindigkeiten der von Enzymen katalysierten Reaktionen ständig angepasst werden, um sie genau auf die Bedürfnisse der Zelle abzustimmen. Ein wichtiger Aspekt dieser Justierung liegt in der Fähigkeit der Zelle, die Enzymaktivitäten spezifisch und präzise zu steuern.

Wir sind bereits einer Reihe regulatorischer Mechanismen begegnet, darunter Veränderung der Substrat- und Produktkonzentrationen, Veränderung der Temperatur und des pH-Werts sowie der Gegenwart und Konzentration von Inhibitoren. Einen Regulationsmechanismus, der direkt von den Wechselwirkungen von Substraten und Produkten abhängt und damit hauptsächlich durch die Substratkonzentration reguliert wird, bezeichnet man als **Substrat-Level-Regulation**. Aus der Michaelis-Menten-Gleichung geht hervor, dass eine Erhöhung der Substratkonzentration zur Steigerung der Reaktionsgeschwindigkeit führt; umgekehrt führt eine Erhöhung der Produktkonzentration zur Herabsetzung der Geschwindigkeit, mit der Substrat in Produkt umgewandelt wird. (Dieser inhibitorische Effekt der Produktkonzentration ist der Grund dafür, dass v als *Anfangs-*

geschwindigkeit der Reaktion in der Michaelis-Menten-Gleichung ermittelt werden muss, wie in der Gleichung 7-2 vorgegeben.)

Die Regulierung des Substratlevels ist ein wichtiger Kontrollmechanismus in Zellen, doch reicht er für die Regulierung der meisten Reaktionen oder Reaktionsreihen nicht aus. Meist werden Enzyme auch noch von anderen Mechanismen reguliert. Zwei der wichtigsten Mechanismen sind die *allosterische Regulation* und die *kovalente Modifikation*. Dank dieser Mechanismen können die Zellen Enzyme ein- oder ausschalten oder deren Reaktionsgeschwindigkeiten fein regulieren, indem sie die Enzymaktivitäten entsprechend verändern.

Fast ausnahmslos katalysiert ein Enzym, das durch einen solchen Mechanismus reguliert wird, den ersten Schritt einer vielschrittigen Reaktionsfolge. Indem die Geschwindigkeit des ersten Schritts erhöht oder gesenkt wird, wird die gesamte Reaktionsabfolge effektiv gesteuert. Zu den Wegen, die auf diese Weise reguliert werden, gehören die zur Spaltung großer Moleküle (beispielsweise Zucker, Fette oder Aminosäuren) und Wege, die zur Synthese von Substanzen führen, die die Zelle benötigt (zum Beispiel Aminosäuren und Nucleotide). Zunächst werden wir die allosterische Regulation und die kovalente Modifikation nur anreißen. In späteren Kapiteln werden wir bei der Behandlung spezifischer Beispiele zu diesen Mechanismen zurückkehren.

5.3.1 Allosterische Enzyme werden von anderen Molekülen als Reaktanten und Produkten reguliert

Der wichtigste Kontrollmechanismus, durch den die Geschwindigkeit der von Enzymen katalysierten Reaktionen an die Bedürfnisse der Zelle angepasst wird, ist die *allosterische Regulation*. Zum Verständnis dieser Regulation betrachten wir den Weg, auf dem eine Zelle einen Vorläufer A über eine Reihe von Zwischenprodukten B, C und D in einer von den Enzymen E_1, E_2, E_3 und E_4 katalysierten Reaktionsfolge in ein Endprodukt P umwandelt:

$$A \xrightarrow[E_1]{} B \xrightarrow[E_2]{} C \xrightarrow[E_3]{} D \xrightarrow[E_4]{} P \qquad (5\text{-}5)$$

Das Produkt P könnte zum Beispiel eine Aminosäure sein, die für die Proteinsynthese von der Zelle benötigt wird, und A könnte eine häufig vorkommende Substanz der Zelle sein, die als Ausgangspunkt für diese spezifische Reaktionsfolge dient, die zu P führt.

Rückkopplungshemmung Wenn die Reaktionsfolge 5-5 bei konstanter, unbegrenzter Geschwindigkeit ablaufen könnte, dann würden große Mengen von A in P umgewandelt und es käme möglicherweise zu schädlichen Nebenwirkungen, wenn A verschwindet oder P in zu großen Mengen gebildet wird. Am besten ist den Interessen der Zelle also gedient, wenn der Weg nicht mit Maximalgeschwindigkeit fortschreitet oder mit konstanter Geschwindigkeit, sondern mit einer sorgfältig auf die zellulären Bedürfnisse bezüglich P regulierten Geschwindigkeit.

Irgendwie müssen die beim Reaktionsweg mitwirkenden Enzyme auf das zelluläre Niveau des Produktes P reagieren, so wie eine Heizung auf die Temperaturen in den Räumen, die geheizt werden müssen, reagiert. Im letztgenannten Fall ist ein Thermostat die notwendige regulatorische Verbindung zwischen der Heizung und ihrem „Produkt", der Wärme. Wenn es zu warm wird, schaltet das Thermostat die Heizung ab und hemmt die Wärmebildung. Wenn Wärme benötigt wird, wird folglich die Hemmung gesenkt. In unserem Beispiel mit dem Enzym ist die gewünschte Regulierung machbar, weil das Produkt P ein spezifischer Inhibitor von E_1 ist, dem Enzym, das die erste Reaktion der Reaktionsfolge katalysiert.

Dieses Phänomen bezeichnet man als Rückkopplungshemmung (oder Endprodukthemmung) und es wird in der folgenden Reaktionsfolge durch den gestrichelten Pfeil dargestellt, der das Produkt P mit dem Enzym E_1 verbindet:

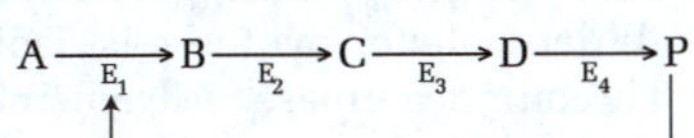

Rückkopplungshemmung von E_1 durch P (5-6)

Die Rückkopplungshemmung ist einer der am häufigsten von Zellen angewandten Mechanismen, um sicherzustellen, dass die Aktivitäten von Reaktionsfolgen an die Bedürfnisse der Zelle angepasst werden.

In der ▸*Abbildung 5.7* ist ein spezifisches Beispiel eines solchen Stoffwechselweges dargestellt – die fünfschrittige Abfolge, über die die Aminosäure *Isoleucin* aus *Threonin* synthetisiert wird. In diesem Fall wird das erste Enzym des Weges, *Threonindeaminase*, durch die Konzentration von Isoleucin in der Zelle reguliert. Wenn die Zelle Isoleucin benötigt (am wahrscheinlichsten bei der Proteinsynthese), wird die Isoleucinkonzentration niedrig sein. Unter diesen Bedingungen ist die Threonindeaminase aktiv und auf dem gezeigten Stoffwechselweg wird mehr Isoleucin gebildet. Lässt der Bedarf an Isoleucin nach, so wird dieses sich in der Zelle anhäufen. Dieser Konzentrationsanstieg führt zur Hemmung der Threonindeaminase und folglich zur Senkung der Geschwindigkeit, mit der Isoleucin synthetisiert wird.

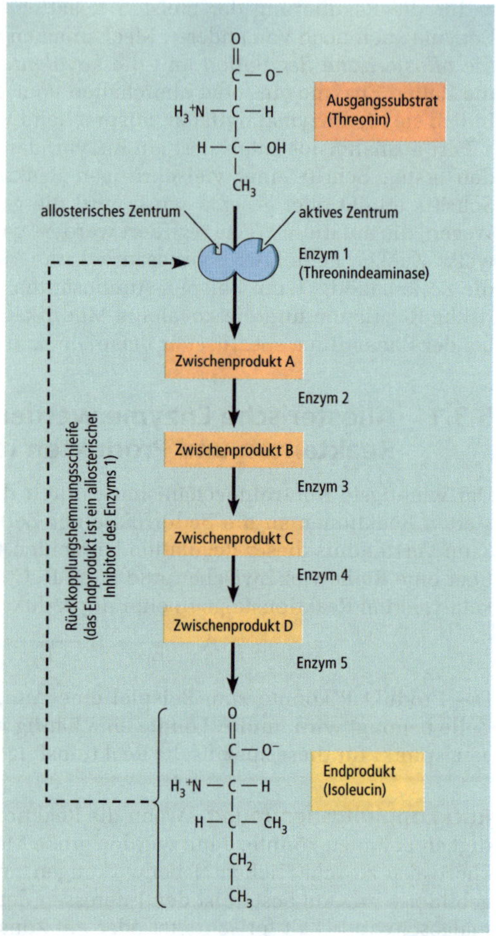

Abbildung 5.7: Die allosterische Regulation der Enzymaktivität. Ein spezifisches Beispiel einer Rückkopplungshemmung ist der Weg, über den die Aminosäure Isoleucin aus Threonin, einer anderen Aminosäure, synthetisiert wird. Das erste Enzym der Sequenz, Threonindeaminase, wird allosterisch durch Isoleucin gehemmt, das an das Enzym nicht im aktiven Zentrum, sondern an anderer Stelle bindet.

Die allosterische Regulation

Wie kann das erste Enzym eines Stoffwechselweges (zum Beispiel das Enzym E_1 in der Reaktionsfolge 5-6) empfindlich auf die Konzentration einer Substanz P reagieren, die weder ihr Substrat noch ihr Zwischenprodukt ist? Die Antwort auf diese Frage wurde erstmalig im Jahr 1963 von Jacques Monod, Jean-Pierre Changeux und Francois Jacob gegeben. Ihre Theorie wurde schnell untermauert und führte schließlich zu unserem Verständnis der **allosterischen Regulation**. Der Begriff allosterisch wurde aus dem griechischen von „eine andere Gestalt (oder Form)" abgeleitet und verweist somit darauf, dass alle zur allosterischen Regulation befähigten Enzyme in zwei verschiedenen Formen existieren können.

In einer der Formen besitzt das Enzym eine hohe Affinität für sein(e) Substrat(e), woraus eine hohe Aktivität resultiert. In der anderen Form hat es nur wenig oder gar keine Affinität für sein Substrat, weshalb eine geringe oder gar keine katalytische Aktivität vorliegt. Enzyme mit dieser Eigenschaft bezeichnet man als **allosterische Enzyme**. Die beiden verschiedenen Formen eines allosterischen Enzyms können leicht ineinander umgewandelt werden.

Die Frage, ob die aktive oder inaktive Form eines allosterischen Enzyms bevorzugt vorliegt, hängt von der zellulären Konzentration der geeigneten regulatorischen Substanz ab, des sogenannten **allosterischen Effektors**. Im Fall der Isoleucinsynthese ist Isoleucin der allosterische Effektor und das allosterische Enzym ist Threonindeaminase. Allgemeiner formuliert, *ein allosterischer Effektor ist ein kleines organisches Molekül, das die Aktivität eines Enzyms reguliert, für das es weder das Substrat noch das Zwischenprodukt ist.*

Ein allosterischer Effektor beeinflusst die Enzymaktivität, indem er an eine der beiden ineinander umwandelbaren Formen des Enzyms bindet, wodurch dessen Zustand stabilisiert wird. Der Effektor bindet an das Enzym, weil sich auf der Oberfläche des Enzyms ein **allosterisches** (oder **regulatorisches) Zentrum** befindet, das sich vom aktiven Zentrum, an dem das katalytische Ereignis abläuft, unterscheidet. Somit ist ein Alleinstellungsmerkmal aller allosterischen Enzyme (und auch aller allosterischen Proteine) die Gegenwart eines *aktiven Zentrums* auf der Enzymoberfläche, an die das Substrat bindet und eines *allosterischen Zentrums*, an dem der Effektor bindet. Tatsächlich besitzen einige allosterische Enzyme mehrere allosterische Zentren, die jeweils einen anderen Effektor erkennen.

Bei dem Effektor kann es sich entweder um einen **allosterischen Inhibitor** oder um einen **allosterischen Aktivator** handeln, je nach Wirkung, die nach Bindung an das allosterische Zentrum auf dem Enzym erzielt wird – das heißt, in Abhängigkeit davon, ob der Effektor an die Form des Enzyms gebunden wird, die wenig Affinität oder hohe Affinität besitzt (▸*Abbildung 5.8*). Durch Bindung eines allosterischen Inhibitors wird das Gleichgewicht zwischen den beiden Formen des Enzyms zu Gunsten der geringeren Affinität verschoben (▸*Abbildung 5.8a*). Andererseits wird das Gleichgewicht zu Gunsten der hohen Affinität verschoben, wenn die Bindung eines allosterischen Aktivators stattfindet (▸*Abbildung 5.8b*). In beiden Fällen stabilisiert die Bindung des Effektors an das allosterische Zentrum das Enzym in einer seiner ineinander umwandelbaren Formen, wodurch die Wahrscheinlichkeit der Substratbindung gesenkt oder erhöht wird.

Die meisten allosterischen Enzyme sind große Proteine aus mehreren Untereinheiten. Daher ist die Quartärstruktur für diese Enzyme von Bedeutung. Typischerweise liegen die aktiven Zentren und die allosterischen Zentren auf verschiedenen Untereinheiten des Proteins, die man als **katalytische Untereinheiten** bzw. **regulatorische Untereinheiten** bezeichnet (achten Sie auf die C- und R-Untereinheiten der in der *Abbildung 5.8* dargestellten Enzymmoleküle). Dies bedeutet wiederum, dass die Bindung von Effektormolekülen an die allosterischen Zentren sich nicht nur auf die Form der regulatorischen Untereinheiten auswirkt, sondern auch auf die katalytischen Untereinheiten.

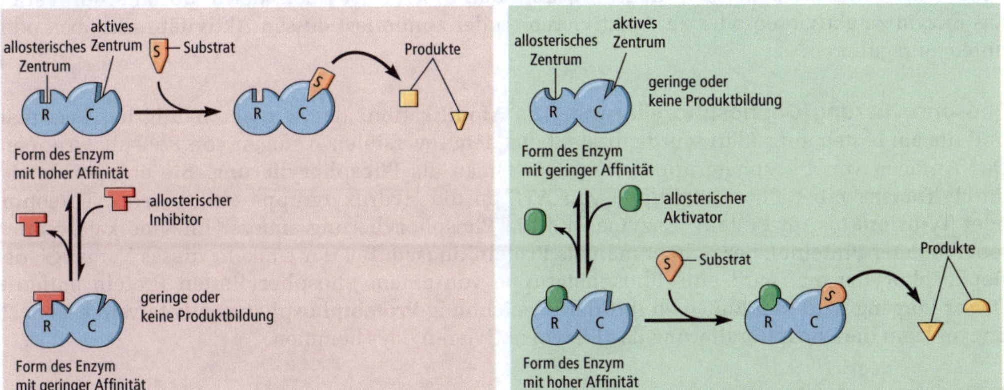

(a) Allosterische Inhibition. Ein Enzym unter allosterischer Inhibition ist in der nicht komplexierten Form aktiv, in der es eine hohe Affinität für sein Substrat (S) hat. Durch Bindung eines allosterischen Inhibitors (rot) wird das Enzym in der Form der geringen Affinität stabilisiert, was zu geringer oder keiner Aktivität führt.

(b) Allosterische Aktivierung. Ein Enzym unter allosterischer Aktivierung ist in der nicht komplexierten Form inaktiv, wobei geringe Affinität für dessen Substrat vorliegt. Durch Bindung an einen allosterischen Aktivator (grün) wird das Enzym in der Form der hohen Affinität stabilisiert, was zur Aktivität des Enzyms führt.

Abbildung 5.8: Mechanismen der allosterischen Hemmung und Aktivierung. Ein allosterisches Enzym besteht aus einer oder mehreren katalytischen Untereinheiten (C) und einer oder mehreren regulatorischen Untereinheiten (R), die jeweils ein aktives Zentrum und ein allosterisches Zentrum besitzen. Das Enzym existiert in zwei Formen, eine Form mit hoher Affinität für sein Substrat (bei dieser Form wird mit großer Wahrscheinlichkeit ein Produkt gebildet) und eine Form mit geringer Affinität (mit entsprechend geringer Wahrscheinlichkeit wird ein Produkt gebildet). Die dominantere Form des Enzyms hängt von der Konzentration des/der allosterischen Effektors/Effektoren ab.

5.3.2 Allosterische Enzyme zeichnen sich durch kooperative Wechselwirkungen zwischen Untereinheiten aus

Viele allosterische Enzyme besitzen eine Eigenschaft, die man als **Kooperativität** bezeichnet. Dies bedeutet, dass das Enzym eine Konformationsänderung durchläuft, die sich auf die Affinität der für Substrat verbleibenden Stellen auswirkt, wenn die vielen katalytischen Stellen auf dem Enzym Substratmoleküle binden. Einige Enzyme besitzen eine *positive Kooperativität*, die bewirkt, dass die Bindung eines Substratmoleküls an eine katalytische Untereinheit die Affinität anderer katalytischer Untereinheiten für das Substrat erhöht. Andere Enzyme besitzen *negative Kooperativität*, die bewirkt, dass die Substratbindung an eine katalytische Untereinheit die Affinität der anderen katalytischen Stellen für das Substrat mindert.

Dank dieser Kooperativität ist die Zelle befähigt, Enzyme zu bilden, die empfindlicher oder weniger empfindlich auf Veränderungen in der Substratkonzentration reagieren, als man sie sonst ausgehend von der Michaelis-Menten-Kinetik für möglich halten würde. Die positive Kooperativität bewirkt, dass die katalytische Aktivität eines Enzyms schneller ansteigt, als dies bei normaler Substratkonzentration der Fall wäre, während die negative Kooperativität zu einer langsameren Verringerung der Enzymaktivität führt.

5.3.3 Enzyme können auch durch Anfügen oder Entfernen chemischer Gruppen reguliert werden

Abgesehen von der allosterischen Regulation sind viele Enzyme von der Steuerung durch die **kovalente Modifikation** abhängig. Bei dieser Form der Regulation wird die Aktivität eines Enzyms durch Anfügen oder Entfernen spezifischer chemischer Gruppen über kovalente Bindungen beeinflusst. Häufig vorkommende Modifikationen erfolgen durch Anfügen von Phosphatgruppen, Methylgruppen, Acetylgruppen oder Derivaten von Nucleotiden. Einige dieser Modifikationen sind reversibel, andere dagegen nicht. In jedem Fall besteht der Effekt darin, durch Modifikation das Enzym zu aktivieren oder zu deaktivieren – oder zumindest dessen Aktivität nach oben oder unten zu regulieren.

Phosphorylierung/Dephosphorylierung Die Modifikation, der wir am häufigsten begegnen und die am besten aufgeklärt wurde, besteht aus dem reversiblen Anfügen von Phosphatgruppen. Das Anfügen von Phosphatgruppen bezeichnet man als **Phosphorylierung**. Sie erfolgt zumeist durch Transfer einer Phosphatgruppe von ATP an die Hydroxylgruppe eines Serin-, Threonin- oder Tyrosinrestes im Protein. Enzyme, die die Phosphorylierung anderer Enzyme katalysieren (oder anderer Proteine), bezeichnet man als **Proteinkinasen**. Bei der Umkehr dieses Vorgangs, der **Dephosphorylierung**, wird eine Phosphatgruppe von einem phosphorylierten Protein entfernt. Dieser Vorgang wird von Enzymen mit der Bezeichnung **Proteinphosphatasen** katalysiert. Je nach Enzym kann die Phosphorylierung das Enzym aktivieren oder hemmen.

Proteolytische Spaltung Eine andere Form der kovalenten Aktivierung von Enzymen bewirkt das einmalige, irreversible Entfernen eines Teils der Polypeptidkette durch ein geeignetes proteolytisches (Protein abbauendes) Enzym. Diese Form der Modifikation, die sogenannte **proteolytische Spaltung**, kann besonders gut am Beispiel der proteolytischen Enzyme der Bauchspeicheldrüse veranschaulicht werden, zu denen Trypsin, Chymotrypsin und Carboxypeptidase gehören. Nach ihrer Synthese in der Bauchspeicheldrüse werden diese Enzyme als Antwort auf ein Hormonsignal in inaktiver Form in den Zwölffingerdarm des Dünndarms ausgeschieden (▸*Abbildung 5.9*). Diese Proteasen können fast alle aufgenommenen Proteine zu Di- und Tripeptiden und freien Aminosäuren abbauen, die dann von den intestinalen Epithelzellen absorbiert werden.

Die Proteasen der Bauchspeicheldrüse werden nicht in ihrer aktiven Form synthetisiert. Wahrscheinlich würden sie den Zellen der Bauchspeicheldrüse Probleme bereiten, die sich vor ihren eigenen proteolytischen Enzymen schützen müssen. Stattdessen wird jedes dieser Enzyme in Form eines etwas größeren, katalytisch inaktiven Moleküls synthetisiert, das *Zymogen* genannt wird.

Zymogene müssen selber proteolytisch gespalten werden, um aktive Enzyme zu werden. Beispielsweise wird Trypsin anfangs als Zymogen mit der Bezeichnung *Trypsinogen* synthetisiert. Wenn Trypsinogen in den Zwölffingerdarm gelangt, wird es durch Entfernen eines Hexapeptids (eines Strangs aus sechs Aminosäuren) von seinem N-Terminus durch die Enterokinase (einer membrangebundenen Protease, die von den Zellen des Zwölffingerdarms gebildet wird) aktiviert. Das aktive Trypsin aktiviert dann durch spezifische proteolytische Spaltungsvorgänge weitere Zymogene.

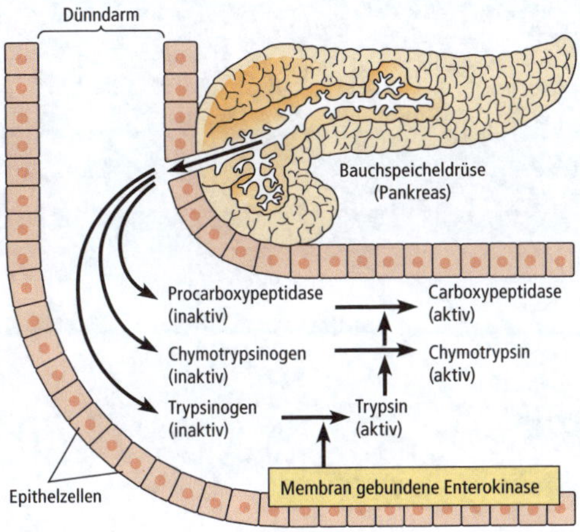

Abbildung 5.9: Aktivierung der Zymogene der Bauchspeicheldrüse durch proteolytische Spaltung. Die Proteasen der Bauchspeicheldrüse werden synthetisiert und als inaktive Vorläufer, Zymogene, in den Dünndarm ausgeschieden. Procarboxypeptidase, Trypsinogen und Chymotrypsinogen sind Zymogene. Zur Aktivierung von Trypsinogen zu Trypsin muss durch Enterokinase, ein membrangebundenes Enzym des Zwölffingerdarms, ein Hexapeptidsegment entfernt werden. Dann aktiviert Trypsin durch proteolytische Spaltung weitere Zymogene. Procarboxypeptidase wird durch einen einzigen Spaltungsvorgang aktiviert, während die Aktivierung von Chymotrypsinogen ein etwas komplizierterer zweischrittiger Vorgang ist, der hier nicht im Einzelnen dargestellt wird.

Membranen: Struktur, Funktion und Chemie

6

ÜBERBLICK

Ein grundlegendes Merkmal aller Zellen sind Membranen, die die Begrenzung der Zelle und deren verschiedene innere Kompartimente definieren. Sogar jemandem, der nur beiläufig eine elektronenmikroskopische Aufnahme einer Zelle anschaut, werden wahrscheinlich die deutlich erkennbaren Membranen auffallen, von denen die Zellen umgeben sind und die man in den Zellen sieht, vor allem bei den eukaryotischen Organismen.

6.1 Die Funktion von Membranen

Wir beginnen unsere Darstellungen mit der Feststellung, dass biologische Membranen fünf verwandte, zugleich aber sehr unterschiedliche Rollen übernehmen, wie in der ▸*Abbildung 6.1* dargestellt. ❶ Sie definieren die Grenze der Zelle und ihrer Organellen und bilden Permeabilitätsbarrieren. ❷ Sie dienen als Orte spezifischer biochemischer Funktionen, beispielsweise für den Elektronentransport während der mitochondrialen Atmung oder der Proteinprozessierung im ER. ❸ Membranen besitzen auch Transportproteine zum Transport von Substanzen in die Zelle bzw. in ihre Organellen hinein oder aus diesen heraus. ❹ Außerdem enthalten Membranen Proteinmoleküle, die als Rezeptoren zum Erfassen externer Signale dienen. ❺ Schließlich stellen sie Mechanismen für den Zell-Zell-Kontakt, die Adhäsion und Kommunikation bereit. Jede dieser Funktionen werden wir in den folgenden fünf Abschnitten kurz beschreiben.

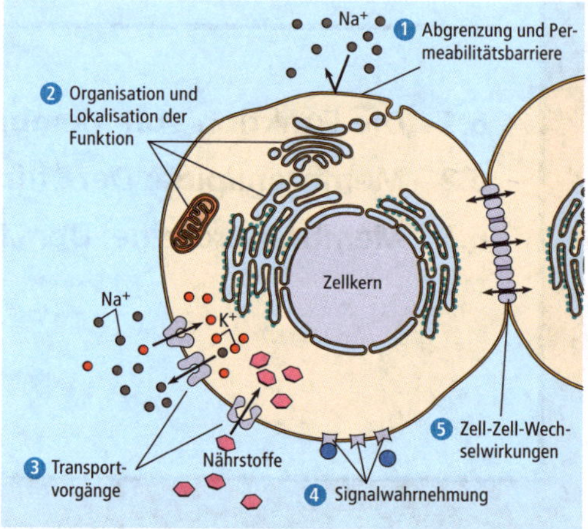

Abbildung 6.1: Funktionen der Membranen. Membranen umgeben nicht nur die Zelle und ihre Organellen, sondern üben auch eine Reihe wichtiger Funktionen aus, darunter Transport, Signalisierung und Adhäsion.

6.1.1 Membranen definieren Grenzen und dienen als Permeabilitätsbarriere

Eine der offensichtlichsten Funktionen von Membranen besteht in der Begrenzung der Zelle und ihrer Kompartimente sowie ihrer Funktion als Permeabilitätsbarriere. Das Innere einer Zelle muss physikalisch von der Umgebung getrennt sein. Dies ist nicht nur notwendig, um gewünschte Substanzen in der Zelle zu halten, sondern dient auch dazu, unerwünschte Substanzen draußen zu halten. Membranen erfüllen diese Funktionen gut, denn das hydrophobe Innere der Membran ist eine wirksame Permeabilitätsbarriere für hydrophile Moleküle und Ionen. Die Permeabilitätsbarriere der Zelle ist die **Plasmamembran** (oder **Zellmembran**), eine Membran, die die Zelle umgibt und die Durchlässigkeit von Substanzen sowohl in die Zelle hinein als auch aus der Zelle heraus reguliert. Neben der Plasmamembran bilden innerhalb eukaryotischer Zellen intrazelluläre Membranen verschiedene Kompartimente mit sehr unterschiedlichen Funktionen.

In jüngster Zeit interessiert man sich sehr für eine Klasse *antimikrobieller Peptide* (AMPs). Das sind kleine Moleküle aus 10 bis 50 Aminosäuren, die auf die Permeabilitätsbarriere einwirken. Es sind mehr als 1.200 verschiedene AMPs bekannt, von denen allein 20 von der menschlichen Haut gebildet werden. Eine Klasse von AMPs besteht aus kationischen amphipathischen Molekülen, die durch Wechselwirkung mit negativ geladenen Phospholipiden die bakterielle Membranstruktur aufbrechen. Diese AMPs erzielen eine ähnliche Wirkung wie Detergenzien und brechen die Membranstruktur auf, indem sie Poren bilden, die die Permeabilitätsbarriere der Zelle zerstören und die Zelle töten. Einige AMPs haben sich als vielversprechende antivirale Wirkstoffe erwiesen, denn sie brechen die äußere Hülle der von einer Membran umschlossenen Viren auf, beispielsweise des menschlichen Immunschwächevirus (HIV).

6.1.2 Membranen tragen spezifische Proteine und erfüllen daher spezifische Funktionen

Membranen führen bestimmte mit ihnen assoziierte Funktionen aus, denn die dafür benötigten Moleküle und Strukturen – zumeist Proteine –sind entweder in die Membranen eingebettet oder an ihnen lokalisiert. Eine der hilfreichsten Methoden zur Charakterisierung einer spezifischen Membran besteht tatsächlich darin, die besonderen Enzyme, Transportproteine, Rezeptoren und anderen Moleküle, die mit der Membran assoziiert sind, zu beschreiben.

So kommen zum Beispiel viele verschiedene Enzyme in oder an der Plasmamembran oder den Membranen bestimmter Organellen vor. Diese Enzyme dienen häufig als Marker zur Identifizierung bestimmter Membranen bei der Isolierung von Organellen oder Organellmembranen aus Lösungen aufgeschlossener Zellen. Beispielsweise ist Glucose-6-Phosphatase ein membranständiges Enzym des endoplasmatischen Reticulums und seine Gegenwart in einem Mitochondrienpräparat würde zum Nachweis der Kontaminierung mit ER-Membranen dienen.

Weitere mit spezifischen Funktionen assoziierte Membranen gehen unmittelbar auf die jeweiligen Proteine zurück, die in diesen Membranen vorkommen. Die Plasmamembran enthält zum Beispiel Enzyme, die die Zellwand von Pflanzen, Pilzen und Bakterien synthetisieren. Die Plasmamembran der Zellen der Wirbeltiere enthält Enzyme, die Substanzen ausscheiden, aus denen die extrazelluläre Matrix gebildet wird. Andere Membranproteine, die der Chloroplasten und Mitochondrien oder der bakteriellen Plasmamembran, sind von größter Bedeutung für energieerzeugende Vorgänge, beispielsweise Photosynthese und Atmung.

6.1.3 Membranproteine regulieren den Transport löslicher Substanzen

Eine weitere Funktion der Membranproteine der Zellen und der Organellen besteht darin, den *Transport* von Substanzen in die Zelle und ihre Organellen hinein oder aus ihnen heraus auszuführen und zu regulieren. Nährstoffe, Ionen, Gase, Wasser und andere Substanzen werden in die verschiedenen Kompartimente aufgenommen und verschiedene Produkte und Abfallprodukte müssen freigesetzt oder entfernt werden. Während lipophile Moleküle, sehr kleine Moleküle und Gase normalerweise direkt durch die Zellmembran diffundieren, benötigen die meisten Substanzen spezielle Transportproteine, die ein spezifisches Molekül oder eine Gruppe ähnlicher Moleküle erkennen und transportieren.

Beispielsweise besitzen viele Zellen spezifische Transporter für Glucose, Aminosäuren oder andere Nährstoffe. Ihre Nervenzellen leiten elektrische Signale in Form von Na^+- und K^+-Ionen weiter, die mittels spezifischer Kanalproteine durch die Plasmamembran von Neuronen transportiert werden. Die Transportproteine in Muskelzellen bewegen Calciumionen durch Membranen, um die Muskelkontraktion zu unterstützen. Die Chloroplastenmembran besitzt einen für die Phosphationen spezifischen Transporter, der für die ATP-Synthese gebraucht wird, und das Mitochondrium verfügt über Transporter für Zwischenprodukte, die an der aeroben Atmung mitwirken. Es gibt sogar spezifische Transporter für Wasser – die sogenannten Aquaporine –, die Wassermoleküle schnell durch Nierenmembranen transportieren können, um auf diese Weise die Urinbildung zu erleichtern.

Transportproteine sind dazu befähigt, selbst voluminöse Moleküle in der Größe von Proteinen und RNA durch Membranen zu schleusen. Proteine bilden Kernporenkomplexe in der Kernhülle, durch die sich mRNA-Moleküle und teilweise zusammengesetzte Ribosomen vom Zellkern ins Cytosol bewegen. In einigen Fällen können Proteine, die im endoplasmatischen Reticulum oder im Cytosol synthetisiert werden, mit Hilfe von Transportproteinen in Lysosomen, Peroxisomen oder Mitochondrien bewegt werden. In anderen Fällen ermöglichen die Proteine in den Membranen intrazellulärer Vesikel die Bewegung von Molekülen wie Neurotransmitter in die Zelle hinein oder aus der Zelle heraus.

6.1.4 Membranproteine nehmen elektrische und chemische Signale auf und übertragen diese

Zellen erhalten Information aus ihrer Umgebung im Allgemeinen in Form elektrischer oder chemischer Signale, die auf die äußere Oberfläche der Zelle einwirken. Die Nervenimpulse, die während der Lektüre dieses Textes von Ihren Augen an das Gehirn gesendet werden, sind ein Beispiel für solche Signale, ebenso wie die vielen verschiedenen Hormone in ihrem Kreislaufsystem. Mit dem

Begriff *Signaltransduktion* beschreibt man die spezifischen Mechanismen zur Übertragung dieser Signale von der äußeren Oberfläche der Zellen in das Zellinnere.

Viele chemische Signalmoleküle binden an spezifische Membranproteine, die *Rezeptoren*, deren Bindungsstellen an der extrazellulären Seite der Plasmamembran liegen. Wenn diese Signalmoleküle an ihre Rezeptoren binden, werden spezifische molekulare Prozesse an der inneren Membranoberfläche ausgelöst, die Veränderungen in der Zellfunktion bewirken. Beispielsweise enthalten die Membranen der Muskel- und Leberzellen Insulinrezeptoren und können daher auf dieses Hormon reagieren, das bei der Glucoseaufnahme mitwirkt. Die weißen Blutkörperchen besitzen spezifische Rezeptoren, die chemische Signale von Bakterien erkennen und eine Zellverteidigungsantwort auslösen.

Viele Pflanzenzellen haben ein Transmembranrezeptorprotein, das das gasförmige Hormon Ethylen wahrnimmt und ein Signal an die Zelle übermittelt, das sich auf eine Vielzahl von Vorgängen auswirken kann, darunter Saatkeimung, Fruchtreifung und Verteidigung gegen Pathogene. Die Plasmamembranrezeptoren der Bakterien nehmen Nährstoffe aus der Umgebung wahr und können der Zelle signalisieren, sich in Richtung dieser Nährstoffe zu bewegen. Somit geben Membranrezeptoren fast allen Zellen die Möglichkeit, eine Vielzahl spezifischer Signale zu erkennen, diese weiterzuleiten und auf sie zu antworten.

6.1.5 Membranproteine vermitteln Zelladhäsion und Zell-Zell-Kommunikation

Des Weiteren vermitteln Membranproteine Adhäsion und Kommunikation zwischen benachbarten Zellen. Obwohl Zellen in Lehrbüchern häufig als eigenständige isolierte Einheiten dargestellt werden, stehen die meisten Zellen multizellulärer Organismen mit anderen Zellen in Kontakt. Während der embryonalen Entwicklung sind Zell-Zell-Kontakte von entscheidender Bedeutung und werden bei Tieren oftmals von Membranproteinen vermittelt, die man als *Cadherine* bezeichnet. Cadherine besitzen extrazelluläre Sequenzen von Aminosäuren, die Calciumionen binden und die Adhäsion zwischen ähnlichen Zellen im Gewebe anregen. Es gibt jedoch einige pathogene Bakterien, beispielsweis einige Spezies von *Listeria* und *Shigella*, die adhäsive Membranproteine nutzen, um an Darmzellen anzuheften, in sie einzudringen und Krankheiten zu verursachen.

Andere Typen der Membranproteine gewährleisten in tierischen Geweben den Zusammenhang größerer Zellverbände und bilden *Adhäsionsverbindungen* und *Tight Junctions*, die gewährleisten, dass die perizelluläre Diffusion durch die Zellzwischenräume unterbunden wird. Membranproteine wie *Ankyrin* können Membran und Cytoskelett verbinden, wodurch den Geweben Festigkeit verliehen wird. Außerdem haben Zellen innerhalb bestimmter Gewebe oftmals direkte cytoplasmatische Verbindungen, die den Austausch zumindest einiger zellulärer Komponenten ermöglichen. Diese interzelluläre Kommunikation wird in tierischen Zellen über *Gap Junctions* und in pflanzlichen Zellen über *Plasmodesmata* vermittelt. In *Kapitel 16* machen wir einen Schritt „über die Zelle hinaus“ und Sie werden mehr über diese Strukturen erfahren.

All diese Funktionen, die wir soeben aufgeführt haben – Kompartimentierung, spezielle enzymatische Funktionen, Transport, Signalwahrnehmung und interzelluläre Kommunikation – hängen von der chemischen Zusammensetzung und den Strukturmerkmalen der Membranen ab. Diesen Themen werden wir uns jetzt widmen und zugleich nachvollziehen, wie wir zu unserem heutigen Verständnis der Membranstruktur gelangt sind.

6.2 Membranlipide: Der „flüssige“ Teil des Modells

Wir beginnen unsere genaue Betrachtung der Membranen mit den Membranlipiden, die wichtige Bestandteile des „flüssigen“ Teils des Flüssig-Mosaik-Modells sind.

6.2.1 Membranen enthalten mehrere wichtige Lipidklassen

Ein Merkmal des Flüssig-Mosaik-Modells von Singer und Nicolson ist, dass es die Lipiddoppelschicht, die ursprünglich von Gorter und Grendel postuliert wurde, berücksichtigt, auch wenn dies mit größerer Diversität und Fluidität der Lipidbausteine einhergeht als Forscher früher meinten. Die Hauptklassen der Membranlipide sind *Phospholipide*, *Glykolipide* und *Sterole*. In der ▸*Abbildung 6.2* sind jeweils die wichtigsten Lipide dieser Kategorien aufgeführt und die Strukturen mehrerer Lipide dargestellt.

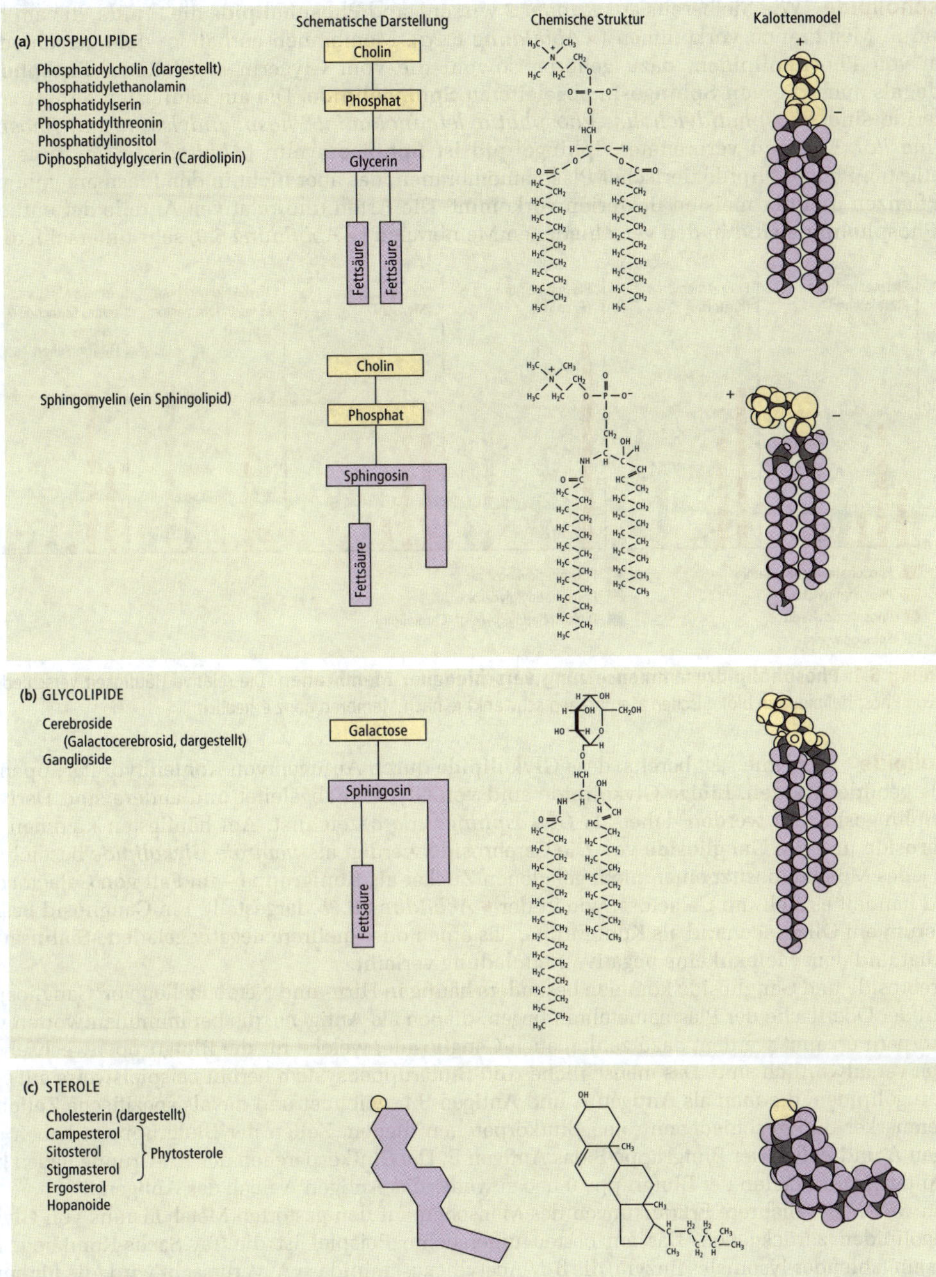

Abbildung 6.2: Die Hauptklassen der Membranlipide. Jede Lipidklasse wird durch eine schematische Darstellung (links), eine chemische Struktur (Mitte) und ein Kalottenmodell (rechts) dargestellt. (a) Phospholipide bestehen aus einer kleinen polaren Kopfgruppe (beispielsweise Cholin, Ethanolamin, Serin oder Inosit), die an ein Lipidrückgrat angeheftet sind und entweder Phosphoglyceride (auf der Basis von Glycerin) oder Sphingolipide (auf der Basis von Sphingosin) bilden. (Für die Strukturen von Cholin, Ethanolamin, Serin und Inosit schauen Sie sich bitte die *Abbildung 2.25* an.) (b) Die Basis von Glykolipiden ist entweder Glycerin oder Sphingosin, wobei letzteres häufiger vorkommt. Ein Cerebrosid hat einen neutralen Zucker als Kopfgruppe, während ein Gangliosid eine Oligosaccharidkette besitzt, die einen oder mehrere Sialinsäurereste besitzt und daher eine negative Ladung trägt. (c) Die am häufigsten vorkommenden Membransterole sind Cholesterin bei Tieren und mehrere verwandte Phytosterole bei Pflanzen.

Phospholipide Wie Sie bereits aus *Kapitel 2* wissen, sind **Phospholipide** die Lipide, die am häufigsten in Membranen vorkommen (▸ *Abbildung 6.2a*). Membranen enthalten viele verschiedene Arten von Phospholipiden, dazu gehören sowohl die vom Glycerin abgeleiteten **Phosphoglyceride**, als auch die von Sphingosin abgeleiteten **Sphingolipide**. Die am häufigsten auftretenden Glyceride sind *Phosphatidylcholin*, *Phosphatidylethanolamin*, *Phosphatidylserin* und *Phosphatidylinositol*. Ein weit verbreitetes Sphingolipid ist Sphingomyelin (*Abbildung 6.2a*), eines der wichtigsten Phospholipide tierischer Plasmamembranen, das aber nicht in den Plasmamembranen der Pflanzen und der meisten Bakterien vorkommt. Die Arten und relativen Anteile der enthaltenen Phospholipide sind in den verschiedenen Membranen (▸ *Abbildung 6.3*) sehr unterschiedlich.

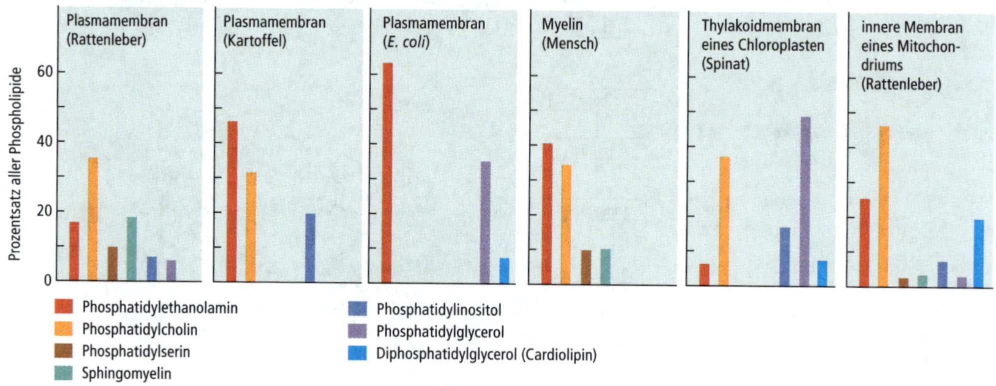

Abbildung 6.3: Phospholipidzusammensetzung verschiedener Membranen. Die relative Häufigkeit verschiedener Arten von Phospholipiden in biologischen Membranen schwankt je nach Membran ganz erheblich.

Glykolipide Ihr Name sagt bereits, dass **Glykolipide** durch Anfügen von Kohlenhydratgruppen an Lipide gebildet werden. Einige Glykolipide sind von Glycerin abgeleitet und andere sind Derivate von Sphingosin und werden daher als *Glykosphingoside* bezeichnet. Am häufigsten kommen die **Cerebroside** und die **Ganglioside** vor. Die Cerebroside werden als *neutrale Glykolipide* bezeichnet, denn jedes Molekül besitzt einen nicht geladenen Zucker als Kopfgruppe – im Fall von Galactocerebrosid handelt es sich um Galactose, wie in der ▸ *Abbildung 6.2b* dargestellt. Ein Gangliosid besitzt wiederum ein Oligosaccharid als Kopfgruppe, das einen oder mehrere negativ geladene Sialinsäurereste hat und dem Molekül eine negative Nettoladung verleiht.

Cerebroside und Ganglioside kommen besonders häufig in Hirn- und Nervenzellen vor. Ganglioside, die auf der Oberfläche der Plasmamembran liegen, dienen als Antigene, die bei Immunantworten von Antikörpern erkannt werden, dazu zählen auch Ganglioside, welche für die Blutgruppenwechselwirkungen verantwortlich sind. Das menschliche AB0-Blutgruppensystem beruht beispielsweise auf Glykosphingolipiden, die man als Antigen A und Antigen B bezeichnet und die als spezifische Zelloberflächenmarker der verschiedenen roten Blutkörperchen dienen. Zellen der Blutgruppe A haben das Antigen A und Zellen der Blutgruppe B das Antigen B. Die Blutkörperchen der AB-Gruppe haben beiden Antigene und Zellen der Blutgruppe 0 haben weder das Antigen A noch das Antigen B.

Man weiß, dass mehrere Erkrankungen des Menschen auf den gestörten Metabolismus von Glykosphingolipiden zurückgehen. Das am besten untersuchte Beispiel ist die Tay-Sachs-Krankheit, die durch ein fehlendes lysomales Enzym, die β-*N*-Acetylhexosaminidase A, verursacht wird, die für einen der Schritte beim Gangliosid-Abbau verantwortlich ist. Infolge des genetischen Defekts sammeln sich die Ganglioside im Gehirn und anderem Nervengewebe an, wodurch die Nerven- und Hirnfunktionen beeinträchtigt werden und letztendlich kommt es zu Lähmung, schwerem geistigen Zerfall und Tod.

Zwei häufig vorkommende Glykolipide, die keine Sphingosine enthalten, sind Derivate des Glycerin und in großen Mengen in den Chloroplasten der Pflanzen und Algen enthalten. Monogalactosyldiacylglycerin (MGDG) und Digalactosyldiacylglycerin (DGDG) haben jeweils ein oder zwei Galactosemoleküle, die an ein Glycerinrückgrat geknüpft sind, das zwei mehrfach ungesättigte Fettsäuregruppen enthält (▸ *Abbildung 6.4*). Diese beiden Glykolipide machen bis zu 75 % aller

Membranlipide in Blättern aus, von denen man annimmt, dass sie zur Stabilisierung der Membranproteine des photosynthetischen Apparats beitragen. Man geht davon aus, dass diese beiden Lipide die am häufigsten auf der Erde vorkommenden Glykolipide sind. Vor Kurzem hat man in mehreren Untersuchungen nachgewiesen, dass MGDG auf Entzündungsereignisse und Zellproliferation in einigen menschlichen Zellen und Geweben hemmend wirkt.

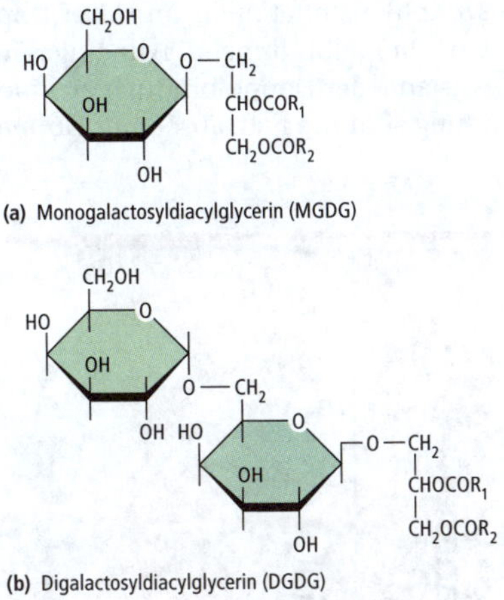

Abbildung 6.4: Die Struktur zweier häufig vorkommender Glykolipide. MGDG und DGDG kommen häufig in Pflanzenzellmembranen vor und ähneln stark dem tierischen Fett Triacylglycerin (siehe *Abbildung 2.23b*). Sie haben ein oder zwei Galactosemoleküle, die neben zwei Fettsäuregruppen an das Glycerin geknüpft sind (R_1 und R_2).

Sterole Neben den Phospholipiden und Glykolipiden enthalten die Membranen der meisten eukaryotischen Zellen beachtliche Mengen an **Sterolen** (▸*Abbildung 6.2c*). Das wichtigste Sterol der tierischen Zellmembranen ist das **Cholesterin**, das aufgrund seiner Funktion als Puffer der Fließfähigkeit (Fluidität) zur Erhaltung und Stabilisierung von Membranen in tierischen Zellen dient. In den Membranen der Pflanzenzellen kommen Cholesterin in geringen Mengen und Phytosterole, darunter Campesterol, Sitosterol und Stigmasterol, in großen Mengen vor. Pilzmembranen enthalten ein Sterol, Ergosterol genannt, das dem Cholesterin strukturell ähnelt, aber in menschlichen Zellen nicht vorkommt. Ergosterol ist deshalb der geeignete Angriffspunkt von gegen Pilze gerichteten Behandlungen, wie beispielsweise mit Nystatin, das selektiv Pilze abtötet, aber menschliche Zellen nicht schädigt, da diese kein Ergosterol enthalten.

In den Membranen der meisten Bakterienzellen kommen keine Sterole vor. Sie sind allerdings in der Plasmamembran der *Mycoplasma*-Spezies enthalten, die im Gegensatz zu den meisten Bakterien keine Zellwand haben. Vermutlich besitzen diese *Mycoplasma*-Bakterien Sterole, um ihren Membranen Stabilität und Festigkeit zu verleihen. Sterole kommen auch nicht in den inneren Membranen der Mitochondrien und Chloroplasten vor, von denen man annimmt, dass sie evolutionär von den Plasmamembranen bakterieller Zellen abstammen. Zumindest enthalten die Plasmamembranen einiger Bakterien dem Sterol ähnliche Moleküle, die sogenannten *Hopanoide*, die wohl die Sterole in der Membranstruktur ersetzen. Das Hopanoidmolekül ist starr, stark hydrophob und weist große Ähnlichkeit mit dem Cholesterin auf. Da Hopanoide in großer Zahl in Öllagerstätten vorkommen, könnten diese Moleküle Membrankomponenten früher Bakterien gewesen sein, die vermutlich an der Entstehung fossiler Brennstoffe beteiligt waren.

6.2.2 Fettsäuren sind essenziell für Struktur und Funktion der Membran

Fettsäuren sind Bausteine aller Membranlipide, mit Ausnahme der Sterole. Sie sind von essenzieller Bedeutung für die Membranstruktur, denn ihre langen Kohlenwasserstoffschwänze bilden eine effektive Barriere gegen die Diffusion polarer löslicher Substanzen. Die meisten Fettsäuren der Membran haben eine Länge zwischen 12 und 20 Kohlenstoffatomen, wobei Fettsäuren mit 16 und 18 Kohlenstoffatomen besonders häufig vorkommen. Dieser Größenbereich scheint für die Bildung der Doppelschicht optimal zu sein, denn Ketten mit weniger als 12 oder mehr als 20 Kohlenstoffatomen bilden weniger stabile Doppelschichten. Somit hängt die Stärke der Membranen (ungefähr 6–8 nm, je nach Membrantyp) in erster Linie von der Kettenlänge der Fettsäuren ab, die für die Stabilität der Doppelschicht benötigt werden.

Abgesehen von der Länge unterscheiden sich die in den Membranen enthaltenen Fettsäuren erheblich in Hinblick auf Vorkommen und Anzahl von Doppelbindungen. In der ▸*Tabelle 6.1* sind die Strukturen mehrerer Fettsäuren dargestellt, die besonders häufig in Membranlipiden vorkommen. *Palmitat* und *Stearat* sind gesättigte Fettsäuren mit 16 bzw. 18 Kohlenstoffatomen. *Oleat* und *Linolat* sind ungesättigte Fettsäuren mit 18 Kohlenstoffatomen, die jeweils eine oder zwei Doppelbindungen haben. Weitere häufig vorkommende ungesättigte Fettsäuren der Membranen sind Linolenat mit

18 Kohlenstoffatomen und drei Doppelbindungen und Arachidonat mit 20 Kohlenstoffatomen und vier Doppelbindungen. Alle ungesättigten Fettsäuren der Membranen liegen in *cis*-Konfiguration vor, was an jeder Doppelbindung zu einem Knick der Kohlenwasserstoffkette führt. In Folge dieser Krümmung sind die Fettsäuren mit Doppelbindungen in den Membranen nicht stark gepackt.

Tabelle 6.1

Strukturen einiger häufig in Lipiddoppelschichten biologischer Membranen vorkommender Fettsäuren.

Bezeichnung der Fettsäure	Anzahl der Kohlenstoffatome	Anzahl der Doppelbindungen	Strukturformel	Kalottenmodell
gesättigt				
Palmitat	16	0	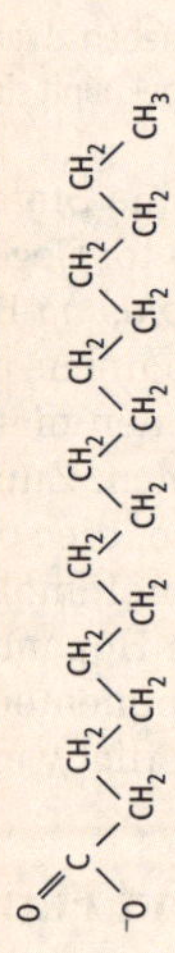	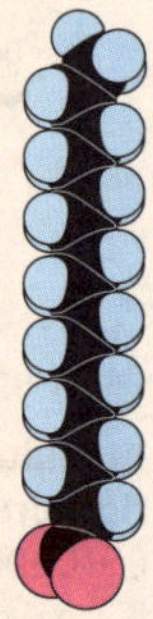
Stearat	18	0	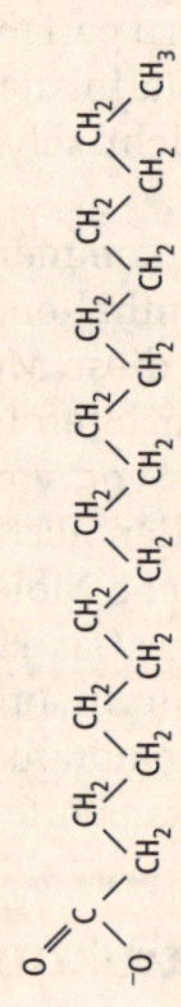	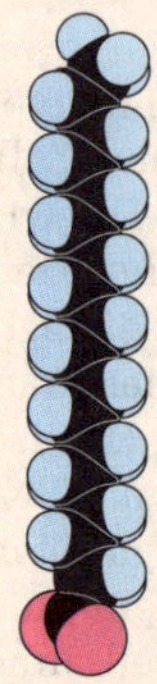
ungesättigt				
Oleat	18	1	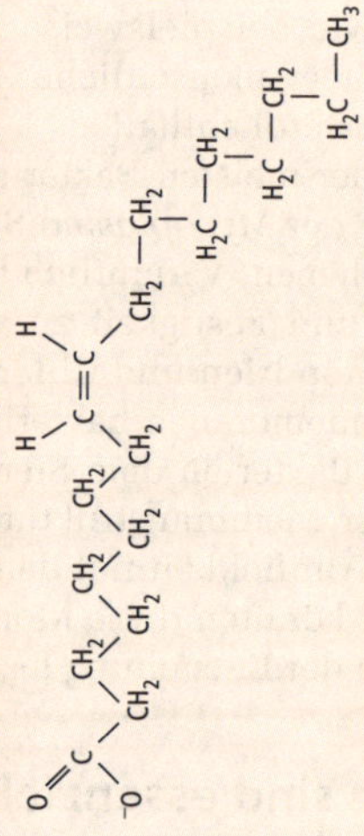	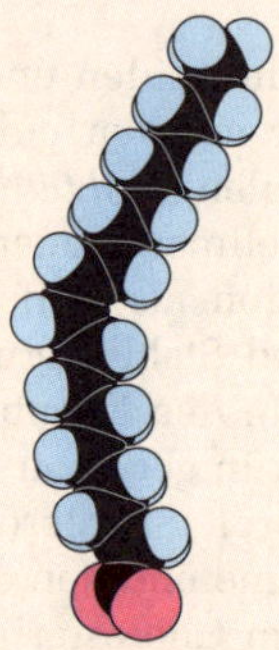
Linolat	18	2	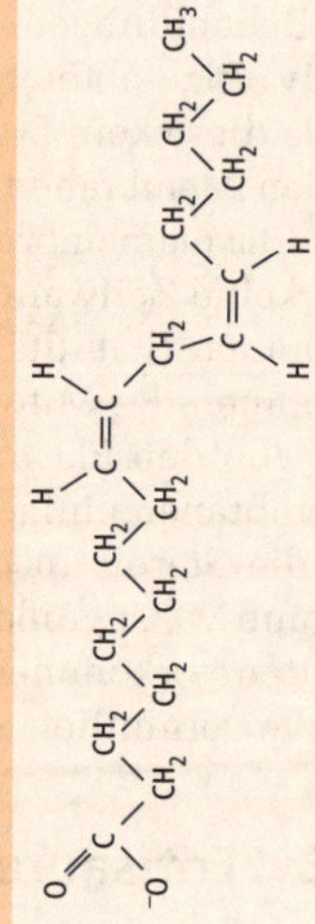	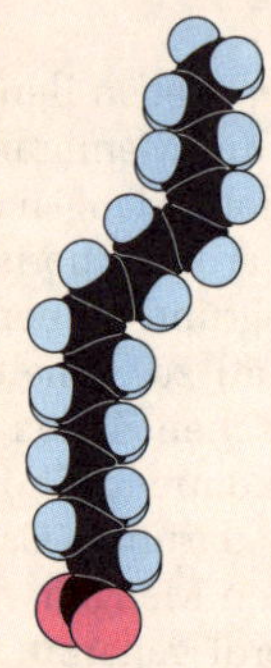

6.2.3 Membranasymmetrie: die meisten Lipide sind ungleich in den Monoschichten verteilt

Sind die verschiedenen Lipide einer Membran zufällig in den beiden Lipidmonoschichten, aus denen eine Doppelschicht besteht, verteilt? Chemische Untersuchungen von Membranen, die von verschiedenen Zelltypen stammen, haben gezeigt, dass die meisten Lipide ungleich in den beiden Monoschichten verteilt liegen. Diese Membranasymmetrie bezieht sich sowohl auf unterschiedliche Arten der vorkommenden Lipide als auch auf den Anteil ungesättigter Fettsäuren in den Phospholipidmolekülen.

Die meisten Glykolipide der Plasmamembran einer tierischen Zelle liegen ausschließlich in dem äußeren Monolayer. Daher stehen die Kohlenwasserstoffgruppen aus der äußeren Membranoberfläche hinaus, wo sie an verschiedenen Signal- und Erkennungsprozessen beteiligt sind. Phophatidylethanolamin, Phophatidylinositol und Phophatidylserin kommen häufiger auf der inneren Monoschicht vor, wo sie an der Übertragung verschiedener Signale von der Plasmamembran in das Zellinnere mitwirken. Weitere Einzelheiten zur Signalerkennung und -weiterleitung erwarten Sie in *Kapitel 13*.

Die Membranasymmetrie bildet sich während der Membranbiogenese durch Einfügen verschiedener Lipide oder verschiedener Anteile der verschiedenen Lipide in jeder der beiden Monoschichten aus. Nachdem sich diese Membranasymmetrie herausgebildet hat, bleibt sie erhalten, denn die Bewegung von Lipiden von einer Monoschicht in die andere würde voraussetzen, dass ihre hydrophilen Kopfgruppen das hydrophobe Innere der Membran passieren können – ein thermodynamisch ungünstiger Vorgang. Obschon diese **transversale Diffusion** („Flipflop") durchaus gelegentlich stattfindet, ist sie doch relativ selten. Beispielsweise führt ein typisches Phospholipidmolekül in einer reinen Phospholipiddoppelschicht die „Flipflop"-Bewegung statistisch gesehen weniger als ein Mal in der Woche spontan aus. Diese Bewegung steht in deutlichem Gegensatz zur **Rotation** von Phospholipidmolekülen um ihre Längsachse und der **lateralen Diffusion** von Phospholipiden auf der Membranebene. Beide Bewegungen erfolgen frei, schnell und zufällig. In der ▸*Abbildung 6.5* werden diese drei Arten der Lipidbewegung veranschaulicht.

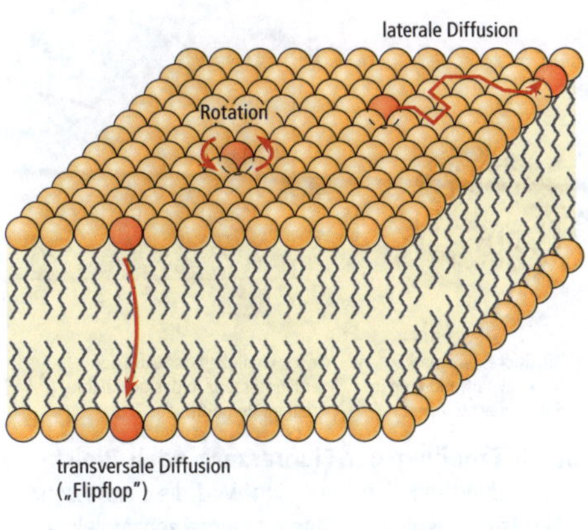

Abbildung 6.5: Bewegungen der Phospholipidmoleküle in Membranen. Ein Phospholipidmolekül vermag drei Bewegungsarten in einer Membran auszuführen: eine Rotation um seine Längsachse; laterale Diffusion durch Platztausch mit benachbarten Molekülen innerhalb der gleichen Monoschicht und transversale Diffusion oder „Flipflop" von einer Monoschicht in die andere. In einer reinen Phospholipiddoppelschicht tauscht ein typisches Lipidmolekül bei 37 °C ungefähr zehn Millionen Mal pro Sekunde den Platz mit benachbarten Molekülen und kann sich mit einer Geschwindigkeit von circa mehreren Mikrometern pro Sekunde seitwärts bewegen. Im Gegensatz dazu liegt die Häufigkeit, mit der ein Phospholipidmolekül eine „Flipflop"-Bewegung von einer Schicht in die andere ausführt, bei weniger als ein Mal pro Woche in einer reinen Phospholipiddoppelschicht und in einigen natürlichen Membranen findet die „Flipflop"-Bewegung alle paar Stunden ein Mal statt. Viel schneller kann dieser Austausch in natürlichen Membranen stattfinden in der Gegenwart von Enzymen, den Phospholipidtranslokatoren oder Flippasen, die die transversale Diffusion von Phospholipidmolekülen von einer Monoschicht in die andere katalysieren.

Obschon die „Flipflop"-Bewegung der Phospholipide relativ selten stattfindet, kommt sie häufiger in natürlichen Membranen als in künstlichen Lipiddoppelschichten vor. Der Grund dafür ist, dass einige Membranen – vor allem das glatte endoplasmatische Reticulum (ER) – Enzyme besitzen, die sogenannten **Phospholipidtranslokatoren** oder **Flippasen**, die die „Flipflop"-Bewegung der Membranlipide von einer Monoschicht in die andere katalysieren. Diese Enzyme wirken nur auf spezifische Lipidarten. So katalysiert beispielsweise eines dieser Enzyme in der Membran des glatten ERs die

Translokation von Phosphatidylcholin von einer Membranseite zur andere, erkennt aber keine anderen Phospholipide. Diese Fähigkeit, Lipidmoleküle selektiv von einer Seite der Doppelschicht zur anderen zu bewegen, trägt außerdem noch zur asymmetrischen Verteilung der Phospholipide innerhalb der Membran bei. Die Rolle des glatten ER bei der Synthese und selektiven „Flipflop"-Bewegung der Membranphospholipide ist ein Thema, auf das wir in *Kapitel 11* zurückkommen werden.

6.2.4 Die Lipiddoppelschicht ist flüssig

Eine der faszinierendsten Eigenschaften von Membranlipiden besteht darin, dass sie nicht an einem Ort der Membran fixiert sind, sondern eine flüssige Doppelschicht bilden, wodurch die laterale Diffusion von Membranlipiden und Proteinen ermöglicht wird. Lipidmoleküle sind zu besonders schneller Bewegung befähigt, weil sie wesentlich kleiner sind als Proteine. Zum Beispiel hat ein typisches Phospholipidmolekül ein Molekulargewicht von ungefähr 800 Da und kann in einer Sekunde oder weniger die Länge einer Bakterienzelle (zumeist wenige Mikrometer) zurücklegen! Proteine bewegen sich erheblich langsamer als Lipide, was zum Teil daran liegt, dass sie wesentlich längere Moleküle sind und zum Teil auf ihre Wechselwirkungen mit Komponenten des Cytoskeletts im Zellinneren zurückzuführen ist.

Die laterale Diffusion von Membranlipiden kann man experimentell mittels einer Technik beweisen, der Erholung der Fluoreszenz nach Bleichung durch Belichtung (engl.: *fluorescence recovery after photobleaching, FRAP,* ▸ *Abbildung 6.6*). Lipidmoleküle in der Membran einer lebenden Zelle werden markiert, indem man einen Fluoreszenzfarbstoff kovalent an sie bindet. Dann wird mittels eines Hochenergielaserstrahls der Farbstoff eines winzigen Areals (wenige Quadratmikrometer) auf der Zelloberfläche ausgeblichen. Wenn man die Zelloberfläche unmittelbar danach unter dem Fluoreszenzmikroskop betrachtet, erkennt man ein dunkles, nicht fluoreszierendes Areal auf der Membran. Innerhalb von Sekunden fluoreszieren die Enden des Areals allerdings wieder, denn die gebleichten Lipidmoleküle diffundieren aus dem mit dem Laser behandelten Areal heraus und fluoreszierende Lipidmoleküle aus benachbarten Regionen der Membran diffundieren hinein. Schließlich ist das Areal nicht mehr vom Rest der Zelloberfläche zu unterscheiden. Mittels dieser Technik kann man beweisen, dass Membranlipide sich eher in einem flüssigen als in einem festen Zustand befinden und man verfügt zudem über ein Mittel zur Messung der lateralen Bewegung spezifischer Moleküle.

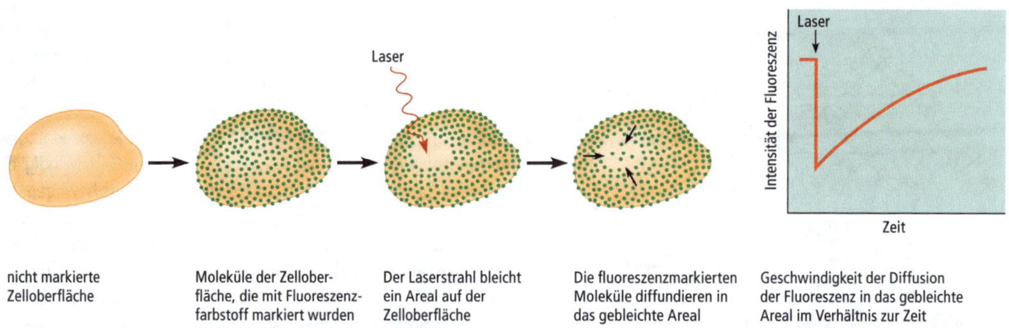

Abbildung 6.6: Messen der Lipidbewegung in Membranen durch Erholung der Fluoreszenz nach Bleichung durch Belichtung. Membranlipide werden mit einer fluoreszierenden Verbindung markiert und dann wird die Fluoreszenz in einem kleinen Bereich der Membran durch Bestrahlung der Zelle mit einem Laserstrahl gebleicht. Wenn die Fluoreszenzmoleküle der umliegenden Regionen in die gebleichte Zone diffundieren, erscheint die Fluoreszenz in dem vom Laser gebleichten Bereich wieder. Man misst die Membranfluidität, indem man die Geschwindigkeit ermittelt, mit der die Fluoreszenz wieder auftritt. Ähnliche Experimente können ausgeführt werden, um die Beweglichkeit von Membranproteinen zu messen, wie in *Abbildung 6.19* dargestellt.

6.2.5 Membranen arbeiten nur im flüssigen Zustand optimal

Sie können sich bestimmt schon denken, dass sich die Membranfluidität in Abhängigkeit von der Temperatur verändert; sie nimmt ab, wenn die Temperatur sinkt und nimmt bei steigender Temperatur zu. Tatsächlich wissen wir aufgrund von Untersuchungen mit künstlichen Lipiddoppelschichten, dass jede Lipiddoppelschicht eine charakteristische **Transitionstemperatur T_m** besitzt, bei welcher die Membran flüssig wird („schmilzt"), wenn man sie im gelähnlichen Zustand erhitzt. Diese Veränderung des Membranzustands bezeichnet man als Phasentransition, und Ihnen ist dieses Phänomen wahrscheinlich schon begegnet, wenn Sie ein Stück Butter in einer Pfanne zergehen ließen! Eine Membran funktioniert nur dann richtig, wenn sie im flüssigen Zustand gehalten wird – das heißt bei einer Temperatur oberhalb des T_m-Wertes. Bei einer Temperatur weit unterhalb des T_m-Wertes werden alle Funktionen, die auf Motilität oder Konformationsveränderungen von Membranproteinen beruhen, beeinträchtigt oder unterbrochen. Dazu gehören auch so lebenswichtige Vorgänge wie der Transport gelöster Substanzen durch die Membran, Aufnahme und Weiterleitung von Signalen sowie Zell-Zell-Kommunikation.

Auswirkung der Fettsäurezusammensetzung auf die Membranfluidität Die Fluidität einer Membran hängt vor allem von den in ihr enthaltenen Lipiden ab. Zur Ermittlung der Fluidität einer Membran sind zwei Eigenschaften der Lipidzusammensetzung einer Membran von Bedeutung: die Länge der Fettsäureseitenketten und der Grad ihrer Sättigung. Fettsäuren mit langen Ketten besitzen höhere Transitionstemperaturen als Fettsäuren mit kurzen Ketten, was bedeutet, dass Membranen, die mit langkettigen Fettsäuren angereichert sind, tendenziell weniger flüssig sind.

Steigt beispielsweise die Kettenlänge gesättigter Fettsäuren von 10 auf 20 Kohlenstoffatome an, so steigt T_m von 32 °C auf 76 °C und die Membran wird dadurch zunehmend flüssiger (▸ *Abbildung 6.7a*). Ungesättigte Fettsäuren üben eine noch stärkere Wirkung auf T_m aus. Für gesättigte Fettsäuren mit 18 Kohlenstoffatomen liegen die Transitionstemperaturen bei 70, 16, 5 bzw. –11 °C für jeweils 0, 1, 2 oder 3 Doppelbindungen (▸ *Abbildung 6.7b*). Daher neigen Membranen, die viele ungesättigte Fettsäuren enthalten, zu niedrigeren Transitionstemperaturen und sind also flüssiger als Membranen mit vielen gesättigten Fettsäuren.

Die Auswirkung von ungesättigten Fettsäuren auf die Membranfluidität ist so folgenschwer, weil die von den Doppelbindungen in den Fettsäuren verursachten Knicke die Kohlenwasserstoffketten daran hindern, sich dicht nebeneinander zu lagern. Membranlipide mit gesättigten Fettsäuren liegen dicht gepackt nebeneinander (▸ *Abbildung 6.8a*), während dies auf Lipide mit ungesättigten Fettsäuren nicht zutrifft (▸ *Abbildung 6.8b*). Die Lipide der meisten Plasmamembranen enthalten Fettsäuren, die sich sowohl in der Kettenlänge als auch dem Sättigungsgrad unterscheiden. Die Variabilität ist oftmals intramolekular, denn Membranlipide enthalten häufig eine gesättigte und eine ungesättigte Fettsäure. Dank dieser Eigenschaft werden die Membranen bei physiologischen Temperaturen im flüssigen Zustand gehalten. Die meisten natürlichen ungesättigten Fettsäuren enthalten *cis*-Doppelbindungen. Im Gegensatz dazu enthalten viele kommerziell hergestellte und hydrogenierte Öle einen großen Anteil an *trans*-Doppelbindungen. Die *trans*-Doppelbindung führt in einer Fettsäurekette keinen so starken Knick herbei (die H-Atome sind nicht abgebildet).

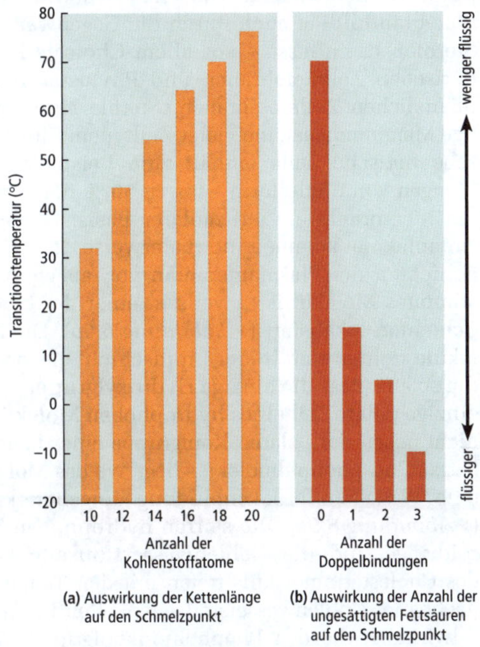

Abbildung 6.7: Die Wirkung der Kettenlänge und der Anzahl der Doppelbindungen auf den Schmelzpunkt von Fettsäuren. Die Transitionstemperatur von Fettsäuren (a) steigt mit der Kettenlänge gesättigter Fettsäuren, deren Fluidität mit längeren Ketten abnimmt. (b) Die Transitionstemperatur sinkt drastisch in Abhängigkeit von der Anzahl der Doppelbindungen bei Fettsäuren mit einer bestimmten Kettenlänge, wobei die Fettsäuren umso flüssiger werden, je mehr Doppelbindungen vorliegen.

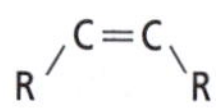

cis-Konfiguration

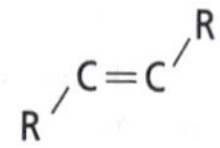

trans-Konfiguration

Im Hinblick auf ihre Gesamterscheinung und Fähigkeit, dichtere Packung zu ermöglichen, ähneln die *trans*-Fette somit gesättigten Fetten mehr als ungesättigten *cis*-Fetten. Die Gegenwart von *trans*-Fetten in Membranen führt zum Anstieg der Transitionstemperatur und senkt die Fluidität der Membran. Ebenso wie bei gesättigten Fetten hat man den Verzehr von *trans*-Fetten mit hohen Cholesterinwerten und erhöhtem Risiko von Herzerkrankungen in Zusammenhang gebracht.

Die Wirkungen von Sterolen auf die Membranfluidität Bei den eukaryotischen Zellen wird die Membranfluidität auch durch die Gegenwart von Sterolen beeinflusst – vor allem Cholesterin bei tierischen Zellmembranen und Phytosterolen in pflanzlichen Zellmembranen. Sterole sind wichtige Membranbausteine vieler Zelltypen. Eine typische tierische Zelle enthält zum Beispiel große Mengen von Cholesterin – bis zu 50 % der gesamten Membranlipide auf molarer Basis. Cholesterinmoleküle kommen normalerweise in beiden Schichten der Plasmamembran vor, aber ein bestimmtes Molekül ist jeweils in einer der beiden Schichten lokalisiert (▸ *Abbildung 6.9a*). Die Moleküle richten sich in der Lipidschicht eigenständig so aus, dass die einzige Hydroxylgruppe – der einzige polare Teil eines hydrophoben Moleküls – dicht neben der polaren Kopfgruppe eines benachbarten Phospholipidmoleküls liegt, wo das Molekül eine Wasserstoffbrückenbindung eingehen kann (▸ *Abbildung 6.9b*). Die starren hydrophoben Steroidringe und die Kohlenwasserstoffseitenkette des Cholesterinmoleküls treten mit den Teilen benachbarter Kohlenwasserstoffseitenketten in Wechselwirkung, die den Phopholipidkopfgruppen am nächsten liegen.

Dieser Einbau starrer Cholesterinmoleküle in die Membran einer tierischen Zelle hat eine geringere Fluidität bei höheren Temperaturen zur Folge, was sonst nicht der Fall wäre. Außerdem hindert Cholesterin die Kohlenwasserstoffketten der Phospholipide wirksam daran, sich bei sinkender Temperatur dicht nebeneinander zu legen, wodurch der Tendenz der Membranen, bei Abkühlung in den Gelzustand zurückzukehren, Grenzen gesetzt werden. Somit wirkt Cholesterin als Fluiditätspuffer: Cholesterin mindert ein Sinken der Membranfluidität bei Temperaturen über dem T_m-Wert und steigert die Membranfluidität bei Temperaturen unter dem T_m-Wert. Die Sterole in den Membranen anderer Eukaryoten und die Hopanoiden der Prokaryoten funktionieren vermutlich auch auf diese Weise.

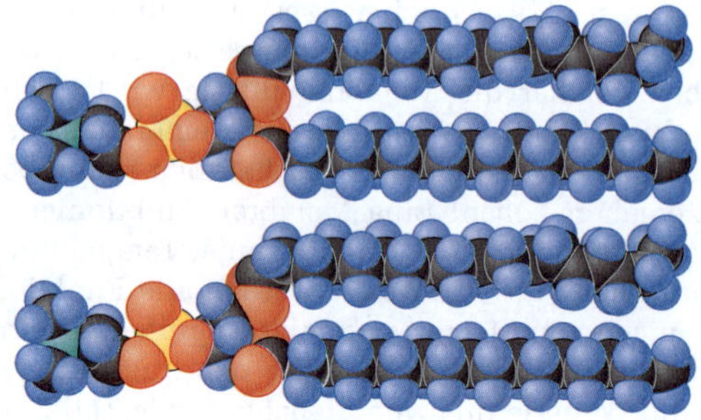

(a) Lipide mit gesättigten Fettsäuren packen sich dicht zusammen in der Membran

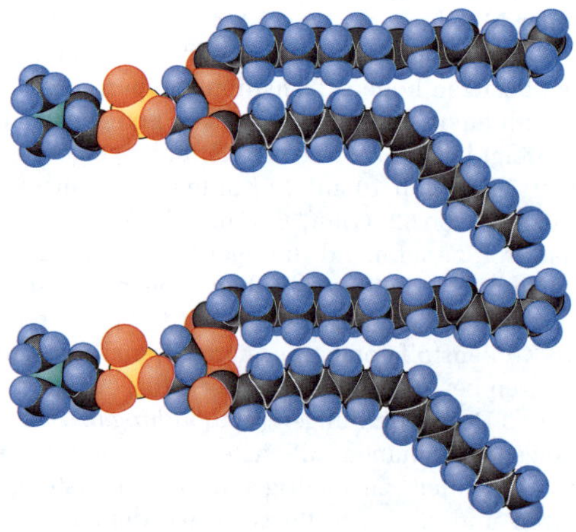

(b) Lipide mit einer Mischung aus gesättigten und ungesättigten Fettsäuren packen sich nicht so dicht zusammen in der Membran

Abbildung 6.8: Die Wirkung ungesättigter Fettsäuren auf die Packung von Membranlipiden. (a) Membranphospholipide ohne ungesättigte Fettsäuren können sich dichter zusammenlagern, weil die Fettsäureketten parallel zueinander liegen. (b) Membranphospholipide mit einer oder mehreren ungesättigten Fettsäuren passen nicht dicht nebeneinander, weil die *cis*-Doppelbindungen Knicke in den Ketten verursachen, die ein dichtes Packen verhindern. Jede abgebildete Struktur ist ein Phosphatidylcholinmolekül, das entweder aus zwei gesättigten Fettsäuren mit 18 Kohlenstoffatomen (Stearat; Teil a) oder aus Fettsäuren mit 18 Kohlenstoffatomen besteht, von denen eine gesättigt (Stearat) ist und die andere eine *cis*-Doppelbindung besitzt (Oleat; Teil b).

Abgesehen von ihrer Wirkung auf die Membranfluidität senken Sterole auch die Permeabilität einer Lipiddoppelschicht für kleine polare Moleküle. Wahrscheinlich gelingt ihnen dies, indem sie Zwischenräume zwischen Kohlenwasserstoffketten von Membranphospholipiden füllen, wo sie kleine Kanäle verschließen, die den kleinen Molekülen ansonsten die Passage ermöglicht hätten. Im Allgemeinen ist eine Lipiddoppelschicht, die Sterole enthält, weniger durchlässig für kleine Moleküle als eine Lipiddoppelschicht ohne Sterole.

6.2.6 Die meisten Organismen können die Membranfluidität regulieren

Die meisten Organismen, seien es Prokaryoten oder Eukaryoten, sind in der Lage, die Membranfluidität zu regeln, was vor allem über eine Veränderung der Lipidzusammensetzung der Membran erfolgt. Diese Fähigkeit ist für die *poikilothermen* (heute richtiger als ektotherme bezeichnet) Organismen von besonderer Bedeutung – Organismen wie Bakterien, Pilze, Protozoen, Algen, Pflanzen, Invertebraten und „Kaltblüter" wie Schlangen, die ihre eigene Temperatur nicht regulieren können.

Vielleicht haben sie diese Regulierung selbst schon einmal gespürt, obwohl sie ein Endothermer oder „Warmblüter" sind. An kühlen Tagen können ihre Finger und Zehen so kalt werden, dass die Membranen der sensorischen Nervenenden ihre Funktion einstellen und eine vorübergehende Taubheit aufkommt. Bei hohen Temperaturen werden die Lipiddoppelschichten der Poikilothermen wiederum so flüssig, dass sie nicht länger als wirksame Permeabilitätsbarriere dienen. Die meisten ektothermen Tiere sind zum Beispiel bei Temperaturen weit über 45 °C gelähmt, denn die Membranen ihrer Nervenzellen werden derart durchlässig für Ionen, dass die gesamten Nervenfunktionen beeinträchtigt werden.

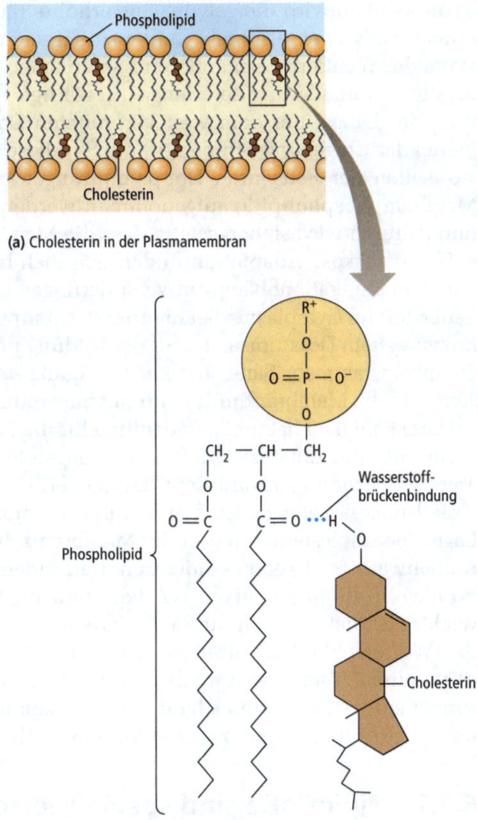

Abbildung 6.9: Ausrichtung der Cholesterinmoleküle in einer Lipiddoppelschicht. (a) Cholesterinmoleküle kommen in beiden Lipidmonoschichten der Plasmamembranen der meisten tierischen Zellen vor, aber ein bestimmtes Molekül ist jeweils in einer der beiden Schichten lokalisiert. (b) Jedes Molekül richtet sich in der Lipidschicht eigenständig so aus, dass die einzige Hydroxylgruppe dicht neben der polaren Kopfgruppe eines benachbarten Phospholipidmoleküls liegt. Die Hydroxylgruppe des Cholesterins geht eine Wasserstoffbrückenbindung mit dem Sauerstoff der Esterbindung zwischen dem Glycerinrückgrat und einer Fettsäure ein. Die unpolaren Steroidringe und die Kohlenhydratseitengruppe des Cholesterinmoleküls interagieren mit den benachbarten Kohlenwasserstoffketten der Membranphospholipide.

Glücklicherweise können die meisten ektothermen Organismen diese Temperaturveränderungen kompensieren, indem sie die Lipidzusammensetzung ihrer Membranen ändern, wodurch zugleich die Membranfluidität reguliert wird. Diese Fähigkeit bezeichnet man als **homöoviskose Adaptation**, denn der wichtigste Effekt dieses Regulierungsmechanismus besteht darin, trotz der Temperaturveränderung die Viskosität der Membran zu erhalten. Betrachten wir einmal, wie bakterielle Zellen von einer wärmeren Umgebung in eine kühlere gebracht werden. Bei einigen Spezies der Gattung *Micrococcus* löst der Temperaturrückgang einen Anstieg der Anzahl der Fettsäuren mit 16 Kohlenstoffatomen gegenüber Fettsäuren mit 18 Kohlenstoffatomen in der Plasmamembran aus. Dadurch wird die Zelle in ihrem Bemühen unterstützt, die Membranfluidität zu erhalten, denn die kürzeren Fettsäureketten üben eine geringere Anziehungskraft aufeinander aus und dadurch wird die Fluidität der Membranen erhöht.

In diesem Fall wird die gewünschte erhöhte Fluidität der Membran durch Aktivierung eines Enzyms erreicht, das zwei terminale Kohlenstoffatome von den Kohlenwasserstoffschwänzen mit 18 Kohlenstoffatomen entfernt. Bei anderen Bakterienspezies erfolgt die Adaptation an die Umgebungstemperatur durch Veränderung der Menge ungesättigter Fettsäuren in der Membran und nicht durch Veränderung der Länge. Bei dem weit verbreiteten Darmbakterium *Escherichia coli* löst zum Beispiel ein Fallen der Umgebungstemperatur die Synthese des Enzyms *Desaturase* aus, das in die Kohlenwasserstoffketten der Fettsäuren Doppelbindungen einbaut. Wenn diese ungesättigten Fettsäuren in die Membranphospholipide aufgenommen werden, senken sie die Transitionstemperatur der Membran, und dadurch wird sichergestellt, dass die Membran auch bei niedrigeren Temperaturen flüssig bleibt.

Homöoviskose Adaptation finden wir auch bei Hefen und Pflanzen. Bei diesen Organismen scheinen die temperaturabhängigen Veränderungen der Membranfluidität von der erhöhten Löslichkeit von Sauerstoff im Cytoplasma bei niedrigeren Temperaturen abzuhängen. Sauerstoff ist ein Substrat für das Enzymsystem Desaturase, das an der Bildung ungesättigter Fettsäuren mitwirkt. Wenn bei niedrigeren Temperaturen mehr Sauerstoff zur Verfügung steht, werden schneller ungesättigte Fettsäuren synthetisiert und die Membranfluidität nimmt zu, wodurch die Wirkung der Temperatur ausgeschaltet wird.

Diese Fähigkeit hat große Bedeutung für die Landwirtschaft, denn Pflanzen mit diesem Anpassungsvermögen sind kälteresistent (resistent gegen Frost) und können daher in kälteren Regionen wachsen. Tiere wie Amphibien und Reptilien passen sich auch an niedrigere Temperaturen an, indem sie den Anteil ungesättigter Fettsäuren in ihren Membranen erhöhen. Des Weiteren sind diese Tiere in der Lage, den Cholesterinanteil in der Membran zu erhöhen, wodurch die Wechselwirkung zwischen den Kohlenwasserstoffketten erhöht und die Tendenz der Membran zu gelieren, verringert wird.

Obwohl die homöoviskose Adaptation im Allgemeinen für poikilotherme Organismen äußerst wichtig ist, hat sie auch für Säugetiere, die Winterschlaf halten, große Bedeutung. Wenn ein Tier in den Winterschlaf fällt, sinkt seine Körpertemperatur oftmals drastisch – bei einigen Nagern kommt es zu einem Temperaturabfall von mehr als 30 °C. Das Tier vermag sich rasch an diese Veränderung anzupassen, denn es baut bei absinkender Körpertemperatur einen größeren Anteil ungesättigter Fettsäuren in seine Membranphospholipide ein.

6.2.7 Lipidflöße sind spezialisierte Regionen von Membranlipiden, die an der Signaltransduktion mitwirken

Bis vor Kurzem hielt man die Lipidkomponente einer Membran innerhalb einer bestimmten Monoschicht für gleichmäßig flüssig und relativ homogen. In den letzten Jahren hat die Entdeckung spezialisierter Regionen von Membranlipiden, die bestimmte Proteine zusammenhalten, die an der Signaltransduktion der Zellen mitwirken, für große Aufregung gesorgt. Diese Regionen werden entweder als *Lipidmikrodomänen* bezeichnet oder man wählt den Begriff **Lipidflöße** (engl.: *lipid rafts*). Dies sind Regionen lateraler Heterogenität innerhalb einer Membranmonoschicht, die funktionelle Mikrodomänen bilden. Lipidflöße sind dynamische Strukturen, deren Zusammensetzung sich ändert, denn einzelne Lipide und Proteine kommen hinzu oder werden wieder ausgebaut. Sie wurden erstmalig in der äußeren Monoschicht der Plasmamembran eukaryotischer Zellen entdeckt, wurden aber seitdem auch in der inneren Monoschicht nachgewiesen.

Lipidflöße in der äußeren Membranmonoschicht von tierischen Zellen zeichnen sich durch erhöhte Konzentrationen von Cholesterin und Glykosphingolipiden aus. Die Glykosphingolipide besitzen längere und mehr gesättigte Fettsäureschwänze als diejenigen in den meisten anderen Membranlipiden. Außerdem sind die Phospholipide der Lipidflöße stärker gesättigt als die der angrenzenden Membran. Diese Eigenschaften sowie die starre und hydrophobe Natur von Cholesterin schaffen die Möglichkeit, das Cholesterin und die Kohlenwasserstoffschwänze der Glykosphingolipide und der Phospholipide dicht zu packen. Daraus folgt, dass Lipidflöße dicker und weniger flüssig sind als der Rest der Membran, wodurch sie als deutlich abgetrennte Mikrodomänen erkennbar sind. Hinzu kommt, dass nichtionische Detergenzien diese Regionen weniger leicht lösen können. Aufgrund dieser Eigenschaft kann man sie gut von den anderen Membrankomponenten als intakte Strukturen für die anschließende Untersuchung abtrennen.

Die ersten Modelle der Bildung von Lipidflößen beruhten auf der Idee, dass spezialisierte Regionen dicht assoziierter Cholesterin- und Glykosphingolipidmoleküle bestimmte mit den Flößen assoziierte

Proteine anzogen. Einige dieser mit den Flößen assoziierten Proteine sind Lipoproteine, die Fettsäuren wie Palmitat enthalten, das an einen spezifischen Cysteinrest geknüpft ist – ein Merkmal, das ihrer Assoziation mit Lipidflößen zugutekommt. In neueren Untersuchungen zu den Proteinen der Lipidflöße hat man mehr als 200 mit Proteinen angereicherte Lipidflöße identifiziert. Einige dieser in den Flößen assoziierten Proteine können bestimmte Lipidflöße fangen und organisieren, was auf eine aktive Rolle dieser Proteine bei der Bildung von Lipidflößen schließen lässt. Außerdem enthalten Lipidflöße Proteine, die Actin binden, und aus einigen Untersuchungen kann man folgern, dass das Cytoskelett bei der Bildung und Organisation von Lipidflößen eine Rolle spielt. Aus Untersuchungen mit Inhibitoren wissen wir, dass sowohl die Abnahme des Cholesteringehalts in Zellen als auch der Bruch des Actincytoskeletts mit der Ausrichtung von Proteinen auf Lipidflöße interferiert.

Ein Großteil des lebhaften Interesses an Lipidflößen steht mit ihrer Rolle bei der Aufnahme von und Antwort auf extrazelluläre chemische Signale in Zusammenhang. So sind Lipidflöße beispielsweise am Transport von Nährstoffen und Ionen durch Zellmembranen, an der Bindung aktivierter Immunsystemzellen an ihre mikrobiellen Ziele und am Transport von Cholera-Toxinen in Darmzellen beteiligt. Viele Rezeptorproteine, die an der Signaltransduktion externer chemischer Signale mitwirken, liegen in der äußeren Lipidmonoschicht der Plasmamembran. Wenn ein Rezeptorprotein seine spezifischen Liganden bindet, kann es in bestimmte Lipidflöße eindringen, die auch in der äußeren Monoschicht liegen. Man nimmt an, dass Lipidflöße der äußeren Monoschicht, die Rezeptoren enthalten, funktionell an spezifische Lipidflöße in der inneren Monoschicht gekoppelt sind. Einige Lipidflöße enthalten spezifische *Kinasen*, Enzyme, die sekundäre Botenstoffe (engl.: *second messenger*) in der Zelle erzeugen, indem sie die Phosphorylierung spezifischer Substanzen katalysieren. Auf diese Weise können Signale, die von Rezeptorproteinen in der äußeren Monoschicht aufgefangen werden, über funktionale Verbindungen zwischen den Lipidflößen in den beiden Membranmonoschichten in das Zellinnere übermittelt werden.

Die *Caveolae* (lateinisch für „kleine Keller") sind in Hinblick auf Struktur und Funktion eng mit den Lipidflößen verwandt. Caveolae sind kleine, einem Glaskolben ähnliche Einstülpungen der Plasmamembran von Säugetierzellen, die man vor mehr als 50 Jahren zum ersten Mal beobachtete. Sie enthalten das Protein Caveolin, das Cholesterin bindet und das bauchige Aussehen der Caveolae hervorruft. Sie sind mit Cholesterin, Sphingolipiden und in Lipiden verankerten Proteinen angereichert. Zu den möglichen zellulären Aufgaben der Caveolae gehören die Mitwirkung an der Endocytose und der Exocytose, Redoxsensing und die Regulation des Gasaustauschs in der Lunge. Außerdem hat man nachgewiesen, dass Caveolae Proteine enthalten, die eine bedeutende Rolle beim Calciumhaushalt der Herzmuskelzellen spielen und daher als mögliches Ziel für die Behandlung von kardiovaskulären Erkrankungen diskutiert werden.

6.3 Membranproteine: Der „Mosaikteil" des Modells

Nachdem wir uns recht genau mit dem „flüssigen" Teil des Flüssig-Mosaik-Modells beschäftigt haben, wenden wir uns jetzt dem „Mosaikteil" zu. Dazu können Lipidflöße und andere Lipiddomänen gehören, aber die Hauptbestandteile des Membranmosaiks bilden die vielen Membranproteine, was Singer und Nicolson als erste erkannten. Zuerst werden wir uns die Beweise anschauen, mittels derer Mikroskopiker nachwiesen, dass die Membran ein Mosaik aus Proteinen ist und anschließend werden wir die wichtigsten Klassen der Membranproteine kennenlernen.

6.3.1 Die Membran besteht aus einem Mosaik aus Proteinen: Beweis durch Gefrierbruchmikroskopie

Das Flüssig-Mosaik-Modell erhielt gewaltige Unterstützung durch Untersuchungen, in denen künstliche Lipiddoppelschichten und natürliche Membranen durch **Gefrierbruch** für die Betrachtung unter dem Elektronenmikroskop präpariert wurden. Bei dieser Technik wird eine Lipiddoppelschicht oder eine Membran (oder eine Zelle, die Membranen enthält) schockgefroren, und dann erfährt diese einen harten Schlag mit einem Diamantmesser. Da die unpolare Innenseite der Doppelschicht der Weg des geringsten Widerstands durch das gefrorene Präparat ist, verläuft der entstandene Bruch oftmals auf der Ebene zwischen den beiden Schichten der Membranlipide.

Dadurch wird die Doppelschicht in die inneren und äußeren Monoschichten gespalten und gibt jeweils die innere Oberfläche preis (▸ *Abbildung 6.10*).

Die auf diese Weise angefertigten elektronenmikroskopischen Aufnahmen von präparierten Membranen liefern einen unschlagbaren Beweis dafür, dass Proteine tatsächlich in biologische Membranen eingelagert sind. Wann immer ein Bruch die Ebene trifft und die Membran in zwei Schichten spaltet, kann man Partikel von der Größe und Form globulärer Proteine erkennen, die an dem einen oder dem anderen Lipidmonolayer haften, der sogenannten *E-Seite* (für exoplasmatisch) oder der *P-Seite* (für protoplasmatisch) (▸ *Abbildung 6.10b*). Außerdem korreliert die große Menge dieser Partikel gut mit dem bekannten Proteingehalt der jeweiligen untersuchten Membran. Die Erythrocytenplasmamembran besitzt ein eher geringes Protein/Lipidverhältnis (1,14) und zeigt eine geringe Partikeldichte, wenn man sie mit der Gefrierbruchmethode behandelt, während eine Chloroplastenmembran ein hohes Protein/Lipidverhältnis (2,33) aufweist und eine entsprechend hohe Dichte von Partikeln in der Membran, besonders auf der inneren Lipidschicht.

Die endgültige Bestätigung, dass es sich bei den auf diese Weise sichtbar gemachten Partikeln tatsächlich um Proteine handelt, erhielt man durch die Arbeit von David Deamer und Daniel Branton, die mittels der Gefrierbruchtechnik künstliche Lipiddoppelschichten mit und ohne hinzugegebenes Protein untersuchten. Auf Lipiddoppelschichten, die sich aus reinen Phospholipiden bilden, vermochten sie keine Partikel auf den inneren Oberflächen nachzuweisen. Als man den künstlichen Lipiddoppelschichten Proteine zugab, konnte man gut Partikel erkennen, die denen in natürlichen Membranen ähneln.

(a) Trennung von Membranmonolayern. Beachten Sie den Verlauf der Bruchebene durch das hydrophobe Innere der Membran, wodurch die innere Oberfläche der beiden Monoschichten freigelegt wird. Auf der E-Seite (exoplasmatisch) sind integrale Membranproteine dargestellt, die auf dem äußeren Monolayer verbleiben, während die Membranproteine, die auf dem inneren Monolayer bleiben, auf der P-Seite (protoplasmatisch) liegen.

(b) Oberflächenansicht der Monolayer. Diese Zeichnung einer mit der Gefrierbruchmethode behandelten Membran, stellt die elektronenmikroskopischen Aufnahmen der E- und P-Seiten der Plasmamembran einer Tubuluszelle einer Mausniere dar. Einzelne, in die beiden Seiten eingebettete Proteine sind als kleine Partikel erkennbar (TEM).

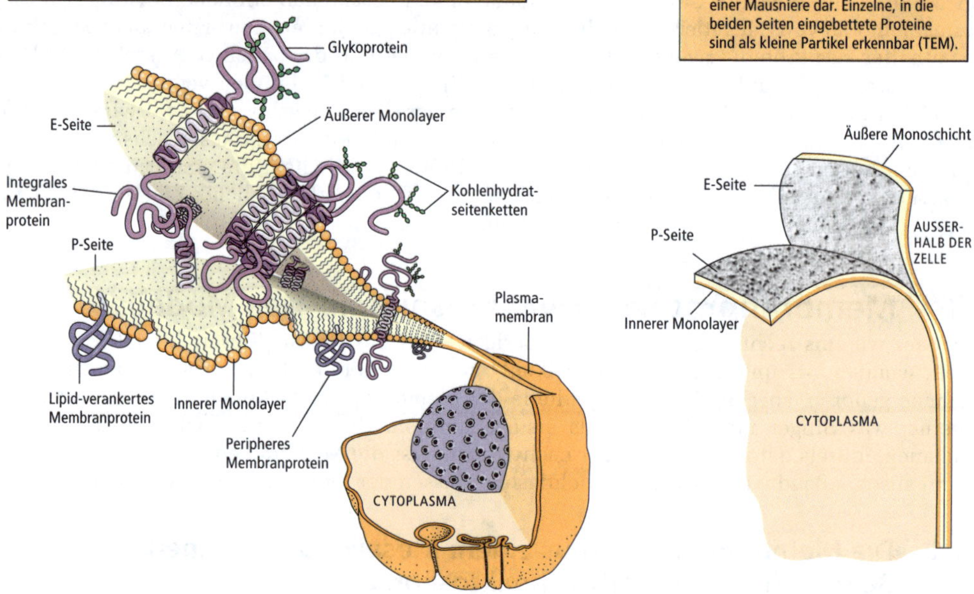

Abbildung 6.10: Gefrierbruchanalyse einer Membran. Zeichnungen einer gefriergeätzten Membran, die die Trennung von zwei Lipidmonoschichten zeigt: (a) Zeichnungen repräsentativer Membranbausteine und (b) eine elektronenmikroskopische Aufnahme der Oberfläche einer jeden Monoschicht.

6.3.2 Membranen enthalten integrale, periphere und lipidverankerte Proteine

Membranproteine unterscheiden sich im Hinblick auf ihre Affinität für die hydrophobe Innenseite der Membran und daher auch in der Intensität, mit der sie mit der Lipiddoppelschicht in Wechselwirkung treten. Diese unterschiedlichen Affinitäten wiederum geben vor, wie schwer oder wie leicht es ist, ein bestimmtes Protein aus einer Membran zu extrahieren. Je nachdem, wie die Membranproteine mit der Lipiddoppelschicht assoziiert sind, teilt man sie in drei Kategorien ein: integrale, periphere und lipidverankerte Membranproteine. Wir werden uns mit jedem dieser Membranproteintypen beschäftigen und uns jeweils auf die schematischen Darstellungen in der ▸ *Abbildung 6.11* beziehen.

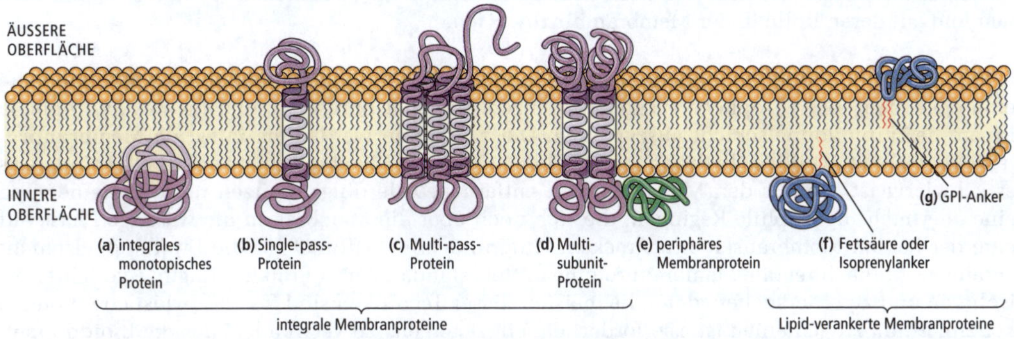

Abbildung 6.11: Die Hauptklassen der Membranproteine. Die Membranproteine werden gemäß der Art und Weise, wie sie mit der Lipiddoppelschicht der Membran assoziiert sind, eingeteilt. Integrale Membranproteine (a–d) enthalten eine oder mehrere hydrophobe Regionen, die in die Lipiddoppelschicht eingebettet sind. (a) Einige wenige Proteine scheinen nur auf einer Seite der Doppelschicht eingebettet zu sein (integrale monotopische Proteine). Die meisten integralen Proteine sind jedoch Transmembranproteine, die die Lipiddoppelschicht entweder (a) einmal (Single-pass-Proteine) oder (c) mehrfach (Multi-pass-Proteine) durchspannen. Multi-pass-Proteine bestehen entweder aus einem einzigen Polypeptid, wie in Teil (c) oder (d) aus mehreren assoziierten Polypeptiden (Multiuntereinheitenproteine). (e) Periphere Membranproteine sind zu hydrophil, um in die Membran einzudringen, aber sie werden durch elektrostatische Bindungen und Wasserstoffbrückenbindungen an der Membran gehalten, die sie mit benachbarten Proteinen oder Phopholipidkopfgruppen verbinden. Lipidverankerte Proteine (f–g) sind hydrophil und dringen nicht in die Membran ein; sie sind kovalent an Lipidmoleküle gebunden, die in die Lipiddoppelschicht eingebettet sind. (f) Die Proteine auf der inneren Oberfläche der Membran sind im Allgemeinen entweder durch eine Fettsäure oder eine Isoprenylgruppe verankert. (g) Der am häufigsten auf der äußeren Membranoberfläche vorkommende Lipidanker ist Glykosylphophatidylinositol (GPI).

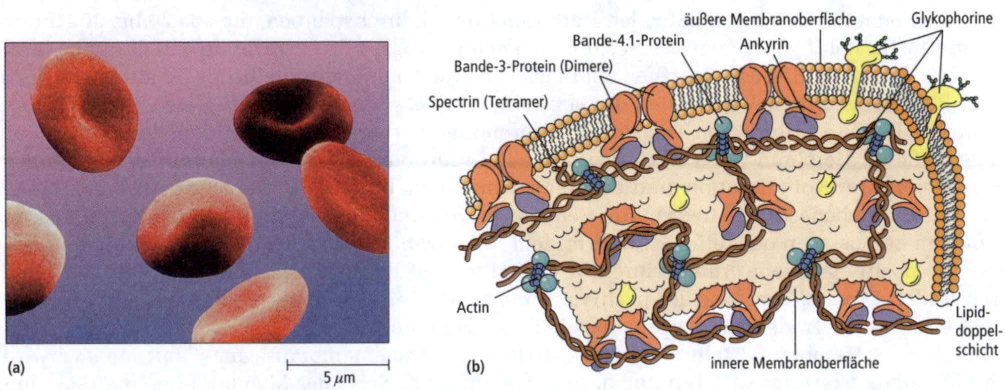

Abbildung 6.12: Strukturmerkmale der Plasmamembran des Erythrocyten. (a) Ein Erythrocyt ist eine kleine scheibenförmige Zelle, die in der Mitte von beiden Seiten leicht eingedellt ist (bikonkav), mit einem Durchmesser von ungefähr 7 µm. Der Erythrocyt eines Säugetiers besitzt weder Zellkern noch Organellen, sodass man leicht sehr reine Plasmamembranpräparate erhalten kann, die nicht durch Organellenmembranen kontaminiert sind, wie dies oftmals bei Plasmamembranpräparaten anderer Zelltypen der Fall ist. (b) Die Plasmamembran des Erythrocyten aus der Perspektive des Zellinneren. Die Membran hat eine relativ einfache Proteinzusammensetzung. Die beiden wichtigsten integralen Membranproteine sind Glykophorin und ein Anionenaustauscherprotein, das aufgrund seiner elektrophoretischen Mobilität landläufig als Bande 3 bezeichnet wird. Die Membran ist durch lange schlanke Stränge tetrameren Spectrins $(\alpha\beta)_2$ mit Glykophorinmolekülen verbunden, die durch Bande-4.1-Protein an Glykophorinmoleküle und an Bande-3-Protein durch Ankyrin verknüpft sind, ein weiteres peripheres Membranprotein. Die freien Enden benachbarter Spectrintetramere werden durch kurze Actinketten und Bande-4.1-Proteine zusammengehalten. Ein weiteres Protein, Bande-4.2-Protein, das nicht abgebildet ist, unterstützt Ankyrin, indem es Spectrin an das Bande-3-Protein bindet.

Die Plasmamembran des in der ▸*Abbildung 6.12* dargestellten menschlichen Erythrocyten bietet ein gutes Beispiel für unsere weitere Diskussion der Membranproteine. Seit Gorter und Grendel gibt es keine Membran, die dermaßen intensiv untersucht wurde. Dies liegt daran, dass rote Blutkörperchen leicht zugänglich sind und man aus ihnen ohne weiteres reine Plasmamembranpräparate herstellen kann. In den nachfolgenden Darstellungen werden wir uns mehrere Male auf die Plasmamembran des Erythrocyten beziehen, um Beispiele für verschiedene Proteintypen zu nennen und auf deren Rolle in der Membran hinzuweisen.

Integrale Membranproteine Die meisten Membranproteine sind amphipathische Moleküle, die eine oder mehrere hydrophobe Regionen besitzen, die sich durch Affinität für das hydrophobe Innere der Lipiddoppelschicht auszeichnen. Diese Proteine werden als **integrale Membranproteine** bezeichnet, weil ihre hydrophoben Regionen so in das Membraninnere eingebettet sind, dass es schwierig ist, sie aus den Membranen zu entfernen. Allerdings besitzen diese Proteine auch eine oder mehr hydrophile Regionen, die sich noch über die Membran in die wässrige Phase auf eine der beiden Membranseiten erstrecken. Aufgrund ihrer Affinität für die Lipiddoppelschicht bereitet es Mühe, integrale Membranproteine mittels standarisierter Proteinreinigungsverfahren zu isolieren und zu untersuchen, denn die meisten dieser Techniken sind für wasserlösliche Proteine konzipiert. Im Allgemeinen ist es erforderlich, ein Detergens zu verwenden, das die Lipiddoppelschicht aufbricht, um integrale Membranproteine zu lösen und zu extrahieren.

Es sind einige wenige Membranproteine bekannt, die nur in eine Seite der Doppelschicht eingebettet sind und aus dieser herausragen. Sie tragen die Bezeichnung integrale **monotopische Proteine** (▸*Abbildung 6.11a*). Die meisten integralen Membranproteine sind allerdings Transmembranproteine, was bedeutet, dass sie die Membran komplett durchspannen und hydrophile Regionen besitzen, die zu beiden Seiten der Membran herausragen. Diese Proteine durchqueren die Membran entweder ein Mal (Single-pass-Proteine; ▸*Abbildung 6.11b*) oder mehrere Male (Multi-pass-Proteine, ▸*Abbildung 6.11c*). Einige Multi-pass-Proteine bestehen aus einem einzigen Polypeptid (*Abbildung 6.11c*), während andere aus zwei oder mehr Polypeptiden bestehen (Multiuntereinheitenproteine, ▸*Abbildung 6.11d*).

Die meisten Transmembranproteine sind durch eine oder mehrere hydrophobe **Transmembransegmente** (oder **Transmembrandomänen**) in der Lipiddoppelschicht verankert, jede Verankerung entspricht einer Durchquerung der Doppelschicht. In den meisten Fällen scheint die Polypeptidkette die Membran in einer α-helikalen Konformation zu durchspannen, die aus 20 bis 30 Aminosäureresten besteht, von denen die meisten – manchmal sogar alle – hydrophobe R-Gruppen besitzen. Bei einigen Multi-pass-Proteinen sind mehrere Transmembranproteine als β-Faltblatt in Form einer Röhre angeordnet – sie bilden das sogenannte β-*Fass* (engl.: β-*barrel*). Diese Struktur sticht besonders in einer Gruppe von Transmembranproteinen hervor, die Poren bilden, den *Porinen*, die in der äußeren Membran vieler Bakterien sowie in Chloroplasten und Mitochondrien vorkommen. Ungeachtet ihrer Konformation sind die transmembranen Teile der Proteine im Allgemeinen auf Primärstrukturebene durch hydrophile Sequenzen voneinander getrennt, die beidseitig aus der Membran herausragen oder eine Schleife bilden. Es ist wahrscheinlicher, dass man Schleifenregionen, die positiv geladene Aminosäurereste enthalten, auf der cytoplasmatischen Seite der Membran findet. Diese „Regel von der positiven Innenseite" hilft sicherzustellen, dass alle Moleküle eines bestimmten Transmembranproteins gleich ausgerichtet sind.

Single-pass-Membranproteine besitzen lediglich ein Transmembransegment mit einem hydrophilen Carboxy-Terminus (C-Terminus), der sich auf einer Seite der Membran herausstreckt und einem hydrophilen Amino-Terminus (N-Terminus), der aus der anderen Seite herausragt. Je nach Protein kann der C-Terminus auf der einen oder der anderen Seite herausragen. *Glykophorin* ist zum Beispiel ein Single-pass-Protein, ein ganz besonders wichtiges Protein der Plasmamembran der Erythrocyten (▸*Abbildung 6.12b*). Glykophorin ist in der Membran so ausgerichtet, dass sein C-Terminus auf der inneren Membranoberfläche liegt und sein N-Terminus auf der äußeren Oberfläche (▸*Abbildung 6.13a*).

Multi-pass-Membranproteine besitzen mehrere Transmembransegmente, das können nur zwei oder drei oder bis zu 20 oder mehr sein. Ein Beispiel für ein Multi-pass-Protein in der Erythrocytenplasmamembran ist ein dimeres Transportprotein mit der Bezeichnung *Bande-3-Protein* (auch unter der Bezeichnung *Anionenaustauscher 1* bekannt). Jedes seiner beiden Polypeptide durchspannt die Lipiddoppelschicht sechs Mal und sowohl der C-Terminus als auch der N-Terminus befinden sich auf der gleichen Membranseite. Heutige Modelle des dimeren Proteins gehen davon aus, dass insgesamt zwölf Transmembransegmente vorliegen.

Eines der am besten untersuchten Beispiele für ein Multi-pass-Protein ist Bacteriorhodopsin, das Plasmamembranprotein, das den Halobakterien als Protonenpumpe dient. Unwin und Henderson berichteten 1975 von der dreidimensionalen Struktur des Proteins, die sie unter dem Elektronenmikroskop sichtbar machten. Es hat sich herausgestellt, dass Bacteriorhodopsin sieben α-helikale, die Membran durchspannende Segmente besitzt, von denen jedes einer Sequenz von ungefähr 20 hydrophoben Aminosäuren in der Primärstruktur des Proteins entspricht (▸*Abbildung 6.13b*). Die sieben Transmembransegmente bilden in der Membran einen Kanal und ermöglichen dadurch den lichtaktiven Pumpvorgang von Protonen durch die Membran, ein Thema, auf das wir in *Kapitel 7* zurückkehren werden.

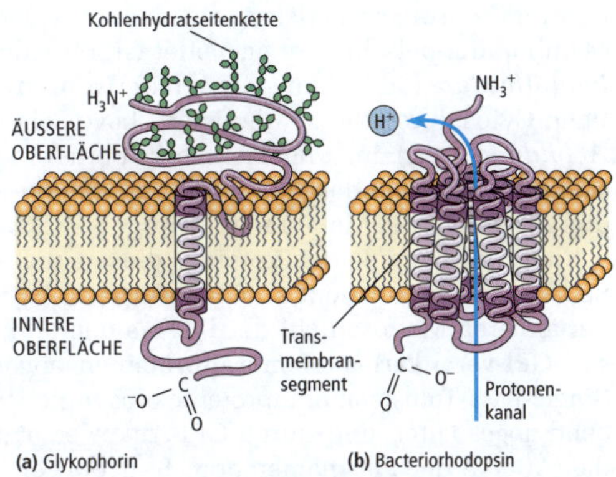

Abbildung 6.13: Die Strukturen von zwei integralen Membranproteinen. (a) Glykophorin ist ein integrales Single-pass-Membranprotein der Erythrocytenplasmamembran. Sein α-helikales Transmembransegment besteht ausschließlich aus hydrophoben Aminosäuren. Der N-Terminus ragt aus der äußeren Oberfläche heraus, der C-Terminus aus der cytoplasmatischen Oberfläche. Glykophorin ist ein Glykoprotein mit 16 Kohlenhydratketten, die an seine äußere Oberfläche geknüpft sind. (b) Bacteriorhodopsin ist ein integrales Multi-pass-Membranprotein in der Plasmamembran von *Halobacterium*. Seine sieben Transmembransegmente, die ungefähr 70 % der 248 Aminosäuren ausmachen, sind zu einem Protonenkanal angeordnet. Die C- und N-Termini des Proteins besitzen kurze hydrophile Segmente, die aus der inneren und der äußeren Oberfläche der Plasmamembran herausragen. Kurze hydrophile Segmente verbinden zudem die Transmembransegmente.

Periphere Membranproteine Im Gegensatz zu den Membranproteinen fehlen einigen membranassoziierten Proteinen die abgegrenzten hydrophoben Sequenzen, weshalb sie auch nicht in die Lipiddoppelschicht hineinreichen. Stattdessen sind diese **peripheren Membranproteine** durch schwache elektrostatische Kräfte und Wasserstoffbrückenbindungen mit den hydrophilen Teilen von Integralproteinen und vielleicht mit den polaren Kopfgruppen von Membranlipiden an der Membranoberfläche gebunden (▸*Abbildung 6.11e*). Die Gegenwart aromatischer Aminosäurereste, allen voran die hydrophobe Tryptophanseitenkette, spielen, so vermutet man, eine Rolle bei der Verankerung von Proteinen in der Membranoberfläche. Periphere Proteine können leichter aus Membranen extrahiert werden als integrale Proteine und können im Allgemeinen durch Änderung des pH-Werts oder der Ionenstärke aufgereinigt werden.

Die wichtigsten peripheren Proteine in der Plasmamembran des Erythrocyten sind *Spectrin*, *Ankyrin* und ein Protein mit der Bezeichnung *Bande-4.1-Protein* (siehe *Abbildung 6.12b*). Diese Proteine sind an die innere Oberfläche der Plasmamembran gebunden, wo sie mit dem Cytoskelett ein Netzwerk bilden, das die Plasmamembran stützt und dazu beiträgt, die Form des Erythrocyten zu erhalten (siehe ▸*Abbildung 6.12a*).

Lipidverankerte Membranproteine Als Singer und Nicolson zum ersten Mal ihr Flüssig-Mosaik-Modell vorstellten, waren sie der Ansicht, dass alle Membranproteine entweder periphere oder integrale Membranproteine seien. Mittlerweile hat man eine dritte Proteinklasse entdeckt; bei diesen Proteinen handelt es sich weder um spezifisch periphere noch integrale Proteine, sie besitzen aber Eigenschaften dieser beiden Proteinklassen. Die Polypeptidketten dieser **lipidverankerten Membranproteine** sind auf den Oberflächen der Lipiddoppelschicht lokalisiert, aber kovalent an Lipidmoleküle gebunden, die in der Doppelschicht verankert sind (*Abbildung 6.11*, Teile *f* und *g*).

Für die Bindung der lipidverankerten Moleküle an Membranen werden mehrere Mechanismen herangezogen. Proteine, die an die innere Oberfläche der Plasmamembran gebunden sind, sind kovalent gebunden, entweder an eine Fettsäure oder an ein Isoprenderivat, die sogenannte Isoprenylgruppe (▸*Abbildung 6.11f*). Im Fall der Fettsäure-verankerten Membranproteine wird das Protein im Cytosol synthetisiert und dann kovalent an eine gesättigte Fettsäure gebunden, die in die Membrandoppelschicht eingebettet ist, im Allgemeinen *Myristinsäure* (14 Kohlenstoffatome) oder *Palmitinsäure* (16 Kohlenstoffatome). **Isoprenylierte Membranproteine** werden wiederum als lösliche Cytosolproteine synthetisiert, bevor sie durch Anfügen multipler Isoprenylgruppen (siehe *Abbildung 6.11f*), im Allgemeinen in Form einer *Farnesylgruppe* oder einer *Geranylgeranylgruppe*. Nachdem sie gebunden hat, wird die Farnesyl- oder die Geranylgeranylgruppe in die innere Lipiddoppelschicht der Membran eingefügt.

Viele lipidverankerte Proteine, die an die äußere Oberfläche der Plasmamembran angedockt haben, werden kovalent an Glykosylphosphatidylinositol (GPI) gebunden, ein Glykolipid, das in der äußeren Monoschicht der Plasmamembran liegt (▸*Abbildung 6.11g*). Lipidflöße sind mit diesen **GPI-verankerten Membranproteinen** angereichert, die im endoplasmatischen Reticulum als Single-pass-Transmembranproteine biosynthetisiert werden, deren Transmembransegmente anschließend abgespalten und durch GPI-Anker ersetzt werden. Die Proteine werden sodann vom ER in das Äußere der Plasmamembran transportiert. Nachdem sie an der Zelloberfläche angekommen sind, können die GPI-verankerten Proteine mittels des Enzyms *Phospholipase C*, das für Phosphatidylinositolverbindungen spezifisch ist, aus der Membran freigesetzt werden. Proteine können durch SDS-Polyacrylamid-Gel-Elektrophorese getrennt werden.

6.3.3 Die Aufklärung der dreidimensionalen Struktur von Membranproteinen wird zunehmend einfacher

Viele Jahre lang gestaltete sich die Ermittlung der dreidimensionalen Struktur integraler Membranproteine sehr schwierig, was vor allem daran lag, dass diese Proteine im Allgemeinen aufgrund ihrer Hydrophobizität schwierig zu isolieren und zu reinigen sind. Allerdings sind sie mittlerweile wesentlich leichter zu untersuchen, was man der Röntgenkristallographie verdankt, mit der man die Struktur von Proteinen bestimmen kann, die man zuvor in kristalline Form gebracht hat. Zur Untersuchung von Membranproteinen, für die keine kristalline Form zur Verfügung steht, gibt es ein alternatives Verfahren, die sogenannte hydropathische Analyse, vorausgesetzt, dass das Protein oder dessen Gen zumindest isoliert und sequenziert werden kann. Diese beiden Techniken werden wir uns kurz anschauen.

Röntgenkristallographie Die Röntgenkristallographie wird sehr häufig eingesetzt, um die dreidimensionale Struktur von Proteinen zu ermitteln. Im Anhang finden Sie eine Beschreibung dieser Technik. Die Schwierigkeiten, die man bei der Isolierung integraler Membranproteine in kristalliner Form über viele Jahre hatte, schlossen diese Proteine praktisch von einer Untersuchung mittels Röntgenkristallographie aus. Erstmalig gelang dies Hartmut Michel, Johann Deisenhofer und Robert Huber, die das Photosynthese-Reaktionszentrum des Purpurbakteriums *Rhodopseudomonas viridis* kristallisierten und mit Hilfe der Röntgenkristallographie dessen Molekularstruktur bestimmten. Ausgehend von der detaillierten dreidimensionalen Struktur dieses Proteins, lieferten die Wissenschaftler den ersten genauen Einblick in die Anordnung der Pigmentmoleküle, die Lichtenergie einfangen. Ein Thema, auf das wir in *Kapitel 10* zurückkommen werden. Als Anerkennung für ihre Leistung wurde Michel, Deisenhofer und Huber 1988 der Nobelpreis für Chemie verliehen.

Trotz dieses Durchbruchs fand die Röntgenkristallographie bis in die 1990er Jahre nur zögerlich Anwendung, was vor allem an der für die Identifizierung der Transmembranhelices notwendigen Auflösung lag. In jüngster Zeit gab es eine regelrechte Explosion an Datenmengen für die Röntgenkristallographie integraler Membranproteine. Entsprechend der von Stephen White und seinen Kollegen von der University of California, Irvine, zusammengestellten Daten, gab es lediglich 18 Proteine, deren dreidimensionale Strukturen bis 1997 bestimmt wurden. Seitdem hat man diese Liste um ungefähr 200 Proteine erweitert. Anfangs stammten die meisten dieser Proteine von Bakterien, worin sich die relative Leichtigkeit widerspiegelt, mit der man Membranproteine aus diesen Mikroorganismen isolieren kann. In zunehmendem Maße stehen auch eukaryotische Quellen für die Analyse mittels Röntgenkristallographie zur Verfügung.

Hydropathieanalyse Für viele integrale Membranproteine, die noch nicht mit Hilfe der Röntgenkristallographie untersucht wurden, kann man Anzahl und Positionen der Transmembransegmente bestimmen, vorausgesetzt, dass das Protein oder dessen Gen zumindest isoliert und sequenziert ist. Nachdem man die Aminosäuresequenz eines Membranproteins bestimmt hat oder diese bekannt ist, kann man Anzahl und Positionen der Transmembransegmente aus einem Hydropathieplot (oder Hydrophobizitätsplot) folgern, wie in der ▸ *Abbildung 6.14* dargestellt. Ein solcher Graph wird mit Hilfe eines Computerprogramms entworfen, um Cluster hydrophober Aminosäuren zu identifizieren. Die Aminosäuresequenz des Proteins wird durch eine Reihe von „Fenstern" gescannt, wobei jedes Fenster eine Region von circa zehn Aminosäuren repräsentiert und das darauffolgende Fenster die um eine Aminosäure weiter verschobene Region.

Ausgehend von den bekannten Hydrophobizitätswerten für die verschiedenen Aminosäuren, berechnet man für jedes der aufeinander folgenden Fenster einen Hydropathieindex, indem man die durchschnittlichen Hydrophobizitätswerte der Aminosäuren im Fenster ermittelt. (Vereinbarungsgemäß haben hydrophobe Aminosäuren positive Hydrophobizitätswerte und hydrophile Reste negative Hydrophobizitätswerte.) Dann trägt man den Hydropathieindex gegen die Positionen der Fenster entlang der Sequenz des Proteins auf. Der daraus resultierende Hydropathieplot gibt entsprechend der Anzahl der positiven Maxima an, wie viele membrandurchspannende Regionen im Protein vorliegen. Der Hydropathieplot in der ▸ *Abbildung 6.14a* repräsentiert das Plasmamembranprotein *Connexin*. Der Graph hat vier positive Maxima und sagt somit vorher, dass Connexin vier Abschnitte hydrophober Aminosäuresequenzen hat und somit vier Transmembransegmente, wie in der ▸ *Abbildung 6.14b* dargestellt.

(a) Hydropathieplot von Connexin. Der Hydropathieindex auf der vertikalen Achse ist eine nummerische Messung der relativen Hydrophobizität aufeinanderfolgender Segmente der Polypeptidkette auf der Grundlage ihrer Aminosäuresequenz.

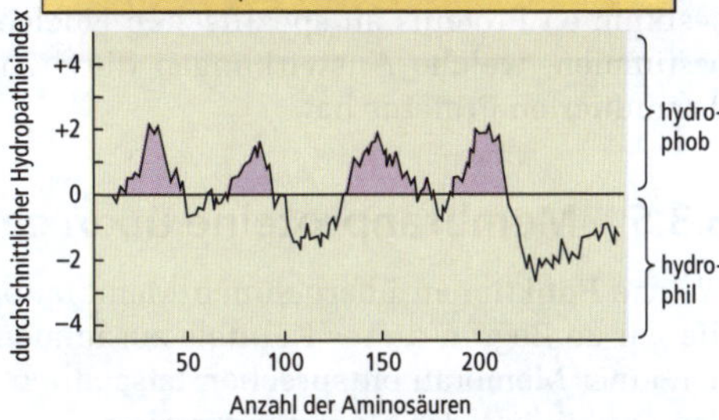

(b) Transmembranstruktur von Connexin. Connexin hat vier hydrophobe Regionen, die den vier α-helikalen Regionen entsprechen, die die Plasmamembran durchspannen.

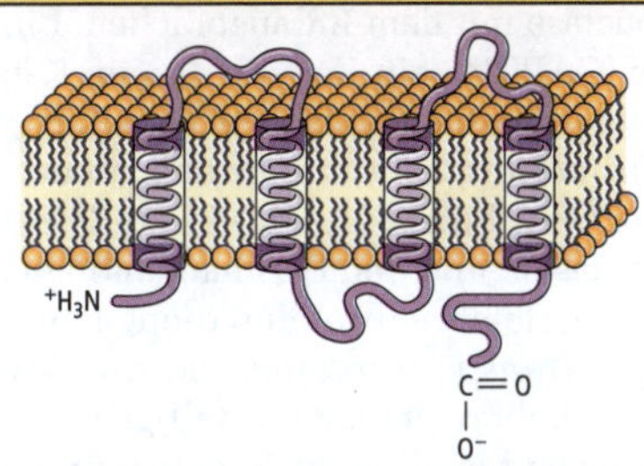

Abbildung 6.14: Hydropathieanalyse eines integralen Membranproteins. Ein Hydropathieplot ist ein Mittel zur Darstellung hydrophober Regionen (positive Werte) und hydrophiler Regionen (negative Werte) auf der Sequenz eines Proteins. Bei diesem Beispiel analysierte man auf der Grundlage von Hydropathiedaten das Plasmamembranprotein *Connexin*.

6.3.4 Der große Beitrag der Molekularbiologie zum Verständnis der Membranproteine

Membranproteine ließen sich nicht so einfach wie andere Proteine mit biochemischen Techniken analysieren, weil die Isolierung und Reinigung hydrophober Proteine in physiologisch aktiver Form die Forschung vor große Probleme stellte. Verfahren wie beispielsweise SDS-PAGE und Hydropathieanalyse sind gewiss hilfreich, ebenso wie Markierungstechniken mit Radioisotopen oder Fluoreszenzantikörpern. Im Lauf der letzten drei Jahrzehnte vermochte man dank der Techniken der Molekularbiologie die Untersuchung von Membranproteinen zu revolutionieren, vor allem dank der DNA-Sequenzierung und der rekombinanten DNA-Technologie. Mittels der DNA-Sequenzierung kann man die Aminosäuresequenz eines Proteins ableiten und muss das Protein nicht in reiner Form für die Sequenzierung der Aminosäuren isolieren.

Weiterhin decken Sequenzvergleiche zwischen Proteinen oftmals evolutionäre und funktionale Verwandtschaftsbeziehungen auf, die man ohne diese Techniken nicht entdeckt hätte. DNA-Fragmente können außerdem als Sonden zur Identifizierung und Isolierung von Sequenzen herangezogen werden, die verwandte Proteine kodieren. Hinzu kommt, dass die DNA-Sequenz eines bestimmten Proteins an spezifischen Nucleotidpositionen gezielt verändert werden kann, um zu bestimmen, welche Auswirkungen diese Änderung spezifischer Aminosäuren auf die Aktivität des mutierten Proteins hat.

6.3.5 Membranproteine üben eine Vielzahl von Funktionen aus

Welche Funktionen übernehmen Membranproteine? Die meisten Aspekte der Membranfunktion, die wir zu Beginn dieses Kapitels zusammenfassten, sind hier von Bedeutung, denn die Funktionen einer Membran entsprechen tatsächlich nur denen ihrer biochemischen Bausteine, vor allem den Funktionen der Membranproteine.

Einige Proteine in Membranen sind *Enzyme*, worauf die Verknüpfung spezieller Zellfunktionen mit spezifischen Membranen beruht. In den nächsten Kapiteln werden wir sehen, dass jedes Organell in einer eukaryotischen Zelle sich tatsächlich durch seinen ganz eigenen Satz membrangebundener Enzyme auszeichnet. Wir sind bereits einem Beispiel begegnet, als wir die Verbindung von Glucose-6-Phosphatase mit dem ER ansprachen. Ein weiteres Beispiel ist Glycerinaldehyd-3-Phosphatdehydrogenase (GAPDH), ein Enzym, das am Katabolismus von Glucose im Blut beteiligt ist. GAPDH ist ein peripheres Plasmamembranprotein in Erythrocyten und anderen Zelltypen. Die Funktion der *Elektronentransportproteine* ist ganz eng mit der Funktion von Enzymen verwandt, beispielsweise die Funktion der Cytochrome und der Eisen-Schwefel-Proteine, die an oxidativen Abläufen in Mitochondrien, Chloroplasten und den Plasmamembranen prokaryotischer Zellen mitwirken.

Andere Membranproteine dienen zum Transport löslicher Substanzen durch Membranen. Dazu gehören *Transportproteine*, die die Bewegung von Nährstoffen wie Zuckern und Aminosäuren durch Membranen bewerkstelligen und *Kanalproteine*, die hydrophile Wege durch ansonsten hydrophobe Membranen öffnen. Zur ersten Kategorie gehören außerdem die Transport-ATPasen, die mittels der Energie von ATP oder Licht Ionen durch Membranen pumpen.

Viele Membranproteine sind Rezeptoren, die an der Erkennung und Weiterleitung spezifischer chemischer Signale mitwirken, die auf die Zelloberfläche einwirken. Hormone, Neurotransmitter und das Wachstum fördernde Substanzen führen wir als Beispiele für chemische Signale an, die mit spezifischen Proteinrezeptoren in der Plasmamembran der Zielzellen in Wechselwirkung treten. Meistens wird durch Bindung eines Hormons oder eines anderen Signalmoleküls der entsprechende Rezeptor auf der Membranoberfläche dazu veranlasst, eine spezielle intrazelluläre Antwort auszulösen, die wiederum die gewünschte Wirkung hervorbringt. Membranproteine nehmen zudem an der interzellulären Kommunikation teil. Zu den Beispielen zählen die sogenannten *Connexons* an den *Gap Junctions* zwischen tierischen Zellen und Proteine, aus denen die Plasmodesmata zwischen pflanzlichen Zellen bestehen.

Weitere zelluläre Funktionen, bei denen Membranproteine Schlüsselfunktionen übernehmen, sind die Aufnahme und das Ausscheiden verschiedener Substanzen durch Endocytose und Exocytose; das Erfassen, Sortieren und Modifizieren von Proteinen im endoplasmatischen Reticulum und dem Golgi-Komplex; das Erfassen von Lichtwellen, sei es durch Rezeptoren das menschlichen Auges, einer Bakterienzelle oder eines Pflanzenblatts. Membranproteine sind außerdem lebenswichtige Bausteine zahlreicher Strukturen, darunter Verbindungen zwischen der Plasmamembran und der extrazellulären Matrix, die auf der Zelle liegt, Poren in den äußeren Membranen der Mitochondrien und der Chloroplasten und Poren in der Kernhülle. In späteren Kapiteln werden wir auf all diese Themen zurückkommen. Andere Membranproteine sind am Vorgang der *Autophagie* („sich selbst zerstörend") beteiligt, einem Vorgang, den wir in *Kapitel 11* näher betrachten werden. Bei der Autophagie bauen Zellen ihre eigenen Organellen oder Strukturen ab, die nicht mehr richtig funktionieren oder nicht länger benötigt werden. Auf diese Weise können die molekularen Bausteine dieser Zellelemente recycelt werden und in neu synthetisierten Strukturen neue Verwendung finden.

Als letzte Gruppe der membranassoziierten Proteine bleiben solche, die zur Stabilisierung und Formgebung der Zellmembran beitragen. Zu den Beispielen zählen Spectrin, Ankyrin und das Bande-4.1-Protein, also die peripheren Membranproteine der Erythrocyten, die wir bereits kennengelernt haben (siehe *Abbildung 6.12b*). Lange, dünne Tetramere von α- und β-Spectrin, $(\alpha\beta)_2$, sind durch das Bande-4.1-Protein mit Glykophorinmolekülen verknüpft und kurze Actinfilamente sind über Ankyrin und ein weiteres Protein, das Bande-4.2-Protein, an Bande-3-Proteine gebunden. (Ganz passend stammt die Bezeichnung Ankyrin von dem griechischen Wort für „Anker" ab.) Auf diese Weise bilden Spectrin und seine assoziierten Proteine das Netzwerk des Cytoskeletts, mit dem die Plasmamembran verknüpft ist und das sie unterstützt. Diesem Netzwerk auf der Grundlage von Spectrin verdanken die roten Blutkörperchen ihre charakteristische bikonkave Form (siehe *Abbildung 6.12a*) und es verleiht ihnen Widerstandsfähigkeit gegen mechanischen Stress, der auf ihre Membran ausgeübt wird, wenn sie sich durch engen Kapillaren im Blutkreislaufsystem zwängen müssen. Proteine, die eine strukturelle Analogie mit Spectrin und Spectrin-assoziierten Proteinen aufweisen und die direkt unterhalb der Plasmamembran vorkommen, findet man auch in vielen Zelltypen, was darauf hinweist, dass ein cytoskelettartiges Netzwerk aus peripheren Membranproteinen die strukturelle Basis der Plasmamembran vieler verschiedener Zellarten bildet.

Die Funktion eines Membranproteins spiegelt sich im Allgemeinen darin wieder, wie das Protein mit der Lipiddoppelschicht assoziiert ist. Beispielsweise ist es höchst wahrscheinlich, dass es sich bei einem Protein, das nur auf einer Membranseite funktioniert, um ein peripheres Protein oder ein lipidverankertes Protein handelt. Die membrangebundenen Enzyme, die Reaktionen nur auf einer Membranseite katalysieren, beispielsweise das ER-Enzym Glucose-6-Phosphatase, gehören in diese Kategorie. Im Gegensatz dazu werden Aufgaben wie der Transport löslicher Substanzen oder die Übertragung von Signalen eindeutig von Transmembranproteinen bewältigt. In *Kapitel 13* werden wir uns damit beschäftigen, wie Transmembranrezeptoren Signalmoleküle (zum Beispiel Hormone) an der Außenseite der Plasmamembran binden und dann innerhalb der Zelle spezifische Reaktionen hervorrufen.

6.3.6 Membranproteine sind asymmetrisch über die Lipiddoppelschicht verteilt

Zuvor hatten wir in diesem Kapitel angemerkt, dass die meisten Membranlipide asymmetrisch zwischen den zwei Monolayern der Lipiddoppelschicht verteilt liegen. Die meisten Membranproteine zeichnen sich ebenfalls durch eine asymmetrische Verteilung im Hinblick auf die Lipiddoppelschicht aus. Zum Beispiel sind periphere Proteine, lipidverankerte Proteine und integrale monotopische Proteine per Definition mit jeweils einer der beiden Membranseiten assoziiert (siehe *Abbildung 6.11*). Nachdem das Protein sich dort eingebettet hat, kann es nicht mehr durch die Membran von einer Oberfläche auf die andere gelangen. Integrale Membranproteine, die die Membran durchspannen, sind in beide Monoschichten eingebettet, aber sie sind asymmetrisch ausgerichtet. Mit anderen Worten, die Regionen des Proteinmoleküls, die auf einer Seite der Membran frei liegen, unterscheiden sich strukturell und chemisch von den Proteinregionen, die auf der anderen Membranseite liegen. Außerdem sind alle Moleküle eines bestimmten Proteins in die gleiche Richtung orientiert.

Möchte man ermitteln, wie die Proteine in einer Membran ausgerichtet sind, so nutzt man Markierungsverfahren mit radioaktiven Substanzen, um zwischen Proteinen zu unterscheiden, die auf den inneren und äußeren Oberflächen der Membranvesikel liegen. Bei einem dieser Verfahren macht man sich das Enzym *Lactoperoxidase* (*LP*) zu Nutze, das die kovalente Binding von Jod an Proteine katalysiert. Wenn man die Reaktion in Gegenwart von ^{125}I durchführt, einem radioaktivem Isotop von Jod, markiert LP die Proteine mit dem Isotop. Da LP zu groß ist, um die Membran zu passieren, werden nur Proteine markiert, die an der äußeren Oberfläche intakter Membranvesikel liegen (▸*Abbildung 6.15a*).

Möchte man die Proteine markieren, die auf der inneren Membranoberfläche liegen, so werden die Vesikel zuerst einer hypotonischen Lösung (geringe Ionenstärke) ausgesetzt, sodass sie für große Moleküle durchlässig werden. Unter diesen Bedingungen kann LP in die Vesikel eindringen. Wenn die Vesikel anschließend in eine isotonische Lösung transferiert werden, die ^{125}I enthält, aber keine externe LP, kann das ^{125}I, da es ein kleines Molekül ist, in die Vesikel eindringen, in denen LP eingefangen wurde. Somit markiert das Enzym die Proteine, die auf der inneren Oberfläche der

Vesikelmembran liegen (▸*Abbildung 6.15b, c*). Auf diese Weise kann man herausfinden, ob ein bestimmtes Membranprotein nur an der inneren Membranoberfläche, nur an der äußeren Membranoberfläche oder an beiden Membranoberflächen in Kontakt kommt.

Bei einem ähnlichen Verfahren verwendet man das Enzym *Galactoseoxidase* (*GO*), um Kohlenhydratseitenketten zu markieren, die an Membranproteine oder Lipide gebunden sind. Zuerst werden die Vesikel mit GO behandelt, um die Galactosereste in den Kohlenhydratseitenketten zu oxidieren. Dann kommen die Vesikel mit Tritium-markiertem Borhydrid ($^3H{-}BH_4$) in Kontakt, das die Galactosegruppen reduziert, indem es markierte Wasserstoffatome in den Vorgang einschleust. Bei beiden Vorgehensweisen werden markierte Proteine typischerweise auf einem SDS-PAGE-Gel getrennt, das anschließend getrocknet und auf einen Röntgenfilm gelegt wird, um die genauen Positionen der markierten Polypeptide zu identifizieren.

Die Ausrichtung eines Proteins innerhalb einer Membran kann man außerdem mit Hilfe von Antikörpern bestimmen, die spezifische Teile des Proteins erkennen. Intakte Zellen (oder Organellen) kommen mit diesen Antikörpern in Kontakt und werden anschließend untersucht, um festzustellen, ob Antikörper an die Membranproteine gebunden haben. Wenn sie an die Membranproteine gebunden haben, kann man daraus folgern, dass die Antikörperbindestelle (das *Epitop*) auf der äußeren Membranoberfläche liegen muss.

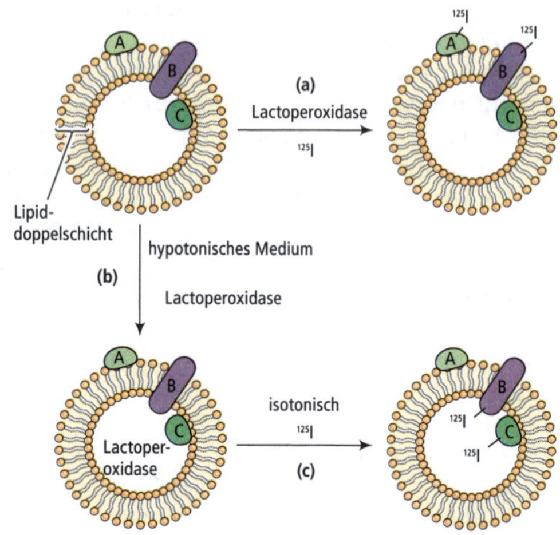

Abbildung 6.15: Eine Methode zur Markierung von Proteinen, die auf einer der beiden Oberflächen eines Membranvesikels liegen. (a) Wenn Lactoperoxidase (LP) und ^{125}I in einer Lösung außerhalb eines Membranvesikels vorliegen, katalysiert LP die Markierung von Membranproteinen, die auf der äußeren Membranoberfläche liegen (Proteine A und B). Wenn die Membranvesikel (a) zuerst in einem hypotonischen Medium inkubiert werden, damit sie für LP durchlässig werden, und (c) anschließend in eine isotonische Lösung transferiert werden, die ^{125}I enthält, aber keine externe LP, werden die Proteine, die auf der inneren Membranoberfläche liegen (Proteine B und C) markiert.

6.3.7 Viele Membranproteine sind glykosyliert

Abgesehen von Lipiden und Proteinen enthalten mit Ausnahme von Chloroplasten, Mitochondrien und Bakterien die meisten Membranproteine kleine, aber wichtige Kohlenhydratreste. Das Gewicht der Plasmamembran eines menschlichen Erythrocyten setzt sich beispielsweise aus einem Proteinanteil von 49 %, einem Lipidanteil von 43 % und einem Kohlenhydratanteil von 8 % zusammen. Die Glykolipide, denen wir bereits begegnet sind, machen einen kleinen Teil der Membrankohlenhydrate aus, aber die meisten Kohlenhydrate in den Membranen liegen als Glykoproteine vor – Membranproteine, deren Kohlenhydratseitenketten kovalent an Aminosäureseitenketten gebunden sind.

Die Anheftung einer Kohlenhydratseitenkette an ein Protein bezeichnet man als **Glykosylierung**. Dieser Vorgang läuft bald nach der Proteinbiosynthese in den Kompartimenten des ER und des Golgi-Komplexes ab. Wie in der ▸*Abbildung 6.16* dargestellt, findet die Glykosylierung unter Bindung eines Kohlenhydrats entweder an das Stickstoffatom einer Aminogruppe *(N-verknüpfte Glykosylierung)* oder an das Sauerstoffatom einer Hydroxylgruppe *(O-verknüpfte Glykosylierung)* statt. Die N-verknüpften Kohlenhydrate werden an die Aminogruppe auf der Seitenkette von Asparagin (▸*Abbildung 6.16a*) geknüpft, während die O-verknüpften Kohlenhydrate im Allgemeinen entweder an die Hydroxylgruppen von Serin oder Threonin geknüpft werden (▸*Abbildung 6.16b*). Es gibt auch Fälle, in denen O-verknüpfte Kohlenhydrate an die Hydroxylgruppe von Hydroxylysin oder Hydroxyprolin geknüpft werden. Dies sind Derivate der Aminosäuren Lysin bzw. Prolin (▸*Abbildung 6.16c*).

Die an ein Glykoprotein geknüpften Kohlenhydratseitenketten sind entweder gerade oder verzweigt und die Länge schwankt zwischen nur 2 und 60 Zuckereinheiten. Die am häufigsten zum Bau dieser Ketten verwendeten Zucker sind Galactose, Mannose, N-Acetylglucosamin und Sialinsäure (▸*Abbildung 6.17a*). In der ▸*Abbildung 6.17b* ist die Kohlenhydratkette dargestellt, die im Plasmamembranprotein von Erythrocyten vorkommt, das Glykophorin. Dieses integrale Membranprotein besitzt 16 dieser Kohlenhydratketten, die an den Teil des Moleküls geknüpft sind (den N-Terminus), der sich nach außen von der Erythrocytenmembran fort erstreckt. Von diesen 16 Ketten ist eine N-verknüpft und 15 sind O-verknüpft. Beachten Sie, dass beide Zweige der Kohlenhydratkette mit einer negativ geladenen Sialinsäure enden. Aufgrund dieser anionischen Gruppen auf ihren Oberflächen, stoßen sich Erythrocyten gegenseitig ab, wodurch sie die Blutviskosität verringern.

Glykoproteine sind von besonderer Bedeutung in den Plasmamembranen, wo sie bei der Zell-Zell-Kommunikation eine wichtige Rolle spielen. In Übereinstimmung mit dieser Rolle sind die Glykoproteine stets so ausgerichtet, dass die Kohlenhydratgruppen aus der externen Oberfläche der Zellmembran herausragen. Diese Anordnung, die zur Asymmetrie der Membran beiträgt, wurde mit Hilfe von *Lectinen* experimentell nachgewiesen. Das sind Pflanzenproteine, die spezifische Zuckergruppen sehr fest binden. So bindet beispielsweise Weizenkeimagglutinin, ein Lectin in Weizenembryonen, spezifisch an Oligosaccharide, die ein terminales N-Acetylglucosamin besitzen, während *Concanavalin A*, ein Lectin der Springbohnen, Mannosegruppen in inneren Positionen erkennt. Dieses Lectin kann man sichtbar machen, indem man es an *Ferritin* bindet, ein eisenhaltiges Protein, das unter dem Elektronenmikroskop als elektronendichter Fleck erkennbar ist. Wenn man solche mit Ferritin verknüpften Lectine als Sonden einsetzt, um die Oligosaccharidketten von Membranglykoproteinen zu lokalisieren, dann erfolgt die Bindung immer spezifisch an die äußere Oberfläche der Plasmamembran.

In vielen tierischen Zellen ragen die Kohlenhydratgruppen der Plasmamembranglykoproteine und der Glykolipide aus der Zelloberfläche heraus und bilden eine Oberflächenhüllschicht, die man als *Glykocalyx* bezeichnet (was „Zuckerhülle" bedeutet). In der ▸*Abbildung 6.18* ist die deutlich erkennbare Glykocalyx einer Epithelzelle des Darms erkennbar. Die Kohlenhydratgruppen auf der Zelloberfläche sind wichtige Komponenten der Erkennungsstellen auf Membranrezeptoren, beispielsweise wirken sie an der Bindung extrazellulärer Signalmoleküle, an Antigen-Antikörper-Reaktionen und an der interzellulären Adhäsion zur Gewebebildung mit. Bei einigen pathogenen Bakterien, zum Beispiel *Streptococcus pneumoniae*, können durch die

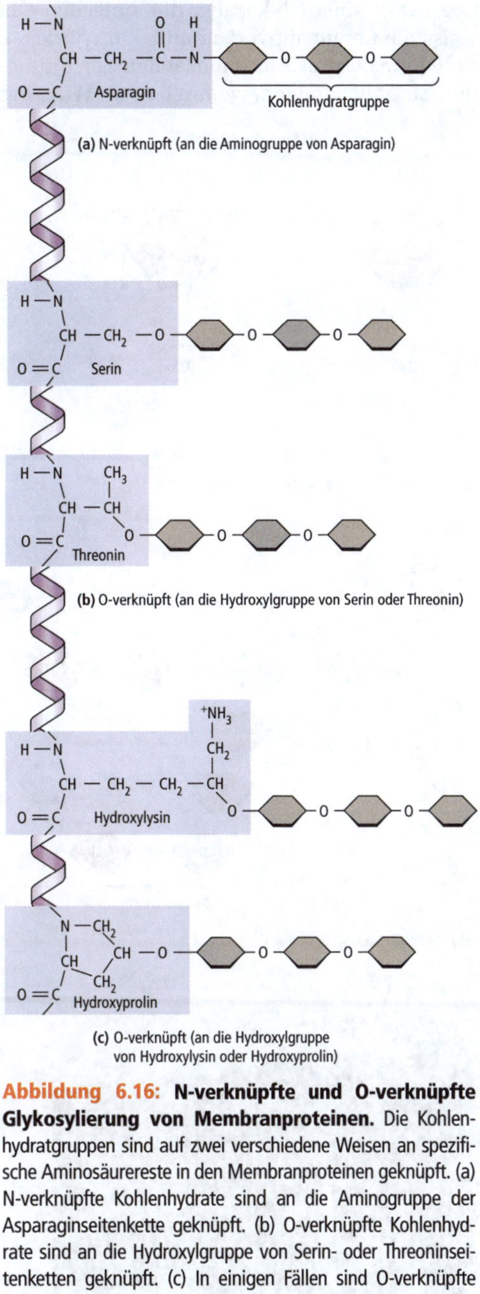

Abbildung 6.16: N-verknüpfte und O-verknüpfte Glykosylierung von Membranproteinen. Die Kohlenhydratgruppen sind auf zwei verschiedene Weisen an spezifische Aminosäurereste in den Membranproteinen geknüpft. (a) N-verknüpfte Kohlenhydrate sind an die Aminogruppe der Asparaginseitenkette geknüpft. (b) O-verknüpfte Kohlenhydrate sind an die Hydroxylgruppe von Serin- oder Threoninseitenketten geknüpft. (c) In einigen Fällen sind O-verknüpfte Kohlenhydrate an die Hydroxylgruppe der modifizierten Aminosäuren Hydroxylysin und Hydroxyprolin geknüpft.

Gegenwart einer Glykocalyx die antigenen Oberflächenproteine abgeschirmt werden, die normalerweise die Immunantwort stimulieren würden. Dadurch können die Bakterien der Erkennung und der sich normalerweise anschließenden Zerstörung durch die Zellen des Immunsystems entgehen und an ihre Zielzellen binden, wodurch es im Wirtsorganismus zu einer Lungenentzündung kommen kann.

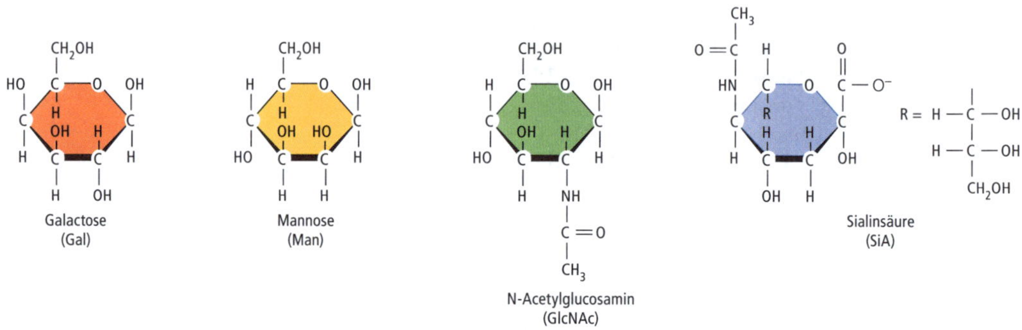

(a) häufig vorkommende Zucker in Glykoproteinen

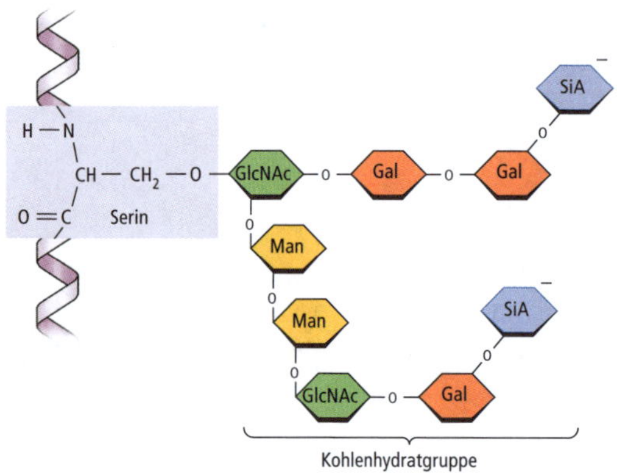

(b) die Kohlenhydratgruppe von Glykophorin

Abbildung 6.17: Beispiele für Kohlenhydrate in Glykoproteinen. (a) Die vier häufigsten in Glykoproteinen enthaltenen Kohlenhydrate sind Galactose (Gal), Mannose (Man), N-Acetylglucosamin (GlcNAc) und Sialinsäure (SiA). (b) Zum Beispiel sind 15 der 16 Kohlenhydratketten von Glykophorin mit der Aminosäure Serin im hydrophilen Teil des Proteins auf der äußeren Seite der Erythrocytenplasmamembran verknüpft. Jede dieser Kohlenhydratseitenketten besteht aus drei Einheiten Gal und jeweils zwei Einheiten GlcNAc, Man und SiA. Die beiden terminalen Sialinsäuregruppen sind negativ geladen.

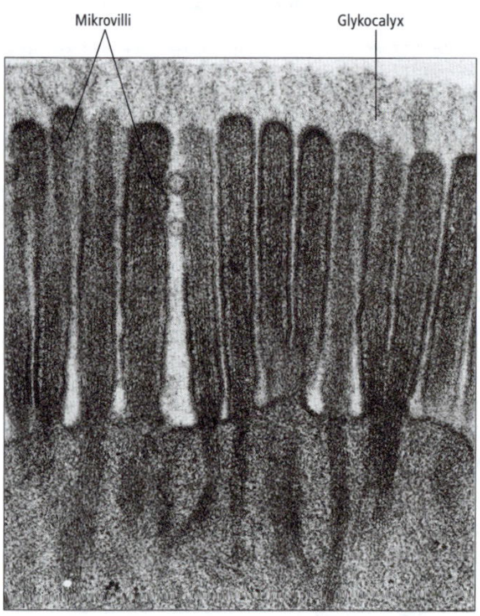

Abbildung 6.18: Die Glykocalyx einer Epithelzelle des Darms. In dieser elektronenmikroskopischen Aufnahme einer Epithelzelle des Darms einer Katze sind die Mikrovilli (fingerähnliche, an der Adsorption mitwirkende Ausstülpungen) und die Glykocalyx auf der Zelloberfläche zu erkennen. Die Glykocalyx dieser Zelle ist ungefähr 150 nm dick und in erster Linie aus Oligosaccharidketten aufgebaut, die einen Durchmesser von circa 1,2–1,5 nm haben (TEM).

6.3.8 Membranproteine unterscheiden sich in ihrer Beweglichkeit

Zuvor haben wir in diesem Kapitel festgestellt, dass die Lipidmoleküle innerhalb der Membranebene (siehe *Abbildung 6.6*) lateral diffundieren können. Nun können wir uns eben diese Frage im Hinblick auf Membranproteine stellen: Können sie sich frei innerhalb der Membran bewegen? Tatsächlich verfügen Membranproteine über ein wesentlich größeres Spektrum an Bewegungsmöglichkeiten als Lipide. Es hat den Anschein, dass sich die Proteine prinzipiell innerhalb der Lipiddoppelschicht frei bewegen können. Manche wiederum sind in ihrer Bewegungsfreiheit eingeschränkt, was oftmals daran liegt, dass sie in Proteinkomplexen verankert sind, die an der einen oder der anderen Seite der Membran fixiert sind.

Der experimentelle Nachweis der Proteinbewegung Einen besonders überzeugender Beweis für die Motilität zumindest einiger Membranproteine verdanken wir *Zellfusionsexperimenten*, wie sie zusammenfassend in der ▸*Abbildung 6.19* dargestellt werden. Bei ihren Untersuchungen haben David Frye und Michael Edidin mit zwei sehr effektiven Techniken gearbeitet, von denen sie die eine für die Fusion von Zellen zweier verschiedener Spezies (Mensch und Maus) nutzten und die andere zur Markierung spezifischer Proteine an der Zelloberfläche mit Antikörpern, die Fluoreszenzfarbstoffmoleküle enthielten. *Antikörper* sind Immunsystemproteine, die spezifische molekulare Antigene wie Zelloberflächenproteine erkennen und binden.

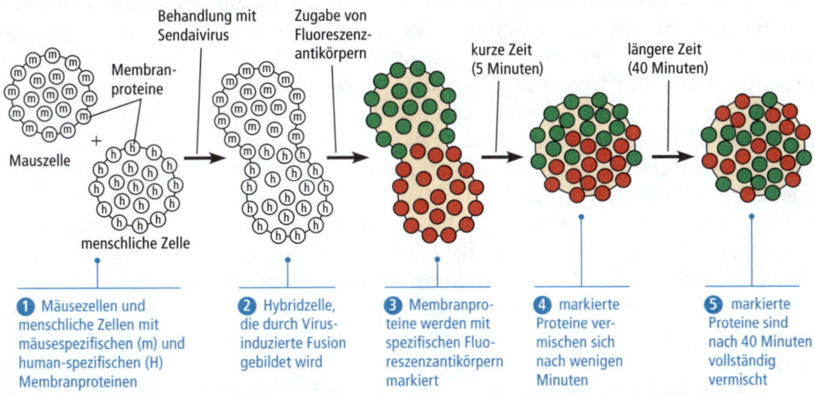

Abbildung 6.19: Darstellung der Motilität von Membranproteinen durch Zellfusion. Man kann die Motilität von Membranproteinen experimentell nachweisen, indem man Membranproteine vermischt, wobei es sich um die Verschmelzung der Zellen von zwei verschiedenen Spezies handelt (Mensch und Maus) und die Membranproteine mit spezifischen Fluoreszenzantikörpern markiert werden.

Frye und Edidin präparierten zwei **Fluoreszenzantikörper**, wobei jeder mit einem anderen Farbstoff verknüpft wurde, sodass man die menschlichen Proteine und die Mäuseproteine unterscheiden konnte. Die Anti-Maus-Antikörper wurden an einen grünen Fluoreszenzfarbstoff gebunden, das sogenannte *Fluorescein*, während die Anti-Mensch-Antikörper an einen roten Fluoreszenzfarbstoff gebunden wurden, das *Rhodamin*. Somit waren die Mäusezellen unter dem Fluoreszenzmikroskop grün und die menschlichen Zellen rot erkennbar, da jeder Antikörper seine spezifischen Proteinantigene auf den Zelloberflächen erkannte und an sie band (*Abbildung 6.19*).

Frye und Edidin verschmolzen mittels des Sendaivirus Mäusezellen und menschliche Zellen, setzten diese den roten und grünen Fluoreszenzantikörpern aus und betrachteten die verschmolzenen Zellen unter dem Fluoreszenzmikroskop. Zuerst lokalisierten sie die grünen Fluoreszenzmembranproteine der Mauszelle auf einer Hälfte der Hybridzelloberfläche, und die roten Fluoreszenzmembranproteine, die von der menschlichen Zelle stammten, befanden sich ausschließlich auf der anderen Hälfte (siehe *Abbildung 6.19*). Innerhalb von wenigen Minuten begannen sich die Proteine der beiden Elternzellen zu vermischen. Nach 40 Minuten waren die zuvor getrennten Regionen grüner und roter Fluoreszenz vollständig miteinander vermischt.

Wenn man die Fluidität der Membran durch Absenken der Temperatur unter die Transitionstemperatur der Lipiddoppelschicht minderte, konnte man diese Vermischung verhindern. Frye und Edidin folgerten daher, dass die Vermischung der Fluoreszenzproteine auf laterale Diffusion der menschlichen Proteine und der Mäuseproteine in der flüssigen Lipiddoppelschicht der Plasmamembran zurückging. Im Vergleich zu den meisten Membranlipiden diffundieren Membranproteine allerdings aufgrund ihrer Größe langsamer in der Lipiddoppelschicht.

Wenn Proteine völlig ungehindert innerhalb der Membranebene diffundieren können, dann sollten sie schließlich ganz zufällig verteilt vorliegen. Diese Idee, dass zumindest einige Membranproteine dazu befähigt sind, wurde durch die Gefrierbruchmikroskopie untermauert, die Proteine sichtbar macht, die direkt in die Lipiddoppelschicht eingebettet sind. Bei der Untersuchung von Plasmamembranen mit Hilfe der Gefrierbruchmikroskopie neigen deren eingebettete Proteinpartikel oftmals zur zufälligen Verteilung. Dieser Nachweis der Proteinmotilität beschränkt sich nicht nur auf die Plasmamembran.

Experimenteller Nachweis der eingeschränkten Motilität Obwohl viele Typen von Membranproteinen lateral durch die Lipiddoppelschicht diffundieren, so schwanken ihre Geschwindigkeiten. Eine sehr häufig genutzte Vorgehensweise zur Quantifizierung der Geschwindigkeiten, mit denen Membranproteine diffundieren, ist die Erholung der Fluoreszenz nach Bleichung durch Belichtung (FRAP), eine Technik, die wir bereits im Kontext der Lipidmotilität dargestellt haben (siehe *Abbildung 6.6*). Die Geschwindigkeit, mit der nicht gebleichte Moleküle benachbarter Membranteile in gebleichte Areale zurückkehren, kann zur Berechnung der Diffusionsgeschwindigkeiten verschiedener Arten fluoreszierender Lipid- oder Proteinmoleküle herangezogen werden.

Die Membranproteine sind wesentlich variabler im Hinblick auf die Diffusionsgeschwindigkeiten als Lipide. Einige wenige Membranproteine diffundieren fast so schnell wie Lipide, aber die meisten diffundieren langsamer als man es erwarten würde, wenn sie sich innerhalb der Lipiddoppelschicht lateral vollkommen frei bewegen könnten. Außerdem ist die Diffusion vieler Membranproteine auf ein begrenztes Areal der Membran konzentriert, was darauf hinweist, dass zumindest einige Membranen aus einer Reihe spezieller *Membrandomänen* aufgebaut sind, die sich im Hinblick auf ihre Proteinzusammensetzungen und somit in ihren Funktionen unterscheiden. Zum Beispiel besitzen die Zellen, die Ihren Darm auskleiden, Membranproteine, die gelöste Stoffe wie Zucker und Aminosäuren aus dem Darm heraus in Ihren Körper transportieren. Diese Transportproteine sind nur auf der Seite der Zelle lokalisiert, auf der der entsprechende Transport erforderlich ist.

Transport durch Membranen: Überwindung der Permeabilitätsbarriere

7

ÜBERBLICK

In *Kapitel 6* haben wir uns auf Struktur und Biochemie der Membranen konzentriert. Dabei haben wir festgestellt, dass die Membran aufgrund des hydrophoben Innenraums eine effektive Barriere gegen das unselektive Eindringen der meisten Moleküle und Ionen bildet, wodurch einige Substanzen in der Zelle verbleiben und andere ferngehalten werden. Bei den eukaryotischen Zellen grenzen Membranen die Organellen ab, sodass die notwendigen Moleküle und Ionen zur Ausübung spezifischer Funktionen in ihnen verbleiben.

Es genügt allerdings nicht, sich Membranen als einfache Permeabilitätsbarrieren vorzustellen. Das richtige Funktionieren einer Zelle oder eines Organells beruht vor allem auf ihrer Fähigkeit, die Permeabilitätsbarriere für spezifische Moleküle und Ionen zu überwinden, sodass diese selektiv in die Zelle hinein oder aus ihr heraus transportiert werden können. Mit anderen Worten, Membranen sind nicht einfach Schutzwälle gegen die wahllose Bewegung von Substanzen. Sie sind auch selektiv permeabel, indem sie die kontrollierte Passage spezifischer Moleküle und Ionen von einer Seite der Membran auf die andere erlauben. In diesem Kapitel werden wir uns damit beschäftigen, wie Substanzen selektiv durch Membranen geschleust werden und uns mit der Bedeutung dieser Transportvorgänge für das Funktionieren der Zelle beschäftigen.

7.1 Zellen und Transportvorgänge

Ein grundlegendes Merkmal einer jeden Zelle und eines jeden subzellulären Kompartiments ist die Fähigkeit, eine Vielzahl von Substanzen zu Konzentrationen anzureichern, die sich oftmals frappierend von den in der Umgebung vorherrschenden Bedingungen unterscheiden. Einige dieser Substanzen sind Makromoleküle – beispielsweise DNA, RNA und Proteine –, die durch Mechanismen, die wir in späteren Kapiteln kennenlernen werden, in die Zellen und Organellen hinein und aus ihnen heraus transportiert werden. In *Kapitel 11* behandeln wir schwerpunktmäßig *Endocytose* und *Exocytose*, Transportvorgänge hoher Transportleistung, bei denen Substanzen in membranumschlossenen Vesikeln in Zellen hinein und wieder aus ihnen heraus transportiert werden. In *Kapitel 21* werden wir uns mit den Mechanismen zur Ausscheidung von Proteinen aus Zellen und zum Import von Proteinen in Organellen auseinandersetzen.

So wichtig diese Themen auch sein mögen, die meisten Substanzen, die sich durch Membranen hindurchbewegen, sind keine Makromoleküle, sondern gelöste Gase, Ionen und kleine organische Moleküle – gelöste Substanzen also. Einige der am häufigsten vorkommenden Ionen, die durch Membranen transportiert werden, sind Natrium- (Na^+), Kalium- (K^+), Calcium- (Ca^{2+}), Chlorid- (Cl^-) und Wasserstoff-Ionen (H^+). Ein Großteil der transportierten kleinen organischen Moleküle sind *Metabolite* – Substrate, Zwischenprodukte und Produkte der vielen metabolischen Wege, die in Zellen oder spezifischen Organellen ablaufen. Zucker, Aminosäuren und Nucleotide sind einige häufig anzutreffende Substanzen. Diese gelösten Stoffe liegen fast immer in hohen Konzentrationen auf der Innenseite oder der Außenseite der jeweiligen Zelle oder des jeweiligen Organells vor. Es gibt nur sehr wenige zelluläre Reaktionen oder Vorgänge, die mit der notwendigen Geschwindigkeit ablaufen könnten, wenn sie von den niedrigen Konzentrationen abhängig wären, in denen essenzielle Substrate in der Umgebung der Zellen vorliegen. Es gibt auch Fälle, beispielsweise elektrische Signale im Nerven- und Muskelgewebe, in denen die kontrollierte Bewegung von Ionen durch die Membran von zentraler Bedeutung für die Funktion der Zelle ist. Des Weiteren haben viele verschriebene Medikamente intrazelluläre Angriffspunkte und müssen daher in der Lage sein, Membranen zu durchqueren, um in die Zelle zu gelangen.

Ein zentraler Aspekt der Zellfunktion ist der **Membrantransport** – die Fähigkeit, Ionen und organische Moleküle selektiv und kontrolliert durch Membranen zu schleusen. Die Bedeutung des Membrantransports wird durch die Tatsache verdeutlicht, dass ungefähr 20 % der in dem Bakterium *Escherichia coli* identifizierten Gene auf die eine oder andere Weise an Membrantransportvorgängen beteiligt sind. In der ▸*Abbildung 7.1* werden einige innerhalb von eukaryotischen Zellen ablaufende Transportvorgänge zusammenfassend dargestellt.

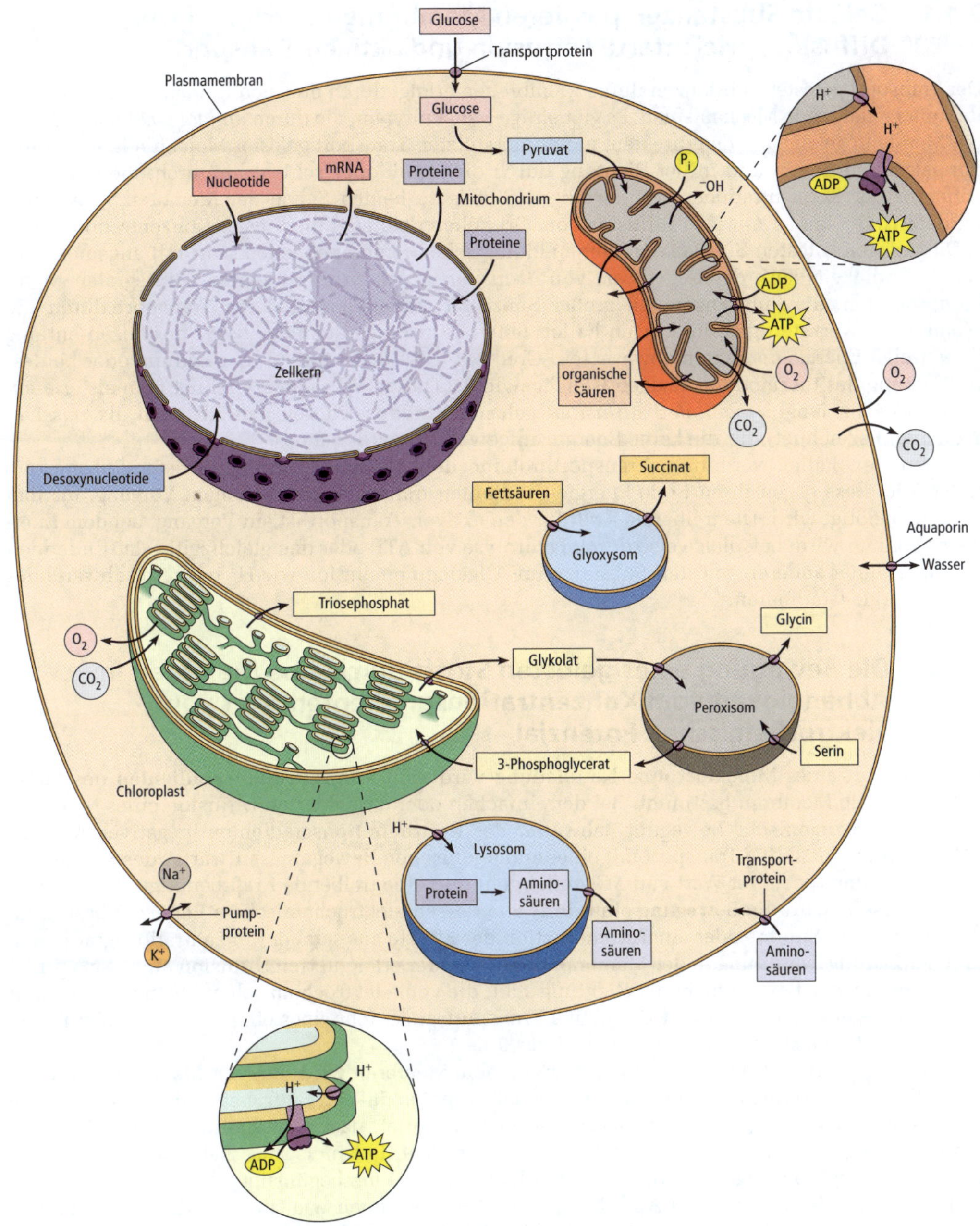

Abbildung 7.1: Transportvorgänge in einer exemplarischen eukaryotischen Zelle. Die Moleküle und Ionen, die in dieser hypothetischen pflanzlichen/tierischen Hybridzelle dargestellt werden, gehören zu den vielen Arten gelöster Substanzen, die durch die Membranen eukaryotischer Zellen transportiert werden. Beachten Sie, dass die Nucleosidtriphosphatvorläufer der DNA und der RNA durch Zellkernporenkomplexe in den Zellkern gelangen. Die Vergrößerungen stellen einen kleinen Teil eines Mitochondriums (ober rechts) und eines Chloroplasten (unten links) dar, wodurch das Pumpen von Protonen durch Membranen während des Elektronentransports und die Nutzung des daraus erzeugten elektrochemischen Potenzials veranschaulicht wird, das zum Antrieb der ATP-Synthese in diesen Organellen benötigt wird.

7.1.1 Gelöste Substanzen passieren Membranen durch einfache Diffusion, erleichterte Diffusion und aktiven Transport

Der Transport gelöster Substanzen durch Membranen erfolgt durch drei sich fundamental voneinander unterscheidende Mechanismen. Es gibt einige Molekültypen, die durch *einfache Diffusion* durch die Membran gelangen – den direkten, nichtunterstützten Transport gelöster Moleküle in die Lipiddoppelschicht hinein und in der Richtung durch die Lipiddoppelschicht hindurch, die durch die Differenz der Konzentrationen des jeweiligen Stoffes zu beiden Seiten der Membran vorgegeben wird. Es findet immer nur eine Diffusion vom Ort höherer zum Ort niedrigerer Konzentration statt.

Die meisten gelösten Substanzen können biologische Membranen jedoch nur mit angemessener Geschwindigkeit dank der Gegenwart von *Transportproteinen* durchqueren – integralen Membranproteinen, die Substanzen mit großer Spezifität erkennen und deren Transport durch die Membran bewerkstelligen. In einigen Fällen leiten Transportproteine gelöste Substanzen entlang ihres freien Energiegradienten abwärts (ein Gradient der Konzentration, der Ladung oder beides) in Richtung des thermodynamischen Gleichgewichts. Diesen Vorgang bezeichnet man als *erleichterte Diffusion* (engl.: *facilitated diffusion*) gelöster Stoffe (wird gelegentlich auch als *passiver Transport* bezeichnet), für die keine Energie aufgewendet werden muss.

In anderen Fällen vermitteln Transportproteine den *aktiven Transport* gelöster Substanzen, indem sie diese gegen ihren Freie-Energie-Gradienten transportieren, in einem Vorgang, für den Energie benötigt wird. Die treibende Kraft für den aktiven Transport ist ein Vorgang, bei dem Energie gewonnen wird, beispielsweise durch Hydrolyse von ATP oder den gleichzeitig stattfindenden Transport einer anderen gelösten Substanz, im Allgemeinen ein Ion wie H^+ oder Na^+ abwärts des Freie-Energie-Gradienten.

7.1.2 Die Bewegung eines gelösten Stoffs durch eine Membran in Abhängigkeit vom Konzentrationsgradienten oder vom elektrochemischen Potenzial

Der Transport eines Moleküls ohne Nettoladung wird vom **Konzentrationsgradienten** des Moleküls durch die Membran bestimmt. Bei der einfachen oder erleichterten Diffusion eines Moleküls erfolgt eine exergonische Bewegung „abwärts" des Konzentrationsgradienten (negativer Wert für ΔG), während der aktive Transport mit einer endergonischen Bewegung „aufwärts" des Konzentrationsgradienten (positiver Wert von ΔG) einhergeht und eine treibende Kraft benötigt.

Andererseits wird die Bewegung eines Ions von dessen elektrochemischem Potenzial bestimmt, das sich aus der Summe oder einer Kombination der Effekte aus seinem Konzentrationsgradienten und der Ladungsverteilung in der Membran ergibt. Bei der erleichterten Diffusion eines Ions findet eine exergonische Bewegung in der Richtung statt, die vom elektrochemischen Potenzial bestimmt wird. Im Gegensatz dazu erfolgt der aktive Transport eines Ions über eine endergonische Bewegung gegen das elektrochemische Potenzial des Ions.

Durch den aktiven Transport von Ionen durch eine Membran wird über der Membran der meisten Zellen eine Ladungsverteilung oder ein **Membranpotenzial (V_m)** aufgebaut. Die meisten Zellen haben ein negatives V_m, was vereinbarungsgemäß bedeutet, dass innerhalb der Zelle ein Überschuss an negativ geladenen gelösten Substanzen vorliegt. Beispielsweise hat eine ruhende Nervenzelle ein V_m von ungefähr –60 mV. Diese Ladungsdifferenz begünstigt den Einwärtstransport von Kationen wie Na^+ und den Auswärtstransport von Anionen wie Cl^-. Das Membranpotenzial stellt sich außerdem dem Auswärtstransport von Kationen und dem Einwärtstransport von Anionen entgegen. In *Kapitel 12* werden wir genauer auf die Rolle des Membranpotenzials bei der Funktion von Neuronen eingehen.

Bei allen Organismen führt der aktive Transport von Ionen durch die Plasmamembran zur asymmetrischen Verteilung von Ionen innerhalb und außerhalb der Zellen, wodurch für viele Ionen ein elektrochemischer Gradient aufgebaut wird. So sind zum Beispiel die Konzentrationen von Na^+ und Cl^- im menschlichen Skelettmuskel außerhalb der Zelle um das Zehnfache höher als innerhalb der Zelle, während die Konzentration von K^+ innerhalb der Zelle ungefähr 40-mal höher ist.

7.1.3 Transportmechanismen am Beispiel der Plasmamembran des Erythrocyten

Im Rahmen unserer Diskussion der Membrantransportvorgänge werden wir mit Beispielen von Transportproteinen des Erythrocyten arbeiten. Diese Abläufe gehören zu den am besten untersuchten und am besten verstandenen im Zusammenhang mit zellulären Transportproteinen. Von entscheidender Bedeutung für die Rolle des Erythrocyten, die Zellen des Körpers mit Sauerstoff zu versorgen, ist der Transport von O_2, CO_2, Hydrogencarbonat-Ionen (HCO_3^-) sowie Glucose, der wichtigsten Energiequelle der Zelle, durch seine Plasmamembran. Außerdem ist es sehr wichtig, dass das Membranpotenzial durch aktiven Transport von Kaliumionen nach innen und Natriumionen nach außen aufrechterhalten wird. Des Weiteren ermöglichen besondere Poren oder Kanäle das Hinein- und Herausströmen von Wasser und Ionen als Reaktion auf die Bedürfnisse der Zelle. Diese Transportaktivitäten werden in der ▸*Abbildung 7.2* zusammenfassend dargestellt und in der folgenden Diskussion werden wir sie als Beispiele verwenden.

(a) Einfache Diffusion. Sauerstoff, Kohlendioxid und Wasser diffundieren direkt in Abhängigkeit ihrer relativen Konzentrationen innerhalb und außerhalb der Zelle.

(b) Erleichterte Diffusion, die durch Transportproteine vermittelt wird. Der Transport von Glucose durch die Plasmamembran wird von einem spezifischen Glucosetransporter mit der Bezeichnung GLUT 1 vermittelt. Ein Anionenantiporter bewerkstelligt den entgegengesetzten Transport von Chlorid (Cl^-) und Bicarbonat (HCO_3^-).

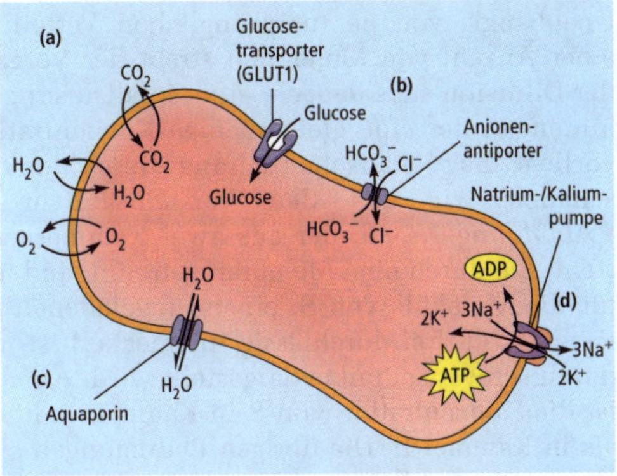

(c) Erleichterte Diffusion, die durch Kanalproteine vermittelt wird. Aquaporine können den schnellen Einwärts- oder Auswärtstransport von Wassermolekülen bewerkstelligen.

(d) Aktiver Transport. Die durch die Hydrolyse von ATP angetriebene Na^+/K^+ Pumpe pumpt für jeweils zwei einwärts transportierte Kaliumionen drei Natriumionen auswärts, wodurch für beide Ionen über der Plasmamembran ein elektrochemisches Potenzial aufgebaut wird.

Abbildung 7.2: Wichtige Transportvorgänge des Erythrocyten. Hier sind mehrere Typen von Transportvorgängen dargestellt, die von lebenswichtiger Bedeutung für die Funktion des Erythrocyten sind.

7.2 Die einfache Diffusion: Die einfache Bewegung entlang eines Gradienten

Der geradlinigste Weg für einen gelösten Stoff, von einer Seite der Membran auf die andere zu gelangen, ist die **einfache Diffusion**, worunter man die nicht unterstützte Nettobewegung eines gelösten Stoffs von einer Region mit höherer Konzentration zu einer Region mit niedrigerer Konzentration versteht (▸*Abbildung 7.2a*). Aufgrund des hydrophoben Inneren der Membranen ist die einfache Diffusion typischerweise die Haupttransportform von Gasen, nicht-polaren Molekülen oder kleinen polaren Molekülen wie Wasser, Glycerin oder Ethanol.

Sauerstoff ist ein Gas, das leicht durch die hydrophobe Lipiddoppelschicht gelangt und sich daher mittels einfacher Diffusion durch die Membranen bewegt. Dank dieses Verhaltens können die Erythrocyten des Blutkreislaufs Sauerstoff in der Lunge aufnehmen und im Körpergewebe abgeben. In den Kapillaren des Körpergewebes, in denen Sauerstoff in niedriger Konzentration vorliegt, wird Sauerstoff vom Hämoglobin freigesetzt und diffundiert passiv vom Cytoplasma des Erythrocyten in das Blutplasma und von dort in die Zellen, die die Kapillaren auskleiden (▸*Abbildung 7.3a*).

In den Kapillaren der Lunge findet der entgegengesetzte Vorgang statt: Sauerstoff diffundiert aus der inhalierten Luft in die Lunge, wo er in höherer Konzentration vorliegt, von dort gelangt er in das Cytoplasma des Erythrocyten, wo er in niedrigerer Konzentration vorliegt (▸*Abbildung 7.3b*). Auch Kohlendioxid vermag durch einfache Diffusion Membranen zu durchqueren. Der größte Teil des CO_2 wird allerdings in Form von Hydrogencarbonat-Ionen (HCO_3^-) transportiert, worauf wir zu einem späteren Zeitpunkt in diesem Kapitel eingehen werden. Es überrascht also keineswegs, dass Kohlendioxid und Sauerstoff sich in entgegengesetzten Richtungen durch die Erythrocytenmembran bewegen. Kohlendioxid diffundiert in Körpergeweben in den Erythrocyten hinein und in den Lungen aus ihm heraus.

(a) In den Kapillaren des Körpergewebes ($[O_2]$ niedrig und $[CO_2]$ hoch im Verhältnis zu den Erythrocyten). O_2 wird in den Erythrocyten vom Hämoglobin freigesetzt und diffundiert nach außen, um den Bedarf des Gewebes zu decken. CO_2 diffundiert einwärts und wird im Cytosol von der Carboanhydrase zu Bicarbonat umgewandelt. Bicarbonationen werden vom Anionenantiporter auswärts transportiert, wobei dieser Vorgang zugleich mit dem Einwärtstransport von Chloridionen abläuft, um das Ladungsgleichgewicht aufrechtzuhalten. Daher kehrt das Kohlendioxid in Form von Bicarbonat zu den Lungen zurück.

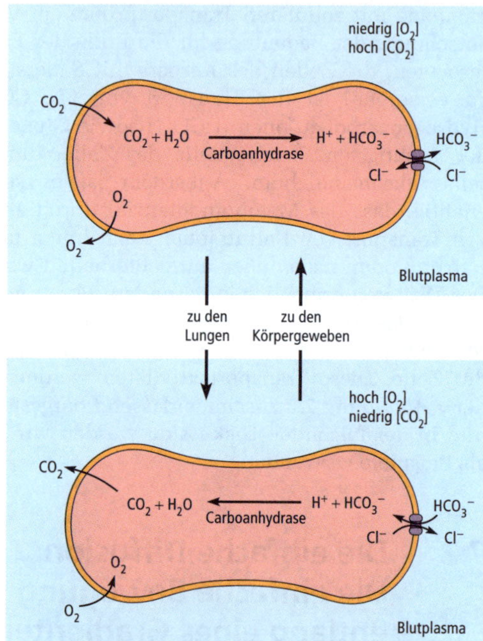

(b) In den Kapillaren der Lunge ($[O_2]$ hoch und $[CO_2]$ niedrig im Verhältnis zu den Erythrocyten). O_2 diffundiert einwärts und bindet an Hämoglobin. Bicarbonat wird vom Blutplasma einwärts transportiert, wobei dieser Vorgang mit dem Auswärtstransport von Chloridionen einhergeht. Das einströmende Biocarbonat wird zu CO_2 umgewandelt, das aus den Erythrocyten hinaus in die Zellen hinein diffundiert, welche die Kapillaren der Lunge auskleiden. Das CO_2 ist nun bereit, aus dem Körper abgegeben zu werden.

Abbildung 7.3: Transportrichtungen von Sauerstoff, Kohlendioxid und Hydrogencarbonat in Erythrocyten. Die Richtungen, in denen O_2, CO_2 und HCO_3^- durch die Plasmamembran des Erythrocyten diffundieren, hängen von der Position des Erythrocyten im Körper ab.

7.2.1 Diffusion bewegt gelöste Stoffe immer in Richtung eines Gleichgewichts

Unabhängig von der ursprünglichen Verteilung einer Anzahl von Molekülen strebt der Vorgang der Diffusion stets danach, eine Zufallslösung zu bilden, in der eine gleichmäßige Konzentration vorliegt. Zur Veranschaulichung dieses Punktes schauen wir uns den Versuchsaufbau in ▸*Abbildung 7.4* an, der aus zwei Kammern besteht, die durch eine Membran getrennt sind, die für die Moleküle von S, einem ungeladenen gelösten Stoff, frei durchlässig (permeabel) ist, der durch schwarze Punkte dargestellt wird. Anfangs ist die Konzentration von S in Kammer A höher als in Kammer B. Die übrigen Bedingungen sind gleich. Die Zufallsbewegungen der gelösten Moleküle durch die Membran hindurch und wieder zurückführen zu einer Nettobewegung von gelösten Stoffen von Kammer A nach Kammer B. Wenn die Konzentration von S auf beiden Seiten der Membran gleich ist, hat das System das Gleichgewicht erreicht. Die zufällige Bewegung (hinüber und zurück) der einzelnen Moleküle dauert an, aber es findet keine weitere Nettoveränderung der Konzentrationen statt. *Diffusion strebt also immer zum Gleichgewicht* und ist somit ein spontaner Vorgang.

Anders formuliert könnte man sagen, dass Diffusion immer nach minimaler freier Energie strebt. Wie Sie in *Kapitel 4* gelernt haben, laufen chemische Reaktionen und physikalische Vorgänge immer in Richtung sinkender freier Energie voran, ganz in Übereinstimmung mit dem zweiten Hauptsatz der Thermodynamik. Die Diffusion durch Membranen bildet keine Ausnahme: Die freie Energie wird verringert, wenn sich Moleküle entlang ihres Konzentrationsgradienten abwärts bewegen. Die Triebkraft der Diffusion ist die Entropie, die zufällige Verteilung von Molekülen, wenn sich die Konzentration zu beiden Seiten der Membran ausgleicht. Dieses Prinzip werden wir später anwenden, wenn wir ΔG berechnen, die Ladung der freien Energie in Zusammenhang mit dem Transport von Molekülen und Ionen durch Membranen. Streng genommen läuft Diffusion immer von Regionen höherer freier Energie zu Regionen niedrigerer freier Energie fort. Im thermodynamischen Gleichgewicht findet keine weitere Nettobewegung statt, denn die freie Energie des Systems hat den niedrigsten Punkt erreicht.

7.2.2 Osmose ist die Diffusion von Wasser durch eine selektiv permeable Membran

Mehrere Eigenschaften des Wassers bedingen seine besondere Verhaltensweise. Erstens sind Wassermoleküle nicht geladen, sodass das Membranpotenzial für sie keine Rolle spielt. Außerdem besteht zu beiden sich gegenüberliegenden Seiten der Membran kein nennenswerter Konzentrationsunterschied des Wassers. Was also bestimmt dann die Richtung der Diffusion des Wassers? Wenn man einen Stoff in Wasser löst, brechen die gelösten Moleküle die geordneten dreidimensionalen Wechselwirkungen auf, die normalerweise zwischen einzelnen Wassermolekülen bestehen, wodurch die Entropie zunimmt und die freie Energie der Lösung freigesetzt wird. Ebenso wie andere Substanzen strebt Wasser danach, aus Regionen mit hoher freier Energie in Regionen zu diffundieren, in denen die freie Energie niedriger ist. Daher strebt Wasser danach, aus Regionen niedriger Lösungskonzentration (hoher freier Energie) in Regionen höherer Lösungskonzentration (niedrigerer freier Energie) zu diffundieren.

Dieses Prinzip wird in der ▸*Abbildung 7.4b* veranschaulicht. Lösungen unterschiedlicher Lösungsmittelkonzentration werden in die Kammern A und B gegeben, wie in ▸*Abbildung 7.4a*, aber die beiden Kammern werden jetzt durch eine selektiv permeable Membran getrennt, die für Wasser durchlässig ist, aber *nicht* für die gelöste Substanz. Unter diesen Bedingungen bewegt sich oder diffundiert das Wasser durch die Membran von Kammer B nach Kammer A. Diese Bewegung des Wassers als Reaktion auf eine unterschiedliche Substratkonzentration bezeichnet man als **Osmose**. Die osmotische Bewegung des Wassers durch eine Membran verläuft immer von der Seite mit hoher freier Energie (das heißt mit der niedrigeren Substratkonzentration) zur Seite mit der niedrigen freien Energie (das heißt mit der höheren Substratkonzentration). Für die meisten Zellen bedeutet dies, dass das Wasser nach innen strebt, denn die Konzentration der Substanzen ist innerhalb der Zelle fast immer höher als außerhalb. Ohne Kontrolle würde die Bewegung des Wassers in die Zelle hinein zum Anschwellen und Platzen der Zelle führen, und vielleicht würde sie platzen.

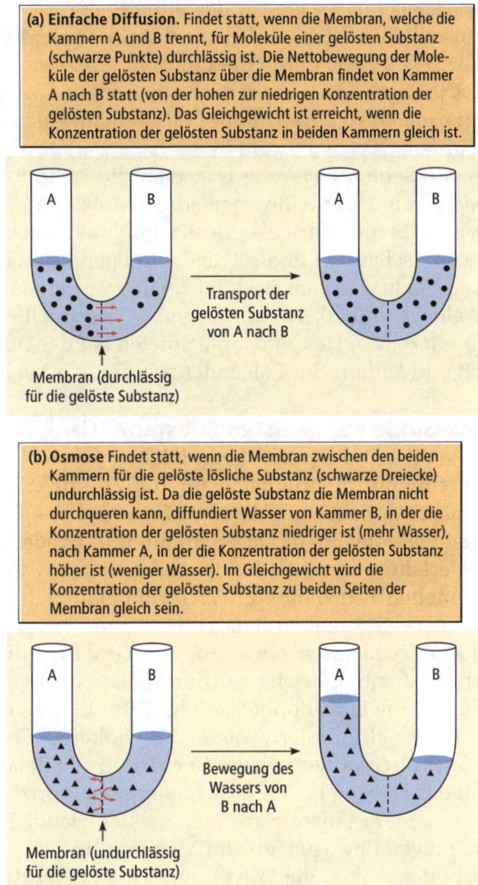

Abbildung 7.4: Vergleich von einfacher Diffusion und Osmose. In beiden dargestellten Versuchsaufbauten gibt es zu Beginn mehr gelöste Substanz in Kammer A als in Kammer B. Die Membran in Beispiel (a) ist für die gelöste Substanz permeabel, und die Membran in Beispiel (b) ist, ebenso wie eine typische Zellemembran, undurchlässig für die gelöste Substanz, nicht aber für Wasser.

7.2.3 Die einfache Diffusion ist auf kleine nicht-polare Moleküle begrenzt

Zur Untersuchung der Faktoren, die die Diffusion gelöster Substanzen durch Membranen beeinflussen, nutzen Wissenschaftler häufig Membranmodelle. Ein wichtiger Fortschritt bei der Entwicklung dieser Modelle gelang Alec Bangham und seinen Kollegen als sie im Jahr 1961 herausfanden, dass aus Zellmembranen extrahierte Lipide, die dann in Wasser dispergiert werden, *Liposomen* bildeten. Liposomen sind kleine Vesikel mit einem Durchmesser von circa 0,1 µm, wobei ein jedes aus einer geschlossenen, runden Lipiddoppelschicht besteht, die keine Membranproteine enthält. Bangham wies nach, dass man bei der Bildung der Liposomen gelöste Substanzen wie Kaliumionen in ihnen einschließen kann und dann die Geschwindigkeit messen kann, mit der die gelösten Substanzen durch Diffusion durch die Liposomdoppelschicht hindurch diffundieren.

Die Ergebnisse waren ganz erstaunlich. Ionen wie K^+ und Na^+ blieben über mehrere Tage in den Liposomen gefangen, während kleine ungeladene Moleküle wie Sauerstoff so schnell ausgetauscht wurden, dass man kaum in der Lage war, die Geschwindigkeit des Austauschs zu messen. Die zwingende Schlussfolgerung war, dass die Lipiddoppelschicht die primäre Permeabilitätsbarriere einer Membran war. Kleine ungeladene Moleküle können die Barriere mittels einfacher Diffusion passieren, während Natrium- und Kaliumionen sie kaum überwinden. Auf der Grundlage der von vielen Wissenschaftlern in der Folge durchgeführten Experimente, bei denen sie eine Reihe von Lipiddoppelschichtsystemen und Tausende verschiedener Lösungen verwendeten, können wir mit größter Wahrscheinlichkeit vorhersagen, wie schnell ein gelöster Stoff durch eine Lipiddoppelschicht diffundiert. Drei Hauptfaktoren spielen bei der Diffusion gelöster Substanzen eine Rolle: *Größe*, *Polarität* und *Ladung*. Im Folgenden werden wir nacheinander jeden dieser Faktoren näher betrachten.

Die Größe der gelösten Substanz Ganz allgemein kann man feststellen, dass kleinere Moleküle die Lipiddoppelschicht leichter passieren als große Moleküle. Wasser, Sauerstoff und Kohlendioxid sind die kleinsten für die Zellfunktion relevanten Moleküle. Membranen sind für diese Moleküle recht durchlässig, für die keine spezialisierten Transportvorgänge erforderlich werden, um die Moleküle in Zellen hinein und wieder aus ihnen heraus zu transportieren, obwohl wir später erfahren werden, dass es in bestimmten Geweben Zellen mit speziellen Kanäle gibt, die einen schnellen Transport von Wassermolekülen durch Membranen ermöglichen. Wenn in diesen Zellen kein Wasserkanal vorhanden ist, dann können sich nicht einmal diese kleinen Moleküle frei durch diese Membranen bewegen. Die Geschwindigkeit, mit der beispielsweise Wassermoleküle frei ohne Membranbarriere diffundieren, übersteigt die Geschwindigkeit, mit der Wassermoleküle durch eine Lipiddoppelschicht diffundieren, um das 10.000-Fache.

Jedoch diffundiert Wasser mit höheren Geschwindigkeiten als man bei solch einem polaren Molekül erwarten würde. Der Grund für dieses Verhalten ist noch nicht vollständig verstanden. Eine Erklärung lautet, dass Membranen winzige Poren enthalten, die Wasser durchlassen, aber für jede andere polare Substanz zu klein sind. Einer anderen Erklärung zufolge werden durch die ständigen Bewegungen von Membranlipiden vorübergehend „Löcher" in den Lipidmonoschichten gebildet, sodass die Wassermoleküle zuerst durch eine Monoschicht und dann durch die nächste gelangen. Diese beiden Hypothesen werden allerdings nur von wenigen experimentellen Beweisen untermauert und die einfache Diffusion des Wassers durch Membranen bleibt ein Rätsel.

Abgesehen von Wasser diffundieren auch kleine polare Moleküle mit einem Molekulargewicht (MW; engl.: *molecular weight*) von bis zu 100 – beispielsweise Ethanol (CH_3CH_2OH; MW = 46) und Glycerin ($C_3H_8O_3$; MW = 92) – durch Membranen. Größere polare Moleküle wie Glucose ($C_6H_{12}O_6$; MW = 180) können die Membran nicht passieren. Daher benötigen Zellen spezielle Transportproteine in ihren Plasmamembranen, um die Aufnahme von Glucose und anderen polaren gelösten Stoffen zu ermöglichen.

Die Polarität gelöster Substanzen Es gibt eine Korrelation zwischen der Lipidlöslichkeit eines Moleküls und dessen Membranpermeabilität. Im Allgemeinen sind Lipiddoppelschichten für nicht-polare Moleküle durchlässiger als für polare Moleküle. Dies ist darauf zurückzuführen, dass sich nicht-polare Moleküle leichter in der hydrophoben Phase der Lipiddoppelschicht lösen und die Membran daher schneller passieren können als polare Moleküle gleicher Größe. Zum Beispiel sind die Steroidhormone Östrogen und Testosteron größtenteils nicht-polar und können daher trotz ihrer Molekulargewichte von 370 bzw. 288 durch Membranen diffundieren.

Eine einfache Maßeinheit der Polarität (oder Nichtpolarität) einer gelösten Substanz ist der Verteilungskoeffizient, der das quantitative Verhältnis der Löslichkeit einer Substanz in einem organischen Lösungsmittel (wie Pflanzenöl oder 1-Oktanol) im Verhältnis zu dessen Löslichkeit in Wasser angibt. Grundsätzlich gilt, je weniger polar – oder hydrophob – eine Substanz ist, desto höher ist der Verteilungskoeffizient und desto leichter und schneller kann sich die Substanz durch eine Membran bewegen (oder sich in ihr lösen). Zum Beispiel haben wir die Verteilungskoeffizienten verschiedener

Aminosäuren in *Kapitel 6* herangezogen, um den Hydropathieindex eines Proteins zu berechnen. Aminosäuren mit nicht-polaren Seitenketten (siehe *Abbildung 2.2*), wie beispielsweise Tryptophan, Leucin und Valin, haben hohe Verteilungskoeffizienten und kommen mit großer Wahrscheinlichkeit in den Transmembranregionen eines Membranproteins vor, ganz im Gegensatz zu Aminosäuren mit polaren Seitenketten und niedrigen Verteilungskoeffizienten (Serin und Threonin).

Die Ladung gelöster Substanzen Die relative Undurchlässigkeit polarer Substanzen im Allgemeinen und der Ionen im Besonderen beruht auf den starken Bindungen zu den Wassermolekülen, die eine Hydrathülle um sie herum bilden. Damit solche gelösten Substanzen die Membran durchqueren können, müssen die Wassermoleküle abgestreift werden und Energie muss aufgewendet werden, um die Bindung zwischen den Ionen und den Wassermolekülen aufzubrechen. Daher schränkt die Verbindung von Ionen mit Wassermolekülen unter Bildung von Hydrathüllen ganz erheblich den Ionentransport durch Membranen ein.

Die Undurchlässigkeit von Membranen für Ionen ist für die Zellaktivität von Bedeutung, denn jede Zelle muss zur Aufrechterhaltung ihrer Funktion ein elektrochemisches Potenzial über ihrer Plasmamembran aufrechterhalten. In den meisten Fällen handelt es sich bei diesem Potenzial entweder um einen Gradienten aus Natriumionen (tierische Zellen) oder aus Protonen (in den meisten anderen Zellen). Andererseits müssen Membranen auch den Ionen die kontrollierte Passage durch die Lipiddoppelschicht erlauben. Später werden Sie in diesem Kapitel lernen, dass die Proteine, die den Ionentransport ermöglichen, hydrophile Kanäle darstellen, die den Ionen einen Weg durch die Membran ermöglichen, der wenig Energie kostet.

7.2.4 Die Geschwindigkeit der einfachen Diffusion ist direkt proportional zum Konzentrationsgradienten

Bisher haben wir uns mit den qualitativen Aspekten der einfachen Diffusion beschäftigt. Diesen Aspekt können wir vertiefen, indem wir uns mit den thermodynamischen und kinetischen Eigenschaften der Diffusion auseinandersetzen. Im Hinblick auf die Thermodynamik ist die einfache Diffusion immer ein exergonischer Vorgang, der keine Energie benötigt. Einzelne Moleküle diffundieren einfach nach dem Zufallsprinzip in beide Richtungen, aber der Nettofluss erfolgt immer in Richtung der minimalen freien Energie – was, im Hinblick auf ungeladene Moleküle, entlang des Konzentrationsgradienten abwärts bedeutet.

In kinetischer Hinsicht ist eines der Schlüsselmerkmale der einfachen Diffusion, dass die Nettogeschwindigkeit des Transports für eine spezielle Substanz direkt proportional zur Konzentrations-Differenz der Substanz durch die Membran über einen großen Konzentrationsbereich ist. Für die Diffusion einer gelösten Substanz S von außen nach innen in die Zelle wird die Geschwindigkeit der nach innen gerichteten Diffusion durch die Membran, $v_{\text{einwärts}}$, folgendermaßen ausgedrückt:

$$v_{\text{einwärts}} = P\Delta[\text{S}] \tag{7-1}$$

wobei $v_{\text{einwärts}}$ die Geschwindigkeit der nach innen gerichteten Diffusion (in Mol/Sekunde · cm^2 der Membranoberfläche) ist und $\Delta[S]$ der Konzentrationsgradient der gelösten Substanz über die Membran ($\Delta[\text{S}] = [\text{S}]_{\text{außen}} - [\text{S}]_{\text{innen}}$). P ist der Permeabilitätskoeffizient, ein experimentell ermittelter Parameter, der von der Dicke und Viskosität der Membran abhängt; der Größe, Form und Polarität von S und der Gleichgewichtsverteilung von S in der Membran und den wässrigen Phasen. Wenn entweder die Permeabilität oder der Konzentrationsgradient ansteigen, steigt die Geschwindigkeit des Einwärtstransports.

Wie aus der Gleichung 7-1 ersichtlich, zeichnet sich die einfache Diffusion durch eine lineare Beziehung zwischen dem nach innen gerichteten Fluss des gelösten Stoffes durch die Membran und dem Konzentrationsgradienten des gelösten Stoffes aus, ohne dass eine Sättigung des Transports bei hohen Konzentrationen eintritt. Diese Beziehung ist in der ▸*Abbildung 7.5* als rote Linie dargestellt. In dieser Hinsicht unterscheiden sich einfache Diffusion und erleichterte Diffusion, bei der Sättigung auftritt und die im Allgemeinen der Michaelis-Menten-Kinetik folgt, worauf wir bald eingehen werden. Die einfache Diffusion kann man daher aufgrund ihrer kinetischen Eigenschaften von der erleichterten Diffusion unterscheiden.

Zusammenfassend können wir über die einfache Diffusion feststellen, dass sie nur für Moleküle wie Ethanol, CO_2 und O_2 von Bedeutung ist, die so klein und/oder nicht-polar sind, dass sie die Membran ohne Unterstützung durch Transportproteine durchqueren können. Die einfache Diffusion erfolgt exergonisch in der vom Konzentrationsgradienten vorgeschriebenen Richtung, mit einer linearen, ungesättigten Beziehung zwischen der Diffusionsgeschwindigkeit und dem Konzentrationsgradienten.

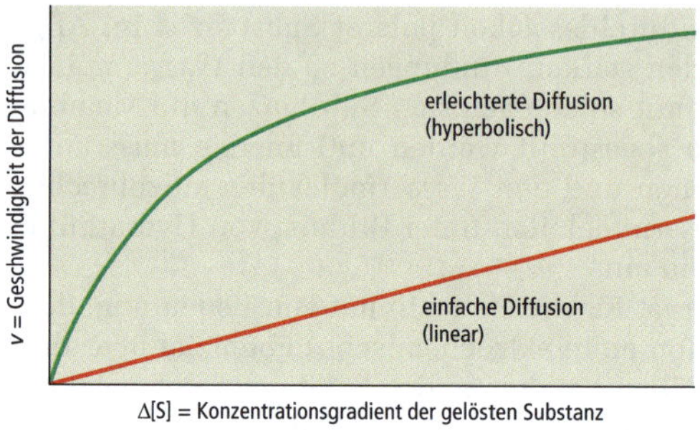

Abbildung 7.5: Vergleich der Kinetik der einfachen Diffusion und der erleichterten Diffusion. Bei der einfachen Diffusion über eine Membran ist die Beziehung zwischen v, der Geschwindigkeit der Diffusion, und $\Delta[S]$, dem Konzentrationsgradienten der gelösten Substanz, über einen großen Konzentrationsbereich (rote Linie) linear. Bei der erleichterten Diffusion ist die Beziehung bei geringen Konzentrationsgradienten linear, zeigt aber eine Sättigungskinetik und ist daher hyperbolisch (grüne Linie), wobei schließlich ein Maximalwert bei sehr hohem $\Delta[S]$ erreicht wird.

7.3 Die erleichterte Diffusion: Die proteinvermittelte Bewegung entlang des Gradienten

Die meisten Substanzen in Zellen sind zu groß oder zu stark polar, um Membranen mit vernünftigen Geschwindigkeiten durch einfache Diffusion zu passieren, sogar dann, wenn es sich um einen exergonischen Vorgang handelt. Solche gelösten Stoffe können nur dann mit ausreichender Geschwindigkeit in Zellen und Organellen hinein und aus ihnen heraus gelangen, wenn sie von **Transportproteinen** unterstützt werden, die den Transport von gelösten Molekülen über die Membran vermitteln. Wenn es sich dabei um einen exergonischen Vorgang handelt, so spricht man von erleichterter Diffusion, denn die gelöste Substanz diffundiert weiterhin in die vom Konzentrationsgradienten (bei ungeladenen Molekülen) oder in die vom elektrochemischen Gradienten (bei Ionen) vorgeschriebene Richtung, wobei keine Energie aufgewendet werden muss. Die Rolle des Transportproteins besteht einfach darin, einen Weg durch die hydrophobe Lipiddoppelschicht bereitzustellen, wodurch die „abwärts gerichtete“ Diffusion eines polaren oder geladenen Stoffes über eine ansonsten für diese Substanz undurchdringliche Barriere ermöglicht wird.

Als Beispiel für eine erleichterte Diffusion schauen wir uns den Transport von Glucose durch die Plasmamembran in einer Zelle Ihres Körpers an. Die Konzentration von Glucose ist im Blut normalerweise höher als in der Zelle, sodass der Einwärtstransport von Glucose exergonisch abläuft – das heißt, für diesen Vorgang wird kein Energieaufwand benötigt. Allerdings ist das Glucosemolekül zu groß und zu polar, um ohne Unterstützung durch die Membran zu diffundieren. Es wird ein Transportprotein benötigt, um die nach innen gerichtete Bewegung auszuführen.

7.3.1 Carrierproteine und Kanalproteine erleichtern durch verschiedene Mechanismen die Diffusion

Die an der erleichterten Diffusion kleiner Moleküle und Ionen mitwirkenden Transportproteine sind integrale Membranproteine, die mehrere oder sogar viele Transmembransegmente enthalten und daher die Membran mehrfach durchspannen. Im Hinblick auf ihre Funktion unterteilt man diese Transportproteine in zwei Hauptklassen, die gelöste Stoffe auf unterschiedliche Weise transportieren. **Carrierproteine** (sie werden auch als Transporter oder Permeasen bezeichnet) binden an einer Membranseite ein oder mehrere gelöste Moleküle und durchlaufen dann eine Konformationsänderung, wodurch der gelöste Stoff auf die andere Seite der Membran gelangt. Bei diesem Vorgang bindet ein Carrierprotein das gelöste Molekül so, dass die polaren oder geladenen Gruppen der gelösten Substanz von dem nicht-polaren Inneren der Membran abgeschirmt werden.

Kanalproteine bilden wiederum hydrophile Kanäle durch die Membran, die ohne größere Konformationsänderung den Durchfluss gelöster Substanzen (z. B. Ionen oder Wasser) ermöglichen.

Einige dieser Kanäle sind relativ groß und unspezifisch, beispielsweise die *Poren* in den äußeren Membranen der Bakterien, Mitochondrien und Chloroplasten. Poren werden von Transmembranproteinen gebildet, den sogenannten *Porinen*, und erlauben bestimmten hydrophilen gelösten Substanzen, deren Molekulargewicht bis zu 600 betragen kann, die Diffusion über die Membran. Die meisten Kanäle sind allerdings kleiner und höchst selektiv. Die meisten dieser kleineren Kanäle wirken eher am Transport von Ionen und weniger am Transport von Molekülen mit und werden daher als *Ionenkanäle* bezeichnet. Der Transport gelöster Substanzen durch Ionenkanäle erfolgt schneller als der Transport durch Carrierproteine, was vermutlich daran liegt, dass keine komplexen Konformationsänderungen erforderlich sind.

7.3.2 Carrierproteine wechseln zwischen zwei Konformationszuständen

Ein wichtiges Thema heutiger Membranforschung sind die Mechanismen, durch die Transportproteine den Transport gelöster Substanzen über Membranen ermöglichen. Im Hinblick auf Proteine bietet das Modell der **alternierenden Konformation** die nachvollziehbarste Erklärung. Diesem Modell zufolge ist das Carrierprotein ein allosterisches Protein, das zwischen zwei Konformationszuständen wechselt. In einem Zustand ist die Bindestelle für die gelöste Substanz auf einer Seite der Membran offen oder zugänglich. Nach Bindung der gelösten Substanz wechselt das Protein in einen alternativen Konformationszustand, in dem die Bindestelle für die gelöste Substanz auf der anderen Membranseite liegt, wodurch dessen Freisetzung ausgelöst wird. Schon bald werden wir diesem beispielhaft aufgeführten Mechanismus wieder begegnen, wenn wir die erleichterte Diffusion von Glucose in Erythrocyten hinein erläutern.

7.3.3 Carrierproteine sind im Hinblick auf Spezifität und Kinetik den Enzymen ähnlich

Wie bereits zuvor angemerkt, bezeichnet man Carrierproteine manchmal auch als *Permeasen*. Diese Bezeichnung ist gut gewählt, denn die Nachsilbe *-ase* spielt auf die Ähnlichkeit zwischen Carrierproteinen und Enzymen an. Ebenso wie bei einer von einem Enzym katalysierten Reaktion, erfolgt auch bei der erleichterten Diffusion eine Initialbindung des „Substrats“ (dem zu transportierenden gelösten Stoff) an eine spezifische Selle auf einer Proteinoberfläche (der Bindestelle des gelösten Stoffs auf einem Carrierprotein) und letztendlich wird das „Produkt“ (der transportierte gelöste Stoff) über einen „Enzym-Substrat“-Komplex (den an ein Carrierprotein gebundenen gelösten Stoff) als Zwischenprodukt freigesetzt. Ebenso wie Enzyme können Carrierproteine durch externe Faktoren reguliert werden, die ihre Aktivität binden und modifizieren.

Die Spezifität von Carrierproteinen Eine weitere gemeinsame Eigenschaft der Carrierproteine und der Enzyme ist deren *Spezifität*. Ebenso wie Enzyme sind Carrierproteine stark spezifisch, oftmals für eine einzige Verbindung oder eine kleine Gruppe engverwandter Verbindungen und häufig sogar für ein spezifisches Stereoisomer. Ein gutes Beispiel bietet das Carrierprotein, das die Diffusion von Glucose in Erythrocyten unterstützt (siehe *Abbildung 7.2b*). Dieses Protein erkennt nur Glucose und einige wenige engverwandte Monosaccharide wie Galactose und Mannose. Außerdem ist das Protein stereospezifisch: Es akzeptiert das D- aber nicht das L-Isomer dieser Zucker. Diese Spezifität geht vermutlich auf die präzise stereochemische Anpassung zwischen dem gelösten Stoff und seiner Bindestelle auf dem Carrierprotein zurück.

Somit erklären die Eigenschaften der Carrierproteine die charakteristischen Merkmale der erleichterten Diffusion: die Bewegung polarer Moleküle und Ionen abwärts eines Konzentrationsgradienten („Bergab-Transport“), die Spezifität für das jeweilige transportierte Substrat, die Fähigkeit, bei hohen Substratkonzentrationen gesättigt zu sein und die Sensitivität für spezifische Inhibitoren des Transports.

Kinetik der Funktion der Carrierproteine Wie Sie sicherlich aufgrund der Analogie mit Enzymen erwarten, tritt bei Carrierproteinen eine Sättigung ein, wenn die Konzentration des zu transportierenden gelösten Stoffes erhöht wird. Das liegt zum einen an der begrenzten Anzahl von Carrierproteinen und außerdem daran, dass jedes Carrierprotein seine Funktion bei einer bestimmten Höchstgeschwindigkeit ausführt. Daher unterliegt der durch Carrier unterstützte Transport ebenso wie die Enzymkatalyse der Sättigungskinetik. Dieser Transporttyp zeichnet sich durch eine Höchstgeschwindigkeit V_{max} und eine Konstante K_m aus, die der Konzentration transportierbarer gelöster Stoffe entspricht, die benötigt wird, um die halbmaximale Geschwindigkeit des Transports zu erreichen. Dies bedeutet, dass die Anfangsgeschwindigkeit des Transports, *v*, mathematisch mittels der Gleichung beschrieben werden kann, die wir zur Beschreibung der Enzymkinetik verwendet hatten (Gleichung 7-2):

$$v = \frac{V_{max}[S]}{K_m + [S]} \qquad (7\text{-}2)$$

Wobei [S] die Anfangskonzentration des gelösten Stoffes auf einer Seite der Membran ist (zum Beispiel auf der Außenseite der Membran, wenn die Anfangsgeschwindigkeit des Einwärtstransports ermittelt werden soll). Der Graph der Transportgeschwindigkeit gegen die Anfangskonzentration des gelösten Stoffes ist daher bei der erleichterten Diffusion eine Hyperbel und nicht, wie bei der einfachen Diffusion, linear (siehe *Abbildung 7.5*, grüne Linie). Dieser Unterschied in der Sättigungskinetik ist ein wichtiges Hilfsmittel zur Unterscheidung zwischen einfacher und erleichterter Diffusion.

Eine weitere Ähnlichkeit zwischen Enzymen und Carrierproteinen beruht darauf, dass Proteine oftmals von der kompetitiven Inhibition durch Moleküle oder Ionen abhängig sind, die strukturell mit dem gewünschten „Substrat" verwandt sind. So wird beispielsweise der Transport von Glucose mittels eines Glucosecarriers kompetitiv durch andere Monosaccharide, die das Protein gleichfalls bindet, gehemmt – das heißt, die Geschwindigkeit des Glucosetransports wird in der Gegenwart anderer transportierbarer Zucker verringert.

7.3.4 Carrierproteine transportieren entweder eine oder mehrere gelöste Substanzen

Obschon Carrierproteine im Hinblick auf ihre Kinetik und ihren mutmaßlichen Mechanismus mit alternierenden Konformationen Ähnlichkeiten aufweisen, gibt es doch erhebliche Unterschiede. Die bedeutsamsten Unterschiede betreffen die Anzahl der gelösten zu transportierenden Substanzen und die Richtung des Transports. Wenn ein Carrierprotein einen einzigen gelösten Stoff über eine Membran transportiert, dann bezeichnet man diesen Vorgang als **Uniport** (▸*Abbildung 7.6a*). Der Glucosecarrier, auf den wir bald zu sprechen kommen, ist ein *Uniporter*. Wenn zwei gelöste Substanzen gleichzeitig transportiert werden und ihr Transport aneinander gekoppelt ist, sodass der Transport abgebrochen wird, wenn eine der beiden Substanzen fehlt, dann spricht man vom **gekoppelten Transport** (▸*Abbildung 7.6b*). Dieser gekoppelte Transport wird wiederum als **Symport** (oder Cotransport) bezeichnet, wenn die gelösten Substanzen in die gleiche Richtung befördert werden und als **Antiport** (oder *Gegentransport*), wenn die gelösten Substanzen in entgegengesetzte Richtungen über die Membran transportiert werden. Die Transportproteine, die diese Vorgänge vermitteln, bezeichnet man als *Symporter* bzw. *Antiporter*. Später werden wir sehen,

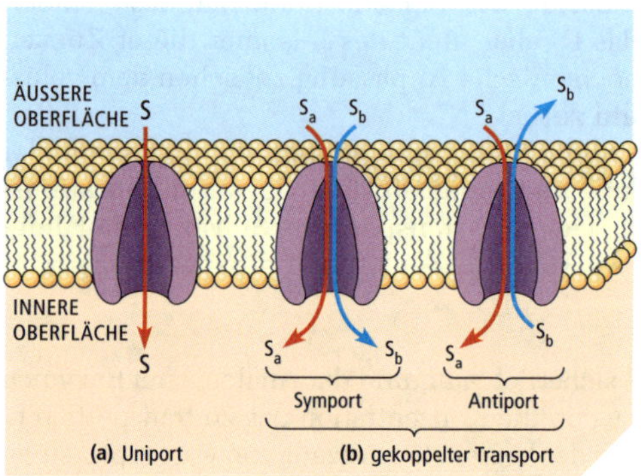

Abbildung 7.6: Vergleich von Uniport, Symport und Antiport durch Carrierproteine. (a) Beim Uniport befördert ein Membrantransportprotein eine einzige gelöste Substanz über eine Membran. (b) Beim gekoppelten Transport werden zwei gelöste Substanzen, S_a und S_b, gleichzeitig bewegt. Der gekoppelte Transport kann entweder als Symport (die beiden gelösten Substanzen werden in die gleiche Richtung transportiert) oder als Antiport (die beiden gelösten Substanzen werden in entgegengesetzte Richtungen transportiert) stattfinden. Beachten Sie, dass die Transporter nicht einfach offene Kanäle sind, wie in der vereinfachten Zeichnung dargestellt, sondern während des Transports der gelösten Substanzen zwischen zwei Konformationen alternieren.

dass diese Begriffe auch zur Bezeichnung der Transportweise verwendet werden, unabhängig davon, ob es sich um erleichterte Diffusion oder um aktiven Transport handelt.

7.3.5 Der Glucosetransporter und der Anionenaustauscher des Erythrocyten als Beispiele für Carrierproteine

Nachdem wir die allgemeinen Merkmale von Carrierproteinen beschrieben haben, wollen wir uns kurz mit zwei spezifischen Beispielen beschäftigen: dem Uniporter für Glucose und dem Anionenantiporter für Cl^- und HCO_3^-. Beide Transporter kommen in der Zellmembran von Erythrocyten vor.

Der Glucosetransporter: ein Uniporter Wir hatten bereits feststellt, dass der Transport von Glucose in einen Erythrocyten ein Beispiel für erleichterte Diffusion darstellt, die von einem Uniporter vermittelt wird (siehe *Abbildung 7.2b*). Im Allgemeinen liegt die Konzentration von Glucose im Blutplasma im Bereich von 65–90 mg/100 ml (= 3,6–5,0 m*M*). Der Erythrocyt (oder fast jede andere Zelle, die mit Blut in Kontakt steht) kann aufgrund der geringeren intrazellulären Glucosekonzentration und der Anwesenheit eines Glucosecarriers in der Plasmamembran, des Glucosetransporters (GLUT), durch erleichterte Diffusion Glucose aufnehmen. Der GLUT von Erythrocyten wird als GLUT1 bezeichnet, um ihn von verwandten GLUTs in anderen Säugetiergeweben zu unterscheiden. Durch GLUT1 kann Glucose ungefähr 50.000-mal schneller in die Zelle gelangen als dies durch freie Diffusion durch eine Lipiddoppelschicht möglich wäre.

Die durch GLUT1 vermittelte Aufnahme von Glucose zeigt alle klassischen Merkmale der erleichterten Diffusion: Sie ist für Glucose spezifisch (und für einige verwandte Zucker wie Galactose und Mannose), sie verläuft abwärts entlang des Konzentrationsgradienten ohne Energiezufuhr, sie verhält sich entsprechend der Sättigungskinetik und zeigt sich für kompetitive Inhibition durch verwandte Monosaccharide empfindlich. GLUT1 ist ein integrales Membranprotein mit zwölf hydrophoben Transmembransegmenten. Diese sind so gefaltet und zusammengesetzt, dass sie einen Hohlraum bilden, der mit hydrophilen Seitenketten ausgekleidet ist, die mit Glucosemolekülen Wasserstoffbrückenbindungen eingehen, wenn diese die Membran passieren.

Man nimmt an, dass GLUT1 mittels des Mechanismus der alternierenden Konformationen Glucose transportiert, wie in der ▸*Abbildung 7.7* dargestellt. Die beiden Konformationszustände werden als T_1 und T_2 bezeichnet. Bei T_1 liegt die Bindestelle für Glucose auf der Außenseite der Zelle offen und bei T_2 ist die Bindestelle auf der Innenseite der Zelle offen. Der Vorgang beginnt, wenn ein Molekül D-Glucose mit einem GLUT1-Molekül in der T_1-Konformation zusammenstößt und bindet ❶. Nachdem die Glucose gebunden hat, wechselt GLUT1 jetzt in die T_2-Konformation ❷. Infolge der Konformationsänderung wird das Glucosemolekül im Zellinneren freigesetzt ❸, woraufhin das GLUT1-Molekül wieder in seine Ausgangskonformation zurückkehrt, wobei die Bindestelle wieder nach außen gerichtet ist ❹.

Das in der *Abbildung 7.7* dargestellte Beispiel gilt für den Einwärtstransport, der allerdings leicht umkehrbar ist, denn Carrierproteine funktionieren in jeder Richtung gleich gut. Ein Carrierprotein stellt im Allgemeinen lediglich ein Tor in einer ansonsten unüberwindbaren Mauer dar und ermöglicht, ebenso wie andere Tore, den Verkehr in jede Richtung. Einzelne Moleküle gelöster Substanzen können hinein oder heraus transportiert werden, je nach relativen Konzentrationen des gelösten Stoffes zu beiden Seiten der Membran. Wenn außen eine höhere Konzentration vorliegt, dann wird der Nettofluss nach innen gerichtet ablaufen. Wenn die höhere Konzentration auf der Innenseite vorliegt, wird der Nettofluss nach außen gerichtet ablaufen.

Die niedrige intrazelluläre Glucosekonzentration, dank derer die erleichterte Diffusion für fast alle tierischen Zellen ermöglicht wird, kommt dadurch zustande, dass die einströmende Glucose schnell durch das Enzym Hexokinase zu Glucose-6-Phosphat phosphoryliert wird, wobei ATP als Phosphatdonor und Energiequelle dient:

$$\text{Glukose} \xrightarrow[\text{Hexokinase}]{\text{ATP} \quad \text{ADP}} \text{Glukose-6-Phosphat} \qquad (7\text{-}3)$$

Diese Hexokinasereaktion ist der erste Schritt des Glucosemetabolismus, auf den wir in *Kapitel 8* eingehen werden. Der niedrige K_m von Hexokinase für Glucose (1,5 m*M*) und die Natur der stark exergonischen Reaktion ($\Delta G^{\circ\prime} = -4{,}0$ kcal/mol) stellen sicher, dass die Glucosekonzentration innerhalb der Zelle niedrig bleibt, wodurch der Konzentrationsgradient über die Zellmembran aufrechterhalten wird. Bei vielen Säugetierzellen liegt die intrazelluläre Glucosekonzentration zwischen 0,5 und 1,0 m*M*, was ungefähr 15–20 % des Glucosegehalts im Blutplasma außerhalb der Zelle ausmacht.

Durch die Phosphorylierung von Glucose bleibt diese in der Zelle, denn die Plasmamembran des Erythrocyten besitzt kein Transportprotein für Glucose-6-Phosphat. (Wie die meisten Zuckertransporter erkennt auch GLUT1 nicht die phosphorylierte Form des Zuckers.) Die Phosphorylierung ist im Grunde eine häufig angewandte Strategie, um Moleküle in der Zelle zu halten, denn die meisten Zellen besitzen keine Plasmamembranproteine, die phosphorylierte Verbindungen transportieren können.

Der GLUT1 der Erythrocyten ist nur einer von mehreren Glucosetransportern der Säugetiere. Beim Menschen gibt es 14 verschiedene GLUT-Proteine, die jeweils von einem anderen Gen kodiert werden. Jeder Transporter hat eigene physikalische und kinetische Eigenschaften, die auf seine Funktion in der jeweiligen Zelle, in der er vorkommt, abgestimmt sind. Zum Beispiel kommen GLUT3 und GLUT4 in den Hirnneuronen bzw. im Skelettmuskel vor, wo sie Glucose zur Energiegewinnung importieren. Andererseits ist GLUT2 der Glucosetransporter der Leberzellen, die Glykogen zu Glucose abbauen, wenn der Blutzuckerspiegel abfällt. Die Eigenschaften von GLUT2 begünstigen den Glucosetransport *aus* den Leberzellen heraus, um den Glucosespiegel im Blut auf einem konstanten Niveau zu halten.

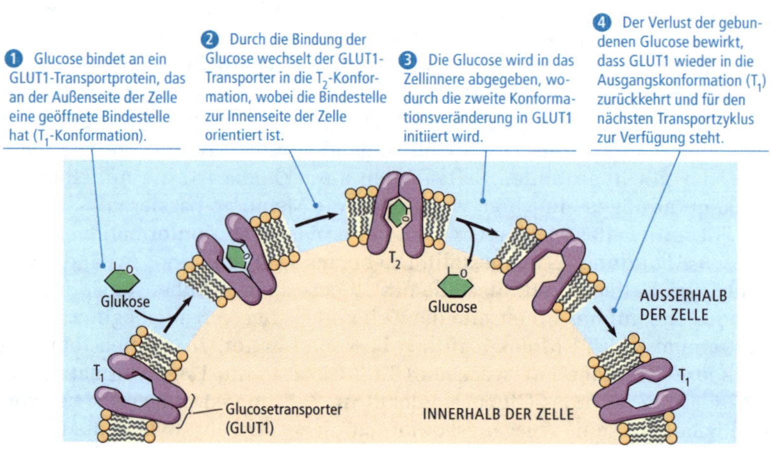

Abbildung 7.7: Das Modell der alternierenden Konformation für die erleichterte Diffusion von Glucose durch den Glucosetransporter GLUT1 in der Erythrocytenmembran. Der Einwärtstransport von Glucose durch GLUT1 ist hier in vier Schritten dargestellt, die an/in der Erythrocytenmembran ablaufen.

Der Erythrocyten-Anionenaustauscher: Ein Antiporter Ein weiteres gut untersuchtes Beispiel, an dem wir die erleichterte Diffusion zeigen möchten, ist der **Anionenaustauscher** der Plasmamembran des Erythrocyten (siehe *Abbildung 7.2b*). Dieses Antiport-Protein, das auch als *Chlorid-Hydrogencarbonat-Austauscher* bezeichnet wird, erleichtert den wechselseitigen Austausch von Chloridionen (Cl^-) und Hydrogencarbonationen (HCO_3^-) in entgegengesetzter Richtung über die Plasmamembran. Die Kopplung des Chlorid- und Hydrogencarbonattransports ist obligatorisch und der Transport wird abgebrochen, wenn einer der beiden Ionenpartner fehlt. Außerdem ist der Anionenaustauscher höchst selektiv. Hydrogencarbonat wird strikt im Verhältnis 1:1 gegen Chlorid ausgetauscht und keine anderen Anionen werden akzeptiert.

Man nimmt an, dass die Funktion des Anionenaustauschers auf dem Wechsel zwischen zwei Konformationszuständen, dem sogenannten „Ping-pong-Mechanismus“ beruht. In einem Konformationszustand bindet der Anionenaustauscher Chlorid auf einer Seite der Membran. In Folge der Chloridbindung findet eine Konformationsänderung statt, sodass Chlorid auf der anderen Membranseite freigesetzt wird, wo das Protein Hydrogencarbonat bindet. Dann erfolgt die zweite Konformationsänderung, woraufhin Hydrogencarbonat auf der anderen Membranseite freigesetzt wird, wo das Protein wieder Chlorid bindet. Wiederholte Kreisläufe von Bindung und Freisetzung führen zum Transport der beiden Ionen in entgegengesetzte Richtungen.

Jedes Anion kann auf jeder Membranseite an das Protein binden, sodass die Richtung des Transports von den relativen Konzentrationen der Ionen auf den einander gegenüberliegenden Seiten der Membran abhängt. In Zellen mit hoher Hydrogencarbonatkonzentration verlässt das Hydrogencarbonat die Zelle und Chlorid tritt ein. In Zellen mit niedriger Hydrogencarbonatkonzentration läuft der entgegengesetzte Vorgang ab – Hydrogencarbonat tritt in die Zelle ein und Chlorid geht hinaus.

Der Anionenaustauscher spielt eine zentrale Rolle in dem Vorgang, durch den CO_2, das in metabolisch aktiven Geweben gebildet wurde, zur Lunge transportiert wird, um dort ausgeatmet zu werden. In diesen Geweben diffundiert CO_2 in die Erythrocyten, in denen durch das cytosolische Enzym Carboanhydrase das CO_2 in Hydrogencarbonationen umgewandelt wird (siehe *Abbildung 7.3*). Wenn die Konzentration von Hydrogencarbonat im Erythrocyten steigt, verlässt es die Zelle. Zur Verhinderung eines Nettoungleichgewichts, geht der Auswärtstransport eines jeden negativ geladenen Hydrogencarbonations mit der Aufnahme eines negativ geladenen Chloridions einher.

In der Lunge läuft dieser gesamte Vorgang in umgekehrter Richtung ab: Chloridionen werden aus den Erythrocyten heraustransportiert, während Hydrogencarbonationen aufgenommen werden, die dann von der Carboanhydrase in CO_2 zurückgewandelt werden. Das Endergebnis ist die Beförderung von CO_2 (in Form von Hydrogencarbonationen) zum Lungengewebe, wo das CO_2 des Körpers ausgestoßen wird. Hinzu kommt, dass der Import von Hydrogencarbonat in die Erythrocyten in der Lunge den zellulären pH-Wert erhöht, der die Sauerstoffbindung an das Hämoglobin in den Lungen fördert. Wenn die Erythrocyten das Gewebe erreichen und Hydrogencarbonat abgegeben wird, sinkt der zelluläre pH-Wert und die Sauerstoffbindung nimmt ab, wodurch dieser schneller in die Gewebe freigesetzt werden kann.

7.3.6 Kanalproteine erleichtern die Diffusion durch Bildung hydrophiler Transmembrankanäle

Während einige Transportproteine die Diffusion erleichtern, weil sie die Funktion von Carrierproteinen übernehmen, die zwischen verschiedenen Konformationszuständen wechseln, üben andere Transportproteine ihre Aufgabe aus, indem sie hydrophile *Transmembrankanäle* bilden, durch die bestimmte gelöste Substanzen direkt über die Membran transportiert werden. Wir werden uns jetzt drei Arten der Transmembranproteinkanäle anschauen: *Ionenkanäle*, *Porine* und *Aquaporine*.

Ionenkanäle: Transmembranproteine, die eine schnelle Passage von Ionen ermöglichen Trotz ihres augenscheinlich einfachen Aufbaus – eine winzige, mit hydrophilen Atomen ausgekleidete Pore – sind **Ionenkanäle** bemerkenswert selektiv (in Wirklichkeit ist die Struktur der Ionenkanäle sehr kompliziert und viele molekulare Mechanismen dieser faszinierenden Proteine verstehen wir noch gar nicht). Die meisten genehmigen nur einer Ionenart Durchlass, sodass getrennte Kanäle notwendig sind, um Ionen wie Na^+, K^+, Ca^{2+} und Cl^- zu transportieren. Angesichts der geringen Größen- und Ladungsunterschiede bei einigen dieser Ionen ist die Selektivität wirklich außerordentlich bemerkenswert. Sie beruht sowohl auf den für Ionen spezifischen Bindestellen, an denen spezifische Aminosäureseitenketten und Polypeptidrückgratatome im Kanal mitwirken als auch auf dem sich verengenden Mittelstück des Kanals, das als Größenfilter dient. Die Transportgeschwindigkeit ist gleichfalls beachtenswert: In einigen Fällen kann ein einzelner Kanal eine Million und mehr Ionen eines spezifischen Typs pro Sekunde durchschleusen!

Die meisten Ionenkanäle sind *geschaltet* (engl.: *gated*), es handelt sich um kontrollierte Ionenkanäle, was bedeutet, dass sich die Pore als Antwort auf einen Reiz öffnet und schließt. Bei tierischen Zellen werden die Kanäle nach den verschiedenen Mechanismen, die das Öffnen und Schließen der Kanalpore steuern, unterschieden: *spannungsgesteuerte Ionenkanäle*, die als Antwort auf Veränderungen des Membranpotenzials öffnen und schließen; *ligandengesteuerte Kanäle*, die als Antwort auf die Bindung spezifischer Substanzen an das Kanalprotein geschaltet werden und *mechanosensitive Kanäle*, die auf mechanische Kräfte reagieren, die auf die Membran einwirken. In *Kapitel 12* werden wir uns eingehender mit den gesteuerten Ionenkanälen beschäftigen.

Die Regulation des Ionentransports über Membranen spielt bei vielen Typen der zellulären Kommunikation eine große Rolle. Die Muskelkontraktion und viele zelluläre Antworten müssen durch Regulation der Ca^{2+}-Konzentration über calciumspezifische Ionenkanäle gesteuert werden. Die Übertragung elektrischer Signale durch Nervenzellen hängt ganz entscheidend von schnellen kontrollierten Veränderungen des Transports von Na^{+}- und K^{+}-Ionen über ihre jeweiligen Kanäle ab. Diese Veränderungen ereignen sich so schnell, dass man sie in Millisekunden misst. Abgesehen von dieser kurzfristigen Regulation werden die meisten Ionenkanäle langfristig reguliert, im Allgemeinen als Antwort auf externe Reize wie Hormone.

Ionenkanäle sind auch für die Erhaltung des richtigen Salze-Gleichgewichts in Zellen und für die Atemwege, die unsere Lunge auskleiden, von Bedeutung. In den Epithelzellen der Lunge sorgt ein spezifischer Chloridionenkanal, der sogenannte *Zystische-Fibrose-Transmembran-Leitfähigkeits-Regulator* (CFTR, engl.: *cystic fibrosis transmembrane conductance regulator protein*), dafür, dass die richtige Cl^{-}-Konzentration in den Atemwegen erhalten wird. Durch einen Defekt im CFTR und eine Störung im Natriumtransport wird zu viel zäher Schleim in den Atemwegen aufgebaut, was zu einer lebensbedrohlichen Erkrankung, der Zystischen Fibrose, führt.

Porine: Transmembranproteine, die eine schnelle Passage verschiedener Substrate ermöglichen Verglichen mit Ionenkanälen sind die Poren in den äußeren Membranen der Mitochondrien, Chloroplasten und vieler Bakterien etwas größer und wesentlich weniger spezifisch. Diese Poren werden von Multi-pass-Transmembranproteinen gebildet, den sogenannten **Porinen**. Allerdings durchqueren die Transmembransegmente von Porinmolekülen die Membran nicht als αHHelices, sondern als geschlossene zylindrische β-Faltblätter und bilden die sogenannten βHFassstruktur (engl.: β-*barrel*) (▸ *Abbildung 7.8*). Die β-Fassstruktur hat in der Mitte eine mit Wasser gefüllte Pore. Polare Seitenketten (nicht abgebildet) kleiden das Innere der Pore aus, während die Außenseite der β-Fassstruktur vor allem aus nicht-polaren Seitenketten besteht, die mit dem hydrophoben Inneren der Membran interagieren. Die Pore ermöglicht verschiedenen hydrophilen gelösten Substanzen Durchlass. Die Größe dieser Substrate wird von der Größe der Pore des jeweiligen Porins festgelegt – nur gelöste Substanzen, die kleiner als ungefähr 600 Da sind, können durch das in der *Abbildung 7.8* dargestellte Porin von *E. coli* gelangen. Mutationen in bestimmten bakteriellen Porinen können zu Antibiotikaresistenzen dieser Bakterien führen, indem die Aufnahme der Antibiotika effektiv blockiert wird, die normalerweise zur Bekämpfung einer Infektion verwendet würden.

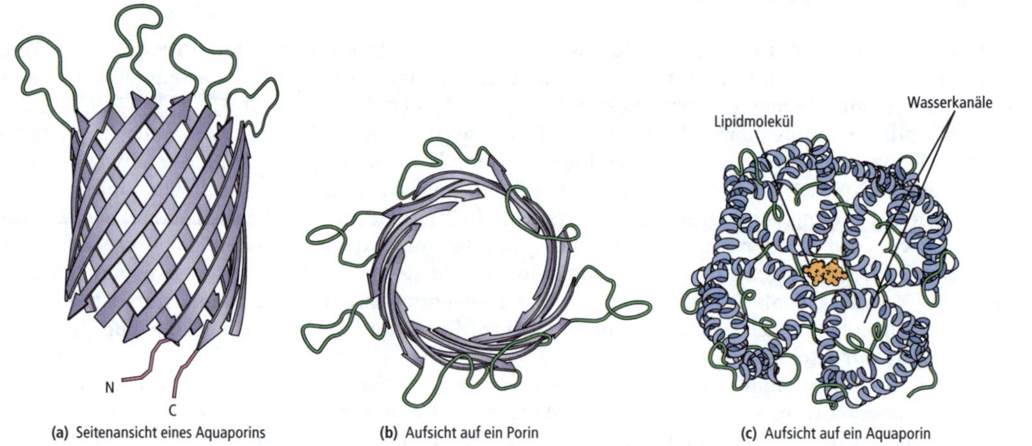

(a) Seitenansicht eines Aquaporins (b) Aufsicht auf ein Porin (c) Aufsicht auf ein Aquaporin

Abbildung 7.8: Porin- und Aquaporinkanalproteine. (a) Seitenansicht und (b) Aufsicht eines Porinproteins von *E. coli*, wobei das 14-strängige Transmembran-β-Fass dargestellt ist. (c) Aufsicht auf ein menschliches Aquaporin mit Darstellung der sechs α-Helices in jedem der vier identischen Monomere. Zwei der vier Wasserkanäle im Tetramer sind markiert.

Aquaporin: Transmembrankanäle für die schnelle Passage von Wasser Während Wasser ohne Unterstützung durch einen Transportprotein nur langsam durch Zellmembranen diffundieren kann, erfolgt der Transport von Wasser durch die Membranen einiger Gewebe wesentlich schneller als er allein durch Diffusion möglich wäre. Tatsächlich postulierte man bereits Ende des 19. Jahrhunderts die Existenz von Wasserkanälen in Zellmembranen. Trotz eines sich anschließenden Jahrhunderts mit Experimenten, die auf deren Existenz hinwiesen, blieben die Wasserkanäle ein Geheimnis und manchmal wurde ihre Existenz angezweifelt.

Erst 1992 isolierten Peter Agre und seine Kollegen von der John Hopkins University in Baltimore schließlich das so lang gesuchte Wasserkanalprotein, das sie **Aquaporin (AQP)** nannten. Sie fanden heraus, dass dieses Protein aus der Erythrocytenmembran sonst relativ wasserundurchlässige Frosch-Eizellen zum Platzen brachte, wenn sie das Aquaporin in deren Membran einbauten. Durch den schnellen Einwärtstransport von Wasser durch die Aquaporine platzten die Zellen, wenn man sie in reines Wasser gab. Kontroll-Eizellen ohne das Protein, die man in reines Wasser gab, veränderten sich nicht. Der Nobelpreis für Chemie 2003 erging dafür an Agre zusammen mit Roderick MacKinnon, der als erster die dreidimensionale Struktur eines Kaliumkanals bestimmt hatte.

Aquaporine erleichtern den schnellen Einwärts- und Auswärtstransport von Wassermolekülen in die Zellen spezifischer Gewebe. Die proximalen Tubuli der Nieren reabsorbieren beispielsweise Wasser als Teil der Urinbildung und in der Plasmamembran dieser Nierenzellen sind Aquaporine in so großer Zahl enthalten, dass die Niere mehr als 100 Liter Wasser pro Tag filtern kann. Aquaporine kommen außerdem in großen Mengen in den Erythrocyten vor, die in der Lage sein müssen, sich als Antwort auf plötzliche Veränderungen des osmotischen Drucks auszudehnen oder zu schrumpfen, wenn sie die Niere oder andere arterielle Wege durchlaufen. Erythrocyten besitzen circa 200.000 Aquaporinmoleküle pro Zelle.

In den Pflanzen sind Aquaporine ein wichtiger Bestandteil der Plasmamembranen der Wurzelzellen und der Membran der Vakuolen, worin sich der schnelle Wassertransport widerspiegelt, der zur Entwicklung des Turgors benötigt wird. Interessanterweise scheinen Prokaryoten keine Aquaporine zu haben, was wahrscheinlich an ihrer geringen Größe liegt – und folglich ihrem großen Oberfläche/Volumen-Verhältnis – das keinen erleichterten Wassertransport erfordert.

Alle bisher beschriebenen Aquaporine sind tetramere integrale Membranproteine mit vier identischen Monomeren, wobei jedes Monomer sechs helikale Transmembransegmente enthält. Die vier Monomere assoziieren nebeneinander in der Membran, wobei ihre 24 Transmembransegmente so ausgerichtet sind, dass sie vier zentrale Kanäle bilden, die mit hydrophilen Seitenketten ausgekleidet sind (▸*Abbildung 7.8c*). Der Raum im Zentrum des Tetramers wird von einem Lipidmolekül blockiert. Der Durchmesser eines jeden der vier Wasserkanäle beträgt ungefähr 0,3 nm und ist gerade groß genug, um ein Wassermolekül nach dem anderen durchzulassen. Selbst diese Einschränkung hindert die Wassermoleküle nicht daran, mit einer Geschwindigkeit von mehreren Milliarden pro Sekunden durch einen Aquaporinkanal zu fließen.

7.4 Aktiver Transport: der proteinvermittelte „Bergauf"-Transport

Die erleichterte Diffusion ist ein wichtiger Mechanismus zur Beschleunigung des Transports von Substanzen durch Zellmembranen. Allerdings dient er nur für den Transport von Molekülen *in Richtung* des Gleichgewichts, das heißt abwärts der Konzentration oder des elektrochemischen Gradienten. Was passiert, wenn eine Substanz *gegen* den Gradienten transportiert werden muss, beispielsweise im Fall eines Nährstoffs oder einer anderen Substanz, die in einer Zelle oder in Organellen angesammelt wurde? Solche Situationen verlangen aktiven Transport, einen Vorgang, der sich von der erleichterten Diffusion in einem fundamentalen Punkt unterscheidet: Der aktive Transport ermöglicht den Transport gelöster Substanzen vom thermodynamischen Gleichgewicht weg (das heißt „bergauf", entgegen des Konzentrationsgradienten oder gegen ein elektrochemisches Potenzial). Daher wird immer Energie benötigt. Mit anderen Worten, der aktive Transport koppelt einen thermodynamisch ungünstigen Vorgang (Transport gegen einen Konzentrationsgradienten) an einen exergonischen Vorgang (meist ATP-Hydrolyse). Daher müssen die am aktiven

Transport beteiligten Membranproteine nicht nur für den Transport der Moleküle der gewünschten gelösten Substanzen durch die Membran Mechanismen zur Verfügung stellen, sondern auch für die Kopplung solcher Mechanismen an energieerzeugende Reaktionen.

Der aktive Transport übernimmt drei wichtige Funktionen in Zellen und Organellen. Erstens ermöglicht er die Aufnahme lebenswichtiger Substanzen aus der Umgebung oder umgebenden Flüssigkeit, sogar wenn deren Konzentrationen in der Zelle deutlich höher sind. Zweitens können dadurch verschiedene Substanzen, wie sekretorische Produkte und Abfallprodukte, aus der Zelle oder den Organellen entfernt werden, auch dann, wenn die Konzentration außerhalb der Zelle größer ist als innerhalb der Zelle. Drittens vermag die Zelle dank des aktiven Transports konstante, intrazelluläre Konzentrationen spezifischer anorganischer Ionen, vor allem K^+, Na^+, Ca^{2+} und H^+, außerhalb der Gleichgewichtsverhältnisse zu halten.

Diese Fähigkeit, im Zellinneren eine Umgebung zu schaffen, in der die gelösten Substanzen in Konzentrationen vorliegen, die weit vom Gleichgewicht entfernt sind, ist ein entscheidendes Merkmal des aktiven Transports. Im Gegensatz zur einfachen oder erleichterten Diffusion, bei denen Bedingungen aufgebaut werden, die zu beiden Seiten der Membran gleich sind, ist der aktive Transport ein Mittel zum Aufbau unterschiedlicher Substratkonzentrationen und/oder elektrischer Potenziale über die Membranen. Letztendlich liegt ein nicht im Gleichgewicht befindlicher Dauerzustand vor, ohne den das Leben, so wie wir es kennen, nicht möglich wäre. Viele am aktiven Transport mitwirkenden Membranproteine bezeichnet man als *Pumpen*, um den Energieaufwand zu betonen, der erforderlich ist, um Substanzen gegen ihre Konzentration oder ihre elektrochemischen Gradienten zu transportieren.

Eine wichtige Unterscheidung zwischen dem aktiven Transport und der einfachen oder erleichterten Diffusion betrifft die Transportrichtung. Sowohl die einfache als auch die erleichterte Diffusion sind im Hinblick auf die Membran *nicht direktional*. Bei beiden Typen der Diffusion werden gelöste Substanzen in eine Richtung transportiert, die gänzlich von der vorherrschenden Konzentration oder dem elektrochemischen Gradienten abhängig ist. Beim aktiven Transport liegt jedoch im Allgemeinen eine intrinsische **Direktionalität** vor. Ein aktives Transportsystem, das eine gelöste Substanz durch eine Membran in einer Richtung schleust, wird diese gelöste Substanz im Allgemeinen nicht in der entgegengesetzten Richtung transportieren. Daher sagt man, dass der aktive Transport ein *unidirektionaler Vorgang* ist.

7.4.1 Die Kopplung des aktiven Transports an eine Energiequelle kann direkt oder indirekt sein

Man kann die Mechanismen des aktiven Transports in zwei verwandte Kategorien einteilen, die sich vor allem im Hinblick auf die Energiequelle unterscheiden und darin, ob zwei Substanzen gleichzeitig transportiert werden oder nicht. Je nach Energiequelle wird der aktive Transport als direkt oder indirekt bezeichnet (▸*Abbildung 7.9*). Beim **primär aktiven Transport** (den man auch als *direkt aktiven Transport* bezeichnet) ist die Akkumulation gelöster Moleküle oder Ionen auf einer Seite der Membran direkt an eine exergonische chemische Reaktion gekoppelt, zumeist an die Hydrolyse von ATP (▸*Abbildung 7.9a*). Transportproteine, die direkt durch ATP-Hydrolyse angetrieben werden, bezeichnet man als *Transport-ATPasen* oder *ATPase-Pumpen*.

Auch für den **indirekt aktiven Transport** wird Energie benötigt, doch hängt dies vom gleichzeitigen Transport zweier gelöster Substanzen ab, wobei die vorteilhafte Transportbewegung eines gelösten Stoffes *„bergab"* seines Gradienten die unvorteilhafte Transportbewegung des anderen gelösten Stoffes *„bergauf"* seines Gradienten antreibt. Die Kopplung eines vorteilhaften Vorgangs (oder einer vorteilhaften Reaktion) an einen unvorteilhaften ermöglicht einen Ablauf, bei dem insgesamt weniger Energie benötigt wird. Dieser duale Transportvorgang kann entweder als Symport (oder Uniport) oder als Antiport bezeichnet werden, je nachdem, ob die beiden gelösten Substanzen sich in die gleiche oder in entgegengesetzte Richtung bewegen. In den meisten Fällen handelt es sich bei einer der gelösten Substanzen um ein Ion, das sich exergonisch an seinem elektrochemischen Gradienten hinab bewegt – meist Na^+ bei Tieren (im Falle der Di- und Tripeptidaufnahme im Dünndarm und in der Niere des Menschen aber auch H^+) und H^+ bei den meisten anderen

Organismen. Während des Ionentransports wird der simultane endergonische Transport einer zweiten gelösten Substanz angetrieben (oftmals ein Monosaccharid oder eine Aminosäure, aber auch Di- und Tripeptide) entgegen ihres Konzentrationsgradienten (oder im Fall von Ionen entgegen ihres elektrochemischen Potenzials) angetrieben (▸ *Abbildung 7.9b*). Daher bezeichnet man den indirekt aktiven Transport häufig als *sekundär aktiven Transport* oder als *tertiär aktiven Transport*.

7.4.2 Der direkt aktive Transport hängt von vier Typen von Transport-ATPasen ab

Der am häufigsten genutzte Mechanismus für den primär aktiven Transport erfolgt unter Mitwirkung von Transport-ATPasen, welche den aktiven Transport an die Hydrolyse von ATP koppeln. Man hat vier Haupttypen der Transport-ATPasen identifiziert: P-Typ, V-Typ, F-Typ und ABC-Typ. Diese vier Typen der Transportproteine unterscheiden sich im Hinblick auf Struktur, Mechanismus, Lokalisation und physiologische Aufgaben, aber sie nutzen alle die aus der ATP-Hydrolyse gewonnene Energie, um gelöste Substanzen gegen einen Konzentrationsgradienten oder ein elektrochemisches Potenzial zu transportieren.

(a) Direkt aktiver Transport
Beim aktiven Transport wirkt ein gekoppeltes System mit einer exergonischen chemischen Reaktion zusammen, am häufigsten mit der Hydrolyse von ATP; wie hier abgebildet, treibt die ATP-Hydrolyse den Auswärtstransport von Protonen an, wobei über die Membran ein elektrochemisches Potenzial für Protonen aufgebaut wird.

(b) Indirekt aktiver Transport
Beim indirekten aktiven Transport wirken der gekoppelte Transport einer gelösten Substanz S und Ionen – in diesem Fall Protonen – mit. Der exergonische Einwärtstransport von Protonen liefert die erforderliche Energie, um die transportierte gelöste Substanz S gegen deren Konzentrationsgradienten oder gegen deren elektrochemisches Potenzial zu bewegen.

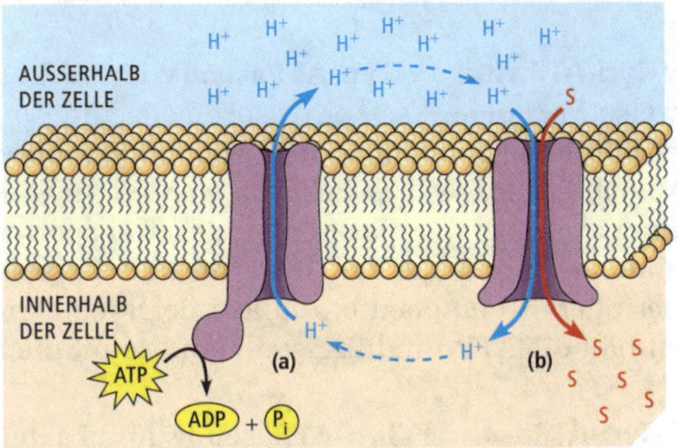

Abbildung 7.9: Vergleich des direkt aktiven Transports und des indirekt aktiven Transports. Beachten Sie, dass der Protonenkreislauf durch die Membran auf die Kopplung direkter und indirekter Mechanismen des aktiven Transports zurückgeht. Beachten Sie außerdem, dass Transporter nicht einfach offene Kanäle sind, wie in dieser vereinfachten Zeichnung dargestellt.

P-Typ-ATPasen **P-Typ-ATPasen** (P für „Phosphorylierung") sind Mitglieder einer großen Familie von Proteinen, die als integraler Bestandteil des Transportmechanismus durch ATP reversibel phosphoryliert werden, wobei jeweils ein spezieller Asparaginsäurerest jeweils phosphoryliert wird. P-Typ-ATPasen haben acht bis zehn Transmembransegmente in einem einzigen Polypeptid, das die Membran mehrere Male durchspannt (siehe *Abbildung 7.5b*). Des Weiteren können sie durch das Vanadation VO_4^{3-} gehemmt werden, das große Ähnlichkeit mit dem Phosphation (PO_4^{3-}) aufweist und daher mit der Phosphorylierung interferiert. Die Sensitivität gegenüber Vanadat können Wissenschaftler daher als Hilfsmittel zur Identifizierung von P-Typ-ATPasen nutzen.

Die meisten P-Typ-ATPasen sind in der Plasmamembran lokalisiert und werden entsprechend ihrer Sequenz und der strukturellen Ähnlichkeiten in fünf Unterfamilien eingeteilt: P_1-ATPasen hat man in allen Organismen nachgewiesen. Sie sind vor allem für den Transport von Ionen und Schwermetallen verantwortlich. Mehrere Arten von P_2-ATPasen sind für die Erhaltung der Ionengradienten, beispielsweise Na^+, K^+, H^+ und Ca^{2+}, über die Membran vieler eukaryotischer Zellen verantwortlich. Das am besten untersuchte Beispiel ist die Na^+/K^+-Pumpe, die in allen tierischen Zellen vorkommt. Bald werden wir uns eingehender mit dieser ATPase beschäftigen. Ein weiteres Beispiel ist die Ca^{2+}-ATPase, die an der Muskelkontraktion mitwirkt. Ein drittes Beispiel für eine P_2-ATPase ist die H^+/K^+-ATPase für die Ansäuerung des Magensaftes im Magen. Dieses Protein ist der Angriffspunkt von Medikamenten, die man als Protonenpumpeninhibitoren bezeichnet und die gegen eine Überproduktion von Magensäure eingesetzt werden. Sie ähneln den P_3-H^+-ATPasen der Pflanzen und Pilze, die Protonen nach außen durch die Plasmamembran dieser Zellen pumpen und dabei das externe Medium ansäuern.

Die P_4-ATPasen unterscheiden sich von den vorangegangenen Typen, da sie keine Ionen pumpen, sondern relativ hydrophobe Moleküle wie Cholesterin und Fettsäuren. Außerdem transportieren sie Substanzen nicht vollständig durch die Membran, sondern sie transportieren Lipide von der einen Schicht der Membrandoppelschicht zur anderen, wobei sie wie Flippasen arbeiten, welche die Aufrechterhaltung der Membranasymmetrie unterstützen. P_5-ATPasen sind weniger gut charakterisiert, aber es ist bekannt, dass sie mehrere Kationen transportieren. Sie haben eine gemeinsame Sequenzhomologie, aber keine Spezifität für gelöste Substanzen. Einige kommen im ER vor, wo sie vermutlich eine Funktion bei der Proteinprozessierung übernehmen und andere sind mit der Vakuole (Hefe) oder dem Lysosom (Tiere) assoziiert und wiken an vererblichen neuronalen Erkrankungen des Menschen mit.

V-Typ-ATPasen **V-Typ-ATPasen** (V für „Vakuole") pumpen Protonen in Organellen wie beispielsweise Vakuolen, Vesikel, Lysosomen, Endosomen und den Golgi-Komplex. Typischerweise liegt der Protonengradient in den Membranen dieser Organellen im Bereich des Zehnfachen bis über 10.000-Fachen. V-Typ-Pumpen werden nicht von Vanadat gehemmt, weil sie keine Phosphorylierung als integralen Bestandteil des Transportvorgangs durchlaufen. Sie besitzen zwei Multiuntereinheiten-Komponenten: eine integrale Komponente, die in die Membran eingebettet ist, und eine periphere Komponente, die aus der Membranoberfläche herausragt. Die periphere Komponente enthält die ATP-Bindungsstelle und somit die ATPase-Aktivität.

F-Typ-ATPasen **F-Typ-ATPasen** (F für „Faktor") kommen in Bakterien, Mitochondrien und Chloroplasten vor. F-Typ-ATPasen wirken am Protonentransport mit und bestehen aus zwei Multiuntereinheiten-Komplexen. Die integrale Membrankomponente, die sogenannte F_0, ist eine Transmembranpore für Protonen. Die periphere Membrankomponente, die sogenannte F_1, beinhaltet die ATP-Bindungsstelle. F-Typ-ATPasen können durch die Energie der ATP-Hydrolyse Protonen gegen ihr elektrochemisches Potenzial pumpen.

Diese Transportproteine können zudem den umgekehrten Vorgang zur Synthese von ATP katalysieren, worauf wir bei unserer Diskussion der Atmung und der Photosynthese in den *Kapiteln 9* bzw. *10* zurückkommen werden. In der umgekehrten Richtung wird der exergone Protonenfluss gegen ihren Gradienten genutzt, um die ATP-Synthese anzutreiben. Wenn die F-Typ-ATPasen auf diese Weise funktionieren, ist die Bezeichnung **ATP-Synthasen** passender. Als ATP-Synthasen nutzen diese Proteine entweder die Energie aus der Zuckeroxidation (Atmung) oder die Energie der Sonnenstrahlung (Photosynthese), um einen Transmembrangradienten aufzubauen, der die ATP-Synthese antreibt.

Die F-Typ-ATPasen veranschaulichen ein wichtiges Prinzip: *ATP kann nicht nur als Energiequelle zur Erzeugung und Aufrechterhaltung von Ionengradienten genutzt werden, sondern diese Gradienten können umgekehrt auch als Energiequelle zur Synthese von ATP dienen.* Dieses Prinzip, das man bei der Untersuchung von F-Typ-Pumpen entdeckte, bildet die Grundlage der ATP-Synthetisierungsmechanismen bei allen eukaryotischen Organismen und auch bei den meisten Bakterien.

ABC-Typ-ATPasen Die vierte Hauptklasse der ATP-angetriebenen Pumpen sind die **ABC-Typ-ATPasen**, die man auch als **ABC-Transporter** bezeichnet. Das Akronym ABC steht für „ATP-Bindungskassette" (engl.: *ATP-binding cassette*), wobei der Begriff „Kassette" die katalytische Domäne des Proteins meint, das ATP als integralen Bestandteil des Transportvorgangs bindet. Mehr als 150 bekannte ABC-Typ-ATPasen bilden eine sehr große Familie von Transportproteinen, die in allen Organismen vorkommen. Abgesehen davon, dass sie im Hinblick auf die Sequenz verwandt sind, trifft dies wahrscheinlich auch auf molekulare Mechanismen zu. Die meisten der zuerst entdeckten ABC-Typ-ATPasen stammten von bakteriellen Spezies und waren *Importer*, die an der Aufnahme von Nährstoffen mitwirken. Es ist aber mittlerweile eine immer umfangreicher werdende Zahl von ABC-Typ-ATPasen bekannt, die als *Exporter* auch in Eukaryoten wirken und von denen einige von erheblicher klinischer Relevanz sind. Später werden wir sehen, dass einige auch in menschlichen Tumorzellen identifiziert wurden, wo sie fatalerweise Antitumormedikamente exportieren. Bisher hat man 48 verschiedene Gene für ABC-Typ-ATPasen im menschlichen Genom identifiziert.

Die typische ABC-Typ-ATPase besitzt vier Proteindomänen. Zwei dieser Domänen sind stark hydrophob und in die Membran eingebettet, während die anderen beiden peripher liegen und mit der cytoplasmatischen Membranseite assoziiert sind. Jede dieser eingebetteten Domänen setzt sich aus sechs Transmembransegmenten zusammen, die den Kanal bilden, durch den die Moleküle transportiert werden. Die beiden peripheren Domänen sind die Kassetten, die ATP binden und dessen Hydrolyse an den Transportvorgang koppeln. Diese vier Domänen sind meistens auf verschiedene Polypeptide verteilt, vor allem in bakteriellen Zellen. Es sind jedoch auch Fälle bekannt, bei denen die vier Domänen Teil eines großen, multifunktionalen Polypeptids sind.

Obwohl die anderen drei Klassen der ATPasen nur Kationen transportieren, transportieren die verschiedenen ABC-Typ-ATPasen eine bemerkenswerte Vielfalt von Substanzen. Die meisten ABC-Transporter sind für eine bestimmte Substanz oder für eine Klasse engverwandter Substanzen spezifisch. Die Vielzahl der transportierten gelösten Stoffe, die von den vielen Mitgliedern dieser Superfamilie transportiert werden, darunter Ionen, Zucker, Aminosäuren und sogar Peptide und Polysaccharide, ist wahrlich beachtlich.

ABC-Transporter sind von großem medizinischem Interesse, denn einige von ihnen pumpen Antibiotika oder andere Medikamente aus der Zelle hinaus, wodurch der Zelle gegen dieses Medikament Resistenz verliehen wird. Einige menschliche Tumore sind zum Beispiel bemerkenswert resistent gegen eine Reihe von Medikamenten, die dem Tumorwachstum normalerweise recht gut entgegenwirken. Die Zellen dieser Tumore besitzen eine ungewöhnlich hohe Konzentration eines großen Proteins, das man als Multidrug-Resistance-Transporter (MDR) bezeichnet, das tatsächlich die erste ABC-Typ-ATPase war, die man beim Menschen identifizierte. Der MDR nutzt die Energie der ATP-Hydrolyse, um hydrophobe Medikamente aus den Zellen herauszupumpen, wodurch die cytoplasmatische Konzentration der Medikamente, und damit ihre Effektivität als therapeutische Wirkstoffe, verringert wird. Anders als die meisten ABC-Transporter verfügt das MDR-Protein über eine beachtlich breite Spezifität; es kann eine große Anzahl chemisch unterschiedlicher Medikamente exportieren, die standardmäßig in der Chemotherapie bei Krebserkrankungen verwendet werden, sodass eine Zelle, die ein MDR-Protein in ihrer Plasmamembran beherbergt, gegen eine Vielzahl von therapeutischen Wirkstoffen resistent wird. Ganz ähnlich verhalten sich die MDR-Proteine einiger Bakterien, die eine Vielzahl von Antibiotika aus der Zelle transportieren können, wodurch diesen Zellen Resistenz gegen viele Antibiotika verliehen wird.

Das medizinische Interesse an dieser Klasse von Transportproteinen wuchs, als man nachwies, dass die Zystische Fibrose durch einen Gendefekt in einem Plasmamembranprotein verursacht wird, das strukturell mit den ABC-Transportern verwandt ist. Seit langem ist bekannt, dass sich in den Lungen der Menschen, die an Zystischer Fibrose leiden, ein ungewöhnlich dicker Schleim ansammelt – ein Zustand, der oftmals zu Lungenentzündung und anderen Lungenerkrankungen führt. Mittlerweile wissen wir, dass diese Krankheit durch Mutationen in einem Gen entsteht, das für einen Chloridionenkanal codiert.

Das Protein, der sogenannte *Zystische-Fibrose-Transmembran-Leitfähigkeits-Regulator (CFTR)*, ähnelt in der Sequenz und wahrscheinlich auch in der Topologie den Kerndomänen von ABC-Transportern. Allerdings handelt es sich beim CFTR um einen Ionenkanal, der gleichzeitig ein wichtiges regulatorisches Protein von Epithelzellen darstellt. Im Gegensatz zu den meisten ABC-Typ-ATPasen nutzt CFTR ATP nicht, um Energie für den Transport zur Verfügung zu haben. Stattdessen scheint die ATP-Hydrolyse bei der Öffnung des Kanals mitzuwirken.

7.4.3 Der indirekt aktive Transport wird von Ionengradienten angetrieben

Im Gegensatz zum primär aktiven Transport, dessen Triebkraft die Energie ist, die aus einer chemischen Reaktion wie der ATP-Hydrolyse gewonnen wird, wird der indirekt aktive Transport (den man auch als *sekundär* oder *tertiär aktiven Transport* bezeichnet) durch den Transport eines Ions abwärts seines elektrochemischen Gradienten angetrieben. Dieses Prinzip ging aus Untersuchungen über die Aufnahme von Zuckern, Aminosäuren und anderen organischen Molekülen in Zellen hervor: Der Einwärtstransport von Molekülen *„bergauf"* ihres elektrochemischen Gradienten ist oftmals an den gleichzeitigen Einwärtstransport entweder von Natriumionen (bei tierischen Zellen) oder Protonen (bei den meisten Zellen der Pflanzen, Pilze und Bakterien, aber auch bei tierischen Zellen) gekoppelt und wird durch die elektrochemischen „Bergab"-Gradienten für Natrium und Protonen angetrieben.

Das häufige Vorkommen solcher Symportmechanismen liefert die Erklärung, warum die meisten Zellen kontinuierlich entweder Natriumionen oder Protonen aus der Zelle pumpen. Bei Tieren dient beispielsweise die relativ hohe extrazelluläre Konzentration von Natriumionen, die durch die Na^+/K^+-Pumpe aufrechterhalten wird, als Triebkraft für die Aufnahme einer Vielzahl von Zuckern und Aminosäuren (▸*Abbildung 7.10*). Die Aufnahme solcher Verbindungen wird als sekundär oder tertiär aktiver Transport betrachtet, denn sie wird nicht direkt durch die Hydrolyse von ATP oder einer anderen hochenergetischen Verbindung mit Energie versorgt. Letztendlich hängt die Aufnahme jedoch immer noch von ATP ab, denn die Na^+/K^+-Pumpe, die den Natriumionengradienten aufrecht hält, wird selbst durch die ATP-Hydrolyse angetrieben. Das ständige Hinauspumpen von Na^+ durch die von ATP angetriebene Na^+/K^+-Pumpe und der Einwärtstransport von Na^+ durch Symport (gekoppelt zur Aufnahme einer weiteren gelösten Substanz) begründen die Zirkulation von Natriumionen über die Plasmamembran jeder tierischen Zelle, ganz ähnlich dem Kreislauf von H^+-Ionen, wie in der *Abbildung 7.9* dargestellt.

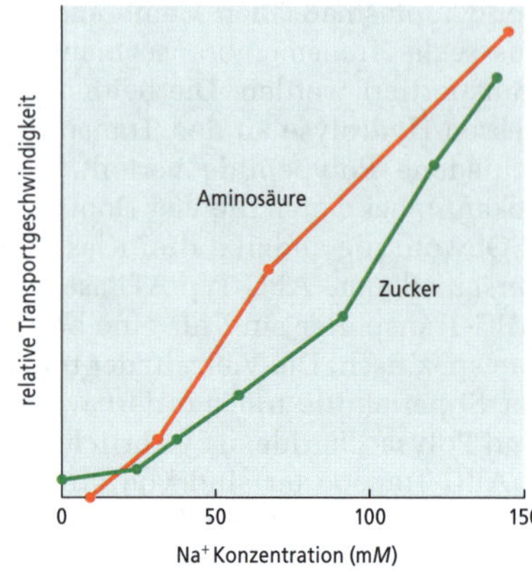

Abbildung 7.10: Wirkung der externen Natriumionenkonzentration auf den Transport von Aminosäuren und Zuckern. Bei diesem Experiment veränderten die Wissenschaftler die extrazelluläre Konzentration von Natriumionen und maßen die Transportgeschwindigkeit der Aminosäure Glycin in Erythrocyten oder des Zuckers 7-Desoxy-DHG-lucoheptose in den Darmepithelzellen. Untersuchungen dieser Art lieferten den ersten Nachweis dafür, dass der Transport von Aminosäuren und Zuckern in Zellen hinein von Natriumionen angetrieben wird, die im extrazellulären Medium vorkommen.

Während viele tierische Zellen hauptsächlich Natriumionen nutzen, um den sekundär aktiven Transport anzutreiben, sind die meisten nichttierischen Zellen von einem Protonengradienten abhängig. Zum Beispiel nutzen Pilze und Pflanzen den Protonensymport für die Aufnahme organischer gelöster Substanzen, wobei eine von ATP angetriebene Protonenpumpe für Erzeugung und Erhalt des elektrochemischen Protonenpotenzials verantwortlich ist. Viele bakterielle Zellen machen ausgiebig Gebrauch vom Protonencotransport, um die Aufnahme von Molekülen gelöster Substanzen anzutreiben, so wie beispielsweise die Mitochondrien. In all diesen Fällen wird der Protonengradient allerdings durch einen Elektronentransfer erhalten, der mit der Zellatmung gekoppelt ist, was wir in *Kapitel 9* genauer betrachten werden.

Abgesehen von der *Aufnahme* organischer Moleküle wie Zucker und Aminosäuren durch Symport können Natriumionen oder Protonengradienten auch als Triebkraft für den *Export* anderer Ionen genutzt werden, darunter Ca^{2+}, H^+ und K^+. Diese Form des sekundär aktiven Transports ist im Allgemeinen ein Antiport und kann beispielsweise über den Austausch von Kaliumionen gegen Protonen, von Natriumionen gegen Protonen oder von Calciumionen gegen Natriumionen erfolgen.

7.5 Beispiele für aktiven Transport

Nachdem wir uns mit den allgemeinen Merkmalen des aktiven Transports beschäftigt haben, können wir nun drei spezifische Beispiele genauer betrachten: jeweils ein Beispiel für den primär und den sekundär aktiven Transport bei tierischen Zellen sowie einen ungewöhnlichen Typ eines durch Licht angetriebenen Transports in einem Bakterium. In jedem Beispiel werden wir darauf eingehen, welche Arten von Substraten transportiert werden, was die Triebkraft darstellt und wie die Energiequelle an den Transportmechanismus gekoppelt ist. Zuerst werden wir uns mit der *Na^+/K^+-ATPase* (oder *Na^+/K^+-Pumpe*) auseinandersetzen, die in tierischen Zellen arbeitet, denn sie bietet ein sehr gut untersuchtes Beispiel für den primär aktiven Transport durch eine P-Typ-ATPase. Im Anschluss werden wir ein zweites Beispiel aus der Welt der tierischen Zellen betrachten: den sekundär aktiven Transport von Glucose durch einen *Na^+/Glucose-Symporter*, der die Energie des Natriumionengradienten nutzt, der von der *Na^+/K^+-ATPase* aufgebaut wurde. Schließlich werden wir kurz einen durch Licht angetriebenen Protonentransport bei bestimmten Bakterien erläutern.

7.5.1 Der primär aktive Transport: Die Na^+/K^+-Pumpe hält den elektrochemischen Ionengradienten aufrecht

Ein charakteristisches Merkmal der meisten tierischen Zellen ist eine hohe intrazelluläre Konzentration von Kaliumionen und eine niedrige Konzentration von Natriumionen, sodass in einer typischen tierischen Zelle das Verhältnis von $[K^+]_{innen}/[K^+]_{außen}$ ungefähr 35 : 1 beträgt, und das Verhältnis von $[Na^+]_{innen}/[Na^+]_{außen}$ liegt bei ungefähr 0,08 : 1. Das sich daraus ergebende elektrochemische Potenzial für Kalium- und Natriumionen ist von grundlegender Bedeutung, denn dieses Potenzial liefert die Triebkraft für den gekoppelten Transport sowie für die Übertragung von Nervenimpulsen. Sowohl das Hineinpumpen von Kaliumionen als auch das Hinauspumpen von Natriumionen sind daher Vorgänge, die Energie benötigen, denn beide Ionen werden „bergauf" ihres elektrochemischen Gradienten bewegt.

Das für diesen Vorgang verantwortliche Protein wurde im Jahr 1957 von Jens Skou, einem dänischen Physiologen entdeckt, der 1997 den Nobelpreis für Chemie erhielt. Die Entdeckung dieses Enzyms, das Ionen transportiert, war tatsächlich der erste dokumentierte Fall eines aktiven Transports. Diese Na^+/K^+-ATPase oder Na^+/K^+-Pumpe, wie man diese P-Typ-ATPase im Allgemeinen bezeichnet, nutzt die exergonische Hydrolyse von ATP zum Antrieb des endergonischen Einwärtstransports von Kaliumionen und den Auswärtstransport von Natriumionen entgegen ihrer Konzentrationsgradienten. Die Na^+/K^+-Pumpe ist hauptverantwortlich für die asymmetrische Verteilung von Ionen über die Plasmamembran tierischer Zellen. Ebenso wie die meisten anderen aktiven Transportsysteme liegt auch in dieser Pumpe selbst eine Direktionalität vor. Kaliumionen werden immer einwärts und Natriumionen werden immer auswärts gepumpt. Tatsächlich aktivieren Natrium- und Kaliumionen die ATPase nur auf der Membranseite, von der aus sie transportiert werden – Natriumionen von der Innenseite, Kaliumionen von der Außenseite. Pro Molekül hydrolysiertem ATP werden drei Natriumionen auswärts und zwei Kaliumionen einwärts transportiert.

Die ▸*Abbildung 7.11* ist eine schematische Darstellung der Na^+/K^+-Pumpe. Die Pumpe ist ein tetrameres Transmembranprotein mit zwei α- und zwei β-Untereinheiten. Die α-Untereinheiten enthalten die Bindestellen für die Natriumionen und ATP auf der cytoplasmatischen Seite und für Kaliumionen auf der Außenseite der Membran. Wir wissen, dass die β-Untereinheiten auf der Außenseite der α-Untereinheiten liegen und glykosyliert werden, allerdings ist ihre Funktion noch nicht geklärt.

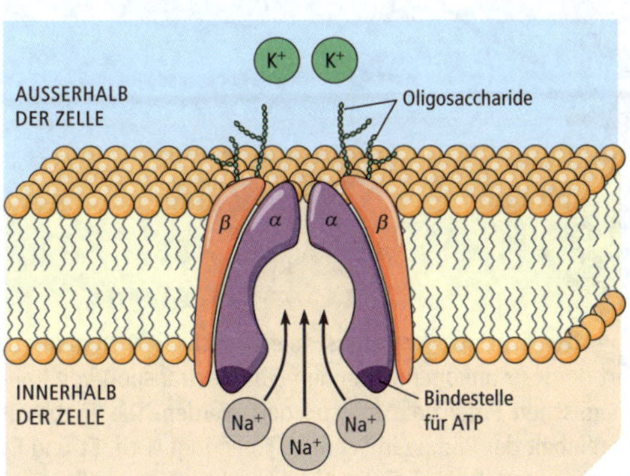

Abbildung 7.11: Die Na^+/K^+-Pumpe. Die Na^+/K^+-Pumpe, die in allen tierischen Zellen vorkommt, besteht aus zwei α-Untereinheiten und zwei β-Untereinheiten. Die α-Untereinheiten sind Transmembranproteine mit Bindestellen für ATP auf der cytoplasmatischen Seite. Die β-Untereinheiten liegen auf der Außenseite der α-Untereinheiten und werden glykosyliert. Die Pumpe ist in der E_1-Konformation dargestellt, die zur Innenseite der Zelle geöffnet ist. Durch die Bindung von Natriumionen kommt es zu einer Konformationsänderung, aus der die E_2-Form hervorgeht, die sich zur Außenseite öffnet. Der Transportmechanismus dieser Pumpe wird in der *Abbildung 7.12* dargestellt.

Die Na^+/K^+-Pumpe ist ein allosterisches Protein, das in zwei alternativen Konformationszuständen vorliegen kann, die man als E_1 und E_2 bezeichnet. Die E_1-Konformation ist zur Innenseite der Zelle geöffnet und besitzt eine starke Affinität für Natriumionen, während E_2 zur Außenseite geöffnet ist, mit hoher Affinität für Kaliumionen. Durch Phosphorylierung des Enzyms durch ATP, einem von Natrium ausgelösten Ereignis, wird die E_2-Form stabilisiert. Die Dephosphorylierung, von K^+ ausgelöst, stabilisiert wiederum das Enzym in der E_1-Form.

In der ▸*Abbildung 7.12* haben wir schematisch dargestellt, dass der tatsächliche Transportmechanismus durch eine Initialbindung von drei Natriumionen an die E_1-Form auf der Membraninnenseite, oben rechts, erfolgt ❶. Die Bindung von Natriumionen löst die Phosphorylierung der α-Untereinheit des Enzyms durch ATP aus ❷, was zum Wechsel der Konformation von E_1 zu E_2 führt. Daraus folgt, dass die gebundenen Natriumionen durch die Membran zur externen Oberfläche der Membran transportiert werden, wo sie auf der Außenseite freigesetzt werden ❸. Dann binden die Kaliumionen von der Außenseite an die α-Untereinheiten ❹, wodurch die Dephosphorylierung ausgelöst wird und das Enzym in die Ausgangskonformation zurückkehrt ❺. Während dieses Vorgangs werden die Kaliumionen zur inneren Oberfläche transportiert, wo sie sich ablösen und die Pumpe für einen neuen Zyklus bereit ist ❻.

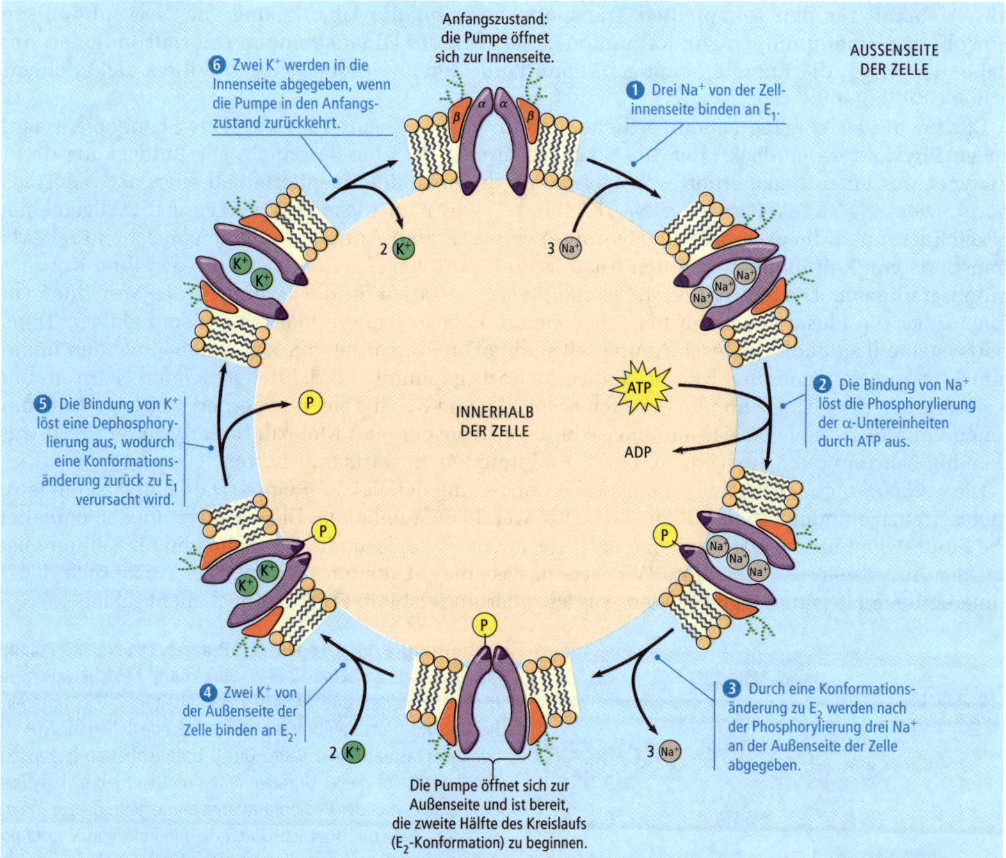

Abbildung 7.12: Modellmechanismus für die Na^+/K^+-Pumpe. Der Transportvorgang ist hier in sechs Schritten dargestellt, die an der Peripherie der Zelle ablaufen. Der Auswärtstransport der Natriumionen ist an den Einwärtstransport von Kaliumionen gekoppelt, die beide entgegen ihrer jeweiligen elektrochemischen Potenziale transportiert werden. Die Triebkraft stammt von der ATP-Hydrolyse, die zur Phosphorylierung der α-Untereinheit der Pumpe in Schritt ❷ benötigt wird. E_1 und E_2 sind die Konformationszustände des Proteins, wenn die Pumpe zur Innenseite (oberer Teil der Abbildung) bzw. zur Außenseite (unterer Teil der Abbildung) geöffnet ist.

Die Na^+/K^+-Pumpe ist nicht nur eines der am besten untersuchten Transportsysteme, sondern auch das wichtigste für tierische Zellen. Abgesehen davon, dass diese Pumpe die richtigen intrazellulären Konzentrationen von Kalium- und Natriumionen aufrechterhält, ist sie auch für die Erhaltung des Membranpotenzials verantwortlich, dass über der Plasmamembran besteht. Die Na^+/K^+-Pumpe erlangt noch größere Bedeutung, wenn man an die lebenswichtige Funktion denkt, die Natriumionen beim Einwärtstransport organischer Substrate übernehmen, ein Thema, auf das wir nun zu sprechen kommen, da wir uns mit dem Natriumsymport beschäftigen werden. Auch für den Auswärtstransport von Substraten durch Antiporter (zum Beispiel den Na^+/Ca^{2+}-Antiporter oder den Na^+/H^+-Antiporter) ist der Natriumgradient natürlich von fundamentaler Bedeutung.

7.5.2 Sekundär aktiver Transport: Natriumsymport als Antrieb der Glucoseaufnahme

Wir wollen als Beispiel des sekundär aktiven Transports die Aufnahme von Glucose durch den **Na^+/Glucose-Symporter** (oder Na^+/Glucose-Cotransporter) darstellen. Obwohl der größte Teil des Glucosetransports in unsere Zellen hinein und aus ihnen heraus in unserem Körper mittels erleichterter Diffusion erfolgt, wie in der *Abbildung 7.7* dargestellt, besitzen die Epithelzellen, die den Darm oder Nierenkanälchen auskleiden, Transportproteine, die Glucose und bestimmte Aminosäuren aus dem Darm oder in der Niere sogar dann aufnehmen können, wenn diese in weitaus geringerer Konzentration vorliegen als innerhalb der Epithelzellen. Dieser Vorgang benötigt Energie und wird durch die gleichzeitige exergonische Aufnahme von Natriumionen angetrieben, was an dem steilen elektrochemischen Gradienten für Natrium liegt, der von der Na^+/K^+-Pumpe über der Plasmamembran aufrechterhalten wird (hohe $[Na^+]$ außerhalb der Zelle). Diese *natriumabhängigen Glucosetransporter* werden oftmals als *SGLT*-Proteine (engl.: *sodium dependent glucose transporters*) bezeichnet.

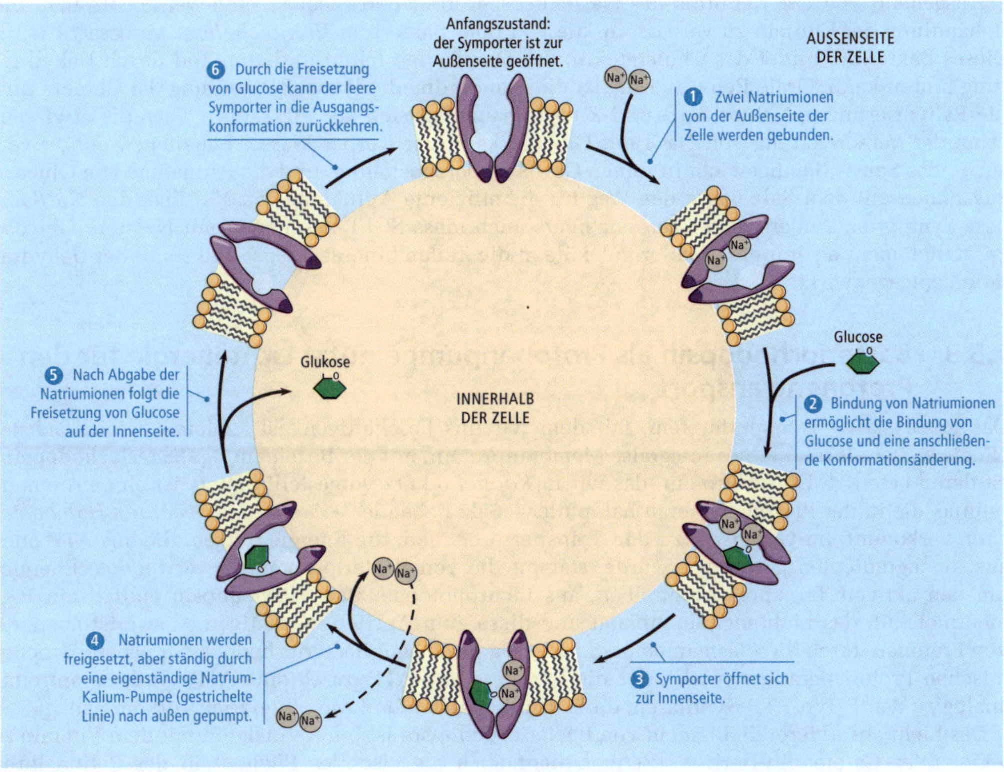

Abbildung 7.13: Modellmechanismus für den Na^+/Glucose-Transporter. Der Transportvorgang ist hier in sechs Schritten dargestellt, die an der Peripherie der Zelle ablaufen. Der Einwärtstransport von Glucose gegen ihren Konzentrationsgradienten wird durch den gleichzeitigen Einwärtstransport von Natriumionen abwärts ihres elektrochemischen Gradienten angetrieben. Der Natriumionengradient wird wiederum durch den ständigen Auswärtstransport von Natriumionen (gestrichelter Pfeil) durch die Na^+/K^+-Pumpe in *Abbildung 7.12* aufrechterhalten.

In der ▸ *Abbildung 7.13* wird der Transportmechanismus des Na^+/Glucose-Symporters dargestellt, der den Einwärtstransport von zwei Natriumionen benötigt, um die gleichzeitige Aufnahme eines Glucosemoleküls anzutreiben. Der Transport beginnt mit der Bindung von zwei externen Natriumionen an deren Bindestellen auf dem Symporter, der zur äußeren Membranoberfläche geöffnet ist ❶. Dadurch kann das Glucosemolekül binden ❷, worauf sich eine Konformationsänderung im Protein anschließt, sodass die Natriumionen und das Glucosemolekül mit der inneren Membranoberfläche in Kontakt kommen ❸. Dort dissoziieren die beiden Natriumionen als Antwort auf die niedrige intrazelluläre Natriumionenkonzentration ❹. Dadurch wird der Transport in seiner nach innen ausgerichteten Konformation geblockt bis das Glucosemolekül dissoziiert ❺. Dann ist der Transporter wieder frei und kehrt in seine nach außen gerichtete Konformation zurück ❻.

Der Natriumionengradient wird wiederum durch den ständigen Export von Natriumionen (gestrichelter Pfeil) durch die Na^+/K^+-Pumpe (*Abbildung 7.12*) aufrechterhalten. Die Natriumionen zirkulieren durch die Plasmamembran, werden von der Na^+/K^+-Pumpe nach außen gepumpt und fließen als Triebkraft für den Natriumsymport von Molekülen wie Glucose wieder in die Zelle zurück. Ähnliche Mechanismen wirken an der Aufnahme von Aminosäuren und anderen organischen Substraten mittels des Natriumsymports in tierischen Zellen mit und am Protonensymport in den Zellen von Pflanzen, Pilzen und Bakterien. In Darm und Niere von Säugetieren gibt es aber auch Transporter, die einen Protonengradienten nutzen, um sehr effektiv Di- und Tripeptide in die Epithelzellen aufzunehmen. Diese Transporter, PepT1 und PepT2 genannt, nutzen den Protonengradienten, der durch einen sekundär aktiven Protonenantiporter aufgebaut wird, und werden daher *tertiär aktive Transporter* genannt.

Ausgehend von der Kenntnis des Na^+/Glucose-Cotransport-Mechanismus vermochte man die Behandlung der Cholera zu verbessern, die von dem Bakterium *Vibrio cholerae* verursacht wird. Dieses Bakterium bildet das Choleratoxin, das Darmzellen lähmt und zum Tod durch Dehydrierung führen kann. Orale Rehydrierung ist die Standardmethode zur Behandlung der Cholera und die Rehydrierung mit einer Salz- und Zuckerlösung hat sich als wirksamste Therapie erwiesen. Dank der Verabreichung von NaCl mit Glucose kann der Körper Wasser behalten, wenn er versucht, das Salze-Gleichgewicht in seinen Geweben beizubehalten, und die Aufnahme von Glucose zusammen mit dem Salz bahnt den Weg für die effiziente Aufnahme von Na^+ über den Na^+/Glucose-Symporter. Außerdem wissen wir heute auch, dass SGLT zusammen mit Na^+ und Glucose zusätzlich mehr als hundert Wassermoleküle in die Zellen hineinschleust und somit der Dehydratation entgegenwirkt.

7.5.3 Bacteriorhodopsin als Protonenpumpe nutzt Lichtenergie für den Protonentransport

Das letzte aktive Transportsystem, mit dem wir uns beschäftigen, ist zugleich das einfachste. Nichts weiter als ein kleines integrales Membranprotein, mit der Bezeichnung **Bacteriorhodopsin**, ist daran beteiligt. Dieses Protein, das wir in *Kapitel 6* kurz vorgestellt hatten, ist eine Protonenpumpe, die in der Plasmamembran halophiler („Salz liebender") Archaea der Gattung *Halobacterium* vorkommt. Im Gegensatz zu den Transportproteinen, die Energie nutzen, die aus ATP oder aus Ionengradienten gewonnen wurde, stammt die von Bacteriorhodopsin verwendete Energie, um den aktiven Transport anzutreiben, aus Lichtphotonen. Bacteriorhodopsin enthält ein Pigmentmolekül, das Lichtenergie auffängt und diese zum Antrieb des aktiven Auswärtstransports von Protonen durch die Plasmamembran nutzt. Dadurch baut Bacteriorhodopsin einen elektrochemischen Protonengradienten auf, der die Synthese von ATP durch eine ATP-Synthase antreibt, analog zu den F-Typ-ATP-Synthasen, die in Chloroplasten und Mitochondrien vorkommen.

Das Licht absorbierende Pigment von Bacteriorhodopsin ist ein Retinal, ein mit dem Vitamin A verwandtes Carotenoid-Derivat. (Retinal dient auch als visuelles Pigment in der Retina Ihrer Augen.) Das Retinal verleiht dem Bacteriorhodopsin eine leuchtend violette Farbe, weshalb die Halobakterien auch *Phototrophe Purpurbakterien* genannt werden.

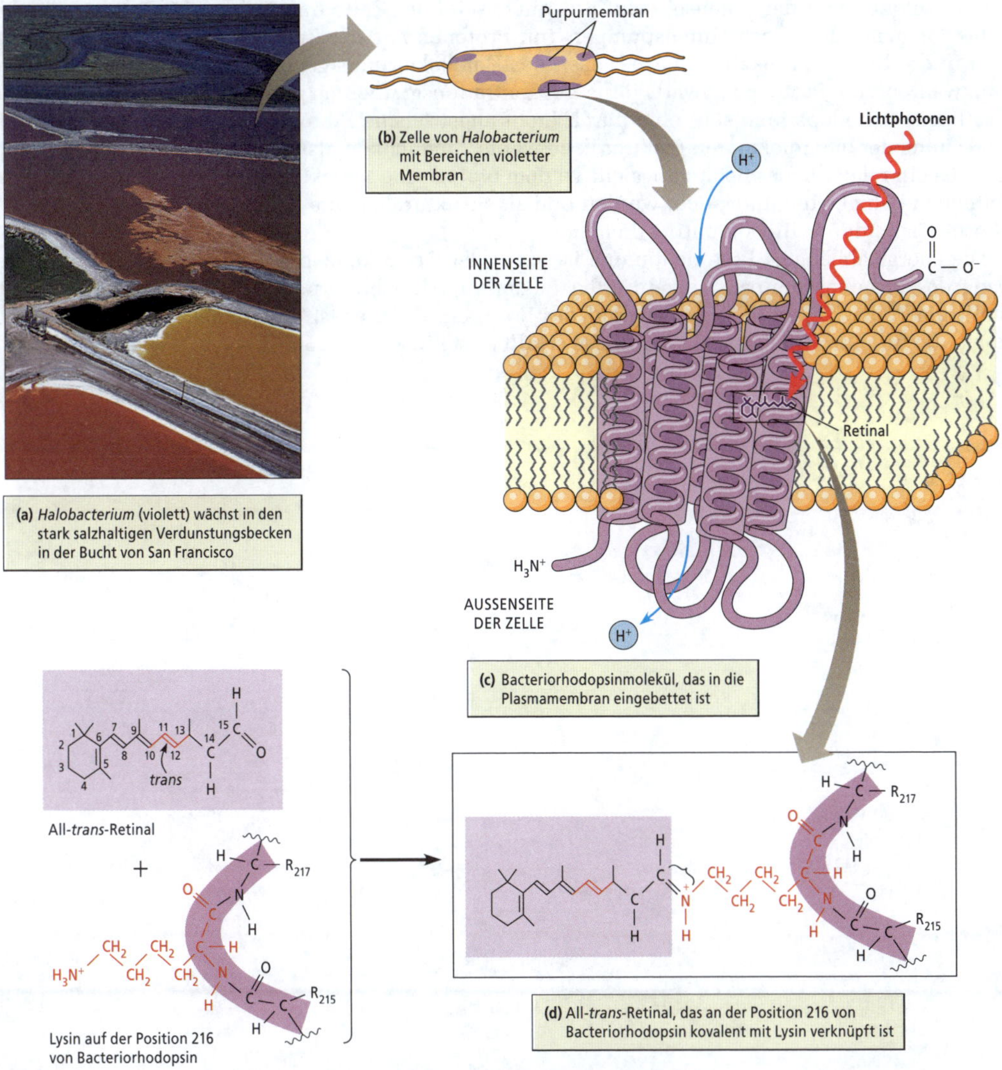

Abbildung 7.14: Die Bacteriorhodopsin-Protonenpumpe der Halobakterien. (a) Archaea der Gattung *Halobacterium* zeichnen sich durch ihre Purpurfärbung aus, die durch das Protein Bacteriorhodopsin hervorgerufen wird. (b) Bacteriorhodopsin ist eine lichtaktivierte Protonenpumpe und erscheint in den Zellen von *Halobacterium* als purpurne Flecken in der Plasmamembran, die man deshalb auch als Purpurmembran bezeichnet. (c) Die sieben α-helikalen Transmembrandomänen von Bacteriorhodopsin sind durch kurze, nicht-helikale Segmente getrennt und so in der Membran ausgerichtet, dass sie eine zylindrische Form bilden. (d) Der Chromophor, all-*trans*-Retinal, ist an der Position 216 im siebten Transmembransegment des Proteins an Lysin gebunden.

Bacteriorhodopsin ist ein integrales Membranprotein mit sieben α-helikalen Transmembrandomänen, membrandurchspannenden Segmenten, die in der Membran so ausgerichtet sind, dass sie eine zylindrische Form bilden (▸*Abbildung 7.14c*). Normalerweise liegt das Retinal-Chromophor (der „Farbträger“, er gibt dem Molekül seine Farbe) in der *all-trans*-Form vor und ist kovalent an der Position 216 mit der Seitenkette eines Lysinrestes verknüpft. Wenn das Retinal ein Photon Licht absorbiert, isomerisiert eine seiner Doppelbindungen zur höher energetisierten *cis*-Form, wodurch das Bacteriorhodopsin-Molekül photoaktiviert wird. Das photoaktivierte Molekül kann dann Protonen von der Innenseite auf die Außenseite der Zelle transferieren. Das elektrochemische Potenzial, das durch Hinauspumpen von Protonen aus der Zelle aufgebaut wird, wird von den in der Membran lokalisierten ATPasen des Halobakteriums genutzt, um ATP zu synthetisieren, während die Protonen abwärts ihres Konzentrationsgradienten zurück in die Zelle fließen. Da das Bacteriorhodopsinmolekül eine durch Licht angetriebene Protonenpumpe ist, wird es in der Forschung der biomolekularen Elektronik auf seine Tauglichkeit als leitendes Medium untersucht. Dies ist ein relativ neues Betätigungsfeld, in dem biologische Moleküle mit Elektronen- und Ionenleitenden Fähigkeiten untersucht werden und als Strukturelemente für Geräte in der Biooptik, der Biosensorik und für Biocomputing dienen.

Die energieabhängige Protonenpumpe ist eines der Grundkonzepte der Zellenergetik. Der Vorgang des Protonenpumpens, der in allen Bakterien, Mitochondrien und Chloroplasten abläuft, stellt die Antriebskraft allen Lebens auf der Erde dar, denn er ist eine unabdingbare Voraussetzung, die für eine effiziente ATP-Synthese erfüllt sein muss.

Chemotropher Energiemetabolismus: Glykolyse und Fermentation

8

ÜBERBLICK

Bereits in vorangegangenen Kapiteln haben Sie gelernt, dass Zellen nicht ohne Energiequelle und auch nicht ohne Quelle für chemische „Bausteine" – die kleinen Moleküle, aus denen Makromoleküle wie Proteine, Nucleinsäuren und Polysaccharide synthetisiert werden – leben können. Bei vielen Organismen, auch bei uns, sind diese beiden Anforderungen eng miteinander verknüpft. Die notwendige Energie und die kleinen Moleküle sind in den Nahrungsmittelmolekülen enthalten, die von Organismen hergestellt oder aufgenommen werden.

In diesem und im nächsten Kapitel werden wir uns damit beschäftigen, wie chemotrophe Tiere (die ihre Energie aus chemischen Prozessen gewinnen) und die meisten Mikroorganismen, Energie aus der Nahrung, die sie aufnehmen und verdauen, gewinnen, und uns in diesem Zusammenhang hauptsächlich auf den oxidativen Abbau von Zuckermolekülen konzentrieren. Rufen Sie sich bitte in Erinnerung, dass Oxidationsreaktionen mit der Abgabe von Elektronen und Wasserstoff sowie der Freisetzung von Energie einhergehen. Anschließend werden wir in *Kapitel 10* den Vorgang diskutieren, durch den phototrophe grüne Pflanzen (die Licht als Energiequelle nutzen), Algen und einige Bakterien, die Sonnenstrahlung einfangen – die ultimative Energiequelle fast aller lebenden Organismen. Sie nutzen diese Energie um Kohlendioxid zu reduzieren (= Hinzufügen von Elektronen und Protonen), um auf diese Weise Zuckermoleküle zu synthetisieren. Denken Sie daran, dass die Reaktionen, mit denen Zellen Energie gewinnen, auch die verschiedenen kleinen Moleküle bereitstellen, welche die Zellen zur Synthese von Makromolekülen und anderen Zellbausteinen benötigen.

8.1 Metabolische Wege

Als wir in *Kapitel 5* den Enzymen begegneten, haben wir uns mit einzelnen chemischen Reaktionen beschäftigt, die von speziellen Enzymen katalysiert werden, die unabhängig von anderen Vorgängen funktionieren – aber das ist nicht die wahre Funktionsweise der Zellen. Wenn die Zelle eine größere Aufgabe vollbringen muss, so benötigt sie eine Reihe von Reaktionen, die in einer geordneten Reihenfolge ablaufen. Dafür wiederum sind viele verschiedene Enzyme erforderlich, denn die meisten Enzyme katalysieren lediglich eine Reaktion und im Allgemeinen sind viele derartige Reaktionen notwendig, um eine größere biochemische Operation durchzuführen.

Wenn wir all die chemischen Reaktionen betrachten, die innerhalb einer Zelle ablaufen, so sprechen wir vom Metabolismus (dieses Wort stammt von dem griechischen Wort *metaballein* ab, was „verändern" bedeutet). Der gesamte Metabolismus einer Zelle setzt sich wiederum aus vielen spezifischen **metabolischen Wegen** zusammen, von denen jeder einzelne eine bestimmte Aufgabe erfüllt. Vom Standpunkt eines Biochemikers gesehen, kann man das *Leben auf zellulärer Ebene als Netzwerk integrierter und sorgfältig regulierter metabolischer Wege betrachten, die gemeinsam zur Summe der Aktivitäten beitragen, die eine Zelle bewerkstelligen muss.*

Es gibt zwei grundlegende Typen metabolischer Wege. Wege, auf denen Zellkomponenten synthetisiert werden, die sogenannten **anabolischen Wege** (mit der griechischen Vorsilbe *ana-*, was „aufwärts" bedeutet), andererseits gibt es Wege zum Abbau von Komponenten, die sogenannten **katabolischen Wege** (mit der griechischen Vorsilbe *kata-*, was „abwärts" bedeutet). Auf den anabolischen Wegen findet im Allgemeinen eine erhebliche Zunahme in der molekularen Größenordnung statt (und daher eine lokale Zunahme der Entropie) und sie verlaufen *endergonisch* (Energie benötigend). Die Polymersynthese und die biologische Reduktion von Kohlendioxid zu Zucker sind Beispiele für anabolische Wege. Häufig werden auf anabolischen Wegen Polymere wie Stärke und Glykogen aus Glucoseeinheiten synthetisiert, um Energie für zukünftige Vorgänge zu speichern. Bestimmte Steroidhormone werden beispielsweise anabolische Steroide genannt, weil sie die Synthese von Muskelproteinen aus Aminosäuren anregen.

Im Gegensatz dazu findet auf katabolischen Wegen ein Abbauvorgang statt, der im Allgemeinen mit einer Abnahme in molekularer Größenordnung einhergeht. Diese Reaktionen sind häufig an die Hydrolyse von Makromolekülen oder biologischen Oxidationen gekoppelt. Katabolische Wege spielen in Zellen zwei Rollen: sie setzen die Energie frei, die zum Antrieb von Zellfunktionen benötigt wird, und aus ihnen gehen kleine organische Moleküle oder *Metabolite* hervor, die Bausteine der Biosynthese. Allerdings ist ein katabolischer Weg nicht einfach die Umkehr des entsprechenden anabolischen Weges. Der katabolische Weg für den Glucoseabbau und der anabolische Weg für die Glucosesynthese nutzen sich geringfügig unterscheidende Enzyme und Zwischenprodukte.

Schon bald werden wir sehen, dass der Katabolismus entweder mit oder ohne Sauerstoff durchgeführt werden kann (das heißt entweder unter *aeroben* oder *anaeroben* Bedingungen). Der Energiegewinn pro Glucosemolekül ist in Gegenwart von Sauerstoff wesentlich größer. Allerdings ist auch der anaerobe Katabolismus wichtig, nicht nur für Organismen, die niemals Zugang zu Sauerstoff haben, sondern auch für Organismen und Zellen, die vorübergehend ohne Sauerstoff auskommen müssen.

8.2 ATP: Der universale Energiekoppler

Die anabolischen Reaktionen der Zellen sind für Wachstums- und Reparaturvorgänge verantwortlich, während bei katabolischen Reaktionen die Energie freigesetzt wird, die zum Antrieb anabolischer Reaktionen sowie zur Verrichtung anderer Formen zellulärer Arbeit benötigt wird. Die effiziente Verknüpfung oder Kopplung von Abläufen zur Energiegewinnung mit Vorgängen, die Energie benötigen, ist daher von lebenswichtiger Bedeutung für die Zellfunktionen. Diese Kopplung wird durch spezifische Moleküle ermöglicht, welche die Energie speichern, die aus exergonischen Reaktionen gewonnen wird, und sie freisetzen, wann und wo sie benötigt wird.

In praktisch allen Zellen ist das am häufigsten als Energiezwischenprodukt genutzte Molekül die phosphorylierte Verbindung **Adenosintriphosphat (ATP)**. ATP ist, mit anderen Worten, die primäre „Energiewährung" der biologischen Welt. Bitten denken Sie daran, dass die ATP-Synthese nicht der einzige Weg ist, auf dem Zellen chemische Energie speichern. Andere hoch energetische Moleküle wie GTP (Guanosintriphosphat) und Kreatinphosphat speichern chemische Energie, die zu ATP umgewandelt werden kann. Desweiteren wird chemische Energie in Form reduzierter Coenzyme wie NADH gespeichert, die als Quelle für die Reduktionskraft in Zellen dienen. Diese Moleküle sind für den Energietransport zwischen verschiedenen metabolischen Wegen und Vorgängen in Zellen sehr wichtig. Da ATP an den meisten zellulären Energietransaktionen beteiligt ist, müssen wir zuerst dessen Struktur und Funktion verstehen, um die Eigenschaften zu verstehen, durch welche dieses Molekül sich so hervorragend als universaler Energiekoppler eignet. Wie wichtig ATP für alle Zellen ist, sehen Sie an der Tatsache, dass die täglich synthetisierte und wieder verbrauchte Menge von ATP ungefähr Ihrer Körpermasse entspricht.

8.2.1 ATP enthält zwei energiereiche Phosphoanhydridbindungen

In *Kapitel 2* haben Sie gelernt, dass ATP ein komplexes Molekül ist, das die aromatische Base Adenin enthält, den 5′-Kohlenstoff-Zucker Ribose und eine Kette aus drei Phosphatgruppen. Die Phosphatgruppen sind über Phosphoanhydridbindungen miteinander verknüpft und die Ribose über eine Phosphoesterbindung. Die Verbindung, die durch Verknüpfung von Adenin und Ribose entsteht, bezeichnet man als *Adenosin*. Adenosin kann in der Zelle in nicht-phosphorylierter Form vorliegen oder mit ein, zwei oder drei Phosphaten, die an das 5′-Kohlenstoffatom der Ribose gebunden sind und jeweils *Adenosinmonophosphat (AMP)*, *Adenosindiphosphat (ADP)* und *Adenosintriphosphat (ATP)* bilden.

Das ATP-Molekül eignet sich gut als Zwischenprodukt des zellulären Energiemetabolismus, denn während der *Hydrolyse* von ATP wird Energie freigesetzt, das heißt zum Spalten der Phosphoanhydridbindung wird Wasser genutzt. Die Phosphoanhydridbindung verbindet das dritte (äußerste) Phosphat mit dem zweiten Phosphat. Es entstehen zwei Produkte: Das terminale Phosphat erhält eine OH-Gruppe von dem Wassermolekül und wird als anorganisches (engl. *inorganic*) Phosphat freigesetzt (HPO_4^{2-}, wird oftmals P_i geschrieben) und das ADP-Molekül erhält ein –H und verliert durch die Ionisierung sofort ein Proton. Somit ist die Hydrolyse von ATP zur Bildung von ADP und P_i stark exergonisch, mit einer freigesetzten Energie unter Normalbedingungen ($\Delta G^{\circ\prime}$) von –7,3 kcal/mol. Die Umkehrreaktion, bei der ATP aus ADP und P_i synthetisiert wird und durch Kondensation ein Wassermolekül verloren geht, ist entsprechend endergonisch mit einem Wert von $\Delta G^{\circ\prime}$ von +7,3 kcal/mol. Wie Sie sehen, wird Energie als Triebkraft für die ATP-Synthese aus ADP und P_i benötigt und bei der ATP-Hydrolyse wird Energie freigesetzt.

Manchmal bezeichnen Biochemiker Bindungen wie die Phosphoanhydridbindungen von ATP als „hoch energetisch" oder „energiereiche" Bindungen, eine sehr hilfreiche Konvention, die 1941 von Fritz Lipmann, einem damals führenden deutsch-amerikanischen Bioenergetiker, eingeführt wurde. Diese Begriffe müssen allerdings richtig verstanden werden, um nicht den falschen Eindruck zu erwecken, dass die Bindung irgendwie Energie enthält, die freigesetzt werden kann. Alle chemischen Bindungen *benötigen Energie*, um gespalten zu werden und *setzen Energie frei*, wenn sie entstehen. Im Grunde meinen wir mit der Bezeichnung „energiereiche Bindung", dass bei der Hydrolyse der Bindung freie Energie freigesetzt wird. Die Energie ist daher ein charakteristisches Merkmal der Reaktion, an der das Molekül mitwirkt und kein charakteristisches Merkmal einer bestimmten Bindung innerhalb des Moleküls. Bezeichnet man also ATP oder irgendein anderes Molekül als „hoch energetische Verbindung" oder „energiereiche Verbindung", so sollte man diese Wortwahl immer als prägnante Formulierung dafür verstehen, dass die Hydrolyse einer oder mehrerer Bindungen des Moleküls stark exergonisch ist.

8.2.2 Die ATP-Hydrolyse ist auf Grund der Ladungsabstoßung und der Resonanzstabilisierung stark exergonisch

Woran liegt es, dass die Hydrolyse der Phosphoanhydridbindungen eines ATP-Moleküls derartig exergonisch abläuft? Die Antwort auf diese Frage besteht aus drei Teilen: Die Hydrolyse von ADP und P_i ist auf Grund der *Ladungsabstoßung* zwischen den benachbarten geladenen Phosphatgruppen exergonisch, ferner aufgrund der *Resonanzstabilisierung* beider Produkte der Hydrolyse und aufgrund des *Anstiegs der Entropie* und der Löslichkeit.

Die **Ladungsabstoßung** ist leicht zu verstehen. Stellen Sie sich vor, Sie halten zwei Magnete, deren gleiche Pole sich berühren. Die gleichen Pole stoßen sich ab und es muss Kraft aufgewandt werden (das heißt, dem System muss Energie zugeführt werden), um die Magnete zusammenzubringen. Lässt man die Magnete wieder los, springen sie auseinander, wobei Energie freigesetzt wird. Betrachten Sie nun die drei Phosphatgruppen von ATP. Jede Gruppe trägt auf Grund ihrer Ionisierung nahe am neutralen pH-Wert der Zelle mindestens eine negative Ladung. Diese negativen Ladungen neigen dazu, sich abzustoßen, wodurch die kovalente Bindung, über die diese Phosphatbindungen verknüpft sind, gespannt wird. Ähnlich verhält es sich bei der ATP-Synthese, für die zwei negative geladene Moleküle zusammengeführt werden müssen (ADP^{3-} und P_i^{2-}), die sich natürlicherweise abstoßen, und somit wird ein Energieaufwand erforderlich, um diese Abstoßung zu überwinden.

Ein zweiter wichtiger Beitrag zur ATP-Bindungsenergie ist die **Resonanzstabilisierung**. Obschon man die Carboxylgruppe formal mit einer C=O-Doppelbindung und einer C–O-Einfachbindung schreibt, besitzt sie in Wahrheit ein Elektronenpaar, das über beide C-Bindungen zum Sauerstoff *delokalisiert* (gleichmäßig verteilt) ist. Die richtige Struktur der Carboxylgruppe ist tatsächlich eine gleichmäßige Verteilung der beiden zu ihr beitragenden Strukturen, die in der ▸ *Abbildung 8.1a* dargestellt und als **Resonanzhybrid** bezeichnet werden. Jede C–O-Bindung ist das Äquivalent einer halben Bindung und jedes Sauerstoffatom hat nur eine teilweise negative Ladung (die mit dem griechischen Buchstaben δ dargestellt wird). Wenn Elektronen auf diese Weise delokalisiert werden, dann befindet sich ein Molekül in seiner stabilsten Konformation (niedrigste Energie) und man bezeichnet es als *resonanzstabilisiert*.

Auf ähnliche Weise wird das Phosphation resonanzstabilisiert, denn ein zusätzliches Elektronenpaar, das formal als Teil einer P=O-Doppelbindung dargestellt wird, ist über alle vier O-Atome, die neben dem zentralen P liegen, delokalisiert. Wenn eine Phosphoesterbindung zwischen einem Phosphation und einer Alkoholgruppe gebildet wird, werden die zusätzlichen Elektronen nur über drei O-Atome delokalisiert (▸ *Abbildung 8.1b*). Das entstandene Molekül ist weniger resonanzstabilisiert und besitzt damit mehr Energie. Eine ähnliche Abnahme der Elektronendelokalisierung während der Bildung der Anhydridbindung (▸ *Abbildung 8.1c*) führt auch zu einem Produkt mit höherer Energie.

Ein dritter wichtiger Faktor, der zur exergonischen Natur der ATP-Hydrolyse beiträgt, ist der Anstieg der Entropie, wenn eine Phosphatgruppe vom ATP entfernt wird und nicht länger in einer Position fixiert ist. Die zufällige Verteilung von ATP und Phosphat im Raum mindert deren freie Energie und hat eine stärker exergonische Reaktion zur Folge. Obwohl während der Hydrolyse ein Wassermolekül angefügt wird (eine Minderung der Entropie), verliert es ein Proton, das gleichfalls eine verminderte Entropie besitzt, weil es in der Lösung zufällig verteilt wird. Außerdem werden

ADP und Phosphat löslicher, weil sie stärker hydratisiert werden, und die vermehrten Wechselwirkungen mit den Wassermolekülen führen zu einer Minderung der freien Energie, was zur exergonischen Natur der ATP-Hydrolyse beiträgt.

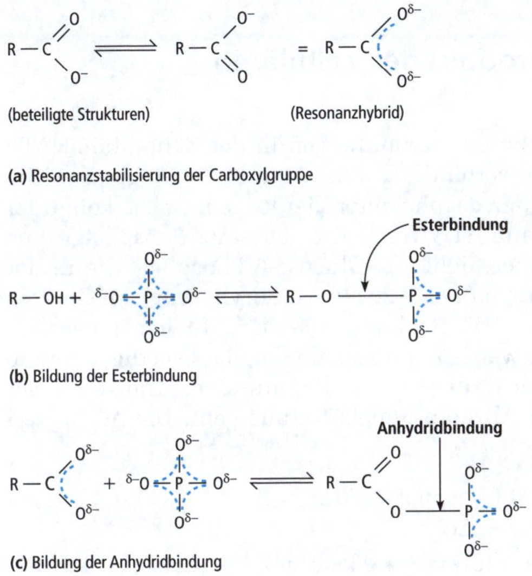

Abbildung 8.1: Verminderte Resonanzstabilisierung der Carboxyl- und Phosphatgruppen nach Bildung der Bindung. Die Resonanzstabilisierung in Folge einer Elektronendelokalisierung (blaue gestrichelte Linien) ist ein wichtiges Merkmal sowohl der Carboxylgruppe in (a) als auch der Phosphatgruppen in (b) und (c). Durch Bildung entweder (b) einer Esterbindung oder (c) einer Anhydridbindung (durch Entfernen von Wasser) nimmt die Möglichkeit einer Elektronendelokalisierung ab. Daraus folgt, dass der Ester oder das Anhydridprodukt energiereichere Verbindungen sind als die Reaktanten. Wenn diese Bindung durch Hydrolyse gespalten wird, wird Energie freigesetzt.

Bei Estern wird nur eine geringe Energiemenge nach der Hydrolyse freigesetzt, während die Hydrolysereaktion von Anhydriden stark exergonisch abläuft. Abgesehen von der erhöhten Resonanzstabilisierung sind beide Produkte der Anhydridhydrolyse geladen und stoßen sich daher ab, was bei der Esterhydrolyse nicht der Fall ist. Bei der Hydrolyse von Anhydrid- und Phosphoanhydridbindungen wird ungefähr doppelt so viel Energie freigesetzt wie bei der Hydrolyse von Ester- und Phosphoesterbindungen. Am Beispiel von ATP kann man diesen Unterschied gut aufzeigen: die Hydrolyse einer der Phosphoanhydridbindungen, die die zweiten und dritten Phosphatgruppen mit dem Rest des Moleküls verbinden, hat eine Standardveränderung der freien Energie von –7,3 kcal/mol, während die Hydrolyse der Phophoesterbindung, die die erste (innerste) Phosphatgruppe mit der Ribose verbindet, einen Wert von $\Delta G^{\circ\prime}$ von nur ungefähr –3,6 kcal/mol hat:

$$\mathrm{ATP} + \mathrm{H_2O} \longrightarrow \mathrm{ADP} + \mathrm{P_i} + \mathrm{H^+} \qquad \Delta G^{\circ\prime} = -7{,}3\ \mathrm{kcal/mol} \tag{8-1}$$

$$\mathrm{ADP} + \mathrm{H_2O} \longrightarrow \mathrm{AMP} + \mathrm{P_i} + \mathrm{H^+} \qquad \Delta G^{\circ\prime} = -7{,}3\ \mathrm{kcal/mol} \tag{8-2}$$

$$\mathrm{AMP} + \mathrm{H_2O} \longrightarrow \mathrm{Adenosin} + \mathrm{P_i} \qquad \Delta G^{\circ\prime} = -3{,}6\ \mathrm{kcal/mol} \tag{8-3}$$

Somit sind ATP und ADP beides „energiereichere Verbindungen" als AMP, um die knappe Formulierungsweise der Biochemiker zu benutzen.

Da der Standardwert von $\Delta G^{\circ\prime}$ (–7,3 kcal/mol) auf gleichen Konzentrationen von ATP und ADP (1 *M*) beruht, wird die tatsächliche Veränderung der freien Energie, die mit der Hydrolyse von ATP zu ADP unter den meisten biologischen Bedingungen, in denen die Konzentration von ATP größer ist, typischerweise unterschätzt. In *Kapitel 4* haben wir erfahren, dass die tatsächliche Veränderung der freien Energie, $\Delta G'$, von den vorherrschenden Konzentrationen der Reaktanten und der Produkte abhängt. Für die Hydrolyse von ATP (Reaktion 8-1) wird $\Delta G'$ folgendermaßen berechnet:

$$\Delta G' = \Delta G^{\circ\prime} + RT \ln \frac{[\mathrm{ADP}][\mathrm{P_i}]}{[\mathrm{ADP}]} \tag{8-4}$$

In den meisten Zellen ist das Verhältnis von ATP/ADP erheblich größer als 1 : 1, oftmals liegt es im Bereich von ungefähr 5 : 1. Daraus folgt, dass der Wert für ln $([ADP][P_i]/[ADP])$ negativ ist und der Wert von $\Delta G^{\circ\prime}$ ist daher stärker negativ als –7,3 kcal/mol. Im Allgemeinen liegt er im Bereich von –10 bis –14 kcal/mol.

8.2.3 ATP ist ein wichtiges Zwischenprodukt des zellulären Energiemetabolismus

Im Gesamtspektrum der energiereichen phosphorylierten Verbindungen in der Zelle nimmt ATP eine Zwischenposition ein. Dies bedeutet, dass eine Verbindung unter Standardbedingungen jede Verbindung, die unterhalb von ihr rangiert, exergonisch phosphorylieren kann, aber keine der oberhalb von ihr liegenden Verbindungen. Somit kann ATP durch Transfer einer Phosphatgruppe von Phosphoenolpyruvat (PEP) gebildet werden, aber nicht aus Glucose-6-Phosphat, wie in der ▸*Abbildung 8.2* dargestellt. Auf ähnliche Weise kann man ATP zur Phosphorylierung von Glucose nutzen, aber nicht zur Phosphorylierung von Pyruvat. Die Reaktionen 8-5 und 8-6 haben negative $\Delta G^{\circ\prime}$-Werte, die wir als $\Delta G^{\circ\prime}_{transfer}$-Werte bezeichnen werden, um zu betonen, dass sie die Veränderung der freien Energie unter Standardbedingungen darstellen, die mit dem Transfer einer Phosphatgruppe von einem Donormolekül auf ein Akzeptormolekül einhergeht. Die $\Delta G^{\circ\prime}_{transfer}$-Werte können Sie folgendermaßen berechnen:

$$\text{Glucose} + \text{ATP} \longrightarrow \text{Glucose-6-Phosphat} + \text{ADP} + \text{H}^+$$
$$\Delta G^{\circ\prime}_{transfer} = \Delta G^{\circ\prime}_{Donor} - \Delta G^{\circ\prime}_{Akzeptor}$$
$$= -7{,}3\ \text{kcal/mol} - (-3{,}3\ \text{kcal/mol}) = -4{,}0\ \text{kcal/mol} \qquad (8\text{-}5)$$

$$\text{PEP} + \text{ADP} + \text{H}^+ \longrightarrow \text{Pyruvat} + \text{ATP}$$
$$\Delta G^{\circ\prime}_{transfer} = -14{,}8\ \text{kcal/mol} - (-7{,}3\ \text{kcal/mol}) = -7{,}5\ \text{kcal/mol} \qquad (8\text{-}6)$$

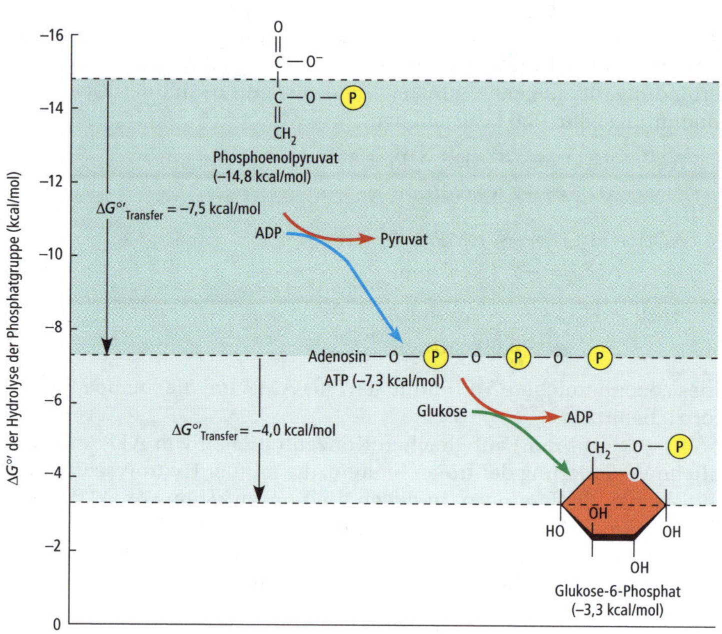

Abbildung 8.2: Beispiele für exergonischen Transfer von Phosphatgruppen. Bei der Hydrolyse von Phosphatgruppen wird Phosphoenolpyruvat (PEP, –14,8 kcal/mol) als hochenergiereiche Verbindung betrachtet, ATP (–7,3 kcal/mol) als Verbindung mit mittlerer Energie und Glucose-6-Phosphat (–3,3 kcal/mol) als Verbindung mit geringer Energie. PEP kann daher seine Phosphatgruppen exergonisch an ADP abgegeben und ATP bilden ($\Delta G^{\circ\prime}_{Transfer} = \Delta G^{\circ\prime}_{Donor} - \Delta G^{\circ\prime}_{Akzeptor} = -14{,}8 - (-7{,}3) = -7{,}5$ kcal/mol) und ATP kann genutzt werden, um Glucose exergonisch zu phosphorylieren ($\Delta G^{\circ\prime}_{Transfer} = -7{,}3 - (-3{,}3) = -4{,}0$ kcal/mol), aber die Umkehrreaktionen sind unter Standardbedingungen nicht möglich. Tatsächlich liegen die Werte für $\Delta G^{\circ\prime}$ für diese Transfers so weit im negativen Bereich, dass beide Reaktionen unter typischen zellulären Bedingungen irreversibel sind.

Reaktionen wie 8-5 und 8-6, bei denen eine chemische Gruppe von einem Molekül zu einem anderen übertragen werden, bezeichnet man als **Gruppentransferreaktionen**. Gruppentransferreaktionen sind einer der häufigsten Vorgänge des zellulären Metabolismus und die Phosphatgruppe ist eine der am häufigsten transferierten Gruppen, vor allem beim Energiemetabolismus.

Der wichtigste Aspekt, den man aus der *Abbildung 8.2* herauslesen und verstehen muss, ist folgender: Das ATP/ADP-Paar nimmt eine entscheidende intermediäre Position im Hinblick auf Bindungsenergien ein. Dies bedeutet, dass ATP bei einigen biologischen Reaktionen als *Phosphatdonor* dienen kann und dass seine dephosphorylierte Form, ADP, bei einigen anderen Reaktionen als Phosphatakzeptor dient, denn oberhalb und unterhalb des ATP/ADP-Paares liegen energiereiche Verbindungen.

Zusammenfassend können wir feststellen, dass das ATP/ADP-Paar ein reversibles Mittel zur Speicherung, Übertragung und Freisetzung von Energie in der Zelle darstellt (▸*Abbildung 8.3*). Wenn in der Zelle ein katabolischer Vorgang abläuft, sei er anaerob (▸*Abbildung 8.3a*) oder aerob (▸*Abbildung 8.3b*), sind die aufeinander folgenden Reaktionen, bei denen Energie freigesetzt wird, in der Weise an das ATP/ADP-System gekoppelt, dass die zur Verfügung stehende freie Energie die Bildung von ATP aus ADP antreibt. Die nach der Hydrolyse von ATP freigesetzte freie Energie liefert dann die Triebkraft für die vielen Vorgänge (beispielsweise Biosynthese, aktiver Transport, Ladungstrennung und Muskelkontraktion), die für das Leben unerlässlich sind und nur unter Aufwendung von Energie ablaufen.

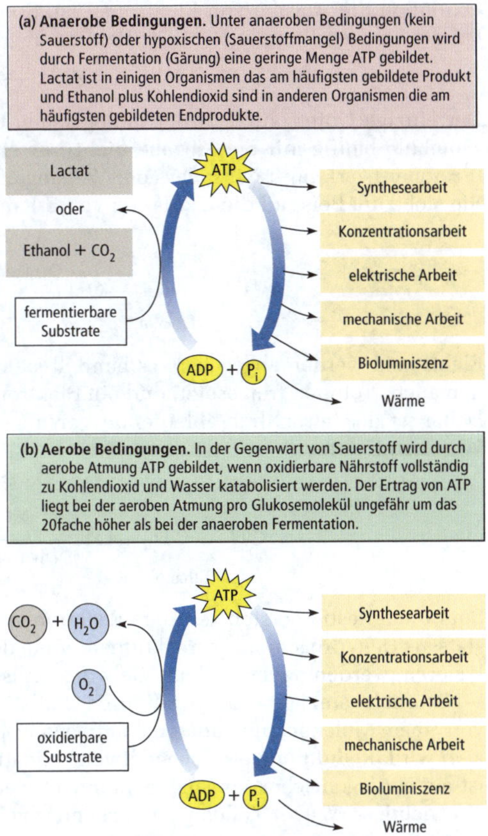

Abbildung 8.3: Das ATP/ADP-System als Mittel der Konservierung und Freisetzung von Energie. ATP wird unter (a) anaeroben oder (b) aeroben Bedingungen durch den oxidativen Katabolismus von Nährstoffen (links) gebildet und zur Verrichtung zellulärer Arbeit genutzt (rechts).

8.3 Chemotropher Energiemetabolismus

Nun kennen wir die wichtigsten Konzepte und können das Hauptthema dieses und des nächsten Kapitels in Angriff nehmen. Mit anderen Worten sind wir für die Diskussion des chemotrophen Energiemetabolismus bereit – die Reaktionen und Wege durch die Zellen Nährstoffe katabolisieren und ATP als Teil der Energie, die bei ihrer Aufspaltung frei gesetzt wird, konservieren. Oder, um es ein wenig persönlicher zu formulieren, wir werden uns mit den spezifischen metabolischen Abläufen beschäftigen, durch welche die Zellen unseres Körpers die Nahrung, die wir aufnehmen, nutzen, um den Energiebedürfnissen nachzukommen. Wir beginnen unsere Darstellung mit der *Oxidation*, denn ein Großteil des Energiemetabolismus erfolgt unter Mitwirkung oxidativer, energiefreisetzender Reaktionen.

8.3.1 Biologische Oxidationen laufen im Allgemeinen durch Abgabe von Elektronen und Protonen ab und sind stark exergonisch

Die Feststellung, dass Nährstoffe wie Kohlenhydrate, Fette oder Proteine Energiequellen der Zellen sind, bedeutet, dass es sich um oxidierbare organische Verbindungen handelt und dass deren Oxidation stark exergonisch abläuft. Rufen Sie sich aus dem Chemieunterricht in Erinnerung, dass

Oxidation die Abgabe von Elektronen ist. Somit ist beispielsweise Fe^{2+} oxidierbar, weil es leicht bei der Umwandlung in Fe^{3+} ein Elektron abgibt:

$$Fe^{2+} \longrightarrow Fe^{3+} + e^- \qquad (8\text{-}7)$$

Der einzige Unterschied in der biologischen Chemie liegt darin, dass die Oxidation organischer Moleküle häufig mit der Abgabe nicht nur eines Elektrons, sondern auch von Wasserstoffionen (Protonen) verknüpft ist, sodass der Vorgang oftmals zugleich eine **Dehydrogenierung** ist. Schauen Sie sich zum Beispiel die Oxidation von Ethanol zum entsprechenden Aldehyd an:

$$\underset{\text{Ethanol}}{CH_3{-}CH_2{-}OH} \xrightarrow{\text{Oxidation}} \underset{\text{Acetaldehyd}}{CH_3{-}\overset{\overset{\displaystyle H}{|}}{C}{=}O} + 2e^- + 2H^+ \qquad (8\text{-}8)$$

Elektronen werden abgegeben, es handelt sich also eindeutig um eine Oxidation. Allerdings werden auch Protonen freigesetzt, und ein Elektron plus ein Proton entspricht einem Wasserstoffatom. Daher ist der tatsächlich ablaufende Vorgang in Wahrheit die Abgabe des Äquivalents von zwei Wasserstoffatomen:

$$\underset{\text{Ethanol}}{CH_3{-}CH_2{-}OH} \xrightarrow[\text{(Dehydrogenierung)}]{\text{Oxidation}} \underset{\text{Acetaldehyd}}{CH_3{-}\overset{\overset{\displaystyle H}{|}}{C}{=}O} + [2H] \qquad (8\text{-}9)$$

Somit manifestieren sich zelluläre Reaktionen mit organischen Molekülen im Fall einer Oxidation stets als Dehydrogenierungsreaktionen. Viele der Enzyme, die oxidative Reaktionen in Zellen katalysieren, werden daher auch als *Dehydrogenasen* bezeichnet.

Natürlich kann keine der angeführten Oxidationsreaktionen allein ablaufen, die Elektronen müssen von einem Molekül zum anderen übertragen werden, wobei das Molekül während des Vorgangs *reduziert* wird. **Reduktion**, das Gegenteil von Oxidation, wird als Aufnahme von Elektronen definiert und ist ein endergonischer Vorgang. Schon bald werden wir sehen, dass die Reduktion von Coenzymen ein wichtiger Weg für Zellen ist, um chemische Energie als Reduktionskraft zu speichern. Bei biologischen Reaktionen wie auch bei den Oxidationen, werden die Elektronen häufig zusammen mit Protonen übertragen. Daher bezeichnet man die gesamte Reaktion als **Hydrogenierung**:

$$\underset{\text{Acetaldehyd}}{CH_3{-}\overset{\overset{\displaystyle H}{|}}{C}{=}O} + [2H] \xrightarrow[\text{(Hydrogenierung)}]{\text{Reduktion}} \underset{\text{Ethanol}}{CH_3{-}CH_2{-}OH} \qquad (8\text{-}10)$$

Die Reaktionen 8-9 und 8-10 veranschaulichen außerdem das allgemeine Prinzip, dass bei biologischen Oxidations-Reduktions-Reaktionen fast immer *zwei Elektronen* (und daher zwei Protonen) übertragen werden.

So wie wir sie aufgeschrieben haben, sind die Reaktionen 8-9 und 8-10 nur *halbe Reaktionen*, die jeweils einen Oxidations- und einen Reduktionsvorgang darstellen. Bei echten Reaktionen laufen Oxidation und Reduktion immer gleichzeitig ab. Jedes Mal, wenn eine Oxidation stattfindet, muss auch eine Reduktion ablaufen, denn die Elektronen (und Protonen), die von einem Molekül abgegeben werden, müssen von einem anderen Molekül aufgenommen werden. Die eckigen Klammern um die 2 H in den Reaktionen 8-9 und 8-10 sollen hervorheben, dass Wasserstoffatome niemals wirklich in eine Lösung freisetzt werden, sondern stattdessen an ein anderes Molekül übertragen werden.

8.3.2 Coenzyme wie NAD⁺ dienen bei biologischen Oxidationen als Elektronenakzeptoren

Bei den meisten biologischen Oxidationen werden die Elektronen und Wasserstoffatome, die von dem oxidierten Substrat abgegeben werden, auf ein oder mehrere **Coenzyme** übertragen. Im Allgemeinen sind Coenzyme kleine Moleküle, die zusammen mit Enzymen (daher der Name) wirken, wobei sie zumeist die Funktion eines Trägers von Elektronen oder kleiner funktionaler Gruppen übernehmen. Bald werden wir sehen, dass Coenzyme nicht verbraucht, sondern innerhalb der Zelle recycelt werden, sodass auch eine relativ niedrige intrazelluläre Konzentration eines bestimmten Coenzyms genügt, um den Bedürfnissen der Zelle nachzukommen.

Das am häufigsten am Energiemetabolismus beteiligte Coenzym ist **Nicotinamid-Adenin-Dinucleotid NAD⁺**. Trotz komplizierten Namens und komplizierter Struktur geht NAD^+ sehr geradlinig vor. Es dient durch Aufnahme von zwei Elektronen und einem Proton an seinen aromatischen Ring als Elektronenakzeptor, woraus die reduzierte Form, NADH, plus ein Proton hervorgehen:

$$\underset{\text{(oxidiert)}}{NAD^+} + 2[H] \longrightarrow \underset{\text{(reduziert)}}{NADH} + H^+ \quad (8\text{-}11)$$

Im Hinblick auf die Nährstoffaufnahme möchten wir anmerken, dass das Nicotinamid von NAD^+ ein Derivat von Niacin ist, das wir als Vitamin B kennen – ein Mitglied der Familie der wasserlöslichen Verbindungen, die für die Ernährung des Menschen und der Wirbeltiere, die diese Verbindung nicht selber synthetisieren können, essenziell ist. In *Kapitel 9* werden wir FAD und CoA kennenlernen, zwei weitere Coenzyme, in deren Strukturen auch Derivate von Vitamin B enthalten sind. Da diese Vitamine Komponenten unverzichtbarer Coenzyme sind, sind gerade sie für die Ernährung eines jeden Organismus, der sie nicht selber synthetisieren kann, von essenzieller Bedeutung. Außerdem werden sie nur in geringen Mengen benötigt, denn sie werden im Verlauf von Reaktionen nicht verbraucht, sondern nach der Reduktion oder Oxidation wieder recycelt.

8.3.3 Die meisten Chemotrophen decken ihre Energiebedürfnisse durch Oxidation organischer Nährstoffmoleküle

Wir interessieren uns für die Oxidation, weil es sich um ein Mittel handelt, das den Chemotrophen wie uns Menschen die Deckung ihrer Energiebedürfnisse ermöglicht. Viele verschiedene Substanzen dienen als Substrate für biologische Oxidationsvorgänge. Eine große Anzahl von Mikroorganismen nutzt zum Beispiel anorganische Verbindungen wie molekularen Wasserstoff oder reduzierte Formen von Eisen, Schwefel oder Stickstoff als Energiequellen. Diese Organismen, die recht spezialisierte Wege nutzen, übernehmen im geochemischen Kreislauf der in der Biosphäre vorkommenden Nährstoffe wichtige Rollen. Sie bilden außerdem eine erhebliche Menge der totalen Biomasse – manchen Schätzungen zufolge bis zu 50 % der globalen Pflanzenproduktion – und sie sind wichtige Nahrungsquellen für zahlreiche andere Organismen in der Nahrungskette. Allerdings sind wir und die meisten anderen Chemotrophen von organischen Nahrungsmittelmolekülen in Form oxidierbarer Substrate abhängig, vor allem von Kohlenhydraten, Fetten und Proteinen. Man darf nie vergessen, dass diese organischen Nahrungsmittelmoleküle sowohl in Form von ATP als auch in Form reduzierter Coenzyme die Energie für jede Zelle bilden.

8.3.4 Glucose ist eines der wichtigsten oxidierbaren Substrate des Energiemetabolismus

Im Folgenden werden wir uns mit der biologischen Oxidation von Glucose ($C_6H_{12}O_6$), eines Monosaccharids mit 6 Kohlenstoffatomen, das landläufig auch Traubenzucker genannt wird, konzentrieren. Bei vielen Vertebraten, also auch beim Menschen, ist Glucose der wichtigste Zucker im Blut und somit die Hauptenergiequelle der meisten Zellen des Körpers. Die Glucose im Blut stammt vor allem von den mit der Nahrung aufgenommenen Kohlenhydraten, wie beispielsweise Saccharose oder Stärke, und wird durch den Abbau gespeicherten Glykogens gewonnen (siehe *Abbildungen 2.19*). Nach heutigen Richtlinien ist eine Aufnahme von ungefähr 50 % Kohlenhydraten, 30 % Lipiden und 20 % Protein für die menschliche Nahrung zu empfehlen. Daher stellt die Glucose für uns ein außerordentlich wichtiges Molekül dar.

Glucose ist außerdem von Bedeutung für Pflanzen, denn es handelt sich um ein Abbauprodukt der Stärke. Hinzu kommt, dass Glucose die Hälfte der Disaccharids Saccharose (Glucose + Fructose) ausmacht, des wichtigsten Zuckers des Gefäßsystems der meisten Pflanzen. Desweiteren beginnt der Katabolismus der meisten energiereichen Substanzen in Pflanzen, Tieren und Mikroorganismen mit der Umwandlung in eines der Zwischenprodukte des Stoffwechselweges für den Glucosekatabolismus. Wir wollen uns jedoch nicht nur mit dem Schicksal einer einzelnen Verbindung beschäftigen, sondern mit einem metabolischen Weg, der das Kernstück des chemotrophen Energiemetabolismus bildet.

8.3.5 Die Oxidation von Glucose ist stark exergonisch

Glucose ist eine potenzielle Energiequelle, weil die Oxidation von Glucose ein stark exergonischer Vorgang ist; dessen $\Delta G^{\circ\prime}$ beträgt −686 kcal/mol für die vollständige Umwandlung von Glucose zu Kohlendioxid und Wasser, wobei Sauerstoff als endgültiger Elektronenakzeptor dient:

$$C_6H_{12}O_6 + 6\,O_2 \longrightarrow 6\,CO_2 + 6\,H_2O \qquad (8\text{-}12)$$

Da $\Delta G^{\circ\prime}$ ein thermodynamischer Parameter ist, wird er nicht durch den Weg vom Substrat zum Produkt beeinflusst. Daher verändert sich der Wert von $\Delta G^{\circ\prime}$ nicht, ganz gleich, ob es sich um eine direkte Verbrennung handelt, bei der die gesamte Energie als Wärme freigesetzt wird, oder um eine biologische Oxidation, bei der ein Teil der Energie als ATP gespeichert wird. Somit wird bei der Oxidation der in einem Marshmallow enthaltenen Zuckermoleküle immer die gleiche Menge freier Energie freigesetzt, egal ob Sie den Marshmallow über einem Lagerfeuer verbrennen oder ihn so verspeisen und die Zuckermoleküle in ihrem Körper katabolisieren. Vom biologischen Standpunkt ist die Unterscheidung allerdings von entscheidender Bedeutung: *Die unkontrollierte Verbrennung läuft bei Temperaturen ab, die nicht mit dem Leben vereinbar sind, und der größte Teil der freien Energie geht als Wärme verloren. An biologischen Oxidationen wirken von Enzymen katalysierte Reaktionen mit, die ohne signifikante Temperaturveränderungen ablaufen, und ein Großteil der freien Energie wird in chemischer Form als ATP konserviert.*

8.3.6 Beim Katabolismus von Glucose wird in Anwesenheit von Sauerstoff wesentlich mehr Energie freigesetzt als ohne Sauerstoff

Die 686 kcal/mol freier Energie der Glucose stehen nur dann zur Verfügung, wenn diese vollständig zu Kohlendioxid und Wasser oxidiert wird. Da kein Umwandlungsvorgang mit 100%iger Effizienz abläuft, kann selbst dann allerdings nur ein Teil der Energie genutzt werden. Die vollständige Oxidation von Glucose (oder anderer Nährstoffe wie Proteine und Lipide) zu Kohlendioxid und Wasser in der Gegenwart von Sauerstoff bezeichnet man als *aerobe Atmung*, ein komplexer, Vorgang mit vielen Schritten, auf den wir in *Kapitel 9* genauer eingehen werden. Viele Organismen, vor allem Bakterien, führen eine *anaerobe Atmung* durch, indem sie nicht Sauerstoff sondern andere anorganische Elektronenakzeptoren nutzen. Zu den Beispielen für alternative Akzeptoren gehören elementarer Schwefel (S), Protonen (H^+) und Eisen-III-Ionen (Fe^{3+}).

Sogar in Fällen, in denen kein oder nur wenig Sauerstoff oder keine anderen anorganischen Elektronenakzeptoren verfügbar sind, sind die meisten Organismen noch immer in der Lage, kleine Energiemengen aus der teilweisen Oxidation von Glucose zu gewinnen, allerdings mit geringerer Energieausbeute pro Glucosemolekül. Dies gelingt ihnen mittels *Glykolyse*, auf einem metabolischen Weg, der ohne Sauerstoff abläuft. Stattdessen werden die Elektronen, die während der Glucoseoxidation abgegeben werden, später auf organische Moleküle übertragen. Diese Form der anaeroben Atmung bezeichnet man als **Fermentation (Gärung)**. Bei einigen tierischen Zellen und vielen Bakterien ist das Endprodukt Lactat, weshalb man den Vorgang des anaeroben Glucosekatabolismus als *Lactatfermentation* (od. *Milchsäuregärung*) bezeichnet. Bei den meisten Pflanzenzellen und Mikroorganismen wie Hefe bezeichnet man diesen Vorgang als *alkoholische Fermentation* (od. *alkoholische Gärung*), denn das Endprodukt ist Ethanol, ein Alkohol, plus Kohlendioxid.

8.3.7 Entsprechend ihres Sauerstoffbedarfs teilt man die Organismen in aerobe, anaerobe und fakultative Organismen ein

Organismen können im Hinblick auf ihr Bedürfnis nach und ihre Nutzung von Sauerstoff als Elektronenakzeptor ihres Energiemetabolismus eingeteilt werden. Die meisten Organismen, denen wir täglich begegnen, können ohne Sauerstoff nicht leben und werden als **obligate Aerobe** bezeichnet. Jedes Mal, wenn Sie in den Spiegel schauen, sehen Sie einen obligaten Aeroben. Andererseits können andere Organismen, wie viele Bakterien, Sauerstoff nicht als Elektronenakzeptor nutzen und werden als **obligate Anaerobe** bezeichnet. Für diese Organismen ist Sauerstoff tatsächlich toxisch. Daher überrascht es auch nicht, dass diese Organismen in Lebensräumen vorkommen, in denen es keinen Sauerstoff gibt, beispielsweise in tiefen Wunden oder dem Schlamm auf dem Grund von Teichen. Die meisten strikten Anaeroben sind Bakterien, dazu zählen Organismen, die Gasbrand verursachen, Nahrungsmittel kontaminieren oder Methan bilden.

Fakultative Organismen können unter aeroben und anaeroben Bedingungen leben. Steht ihnen Sauerstoff zur Verfügung, so führen fakultative Organismen eine komplette aerobe Atmung durch. Allerdings können sie auf anaerobe Atmung oder Fermentation umschalten, falls der Sauerstoff begrenzt sein sollte oder gänzlich fehlt. Viele Bakterien und Pilze gehören zu den fakultativen Organismen, ebenso wie einige Mollusken und Anneliden (Würmer). Einige Zellen oder Gewebe von Organismen, die normalerweise aerob leben, können zeitweilig bei fehlendem Sauerstoff oder bei Sauerstoffmangel weiterleben. Dies gilt zum Beispiel für Ihre Skelettmuskelzellen; normalerweise funktionieren sie aerob, wechseln aber immer dann zur Lactatfermentation, wenn der Sauerstoff begrenzt zur Verfügung steht – beispielsweise während längerer oder stärkerer körperlicher Anstrengung.

In diesem Kapitel werden wir uns hauptsächlich mit der Darstellung der anaeroben Bildung von ATP durch Fermentation von Glucose beschäftigen. Im nächsten Kapitel steht der aerobe Energiemetabolismus im Mittelpunkt. Wir werden uns zuerst mit den Fermentationsvorgängen beschäftigen, weil der glykolytische Stoffwechselweg sowohl Teil der Fermentation als auch der aeroben Atmung ist. Wenn wir mit der Fermentation beginnen, werden wir uns damit beschäftigen, wie aus Glucose ohne Oxidation Energie gewonnen werden kann. Des Weiteren werden wir die Grundlagen für aerobe Vorgänge legen, auf die wir im nächsten Kapitel zu sprechen kommen.

8.4 Glykolyse und Fermentation: ATP-Bildung ohne Sauerstoff

Ganz gleich ob es sich um einen obligaten oder fakultativ anaeroben Organismus handelt, jede Zelle, die ihre Energie durch Fermentation gewinnt, führt energieerzeugende, oxidative Reaktionen aus, bei denen Sauerstoff nicht als Elektronenakzeptor genutzt wird. Die Glucose mit insgesamt sechs Kohlenstoffatomen wird in zwei Moleküle mit jeweils drei Kohlenstoffatomen aufgeteilt, von denen jedes in einer Reaktionsabfolge teilweise oxidiert wird, die so stark exergonisch ist, dass zwei ATP-Moleküle pro Molekül Glucose produziert werden. Für die meisten Zellen ist dies der maximale Energieertrag, der ohne Zufuhr von Sauerstoff oder einem alternativen Elektronenakzeptor gewonnen werden kann. Es gibt allerdings Ausnahmen, die diese Grenze überwinden. Bestimmte Mikroorganismen können bis zu fünf ATP-Moleküle pro Glucose gewinnen, indem sie spezialisierte Enzymsysteme nutzen. Außerdem können einige Pflanzen und Tiere, die an Sauerstoffmangel angepasst sind, mehr als zwei ATP-Moleküle pro Glucose gewinnen.

8.4.1 Die Glykolyse erzeugt ATP durch Katabolisierung von Glucose zu Pyruvat

Der Vorgang der Glykolyse, den man auch als **glykolytischen Stoffwechselweg** bezeichnet, ist eine Reaktionsabfolge aus zehn Schritten, bei denen ein Molekül Glucose in zwei Moleküle Pyruvat umgewandelt wird, einer Verbindung aus drei Kohlenstoffatomen. Während der teilweisen Oxidation von Glucose zu Pyruvat werden Energie und Reduktionsäquivalente in Form von ATP und NADH gespeichert. In der ▸*Abbildung 8.4* geben wir einen Überblick über die drei wichtigsten Phasen der Glykolyse und in der ▸*Abbildung 8.5* wird der Stoffwechselweg detailliert dargestellt. Die Glykolyse läuft sowohl beim aeroben als auch beim anaeroben Glucosemetabolismus ab und wird praktisch von allen Organismen durchgeführt. In den meisten Zellen kommen diese Enzyme im Cytosol vor. Bei einigen parasitären Protozoen, den Trypanosomen, sind die ersten sieben Enzyme allerdings in den von einer Membran umhüllten Organellen, den *Glykosomen*, kompartimentalisiert.

Historisch gesehen war der glykolytische Stoffwechselweg die erste wichtige metabolische Reaktionsabfolge, die aufgeklärt wurde. Ein Großteil der Aufklärungsarbeit wurde in den 1930er Jahren von den deutschen Biochemikern Gustav Embden, Otto Meyerhof und Otto Warburg geleistet. Tatsächlich wird der glykolytische Stoffwechselweg auch als *Embden-Meyerhof-Weg* bezeichnet.

(a) **Phase 1: Vorbereitung und Spaltung.** Das Glucosemolekül mit sechs Kohlenstoffatomen wird von ATP doppelt phosphoryliert und gespalten, sodass zwei Moleküle Glycerinaldehyd-3-Phosphat entstehen. Dafür werden zwei ATP pro Glucose benötigt.

(b) **Phase 2: Oxidation und Bildung von ATP.** Die beiden Moleküle Glycerinaldehyd-3-Phosphat werden zu 3-Phosphoglycerat oxidiert. Ein Teil der aus dieser Oxidation gewonnenen Energie wird in Form von zwei ATP-Molekülen gespeichert und zwei NADH-Moleküle werden gebildet.

(c) **Phase 3: Bildung von Pyruvat und ATP.** Die beiden Moleküle 3-Phosphoglycerat werden in Pyruvat umgewandelt, was mit der Synthese von zwei weiteren ATP-Molekülen einhergeht.

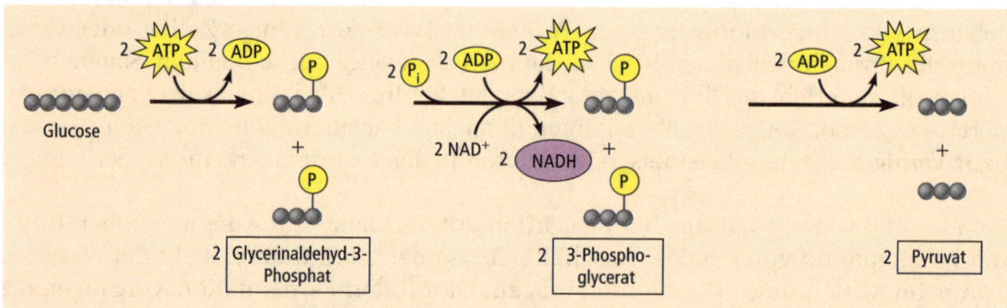

Abbildung 8.4: Ein Überblick über die Glykolyse. Während der Glykolyse wird ein Molekül Glucose gespalten und teilweise oxidiert, woraus zwei Moleküle Pyruvat hervorgehen. Bei diesem Vorgang wird Energie als Nettogewinn in Form von zwei Molekülen ATP und zwei Molekülen NADH gespeichert. Dieser Vorgang aus zehn Schritten läuft in drei Hauptphasen ab (a–c), wie oben dargestellt. Die vereinfachten Strukturen zeigen nur Kohlenstoffatome (grau) und Phosphatgruppen (gelb).

Ein Überblick über die Glykolyse Ohne Beteiligung von Sauerstoff führt die Glykolyse zur Fermentation (Gärung). In der Gegenwart von Sauerstoff führt sie zur aeroben Atmung, unserem Thema in *Kapitel 9*. Die zehn Reaktionen der Glykolyse sind in ihrer Sequenz nummeriert (Gly-1 bis Gly-10) und die Enzyme, welche die Reaktionen katalysieren, sind im Kasten in der Mitte der *Abbildung 8.5* aufgeführt. Der Kern dieses Vorgangs ist bereits im Namen enthalten, denn der Begriff Glykolyse stammt von zwei griechischen Wurzeln ab: *glykos* bedeutet „süß“ und *lysis* bedeutet „Spaltung“. Die Spaltung findet während der Reaktion Gly-4 statt, die in der *Abbildung 8.5* dargestellt ist, wobei der Zucker mit sechs Kohlenstoffatomen in zwei Moleküle mit je drei Kohlenstoffatomen gespalten wird. Eines dieser Moleküle, Glycerinaldehyd-3-Phosphat, durchläuft als einziges Molekül dieses Stoffwechselweges eine Oxidation.

Wichtige Schritte der Glykolyse sind der einleitende Verbrauch von ATP (Gly-1), die Zuckerspaltungsreaktion, nach der die Sequenz benannt wurde (Gly-4), die Oxidation, aus der NADH (Gly-6) hervorgeht und die beiden spezifischen Schritte, bei denen die Reaktionssequenz an die Bildung von ATP gekoppelt ist (Gly-7 und Gly-10). Wir werden diese Reaktionsschritte nochmals ansprechen, wenn wir uns mit dem gesamten Stoffwechselweg in drei Stufen beschäftigen, wie in der *Abbildung 8.4* dargestellt: Vorbereitungsschritte und Spaltungsschritte (Gly-1 bis Gly-5); oxidative Sequenz, die zugleich die erste ATP erzeugende Reaktion ist (Gly-6 und Gly-7); und die zweite ATP erzeugende Reaktion (Gly-8 bis Gly-10).

Phase 1: Vorbereitung und Spaltung Zu Beginn unserer Beschäftigung mit der Glykolyse möchten wir Sie darauf hinweisen, dass die Nettosynthese der ersten drei Reaktionen darin besteht, ein nicht phosphoryliertes Molekül (Glucose) in ein doppelt phosphoryliertes Molekül *(Fructose-1,6-Bisphosphat)* umzuwandeln. Dafür müssen zwei Phosphatgruppen vom ATP zur Glucose transferiert werden, jeweils eine Phosphatgruppe zu einem terminalen Kohlenstoffatom. Wenn wir uns die Glucose anschauen, so können wir gut nachvollziehen, wie die Phosphorylierung am Kohlenstoffatom 6 in der Reaktion Gly-1 ablaufen kann, denn die Hydroxygruppe kann leicht mit Phosphatgruppen verknüpft werden und bildet dann den Phosphoester Glucose-6-Phosphat. Durch Energiegewinn aus der ATP-Hydrolyse steht nicht nur eine Phosphatgruppe zur Verfügung, sondern auch die Triebkraft zur stark exergonischen Phosphorylierungsreaktion ($\Delta G^{\circ\prime}$ = –4,0 kcal/mol), wodurch die Reaktion in der Richtung der Glucosephosphorylierung grundsätzlich irreversibel wird.

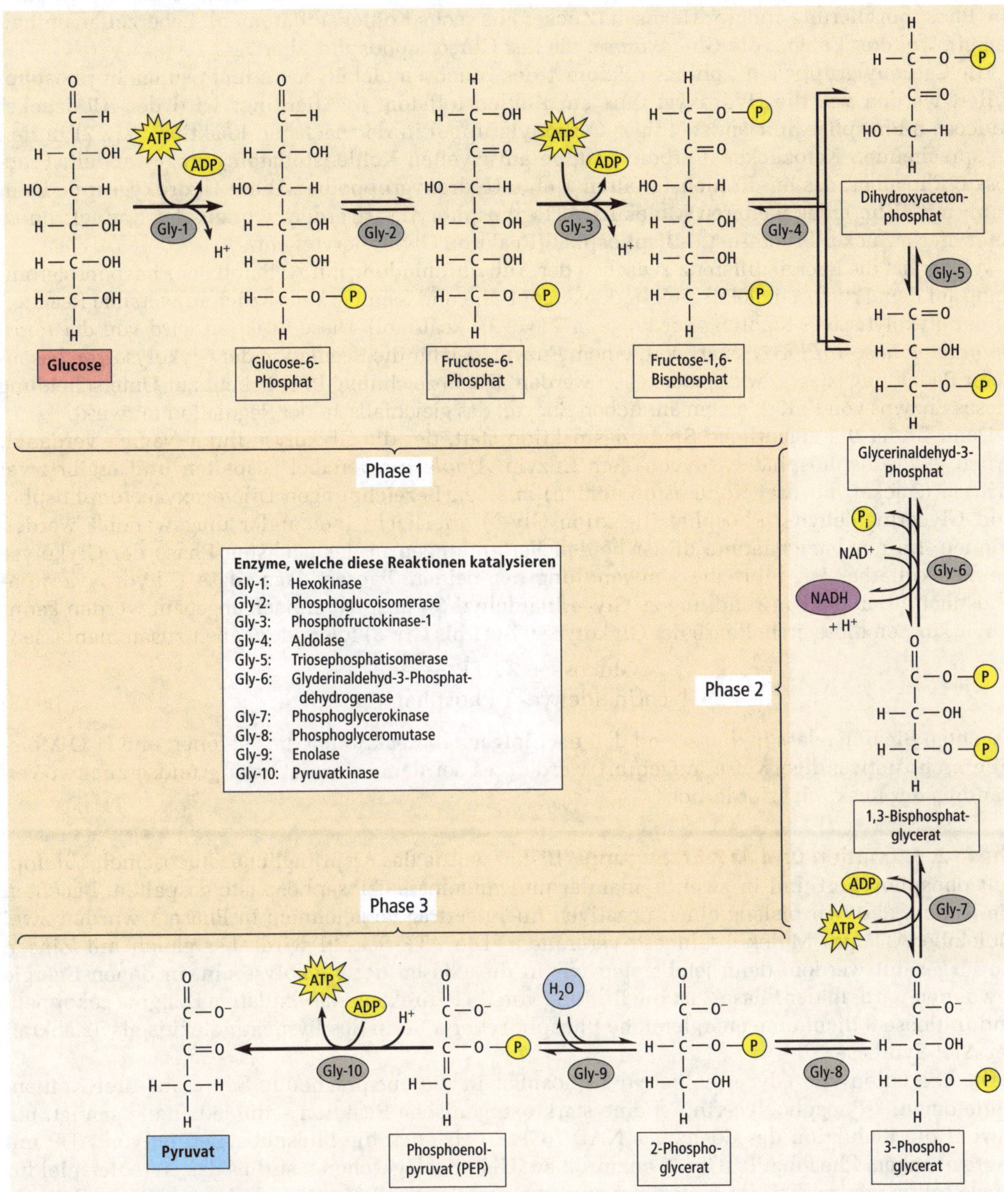

Abbildung 8.5: Die Glykolyse von Glucose zu Pyruvat. Die Glykolyse ist eine Abfolge von zehn Reaktionsschritten, bei denen Glucose zu Pyruvat katabolisiert wird, mit einer einzigen oxidativen Reaktion (Gly-6) und zwei ATP-bildenden Schritten (Gly-7 und Gly-10). Die Enzyme, welche diese Reaktionen katalysieren, sind im Kasten in der Mitte der Darstellung aufgelistet.

Beachten Sie übrigens, dass es sich bei der durch Phosphorylierung von Glucose entstandenen Bindung um eine Phosphoesterbindung handelt, eine Bindung, die weniger Energie hat als die Phosphoanhydridbindung zwischen dem terminalen Phosphat und ATP. Auf Grund dieses Unterschieds ist der Transfer der Phosphatgruppe vom ATP zur Glucose exergonisch (siehe Reaktion 8-5 und *Abbildung 8.2*). Das Enzym, das die erste Reaktion katalysiert, ist die *Hexokinase*. Wie man bereits aus dem Namen ablesen kann, ist sie nicht für Glucose spezifisch, sondern katalysiert auch die Phosphorylierung anderer Hexosen (Zucker aus sechs Kohlenstoffatomen). Leberzellen enthalten ein weiteres Enzym, die *Glucokinase*, die nur Glucose phosphoryliert.

Die Carbonylgruppe am Kohlenstoffatom 1 des Glucosemoleküls kann nicht so leicht phosphoryliert werden wie die Hydroxygruppe am Kohlenstoffatom 6. Allerdings wird der Aldozucker Glucose-6-Phosphat (mit endständiger Carbonylgruppe) in der nächsten Reaktion (Gly-2) in den entsprechenden Ketozucker (Carbonylgruppe am zweiten Kohlenstoffatom) umgewandelt, Fructose-6-Phosphat, das am Kohlenstoffatom 1 eine Hydroxygruppe hat. Diese Hydroxygruppe kann dann mit Hilfe eines weiteren Moleküls ATP phosphoryliert werden, woraus der doppelt phosphorylierte Zucker Fructose-1,6-Bisphosphat (Reaktion Gly-3) hervorgeht.

Wieder hat die Energiedifferenz zwischen der Anhydridbindung mit ATP und der Phosphoesterbindung auf dem Fructosemolekül eine stark exergonische und damit grundsätzlich irreversible Reaktion in der glykolytischen Richtung zur Folge ($\Delta G^{\circ\prime} = -3{,}4$ kcal/mol). Diese Reaktion wird von der *Phosphofructokinase-1 (PFK-1)* katalysiert, einem Enzym, das für die Regulation der Glykolyse von besonderer Bedeutung ist, wie wir später sehen werden. Die Bezeichnung PFK-1 dient zur Unterscheidung dieses Enzyms von PFK-2, einem ähnlichen Enzym, das gleichfalls an der Regulation mitwirkt.

Dann findet die eigentliche Spaltungsreaktion statt, der die Glykolyse ihren Namen verdankt. Fructose-1,6-Bisphosphat wird von dem Enzym *Aldolase* reversibel gespalten und ergibt zwei Triosen (Zucker mit drei Kohlenstoffatomen) mit den Bezeichnungen Dihydroxyacetonphosphat und Glycerinaldehyd-3-Phosphat (Reaktion Gly-4), die leicht ineinander umgewandelt werden können. Da nur letztgenannte dieser beiden Verbindungen in der nächsten Phase der Glykolyse direkt oxidierbar ist, führt die Umwandlung der beiden Triosen dazu, dass Dihydroxyacetonphosphat durch die Umwandlung zu Glycerinaldehyd-3-Phosphat einfach abgebaut werden kann.

Wir können diese erste Phase der Glykolyse (Gly-1 bis Gly-5) folgendermaßen zusammenfassen:

$$\text{Glucose} + 2\ \text{ATP} \longrightarrow 2\ \text{Glycerinaldehyd-3-Phosphat} + 2\ \text{ADP} \qquad (8\text{-}13)$$

Beachten Sie bitte, dass in dieser und den nachfolgenden Reaktionen die H^+-Ionen und H_2O-Moleküle nicht notwendigerweise aufgeführt werden, es sei denn, dies ist zum grundsätzlichen Verständnis der Reaktion erforderlich.

Phase 2: Oxidation und ATP-Erzeugung Bisher wurde das ursprüngliche Glucosemolekül doppelt phosphoryliert und in zwei ineinander umwandelbare Triosephosphate gespalten. Beachten Sie jedoch, dass wir bislang einen negativen Energieertrag verzeichnen: In Phase 1 wurden zwei Moleküle ATP pro Molekül Glucose *verbraucht*. Die ATP-Schuld wird aber gleich mit Zinsen zurückgezahlt werden, denn jetzt treten wir in die Phasen der Glykolyse ein, in denen Energie gewonnen wird. In der Phase 2 ist die Bildung von ATP direkt an das oxidative Ereignis gekoppelt, und in Phase 3 dient eine energiereiche phosphorylierte Form des Pyruvatmoleküls als Triebkraft der ATP-Synthese.

Die Oxidation von Glycerinaldehyd-3-Phosphat in die entsprechende Säure aus drei Kohlenstoffatomen, 3-Phosphoglycerin, ist eine stark exergonische Reaktion – die jedenfalls genügt, um sowohl die Reduktion des Coenzyms NAD^+ (Gly-6) als auch die Phosphorylierung von ADP mit anorganischem Phosphat P_i (Gly-7) anzutreiben. Historisch gesehen war dies das erste Beispiel für eine Reaktionsfolge, bei der man die Kopplung von ATP-Gewinnung an ein oxidatives Ereignis nachvollziehen konnte.

Die wichtigsten Merkmale dieser stark exergonischen Sequenz beruhen auf der Mitwirkung von NAD^+ als Elektronenakzeptor und auf der Kopplung der Oxidation an die Bildung eines energiereichen, doppelt phosphorylierten Zwischenproduktes, nämlich 1,3-Bisphosphoglycerat. Die Phosphoanhydridbindung am Kohlenstoffatom 1 dieses Zwischenprodukts hat einen derart stark negativen

Wert von $\Delta G^{\circ\prime}$ der Hydrolyse (–11,8 kcal/mol), dass der Transfer des Phosphats zum ADP, der von dem Enzym *Phosphoglyceratkinase* katalysiert wird, eine stark exergonische Reaktion ist. Die ATP-Gewinnung durch den direkten Transfer einer energiereichen Phosphatgruppe auf ADP von einem phosphorylierten Substrat wie 1,3-Bisphosphoglycerat wird als **Substratkettenphosphorylierung** bezeichnet.

Um die Substratkettenphosphorylierung der Reaktionen Gly-6 und Gly-7 zusammenzufassen, können wir eine Gesamtreaktionsgleichung erstellen, die für eines der beiden Glycerinaldehyd-3-Phosphat-Moleküle gilt, das in der ersten Phase der Glykolyse aus jedem Glucosemolekül gebildet wird:

$$\text{Glycerinaldehyd-3-Phosphat} + NAD^+ + ADP + P_i \longrightarrow \text{3-Phosphoglycerat} + NADH + H^+ + ATP \quad (8\text{-}14)$$

Bitte denken Sie daran, dass jede Reaktion der Glykolyse nach Glycerinaldehyd-3-Phosphat zweimal pro Molekül Glucose abläuft, sodass zwei Moleküle NADH reoxidiert werden müssen, um NAD^+ zu gewinnen, das für die weitere Oxidation von Glycerinaldehyd-3-Phosphat benötigt wird. Dies bedeutet zudem, dass die anfangs in Phase 1 getätigte Investition von zwei ATP-Molekülen hier in Phase 2 gutgemacht wird, sodass die Nettobilanz von ATP bis zu diesem Punkt jetzt gleich null ist.

In der letzten Phase der Glykolyse werden wir die Bildung von zwei weiteren ATP-Molekülen beschreiben. Daher erhält man bei der gesamten Glykolyse einen Nettogewinn von zwei ATP-Molekülen pro Molekül Glucose, das zu Pyruvat metabolisiert wird.

Phase 3: Pyruvatbildung und ATP-Erzeugung Die Bildung eines weiteren ATP-Moleküls aus 3-Phosphoglycerat hängt von der Phosphatgruppe am Kohlenstoffatom 3 ab. In diesem Stadium ist die Phosphatgruppe über eine Phosphoesterbindung mit geringer freier Energie der Hydrolyse ($\Delta G^{\circ\prime} = -3{,}3$ kcal/mol) an ein Kohlenstoffatom gebunden. In der letzten Phase der Glykolyse wird diese Phosphoesterbindung in eine Phosphoenolbindung umgewandelt, deren Hydrolyse stark exergonisch ist ($\Delta G^{\circ\prime} = -14{,}8$ kcal/mol). Die Zunahme der Menge freier Energie, die nach der Hydrolyse freigesetzt wird, bedeutet eine Neuanordnung der Energie innerhalb des Moleküls. Zur Bewältigung dieser Aufgabe wird die Phosphatgruppe des 3-Phosphoglycerats zum benachbarten Kohlenstoffatom transportiert und bildet 2-Phosphoglycerat (Reaktion Gly-8). Anschließend wird durch das Enzym Enolase Wasser vom 2-Phosphoglycerat entfernt (Reaktion Gly-9), wodurch die energiereiche Verbindung Phosphoenolpyruvat (PEP) entsteht.

Wenn Sie sich die Struktur von PEP (siehe *Abbildung 8.5*, Reaktion Gly-9) einmal genau anschauen, so wird Ihnen auffallen, dass, anders als bei den Phosphoesterbindungen bei 3- oder 2-Phosphoglycerat, die Phosphoenolbindung von PEP eine Phosphatgruppe an einem Kohlenstoffatom besitzt, das über eine Doppelbindung an ein weiteres Kohlenstoffatom gebunden ist. Auf Grund dieses charakteristischen Merkmals ist die Hydrolyse der Phosphoenolbindung von PEP eine der am stärksten exergonischen Reaktionen, die wir in biologischen Systemen kennen.

Die PEP-Hydrolyse ist so stark exergonisch, dass sie die ATP-Synthese in Reaktion Gly-10 antreibt, die mit dem Transfer einer Phosphatgruppe von PEP zu ADP einhergeht, wodurch ein weiteres Molekül ATP in einer weiteren Substratkettenphosphorylierung gebildet wird. Dieser Transfer, der von dem Enzym *Pyruvatkinase* katalysiert wird, ist stark exergonisch ($\Delta G^{\circ\prime} = -7{,}5$ kcal/mol; siehe *Abbildung 8.2* und Reaktion 8-6) und ist daher grundsätzlich in Richtung der Bildung von Pyruvat und ATP irreversibel.

Zur Zusammenfassung der dritten Phase der Glykolyse, Gly-8 bis Gly-10, können wir die Gesamtreaktion für die Pyruvatbildung folgendermaßen formulieren:

$$\text{3-Phosphoglycerat} + ADP \longrightarrow \text{Pyruvat} + ATP \quad (8\text{-}15)$$

Zusammenfassung der Glykolyse Zwei Moleküle ATP wurden zu Beginn in die Reaktionen Gly-1 und Gly-3 investiert und zwei ATP wurden bei dem ersten Phosphorylierungsereignis (Gly-7) synthetisiert, sodass die beiden ATP-Moleküle, die während des zweiten Phosphorylierungsereignisses pro Molekül Glucose gebildet wurden, den ATP-Nettoertrag des glykolytischen Stoffwechselweges repräsentieren. Dies wird deutlich, wenn wir die drei Reaktionen addieren, welche die drei Phasen des Stoffwechselweges zusammenfassen (Reaktionen 8-13, 8-14 und 8-15). Die letzten beiden Reaktionen werden mit zwei multipliziert, um die Tatsache zu berücksichtigen, dass in der Reaktion 8-13 zwei Triosemoleküle gebildet werden. Das Ergebnis ist Ausdruck für den Abbau von Glucose zu Pyruvat:

$$\text{Reaktionen Gly-1 zu Gly-10}$$
$$\text{Glucose} + 2\text{NAD}^+ + 2\ \text{ADP} + 2\text{P}_i \longrightarrow 2\ \text{Pyrovat} + 2\ \text{NADH} + 2\ \text{H}^+ + 2\ \text{ATP} \qquad (8\text{-}16)$$

Dieser Abbau ist stark exergonisch in Richtung Pyruvat-Bildung. Unter typischen intrazellulären Bedingungen, zum Beispiel in unserem Körper, ist $\Delta G' = -20$kcal/mol für die gesamte Umwandlung von Glucose zu Pyruvat unter Bildung von jeweils zwei Molekülen ATP und NADH.

Der Glykolyse ist einer der am häufigsten vorkommenden und am stärksten konservierten metabolischen Stoffwechselwege. Praktisch alle Zellen besitzen die Fähigkeit, aus Glucose durch Oxidation zu Pyruvat, Energie zu gewinnen. Ein Teil dieser Energie wird in Form von zwei Molekülen ATP pro Glucosemolekül gespeichert. Was anschließend geschieht, hängt im Allgemeinen von der Verfügbarkeit von Sauerstoff ab, denn der Katabolismus nach der Bildung von Pyruvat unterscheidet sich unter aeroben Bedingungen sehr vom Katabolismus unter anaeroben Bedingungen.

8.4.2 Das weitere Schicksal von Pyruvat hängt von der Verfügbarkeit von Sauerstoff ab

Pyruvat nimmt eine Schlüsselposition ein, denn es steht an einem Verzweigungspunkt des chemotrophen Energiemetabolismus (▸*Abbildung 8.6*). In der Gegenwart von Sauerstoff durchläuft Pyruvat eine weitere Oxidation zu einem Molekül mit der Bezeichnung Acetylcoenzym A (abgekürzt AcetylCoA), das wiederum vollständig zu CO_2 oxidiert wird und mehr als 30 ATP pro Glucosemolekül bildet.

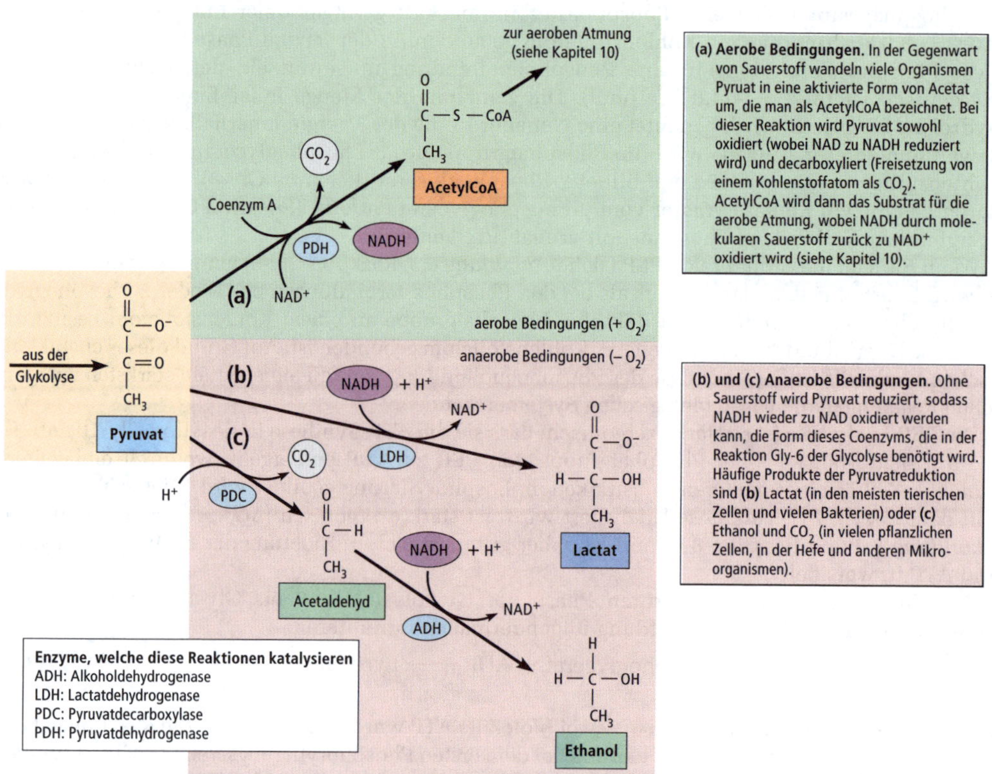

Abbildung 8.6: Das Schicksal von Pyruvat unter aeroben und anaeroben Bedingungen. Das Schicksal von Pyruvat hängt vom jeweiligen Organismus und von der Verfügbarkeit von Sauerstoff ab. Die Enzyme, die diese Reaktionen katalysieren, werden im Kasten aufgeführt.

Ein wichtiges Merkmal der Glykolyse ist jedoch, dass sie auch ohne Sauerstoff ablaufen kann. Unter anaeroben Bedingungen findet keine weitere Oxidation von Pyruvat statt, es wird kein Acetyl-CoA gebildet und es kann kein zusätzliches ATP gewonnen werden. Stattdessen werden die Energiebedürfnisse der Zelle durch den bescheidenen ATP-Ertrag von zwei ATP pro Glucose durch die Glykolyse gedeckt und die Zellen müssen die Glucose wesentlich schneller abbauen, um das Fließgleichgewicht des zellulären ATP-Niveaus zu erhalten. Unter anaeroben Bedingungen wird das Pyruvat nicht oxidiert, sondern durch Aufnahme von Elektronen (und Protonen) reduziert, die von NADH abgegeben werden müssen. Wie in der *Abbildung 8.6* dargestellt, sind die häufigsten Endprodukte Lactat (Milchsäure, Teil b) oder Ethanol und Kohlendioxid (Teil c).

8.4.3 Ohne Sauerstoff durchläuft Pyruvat eine Fermentation zur Wiedergewinnung von NAD⁺

Sehr häufig liest man die Definition, dass die Glykolyse mit dem Produkt Pyruvat endet. Fermentative Vorgänge können aber nicht an dieser Stelle enden, was daran liegt, dass NAD^+, die oxidierte Form des Coenzyms A, unbedingt zurückgewonnen werden muss. Aus der Reaktion 8-16 geht hervor, dass für die Umwandlung von Glucose zu Pyruvat ein Molekül NAD^+ pro Molekül gebildeten Pyruvats zu NADH reduziert werden muss. Coenzyme sind jedoch nur in geringen Konzentrationen in Zellen enthalten, sodass die Umwandlung von NAD^+ zu NADH während der Glykolyse zur Folge hätte, dass den Zellen sehr schnell nicht mehr ausreichend NAD^+ zur Verfügung stünde, gäbe es keinen Mechanismus zur Bildung von NAD^+. Zellen verfügen auch über Mechanismen zur ständigen Überwachung und Stabilisierung des Verhältnisses von NAD^+/NADH, das einen Indikator für den *Redoxzustand* der Zelle darstellt, dem allgemeinen Oxidationsniveau von Zellbestandteilen. Die übermäßige Oxidation von Zellbestandteilen kann der Zelle schaden, wenn beispielsweise freie Radikale oder andere schädliche Verbindungen gebildet werden. Große Veränderungen dieses Verhältnisses sind ein Signal, dass die Zelle oxidativen Stress durchlebt, und zelluläre Mechanismen unterstützen die Zelle bei ihren Bemühungen, dieses Verhältnis relativ konstant zu halten.

In Gegenwart von Sauerstoff wird NADH durch den Transfer ihrer Elektronen zum Sauerstoff wieder oxidiert, worauf wir in *Kapitel 9* eingehen werden. Unter anaeroben Bedingungen werden die Elektronen zu Pyruvat transferiert, das eine Carbonylgruppe besitzt, die leicht zu einer Hydroxygruppe reduziert werden kann (siehe *Abbildung 8.6b* und *c*). Die am häufigsten vorkommenden Stoffwechselwege der Fermentation nutzen Pyruvat als Elektronenakzeptor, wobei Pyruvat entweder zu Lactat oder zu Ethanol und CO_2 umgewandelt wird. Wir werden kurz auf diese beiden Stoffwechselwege eingehen.

Lactatfermentation (Milchsäuregärung) Der anaerobe Vorgang, der mit dem Produkt Lactat endet, wird als **Lactatfermentation (Milchsäuregärung)** bezeichnet. Wie aus ▸*Abbildung 8.6b* hervorgeht, wird Lactat durch den direkten Elektronentransfer von NADH an die Carbonylgruppe von Pyruvat gebildet, wobei die Carbonylgruppe zur Hydroxygruppe von Lactat reduziert wird. Auf der Grundlage eines Glucosemoleküls kann man die Reaktion pro Molekül Glucose folgendermaßen darstellen:

$$2\ \text{Pyruvat} + 2\ \text{NADH} + 2\ \text{H}^+ \rightleftharpoons 2\ \text{Lactat} + 2\ \text{NAD}^+ \qquad (8\text{-}17)$$

Diese Reaktion ist leicht umkehrbar; tatsächlich trägt das Enzym, das diese Reaktion katalysiert, die Bezeichnung *Lactat-Dehydrogenase*, weil es die Oxidation oder Dehydrogenierung von Lactat zu Pyruvat katalysieren kann.

Wenn wir die Reaktionen 8-16 und 8-17 zusammenfügen, können wir eine Gesamtreaktion für den Metabolismus von Glucose zu Lactat unter anaeroben Bedingungen formulieren:

$$\text{Glucose} + 2\ \text{ADP} + 2\ \text{P}_\text{i} \longrightarrow 2\ \text{Lactat} + 2\ \text{ATP} \qquad (8\text{-}18)$$

Die Lactatfermentation ist bei vielen Bakterien der wichtigste Stoffwechselweg zur Gewinnung von Energie, aber auch bei tierischen Zellen, die unter anaeroben oder hypoxischen Bedingungen leben. Die Lactatfermentation hat auch einen kommerziellen Aspekt für uns, denn die Erzeugung von Käse, Joghurt und anderen Molkereiprodukten hängt von der mikrobiellen Fermentation von Lactose ab, dem wichtigsten in der Milch enthaltenen Zucker.

Ein wesentlich persönlicheres Beispiel der Lactatfermentation betrifft Ihre eigenen Muskeln während Phasen körperlicher Anstrengung. Immer dann, wenn Muskelzellen Sauerstoff schneller verbrauchen als er ihnen über das Kreislaufsystem zugeführt werden kann, werden die Zellen kurzzeitig hypoxisch. Das Pyruvat wird dann zu Lactat reduziert und nicht weiter oxidiert wie unter aeroben Bedingungen. Das auf diesem Weg gebildete Lactat wird über das Kreislaufsystem vom Muskel zur Leber transportiert. Dort wird es wieder durch *Gluconeogenese* zu Glucose umgewandelt. Später in diesem Kapitel werden wir sehen, dass es sich bei der Gluconeogenese im Grunde um die Umkehr der Lactatfermentation handelt, allerdings mit mehreren entscheidenden Unterschieden, auf Grund derer die Reaktion exergonisch in Richtung der Glucosebildung abläuft.

Alkoholfermentation (alkoholische Gärung) Unter anaeroben Bedingungen können Pflanzen eine alkoholische Fermentation durchführen (beispielsweise in durchnässten Wurzeln), so wie Hefen und andere Mikroorganismen. Bei diesem Vorgang gibt Pyruvat ein Kohlenstoffatom (als CO_2) ab und bildet die Verbindung Acetaldehyd mit zwei Kohlenstoffatomen. Die Reduktion von Acetaldehyd durch NADH führt zur Bildung von Ethanol, dem Alkohol, nach dem dieser Vorgang benannt wurde. Diese Reduktionsfolge wird von zwei Enzymen katalysiert, *Pyruvatdecarboxylase* und *Alkoholdehydrogenase* (▸*Abbildung 8.6c*). Die Gesamtreaktion kann folgendermaßen niedergeschrieben werden:

$$2\ \text{Pyruvat} + 2\ \text{NADH} + 4\ \text{H}^+ \longrightarrow 2\ \text{Ethanol} + 2\ \text{CO}_2 + 2\ \text{NAD}^+ \qquad (8\text{-}19)$$

Indem man diesen Reduktionsschritt an die Gesamtgleichung für die Glykolyse fügt (Reaktion 8-16), kommt man zur folgenden zusammenfassenden Gleichung der Alkoholfermentation:

$$\text{Glucose} + 2\ \text{ADP} + 2\ \text{P}_\text{i} \longrightarrow 2\ \text{Ethanol} + 2\ \text{CO}_2 + 2\ \text{ATP} \qquad (8\text{-}20)$$

Die alkoholische Gärung der Hefezellen ist ein Schlüsselvorgang der Back- und Brauindustrie sowie bei der Weinerzeugung. Die Hefezellen im Brotteig bauen die Glucose anaerob ab, wobei sie sowohl CO_2 als auch Ethanol bilden. Das Kohlendioxid wird im Teig eingeschlossen, wodurch der Teig hochgeht und der Alkohol wird während des Backens abgegeben und bedingt den angenehmen Duft frisch gebackenen Brotes. Im Brauwesen sind allerdings sowohl CO_2 als auch Ethanol von Bedeutung; durch Ethanol wird das Produkt zu einem alkoholischen Getränk und CO_2 ist für den Gehalt an Kohlensäure (Karbonisierung) verantwortlich.

Weitere Fermentationsstoffwechselwege Obwohl Lactat und Ethanol Fermentationsprodukte von größter physiologischer oder kommerzieller Bedeutung sind, so ist damit noch lange nicht das mikrobielle Fermentationsrepertoire erschöpft. Bei der *Propionatfermentation (Propionsäuregärung)* reduzieren zum Beispiel Bakterien Pyruvat zu Propionat (CH_3–CH_2–COO^-), eine wichtige Reaktion bei der Herstellung von Schweizer Käse. Viele Bakterien kontaminieren Lebensmittel durch *Butandiolfermentation.* Bei anderen Fermentationsprozessen werden Aceton, Isopropylalkohol oder Butyrat (Buttersäure) gebildet, Letzteres ist für den fauligen Geruch ranziger Nahrungsmittel oder von Erbrochenem verantwortlich. All diese Reaktionen sind nur metabolische Variationen des bekannten Themas der Reoxidation von NADH durch Übertragung von Elektronen auf einen organischen Akzeptor.

8.4.4 Fermentation verwertet nur einen Bruchteil der freien Energie der Glucose, speichert diese Energie aber effizient als ATP

Ein essenzielles Merkmal jedes Fermentationsvorgangs ist, dass *kein externer Elektronenakzeptor beteiligt ist und keine Nettooxidation abläuft.* Sowohl bei der Lactat- als auch bei der Alkoholfermentation wird zum Beispiel das NADH, das durch den einzigen oxidativen Schritt der Glykolyse gebildet wird (Reaktion Gly-6) in der letzten Reaktion der Sequenz reoxidiert (Reaktionen 8-7 und 8-19). Da keine Nettooxidation abläuft, hat die Fermentation einen bescheidenen ATP-Ertrag – 2 Moleküle ATP pro Molekül Glucose, sowohl bei der Lactat- als auch bei der Alkoholfermentation.

Der größte Teil der freien Energie der Glucose ist immer noch in den beiden Lactat- oder Ethanolmolekülen enthalten. Im Fall der Lactatfermentation enthalten die beiden Lactatmoleküle, die aus jedem Glucosemolekül gebildet werden, den größten Teil der 686 kcal freier Energie, die pro Mol Glucose existiert, denn die gesamte aerobe Oxidation von Lactat hat einen Wert von $\Delta G^{\circ\prime}$ von –319,5 kcal/mol. Mit anderen Worten, ungefähr 93 % (639 kcal) der ursprünglichen freien Energie der Glucose sind immer noch in den beiden Lactatmolekülen enthalten und nur ungefähr 7 % (47 kcal/mol) der potenziell verfügbaren Energie aus der Glucose wurden während der Fermentation gewonnen.

Obwohl der Energieertrag der Lactosefermentation nur gering ausfällt, wird die verfügbare freie Energie effizient als ATP gespeichert. Wenn man die Standardveränderung der freien Energie zugrunde legt, repräsentieren diese beiden ATP-Moleküle 2 × 7,3 = 14,6 kcal/mol. Dies entspricht einer Effizienz der Energiekonservierung von ungefähr 30 % (14,6/47 × 100 %). Auf der Grundlage tatsächlicher Werte für $\Delta G'$ der ATP-Hydrolyse unter zellulären Bedingungen (oftmals im Bereich von –10 bis –14 kcal/mol) repräsentieren diese beiden ATP-Moleküle mindestens 20 kcal/mol, was bedeutet, dass die Effizienz der Energiekonservierung tatsächlich bei über 40 % liegt.

8.5 Gluconeogenese

Zellen können Glucose und andere Kohlenhydrate katabolisieren, um ihre Energiebedürfnisse wahrzunehmen und sie können Zucker und Polysaccharide, die sie für andere Zwecke benötigen, synthetisieren. Der Vorgang der Glucosesynthese wird als *Gluconeogenese* bezeichnet, was wörtlich „die Genesis (Bildung) neuer Glucose bedeutet". Spezifischer ausgedrückt, wird Gluconeogenese als der Vorgang definiert, durch den Zellen Glucose aus Vorläufern mit drei und vier Kohlenstoffatomen synthetisieren, die im Allgemeinen nicht als Kohlenhydrate in der Natur vorkommen. Die am häufigsten verwendeten Ausgangssubstanzen sind Pyruvat und dessen Fermentationsprodukt Lactat. Alle Organismen führen eine Gluconeogenese durch, und bei den Tieren läuft diese vor allem in der Leber und den Nieren ab.

Die Gluconeogenese und die Glykolyse haben vieles gemeinsam: tatsächlich stellen sieben der insgesamt zehn Reaktionen des Gluconeogeneseweges eine einfache Umkehr der entsprechenden Reaktionen der Glykolyse dar, wobei das gleiche Enzym in beide Richtung genutzt wird. Es sind allerdings nicht alle Schritte der Gluconeogenese einfach Umkehrschritte glykolytischer Reaktionen. Wie in der ▸*Abbildung 8.7* dargestellt, werden drei Reaktionen des glykolytischen Stoffwechselweges – Gly-1, Gly-3 und Gly-10 – durch andere Mechanismen beim Durchlaufen in Richtung der Gluconeogenese ersetzt. Diese drei Reaktionen sind die am stärksten exergonischen Reaktionen der Glykolyse, und aus thermodynamischer Sicht ist es daher schwierig, sie umzukehren. Diese Unterschiede veranschaulichen gut ein wichtiges Prinzip des zellulären Metabolismus: *Biosynthetische anabolische Stoffwechselwege sind selten nur die Umkehr der entsprechenden katabolischen Stoffwechselwege.*

Damit ein metabolischer Stoffwechselweg in eine spezifische Richtung thermodynamisch günstig verläuft, muss er in dieser Richtung hinreichend exergonisch ablaufen. Das gilt mit Sicherheit für die Glykolyse. Rufen Sie sich die Gesamtabfolge von der Glucose bis zum Pyruvat in Erinnerung, wie sie in der Reaktion 8-16 dargestellt wird. Der Wert von $\Delta G'$ beträgt unter typischen intrazellulären Bedingungen ungefähr –20 kcal/mol im menschlichen Körper. Es ist also klar, dass $\Delta G'$ für den Umkehrvorgang bei ungefähr +20 kcal/mol liegen müsste, womit die Glucosesynthese durch die direkte Umkehr der Glykolyse stark endergonisch abliefe und daher thermodynamisch unmöglich wäre.

Die Gluconeogenese ist möglich, weil die drei am stärksten exergonisch ablaufenden Reaktionen des glykolytischen Stoffwechselweges (Gly-1, Gly-3 und Gly-10) bei der Gluconeogenese nicht einfach in „entgegengesetzter" Richtung verlaufen. Stattdessen gibt es im Laufe des Stoffwechselweges der Gluconeogenese „Bypass-Reaktionen" (alternative Reaktionen, welche die drei glykolytischen Reaktionen umgehen) – und zwar immer an diesen drei Stellen, die nur unter größten Schwierigkeiten in der entgegengesetzten Richtung angetrieben werden könnten. Diese drei Reaktionen des glykolytischen Stoffwechselweges, welche die Gluconeogenese in der *Abbildung 8.7* umgeht, sind in der *Abbildung 8.5* so dargestellt, dass sie in eine Richtung verlaufen.

Im Fall von Gly-1 und Gly-3 wäre für die exakte Umkehrreaktion die Synthese von ATP erforderlich, stattdessen wird dieses Problem durch eine einfache hydrolytische Reaktion umgangen, bei der anorganisches Phosphat freigesetzt wird (*Abbildung 8.7*). Beachten Sie, wie diese einfache metabolische Strategie die thermodynamische Hürde nimmt. Im Fall der Umwandlung von Glucose zu Glucose-6-Phosphat in der Glykolyse verläuft die Reaktion exergonisch, was auf den Energieaufwand eines Moleküls ATP zurückgeht. Bei dem Reaktionsverlauf in Richtung der Gluconeogenese handelt es sich um eine exergonische Reaktion, was auf die Hydrolyse der Phosphoesterbindung zurückzuführen ist, die einen Wert von $\Delta G^{\circ\prime}$ von –3,3 kcal/mol hat.

Die dritte irreversible Reaktion der Glykolyse, die Reaktion Gly-10, wird bei der Gluconeogenese durch eine Sequenz aus zwei Reaktionen umgangen (*Abbildung 8.7*). Diese beiden Reaktionen werden durch die Hydrolyse einer Phosphoanhydridbindung angetrieben, in einem Fall durch ATP und im anderen Fall durch die verwandte Verbindung GTP. (GTP ist die Abkürzung für Guanosintriphosphat; siehe *Abbildung 2.13* für die Struktur von Guanin.) Zuerst wird CO_2 in einer Carboxylreaktion an Pyruvat angefügt, woraus eine Verbindung mit vier Kohlenstoffatomen hervorgeht, das sogenannte *Oxalacetat*. Dann wird die Carboxylgruppe durch eine Decarboxylierungsreaktion entfernt und es entsteht Phosphoenolpyruvat (PEP). In diesem Fall werden sowohl die Phosphatgruppe als auch die Energie von GTP geliefert, dem energetischen Äquivalent von ATP.

Was diese Bypass-Reaktionen leisten, wird klar, wenn man die Stoffwechselwege der Glykolyse und der Gluconeogenese miteinander vergleicht (*Abbildung 8.7*). Als katabolischer Stoffwechselweg ist die Glykolyse an sich exergonisch, wobei zwei ATP-Moleküle pro Glucose entstehen. Die Gluconeogenese ist andererseits ein anabolischer Stoffwechselweg, der das Äquivalent von sechs ATP-Molekülen pro abgebautem Molekül synthetisierter Glucose benötigt. Die Differenz von vier ATP-Molekülen pro Glucose stellt ausreichend Energie dar, um sicherzustellen, dass die Gluconeogenese exergonisch in Richtung der Glucosesynthese fortschreitet.

Zwar ist es durchaus wichtig, ein akademisches Verständnis von Vorgängen wie Glykolyse und Gluconeogenese zu erlangen, aber ebenso wichtig ist die Erkenntnis, was dieses Wissen für Sie als Menschen bedeutet.

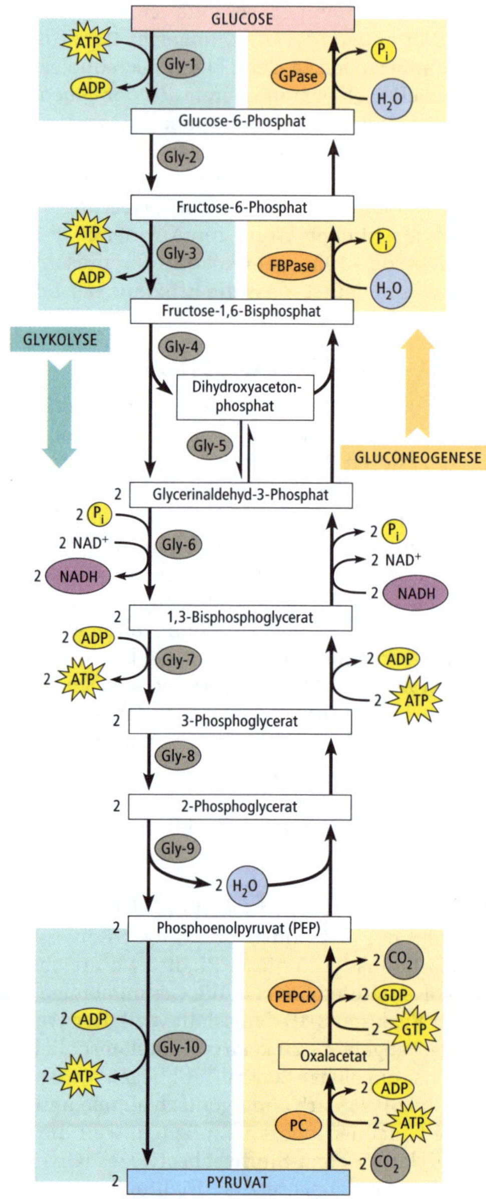

Enzyme, welche die Bypass-Reaktionen der Gluconeogenese katalysieren	
PC:	Pyruvatcarboxylase
PEPCK:	Phosphoenolpyruvatcarboxykinase
FBPase:	Fructose-1,6-Bisphosphatase
GPase:	Glucose-6-Phosphatase

Abbildung 8.7: Vergleich der Stoffwechselwege der Glykolyse und der Gluconeogenese. Die Stoffwechselwege der Glykolyse (links) und der Gluconeogenese (rechts) haben neun Zwischenprodukte und sieben von Enzymen katalysierte Reaktionen gemeinsam. Die drei grundsätzlich irreversiblen Reaktionen des glykolytischen Stoffwechselweges (grün unterlegt) werden in der Gluconeogenese durch vier Bypass-Reaktionen umgangen (gelb unterlegt). Andererseits ist die Gluconeogenese ein anabolischer Stoffwechselweg, für den die gekoppelte Hydrolyse von sechs Phosphoanhydridbindungen (vier ATP, zwei GTP) benötigt wird, um sie in Richtung der Glucosebildung voranzutreiben. Die Enzyme, welche die Seitenreaktionen katalysieren, sind goldfarben unterlegt und im Kasten aufgeführt. (Für die Bezeichnungen der glykolytischen Enzyme verweisen wir Sie auf *Abbildung 8.5*.) Bei Tieren läuft die Glykolyse in den Muskeln und verschiedenen anderen Geweben ab, während die Gluconeogenese vor allem in der Leber und in geringerem Maß in den Nieren stattfindet.

8.6 Die Regulation der Glykolyse und der Gluconeogenese

Da Zellen Enzyme besitzen, die sowohl die Glykolyse als auch die Gluconeogenese katalysieren können, ist es von zentraler Bedeutung, dass diese beiden Stoffwechselwege nicht gleichzeitig in der gleichen Zelle in einem dann vollkommen zwecklosen Kreislauf ablaufen. Wie können Synthese und Abbau von Glucose so gesteuert werden, dass dieser Fall nicht eintritt? Eine Lösung in unseren Körpern ist die räumliche Separation – die beiden Stoffwechselwege laufen in getrennten Zellen ab, beispielweise in unseren Muskelzellen (Glykolyse) und in unseren Leberzellen (Gluconeogenese). Später werden wir uns mit einem anderen Lösungsweg beschäftigen – der zeitlichen Trennung, bei der Glykolyse und Gluconeogenese zu unterschiedlichen Zeiten innerhalb einer einzigen Zelle ablaufen.

Ebenso wie alle metabolischen Stoffwechselwege sind Glykolyse und Gluconeogenese so reguliert, dass sie mit Geschwindigkeiten ablaufen, die auf die zellulären und organischen Bedürfnisse ihrer Endprodukte abgestimmt sind, also ATP bzw. Glucose. Es verwundert also nicht, dass Glykolyse und Gluconeogenese auf umgekehrte Art und Weise reguliert werden: Intrazelluläre Bedingungen, die einen Stoffwechselweg anregen, wirken sich im Allgemeinen hemmend auf den anderen Stoffwechselweg aus. Hinzu kommt, dass die Glykolyse in enger Koordination mit anderen wichtigen Stoffwechselwegen zur Energiegewinnung und Nutzung in der Zelle abläuft – dies betrifft vor allem die Stoffwechselwege, die an der aeroben Atmung mitwirken, auf die wir in *Kapitel 9* näher eingehen werden.

8.6.1 Schlüsselenzyme der Glykolyse und der Gluconeogenese sind von der allosterischen Regulation abhängig

Rufen Sie sich aus *Kapitel 5* in Erinnerung, dass die **allosterische Regulation** der Enzymaktivität mit der Umwandlung von einer in die andere Konformation einhergeht, dem Wechsel zwischen zwei Formen, von denen eine katalytisch aktiv ist (oder aktiver), während die andere inaktiv ist (oder weniger aktiv). Die Aktivität oder Inaktivität eines Enzymmoleküls hängt davon ab, ob ein spezifischer allosterischer Effektor an die allosterische Stelle gebunden ist, und davon, ob dieser allosterische Effektor ein allosterischer Aktivator oder ein allosterischer Inhibitor ist (siehe *Abbildung 5.8*).

In der ▸*Abbildung 8.8* sind die regulatorischen Schlüsselenzyme des glykolytischen Stoffwechselwegs und der Gluconeogenese dargestellt sowie die allosterischen Effektoren, die die einzelnen Enzyme regulieren. Die Schlüsselenzyme der Glykolyse sind Hexokinase, Phosphofructokinase-1 (PFK-1) und Pyruvatkinase. Die Schlüsselenzyme der Gluconeogenese sind Fructose-1,6-Bisphosphatase und Pyruvatcarboxylase. Jeder allosterische Effektor in *Abbildung 8.8* wurde auf Grundlage von Untersuchungen, die vor allem bei Leberzellen durchgeführt wurden, als Aktivator (+) oder als Inhibitor (–) des Enzyms/der Enzyme identifiziert, an die er bindet. Aus dieser Abbildung gehen mehrere Aspekte klar hervor: Beachten Sie zum Beispiel, dass jedes regulatorische Enzym nur auf einen Stoffwechselweg wirkt, sodass jeder Stoffwechselweg unabhängig von dem anderen reguliert werden kann. Beachten Sie außerdem die reziproke Natur der Regulation der beiden Stoffwechselwege: AMP und Acetyl-CoA, die Effektoren, für die beide Stoffwechselwege sensitiv sind, erzielen in beiden Richtungen entgegengesetzte Wirkungen. AMP, zum Beispiel, aktiviert die Glykolyse, hemmt aber die Gluconeogenese. Acetyl-CoA aktiviert die Gluconeogenese, hemmt aber die Glykolyse.

Die Wirkungen der Regulatoren sind durchaus sinnvoll – das heißt, sie verlaufen stets in die Richtung, die man voraussagen würde, wenn man die Rolle eines jeden Stoffwechselwegs in der Zelle verstanden hat. So betrachten Sie beispielsweise die Wirkungen von ATP und AMP. Bei niedriger Konzentration von ATP und hoher Konzentration von AMP steht der Zelle ganz eindeutig wenig Energie zur Verfügung, somit ist es nur vernünftig, dass AMP die Glykolyse aktiviert. Umgekehrt bedeutet dies: wenn die Konzentration von ATP steigt und die von AMP sinkt, so lassen die stimulatorischen Effekte von AMP auf die Glykolyse nach. Dann tritt der hemmende Effekt von ATP sowohl auf PFK-1 als auch auf die Pyruvatkinase ein und die Geschwindigkeit der Glykolyse wird verringert.

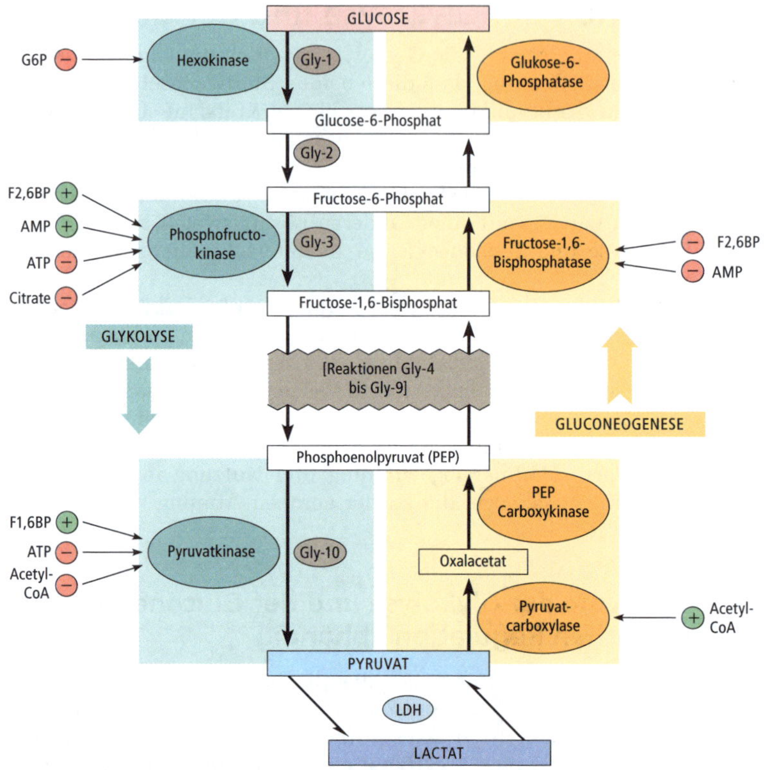

Abbildung 8.8: Regulation der Glykolyse und der Gluconeogenese. Die Glykolyse und die Gluconeogenese werden auf reziproke Weise reguliert. In beiden Fällen erfolgt die Regulation über allosterische Aktivierung (+) bzw. allosterische Hemmung (–) von Enzymen, die nur für den jeweiligen Stoffwechselweg spezifische Reaktionen katalysieren. Bei der Glykolyse katalysieren die regulatorischen Schlüsselenzyme während des Stoffwechselwegs drei irreversible Reaktionen (grün). Bei der Gluconeogenese sind zwei der vier Bypass-Enzyme (gold), die nur auf diesem Stoffwechselweg wirken, die Hauptorte der allosterischen Regulation. Zu den allosterischen Regulatoren gehören Acetyl-CoA, AMP, ATP, Citrat, Fructose-1,6-Bisphosphat (F1,6BP), Fructose-2,6-Bisphosphat (F2,6BP) und Glucose-6-Phosphat (G6P). Acetyl-CoA und Citrat sind Zwischenprodukte der aeroben Atmung, F2,6BP wird von der Phosphofructokinase-2 (PFK-2) synthetisiert.

Vielleicht sind Sie überrascht zu erfahren, dass ATP ein allosterischer Inhibitor von PFK-1 ist, weil dieses ATP als Substrat nutzt. Scheinbar liegt ein Widerspruch vor, denn eine Zunahme der Substratkonzentration sollte zu höherer Geschwindigkeit einer von einem Enzym katalysierten Reaktion führen. Dieser scheinbare Widerspruch kann allerdings leicht aufgeklärt werden. In seiner Eigenschaft als allosterisches Enzym besitzt PFK-1 sowohl ein aktives Zentrum als auch eine allosterische Stelle. Das aktive Zentrum von PFK-1 hat eine große Affinität für ATP, während die allosterische Stelle nur eine geringe Affinität für ATP hat. Somit erfolgt bei niedrigen ATP-Konzentrationen die Bindung an der katalytischen Stelle, aber nicht an der allosterischen Stelle. Daher verbleiben die meisten PFK-1-Moleküle in ihrer aktiven Form und die Glykolyse läuft weiter. Wenn die ATP-Konzentration steigt, wird jedoch die Bindung an der allosterischen Stelle verstärkt, wodurch die inaktive Form von PFK-1 stabilisiert wird, und dies hat wiederum zur Folge, dass die gesamte Reaktionsabfolge der Glykolyse verlangsamt wird.

Die Stoffwechselwege der Glykolyse und der Gluconeogenese (*Abbildung 8.8*) sind außerdem beide von der allosterischen Regulation durch Verbindungen abhängig, die an der Atmung beteiligt sind. Im nächsten Kapitel werden Sie erfahren, dass Acetyl-CoA und Citrat Schlüsselzwischenprodukte des aeroben Stoffwechselweges sind, des sogenannten *Tricarbonsäurezyklus*.

Hohe Konzentrationen von Acetyl-CoA und Citrat zeigen an, dass eine Zelle gut mit Pyruvat für die nächste Phase des Atmungsmetabolismus versorgt ist. Somit wundert es nicht, dass Acetyl-CoA und Citrat eine hemmende Wirkung auf die Glykolyse ausüben, wodurch die Geschwindigkeit der Pyruvatbildung gesenkt wird. Genauso verhält es sich mit der anregenden Wirkung von Acetyl-CoA auf die Gluconeogenese, die mit der Verfügbarkeit von Pyruvat für die Umwandlung in Glucose gekoppelt ist.

8.6.2 Fructose-2,6-Bisphosphat ist ein wichtiger Regulator der Glykolyse und der Gluconeogenese

Obwohl jeder der zuvor dargestellten Mechanismen eine sehr wichtige Rolle bei der Regulation der Glykolyse und der Gluconeogenese spielt, ist letztendlich doch **Fructose-2,6-Bisphosphat (F2,6BP)** der wichtigste Regulator beider Stoffwechselwege. F2,6BP wird durch die von ATP abhängige Phosphorylierung von Fructose-6-Phosphat an Kohlenstoffatom 2 synthetisiert. Das ist der gleiche Reaktionstyp, aus dem Fructose-1,6-Bisphosphat in der Reaktion Gly-3 der Glykolyse durch Phosphorylierung von Fructose-6-Phosphat an Kohlenstoffatom 1 hervorgeht. Die Synthese von F2,6BP wird jedoch von einer anderen Form der Phosphofructokinase katalysiert, der **Phosphofructokinase-2 (PFK-2)**. Diese Bezeichnung dient zur Unterscheidung von der PFK-1, dem glykolytischen Enzym. Wie Sie der *Abbildung 8.8* entnehmen können, aktiviert F2,6BP das glykolytische Enzym (PFK-1), das Fructose-6-Phosphat phosphoryliert und hemmt das Enzym FBPase (Fructose-1,6-Bisphosphatase) der Gluconeogenese, das die Umkehrreaktion katalysiert.

Die Aktivität von PFK-2 hängt von dem Phosphorylierungsstatus einer ihrer Untereinheiten ab. Die Kinaseaktivität des Enzyms ist hoch, wenn diese Untereinheit in der nicht-phosphorylierten Form vorliegt und niedrig, wenn diese in der phosphorylierten Form vorliegt. Die Phosphorylierung von PFK-1 durch ATP wird von einer Proteinkinase katalysiert. Die Aktivität dieses Enzyms hängt wiederum vom zyklischen AMP (cAMP) ab, einem Schlüsselzwischenprodukt vieler zellulärer Signaltransduktionswege.

Neben der *Phosphofructokinase*-Aktivität, die für die Synthese von F2,6BP verantwortlich ist, besitzt PFK-2 eine *Fructose-2,6-Bisphosphatase*-Aktivität, wodurch die Phosphatgruppe von F2,6BP entfernt wird und die Verbindung wieder zu Fructose-6-Phosphat umgewandelt wird. Die Aktivität wird auch von einer durch cAMP stimulierten Phosphorylierung reguliert, in diesem Fall führt die Phosphorylierung jedoch zu erhöhter Aktivität des Enzyms. Da PFK-2 zwei getrennte katalytische Aktivitäten besitzt, wird sie auch als *bifunktionales Enzym* bezeichnet.

Wie bereits zuvor angemerkt, aktiviert F2,6BP das glykolytische Enzym PFK-1 und hemmt das Enzym FBPase der Gluconeogenese. cAMP wiederum wirkt auf zwei Arten auf die Konzentration von F2,6BP: es aktiviert die Aktivität der PFK-2-Kinase und stimuliert die Phosphataseaktivität von F2,6BP. Beide Mechanismen führen zu einer Abnahme der Konzentration von F2,6BP in der Zelle. In Folge dieser Veränderung nimmt die Wirkung von PFK-1 sowie die Hemmung der Fructose-1,6-Bisphosphatase ab, wodurch die glykolytische Aktivität gesenkt und die Aktivität der Gluconeogenese gesteigert wird.

Die Wirkungsweisen von cAMP, sind wichtig für die hormonelle Regulation, denn die cAMP-Konzentration in den Leberzellen wird in erster Linie von den Hormonen Glucagon und Adrenalin (Epinephrin) gesteuert. Diese Hormone führen zu einem Anstieg der cAMP-Konzentration, wodurch die Gluconeogenese angeregt wird, wenn der Bedarf an Glucose steigt. Des Weiteren löst der Anstieg der cAMP-Konzentration eine regulatorische Kaskade aus, in deren Folge die Geschwindigkeit des Glucogenabbaus steigt (siehe *Abbildung 13.16*). Es ist also nicht verwunderlich, dass der Effekt von cAMP auf die Glykogensynthese genau das Gegenteil bewirkt: Wenn die Zunahme der cAMP-Konzentration durch Glucagon oder Adrenalin ausgelöst wird, wird die Geschwindigkeit der Glykogenbildung gemindert. Möchten Sie noch weitere Information über die hormonelle Regulation und die Rolle von cAMP bei der Verstärkung hormoneller Signale haben, so lesen Sie bitte unsere Darstellung der hormonellen Signaltransduktion in *Kapitel 13*.

Chemotropher Energiemetabolismus: aerobe Atmung

9

ÜBERBLICK

In den vorangegangenen Kapiteln haben Sie gelernt, dass einige Zellen ihre Energiebedürfnisse durch anaerobe Atmung decken. Dies sind entweder strikt anaerobe Zellen oder es sind fakultativ anaerobe Zellen, die vorübergehend ohne Sauerstoff oder unter Sauerstoffmangel leben können. Wir haben allerdings auch festgestellt, dass durch anaerobe Atmung nur ein geringer Energieertrag erzielt wird, was auf das Fehlen eines externen Elektronenakzeptors zurückgeht. Die Elektronen, die bei der teilweisen Oxidation der Glucose während der Gärung abgegeben werden, werden auf das Pyruvat transferiert und lediglich zwei Moleküle ATP können pro Molekül Glucose gebildet werden.

Kurzum, der Energiebedarf kann durch Gärung gedeckt werden, aber der ATP-Ertrag ist gering, denn die Zelle verfügt nur über eine begrenzte Menge freier Energie, die sie potenziell aus den oxidierbaren Molekülen gewinnen kann, die sie als Substrate nutzt. Außerdem führt Gärung oftmals zur Anhäufung von Abfallprodukten wie Ethanol oder Lactat, die in größeren Mengen toxisch wirken können.

9.1 Zellatmung: Maximierung der ATP-Erträge

In Bezug auf den Energiegewinn sieht es vollkommen anders aus, wenn wir uns die oxidative Phosphorylierung anschauen, auch kurz Zellatmung oder Atmung genannt. Da ein externer Elektronenakzeptor zur Verfügung steht, wird die vollständige Oxidation von Substraten zu CO_2 möglich und die ATP-Erträge sind wesentlich höher. Unter dem Begriff „extern" verstehen wir einen Elektronenakzeptor, der nicht ein Nebenprodukt des Glucosekatabolismus ist. Wenn ein „interner" Elektronenakzeptor wie Pyruvat oder Acetaldehyd verwendet wird (beispielsweise während der Fermentation), um Elektronen von NADH aufzunehmen (siehe *Abbildung 8.6*), dann werden die Nebenprodukte nicht vollständig zu CO_2 oxidiert.

Die formale Definition lautet: *Zellatmung ist der Fluss von Elektronen durch eine Membran hindurch oder innerhalb einer Membran von reduzierten Coenzymen zu einem externen Elektronenakzeptor, was im Allgemeinen mit der Bildung von ATP einhergeht.* Dem NADH sind wir bereits als reduziertem Coenzym begegnet, das durch den glykolytischen Katabolismus von Zuckern oder verwandten Verbindungen gebildet wird. Bald werden wir sehen, dass zwei weitere Coenzyme, FAD *(**F**lavin**a**denin**d**inucleotid)* und das *Coenzym Q* (oder *Ubichinon*), auch Elektronen aufnehmen, die von oxidierbaren organischen Substraten abgegeben werden und dann über eine Reihe von Elektronenüberträgern zum terminalen Elektronenakzeptor wandern. Bei diesem Vorgang wird ATP gebildet.

Bei vielen Organismen, auch bei uns, ist *Sauerstoff* der terminale Elektronenakzeptor, die reduzierte Form dieses terminalen Elektronenakzeptors ist *Wasser* und den gesamten Vorgang bezeichnet man als **aerobe Atmung**. Beachten Sie, dass man in der medizinischen Terminologie auf dem Niveau der Organismen unter Atmung das Einatmen von Atemluft versteht, die Aufnahme von Sauerstoff. Die Atmung, die wir hier betrachten, bedeutet jedoch die oxidative Phosphorylierung in einzelnen Zellen – trotzdem salopp als Atmung oder Zellatmung bezeichnet. Während viele Chemotrophe auf der Erde aerobe Atmung ausführen, gibt es eine Reihe terminaler Elektronenakzeptoren außer molekularem Sauerstoff, die von anderen Organismen genutzt werden können, vor allem von Bakterien und Archaea. Beispiele für alternative Elektronenakzeptoren und ihre reduzierten Formen sind unter anderem elementarer Schwefel (S/H_2S), Protonen (H^+/H_2) und Eisenionen (Fe^{3+}/Fe^{2+}). Für Atmungsvorgänge, an denen zum Beispiel diese Elektronenakzeptoren mitwirken, wird kein molekularer Sauerstoff benötigt und daher handelt es sich um Beispiele für **anaerobe Atmung**. Anaerobe Atmungsvorgänge spielen wichtige Rollen im Nährstoffkreislauf und der gesamten Energieökonomie der Biosphäre. Hier werden wir uns auf die aerobe Atmung konzentrieren, denn sie bildet die Grundlage des Energiemetabolismus der aeroben Welt, in der wir und die meisten uns vertrauten Organismen leben.

Wir werden dem **Mitochondrium** (▸*Abbildung 9.1*) einen Großteil unserer Aufmerksamkeit widmen, denn der größte Teil der ATP-Bildung in eukaryotischen Zellen findet in diesem Organell statt. Bei bakteriellen Zellen sind die Rollen der Plasmamembran und des Cytoplasmas bei der Energiebildung analog zu den Rollen der inneren Membran bzw. der Matrix in Mitochondrien.

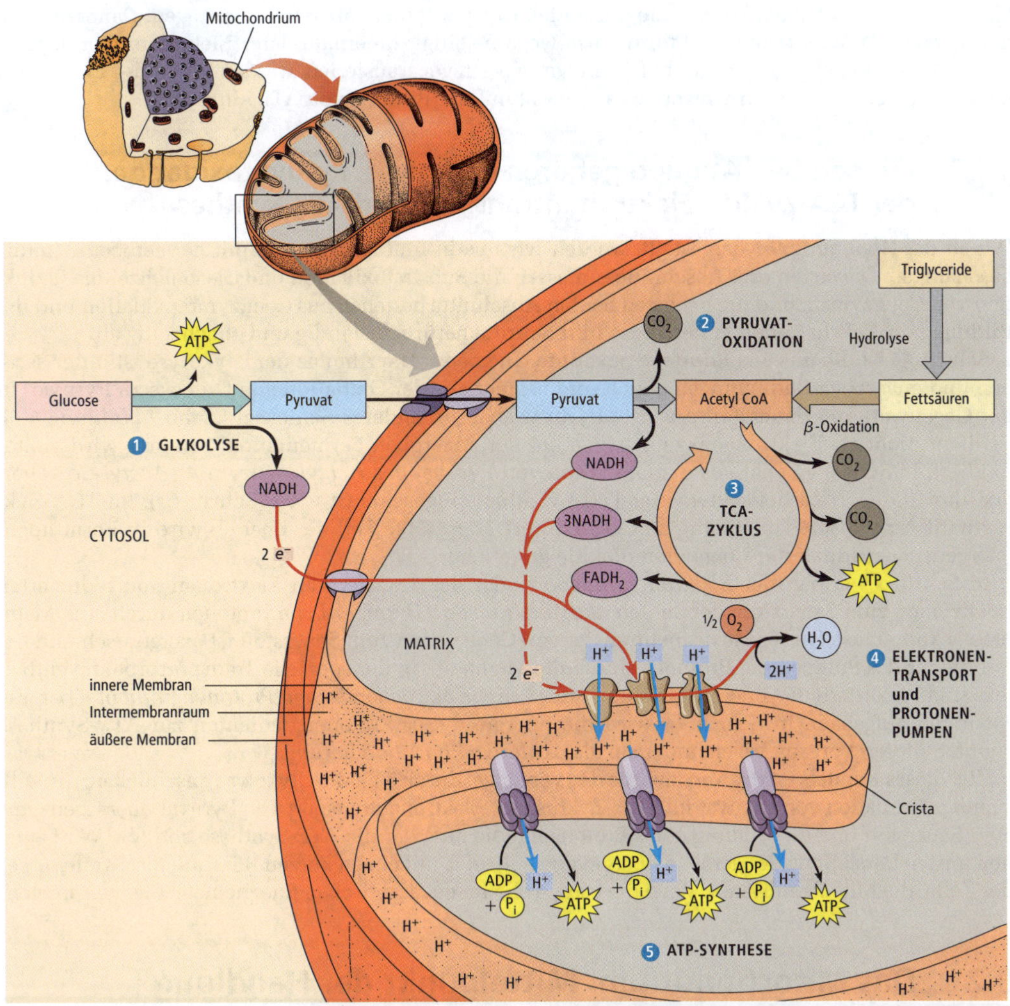

Abbildung 9.1: Die Rolle des Mitochondriums in der aeroben Atmung. Das Mitochondrium spielt eine zentrale Rolle in der aeroben Atmung. Der größte Teil der ATP-Bildung findet bei eukaryotischen Zellen in diesem Organell statt. Die Oxidation von Glucose und anderen Zuckern beginnt im Cytosol mit der Glykolyse (Schritt 1), wodurch Pyruvat gebildet wird. Das Pyruvat wird durch die mitochondrialen Membranen transportiert und in der Matrix zu Acetyl-CoA oxidiert (Schritt 2), dem primären Substrat des Tricarbonsäurezyklus (TCA-Zyklus) (Schritt 3). Acetyl-CoA kann auch durch β-Oxidation aus Fettsäuren gebildet werden. Der Elektronentransport ist an das aktive Pumpen von Protonen gekoppelt (Schritt 4), wobei die Energie des Elektronentransports als elektrochemischer Protonengradient über der Innenmembran des Mitochondriums (oder über der Plasmamembran bei Prokaryoten) gespeichert wird. Die Energie des Protonengradienten wird teilweise zum Antrieb der Synthese von ATP aus ADP und anorganischem Phosphat genutzt (Schritt 5).

9.1.1 Aerobe Atmung erzeugt mehr Energie als Gärung

Wenn Sauerstoff als terminaler Elektronenakzeptor zur Verfügung steht, kann Pyruvat vollständig zu CO_2 oxidiert werden und muss keine Elektronen von NADH aufnehmen. Daher besitzt die aerobe Atmung das Potenzial zur Bildung von bis zu 38 ATP-Molekülen pro Molekül Glucose.

Dies alles wird durch Sauerstoff ermöglicht, der als terminaler Elektronenakzeptor dient, wodurch ein Mittel zur ständigen Reoxidation von NADH und anderen reduzierten Coenzymen bereitgestellt wird. Nachdem diese Coenzymmoleküle Elektronen von Pyruvat und anderen oxidierbaren Substraten aufgenommen haben, können sie diese Elektronen auf den Sauerstoff übertragen. Daher sind an der aeroben Atmung oxidative Stoffwechselwege beteiligt, innerhalb derer Elektronen von organischen Substraten abgegeben und auf Coenzym-Überträger transferiert werden, die diese Elektronen dann auf den Sauerstoff übertragen, was indirekt mit der Bildung von ATP einhergeht.

9.1.2 Zur aeroben Atmung gehören Glykolyse, Pyruvatoxidation, der TCA-Zyklus, Elektronentransport und ATP-Synthese

Wie in der *Abbildung 9.1* dargestellt, werden wir uns in fünf Abschnitten mit der aeroben Atmung beschäftigen. Die ersten drei Abschnitte umfassen die Substratoxidation und die gleichzeitige Reduktion von Coenzymen, und die nächsten beiden Abschnitte bestehen aus Coenzymreoxidation und der Bildung von ATP. In Zellen laufen diese fünf Schritte natürlich ständig und gleichzeitig ab.

Schritt ❶ ist die uns aus *Kapitel 8* bekannte *Glykolyse*. Die Abfolge der Glykolyse ist unter aeroben und anaeroben Bedingungen gleich und besteht aus der Oxidation von Glucose zu Pyruvat. In der Gegenwart von Sauerstoff erwartet Pyruvat aber ein anderes Schicksal (siehe *Abbildung 8.6*). Es dient nicht als Elektronenakzeptor, wie bei der anaeroben Fermentation, sondern wird weiter oxidiert. In Schritt ❷ geht aus der Oxidation von Pyruvat das *Acetylcoenzym A (Acetyl-CoA)* hervor, das in den Tricarbonsäurezyklus (TCA-Zyklus) eingeschleust wird (Schritt ❸). Im TCA-Zyklus wird Acetyl-CoA vollständig zu CO_2 oxidiert. Der größte Teil der Energie wird in Form hochenergetischer reduzierter Coenzymmoleküle gespeichert.

In Schritt ❹ erfolgt der *Elektronentransport* oder der Transfer von Elektronen von reduzierten Coenzymen zum Sauerstoff, der an den *aktiven Transport (Pumpen)* von Protonen durch eine Membran gekoppelt ist. Dieser Elektronentransfer von Coenzymen zum Sauerstoff ist exergonisch und liefert die für das Pumpen der Protonen durch die Membran, in der spezielle Transportproteine enthalten sind, erforderliche Energie. Dadurch wird ein *elektrochemischer Protonengradient* über der Membran aufgebaut. In Schritt ❺ wird die Energie dieses Protonengradienten zur ATP-Synthese genutzt, diesen Vorgang bezeichnet man als *oxidative Phosphorylierung*.

Ziel dieses Kapitels ist das Verständnis der Vorgänge, die sich an die Glykolyse anschließen: die vollständige Oxidation von Pyruvat im TCA-Zyklus, der Elektronentransport von Pyruvat über Coenzyme zum Sauerstoff und die Bildung eines Protonengradienten, der die ATP-Synthese antreibt. Wir beginnen unsere Darstellung des aeroben Energiemetabolismus mit einem kurzen Blick auf die „Kraftwerke“ der Zelle, die Mitochondrien, welche die Hauptrolle im eukaryotischen Energiemetabolismus spielen.

9.2 Das Mitochondrium: Mittelpunkt der Handlung

Wir beginnen unsere Darstellung der aeroben Atmung mit einer Beschreibung des Mitochondriums, denn der größte Teil des aeroben Energiemetabolismus in eukaryotischen Zellen findet in diesem Organell statt. Daher wird das Mitochondrium oft als „Kraftwerk“ der eukaryotischen Zelle bezeichnet. Bereits 1850 beschrieb der deutsche Biologe Rudolph Kölliker ein Phänomen, das er als „geordnete Anordnung von Partikeln“ in Muskelzellen bezeichnete. Er stellte fest, dass diese „Partikel“ in Wasser anschwollen, was Kölliker zu der Schlussfolgerung führte, dass jeder Partikel von einer semipermeablen Membran umhüllt war. Diese Partikel werden heute als *Mitochondrien* bezeichnet (Singular: *Mitochondrium*) und man nimmt an, dass sie entstanden, als bakterielle Zellen von größeren Zellen aufgenommen wurden, diesen Vorgang aber überlebten und sich dauerhaft im Zellcytoplasma des Wirts einrichteten.

Vor fast einem Jahrhundert häuften sich die Beweise dafür, dass diese Organellen bei oxidativen Ereignissen eine wichtige Funktion haben. So wies Otto Warburg im Jahr 1913 nach, dass diese Partikel Sauerstoff verwerten können. Allerdings stammt der größte Teil unseres Wissens über die Rolle der Mitochondrien im Energiemetabolismus aus der Entwicklung, die mit dem Einsatz der differenziellen Zentrifugation einsetzte, deren Pionier Albert Claude war. Intakte, funktional aktive Mitochondrien wurden mit dieser Technik erstmals 1948 isoliert, und in der Folge wiesen Eugene Kennedy, Albert Lehninger und andere Wissenschaftler nach, dass in Mitochondrien alle Reaktionen des TCA-Zyklus, des Elektronentransports und der oxidativen Phosphorylierung ablaufen.

9.2.1 Mitochondrien kommen dort vor, wo viel ATP gebraucht wird

Mitochondrien kommen in praktisch allen aeroben eukaryotischen Zellen vor und sind herausragende Merkmale vieler Zelltypen, die unter dem Elektronenmikroskop sichtbar gemacht werden können. Mitochondrien findet man sowohl in chemotrophen als auch in phototrophen Zellen und sie sind nicht nur Teil tierischer sondern auch pflanzlicher Zellen. Die Tatsache, dass sie in phototrophen Zellen vorhanden sind, erinnert uns daran, dass sogar photosynthetische Organismen zur Deckung ihres Energie- und Kohlenstoffbedarfs während der Dunkelheit von der Atmung abhängig sind. In photosynthetisch nicht aktiven Geweben der Pflanzen, wie in den Wurzeln, werden Mitochondrien jederzeit gebraucht.

Die entscheidende Rolle des Mitochondriums bei der Deckung des zellulären ATP-Bedarfs spiegelt sich häufig in der Lokalisierung der Mitochondrien innerhalb der Zellverbände wider. Oftmals sind die Mitochondrien in den Zellregionen mit höchster metabolischer Aktivität und dem größten ATP-Bedarf konzentriert. Ein besonders gutes Beispiel bieten die Muskelzellen. Die Mitochondrien in diesen Muskelzellen sind in Reihen entlang der für die Kontraktion zuständigen Fibrillen angeordnet. Eine ähnliche strategische Lokalisierung der Mitochondrien findet man in Geißeln und Cilien sowie in den Schwänzen der Spermien.

9.2.2 Sind Mitochondrien untereinander verbundene Netzwerke oder einzelne Organellen?

Betrachtet man Mitochondrien unter dem Elektronenmikroskop, so sind sie typischerweise als ovale Strukturen erkennbar, mit einer Länge von einem oder mehreren µm und einem Durchmesser von 0,5–1,0 µm. Es gibt allerdings je nach Zelltyp verschiedene Formen und Größen. Dieses Aussehen führte zu der allgemein akzeptierten Auffassung, dass Mitochondrien abgetrennte Einheiten sind und als solche große und oftmals zahlreiche Organellen bilden. Tatsächlich hat ein Mitochondrium dieser Dimensionen die Größe einer ganzen Bakterienzelle und ist in den meisten tierischen Zellen abgesehen vom Zellkern das größte Organell. (In Pflanzenzellen sind die Chloroplasten und einige Vakuolen typischerweise größer als die Mitochondrien.)

Berechnungen auf der Grundlage von elektronenmikroskopischen Querschnittansichten von Mitochondrien weisen darauf hin, dass die Anzahl der Mitochondrien pro Zelle höchst variabel ist und sich im Bereich von einem oder einigen wenigen pro Zelle bei vielen Protisten, Pilzen und Algen (sowie einigen Säugetierzellen) bis zu ein paar Tausend pro Zelle in einigen Geweben höherer Pflanzen und Tiere bewegen kann. Man geht beispielsweise davon aus, dass jede Säugetierleberzelle ungefähr 500–1.000 Mitochondrien besitzt, obwohl nur ein kleiner Teil von diesen in einem typischen Querschnitt zu sehen ist, der für die Betrachtung unter dem Elektronenmikroskop präpariert wurde.

Die Auffassung, dass die unter dem Elektronenmikroskop sichtbar gemachten mitochondrialen Profile einzelne, getrennte Organellen bekannter Größe und Häufigkeit darstellen, wurde durch die Arbeit von Hans-Peter Hoffman und Charlotte Avers in Frage gestellt. Nachdem Sie eine Reihe von Dünnschnitten durch ganze Hefezellen untersucht hatten, folgerten die Wissenschaftler, dass die in den einzelnen mikroskopischen Aufnahmen beobachteten ovalen Profile einzelne Schnitte repräsentieren, die sich in einem einzigen, großen, weitverzweigten Mitochondrium befanden. Ergebnisse dieser Art legen die Schlussfolgerung nahe, dass die Anzahl der Mitochondrien in einer Zelle wesentlich geringer ausfallen könnte als bisher angenommen – und dass ein Mitochondrium weitaus größer sein könnte als aus den Berechnungen einzelner Querschnittprofile, die man als Dünnschnitte unter dem Elektronenmikroskop betrachtet hat, hervorgegangen war.

Weitere Unterstützung für das Konzept der Mitochondrien als untereinander verbundene Netzwerke (statt vieler getrennter Organellen) stammt von Untersuchungen mit intakten lebenden Zellen, die man mit dem Phasenkontrastmikroskop und mit dem Fluoreszenzmikroskop mit für Mitochondrien spezifischen Fluoreszenzfarbstoffen sichtbar gemacht hat. Diese Forschungsarbeiten deckten auf, dass lebende Zellen große verzweigte Mitochondrien enthalten, die sich in einem dynamischen Fluss befinden, wobei ein Segment eines Mitochondriums sich häufig abschnürt und mit einem anderen Mitochondrium verschmilzt.

Ein Großteil unserer Darstellungen und der Abbildungen dieses Kapitels beruht auf der konventionellen Sichtweise von Mitochondrien als deutlich abgegrenzten Einheiten. Bedenken Sie aber folgendes: Das, was wir als einzelne Mitochondrien betrachten, kann sehr wohl Teil eines großen dynamischen Netzwerks sein, zumindest bei einigen Zelltypen.

9.2.3 Die äußere und die innere Membran eines Mitochondriums definieren zwei getrennte Kompartimente und drei Regionen

▸*Abbildung 9.2* zeigt sowohl eine elektronenmikroskopische Aufnahme als auch eine schematische Darstellung eines typischen Mitochondriums – oder vielleicht eines kleinen Segments eines viel größeren Netzwerks. Auf jeden Fall sind die beiden Membranen ein Charakteristikum, die sogenannte Innenmembran und die Außenmembran. Die **Außenmembran** ist keine ernsthafte Permeabilitätsbarriere für Ionen und kleine Moleküle, denn sie enthält Kanalproteine, die **Porine**, welche Moleküle mit einem Molekulargewicht von bis zu 5.000 durchlassen. Ähnliche Proteine kommen in der Außenmembran gramnegativer Bakterien vor. Da Porine die freie Bewegung kleiner Moleküle und Ionen durch die Außenmembran erlauben, steht der Intermembranraum zwischen der Innen- und der Außenmembran des Mitochondriums im Hinblick auf kleinere gelöste Substanzen mit dem Cytosol in Verbindung. Allerdings werden Enzyme, die für den Intermembranraum bestimmt sind, dort auch effektiv festgehalten, denn Enzyme und andere gelöste Proteine sind zu groß, um durch die Porinkanäle transportiert zu werden.

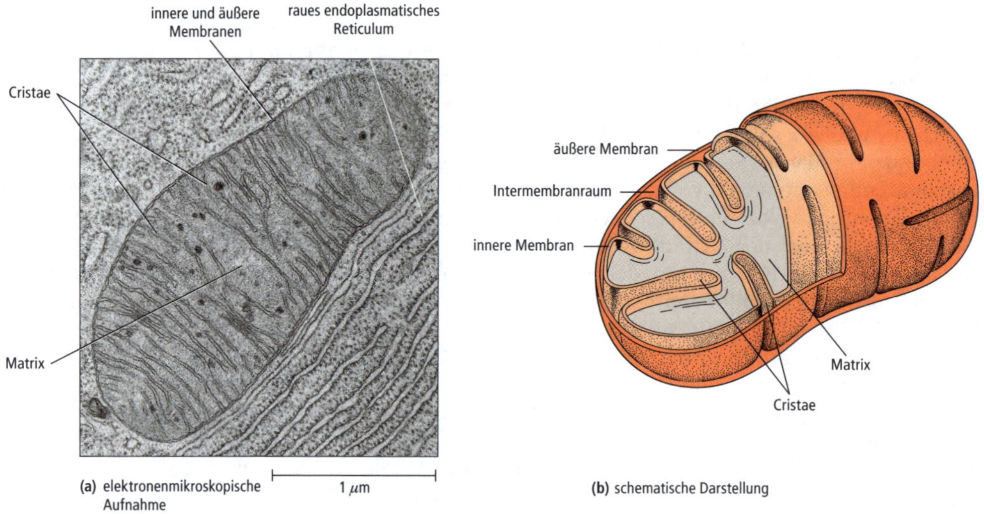

Abbildung 9.2: Die mitochondriale Struktur. (a) Elektronenmikroskopische Aufnahmen (TEM) des Mitochondriums einer Bauchspeicheldrüsenzelle einer Fledermaus. Die Cristae werden durch Einstülpungen der Innenmembran gebildet. (b) Schematische Ansicht eines teilweise aufgeschnittenen Mitochondriums, wobei die Cristae-Struktur mit Hilfe des traditionellen Modells veranschaulicht wird. Wie im Text angemerkt, wird dieses Modell zurzeit überarbeitet. Neue Analysen mit Hilfe der EM-Tomographie legen nahe, dass die Verbindungen zwischen den Räumen innerhalb der Christae und dem Intermembranraum mehrere kleine röhrenförmige Öffnungen bilden, die sogenannten Crista Junctions.

Im Gegensatz zur Außenmembran stellt die **Innenmembran** des Mitochondriums für die meisten gelösten Substanzen eine Permeabilitätsbarriere dar, wodurch das Mitochondrium in zwei einzelne Kompartimente aufgeteilt wird – den *Intermembranraum* und das Innere des Organells (die mitochondriale *Matrix*). Die Innen- und die Außenmembranen, die in der ▸*Abbildung 9.3* dargestellt werden, sind ungefähr 7 nm dick und typischerweise durch einen Intermembranraum von circa 7 nm getrennt. An bestimmten Stellen stehen die Membranen miteinander in Kontakt und in eben diesen Regionen passieren die für die mitochondriale Matrix bestimmten Proteine die beiden Membranen (siehe *Abbildung 21.15*).

Der Anteil der inneren Membran, der an den Intermembranraum grenzt, wird als *innere Begrenzungsmembran* bezeichnet. Des Weiteren besitzt die Innenmembran der meisten Mitochondrien viele deutlich erkennbare Einstülpungen, die **Cristae** (Singular **Crista**), die erheblich zur Vergrößerung der Oberfläche beitragen. So wird die Fläche der Innenmembran eines typischen Lebermitochondriums (einschließlich der Cristae) im Verhältnis zur Außenmembran etwa verfünffacht. Aufgrund der großen Oberfläche kann die Innenmembran große Mengen von Proteinkomplexen aufnehmen, die für den Elektronentransport und die ATP-Synthese benötigt werden, wodurch die mitochondriale Kapazität zur ATP-Bildung verbessert wird. Die Innenmembran besteht zu etwa 75 % aus Protein, womit der Proteinanteil über dem vieler anderer zellulärer Membranen liegt. Zu diesen Innenmembranproteinen gehören die Transmembrananteile von Proteinen, die am Transport gelöster Substanzen, dem Elektronentransport und der ATP-Synthese mitwirken. Die Cristae bilden zudem zahlreiche spezielle Regionen, die intracristalen Räume, in denen sich während des Elektronentransportvorgangs Protonen zwischen den gefalteten Innenmembranen ansammeln können, worauf wir später in diesem Kapitel eingehen werden.

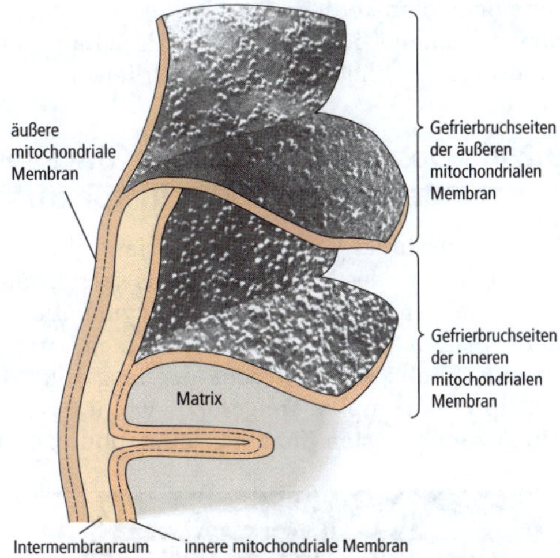

Abbildung 9.3: Struktur der Innen- und der Außenmembran des Mitochondriums. Wenn man die inneren und äußeren mitochondrialen Membranen einer Gefrierätzung unterzieht, spaltet sich jede Membran entlang ihres hydrophoben Inneren auf, wodurch die Membran in zwei Bruchseiten aufgeteilt wird. Hier wurden Segmente gefriergeätzter elektronenmikroskopischer Aufnahmen der beiden Bruchseiten der inneren und der äußeren Membran über eine schematische Darstellung der Membranen gelegt, um die Dichte der Proteinpartikel in den beiden Membranen zu veranschaulichen.

Lange ging man davon aus, dass es sich bei den Cristae um breite flache Strukturen mit breiten Verbindungen zur inneren Begrenzungsmembran handelt. Auf dieser Grundlage beruht das in ▸*Abbildung 9.2b* dargestellte Modell der Cristae-Struktur. Diese Ansicht wurde durch die elektronenmikroskopische Tomographie in Frage gestellt, eine mikroskopische Technik, die – ebenso wie eine CT (Computerunterstützte Tomographie; engl.: *CAT, computer-aided tomography*) – genaue dreidimensionale Abbilder von Zellstrukturen liefert, indem aufeinander folgende Bilder dicker (1 µm) Schnitte kombiniert werden. Man geht jetzt davon aus, dass es sich bei den Cristae in vielen Geweben um röhrenförmige Strukturen handelt, die sich in Schichten zusammenlagern und lamellare Cristae unregelmäßiger Größe und Form bilden. In einigen Aspekten ähneln sie den Grana-Stapeln der Thylakoiden, die ein drittes Kompartiment in den Chloroplasten bilden. Anscheinend habe die Cristae nur über wenige kleine röhrenförmige Öffnungen, die sogenannten Crista Junctions, Verbindung mit der inneren Begrenzungsmembran. Man nimmt an, dass die Öffnungen so winzig klein sind, um die Diffusion von Substanzen zwischen dem intracristalen Raum und dem Intermembranraum streng zu regulieren, sodass eine dritte, fast abgeschlossene Region innerhalb des Mitochondriums entsteht.

Die relative Häufigkeit der Cristae innerhalb des Mitochondriums spiegelt die metabolische Aktivität der Zelle oder des Gewebes wider, in dem das Organell lokalisiert ist. Herz-, Nieren- und Muskelzellen besitzen große Zellatmungsaktivität und daher haben ihre Mitochondrien entsprechend viele Cristae. Die Flugmuskeln der Vögel verfügen über eine besonders hohe Zellatmungsaktivität und ihre Mitochondrien sind außerordentlich reich mit Cristae ausgestattet. Pflanzenzellen üben im Gegensatz zu den meisten tierischen Zellen eine geringere Atmungsaktivität aus und besitzen dementsprechend weniger Cristae in ihren Mitochondrien.

Der Innenraum des Mitochondriums wird von einer halbflüssigen Matrix ausgefüllt. Innerhalb dieser Matrix finden sich viele Enzyme, die an der mitochondrialen Funktion beteiligt sind, als auch DNA-Moleküle und Ribosomen. Bei den meisten Säugetieren befindet sich das mitochondriale Genom auf einem ringförmigen DNA-Molekül mit ungefähr 15.000 bis 20.000 Basenpaaren, die ribosomale RNAs, t-RNAs und circa ein Dutzend Polypeptiduntereinheiten der Proteine der

Innenmembran kodieren. Außer den Proteinen, die von dem mitochondrialen Genom kodiert werden, enthalten Mitochondrien zahlreiche im Zellkern kodierte Proteine, die an cytoplasmatischen Ribosomen synthetisiert und anschließend in das Mitochondrium transportiert werden.

9.2.4 Das Mitochondrium führt seine Aufgaben an spezifischen Membranen oder in spezifischen Kompartimenten durch

Durch Aufschluss von Mitochondrien und Fraktionierung der verschiedenen Kompartimente hat man innerhalb des Mitochondriums spezifische Funktionen und Stoffwechselwege lokalisiert.

Die meisten mitochondrialen Enzyme, die an der Pyruvatoxidation, dem TCA-Zyklus und dem Katabolismus von Fettsäuren mitwirken, sind Matrixenzyme. Wenn man Mitochondrien vorsichtig aufschließt, werden sechs der insgesamt acht Enzyme des TCA-Zyklus als einzelner großer Multiproteinkomplex freigesetzt, woraus man schließen kann, dass das Produkt eines Enzyms direkt zum nächsten Enzym gelangt, ohne durch die Matrix diffundieren zu müssen.

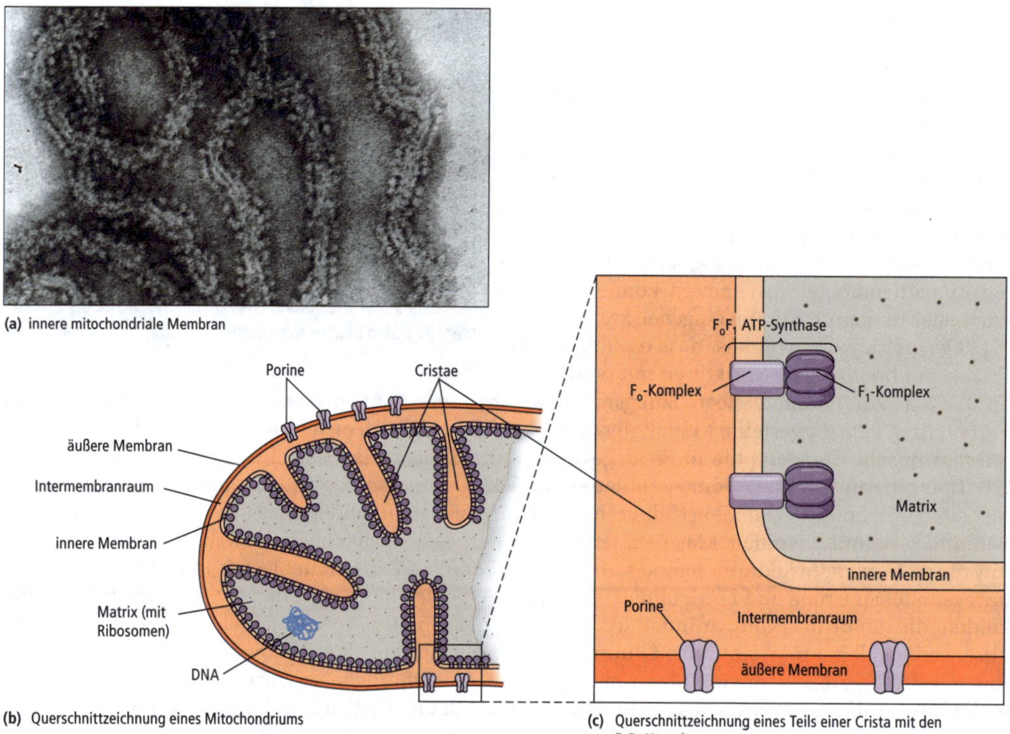

Abbildung 9.4: Die F_1- und F_0-Komplexe der inneren mitochondrialen Membran. (a) Diese elektronenmikroskopische Aufnahme wurde durch Negativfärbung angefertigt, um die runden F_1-Komplexe hervorzuheben, welche die Matrixseite der inneren Membran des Mitochondriums eines Rinderherzens auskleiden (TEM). (b) Querschnitt eines Mitochondriums und Darstellung der wichtigsten Strukturmerkmale. (c) Vergrößerung eines kleinen Teils einer Crista, wobei die F_1-Komplexe zu erkennen sind, die aus der Innenmembran auf der Matrixseite herausragen und die in die innere Membran eingebetteten F_0-Komplexe. Jeder F_1-Komplex ist über einen kurzen Proteinstiel mit einem F_0-Komplex verbunden. Gemeinsam bildet ein F_0F_1-Paar eine funktionale ATP-Synthase.

Andererseits handelt es sich bei den meisten Zwischenprodukten des Elektronentransportsystems um integrale Komponenten der inneren Membran, wo sie in großen Komplexen angeordnet sind. Die sogenannten **F_1-Komplexe** ragen wie runde Türgriffe von der inneren Membran in die Matrix hinein und wirken an der ATP-Synthese mit (▸*Abbildung 9.4*). Jeder Komplex stellt eine Anhäufung mehrerer verschiedener Polypeptide dar. In der ▸*Abbildung 9.4a* sind einzelne F_1-Komplexe dargestellt. Bei dieser Abbildung handelt es sich um eine elektronenmikroskopische Aufnahme mit hoher Vergrößerung, die mit einer speziellen Technik, der sogenannten Negativfärbung, angefertigt wurde, bei der ein helles Bild vor einem dunklen Hintergrund erzeugt wird. Die F_1-Komplexe haben einen Durchmesser von ungefähr 9 nm und kommen besonders häufig entlang der Cristae vor (▸*Abbildung 9.4b*).

Jeder F_1-Komplex ist über einen kurzen Proteinstiel mit einem **F_o-Komplex** verbunden. Der F_o-Komplex ist eine Anhäufung hydrophober Polypeptide, die in die mitochondriale Innenmembran (▸*Abbildung 9.4c*) oder in die Plasmamembran der Bakterien eingebettet sind. (Beachten Sie, dass es sich bei dem Index um den tiefgestellten Buchstaben „o" handelt und nicht um eine null. Dies hat historische Gründe, denn der F_o-Komplex war der Angriffsort des Antibiotikums Oligomycin.) Die Kombination, die durch Verknüpfung eines F_1-Komplexes mit dem F_o-Komplex entsteht, wird als **F_oF_1-Komplex** bezeichnet und gilt als ATP-Synthase, denn hier läuft die ATP-Synthese ab. Tatsächlich ist der F_oF_1-Komplex für den größten Teil der ATP-Produktion verantwortlich, die im Mitochondrium oder den bakteriellen Zellen stattfindet und auch in den Chloroplasten. Die ATP-Bildung wird immer über einen elektrochemischen Protonengradienten über der Membran von F_oF_1-Komplexen angetrieben, die in dieser Membran verankert sind. Mit diesem Thema werden wir uns später im Kapitel eingehender beschäftigen.

9.2.5 Bei Bakterien sind die Funktionen der Zellatmung in der Plasmamembran und im Cytoplasma lokalisiert

Bakterien besitzen keine Mitochondrien, trotzdem sind die meisten bakteriellen Zellen zu aerober Atmung fähig. Wo befinden sich in einer bakteriellen Zelle die verschiedenen Komponenten der Zellatmung? Im Grunde führen das Cytoplasma und die Plasmamembran in einer bakteriellen Zelle die gleichen Funktionen aus wie die mitochondriale Matrix bzw. die Innenmembran. Daher befinden sich bei den Bakterien die meisten Enzyme des TCA-Zyklus im Cytoplasma, während die Elektronentransportproteine in der Plasmamembran lokalisiert sind. Auch der F_oF_1-Komplex liegt in der Plasmamembran der Bakterien, wobei die F_o-Komponente in die Membran eingebettet ist und die F_1-Komponente aus der Membran heraus in das Cytoplasma ragt.

9.3 Der Tricarbonsäurezyklus: Die zyklische Oxidation

Nachdem wir die Lokalisierung der Atmungsfunktionen in Mitochondrien und Bakterienzellen betrachtet haben, kehren wir jetzt zu den Eukaryoten zurück und folgen einem Molekül Pyruvat auf seiner Reise durch die innere Membran des Mitochondriums, um zu sehen, was mit diesem Molekül passiert.

In der Gegenwart von Sauerstoff wird Pyruvat vollständig zu Kohlendioxid oxidiert und die bei diesem Vorgang freigesetzte Energie treibt die ATP-Synthese an. Die Pyruvatoxidation wirkt an einem zyklischen Stoffwechselweg mit, der in fast allen aeroben Chemotrophen ein zentrales Merkmal des Energiemetabolismus ist. Ein wichtiges Zwischenprodukt dieser zyklischen Reaktionsfolge ist Citrat, das drei Carboxylsäuregruppen besitzt und daher eine Tricarbonsäure (auch Tricarboxylsäure) ist. Aus diesem Grund wird der Stoffwechselweg im Allgemeinen als **Tricarbonsäurezyklus (TCA-Zyklus**, engl.: *tricarboxylic acid cycle*) bezeichnet. Sehr häufig findet man auch die Bezeichnungen Citratzyklus, Zitronensäurezyklus oder Krebs-Zyklus, wobei letztere Bezeichnung zu Ehren von Hans Krebs gewählt wurde, dessen Labor in den 1930er Jahren eine Schlüsselrolle bei der Aufklärung dieser metabolischen Reaktionsfolge spielte.

Der TCA-Zyklus metabolisiert Acetylcoenzym A (im Allgemeinen wird dies mit Acetyl-CoA abgekürzt), eine Verbindung, die aus der Pyruvatdecarboxylierung hervorgeht. Acetyl-CoA besteht aus einer Acetatgruppe mit zwei Kohlenstoffatomen des Pyruvat, die an einen Carrier mit der Bezeichnung *Coenzym A* gebunden sind. (Fritz Lipmann hat das Coenzym A entdeckt, der gemeinsam mit

Hans Krebs 1953 für die Arbeiten zur aeroben Atmung den Nobelpreis erhielt.) Acetyl-CoA entsteht entweder durch oxidative Decarboxylierung von Pyruvat oder durch den schrittweisen oxidativen Abbau von Fettsäuren (siehe *Abbildung 9.1*). Unabhängig von seinem Ursprung überträgt Acetyl-CoA seine Acetatgruppe an einen Akzeptor mit vier Kohlenstoffatomen, das Oxalacetat, wodurch Citrat entsteht. Das Citrat durchläuft sodann zwei aufeinander folgende Decarboxylierungen und mehrere Oxidationen, was zur Regeneration von Oxalacetat führt, das beim nächsten Durchlauf des Zyklus zwei weitere Kohlenstoffatome von einem weiteren Molekül Acetyl-CoA aufnimmt.

Bei jedem Durchlauf des TCA-Zyklus treten zwei Kohlenstoffatome in den Kreislauf ein, zwei Kohlenstoffatome werden als Kohlendioxid freigesetzt und es findet die Regeneration von Oxalacetat statt. Die Oxidation findet an fünf Stationen statt: an vier Stationen innerhalb des Kreislaufs selbst und bei einer Reaktion, in der Pyruvat zu Acetyl-CoA umgewandelt wird. In jedem Fall werden die Elektronen von den Coenzymmolekülen aufgenommen. Daher sind Acetyl-CoA, oxidierte Coenzyme, ADP und P_i die Substrate des TCA-Zyklus und die Produkte sind Kohlendioxid, reduzierte Coenzyme und ein Molekül ATP.

Schauen wir uns den TCA-Zyklus nun einmal genauer an, denn unser kurzer Überblick hat Ihnen einen guten ersten Eindruck vermittelt. Wir konzentrieren uns auf die Kohlenstoffmoleküle, die als Acetyl-CoA in den Kreislauf eintreten, und darauf, wie die bei jeder Oxidation freigesetzte Energie in Form reduzierter Coenzyme gespeichert wird.

9.3.1 Durch oxidative Decarboxylierung wird Pyruvat in Acetylcoenzym A umgewandelt

Wie gerade beschrieben, tritt Kohlenstoff in Form von Acetyl-CoA in den TCA-Zyklus ein, aber wir wissen aus *Kapitel 8*, dass die Glykolyse mit Pyruvat endet, das im Cytoplasma gebildet wird. Das Pyruvatmolekül ist recht klein und passiert daher die Porine in der Außenmembran des Mitochondriums und gelangt in den Intermembranraum. In der inneren mitochondrialen Membran transportiert ein spezifischer Pyruvatsymporter das Pyruvat zusammen mit einem Proton durch die Membran in die Matrix.

Nachdem das Pyruvat in der mitochondrialen Matrix angelangt ist, wird es mittels des Pyruvatdehydrogenasekomplexes *(PDH)* zu Acetyl-CoA umgewandelt. Der PDH-Komplex besteht aus drei verschiedenen Enzymen, fünf Coenzymen und zwei regulatorischen Proteinen. Diese Komponenten arbeiten zusammen, um die oxidative Decarboxylierung von Pyruvat zu katalysieren:

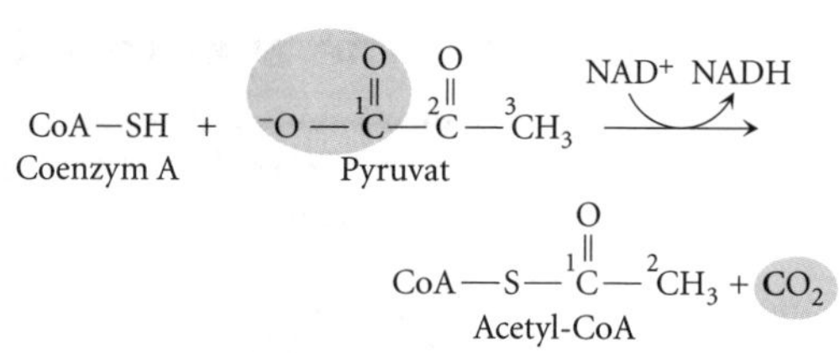

(9-1)

Bei dieser Reaktion handelt es sich um eine Decarboxylierung, denn eines der Kohlenstoffatome des Pyruvats (Kohlenstoffatom 1) wird als Kohlendioxid (grau unterlegt) freigesetzt. Daraus ergibt sich, dass die Kohlenstoffatome 2 und 3 des Pyruvats jeweils zu Kohlenstoffatom 1 und Kohlenstoffatom 2 des Acetats werden. Des Weiteren ist diese Reaktion eine Oxidation, denn zwei Elektronen (sowie ein Proton) werden von den Substraten abgegeben und auf das Coenzym NAD^+ transferiert, wodurch dies zu NADH reduziert wird. Die Elektronen von NADH stellen potenzielle Energie dar, die frei wird, wenn NADH später vom Elektronentransportsystem reoxidiert wird.

Die Oxidation von Pyruvat findet am Kohlenstoffatom 2 statt, das durch Oxidation von einer α-Ketogruppe zu einer Carboxlygruppe wird. Diese Reaktion wird durch gleichzeitiges Entfernen von Kohlenstoffatom 1 in Form von Kohlendioxid möglich. Die Oxidation ist stark exergonisch, wobei die freie Energie zur Aktivierung des Acetatmoleküls genutzt wird, indem dies an die Sulfhydrylgruppe des **Coenzyms A (CoA)** gebunden wird und **Acetyl-CoA** bildet.

Bei CoA handelt es sich um ein kompliziertes Molekül, welches das B-Vitamin Pantothensäure enthält. Ebenso wie das Nicotinamid von NAD^+ wird die Pantothensäure als Vitamin klassifiziert, denn Menschen und andere Wirbeltiere benötigen dieses Vitamin als Teil eines essenziellen Coenzyms, sind aber nicht in der Lage, dies selbst zu synthetisieren. Die freie Sulfhydryl- oder *Thiolgruppe* am Ende des CoA-Moleküls kann mit organischen Säuren wie Acetat eine Thioesterbindung eingehen. Die Thiolgruppe ist so wichtig, dass wir das Coenzym A nicht einfach mit CoA abkürzen, sondern mit CoA–SH. Verglichen mit einer Esterbindung ist eine Thioesterbindung energiereicher, denn nach der Hydrolyse wird wesentlich mehr Energie freigesetzt. Ebenso wie NAD^+ sich für den Elektronentransfer eignet, so eignet sich das Coenzym A als Acetatträger (daher das „A" in CoA). Daher liegt die Acetylgruppe, die vom Pyruvat zum Coenzym A transferiert wird, in einer energiereicheren oder aktivierten Form vor.

9.3.2 Der TCA-Zyklus beginnt mit dem Eintritt von Acetat als Acetyl-CoA

Der TCA-Zyklus (▸*Abbildung 9.5*) beginnt mit dem Eintritt von Acetat in Form von Acetyl-CoA. Bei jedem Durchlauf des TCA-Zyklus treten zwei Kohlenstoffatome in organischer Form (als Acetat) in den Kreislauf ein und zwei Kohlenstoffatome verlassen den Kreislauf in anorganischer Form (als Kohlendioxid). Bei der ersten Reaktion (TCA-1) wird die Acetatgruppe mit zwei Kohlenstoffatomen von Acetyl-CoA an die Verbindung Oxalacetat mit vier Kohlenstoffatomen angefügt und es entsteht Citrat (Zitronensäure), ein Molekül mit sechs Kohlenstoffatomen. Diese Kondensation wird durch die freie Energie der Hydrolyse der Thioesterbindung angetrieben und von dem Enzym Citratsynthase katalysiert. Beachten Sie, dass Citrat eine Tricarbonsäure ist – die Klasse von Verbindungen, von denen die Bezeichnung TCA-Zyklus abgeleitet wurde. (Die beiden aufgenommenen Kohlenstoffatome sind in der *Abbildung 9.5* rosa unterlegt, damit Sie diese beiden leichter in den folgenden Reaktionen verfolgen können.) In der sich anschließenden Reaktion (TCA-2) wird Citrat in die verwandte Verbindung Isocitrat umgewandelt, was mittels des Enzyms Aconitase geschieht. Isocitrat besitzt eine Hydroxylgruppe, die recht leicht oxidiert werden kann. Diese Hydroxylgruppe von Isocitrat ist nun das Ziel der ersten Oxidation oder Dehydrogenierung des Kreislaufs (TCA-3).

9.3.3 Durch zwei oxidative Decarboxylierungen entsteht NADH und CO_2 wird freigesetzt

Im Folgenden werden wir sehen, dass vier der acht Schritte des TCA-Zyklus Oxidationen sind. Dies wird aus der *Abbildung 9.5* ersichtlich, denn an den vier Schritten (TCA-3, TCA-4, TCA-6 und TCA-8) wirken Coenzyme mit, die in oxidierter Form in den Zyklus eintreten und ihn in reduzierter Form verlassen. Die ersten beiden Reaktionen, TCA-3 und TCA-4, sind zugleich Decarboxylierungen. Ein Molekül Kohlendioxid wird jeweils abgegeben, wodurch die Anzahl der Kohlenstoffatome von sechs auf fünf und dann auf vier sinkt.

Das aus Citrat in Schritt TCA-2 gebildete Isocitrat wird von dem Enzym Isocitratdehydrogenase zu einer Verbindung mit sechs Kohlenstoffatomen oxidiert, dem Oxalsuccinat (nicht abgebildet), wobei NAD^+ als Elektronenakzeptor dient. Oxalsuccinat ist instabil und durchläuft sofort eine Decarboxylierung zur Verbindung mit fünf Kohlenstoffatomen, dem α-Ketoglutarat. Diese Reaktion (TCA-3) ist der erste von zwei oxidativen Decarboxylierungsschritten des Kreislaufs.

Das zweite oxidative Decarboxylierungsereignis läuft in der nächsten Reaktion ab (TCA-4) und nutzt gleichfalls NAD^+ als Elektronenakzeptor. Diese Reaktion ähnelt der zuvor dargestellten oxidativen Decarboxylierung von Pyruvat. Sowohl α-Ketoglutarat als auch Pyruvat sind α-Ketosäuren, sodass es nicht weiter überraschen sollte, dass der Mechanismus der Oxidation der gleiche ist, er schließt jeweils mit der Decarboxylierung und der Verknüpfung des oxidierten Produktes an das Coenzym A als Thioester ab. Somit wird ein α-Ketoglutarat zu Succinyl-CoA oxidiert, wobei die Reaktion von dem Enzym α-Ketoglutaratdehydrogenase katalysiert wird.

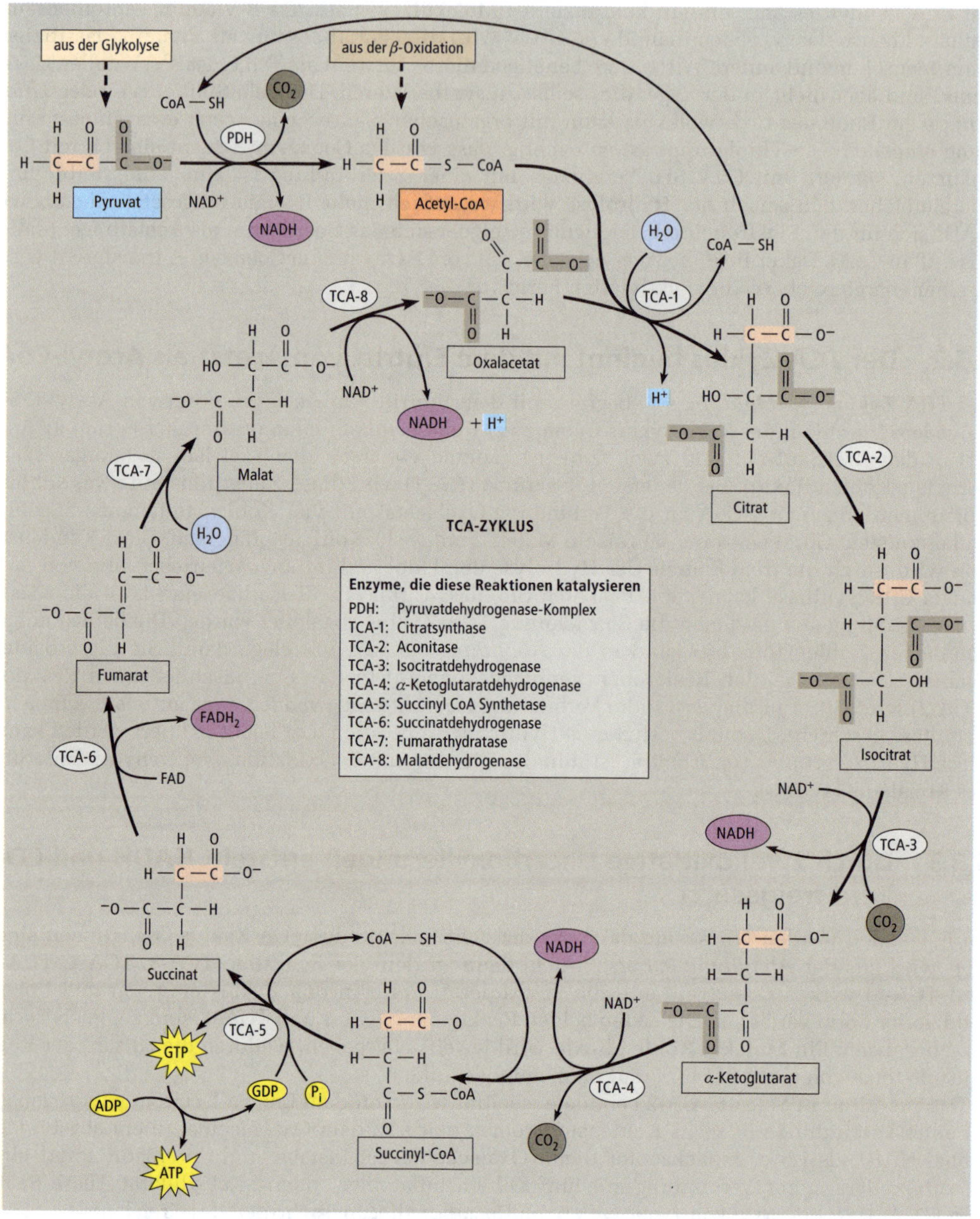

Abbildung 9.5: Der Tricarbonsäurezyklus (TCA-Zyklus). Die beiden Kohlenstoffatome des Pyruvats, die über Acetyl-CoA in den Kreislauf eintreten (sie sind im Citrat und den folgenden Molekülen rosa unterlegt) werden schließlich durch die Symmetrie des Fumaratmoleküls zufällig verteilt. Das Kohlenstoffatom des Pyruvats, das als CO_2 abgegeben wird, ist grau unterlegt ebenso wie die beiden Carboxylgruppen des Oxalacetats, aus denen in den Reaktionen TCA-3 und TCA-4 CO_2 entsteht. Fünf dieser Reaktionen sind Oxidationen, wobei NAD^+ in vier Reaktionen als Elektronenakzeptor auftritt (PDH, TCA-3, TCA-4 und TCA-8) und in einem Fall ist FAD der Elektronenakzeptor (TCA-6). Die reduzierte Form des Coenzyms ist stets violett unterlegt. Beachten Sie, dass nach der Freisetzung von CO_2 während der Reduktion von NAD^+ kein H^+ abgegeben wird, wodurch das Ladungsgleichgewicht dieser Reaktionen aufrechterhalten wird. Die in der Reaktion TCA-5 dargestellte Bildung von GTP ist für tierische Mitochondrien charakteristisch. In bakteriellen Zellen und pflanzlichen Mitochondrien wird ATP direkt gebildet.

9.3.4 Die direkte Bildung von GTP (oder ATP) erfolgt in einem Schritt des TCA-Zyklus

Zu diesem Zeitpunkt ist die Kohlenstoffbilanz des Kreislaufs bereits ausgeglichen: zwei Kohlenstoffatome treten als Acetyl-CoA in den Kreislauf ein und zwei Kohlenstoffatome wurden als Kohlendioxid freigesetzt. (Bitte beachten Sie in *Abbildung 9.5*, dass die beiden Kohlenstoffatome, die in dem Kreislauf freigesetzt werden, *nicht die gleichen beiden* Kohlenstoffatome sind, die in der Reaktion TCA-1 in den Kreislauf eintraten). Wir haben außerdem zwei von vier Oxidationsreaktionen des TCA-Zyklus kennengelernt, bei denen zwei Moleküle NADH gebildet werden. Des Weiteren ist uns Succinyl-CoA als eine aktivierte Verbindung bekannt, die ebenso wie Acetyl-CoA, eine energiereiche Thioesterbindung besitzt.

Die Energie dieser Thioesterbindung wird entweder zur Erzeugung eines Moleküls ATP (bei bakteriellen Zellen und in pflanzlichen Mitochondrien) oder eines Moleküls GTP (in tierischen Mitochondrien) genutzt. GTP und ATP sind energetisch äquivalent, denn ihre terminalen Phosphoanhydridbindungen haben identische freie Energien der Hydrolyse. Somit ist das Nettoergebnis der Hydrolyse von Succinyl-CoA die Entstehung eines Moleküls ATP, sei es direkt oder über GTP, wie in der *Abbildung 9.5* dargestellt.

9.3.5 Die letzten oxidativen Reaktionen des TCA-Zyklus führen zur Bildung von $FADH_2$ und NADH

Von den drei noch verbleibenden Schritten des TCA-Zyklus sind zwei Oxidationsreaktionen. In der Reaktion TCA-6 wird das im vorhergehenden Schritt gebildete Succinat (Bernsteinsäure) zu Fumarat oxidiert. Diese Reaktion ist insofern einzigartig als beide Elektronen von benachbarten Kohlenstoffatomen stammen und eine C=C-Doppelbindung eingehen. Bei anderen Oxidationen, denen wir bisher begegnet sind, werden Elektronen entweder von benachbarten Kohlenstoffatomen oder Sauerstoffatomen abgegeben (TCA-3) oder es werden ein Kohlenstoffatom und ein Schwefelatom einzelner Moleküle (PDH, TCA-4) abgegeben, woraus entweder eine C=O-Doppelbindung oder eine C–S-Bindung hervorgehen. Die Oxidation einer Kohlenstoff-Kohlenstoff-Bindung setzt weniger Energie frei als die Oxidation einer Kohlenstoff-Sauerstoff-Bindung – die Energie genügt nicht, um Elektronen exergonisch zu NAD^+ zu transferieren. Entsprechend ist nicht NAD^+ der Elektronenakzeptor dieser Dehydrogenierung, sondern ein Coenzym mit niedrigerer Energie, **Flavinadenindinucleotid (FAD)**. Ebenso wie NAD^+ und das Coenzym A enthält FAD als Teil seiner Struktur ein B-Vitamin – Riboflavin (▸*Abbildung 9.6*). FAD nimmt zwei Protonen und zwei Elektronen auf, sodass die reduzierte Form folgendermaßen geschrieben wird: $FADH_2$. Schon bald werden Sie sehen, dass der maximale ATP-Ertrag nach der Oxidation des Coenzyms bei ungefähr drei ATP für NADH und bei nur circa zwei ATP für $FADH_2$ liegt.

Im nächsten Schritt des Kreislaufs wird die Doppelbindung von Fumarat hydratisiert, woraus Malat (Äpfelsäure) resultiert (Reaktion TCA-7, wird von dem Enzym Fumarathydratase katalysiert). Da Fumarat ein asymmetrisches Molekül ist, besteht für die Hydroxylgruppe des Wassers eine ebenso große Chance, eines der inneren Kohlenstoffatome aufzunehmen. Daraus folgt, dass die in der *Abbildung 9.5* rosa unterlegten Kohlenstoffatome (damit man die Acetatgruppe gut verfolgen kann, die zuletzt in den Kreislauf eintrat) bei diesem Schritt zufällig verteilt werden und daher ab diesem Reaktionsschritt nicht farbig unterlegt sind. In der Reaktion TCA-8 wird die Hydroxylgruppe des Malats das Ziel der letzten Oxidation des Kreislaufs. Wenn die Elektronen von den benachbarten Kohlenstoff- und Sauerstoffatomen abgegeben werden und eine C=O-Doppelbindung eingehen, dient NAD^+ als Elektronenakzeptor, woraus NADH entsteht, während Malat zu Oxalacetat umgewandelt wird.

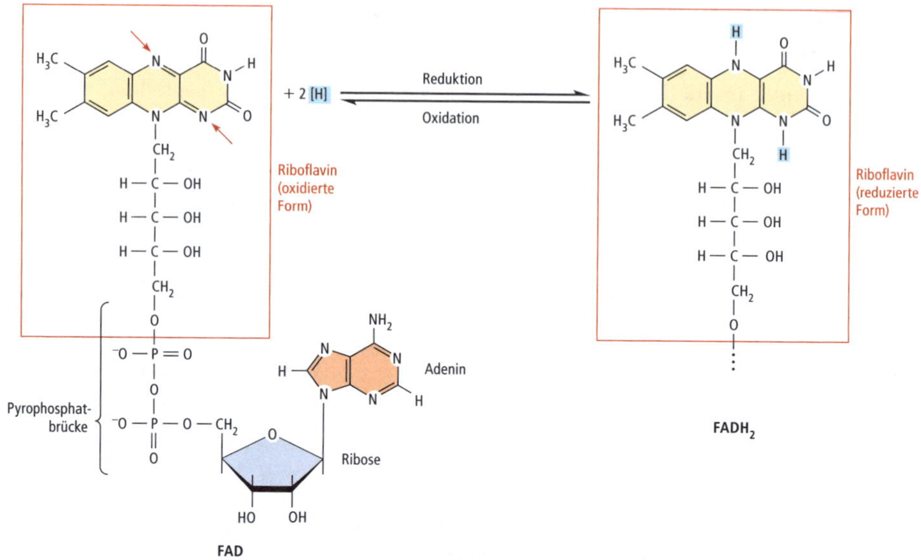

Abbildung 9.6: Struktur von FAD und dessen Oxidation und Reduktion. Der in dem roten Kasten abgebildete Teil des Coenzyms ist Riboflavin, ein B-Vitamin. Die Pfeile zeigen auf die beiden Stickstoffatome des Riboflavins, die jeweils ein Proton und ein Elektron aufnehmen, wenn FAD zu $FADH_2$ reduziert wird. Die Hälfte des Moleküls, zu dem Riboflavin gehört und eine Phosphatgruppe repräsentieren die Struktur von Flavinmononucleotid (FMN), einem engverwandten Coenzym.

9.3.6 Zusammenfassung: Die Produkte des TCA-Zyklus sind CO_2, ATP, NADH und $FADH_2$

Nach der Regeneration von Oxalacetat ist ein Durchgang des Kreislaufs abgeschlossen. Wir können das Ganze zusammenfassen, indem wir die folgenden Merkmale des TCA-Zyklus festhalten:

1. Zwei Kohlenstoffatome treten in den Zyklus als Acetyl-CoA ein, das an das Akzeptormolekül Oxalacetat mit vier Kohlenstoffatomen gebunden wird, woraus Citrat entsteht, eine Verbindung mit sechs Kohlenstoffatomen.

2. An zwei Schritten des Kreislaufs findet eine Decarboxylierung statt, sodass der Input von zwei Kohlenstoffatomen als Acetyl-CoA durch die Abgabe von zwei Kohlenstoffatomen als Kohlendioxid ausgeglichen wird.

3. Die Oxidation findet an vier Schritten statt, wobei NAD^+ dreimal als Elektronenakzeptor und FAD einmal als Elektronenakzeptor dienen.

4. An einer Stelle wird ATP erzeugt; in tierischen Zellen ist GTP ein Zwischenprodukt.

5. Ein Umlauf des Kreislaufs ist nach Regeneration von Oxalacetat, dem ursprünglichen Akzeptor mit vier Kohlenstoffatomen, abgeschlossen.

Indem wir die acht Reaktionen summieren, aus denen sich der in *Abbildung 9.5* dargestellte TCA-Zyklus zusammensetzt, kommen wir zu einer Gesamtreaktion (In dieser und in den folgenden Reaktionen werden die Protonen und Wassermoleküle nur dann dargestellt, wenn sie für eine Veränderung oder für das chemische Gleichgewicht von Bedeutung sind.) Diese Reaktion wird folgendermaßen geschrieben:

$$\text{Acetyl-CoA} + 3\,\text{NAD} + \text{FAD} + \text{ADP} + \text{P}_\text{i} \longrightarrow 2\,\text{CO}_2 + 3\,\text{NADH} + \text{FADH}_2 + \text{CoA–SH} + \text{ATP} \qquad (9\text{-}2)$$

Da der Kreislauf tatsächlich zweimal ablaufen muss, um beide CoA-Moleküle zu metabolisieren, die aus einem einzigen Glucosemolekül hervorgingen, kann man die zusammenfassende Reaktion pro Glucose aus der Darstellung erhalten, indem man die Reaktion 9-2 verdoppelt. Wenn wir zu dieser Reaktion die Gesamtreaktion der Glykolyse zum Pyruvat hinzufügen (Reaktion 8-16) und für die oxidative Decarboxylierung von Pyruvat zu Acetyl-CoA (Reaktion 9-1, gleichfalls mit zwei multipliziert), erhalten wir folgende Gesamtreaktion für die gesamte Reaktionsfolge von der Glucose bis zum TCA-Zyklus:

$$\text{Glucose} + 10\,NAD^+ + 2\,FAD + 4\,ADP + 4\,P_i \longrightarrow 6\,CO_2 + 10\,NADH + 2\,FADH_2 + 4\,ATP \quad (9\text{-}3)$$

Wenn Sie sich diese zusammenfassende Reaktion anschauen, könnten Ihnen zwei Aspekte ganz besonders auffallen: der bislang geringe ATP-Gewinn und die Menge von Coenzymmolekülen, die während der Oxidation von Glucose reduziert werden. Trotz des geringen ATP-Ertrags müssen wir die reduzierten Coenzyme NADH und $FADH_2$ als hoch energetische Verbindungen ansehen. Später werden wir in diesem Kapitel darstellen, dass der Transfer von Elektronen von diesen Coenzymen zum Sauerstoff stark exergonisch abläuft. Somit liefert die Reoxidation der zwölf reduzierten Coenzymmoleküle, die auf der rechten Seite der Reaktion 9-3 stehen, die Energie, die benötigt wird, um die Synthese des größten Teils der 38 ATP-Moleküle anzutreiben, die während der vollständigen Oxidation von Glucose gebildet werden können.

Im Hinblick auf die Freisetzung dieser Energie müssen wir uns mit den noch verbleibenden Schritten der Zellatmung beschäftigen – Elektronentransport und oxidative Phosphorylierung. Vorher schauen wir uns aber noch weitere Merkmale des TCA-Zyklus an: dessen Regulierung, dessen zentrale Position im Energiemetabolismus und dessen Rolle in anderen metabolischen Stoffwechselwegen.

9.3.7 Mehrere TCA-Enzyme unterliegen der allosterischen Regulation

Ebenso wie alle metabolischen Stoffwechselwege muss auch der TCA-Zyklus sorgfältig reguliert werden, um sicherzustellen, dass der Aktivitätsgrad das Bedürfnis der Zelle nach dessen Produkten widerspiegelt. Die wichtigsten regulatorischen Stellen sind in der ▸*Abbildung 9.7* dargestellt. Die Kontrolle erfolgt vor allem durch die **allosterische Regulation** von vier Schlüsselenzymen durch spezifische *Effektormoleküle*, die reversibel an die Schlüsselenzyme binden. Bestimmt erinnern Sie sich noch daran, dass wir in *Kapitel 5* festgestellt haben, dass Effektormoleküle entweder als Inhibitoren oder Aktivatoren wirken können, was wir in der *Abbildung 9.7* als rote Minus- bzw. grüne Pluszeichen gekennzeichnet haben. Außer der allosterischen Regulation wird der Pyruvatdehydrogenasekomplex (PDH) reversibel durch Phosphorylierung inaktiviert und durch Dephosphorylierung von einer Proteinkomponente aktiviert.

Der Regulation des TCA-Zyklus liegt eine zentrale Logik zugrunde. Es werden Acetyl-CoA, NAD^+, FAD und ADP als Substrate verwendet und die Produkte NADH, $FADH_2$, CO_2 und ATP gebildet (siehe Reaktionen 9-3 und 9-4). Drei dieser Produkte – NADH, ATP und Acetyl-CoA – sind wichtige allosterische Effektoren von einem oder von mehreren Enzymen, wie Sie der *Abbildung 9.7* entnehmen können. Außerdem aktivieren NAD^+, ADP und AMP jeweils mindestens eines der regulatorischen Enzyme. Daher ist der Kreislauf höchst empfindlich für den Redox- und Energiestatus der Zelle, der sowohl von dem Verhältnis von $NADH/NAD^+$ und den relativen Konzentrationen von ATP, ADP und AMP bestimmt wird.

Die vier in der *Abbildung 9.7* aufgeführten NADH erzeugenden Dehydrogenasen werden von NADH gehemmt. Daher senkt eine Steigerung der NADH-Konzentration des Mitochondriums die Aktivitäten dieser Dehydrogenasen, was zur Minderung der Aktivität des TCA-Zyklus führt. Des Weiteren wird PDH von ATP gehemmt, das in größerer Menge vorliegt, wenn viel Energie vorhanden ist. Und sowohl PDH als auch Isocitratdehydrogenase werden durch AMP und ADP aktiviert, die in größerer Konzentration vorliegen, wenn Energie benötigt wird.

Die Verfügbarkeit von Acetyl-CoA wird in erster Linie von der Aktivität des PDH-Komplexes bestimmt (siehe Reaktion 9-1), der von NADH, ATP und Acetyl-CoA allosterisch gehemmt und von NAD^+, AMP und freiem CoA (*Abbildung 9.7*) aktiviert wird. Außerdem wird der Enzymkomplex durch Phosphorylierung einer Proteinkomponente inaktiviert, wenn das Verhältnis [ATP]/

[ADP] im Mitochondrium hoch ist und durch Entfernen der Phosphatgruppe aktiviert, wenn das Verhältnis [ATP]/[ADP] niedrig ist. Diese Phosphorylierungs- und Dephosphorylierungsreaktionen werden von der *PDH-Kinase* bzw. von der *PDH-Phosphatase* katalysiert. So ist es keineswegs überraschend, dass ATP als Aktivator der Kinase und als Inhibitor der Phosphatase wirkt.

Dank dieser vielen Kontrollmechanismen ist der Vorgang der Acetyl-CoA-Bildung hoch empfindlich gegenüber den Verhältnissen von [Acetyl-CoA]/[CoA] und [NADH]/[NAD^+] im Mitochondrium und auch gegenüber dem mitochondrialen ATP-Status. Neben diesen regulatorischen Auswirkungen auf die Reaktionen des TCA-Zyklus erfolgt durch die hemmende Wirkung von Citrat und Acetyl-CoA auf die Phosphofructokinase bzw. die Pyruvatkinase eine Rückkopplungskontrolle vom TCA-Zyklus auf die Glykolyse (siehe *Abbildung 8.8* und *Abbildung 9.7*).

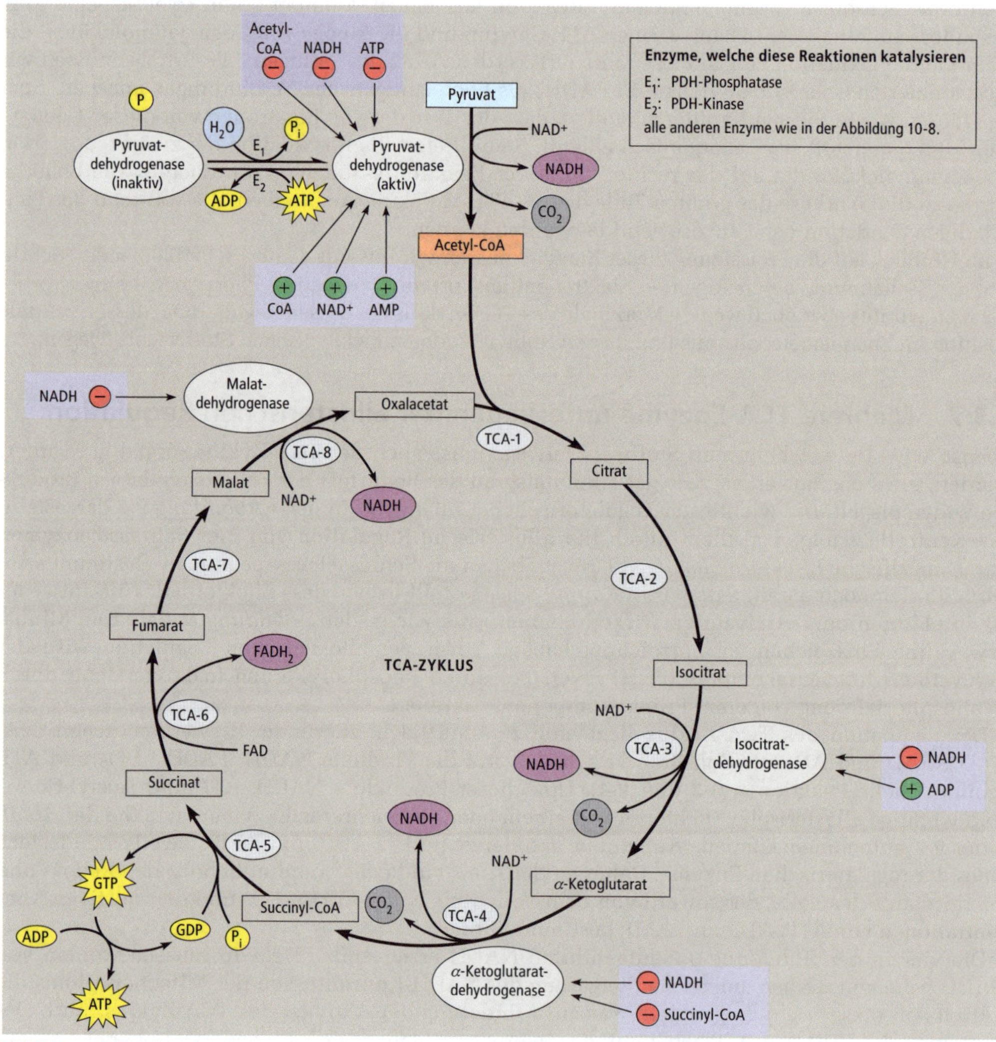

Abbildung 9.7: Die Regulation des TCA-Zyklus. Die Reaktion der Pyruvatdehydrogenase und der TCA-Zyklus sind hier skizziert. Die Bezeichnungen der regulatorischen Enzyme sind voll ausgeschrieben. Die wichtigsten regulatorischen Effekte sind entweder als Aktivierung (+) oder Hemmung (–) gekennzeichnet. Zu den allosterischen Regulatoren gehören CoA, NAD^+, AMP und ADP als Aktivatoren und Acetyl-CoA, NADH, ATP und Succinyl-CoA als Inhibitoren. Abgesehen von dem allosterischen Effekt auf die Aktivität der Pyruvatdehydrogenase aktiviert ATP zudem die PDH-Kinase (E_2), das Enzym, das eine Komponente des PDH-Komplexes phosphoryliert, wodurch er in seine inaktive Form umgewandelt wird. Das Enzym PDH-Phosphatase (E_1) entfernt die Phosphatgruppe, wodurch das Enzym in seine aktive Form konvertiert wird.

9.3.8 Der TCA-Zyklus spielt auch beim Katabolismus der Fette und Proteine eine wichtige Rolle

Von entscheidender Bedeutung ist, dass Sie die zentrale Rolle des TCA-Zyklus in allen aeroben Energiestoffwechselwegen verstehen. Bisher haben wir nur die Glucose als wichtigstes Substrat der zellulären Atmung betrachtet. Neben der Glucose (und anderen Kohlenhydraten) müssen wir auch die Rolle alternativer Energiemoleküle im zellulären Energiemetabolismus und dem TCA-Zyklus berücksichtigen, vor allem die Aufgaben der Fette und Proteine, die ungefähr die Hälfte der empfohlenen menschlichen Nahrungsbestandteile ausmachen, gemäß der neueren Ernährungsrichtlinien (Kohlenhydrate = 50 %, Fette = 30 %, Proteine = 20 %; siehe auch Deutsche Gesellschaft für Ernährung, *www.dge.de*). Der TCA-Zyklus ist nicht nur Stoffwechselweg für den Katabolismus einzelner Zuckermoleküle. Er repräsentiert den zentralen Stoffwechselweg des aeroben Energiemetabolismus eines sehr großen Spektrums von Organismen, das von den Mikroben über die höheren Pflanzen bis zu den Tieren reicht.

Fett als Energiequelle Als wir den Fetten in *Kapitel 2* zum ersten Mal begegneten, machten wir Sie auf deren Rolle bei der Energiespeicherung aufmerksam und stellten fest, dass es sich um stark reduzierte Verbindungen handelt, die nach der Oxidation pro Gramm mehr Energie freisetzen als Kohlenhydrate. Aus diesem Grund sind Fette für viele Organismen wichtig, denn sie ermöglichen ihnen die langfristige Speicherung von Energie. Besonders wichtig sind diese Fettreserven für Tiere, die einen Winterschlaf halten und für Zugvögel. Bei Pflanzensamen sind Fette eine weit verbreitete Energiequelle und eine Methode der Kohlenstoffspeicherung. Fette eignen sich gut für diese Speicherfunktionen, denn sie ermöglichen die kompakte Speicherung einer Höchstmenge von Kalorien.

Der größte Teil des Fettes wird als **Triacylglycerole** (Triglyceride) eingelagert. Dies sind neutrale Ester von *Glycerin* und *langkettigen Fettsäuren*, die Sie bereits kennengelernt haben (siehe *Abbildung 2.23b*). Der Katabolismus von Triglyceriden beginnt mit deren Hydrolyse zu Glycerin und freien Fettsäuren. Das Glycerin wird durch oxidative Umwandlung zu Dihydroxyacetonphosphat in den glykolytischen Stoffwechselweg geleitet. Die Fettsäuren sind an das Coenzym A gebunden und bilden ein Fettsäure-Acyl-CoA, das dann durch **β-Oxidation** abgebaut wird. Bei diesem katabolischen Vorgang wird Acetyl-CoA gebildet und es entstehen die reduzierten Coenzyme NADH und $FADH_2$.

Bei Bakterien findet die β-Oxidation im Cytoplasma statt und bei Eukaryoten sowohl in den Mitochondrien als auch in den Peroxisomen. Bei Pflanzen und anderen Eukaryoten, die für Energieversorgung nicht von Fettsäuren abhängig sind, findet die β-Oxidation im Peroxisom statt und kann als Weg zum Recycling von Membranfettsäuren dienen. In diesem Zusammenhang werden wir uns auf den Vorgang der β-Oxidation konzentrieren, der in den Mitochondrien der Tiere stattfindet, bei dem gesättigte Fettsäuren mit gerader Anzahl von Kohlenstoffatomen als Energiequelle zur Verfügung stehen.

Bei Tieren werden die meisten Fettsäuren aus dem durch die Nahrung aufgenommenen Fett gewonnen, so wie das Pyruvat aus den Kohlenhydraten. Diese Fette werden im Mitochondrium oxidativ in Acetyl-CoA umgewandelt, das dann weiter im TCA-Zyklus katabolisiert werden kann. Die Fettsäuren werden in einer Reihe sich wiederholender Kreisläufe abgebaut, wobei in jedem Kreislauf solange zwei Kohlenstoffatome entfernt werden, bis sie vollständig abgebaut sind. Diesen Vorgang des Fettsäurekatabolismus zu Acetyl-CoA bezeichnet man als β-Oxidation, denn die oxidativen Ereignisse in jedem Kreislauf finden an dem Kohlenstoffatom in der β-Position der Fettsäure statt (das heißt, dem zweiten Kohlenstoffatom der Carboxylsäuregruppe). Jeder Kreislauf besteht aus den gleichen vier Schritten – Oxidation, Hydratation, Reoxidation und Thiolyse (▸ *Abbildung 9.8*) – und führt zur Bildung jeweils eines Moleküls $FADH_2$, NADH und Acetyl-CoA während die Fettsäure in jedem Kreislauf um zwei Kohlenstoffatome verkürzt wird.

Die β-Oxidation der Fettsäure beginnt mit einem Aktivierungsschritt im Cytosol, für den Energie benötigt wird. Durch die Energie der ATP-Hydrolyse wird ein CoA-Molekül an die Fettsäure angeknüpft (Reaktion FA-1 in *Abbildung 9.8*). Es entsteht ein Fettsäure-Acyl-CoA, das von einer spezifischen, in der inneren Membran lokalisierten Translokase in das Mitochondrium transportiert wird. Die nächsten vier enzymatischen Schritte werden solange in Zyklen wiederholt, bis die Fettsäure vollständig abgebaut ist, wobei sie pro Zyklus zwei Kohlenstoffatome als Acetyl-CoA abgibt. Die ersten drei der vier Schritte weisen eine starke Ähnlichkeit mit den Oxidations-, Hydratations-

und Reoxidationsschritten des TCA-Zyklus auf, die zur Umwandlung von Succinat zu Oxalacetat führen (TCA-6, TCA-7 und TCA-8).

Zuerst oxidiert ein integrales Membranprotein, das als Dehydrogenase wirkt, das Fettsäure-Acyl-CoA und es entsteht eine Doppelbindung zwischen dem α- und dem β-Kohlenstoff (FA-2). Die beiden Elektronen und Protonen, die während der Entstehung des ungesättigten Derivats entfernt wurden, werden zu FAD transferiert und bilden $FADH_2$. Im nächsten Schritt wird mittels einer *Hydratase* Wasser an der Position der Doppelbindung hinzugefügt, sodass der α-Kohlenstoff ein H-Atom erhält und der β-Kohlenstoff erhält eine Hydroxlygruppe (FA-3). Dann oxidiert eine weitere Dehydrogenase den β-Kohlenstoff (daher die Bezeichnung β-Oxidation), wodurch die Hydroxlygruppe zu einer Ketogruppe wird (FA-4). Beide durch diese Oxidation entfernten Elektronen und das Proton dienen zur Reduktion von NAD^+ zu NADH. Im vierten Schritt des Kreislaufs wird die Bindung zwischen den α- und β-Kohlenstoffen gespalten und ein Fragment aus zwei Kohlenstoffen wird zum S-Atom eines zweiten CoA-Moleküls transferiert (FA-5). Dann entsteht Acetyl-CoA und ein Fettsäure-Acyl-CoA, das um zwei Kohlenstoffatome kürzer ist als das Fettsäure-Acyl-CoA, das in den Kreislauf aus vier Schritten eingetreten war.

Diese vier Schritte, bei denen das verkürzte Fettsäure-Acyl-CoA als Substrat dient, werden solange wiederholt, bis die Ausgangsfettsäure vollständig abgebaut ist. Die meisten mit den Nahrungsmitteln aufgenommenen Fettsäuren besitzen eine gerade Anzahl von Kohlenstoffatomen und werden vollständig zu Acetyl-CoA abgebaut, obwohl ungesättigte Fettsäuren ein oder zwei weitere Enzyme benötigen. Beim Abbau ungewöhnlicher Fettsäuren mit ungerader Zahl von Kohlenstoffatomen entsteht im letzten Durchlauf Propionyl-CoA, das um ein Kohlenstoffatom länger ist als Acetyl-CoA. Im Laufe eines Stoffwechselweges aus drei Schritten wird ein Kohlenstoffatom vom Bicarbonat an das Propionyl-CoA angefügt, woraus Succinyl-CoA hervorgeht, das dann in den TCA-Zyklus eingeschleust wird.

Zwar bevorzugen die meisten Zellen Glucose als Energiequelle, doch liefern Fette dann die Energie, wenn nicht ausreichend Glucose zur Verfügung steht (beispielsweise während Perioden mit Nahrungsmangel), bei sehr geringer Aufnahme von Kohlenhydraten oder nach außerordentlich starker körperlicher Anstrengung (beispielsweise die Teilnahme an einem Marathonlauf). Beim Menschen kann der übermäßige Abbau von Fett den Vorrat an freiem CoA sehr stark vermindern und einen

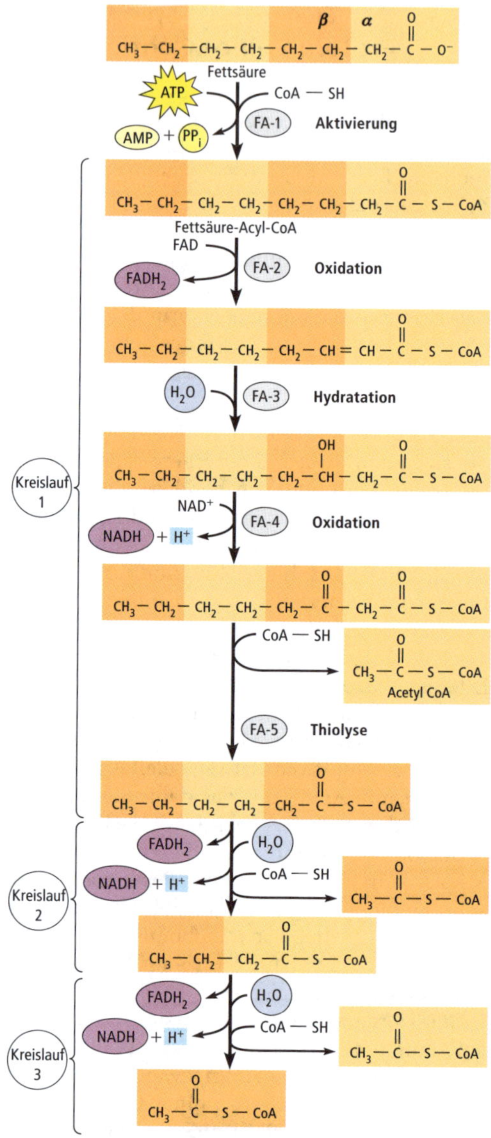

Abbildung 9.8: Der Stoffwechselweg der β-Oxidation. Im Anschluss an einen ATP-abhängigen Aktivierungsschritt, bei dem eine Fettsäure an CoA geknüpft wird, wird das Acyl-CoA-Derivat in das Mitochondrium (oder Peroxisom) transportiert und in einer Reihe sich wiederholender Zyklen aus Oxidation, Hydratation, Reoxidation und Thiolyse abgebaut. Bei jedem Durchgang des Zyklus entstehen in den Oxidationsschritten ein $FADH_2$ und ein NADH und im Thiolyseschritt wird Acetyl-CoA freigesetzt, wodurch insgesamt die Fettsäure um zwei Kohlenstoffatome verkürzt wird. Das obige Beispiel gilt für die Fettsäure Octanoat (Caprylsäure) mit acht Kohlenstoffatomen, für deren Abbau drei Zyklen der β-Oxidation erforderlich sind. (Die Anzahl der Reaktionen und die chemischen Einzelheiten sind nur für den ersten Durchlauf des Kreislaufs angegeben.)

Zustand herbeiführen, den man als *Ketose* bezeichnet. Im Zustand der Ketose können die Fette nicht vollständig zu CO_2 oxidiert werden und es werden die sogenannten Ketonkörper (Aceton, Acetoacetat und β-Hydroxybutyrat) gebildet, die Produkte der Teiloxidation. Diese können in großen Mengen den pH-Wert des Blutes senken, was zu einer *Ketoacidose* führt, einem Zustand, der oft bei unkontrollierter Diabetes zu beobachten ist. Zwar können die Ketonkörper den Herz- und Hirnzellen als Energiequelle dienen, doch ist eine lang anhaltende Ketoacidose infolge von Insulinmangel tödlich, falls die Krankheit unbehandelt bleibt.

Proteine als Quellen für Aminosäuren und Energie Obwohl Proteine Aufgaben von Enzymen, Transportproteinen, Hormonen und Rezeptoren in der Zelle übernehmen, können sie auch katabolisiert werden, um notfalls ATP zu bilden, vor allem während des Fastens oder Hungerns, wenn Kohlenhydrat- und Lipidreserven erschöpft sind. Bei Pflanzen liefert während der Keimung der Samen der Abbau von Proteinen zu freien Aminosäuren Komponenten für die Proteinsynthese. Außerdem findet in allen Zellen ein konstanter Umsatz von Proteinen und proteinhaltigen Strukturen statt und die daraus hervorgehenden Aminosäuren können entweder zur Synthese neuer Proteine genutzt werden oder oxidativ abgebaut werden, um Energie zu gewinnen.

Der Proteinkatabolismus setzt mit der Hydrolyse von Peptidbindungen ein, die Aminosäuren in der Polypeptidkette verbinden. Diesen Vorgang bezeichnet man als **Proteolyse** und die dafür verantwortlichen Proteine sind die *Proteasen*. Die Produkte des proteolytischen Abbaus sind kleine Peptide und freie Aminosäuren. Der weitere Abbau der Peptide wird von Peptidasen katalysiert, die entweder interne Peptidbindungen hydrolysieren *(Endopeptidasen)* oder sie entfernen aufeinanderfolgende Aminosäuren vom Ende des Peptids *(Exopeptidasen)*.

Unabhängig davon, ob freie Aminosäuren als solche aufgenommen werden oder durch Verwertung von Proteinen gewonnen werden, sie können zur Energiegewinnung katabolisiert werden. Im Allgemeinen werden diese alternativen Substrate in so wenigen Schritten wie nur möglich zu Zwischenprodukten des Hauptkatabolismus umgewandelt. Trotz ihrer großen Anzahl und ihrer Vielfalt führen alle Stoffwechselwege des Katabolismus von Aminosäuren schließlich zur Bildung von Pyruvat, Acetyl-CoA oder einigen wenigen Schlüsselzwischenprodukten des TCA-Zyklus, vor allem α-Ketoglutarat, Oxalacetat, Fumarat und Succinyl-CoA. Das Mitochondrium nimmt auch am *Harnstoffzyklus* teil, einem Stoffwechselweg der Leber, bei dem überschüssige Aminogruppen aus abgebauten Aminosäuren zu *Harnstoff* umgewandelt werden, der über die Nieren ausgeschieden wird.

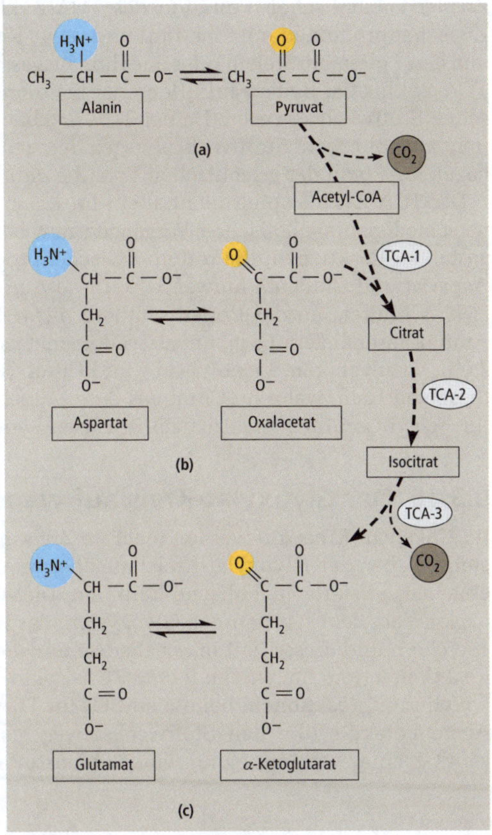

Abbildung 9.9: Umwandlung mehrerer Aminosäuren und ihre entsprechenden Ketosäuren im TCA-Zyklus. Die Aminosäuren (a) Alanin, (b) Aspartat und (c) Glutamat können in die entsprechenden α-Ketosäuren konvertiert werden: Pyruvat, Oxalacetat bzw. α-Ketoglutarat. Jede dieser Ketosäuren ist ein Zwischenprodukt des TCA-Zyklus, von dem hier ein Teil dargestellt ist, um den metabolischen Kontext dieser Reaktionen herzustellen. In jedem Fall ist die Aminogruppe blau und die Ketogruppe gelb unterlegt. Diese Reaktionen sind leicht umkehrbar und laufen entweder beim Katabolismus (Oxidation von Aminosäuren zu CO_2 und H_2O) oder beim Anabolismus (Bildung von Aminosäuren für die Proteinsynthese) ab.

Von den 20 in Proteinen enthaltenen Aminosäuren bilden drei Pyruvat oder unmittelbare Zwischenprodukte des TCA-Zyklus: Alanin, Aspartat und Glutamat können direkt zu Pyruvat, Oxalacetat bzw. α-Ketoglutarat umgewandelt werden (▸*Abbildung 9.9*). Alle anderen Aminosäuren benötigen kompliziertere Stoffwechselwege, aber in letzter Konsequenz sind deren Endprodukte stets Zwischenprodukte des TCA-Zyklus.

9.3.9 Der TCA-Zyklus bildet Vorläufer für anabolische Stoffwechselwege

Zu der katabolischen Funktion des TCA-Zyklus kommt noch eine beachtliche Produktion von Zwischenprodukten mit vier, fünf und sechs Kohlenstoffatomen hinzu, die in den TCA-Zyklus der meisten Zellen einfließen oder aus ihm ausgeschleust werden. Diese Nebenreaktionen können den TCA-Zyklus bei Bedarf auffüllen oder sie dienen zur Synthese anderer Verbindungen in anabolischen Stoffwechselwegen. Da der TCA-Zyklus ein zentraler Knotenpunkt zwischen katabolischen und anabolischen Stoffwechselwegen ist, wird er häufig als **amphibolischer Stoffwechselweg** bezeichnet (von der griechischen Vorsilbe *amphi-*, was „beide“ bedeutet).

Der TCA-Zyklus spielt nicht allein im Katabolismus eine zentrale Rolle, sondern wirkt auch an verschiedenen anabolischen Vorgängen mit, beispielsweise an den drei in der *Abbildung 9.9* dargestellten Reaktionen, die α-Keto-Zwischenprodukte des TCA-Zyklus in die Aminosäuren Alanin, Aspartat und Glutamat umwandeln. Diese Aminosäuren sind Proteinbausteine, wodurch der TCA-Zyklus indirekt an der Proteinsynthese mitwirkt, indem er mehrere für diesen Vorgang benötigte Aminosäuren liefert. Es gibt noch weitere metabolische Vorläufer, die der TCA-Zyklus zur Verfügung stellt; dazu gehören Succinyl-CoA und Citrat. Succinyl-CoA ist der Ausgangspunkt für die Biosynthese von Häm, während Citrat aus dem Mitochondrium transportiert werden kann und als Quelle für Acetyl-CoA dient, das zur schrittweisen Synthese von Fettsäuren im Cytosol benötigt wird.

9.3.10 Der Glyoxylat-Kreislauf wandelt Acetyl-CoA in Kohlenhydrate um

Im *Glyoxylat-Kreislauf* werden mehrere Zwischenprodukte gebildet, die auch im TCA-Zyklus entstehen, aber der Glyoxylat-Kreislauf übernimmt bei einigen keimenden Samen und Pilzsporen eine spezialisierte anabolische Funktion. Dieser Kreislauf läuft in einem besonderen Typ des Peroxisoms ab, dem sogenannten Glyoxysom, das in den meisten Pflanzensamen enthalten ist, die Fett speichern und dieses Fett in Saccharose umwandeln müssen. Der Glyoxylat-Kreislauf hat mehrere Reaktionen (und Enzyme) mit dem TCA-Zyklus gemeinsam, aber ihm fehlen zwei oxidative Decarboxylierungsreaktionen, bei denen CO_2 im TCA-Zyklus freigesetzt wird. Stattdessen werden zwei Acetatmoleküle (die den Stoffwechselweg als Acetyl-CoA betreten) zur Bildung von Succinat genutzt, einer Verbindung mit vier Kohlenstoffatomen (siehe *Abbildung 9.9*).

9.4 Elektronentransport: Elektronenfluss von Coenzymen zum Sauerstoff

Nachdem wir uns mit den ersten drei Schritten der aeroben Atmung beschäftigt haben – Glykolyse, Pyruvatoxidation und TCA-Zyklus – wollen wir auf das zurückblicken, was wir schon geschafft haben. Wie aus der Reaktion 10-3 hervorgeht, ist der chemotrophe Energiemetabolismus mittels des TCA-Zyklus für die Synthese von vier ATP-Molekülen pro Glucose verantwortlich: zwei ATP-Moleküle aus der Glykolyse und zwei ATP-Moleküle aus dem TCA-Zyklus. Die vollständige Oxidation von Glucose zu O_2 könnte 686 kcal/mol liefern, aber es werden weniger als zehn Prozent dieser Menge gewonnen (jeweils nur vier ATP × ungefähr 10 kcal/mol auf der Grundlage des $\Delta G'$-Werts der ATP-Synthese in einer typischen Zelle.) Wo ist die restliche freie Energie geblieben? Und wann kommen wir zu dem wesentlich größeren, für die Zellatmung charakteristischen ATP-Gewinn?

Die Antwort auf diese Frage gibt uns die Reaktion 9-3. Dort steckt die freie Energie, repräsentiert von den reduzierten Coenzymmolekülen NADH und $FADH_2$. Im Folgenden werden wir sehen, dass große Energiemengen freigesetzt werden, wenn diese Enzyme durch Transfer ihrer Elektronen zum molekularen Sauerstoff reoxidiert werden. Tatsächlich werden ungefähr 90 % der potenziellen freien Energie eines Glucosemoleküls in die zwölf Moleküle NADH und $FADH_2$ umgewandelt, die bei der Oxidation eines Moleküls Glucose zu CO_2 entstehen.

9.4.1 Das Elektronentransportsystem überträgt Elektronen von reduzierten Coenzymen zum Sauerstoff

Der Vorgang der Reoxidation von Coenzymen durch den Transfer von Elektronen zum Sauerstoff wird als **Elektronentransport** bezeichnet. Der Elektronentransport ist der vierte Schritt des Atmungsmetabolismus (siehe *Abbildung 9.1*). Den Schritt, der die ATP-Synthese (Schritt ❺) begleitet, werden wir später in diesem Kapitel darstellen. Denken Sie aber daran, dass Elektronentransport und ATP-Synthese keine voneinander getrennten Vorgänge sind. Beides sind integrale Bestandteile der Zellatmung, die funktional durch den elektrochemischen Gradienten verknüpft sind, der durch den Elektronentransport entsteht und zugleich die Energiequelle ist, welche die ATP-Synthese antreibt.

Elektronentransport und Coenzymoxidation Beim Elektronentransport läuft eine stark exergonische Oxidation von NADH und $FADH_2$ mit O_2 als terminalem Elektronenakzeptor ab; sodass wir die zusammenfassende Gleichung folgendermaßen formulieren können:

$$\mathrm{NADH} + \mathrm{H^+} + \frac{1}{2}\,\mathrm{O_2} \longrightarrow \mathrm{NAD^+} + \mathrm{H_2O}$$
$$\Delta G^{\circ\prime} = -52{,}4\ \mathrm{kcal/mol} \qquad (9\text{-}4)$$

$$\mathrm{FADH_2} + \frac{1}{2}\,\mathrm{O_2} \longrightarrow \mathrm{FAD} + \mathrm{H_2O}$$
$$\Delta G^{\circ\prime} = -45{,}9\ \mathrm{kcal/mol} \qquad (9\text{-}5)$$

Der Elektronentransport bewirkt nicht nur die Reoxidation von Coenzymen und den Abbau von Sauerstoff, sondern führt auch zur Bildung von Wasser, der reduzierten Form des Sauerstoffs, und zusammen mit CO_2 zu einem der beiden Endprodukte des aeroben Energiemetabolismus.

Das Elektronentransportsystem Der wichtigste Aspekt der Reaktionen 9-4 und 9-5 ist die große Menge freier Energie, die nach der Oxidation von NADH und $FADH_2$ durch den Transfer von Elektronen zum Sauerstoff freigesetzt wird. Die stark negativen Werte von $\Delta G^{\circ\prime}$ dieser Reaktionen machen uns deutlich, dass die Oxidation eines Coenzyms ein außerordentlich exergonischer Vorgang ist, der ausreicht, um mehrere Moleküle ATP zu synthetisieren. Der Elektronentransfer wird über einen mehrstufigen Vorgang abgewickelt, an dem eine geordnete Abfolge reversibel oxidierbarer Elektronenüberträger mitwirkt, deren Zusammenspiel man als **Elektronentransportsystem (ETS)** bezeichnet. Das ETS enthält eine Reihe integraler Membranproteine, die in der inneren mitochondrialen Membran der Eukaryoten (oder der Plasmamembran der Bakterien) lokalisiert sind.

Wir fokussieren unsere Darstellung des Elektronentransportsystems auf drei Fragen: (1) Welches sind die wichtigsten Elektronenüberträger des ETS? (2) In welcher Reihenfolge treten die Überträger in diesem System auf? (3) Wie sind diese Überträger in der Membran angeordnet, um sicherzustellen, dass der Elektronenfluss von reduzierten Coenzymen zum Sauerstoff an das Pumpen von Protonen durch die Membran gekoppelt ist, wodurch der elektrochemische Protonengradient aufgebaut wird, von dem die ATP-Synthese abhängt?

9.4.2 Das Elektronentransportsystem besteht aus fünf Arten von Überträgern

Die Überträger, aus denen sich das ETS zusammensetzt, sind *Flavoproteine*, *Eisen-Schwefel-Proteine*, *Cytochrome*, *kupferhaltige Cytochrome* und ein *Chinon*, das man als *Coenzym Q* bezeichnet. Die Flavoproteine und das Coenzym Q transportieren Protonen und Elektronen. Mit Ausnahme von Coenzym Q sind alle Überträger Proteine mit spezifischen prosthetischen Gruppen, die reversibel oxidiert und reduziert werden können. Fast alle Ereignisse des Elektronentransports laufen in den Membranen ab, sodass es nicht verwundert, dass die meisten dieser Überträger hydrophobe Moleküle sind. Tatsächlich kommt der größte Teil der Zwischenprodukte in der Membran als Teile großer Proteingruppierungen vor, der sogenannten respiratorischen Komplexe. Zuerst werden wir uns kurz die Chemie dieser Elektronenüberträger anschauen und sehen, wie sie in Atmungskomplexen organisiert und als Abfolge von Überträgern angeordnet sind, die Elektronen von reduzierten Coenzymen zum Sauerstoff übertragen.

Flavoproteine Mehrere membranständige **Flavoproteine** wirken am Elektronentransport mit, die entweder *Flavinadenindinucleotid (FAD)* oder *Flavinadeninmononucleotid (FMN)* als prosthetische Gruppe nutzen. Im Grunde ist FMN die Hälfte des in der *Abbildung 9.6* dargestellten FAD-Moleküls, die Flavin enthält. Als Beispiel eines Flavoproteins führen wir die *NADH-Dehydrogenase* an, die zu dem Proteinkomplex gehört, der Elektronenpaare von NADH aufnimmt. Ein weiteres uns bereits aus dem TCA-Zyklus bekanntes Beispiel ist das Enzym Succinatdehydrogenase, bei dem FAD die prosthetische Gruppe bildet und der Teil des membranständigen Atmungskomplexes ist, der über FAD Elektronenpaare von Succinat aufnimmt. Ein wichtiges Merkmal der Flavoproteine (und des Coenzyms NADH) ist, dass sie sowohl Elektronen als auch Protonen übertragen, denn sie werden reversibel oxidiert und reduziert.

Eisen-Schwefel-Proteine **Eisen-Schwefel-Proteine**, die auch als *Nicht-Häm-Eisen-Proteine* bezeichnet werden, bilden eine Familie von Proteinen, die jeweils ein *Eisen-Schwefel-Zentrum (Fe-S-Zentrum)* besitzen, das aus Eisen- und Schwefelatomen besteht, die mit den Cysteingruppen dieses Proteins einen Komplex bilden. Es sind mindestens zwölf verschiedene Fe-S-Zentren am mitochondrialen Transportsystem beteiligt. Die Eisenatome dieser Zentren sind die eigentlichen Elektronenüberträger. Jedes Eisenatom wechselt während des Elektronentransports zwischen den oxidierten (Fe^{3+}) und den reduzierten (Fe^{2+}) Zuständen, wobei in diesem Fall nur jeweils ein Elektron und keine Protonen übertragen werden.

Cytochrome Ebenso wie die Eisen-Schwefel-Proteine enthalten auch die **Cytochrome** Eisen, aber als Teil einer prosthetischen Gruppe eines Porphyrins, dem sogenannten Häm, das Sie wahrscheinlich als Komponente des Hämoglobins kennen. Es gibt mindestens fünf verschiedene Arten von Cytochromen, die am Elektronentransportsystem mitwirken. Man bezeichnet sie als Cytochrome b, c, c_1, a und a_3. Das Eisenatom des Häms der prosthetischen Gruppe dient den Cytochromen ebenso wie das Eisen-Schwefel-Zentrum als Elektronenüberträger. Somit sind auch die Cytochrome Überträger eines Elektrons, die keine Protonen transferieren. Während die Cytochrome b, c_1, a und a_3 integrale Membranproteine sind, ist Cytochrom c ein peripheres Membranprotein, das locker mit der äußeren Membranoberfläche assoziiert ist. Außerdem ist Cytochrom c nicht Teil eines großen Komplexes und kann daher schneller diffundieren, eine sehr wichtige Eigenschaft, die es für seine Aufgabe bei der Übertragung von Elektronen zwischen Proteinkomplexen benötigt.

Kupferhaltige Cytochrome Außer Eisenatomen enthalten die Cytochrome a und a_3 auch ein einziges, an die Hämgruppe des Cytochroms gebundenes Kupferatom, wo es mit einem Eisenatom assoziiert und ein **bimetallisches Eisen-Kupfer-Zentrum (Fe-Cu-Zentrum)** bildet. Ebenso wie die Eisenatome können auch die Kupferionen reversibel von der oxidierten (Cu^{2+}) in die reduzierte (Cu^{+}) Form umgewandelt werden, indem einzelne Elektronen aufgenommen oder abgegeben werden. Das Eisen-Kupfer-Zentrum spielt eine entscheidende Rolle, denn es sorgt dafür, dass ein O_2-Molekül solange an den Cytochromoxidasekomplex gebunden bleibt, bis das O_2-Molekül die erforderlichen vier Elektronen und vier Protonen aufgenommen hat, woraufhin die Sauerstoffatome als zwei Moleküle Wasser freigesetzt werden. (Eine Anmerkung in puncto Ernährung: wenn Sie sich jemals die Frage stellen sollten, warum Sie die Elemente Eisen und Kupfer mit Ihrer Nahrung aufnehmen müssen, dann sind deren Aufgaben im Elektronentransport ein überaus wichtiger Grund.)

Das Coenzym Q Die einzige Nichtproteinkomponente des ETS ist das **Coenzym Q (CoQ)**, ein Chinon sehen. Weil dieses Enzym überall in der belebten Natur zu finden ist, wird das Coenzym Q auch *Ubichinon* genannt (die Vorsilbe „ubi“ bedeutet „überall“ oder „universell“). Bei der reversiblen Reduktion des CoQ werden in zwei aufeinanderfolgenden Schritten, in denen jeweils ein Elektron und ein Proton von der Chinon-Form (CoQ) über die *Semichinon*-Form (CoQH) auf die *Dihydrochinon*-Form ($CoQH_2$) übertragen. Im Gegensatz zu den meisten ETS ist das Coenzym Q in der nicht-polaren inneren mitochondrialen Membran (oder der Plasmamembran bei den Bakterien) frei beweglich. CoQ-Moleküle sind die am weitesten verbreiteten Elektronenträger in der Membran und nehmen eine zentrale Position im ETS ein, wobei sie als Sammelstelle für Elektronen reduzierter prosthetischer Gruppen der FMN- und FAD-verknüpften Dehydrogenasen in der Membran dienen. Obwohl der größte Teil des CoQ beweglich ist, legen neueste Forschungsergebnisse die Vermutung nahe, dass ein Teil fest an spezifische Atmungskomplexe gebunden ist und am Mechanismus des Protonenpumpens mitwirken könnte.

Beachten Sie, dass das Coenzym Q bei der Reduktion sowohl Elektronen als auch Protonen aufnimmt und dass es bei der Oxidation Elektronen und Protonen abgibt. Diese Eigenschaft ist für die Rolle des Coenzyms Q beim aktiven Transport oder dem Pumpen von Protonen durch die innere mitochondriale Membran von entscheidender Bedeutung. Wenn CoQ zu $CoQH_2$ reduziert wird, akzeptiert es immer Protonen von einer Seite der Membran und diffundiert durch die Membran zur äußeren Oberfläche, wo es zu CoQ oxidiert wird, wobei die Protonen auf der anderen Membranseite abgegeben werden. Durch diese Bewegung entsteht eine mit dem Elektronentransport gekoppelte Protonenpumpe, von der man annimmt, dass es sich um einen der Mechanismen handelt, wodurch Mitochondrien, Chloroplasten und Bakterien elektrochemische Protonengradienten aufbauen und aufrechterhalten, die zur Speicherung der Energie des Elektronentransport genutzt werden.

9.4.3 Die Elektronenüberträger arbeiten in einer Sequenz, die durch ihre Reduktionspotenziale bestimmt wird

Nun sind wir mit den fünf Arten der Elektronenüberträger des ETS vertraut. Unsere nächste Frage betrifft die Sequenz, in der diese Überträger arbeiten. Zur Beantwortung dieser Frage müssen wir den Begriff des **Standardreduktionspotenzials** verstehen, E_0', einer Maßeinheit in Volt (V) für die Affinität, die ein Molekül für Elektronen hat. Das Standardreduktionspotenzial beschreibt, wie leicht ein Molekül Elektronen aufnimmt und reduziert wird. Standardreduktionspotenziale werden experimentell für ein **Redoxpaar (Reduktions-Oxidations-Paar)** festgelegt, das aus zwei Molekülen oder Ionen besteht, die durch Abgabe oder Aufnahme von Elektronen ineinander umgewandelt werden können. Beispielsweise bilden NAD^+ und NADH ein Redoxpaar, ebenso wie Fe^{3+} und Fe^{2+} oder $\frac{1}{2}\,O_2$ und H_2O, wie in den Reaktionen 9-6 bis 9-8 dargestellt:

$$NAD^+ + H^+ + 2\,e^- \longrightarrow NADH \qquad (9\text{-}6)$$

$$Fe^{3+} + e^- \longrightarrow Fe^{2+} \qquad (9\text{-}7)$$

$$\frac{1}{2}\,O_2 + 2\,H^+ + 2\,e^- \longrightarrow H_2O \qquad (9\text{-}8)$$

Relative Werte von E_0' geben uns die Möglichkeit, Redoxpaare zu vergleichen und die Richtung vorherzusagen, in der Elektronen fließen werden, wenn in einem System mehrere Redoxpaare vorkommen, was eindeutig auf das Elektronentransportsystem zutrifft.

Wie oben beschrieben, ist das Redoxpotenzial ein Maß für die Affinität der oxidierten Form eines Redoxpaares für Elektronen. Wenn ein Redoxpaar einen positiven E_0'-Wert hat, so bedeutet dies, dass die oxidierte Form eine hohe Affinität für Elektronen besitzt und daher ein guter *Elektronenakzeptor* ist. So ist beispielsweise der E_0'-Wert für O_2/H_2O stark positiv, was für die Qualität von O_2 als Elektronenakzeptor spricht. Andererseits hat das Paar NAD^+/NADH einen stark negativen E_0'-Wert, was bedeutet, dass NAD^+ ein schlechter Elektronenakzeptor ist. Einen negativen Elektronenakzeptor kann man als Maß dafür heranziehen, wie gut die reduzierte Form eines Redoxpaares als *Elektronendonor* taugt. Somit bedeutet der stark negative E_0'-Wert für das NADH-Paar, dass NADH ein guter Elektronendonor ist.

9.4.4 Die meisten Elektronenüberträger gehören vier großen Atmungskomplexen an

Obwohl viele Elektronenüberträger am ETS mitwirken, sind die meisten von ihnen nicht als getrennte Einheiten in der Membran präsent. Stattdessen erbrachten Experimente im Hinblick auf das Verhalten dieser Elektronenüberträger aus mitochondrialen Präparaten, dass sie in *Multiproteinkomplexen* organisiert sind. Extrahiert man beispielsweise mitochondriale Membranen unter schonenden Bedingungen, so kann nur Cytochrom *c* leicht entfernt werden. Die anderen Elektronenüberträger bleiben in der inneren Membran gebunden und werden erst dann freigesetzt, wenn die Membran mit Detergenzien oder konzentrierten Salzlösungen behandelt wird. Durch diese Behandlungsmethoden kann man die verbleibenden Elektronenüberträger nicht als einzelne Moleküle sondern als vier große Komplexe aus der Membran extrahieren.

Auf der Grundlage dieser und ähnlicher Ergebnisse kommt man zu dem Schluss, dass die meisten Elektronenüberträger im ETS wahrscheinlich in der inneren mitochondrialen Membran in vier verschiedenen Arten von **Atmungskomplexen** angeordnet sind.

Eigenschaften der Atmungskomplexe Jeder Atmungskomplex besteht aus einem charakteristischen Komplex von Polypeptiden und prosthetischen Gruppen und jeder Komplex übernimmt eine einzigartige Rolle im Elektronentransportvorgang.

Komplex I transferiert Elektronen von NADH zu Coenzym Q und wird als *NADH-Coenzym-Q-Oxidoreduktasekomplex* (oder *NADH-Dehydrogenasekomplex*) bezeichnet. **Komplex II** transferiert Elektronen vom Succinat in der Reaktion TCA-6 zu CoQ. Dieser Komplex trägt die Bezeichnung *Succinat-Coenzym-Q-Oxidoreduktasekomplex*, obwohl man auch häufig die gebräuchlichere Bezeichnung *Succinatdehydrogenase* hört. Der **Komplex III** wird als *Coenzym-Q-Cytochrom-c-Oxidoreduktasekomplex* bezeichnet, weil hier Elektronen von Coenzym Q aufgenommen und an das Cytochrom *c* weitergegeben werden. Diesen Komplex bezeichnet man auch als *Cytochrom-b/*c_1*-Komplex*, denn diese beiden Cytochrome sind dessen wichtigste Komponenten. Der **Komplex IV** transferiert Elektronen von Cytochrom *c* zum Sauerstoff und wird als *Cytochrom-c-Oxidase* bezeichnet.

In der ▸*Abbildung 9.10* werden die drei Komplexe der NADH-Oxidation (Komplexe I, III und IV) in ihrer richtigen eukaryotischen Umgebung dargestellt, der inneren mitochondrialen Membran. (Komplex II wurde nicht in die Abbildung aufgenommen, da er nicht an der NADH-Oxidation mitwirkt.) Außerdem ist in der Abbildung das Auswärtspumpen von Protonen durch die Membran dargestellt, das zusammen mit dem Elektronentransport in der Membran abläuft. Jeder dieser Komplexe repräsentiert einen Bereich, in dem Protonen nach außen gepumpt werden. *Für jedes Elektronenpaar, das durch die Komplexe I, III und IV transportiert wird, werden zehn Protonen von der Matrix in den Intermembranraum gepumpt.*

Einige Wissenschaftler haben festgestellt, dass unter bestimmten Bedingungen noch weitere Protonen aus der Matrix gepumpt werden können, wofür aber keine weiteren Elektronen transportiert werden müssen. Dies kann durch die Wirkung eines mitochondrialen **Q-Kreislaufs** erklärt werden, der erstmalig im Jahr 1975 von Peter Mitchell vorgestellt wurde. In diesem Modell wird für jedes Elektron, das von $CoQH_2$ zum Fe-S-Protein von Komplex III transportiert wird, ein Elektron von $CoQH_2$ im Q-Kreislauf genutzt, um über Cytochrom *b* ein zweites Molekül CoQ zu reduzieren. Wenn CoQ zu $CoQH_2$ reduziert wird, werden zwei weitere Protonen (in der *Abbildung 9.10* in Klammern) von der Matrix aufgenommen und dann in den Intermembranraum freisetzt, wenn $CoQH_2$ reoxidiert wird.

Die Rolle der Cytochrom-*c*-Oxidase Unter den an der aeroben Atmung des Menschen beteiligten Atmungskomplexen ist der Cytochrom-*c*-Oxidase-Komplex (Komplex IV) die **terminale Oxidase**, bei der Elektronen direkt zum Sauerstoff übertragen werden. Daher ist dieser Komplex die entscheidende Verbindung zwischen der aeroben Atmung und dem Sauerstoff, der alles erst möglich macht. Cyanid- und Azidionen sind für fast alle aeroben Zellen stark toxisch, denn sie binden fest an das Fe-Cu-Zentrum von Cytochrom-*c*-Oxidase, wodurch der Elektronentransport blockiert wird. Der Transport von vier Elektronen vom Cytochrom *c* zum O_2 plus das Anfügen von vier Protonen führt zur Bildung von zwei Molekülen H_2O. Man weiß allerdings aus Untersuchungen, dass die Komplexe I und III auch Elektronen direkt zum O_2 übertragen können, was zu einer unvollständigen Reduktion führt. Dabei können das toxische *Superoxidanion* (O_2^-) oder *Wasserstoffperoxid* (H_2O_2) entstehen – Verbindungen, die unter normalen und pathologischen Bedingungen zur Zellalterung beitragen.

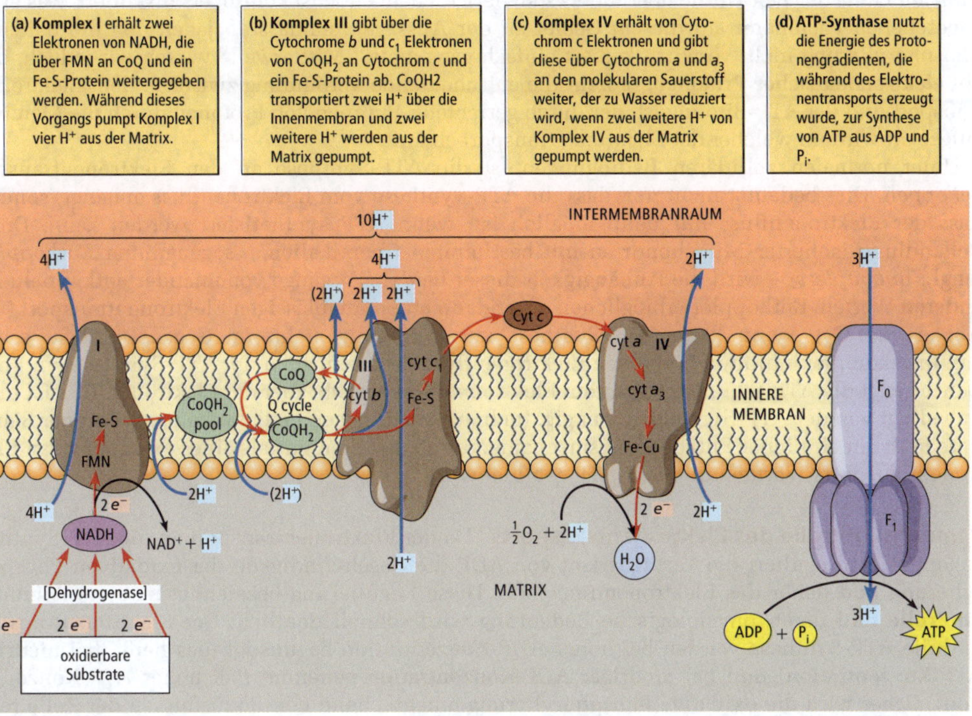

Abbildung 9.10: Der Elektronenfluss durch die Atmungskomplexe I, III und IV verursacht gerichtetes Protonenpumpen. (a–c) Elektronen von oxidierbaren Substanzen in der mitochondrialen Matrix fließen exergonisch über die Atmungskomplexe I, III und IV vom NADH zum Sauerstoff. (d) Während des Transports von zwei Elektronen werden 10 H^+ durch die innere Membran gepumpt und drei ATP werden von der F_oF_1-ATP-Synthase synthetisiert. Zwei weitere H^+ (in Klammern) werden während des Q-Kreislaufs gepumpt.

9.5 Der elektrochemische Protonengradient: Schlüssel der Energiekopplung

Bisher haben Sie gelernt, dass Coenzyme während der oxidativen Ereignisse der Glykolyse, der Pyruvatoxidation und des TCA-Zyklus reduziert werden, den ersten drei Schritten der aeroben Atmung (siehe *Abbildung 9.1*). Sie haben außerdem gelernt, dass reduzierte Coenzyme durch den exergonischen Transfer von Elektronen zum Sauerstoff über ein System reversibel oxidierbarer Zwischenprodukte, die in der inneren mitochondrialen Membran lokalisiert sind, reoxidiert werden (Schritt ❹). Jetzt werden wir uns damit beschäftigen, wie die freie Energie, die während des Elektronentransports freigesetzt wird, zur Bildung eines elektrochemischen Protonengradienten genutzt wird und wie die Energie des Gradienten dann in Schritt ❺ zum Antrieb der ATP-Synthese aufgewendet wird.

Da bei diesem Verfahren zur ATP-Synthese Phosphorylierungsereignisse eine Rolle spielen, die an den sauerstoffabhängigen Elektronentransport gebunden sind, wird dieser Vorgang als **oxidative Phosphorylierung** bezeichnet, wodurch er von der Substratkettenphosphorylierung unterschieden wird, die als integraler Bestandteil einer spezifischen Reaktion des metabolischen Stoffwechselweges abläuft. (Reaktionen Gly-7 und Gly-10 der Glykolyse und Reaktion TCA-5 des TCA-Zyklus sind Beispiele für die Substratkettenphosphorylierung; siehe *Abbildung 8.5* und *Abbildung 9.5*).

9.5.1 Elektronentransport und ATP-Synthese sind gekoppelte Reaktionen

Vom Ablauf her ist die oxidative Phosphorylierung komplexer als die Substratkettenphosphorylierung. Im Laufe der Zeit wurde über dieses schwierige Thema höchst kontrovers diskutiert, was einen angesehenen Fachmann auf diesem Gebiet zu der Aussage veranlasste, „jeder, den die oxidative Phosphorylierung nicht verwirrt, kapiert einfach gar nichts.“ Mittlerweile wissen wir jedoch, dass ein **elektrochemischer Protonengradient** die entscheidende Verbindung zwischen dem Elektronentransport und der ATP-Bildung ist, der durch gerichtetes Pumpen von Protonen durch die Membran aufgebaut wird, in welcher der Elektronentransport abläuft.

Unter normalen zellulären Bedingungen ist die ATP-Synthese an den Elektronentransport *gekoppelt*. Dies bedeutet nicht nur, dass die ATP-Synthese vom Elektronenfluss abhängt, sondern dass der Elektronenfluss nur dann möglich ist, wenn ATP synthetisiert werden kann. Durch Behandlung isolierter Mitochondrien mit bestimmten Chemikalien – sogenannten *Entkopplern* (engl.: *uncouplers*) – wird die Anhängigkeit dieser beiden Vorgänge voneinander entkoppelt. Mit anderen Worten, Entkoppler ermöglichen sogar dann einen unablässigen Elektronentransport (und Abbau von O_2), wenn keine ATP-Synthese zur Verfügung steht. Im Gegensatz dazu setzen Atmungskomplexinhibitoren, die den Elektronenfluss beenden, auch der ATP-Synthese ein Ende. Daher hängt die ATP-Synthese stark vom Elektronentransport ab, aber der Elektronenfluss ist nicht unbedingt von der ATP-Synthese abhängig. Im braunen adipösen Fettgewebe neugeborener Säugetiere läuft ein ähnlicher Entkopplungsmechanismus ab, bei dem mittels eines exergonischen Elektronentransports Wärme und nicht ATP gebildet wird.

Atmungskontrolle des Elektronentransports Da der Elektronentransport an die ATP-Synthese gekoppelt ist, reguliert die Verfügbarkeit von ADP die Geschwindigkeit der oxidativen Phosphorylierung und daher des Elektronentransports. Diese Regulierung bezeichnet man als **Atmungskontrolle** und deren physiologische Bedeutung wird schnell deutlich: Der Elektronentransport und die ATP-Synthese werden bei hoher ADP-Konzentration begünstigt (das heißt, bei niedriger ATP-Konzentration) und bei niedriger ADP-Konzentration gehemmt (bei hoher ATP-Konzentration). Daher wird die oxidative Phosphorylierung entsprechend den Bedürfnissen der Zelle reguliert, sodass der Elektronenfluss von organischen Energieträgern zum Sauerstoff den Energiebedürfnissen der Zelle angepasst ist. Dieser regulatorische Mechanismus wird deutlich, wenn man sich körperlich anstrengt, denn die Anhäufung von ADP im Muskelgewebe bewirkt einen schnelleren Elektronenfluss, worauf ein dramatischer Anstieg des Sauerstoffbedarfs folgt.

Das chemiosmotische Modell: Das „fehlende Verbindungsstück“ ist ein Protonengradient Wie kann die ATP-Synthese, eine Dehydrierungsreaktion, eng an den Elektronentransport gekoppelt sein, der durch sequenzielle Oxidation und Reduktion verschiedener Proteinkomplexe in einer Lipiddoppelschicht abläuft? Über diese Frage haben sich die Wissenschaftler mehrere Jahrzehnte lang die Köpfe zerbrochen. Die meisten waren der Ansicht, dass irgendwelche noch nicht entdeckten Zwischenprodukte an der oxidativen Phosphorylierung mitwirken müssten, ebenso wie bei der Substratkettenphosphorylierung (Rufen Sie sich die Schritte der ATP-Gewinnung in den Reaktionen Gly-7 und Gly-10 aus der *Abbildung 8.5* und die Reaktion TCA-5 in *Abbildung 9.5* ins Gedächtnis.)

Während andere sich auf die fieberhafte Suche nach hochenergetischen Zwischenprodukten machten, präsentierte der britische Biochemiker Peter Mitchell den revolutionären Vorschlag, dass diese Zwischenprodukte vielleicht gar nicht existierten. 1961 schlug Mitchell eine andere Erklärung vor, das **chemiosmotische Kopplungsmodell**. Gemäß diesem Modell wird der exergonische Transfer von Elektronen durch die Atmungskomplexe von dem in eine Richtung stattfindenden Protonenpumpen durch die Membran begleitet, in der sich das Transportsystem befindet. Der auf diese Weise gebildete elektrochemische Protonengradient stellt die potenzielle Energie dar, welche die Antriebskraft für die ATP-Synthese liefert. Mit anderen Worten, das „fehlende Verbindungsstück“ zwischen Elektronentransport und ATP-Synthese war kein hochenergetisches chemisches Zwischenprodukt, sondern ein elektrochemischer Protonengradient. In der *Abbildung 9.10* wird dieser Mechanismus dargestellt, wobei sowohl das Auswärtspumpen der Protonen dargestellt wird, das mit dem Elektronentransport durch die Komplexe I, III und IV einhergeht als auch die von Protonen angetriebene Synthese von ATP durch den F_0F_1-Komplex.

Sie vermuten schon ganz richtig, Mitchells Theorie stieß auf viel Skepsis und Widerstand. Diese Theorie war nicht nur ein radikaler Bruch mit der gängigen Meinung über die Kopplung, sondern Mitchell legte nicht einmal experimentell erbrachte Daten vor. Im Laufe der Jahre wurden jedoch viele Daten gesammelt, die Mitchells Modell untermauerten und 1978 erhielt Mitchell für seine Pionierarbeit den Nobelpreis. Heutzutage ist das chemiosmotische Modell ein gut überprüftes Konzept, das den Rahmen unseres Verständnisses für Energieumwandlungen bietet und zwar nicht nur in mitochondrialen Membranen, sondern auch in den Membranen der Chloroplasten und der Bakterien.

Die grundlegende Aussage des chemiosmotischen Modells besteht darin, dass *die Verbindung zwischen Elektronentransport und ATP-Bildung ein elektrochemisches Potenzial über einer Membran ist.* Tatsächlich verdankt das Modell seinen Namen diesem Merkmal: Der „chemi"-Teil des Begriffs bezieht sich auf die chemischen Vorgänge der Oxidation und des Elektronentransfers und der „osmotische"-Teil stammt vom griechischen Wort „osmos", das „stoßen" bedeutet – in diesem Fall werden Protonen durch die Membran gestoßen. Das chemiosmotische Modell hat sich als besonders hilfreich erwiesen, was nicht nur daran liegt, dass es eine sehr plausible Erklärung für die gekoppelte ATP-Gewinnung liefert, sondern auch an seinem gewaltigen Einfluss auf unsere heutige Sichtweise der Energiespeicherung in biologischen Systemen.

9.5.2 Die Oxidation von Coenzymen pumpt genügend Protonen zur Bildung von drei ATP pro NADH und zwei ATP pro $FADH_2$

Bevor wir uns mit dem experimentellen Beweis beschäftigen, der das chemiosmotische Modell bestätigte, beachten Sie bitte, dass in der *Abbildung 9.10* Schätzwerte für die Anzahl der Protonen angegeben werden, die von den drei an der NADH-Oxidation beteiligten Atmungskomplexen nach außen gepumpt werden und für die Anzahl der Protonen, die zum Antrieb der ATP-Synthese durch den F_0F_1-Komplex benötigt wird. In diesem Zusammenhang ist das Wort „Schätzwert" wichtig, denn Wissenschaftler sind sich noch nicht über alle Zahlen einig. Diese Uneinigkeit geht zum Teil auf ein Strukturmerkmal zurück, das in den verschiedenen ATP-Synthasekomplexen voneinander abweicht. Im Folgenden werden wir sehen, dass die Anzahl von Protonen, die zur Bildung von drei ATP benötigt werden, direkt mit der Anzahl von *c*-Untereinheiten in dem F_0-Teil der F_0F_1-ATP-Synthase in Zusammenhang steht und diese Anzahl kann sich bei den Organismen unterscheiden.

Sie haben schon erfahren, dass die meisten Dehydrogenasen in der mitochondrialen Matrix Elektronen von oxidierbaren Substraten auf NAD^+ übertragen, wodurch NADH entsteht. NADH überträgt wiederum Elektronen zur FMN-Komponente des Komplexes I, wodurch das Elektronentransportsystem beladen wird. In der *Abbildung 9.10* wird der Transfer von zwei Elektronen von NADH abwärts der Atmungskette zum Sauerstoff dargestellt, der mit dem Pumpen von vier Protonen durch Komplex I, vier Protonen durch CoQ plus Komplex III und zwei Protonen durch Komplex IV durch die Membran einhergeht. Das ergibt insgesamt zehn Protonen pro NADH (zwölf Protonen pro NADH, wenn der Q-Kreislauf stattfindet).

Man geht davon aus, dass zum Antrieb der Synthese eines Moleküls ATP durch die F_0F_1-ATP-Synthase die erforderliche Protonenanzahl bei drei oder vier liegt, wobei drei als wahrscheinlicher gelten. Gehen wir davon aus, dass pro oxidiertem NADH zehn Protonen gepumpt werden und dass drei Protonen pro ATP-Molekül benötigt werden, dann können wir folgern, dass bei der oxidativen Phosphorylierung ungefähr drei Moleküle ATP pro oxidiertem NADH synthetisiert werden. Diese Annahme passt gut zu Untersuchungen, die bis in die 1940er Jahre zurückreichen, denen zufolge im Allgemeinen eine fixes Verhältnis zwischen der Anzahl der Moleküle gebildeten ATPs und der Anzahl der Sauerstoffatome besteht, die bei der Atmung verbraucht werden, wenn ein Elektronenpaar entlang der Sequenz von Überträgern vom reduzierten Coenzym zum Sauerstoff wandert. Racker und seine Kollegen wiesen beispielsweise nach, dass synthetische Phospholipidvesikel, die Komplex I, Komplex III oder Komplex IV enthielten, ein Molekül ATP pro Elektronenpaar, das den Komplex passierte, bilden konnten. Diese Ergebnisse stimmen mit unserem heutigen Verständnis überein, demzufolge jeder dieser drei Komplexe als Protonenpumpe dient, wodurch er zum Protonengradient beiträgt, der die ATP-Synthese antreibt.

Für unsere Überlegungen gehen wir einmal davon aus, dass die ATP-Erträge für NADH bei drei und für $FADH_2$ bei zwei liegen, wobei wir nicht vergessen dürfen, dass die Werte, auf denen diese Erträge beruhen, noch nicht exakt bestimmt wurden. Diese Zahlenwerte sind aber ganz brauchbar, denn der Wert von $\Delta G^{\circ\prime}$ für die Oxidation von NADH durch molekularen Sauerstoff beträgt –52,4 kcal/mol. Damit liegt genügend freie Energie vor, um drei ATP zu bilden (wofür unter zellulären Bedingungen jeweils 10 kcal/mol erforderlich sind), wenn man von einer Effizienz von nur 50 % ausgeht.

9.6 ATP-Synthese: Wir setzen alle Puzzleteile zusammen

Nun sind wir bereit für den fünften und letzten Schritt der aeroben Atmung: die ATP-Synthese. Bisher haben wir folgendes erarbeitet: (1) Ein Teil der in der Glucose enthaltenen Energie wird während der Oxidationsreaktionen der Glykolyse und des TCA-Zyklus zu reduzierten Coenzymen transferiert, und (2) diese Energie wird zum Aufbau eines elektrochemischen Protonengradienten über der inneren Membran des Mitochondriums genutzt. Jetzt können wir uns die Frage stellen, wie die *PMF* des Gradienten dafür eingespannt wird, die ATP-Synthese anzutreiben. Zur Beantwortung dieser Frage kehren wir zu den F_1-Komplexen, die wir auf den inneren Oberflächen der Cristae sehen können (siehe *Abbildung 9.4*), und schauen uns an, wie diese Partikel ATP synthetisieren können.

9.6.1 F_1-Partikel besitzen ATP-Syntheseaktivität

Die Versuche von Racker und seinen Kollegen erbrachten einen Schlüsselbeweis für die Rolle der F_1-Partikel, als sie folgende chemiosmotische Hypothese überprüften: Membranen enthalten eine reversible, Protonen transportierende ATPase, die zur gekoppelten ATP-Synthese fähig ist. Sie begannen mit intakten Mitochondrien (▸ *Abbildung 9.11a*), die sie so aufbrachen, dass die Fragmente der inneren Membran kleine Vesikel bildeten, die sie als *submitochondriale Partikel* (▸ *Abbildung 9.11b*) bezeichneten. Diese submitochondrialen Partikel vermochten Elektronentransport und ATP-Synthese auszuführen. Indem man diese Partikel mechanischer Bewegung aussetzte oder sie mit einer Protease behandelte, konnte man die F_1-Strukturen von den Membranvesikeln trennen (▸ *Abbildung 9.11c*).

Als man die F_1-Partikel und die Membranvesikel durch Zentrifugation trennte, konnte die Membranfraktion noch immer den Elektronentransport ausführen, aber die ATP-Synthese war nicht länger möglich; die beiden Funktionen waren entkoppelt (▸ *Abbildung 9.11d*). Die isolierten F_1-Partikel waren hingegen weder zum Elektronentransport noch zur ATP-Synthese fähig, besaßen jedoch ATPase-Aktivität (▸ *Abbildung 9.11e*), eine Eigenschaft, die auch die F-Typ-ATPase des mitochondrialen F_oF_1-Komplexes besitzt. Indem man die F_1-Partikel wieder in die Membran einfügte, vermochte man die ATP-Bildungsfähigkeit der Membranfraktion wiederherzustellen, was nahelegt, dass die kugelförmigen Ausstülpungen auf der inneren Oberfläche der inneren mitochondrialen Membran ein wichtiger Teil des ATP-erzeugenden Komplexes der Membran sind. Diese F_1-Partikel wurden daher als *Kopplungsfaktoren* bezeichnet (engl.: *coupling factors*; das „F" in F_1), und heute weiß man, dass diese Strukturen für die ATP-Syntheseaktivität der inneren mitochondrialen Membran oder der bakteriellen Plasmamembran verantwortlich sind.

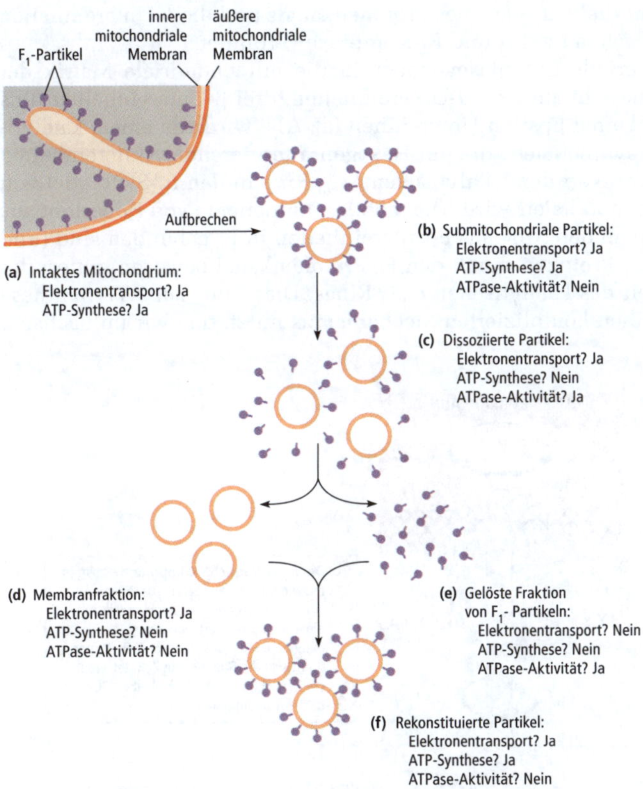

Abbildung 9.11: Dissoziation und Rekonstitution des mitochondrialen ATP-Synthesesystems. (a) Intakte Mitochondrien wurden so aufgebrochen, dass die Fragmente der inneren Membran (b) submitochondriale Partikel bildeten, die sowohl zum Elektronentransport als auch zur ATP-Synthese befähigt waren. (c) Als man diese Partikel durch mechanische Bewegung oder enzymatische Behandlung dissoziierte, konnte man als Komponenten eine (d) Membranfraktionen erhalten, die keine ATP-Syntheseaktivität besaß und (e) eine lösliche Fraktion mit kugelförmigen F_1-Partikeln mit ATP-Syntheseaktivität. (f) Durch Mischen der beiden Fraktionen wurden die Struktur und die ATP-Syntheseaktivität wiederhergestellt.

9.6.2 Der F_oF_1-Komplex: Die Protonentranslokation durch F_o treibt die ATP-Synthese durch F_1 an

Obschon der F_1-Teil des F_oF_1-ATP-Synthasekomplexes nicht direkt mit der Membran verbunden ist, ist der F_1-Teil an den F_o-Komplex gebunden, der in die innere mitochondriale Membran eingebettet ist (siehe *Abbildung 9.4c*). Heute wissen wir, dass der F_o-Komplex als **Protonentranslokator** dient, ein Kanal, durch den Protonen durch die innere mitochondriale Membran fließen (oder die bakterielle Plasmamembran wie im Fall des *Escherichia-coli*-Komplexes, der hier dargestellt wird). Daher stellt der F_oF_1-Komplex die vollständige, funktionale **ATP-Synthase** dar. Die F_o-Komponente bildet einen Kanal für den exergonischen Fluss von Protonen durch die Membran und die F_1-Komponente führt die eigentliche Synthese von ATP durch, die von der Energie des Protonengradienten angetrieben wird.

Die ▸*Abbildung 9.12* veranschaulicht die vier wichtigsten Strukturkomponenten dieses funktionalen Komplexes. Jeder F_o-Komplex bzw. jeder F_1-Komplex enthält sowohl eine statische Komponente, die nicht die Position ändert und eine mobile Komponente, die sich während der Protonentranslokation bewegt. Diese Komponenten des F_oF_1-Komplexes bilden gemeinsam eines der Wunder der molekularen Welt – einen Miniaturmotor, in welchem der Protonenfluss ein mikroskopisches Zahnrad anwirft, das die ATP-Synthese antreibt.

Der F_o-Komplex ist in die bakterielle Membran eingebettet (oder die innere mitochondriale Membran eukaryotischer Zellen) und setzt sich aus einer *a*-Untereinheit, zwei *b*-Untereinheiten und zehn *c*-Untereinheiten zusammen. Die *a*- und *b*-Untereinheiten bilden die statische Komponente, die in der Membran immobilisiert wird. Die zehn *c*-Untereinheiten bilden einen Ring, der als Miniaturzahnrad funktioniert, das in der Membran relativ zu den *a*- und *b*-Untereinheiten rotiert. Die a-Untereinheit übernimmt die Aufgabe eines Protonenkanals und die b-Untereinheiten bilden den Statorstiel, der die Oberflächen der F_o- und F_1-Komplexe verbindet.

Der F_1-Komplex ragt in das bakterielle Cytoplasma (oder in die mitochondriale Matrix der eukaryotischen Zellen) hinein und besteht aus drei α-Untereinheiten, drei β-Untereinheiten plus einer Delta- (δ), einer Gamma- (γ) und einer Epsilon-Untereinheit (ε). ATP wird von einem katalytischen Ring aus drei αβ-Komplexen synthetisiert, die ein Hexagon alternierender Untereinheiten bilden. Die δ-Untereinheit von F_1 verankert den katalytischen $\alpha_3\beta_3$-Ring in den b_2-Statorstiel von F_o, wodurch der katalytische Ring immobilisiert wird. Die mobile Komponente von F_1 besteht aus den γ- und den ε-Untereinheiten, die an den Ring aus c-Untereinheiten in F_o gebunden sind (und sich mit diesem bewegen). Wenn sich Protonen durch den F_o-Protonenkanal bewegen, rotiert der c_{10}-Ring und dreht die γ-Untereinheit des katalytischen $\alpha_3\beta_3$-Rings. Dies führt zur ATP-Synthese durch den katalytischen Ring, der einen komplizierten Mechanismus nutzt, den wir im nächsten Abschnitt beschreiben werden.

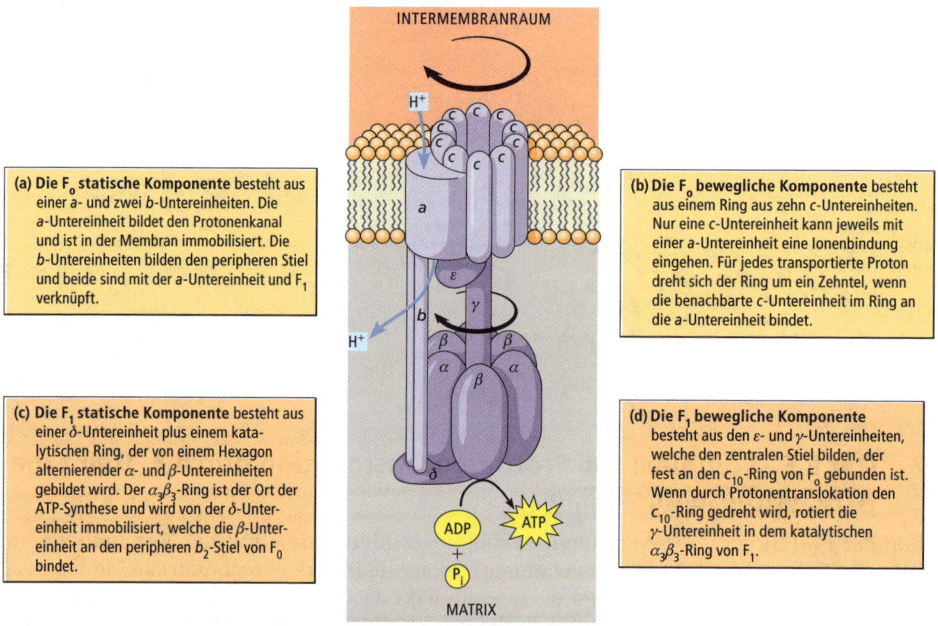

Abbildung 9.12: F_o- und F_1-Komponenten der F_oF_1-ATP-Synthase von *E. coli*. Diese Darstellung zeigt die Zusammensetzung der Untereinheiten der statischen und beweglichen Komponenten von F_0 ((a) und (b)) und F_1 ((c) und (d)), den Komplexen, aus denen die funktionale F_0F_1-ATP-Synthase von *E. coli* besteht. Wenn zehn H^+ durch den F_0-Protonentranslokator transportiert werden, rotiert der Ring aus zehn c-Untereinheiten in F_0 einmal, was zur Synthese von drei ATP durch den katalytischen $\alpha_3\beta_3$-Ring von F_1 führt.

9.6.3 Die physikalische Rotation der γ-Untereinheit vermittelt die ATP-Synthese durch F_0F_1

Nachdem die Verbindung zwischen dem Elektronentransport in der Membran und dem Protonenpumpen durch die Membran erkannt worden war, war das nächste Puzzleteil fast genauso rätselhaft: Wie treibt der exergonische Fluss von Protonen durch F_0 die ansonsten endergonische ATP-Synthese durch die drei β-Untereinheiten von F_1 an? 1979 gab Paul Boyer eine ganz neue Antwort auf diese Frage. Er schlug das in der ▸*Abbildung 9.13* dargestellte **Bindungs-Wechsel-Modell** vor.

Boyers Modell beruhte auf der Ansicht, dass die katalytischen Zentren auf jeder der drei β-Untereinheiten des F_1-Komplexes drei ganz unterschiedliche Konformationszustände durchliefen, die recht unterschiedliche Affinitäten für die Substrate (ADP und P_i) und das Produkt (ATP) besaßen. Boyer bezeichnete diese als L-Konformation (für lockere), die mit ADP und P_i eine lockere Bindung eingeht; T-Konformation (für feste, engl.: *tight*), die eine feste Bindung mit ADP und P_i eingeht und deren Kondensation zu ATP katalysiert; und O-Konformation (für offene), mit sehr geringer Affinität für Substrate oder Produkte, die zumeist nicht eingenommen wird. Boyer schlug vor, dass jedes dieser drei aktiven Zentren zu jeder Zeit in einer anderen Konformation vorliegen könnte und dass der hexagonale Ring der α- und β-Untereinheiten tatsächlich um den zentralen Stiel *rotiert*, der die γ-Untereinheit enthält. Als Triebkraft dieser Rotation schlug er den Protonenfluss durch den F_o-Komplex vor. (Wir haben bereits angemerkt, dass man heute weiß, dass eine γ-Untereinheit innerhalb des stationären katalytischen $\alpha_3\beta_3$-Rings rotiert, aber das Konzept der relativen Bewegung war schon recht zutreffend.)

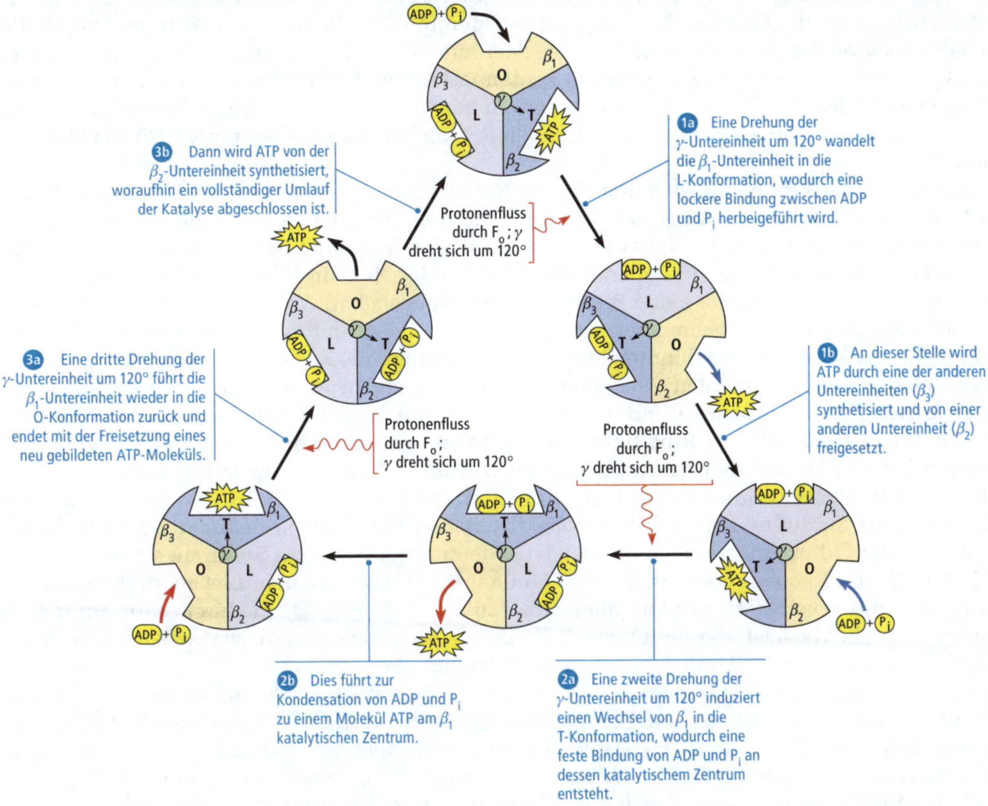

Abbildung 9.13: Das Modell, das die Konformationsänderung der β-Untereinheiten des F_oF_1-Komplexes bei der ATP-Synthese beschreibt. Gemäß diesem Modell befindet sich jede der β-Untereinheiten des F_1-Komplexes zu jedem Zeitpunkt in einer anderen Konformation. Jede Untereinheit durchläuft eine Sequenz von Konformationsänderungen von der O-Konformation (offen) über die L-Konformation (locker) zur T-Konformation (fest, engl.: *tight*). Diese Konformationsänderungen werden durch die Rotation der γ-Untereinheit angetrieben. Der Vorgang der ATP-Synthese beginnt, wenn eine der β-Untereinheiten (willkürlich als β_1 bezeichnet) sich in der O-Konformation befindet und läuft in den sechs dargestellten Schritten ab, wobei drei Rotationen von 120° und die Synthese von drei ATP pro vollständiger Rotation von 360° erfolgen. Beachten Sie, dass die gleiche Ereignisabfolge auf jeder Untereinheit abläuft, aber zeitweilig ausgeschaltet wird.

Obschon Boyers Modell anfänglich keine große Akzeptanz fand, wurde es 1994 von John Walker und seinen Mitarbeitern weitestgehend bestätigt, die mittels Röntgenstrahlkristallographie das erste detaillierte Atommodell des F_1-Komplexes erstellten. In ihrem Modell identifizierten sie Strukturen in den aktiven Zentren der β-Untereinheiten, die mit Boyers O-, L- und T-Konformation übereinstimmten und sie bestätigten, dass jedes dieser drei aktiven Zentren sich jederzeit in einer anderen Konformation befand. Noch erstaunlicher aber war, dass die γ-Untereinheit innerhalb des Stiels, der die Komplexe F_1 und F_o verbindet (siehe *Abbildung 9.13*), sich asymmetrisch in das Zentrum der F_1-Struktur erstreckt, sodass zu jeder Zeit ein anderer Kontakt mit einer anderen Wirkung auf die β-Untereinheiten ausgeübt wird.

Das Bindungs-Wechsel-Modell bei der Arbeit Die in der *Abbildung 9.13* dargestellte Reaktionsabfolge beruht auf einem heute gültigen Modell, wie der exergonische Fluss von Protonen durch den F_o-Komplex die ATP-Synthese durch die katalytischen Zentren auf den drei β-Untereinheiten des F_1-Komplexes antreibt. Wenn die Protonen durch einen Kanal in der α-Untereinheit von F_o fließen, treiben sie die Rotation des Rings der *c*-Untereinheiten in der F_o-Struktur an – und daher auch die Rotation der γ-Untereinheit des Stiels, der mit dem *c*-Ring verbunden ist. Die Asymmetrie der γ-Untereinheit führt nicht nur jederzeit zu den unterschiedlichen charakteristischen Wechselwirkungen mit den drei β-Untereinheiten, sondern bewirkt zudem, dass jede β-Untereinheit nacheinander die O-, L- und T-Konformation durchläuft, während sich die γ-Untereinheit um 360 Grad dreht.

Die Art, wie der Protonenfluss durch F_o eine Rotation des c_{10}-Rings herbeiführt, ist tatsächlich ein Wunderwerk der Proteinstruktur und ihrer Funktion. Jede der zehn *c*-Untereinheiten besitzt einen Aspartatrest, der auf der unbeweglichen α-Untereinheit mit einem Argininrest eine Ionenbindung eingehen kann. Nur ein Aspartat einer *c*-Untereinheit kann jeweils an das Arginin binden – und nur, wenn das Aspartat keine Protonen besitzt (ungeladen). Wenn ein Proton an der externen Seite der Membran aufgenommen wird, dann protonisiert und neutralisiert es den Aspartatrest und bricht dabei die Ionenbindung. Die daraus resultierende Konformationsänderung führt zu einer Rotation um den zehnten Teil einer ganzen Drehung, wodurch der Aspartatrest in dem benachbarten Rest ein Proton verliert und mit dem Arginin der α-Untereinheit eine Ionenbindung eingeht. Somit führen der c_{10}-Ring (und die angeheftete γ-Untereinheit von F_1) eine vollständige Rotation durch, während zehn Protonen über die α-Untereinheit die Membran passieren.

In der Zwischenzeit beginnt die b_1-Untereinheit im katalytischen $\alpha_3\beta_3$-Ring in der O-Konformation, wobei die Substrate ADP und P_i am katalytischen Zentrum (siehe *Abbildung 9.13*) andocken können. In der O-Konformation hat das katalytische Zentrum für diese Substrate nur eine geringe Affinität. Wenn Protonen durch die F_o-Untereinheit durch die Membran fließen, drehen sich der *c*-Ring und die angeheftete γ-Untereinheit um 120 Grad (Schritt 1a). Dadurch wird auf der b_1-Untereinheit ein Wechsel von der O- zur L-Konformation herbeigeführt, was wiederum zu einer lockeren Bindung von ADP und P_i mit dem katalytischen Zentrum führt.

Im Anschluss an die Synthese eines ATP-Moleküls durch die β_3-Untereinheit (Schritt 1b) dreht sich die γ-Untereinheit wieder um 120° (Schritt 2a) und induziert dabei einen Wechsel der β_1-Untereinheit in die T-Konformation. Dadurch wird die Affinität für ADP und P_i erhöht, die fest an das katalytische Zentrum gebunden werden und spontan kondensieren, wodurch ATP gebildet wird (Schritt 2b). Daraufhin dreht sich die γ-Untereinheit um weitere 120°, wodurch das β_1-katalytische Zentrum in die O-Konformation zurückkehrt und das ATP vom katalytischen Zentrum freigesetzt wird (Schritt 3a). Nachdem eine der anderen Untereinheiten (die β_2-Untereinheit; Schritt 3b) ein ATP-Molekül gebildet hat, ist ein vollständiger Zyklus durchlaufen und die β_1-Untereinheit steht für eine weitere Runde der ATP-Synthese bereit. Bedenken Sie, dass die gleichen Ereignisse auch auf den beiden anderen Untereinheiten stattgefunden haben. Somit führt eine vollständige Drehung der γ-Untereinheit zur Synthese von drei ATP-Molekülen, jeweils ein Molekül von einer der drei β-Untereinheiten.

Gibt es eine spontane ATP-Synthese? Bei genauer Betrachtung der *Abbildung 9.13* kann man erkennen, dass jeder der drei Schritte, in denen ATP gebildet wird, ohne Energieaufwand stattfindet. Wir wissen aber, dass die Synthese von ATP eine höchst endergonische Reaktion ist. Wie also, könnten wir uns fragen, läuft die ATP-Synthese im katalytischen Zentrum der β-Untereinheit in der T-Konformation spontan ab? Im Grunde wissen wir nur mit Sicherheit, dass die ATP-Synthese in einer *verdünnten wässrigen Lösung* eine stark endergonische Reaktion ist. An der Reaktion am katalytischen Zentrum einer β-Untereinheit wirken enzymgebundene Zwischenprodukte in einer entscheidend anderen Umgebung mit – diese Umgebung unterscheidet sich so gravierend, dass der Wert von $\Delta G^{\circ\prime}$ der Reaktion unter diesen Bedingungen fast bei null liegt (▸ *Abbildung 9.14*), und die Synthese kann daher ohne unmittelbaren Energieaufwand spontan ablaufen. Man nimmt an, dass die unmittelbare Umgebung des katalytischen Zentrums dazu dient, die Ladungsabstoßung zwischen ADP und P_i zu minimieren, wodurch deren Kondensation zu ATP begünstigt wird.

Dies bedeutet aber keineswegs, dass die ATP-Synthese ohne thermodynamische Kosten stattfindet. Es bedeutet lediglich, dass Energie an anderen Stellen des Kreislaufs benötigt wird. Zuvor wird Energie benötigt, um den Übergang des katalytischen Zentrums von der L- in die T-Konformation zu bewältigen, wodurch ADP und P_i dicht gepackt werden, was deren Interaktion begünstigt (Schritt (2a) der *Abbildung 9.13*). Anschließend wird Energie für die Freisetzung des fest an das katalytische Zentrum gebundenen ATP-Produkts benötigt (Schritt (3a)). Diese Energie liefert der durch den Elektronentransport generierte Protonengradient und sie wird in Form mechanischer Energie zur Verfügung gestellt, die durch die Rotation des *c*-Rings und der γ-Untereinheit erzeugt wird. Daher ist die F_oF_1-ATP-Synthase ein wunderbares Beispiel dafür, wie eine Zelle elektrische Arbeit (Elektronentransport) über Konzentrationsarbeit (Protonengradient) in mechanische Arbeit (Rotation der Untereinheit) und schließlich in biosynthetische Arbeit (ATP-Synthese) umwandelt.

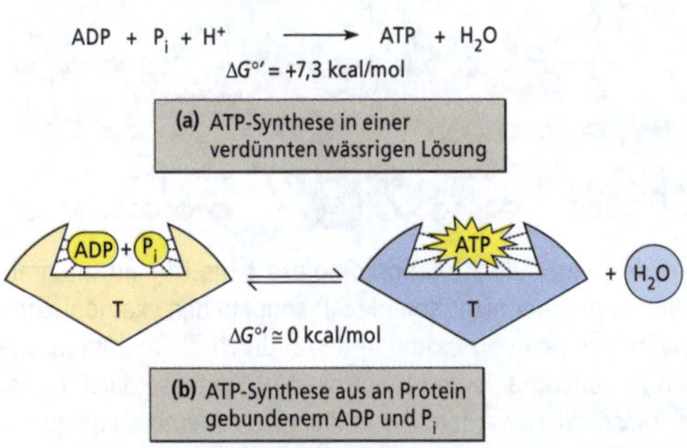

Abbildung 9.14: Vergleich der Energetik der ATP-Synthese. Die für die ATP-Synthese benötigte Energie unterliegt in Abhängigkeit von der jeweiligen Umgebung erheblichen Schwankungen. (a) In einer verdünnten wässrigen Lösung ist die ATP-Synthese aus gelöstem ADP und P_i eine stark endergonische Reaktion, deren Wert von $\Delta G^{\circ\prime}$ bei +7,3 kcal/mol liegt. (b) Das katalytische Zentrum einer β-Untereinheit in der T-Konformation. Die biochemische Umgebung unterscheidet sich gravierend und der Wert von $\Delta G^{\circ\prime}$ dieser Reaktion liegt nahe null (das heißt, K_{eq} beträgt fast 1) und daher kann diese Reaktion ohne unmittelbaren Energieaufwand spontan ablaufen.

9.6.4 Das chemiosmotische Modell läuft über dynamischen transmembranen Protonentransport ab

In der ▸ *Abbildung 9.15* ist die Dynamik des chemiosmotischen Modells zusammenfassend dargestellt. Die Komplexe I, III und IV des ETS pumpen Protonen durch die innere Mitochondrienmembran, so dass sie sich innerhalb der Cristae anhäufen. Der dadurch gebildete elektrochemische Protonengradient treibt dann mittels der F_oF_1-Komplexe, die mit der Innenmembran assoziiert sind, die ATP-Bildung an. Dies ist anders ausgedrückt der kontinuierliche, dynamische Hin-und-her-Transport durch die innere Membran. Zuerst werden wir die Anzahl von Protonen zählen, die von jedem in *Abbildung 9.15* dargestellten Komplex abgegeben werden: 10 für die Komplexe I + III + IV (über NADH) und 6 für die Komplexe II + III = IV (über $FADH_2$). Gehen wir einmal hiervon aus und nehmen wir an, dass 3 Protonen für die Synthese eines ATP-Moleküls notwendig sind, dann scheint die Bildung von 3 ATP pro NADH und 2 ATP pro $FADH_2$ doch recht einleuchtend.

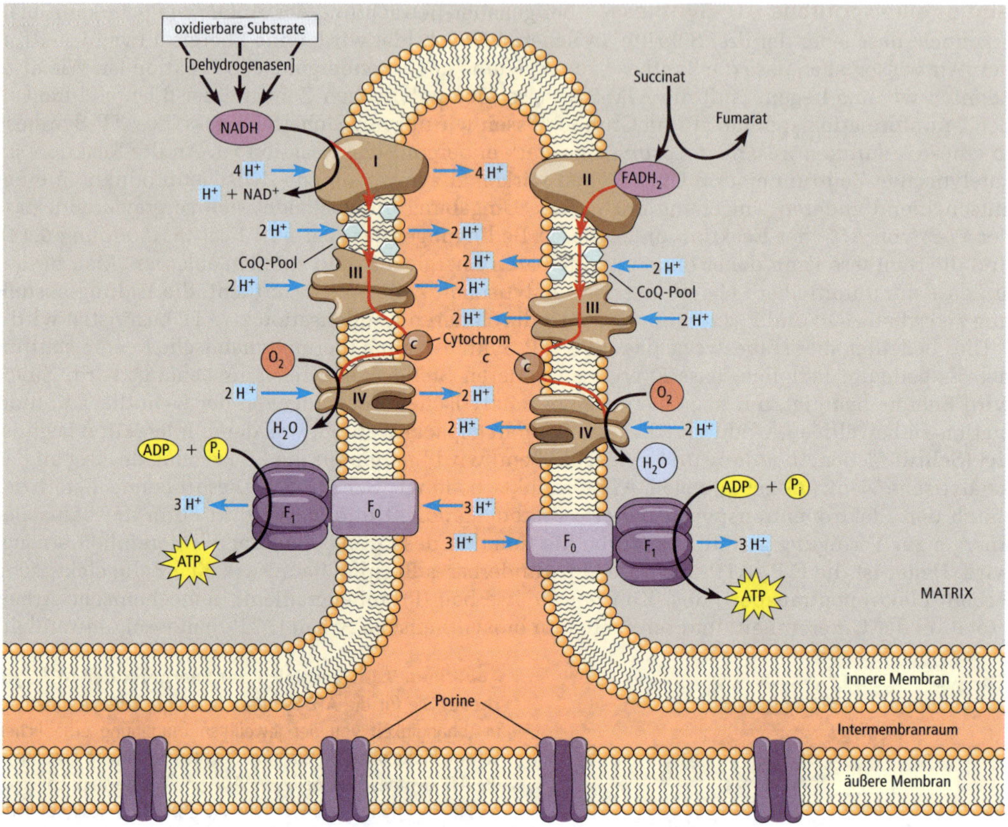

Abbildung 9.15: Die Dynamik des elektrochemischen Gradienten. Die Atmungskomplexe I bis IV sind integrale Bestandteile der inneren Mitochondrienmembran. Die Komplexe I, III und IV (aber nicht Komplex II) koppeln den exergonischen Fluss von Elektronen (rote Linie) durch die Komplexe mit dem Auswärtspumpen von Protonen (blau) durch die Membran. Die protonenmotorische Kraft des dadurch erzeugten elektrochemischen Protonengradienten treibt die ATP-Synthese durch F_1 an, während die Protonen vom F_0-Komplex wieder durch die Membran transportiert werden, der in die innere Membran eingebettet ist. Die ATP-Synthese verbraucht auch in der mitochondrialen Matrix Protonen; dieser Verbrauch trägt zum transmembranen Protonengradienten bei, der die ATP-Synthese antreibt.

9.7 Die aerobe Atmung: Zusammenfassung

Für die Zusammenfassung der aeroben Atmung kehren wir zu *Abbildung 9.1* zurück und schauen uns die Rolle einer jeden Komponente nochmals an. Während Substrate wie Kohlenhydrate und Fette zur Gewinnung von Energie oxidiert werden, werden Coenzyme reduziert. Diese reduzierten Coenzyme repräsentieren die gespeicherte Form eines Großteils der freien Energie, die bei der Oxidation der Ausgangssubstratmoleküle freigesetzt wurde. Diese Energie kann dann zur ATP-Synthese eingesetzt werden, wenn die Coenzyme durch das ETS reoxidiert werden. Wenn die Elektronen von NADH oder $FADH_2$ zum Sauerstoff transportiert werden, passieren sie mehrere Atmungskomplexe, in denen der Elektronentransport an das gerichtete Pumpen von Protonen durch die Membran gekoppelt ist. *Der dadurch erzeugte elektrochemische Gradient baut eine protonenmotorische Kraft auf, die als Antriebskraft der ATP-Synthese dient.* Unter den meisten Bedingungen wird eine gleichbleibende protonenmotorische Kraft im Gleichgewicht über der Membran aufrechterhalten. Der Transfer von Elektronen von dem Coenzymen zum Sauerstoff wird ständig genauesten reguliert, sodass das Hinauspumpen von Protonen mit dem Hereinfließen von Protonen, die zur ausreichenden Synthese von ATP benötigt werden, im Gleichgewicht liegt.

9.7.1 Der maximale ATP-Ertrag der aeroben Atmung liegt bei 38 ATP pro Molekül Glucose

Nun können wir zu der Frage nach dem **maximalen ATP-Ertrag** pro Molekül Glucose unter aeroben Bedingungen zurückkehren. Rufen Sie sich die Reaktion 9-3 in Erinnerung. Die vollständige Oxidation von Glucose zu Kohlendioxid durch Glykolyse und den TCA-Zyklus führen zur Bildung von vier Molekülen ATP durch die Substratkettenphosphorylierung, wobei der größte Teil der verbleibenden freien Energie der Glucoseoxidation in den zwölf Coenzymmolekülen gespeichert wird – 10 NADH und 2 $FADH_2$. Bei Prokaryoten und einigen eukaryotischen Zellen durchlaufen die Elektronen von NADH alle drei ATP-erzeugenden Komplexe des ETS, woraus drei ATP-Moleküle pro Molekül Coenzym hervorgehen. Die Elektronen von $FADH_2$ durchlaufen dagegen lediglich zwei der drei Komplexe, wobei nur zwei ATP-Moleküle pro Molekül Coenzym gebildet werden. Der theoretisch maximale ATP-Ertrag, der nach Reoxidation von 12 Coenzym-Molekülen pro Glucose entsteht, kann daher folgendermaßen dargestellt werden:

$$10\ NADH + 10\ H^+ + 5\ O_2 + 30\ ADP + 30\ P_i \longrightarrow 10\ NAD^+ + 10\ H_2O + 30\ ATP \qquad (9\text{-}9)$$

$$2\ FADH_2 + O_2 + 4\ ADP + 4\ P_i \longrightarrow 2\ FAD + 2\ H_2O + 4ATP \qquad (9\text{-}10)$$

Wenn wir diese Reaktionen zusammenfassen, erhalten wir eine Gesamtreaktion des Elektronentransports und der ATP-Synthese:

$$10\ NADH + 10\ H^+ + 2\ FADH_2 + 6\ O_2 + 34\ ADP + 34\ P_i \longrightarrow 10\ NAD^+ + 2\ FAD + 12\ H_2O + 34\ ATP \qquad (9\text{-}11)$$

Wenn wir die Reaktion 9-11 in die Gesamtreaktion der Glykolyse und des TCA-Zyklus (Reaktion 9-3) einbeziehen, erhalten wir folgenden Gesamtausdruck für die theoretisch maximale ATP-Ausbeute, die durch vollständige aerobe Veratmung von Glucose oder anderen Hexosen erzielt werden kann:

$$C_6H_{12}O_6 + 6O_2 \xrightarrow{38ADP + 38P_i \;\; 38ATP} 6CO_2 + 6H_2O \qquad (9\text{-}12)$$

Diese Gesamtreaktion gilt für die meisten prokaryotischen Zellen sowie für einige Typen eukaryotischer Zellen. Je nach Zelltyp kann der maximale ATP-Ertrag einer eukaryotischen Zelle bei nur 36 statt 38 liegen, was auf den geringeren ATP-Ertrag von NADH-Molekülen zurückgeht, die im Cytosol und nicht im Mitochondrium gebildet werden (siehe Frage 1 weiter unten).

Bevor wir die Reaktion 9-12 und den aeroben Energiemetabolismus, den sie zusammenfasst, verlassen, wenden wir uns zwei häufig gestellten Fragen zu. Wir hoffen, dass die Antworten auf diese Fragen Ihr Verständnis der aeroben Atmung noch weiter vertiefen.

1. Warum schwankt der maximale ATP-Ertrag bei eukaryotischen Zellen zwischen 36 und 38 ATP pro Glucose? Rufen Sie sich in Erinnerung, dass bei der aeroben Katabolisierung in einer eukaryotischen Zelle durch Glykolyse zwei Moleküle NADH pro Glucose im Cytosol entstehen, während durch den Katabolismus von Pyruvat weitere acht Moleküle NADH in der Matrix des Mitochondriums gebildet werden. Diese räumliche Unterscheidung ist von Bedeutung, weil die innere Membran des Mitochondriums kein Transportprotein für NADH oder NAD^+ besitzt, weshalb das im Cytosol gebildete NADH nicht in das Mitochondrium transportiert werden kann, um seine Elektronen zum Komplex I des ETS zu transferieren. Stattdessen werden die Elektronen und H^+-Ionen von einem oder mehreren *Elektronenshuttlesystemen* in das Mitochondrium transportiert, die sich im Hinblick auf die Anzahl der ATP-Moleküle, die pro oxidiertem NADH-Molekül gebildet werden, unterscheiden.

Ein **Elektronenshuttlesystem** besteht aus einem oder mehreren Elektronenüberträgern, die reversibel reduziert werden können, wobei in der Membran sowohl für die oxidierten als auch für die reduzierten Formen des Überträgers Transportproteine zur Verfügung stehen. In den Leber-, Nieren- und Herzzellen werden Elektronen vom NADH des Cytosols mittels des *Malat-Aspartat-Shuttles* in das Mitochondrium transportiert. Nachdem NADH Oxalacetat im Cytosol zu Malat reduziert hat, wird das Malat in die mitochondriale Matrix transportiert, wo es NAD^+ zu NADH reduziert. Auf diese Weise durchwandern Elektronen vom NADH im Cytosol alle drei Protonenpumpenkomplexe des mitochondrialen ETS und bilden drei Moleküle ATP. Das Aspartat wird wieder zum Cytosol zurücktransportiert, um mehr Oxalacetat zu bilden, das Elektronen von NADH aufnimmt.

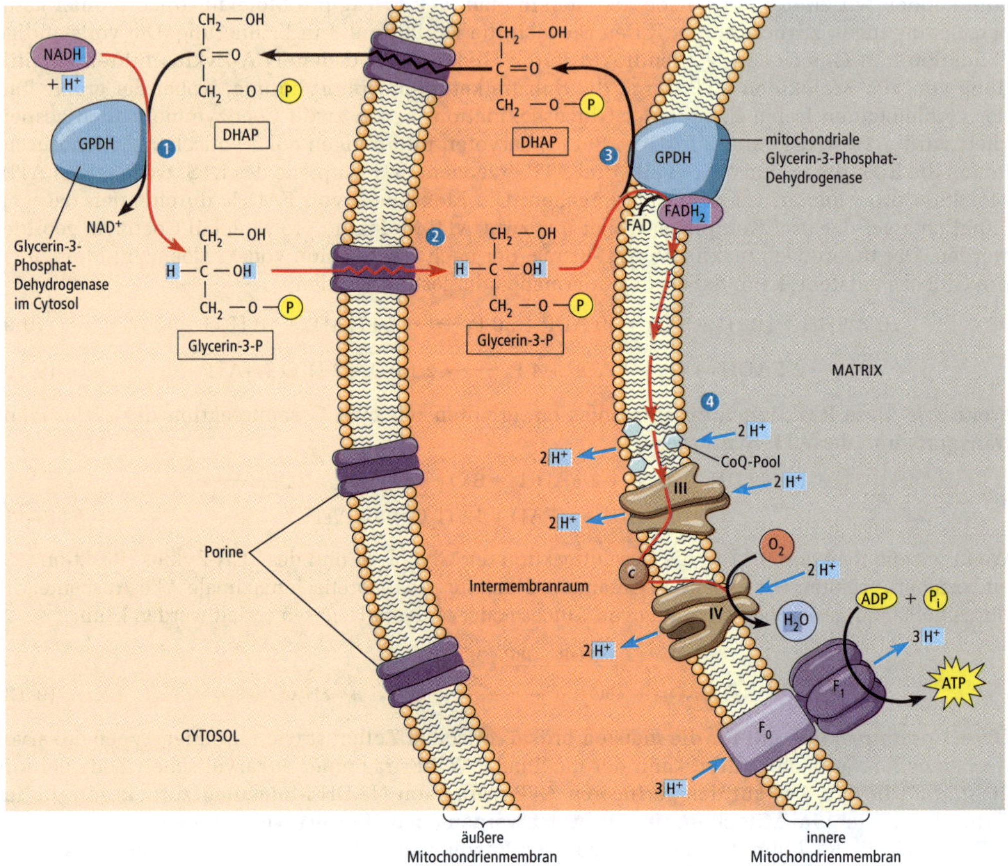

Abbildung 9.16: Der Glycerin-Phosphat-Shuttle. Die mitochondriale Innenmembran ist für NADH undurchlässig, sodass Elektronen von NADH im Cytosol durch einen der beiden Shuttlemechanismen ins Mitochondrium transportiert werden. Die Zellen der Skelettmuskeln, des Gehirns und anderer Gewebe nutzen zu diesem Zweck den Glycerin-Phosphat-Shuttle. Die rote Linie zeichnet den Weg der Elektronen von NADH aus dem Cytosol zum Sauerstoff nach. (1) Das im Cytosol befindliche Enzym Glycerin-3-Phosphatdehydrogenase (GPDH) nutzt Elektronen (und Protonen) von NADH zur Reduktion von Dihydroxyacetonphosphat (DHAP) zu Glycerin-3-Phosphat (Glycerin-3-P), das die äußere mitochondriale Membran durchqueren kann (2), indem es durch einen Porinkanal diffundiert. (3) Anschließend wird Glycerin-3-P durch eine in der Innenmembran mit FAD verknüpfte GPDH zu DHAP reduziert, was von der Reduktion von FAD zu $FADH_2$ begleitet wird. Da NADH ein energiereicheres Coenzym als $FADH_2$ ist, handelt es sich bei dem Einwärtstransport um einen exergonischen Vorgang, der von der Differenz der Reduktionspotenziale der beiden Coenzyme angetrieben wird. Für den Einwärtstransport muss mit einem verminderten ATP-Ertrag bezahlt werden (4), denn vier Elektronen von dem durch mitochondriale GPDH erzeugten $FADH_2$ umgehen den Komplex I, wodurch die Anzahl der Protonen verringert wird, die durch die innere Membran gepumpt werden.

Im Gegensatz dazu werden im Skelettmuskel, im Gehirn und anderen Geweben die Elektronen vom NADH des Cytosols zu den mitochondrialen Atmungskomplexen über einen anderen Mechanismus transportiert. Dieser Transport erfolgt mittels eines Shuttlemechanismus, der FAD und nicht NAD^+ als mitochondrialen Elektronenakzeptor nutzt. Dieser Mechanismus wird als **Glycerin-Phosphat-Shuttle** bezeichnet und in der ▸*Abbildung 9.16* dargestellt. Das NADH im Cytosol reduziert Dihydroxyacetonphosphat (DHAP) zu Glycerin-3-Phosphat, das in das Mitochondrium transportiert wird. Dort wird es von einem Enzym, das FAD und nicht NAD^+ als Elektronenakzeptor verwendet, zu DHAP reoxidiert. Dies hat zur Folge, dass diese Elektronen den Komplex I des ETS umgehen, wobei nur zwei Moleküle ATP statt drei Moleküle ATP gebildet werden. Dadurch wird der theoretisch maximale Ertrag um ein ATP pro NADH im Cytosol verringert und somit um zwei ATP-Moleküle pro Molekül Glucose (von 38 auf 36).

2. Warum bezeichnet man den ATP-Ertrag der aeroben Atmung als „theoretischen maximalen ATP-Ertrag"? Diese Formulierung erinnert uns daran, dass 36 oder 38 ATP-Moleküle pro Molekül Glucose nur dann möglich sind, wenn wir davon ausgehen, dass die Energie des elektrochemischen Protonengradienten einzig zum Antrieb der ATP-Synthese aufgewendet wird. Diese Annahme kann recht hilfreich sein, wenn es um die Berechnung der höchstmöglichen Erträge geht, ansonsten ist sie aber unrealistisch, weil die *PMF* des Protonengradienten nicht nur die Triebkraft für die ATP-Synthese liefert, sondern auch für andere Reaktionen und Vorgänge, die Energie benötigen. Zum Beispiel dient ein Teil der Energie des Protonengradienten für den Antrieb des Transports verschiedener Metabolite und Ionen durch die Membran und für den Import von Proteinen in die Mitochondrien. In der ▸ *Abbildung 9.17* sind mehrere dieser Transportvorgänge dargestellt.

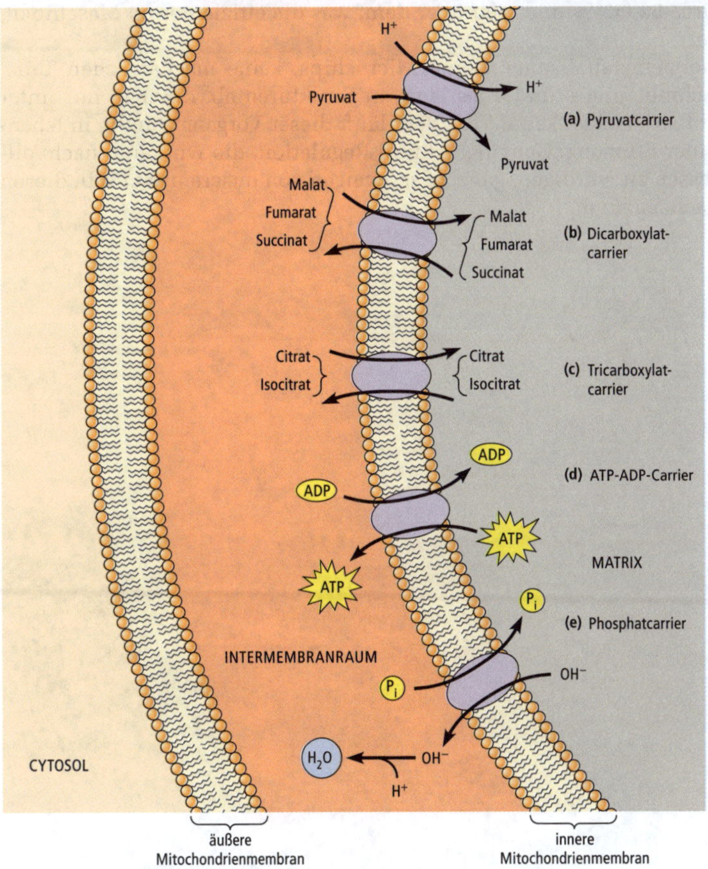

Abbildung 9.17: Die wichtigsten Transportsysteme der inneren mitochondrialen Membran. Die wichtigsten Transportproteine, die in der inneren Mitochondrienmembran lokalisiert sind, sind hier abgebildet. (a) Der Pyruvatcarrier transportiert zugleich Pyruvat und Protonen nach innen und wird von der *PMF* des elektrochemischen Protonengradienten angetrieben. Die (b) Dicarboxylat- und (c) Tricarboxylatcarrier tauschen über die Membran organische Säuren aus, wobei die Richtung des Transports von den relativen Konzentrationen der Dicarbonsäuren und der Tricarbonsäuren auf der Innenseite bzw. der Außenseite der inneren Membran abhängt. (d) Der ATP-ADP-Carrier tauscht ATP nach außen gegen ADP nach innen, und (e) der Phosphatcarrier koppelt den Einwärtstransport von Phosphat an den Auswärtstransport von Hydroxylionen, die im Intermembranraum von Protonen neutralisiert werden.

In Abhängigkeit von den relativen Konzentrationen von Pyruvat, Fettsäuren, Aminosäuren und den Zwischenprodukten des TCA-Zyklus im Cytosol und der mitochondrialen Matrix können unterschiedliche Energiemengen benötigt werden, um sicherzustellen, dass das Mitochondrium angemessen mit oxidierbaren Substraten und Zwischenprodukten des TCA-Zyklus versorgt wird. Des Weiteren läuft der Einwärtstransport von Phosphationen, die für die ATP-Synthese benötigt werden, gleichzeitig mit dem Auswärtstransport von Hydroxylionen ab, die im Intermembranraum von Protonen neutralisiert werden, wodurch der Protonengradient verringert wird. In einigen Zellen kann der Phosphattransporter als Symporter fungieren, der ein Phosphation und ein Proton gleichzeitig einwärts transportiert.

9.7.2 Die aerobe Atmung ist ein höchst effizienter Vorgang

Möchten wir die Gesamteffizienz der ATP-Bildung durch aerobe Atmung ermitteln, so müssen wir uns die Frage stellen, welcher Energieanteil der Glucoseoxidation in den 36 oder 38 Molekülen ATP gespeichert wird, die pro Molekül Glucose gebildet werden. Der $\Delta G^{\circ\prime}$-Wert für die vollständige Oxidation von Glucose zu CO_2 und H_2O beträgt –686 kcal/mol. Die ATP-Hydrolyse hat einen Standardwert von $\Delta G^{\circ\prime}$, der bei ungefähr –7,3 kcal/mol liegt, aber der tatsächliche $\Delta G^{\circ\prime}$-Wert unter zellulären Bedingungen liegt typischerweise im Bereich von –10 bis –14 kcal/mol. Gehen wir, wie schon zuvor in diesem Kapitel, von einem Wert von 10 kcal/mol aus, dann entsprechen die 36–38 Moleküle ATP, die durch aerobe Atmung von einem Mol Glucose in einer aeroben Zelle gebildet werden, ungefähr 360–380 kcal Energie, die pro Mol oxidierter Glucose gespeichert werden. Damit liegt die Effizienz bei circa 52–55 % und weit über dem, was die effizientesten Maschinen, die wir bauen können, erzielen.

Dies also ist der aerobe Energiemetabolismus. Keine Microchips, keine mechanischen Teile, kein Lärm, keine Umweltverschmutzung – und alles läuft an Strukturen ab, die man nur unter dem Elektronenmikroskop sichtbar machen kann. Trotzdem läuft dieser Vorgang ständig in lebenden Zellen ab und zwar mit einer Effizienz, Genauigkeit und Regulation, die wir kaum nachvollziehen können, um sie angemessen zu würdigen, ganz zu schweigen von unserem Wunsch, diesen Vorgang in unseren Laboren nachzuahmen.

Phototropher Energiemetabolismus: Photosynthese

10

ÜBERBLICK

In diesem Kapitel werden Sie erfahren, wie photosynthetische Organismen die chemische Energie und den organischen Kohlenstoff bilden, die von den Chemotrophen aus der Biosphäre aufgenommen werden. Diese photosynthetischen Organismen nutzen Sonnenenergie zur Reduktion von CO_2 und bilden Kohlenhydrate, Fette und Proteine – die reduzierten Formen von Kohlenstoff, die alle Chemotrophen unabdingbar benötigen.

Der Einsatz von Sonnenenergie zum Antrieb anabolischer Stoffwechselwege, durch welche die Bausteine des Lebens gebildet werden, wird passenderweise als **Photosynthese** bezeichnet – die Umwandlung von Lichtenergie in chemische Energie und die anschließende Nutzung dieser Energie zur Synthese organischer Moleku?le. Fast das gesamte Leben auf der Erdewird durch die Energie erhalten, die unseren Planeten in Form von Sonnenlicht erreicht. Phototrophe sind Organismen, die diese Sonnenenergie in chemische Energie in Form von ATP und dem reduzierten Coenzym NADPH umwandeln. NADPH ist ein Elektronen und Wasserstoffträger vieler anabolischer Stoffwechselwege und eng mit NADH verwandt, dem wir zuvor in katabolischen Stoffwechselwegen begegnet sind.

Einige Phototrophe, beispielsweise die in *Kapitel 6* beschriebenen Halobakterien, sind **Photoheterotrophe** – Organismen, die zwar Energie aus Sonnenlicht gewinnen, aber trotzdem von organischen Quellen aus reduziertem Kohlenstoff abhängig sind. Die meisten anderen Phototrophen – dazu gehören Pflanzen, Algen und die meisten photosynthetischen Bakterien – werden als *Photoautotrophe* bezeichnet. Dies sind Organismen, die Sonnenenergie zur Synthese energiereicher organischer Moleku?le aus anorganischem Ausgangsmaterial nutzen, beispielsweise Kohlendioxid und Wasser. Viele Photoautotrophe setzen als Nebenprodukt der Photosynthese molekularen Sauerstoff frei. Somit fu?llen die Phototrophen die Biosphäre nicht nur mit reduziertem Kohlenstoff auf, sondern liefern auch den Sauerstoff der Atmosphäre, den aerobe Organismen zur Oxidation dieser reduzierten Verbindungen nutzen, um Energie zu gewinnen. In diesem Kapitel werden wir uns mit zwei allgemeinen Aspekten der Photosynthese beschäftigen: wie Photoautotrophe Sonnenenergie einfangen und in chemische Energie umwandeln und wie diese Energie genutzt wird, um energiearme Verbindungen wie Kohlendioxid und Wasser in energiereiche organische Moleku?le wie Kohlenhydrate, Fette und Proteine umzuwandeln.

10.1 Ein Überblick über die Photosynthese

Die Photosynthese umfasst zwei wichtige biochemische Prozesse: Energietransduktion und Kohlenstoffassimilierung (▸*Abbildung 10.1*). Bei den **Energietransduktionsreaktionen** wird Lichtenergie von den Chlorophyllmolekülen absorbiert und in chemische Energie in Form von ATP und NADPH umgewandelt. Das durch Energietransduktionsreaktionen gebildete ATP und NADPH liefert anschließend Energie bzw. Reduktionsenergie für die **Kohlenstoffassimilierungsreaktionen**, die man auch als *Kohlenstofffixierungsreaktionen* bezeichnet. Während der Kohlenstoffassimilierungsreaktionen, die im Allgemeinen als *Calvin-Zyklus* bezeichnet werden, werden vollständig oxidierte Kohlenstoffatome des Kohlendioxids fixiert (reduziert und kovalent gebunden) und bilden Kohlenhydrate. Diese Vorgänge laufen in den Chloroplasten eukaryotischer Phototropher oder in spezialisierten Membransystemen photosynthetischer Bakterien ab.

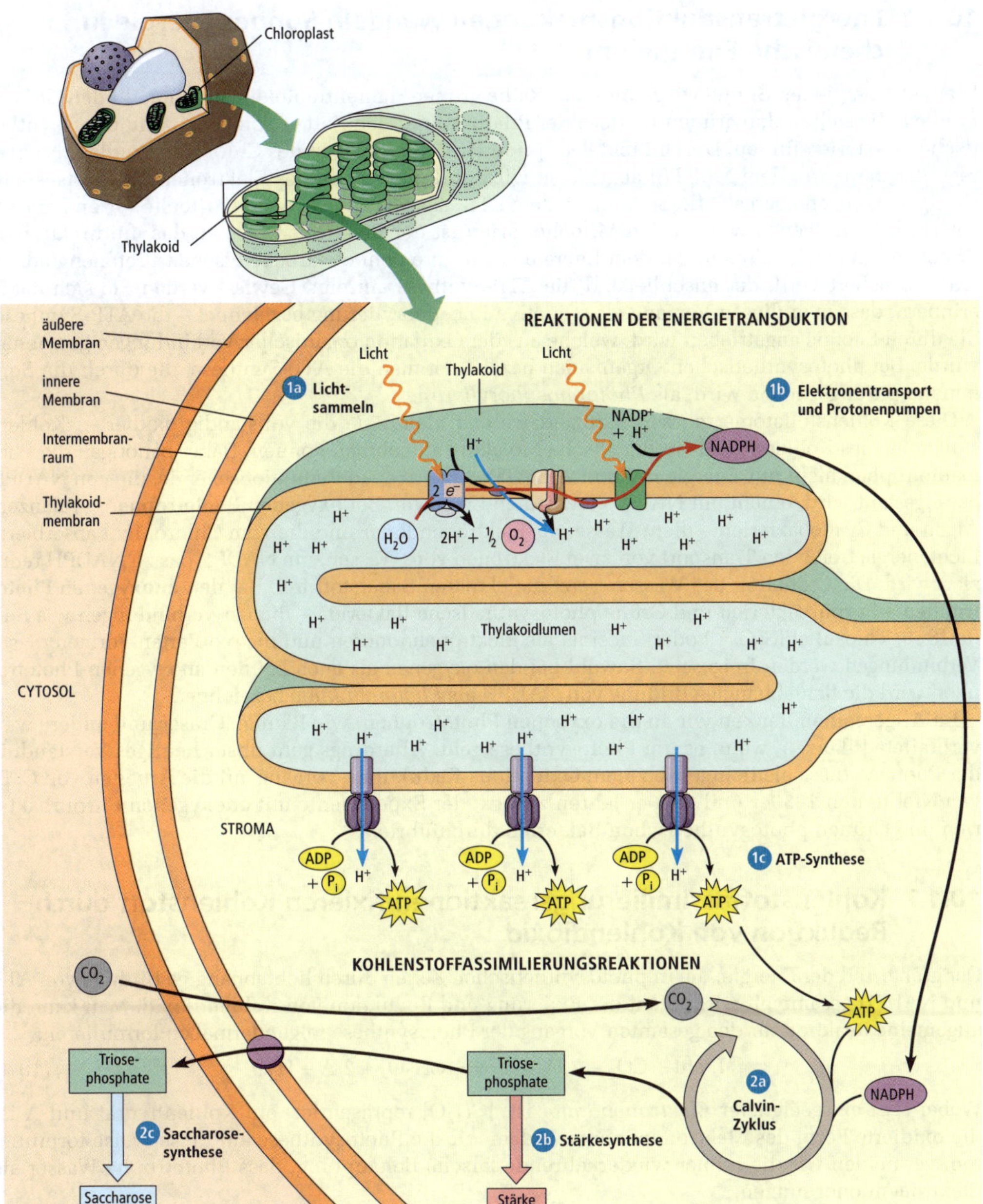

Abbildung 10.1: Ein Überblick über die Photosynthese. Dies ist eine Schemazeichnung eines Chloroplasten, des Organells für die Photosynthese eukaryotischer Zellen. Hier laufen die wichtigsten photosynthetischen Vorgänge ab. Die Photosynthese kann in zwei große funktionale Einheiten gegliedert werden: Energietransduktion und Kohlenstoffassimilierung. Die Energietransduktionsreaktionen laufen in den Thylakoiden des Chloroplasten ab und umfassen 1a Lichtabsorption, 1b Elektronentransport zum NADH unter gleichzeitigem Protonenpumpen und 1c ATP-Synthese. Zu den Kohlenstoffassimilierungsreaktionen gehören 2a der Calvin-Zyklus und 2b die Biosynthese von Stärke im Stroma des Chloroplasten plus 2c die Biosynthese von Saccharose im Cytosol.

10.1.1 Energietransduktionsreaktionen wandeln Sonnenenergie in chemische Energie um

Die Lichtenergie der Sonne wird von einer Reihe grüner Pigmentmoleküle gesammelt, den *Chlorophyllen*, die sich in den grünen Blättern der Pflanzen und den Zellen von Algen und photosynthetischen Bakterien finden. Durch Lichtabsorption wird ein Elektron des Chlorophyllmoleküls angeregt, das dann von dem Molekül abgegeben wird und mit Hilfe eines Elektronentransportsystems (ETS) energetisch „bergab" fließt, ähnlich dem ETS, das wir zuvor bei den Mitochondrien kennengelernt haben. Ebenso wie bei den Mitochondrien ist der Elektronenfluss an das unidirektionale Protonenpumpen gekoppelt, bei dem Energie zuerst in einem elektrochemischen Protonengradienten gespeichert wird, der anschließend die ATP-Synthase antreibt. Gewiss werden Sie sich daran erinnern, dass man diesen Vorgang als oxidative Phosphorylierung bezeichnet – die ATP-Synthese, die durch Energie angetrieben wird, welche aus der Oxidation organischer Verbindungen gewonnen wurde. Bei photosynthetischen Organismen bezeichnet man die ATP-Synthese, die durch die Sonnenenergie angetrieben wird, als *Photophosphorylierung.*

Diese Kohlenstoffatome müssen reduziert werden, damit sie die vollständig oxidierten Kohlenstoffatome des Kohlendioxids in organische Moleküle aufnehmen können. Daher benötigen die Photoautotrophen nicht nur Energie in Form von ATP, sondern auch Reduktionsenergie, die von NADPH bereitgestellt wird, einem mit NADH verwandten Coenzym. Bei **oxygenen Phototrophen** – Pflanzen, Algen und Cyanobakterien – dient Wasser als Elektronendonor und die vom Chlorophyll absorbierte Lichtenergie treibt den Transport von zwei Elektronen vom Wasser zum $NADP^+$, das zu NADPH reduziert wird. Die Oxidation des Wassers setzt molekularen Sauerstoff frei. Bei den **anoxygenen Phototrophen** – Purpurbakterien und Grüne photosynthetische Bakterien – dienen Verbindungen wie Sulfid (S^{2-}), Thiosulfat ($S_2O_3{}^{2-}$) oder Succinat als Elektronendonoren und die oxidierten Formen dieser Verbindungen werden freigesetzt. Sowohl bei den oxygenen als auch bei den anoxygenen Phototrophen wird die lichtabhängige Bildung von NADPH als *Photoreduktion* bezeichnet.

Im Allgemeinen denken wir an die oxygenen Phototrophen, wie Bäume, Gräser und andere weit verbreitete Pflanzen, wenn es um Photosynthese geht. Allerdings geht unser heutiges Verständnis der Photosynthese als lichtgetriebenem Oxidations-Reduktions-Vorgang auf die Arbeiten von C. B. van Niel in den 1930er und 1940er Jahren zurück, der Experimente mit anoxygenen Purpurbakterien und Grünen photosynthetischen Bakterien durchführte.

10.1.2 Kohlenstoffassimilierungsreaktionen fixieren Kohlenstoff durch Reduktion von Kohlendioxid

Der größte Teil der Energie, die in photosynthetischen Zellen durch lichtabhängige Bildung von ATP und NADPH gesammelt wird, dient der Fixierung und Reduktion von Kohlendioxid. Man kann die allgemeine Reaktion für den gesamten Vorgang der Photosynthese folgendermaßen formulieren:

$$\text{Licht} + CO_2 + 2\ H_2A \longrightarrow [CH_2O] + 2\ A + H_2O \qquad (10\text{-}1)$$

Wobei H_2A ein geeigneter *Elektronendonor* ist, $[CH_2O]$ repräsentiert ein Kohlenhydrat und A ist die oxidierte Form des Elektronendonors. Indem wir die Photosynthese auf diese Weise formulieren, vermeiden wir die immer wiederkehrende falsche Behauptung, dass Phototrophe Wasser als Elektronendonor nutzen.

Wenn wir uns ausschließlich mit den oxygenen Phototrophen befassen, die Wasser als Elektronendonor verwenden, so können wir die Reaktion 10-1 umformulieren, indem wir H_2A durch H_2O ersetzen, alle Reaktanten und Produkte mit sechs multiplizieren und die Wassermoleküle abziehen, die auf beiden Seiten auftreten. Damit erhalten wir die spezifischere und vertrautere Form der allgemeinen Reaktionsgleichung der Photosynthese:

$$\text{Licht} + 6\ CO_2 + 6\ H_2O \longrightarrow C_6H_{12}O_6 + 6\ O_2 \qquad (10\text{-}2)$$

Schon bald werden Sie sehen, dass das unmittelbare Produkt der photosynthetischen Kohlenstofffixierung ein Zucker mit drei Kohlenstoffatomen ist (eine Triose) und keine Hexose, wie oben dargestellt. Diese Triosen werden dann für eine Reihe biosynthetischer Stoffwechselwege benötigt, unter anderem zur Biosynthese von Glucose (wie in der Reaktion 10-2 dargestellt), Saccharose und Stärke. Saccharose ist das wichtigste Transportkohlenhydrat der meisten Pflanzenspezies. Es überträgt Energie und reduzierten Kohlenstoff von photosynthetischen Zellen durch die Leiterbahnen der Pflanzen zu nicht-photosynthetischen Zellen. Stärke (oder Glykogen bei photosynthetischen Bakterien) ist das wichtigste Speicherkohlenhydrat der phototrophen Zellen.

10.1.3 Der Chloroplast ist das photosynthetische Organell der eukaryotischen Zellen

Unsere Modellorganismen zum Verständnis der Photosynthese sind die uns vertrautesten oxygenen Phototrophen – die grünen Pflanzen. Daher werden wir uns der Struktur und Funktion des **Chloroplasten** widmen, dem Organell, das für die meisten photosynthetischen Ereignisse in eukaryotischen Phototrophen verantwortlich ist. Bei den Pflanzen und Algen laufen die wichtigsten Ereignisse der photosynthetischen Energietransduktion und der Kohlenstoffassimilierung in diesen spezialisierten Organellen ab.

Da Chloroplasten im Allgemeinen groß (1–5 μm breit und 1–10 μm lang) und gefärbt sind, wurden sie schon zu einem frühen Zeitpunkt in der Zellbiologie von Antonie van Leeuwenhoek und Nehemiah Grew im 17. Jahrhundert beschrieben. Eine reife Blattzelle enthält meist 20–100 Chloroplasten, während eine Algenzelle typischerweise nur einen oder einige wenige Chloroplasten besitzt. Die Form dieser Organellen schwankt deutlich zwischen einer einfachen, abgeflachten Kugel, wie man sie häufig in Pflanzen vorfindet, und komplexeren Formen in Grünalgen.

Nicht alle Pflanzen enthalten Chloroplasten. Kurz nach der Differenzierung enthalten Pflanzenzellen kleinere Organellen, die sogenannten **Proplastiden**, die sich zu einem der vielen verschiedenen **Plastiden** entwickeln können, die wiederum so ausgestattet sind, dass sie verschiedene Funktionen übernehmen können. Die Chloroplasten sind lediglich ein Beispiel eines Plastids. Einige Proplastiden differenzieren sich zu *Amyloplasten*, den Orten der Stärkespeicherung. Andere Proplastiden erhalten rote, orange oder gelbe Pigmente und bilden die *Chromoplasten*, die den Blumen und Pflanzen ihre jeweiligen Farben verleihen. Proplastiden können sich außerdem zu Organellen für die Speicherung von Proteinen (Proteinoplasten) und Lipiden (Elaioplasten) entwickeln.

10.1.4 Chloroplasten bestehen aus drei Membransystemen

In ▸*Abbildung 10.2a* und ▸*Abbildung 10.2b* sehen Sie eine genauere Aufnahme eines Chloroplasten einer pflanzlichen Blattzelle. Wie das Mitochondrium besitzen auch die Chloroplasten eine äußere und eine innere Membran, die oftmals durch einen schmalen Intermembranraum getrennt sind (▸*Abbildung 10.2c*). Die innere Membran umgibt das **Stroma**, eine gelähnliche Matrix, die sehr viele Enzyme für die Kohlenstoff-, Stickstoff- und Schwefelreduktion und die Assimilierung enthält. Die äußere Membran enthält Transmembranproteine, die **Porine**, die den Porinen in der äußeren mitochondrialen Membran ähneln. Da Porine die Passage gelöster Stoffe mit einem Molekulargewicht von bis zu 5.000 gestatten, ist die äußere Membran für die meisten kleinen organischen Moleküle und Ionen permeabel. Die innere Membran bildet allerdings eine wichtige Permeabilitätsbarriere. Transportproteine in der inneren Membran kontrollieren den Fluss der meisten Metabolite zwischen dem Intermembranraum und dem Stroma. Drei wichtige Metabolite, die frei durch die äußeren und inneren Membranen diffundieren können, sind Wasser, Kohlendioxid und Sauerstoff.

Des Weiteren haben die Chloroplasten **Thylakoide**, ein drittes Membransystem innerhalb des Chloroplasten, das ein inneres Kompartiment bildet. Thylakoide, dargestellt in *Abbildung 10.2c* und ▸*Abbildung 10.2d*, sind abgeflachte Strukturen, die im Stroma verteilt sind. Sie sind meist in Stapeln angeordnet, die man als **Grana** (Singular: **Granum**) bezeichnet. Die Grana sind durch ein Netzwerk langer Thylakoide untereinander verbunden, die sogenannten **Stromathylakoide**. Im Grunde sind alle photosynthetischen Komponenten, die Pigmente, Enzyme und Elektronenträger, auf oder in der Thylakoidmembran lokalisiert.

Aus elektronenmikroskopischen Aufnahmen aufeinanderfolgender Schnitte geht hervor, dass die Grana und die Stromathylakoide ein einzelnes durchgehendes Kompartiment umgeben, das **Thylakoidlumen**. Die von der Thylakoidmembran gebildete semipermeable Barriere trennt das

Lumen vom Stroma und spielt beim Aufbau eines elektrochemischen Protonengradienten und der ATP-Synthese eine wichtige Rolle. Die hohe Protonenkonzentration, die während des lichtgetriebenen Elektronentransports durch die Membranbarriere in das Lumen gepumpt wird, speichert potenzielle Energie, die später die ATP-Synthese antreibt, wenn die Protonen in das Stroma zurückkehren. Diesen Vorgang kann man mit einem Staudamm vergleichen, dessen Wasser von einem Damm gehalten wird, der eine physikalische Barriere für das Wasser bildet. Der erhöhte Wasserstand speichert potenzielle Energie (in diesem Fall Gravitationsenergie), die dann in mechanische Energie umgewandelt werden kann, wenn das Wasser mittels kontrollierter Öffnung des Damms abgelassen wird, wodurch die Turbinen angetrieben werden, die elektrische Energie erzeugen.

Photosynthetische Bakterien besitzen keine Chloroplasten. Bei einigen, zum Beispiel den Cyanobakterien, ist die Plasmamembran nach innen gefaltet und bildet *photosynthetische Membranen*. Diese Strukturen entsprechen den Thylakoiden. Tatsächlich scheinen die Cyanobakterien bis zu einem bestimmten Grad freilebende Chloroplasten zu sein. Ähnlichkeiten zwischen Mitochondrien, Chloroplasten und Bakterienzellen veranlassten die Biologen zur Formulierung der *Endosymbiontentheorie*, der zufolge Mitochondrien und Chloroplasten von Bakterien abstammen, die vor ein bis zwei Milliarden Jahren von primitiven Zellen einverleibt wurden.

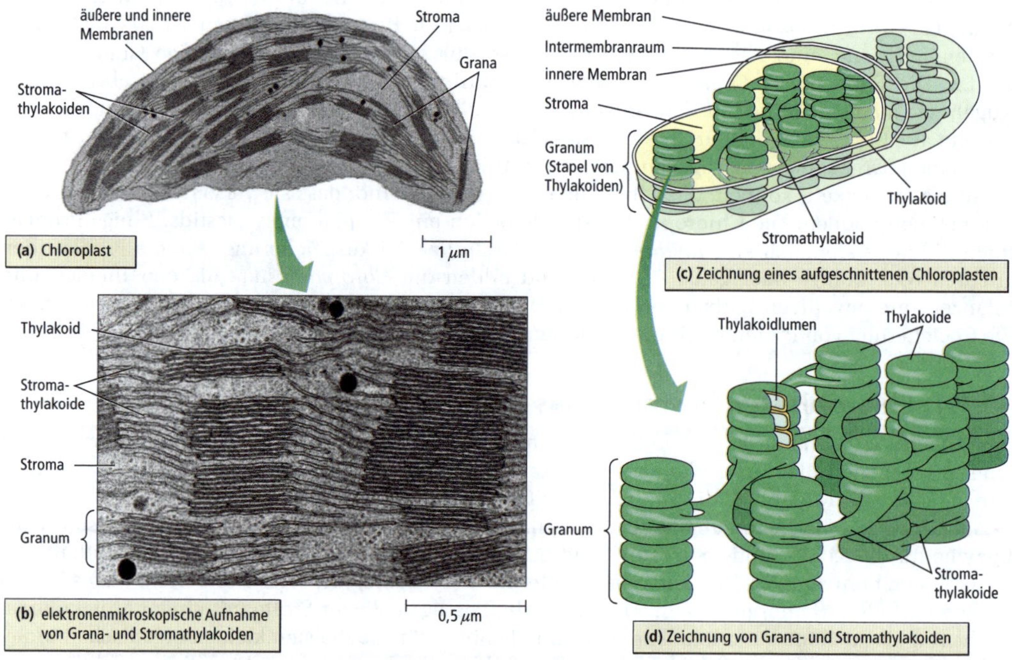

Abbildung 10.2: Strukturmerkmale eines Chloroplasten. (a) Elektronenmikroskopische Aufnahme eines Chloroplasten in einem Blatt des Wiesen-Lieschgrases *(Phleum pratense)* (TEM). (b) Vergrößerte elektronenmikroskopische Aufnahme des Chloroplasten aus Abschnitt a, in der die Anordnung der Grana und der Stromathylakoide zu erkennen ist (TEM). (c) Zeichnung der dreidimensionalen Struktur eines typischen Chloroplasten. (d) Die Darstellung des Übergangs der Thylakoidmembranen zeigt die Anordnung der Thylakoiden in Stapeln, die Grana heißen, und Stromathylakoide, welche die Grana untereinander verbinden. Die Thylakoidmembranen bilden ein abgetrenntes Kompartiment, das Lumen des Thylakoids.

10.2 Photosynthetische Energietransduktion I: Lichtabsorption

Das erste Stadium der photosynthetischen Energietransduktion ist das Absorbieren von Lichtenergie der Sonne. Wie bei jeder elektromagnetischen Strahlung besitzt auch das Licht Wellen und Partikel. Der Anteil des beispielsweise für uns sichtbaren elektromagnetischen Spektrums besteht aus

Licht, dessen Wellenlängen zwischen ungefähr 380 bis 750 nm liegen. Licht verhält sich allerdings auch wie ein Strom einzelner Partikel, der sogenannten **Photonen**, wobei jedes Photon ein **Quantum** (unteilbares Paket) Energie trägt. Die Wellenlänge eines Photons und die exakte von ihm getragene Energiemenge verhalten sich umgekehrt proportional (siehe *Abbildung 1.1*). Ein Photon ultravioletten oder blauen Lichts hat zum Beispiel eine kürzere Wellenlänge und trägt ein größeres Quantum Energie als ein Photon infraroten Lichts mit längerer Wellenlänge.

Wenn ein Photon von einem **Pigment** (Licht absorbierendes Molekül), zum Beispiel einem Chlorophyll, absorbiert wird, wird die Energie des Photons auf ein Elektron übertragen, das aus seinem *Grundzustand* in einem Orbital mit geringer Energie in einen *aktivierten Zustand* in einem Orbital mit hoher Energie übergeht. Dieser Vorgang, die sogenannte **Photoexzitation (Photoanregung)**, ist der erste Schritt der Photosynthese. Da jedes Pigment eine andere Atom- und Elektronenkonfiguration besitzt, zeigt es charakteristische Absorptionsspektren, welche die jeweiligen Wellenlängen des Lichts angeben, die das Pigment absorbiert. In ▸*Abbildung 10.3* führen wir die Absorptionsspektren mehrerer häufig in photosynthetischen Organismen vorkommender Pigmente auf sowie das Spektrum der Sonnenstrahlung, die auf die Erde gelangt. Beachten Sie, dass die überlappenden Absorptionsspektren verschiedener Chlorophylle und akzessorischer Pigmente effektiv das gesamte Spektrum des Sonnenlichts nutzen, das auf die Erde gelangt.

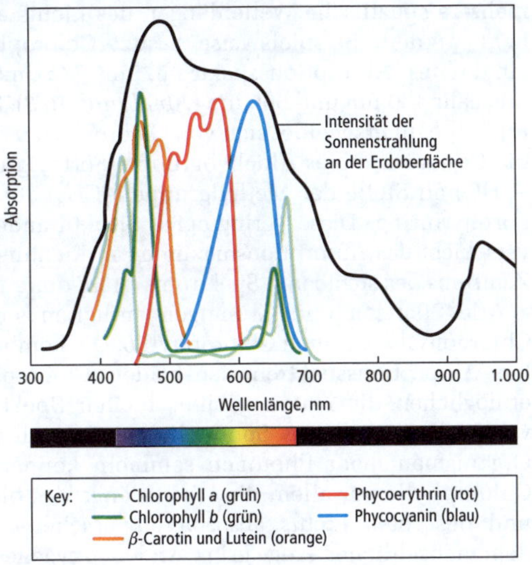

Abbildung 10.3: Die Absorptionsspektren häufig vorkommender photosynthetischer Pigmente. Der Graph zeigt die Absorptionsspektren verschiedener Chlorophylle und akzessorischer Pigmente (farbige Linien) und vergleicht diese mit der spektralen Verteilung der auf die Erdoberfläche gelangenden Sonnenenergie (schwarze Linie). Aus dem schmalen Kasten unterhalb des Graphen lässt sich die Farbe ablesen, mit der das menschliche Auge die jeweilige Wellenlänge wahrnimmt.

Ein photoexzitiertes (durch Licht angeregtes) Elektron eines Pigmentmoleküls verliert seine Stabilität und muss entweder in den Grundzustand in ein Orbital geringer Energie zurückkehren oder in ein relativ stabiles Orbital mit höherer Energie, im Allgemeinen in ein anderes Molekül, transferiert werden. Wenn das Elektron in ein Orbital geringer Energie zurückkehrt, geht die absorbierte Energie entweder in Form freigesetzter Wärme oder als ausgesandtes Licht (Fluoreszenz) verloren. Alternativ kann die absorbierte Energie von dem photoexzitierten Elektron an ein Elektron in einem benachbarten Pigmentmolekül übertragen werden. Diesen Vorgang bezeichnet man als **Resonanzenergietransfer**. Er ist von großer Bedeutung für den Transport gesammelten Lichtes von lichtabsorbierenden Molekülen zu Molekülen wie Chlorophyll, die ein aktiviertes Elektron an ein organisches Akzeptormolekül weiterleiten können. Die Übertragung eines photoexzitierten Elektrons an ein anderes Molekül bezeichnet man als **photochemische Reduktion**. Dieser Transfer ist von grundlegender Bedeutung für die Umwandlung von Lichtenergie in chemische Energie.

10.2.1 Chlorophyll ist die wichtigste Verbindung zwischen der Sonnenenergie und dem Leben auf der Erde

Chlorophyll, das in fast allen photosynthetischen Organismen enthalten ist, ist das wichtigste Energietransduktionspigment, das Sonnenenergie in die Biosphäre leitet. Die Strukturen der beiden Typen von Chlorophyll – Chlorophyll *a* und Chlorophyll *b* sind in der Abbildung ▸*Abbildung 10.4* dargestellt. Das Skelett eines jeden Moleküls setzt sich aus einem zentralen *Porphyrinring* und einer stark hydrophoben *Phytolseitenkette* zusammen. Die alternierenden Doppelbindungen im Porphyrinring sind für die Absorption sichtbaren Lichtes verantwortlich, während die Phytolseitenketten mit den Lipiden der Thylakoidmembran oder den Membranen der Cyanobakterien interagieren, indem sie die lichtabsorbierenden Moleküle in diesen Membranen verankern.

Das Magnesium-Ion (Mg^{2+}) der Chlorophylle *a* und *b* beeinflusst die Elektronenverteilung im Porphyrinring und stellt sicher, dass eine Reihe energiereicher Orbitale zur Verfügung steht. Daher können mehrere spezifische Wellenlängen des Lichts absorbiert werden. Beispielsweise besitzt Chlorophyll *a* ein breites Absorptionsspektrum, mit Maxima bei ungefähr 420 nm und 660 nm (*Abbildung 10.3*). Chlorophyll *b* unterscheidet sich von Chlorophyll *a* durch die Gegenwart einer Aldehydgruppe (Formylgruppe; –CHO) an Stelle der Methylgruppe ($-CH_3$) auf dem Porphyrinring. Diese geringfügige Strukturänderung verschiebt das Absorptionsmaximum in Richtung des Zentrums des sichtbaren Spektrums (*Abbildung 10.3*).

Alle Pflanzen und Grünalgen enthalten sowohl Chlorophyll *a* als auch Chlorophyll *b*. Die kombinierten Absorptionsspektren der beiden Chlorophylle ermöglichen die Nutzung eines breiten Spektrums von Wellenlängen des Sonnenlichts wodurch diese Organismen mehr Photonen sammeln können. Da Chlorophylle vor allem die Wellenlänge des blauen und des roten Lichts absorbieren, erscheinen sie dem menschlichen Auge grün. Andere oxygene photosynthetische Organismen ergänzen Chlorophyll *a* entweder mit Chlorophyll *c* (Braunalgen, Diatomeen und Dinoflagellaten), mit Chlorophyll *d* (Rotalgen) oder mit Phycobilin (Rotalgen und Cyanobakterien).

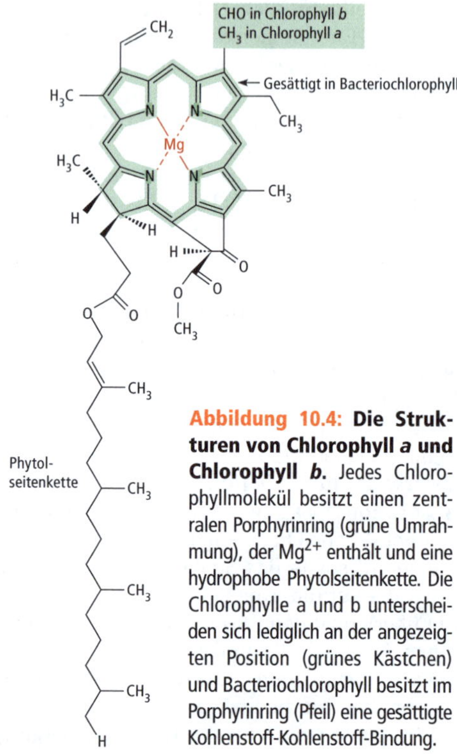

Abbildung 10.4: Die Strukturen von Chlorophyll *a* und Chlorophyll *b*. Jedes Chlorophyllmolekül besitzt einen zentralen Porphyrinring (grüne Umrahmung), der Mg^{2+} enthält und eine hydrophobe Phytolseitenkette. Die Chlorophylle a und b unterscheiden sich lediglich an der angezeigten Position (grünes Kästchen) und Bacteriochlorophyll besitzt im Porphyrinring (Pfeil) eine gesättigte Kohlenstoff-Kohlenstoff-Bindung.

Bacteriochlorophyll ist eine Unterfamilie der Chlorophyllmoleküle und kommt ausschließlich bei den anoxygenen Phototrophen vor (photosynthetische Bakterien). Charakteristischerweise besitzen sie eine gesättigte C–C-Bindung, die nicht in Chlorophyllmolekülen vorkommt. In diesem Fall verschieben strukturelle Änderungen das Absorptionsmaximum der Bacteriochlorophylle in Richtung der fast ultravioletten und tiefroten Bereiche des Spektrums.

10.2.2 Akzessorische Pigmente steigern die Absorption von Sonnenlicht

Die meisten photosynthetischen Organismen besitzen zudem **akzessorische Pigmente**, die Photonen absorbieren, die Chlorophyll nicht aufnehmen kann. Dann übertragen sie die Energie dieser Photonen mittels Resonanzenergietransfer auf ein Chlorophyllmolekül. Dank dieses Vorgangs können Organismen die Energie eines wesentlich größeren Teils des Sonnenlichts, das auf die Erdoberfläche trifft, absorbieren, wie in der *Abbildung 10.3* dargestellt, in der das Emissionsspektrum der Sonnenenergie schwarz und das Absorptionsspektrum verschiedener akzessorischer Pigmente in Farbe abgebildet sind. Es gibt zwei Typen akzessorischer Pigmente: **Carotinoide** und **Phycobiline**. In den Thylakoidmembranen der meisten Pflanzen und Grünalgen sind die beiden Carotinoide β-*Carotin* und *Lutein* in großer Anzahl enthalten, deren Absorptionsspektren große Ähnlichkeit aufweisen. Wenn diese Pigmente in ausreichend großer Anzahl vorhanden sind und nicht vom Chlorophyll überdeckt werden, verleihen sie den Blättern eine orange oder gelbe Färbung (oder den Karotten, denen sie ihren Namen verdanken). Das Absorptionsmaximum der Carotinoide liegt zwischen 420 und 480 nm und sie absorbieren Photonen eines großen Bereichs des blauen Spektrums und erscheinen uns daher gelb.

Phycobiline kommen ausschließlich in Rotalgen und Cyanobakterien vor. Zwei weit verbreitete Beispiele sind *Phycoerythrin* und *Phycocyanin*. Phycoerythrin absorbiert Photonen aus dem blauen, dem grünen und dem gelben Bereich des Spektrums (somit erscheint es uns rot) und befähigt die

Rotalgen zur Nutzung des trüben Lichts, das die Oberflächenschichten der Ozeane durchdringt. Phycocyanin absorbiert wiederum Photonen des orangen Anteils des Spektrums, sodass es blau erscheint und ein charakteristisches Merkmal der Cyanobakterien darstellt, die nahe der Oberfläche eines Sees oder an Land leben. Somit spiegeln die Variationen im Hinblick auf Menge und Eigenschaften der akzessorischen Pigmente oftmals die Anpassung eines Phototrophen an seine spezifische Umgebung wider.

10.2.3 Licht absorbierende Moleküle sind in Fotosystemen und Lichtabsorptionskomplexen organisiert

Chlorophyllmoleküle, akzessorische Pigmente und assoziierte Proteine sind in funktionalen Einheiten organisiert, den sogenannten **Fotosystemen**, die sich in den Thylakoidmembranen der Chloroplasten oder den Membranen von photosynthetischen Bakterien befinden. Die Chlorophyllmoleküle sind über lange hydrophobe Phytolseitenketten in den Membranen verankert. Chlorophyllbindeproteine stabilisieren das Chlorophyll im Fotosystem und verändern das Absorptionsspektrum spezifischer Chlorophyllmoleküle. Andere Proteine im Fotosystem binden Komponenten des Elektronentransportsystems oder katalysieren Oxidations-Reduktions-Reaktionen.

Die meisten Pigmente eines Fotosystems dienen als lichtabsorbierende **Antennenpigmente**, ähnlich einer Radioantenne, die Radiowellen auffängt. Diese Antennenpigmente absorbieren Photonen und leiten die Energie mittels Resonanzenergietransfer an ein benachbartes Chlorophyllmolekül oder ein akzessorisches Pigment weiter, wie in der ▸*Abbildung 10.5* dargestellt. Neueste Arbeiten mit photosynthetischen Algen lassen allerdings die Vermutung zu, dass an diesem Energietransfer quantenmechanische Vorgänge mitwirken, die bislang nicht in der Biologie beobachtet wurden. Es handelt sich nicht um einen einfachen, schrittweise linear ablaufenden Vorgang von Molekül zu Molekül, sondern dieser Energietransfer kann wellenartig ablaufen, wobei mehrere Wege gleichzeitig beschritten werden. Daraus kann man schließen, dass einige Antennenpigmente über quantenmechanische Wahrscheinlichkeitseffekte „verkabelt" sind, wodurch die Effektivität der Lichtabsorption erhöht wird.

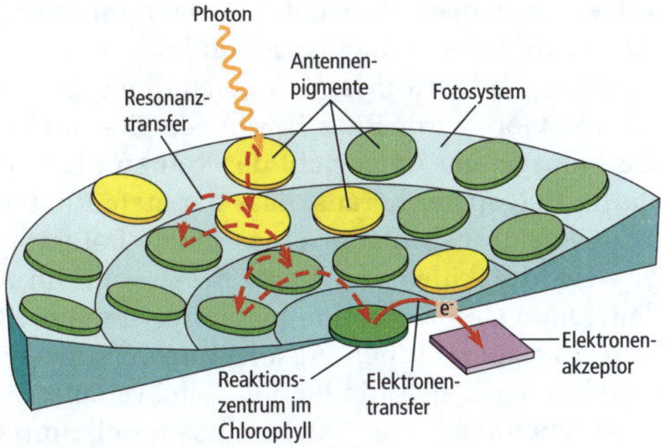

Abbildung 10.5: Der Transfer von Energie zum Reaktionszentrum eines Fotosystems. Die von den Lichtantennen absorbierte Energie wird mittels Resonanzenergietransfer so lange weitergeleitet, bis sie zu einem spezifischen Chlorophyll-*a*-Molekül im Reaktionszentrum eines Fotosystems gelangt. Die Energie wird gespeichert, wenn ein aktiviertes Elektron von dem Chlorophyll abgegeben und an ein organisches Akzeptormolekül weitergeleitet wird.

Die photochemischen Ereignisse, die den Elektronenfluss und das Pumpen von Protonen antreiben, beginnen erst mit Eintreffen der Energie im **Reaktionszentrum** eines Fotosystems, in dem sich zwei unterschiedliche Moleküle von Chlorophyll *a*, die man als *besonderes Paar* bezeichnet, befinden. Dieses Paar ist von anderen Komponenten des Reaktionszentrums umgeben und katalysiert die Umwandlung von Sonnenenergie in chemische Energie.

Im Allgemeinen ist jedes Fotosystem mit einem **Lichtsammelkomplex (LHC**, engl.: *light-harvesting complex***)** verknüpft, der ebenso wie ein Fotosystem, Lichtenergie sammelt. Allerdings besitzt der LHC kein Reaktionszentrum. Stattdessen leitet er mittels Resonanzenergietransfer die gesammelte Energie an ein nahegelegenes Fotosystem weiter. Diese LHCs liegen beweglich in der Thylakoidmembran und können sich bewegen, um sich den veränderten Lichtverhältnissen anzupassen. Bei den Pflanzen und Grünalgen bestehen die LHCs aus ungefähr 80–250 Molekülen von Chlorophyll *a* und Chlorophyll *b* sowie Carotinoiden und Pigmentbindeproteinen. Rotalgen und Cyanobakterien haben einen anderen Typ von LHC, das sogenannte **Phycobilisom**, das an Stelle von Chlorophyll und Carotinoiden Phycobiline enthält. Das Fotosystem und die assoziierten LHCs bezeichnet man als **Fotosystemkomplex**.

10.2.4 Oxygene Phototrophe haben zwei Arten von Fotosystemen

In den 1940er Jahren entdeckten Robert Emerson und seine Kollegen von der University of Illinois, dass zwei getrennte Fotoreaktionen an der oxygenen Photosynthese beteiligt sind. An der Grünalge *Chlorella* maßen sie die Geschwindigkeit der Photosynthese im Verhältnis zur Wellenlänge, indem sie die Geschwindigkeit kontrollierten, mit der Sauerstoff bei veränderter Wellenlänge des Lichts, das sie den Zellen zuführten, freigesetzt wurde. Zuerst beobachteten sie einen steilen Abfall der photosynthetischen Effizienz oberhalb einer Wellenlänge von ungefähr 690 nm. Dies fanden sie recht seltsam, denn *Chlorella* enthält Chlorophyllmoleküle, die Licht einer Wellenlänge von über 690 nm stark absorbieren. Als sie die längeren Lichtwellen mit Licht kürzerer Wellenlänge (ungefähr 650 nm) ergänzten, ereignete sich fast keine Senkung der Photosyntheserate. Stattdessen stellten sie fest, dass die Photosynthese, welche durch Kombination langer und kurzer Wellenlängen roten Lichts angetrieben wurde, die Summe an Aktivitäten übertraf, die sie mit nur einer Wellenlänge erzielten. Das synergetische Phänomen ging als **Emerson-Effekt** in die Geschichte ein.

Heute wissen wir, dass der Emerson-Effekt auf zwei unterschiedlichen Fotosystemen beruht. Das Fotosystem I (PSI) hat ein Absorptionsmaximum von 700 nm, während das Absorptionsmaximum des Fotosystems II (PSII) bei 680 nm liegt. Jedes Elektron, das vom Wasser zum $NADP^+$ wandert, muss zweimal photoexzitiert werden, einmal von jedem Fotosystem. Wenn die Belichtung auf Wellenlängen oberhalb von 690 nm beschränkt wird, ist PSII nicht aktiv und die Photosynthese wird erheblich eingeschränkt.

Im Folgenden werden wir feststellen, dass jedes Elektron zuerst von PSII und anschließend von PSI aktiviert wird. Bitte lassen Sie sich nicht von der Nomenklatur verwirren: Die Bezeichnung der Fotosysteme entspricht der Reihenfolge ihrer Entdeckung. Obwohl PSI zuerst entdeckt wurde, stellte sich später heraus, dass der erste Photoexzitationsvorgang im PSII stattfindet.

Im Reaktionszentrum eines jeden Fotosystems liegt ein anderes **spezielles Paar** von Chlorophyll-*a*-Molekülen vor, deren Elektronen im Anschluss an die Photonenabsorption aktiviert werden. Diese Chlorophyllmoleküle werden bei PSII als **P680** und bei PSI als **P700** bezeichnet, worin sich ihre spezifischen Absorptionsmaxima widerspiegeln. In den Grana- und Stromathylakoidmembranen liegen die beiden Fotosysteme in unterschiedlichen Mengen vor. Wie wir bereits im Zusammenhang mit den Lichtsammelkomplexen erfahren haben, sind diese Fotosysteme in gewisser Weise in der Membran beweglich, und dank ihrer Beweglichkeit kann sich die Zelle den sich ändernden Lichtmengen (Helligkeit) und der Lichtqualität (Wellenlänge) anpassen.

10.3 Photosynthetische Energietransduktion II: NADPH-Synthese

Das zweite Stadium der photosynthetischen Energietransduktion nutzt eine Reihe von Elektronenüberträgern für den Transport aktivierter Elektronen vom Chlorophyll zum Coenzym Nicotinamid-Adenin-Dinucleotid-Phosphat ($NADP^+$), woraus NADPH entsteht, die reduzierte Form von $NADP^+$. Diesen Vorgang bezeichnet man als Photoreduktion. An diesem Vorgang ist das Elektronentransportsystem (ETS) eines Chloroplasten beteiligt, das dem mitochondrialen ETS ähnelt, das wir in *Kapitel 9* beschrieben haben. Zum vollständigen Photoreduktionsweg (▸ *Abbildung 10.6*) gehören mehrere Komponenten, und viele Moleküle des ETS eines Chloroplasten ähneln denen des mitochondrialen ETS – Cytochrome, Eisen-Schwefel-Proteine und Chinon.

$\Delta G°'$ (Standardveränderung der freien Energie) und E_0' haben entgegengesetzte Vorzeichen. Dies bedeutet, dass die Elektronen spontan in Richtung einer Verbindung mit höherem Reduktionspotenzial fließen werden. Durch Absorption von Lichtenergie durch jedes Fotosystem werden Elektronen zur „Spitze" eines ETS gehoben (niedrigerer Wert von E_0'). Wenn die Elektronen exergonisch vom PSII zum PSI fließen, wird ein Teil ihrer Energie in einem Protonengradienten über der Thylakoidmembran gespeichert. Vom PSI gehen Elektronen zum Ferredoxin und dann zum $NADP^+$ weiter, wodurch Reduktionsenergie in Form von NADPH gebildet wird. $NADP^+$ unterscheidet sich nur insofern von NAD^+, als dass an sein Adenosin eine weitere Phosphatgruppe gebunden ist. $NADP^+$ ist ein an vielen anabolischen Stoffwechselwegen beteiligtes Coenzym, während NAD^+ im Allgemeinen an katabolischen Stoffwechselwegen mitwirkt.

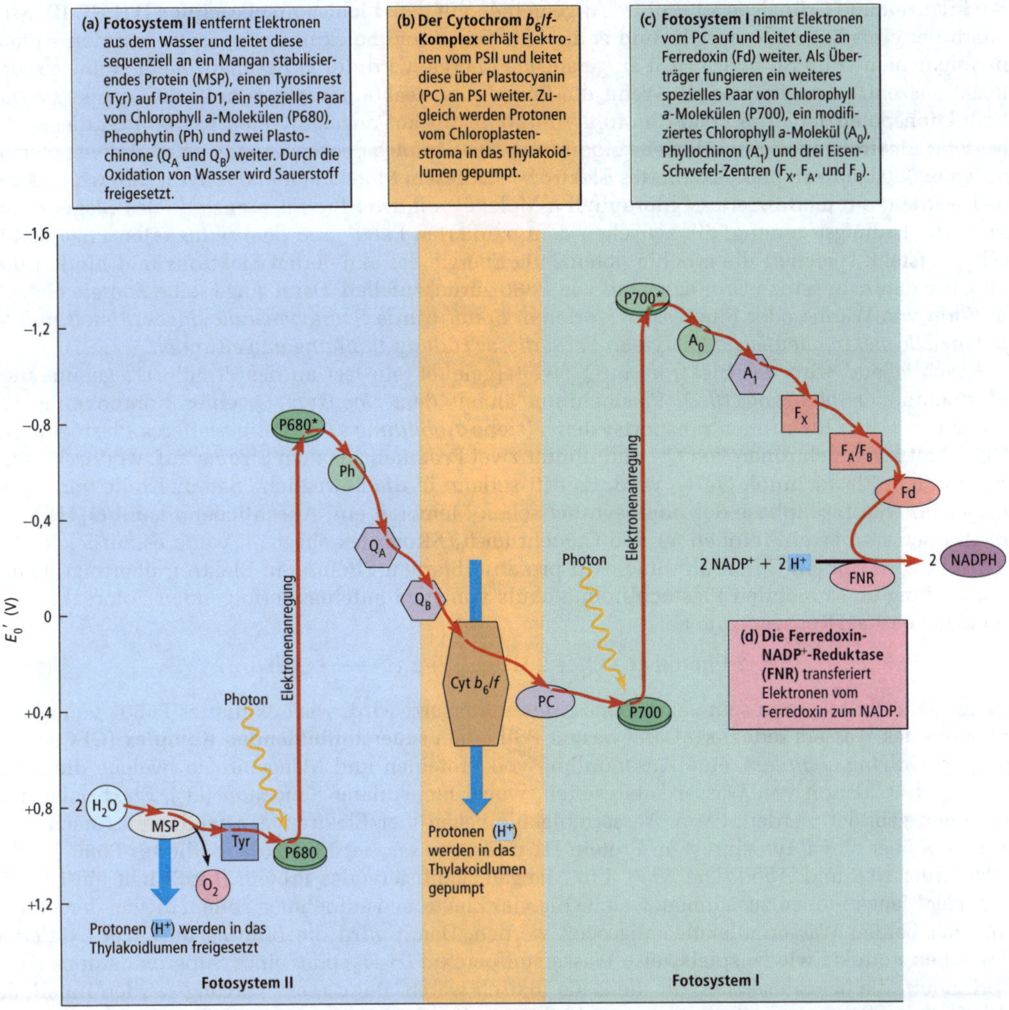

Abbildung 10.6: Der nichtzyklische Elektronenfluss bei oxygenen Phototrophen. Der Elektronenfluss vom Wasser zum NADPH (rote Pfeile) erfolgt über einen linearen Weg durch (a) Fotosystem II (PSII), (b) den Cytochrom-b_6/f-Komplex, (c) Fotosystem I (PSI) und (d) Ferredoxin-$NADP^+$-Reduktase (FNR). Beachten Sie, wie die Absorption von Photonen durch die Chlorophylle P680 und P700 zu einem steilen Abfall ihrer Reduktionspotenziale führt (vertikale Achse), wodurch sie aktivierte Elektronen an einen Akzeptor mit hohem negativem Reduktionspotenzial abgeben können. Die *Abbildung 10.7* stellt die Ausrichtung dieser Komponenten sowie den ATP-Synthesekomplex innerhalb der Thylakoidmembran dar.

10.3.1 Das Fotosystem II überträgt Elektronen von Wasser zu einem Plastochinon

Wir beginnen unsere detaillierte Darstellung des Photoreduktionswegs mit dem Fotosystem II, das Elektronen des Wassers zur Reduktion von Plastochinon (Q_B) zu einem Plastochinol (Q_BH_2) nutzt. Das Reaktionszentrum PSII, von dem ein Teil in der ▸ *Abbildung 10.7* dargestellt ist, enthält ungefähr 25 Polypeptide, darunter D1 und D2, die nicht nur Chlorophyll P680 binden, sondern auch den Wasserspaltungskomplex und die Komponenten eines ETS. Das Reaktionszentrum von PSII wird von 40–50 weiteren Chlorophyll-*a*-Molekülen und circa zehn β-Carotinmolekülen umgeben, welche die Photonensammlung fördern.

Bei Pflanzen und Grünalgen ist PSII im Allgemeinen mit dem **Lichtsammelkomplex II (LHC II)** assoziiert, der circa 250 Chlorophyll- und zahlreiche Carotinoidmoleküle enthält. Die von den Antennenpigmenten von PSII oder LHCII aufgefangene Energie wird durch Resonanzenergietransfer zum Reaktionszentrum weitergeleitet. Wenn die Energie im Reaktionszentrum ankommt, senkt sie das Reduktionspotenzial eines P680-Chlorophyll-*a*-Moleküls auf ungefähr –0,80 V, wodurch dieses ein besserer Elektronendonor wird (siehe *Abbildung 10.6*). Infolge der Senkung des Reduktionspotenzials von P680 kann ein photoexzitiertes Elektron von diesem Molekül an *Phäophytin (Ph)* weitergegeben werden, ein modifiziertes Chlorophyll-*a*-Molekül mit zwei Protonen anstelle des Magnesiumions. Die Ladungstrennung, die zwischen dem oxidierten $P680^+$ und dem reduzierten Phäophytin (Ph^-) entsteht, speichert die erhöhte potenzielle Energie des aktivierten Elektrons und hindert das Elektron daran, in seinen Grundzustand von P680 zurückzufallen. Dann ginge seine Energie einfach in Form von Wärme oder Fluoreszenz verloren. *Somit wurde Sonnenenergie eingesammelt und in potenzielle elektrochemische Energie in Form dieser Ladungstrennung umgewandelt.*

Anschließend wird das Elektron an Q_A weitergeleitet, ein fest an das Protein D2 gebundenes Plastochinon (*Abbildung 10.7*). Plastochinon ähnelt dem *Coenzym Q*, einer Komponente des mitochondrialen Elektronentransportsystems (siehe *Abbildung 10.12*). Ein weiteres Plastochinon, Q_B, erhält zwei Elektronen von Q_A und nimmt zwei Protonen aus dem Stroma auf, wodurch es zu reduziertem Plastochinol, Q_BH_2, wird. Es tritt sodann in die bewegliche Sammelstelle von Q_BH_2 in der inneren Lipidphase der photosynthetischen Membran ein. Anschließend kann Q_BH_2 zwei Elektronen und zwei Protonen an den Cytochrom-b_6/f-Komplex abgeben, wenn es zurück zu Q_B oxidiert wird. Da ein Chlorophyllmolekül pro absorbiertem Photon ein Elektron überträgt, hängt die Bildung eines mobilen Plastochinolmoleküls von zwei aufeinanderfolgenden Fotoreaktionen im gleichen Reaktionszentrum ab:

$$2\ \text{Photonen} + Q_B + 2\ H^+_{\text{Stroma}} + 2\ e^- \longrightarrow Q_BH_2 \qquad (10\text{-}3)$$

Damit dem Plastochinon sein abgegebenes Elektron ersetzt wird, wird oxidiertes $P680^+$ von einem Elektron des Wassers reduziert. Dafür besitzt PSII einen **sauerstoffbildenden Komplex (OEC**, engl.: *oxygen-evolving complex***)**, eine Ansammlung von Proteinen und Manganionen, welche die Spaltung und Oxidation von Wasser katalysieren, wobei molekularer Sauerstoff (O_2), Elektronen und Protonen gebildet werden. Zwei Wassermoleküle geben vier Elektronen, jeweils eines nach dem anderen, über einen Tyrosinrest an Protein D1 und dann an vier Moleküle oxidiertes $P680^+$ (siehe *Abbildung 10.6* und *Abbildung 10.7*). Ein Mangan-stabilisierendes Protein (MSP) hält ein Cluster von vier Mangan-Ionen zusammen, welche die vier Elektronen aufnehmen sollen, die bei der Oxidation der beiden Wassermoleküle freigesetzt werden. Damit wird die Bildung teilweise oxidierter Zwischenprodukte wie beispielsweise Wasserstoffperoxid (H_2O_2) oder eines Superoxidanions (O_2^-) verhindert, die bei Freisetzung für die Zelle toxisch wären. Bei diesem Vorgang werden innerhalb des Thylakoidlumens vier Protonen und ein Sauerstoffmolekül freigesetzt, wie hier dargestellt:

$$2\ H_2O \longrightarrow O_2 + 4\ e^- + 4\ H^+_{\text{Lumen}} \qquad (10\text{-}4)$$

Die sich im Lumen anhäufenden Protonen tragen zum Aufbau eines elektrochemischen Protonengradienten über der Thylakoidmembran bei und das Sauerstoffmolekül diffundiert aus dem Chloroplasten heraus. Da die vollständige Oxidation von zwei Wassermolekülen zu molekularem Sauerstoff von vier Fotoreaktionen abhängt, kann die Nettoreaktion, die von vier Photoexzitationen im PSII katalysiert wird, durch Verdopplung der Reaktion 10-3 und Anfügen an die Reaktion 10-4 zusammengefasst werden:

$$4\ \text{Photonen} + 2\ H_2O + 2\ Q_B + 4\ H^+_{\text{Stroma}} \longrightarrow O_2 + 2\ Q_BH_2 + 4\ H^+_{\text{Lumen}} \qquad (10\text{-}5)$$

Beachten Sie, dass die aus dem Stroma entfernten Protonen sich als Teil von Q_BH_2 in Wirklichkeit immer noch auf dem Weg ins Lumen befinden, während die Protonen, die zu diesem Zeitpunkt im Lumen angekommen sind, aus der Oxidation des Wassers stammen. Man nimmt an, dass die lichtabhängige Oxidation von Wasser zu Protonen und molekularem Sauerstoff, die sogenannte *Wasserphotolyse*, vor zwei bis drei Milliarden Jahren bei den Cyanobakterien auftrat, wodurch ihnen ermöglicht wurde, das Wasser als üppigen Elektronendonor zu nutzen. Der bei diesem Vorgang freigesetzte Sauerstoff führte eine dramatische Veränderung der Atmosphäre der frühen Welt herbei, die ursprünglich keinen freien Sauerstoff enthielt, und bahnte den Weg für die Entwicklung der aeroben Atmung. Außerdem führte die O_2-Freisetzung zur Bildung der Ozonschicht in der Stratosphäre, die das Leben auf der Erde vor zerstörerischer UV-Strahlung aus dem Weltall schützt. Nur so konnte sich das Leben entwickeln, das wir heute kennen.

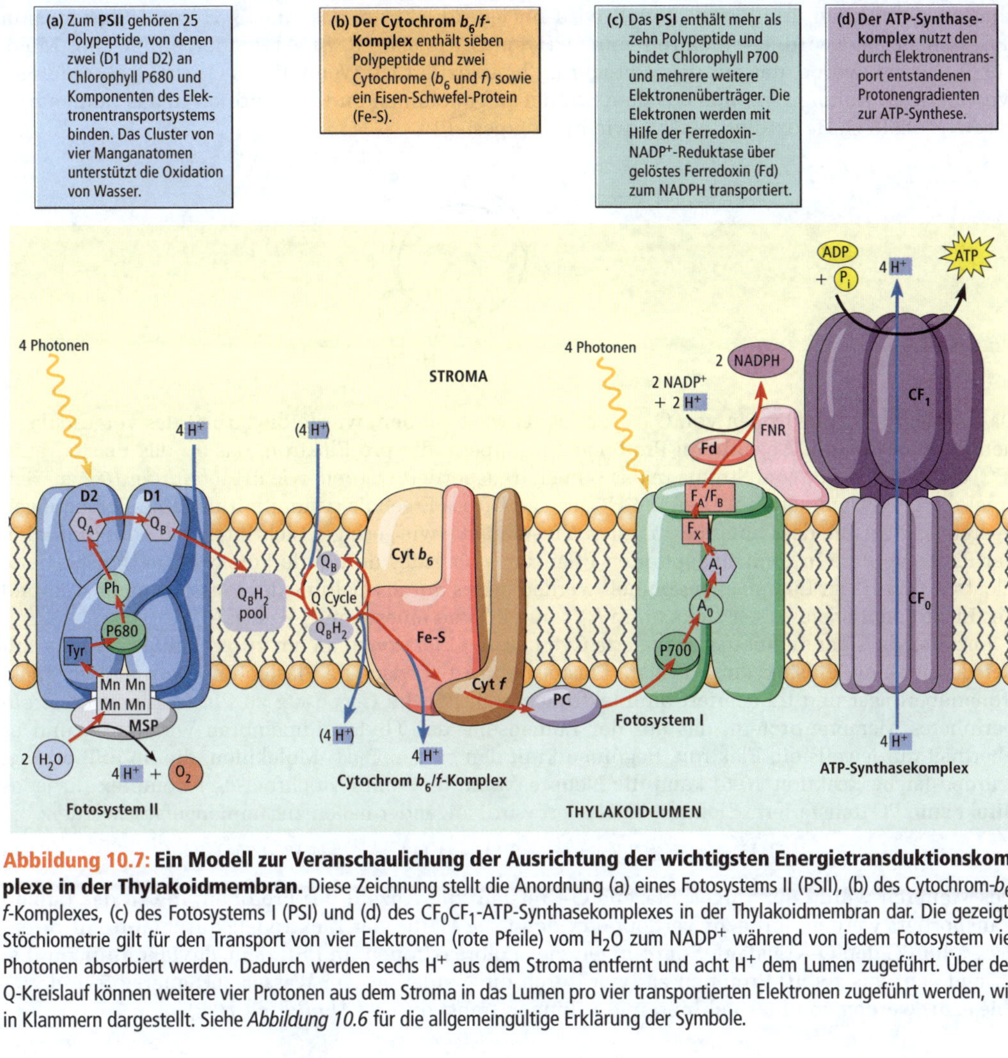

Abbildung 10.7: Ein Modell zur Veranschaulichung der Ausrichtung der wichtigsten Energietransduktionskomplexe in der Thylakoidmembran. Diese Zeichnung stellt die Anordnung (a) eines Fotosystems II (PSII), (b) des Cytochrom-b_6/f-Komplexes, (c) des Fotosystems I (PSI) und (d) des CF_0CF_1-ATP-Synthasekomplexes in der Thylakoidmembran dar. Die gezeigte Stöchiometrie gilt für den Transport von vier Elektronen (rote Pfeile) vom H_2O zum $NADP^+$ während von jedem Fotosystem vier Photonen absorbiert werden. Dadurch werden sechs H^+ aus dem Stroma entfernt und acht H^+ dem Lumen zugeführt. Über den Q-Kreislauf können weitere vier Protonen aus dem Stroma in das Lumen pro vier transportierten Elektronen zugeführt werden, wie in Klammern dargestellt. Siehe *Abbildung 10.6* für die allgemeingültige Erklärung der Symbole.

10.3.2 Der Cytochrom-b_6/f-Komplex überträgt Elektronen von einem Plastochinol zum Plastocyanin

Die vom Q_BH_2 transportierten Elektronen fließen durch einen ETS, der an das unidirektionale Protonenpumpen durch die Thylakoidmembran gekoppelt ist, in das Lumen. Dies erfolgt durch den **Cytochrom-b_6/f-Komplex**, der analog ist zum mitochondrialen Atmungskomplex III, den wir in *Kapitel 9* beschrieben haben (siehe *Abbildung 9.10*). Der Cytochrom-b_6/f-Komplex setzt sich aus sieben verschiedenen integralen Membranproteinen zusammen, darunter zwei Cytochrome und ein Eisen-Schwefel-Protein.

Das mobile Q_BH_2 gibt zwei Elektronen, die es vom PSI erhielt, nacheinander über *Cytochrom* b_6 und das Eisen-Schwefel-Protein ab. Bei der Oxidation eines jeden Q_BH_2 werden zwei Protonen in das

Thylakoidlumen freigesetzt. Dies ermöglicht Q_B dann zum Plastochinon-Pool zurückzukehren, wo es zur Aufnahme weiterer Elektronen vom PSII und weiterer Protonen aus dem Stroma bereit steht.

Neuere Forschungsergebnisse stützen ein Modell, das eine Erklärung dafür liefert, wie mittels eines angedachten Chloroplasten-Q-Kreislaufs weitere Protonen aus dem Stroma in das Lumen gepumpt werden können. Dieser Chloroplasten-Q-Kreislauf wurde erstmals 1975 von Peter Mitchell vorgeschlagen. In diesem Modell wird für jedes Elektron, das vom Q_BH_2 zum Plastocyanin (PC) transportiert wird, ein Elektron vom Q_BH_2 im Q-Kreislauf dazu verwendet, ein zweites Molekül Q_B zu reduzieren, das mit dem Cytochrom b_6 assoziiert ist. Wenn dieses Q_B zu Q_BH_2 reduziert wird, werden weitere Protonen aus dem Stroma aufgenommen und letztendlich in das Lumen freigesetzt, sobald Q_BH_2 oxidiert wurde, wie hier dargestellt:

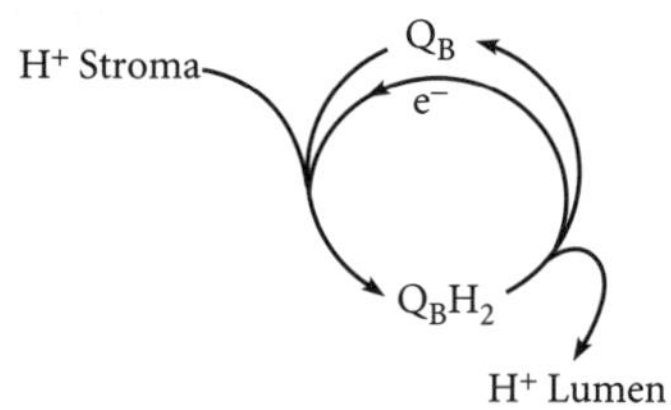

Da die Hälfte der Elektronen von Q_BH_2 zu Q_B recycelt werden, würde die Arbeit des vorgeschlagenen Q-Kreislaufs die Anzahl von Protonen verdoppeln, die pro Elektron, das an das Plastocyanin (PC) abgegeben wird, vom Stroma in das Lumen transportiert werden, wie in *Abbildung 10.7* am Beispiel der eingeklammerten weiteren 4 H^+ gezeigt. Dieses Ergebnis stimmt mit neueren Forschungen überein, die zeigen, dass unter bestimmten Umständen – wie geringer Lichtintensität oder Induktion der Photosynthese in dunkeladaptierten Pflanzen – für jedes durch die Fotosysteme transportierte Elektron drei H^+ im Lumen angesammelt werden (eines durch Spaltung des Wassers, eines während des Elektronentransfers über Cytochrom b_6/f zum PC und eines vom Q-Kreislauf).

Im Anschluss daran gibt das reduzierte Cytochrom *f* Elektronen an ein kupferhaltiges Protein mit der Bezeichnung **Plastocyanin (PC)** ab. Plastocyanin ist ebenso wie Plastochinon ein mobiler Elektronenüberträger und transferiert die Elektronen zum PSI. Im Gegensatz zu Plastochinon ist es ein peripheres Membranprotein, das auf der Lumenseite der Thylakoidmembran vorkommt, und es überträgt nur jeweils ein Elektron. Beginnend mit den beiden Q_BH_2-Molekülen, die im PSII erzeugt wurden (siehe Reaktion 10-5) kann die Nettoreaktion, die vom Cytochrom-b_6/f-Komplex für jedes direkt zum PC transferierte Elektron katalysiert wird, folgendermaßen zusammengefasst werden:

$$2\ Q_BH_2 + 4\ PC(CU^{2+}) \longrightarrow 2\ Q_B + 4\ H^+_{Lumen} + 4\ PC(CU^+) \qquad (10\text{-}6)$$

Des Weiteren würde der vorgeschlagene Q-Kreislauf die Anzahl der Protonen, die in das Lumen transportiert werden, auf acht verdoppeln, denn die Hälfte der Elektronen durchläuft auf ihrem Weg zum PC den Q-Kreislauf. Somit fügen vier Fotoreaktionen im PSII dem Thylakoidlumen insgesamt acht (bis zwölf) Protonen zu: vier durch die Oxidation von Wasser zu Sauerstoff und vier (bis acht) werden von Plastochinon in das Lumen transportiert (*Abbildung 10.7*).

10.3.3 Das Fotosystem I überträgt Elektronen vom Plastocyanin zum Ferredoxin

Die Aufgabe des Fotosystems I besteht darin, photoexzitierte Elektronen vom reduzierten Plastocyanin zu einem Protein zu transportieren, das man als Ferredoxin bezeichnet, dem unmittelbaren Elektronendonor für $NADP^+$. Wie in der *Abbildung 10.7* dargestellt, gehört anstelle eines Phäophytinmoleküls ein drittes Chlorophyll-*a*-Molekül, das A_0, zum Reaktionszentrum von PSI. Weitere Komponenten des Reaktionszentrums sind ein Phyllochinon (A_1) sowie drei Eisen-Schwefel-Zentren (F_X, F_A und F_B), die ein ETS bilden, das A_0 an Ferredoxin bindet.

Das PSI der Pflanzen und Grünalgen ist mit dem **Lichtsammelkomplex I (LHC I)** assoziiert, der weniger Antennenmoleküle als LHCII enthält – zwischen 80 und 120 Chlorophyll- und einige wenige Carotinoidmoleküle. Ebenso wie im PSII-Komplex wird Energie zu einem Reaktionszentrum kanalisiert, das ein besonderes Paar von Chlorophyll-*a*-Molekülen enthält. Die vom PSI absorbierte Energie senkt das Reduktionspotenzial des speziellen Paares von Chlorophyllen mit der Bezeichnung P700 auf ungefähr –1,30 V (siehe *Abbildung 10.6*). Ein aktiviertes Elektron wird dann schnell vom P700 zum A_0 weitergeleitet und die Ladungstrennung zwischen dem oxidierten $P700^+$ und dem reduzierten A_0 hindert das Elektron daran, in seinen anfänglichen Grundzustand zurückzukehren. Ebenso wie beim PSII speichert diese Ladungstrennung einen Teil der Lichtenergie, die als potenzielle elektrochemische Energie absorbiert wird. Das Elektron, das P700 abgegeben hat, wird durch ein Elektron vom reduzierten Plastocyanin ersetzt.

Von A_0 fließen Elektronen energetisch durch das ETS zum Ferredoxin, dem letzten Elektronenakzeptor des PSI. **Ferredoxin (Fd)** ist ein bewegliches Eisen-Schwefel-Protein des Chloroplastenstromas. Ferredoxin ist ein wichtiges Reaktionsäquivalent mehrerer anderer metabolischer Stoffwechselwege im Chloroplasten, unter anderem dient es für die Stickstoff- und Schwefelassimilierung. Ausgehend von vier reduzierten Plastocyaninmolekülen, die im Cytochrom-b_6/*f*-Komplex gebildet werden (Reaktion 10-6), kann die vom PSI katalysierte Nettoreaktion folgendermaßen zusammengefasst werden:

$$4\ \text{Photonen} + 4\ \text{PC}(\text{Cu}^+) + 4\ \text{Fd}(\text{Fe}^{3+}) \longrightarrow 4\ \text{PC}\ (\text{Cu}^{2+}) + 4\ \text{Fd}(\text{Fe}^{2+}) \qquad (10\text{-}7)$$

10.3.4 Ferredoxin-NADP⁺-Reduktase katalysiert die Reduktion von NADP⁺

Der letzte Schritt des Photoreduktionswegs ist der Transfer von Elektronen vom Ferredoxin zum $NADP^+$, wodurch das für die photosynthetische Kohlenstoffreduktion und Assimilierung unabdingbare NADPH zur Verfügung gestellt wird. Dieser Transfer wird von dem Enzym **Ferredoxin-NADP⁺-Reduktase (FNR)** katalysiert, einem peripheren Membranprotein, das sich auf der Stromaseite der Thylakoidmembran befindet. Beginnend mit vier vom PSI erzeugten reduzierten Ferredoxinmolekülen (siehe *Abbildung 10.5*), gelangen wir zu folgender Gleichung:

$$4\ \text{Fd}(\text{Fe}^{2+}) + 2\ \text{NADP}^+ + 2\ \text{H}^+_{\text{Stroma}} \longrightarrow 4\ \text{Fd}(\text{Fe}^{3+}) + 2\ \text{NADPH} \qquad (10\text{-}8)$$

Bedenken Sie, dass die Reduktion eines $NADP^+$-Moleküls ein H^+ aus dem Stroma plus zwei Elektronen verbraucht, jeweils von einem reduzierten Ferredoxin. Zwar werden durch diese Reaktion nicht wirklich Protonen vom Stroma in das Lumen transportiert, doch senkt diese Reaktion die Protonenkonzentration des Stromas und trägt zum elektrochemischen Protonengradienten über der Thylakoidmembran bei.

In Zusammenarbeit mit dem Chloroplasten bewirken die verschiedenen Komponenten des ETS einen ständigen unidirektionalen Elektronenfluss vom Wasser zum $NADP^+$, wie in *Abbildung 10.6* und *Abbildung 10.7* dargestellt. Diesen Elektronenfluss bezeichnet man als **nichtzyklischen Elektronenfluss**. Diese Bezeichnung dient zu allererst der Unterscheidung vom zyklischen Elektronenfluss (vom Ferredoxin zurück zum Cytochrom-b_6/*f*-Komplex), dem wir bald begegnen werden. Das Nettoergebnis der vollständigen lichtabhängigen Oxidation von zwei Wassermolekülen zu molekularem Sauerstoff kann man durch Summierung der Reaktionen 10-5 bis 10-8 erhalten, unter der Voraussetzung, dass Ferredoxin an keinen anderen Stoffwechselwegen Elektronen abgibt:

$$8\ \text{Photonen} + 2\ \text{H}_2\text{O} + 6\ \text{H}^+_{\text{Stroma}} + 2\ \text{NADP}^+ \longrightarrow 8\ \text{H}^+_{\text{Lumen}} + \text{O}_2 + 2\ \text{NADPH} \qquad (10\text{-}9)$$

Für jeweils acht absorbierte Photonen (vier vom PSII und vier vom PSI) werden zwei Moleküle NADPH gebildet. Des Weiteren ist das ETS der Photoreduktion an einen Mechanismus gekoppelt, über den das unidirektionale Protonenpumpen durch die Thylakoidmembran vom Stroma zum Lumen erfolgt. Der Einsatz des vorgeschlagenen Q-Kreislaufs würde die Anzahl der sich im Lumen ansammelnden Protonen auf zwölf erhöhen. Somit wird die Sonnenenergie in zwei Formen als potenzielle Energie gesammelt und gespeichert: als Reduktionsäquivalent NADPH und als elektrochemischer Protonengradient.

Nun werden wir uns damit beschäftigen, wie die potenzielle Energie dieses Protonengradienten zur Synthese von ATP aufgewendet wird und zwar auf eine Weise, die der mitochondrialen ATP-Synthese ähnelt. Trotz der Unterschiede zwischen Chloroplasten und Mitochondrien besitzen beide eine äußere

Membran, eine innere Membran und einen Innenraum, in dem Protonen angehäuft werden – bei den Mitochondrien der Raum zwischen den Cristae und im Chloroplasten die Thylakoide. Bei beiden läuft ein exergonischer Elektronentransport über eine Reihe membranständiger Überträgerkomplexe ab, die abwechselnd reduziert und oxidiert werden, während sie den Protonengradienten für die ATP-Synthese aufbauen. Bei den Mitochondrien wandern die Elektronen allerdings von energiereichen reduzierten Coenzymen zum Sauerstoff und bilden Wasser, während die chemische Energie von einer Form (NADH) in eine andere Form (ATP) umgewandelt wird. Bei den Chloroplasten wird die Sonnenenergie zum Entfernen von Elektronen aus dem Wasser genutzt, wodurch Sauerstoff entsteht, wenn die Sonnenenergie in chemische Energie in Form von NADPH und ATP umgewandelt wird.

10.4 Photosynthetische Energietransduktion III: ATP-Synthese

Nun werden wir im letzen Stadium der photosynthetischen Energietransduktion erfahren, wie die jetzt im Protonengradienten gespeicherte potenzielle Energie dazu verwendet wird, ATP aus ADP und P_i zu synthetisieren. Da die zur Phosphorylierung von ADP eingesetzte Energie von der Sonne stammt, bezeichnet man diesen Vorgang als **Photophosphorylierung**. Die Thylakoidmembran ist für Protonen praktisch undurchlässig, weshalb sich über der Membran in belichteten Chloroplasten ein beachtlicher elektrochemischer Protonengradient aufbauen kann. Wie in *Kapitel 9* in Bezug auf Mitochondrien dargestellt, können wir die gesamte protonenmotorische Kraft *(PMF)* über der Thylakoidmembran berechnen, indem wir den Term der Protonenkonzentration (*pH*) und den Term des Membranpotenzials (V_m) addieren (siehe Gleichung 10-13). Dies kann zur Ermittlung der Standardveränderung der freien Energie ($\Delta G^{\circ\prime}$) für den Transport von Protonen vom Lumen zum Stroma herangezogen werden.

In den Mitochondrien liegt die Differenz des pH-Werts (ΔpH) über der inneren Membran bei nur etwa einer Einheit, wodurch ungefähr 0,06 V (30 %) zur gesamten *PMF* von 0,22 V beigetragen werden. Die restlichen 70 % der *PMF* stammen von der Membranpotenzialdifferenz von ungefähr 0,16 V (siehe Gleichung 10-14). Bei Chloroplasten ist der Wert von ΔpH wichtiger als der von ΔV_m und trägt etwa 80 % zur gesamten *PMF* bei. Das durch Licht induzierte Protonenpumpen im Thylakoidlumen bewirkt einen Abfall des pH-Wertes auf circa 6. In Verbindung mit einem Anstieg des pH-Werts im Stroma auf circa 8 in Folge der Senkung der Protonenkonzentration entsteht ein ΔpH-Wert von ungefähr zwei Einheiten, der ausreicht, um eine *PMF* von circa 0,12 V bei 25 °C zu erzeugen. Gehen wir einmal von Schätzungen der Membranpotenzialdifferenz aus, die bei ungefähr 0,03 V liegen, so erhalten wir einen Gesamtwert für die *PMF* von 0,15 V, was einen Wert für $\Delta G^{\circ\prime}$ von ungefähr 3,5 kcal/mol für Protonen bedeutet, die sich durch die Thylakoidmembran bewegen.

10.4.1 Der ATP-Synthasekomplex koppelt den Transport von Protonen durch die Thylakoidmembran an die ATP-Synthese

Bei den Chloroplasten, aber auch bei den Mitochondrien und den Bakterien, treibt der Transport von Protonen durch eine Membran von der hohen zur niedrigen Konzentration die Synthese von ATP durch einen **ATP-Synthasekomplex** an. Der ATP-Synthasekomplex der Chloroplasten, den man als **CF_0CF_1-Komplex** bezeichnet, weist beachtliche Gemeinsamkeiten mit den F_oF_1-Komplexen der in *Kapitel 9* beschriebenen Mitochondrien und Bakterien auf (siehe *Abbildung 9.12*). Die **CF_1**-Komponente ist eine hydrophile Gruppierung von Polypeptiden, die aus der Stromaseite der Thylakoidmembran herausragen und drei katalytische Zentren für die ATP-Synthese enthalten. Ebenso wie die bakterielle Einheit F_1, setzt sich CF_1 aus fünf verschiedenen Polypeptiden mit einer Stöchiometrie von $\alpha_3\beta_3\gamma\delta\varepsilon$ zusammen. Diese CF_1-Polypeptide haben ähnliche Strukturen und Funktionen wie die analogen F_1-Polypeptide.

Die **CF_0**-Komponente ist ein hydrophober Komplex von in der Thylakoidmembran verankerten Proteinen, die große Ähnlichkeit mit der F_o-Komponente der F_oF_1-ATP-Synthase aufweist. Die CF_o-Untereinheiten I und II bilden einen peripheren Stiel, der CF_o mit CF_1 verbindet und erfüllen damit dieselbe Funktion wie die beiden *b*-Untereinheiten von F_1 (siehe *Abbildung 9.12*). Die CF_o-Untereinheit (ähnlich der *a*-Untereinheit von F_o) ist der **Protonentranslokator**, durch den Protonen unter dem Druck von *PMF* vom Lumen zum Stroma zurückfließen. Der Protonenfluss durch die Untereinheit IV führt zur Rotation eines benachbarten Rings, der aus Untereinheit-III-Polypeptiden (ähnlich den *c*-Untereinheiten im *c*-Ring von F_o) besteht. Diese Rotation ist über die CF_1-Komponente an die ATP-Synthese gekoppelt, wie in *Kapitel 9* in Bezug auf die F_oF_1-ATP-Synthase beschrieben.

Früher legten Ergebnisse biochemischer Experimente die Annahme nahe, dass für jeweils drei Protonen, die den CF_oCF_1-Komplex passierten, ein ATP synthetisiert wurde. Andere auf Experimenten beruhende Modelle weisen jedoch darauf hin, dass für jedes synthetisierte ATP vier Protonen transportiert werden müssen. Neueste Ergebnisse, denen zufolge es 14 Kopien der Untereinheit III im rotierenden Ring des CF_oCF_1-Komplex des Spinatchloroplasten gibt, lassen den Schluss zu, dass der Transport von 14 Protonen durch den CF_oCF_1-Komplex zur Rotation führt und die Synthese von drei ATP (also mehr als 4 H^+ pro ATP) herbeiführt. Vielleicht erklärt die unterschiedliche Anzahl von Untereinheit-III-Polypeptiden in den verschiedenen Organismen die abweichenden H^+/ATP-Verhältnisse, welche die Wissenschaftler durch unterschiedliche Experimente erhielten.

Geht man davon aus, dass H^+ und ATP im Verhältnis 1 : 4 vorliegen, so kann man die von einem ATP-Synthasekomplex katalysierte Reaktion folgendermaßen zusammenfassen:

$$4\ H^+_{Lumen} + ADP + P_i \longrightarrow 4\ H^+_{Stroma} + ATP \qquad (10\text{-}10)$$

Im Hinblick auf die Thermodynamik ist dieses Ergebnis recht wahrscheinlich. Der $\Delta G'$-Wert für die ATP-Synthese im Chloroplastenstroma liegt im Allgemeinen bei 10–14 kcal/mol, während die zur Verfügung stehende Energie bei ungefähr 14 Kilokalorien pro vier Mol Protonen liegt, die durch de ATP-Synthasekomplexe transportiert werden (3,5 kcal/mol × 4 mol = 14 kcal). Somit erzeugt der Fluss von vier Elektronen durch den nichtzyklischen Weg, der in *Abbildung 10.6* und der *Abbildung 10.7* dargestellt wird, nicht nur zwei NADPH-Moleküle, sondern führt auch zur Synthese von zwei ATP-Molekülen (4 Elektronen × 2 Protonen/Elektron × 1 ATP/4 Protonen = 2 ATP-Moleküle).

10.4.2 Durch zyklische Photophosphorylierung kann eine photosynthetische Zelle NADPH-Synthese und ATP-Synthese im Gleichgewicht halten

Bevor wir unsere Darstellung der photosynthetischen Energietransduktionsreaktionen abschließen, müssen wir uns damit beschäftigen, wie Phototrophe NADPH-Synthese und ATP-Synthese im Gleichgewicht halten können, um den jeweiligen Energiebedürfnissen einer lebenden Zelle exakt zu entsprechen. Beachten Sie, dass der nichtzyklische Elektronenfluss zur Bildung von zwei ATP pro zwei NADPH-Molekülen führt. Da sowohl ATP als auch NADPH von einer Vielzahl metabolischer Stoffwechselwege verbraucht werden, ist es sehr unwahrscheinlich, dass eine photosynthetische Zelle diese stets genau mit der Geschwindigkeit erhält, mit der sie vom nichtzyklischen Elektronenfluss erzeugt werden. Typischerweise benötigen Zellen mehr ATP als NADPH, weil viele zelluläre Aktivitäten, wie beispielsweise der aktive Transport durch Membranen, ATP aber nicht NADPH benötigen.

Bei geringem NADPH-Verbrauch und/oder bei zusätzlichem ATP-Bedarf, kann ein weiterer Mechanismus, den man als **zyklischen Elektronenfluss** bezeichnet, in Kraft treten. Dabei wird die Reduktionskraft, die durch das PSI erzeugt wird, zur ATP-Synthese genutzt und es findet keine $NADP^+$-Reduktion statt. Der zyklische Elektronenfluss ist in der ▸*Abbildung 10.8* dargestellt und unterscheidet sich von dem zuvor dargestellten Q-Kreislauf. Beim zyklischen Elektronenfluss überträgt das reduzierte Ferredoxin, das im PSI gebildet wurde, Elektronen zurück zu einem Cytochrom-b_6/f-Komplex und gibt diese nicht an $NADP^+$ ab. Der exergonische Fluss von Elektronen vom Ferredoxin durch den Cytochrom-b_6/f-Komplex zum Plastocyanin ist an das Protonenpumpen gekoppelt, wodurch er zur *PMF* durch die Thylakoidmembran beiträgt. Vom Plastocyanin kehren die Elektronen zu einem oxidierten $P700^+$-Molekül im PSI zurück, schließen damit einen Kreislauf ab und ermöglichen P700 die Absorption eines Photons. Den Prozess, der durch diesen zyklischen Elektronenfluss überschüssiges ATP synthetisiert, bezeichnet man als *zyklische Photophosphorylierung*. Da kein Elektronenfluss vom PSII mitwirkt, wird dabei kein Wasser oxidiert und kein Sauerstoff freigesetzt.

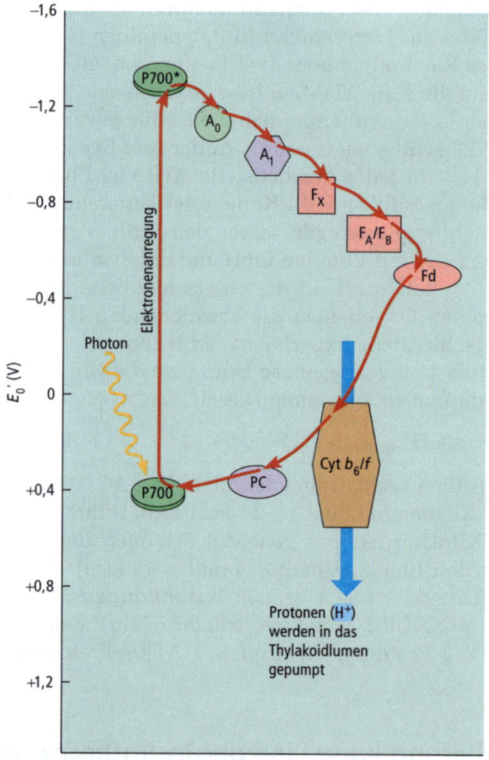

Abbildung 10.8: Der zyklische Elektronenfluss. Der zyklische Elektronenfluss durch das PSI ermöglicht oxygenen Phototrophen die Geschwindigkeit der ATP/NADPH-Bildung in photosynthetischen Zellen zu erhöhen. Bei niedriger $NADP^+$-Konzentration (das heißt bei hoher NADPH-Konzentration) gibt Ferredoxin (Fd) Elektronen an den Cytochrom-b_6/f-Komplex ab. Die Elektronen kehren dann über Plastocyanin (PC) wieder zu P700 zurück. Da dieser zyklische Elektronenfluss an ein unidirektionales Protonenpumpen durch die Thylakoidmembran gekoppelt ist, wird überschüssige Reduktionskraft in die ATP-Synthese kanalisiert. Siehe *Abbildung 10.6* für eine generelle Erklärung der Symbole.

10.5 Photosynthetische Kohlenstoffassimilierung I: der Calvin-Zyklus

Da wir nun über einige Information im Hinblick auf die Struktur des Chloroplasten und die photosynthetische Energietransduktion verfügen, sind wir gut auf die photosynthetische Kohlenstoffassimilierung vorbereitet. Genauer gesagt werden wir uns mit den wichtigsten Ereignissen der Kohlenstoffassimilierung beschäftigen: der einleitenden Fixierung und Reduktion von Kohlendioxid zur Bildung einfacher Kohlenhydrate aus drei Kohlenstoffatomen. Der fundamentale Stoffwechselweg für den Transport anorganischen Kohlenstoffs in die Biosphäre ist der **Calvin-Zyklus**, der bei allen oxygenen und den meisten anoxygenen Phototrophen abläuft.

Dieser Stoffwechselweg wurde nach Melvin Calvin benannt, dessen Forschung im Jahr 1961 mit dem Nobelpreis ausgezeichnet wurde. Bei Pflanzen und Algen beschränkt sich der Calvin-Zyklus auf das Chloroplastenstroma, wo ATP und NADHP durch photosynthetische Energietransduktionsreaktionen angehäuft werden. Bei den Pflanzen gelangt Kohlendioxid meist durch besondere Poren in das Blatt, die **Stomata** (Singular: **Stoma**). Im Blatt diffundieren die Kohlendioxidmoleküle in die **Mesophyllzellen** und gelangen in den meisten Pflanzenspezies ungehindert in das Chloroplastenstroma, den Ort der Kohlenstofffixierung.

Der Einfachheit halber teilen wir den Calvin-Zyklus in drei Phasen auf:

1. Die Carboxylierung des organischen Akzeptormoleküls *Ribulose-1,5-Bisphosphat* und die sofortige Hydrolyse zur Bildung von sechs Molekülen *3-Phosphoglycerat.*

2. Die Reduktion von 3-Phosphoglycerat zur Bildung des Triosephosphats *Glycerinaldehyd-3-Phosphat.*

3. Bildung des ersten Akzeptormoleküls für die weitere Kohlenstoffassimilierung.

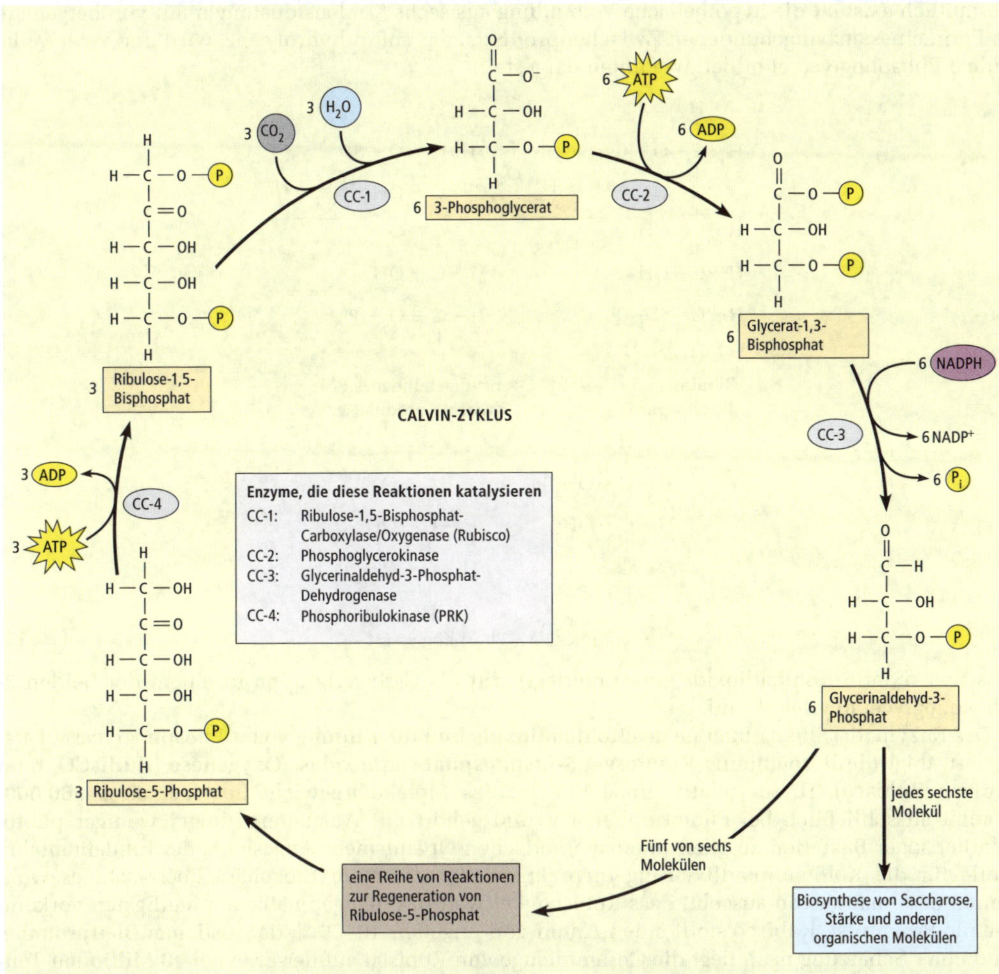

Abbildung 10.9: Der Calvin-Zyklus zur photosynthetischen Kohlenstoffassimilierung. Während eines Durchlaufs des Calvin-Zyklus (CC), werden drei CO_2-Moleküle fixiert, die ein Molekül Triosephosphat bilden. Das CO_2-Molekül wird in der Reaktion CC-1 fixiert und bildet 3-Phosphoglycerat. Die Reaktionen CC-2 und CC-3 nutzen ATP und NADPH zur Reduktion von 3-Phosphoglycerat zu Glycerinaldehyd-3-Phosphat. Jedes sechste Glycerinaldehyd-3-Phosphatmolekül dient zur Biosynthese von Saccharose, Stärke und anderen organischen Molekülen. Die anderen fünf Glycerinaldehyd-3-Phosphatmoleküle werden für die Bildung von drei Molekülen Ribulose-5-Phosphat benötigt. Das Ribulose-5-Phosphat wird dann durch ATP in der Reaktion CC-4 phosphoryliert und bildet Ribulose-1,5-Bisphosphat, das Akzeptormolekül der Reaktion CC-1, womit ein Kreislauf vollendet ist.

10.5.1 Kohlendioxid tritt durch Carboxylierung von Ribulose-1,5-Bisphosphat in den Calvin-Zyklus ein

Die erste Phase des Calvin-Zyklus beginnt mit der kovalenten Bindung von Kohlendioxid an den Carbonylkohlenstoff von Ribulose-1,5-Bisphosphat (Reaktion CC-1 in ▸*Abbildung 10.9*). Die Carboxylierung dieses C_5-Akzeptormoleküls würde wohl zur Bildung eines Produktes mit sechs Kohlenstoffatomen führen, aber bislang hat noch niemand ein solches Molekül isoliert. Calvin und seine Kollegen brachten die Alge *Chlorella* mit radioaktiv markiertem $^{14}CO_2$ in Kontakt und wiesen auf diese Weise nach, dass es sich bei dem ersten nachweisbaren Produkt der Kohlendioxidfixierung im Calvin-Zyklus um ein Molekül aus drei Kohlenstoffatomen handelt: 3-Phosphoglycerat.

Vermutlich existiert die hypothetische Verbindung aus sechs Kohlenstoffatomen nur vorübergehend in Form eines enzymgebundenen Zwischenprodukts, das sofort hydrolysiert wird und zwei Moleküle 3-Phosphoglycerat bildet, wie unten dargestellt:

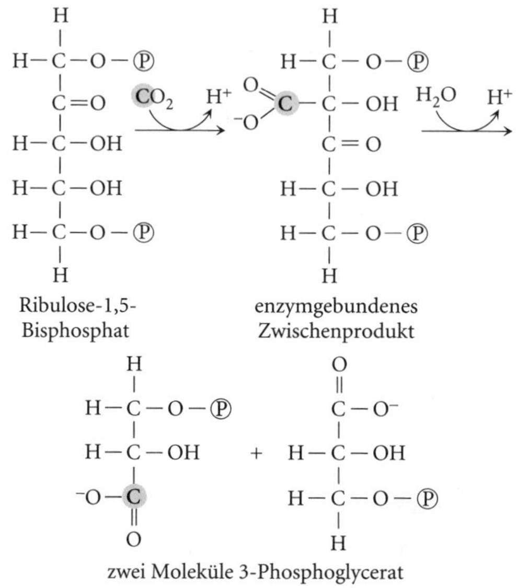

(10-11)

Das neu fixierte Kohlendioxid (grau unterlegt) tritt als Carboxylgruppe in einem der beiden 3-Phosphoglyceratmoleküle auf.

Das Enzym, das die Aufnahme des Kohlendioxids und die Bildung von 3-Phosphoglycerat katalysiert, trägt die Bezeichnung **Ribulose-1,5-Bisphosphat-Carboxylase/Oxygenase (RuBisCO**, oder einfach **Rubisco)**. Dieses relativ große Enzym (das Molekulargewicht liegt bei circa 560.000) kommt ausschließlich bei Phototrophen vor und gehört mit Ausnahme einiger weniger photosynthetischer Bakterien zu allen photosynthetischen Organismen. Angesichts der fundamentalen Rolle für die Kohlendioxidfixierung in praktisch der gesamten Biosphäre überrascht es wohl kaum, dass man davon ausgeht, dass Rubisco weltweit das mengenmäßig am häufigsten vorkommende Protein ist. Rubisco stellt einen Anteil von ungefähr 10–25 % der löslichen Blattproteine, und einer Schätzung nach liegt die Gesamtmenge von Rubisco auf der Erde bei 40 Millionen Tonnen oder circa zehn Kilogramm pro Kopf der Bevölkerung.

10.5.2 3-Phosphoglycerat wird zu Glycerinaldehyd-3-Phosphat reduziert

In der zweiten Phase des Calvin-Zyklus werden die während der Kohlendioxidfixierung gebildeten 3-Phosphoglyceratmoleküle zu Glycerinaldehyd-3-Phosphat reduziert. Dies erfolgt über eine Reihe von Reaktionen, die im Grunde die Umkehrung der oxidativen Reaktionsreihe der Glykolyse sind (Reaktionen Gly-6 und Gly-7 in *Abbildung 8.5*), mit der einzigen Ausnahme, dass NADPH mitwirkt und nicht NADH. Die Schritte der durch NADPH vermittelten Reaktion sind in der *Abbildung 10.9* als Reaktionen CC-2 und CC-3 dargestellt. In der ersten Reaktion katalysiert die Phosphoglycerokinase den Transfer einer Phosphatgruppe vom ATP zum 3-Phosphoglycerat. Aus dieser Reaktion geht ein aktiviertes Zwischenprodukt hervor, das Glycerat-1,3-Bisphosphat. In der zweiten Reaktion katalysiert die Glycerinaldehyd-3-Phosphatdehydrogenase den Transfer von zwei Elektronen und einem Proton vom NADPH zum Glycerat-1,3-Bisphosphat, das zu Glycerinaldehyd-3-Phosphat (G3P) reduziert wird.

An diesem Punkt müssen wir etwas rechnen. Mit jedem von Rubisco fixierten Kohlendioxidmolekül (Reaktion CC-1) werden zwei 3-Phosphoglyceratmoleküle gebildet. Die Reduktion beider Moleküle zu Glycerinaldehyd-3-Phosphat (G3P) erfolgt auf Kosten der Hydrolyse von zwei ATP-Molekülen und der Oxidation von zwei NADPH-Molekülen – all das für den Nettogewinn von lediglich einem Kohlenstoffatom. Für die Nettosynthese eines Triosephosphatmoleküls ist die Fixierung und Reduktion von *drei* Kohlendioxidmolekülen notwendig, um die Kohlenstoffbilanz aufrechtzuhalten, und daher werden sechs ATP und sechs NADPH verbraucht:

$$3 \text{ Ribulose-1,5-Bisphosphat} + 3\ CO_2 + 3\ H_2O + 6\ ATP + 6\ NADPH \longrightarrow 6\ G3P + 6\ ADP + 6\ P_i + 6\ NADP^+ \qquad (10\text{-}12)$$

10.5.3 Die Bildung von Ribulose-1,5-Bisphosphat ermöglicht kontinuierliche Kohlenstoffassimilierung

Jedes sechste Triosephosphatmolekül – die Bilanz nach Durchlauf dreier Carboxylierungen des Calvin-Zyklus – dient für die Biosynthese von Saccharose, Stärke oder anderen organischen Molekülen. Die fünf verbleibenden Triosephosphate der dritten und letzten Phase des Calvin-Zyklus werden zur Bildung von drei Molekülen der Akzeptorpentose Ribulose-1,5-Bisphosphat benötigt (Reaktion CC-4). Vier Grundreaktionen, die von *Aldolasen, Transketolasen, Phosphatasen* und *Isomerasen* katalysiert werden – wandeln fünf Moleküle Glycerinaldehyd-3-Phosphat in drei Moleküle *Ribulose-5-Phosphat* um. Anschließend phosphoryliert die *Phosphoribulokinase (PRK)* jedes Ribulose-5-Phosphat zu Ribulose-1,5-Bisphosphat, das in der Reaktion CC-1 Kohlendioxid aufnimmt. Die Bildung von Ribulose-1,5-Bisphosphat aus Glycerinaldehyd-3-Phosphat erfolgt auf Kosten von drei Molekülen ATP. Die Reaktionsfolge kann mit folgender Nettoreaktion zusammengefasst werden:

$$5\ G3P + 3\ ATP + 2\ H_2O \longrightarrow 3 \text{ Ribulose-1,5-Bisphosphat} + 3\ ADP + 2\ P_i \qquad (10\text{-}13)$$

10.5.4 Der vollständige Calvin-Zyklus und dessen Zusammenhang mit der photosynthetischen Energietransduktion

Die ursprüngliche Kohlenstoffassimilierung durch den Calvin-Zyklus kann mit den Reaktionen 10-12 und 10-13 zusammengefasst werden, welche die gesamte Chemie des Kreislaufs von der Kohlenstofffixierung und Reduktion bis zur Triosephosphatsynthese und Bildung des organischen Akzeptormoleküls umfassen. Die daraus resultierende Reaktion lautet folgendermaßen:

$$3\ CO_2 + 9\ ATP + 6\ NADPH + 5\ H_2O \longrightarrow G3P + 9\ ADP + 6\ NADP^+ + 8\ P_i \qquad (10\text{-}14)$$

Beachten Sie die Kosten von ATP und NADPH: Die Synthese von Kohlenhydraten mit drei Kohlenstoffatomen findet auf Kosten von neun ATP-Molekülen und sechs NADPH-Molekülen statt, das heißt drei ATP und zwei NADPH für jedes fixierte Kohlendioxidmolekül. Somit wird die Aktivität des zyklischen Wegs von PSI und/oder des Q-Kreislaufs benötigt, um zusätzliches ATP zu bilden.

Nun haben wir alles zusammen, um die Gesamtreaktion der Photosynthese aufzuschreiben, die sowohl Energietransduktion als auch Kohlenstoffassimilierung berücksichtigt. Wir betrachten dabei nur den Calvin-Zyklus und vernachlässigen einfach, dass ATP oder NADPH für andere Stoffwechselwege benötigt werden. Somit sind die Anforderungen klargestellt. Gemäß Reaktion 10-14 erfordert die Synthese eines Moleküls Glyerinaldehyd-3-Phosphat neun ATP- und sechs NADPH-Moleküle. Dieser Bedarf kann durch den Fluss von zwölf Elektronen über den nichtzyklischen Stoffwechselweg gedeckt werden, für den 24 Photonen von zwei aufeinander folgenden Fotosystemen absorbiert werden müssen. Damit sind sechs NADPH-Moleküle (3 × Reaktion 10-9) und acht von neun ATP-Molekülen (8 × Reaktion 10-10) bereitgestellt. Für den Fluss von zwei Elektronen durch den zyklischen Weg von PSI werden zwei weitere Photonen benötigt, und ein weiteres ATP-Molekül wird geliefert (1 × Reaktion 10-10). Somit lautet die Nettoreaktion für die Energietransduktion:

$$26 \text{ Photonen} + 9\ ADP + 9\ P_i + 6\ NADP^+ \longrightarrow O_2 + 9\ ATP + 6\ NADPH + 3\ H_2O \qquad (10\text{-}15)$$

Die Absorption von 26 Photonen wird während des nichtzyklischen Elektronenflusses von zwölf Photoexzitationsereignissen am PSI und zwölf am PSII und während des zyklischen Elektronenflusses von zwei Photoexzitationsereignissen am PSI bewerkstelligt. (Wenn der Q-Kreislauf abläuft, werden etwas weniger Photonen benötigt.)

Indem wir die zusammenfassende Gleichung für den Calvin-Zyklus (Reaktion 10-14) mit der Nettoreaktion der Energietransduktion (Reaktion 10-15) zusammenfassen, erhalten wir folgende Gesamtreaktion:

$$26 \text{ Photonen} + 3\ CO_2 + 5\ H_2O + P_i \longrightarrow G3P + 3\ O_2 + 3\ H_2O \qquad (10\text{-}16)$$

Da die Phosphatgruppe meist durch Hydrolyse entfernt wird, wenn Glycerinaldehyd-3-Phosphat in komplexere organische Verbindungen eingebaut wird, können wir die Reaktion 10-16 folgendermaßen umformulieren:

$$26 \text{ Photonen} + 3\ CO_2 + 6\ H_2O \longrightarrow \text{Glycerinaldehyd} + 3\ O_2 + 3\ H_2O \qquad (10\text{-}17)$$

Diese Reaktion ist fast identisch mit der photosynthetischen Nettoreaktion, die wir zu Beginn dieses Kapitels vorstellten (Reaktion 10-2). Der Unterschied besteht darin, dass wir jetzt die photochemische und metabolische Komplexität, die sich hinter dieser auf den ersten Blick einfachen Gleichung verbirgt, wesentlich besser verstehen. Des Weiteren haben wir die ungenauen Begriffe *Licht* und $C_6H_{12}O_6$ durch eine spezifische Anzahl von Photonen und ein erstes Produkt der Kohlendioxidfixierung ersetzt.

Dank dieser Information vermögen wir die maximale Effizienz der photosynthetischen Energietransduktion und der Kohlenstoffassimilierung zu berechnen. Wenn man für rotes Licht eine Wellenlänge von 670 nm annimmt, stellen 26 Mol Photonen 26 × 43 kcal/mol Photonen dar oder insgesamt 1.118 kcal Energie. Da sich Glycerinaldehyd im Hinblick auf die freie Energie von Kohlendioxid und Wasser um 343 kcal/mol unterscheidet, liegt die Effizienz der photosynthetischen Energietransduktion bei ungefähr 31 % (333/1.118 = 0,31). Dieser Wert übertrifft die Effizienz der meisten von Menschen erschaffenen Maschinen bei Weitem.

10.6 Die Regulation des Calvin-Zyklus

In der Dunkelheit benötigen phototrophe Organismen ständig Energie und Kohlenstoff aus dem Pool der Kohlenhydrate, die sich ansammeln, wenn Licht zur Verfügung steht. Diese Aktivität wäre vergebens, wenn der Calvin-Zyklus weiterhin Kohlenstoff fixieren würde, während Glykolyse und andere Stoffwechselwege gespeicherte Kohlenhydrate verbrauchen. Der Organismus würde Energie aufwenden, um Kohlendioxid zur Bildung von Zuckern und anderen Kohlenhydraten zu reduzieren, und diese Kohlenhydrate zugleich zur Energieerzeugung oxidieren. Da alle biologischen Stoffwechselwege mit weniger als 100 % thermodynamischer Effizienz ablaufen, würde dieser unsinnige Kreislauf von Synthese und Abbau zu einem Nettoverlust der Energie in Form von Wärme führen. Es überrascht also keineswegs, dass Phototrophe über mehrere regulatorische Systeme verfügen, um sicherzustellen, dass der Calvin-Zyklus nur dann abläuft, wenn Licht zur Verfügung steht.

10.6.1 Der Calvin-Zyklus wird stark reguliert, um maximale Effizienz zu garantieren

Die erste Stufe der Kontrolle besteht in der Regulation der Synthese der Schlüsselenzyme des Calvin-Zyklus. Enzyme, die nur für die lichtabhängige Kohlendioxidfixierung und die Reduktion von Bedeutung sind, kommen in Pflanzengeweben, die nicht mit Licht in Kontakt kommen, im Allgemeinen nicht vor. In den Plastiden der Wurzelzellen ist zum Beispiel weniger als ein Prozent der Rubiscoaktivität der Chloroplasten von Blattzellen feststellbar.

Die Enzyme des Calvin-Zyklus werden außerdem durch die Konzentration der Schlüsselmetabolite reguliert. Denken Sie an die Veränderungen im Chloroplastenstroma, wenn das Licht den Transport von Elektronen vom Wasser zum Ferredoxin antreibt. Wenn Protonen vom Stroma in das Lumen gepumpt werden, steigt der pH-Wert des Stromas von ungefähr 7,2 (einem typischen Wert in der Dunkelheit) auf ungefähr 8,0 an. Zugleich diffundieren Magnesiumionen von Lumen in das Stroma, also in die entgegengesetzte Richtung, und die Konzentration von Magnesiumionen im Stroma steigt um etwa das Fünffache. Schließlich sammeln sich auch reduziertes Ferredoxin, NADPH und ATP in hohen Konzentrationen an. Jeder dieser Faktoren dient als Signal, das Enzyme des Calvin-Zyklus sowie Enzyme anderer metabolischer Stoffwechselwege aktivieren kann.

Drei Enzyme, die nur im Calvin-Zyklus vorkommen, sind logischerweise Punkte der metabolischen Kontrolle. Rubisco ist ganz klar ein Kandidat, denn es katalysiert die Carboxylierungsreaktion des Calvin-Zyklus. Die anderen Kandidaten sind die *Sedoheptulose-Bisphosphat-Phosphatase* und die *Phosphoribulokinase (PRK)*, die auch bei der Wiedergewinnung des organischen Akzeptormoleküls Ribulose-1,5-Bisphosphat eine Rolle spielen. Diese drei Enzyme werden durch einen hohen pH-Wert und eine hohe Konzentration von Magnesiumionen stimuliert. In der Dunkelheit sinken der pH-Wert und die Konzentration der Magnesiumionen im Stroma, woraufhin diese Enzyme an Aktivität verlieren. Jedes dieser Enzyme kommt ausschließlich im Calvin-Zyklus vor und katalysiert eine grundsätzlich unumkehrbare Reaktion. Rufen Sie sich aus *Kapitel 8* in Erinnerung, dass auch die Glykolyse an den Orten spezifischer und irreversibler Reaktionen reguliert wird.

Ein anderes System zur Koordinierung der photosynthetischen Energietransduktion und der Kohlenstoffassimilierung, (siehe ▸*Abbildung 10.10*), hängt von Ferredoxin ab. In der Gegenwart von Licht gibt Wasser Elektronen ab, die Ferredoxin reduzieren. Das Enzym *Ferredoxin-Thioredoxinreduktase* katalysiert dann den Transfer von Elektronen vom Ferredoxin zum *Thioredoxin*, einem weiteren mobilen Elektronenüberträger. Thioredoxin beeinflusst die Enzymaktivität, indem es Disulfidbindungen (S–S) zu Sulfhydrylgruppen (SH) reduziert, worauf ein Protein eine Konformationsänderung durchmacht. Glycerinaldehyd-3-Phosphatdehydrogenase (Reaktion CC-3 in *Abbildung 10.9*), Sedoheptulose-Bisphosphatase und PRK werden allesamt durch diese Konformationsänderung aktiviert, die auf die Reduktion von Disulfidbindungen durch Thioredoxin zurückgeht. In der Dunkelheit steht kein Ferredoxin zur Verfügung und die Sulfhydrylgruppen reoxidieren spontan zu Disulfidbindungen, wodurch die Enzyme deaktiviert werden. Die zuvor dargestellte CF_0CF_1-ATP-Synthase ist auch von dem Thioredoxinsystem betroffen.

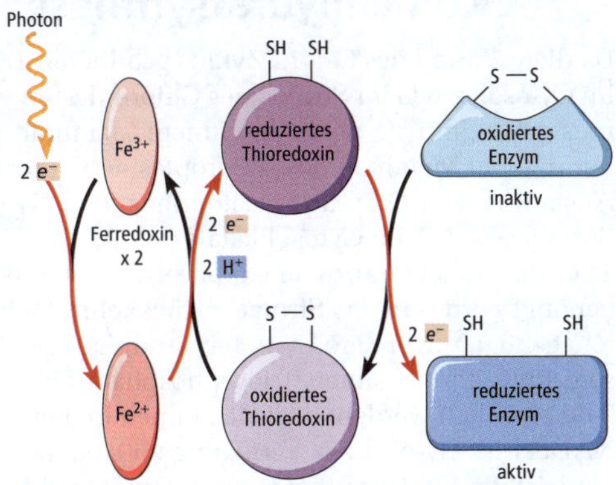

Abbildung 10.10: Die von Thioredoxin vermittelte Aktivierung eines Enzyms des Calvin-Zyklus. Zwei reduzierte Ferredoxinmoleküle, die von dem Photoreduktionsweg gebildet wurden, geben an Thioredoxin Elektronen ab, einen Elektronenüberträger, der als Zwischenprodukt entsteht. Das Thioredoxin aktiviert sodann ein Zielenzym, indem es eine Disulfidbindung zu zwei Sulfhydrylgruppen reduziert. In anderen Fällen kann Thioredoxin Enzyme inaktivieren.

Da der Calvin-Zyklus Moleküle mit drei Kohlenstoffatomen produziert, die direkt in die Glykolyse eingeschleust werden können, ist im Licht kein Abbau komplexer Kohlenhydrate erforderlich. Es verwundert nicht, dass die gleichen Mechanismen, die zur Aktivierung von Enzymen des Calvin-Zyklus führen, die Enzyme der abbauenden Stoffwechselwege aktivieren. Ein Beispiel dafür ist die *Phosphofructokinase*, der wichtigste Kontrollpunkt der Glykolyse. Während der Calvin-Zyklus im Licht abläuft, stellt die Hemmung der Phosphofructokinase durch hohe Konzentrationen von ATP sicher, dass die frühen Schritte der Glykolyse umgangen werden, wodurch die Entwicklung eines weiteren potenziell sinnlosen Kreislaufs vermieden wird.

10.6.2 Die Rubiscoaktivase reguliert die Kohlenstofffixierung durch Rubisco

Die Aktivität des Calvin-Zyklus wird außerdem von der Rubiscoaktivase reguliert, einem Protein, das die Aktivität von Rubisco modulieren kann. Die Rubiscoaktivase entfernt inhibitorische Zucker-Phosphat-Verbindungen vom aktiven Zentrum der Rubisco, wodurch die Fähigkeit der Rubisco, Kohlenstoff zu fixieren, angeregt wird. Somit kann die Rubisco ihre maximale katalytische Aktivität entfalten und fördert die Kohlenstofffixierung trotz eigentlich suboptimaler CO_2-Konzentrationen. Außerdem besitzt die Rubiscoaktivase eine inhärente ATPase-Aktivität, die für die Fähigkeit zur Aktivierung von Rubisco von essenzieller Bedeutung ist. Diese ATPase-Aktivität registriert das Verhältnis ADP/ATP und ist bei einem niedrigen Verhältnis am höchsten (im Licht). In der Dunkelheit hemmt also die Anhäufung von ADP die ATPase-Aktivität der Rubiscoaktivase, Rubisco wird herabreguliert und ATP wird gespeichert, wenn Rubisco nicht benötigt wird.

Abgesehen davon, dass die Rubiscoaktivase den Energiestatus der Zelle erfasst, reagiert sie durch Interaktion mit Thioredoxin auf den Redoxzustand der Zelle. Neuere Arbeiten von Archie Portis und seinen Kollegen zeigen, dass die von ADP induzierte Hemmung der Aktivität im Licht erheblich durch die von Thioredoxin vermittelte Reduktion einer Disulfidbrücke in der Rubiscoaktivase gemindert wird. Somit trägt die Rubiscoaktivase zur Regulierung der Kohlenstofffixierung durch Rubisco bei, indem sie auf die Lichtmenge, das ADP/ATP-Verhältnis und den Redoxstatus der Zelle reagiert.

10.7 Photosynthetische Kohlenstoffassimilierung II: Kohlenhydratsynthese

Da die während des Calvin-Zyklus gebildeten Triosephosphate von metabolischen Stoffwechselwegen im Cytosol sowie im Stroma des Chloroplasten verbraucht werden, muss es einen Transportmechanismus geben, um sie durch die innere Membran des Chloroplasten zu bewegen. Das am häufigsten in der inneren Membran des Chloroplasten vorkommende Protein ist ein *Phosphattranslokator*, der den Austausch von Dihydroxyacetonphosphat, Glycerinaldehyd-3-Phosphat oder 3-Phosphoglycerat im Stroma gegen P_i im Cytosol katalysiert. Dieses *Antiportsystem* (siehe *Abbildung 7.6*) stellt sicher, dass Triosephosphate nur dann exportiert werden, wenn P_i – das für die Synthese neuer Triosephosphate benötigt wird – in das Stroma zurückkehrt. Hinzu kommt, dass die Spezifität des Phosphattranslokators genügt, um andere Zwischenprodukte des Calvin-Zyklus daran zu hindern, das Stroma zu verlassen. Im Cytosol können Triosephosphate für die Saccharosesynthese eingesetzt werden, worauf wir bald eingehen werden, oder sie können in den glykolytischen Stoffwechselweg eintreten, um ATP und NADPH im Cytosol zur Verfügung zu stellen. Die im Stroma verbleibenden Triosephosphate dienen zumeist der Stärkesynthese, auf die wir gleichfalls bald zu sprechen kommen.

10.7.1 Glucose-1-Phosphat wird aus Triosephosphaten synthetisiert

Das wichtigste Hexosephosphat, das sowohl für die Synthese von Stärke als auch für die Synthese von Saccharose benötigt wird, ist Glucose-1-Phosphat, das aus zwei Triosephosphaten gebildet wird, wie in ▸*Abbildung 10.11* dargestellt mit den Reaktionen S-1 bis S-3. Diese Reaktionsreihen laufen sowohl im Cytosol (c) als auch im Chloroplastenstroma (s) ab. Hexosen und Hexosephosphate müssen in jedem dieser Kompartimente synthetisiert werden, denn sie können die innere Chloroplastenmembran nicht durchqueren. Die ersten Schritte dieser Sequenz ähneln den Reaktionen, die Sie in unserer Diskussion der Gluconeogenese in *Kapitel 8* kennengelernt haben. Im ersten Schritt der Verwertung des Triosephosphats erfolgt eine von Aldolase katalysierte Kondensationsreaktion, aus der Fructose-1,6-Bisphosphat hervorgeht. Ebenso wie bei der Gluconeogenese wird der Stoffwechselweg durch hydrolytisches Entfernen einer Phosphatgruppe von Fructose-1,6-Bisphosphat exergonisch und es entsteht Fructose-6-Phosphat. Das diese Reaktion katalysierende Enzym, Fructose-1,6-Bisphosphatase, kommt in zwei Formen vor, eine im Cytosol und die andere im Chloroplastenstroma. Die verschiedenen Formen dieses Enzyms werden als Isoenzyme bezeichnet – physikalisch unterschiedliche Proteine, die aber die gleiche Reaktion katalysieren. Das Fructose-6-Phosphat kann dann über Glucose-6-Phosphat zu Glucose-1-Phosphat umgewandelt werden (Reaktionen S-2 und S-3). Auch in diesem Fall katalysieren einzelne Isoenzyme jede dieser Reaktionen im Cytosol und im Chloroplastenstroma.

In Lehrbüchern wird Glucose oftmals als Endprodukt der photosynthetischen Kohlenstoffassimilierung dargestellt. Diese Darstellung ist eher eine vereinfachende Definition, um zusammenfassende Reaktionen zu formulieren und keine metabolische Tatsache, denn in Wahrheit sammelt sich nur sehr wenig freie Glucose in photosynthetischen Zellen an. Der größte Teil der Glucose wird entweder in andere Kohlenhydrate (beispielsweise Saccharose) oder in Speicherkohlenhydrate (wie Stärke in Pflanzen und Glykogen in photosynthetischen Bakterien) metabolisiert. In Wirklichkeit wird die Benennung eines konkreten Endprodukts der photosynthetischen Kohlenstoffassimilierung recht willkürlich, wenn man über die Gruppe von Triosephosphaten hinausgeht, die im Calvin-Zyklus gebildet werden. Tatsächlich könnten wir den gesamten photosynthetischen Organismus – Pflanze, Algenzelle oder Bakterium – als „Endprodukt" der Photosynthese betrachten.

10.7.2 Die Biosynthese von Saccharose läuft im Cytosol ab

Rufen Sie sich aus *Kapitel 2* in Erinnerung, dass Saccharose (engl.: *Sucrose*) ein Disaccharid ist, das jeweils aus einem Molekül Glucose und Fructose besteht, die über eine glykosidische Bindung verknüpft sind (siehe *Abbildung 2.21*). Die Saccharose interessiert uns, weil sie bei den meisten Pflanzen das wichtigste Kohlenhydrat zum Transport gespeicherter Energie und reduzierten Kohlenstoffs ist. Des Weiteren dient Saccharose bei einigen Spezies wie der Zuckerrübe und dem Zuckerrohr als Speicherkohlenhydrat. Wie in der ▸*Abbildung 10.11a* dargestellt, ist die Saccharosesynthese im Cytosol einer photosynthetisch aktiven Zelle lokalisiert. Die aus dem Chloroplastenstroma exportierten und nicht von anderen metabolischen Stoffwechselwegen verbrauchten Triosephosphate werden zu Fructose-6-Phosphat und Glucose-1-Phosphat umgewandelt. Die Glucose des Glucose-1-Phosphats wird anschließend durch eine Reaktion von Glucose-1-Phosphat mit *Uridintriphosphat (UTP)* aktiviert und es entsteht UDP-Glucose (Reaktion S-4c). Schließlich wird diese Glucose an Fructose-6-Phosphat gebunden und es geht das phosphorylierte Disaccharid Saccharose-6-Phosphat hervor. Durch hydrolytisches Entfernen der Phosphatgruppe wird freie Saccharose erzeugt (Reaktionen S-5c und S-6c). (Bei einigen Pflanzenspezies kann die Glucose direkt von der UDP-Glucose zur freien Fructose transferiert werden.) Die Saccharose wird aus den Blättern exportiert und überträgt Energie und reduzierten Kohlenstoff an das nicht photosynthetische Gewebe des Organismus.

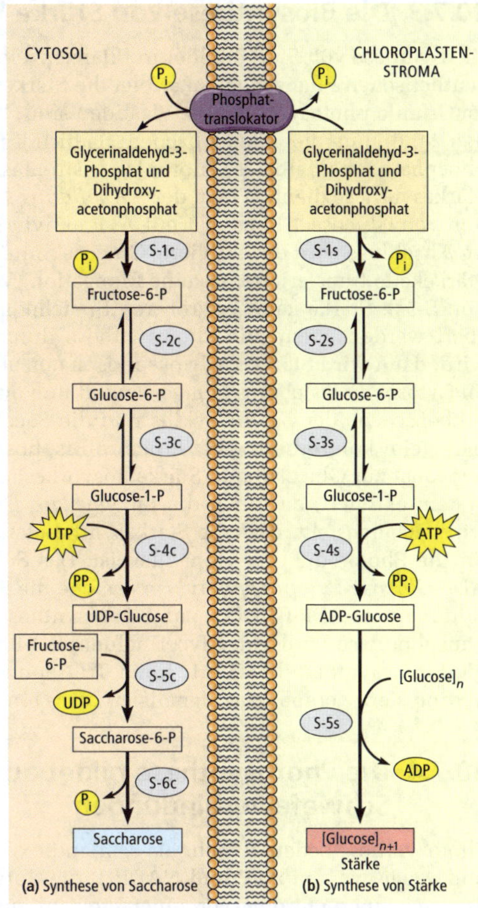

Enzyme, die diese Reaktionen katalysieren	
S-1:	Aldolase und Fructose-1,6-Bisphosphat
S-2:	Phosphoglucoisomerase
S-3:	Phosphoglucomutase
S-4:	UDP-Glucosephyrophosphorylase
S-5c:	Saccharose-Phosphatsynthase
S-6c:	Saccharosephosphatase
S-4s:	ADP-Glucosepyrophosphorylase
S-5s:	Stärkesynthase

Abbildung 10.11: Die Biosynthese von Saccharose und Stärke aus Produkten des Calvin-Zyklus. Die Triosephosphate Glycerinaldehyd-3-Phosphat und Dihydroxyacetonphosphat aus dem Chloroplastenstroma werden durch den Phosphattranslokator im Antiport gegen anorganisches Phosphat aus dem Cytosol getauscht. (a) Die Saccharosesynthese findet nur im Cytosol statt, während die (b) Stärkesynthese nur im Chloroplastenstroma stattfindet. Die Enzyme und Isoenzyme, die diese Reaktionen katalysieren sind entweder im Cytosol (c) oder im Stroma (s) lokalisiert.

Wie der Calvin-Zyklus unterliegt auch die Saccharosesynthese genauester Kontrolle, um Konflikte mit abbauenden Stoffwechselwegen zu vermeiden. Die *cytosolische* Fructose-1,6-Bisphosphatase wird zum Beispiel von Fructose-2,6-Bisphosphat gehemmt, einem Metabolit, den wir in *Kapitel 8* als wichtigen Regulator der Glykolyse und der Gluconeogenese in Leberzellen vorgestellt haben. In Pflanzenzellen sammelt sich Fructose-2,6-Bisphosphat als Antwort auf hohe Konzentrationen von Fructose-6-Bisphosphat (signalisiert, dass eine geringe Nachfrage nach Saccharose herrscht) oder niedrige Konzentrationen von 3-Phosphoglycerat und Dihydroxyacetonphosphat (signalisiert, dass ein große Nachfrage nach Triosephosphat besteht). Ein weiterer Kontrollpunkt der Saccharosesynthese ist die *Saccharose-Phosphat-Synthase*, das Enzym, das den Transfer von Glucose von der UDP-Glucose zum Fructose-6-Phosphat katalysiert (Reaktion S-5c). Dieses Enzym wird von Glucose-6-Phosphat angeregt und von Saccharose-6-Phosphat, UDP und P_i gehemmt.

10.7.3 Die Biosynthese von Stärke läuft im Chloroplastenstroma ab

Die Synthese von Stärke findet in Pflanzenzellen ausschließlich in den Plastiden statt. Bei photosynthetischen Pflanzenzellen erfolgt die Stärkesynthese im Allgemeinen in den Chloroplasten, die im Grunde photosynthetische Plastiden sind. Wenn Energie und Kohlenstoff ausreichend vorhanden sind, um die metabolischen Bedürfnisse einer Pflanze zu erfüllen, werden die Triosephosphate innerhalb des Chloroplastenstromas in Glucose-1-Phosphat umgewandelt, das dann zur Stärkesynthese dient. Wie in der ▸ *Abbildung 10.11b* dargestellt, wird die Glucose durch die Reaktion von Glucose-1-Phosphat mit ATP aktiviert, woraus *ADP-Glucose* hervorgeht (Reaktion S-4s). Im Anschluss wird die aktivierte Glucose mittels einer *Stärkesynthase* direkt zu einer wachsenden Stärkekette transferiert, was eine Elongation (Verlängerung) des Polysaccharids herbeiführt (Reaktion S-5s). Stärke kann in größeren Speichergranula innerhalb des Chloroplastenstromas gespeichert werden. Wenn die Photosynthese durch Dunkelheit oder andere Faktoren eingeschränkt wird, dann wird Stärke zu Triosephosphaten abgebaut, die in die Glykolyse eintreten können oder im Cytosol zu Saccharose umgewandelt und aus der Zelle hinaus transportiert werden können.

Ebenso wie der Calvin-Zyklus und die Saccharosesynthese wird auch die Synthese der Stärke sehr fein kontrolliert. Die Fructose-Bisphosphatase der Chloroplasten, die Fructose-1,6-Bisphosphat zur Glucose- und Stärkebiosynthese im Stroma leitet, wird von demselben Thioredoxinsystem aktiviert, das auch die Enzyme des Calvin-Zyklus beeinflusst. Dank dieser Regulierung wird sichergestellt, dass die Stärkesynthese ausschließlich dann abläuft, wenn ausreichend Licht für die Photoreduktion vorhanden ist. Das Schlüsselenzym für diese Regulierung ist jedoch die *ADP-Glucose-Pyrophosphorylase*, welche die Aktivierung von Glucose katalysiert und diese über Bildung von ADP-Glucose zur Stärkesynthese einsetzt (Reaktion S-4s). Die ADP-Glucose-Pyrophosphorylase wird von Glycerinaldehyd-3-Phosphat angeregt und von P_i gehemmt. Somit wird die Stärkesynthese blockiert, wenn Triosephosphate in das Cytosol gelenkt und zu ADP und P_i hydrolysiert werden (was signalisiert, dass ein hoher Energiebedarf besteht).

10.7.4 Die Photosynthese bildet auch reduzierten Stickstoff und Schwefelverbindungen

Photosynthese bedeutet mehr als Kohlendioxidfixierung und Kohlenhydratsynthese. Bei Pflanzen und Algen werden ATP und NADPH, die durch photosynthetische Energietransduktionsreaktionen gewonnen wurden, von einer Vielzahl anabolischer Stoffwechselwege in den Chloroplasten verwertet. Die Kohlenhydratsynthese ist nur ein Beispiel für den Kohlenstoffmetabolismus; die Synthese von Fettsäuren, Chlorophyll und Carotinoiden findet gleichfalls im Chloroplasten statt. Über den Kohlenstoffmetabolismus hinaus sind aber noch mehrere Schlüsselschritte der Stickstoff- und der Schwefelassimilierung in den Chloroplasten lokalisiert. Die Reduktion von Nitrit (NO_2^-) zu Ammoniak (NH_3) wird beispielsweise von einem Reduktaseenzym im Chloroplastenstroma katalysiert, wobei reduziertes Ferredoxin als ein Elektronendonor dient. Das Ammoniak wird dann in die Aminosäure- und die Nucleotidsynthese geleitet, die zum Teil in den Chloroplasten ablaufen. Des Weiteren wird ein erheblicher Teil der Reduktion von Sulfat (SO_4^{2-}) zu Sulfid (S^{2-}) von Enzymen im Chloroplastenstroma katalysiert. In diesem Fall liefern ATP und reduziertes Ferredoxin Energie und Reduktionsenergie. Das Sulfid kann dann ebenso wie das Ammoniak zur Aminosäuresynthese herangezogen werden.

10.8 Die Oxygenaseaktivität von Rubisco mindert die Effizienz der Photosynthese

Die erste von Rubisco katalysierte Reaktion – dabei wirkt die Rubisco als *Carboxylase* – ist das Anfügen von Kohlendioxid und Wasser an Ribulose-1,5-Bisphosphat, woraus zwei Moleküle 3-Phosphoglycerat hervorgehen. Rubisco kann allerdings auch als *Oxygenase* wirken. Mittels dieser Aktivität katalysiert Rubisco das Anknüpfen molekularen Sauerstoffs (und nicht Kohlendioxids) an Ribulose-1,5-Bisphosphat:

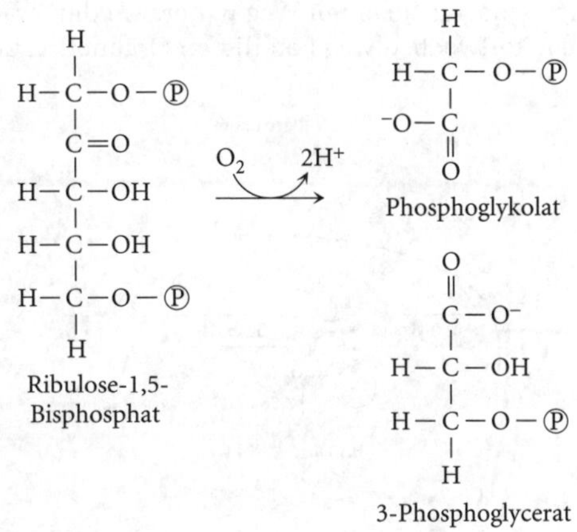

(10-18)

Als Ergebnis dieser Oxygenaseaktivität von Rubisco erhält man ein 3-Kohlenstoffprodukt – 3-Phosphoglycerat – und ein 2-Kohlenstoffprodukt, **Phosphoglykolat**. Da Phosphoglykolat nicht im nächsten Schritt des Calvin-Zyklus verwendet werden kann, scheint es Materialverschwendung der Kohlenstoffassimilierung zu sein. Man hat bisher keine weiteren Funktionen dieser verschwenderischen Oxygenaseaktivität von Rubisco eindeutig nachgewiesen.

Die Bemühungen, die Oxygenaseaktivität von Rubisco durch Änderung der Aminosäuresequenz des Enzyms zu verringern, sind weitestgehend erfolglos geblieben, denn eine Senkung der Oxygenaseaktivität geht im Allgemeinen mit einem kompensatorischen Rückgang der Carboxylaseaktivität einher. Warum besitzt Rubisco diese schädliche Oxygenaseaktivität? Einer Theorie zufolge ist die Oxygenaseaktivität ein evolutionäres Relikt aus der Zeit als der größte Teil der Atmosphäre noch nicht aus Sauerstoff bestand und das Enzym nicht ohne ernsthafte Störung der Carboxylasefunktion ausgeschaltet werden konnte. Nicht einmal die natürliche Selektion scheint der Aufgabe gewachsen zu sein, dieses Enzym zu verändern. Stattdessen entwickelten von Rubisco abhängige Phototrophe drei alternative Strategien, um mit der offensichtlich überflüssigen Oxygenaseaktivität fertig zu werden. In den folgenden Darstellungen werden wir uns kurz mit dem photorespiratorischen Glykolatstoffwechselweg, mit der C_4-Photosynthese und mit dem Crassulaceen-Säurestoffwechsel beschäftigen.

10.8.1 Der Glykolatstoffwechselweg bringt reduzierten Kohlenstoff aus Phosphoglykolat wieder in den Calvin-Zyklus

Bei allen photosynthetischen Zellen wird das Phosphoglykolat, das durch die Oxygenaseaktivität von Rubisco entsteht, in den **Glykolatstoffwechselweg** geleitet (▸ *Abbildung 10.12*). Dieser Stoffwechselweg verfügt über Phosphoglykolat und bringt ungefähr 75 % des reduzierten im Phosphoglykolat enthaltenen Kohlenstoffs in Form von 3-Phosphoglycerat wieder in den Calvin-Zyklus zurück, wobei die restlichen 25 % als CO_2 freigesetzt werden. Da der Glykolatstoffwechselweg durch die lichtabhängige Aufnahme von Sauerstoff und die Produktion von Kohlendioxid charakterisiert ist, spricht man auch von **Photorespiration**.

Mehrere Schritte des Glykolatstoffwechselwegs sind in einem spezifischen Typ des Peroxisoms lokalisiert, dem sogenannten **Blattperoxisom**. Wie Sie aus *Kapitel 3* bereits wissen, sind Peroxisomen Organellen, die Oxidaseenzyme enthalten, die Wasserstoffperoxid bilden. Das potenziell schädliche Wasserstoffperoxid wird dann von einem weiteren Enzym des Peroxisoms ausgeschaltet, der Katalase, die Wasserstoffperoxid zu Wasser und Sauerstoff abbaut. Da die Peroxisomen eine sehr wichtige Funktion im glykolytischen Stoffwechselweg übernehmen, kommen sie in allen photosynthetischen Pflanzengeweben vor.

Der kristalline Zellkern innerhalb der Matrix des Organells besteht aus Katalase, einem Markerenzym für Peroxisomen. Achten Sie auf die Nähe des Blattperoxisoms zu einem Chloroplasten und einem Mitochondrium. Diese Assoziation ist häufig in photosynthetischen Blattzellen anzutreffen. Höchstwahrscheinlich spiegelt sie einen Weg wider, um den Transfer von Metaboliten zwischen diesen drei am Glykolatstoffwechselweg beteiligten Organellen zu erleichtern.

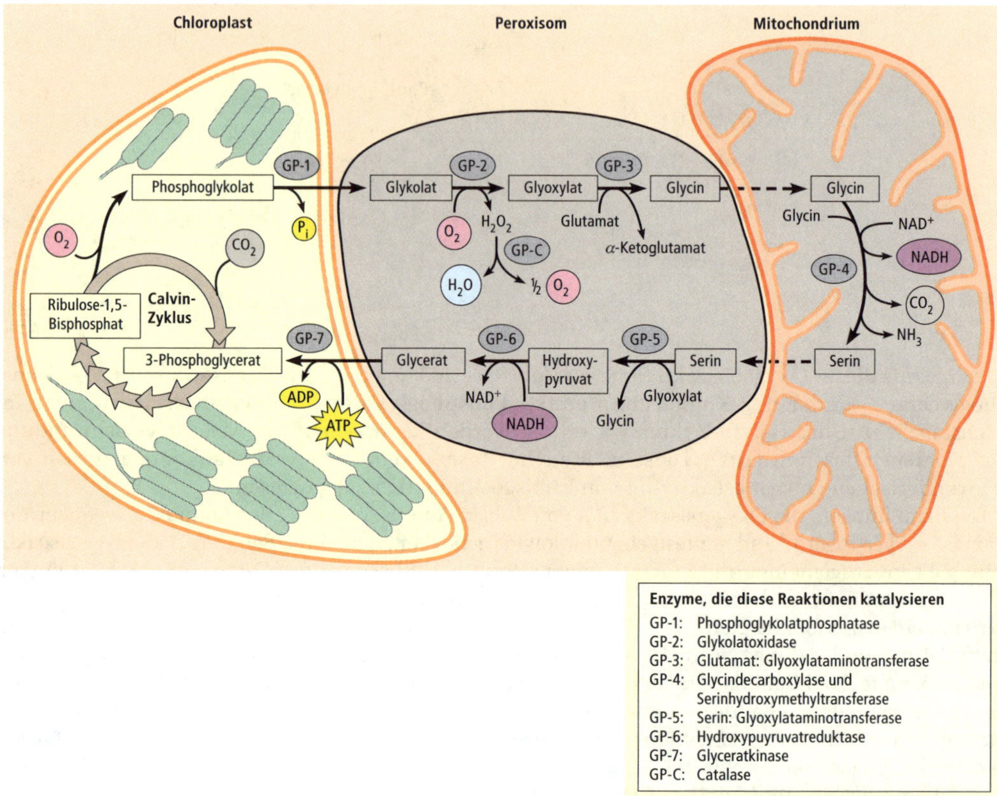

Abbildung 10.12: Der Glykolatstoffwechselweg. Glykolat entsteht als Produkt der Oxygenaseaktivität von Rubisco. Das Zwischenprodukt ist Phosphoglykolat, das durch eine in der Chloroplastenmembran lokalisierte Phosphatase in freies Glykolat umgewandelt wird (Reaktion GP-1). Das freie Glykolat diffundiert aus dem Chloroplastenstroma und wird in einem Stoffwechselweg aus fünf Schritten metabolisiert (Reaktionen GP-2 bis GP-6), der zum Teil im Peroxisom und zum Teil im Mitochondrium abläuft. Das Glycerat diffundiert in den Chloroplasten und wird zu 3-Phosphoglycerat phosphoryliert (Reaktion GP-7), das in den Calvin-Zyklus eintritt. Die für die Photorespiration charakteristische Sauerstoffaufnahme und Kohlendioxidentwicklung finden im Peroxisom (Reaktion GP-2) bzw. im Mitochondrium statt (Reaktion GP-4). Beachten Sie, dass zwei Moleküle Glykolat notwendig sind, um ein Molekül 3-Phosphoglycerat zu bilden.

Im Chloroplasten wird das von Rubisco gebildete Phosphoglykolat schnell von einer Phosphatase im Stroma dephosphoryliert (Reaktion GP-1). Das Produkt ist *Glykolat*, das zu einem nahegelegenen Blattperoxisom diffundiert, wo es von einer *Oxidase* zu Glyoxylat umgewandelt wird (Reaktion GP-2). Die Oxidation von Glykolat geht mit der Aufnahme von Sauerstoff und der Erzeugung von Wasserstoffperoxid einher, das von einer Katalase sofort zu Sauerstoff und Wasser abgebaut wird (Reaktion GP-C). Während der nächsten Reaktion im Peroxisom katalysiert eine Aminotransferase den Transport einer Aminogruppe vom Glutamat zum Glyoxylat und es entsteht Glycin (Reaktion GP-3).

Glycin diffundiert vom Blattperoxisom zu einem Mitochondrium. Dort sind zwei Enzyme nacheinander aktiv – eine *Decarboxylase* und eine *Hydroxylmethyltransferase*. Sie wandeln zwei Glycinmoleküle in ein einziges *Serin* um. Dies geht mit der Bildung von NADH und der Freisetzung von Kohlendioxid und Ammoniak einher (Reaktion GP-4). Daher führt die Oxygenaseaktivität der Rubisco nicht nur zum Verlust von Kohlenstoff, sondern auch zu einem potenziellen Verlust an

Stickstoff. Damit die Stickstoffreserven nicht zur Neige gehen, muss Ammoniak auf Kosten von ATP und dem Reduktionsmittel reassimiliert werden.

Das Serin diffundiert zum Peroxisom zurück, wo eine weitere *Aminotransferase* die Aminogruppe entfernt, wodurch *Hydroxypyruvat* entsteht (Reaktion GP-5). Eine *Reduktase*, die NADH als Elektronendonor nutzt, reduziert sodann Hydroxypyruvat zu *Glycerat* (Reaktion GP-6). Schließlich diffundiert das Glycerat zum Chloroplasten, wo es von der *Glyceratkinase* zu 3-Phosphoglycerat phosphoryliert wird (Reaktion GP-7), eine Schlüsselzwischenprodukt des Calvin-Zyklus.

Welchen Vorteil hat dieser lange Wiedergewinnungsweg (engl.: *salvage pathway*), der sich durch mehrere Organellen hindurchzieht? Drei von vier Kohlenstoffatomen, die den Calvin-Zyklus als Bestandteil von Phosphoglykolat verlassen, werden in Form von 3-Phosphoglycerat wiedergewonnen. Ohne diesen Stoffwechselweg würde sich Phosphoglykolat in toxischer Konzentration ansammeln und der für die Wiedergewinnung von Ribulose-1,5-Bisphophat und den kontinuierlichen Ablauf des Calvin-Zyklus unabdingbare Vorrat an Triosephosphaten würde sich erschöpfen. Im Hinblick auf Energie und reduzierten Kohlenstoff bringt der Phosphoglykolatmetabolismus erhebliche Kosten. Für jeweils drei wiedergewonnene Kohlenstoffatome muss ein Ammoniakmolekül auf Kosten eines ATP und zweier reduzierter Ferredoxinmoleküle reassimiliert werden und das durch Reaktion GP-6 erzeugte Glycerat muss auf Kosten eines ATP-Moleküls phosphoryliert werden. Dank der offensichtlich unverzichtbaren Oxygenaseaktivität der Rubisco ist die Photorespiration jedoch ein Nettogewinn für die Pflanze. Bedenken Sie nur den Wert von drei recycelten Kohlenstoffatomen: Neun ATP und sechs NADPH wurden bei der vorherigen Fixierung und Reduktion eines jeden Kohlendioxidatoms verbraucht.

10.8.2 C_4-Pflanzen minimieren die Photorespiration, indem sie Rubisco auf Zellen mit hohen CO_2-Konzentrationen beschränken

Pflanzen, die in heißen, trockenen Gebieten mit intensiver Sonneneinstrahlung leben, sind ganz besonders von der Oxygenaseaktivität von Rubisco betroffen. Mit steigender Temperatur sinkt die Löslichkeit des Kohlendioxids schneller als die Löslichkeit von Sauerstoff, wodurch das Verhältnis $CO_2 : O_2$ in der Lösung sinkt. Ein weiteres Problem kommt auf bei der Reaktion der Pflanzen auf Trockenheit. Tagsüber schließen sie ihre Stomata (Spaltöffnungen in der Epidermis), um den Wasserverlust zu minimieren. Bei geschlossenen Stomata kann kein Kohlendioxid in das Blatt eindringen und die Konzentration von Kohlendioxid in der Pflanzenzelle sinkt. Außerdem wird durch die Photolyse weiterhin Sauerstoff erzeugt, der sich ansammelt, weil er bei geschlossenen Stomata nicht aus dem Blatt hinaus diffundieren kann.

In einigen Fällen ist das Potenzial für den Verlust von Energie und Kohlenstoff durch Photorespiration derartig stark, dass Pflanzen zur Lösung dieses Problems spezielle Anpassungsstrategien entwickelt haben. Eine häufig genutzte Vorgehensweise besteht darin, Rubisco auf Zellen zu beschränken, die eine hohe Kohlendioxidkonzentration aufweisen, wodurch die Oxygenaseaktivität des Enzyms verringert wird.

Bei vielen tropischen Gräsern, darunter sind auch wirtschaftlich relevante Nutzpflanzen wie Mais, Hirse und Zuckerrohr, wird die Isolierung von Rubisco durch einen kurzen Carboxylierungs-/Decarboxylierungs-Stoffwechselweg bewerkstelligt, den man als **Hatch-Slack-Weg** bezeichnet, benannt nach D. Hatch und C. Roger Slack, zwei Pflanzenphysiologen, die einen großen Anteil an der Aufklärung dieses Stoffwechselwegs hatten. Pflanzen, die diesen Stoffwechselweg nutzen, bezeichnet man als **C_4-Pflanzen**, denn das unmittelbare Produkt der Kohlendioxidfixierung durch den Hatch-Slack-Weg ist die organische Säure Oxalacetat aus vier Kohlenstoffatomen. Dieser Begriff dient zur Unterscheidung dieser Pflanzen von den **C_3-Pflanzen**, deren erstes nachweisbares Produkt der Kohlenstofffixierung die Verbindung 3-Phosphoglycerat aus drei Kohlenstoffatomen ist.

Möchte man den Vorteil des Hatch-Slack-Wegs wirklich verstehen, so muss man sich zuerst die Anordnung des Hatch-Slack-Wegs und des Calvin-Zyklus im Blatt einer C_4-Pflanze anschauen. Wie in der ▸*Abbildung 10.13* dargestellt, findet man in den Blättern der C_4-Pflanzen, aber nicht in den Blättern der C_3-Pflanzen, zwei verschiedene Typen photosynthetischer Zellen – *Mesophyllzel-*

len und *Leitbündel-Scheidenzellen* –, die sich im Hinblick auf ihre Enzymzusammensetzung und somit ihre metabolischen Aktivitäten voneinander unterscheiden. Der Schritt der Kohlendioxidfixierung in einer C_4-Pflanze wird in Mesophyllzellen nicht von dem Enzym Rubisco geleistet. Die Mesophyllzellen sind dem Kohlendioxid und dem Sauerstoff ausgesetzt, die durch die Stomata in das Blatt gelangen. Das in den Mesophyllzellen fixierte Kohlendioxid wird anschließend in die von der umgebenden Atmosphäre gut isolierten Leitbündel-Scheidenzellen transferiert. Der gesamte Calvin-Zyklus (auch die Rubisco-Aktivität) läuft nur in den Leitbündel-Scheidenzellen der Chloroplasten ab. Auf Grund der Aktivität des Hatch-Slack-Kreislaufs kann die Kohlendioxidkonzentration in Leitbündel-Scheidenzellen die Konzentration in der Atmosphäre um das Zehnfache übertreffen, wodurch die Carboxylaseaktivität der Rubisco stark begünstigt und deren Oxygenaseaktivität gesenkt wird. In der ▸*Abbildung 10.14* bieten wir eine detaillierte Darstellung des Hatch-Slack-Wegs. Er beginnt mit der Carboxylierung von *Phophoenolpyruvat (PEP)*, woraus Oxalacetat hervorgeht (Reaktion HS-1). Die Carboxylierung wird von einer spezifischen im Cytosol enthaltenen Form der *PEP-Carboxylase* katalysiert, die in den Mesophyllzellen der C_4-Pflanzen besonders häufig vorkommt. Dieser Carboxylase fehlt nicht nur die Oxygenaseaktivität der Rubisco, sie ist außerdem ein hervorragender Kohlendioxidfänger in Form von Hydrogencarbonat, das sich bei der Lösung von Kohlendioxid in Wasser bildet.

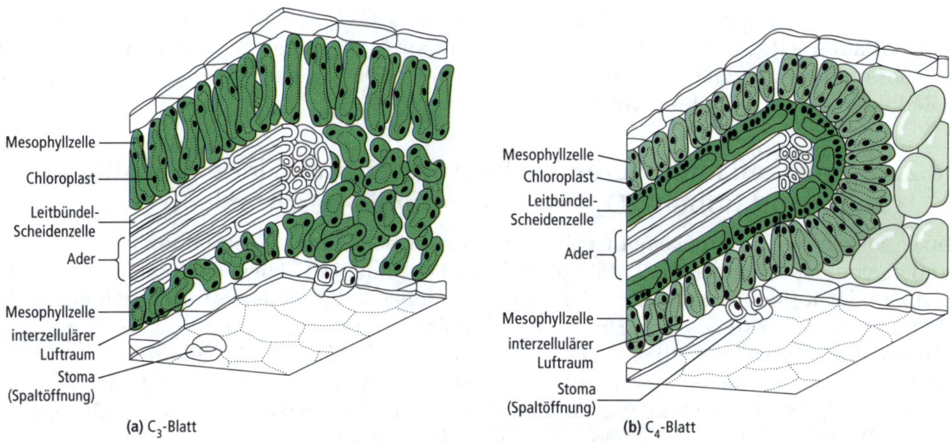

Abbildung 10.13: Strukturunterschiede zwischen den Blättern von C_3- und C_4-Pflanzen. (a) In C_3-Pflanzen läuft der Calvin-Zyklus in den Mesophyllzellen ab. (b) Bei C_4-Pflanzen ist der Calvin-Zyklus auf die Leitbündel-Scheidenzellen beschränkt, die von atmosphärischem Kohlendioxid und Sauerstoff relativ isoliert sind. C_4-Pflanzen nutzen den Hatch-Slack-Weg zur Anhäufung von Kohlendioxid in Mesophyllzellen und konzentrieren das Kohlendioxid in den Leitbündel-Scheidenzellen. Die Leitbündel-Scheidenzellen umgeben die vaskulären Leitbündel (Adern) des Blattes, die Kohlenhydrate zu anderen Pflanzenteilen transportieren. Diese konzentrische Anordnung bezeichnet man als Kranz-Anatomie. Sie ist von grundlegender Bedeutung für die photosynthetische Effizienz der C_4-Pflanzen.

Bei einem Weg, den der Hatch-Slack-Kreislauf einschlagen kann, wird das von der PEP-Carboxylase gebildete Oxalacetat schnell von einer *NADPH-abhängigen Malatdehydrogenase* abgebaut (Reaktion HS-2 in *Abbildung 10.14*). Malat ist eine stabile Säure aus vier Kohlenstoffatomen, die Kohlenstoff von den Mesophyllzellen zu den Chloroplasten in Leitbündel-Scheidenzellen transportiert. Dort wird durch Decarboxylierung mithilfe des *$NADP^+$-abhängigen Malatenzyms* CO_2 freigesetzt (Reaktion HS-3). Das freigesetzte Kohlendioxid wird dann wieder fixiert und im Calvin-Zyklus reduziert. Da die Decarboxylierung von Malat mit der Bildung von NADPH einhergeht, überträgt der Hatch-Slack-Weg auch Reduktionsenergie von Mesophyllzellen an Leitbündel-Scheidenzellen. Damit wird die Nachfrage nach dem nichtzyklischen Elektronenfluss von $NADP^+$ in die Leitbündel-Scheidenzellen verringert. Dies wiederum senkt die Bildung von Sauerstoff durch die PSII-Komplexe und mindert die weitere Carboxylaseaktivität der Rubisco.

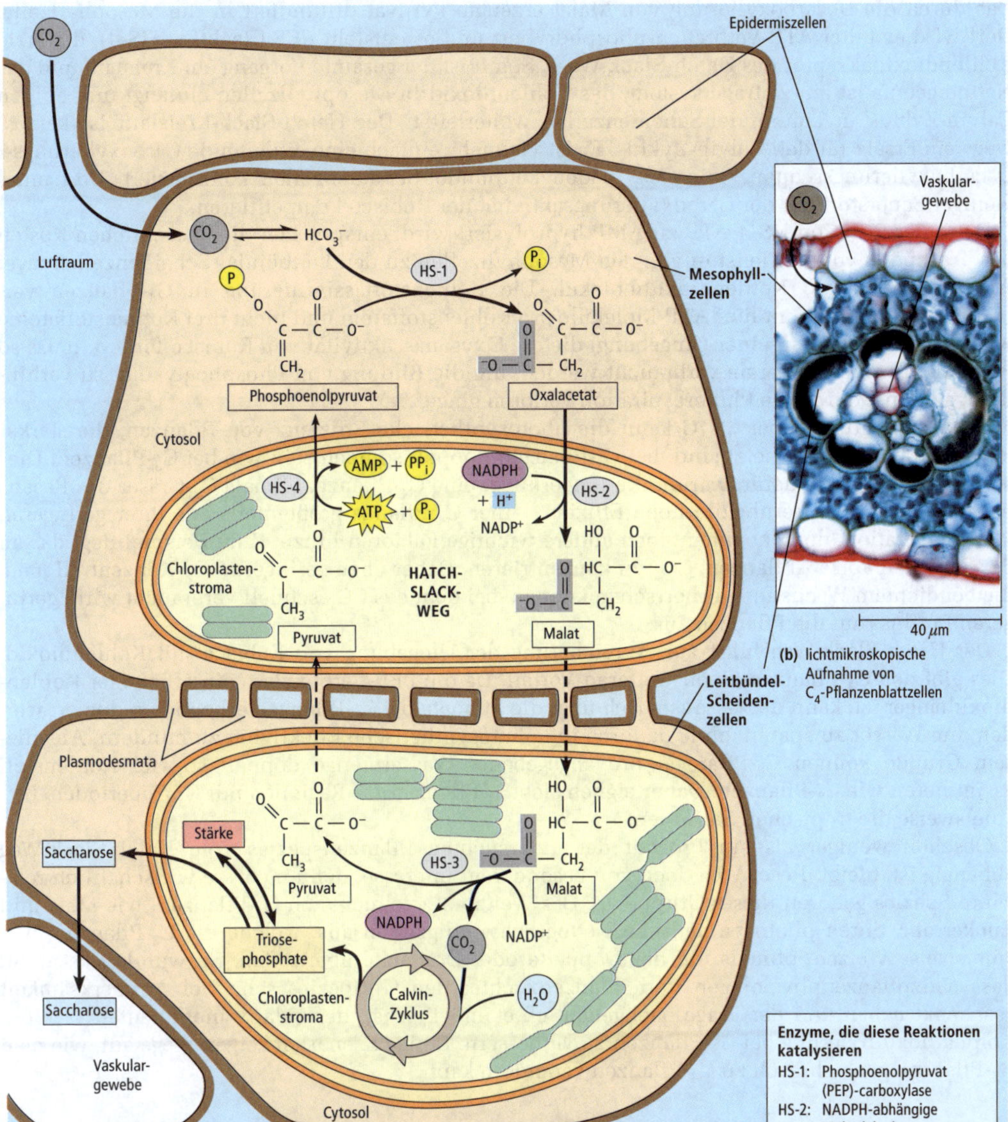

(a) Übersicht des Hatch-Slack-Zyklus und seine Lokalisierung in C_4-Pflanzen

(b) lichtmikroskopische Aufnahme von C_4-Pflanzenblattzellen

Abbildung 10.14: Lokalisierung des Hatch-Slack-Wegs in den Zellen des Blattes einer C_4-Pflanze. (a) Die Fixierung von Kohlendioxid in C_4-Pflanzen erfolgt mittels des Hatch-Slack-Wegs in den Mesophyllzellen, die zuerst Oxalacetat bilden. (Der Weg des einströmenden Kohlenstoffs ist mit dicken schwarzen Pfeilen gekennzeichnet.) Das durch Reduktion von Oxalacetat gebildete Malat wird dann einwärts zu den Leitbündel-Scheidenzellen transportiert, wo es decarboxyliert wird. Der Calvin-Zyklus fixiert das Kohlendioxid wieder, woraus schließlich Saccharose hervorgeht. Diese wird zu benachbartem Vaskulargewebe transportiert, von wo es zu anderen Pflanzenteilen weitergeht. Die Enzyme, die den Hatch-Slack-Weg katalysieren, sind im Kasten rechts aufgeführt. Das Enzym Pyruvat-Phosphat-Dikinase, das die Phosphorylierung von Pyruvat katalysiert, kommt einzig im Hatch-Slack-Weg vor. (b) Blattzellen einer C_4-Pflanze in einer lichtmikroskopischen Aufnahme eines Querschnitts von Mais, *Zea mays*.

Das durch die Decarboxylierung von Malat erzeugte Pyruvat diffundiert in die Mesophyllzelle. Dort wird es unter ATP-Verbrauch phosphoryliert und es entsteht PEP (Reaktion HS-4), der erste Kohlendioxidakzeptor des Hatch-Slack-Wegs. Somit ist der gesamte Vorgang ein Kreislauf und das Nettoergebnis ist ein Zuträgersystem, das Kohlendioxid in Mesophyllzellen einfängt und an den Calvin-Zyklus in Leitbündel-Scheidenzellen weiterleitet. Der Hatch-Slack-Kreislauf ist keineswegs ein Ersatz für den Calvin-Zyklus. Er ist vielmehr einfach eine einleitende Carboxylierungs-/ Decarboxylierungssequenz, die CO_2 in den Leitbündel-Scheidenzellen konzentriert. Dort muss weniger Sauerstoff mit der Carboxylierungsaktivität der Rubisco kompetitieren.

Da in der Reaktion HS-4 ATP zu AMP hydrolysiert wird, entsprechen die tatsächlichen Kosten des Transports von Kohlenstoff von den Mesophyllzellen zu den Leitbündel-Scheidenzellen zwei ATP-Molekülen pro Kohlendioxidmolekül. Die Kohlenstoffassimilierung in C_4-Pflanzen verbraucht daher insgesamt fünf ATP-Moleküle pro Kohlenstoffatom und nicht drei Kohlenstoffatome wie bei C_3-Pflanzen. In einer Umgebung, die die Oxygenaseaktivität von Rubisco fördert, muss so wesentlich weniger Energie verbraucht werden, um die Bildung von Phosphoglykolat zu verhindern, als sonst durch die Photorespiration verloren ginge.

Bei Temperaturen über 30 °C kann die photosynthetische Effizienz von Pflanzen, die starker Sonnenstrahlung ausgesetzt sind, bei C_4-Pflanzen doppelt so hoch sein wie bei C_3-Pflanzen. Dies ist einer der Gründe dafür, warum die Fingerhirse, eine C_4-Pflanze, oftmals C_3-Gräser des Rasens überwuchert. Zwar beruht die hohe Effizienz einer C_4-Pflanze größtenteils aus ihrer geringeren Photorespiration, doch kommen noch andere wichtige Faktoren hinzu. Zum Beispiel liegt das an der Fähigkeit von C_4-Pflanzen, CO_2 zu konzentrieren. Daher üben geringere CO_2-Konzentrationen, die bei dichtem Wachstum vorherrschen können, bei dem das CO_2 schnell verbraucht wird, geringeren Einfluss auf die Pflanzen aus.

Der Hatch-Slack-Weg führt zur Anreicherung der Umgebung von Rubisco mit Kohlendioxid. Dies gibt den C_4-Pflanzen einen weiteren Vorteil. Da die PEP-Carboxylase ein effizienter Kohlendioxidfänger ist, kann der Gasaustausch über die Stomata bei C_4-Pflanzen erheblich reduziert werden, um Wasser zu sparen, ohne dadurch die photosynthetische Effektivität zu mindern. Aus diesem Grunde können C_4-Pflanzen pro abgegebener Wassermenge doppelt so viel Kohlenstoff assimilieren wie C_3-Pflanzen. Daher eignen sich C_4-Pflanzen für Regionen mit Dürreperioden, beispielsweise die tropischen Savannen.

Obschon weniger als ein Prozent der untersuchten Pflanzenspezies vom Hatch-Slack-Weg abhängig ist, bleibt dieser Weg doch von besonderem Interesse, denn mehrere wirtschaftlich relevante Spezies gehören dieser Gruppe an. Des Weiteren zeichnen sich C_4-Pflanzen, wie Mais und Zuckerrohr, durch photosynthetische Nettogeschwindigkeiten aus, welche die C_3-Pflanzen, beispielsweise Weizen, oftmals um das Doppelte oder Dreifache übertreffen. So wundert es nicht, dass Nutzpflanzenphysiologen und Pflanzenzüchter den C_4-Spezies sehr viel Aufmerksamkeit geschenkt haben und der Frage nachgehen, ob es möglich ist, den relativ ineffizienten Weg der Kohlendioxidfixierung bei C_3-Pflanzen zu verbessern. Einige Szenarien zeigen Wege auf, wie man C_3-Pflanzen gentechnisch zu C_4-Pflanzen verändern kann.

10.8.3 CAM-Pflanzen verringern Photorespiration und Wasserverlust, indem sie ihre Stomata nur in der Nacht öffnen

Abschließend werden wir eine dritte Strategie darstellen, die einige Pflanzen nutzen, um mit der verschwenderischen Oxygenaseaktivität von Rubisco fertigzuwerden. Einige Pflanzenspezies der Wüste, der Salzmarschen und anderer Umgebungen, in den nur sehr wenig Wasser zur Verfügung steht, besitzen einen vorgeschalteten Kohlendioxidfixierungsweg, der eng mit dem Hatch-Slack-Kreislauf verwandt ist. Die Reaktionsabfolge ist ähnlich, aber diese Pflanzen trennen die Carboxylierungs- und Decarboxylierungsreaktionen eher *zeitlich* und nicht *räumlich*. Da man diesen Weg erstmalig in einer Familie der Sukkulenten entdeckte, den sogenannten Crassulaceen, wird er als **Crassulaceen-Säurestoffwechsel (CAM**, engl.: *crassulacean acid metabolism*) bezeichnet. Pflanzen, die CAM-Photosynthese durchführen, bezeichnet man als **CAM-Pflanzen**. Die CAM-

Photosynthese wurde in 40 % aller untersuchten Pflanzenspezies nachgewiesen, darunter viele Sukkulente, Kakteen, Orchideen und Bromelien wie die Ananas.

Im Gegensatz zu den C_3- und C_4-Pflanzen öffnen die CAM-Pflanzen ihre Stomata im Allgemeinen nur in der Dunkelheit, wenn die Atmosphäre relativ kühl und feucht ist. Wenn das Kohlendioxid in die Mesophyllzellen diffundiert, wird es in den ersten beiden Schritten eines dem Hatch-Slack-Kreislauf ähnlichen Wegs assimiliert und sammelt sich als Malat in den Zellen an. Es wird jedoch nicht aus den Mesophyllzellen ausgeschieden, sondern in großen Vakuolen gespeichert, die sehr sauer werden. Beim Transport des Malats in die Vakuolen wird ATP verbraucht, doch ist dieser Transport unbedingt erforderlich, um die Enzyme im Cytosol vor dem starken nächtlichen Abfall des pH-Wertes zu schützen.

Tagsüber schließen CAM-Pflanzen ihre Stomata, um Wasser zu sparen. Dann diffundiert das Malat von den Vakuolen ins Cytosol, in dem der Hatch-Slack-Weg weiterläuft. Das durch die Decarboxylierung von Malat freigesetzte Kohlendioxid diffundiert in das Chloroplastenstroma. Dort wird es wieder fixiert und im Calvin-Zyklus reduziert. Die hohe Kohlendioxidkonzentration und die geringe Sauerstoffkonzentration, die entstehen, wenn Licht für die Synthese von ATP und NADPH zur Verfügung steht, begünstigen die Carboxylaseaktivität der Rubisco erheblich und minimieren den Verlust von Kohlenstoff durch die Photorespiration. Beachten Sie, dass die Carboxylierung von PEP und die Decarboxylierung von Malat im gleichen Kompartiment ablaufen. Aus diesem Grund muss die Aktivität der PEP-Carboxylase in CAM-Pflanzen während des Tages strengstens unterbunden werden, damit sich kein nutzloser Kreislauf entwickelt.

Auf Grund ihrer bemerkenswerten Fähigkeit, Wasser zu speichern, können CAM-Pflanzen 25-mal mehr Kohlendioxid pro Einheit ausgeschiedenen Wassers speichern als C_3-Pflanzen. Des Weiteren führen einige CAM-Pflanzen einen Prozess durch, den man als *CAM-Verzögerung* (engl.: *CAM idling*) bezeichnet. Mittels dieser Strategie halten die Pflanzen ihre Stomata tagsüber und nachts geschlossen. Das Kohlendioxid wird einfach zwischen Photosynthese und Atmung wieder aufbereitet, sodass praktisch kein Wasserverlust entsteht. Daher gelingt solchen Pflanzen natürlich kein Nettogewinn an Kohlenhydraten und sie wachsen nicht sonderlich gut. Dank dieser Fähigkeit können sie aber monatelange Trockenperioden überstehen, und sie verdanken dieser Fähigkeit auch ihre hohe Lebenserwartung – sie werden mehr als 100 Jahre alt.

Das Endomembransystem und Peroxisomen

11

ÜBERBLICK

Das tiefere Verständnis der eukaryotischen Zelle hängt davon ab, die überragende Rolle der intrazellulären Membranen und der Kompartimentalisierung der verschiedenen Funktionen innerhalb der Organellen zu verstehen – die verschiedenen zellulären Aktivitäten laufen in intrazellulären, von einer Membran umhüllten Kompartimenten ab. Ganz gleich ob wir uns mit Speicherung und Transkription genetischer Information, der Biosynthese sekretorischer Proteine, dem Abbau langkettiger Fettsäuren oder irgendeinem anderen der vielen metabolischen Vorgänge beschäftigen, die in eukaryotischen Zellen stattfinden, viele Reaktionen eines bestimmten Stoffwechselwegs erfolgen in einem bestimmten Organell. Außerdem müssen der Transport von Molekülen zwischen Organellen und deren Austausch (engl.: *trafficking*), genauestens reguliert werden, um sicherzustellen, dass jedes Organell die für seine Struktur und Funktion richtigen Komponenten erhält.

Bitte denken Sie bei der Beschäftigung mit diesen Organellen stets daran, dass das endoplasmatische Reticulum, der Golgi-Komplex, Endosomen und Lysosomen (aber nicht die Peroxisomen) das **Endomembransystem** der eukaryotischen Zelle bilden, wie in der ▸*Abbildung 11.1* dargestellt.

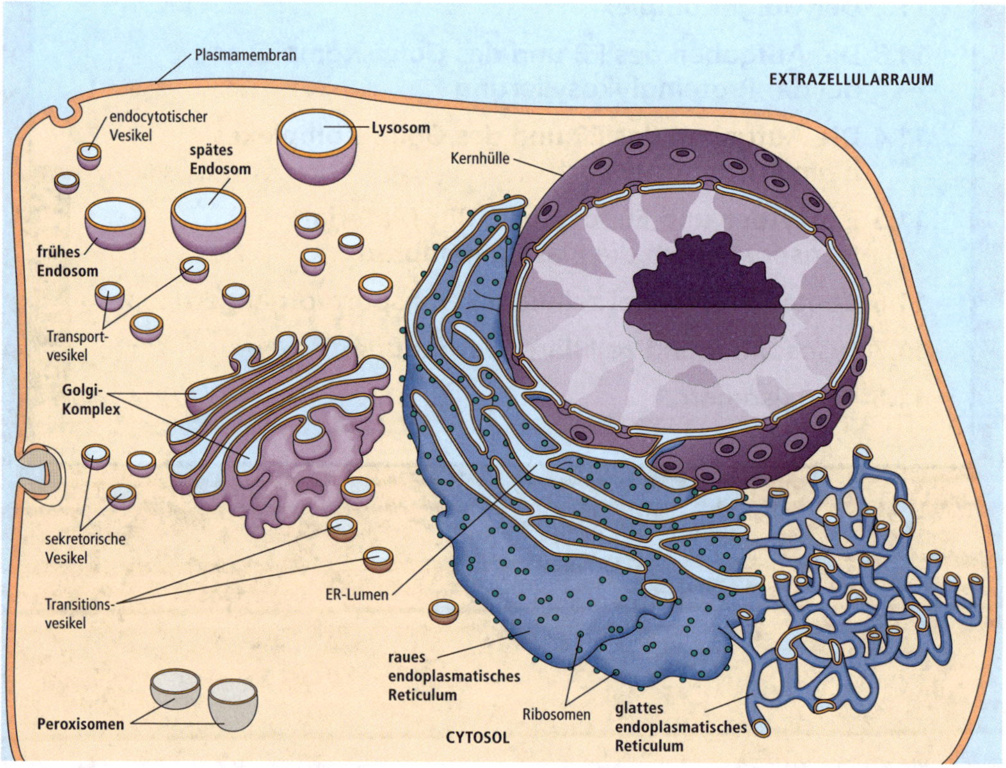

Abbildung 11.1: Das Endomembransystem. Das Endomembransystem der eukaryotischen Zelle besteht aus dem endoplasmatischen Reticulum (ER), dem Golgi-Komplex, Endosomen und Lysosomen (aber nicht aus Peroxisomen). Es ist sowohl mit der Kernhülle als auch mit der Plasmamembran assoziiert. Das ER-Lumen ist über Transportvesikel, die Material zwischen den Organellen befördern sowie einen Austausch mit der Plasmamembran erlauben, mit dem Inneren des Golgi-Komplexes, den Endosomen und den Lysosomen verbunden.

11.1 Das endoplasmatische Reticulum

Das **endoplasmatische Reticulum (ER)** ist ein untereinander verknüpftes Netzwerk aus abgeflachten Säckchen, Tubuli und miteinander verknüpften Vesikeln, das sich über das gesamte Cytoplasma der eukaryotischen Zelle erstreckt. *Endoplasmatisch* bedeutet ganz einfach „innerhalb des (Cyto)Plasmas“ und *Reticulum* ist ein lateinisches Wort mit der Bedeutung „Netzwerk“. Die von einer Membran umhüllten Säckchen bezeichnet man als **ER-Zisternen** (Singluar: **ER-Zisterne**) und der von ihnen umschlossene Raum ist das sogenannte **ER-Lumen** (*Abbildung 11.1*). 50–90 % der gesamten Membranen in einer Säugetierzelle umgeben das ER-Lumen. Im Gegensatz zu bekannteren Organellen, beispielsweise dem Mitochondrium oder dem Chloroplasten, kann das ER nur dann unter dem Lichtmikroskop sichtbar gemacht werden, wenn man ein oder mehrere Kompartimente anfärbt oder mit einem fluoreszierenden Molekül markiert.

Das ER wurde erstmalig im späten 19. Jahrhundert Gegenstand des Interesses, als man es in einigen eukaryotischen Zellen vorfand. Vor allem die an der Sekretion mitwirkenden Zellen enthielten Regionen, die bei Einwirkung basischer Farben eine intensive Färbung zeigten. Die Bedeutung dieser Regionen blieb bis in die 1950er Jahre unerkannt. Doch dann wurde das Auflösungsvermögen der Elektronenmikroskope erheblich verbessert. Dadurch vermochten Zellbiologen zum ersten Mal das feine Netzwerk des ER aus intrazellulären Membranen sichtbar zu machen und dessen Rolle bei zellulären Abläufen aufzudecken. Das ist ein häufig anzutreffendes Motiv bei wissenschaftlichen Entdeckungen – konzeptionelle Fortschritte auf einem Gebiet folgen häufig technologischen Fortschritten auf einem verwandten (oder sogar nicht verwandten) Gebiet.

Heute wissen wir, dass die mit dem ER assoziierten Enzyme für die Biosynthese von Proteinen verantwortlich sind, die für die Aufnahme in die Plasmamembran oder in Organellen des endoplasmatischen Systems bestimmt sind, und für die Synthese von Proteinen, die zum Transport aus der Zelle hinaus vorgesehen sind. Des Weiteren spielt das ER eine zentrale Rolle bei der Biosynthese von Lipiden, darunter Triglyceride (Triacylglycerine), Cholesterin und verwandte Verbindungen. Das ER ist der Ursprung der meisten Lipide, die zu intrazellulären Membranen und zur Plasmamembran zusammengebaut werden.

11.1.1 Die beiden Grundformen des endoplasmatischen Reticulums unterscheiden sich in Struktur und Funktion

Die beiden Grundformen des endoplasmatischen Reticulums, die typischerweise in eukaryotischen Zellen vorkommen, unterscheiden sich durch die Gegenwart oder das Fehlen von Ribosomen, die mit der ER-Membran verknüpft sind. Das **raue endoplasmatische Reticulum (raues ER)** zeichnet sich durch Ribosomen aus, die auf der cytosolischen Seite der Membran (der dem ER-Lumen abgewandten Seite) liegen. Die Translation durch diese Ribosomen läuft im Cytosol ab, aber die neu synthetisierten Proteine treten kurz darauf in das ER-Lumen ein. Da Ribosomen RNA enthalten, war es eben diese RNA, die stark mit den basischen Farben reagierte, die man zuerst verwendete, um das raue ER zu identifizieren. Untereinheiten des ER, die **Transitionselemente (TEs**, engl.: *transitional elements***)**, spielen eine wichtige Rolle bei der Bildung von **Transitionsvesikeln**, die Lipide und Proteine vom ER zum Golgi-Komplex transportieren. Im Gegensatz dazu beruht die glatte Erscheinung des **glatten endoplasmatische Reticulums (glattes ER)** darauf, dass keine Ribosomen mit der Membran verknüpft sind. Zudem übernimmt es andere Aufgaben in der Zelle.

Das raue und das glatte ER sind morphologisch leicht voneinander zu unterscheiden. Die Membranen des rauen ER bilden im Allgemeinen große flache Blätter, während die Membranen des glatten ER normalerweise röhrenförmigen Strukturen bilden. Die Transitionselemente des rauen ER bilden eine Ausnahme von dieser Regel. Häufig ähneln sie dem glatten ER. Allerdings sind das raue und das glatte ER keine getrennten Organellen – elektronenmikroskopische Aufnahmen und Untersuchungen an lebenden Zellen haben den Nachweis erbracht, dass die Räume ihrer Lumen ineinander übergehen. Daher können Substanzen zwischen dem rauen und dem glatten ER ohne Unterstützung von Vesikeln transportiert werden.

In den meisten eukaryotischen Zellen kommen beide Typen des ER vor, aber es gibt erhebliche Abweichungen im Hinblick auf die relativen Mengen eines jeden Typs, je nach Aktivitäten der jeweiligen Zelle. Zellen, die an der Biosynthese sekretorischer Proteine beteiligt sind, beispielsweise die Leberzellen und Zellen, die Verdauungsenzyme bilden, besitzen tendenziell sehr deutlich hervortretende raue ER-Netzwerke. Andererseits enthalten Zellen, die Steroidhormone bilden, beispielsweise Zellen der Geschlechtsorgane oder der Eierstöcke, ausgedehnte Netzwerke des glatten ER.

11.1.2 Das raue ER wirkt an der Biosynthese und der Prozessierung von Proteinen mit

Die Ribosomen an der cytosolischen Seite der rauen ER-Membran sind sowohl für die Synthese von membranständigen Proteinen als auch für die löslichen Proteine im Endomembransystem verantwortlich. Wie gelangen die Proteine vom Ort ihrer Synthese auf der gegenüberliegenden (cytosolischen) Seite der rauen ER-Membran in das ER-Lumen und das Endomembransystem? Die Synthese der Proteine für das Endomembransystem beginnt an den cytoplasmatischen Ribosomen, die kurz nach der Initiation der Translation über Rezeptorproteine mit der ER-Membran eine Bindung eingehen. Neu synthetisierte Proteine treten kotranslational in das Endomembransystem ein – das heißt, sie werden durch einen Porenkomplex in der ER-Membran in das raue ER-Lumen aufgenommen, wenn das Polypeptid von dem ER-umhüllten Ribosom synthetisiert wird (siehe *Abbildung 21.12*). Nach der Biosynthese verbleiben die Proteine, welche die ER-Membran durchspannen, entweder über hydrophobe Regionen des Polypeptids oder über kovalente Bindung mit Membranlipiden in der ER-Membran verankert. Lösliche Proteine, darunter sekretorische Proteine, werden in das ER-Lumen freigesetzt.

Abgesehen von seiner Rolle bei der Biosynthese von Polypeptidketten, spielen sich auf dem rauen ER noch weitere Vorgänge ab, darunter die ersten Schritte der Anfügung und Prozessierung von Kohlenhydratgruppen an Glykoproteine, die Faltung von Polypeptiden, das Erkennen und Entfernen von falsch gefalteten Polypeptiden und die Zusammensetzung multimerer Proteine. Somit gehört zu den ER-spezifischen Proteinen eine ganze Reihe von Enzymen, die kotranslationale und posttranslationale Modifikationen katalysieren. Zu diesen Modifikationen gehören die Glykosylierung, die für die Zuordnung der Proteine zu ihrem Bestimmungsort von Bedeutung ist, und die Bildung von Disulfidbindungen, die für die richtige Proteinfaltung von essenzieller Bedeutung sind. Diese Themen werden wir im Rahmen der Proteinbiosynthese, der Orientierung und der Faltung in *Kapitel 21* genauer darstellen.

Des Weiteren ist das ER ein Qualitätskontrollpunkt. Bei dem *ER-assoziierten Abbau (ERAD*; engl.: *ER-associated degradation)*, werden falsch modifizierte, fehlgefaltete oder nicht richtig zusammengesetzte Proteine durch cytosolische *Proteasomen* aus dem ER abgebaut, bevor sie in den Golgi-Komplex gelangen können. Mehrere Erkrankungen des Menschen, darunter die Zystische Fibrose und die familiäre Hypercholesterinämie, sind mit Defekten in diesen Vorgängen assoziiert.

11.1.3 Das glatte ER ist an der Detoxifikation, dem Kohlenhydratmetabolismus, der Calciumspeicherung und der Steroidbiosynthese beteiligt

Detoxifikation (Entgiftung) Bei der Detoxifikation wirkt häufig eine von einem Enzym katalysierte **Hydroxylierung** mit, denn das Anfügen von Hydroxylgruppen an hydrophobe toxische Substanzen fördert deren Löslichkeit und der Körper kann sie leichter ausscheiden. Die Hydroxylierung organischer Akzeptormoleküle wird typischerweise von einem Mitglied der Cytochrom-P-450-Proteinfamilie katalysiert. Diese Proteine kommen in großer Anzahl im glatten ER der Hepatocyten (Leberzellen) vor, in denen die Detoxifikation vieler Substanzen und Giftstoffe stattfindet.

In den Hepatocyten transferiert ein Elektronentransportsystem Elektronen vom NADPH oder NADH zu einer Hämgruppe in einem Cytochrom-P-450-Protein, das dann ein Elektron an molekularen Sauerstoff abgibt. Ein Atom des molekularen Sauerstoffs nimmt zwei Elektronen und zwei H^+ auf und bildet H_2O. Das andere Sauerstoffatom wird als Teil einer Hydroxylgruppe an das organische Substratmolekül angefügt. Da eines der beiden Sauerstoffatome von O_2 in das Reaktionsprodukt eingebaut wird, bezeichnet man diese Cytochrom-P-450-Enzyme oft als *Monooxygenasen*. Die Nettoreaktion ist unten dargestellt, wobei R für den organischen Hydroxylakzeptor steht:

$$RH + NAD(P)H + H^+ + O_2 \longrightarrow ROH + NAD(P)^+ + H_2O \qquad (11\text{-}1)$$

Der Abbau hydrophober Barbiturate (Betäubungsmittel) wird zum Beispiel von Hydroxylierungsenzymen im glatten ER gefördert. Injiziert man einer Ratte sedatives Phenobarbital (wirkt als Beruhigungsmittel), so kann man den schnellen Anstieg von Enzymen in der Leber fördern, die das Barbiturat detoxifizieren, was mit einem dramatischen Wachstum des glatten ER einhergeht. Dies bedeutet allerdings, dass zunehmend größere Mengen des Pharmakons notwendig sind, um den gleichen sedativen Effekt herbeizuführen. Diesen Effekt bezeichnet man als *Toleranz* (oder *Sucht*), die man bei Individuen beobachten kann, die regelmäßig Phenobarbital einnehmen. Des Weiteren besitzt das durch Phenobarbital induzierte Enzym Hydroxylier-Aktivität und kann daher eine Reihe von Pharmaka löslich machen, darunter hilfreiche Wirkstoffe wie Antibiotika, Antikoagulanzien (Blutgerinnungshemmstoffe) und Steroide. Die Folge ist in letzter Konsequenz die dauerhafte, suchthafte Einnahme von Barbituraten, wodurch die Effektivität vieler anderer klinisch hilfreicher Medikamente sinkt.

Ein weiteres Cytochrom-P-450-Protein des glatten ER ist Teil eines Enzymkomplexes mit der Bezeichnung *Aryl-Kohlenwasserstoffhydroxylase*. Dieser Komplex ist an der Metabolisierung polyzyklischer Kohlenwasserstoffe beteiligt, organischer Moleküle, die aus zwei oder mehr verknüpften Benzolringen bestehen, die oftmals toxisch wirken. Die Hydroxylierung solcher Moleküle ist sehr wichtig, um deren Löslichkeit in Wasser zu fördern, doch oftmals wirken die oxidierten Produkte toxischer als die ursprüngliche Verbindung. Die Aryl-Kohlenwasserstoffhydroxylase wandelt potenzielle Karzinogene in ihre chemisch aktiven Formen um. Mäuse, die hohe Konzentrationen dieser Hydroxylase synthetisieren, erkranken mit höherer Inzidenz spontan an Krebs als normale Mäuse, während die mit einem Inhibitor von Aryl-Kohlenwasserstoffhydroxylase behandelten Mäuse seltener Tumore entwickeln. Interessanterweise wird die Aryl-Kohlenwasserstoffhydroxylase stark durch Zigarettenrauch induziert, was Rauchern unter Ihnen zu denken geben sollte.

Neuere Arbeiten erbrachten den Nachweis, dass die unterschiedliche Aktivität und Nebenwirkungen bestimmter Medikamente und Pharmaka auf Unterschieden im Vorkommen oder der Aktivität bestimmter Cytochrom-P-450-Gene bei verschiedenen Patienten beruhen. Diese Erkenntnis führte zur Einführung eines neuen Untersuchungsgebietes, der **Pharmakogenetik** (auch *Pharmakogenomik*). Die auf diesem Gebiet tätigen Wissenschaftler befassen sich mit der Fragestellung, wie die vererbten Unterschiede in Genen (und den daraus hervorgehenden Genprodukten) zu unterschiedlichen Reaktionen auf Medikamente, Pharmaka und Umweltgifte führen.

Kohlenhydratmetabolismus Das glatte ER der Hepatocyten (Leberzellen) wirkt außerdem am enzymatischen Abbau gespeicherten Glykogens mit, was man durch die Gegenwart der *Glucose-6-Phosphatase* nachweisen kann. Die Glucose-6-Phosphatase kommt als membranständiges Enzym nur im ER vor. Daher wird dessen Auftreten als Marker zur Identifizierung des ER während der subzellulären Fraktionierung oder zur Sichtbarmachung des ER mittels fluoreszierender Antikörper eingesetzt. Die Glucose-6-Phosphatase hydrolysiert die Phosphatgruppe des Glucose-6-Phosphats und es entstehen freie Glucose und anorganisches Phosphat (P_i):

$$\text{Glucose-6-Phosphat} + H_2O \longrightarrow \text{Glucose} + P_i \qquad (11\text{-}2)$$

Das Enzym kommt in großer Menge in der Leber vor, denn die Leber hat die wichtige Aufgabe, die Glucosekonzentration im Blut relativ konstant zu halten. Die Leber speichert in den mit dem glatten ER assoziierten Granula Glucose in Form von Glykogen. Wenn der Körper Glucose braucht, besonders zwischen den Mahlzeiten und als Reaktion auf verstärkte Muskelaktivität, wird Leberglykogen durch Phosphorolyse abgebaut, wodurch Glucose-6-Phosphat entsteht. Da Membranen im Allgemeinen für phosphorylierte Zucker undurchlässig sind, muss das Glucose-6-Phosphat von der Glucose-6-Phosphatase in freie Glucose umgewandelt werden, damit die freie Glucose die Zelle verlassen und in den Blutkreislauf eintreten kann. Die freie Glucose verlässt die Leberzellen über den Glucosetransporter GLUT2 und gelangt in das Blut, von wo aus sie in andere Zellen transportiert wird, die Energie benötigen. Die Aktivität der Glucose-6-Phosphatase ist in Leber-, Nieren- und Darmzellen zu finden, aber nicht in den Muskel- und Hirnzellen. Die Muskel- und Hirnzellen halten das Glucose-6-Phosphat zurück, um ihren eigenen, hohen Energiebedarf zu decken.

Calciumspeicherung Das *sarkoplasmatische Reticulum* der Muskelzellen ist ein Beispiel für ein glattes, auf die Calciumspeicherung spezialisiertes ER. In diesen Zellen enthält das ER-Lumen hohe Konzentrationen calciumbindender Proteine. Calciumionen werden von *ATP-abhängigen Calcium-ATPasen* aktiv in das ER gepumpt und als Reaktion auf extrazelluläre Signale freigesetzt, um die Muskelkontraktion auszulösen (siehe *Abbildung 13.8*). Die Bindung von Neurotransmittermolekülen an Rezeptoren auf der Oberfläche der Muskelzelle löst eine Kaskade von Signalen aus, die zur Freisetzung von Calcium aus dem sarkoplasmatischen Reticulum führen und die Kontraktion der Muskelfasern bewirken. In den *Kapiteln 12* und *15* werden wir uns eingehender mit der Übertragung von Nervenimpulsen und der Muskelkontraktion beschäftigen.

Steroidbiosynthese Das glatte ER bestimmter Zellen ist der Ort der Biosynthese von Cholesterin (in der Literatur teilweise auch als Cholesterol bezeichnet) und Steroidhormonen wie Cortisol, Testosteron und Östrogen. Große Mengen an glattem ER finden sich in den Zellen der Nebenniere, die Cortisol bilden, in den Leydig-Zellen der Hoden, die Testosteron bilden, in Leberzellen, die Cholesterin bilden und in den Follikelzellen der Eierstöcke, die Östrogen bilden. Man hat das glatte ER außerdem in enger Assoziation mit den Plastiden einiger Pflanzen nachgewiesen, in denen es an der Phytohormonsynthese mitwirken könnte.

Cholesterin, Cortisol und die männlichen und weiblichen Steroidhormone, die wir gerade vorgestellt haben, besitzen alle eine Struktur aus vier Ringen, unterscheiden sich jedoch im Hinblick auf Anzahl und Anordnung der Kohlenstoffseitenketten und der Hydroxylgruppen (siehe *Abbildung 2.23e* und *Abbildung 2.26*). *Hydroxy-3-methylglutaryl-CoA-Reduktase (HMG-CoA-Reduktase)*, das Enzym, das die entscheidende Reaktion in der Cholesterinbiosynthese katalysiert, kommt in großen Mengen im glatten ER der Leberzellen vor. Dieses Enzym wird durch eine Klasse von cholesterinsenkenden Wirkstoffen gehemmt, die man als *Statine* bezeichnet. Des Weiteren enthält das glatte ER eine Reihe von P-450-Monooxygenasen, die nicht nur bei der Cholesterinsynthese eine Rolle spielen, sondern auch bei der Umwandlung von Steroidhormonen durch Hydroxylierung.

11.1.4 Das ER spielt eine zentrale Rolle bei der Biosynthese von Membranen

In den eukaryotischen Zellen ist das ER die erste Quelle der Membranlipide, darunter der Phospholipide und des Cholesterins. Tatsächlich befinden sich die meisten für die Biosynthese von Membranphospholipiden benötigten Enzyme an keinem anderen Ort in der Zelle. Es gibt allerdings wichtige Ausnahmen: Mitochondrien synthetisieren Phosphatidylethanolamine, indem sie eingeführte Phosphatidylserine decarboxylieren. Peroxisomen besitzen Enzyme zur Synthese von Cholesterin. Und Chloroplasten enthalten Enzyme zur Synthese von chloroplastenspezifischen Lipiden.

Die Biosynthese von Fettsäuren für Membranphospholipidmoleküle findet im Cytoplasma statt und sie werden nur in den Monolayer der ER-Membran aufgenommen, der dem Cytosol zugewandt ist. Zellmembranen sind natürlich *Phospholipiddoppelschichten*, wobei die Phospholipide auf beiden Seiten verteilt vorliegen. Somit muss es einen Mechanismus zum Transport von Phospholipiden von der einen Membranschicht zur anderen geben. Da es für Phospholipide thermodynamisch nicht vorteilhaft ist, spontan mit der erforderlichen Geschwindigkeit von einer Seite der Doppelschicht auf die andere zu wechseln, hängt der Transfer von **Phospholipidtranslokatoren** ab, den sogenannten **Flippasen**. Sie katalysieren die Translokation von Phospholipiden durch ER-Membranen, den sogenannten Flipflop (siehe *Abbildung 6.5*).

Ähnlich den Enzymen sind auch die Phospholipidtranslokatoren recht spezifisch und üben nur auf die Geschwindigkeit des Vorgangs einen Einfluss aus. Daher hängt der Typ der Phospholipidmoleküle, die durch eine Membran transportiert werden, von den jeweilig vorhandenen Translokatoren ab, die zu der in *Kapitel 6* dargestellten *Membranasymmetrie* beitragen. Beispielsweise enthält die ER-Membran einen Translokator für Phosphatidylcholin und dieses kommt aus diesem Grund in beiden Monolayern der ER-Membran vor. Im Gegensatz dazu gibt es keinen Translokator für Phosphatidylethanolamin, Phosphatidylinositol oder Phosphatidylserin, die daher nur im cytosolischen Monolayer lokalisiert sind. Wenn Vesikel der ER-Membran mit anderen Organellen des Endomembransystems verschmelzen, werden die verschiedenen Zusammensetzungen der Monoschichten des Cytosols und des Lumens, die im ER vorkommen, auf diese andere Zellmembran übertragen.

Der Transport von Phospholipiden vom ER zu einem Mitochondrium, einem Chloroplasten oder Peroxisomen stellt ein in seiner Art einzigartiges Problem dar. Anders als bei den Organellen des Endomembransystems erfolgt das Wachstum dieser Organellen nicht durch Verschmelzung mit aus dem ER hervorgegangenen Vesikeln. Stattdessen übertragen cytosolische **Phospholipidtransferproteine** (die man auch als *Phospholipidüberträgerproteine* bezeichnet) Phospholipidmoleküle von der

ER-Membran auf die äußeren Membranen der Mitochondrien und der Chloroplasten. Jedes Transferprotein erkennt ein spezifisches Phospholipid, entfernt dies aus einer Membran und transportiert es durch das Cytosol zu einer anderen Membran. Dieser Proteintransfer trägt auch zum Transport von Phospholipiden vom ER zu anderen Zellmembranen bei, unter anderem auch zur Plasmamembran.

Obwohl das ER der Ursprungsort der meisten Membranlipide ist, unterscheiden sich die anderen Zellmembranen im Hinblick auf ihre Zusammensetzung erheblich von der Zusammensetzung der ER-Membran. Charakteristische Merkmale der Plasmamembran sind die relativ geringe Menge von Phosphoglyceriden und die großen Konzentrationen von Cholesterin, Sphingomyelin und Glykolipiden. Wissenschaftler haben ausgehend von den Kompartimenten des Endomembransystems zur Plasmamembran einen ansteigenden Gradienten des Cholesteringehalts im ER festgestellt. Dieser korreliert mit dem ansteigenden Gradienten der Membrandicke. Die ER-Membranen sind ungefähr 5 nm dick, während die Plasmamembranen circa 8 nm dick sind. Diese unterschiedlichen Membrandicken wirken sich auf die Sortierung und Zielrichtung der integralen Membranproteine aus, auf die wir nach unserer Darstellung des Golgi-Komplexes und seiner Rolle bei der Proteinprozessierung eingehen werden.

11.2 Der Golgi-Komplex

Wir wenden unsere Aufmerksamkeit jetzt dem Golgi-Komplex zu, einem Baustein des Endomembransystems, der physikalisch und funktionell eng mit dem ER verbunden ist. Im Golgi-Komplex durchlaufen Glykoproteine des ERs eine weitere Prozessierung und werden zusammen mit den Membranlipiden für den Transport zu ihren Bestimmungsorten innerhalb oder außerhalb der Zelle ausgewählt und in Vesikel verpackt. Somit spielt der Golgi-Komplex eine sehr wichtige Rolle für den Transport von Membranbestandteilen und den Transport von Proteinen in eukaryotischen Zellen.

11.2.1 Der Golgi-Komplex besteht aus einer Reihe membranumhüllter Zisternen

Der Golgi-Komplex (oder *Golgi-Apparat*) besteht aus einer Reihe von membranumschlossenen, scheibenförmigen, übereinandergestapelten flachen Hohlräumen, die man Zisternen nennt. Man bezeichnet eine Reihe dieser Zisternen als Golgi-Stapel, den man unter dem Elektronenmikroskop sichtbar machen kann. Im Allgemeinen bilden drei bis acht Zisternen einen Golgi-Stapel, obwohl Anzahl und Größe der Golgi-Stapel je nach Zelltyp und metabolischer Aktivität der Zelle stark variieren. Einige Zellen besitzen einen großen Stapel, während andere – vor allem sekretorisch aktive Zellen – Hunderte oder sogar Tausende von Golgi-Stapeln aufweisen.

Sowohl das ER als auch der Golgi-Komplex sind typischerweise von zahlreichen *Transportvesikeln* umgeben, die Lipide und Proteine vom ER zum Golgi-Komplex transportieren, zwischen den Zisternen eines Golgi-Stapels und vom Golgi-Komplex zu verschiedenen Orten in der Zelle, unter anderem auch zu den Endosomen, Lysosomen und sekretorischen Granula. Somit ist das Lumen des Golgi-Komplexes, oder der *Intrazisternenraum*, Teil des aus Innenräumen bestehenden Netzwerks des Endomembransystems (siehe *Abbildung 11.1*).

Die beiden Seiten des Golgi-Stapels Jeder Golgi-Stapel hat zwei unterschiedliche Seiten. Die *cis-Seite* ist zum ER ausgerichtet. Das dem ER am nächsten gelegene Golgi-Kompartiment ist ein Netzwerk aus flachen, von einer Membran umgebenen Hohlräumen, das man als ***cis*-Golgi-Netzwerk (CGN)** bezeichnet. Ständig kommen Vesikel, die neu synthetisierte Lipide und Proteine aus dem ER enthalten, im CGN an, wo sie mit den CGN-Membranen verschmelzen. Die gegenüberliegende Seite des Golgi-Komplexes wird als *trans-Seite* bezeichnet. Das auf dieser Seite des Golgi-Komplexes gelegene Kompartiment weist eine ähnliche Morphologie auf und trägt die Bezeichnung ***trans*-Golgi-Netzwerk (TGN)**. Hier verlassen Proteine und Lipide den Golgi-Komplex in **Transportvesikeln**, die ständig aus den Spitzen der TGN-Zisternen herausknospen. Diese Transportvesikel befördern Lipide und Proteine vom Golgi-Komplex zu sekretorischen Granula, Endosomen, Lysosomen und der Plasmamembran. Die zentralen Hohlräume zwischen dem CGN und dem TGN bilden die mediale Zisterne des Golgi-Stapels, in der ein Großteil der Proteinprozessierung abläuft.

Das CGN, das TGN und die medialen Zisternen des Golgi-Komplexes unterscheiden sich im Hinblick auf Biochemie und Funktion. Jedes Kompartiment enthält spezifische Rezeptorproteine und Enzyme, die für spezifische Schritte der Protein- und Membranprozessierung notwendig sind, was man durch immunologische und cytochemische Färbetechniken nachgewiesen hat. Dies führt zu einer biochemischen *Polarität*.

11.2.2 Zwei Modelle beschreiben den Weg von Lipiden und Proteinen durch den Golgi-Komplex

Man hat zwei Modelle entwickelt, um den Transport von Lipiden und Proteinen vom CGN zum TGN über die medialen Zisternen des Golgi-Komplexes zu erklären. Gemäß dem **Vesikeltransportmodell** ist jedes Kompartiment des Golgi-Stapels eine stabile Struktur. Der Verkehr zwischen aufeinander folgenden Zisternen wird von *Shuttlevesikeln* bewerkstelligt, die aus einer Zisterne herausknospen und mit der nächsten Zisterne in der *cis-trans*-Richtung verschmelzen. Die für das TGN bestimmten Proteine (u.a. Lysosomen- und Membranproteine, sekretorische Proteine) werden einfach von Shuttlevesikeln weiter transportiert, während Moleküle, die im ER und den aufeinanderfolgenden Golgi-Kompartimenten verbleiben sollen, aktiv zurückgehalten oder wieder zurückgeholt werden.

Gemäß dem zweiten Modell, das man als **Modell der Zisternenreifung** bezeichnet, handelt es sich bei den Golgi-Zisternen um vorübergehend gebildete Kompartimente, die sich allmählich von CGN-Zisternen über mediale Zisternen zu TGN-Zisternen entwickeln. In diesem Modell gehen Transitionsvesikel des ER in das CGN über, in dem sich spezifische Enzyme für die frühen Schritte der Proteinprozessierung ansammeln. Schritt für Schritt wird jede *cis*-Zisterne erst in eine intermediäre mediale Zisterne und dann in eine *trans*-Zisterne umgewandelt und nimmt während dieses Vorgangs weitere Enzyme auf. Die in späteren Kompartimenten nicht mehr benötigten Enzyme kehren in die früheren Kompartimente zurück. In beiden Modellen bildet das TGN Transportvesikel oder sekretorische Granula, die spezielle Substanzen für die jeweiligen Zielorte jenseits des Golgi-Komplexes enthalten.

Aus Versuchen ging hervor, dass diese beiden Modelle sich nicht unbedingt ausschließen müssen. Es ist wahrscheinlich, dass beide bis zu einem gewissen Grad Gültigkeit haben, je nach Organismus und Aufgabe der Zelle. Während das Vesikeltransportmodell erheblich durch Versuche gestützt wird, sind einige zelluläre Komponenten in den medialen Kompartimenten des Golgi-Komplexes eindeutig zu groß, um von den kleinen Shuttlevesikeln der Zellen transportiert zu werden. Beispielsweise treten Polysaccharidhüllen, die einige Algen bilden, zuerst in den frühen Golgi-Kompartimenten auf. Die Hüllen sind zu groß, um von den Transportvesikeln aufgenommen zu werden, doch durchwandern sie trotzdem späte Golgi-Kompartimente auf ihrem Weg zur Plasmamembran, wo sie in die Zellwand eingebaut werden.

In jüngster Zeit hat man zeitverzögerte Fluoreszenzmikroskopie in lebenden Hefezellen eingesetzt, um einzelne Golgi-Zisternen in Echtzeit zu untersuchen. Die dreidimensionale Analyse von Bildern stützt das Modell der Zisternenreifung und legt den Schluss nahe, dass die Zisternen mit konstanter Geschwindigkeit reifen. Außerdem hat man die Geschwindigkeit gemessen, mit der sich markierte sekretorische Proteine durch den Golgi-Komplex bewegen und diese Geschwindigkeit stimmte mit der Geschwindigkeit der Reifung der Zisternen überein. Obwohl viele Wissenschaftler seit mehr als 100 Jahren an der Enträtselung der Geheimnisse des Golgi-Komplexes und dessen vielfältiger Funktionen arbeiten, ist es noch nicht gelungen, diese Fragen eindeutig zu klären.

Anterograder und retrograder Transport Der Transport von Substanzen vom ER durch den Golgi-Komplex zur Plasmamembran wird als **anterograder Transport** bezeichnet (*antero* stammt von dem lateinischen Wort für „vorn" ab und *grade* ist mit dem Wort für „Schritt" verwandt). Jedes Mal, wenn ein sekretorisches Vesikel mit der Plasmamembran verschmilzt und seinen Inhalt durch Exocytose entleert, wird ein Teil der Membran, die aus dem ER stammt, Bestandteil der Plasmamembran. Die Zelle recycelt Lipide und Proteine, die während der späten Stadien des anterograden Transports nicht mehr gebraucht werden, um den Fluss von Lipiden zur Plasmamembran auszugleichen und um sicherzustellen, dass es stets einen Nachschub an Bausteinen zur Bildung neuer Vesikel gibt. Dies wird mit Hilfe des **retrograden Transports** (*retro* ist das lateinische Wort für „zurück") geleistet. Es handelt sich um den Rückfluss von Membranmaterial der Golgi-Zisternen zum ER.

Bei dem Vesikeltransportmodell erleichtert der retrograde Fluss sowohl die Wiedergewinnung ER-spezifischer Lipide und Proteine, die vom ER zum CGN gelangten, als auch den Transport Kompartiment-spezifischer Proteine zurück zu bestimmten medialen Zisternen des Golgi-Stapels. Das für das TGN bestimmte Material wird weitertransportiert. Noch ist nicht geklärt, ob dieser retrograde Verkehr direkt von allen medialen Zisternen des Golgi-Stapels zurück zum ER erfolgt oder durch reversen Fluss durch aufeinanderfolgende Zisternen. Dem Zisternenreifungsmodell zufolge trägt der retrograde Fluss Material zu sich neu bildenden Kompartimenten zurück nachdem Rezeptoren und Enzyme nicht länger in den reiferen Kompartimenten benötigt werden.

11.3 Die Aufgaben des ER und des Golgi-Komplexes bei der Proteinglykosylierung

In ganz erheblichem Maß erfolgt die Proteinprozessierung, die im ER und im Golgi-Komplex abläuft, mittels **Glykosylierung** – dem Anfügen von Kohlenhydratseitenketten an spezifische Aminosäurereste von Proteinen, die dann **Glykoproteine** bilden. Anschließende Enzym-katalysierte Reaktionen modifizieren dann die Oligosaccharidseitenkette, die an das Protein angeheftet wurde. Bei Zellen hat man zwei allgemeine Formen der Glykosylierung beobachtet (siehe *Abbildung 6.16*). Die **N-verknüpfte Glykosylierung** (oder **N-Glykosylierung**) erfolgt über Anfügen einer spezifischen Oligosaccharideinheit an das *Stickstoffatom* der terminalen Aminogruppe bestimmter Asparaginreste. Die **O-verknüpfte Glykosylierung** erfolgt über das Anfügen eines Oligosaccharids an ein *Sauerstoffatom* einer Hydroxylgruppe bestimmter Serin- oder Threoninreste. Jeder Schritt der Glykosylierung ist stark von vorangehenden Modifikationen abhängig. Nur ein Fehler bei einem Schritt, vielleicht auf Grund eines defekten Enzyms, kann die weitere Modifikation einer Kohlenhydratseitenkette blockieren und zu schweren Stoffwechselerkrankungen der betroffenen Gewebe und des gesamten Organismus führen.

11.3.1 Die initiale Glykosylierung findet im ER statt

Im Folgenden konzentrieren wir uns auf die N-Glykosylierung. Die ersten Schritte der N-Glykosylierung erfolgen auf der cytosolischen Oberfläche der ER-Membran und spätere Schritte laufen im ER-Lumen ab (▸*Abbildung 11.2*). Trotz der Vielfalt von Oligosacchariden, die man in reifen Glykoproteinen vorfindet, haben alle Kohlenhydratseitenketten, die an die Proteine im ER angefügt werden, anfangs ein gemeinsames **Kernoligosaccharid** gemeinsam. Dies setzt sich aus zwei Einheiten von N-Acetylglucosamin (GlcNAc, siehe *Abbildung 2.22a*), neun Mannoseeinheiten und drei Glucoseeinheiten zusammen.

Die Glykosylierung beginnt mit einem Dolicholphosphat, einem Oligosaccharidüberträger, der in der ER-Membran lokalisiert ist (▸*Abbildung 11.2*, Schritt ❶). GlcNAc und Mannosegruppen werden anschließend an die Phosphatgruppe des Dolicholphosphats angehängt (Schritt ❷). Das wachsende Kernoligosaccharid wird dann von einer *Flippase* vom Cytosol zum ER-Lumen transportiert (Schritt ❸). Wenn es im ER-Lumen angelangt ist, werden mehr Mannose- und Glucoseeinheiten angefügt (Schritt ❹). Das vollständige Kernoligosaccharid wird sodann als einzelne Einheit vom Dolichol zu einem Asparaginrest eines Empfängerproteins transferiert (Schritt ❺). Schließlich wird das an ein Protein angeheftete Oligosaccharid prozessiert und modifiziert (Schritt ❻).

Im Allgemeinen wird das Kernoligosaccharid an das Protein angeheftet, während das Polypeptid von einem an die ER-Membran gebundenen Ribosom synthetisiert wird. Wir wissen, dass diese kotranslationale Glykosylierung zur richtigen Proteinfaltung beiträgt, denn die experimentelle Hemmung der Glykosylierung führt zur Bildung fehlgefalteter, aggregierter Proteine. Durch Anfügen einer einzelnen Glucoseeinheit können weitere ER-Proteine mit dem neu synthetisierten Glykoprotein in Wechselwirkung treten und auf diese Weise sicherstellen, dass es richtig gefaltet wird. Eins von zwei ER-Proteinen, die man als Calnexin (CNX, mit der Membran verbunden) und Calreticulin (CRT, löslich) bezeichnet, kann an das monoglucosylierte Glykoprotein binden und die Bildung einer Disulfidbindung fördern, indem es mit dem Glykoprotein und einer Thiolreduktase, der *ERp57*, einen Komplex bildet. Dieser Komplex katalysiert die Bildung einer Disulfidbindung. Dann dissoziiert der Proteinkomplex und die endständige Glucoseeinheit wird von einem Enzym mit der Bezeichnung *Glucosidase II* entfernt.

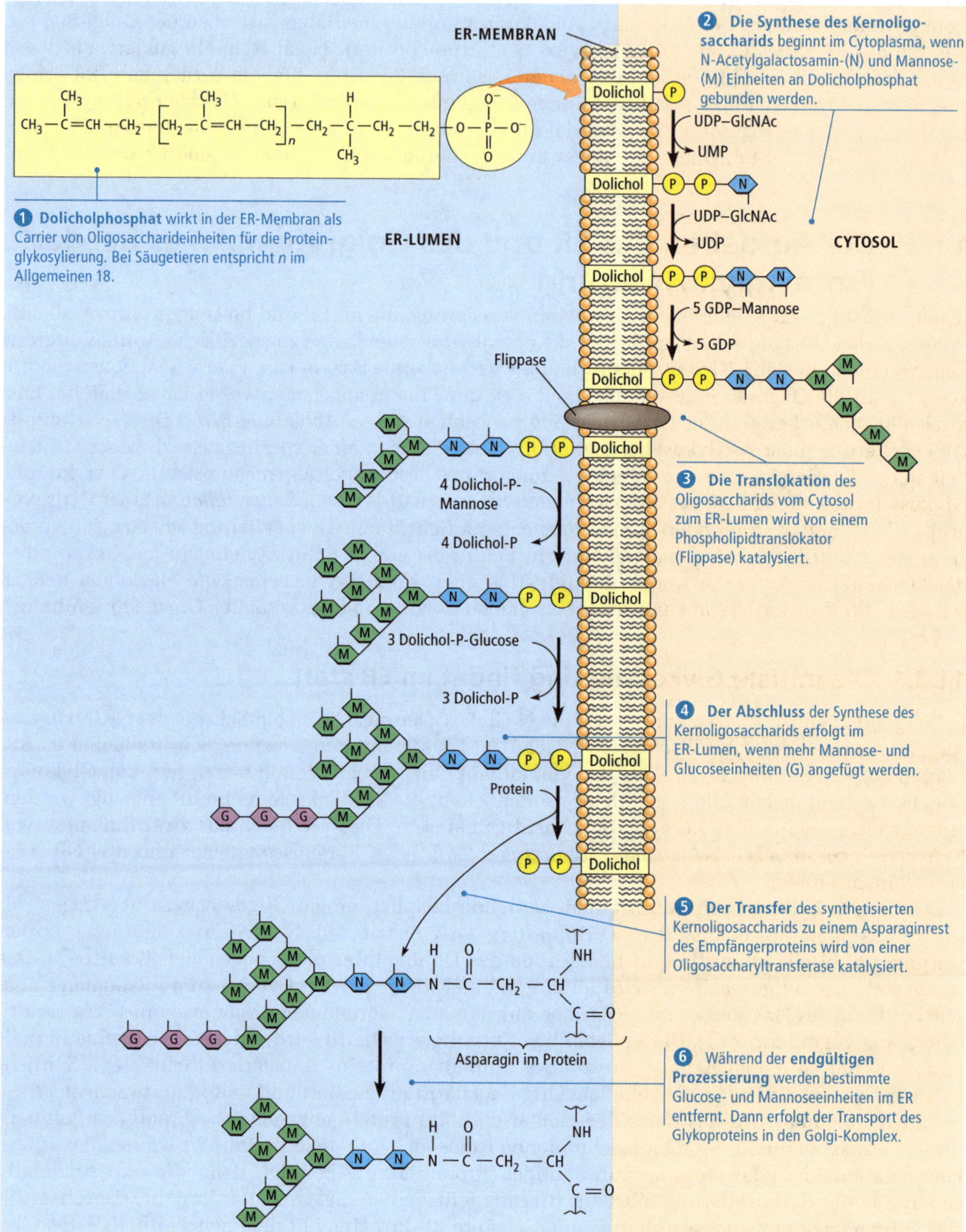

Abbildung 11.2: Die *N*-verknüpfte Glykosylierung von Proteinen im ER. Die Synthese von Kernoligosacchariden beginnt im Cytoplasma, wobei ein Dolicholphosphatmolekül als Überträger dient. Das teilweise synthetisierte Oligosaccharid wird in das ER-Lumen transferiert, wo weitere Oligosaccharide angefügt werden. Das vollständige Oligosaccharid wird dann zu Zielproteinen weitergeleitet und im Laufe der endgültigen Prozessierung werden mehrere Monosaccharide entfernt.

Zu diesem Zeitpunkt tritt eine spezifische Glucosyltransferase im ER auf den Plan, die man als *UGGT* (UDP-Glucose-*Glykoproteinglucotransferase)* bezeichnet. Sie ist ein Sensor für die richtige Faltung des neu synthetisierten Glykoproteins. UGGT bindet an falsch gefaltete Proteine und fügt wieder eine einzelne Glucoseeinheit an. Dadurch wird das Protein zu einem Substrat für den nächsten Durchlauf der CNX/CRT-Bindung und der Bildung einer Disulfidbindung. Nachdem die richtige Konformation erreicht wurde, bindet UGGT nicht länger an das neue Glykoprotein. Dieses wird dann freigegeben, um sich aus dem ER heraus in Transportvesikeln zum Golgi-Komplex zu bewegen.

11.3.2 Die weitere Glykosylierung erfolgt im Golgi-Komplex

Die weitere Prozessierung von N-glykosylierten Proteinen findet im Golgi-Komplex statt, wenn sich die Glykoproteine von der *cis*-Seite durch die medialen Zisternen zur *trans*-Seite des Golgi-Stapels bewegen. Diese **terminalen Glykosylierungen** im Golgi-Komplex weisen bei den Proteinen erhebliche Variabilität auf und sind für die große Vielfalt der Oligosaccharidseitenketten der Proteine verantwortlich.

Bei der terminalen Glykosylierung werden immer einige Kohlenhydrateinheiten des Kernoligosaccharids entfernt. In einigen Fällen findet keine weitere Prozessierung im Golgi-Komplex statt. In andern Fällen werden durch weiteres Anfügen von GlcNAc und anderen Monosacchariden, darunter Galactose, Sialinsäure und Fucose (siehe *Abbildung 6.17a*), komplexere Oligosaccharide gebildet. Einige Glykoproteine enthalten Galactoseeinheiten, die mittels Galactosyltransferase, einem nur im Golgi-Komplex vorkommenden Markerenzym, angefügt werden.

Angesichts der Bedeutung des Golgi-Komplexes für die Glykosylierung überrascht es weiter nicht, dass die beiden wichtigsten Kategorien von Enzymen der Golgi-Stapel Glucansynthetasen sind. Sie bilden aus Monosacchariden und Glykosyltransferasen Oligosaccharide, die sich an die Kohlenhydratgruppen der Proteine heften. Das ER und der Golgi-Komplex enthalten Hunderte verschiedener Glykosyltransferasen. Dies verweist auf die potenzielle Komplexität der Oligosaccharidseitenketten. Im Golgi-Stapel enthält jede Zisterne einen anderen Satz von Prozessierungsenzymen.

Beachten Sie bei dieser Darstellung, dass reife Oligosaccharide in Glykoproteinen nur auf der dem Lumen zugewandten Seite des ER und der Golgi-Komplexmembranen vorkommen und daher zur Symmetrie der Membran beitragen. Da die dem Lumen zugewandte Seite der ER-Membran topologisch der äußeren Zellmembranoberfläche äquivalent ist, kann man leicht nachvollziehen, warum alle Plasmamembran-Glykoprotein-Oligosaccharide auf der extrazellulären Seite der Membran liegen.

11.4 Die Aufgaben des ER und des Golgi-Komplexes beim Proteintransport

Membranständige und lösliche Proteine, die im rauen ER synthetisiert werden, müssen zu einer Vielzahl intrazellulärer Orte, unter anderem dem ER, dem Golgi-Komplex, den Endosomen und den Lysosomen dirigiert werden. Außerdem ist folgendes zu beachten: Nachdem ein Protein bei seinem Zielorganell angelangt ist, für das es bestimmt ist, muss ein spezieller Mechanismus verhindern, dass das Protein diesen Ort wieder verlässt. Andere Proteingruppen, die im rauen ER synthetisiert werden, sind für die Aufnahme in die Plasmamembran oder für die Freisetzung in den extrazellulären Raum bestimmt. Daher enthält jedes Protein ein spezifisches „Etikett", wodurch das Protein einem Transportvesikel zugeordnet wird, das ganz gezielt Material von einem spezifischen Ort in der Zelle zu einem anderen transportiert. Je nach Protein und Bestimmungsort kann es sich bei der Markierung um eine Aminosäuresequenz, eine Oligosaccharidseitenkette, eine hydrophobe Domäne oder irgendein anderes Strukturmerkmal handeln. Die Markierungen könnten auch daran mitwirken, Material von bestimmten Vesikeln „abzulehnen".

Die Membranlipide können auch etikettiert werden, um den Vesikeln beim Erreichen ihres Bestimmungsortes behilflich zu sein. Als Markierung können ein oder mehrere Phosphatgruppen dienen, die von einer spezifischen Kinase an die Positionen 3, 4 und/oder 5 eines Membranphosphatidylinositol-Moleküls (PI) angeknüpft wurden. Ein Beispiel: Zur richtigen Sortierung von

Vesikeln für die Vakuole in der Hefe wird eine funktionale PI-3-Kinase benötigt. In Säugetierzellen unterbricht die Hemmung der Inositolkinase den Vesikelverkehr zum Lysosom.

Mit ▸*Abbildung 11.3* erhalten Sie einen Überblick über den Transport, an dem das ER und der Golgi-Komplex mitwirken. Die Sortierung von Proteinen beginnt im ER und in den frühen Kompartimenten des Golgi-Stapels, der über Mechanismen verfügt, um Kompartiment-spezifische Proteine wieder aufzufinden oder zurückzuhalten. Dieser bedeutende Schritt bewahrt die Kompartiment-spezifischen Funktionen, die benötigt werden, um die Integrität der Glykosylierung und Prozessierung von Stoffwechselwegen aufrechtzuhalten. Das endgültige Sortieren von Material, das den Golgi-Komplex verlässt, findet im TGN statt, wo Lipide und Proteine selektiv in verschiedene Populationen von Transportvesikeln gepackt werden, die für verschiedene Zielorganellen in der Zelle bestimmt sind. Bei einigen Zellen wirkt der Golgi-Komplex auch an der Prozessierung von Proteinen mit, die über Endocytose in die Zelle gelangen.

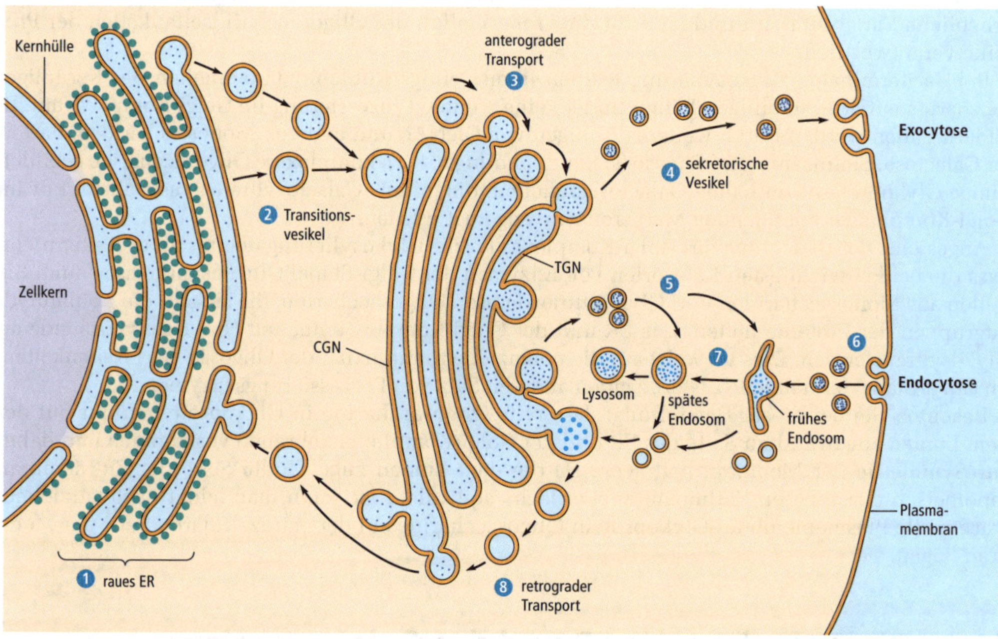

Abbildung 11.3: Der Transport durch das Endomembransystem. Vesikel transportieren Lipide und Proteine auf verschiedenen Wegen vom ER durch den Golgi-Komplex zu ihren jeweiligen Bestimmungsorten wie unter anderem sekretorischen Vesikeln, Endosomen und Lysosomen. ❶ Während Ribosomen des rauen ER Proteine synthetisieren, werden die Proteine in das ER-Lumen transferiert, wo die ersten Glykosylierungsschritte ablaufen. ❷ Transportvesikel transportieren glykosylierte Proteine (und neu synthetisierte Lipide) zum CGN. ❸ Lipide und Proteine wandern mittels Shuttlevesikeln durch die Zisternen zum Golgi-Stapel und Zisternen reifen, wenn ihnen neue Enzyme über Vesikel hinzugefügt werden. ❹ Am TGN knospen einige Vesikel ab und bilden sekretorische Vesikel, die zur Plasmamembran wandern und ihren Inhalt durch Exocytose freigeben. ❺ Andere Vesikel knospen vom TGN ab und bilden Endosomen, die wiederum die Bildung von Lysosomen unterstützen. ❻ Proteine und andere Substanzen werden durch Endocytose von der Zelle aufgenommen, es entstehen endocytische Vesikel, die mit frühen Endosomen verschmelzen. ❼ Frühe Endosomen, die zum Abbau bestimmtes Material enthalten, reifen und bilden späte Endosomen und dann Lysosomen. ❽ Der retrograde Transport bringt Kompartiment-spezifische Proteine wieder zu früheren Kompartimenten zurück.

11.4.1 ER-spezifische Proteine enthalten Markierungen zum Zurückhalten und Wiederauffinden

Im ER wird eine spezifische Proteinzusammensetzung benötigt. Diese wird dadurch aufrechterhalten, dass einige Proteine daran gehindert werden sich fortzubewegen, wenn die Vesikel aus der ER-Membran herausknospen. Andere Proteine werden wieder aufgefunden, die das ER fälschlicherweise verlassen haben und zum CGN gewandert sind. Es ist nicht ganz geklärt, wie Proteine, die das ER niemals verlassen, zurückgehalten werden, aber einer Theorie zu Folge bilden sie große Komplexe, die physikalisch von den aus dem ER knospenden Vesikeln abgeschottet werden.

Mehrere im ER lokalisierte Proteine enthalten die Tripeptidsequenz RXR (Arg-X-Arg, wobei X für jede andere Aminosäure steht), welche das Zurückhalten im ER begünstigt. Diese *Rückhaltungsmarkierung* (engl.: *retention tag*) kommt in einigen Multiuntereinheitsproteinen vor, die für die Plasmamembran bestimmt sind. Der N-Methyl-D-Aspartat-Rezeptor (NMDA-Rezeptor), der für die Neurotransmission im Säugetierhirn von Bedeutung ist, enthält solch eine Markierung. Warum nun, könnten Sie fragen, besitzt dieses Plasmamembranprotein eine ER-Rückhaltungsmarkierung? Man nimmt an, dass das Tripeptid RXR dafür sorgt, dass einzelne Untereinheiten der NMDA im ER solange zurückgehalten werden, bis der Zusammenbau des Multiuntereinheitskomplexes im ER komplett abgeschlossen ist. Durch den richtigen Zusammenbau wird die RXR-Sequenz verborgen, wodurch der zusammengesetzte Komplex das ER verlassen kann. Andere Hinweise lassen vermuten, dass die Phosphorylierung dieses Proteins nahe der RXR-Sequenz die Freisetzung aus dem ER fördert.

Bisher hat man den Vorgang des Wiederfindens und Zurückholens von Proteinen durch den retrograden Fluss von Vesikeln vom CGN zum ER besser aufgeklärt als den der Proteinrückhaltung. Viele lösliche und ER-spezifische Proteine enthalten *Wiederauffindungsmarkierungen* (engl.: *retrieval tags*), die an spezifische Transmembranrezeptoren binden, die zum Lumen des Golgi-Komplexes hin ausgerichtet sind. Bei diesen Markierungen handelt es sich um kurze, C-terminale Aminosäuresequenzen wie beispielsweise KDEL (Lys-Asp-Glu-Leu) oder KKXX (Lys-Lys-X-X, wobei X für jede andere Aminosäure steht) bei Säugetieren und HDEL (His-Asp-Glu-Leu) bei Hefe. Wenn ein Protein, das diese Markierung trägt, an seinen Rezeptor bindet, durchläuft der Rezeptor eine Konformationsänderung und der Rezeptor-Liganden-Komplex wird für den Rücktransport zum ER in Transportvesikel gepackt.

Der Nachweis für die Bedeutung der Wiederauffindungsmarkierungen wurde durch Experimente mit künstlichen *chimären Proteinen* erbracht, die man auch als *Fusionsproteine* bezeichnet. Diese werden durch Verbinden von DNA-Sequenzen hergestellt, die zwei Polypeptidsegmente verschiedener Proteine kodieren, wodurch aus den verknüpften DNAs ein Hybridpolypeptid hervorgeht. Proteine, die normalerweise von der Zelle ausgeschieden werden, wurden auf diese Weise so verändert, dass sie Aminosäuren aufnehmen, welche die Funktion einer ER-Wiederauffindungsmarkierung innehaben. In der Folge hat man diese Proteine im ER nachgewiesen, sie wurden also nicht ausgeschieden. Interessanterweise haben einige dieser im ER nachgewiesenen chimären Proteine eine teilweise Prozessierung durch Enzyme erfahren, die man ausschließlich im Golgi-Komplex vorfindet. Dieser Befund weist darauf hin, dass die vermutete Markierung nicht einfach nur das Entwischen des Proteins aus dem ER verhinderte, sondern dass das ER aktiv am Wiederauffinden der ER-spezifischen Proteine aus dem Golgi-Komplex mitwirkte.

11.4.2 Die Proteine des Golgi-Komplexes können entsprechend der Länge ihrer Transmembrandomänen sortiert werden

Ebenso wie die vom ER benötigten, stationären Proteine können auch einige spezifische Proteine im Golgi-Komplex Rückhaltungs- oder Wiederauffindungsmarkierungen besitzen. Des Weiteren könnte im Golgi-Komplex und im ER die Bildung großer, vom Vesikeltransport ausgeschlossener Komplexe eine Rolle spielen, die für die Erhaltung der Proteinzusammensetzung im Golgi-Komplex von Bedeutung sind. Außerdem werden wir im Folgenden sehen, dass wahrscheinlich ein ganz anderer Mechanismus im Golgi-Komplex abläuft – ein Mechanismus, an dem die hydrophoben Regionen der Golgi-Proteine mitwirken.

Alle uns bekannten Golgi-spezifischen Proteine sind integrale Membranproteine, die eine oder mehrere hydrophobe Transmembrandomänen besitzen, die in der Golgi-Membran verankert sind. Die Länge dieser hydrophoben Domänen kann darüber entscheiden, in welche Zisternen des Golgi-Komplexes das jeweilige an die Membran gebundene Protein aufgenommen wird, wenn es durch das Organell wandert. Rufen Sie sich in Erinnerung, dass die Dicke der Zellmembranen vom ER (ungefähr 5 nm) zur Plasmamembran (ungefähr 8 nm) stetig ansteigt. Unter den Golgi-spezifischen Proteinen beobachtet man einen entsprechenden Anstieg in der Länge der hydrophoben Transmembrandomänen vom CGN zum TGN. Solche Proteine neigen dazu, sich so lange von einem Kompartiment zum nächsten zu bewegen, bis die Dicke der Membran die Länge der Transmembrandomänen übertrifft, wodurch einer weiteren Abwendung ein Riegel vorgeschoben wird.

11.4.3 Der gezielte Transport löslicher lysosomaler Proteine zu Endosomen und Lysosomen als Modell der Proteinsortierung im TGN

Auf ihrer Reise durch das ER und die frühen Kompartimente des Golgi-Komplexes durchlaufen die löslichen lysosomalen Enzyme ebenso wie andere Glykoproteine eine N-Glykosylierung, an die sich das Entfernen von Glucose- und Mannoseeinheiten anschließt. Innerhalb des Golgi-Komplexes werden allerdings Mannosereste in der Kohlenhydratseitenkette der lysosomalen Enzyme phosphoryliert, was zur Entstehung eines Oligosaccharids führt, das Mannose-6-Phosphat (M-6-P) enthält. Diese Oligosaccharidmarkierung dient der Unterscheidung von löslichen lysosomalen Proteinen und anderen Glykoproteinen und stellt deren Transport zu den Lysosomen sicher (▸*Abbildung 11.4*).

Die Phosphorylierung der Mannosereste wird von zwei Golgi-spezifischen Enzymen katalysiert. Das erste Enzym, das in einem frühen Kompartiment des Golgi-Stapels lokalisiert ist, ist eine Phosphotransferase, die GlcNAc-1-Phosphat an das Kohlenstoffatom 6 der Mannose anfügt. Das zweite, in einem mittleren Kompartiment des Golgi-Stapels lokalisierte Enzym entfernt GlcNAc und hinterlässt einen Mannose-6-Phosphatrest am Oligosaccharid.

Auf der inneren Oberfläche der TGN-Membran liegen Mannose-6-Phosphatrezeptoren (MPRs), an welche die Mannose-6-Phosphatreste lysosomaler Proteine binden. Der pH-Wert des TGN liegt bei ungefähr 6,4, wodurch die Bindung löslicher lysosomaler Enzyme an diese Rezeptoren gefördert wird. Nachdem M-6-P-markierte lysosomale Proteine an die MPRs gebunden haben, werden die Rezeptor-Liganden-Komplexe in Transportvesikel gepackt und zu einem Endosom befördert. In tierischen Zellen werden lysosomale Enzyme für den Abbau von Substanzen benötigt, die über Endocytose in die Zelle gelangen und vom TGN zu Organellen transportiert werden, die man als **späte Endosomen** bezeichnet. Diese entwickeln sich aus **frühen Endosomen**, die durch Abschnürung von Vesikeln aus dem TGN und der Plasmamembran hervorgehen.

Im Laufe des Reifungsprozesses eines frühen Endosoms zu einem späten Endosom sinkt der pH-Wert des Lumens auf circa 5,5. Dies führt zur Dissoziation der gebundenen lysosomalen Enzyme von den MPRs. Hierdurch wird der retrograde Transport dieser Enzyme zusammen mit den Rezeptoren, die in den Vesikeln recycelt werden, die zum TGN zurückkehren, zum Golgi-Komplex unterbunden. Schließlich reift das späte Endosom zu einem neuen Lysosom oder es gibt seinen Inhalt an ein aktives Lysosom weiter.

Dieses Modell des gerichteten Transports lysosomaler Enzyme durch Zielsteuerung wurde auf Grund von Untersuchungen der erblichen menschlichen *I-Zellenerkrankung* (oder *Mukolipidose II*) entwickelt. Kultivierte Fibroblastenzellen von Patienten mit I-Zellenerkrankung synthetisieren alle zu erwartenden lysosomalen Enzyme, setzen dann aber die meisten löslichen Proteine in das extrazelluläre Medium frei, anstatt sie in die Lysosomen einzubauen. Die Ausscheidung der lysosomalen Enzyme führt dann zu massiven Störungen in vielen Geweben und Organen des Körpers. Die ausgeschiedenen Proteine unterscheiden sich durch die fehlenden Mannose-6-Phosphatreste an ihren Oligosaccharidseitenketten. Ohne Zweifel ist die Mannose-6-Phosphatmarkierung von grundlegender Bedeutung für die Ausrichtung der löslichen lysosomalen Glykoproteine auf das Lysosom. Sicherlich werden Sie sich schon gedacht haben, dass die I-Zellenerkrankung auf eine defekte Phosphotransferase zurückgeht, die für das Anfügen des Mannose-6-Phosphats an Oligosaccharidketten auf lysosomalen Enzymen benötigt wird. Zwar scheinen Mannose-6-Phosphatreste eine wichtige Rolle bei der Zielsteuerung des Transports vom ER zum Lysosom zu spielen, doch sind wohl noch andere Stoffwechselwege beteiligt. Irgendwie erreichen die sauren lysosomalen Hydrolasen auch bei Patienten mit I-Zellenerkrankung immer noch die Lysosomen in den Leberzellen.

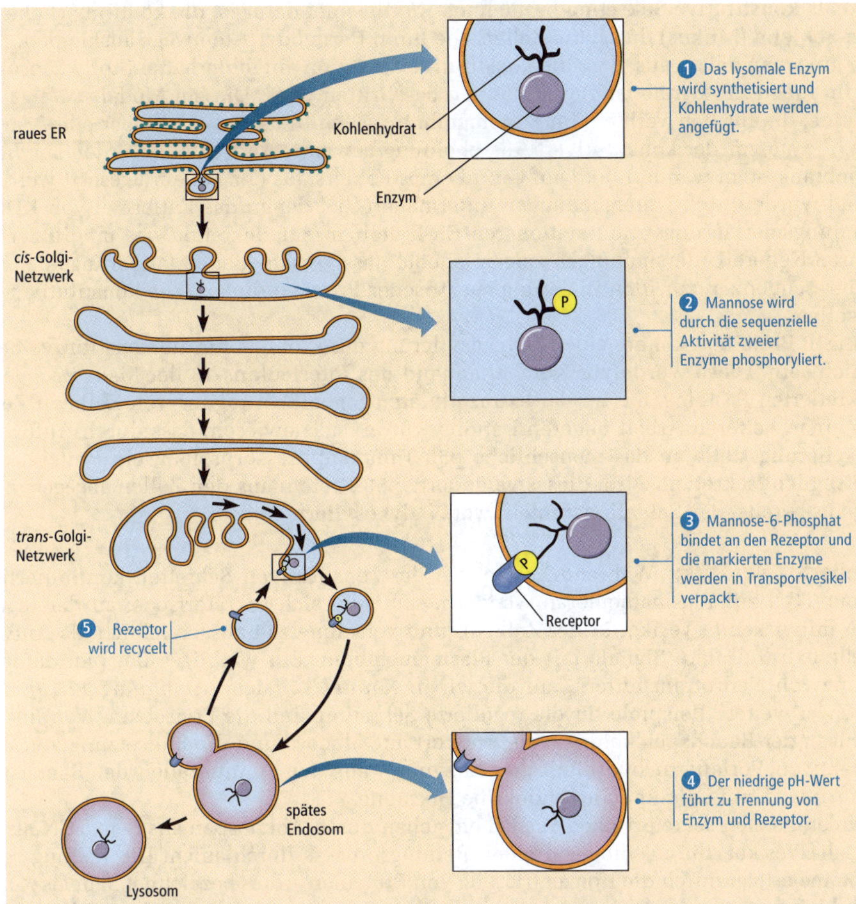

Abbildung 11.4: Die Zielsteuerung des Transports löslicher lysosomaler Enzyme zu Endosomen und Lysosomen durch Mannose-6-Phosphatmarkierung. ① Im ER durchlaufen lösliche lysosomale Enzyme eine N-Glykosylierung, an die sich das Entfernen von Glucose- und Mannoseeinheiten anschließt. ② Im Golgi-Komplex werden Mannosereste an den lysosomalen Enzymen von zwei Enzymen phosphoryliert. Das erste Enzym fügt *N*-Acetylglucosamin-1-Phosphat an das Kohlenstoffatom 6 der Mannose an. Das zweite Enzym entfernt *N*-Acetylglucosamin und lässt den phosphorylierten Mannoserest zurück. ③ Die markierten lysosomalen Enzyme binden an Mannose-6-Phosphatrezeptoren im TGN und werden in umhüllte Transportvesikel gepackt, welche die Enzyme zum späten Endosom transportieren. ④ Aufgrund des sauren Milieus im Lumen eines späten Endosoms dissoziieren die Enzyme von ihren Rezeptoren. ⑤ Die Rezeptoren werden in den Vesikeln, die zum TGN zurückkehren, recycelt. Das späte Endosom reift entweder zu einem Lysosom heran oder überträgt seinen Inhalt auf ein aktives Lysosom.

11.4.4 Sekretorische Stoffwechselwege transportieren Moleküle aus der Zelle

Ein ganz wichtiger Teil des in *Abbildung 11.3* dargestellten Vesikeltransports sind die **sekretorischen Stoffwechselwege**, über die sich Proteine vom ER durch den Golgi-Komplex zu **sekretorischen Vesikeln** und **sekretorischen Granula** bewegen, die dann ihren Inhalt in die äußere Zellumgebung abgeben.

Die konstitutive Sekretion Nach der Knospung aus dem TGN wandern einige sekretorische Vesikel direkt an die Zelloberfläche, wo sie sofort mit der Plasmamembran verschmelzen und über Exocytose ihren Inhalt freisetzen. Dieser nichtregulierte Vorgang, der ständig und unabhängig von spezifischen extrazellulären Signalen abläuft, findet in den meisten eukaryotischen Zellen statt und wird als **konstitutive Sekretion** bezeichnet. Ein Beispiel dafür ist die kontinuierliche Freisetzung von Schleim (Mukus) durch die Zellen, die Ihren Darm oder Atemwege auskleiden.

Früher ging man davon aus, dass die konstitutive Sekretion ein fehlerhafter Stoffwechselweg ist, der von im rauen ER synthetisierten Proteinen beschritten wird. Diesem Modell zufolge müssen alle Proteine, die für den Verbleib im Endomembransystem bestimmt sind, über eine Markierung verfügen, die sie vor der konstitutiven Ausscheidung bewahrt. Andernfalls werden sie durch das Endomembransystem wandern und auf Grund eines Fehlers aus der Zelle freigesetzt werden. Dieses Modell wurde durch Untersuchungen untermauert, bei denen das Entfernen von KDEL-Wiederauffindungsmarkierungen auf stationären ER-Proteinen zur Sekretion des modifizierten Proteins führte. Neuere Untersuchungen zeigen jedoch, dass verschiedene Markierungen aus kurzen Aminosäuresequenzen zur Identifizierung spezifischer Proteine dienen, die konstitutiv sekretiert werden sollen.

Bei einigen Proteinen könnte eine N-Glykosylierung des Proteins für die konstitutive Sekretion erforderlich sein. Diese wurde vor Kurzem anhand des Interleukins-13 der Maus nachgewiesen, eines sekretierten Proteins, das an der extrazellulären Signalübertragung von Zelle zu Zelle mitwirkt. In einer weiteren Arbeit neueren Datums wurde nachgewiesen, dass durch Anfügen einer N-Glykosylierungsstelle an das menschliche p53-Tumorsuppressorprotein, ein Protein, das normalerweise nicht sekretiert wird, dieses veränderte p53-Protein aus den Zellen abgegeben wurde. Sie ahnen es bereits, das Sekretionsprotein war N-glykosyliert.

Die regulierte Sekretion Während Vesikel bei der konstitutiven Sekretion kontinuierlich und direkt vom TGN zur Plasmamembran wandern, sammeln sich sekretorische, an der regulierten Sekretion mitwirkende Vesikel in der Zelle an und verschmelzen ausschließlich als Antwort auf spezifische extrazelluläre Signale mit der Plasmamembran. Ein wichtiges Beispiel dafür ist die Freisetzung von Neurotransmittern, auf die wir in *Kapitel 12* (siehe *Abbildung 12.13*) eingehen werden. Zwei weitere Beispiele für die regulierte Sekretion sind die Freisetzung von Insulin aus den β-Drüsen der Bauchspeicheldrüse als Antwort auf Glucose und die Freisetzung von Zymogenen – inaktiven Vorläufern hydrolytischer Enzyme – aus den Acinuszellen der Bauchspeicheldrüse als Antwort auf Calcium oder endokrine Hormone.

Die regulatorischen sekretorischen Vesikel entstehen durch Abknospen aus dem TGN als unreife sekretorische Vesikel, die nachfolgend einen Reifungsprozess durchlaufen. Die Reifung sekretorischer Proteine erfolgt durch die Konzentrierung von Proteinen – dies bezeichnet man als *Kondensation* –, und häufig findet auch eine proteolytische Prozessierung der Proteine statt. Die reifen sekretorischen Vesikel wandern dann ganz dicht an die sekretorische Stelle heran und verbleiben solange in der Nähe der Plasmamembran bis sie ein hormonales oder chemisches Signal empfangen, das die Freisetzung ihres Inhalts durch Verschmelzung mit der Plasmamembran auslöst.

Die Zymogengranula sind eine Art reifer regulierter sekretorischer Vesikel und stellen Einlagerungskörperchen mit Speicher- oder Sekretionsproteinen dar. Diese Vesikel sind im Allgemeinen recht groß und enthalten hoch konzentrierte Proteine. Die Zymogengranula liegen konzentriert in einer Region zwischen den Golgi-Stapeln vor, aus denen sie hervorgehen, und dem Teil der Plasmamembran, der an den extrazellulären Raum grenzt, in das der Inhalt ihrer Granula schließlich entleert wird.

Zur Zielsteuerung eines Proteins in ein reguliertes sekretorisches Vesikel hinein wird Information benötigt. Diese liegt wahrscheinlich in der Aminosäuresequenz des Proteins, allerdings sind die genauen Signalsequenzen und Mechanismen noch nicht bekannt. Nach heutigem Wissensstand geht man davon aus, dass hohe Konzentrationen sekretorischer Proteine in sekretorischen Granula die Bildung großer *Proteinaggregate* fördern, die nichtsekretorische Proteine ausschließen. Dieser Vorgang würde im TGN ablaufen, in dem nur Aggregate in Vesikel gepackt werden, die für sekretorische Granula bestimmt sind. Diese Vorgänge könnten auch in den sekretorischen Granula selber ablaufen. Der pH-Wert im TGN und im Lumen der sekretorischen Granula könnte als Auslöser dienen, der die Aggregation begünstigt, während das Material das TGN verlässt. Die löslichen Proteine, die nicht Bestandteil eines Aggregats im TGN oder eines sekretorische Granulum werden, würden dann von Transportvesikeln zu anderen Orten transportiert werden.

11.5 Exocytose und Endocytose: Der Materialtransport durch die Plasmamembran

Es gibt zwei Transportmethoden für Substanzen durch die Plasmamembran. Zum einen die *Exocytose*, der Vorgang, durch den sekretorische Granula ihren Inhalt in die Umgebung der Zelle freisetzen und die *Endocytose*, der Vorgang, über den die Zelle externes Material aufnimmt. Beide Vorgänge kommen ausschließlich bei eukaryotischen Zellen vor und wirken auch beim Transport, dem Recycling und dem Umsatz von Membranproteinen mit. Wir werden uns zuerst mit der Exocytose beschäftigen, weil sie der erste Schritt eines sekretorischen Weges ist, der seinen Anfang im ER und im Golgi-Komplex nimmt.

11.5.1 Durch Exocytose werden intrazelluläre Moleküle in den Extrazellularraum abgegeben

Bei der Exocytose werden Proteine aus einem Vesikel in die äußere Umgebung der Zelle freigesetzt, während die Membran des Vesikels mit der Plasmamembran verschmilzt. Es gibt sowohl bei tierischen als auch bei pflanzlichen Zellen eine Reihe von Proteinen, die durch Exocytose ausgeschieden werden. Tierische Zellen scheiden Peptide und Proteinhormone, Schleim, Milchproteine und Verdauungsenzyme aus. Pflanzen- und Algenzellen scheiden Enzyme und Strukturproteine aus, die mit der Zellwand assoziiert sind, und fleischfressende Pflanzen scheiden hydrolytische Enzyme aus, die zur Verdauung gefangener Insekten dienen.

Der Vorgang der Exocytose ist schematisch in ▸*Abbildung 11.5a* dargestellt. Vesikel, die zur Sekretion bestimmte Zellprodukte enthalten, wandern an die Zelloberfläche (Schritt ❶), wo die Membran des Vesikels mit der Plasmamembran verschmilzt (Schritt ❷). Durch Verschmelzung mit der Plasmamembran wird der Vesikelinhalt in die äußere Zellumgebung abgegeben (Schritt ❸). Bei diesem Vorgang verschmilzt die Membran des Vesikels mit der Plasmamembran, wobei die *innere* (lumenale) Oberfläche des Vesikels zur *äußeren* (extrazellulären) Oberfläche der Plasmamembran wird (Schritt ❹). Somit weisen die Oligosaccharidketten der Glykoproteine und Glykolipide, die ursprünglich im ER und im Golgi-Lumen gebildet wurden, in Richtung des extrazellulären Raums.

Noch ist der Mechanismus, der dem Transport exocytischer Vesikel an die Zelloberfläche zugrunde liegt, nicht vollständig geklärt. Nach heutigem Kenntnisstand wirken Mikrotubuli an dem Transport mit. In einigen Zellen scheinen sich die Vesikel vom Golgi-Komplex zur Plasmamembran zu bewegen. Diese Bewegung erfolgt auf „Schienen" aus Mikrotubuli, die parallel zur Transportrichtung des Vesikels verlaufen. Des Weiteren

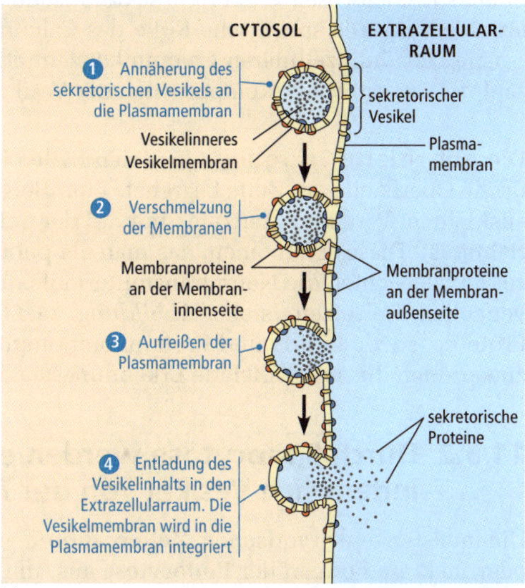

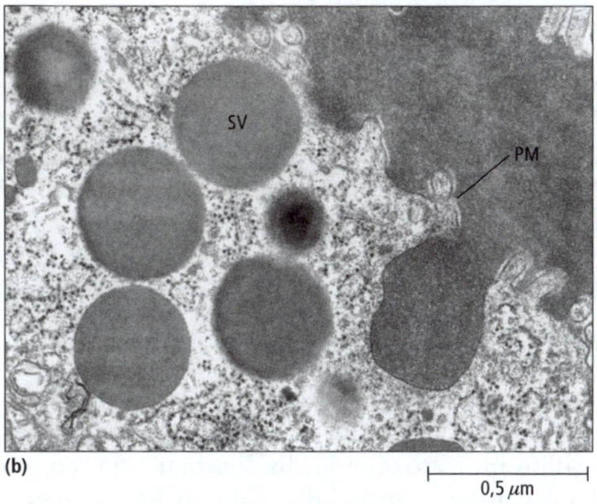

Abbildung 11.5: Exocytose. (a) In dieser Zeichnung sehen Sie, wie ein sekretorischesVesikel sich der Plasmamembran nähert, mit ihr verschmilzt und seinen Inhalt durch Exocytose in die äußere Umgebung der Zelle abgibt. (b) In der Bauchspeicheldrüsenzelle eines Affen nähern sich die sekretorischen Vesikel (SV) der Plasmamembran (PM), wo ein Vesikel mit der Membran verschmolzen ist und seine Inhalte freigesetzt hat.

hört der Vesikeltransport auf, wenn man die Zellen mit Colchicin behandelt. Dies ist ein pflanzliches Alkaloid, das den Zusammenbau der Mikrotubuli verhindert.

Die Rolle des Calciums bei der Auslösung der Exocytose Im Allgemeinen wird die Verschmelzung regulierter sekretorischer Vesikel mit der Plasmamembran durch ein spezifisches extrazelluläres Signal ausgelöst. In den meisten Fällen handelt es sich bei dem Signal um ein Hormon oder einen Neurotransmitter, der an spezifische Rezeptoren auf der Zelloberfläche bindet und die Synthese oder Freisetzung eines **sekundären Botenstoffs** in der Zelle auslöst, wie wir in *Kapitel 13* sehen werden. Bei der regulierten Sekretion scheint ein vorübergehender Anstieg der intrazellulären Konzentration von Calciumionen ein sehr wichtiger Schritt in der Signalkaskade zu sein, die vom Rezeptor auf der Zelloberfläche zur Exocytose führt. Beispielsweise induziert die Mikroinjektion von Calcium in Bauchspeicheldrüsenzellen reife sekretorische Granula zur Entladung ihres Inhalts in das extrazelluläre Medium. Die spezifische Rolle des Calciums ist nicht klar, aber es scheint so zu sein, dass ein Anstieg der intrazellulären Calciumkonzentration zur Aktivierung von Proteinkinasen führt, deren Zielproteine entweder Komponenten der Vesikelmembran oder der Plasmamembran sind.

Die polarisierte Sekretion In vielen Fällen ist die Exocytose spezifischer Proteine auf eine spezifische Oberfläche der Zelle begrenzt. Zum Beispiel setzen die sekretorischen Zellen, die Ihren Darm auskleiden, Verdauungsenzyme nur auf der Seite der Zelle frei, die zur Innenseite des Darms ausgerichtet ist. Dieses Phänomen, das man als **polarisierte Sekretion** bezeichnet, wird auch bei Nervenzellen beobachtet, die Neurotransmittermoleküle nur an Schnittstellen (Synapsen) mit anderen Nervenzellen freisetzen (siehe *Abbildung 12.11*). Die für eine polarisierte Sekretion bestimmten Proteine, sowie Lipide und Proteinkomponenten der beiden Membranschichten, werden Vesikeln zugeordnet, die an lokalisierte Erkennungsstellen auf Unterdomänen der Plasmamembran binden.

11.5.2 Durch Endocytose werden extrazelluläre Moleküle importiert, indem sich Vesikel von der Plasmamembran abschnüren

Die meisten eukaryotischen Zellen führen eine oder mehrere Formen der **Endocytose** aus, um extrazelluläres Material aufzunehmen. Ein kleines Segment der Plasmamembran faltet sich schrittweise nach innen (▸*Abbildung 11.6*, Schritt ❶) und schnürt sich dann ab, um ein endocytisches Vesikel zu bilden, das aufgenommene Substanzen oder Partikel enthält (Schritte ❷–❹). Die Endocytose ist für mehrere zelluläre Vorgänge von Bedeutung, darunter dem Abbau lebensnotwendiger Nährstoffe durch einzellige Organismen und zur Elimination von Mikroorgansimen durch die weißen Blutkörperchen.

Im Hinblick auf den Membranfluss üben Exocytose und Endocytose ganz eindeutig entgegengesetzte Wirkungen aus. Während bei der Exocytose Lipide und Proteine in die Plasmamembran eingebaut werden, werden diese durch Endocytose entfernt. Somit ist die Gleichgewichtszusammensetzung der Plasmamembran das Ergebnis einer Balance zwischen Exocytose und Endocytose. Durch die Endocytose und den retrograden Transport kann die Zelle während der Exocytose sekretorischer Vesikel Moleküle der Plasmamembran wiederaufbereiten und nochmals verwenden.

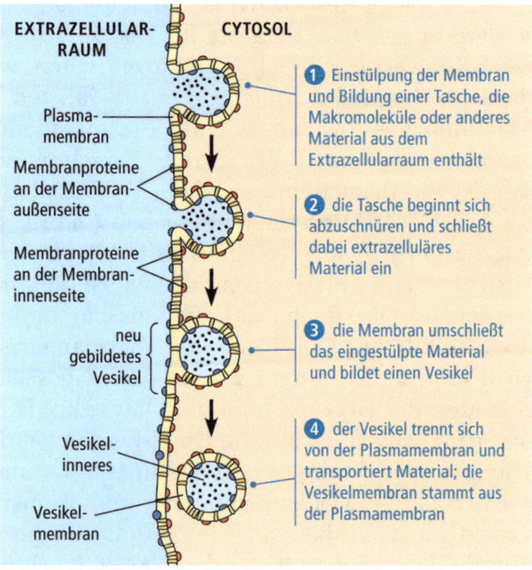

Abbildung 11.6: Endocytose. Diese Zeichnung stellt die Aufnahme von Substanzen aus der äußeren Zellumgebung während der Endocytose dar. Zur besseren Übersicht wurden die Hüllproteine am Ort der Einstülpung und in der Nähe des endocytischen Vesikels nicht in der Zeichnung berücksichtigt.

Das Ausmaß des daraus resultierenden Membranaustauschs ist gewaltig. Beispielsweise recyceln die sekretorischen Zellen Ihrer Bauchspeicheldrüse innerhalb von ungefähr 90 Minuten eine Membranmenge, die der gesamten Zelloberfläche entspricht. Kultivierte Makrophagen (große weiße Blutkörperchen) sind sogar noch schneller. Sie ersetzen binnen 30 Minuten eine Membranmenge, die der gesamten Plasmamembran entspricht!

Während der Endocytose isoliert die Membran eines endocytischen Vesikels die aufgenommenen Substanzen gegenüber dem Cytosol. Die meisten endocytischen Vesikel entwickeln sich zu frühen Endosomen weiter, die mit Vesikeln des TGN verschmelzen, welche Verdauungsenzyme aufnehmen und zu neuen Lysosomen heranreifen. Im Allgemeinen unterscheidet man zwischen *Phagocytose* (griechisch für „zelluläres Essen"; hierbei werden große feste Partikel aufgenommen) und der *Pinocytose* („zelluläres Trinken"; dabei werden Flüssigkeiten aufgenommen, die lösliche oder suspendierte Moleküle enthalten).

Die Phagocytose Die Aufnahme großer Partikel (Durchmesser > 0,5 µm), wie zum Beispiel Aggregate von Makromolekülen, Teile anderer Zellen oder sogar ganze Mikroorganismen oder andere Zellen, bezeichnet man als **Phagocytose**. Viele einzellige Eukaryoten, beispielsweise Amöben und Protozoen mit Cilien, nehmen Nahrung stets durch Phagocytose auf. Auch einige primitive Tiere, vor allem Plattwürmer, Hohltiere und Schwämme nutzen Phagocytose zur Nahrungsaufnahme.

Bei den komplexeren Organismen wird die Phagocytose allerdings nur von spezialisierten Zellen ausgeführt, den **Phagocyten**. Das Blut der Säugetiere enthält zum Beispiel zwei Klassen weißer Blutkörperchen – *Neutrophile* und *Makrophagen* –, denen die Phagocytose eher zur Verteidigung als zur Nahrungsaufnahme dient. Diese Zellen sind in der Lage, sich Fremdmaterial oder invasive Mikroorganismen im Blutkreislauf oder in verletzten Geweben einzuverleiben und zu verdauen. Des Weiteren üben Makrophagen auch die Funktion der körpereigenen Müllabfuhr aus, indem sie Zellreste und ganze beschädigte Zellen aus verletzten Geweben aufnehmen. Unter bestimmten Bedingungen betreiben auch andere Säugetierzellen Phagocytose. Beispielsweise können die Fibroblasten des Bindegewebes Kollagen aufnehmen und damit das Gewebe remodellieren und dendritische Zellen der Säugetiermilz können sich im Rahmen einer Immunantwort Bakterien einverleiben.

Die Phagocytose ist am besten bei den Amöben untersucht worden, die sie zur Nahrungsaufnahme einsetzen. Durch Kontakt mit Nahrungspartikeln oder kleineren Organismen wird die Phagocytose ausgelöst. Der Partikel wird allmählich von Membranausstülpungen umgeben, den sogenannten *Pseudopodien*, die dann zusammentreffen und ihn vollständig aufnehmen. Dabei entsteht eine intrazelluläre phagocytische Vakuole. Dieses endocytische Vesikel, das auch als *Phagosom* bezeichnet wird, verschmilzt dann mit einem späten Endosom oder reift direkt zu einem Lysosom heran. Es entsteht ein großes Vesikel, in dem aufgenommenes Material abgebaut wird. Die menschlichen Phagocyten spielen eine Rolle im Immunsystem. Sie bilden in der phagocytischen Vakuole Wasserstoffperoxid, Hypochlorsäure und andere Oxidantien in toxischen Konzentrationen, um Mikroorganismen abzutöten.

Die rezeptorvermittelte Endocytose Zellen sind in der Lage, über einen Vorgang, den man als **rezeptorvermittelte Endocytose** bezeichnet (auch **clathrinabhängige Endocytose** genannt), bestimmte lösliche und suspendierte Substanzen aufzunehmen. Bei diesem Vorgang nutzen Zellen spezifische Rezeptoren, die sich auf der äußeren Oberfläche der Plasmamembran befinden. Die rezeptorvermittelte Endocytose ist der wichtigste Mechanismus der eukaryotischen Zellen zur spezifischen Aufnahme der meisten Makromoleküle. Je nach Zelltyp vermögen Säugetierzellen mit diesem Mechanismus Hormone, Wachstumsfaktoren, Enzyme, Serumproteine, Cholesterin, Antikörper, Eisen und sogar einige Viren und bakterielle Toxine aufzunehmen.

In ▸ *Abbildung 11.7* ist die rezeptorvermittelte Endocytose dargestellt. Der Vorgang beginnt mit der Bindung spezifischer Moleküle (die man als Liganden bezeichnet) an ihre *Rezeptoren* – spezifische, ligandenbindende integrale Membranproteine in der Plasmamembran (Schritt ❶). Die Rezeptor-Liganden-Komplexe diffundieren seitlich in der Membran, bis sie an spezialisierten Membranregionen ankommen, den sogenannten Coated Pits *(Stachelsaumgrübchen)*. Diese stellen spezielle Membranregionen dar, in denen sich die Rezeptor-Liganden-Komplexe zur Internalisierung ansammeln (Schritt ❷). In einer typischen Säugetierzelle nehmen die Coated Pits ungefähr 20 % der Gesamtoberfläche der Plasmamembran ein.

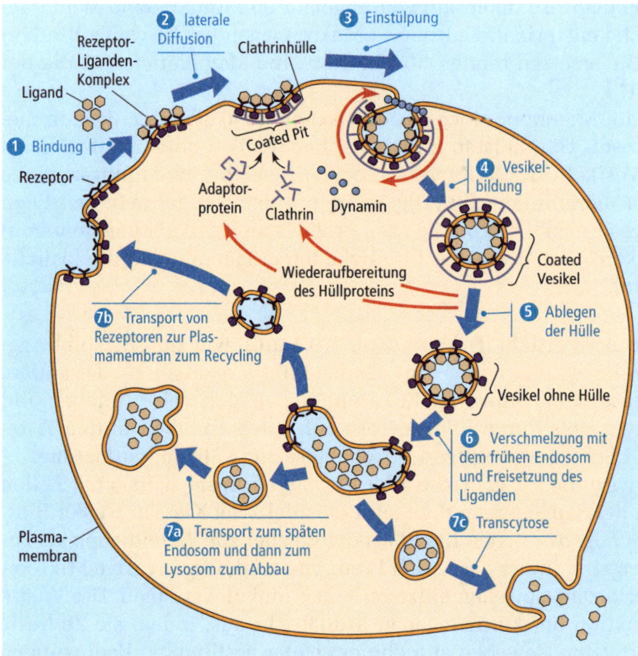

Abbildung 11.7: Die rezeptorvermittelte Endocytose. Während der rezeptorvermittelten Endocytose ❶ binden die Moleküle, die aufgenommen werden, an ihre spezifischen Rezeptoren an der Oberfläche der Plasmamembran. ❷ Rezeptor-Liganden-Komplexe sammeln sich in Coated Pits (Stachelsaumgrübchen), ❸ an denen die Adaptorproteine Clathrin und Dynamin auf der cytosolischen Membranseite die Einstülpung fördern. Das Ergebnis ist ❹ ein abgeschnürtes clathrinumhülltes Vesikel, das ❺ schnell seine Clathrinhülle verliert. Der clathrinfreie Vesikel ist jetzt in der Lage, ❻ mit anderen intrazellulären Membranen zu verschmelzen, im Allgemeinen mit einer Membran, die ein frühes Endosom umgibt, in dem das aufgenommene Material sortiert wird. Das weitere Schicksal der Rezeptoren und der aufgenommenen Moleküle hängt von der Art dieser Moleküle ab. Häufig befördern Transportvesikel 7a die Moleküle zum Abbau in ein Endosom. Zu den alternativen Wegen gehören 7b das Recycling zur Plasmamembran oder 7c der Transport in eine andere Region der Plasmamembran und nachfolgende Exocytose (sogenannte Transcytose). Zur Vereinfachung ist der Zellkern nicht eingezeichnet.

Die Akkumulation von Rezeptor-Liganden-Komplexen zieht weitere Proteine auf der inneren (cytosolischen) Oberfläche der Plasmamembran zusammen. Die hinzukommenden Proteine – darunter die *Adaptorproteine*, *Clathrin* und *Dynamin* – werden für die Membrankrümmung und Einstülpung des Coated Pits benötigt, bei der sich Clathrin anlagert (Schritt ❸). Die Einstülpung geht soweit, bis sich das Stachelsaumgrübchen von der Plasmamembran abschnürt und ein clathrin**umhülltes Vesikel** bildet (Schritt ❹). Die Clathrinhülle wird anschließend freigesetzt und lässt ein membranumhülltes Vesikel zurück (Schritt ❺). Die Hüllproteine und Dynamin werden dann für die Plasmamembran recycelt, wo sie neue Vesikel bilden, während das membranumhüllte Vesikel bereit ist, um mit einem frühen Endosom zu verschmelzen (Schritt ❻).

Geschwindigkeit und Umfang der rezeptorvermittelten Endocytose sind beeindruckend. Im Allgemeinen schnürt sich ein Coated Pit innerhalb einer Minute nach Beginn des Vorganges ab und bis zu 2.500 dieser Stachelsaumgrübchen werden pro Minute in einer kultivierten Fibroblastenzelle gebildet.

Es gibt mehrere Varianten der rezeptorvermittelten Endocytose. Der epidermale Wachstumsfaktor (EGF, engl.: *epidermal growth factor*), der die Teilung von Epithelzellen stimuliert, durchläuft über den in der *Abbildung 11.7* dargestellten Mechanismus eine Endocytose. In diesem Fall spielt die Endocytose eine wichtige Rolle bei der Zellsignalisierung. Nach der Aufnahme der EGF-Rezeptoren-Komplexe reagiert die Zelle fast nicht mehr auf weiteres EGF. Diesen Vorgang bezeichnet man als *Desensitivierung*. Fehler bei der Desensitivierung, die auf eine defekte Endocytose zurückgehen, können zu einer Überstimulierung durch EGF führen. Daraufhin kommt es zu übermäßigem Zellwachstum, Zellteilung und möglicher Tumorbildung.

Bei einer anderen Variante der rezeptorvermittelten Endocytose liegen unabhängig von der Bildung von Rezeptoren-Liganden-Komplexen Rezeptoren in Coated Pits vor. Durch Bindung der Liganden an die Rezeptoren wird die Internalisierung ausgelöst. Bei noch einer anderen Variante sind die Rezeptoren nicht nur konstitutiv (andauernd) konzentriert, sondern sie werden auch konstitutiv aufgenommen, unabhängig davon, ob die Liganden an die Rezeptoren gebunden haben oder nicht. Zum Beispiel werden die LDL-Rezeptoren.

Nach der rezeptorvermittelten Endocytose verschmelzen die nicht mehr von Clathrin umhüllten Vesikel mit den aus dem TGN herausknospenden Vesikeln und bilden in den peripheren Regionen der Zelle frühe Endosomen. Die *frühen Endosomen* sind Organellen der Sortierung und des Recyclings von extrazellulärem Material, das die Zelle durch Endocytose aufgenommen hat.

Sehr häufig – aber nicht immer – werden Proteinmoleküle, die für einen neuen Durchlauf der Endocytose notwendig sind, recycelt, nachdem sie sich von dem zum Abbau bestimmten Material getrennt haben. Das frühe Endosom benötigt außerdem lysosomale Proteine aus dem TGN und reift zu einem späten Endosom heran, das sich dann zu einem Lysosom entwickelt. Wir werden die Rolle der Endosomen beim Abbau zu einem späteren Zeitpunkt in diesem Kapitel besprechen.

Das Recycling von Rezeptormolekülen der Plasmamembran wird durch die Ansäuerung der frühen Endosomen begünstigt. Während der pH-Wert im Inneren eines Endocytenvesikels bei circa 7,0 liegt, beträgt der innere pH-Wert des frühen Endosoms dagegen 5,9 bis 6,5. Der niedrige pH-Wert wird durch ATP-abhängige Protonenpumpen (H^+-ATPasen) in der Membran des Endosoms aufrechterhalten. Die leicht saure Umgebung des frühen Endosoms senkt die Affinität der meisten Rezeptor-Liganden-Komplexe (zum Beispiel bei LDL und seinem Rezeptor), wodurch die Rezeptoren zum Recycling für die Plasmamembran freigesetzt werden, während neu aufgenommenes Material zu anderen Orten umgeleitet wird. Dieser Vorgang weist Ähnlichkeit mit der säureinduzierten Wiederaufbereitung von Mannose-6-Phosphatrezeptoren auf, die vom Lysosom zurück zum TGN geleitet werden, worauf wir zuvor eingegangen sind.

Das Sortieren der Rezeptoren und Liganden ist nicht immer so einfach wie das Recycling der Rezeptoren zur Plasmamembran und das Zurückhalten der Liganden im Endosom. Je nach Ligand trennen sich einige Rezeptor-Liganden-Komplexe nicht vom frühen Endosom. Während dissoziierte Liganden zu einem Lysosom transportiert werden, werden intakte Rezeptor-Liganden-Komplexe weiterhin in Transportvesikel einsortiert und verpackt. Es gibt mindestens drei alternative Mechanismen, mit denen diese Komplexe weiter verarbeitet werden: (1) Einige Rezeptor-Liganden-Komplexe (zum Beispiel der epidermale Wachstumsfaktor und sein Rezeptor) werden zum Abbau zu einem Lysosom transportiert. (2) Andere Rezeptor-Liganden-Komplexe werden zum TGN transportiert, wo sie in eine Reihe von Stoffwechselwegen aufgenommen werden, welche die Komplexe durch das Endomembransystem befördern. (3) Rezeptor-Liganden-Komplexe können auch mit Hilfe von Transportvesikeln zu einer anderen Region der Plasmamembran transportiert werden, wo sie im Rahmen eines Vorgangs, den man als **Transcytose** bezeichnet, ausgeschieden werden. Dieser Stoffwechselweg vermittelt den gerichteten Transfer von Vesikeln mit extrazellulärem Material von einer Seite der Zelle, auf der die Endocytose abläuft, durch das Cytoplasma zur gegenüberliegenden Seite, auf der die Exocytose abläuft. Beispielsweise werden Immunglobuline durch Epithelzellen mittels Transcytose vom mütterlichen Blut in das Blut des Fötus transportiert.

Die Clathrin-unabhängige Endocytose Ein Beispiel für einen Mechanismus der Clathrin-unabhängigen Endocytose ist die Flüssigkeits-Endocytose. Dabei handelt es sich um einen Typ der Pinocytose, um eine nichtspezifische Internalisierung extrazellulärer Flüssigkeiten. Im Gegensatz zur rezeptorvermittelten Endocytose konzentriert die Flüssigkeits-Endocytose aufgenommene Substanzen nicht auf. Da Zellen auch dann Flüssigkeiten aufnehmen können, wenn sie nicht über selektive Mechanismen verfügen, um nur bestimmte Moleküle aufzunehmen oder auch nicht, spiegelt die Konzentration der in diesen Vesikeln aufgenommenen Flüssigkeiten die Konzentration eben dieser Flüssigkeiten in der extrazellulären Umgebung wider. Im Gegensatz zu anderen Formen der Endocytose läuft die Flüssigkeits-Endocytose in den meisten eukaryotischen Zellen mit relativ konstanter Geschwindigkeit ab. Da dieser Mechanismus die Membranmenge kompensiert, die der Plasmamembran kontinuierlich durch Exocytose zugefügt wird, handelt es sich um eine Möglichkeit der Zelle zur Kontrolle des Zellvolumens und der Zelloberfläche. Nachdem die Vesikel der Flüssigkeits-Endocytose in die Zelle gelangt sind, werden sie ebenso wie andere endocytische Vesikel zu den frühen Endosomen weitergeleitet.

11.6 Coated Vesikel bei zellulären Transportvorgängen

Die meisten der am Lipid- und Proteintransfer beteiligten Vesikel werden als *Coated Vesikel* („umhüllte Vesikel") bezeichnet. Diese Bezeichnung beruht auf den charakteristischen Hüllen oder Schichten von Proteinen dieser Vesikel, die bei ihrer Entstehung ihre cytosolische Oberfläche bedecken. Coated Vesikel sind ein Merkmal der meisten zellulären Vorgänge, die am Transfer oder Austausch von Substanzen zwischen spezifischen membranumhüllten intrazellulären Kompartimenten eukaryotischer Zellen oder zwischen Innen- und Außenseite einer Zelle mitwirken.

Thomas Roth und Keith Porter berichteten 1964 zum ersten Mal von Coated Vesikeln. Sie beschrieben deren Mitwirkung an der selektiven Aufnahme von Dotterprotein am Beispiel der Entwicklung von Mückenoocyten. Seitdem hat man nachgewiesen, dass Coated Vesikel bei vielen zellulären Abläufen lebenswichtige Aufgaben übernehmen. Sie sind ebenso am Vesikeltransport durch das Endomembransystem wie am Transport während der Exocytose und der Endocytose beteiligt. Es ist wahrscheinlich, dass diese Vesikel an fast allen, wenn nicht sogar allen, Vesikeltransportvorgängen mitwirken, welche die verschiedenen, von einer Membran umgebenen Kompartimente und ebenso die Plasmamembran der eukaryotischen Zelle untereinander verbinden.

Ein gemeinsames Merkmal der Coated Vesikel ist eine Proteinhülle auf der cytosolischen Seite der Membran, die das Vesikel umgibt. Die am besten untersuchten Hüllproteine sind *Clathrin*, *COPI* und *COPII* (COP ist eine Abkürzung für „Hüllprotein", engl.: *coat protein*). Hüllproteine wirken an mehreren Schritten bei der Bildung von Transportvesikeln mit. Der Typ des jeweiligen Hüllproteins auf einem Vesikel unterstützt die Sortierung und Zielsteuerung von Molekülen zu ihren verschiedenen Bestimmungsorten in der Zelle. Zu den allgemeineren Aufgaben der COPs gehört zum Beispiel, dass sie eine fast flache Membran dazu bringen, kugelförmige Vesikel zu bilden, um eine nichtspezifische Verschmelzung eines knospenden Vesikels mit nahegelegenen Membranen vor dem Abknospen zu verhindern. Außerdem regulieren sie Wechselwirkungen zwischen knospenden Vesikeln und den Mikrotubuli, die den Transport von Vesikeln durch die Zelle bewerkstelligen.

Der spezifische Proteinsatz, der die Außenseite eines Vesikels überzieht, ist ein Indikator für den Ursprung und das Ziel des Vesikels in der Zelle. *Clathrin-Coated Vesikel* wirken am selektiven Proteintransport vom TGN zu Endosomen mit und am Transport von Rezeptor-Liganden-Komplexen aus der Plasmamembran bei der Endocytose. *COPI-Coated Vesikel* erleichtern wiederum den retrograden Transport von Proteinen vom Golgi-Komplex zurück zum ER sowie zwischen Zisternen des Golgi-Komplexes. *COPII-Coated Vesikel* sind am Transport von Material vom ER zum Golgi-Komplex beteiligt.

Ein viertes, erst vor kürzerer Zeit entdecktes Hüllprotein, ist *Caveolin*. Noch wird die genaue Rolle der Caveolin-Coated Vesikel, der **Caveolae**, kontrovers diskutiert. Caveolae sind kleine Einstülpungen der Plasmamembran (ca. 50–100 nm im Durchmesser), die charakteristischerweise das Protein *Caveolin* enthalten. Es handelt sich um eine Art „Lipidfloß" (engl.: *Lipid Raft*), das reich an Cholesterin und Sphingolipiden ist und an der Aufnahme von Cholesterin in die Zellen beteiligt sein könnte. Mäuse, denen Caveolin fehlt, zeigen dramatische Anomalien im Herzkreislaufsystem, wo sich dann starke Cholesterin-Plaques ausbilden. Andere Untersuchungen belegen, dass diese cholesterintragenden Caveolae eine wichtige Rolle bei der Signaltransduktion spielen und bei der Transcytose und Mechanotransduktion beteiligt sind.

11.6.1 Clathrin-Coated Vesikel sind von Gittern aus Clathrin und Adaptorprotein umgeben

Clathrin-Coated Vesikel sind von Hüllen umgeben, die aus zwei multimeren Proteinen bestehen, Clathrin und *Adaptorprotein* (*AP*). Der Begriff Clathrin stammt vom lateinischen Wort *clathratus* für Gitter ab und er ist gut gewählt, denn Clathrin und AP bilden Proteingitter aus Polygonen (Vielecken). Flache Clathringitter bestehen ausschließlich aus Hexagonen (Sechsecken), während gebogene Clathringitter, die sich unter Coated Pits bilden und Vesikel umgeben, sich aus Hexagonen (Sechsecken) und Pentagonen (Fünfecken) zusammensetzen. Die Verwendung von Clathrin zum Coating (zur Umhüllung) von Vesikeln ist für die Zelle sehr vorteilhaft, denn die einzigartige Form der Clathrinproteine und die Art und Weise, wie sie sich zusammensetzen, um Clathrinhüllen zu bilden, liefert die Antriebskraft, die bewirkt, dass sich flache Membranen zu kugelförmigen Vesikeln biegen.

Im Jahr 1981 machten Ernst Ungewickell und Daniel Burton die Grundstruktureinheiten von Clathringittern sichtbar. Dies sind dreibeinige Strukturen, die man als Triskelione bezeichnet (▸*Abbildung 11.8a*). Jedes Triskelion ist ein multimeres Protein aus drei großen Polypeptiden (schweren Ketten) und drei kleinen Polypeptiden (leichten Ketten), die von einem zentralen Scheitelpunkt ausgehen, wie in ▸*Abbildung 11.8b* dargestellt. Antikörper, die leichte Ketten von Clathrin erkennen, binden nahe dem zentralen Scheitelpunkt an die Beine des Triskelions, woraus man schließen kann, dass die leichten Ketten mit der Innenseite des Beins assoziiert sind.

Indem die Wissenschaftler Informationen, die sie der Elektronenmikroskopie und der Röntgenstrahlkristallographie verdankten, kombinierten, entwickelten sie folgendes Modell der Organisation von Triskelionen zu den charakteristischen Hexagonen und Pentagonen der Clathrin-Coated Pits und Vesikel (▸*Abbildung 11.8c*). An jedem Scheitelpunkt des polygonalen Gitters liegt jeweils ein Clathrintriskelion. Jedes Polypeptidbein erstreckt sich über zwei Längen des Gitters, wobei das Knie der schweren Kette des Clathrins auf einem benachbarten Scheitelpunkt liegt. Diese Anordnung von Triskelionen zu überlappenden Netzwerken stellt große longitudinale Kontakte zwischen Clathrinpolypeptiden sicher und kann die mechanische Kraft übertragen, die zur Bildung umhüllter Vesikel benötigt wird.

Der zweite wichtige Baustein der Clathrinhüllen – das **Adaptorprotein (AP)** – wurde ursprünglich einfach auf Grund seiner Fähigkeit entdeckt, den Zusammenbau von Clathrinhüllen um Vesikel zu fördern. Daher wird es manchmal als *Montageprotein* (engl. *assembly protein*) bezeichnet. Heute wissen wir, dass eukaryotische Zellen mindestens vier Typen von AP-Komplexen besitzen, die jeweils aus vier Polypeptiden bestehen – zwei Adaptinuntereinheiten, eine Kette mittlerer Länge und eine kurze Kette. Die vier Polypeptide, die sich im Hinblick auf den AP-Komplex geringfügig unterscheiden, binden an verschiedene Transmembran-Rezeptor-Proteine und sorgen während der Vesikelknospung und der Zielsteuerung für Spezifität.

Abgesehen davon, dass die AP-Komplexe die richtige Konzentration von Makromolekülen in den Coated Pits sicherstellen, vermitteln sie auch die Bindung von Clathrin an in der Plasmamembran eingebettete Proteine. Angesichts der zentralen Rolle der AP-Komplexe überrascht es nicht, dass es sich um Stellen der Regulation des Clathrinzusammenbaus und der Clathrindissoziation handelt. So wird beispielsweise die Fähigkeit von AP-Komplexen, an Clathrin zu binden, vom pH-Wert, der Phosphorylierung und der Dephosphorylierung beeinflusst.

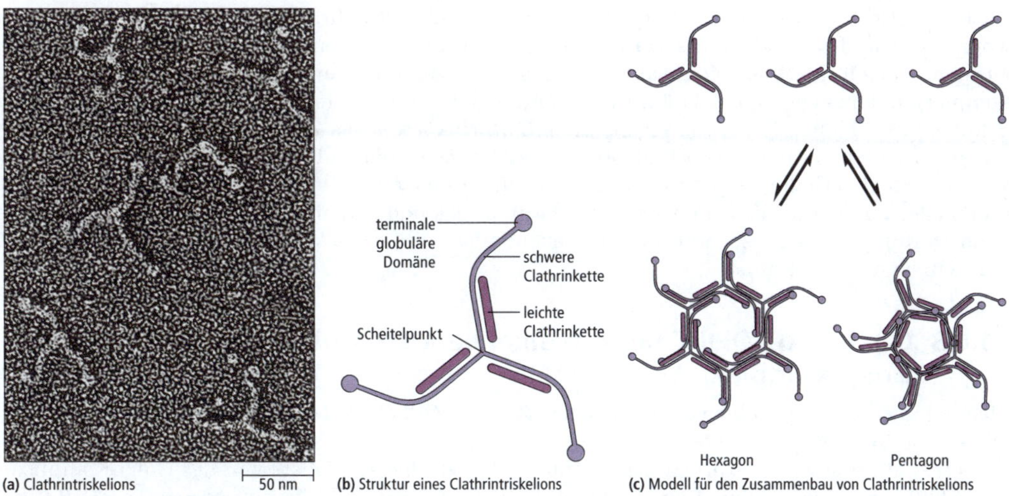

(a) Clathrintriskelions (b) Struktur eines Clathrintriskelions (c) Modell für den Zusammenbau von Clathrintriskelions

Abbildung 11.8: Clathrintriskelione. Hier abgebildet sind (a) eine elektronenmikroskopische Aufnahme von Clathrintriskelionen (SEM) und (b) eine Zeichnung, die veranschaulicht, dass sich jedes Triskelion aus drei schweren Ketten Clathrin und drei leichten Ketten Clathrin zusammensetzt und (c) ein Modell für die Zusammensetzung von Triskelionen zu den charakteristischen Clathrinpentagonen und Clathrinhexagonen, die man in Stachelsaumgrüben und Vesikeln findet.

11.6.2 Der Zusammenbau von Clathrinhüllen fördert die Bildung von Vesikeln aus der Plasmamembran und dem TGN

Zur Bindung von AP-Komplexen an die Plasmamembran und zur Konzentration von Rezeptoren oder Rezeptor-Liganden-Komplexen in Coated Pits werden ATP und GTP benötigt – vielleicht aber auch nur zur Regulation des Vorgangs. Der Zusammenbau einer Clathrinhülle auf der cytosolischen Membranseite scheint einen Teil der Triebkraft zu liefern, die für die Bildung eines Vesikels an dieser Stelle benötigt wird. Anfangs sind alle Clathrineinheiten hexagonal und bilden eine flache, zweidimensionale Struktur. Wenn mehr Clathrintriskelione in das wachsende Gitter eingebaut werden, kann sich die neue Clathrinhülle aufgrund der Kombination hexagonaler und pentagonaler Einheiten um das knospende Vesikel legen.

Wenn sich immer mehr Clathrin um das knospende Vesikel legt, dann wirkt zumindest ein weiteres Protein mit – **Dynamin**. Dynamin ist eine cytosolische GTPase, die für das Einschnüren des Coated Pits und den Abschluss des knospenden Vesikels benötigt wird. Dieses essenzielle Protein wurde erstmalig bei *Drosophila* nachgewiesen, einer Taufliege, die häufig als genetischer Modellorganismus dient. Fliegen, die eine temperatursensitive Form von Dynamin exprimieren, waren sofort gelähmt, wenn man durch eine Temperaturveränderung die Dynaminfunktion gestört hatte. Weitere Untersuchungen offenbarten eine Ansammlung von Coated Pits in den Membranen der neuromuskulären Übergänge der betroffenen Fliegen. Wenn das Dynamin um den Hals des Coated Pits helikale Ringe bildet, schließt sich das Vesikel. Wenn GTP hydrolysiert wird, verfestigen sich die Dynaminringe und trennen das vollständig verschlossene endocytische Vesikel von der Plasmamembran.

Ein weiterer Mechanismus sorgt dafür, dass die Clathrin-Coated Membranen *von der Clathrinhülle befreit werden*. Dieser Vorgang muss auf regulierte Weise ablaufen, denn in den meisten Fällen bleibt die Clathrinhülle solange intakt, wie die Membran Teil des Coated Pit oder des knospenden Vesikels ist. Nachdem die Bildung des Vesikels abgeschlossen ist, dissoziiert die Membran schnell. Ebenso wie der Zusammenbau ist auch die Auflösung der Clathrinhülle ein Vorgang, für den Energie aufgewendet werden muss. Diese Energie wird aus der Hydrolyse von ungefähr drei ATP-Molekülen pro Triskelion gewonnen. Mindestens ein Protein, eine *Uncoating-ATPase*, ist für diesen Vorgang unbedingt notwendig, obwohl die Uncoating-ATPase nur die Clathrintriskelione aus den APs freisetzt. Die für die Freisetzung von APs aus der Membran verantwortlichen Faktoren sind noch nicht identifiziert worden.

Clathrin-Coated Vesikel dissoziieren leicht zu löslichen Clathrinkomplexen, Adaptor-Protein-Komplexen und Vesikeln ohne Hülle, die sich unter geeigneten Bedingungen schnell wieder zusammenfügen. In einer leicht sauren Lösung, die Calciumionen enthält, setzen sich Clathrinkomplexe unabhängig vom Adaptorprotein und membranumhüllten Vesikeln zusammen, was zur Bildung leerer Hüllen führt, den sogenannten *Clathrinkörben*. Der Zusammenbau erfolgt mit faszinierender Geschwindigkeit – bei günstigen Bedingungen innerhalb von Sekunden. Die Leichtigkeit, mit der sich Clathrinhüllen zusammensetzen und wieder auflösen, ist eines ihrer wichtigsten Merkmale, denn die Verschmelzung der darunterliegenden Membran mit der Membran eines anderen Kompartiments scheint nur dann abzulaufen, wenn das Vesikel teilweise oder ganz von der Clathrinhülle befreit ist.

11.6.3 COPI- und COPII-Coated Vesikel pendeln zwischen dem ER und dem Golgi-Komplex

Man hat in allen untersuchten eukaryotischen Zellen *COPI-Coated Vesikel* gefunden, in Säugetier-, Insekten-, Pflanzen- und Hefezellen. Sie wirken am retrograden Transport vom Golgi-Komplex zurück zum ER sowie am direktionalen Transport zwischen den Zisternen des Golgi-Komplexes mit. COPI-Coated Vesikel sind von Hüllen umgeben, die aus COPI-Protein und einem **ADP-Ribosylierungsfaktor (ARF)** bestehen, einem kleinen GTP-bindenden Protein. COPI ist die wichtigste Komponente der Hülle. Es ist ein multimeres Protein aus sieben Untereinheiten.

Die Zusammensetzung einer COPI-Hülle wird von ARF vermittelt. Im Cytosol kommt ARF als Teil eines ARF-GDP-Komplexes vor. Trifft ARF auf einen spezifischen mit der Membran (an der gerade ein neuer Coated Vesikel entsteht) assoziierten Guaninnucleotid-Austauschfaktor, wird das GDP gegen GTP ausgetauscht. Dadurch wird im ARF eine Konformationsänderung ausgelöst, sodass im ARF seine hydrophobe N-terminale Region freigelegt wird, die mit der Lipiddoppelschicht der Membran eine Bindung eingeht. Nachdem es fest verankert ist, bindet ARF an die COPI-Multimere und der Zusammenbau der Hülle treibt die Bildung und das Knospen eines neuen Vesikels voran. Nachdem ein freies Vesikel entstanden ist, löst ein Protein in der Donormembran die Hydrolyse von GTP aus und das daraus hervorgegangene ARF-GDP setzt die Hüllproteine für einen weiteren Durchlauf der Vesikelknospung frei. Unsere Kenntnis des COP-vermittelten Vesikeltransports verdanken wir maßgeblich dem Pilztoxin *Brefeldin A*. Dieses Toxin hemmt den Vorgang, indem es mit der Fähigkeit des Guaninnucleotid-Austauschfaktors interferiert, aus ARF-GDP ARF-GTP zu bilden.

COPII-Coated Vesikel wurden zuerst in der Hefe entdeckt, wo sie beim Transport vom ER zum Golgi-Komplex eine Rolle spielen. Man hat bei Säugetieren und Pflanzen Homologe einiger Komponenten der **COPII-Hüllen** identifiziert und der COPII-vermittelte Mechanismus des ER-Exports scheint bei so unterschiedlichen Organismen wie der Hefe und dem Menschen stark konserviert zu sein. Die COPII-Hülle der Hefe setzt sich aus zwei Proteinkomplexen zusammen – den sogenannten Sec13/31 und Sec23/24 – sowie einem kleinen GTP-bindenden Protein mit der Bezeichnung SarI, das dem ARF ähnelt. Über einen Mechanismus, der Ähnlichkeit mit der Bildung der COPI-Hülle aufweist, nähert sich ein an GDP gebundenes SarI-Molekül der Membran, aus der sich ein Vesikel zu bilden beginnt. Ein peripheres Membranprotein löst dann den Austausch von GTP gegen GDP aus, wodurch SarI an Sec13/31 und Sec23/24 binden kann. Nach der Bildung eines freien Vesikels löst eine Komponente der COPII-Hülle die GTP-Hydrolyse aus und Sar1 setzt Sec13/31 und Sec23/24 frei. Für ihre Arbeiten zur Aufklärung all dieser verschiedenen Mechanismen, die beim zellulären Vesikel-Trafficking beteiligt sind, erhielten die amerikanischen Wissenschaftler Randy Scheckman und James Rothman 2013 den Nobelpreis für Medizin und Physiologie.

11.6.4 SNARE-Proteine vermitteln die Verschmelzung zwischen Vesikeln und Zielmembranen

Ein Großteil des intrazellulären, von Coated Vesikeln vermittelten Transports ist höchst spezifisch. Wie wir gesehen haben, findet das endgültige Sortieren der im ER synthetisierten Proteine im TGN statt, wenn die Lipide und Proteine für den Transport zu ihren verschiedenen Bestimmungsorten in Vesikel verpackt werden. Rufen Sie sich bitte in Erinnerung, dass die Adaptorkomplexe, die bei der Entstehung von Clathrin-Coated Vesikeln aus dem TGN entstehen, aus zwei Adaptinuntereinheiten bestehen. Die beiden Adaptinuntereinheiten sind zum Teil für die Spezifität verantwortlich, wenn die Rezeptoren zum Einschluss in ein knospendes Vesikel konzentriert werden.

Nachdem sich ein Vesikel gebildet hat, sind allerdings noch weitere Proteine erforderlich, um sicherzustellen, dass der Vesikel zu den richtigen Orten gelangt. Daher muss es einen Mechanismus geben, der verhindert, dass die verschiedenen Vesikel einer Zelle zufällig mit der falschen Membran fusionieren. Die SNARE-Hypothese bietet ein Arbeitsmodell für diese Sortierung und Zielsteuerung im intrazellulären Transport (▸*Abbildung 11.9*).

Gemäß diesem Modell sind an der richtigen Sortierung und Zielausrichtung der Vesikel in eukaryotischen Zellen zwei Familien von SNARE-Proteinen (engl.: *soluble N-ethylmaleimide-sensitive-factor attachment receptor*) beteiligt: die v-SNAREs (Vesikel-SNAREs), die auf den Transportvesikeln liegen und die t-SNAREs (Ziel-SNAREs; von engl. *target*) auf den Zielmembranen. Die v-SNAREs und die t-SNAREs sind komplementäre Moleküle, die im Verbund mit Tethering-Proteinen („Festzurr-Protein") einem Vesikel die Fähigkeit verleihen, seine Zielmembran zu erkennen und mit ihr zu verschmelzen. Sowohl v-SNAREs als auch t-SNAREs fanden anfangs das Interesse der Wissenschaftler, weil sie eine Rolle bei der neuronalen Exocytose spielen. Seit ihrer Entdeckung im Hirngewebe hat man herausgefunden, dass beide Proteinfamilien auch am Transport vom ER zum Golgi-Komplex in der Hefe und anderen Organismen mitwirken.

Wenn ein Vesikel an seinem endgültigen Bestimmungsort angelangt ist, kommt eine dritte Proteinfamilie ins Spiel, die **Rab-GTPasen**. Auch die Rab-GTPasen wirken spezifisch: Die für verschiedene Orte bestimmten Vesikel besitzen unterschiedliche, mit ihnen assoziierte Mitglieder der Rab-Familie. Wie in der *Abbildung 11.9* dargestellt, vermögen die komplementären v-SNAREs und t-SNAREs aufgrund ihrer Affinität für einander einen stabilen Komplex zu bilden. Dadurch wird abgesichert, dass diese Proteine nach ihrer Kollision solange in Kontakt bleiben, bis ein mit dem Vesikel assoziiertes Rab-Protein die komplementären v-SNAREs und t-SNAREs fest miteinander verbinden kann, wodurch die Fusion mit der Membran ermöglicht wird.

Im Anschluss an die Vesikelfusion vermitteln der **N-Ethylmaleinimid-sensitive Faktor (NSF** engl.: *N-ethylmaleimide-sensitive factor*) und eine Gruppe **löslicher NSF-Bindeproteine (SNAPs**, engl.: *soluble NSF attachment proteins*) die Freisetzung der v-SNAREs und t-SNAREs der Donor- und der Zielmembranen. An diesem Schritt könnte die ATP-Hydrolyse beteiligt sein, aber ihre genaue Rolle ist noch unklar. NSF und SNAPs wirken an der Fusion einer Reihe zellulärer Membranen mit, womit darauf verwiesen wird, dass sie nicht für die Spezifität während der Zielausrichtung verantwortlich sind.

Die SNARE-Proteine werden für die Fusion der Neurotransmitter enthaltenden Vesikel mit der Plasmamembran der Nervenzellen benötigt. Dieser Verschmelzungsvorgang setzt mittels Exocytose die Neurotransmitter frei, wodurch ein elektrischer Impuls entsteht, der z.B. die Muskelkontraktion einleitet. Botulinumtoxin (Botox), das von dem Bakterium *Clostridium botulinum* gebildet wird, ist eine Protease, die ein für diese Fusion benötigtes SNARE-Protein spaltet. Somit interferiert das Toxin mit der Muskelkontraktion und kann eine Lähmung herbeiführen. Obwohl Botox eines der stärksten uns bekannten biologischen Toxine ist, kann es in geringer Dosierung therapeutisch zur Kontrolle von Muskelzuckungen oder zur Korrektur des Schielens eingesetzt werden. Des Weiteren findet Botox in der Kosmetik zur Entfernung von Falten Verwendung, die durch Muskelkontraktionen in der Haut entstehen. Zurzeit wird Botox auf seinen potenziellen Einsatz zur Behandlung bei Migräne untersucht.

Neuere Forschungsergebnisse legen die Vermutung nahe, dass SNARE-Proteine nicht allein für die Spezifität der Zielausrichtung der Vesikel verantwortlich sein könnten. Eine weitere Proteinklasse, die sogenannten **Tethering-Proteine („Festzurr-Proteine")**, wirken über große Entfernungen und verleihen Spezifität, indem sie Vesikel vor der Wechselwirkung zwischen v-SNARE und t-SNARE an ihren Zielmembranen festzurren (*Abbildung 11.9*). Dies ist uns aufgrund experimenteller, toxininduzierter Spaltung von SNARE-Proteinen in vivo bekannt, wodurch die Bildung eines SNARE-Komplexes blockiert werden kann, ohne die Vesikelassoziation mit der Zielmembran zu blockieren.

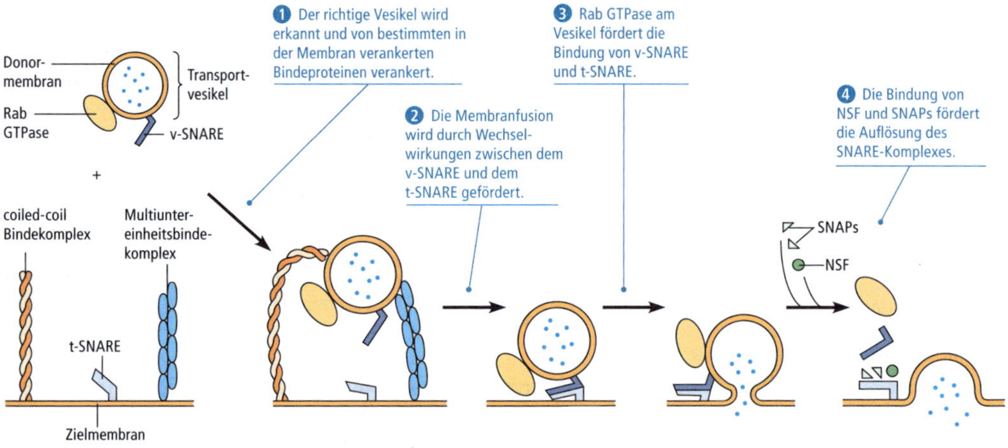

Abbildung 11.9: Die SNARE-Hypothese zur Erklärung der Fusionierung von Transportvesikeln mit der Zielmembran. Die molekularen Grundbausteine, die Sortierung und Zielsteuerung von Vesikeln in eukaryotischen Zellen vermitteln, sind Tethering-Proteine, v-SNAREs auf Transportvesikeln, t-SNAREs auf Zielmembranen, Rab-GTPase, NSF und mehrere SNAPs. Der genaue Zeitpunkt der GTP- oder ATP-Hydrolyse ist noch nicht geklärt, aber sie findet höchstwahrscheinlich nach der Fusionierung statt.

Die beiden wichtigsten Gruppen der Tethering-Proteine sind heute bekannt – die *Coiled-coil-Proteine* und die *Multiuntereinheitskomplexe*. Die Coiled-coil-Proteine, wie zum Beispiel die Golgine, sind für die initiale Erkennung und Bindung von COPI- oder COPII-Coated Vesikeln an den Golgi-Komplex von Bedeutung. Die Golgine sind an einem Ende im Golgi-Komplex verankert und kontaktieren mit dem anderen Ende das richtige vorbeikommende Vesikel. Wir wissen, dass diese Proteine auch bei der Bindung von Golgi-Zisternen aneinander eine wichtige Rolle spielen, denn gegen bestimmte Golgine gerichtete Antikörper blockieren die Wirkung von Golginen und brechen die Struktur der medialen Golgi-Zisternen auf.

Die zweite Klasse der Bindeproteine setzt sich aus mehreren Familien von Multiuntereinheitsproteinkomplexen zusammen, die vier bis acht einzelne Polypeptide enthalten. Zum Beispiel ist der Exocystenkomplex der Hefe und der Säugetiere für die Proteinsekretion von Bedeutung, der sowohl an die Plasmamembran als auch an die Vesikel aus dem TGN bindet, deren Inhalt zur Ausscheidung bestimmt ist. Andere Typen multimerer Bindekomplexe sind zum Beispiel der *COG-Komplex* (engl.: *conserved oligomeric Golgi complex*), der *GARP-Komplex* (engl.: *Golgi-associated retrograde protein complex*) und der *TRAPP-Komplex* (engl.: *transport protein particle complex*), die an der initialen Erkennung und der Spezifität der Interaktion zwischen Vesikel und Zielmembran mitwirken. Die meisten Proteine dieser Komplexe sind in so unterschiedlichen Organismen wie Hefe und Mensch stark konserviert. Im Moment gehört die Identifizierung der Funktionen dieser Komplexe und ihrer Rollen bei den einzelnen Untereinheiten zu den spannendsten Arbeiten an den Grenzen der modernen Zellbiologie.

11.7 Lysosomen und zellulärer Verdauung

Das Lysosom ist ein Organell des Endomembransystems, das Verdauungsenzyme beherbergt, die alle wichtigen Klassen biologischer Makromoleküle abbauen können – Lipide, Kohlenhydrate, Nucleinsäuren und Proteine. Diese hydrolytischen Enzyme bauen extrazelluläres Material ab, das durch Endocytose in die Zelle gelangte, sowie beschädigte oder nicht länger benötigte intrazelluläre Strukturen und Makromoleküle. Zuerst werden wir uns das Organell selbst einmal genauer anschauen und dann zu den lysosomalen Abbauvorgängen übergehen. Abschließend werden wir uns mit einigen Erkrankungen beschäftigen, die auf Fehlfunktionen der Lysosomen zurückgehen.

11.7.1 Lysosomen trennen Verdauungsenzyme vom Rest der Zelle

Lysosomen sind sehr heterogen hinsichtlich Größe und Form, aber im Allgemeinen haben sie einen Durchmesser von ungefähr 0,5 µm. Ebenso wie das ER und der Golgi-Komplex ist auch das Lysosom von einer einzigen Membran umgeben. Diese Membran schützt den Rest der Zelle vor den hydrolytischen Enzymen des lysosomalen Lumens. Die Lumenseite der lysosomalen Membranproteine ist stark glykosyliert und bildet eine durchgehende Kohlenhydrathülle, die wohl die Membranproteine von den lysosomalen Proteasen schützt. Die ATP-abhängigen Protonenpumpen in der Membran halten im Lysosom eine saure Umgebung aufrecht (pH-Wert 4,0 bis 5,0). Dadurch wird der enzymatische Abbau von Makromolekülen begünstigt, der durch Aktivierung saurer Hydrolasen und partielle Denaturierung der zum Abbau bestimmten Makromoleküle erfolgt. Die Abbauprodukte werden anschließend durch die Membran zum Cytosol transportiert, wo sie in verschiedene Stoffwechselwege eingeschleust oder aus der Zelle ausgeschieden werden.

Die Liste der lysosomalen Enzyme ist immer länger geworden, aber alle lysosomalen Enzyme haben eine gemeinsame Eigenschaft – es sind *saure Hydrolasen* (hydrolytische Enzyme, deren optimaler pH-Wert bei ungefähr 5,0 liegt). Die Liste umfasst mindestens fünf Phosphatasen, 14 Proteasen und Peptidasen, zwei Nucleasen, sechs Lipasen, 13 Glykosidasen und sieben Sulfatasen. All diese lysosomalen Enzyme können zusammen die wichtigsten Klassen der biologischen Makromoleküle abbauen. Es wundert also nicht, dass die Zelle alle diese Enzyme an einem Ort sammelt, an dem sie ihr keinen Schaden zufügen können.

11.7.2 Lysosomen entwickeln sich aus Endosomen

Lysosomale Enzyme werden an Ribosomen synthetisiert, die an das raue ER angeheftet sind. Vor dem Transport zum Golgi-Komplex werden sie durch eine Pore in der Membran des ER in das ER-Lumen transportiert. Im Anschluss an Modifikation und Prozessierung im ER und den Kompartimenten des Golgi-Komplexes werden die lysosomalen Enzyme von anderen Proteinen im TGN sortiert. Wir haben an früherer Stelle in diesem Kapitel das Anfügen einer einzigen Mannose-6-Phosphatmarkierung an lysosomale Enzyme beschrieben. Auch an den membranständigen lysosomalen Proteinen finden sich verschiedene Sortierungssignale. Die lysosomalen Enzyme werden in Clathrin-Coated Vesikel gepackt, die aus dem TGN herausknospen. Die Vesikel verlieren ihre Proteinhüllen und wandern zu einem der Kompartimente des Endosoms (siehe *Abbildung 11.9*).

Danach werden die lysosomalen Enzyme in Transportvesikeln vom TGN zu Endosomen transportiert, wie in ▸*Abbildung 11.10* dargestellt. Rufen Sie sich in Erinnerung, dass frühe Endosomen durch Verschmelzung von Vesikeln des TGN und Vesikeln der Plasmamembran entstehen. Im Laufe der Zeit reifen die frühen Endosomen zu späten Endosomen heran. Diese Organellen verfügen über einen vollständigen Satz saurer Hydrolasen, sind aber nicht an der Abbauaktivität beteiligt. Da der pH-Wert des frühen endosomalen Lumens von 6,0 auf 5,5 fällt, verliert das Organell seine Fähigkeit, mit endocytotischen Vesikeln zu verschmelzen. Das späte Endosom ist im Grunde eine Anhäufung neu synthetisierter Verdauungsenzyme sowie extra- und intrazellulären zum Abbau bestimmten Materials, das so verpackt wurde, dass die Zelle vor hydrolytischen Enzymen geschützt wird.

Im letzten Entwicklungsschritt eines Lysosoms werden saure Hydrolasen aktiviert. Diese Aktivierung findet statt, wenn die Enzyme und ihre Substrate auf eine noch stärker saure Umgebung treffen. Eukaryotische Zellen bewältigen diesen Schritt auf zwei Wegen. ATP-abhängige Protonenpumpen können den pH-Wert des Lumens später Endosomen auf Werte von 4,0-5,0 senken, wodurch das späte Endosom in ein Lysosom umgewandelt wird. Auf diese Weise entsteht ein neues Organell. Alternativ kann das späte Endosom Material in das saure Lumen eines bereits existierenden Lysosoms transferieren.

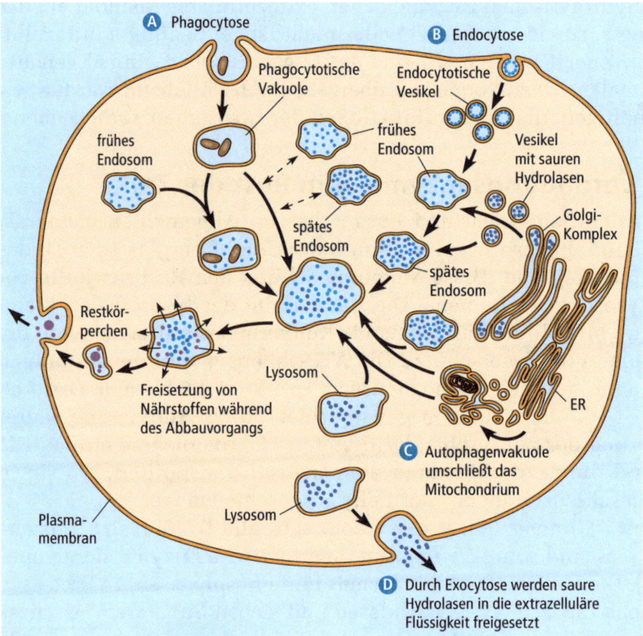

Abbildung 11.10: Die Bildung von Lysosomen und ihre Aufgaben bei zellulären Abbauvorgängen. In dieser idealisierten Zelle sind die wichtigsten Vorgänge dargestellt, an denen ein Lysosom mitwirkt. Folgende Stoffwechselwege werden dargestellt: A Phagocytose, B rezeptorvermittelte Endocytose, C Autophagie und D extrazellulärer Abbau. Zur Vereinfachung wurde kein Zellkern eingezeichnet.

11.7.3 Lysosomale Enzyme sind für verschiedene Abbauvorgänge von Bedeutung

Lysosomen sind für so verschiedene Zellaktivitäten wie Ernährung, Verteidigung, Recycling von Zellkomponenten und Zelldifferenzierung verantwortlich. Wir können die zellulären Verdauungsvorgänge nach zwei Kriterien unterscheiden: Verdauungsvorgänge, die vom Ort der Aktivität des jeweiligen lysosomalen Enzyms abhängen, im Gegensatz zu den Verdauungsvorgängen, die vom Ursprung des verdauten Materials abhängen. Dies ist in *Abbildung 11.10* dargestellt. Im Allgemeinen liegt der Ort der Aktivität in der Zelle. In einigen Fällen können Lysosomen ihre Enzyme durch Exocytose in die äußere Umgebung der Zelle freisetzen. Das zu verdauende Material ist häufig extrazellulären Ursprungs, obwohl auch wichtige Vorgänge bekannt sind, die durch lysosomalen Abbau interner Zellkomponenten ablaufen.

Die reifen Lysosomen unterschiedlichen Ursprungs werden unterschieden in Lysosomen, die Substanzen extrazellulären Ursprungs enthalten **(heterophage Lysosomen)**, und in Lysosomen, die Substanzen intrazellulären Ursprungs enthalten **(autophage Lysosomen)**. Die spezifischen Vorgänge, an denen lysosomale Enzyme mitwirken, sind *Phagocytose, rezeptorvermittelte Endocytose, Autophagie* und *extrazellulärer Abbau*. Diese sind in *Abbildung 11.10* als Wege A, B, C bzw. D dargestellt.

Phagocytose und rezeptorvermittelte Endocytose: Lysosomen zur Verteidigung und Nahrungsaufnahme Eine der wichtigsten Funktionen der lysosomalen Enzyme ist der Abbau von Fremdmaterial, das durch Phagocytose oder rezeptorvermittelte Endocytose in eukaryotische Zellen gelangt (siehe *Abbildung 11.7*). Phagocytotische Vakuolen werden durch Verschmelzung mit frühen Endosomen zu Lysosomen (*Abbildung 11.10*, Weg A). Je nach aufgenommenem Material können sich diese Lysosomen ganz erheblich in Größe, Erscheinungsbild, Inhalt und Verdauungsstadium voneinander unterscheiden. Vesikel, die Material über die rezeptorvermittelte Endocytose aufnehmen, können auch frühe Endosomen bilden (Weg B der *Abbildung 11.10*). Wenn frühe Endosomen mit Vesikeln aus dem TGN verschmelzen, die saure Hydrolasen enthalten, können sie zu späten Endosomen und Lysosomen heranreifen, in denen das aufgenommene Material abgebaut wird.

Lösliche Abbauprodukte, beispielsweise Zucker, Aminosäuren und Nucleotide, werden dann durch die lysosomale Membran in das Cytosol transportiert und dienen der Zelle als Nährstoffquellen. Einige können durch erleichterte Diffusion passieren, während andere einen aktiven Transport erfahren. Der Säuregehalt des lysosomalen Lumens trägt zum Aufbau eines elektrochemischen Protonengradienten über der Membran des Lysosoms bei, der Energie für den Transport in und aus dem Cytosol bereitstellen kann. Schließlich verbleibt nur nichtabbaubares Material im Lysosom, das zu einem Restkörperchen wird, wenn der Abbauvorgang abgeschlossen ist. Bei Protozoen verschmelzen die Restkörperchen ständig mit der Plasmamembran und geben ihren Inhalt durch Exocytose nach außen ab, wie in *Abbildung 11.10* dargestellt. Bei Wirbeltieren häufen sich Restkörperchen im Cytoplasma an. Man nimmt an, dass diese Anhäufung von Restmaterial zur Zellalterung beiträgt, ganz besonders bei langlebigen Zellen, beispielsweise den Zellen des Nervensystems.

Bestimmte weiße Blutkörperchen des Immunsystems nutzen aber dieses Restmaterial. Nachdem *Neutrophile* eingedrungene Mikroorganismen durch Phagocytose und Lysosomenaktivität abgebaut haben, setzen sie das Restmaterial frei, das dann von *Makrophagen* aufgesammelt wird. Diese Makrophagen transportieren dieses Abbaumaterial zu den Lymphknoten und präsentieren es anderen Immunzellen (B-Lymphocyten und T-Lymphocyten), um sie darüber zu „unterrichten", welches Fremdmaterial im Körper aufgefunden wurde. Dieser Vorgang veranlasst die Lymphocyten zur Bildung von Gedächtniszellen, um – für den Fall, dass der selbe Mikroorganismen später nochmals in den Körper eindringen sollte – schnell auf den Eindringling reagieren zu können.

Autophagie: ein biologisches Recycling-System Eine zweite wichtige Aufgabe der Lysosomen ist der Abbau beschädigter oder nicht länger benötigter zellulärer Strukturen und Komponenten. Die meisten Zellorganellen befinden sich in einem Zustand dynamischen Gleichgewichts. Unablässig werden neue Organellen synthetisiert, während alte Organellen abgebaut werden. Der Abbau alter oder unnötiger Organellen oder Zellstrukturen wird als **Autophagie** bezeichnet. Dieser Begriff leitet sich aus dem Griechischen ab und steht für „selbst essend/zerstörend". Autophagie wird durch den Weg C in der *Abbildung 11.10* veranschaulicht.

Es gibt zwei Formen der Autophagie – *Makrophagie* und *Mikrophagie*. Die **Makrophagie** beginnt, wenn ein Organell oder eine andere Struktur von einer aus dem ER abgeleiteten Doppelmembran umhüllt wird. Das daraus hervorgehende Vesikel bezeichnet man als **autophage Vakuole** (oder **Autophagosom**). **Mikrophagie** bedeutet die Bildung einer wesentlich kleineren autophagen Vakuole, die von einer einzigen Phospholipiddoppelschicht umgeben ist, die winzige Plasmamembranfragmente und kleine Teile von Organellen umschließt.

In den Zellen läuft Autophagie unter den meisten Bedingungen mit unterschiedlicher Geschwindigkeit ab, aber sie kommt während der Entwicklung der roten Blutkörperchen besonders häufig vor. Während der Reifung des roten Blutkörperchens wird praktisch der gesamte intrazelluläre Inhalt zerstört, auch alle Mitochondrien. Diese Zerstörung wird durch autophagen Abbau durchgeführt. Eine verstärkte Autophagie findet man auch bei Zellen, die durch Nahrungsmittelknappheit unter Stress leiden. Vermutlich ist dieser Vorgang Ausdruck des verzweifelten Versuchs der Zelle, ihre Energiebedürfnisse weiterhin zu decken, obwohl dies zu Lasten ihrer eigenen Strukturen geht.

11.8 Peroxisomen

Ebenso wie der Golgi-Komplex, die Endosomen und die Lysosomen sind auch die **Peroxisomen** von einzelnen Membranen umgeben. Sie stammen allerdings nicht aus dem endoplasmatischen Reticulum und sind daher nicht Bestandteil des Endomembransystems, zu dem die anderen in diesem Kapitel vorgestellten Organellen gehören. Alle eukaryotischen Zellen besitzen Peroxisomen, aber in den Nieren- und Leberzellen der Säugetiere liegen sie in besonders hoher Anzahl vor und auch in Algenzellen und den photosynthetisch aktiven Pflanzenzellen sowie in keimenden Samen von Pflanzenspezies, die in ihren Samen Fett speichern. Peroxisomen sind etwas kleiner als Mitochondrien, doch unterscheiden sie sich je nach Funktion und Gewebe, in dem sie sich befinden, erheblich in der Größe.

Ungeachtet seiner Lokalisierung oder Größe ist das charakteristische Merkmal eines Peroxisoms die Gegenwart der *Katalase*, eines für den Abbau von Wasserstoffperoxid (H_2O_2) notwendigen Enzyms. Wasserstoffperoxid ist eine potenziell toxische Verbindung, die aus einer Reihe oxidativer Reaktionen hervorgeht, die von *Oxidasen* katalysiert werden. Sowohl die Katalase als auch die Oxidase kommen ausschließlich im Peroxisom vor. Somit finden Bildung und Abbau von H_2O_2 im gleichen Organell statt, wodurch der Rest der Zelle vor Kontakt mit diesem schädlichen Oxidans bewahrt wird. Bevor wir uns mit den Funktionen der Peroxisomen beschäftigen, wollen wir uns zunächst einmal ansehen, wie sie entdeckt wurden und wie man sie unter dem Elektronenmikroskop von anderen Organellen unterscheiden kann.

11.8.1 Die meisten Funktionen der Peroxisomen sind mit dem Wasserstoffperoxid-Metabolismus verknüpft

Peroxisomen kommen häufig in Tieren, Pflanzen, Algen und Pilzen vor. Bei den Tieren findet man sie am häufigsten in Leber- und Nierenzellen. Die lebenswichtigen Aufgaben der Peroxisomen in eukaryotischen Zellen wurden in den letzten Jahren immer deutlicher, was zu neuen Forschungsarbeiten auf dem Gebiet der metabolischen Stoffwechselwege und der Erkrankungen führte, die auf defekte Komponenten der in diesen Organellen ablaufenden Stoffwechselwege zurückzuführen sind. Es gibt mindestens fünf allgemeine Kategorien für peroxisomale Funktionen, die wir in den folgenden Abschnitten behandeln werden: Wasserstoffperoxid-Metabolismus, Detoxifikation schädlicher Verbindungen, Oxidation von Fettsäuren, Metabolismus stickstoffhaltiger Verbindungen und Katabolismus ungewöhnlicher Substanzen.

Der Wasserstoffperoxid-Metabolismus Eine eminent wichtige Aufgabe der Peroxisomen in eukaryotischen Zellen ist die Detoxifikation von H_2O_2 durch die Katalase, die bis zu 15 % des gesamten Proteins in einem Peroxisom ausmachen kann. Die Oxidasen, die in den Peroxisomen H_2O_2 erzeugen, transferieren Elektronen und Wasserstoffionen (Wasserstoffatome) von ihren Substraten zu molekularem Sauerstoff (O_2) und reduzieren diesen zu H_2O_2. Wir nehmen RH_2 als oxidierbares Substrat an und formulieren die folgende allgemeine Reaktion, die von Oxidasen katalysiert wird:

$$RH_2 + O_2 \longrightarrow R + H_2O_2 \quad (11\text{-}3)$$

Das auf diese Weise gebildete Wasserstoffperoxid wird auf zwei Wegen von der Katalase abgebaut. Im Allgemeinen baut die Katalase bei der Detoxifikation zwei Moleküle H_2O_2 gleichzeitig ab – ein Molekül wird zu Sauerstoff oxidiert und das andere wird zu Wasser reduziert:

$$2\,H_2O_2 \longrightarrow O_2 + 2\,H_2O \quad (11\text{-}4)$$

Alternativ hat die Katalase eine *Peroxidasefunktion*, wobei Elektronen eines organischen Donors zur Reduktion von Wasserstoffperoxid zu Wasser verwendet werden:

$$R'H_2 + H_2O_2 \longrightarrow R' + 2\,H_2O \qquad (11\text{-}5)$$

(Das hochgestellte Zeichen an der R-Gruppe verweist lediglich darauf, dass sich dieses Substrat von dem Substrat in der Reaktion 11-3 unterscheidet.)

In beiden Fällen erhalten wir das gleiche Ergebnis: Ohne jemals das Peroxisom zu verlassen, wird Wasserstoffperoxid abgebaut. Angesichts der Toxizität von Wasserstoffperoxid (Wasserstoffperoxid ist der wichtigste Bestandteil vieler Desinfektionsmittel) ist es nur gut, dass die Enzyme, die Wasserstoffperoxid erzeugen, zusammen mit der Katalase, die den Abbau von Wasserstoffperoxid katalysiert, in einem Kompartiment lokalisiert sind.

Detoxifikation schädlicher Verbindungen In ihrer Eigenschaft als Peroxidase (Reaktion 11-5) kann die Katalase eine Vielzahl toxischer Substanzen als Elektronendonoren nutzen, unter anderem Methanol, Ethanol, Ameisensäure, Formaldehyd, Nitrite und Phenole. Da all diese Verbindungen für Zellen schädlich sind, kann die oxidative Detoxifikation durch Katalase eine lebenswichtige Funktion des Peroxisoms sein. Man geht davon aus, dass die in großer Anzahl in den Leber- und Nierenzellen enthaltenen Peroxisomen bei diesen Detoxifikationsreaktionen eine wichtige Rolle spielen.

Des Weiteren sind peroxisomale Enzyme wichtig für die Detoxifikation **reaktiver Sauerstoffspezies (ROS**; engl.: *reactive oxygen species*) wie H_2O_2, das Superoxidanion (O_2^-), das Hydroxylradikal (OH•, der Punkt verweist auf ein nicht gepaartes, stark reaktives Elektron) und organische Peroxidkonjugate. Diese reaktiven Sauerstoffspezies können sich während des normalen Zellmetabolismus in Gegenwart molekularen Sauerstoffs bilden. Wenn sich diese ROS in einer Zelle anhäufen, kann die Zelle unter *oxidativem Stress* leiden. Enzyme der Peroxisomen wie die Superoxidismutase, die Katalase und Peroxidasen detoxifizieren diese reaktiven Sauerstoffspezies, wodurch sie die Anhäufung und nachfolgende oxidative Schädigung der Zellkomponenten verhindern.

Oxidation von Fettsäuren Die Peroxisomen tierischer und pflanzlicher Zellen sowie der Algenzellen enthalten Enzyme, die für die Oxidation von Fettsäuren über den Weg der β-Oxidation notwendig sind, um die Zelle mit Energie zu versorgen. Ungefähr 25–50 % der Fettsäureoxidation in tierischen Geweben läuft in den Peroxisomen ab, wobei der Rest in den Mitochondrien stattfindet. In den Zellen der Pflanzen und der Hefe findet die gesamte β-Oxidation in den Peroxisomen statt.

Die peroxisomale β-Oxidation ist für tierische Zellen von besonderer Bedeutung, vor allem beim Abbau langkettiger (16–22 Kohlenstoffatome), sehr langkettiger (24–26 Kohlenstoffatome) und verzweigtkettiger Fettsäuren. Das Hauptprodukt der β-Oxidation, Acetyl-CoA, wird dann in das Cytosol ausgeschieden. Von dort wird es in den biosynthetischen Stoffwechselweg oder den TCA-Zyklus eingeschleust. Andere Fettsäuren werden auf weniger als 16 Kohlenstoffatome verkürzt. Die weitere Oxidation erfolgt im Allgemeinen in den Mitochondrien. Somit übernimmt das Peroxisom der tierischen Zellen eine wichtige Aufgabe mit der Kürzung von Fettsäuren, die zur Vorbereitung des anschließenden Metabolismus in den Mitochondrien dient, anstatt diese vollständig zu Acetyl-CoA abzubauen. Andererseits sind die Peroxisom für Pflanzen und Hefen sehr wichtig, weil sie den vollständigen Katabolismus aller Fettsäuren zu Acetyl-CoA leisten.

Metabolismus stickstoffhaltiger Verbindungen Mit Ausnahme der Primaten benötigen die meisten Tiere *Uratoxidase* (diese wird auch als *Uricase* bezeichnet), um Urat zu oxidieren. Dieses Purin wird während des Katabolismus von Nucleinsäuren und einigen Proteinen gebildet. Ebenso wie andere Oxidasen katalysiert die Uratoxidase den direkten Transfer von Wasserstoffatomen vom Substrat zum molekularen Sauerstoff, wodurch H_2O_2 entsteht:

$$\text{Urat} + O_2 \longrightarrow \text{Allantoin} + H_2O_2 \qquad (11\text{-}6)$$

Wir haben bereits zuvor festgestellt, dass H_2O_2 im Peroxisom sofort von einer Katalase abgebaut wird. Das Allantoin wird weiter metabolisiert und dann vom Organismus ausgeschieden, entweder als Allantoinsäure oder – bei den Crustaceen, Fischen und Amphibien – als Harnsäure.

Auch die *Aminotransferasen* gehören zu den peroxisomalen, am Stickstoffmetabolismus mitwirkenden Enzymen. Die Mitglieder dieser Enzymgruppe katalysieren den Transport von Aminogruppen ($-NH_3^+$) von Aminosäuren zu α-Ketosäuren:

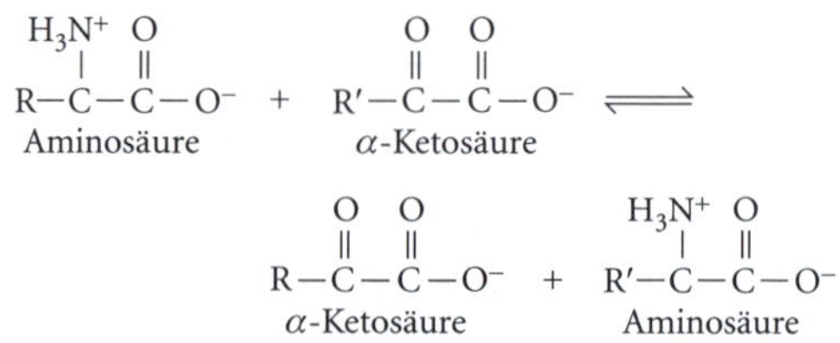

(11-7)

Diese Enzyme spielen eine wichtige Rolle bei der Biosynthese und dem Abbau von Aminosäuren, indem sie Aminogruppen von einem Molekül zum anderen transferieren (siehe *Abbildung 9.9*).

11.8.2 Pflanzenzellen enthalten Peroxisomen, die nicht in tierischen Zellen vorkommen

Die Peroxisomen der Pflanzen und Algen sind an mehreren spezifischen Aspekten des zellulären Energiemetabolismus beteiligt, mit dem wir uns in den *Kapiteln 9* und *10* beschäftigt haben. Hier werden wir uns darauf beschränken, einige für die Pflanzen spezifische Peroxisomen vorzustellen, und kurz auf deren Funktionen eingehen.

Blattperoxisomen Die Zellen der Pflanzen und anderer photosynthetisch aktiver Pflanzengewebe enthalten charakteristische große Blattperoxisomen, die häufig in lockerem Kontakt mit Chloroplasten und Mitochondrien zu stehen scheinen. Die räumliche Nähe dieser drei Organellen spiegelt wahrscheinlich ihr gemeinsames Wirken am Glykolatstoffwechselweg wider (siehe *Abbildung 10.12*). Diesen Stoffwechselweg bezeichnet man auch als *photorespiratorischen Stoffwechselweg*, denn er geht mit der lichtabhängigen Aufnahme von O_2 und der Freisetzung von CO_2 einher. Mehrere Enzyme dieses Stoffwechselwegs, unter anderem die Wasserstoffperoxid bildende Oxidase und zwei Aminotransferasen, kommen ausschließlich in Blattperoxisomen vor.

Glyoxysomen Eine weitere sich funktionell unterscheidende Art des Pflanzenperoxisoms entsteht vorübergehend in den Samen von Pflanzenspezies, die in ihrem Samen Kohlenstoff- und Energiereserven als Fett speichern (vor allem Triglyceride). In diesen Spezies werden gespeicherte Triglyceride mobilisiert und im Laufe der Entwicklung über eine Reihe von Ereignissen zu Saccharose umgewandelt. Zu diesen Ereignissen gehören auch die β-Oxidation von Fettsäuren sowie ein Stoffwechselweg, den man als Glyoxylatkreislauf bezeichnet. Alle für diese Vorgänge benötigten Enzyme sind in spezialisierten Peroxisomen, den sogenannten **Glyoxysomen**, lokalisiert.

Glyoxysomen kommen ausschließlich in den Geweben vor, in denen Fett gespeichert wird (Endosperm oder Cotyledon, je nach Spezies) und liegen während der relativ kurzen Zeitspanne vor, die der Keimling für das Aufbrauchen seiner Fettreserve benötigt. Nachdem sie ihre Aufgabe im Keimling beendet haben, werden die Glyoxysomen in Peroxisomen umgewandelt. Es wurde berichtet, dass Glyoxysomen in alternden Geweben einiger Pflanzenspezies wieder auftreten, was vermutlich daran liegt, dass sie Lipide abbauen, die aus der Membran alternder Zellen stammen. Noch ist die Rolle nicht klar, die sie beim Alterungsprozess spielen.

Andere Arten von Blattperoxisomen Abgesehen davon, dass sie in Geweben vorkommen, die entweder Photorespiration oder die β-Oxidation von Fettsäuren betreiben, sind Peroxisomen auch in anderen Pflanzengeweben vorhanden. Zum Beispiel kommt eine andere Art spezialisierter Peroxisomen in den Wurzelknöllchen vor, den Strukturen der Pflanzenwurzeln, in denen Pflanzenzellen und bestimmte symbiontische Bakterien bei der Fixierung atmosphärischen Stickstoffs zusammenarbeiten (das heißt bei der Umwandlung von N_2 in eine organische Form). Die Peroxisomen dieser Zellen wirken an der Prozessierung fixierten Stickstoffs mit.

Signaltransduktionsmechanismen I: elektrische und synaptische Signale in Neuronen

12

ÜBERBLICK

Seit *Kapitel 7* ist Ihnen bekannt, dass die Fähigkeit zur Regulation des Ionenflusses zwischen dem Zellinneren und der äußeren Umgebung der Zelle eine Schlüsseleigenschaft der Zellmembranen darstellt. Da Ionen geladene, gelöste Substanzen sind, können Zellen tatsächlich den elektrischen Strom durch ihre Membranen sowie elektrische Potenziale über den Membranen regulieren. Das beeindruckendste Beispiel für die Regulierung elektrischer Eigenschaften der Zelle stellt die wichtigste Zellkomponente des tierischen Nervensystems dar: die Nervenzelle oder das *Neuron*.

12.1 Neuronen

Fast alle höheren Tiere besitzen ein *Nervensystem*, in dem elektrische Impulse auf spezialisierten Plasmamembranen von Nervenzellen weitergeleitet werden. Das Nervensystem der Vertebraten zeigt zwei Hauptkomponenten: das *zentrale Nervensystem* (ZNS; CNS, engl.: *central nervous system)*, dieses setzt sich aus dem Gehirn und dem Rückgrat zusammen; und die zweite Komponente ist das *periphere Nervensystem (PNS*, engl.: *peripheral nervous system)*, das aus sensorischen und motorischen Komponenten besteht. Die Zellen des Nervensystems können grob in zwei Gruppen eingeteilt werden: Neuronen und Gliazellen. Alle **Neuronen** senden elektrische Impulse aus oder empfangen elektrische Impulse. Neuronen können entsprechend ihrer Funktion in drei Grundtypen eingeteilt werden: sensorische Neuronen, motorische Neuronen und Interneuronen. *Sensorische Neuronen* sind eine vielfältige Gruppe von Zellen, die für die Wahrnehmung verschiedener Reize zuständig sind, sie liefern einen unablässigen Informationsstrom über den Zustand des Körpers und dessen Umgebung, den verschiedene sensorische Rezeptoren des Gehirns aufnehmen. *Motorische Neuronen* übermitteln Signale vom ZNS zu den Muskeln oder Drüsen, die sie durchziehen – das heißt den Geweben, mit denen sie synaptische Verbindungen unterhalten. *Interneuronen* prozessieren Signale, die sie von anderen Neuronen erhalten und leiten die Information zu anderen Teilen des Nervensystems weiter.

Der Begriff *Gliazelle* (von dem griechischen Wort für „Klebstoff") umfasst eine Reihe von Zelltypen. Gliazellen sind die mit Abstand am häufigsten vorkommenden Zellen des ZNS. *Mikrogliazellen* sind phagocytische Zellen, die Infektionen bekämpfen und Abfallprodukte entfernen. *Oligodendrocyten* und *Schwann-Zellen* bilden die schützende *Myelinscheide* um die Neuronen des ZNS und die Neuronen der peripheren Nerven. *Astrocyten* kontrollieren aus dem Blut stammende Komponenten, die in die extrazelluläre Flüssigkeit gelangen, von der die Nervenzellen umgeben sind. Dadurch wird die *Blut-Hirn-Schranke* aufgebaut.

Das Gehirngewebe besteht aus feinen neuronalen Netzwerken. Es ist für die Koordination der Nervenfunktionen verantwortlich – beim Menschen besteht es aus ca. zehn Milliarden Neuronen. Jedes Neuron kann die Information Tausender anderer Neuronen empfangen, sodass die Verbindungen des Gehirns in die Trilliarden gehen. Wir haben uns nicht zum Ziel gesetzt, hier auf die allgemeine Funktionsweise des Nervensystems einzugehen. Vielmehr möchten wir die zellulären Mechanismen untersuchen, über die diese elektrischen Signale, die sogenannten *Nervenimpulse*, verbreitet werden. Wenn wir die Funktionen von Nervenzellen besser verstehen, können wir auch mehrere allgemeine Aspekte der Membranfunktion leichter nachvollziehen. Ein Beispiel dieser Membranfunktionen sind die spezialisierten, hoch entwickelten Nervenzellen.

12.1.1 Neuronen eignen sich besonders gut für die Übertragung elektrischer Signale

In der ▸*Abbildung 12.1* ist die Struktur eines typischen motorischen Neurons dargestellt. Der Zellkörper des **Neurons**, auch **Soma** genannt, ähnelt dem anderer Zellen und besitzt einen Zellkern und viele Komponenten des Endomembransystems, die sie in *Kapitel 11* kennengelernt haben. Neuronen haben außerdem Anhängsel oder Verzweigungen, die sogenannten Fortsätze. Der Transport von Substanzen zu diesen Fortsätzen oder von diesen Fortsätzen weg wird neuronaler Transport genannt und ist eine besondere Aufgabe der Neuronen, die wir in *Kapitel 14* genauer darstellen werden. Es gibt zwei Typen von Fortsätzen: Der eine Typ empfängt Signale und verschaltet diese mit den Signalen anderer Neuronen und wird **Dendrit** genannt. Der andere Typ leitet Signale weiter, manchmal über große Entfernungen – das sind die **Axone**. Das Cytosol eines Axons wird im Allgemeinen als **Axoplasma** bezeichnet. Die Axone vieler Vertebraten sind von einer diskontinuierlichen **Myelinscheide** umgeben. Diese isoliert die Axonsegmente, welche durch die **Ranvier-Schnürringe** getrennt sind. Axone können sehr lang sein – mehrere Tausend Mal länger als der Durchmesser des Zellkörpers. Beispielsweise liegt der Zellkörper eines motorischen Neurons, das Ihren Fuß innerviert, in ihrem Rückgrat und das Axon erstreckt sich ungefähr einen Meter entlang ihres Beins! Ein **Nerv** besteht aus vielen Axonbündeln und ist von Bindegewebe umgeben.

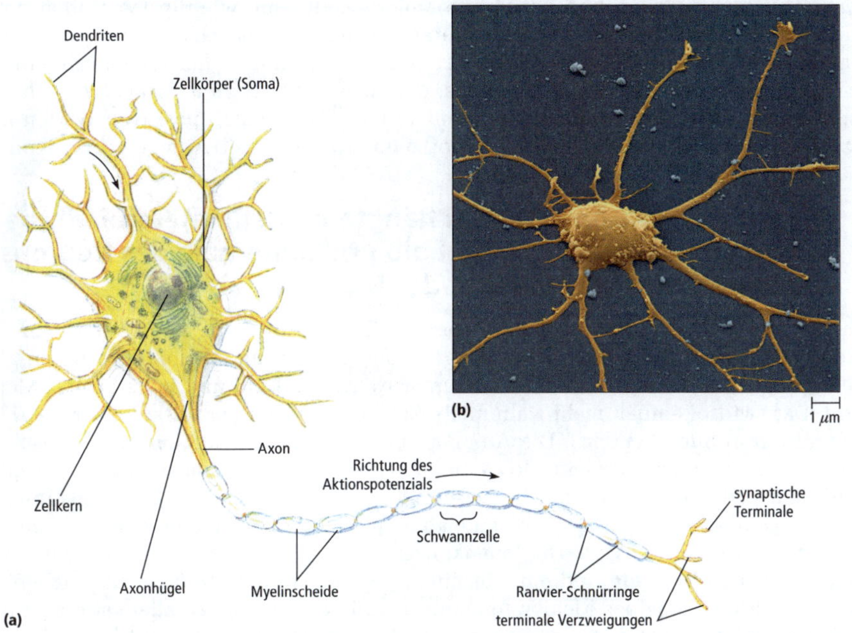

Abbildung 12.1: Die Struktur eines typischen motorischen Neurons. (a) Zeichnung der Struktur eines typischen motorischen Neurons. Der Zellkörper (Soma) enthält den Zellkern und die meisten üblichen Organellen. Dendriten leiten Signale in das Zellinnere. Ausgehend vom Axonhügel, übermittelt das Axon Signale nach außen (die schwarzen Pfeile zeigen in die Richtung der Weiterleitung). Am Ende des Axons befinden sich viele synaptische Endkolben. Das Axon einiger, aber nicht aller Neuronen ist von einer diskontinuierlichen Myelinscheide umgeben, die es elektrisch isoliert. Jedes Segment der Scheide besteht aus einer konzentrischen Schicht von Membranen, die von einer Schwann-Zelle um das Axon gewickelt werden (oder einer Oligodendrocyte im ZNS). Einschnürungen in der Myelinscheide, die sogenannten Ranvier-Schnürringe, sind Regionen konzentrierter elektrischer Aktivität. (b) Rasterelektronenmikroskopische Aufnahme des Zellkörpers und der Dendriten eines Neurons. Das Neuron wurde orange angefärbt. Die Schwann-Zellen sind nicht sichtbar.

Wie in der *Abbildung 12.1* dargestellt, hat ein motorisches Neuron viele verzweigte Dendriten und ein einziges Axon führt vom Zellkörper weg. Das Axon eines typischen Neurons ist wesentlich länger als die Dendriten und bildet viele Verzweigungen aus. Die Verzweigungen enden in Strukturen, die man als **synaptische Axonterminale (synaptische Endkolben)** bezeichnet. Die Axonterminale, die unter anderem Mitochondrien und sekretorische Vesikel enthalten, übertragen die Signale an die nächste Zelle. Diese kann ein anderes Neuron, eine Muskel- oder Drüsenzelle sein. In jedem Fall wird die Schaltstelle als **Synapse** bezeichnet. Bei den Schaltstellen zwischen Neuronen befinden sich die Synapsen im Allgemeinen zwischen einem Axon und einem Dendriten, aber sie können auch zwischen zwei Dendriten liegen. Typischerweise bilden Neuronen mit vielen anderen Neuronen Synapsen. Diese Synapsen werden nicht nur an den Enden ihrer Axone ausgebildet, sondern auch an anderen Stellen entlang des Axons.

Neuronen sind von großer struktureller Vielfalt. Einige sensorische Neuronen haben nur einen Fortsatz, der Signale zum Zellkörper und vom Zellkörper fort leitet. Des Weiteren ist die Struktur des Fortsatzes kein Zufallsergebnis. Viele verschiedene Klassen von Neuronen im ZNS können allein aufgrund ihrer Struktur identifiziert werden.

12.2 Das Membranpotenzial

Rufen Sie sich bitte aus *Kapitel 7* in Erinnerung, dass das Membranpotenzial eine fundamentale Eigenschaft aller Zellen ist. Es entsteht durch überschüssige negative Ladungen an der Innenseite der Plasmamembran und überschüssige positive Ladungen an der Außenseite der Membran. Das durch diese ungleiche Ladungsverteilung entstandene elektrische Potenzial bezeichnet man als **Ruhemembranpotenzial**, abgekürzt V_m.

Nervenzellen, Muskelzellen und bestimmte andere Zelltypen, wie die Inselzellen der Bauchspeicheldrüse der Wirbeltiere, verfügen über eine besondere Eigenschaft, die sogenannte **elektrische Erregbarkeit**. In elektrisch erregbaren Zellen lösen bestimmte Reize eine schnelle Sequenz von Veränderungen im Membranpotenzial aus, das sogenannte *Aktionspotenzial*. Während eines Aktionspotenzials wechselt das Membranpotenzial von negativen zu positiven Werten und dann wieder zu negativen Werten. Dieser Wechsel vollzieht sich innerhalb weniger Millisekunden.

12.2.1 Das Ruhemembranpotenzial hängt von den unterschiedlichen Ionenkonzentrationen innerhalb und außerhalb des Neurons und der selektiven Permeabilität der Membran ab

Das Ruhemembranpotenzial beruht darauf, dass im Cytosol der Zelle und in der extrazellulären Flüssigkeit unterschiedliche Zusammensetzungen von Kationen und Anionen vorliegen. Die extrazelluläre Flüssigkeit enthält gelöste Salze, darunter Natriumchlorid und in geringerer Menge Kaliumchlorid. Das Cytosol enthält mehr Kalium als Natrium, was auf der Wirkung der Na^+/K^+-Pumpe beruht (wurde in *Kapitel 7* erklärt). Die Anionen im Cytosol sind vor allem impermeable, negativ geladene Makromoleküle wie Proteine, RNA und eine Reihe anderer Moleküle, die extrazellulär entweder gar nicht vorkommen oder dort in wesentlich geringerer Menge vorliegen, als innerhalb der Zelle. Diese negativ geladenen Makromoleküle können die Plasmamembran nicht durchqueren und bleiben daher innerhalb der Zelle. Die Ionenkonzentrationen für zwei gut untersuchte Typen von Neuronen, das Tintenfischaxon und ein Säugetieraxon, sind in der ▸*Tabelle 12.1* aufgeführt. Zum Verständnis der Entstehung des Membranpotenzials müssen wir uns zu allererst einige physikalische Prinzipien ins Gedächtnis rufen. Erstens, alle Substanzen diffundieren tendenziell von einer Region, in der sie in hoher Konzentration vorliegen, zu einer Region geringerer Konzentration. Normalerweise liegt in Zellen eine hohe und außerhalb der Zellen eine niedrige Kaliumionenkonzentration vor. Diese ungleiche Verteilung von Kaliumionen bezeichnet man als Kaliumgradienten. Auf Grund des hohen Kaliumgradienten neigen die Kaliumionen dazu, aus der Zelle zu diffundieren. Sie können die Plasmamembran aber nur durch spezielle Kaliumkanäle durchqueren.

Das zweite Grundprinzip ist das der *Elektroneutralität*. In einer Lösung enthaltene Ionen kommen immer in Paaren vor, jeweils ein positives und ein negatives Ion, sodass es kein Nettoungleichgewicht gibt. Für jedes Ion, das wir als A bezeichnen, muss in der Lösung ein entgegengesetzt geladenes Ion B vorliegen. Daher bezeichnen wir B als das *Gegenion* von A. Im Cytosol dienen Kaliumionen (K^+) als Gegenionen der organischen Anionen. Außerhalb der Zelle ist Natrium (Na^+) das am häufigsten vorkommende Kation und Chlorid (Cl^-) ist das Gegenion.

Obwohl in einer Lösung eine gleiche Anzahl positiver und negativer Ladung verteilt sein muss, können diese Ladungen örtlich getrennt vorliegen, sodass in einer Region mehr positive Ladungen vorherrschen, während eine andere Region mehr negative Ladungen besitzt. Es erfordert viel Arbeit, diese Ladungen zu trennen. Sogar nachdem man sie getrennt hat, neigen sie dazu, sich zurückzubewegen, um die ungleiche Ladungsverteilung auszugleichen. Die Tendenz entgegengesetzt geladener Ionen zurückzufließen, wird als **elektrisches Potenzial** oder **Spannung** bezeichnet. Wenn negative oder positive Ionen sich aufeinander zu bewegen, sprechen wir von einem Strom, der fließt. Dieser Strom wird in Ampère (A) gemessen. Mit Hilfe dieser Prinzipien können wir verstehen, wie ein Ruhemembranpotenzial aufgrund von ungleichen Ionenkonzentrationen im Cytosol und der extrazellulären Flüssigkeit und der charakteristischen Eigenschaften der Plasmamembran entsteht.

Normalerweise ist die Plasmamembran für Kaliumionen durchlässig, was auf dem Vorhandensein von Kaliumkanälen in der Plasmamembran beruht, die den Kaliumionen das Ausströmen aus der Zelle ermöglichen. Es gibt allerdings keine Kanäle für negativ geladene organische Makromoleküle. Wenn das Kalium das Cytosol verlässt, lässt es eine größer werdende Anzahl organischer Anionen ohne Gegenionen zurück. Daher sammelt sich ein Überschuss an negativer Ladung im Cytosol an, während sich außerhalb der Zelle ein Überschuss an positiver Ladung anhäuft, was zum Aufbau eines Membranpotenzials führt.

In der ▸*Abbildung 12.2* ist der Aufbau eines Membranpotenzials anhand eines in zwei Kammern unterteilten Behälters dargestellt, dessen beide Kammern von einer semipermeablen Membran getrennt sind. Das linke Kompartiment stellt das Cytosol der Zelle dar, die rechte Kammer die extrazelluläre Flüssigkeit. Die semipermeable Membran lässt Kaliumionen passieren, aber keine negativ geladenen Makromoleküle (diese werden von M^- repräsentiert). Das cytosolische Kompartiment enthält eine Mischung aus Kaliumionen und negativ geladenen Makromolekülen. Zur Vereinfachung sind wir davon ausgegangen, dass das extrazelluläre Kompartiment zu Beginn ausschließlich Wasser enthält. Auf Grund des Konzentrationsgradienten diffundieren die Kaliumionen von links nach rechts durch die Membran. Die negativ geladenen Makromoleküle können nicht folgen. Das Ergebnis ist eine Anhäufung von Anionen auf der linken Seite und von Kationen auf der rechten Seite. Durch die Trennung der negativen Ladung von der positiven Ladung wird ein Membranpotenzial aufgebaut. Obwohl diese Ladungstrennung eine (im Verhältnis zu einer normalen Batterie mit 1,5 Volt) geringe Spannung aufbaut, handelt es sich trotzdem um eine potenzielle Energie, die zur Verrichtung von Arbeit genutzt werden kann.

Wenn die Kaliumionen wie in der *Abbildung 12.2* dargestellt, von links nach rechts diffundieren, steigt die Negativität des linken Kompartiments. Dieses Potenzial baut sich letztendlich so lange auf, bis die positiv geladenen Kaliumionen so schnell in das linke Kompartiment zurückgezogen werden, wie sie es verlassen hatten. Auf diese Weise entsteht ein Gleichgewicht, in dem die auf Grund des Membranpotenzials entstandene Anziehungskraft die Tendenz der Kaliumionen ausgleicht, abwärts des Konzentrationsgradienten zu diffundieren. Diese Form des Gleichgewichts, in dem ein chemischer Gradient mit einem elektrischen Potenzial ausgeglichen wird, bezeichnet man als **elektrochemisches Gleichgewicht**. Das Membranpotenzial im Moment des Gleichgewichts ist das **Gleichgewichtspotenzial** oder **Umkehrpotenzial**. Die Größe des Kaliumionengradienten bestimmt die Größe des Gleichgewichtspotenzials. Im nächsten Abschnitt werden wir dieses Verhältnis mathematisch darstellen, sodass wir das Membranpotenzial auch berechnen können.

12.2.2 Die Nernst-Gleichung beschreibt das Verhältnis zwischen Membranpotenzial und Ionenkonzentration

Die **Nernst-Gleichung** wurde nach dem deutschen physikalischen Chemiker und Nobelpreisträger Walther Nernst benannt, der sie im Rahmen seiner Arbeiten mit elektrochemischen Zellen (den Vorläufern der modernen Batterie) formulierte. Die Nernst-Gleichung beschreibt das mathematische Verhältnis zwischen einem Ionengradienten und dem Gleichgewichtspotenzial, das sich aufbaut, wenn eine Membran nur für ein Ion durchlässig ist:

$$E_x = \frac{RT}{zF} \ln \frac{[X]_{\text{außen}}}{[X]_{\text{innen}}} \qquad (12\text{-}1)$$

Hier steht E_x für das Gleichgewichtspotenzial des Ions X (in Volt), R ist die Gaskonstante (1,987 cal/mol-Grad), T ist die absolute Temperatur in Kelvin (0 °C = 273 K), z ist die Valenz des Ions, F ist die Faradaykonstante (23,062 cal/mol), $[X]_{\text{außen}}$ gibt die Konzentration von X außerhalb der Zelle (in M) und $[X]_{\text{innen}}$ gibt die Konzentration von X in der Zelle an (in M). Wir können diese Gleichung vereinfachen, indem wir von der Annahme ausgehen, dass die Temperatur 293 K (20 °C) beträgt – ein Wert, der für das Riesenaxon des Tintenfisches ganz brauchbar ist – und dass X ein monovalentes Kation ist und daher eine Valenz von +1 hat. Wenn wir R, T, F und z durch diese Werte ersetzen und sie in die Nernst-Gleichung einsetzen und den natürlichen Logarithmus in $\log_{10}$ umwandeln ($\log_{10} = \ln/2{,}303$), dann kürzen wir die Gleichung auf:

$$E_x = 0{,}058 \log_{10} \frac{[X]_{\text{außen}}}{[X]_{\text{innen}}} \qquad (12\text{-}2)$$

Aus dieser vereinfachten Form können wir folgendes ablesen: bei jeder Verzehnfachung des Kationengradienten ändert sich das Membranpotenzial um –0,058 V oder –58 mV.

Tabelle 12.1

Ionenkonzentrationen innerhalb und außerhalb eines Axons bzw. eines Neurons

Tintenfischaxon			Säugetierneuron (motorisches Neuron der Katze)	
Ion	**Außenseite (m*M*)**	**Innenseite (m*M*)**	**Außenseite (m*M*)**	**Innenseite (m*M*)**
Na^+	440	50	145	10
K^+	20	400	5	140
Cl^-	560	50	125	10

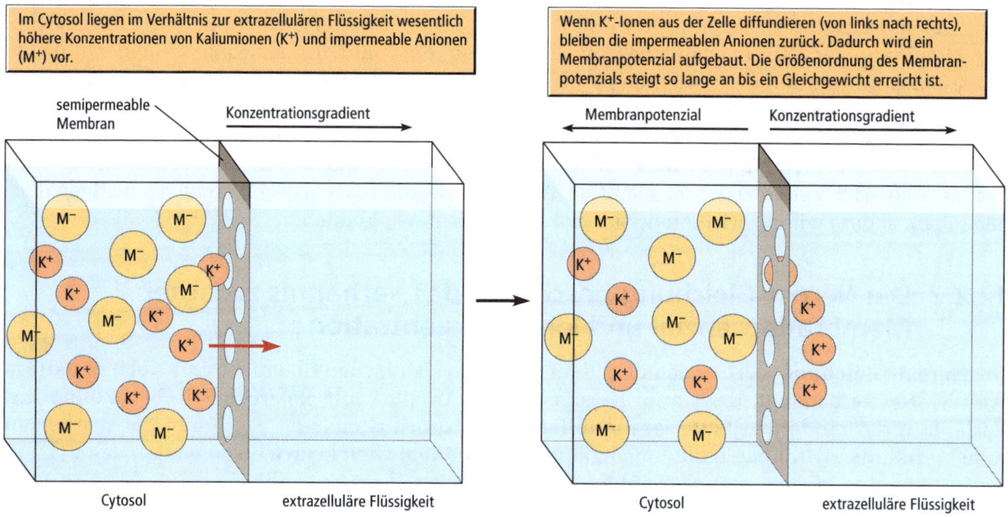

Abbildung 12.2: Entstehung des Gleichgewichtspotenzials. Hier stellt ein Behälter mit zwei Kammern das Cytosol einer Zelle und die äußere Umgebung der Zelle dar. Diese sind durch eine semipermeable Membran getrennt. Zur Vereinfachung sind in diesem Beispiel nur Kaliumionen (K^+) und Anionen (M^-), die die Membran nicht passieren können, aufgeführt.

Die Na^+/K^+-Pumpe Obwohl die Plasmamembran für Natriumionen relativ undurchlässig ist (da es normalerweise in der Plasmamembran von Zellen viel weniger Na^+-Kanäle als K^+-Kanäle gibt), gibt es immer einen gewissen Leckstrom. Zum Ausgleich dieser Leckströme pumpt die Na^+/K^+-Pumpe unablässig Natrium aus der Zelle hinaus, während Kalium einwärts strömt (siehe *Abbildung 7.12*). Im Durchschnitt transportiert die Pumpe für jedes hydrolysierte ATP-Molekül drei Natriumionen aus der Zelle und zwei Kaliumionen in die Zelle. Die Na^+/K^+-Pumpe hält den hohen Kaliumionengradienten über die Membran aufrecht, auf dem das Ruhemembranpotenzial beruht. Deshalb kann man sagen, dass das Membranpotenzial überwiegend ein Kalium-Diffusionspotenzial darstellt.

12.2.3 Auswirkung der Fließgleichgewichtskonzentrationen von Ionen auf das Ruhemembranpotenzial

Obschon die Gleichung 12-2 die Entstehung des Membranpotenzials erklärt, ist sie unvollständig, was vor allem daran liegt, dass sie den Einfluss der Anionen nicht berücksichtigt. Das wichtigste Anion in der extrazellulären Flüssigkeit ist Chlorid. Wie wir gesehen haben, sind Natrium-, Kalium- und Chloridionen die wichtigsten Ionenkomponenten im Cytosol und in der extrazellulären Flüssigkeit. Infolge ihrer ungleichen Verteilung über die Zellmembran übt jedes Ion einen anderen Einfluss auf das Membranpotenzial aus. Die Größenordnung des Konzentrationsgradienten eines jeden Ions eines Säugetierneurons wird in der ▸*Abbildung 12.3* veranschaulicht. Tendenziell diffundiert jedes Ion abwärts seines elektrochemischen Gradienten und führt dadurch eine Veränderung des Membranpotenzials herbei.

Kaliumionen diffundieren durch K^+-Kanäle aus der Zelle, wodurch das Membranpotenzial negativer wird. Natriumionen strömen durch Na^+-Kanäle in die Zelle hinein, wodurch das Membranpotenzial positiv ansteigt und eine Depolarisierung der Membran bewirkt (das heißt, das Membranpotenzial verliert an Negativität). Chloridionen diffundieren durch Cl^--Kanäle in die Zelle, was eigentlich eine Steigerung der Negativität des Membranpotenzials zur Folge haben sollte. Allerdings werden die Chloridionen vom negativen Membranpotenzial abgestoßen, sodass sie im Allgemeinen in Verbindung mit positiv geladenen Ionen, beispielsweise Natriumionen, durch die entsprechenden Ionenkanäle in die Zelle strömen. Diese Doppelbewegung neutralisiert den Depolarisierungseffekt des Natriumzustroms. Eine zunehmende Permeabilität der Plasmamembran für Chloridionen kann zwei Folgen haben, die beide eine Senkung der neuronalen Erregbarkeit nach sich ziehen. Erstens, der Nettozustrom von Chloridionen (Einströmen von Chloridionen ohne passendes Kation) führt zur Hyperpolarisierung der Membran (das heißt, das Membranpotenzial wird stärker negativ als sonst üblich). Zweitens, wenn die Membran für Natriumionen durchlässig wird, strömen einige Chloridionen zusammen mit Natriumionen in die Zelle ein. Beachten Sie bitte, dass die beiden Ionen natürlich durch unterschiedliche Ionenkanäle in die Plasmamembran einströmen.

Dieser Effekt der einströmenden Chloridionen wird später sehr wichtig werden, wenn wir uns mit inhibitorischen Neurotransmittern beschäftigen.

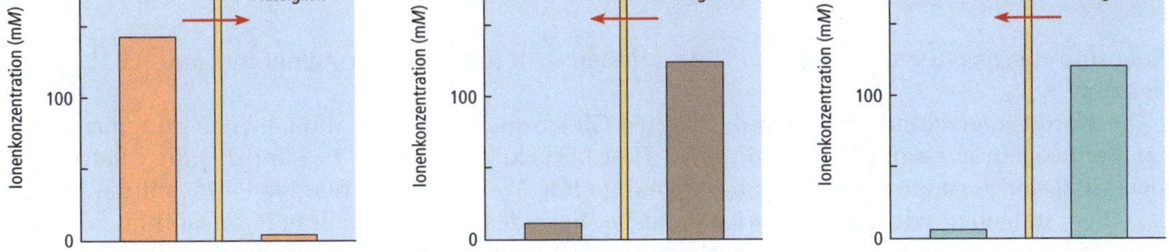

Abbildung 12.3: Relative Konzentrationsdifferenzen von Kalium-, Natrium- und Chloridionen über der Plasmamembran eines Säugetierneurons. Jedes der Hauptionen im Cytosol – (a) Kalium, (b) Natrium und (c) Chlorid – ist im Konzentrationsgradienten über der Plasmamembran enthalten. Der rote Pfeil zeigt die Richtung an, in die das Ion tendenziell als Reaktion auf seinen elektrochemischen Gradienten fließen würde.

12.2.4 Die Goldman-Gleichung beschreibt den Einfluss aller Ionen auf das Membranpotenzial

Die relativen Beiträge der wichtigsten Ionen sind von Bedeutung für das Membranpotenzial, denn sogar im Ruhezustand gewährt die Zelle den Natrium- und Chloridionen sowie Kaliumionen nur begrenzt das Durchqueren der Plasmamembran durch die jeweiligen Ionenkanäle. Wenn wir das Einsickern von Natrium- und Chloridionen in die Zelle berücksichtigen möchten, so kann uns die Nernst-Gleichung nicht weiterhelfen, denn sie berücksichtigt jeweils nur ein Ion und geht davon aus, dass sich dieses Ion im elektrochemischen Gleichgewicht befindet. Wir müssen uns von dem statischen Konzept des Gleichgewichtspotenzials verabschieden und den Ionenbewegungen im Fließgleichgewicht (engl.: *steady state*) über die Plasmamembran zuwenden.

Wir können dieses Konzept des Fließgleichgewichts der Ionenbewegung anschaulich darstellen, indem wir wieder zu unserem Modell einer Zelle im elektrochemischen Gleichgewicht zurückkehren (▸*Abbildung 12.4*). Bedenken Sie, dass das Membranpotenzial einer nur für Kaliumionen durchlässigen Zelle, gleich dem Gleichgewichtspotenzial für Kaliumionen ist. Unter diesen Bedingungen findet keine Nettobewegung von Kaliumionen aus der Zelle statt. Was aber, wenn wir von einer auch für Natriumionen leicht durchlässigen Membran ausgehen? Wir wissen, dass die Zelle sowohl einen hohen Natriumgradienten über der Membran hat als auch ein negatives Membranpotenzial, das dem Gleichgewichtspotenzial der Kaliumionen entspricht. Diese Kräfte treiben Natriumionen in die Zelle. Wenn Natriumionen in die Zelle hineinsickern, wird die Membran teilweise depolarisiert. Während das Membranpotenzial neutralisiert wird, besteht weniger Kraft, um die Kaliumionen am Verlassen der Zelle zu hindern. Daher diffundieren die Kaliumionen nach außen und gleichen den Einwärtstransport von Natriumionen aus. Der Einwärtstransport von Natriumionen verschiebt das Membranpotenzial in die positive Richtung, während der Auswärtstransport von Kaliumionen das Membranpotenzial wieder in die negative Richtung verschiebt.

Die Transportbewegungen von Natrium- und Kaliumionen durch die Membran üben grundsätzlich entgegengesetzte Wirkungen auf das Membranpotenzial aus. Bei einem Tintenfischaxon tendiert der Natriumionengradient in Richtung eines Membranpotenzials von ungefähr +55 mV, während der Ionengradient der Kaliumionen in Richtung eines Membranpotenzials von circa –75 mV tendiert. Bei welchem Wert wird sich das Membranpotenzial einpendeln? Die Pioniere auf dem Gebiet der Neurobiologie, David E. Goldman, Alan Lloyd Hodgkin und Bernard Katz beschrieben als erste, wie die Gradienten mehrerer unterschiedlicher Ionen jeweils in Abhängigkeit der relativen Ionenpermeabilität der Plasmamembran zum Membranpotenzial beitragen. Die Goldman-Hodgkin-Katz-Gleichung, die man eher unter dem Namen **Goldman-Gleichung** kennt, lautet wie folgt:

$$V_m = \frac{RT}{F} \ln \frac{(P_K)[K^+]_{außen} + (P_{Na})[Na^+]_{außen} + (P_{Cl})[Cl^-]_{innen}}{(P_K)[K^+]_{innen} + (P_{Na})[Na^+]_{innen} + (P_{Cl})[Cl^-]_{außen}} \qquad (12\text{-}3)$$

Aufgrund der negativen Valenz von Chloridionen, tritt $[Cl^-]_{innen}$ im Zähler auf und $[Cl^-]_{außen}$ im Nenner.

Der Hauptunterschied zwischen der Nernst-Gleichung und der Goldman-Gleichung besteht in der Berücksichtigung der Permeabilitäten. Hier berücksichtigen P_K, P_{Na} und P_{Cl} die relative Permeabilität der Plasmamembran für das jeweilige Ion. Wenn wir die relative Permeabilität miteinbeziehen, umgehen wir die schwierige Aufgabe, für jedes Ion die absolute Permeabilität zu ermitteln. Zwar berücksichtigt die hier formulierte Gleichung nur die Beiträge der Kalium-, Natrium- und Chloridionen, doch können auch weitere Ionen transportiert werden. Mit Ausnahme ganz besonderer Bedingungen ist die Permeabilität der Plasmamembran für andere Ionen allerdings im Allgemeinen so niedrig, dass deren Beiträge zu vernachlässigen sind.

An Hand eines Tintenfischaxons können wir anschaulich darstellen, wie man aufgrund der bekannten Fließgleichgewichtskonzentrationen und der relativen Permeabilität von Natrium-, Kalium- und Chloridionen das Ruhemembranpotenzial recht genau schätzen kann. Zu diesem Zweck ordnen wir K^+ einen Permeabilitätswert von 1,0 zu und setzen die Permeabilitätswerte aller anderen Ionen im Verhältnis zu K^+ fest. Beim Tintenfischaxon liegt die Permeabilität von Natriumionen nur bei ungefähr 4 % der Permeabilität von Kaliumionen und für Chloridionen liegt der Wert bei 45 %. Die relativen Werte von P_K, P_{Na} und P_{Cl} liegen daher jeweils bei 1,0, 0,04 und 0,45. Mit Hilfe dieser Werte, einer Temperatur von 20 °C und den intra- und extrazellulären Konzentrationen für Na^+, K^+ und Cl^-, die Sie aus der *Tabelle 12.1* für das Tintenfischaxon entnehmen können, sollten Sie das Ruhemembranpotenzial eines Tintenfischaxons berechnen können. Es beträgt –60,3 mV. Typische Messwerte für das Ruhemembranpotenzial eines Tintenfischaxons liegen bei ungefähr –60 mV. Dieser Wert liegt beachtlich nahe des von uns berechneten Potenzials.

Wenn die relative Permeabilität für ein Ion sehr hoch ist, reduziert sich die Goldman-Gleichung für das jeweilige Ion auf die Nernst-Gleichung. Vernachlässigen wir einmal den Beitrag der Chloridionen (was wir häufig machen können), verkürzt sich die Gleichung 12-3, wenn P_{Na} viel größer ist als P_K ($P_{Na} >> P_K$), folgendermaßen:

$$V_m = \frac{RT}{F} \ln \frac{[Na^+]_{außen}}{[Na^+]_{innen}} \qquad (12\text{-}4)$$

Dies ist einfach die Nernst-Gleichung für Natrium. Da das Ruhemembranpotenzial für Natrium bei circa +55 mV liegt, wird eine Zelle depolarisiert, wenn sie für Natrium stark durchlässig wird. Ähnlich verhält es sich, wenn $P_K >> P_{Na}$ gilt, dann reduziert sich die Goldman-Gleichung auf die Nernst-Gleichung für Kalium. Da das Ruhemembranpotenzial für Kalium bei ungefähr –75 mV liegt, wird eine hohe Permeabilität für Kalium die Zelle wieder in einen polarisierten Zustand überführen. Wir werden sehen, dass Neuronen sich genau dieser Strategie bedienen, um ihre Plasmamembranen vorübergehend zu depolarisieren und dann wieder zu repolarisieren (= die alte Polarität wiederherstellen).

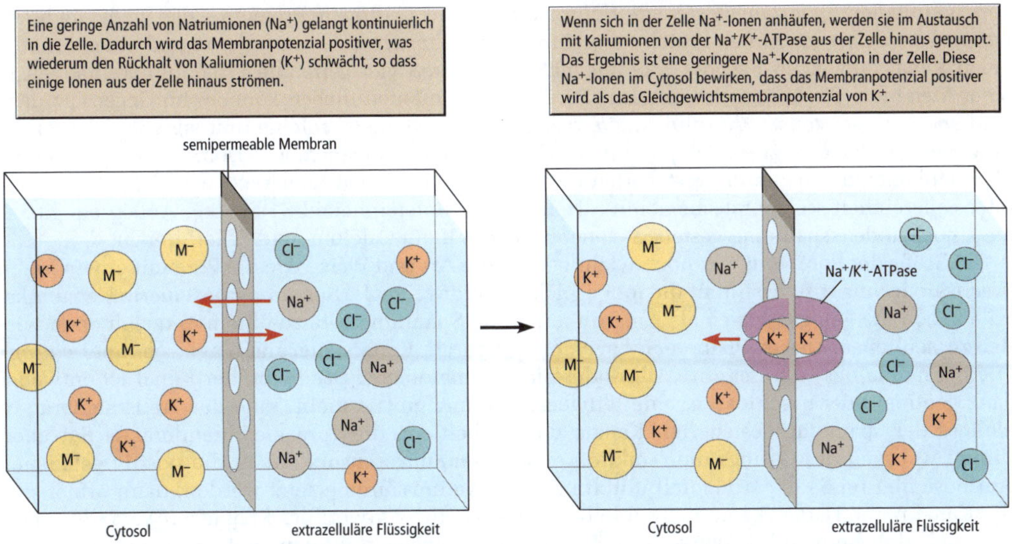

Abbildung 12.4: Fließgleichgewicht der Ionenbewegung. Das tatsächliche Membranpotenzial einer Zelle hängt von der Permeabilität der Plasmamembran für verschiedene Ionen und den Fließgleichgewichtsbewegungen der Ionen durch die Membran ab, wie hier mittels des Zwei-Kammer-Modells dargestellt. Der rote Pfeil zeigt in die Richtung, in die das betreffende Ion fließt.

12.3 Elektrische Erregbarkeit

Bei fast allen Zellen hängt die Entstehung eines Ruhemembranpotenzials von Ionengradienten und Ionenpermeabilität ab. Das einzige Unterscheidungsmerkmal der elektrisch erregbaren Zelle ist ihre Reaktion auf die Depolarisierung der Membran. Während eine nichterregbare Zelle, die vorübergehend leicht depolarisiert wurde, einfach zu ihrem ursprünglichen Ruhemembranpotenzial zurückkehrt, reagiert eine elektrisch erregbare, in gleichem Maß depolarisierte Zelle mit einem *Aktionspotenzial.*

Elektrisch erregbare Zellen können ein Aktionspotenzial aufbauen, weil in ihrer Plasmamembran zusätzlich zu anderen Ionenkanälen spannungsgesteuerte liegen. Wir müssen die Funktionsweise dieser Ionenkanäle in der Nervenzellmembran verstehen, um nachzuvollziehen, wie Nervenzellen elektrische Signale übermitteln.

12.3.1 Ionenkanäle sind Tore für den Ionentransport durch die Membran

In *Kapitel 7* haben Sie die Ionenkanäle kennengelernt. Dies sind integrale Membranproteine, die in der Lipiddoppelschicht wassergefüllte Poren bilden, durch die Ionen diffundieren können. Rufen Sie sich in Erinnerung, dass **spannungsgesteuerte Ionenkanäle** – wie schon ihr Name sagt – auf Änderungen der Spannung, also des Membranpotenzials, über der Membran reagieren. Spannungsgesteuerte Natrium- und Kaliumkanäle sind für das Aktionspotenzial verantwortlich. Ligandengesteuerte Ionenkanäle öffnen sich hingegen, wenn ein bestimmtes Molekül an den Kanal bindet (das Wort *Ligand* ist lateinischen Ursprungs, abgeleitet von *ligare*, was „binden" bedeutet). Andere Kanäle tragen zu der ionischen Fließgleichgewichtspermeabilität von Membranen bei. Diese *Leckkanäle* ermöglichen ruhenden Zellen in gewissem Umfang die Passage von Kationen, vor allem von Kaliumionen. Die genaue Kenntnis der Struktur und der Funktion spannungsgesteuerter Natrium- und Kaliumkanäle ist für das Verständnis des Aktionspotenzials von fundamentaler Bedeutung.

12.3.2 Spezielle Domänen der spannungsgesteuerten Kanäle fungieren als Sensoren und Inaktivatoren

Man kann die Struktur spannungsgesteuerter Ionenkanäle in zwei verschiedene, doch ähnliche Kategorien einteilen. *Spannungsgesteuerte Kaliumkanäle* sind *multimere* Proteine – das heißt, sie bestehen aus mehreren getrennten Proteinuntereinheiten, die miteinander assoziieren und einen funktionalen Kanal bilden. Im Fall der Kaliumkanäle assoziieren vier getrennte Proteinuntereinheiten in einer Membran. Sie bilden eine zentrale Pore, durch die Ionen fließen können. Im Gegensatz dazu sind *spannungsgesteuerte Natriumkanäle* riesig große monomere Proteine (mit anderen Worten, sie bestehen aus einem einzigen Polypeptid) mit vier getrennten Domänen. Jede Domäne ähnelt einer der Untereinheiten des spannungsgesteuerten Kaliumkanals. In beiden Kanaltypen enthält jede Domäne oder Untereinheit sechs Transmembran-α-Helices (die Untereinheiten S1 bis S6). Außerdem gibt es auch noch andere spannungsgesteuerte Ionenkanäle, z. B. für Calcium- und Chloridionen.

Die Größe der Pore, und was noch wichtiger ist, die Art und Weise wie die Pore mit einem Ion in Wechselwirkung tritt, bestimmt die Ionenselektivität des Kanals. Spannungsgesteuerte Natriumkanäle haben die Fähigkeit, sich als Antwort auf einen Spannungsreiz zu öffnen und sich dann wieder zu schließen. Dieses Phänomen bezeichnet man als **Kanalsteuerung** (engl.: *channel gating*). Hierbei handelt es sich um ein „Alles-oder-nichts-Phänomen". Das heißt, der Kanal ist entweder ganz geöffnet oder geschlossen, eine teilweise Öffnung gibt es nicht. Eine der Transmembran-α-Helices der spannungsgesteuerten Kanäle der Wirbeltiere, die Transmembrandomäne S4, übernimmt während des Gatings die Funktion eines **Spannungssensors**. Wenn die positiv geladenen Aminosäuren im S4 experimentell durch neutrale Aminosäuren ersetzt werden, dann öffnet sich der Kanal nicht. Daraus kann man schließen, dass S4 eine Antwort der Kanäle auf Veränderungen des Potenzials herbeiführt. Wie dies im Einzelnen vor sich geht wird zurzeit heftig diskutiert.

Die meisten spannungsgesteuerten Kanäle können auch eine zweite Form des geschlossenen Zustands annehmen, den man als **Inaktivierung** bezeichnet. Diese Kanalinaktivierung ist ein wichtiges Merkmal der spannungsgesteuerten Natrium- und Kaliumkanäle (▸*Abbildung 12.5*).

Wenn ein Kanal inaktiviert wird, dann kann er sich nicht sofort wieder öffnen, selbst wenn ein erneuter Spannungsreiz eingehen sollte. Man muss sich die Kanalinaktivierung so vorstellen, als würde man ein geschlossenes Tor mit einem Vorhängeschloss sichern. Erst wenn man das Vorhängeschloss entfernt, kann man das Tor wieder öffnen. Die Inaktivierung wird durch Teile des Kanals bewirkt, die sogenannten *Inaktivierungsproteine*. Die meisten Kanäle besitzen vier Inaktivierungsproteine. Während der Inaktivierung schiebt sich ein Protein in die Kanalöffnung. Damit ein Kanal wieder reaktiviert werden kann und sich als Reaktion auf einen Reiz öffnen kann, muss sich das Inaktivierungsprotein aus der Pore entfernt haben. Behandelt man die cytosolische Seite des

Kanals mit einer Protease oder mit Antikörpern, die gegen das Protein des Kanals, von dem man annimmt, dass es für die Inaktivierung verantwortlich ist, gerichtet sind, so verliert das Inaktivierungsprotein seine Wirkung und die Kanäle können nicht mehr inaktiviert werden.

In den folgenden Abschnitten dieses Kapitels werden Sie sehen, dass die Regulierung von Ionenkanälen von entscheidender Bedeutung für die Funktion der Neuronen ist. Defekte in mehreren spannungsgesteuerten Ionenkanälen wurden mit menschlichen neuronalen Erkrankungen in Verbindung gebracht (diese Erkrankungen bezeichnet man als „Kanalopathien"). So leiden beispielsweise Menschen mit einer Mutation in bestimmten K^+-Kanälen an Ataxie (einem Defekt in der Muskelkoordination), und eine Form der Epilepsie geht auf eine Mutation in einem Typ des spannungsgesteuerten Na^+-Kanals zurück.

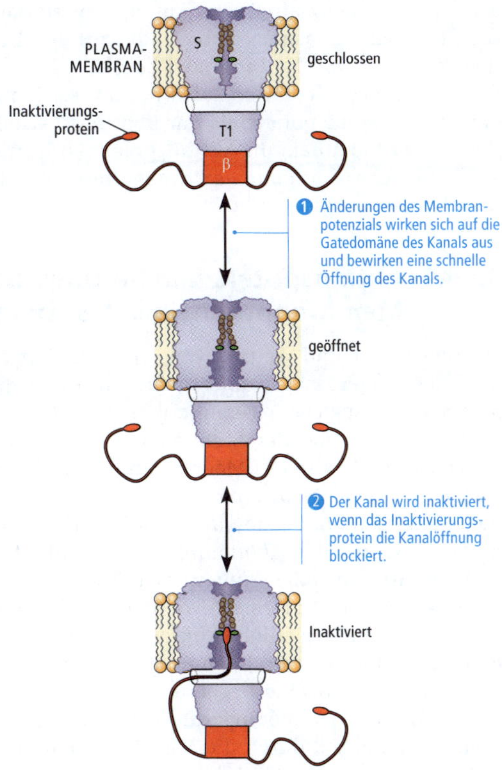

Abbildung 12.5: Die Funktion eines spannungsgesteuerten Ionenkanals. (a) Kaliumkanäle von Säugetieren besitzen drei Hauptdomänen: die Transmembrandomänen (S) und die cytosolischen Domänen (T1) der α-Untereinheit und der β-Untereinheit. Die N-terminale Region der β-Untereinheit enthält ein Inaktivierungsprotein. Das Gating beruht darauf, dass in einem Teil der Transmembrandomäne eine Konformationsänderung stattfindet, wenn sich das Membranpotenzial ändert. (b) Kanalinaktivierung. Hier sind zwei der vier Inaktivierungsproteine eines spannungsgesteuerten Kaliumkanals dargestellt. Die Känale werden inaktiviert, wenn sich ein Inaktivierungsprotein durch eine „Fensterregion" des Kanals bewegt und die Kanalpore verschließt. Im inaktivierten Zustand kann der Kanal sich nicht wieder öffnen, selbst wenn ein erneuter Spannungspuls eintreffen sollte.

12.4 Das Aktionspotenzial

Wir haben gesehen, wie ein Ionengradient über einer selektiv-permeablen Membran ein Membranpotenzial erzeugen kann und wie sich, gemäß der Goldman-Gleichung, das Membranpotenzial als Reaktion auf Veränderungen der Ionenpermeabilität verändert. Wir haben außerdem die Struktur der Ionenkanäle untersucht, welche die Permeabilität der Membran im Hinblick auf verschiedene Ionen regulieren. Damit sind wir vorbereitet, um zu erkunden, wie das koordinierte Öffnen und Schließen von Ionenkanälen zum Aufbau eines Aktionspotenzials führen kann. Zunächst stellen wir dar, wie sich das Membranpotenzial während eines Aktionspotenzials verändert. Da das Riesenaxon des Tintenfisches von großer Bedeutung für die Wissenschaftsgeschichte ist, werden wir es als Modell verwenden.

12.4.1 Aktionspotenziale laufen als elektrische Signale am Axon entlang

Ein ruhendes Neuron ist ein System, das für elektrische Signale empfänglich ist. Wir haben gesehen, dass das Membranpotenzial einer Zelle auf dem fein ausbalancierten Gleichgewicht zwischen Ionengradienten und Ionenpermeabilität beruht. Dieses Gleichgewicht wird durch Depolarisation der Membran kurzzeitig drastisch verändert. Bei geringer Depolarisation – weniger als etwa +20 mV – repolarisiert das Membranpotenzial normalerweise spontan und kehrt in den Ruhezustand zurück, die Veränderung zieht also keinerlei Konsequenzen nach sich. Eine weitere Depolarisation bringt die Membran an das **Schwellenpotenzial**. Jenseits des Schwellenpotenzials erfahren die elektrischen Eigenschaften und die Permeabilität der Nervenzellmembran für Ionen schnelle und tiefgreifende Veränderungen und es wird ein Aktionspotenzial initiiert.

Ein Aktionspotenzial ist eine kurze, aber starke elektrische Depolarisierung und Repolarisierung der neuronalen Plasmamembran, die auf den Einstrom von Natriumionen und den darauf folgenden Ausstrom von Kaliumionen beruht. Diese Ionentransporte werden durch Öffnen und Schließen spannungsgesteuerter Natrium- und Kaliumkanäle gesteuert. Tatsächlich können wir den Aufbau eines Aktionspotenzials nur über das Verhalten dieser Kanäle beschreiben. Nachdem in einer Region der Membran ein Aktionspotenzial initiiert wurde, bewegt sich das Aktionspotenzial über einen Vorgang, den man als **Propagation** bezeichnet, ausgehend von seiner Ausgangsstelle an der Membran entlang.

12.4.2 Aktionspotenziale beruhen auf schnellen Veränderungen des Membranpotenzials des Axons

Die Entstehung und Weiterleitung eines Aktionspotenzials kann man gut anhand großer Axone, wie dem des Tintenfisches, untersuchen. In der ▸*Abbildung 12.6* ist die mit einem Aktionspotenzial assoziierte Sequenz der Veränderungen des Membranpotenzials dargestellt. In weniger als einer Millisekunde steigt das Membranpotenzial aus dem Ruhezustand von ca. –60 mV auf ungefähr +40 mV an – tatsächlich wird das Membraninnere für kurze Zeit positiv. Dann sinkt das Potenzial etwas langsamer ab und fällt auf einen Wert von circa –75 mV (dies bezeichnet man als *Hyperpolarisation*, engl.: *undershoot*). Letztendlich stabilisiert sich das Potenzial wieder im Ruhepotenzial von etwa –60 mV. Wie aus der *Abbildung 12.6* ersichtlich, dauert die vollständige Ereignisabfolge während eines Aktionspotenzials nur wenige Millisekunden. Der Messaufbau dient auch zur Messung von Ionenströmen, die zu verschiedenen Phasen eines Aktionspotenzials durch die Membran fließen. Dafür wird eine zusätzliche Mikroelektrode, die *Halteelektrode* (engl.: *holding electrode*) in die Zelle eingeführt und an eine Spannungsklemme angeschlossen. Damit kann man in der Membran ein bestimmtes Potenzial festlegen und aufrechterhalten („das Potenzial wird geklemmt"). Mit Hilfe dieses Spannungsklammerappartur kann der Strom gemessen werden, der bei jedem vorgegebenen Membranpotenzial durch die Membran fließt. Diesen Versuchen verdanken wir fundamentale Beiträge zu unserem Verständnis der molekularen Mechanismen eines Aktionspotenzials.

12.4.3 Aktionspotenziale beruhen auf dem schnellen Strom von Ionen durch axonale Ionenkanäle

In einem ruhenden Neuron sind die meisten spannungsabhängigen Natrium- und Kaliumkanäle im Allgemeinen geschlossen. In Folge der Durchlässigkeit der Membran für Kaliumionen im Fließgleichgewicht, ist die Zelle in diesem Zustand ungefähr 100-mal durchlässiger für Kalium- als für Natriumionen. Wenn eine Region der Nervenzelle leicht depolarisiert wird, dann reagiert ein Teil der Natriumkanäle und öffnet sich. Dabei führt der erhöhte Natriumstrom zu einer weiteren Depolarisierung der Membran. Die ansteigende Depolarisierung bedingt einen sogar noch stärkeren Natriumeinstrom, der die Membran noch stärker depolarisiert. Diese Eins-zu-eins-Beziehung zwischen Depolarisierung, dem Öffnen der spannungsgesteuerten Natriumkanäle und einem angestiegenen Natriumstrom baut eine positive Rückkopplung auf, die man als *Hodgkin-Kreislauf* bezeichnet.

Unterschwellige Depolarisation Im Ruhezustand halten der Ausstrom von Kaliumionen durch die Leckkanäle und die Arbeit der Na^+/K^+-Pumpe das Ruhemembranpotenzial aufrecht. Wenn die Membran geringfügig depolarisiert wird, erholt sich das Membranpotenzial spontan wieder und es wird kein Aktionspotenzial erzeugt. Der Grad der Depolarisation ist zu gering, um ein Aktionspotenzial zu bilden, was man als *unterschwellige Depolarisation* bezeichnet.

Die Depolarisationsphase Wenn sich alle spannungsabhängigen Natriumkanäle der Membran gleichzeitig öffnen würden, dann überträfe die Permeabilität der Zelle für Natrium die für Kalium um das Zehnfache. Da Natrium dann das durchlässigere Ion wäre, wäre das Membranpotenzial vor allem eine Funktion des Natriumionengradienten. Das geschieht auch tatsächlich, wenn die Membran jenseits des Schwellenpotenzials depolarisiert wird (▸*Abbildung 12.6*, ❶ und ❷). Nachdem das Schwellenpotenzial erreicht wurde, beginnt die Aktivierung einer großen Anzahl von Natriumkanälen. Dann steigt das Membranpotenzial schnell stark an. Sobald die Geschwindigkeit des Natriumeinstroms geringfügig die Maximalgeschwindigkeit des Kaliumausstroms übersteigt, wird ein Aktionspotenzial ausgelöst. Wenn das Membranpotenzial sein Maximum erreicht, bei ungefähr +40 mV, dann nähert sich das Aktionspotenzial – erreicht es aber nicht – dem Gleichgewichtspotenzial für Natriumionen (ungefähr +55 mV). (Es erreicht diesen Wert niemals, denn die Membran bleibt während dessen für andere Ionen durchlässig.)

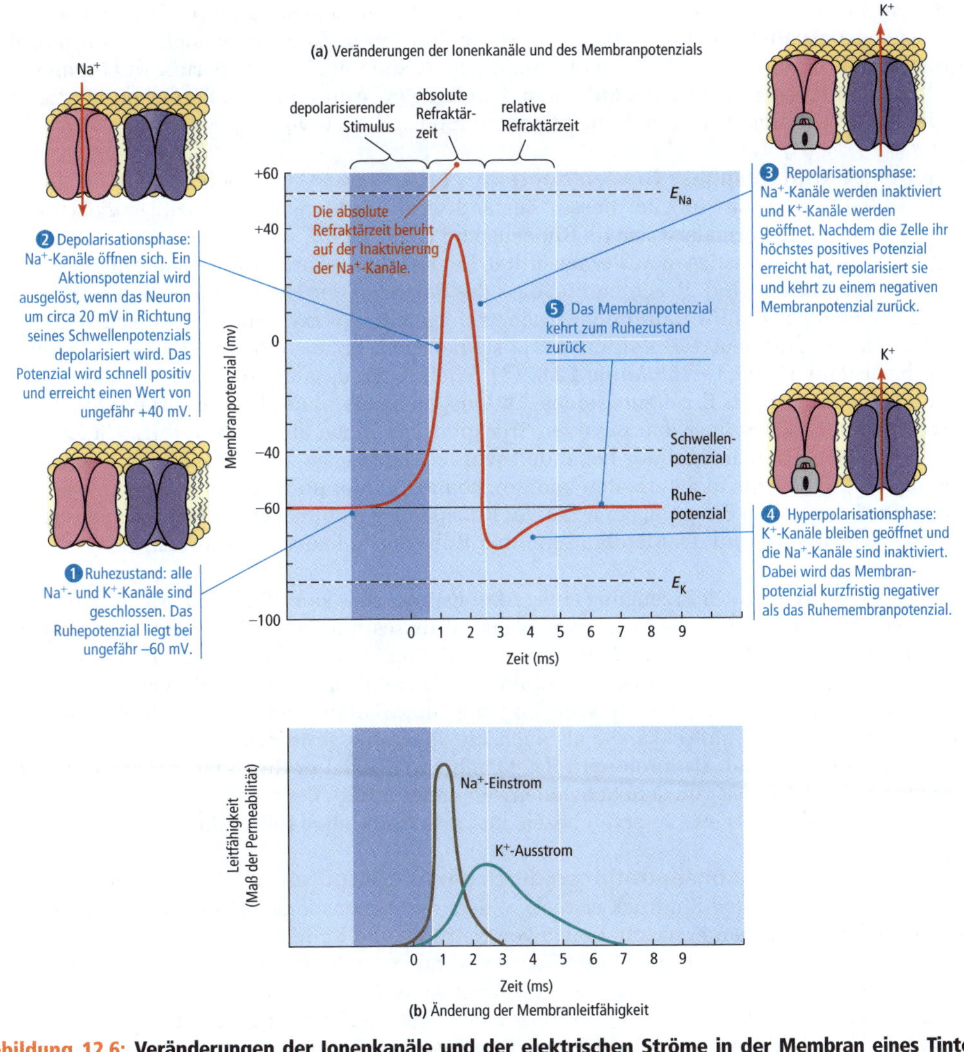

Abbildung 12.6: Veränderungen der Ionenkanäle und der elektrischen Ströme in der Membran eines Tintenfischaxons während eines Aktionspotenzials. (a) Die Änderung des Membranpotenzials geht auf den Transport von Na^+ und K^+ durch deren spannungsgesteuerte Kanäle zurück, von denen hier jeder Schritt des Aktionspotenzials dargestellt wird. Die absolute Refraktärzeit beruht auf der Inaktivierung des Natriumkanals. Beachten Sie, dass das Membranpotenzial an der Spitze des Aktionspotenzials sich dem E_{Na}-Wert (Natriumgleichgewichtspotenzial) von ungefähr +55 mV nähert; ähnlich verhält es sich mit den potenziellen Hyperpolarisierungen nahe dem E_K-Wert (Kaliumgleichgewichtspotenzial) von circa –75 mV. (b) Die Veränderung der Membranleitfähigkeit (Permeabilität der Membran für spezifische Ionen). Die depolarisierte Membran wird zuerst sehr durchlässig für Natriumionen, wodurch ein starker Einwärtsstrom von Natrium ausgelöst wird. Anschließend, bei nachlassender Permeabilität für Natrium, steigt vorübergehend die Permeabilität der Membran für Kaliumionen an, wodurch die Membran hyperpolarisiert.

Die Repolarisationsphase Nachdem das Membranpotenzial sein Maximum erreicht hat, repolarisiert die Membran schnell (▸ *Abbildung 12.6*, ❸). Dies beruht auf der kombinierten Wirkung der Inaktivierung von Natriumkanälen und dem Öffnen von spannungsgesteuerten Kaliumkanälen. Wenn Natriumkanäle inaktiviert werden, dann schließen sie sich und bleiben so lange geschlossen, bis das Membranpotenzial wieder negativ ist. Somit beendet die Kanalinaktivierung den Einstrom von Natriumionen. Wenn die Kaliumionen die Zelle verlassen, kommt es automatisch zur Repolarisation der Zelle.

Die Differenz im Hinblick auf die Reaktionsgeschwindigkeit zwischen den spannungsgesteuerten Kaliumkanälen und den spannungsgesteuerten Natriumkanälen spielt bei der Erzeugung des Aktionspotenzials eine wichtige Rolle. In einer depolarisierten Zelle öffnen sich die Kaliumkanäle langsamer. Aus diesem Grund beginnt ein Aktionspotenzial mit einer Steigerung der Permeabilität der Membran für Natrium, was die Membran depolarisiert, woraufhin die Permeabilität der Membran für Kalium zunimmt, wodurch die Membran repolarisiert wird.

Die Hyperpolarisationsphase (Undershoot) An Ende eines Aktionspotenzials sind die meisten Neuronen hyperpolarisiert. In diesem Zustand wird das Membranpotenzial kurzfristig sogar noch negativer als es normalerweise im Ruhezustand ist (▸ *Abbildung 12.6*, ❹). Die Hyperpolarisation beruht auf einer gestiegenen Permeabilität für Kalium, während die spannungsgesteuerten Kaliumkanäle geöffnet sind. Beachten Sie, dass das Potenzial der Hyperpolarisation sich fast dem Gleichgewichtspotenzial für Kaliumionen nähert (ungefähr –75 mV beim Tintenfischaxon). Wenn sich die spannungsgesteuerten Kaliumkanäle schließen, kehrt das Membranpotenzial wieder in den Ruhezustand zurück (▸ *Abbildung 12.6*, ❺). Wichtig ist, dass die schnelle Wiederherstellung des Ruhepotenzials nach Erzeugung eines Aktionspotenzials ohne die Mitwirkung der Na^+/K^+-Pumpe abläuft, sondern über den passiven Transport von Ionen abgewickelt wird. In Zellen, die mit einem metabolischen Inhibitor behandelt wurden, sodass sie kein ATP bilden konnten (und daher die Na^+/K^+-Pumpe nicht arbeiten konnte), können immer noch Aktionspotenziale aufgebaut werden. Die Pumpe trägt dazu bei, ein negatives Ruhepotenzial aufrechtzuhalten, wenn das Aktionspotenzial abgeklungen und die Membran in ihren Ruhezustand zurückgekehrt ist.

Die Refraktärzeiten Nach Erzeugung eines Aktionspotenzials kann für einige Millisekunden kein neues Aktionspotenzial aufgebaut werden. Während dieses Intervalls, der sogenannten **absoluten Refraktärzeit**, sind die Natriumkanäle inaktiviert und können nicht durch Depolarisierung geöffnet werden. Während der Hyperpolarisation, wenn die Natriumkanäle wieder aktiviert sind und sich wieder öffnen können, ist es möglich, aber schwierig, ein Aktionspotenzial auszulösen. Dies beruht darauf, dass sowohl Kaliumleckkanäle als auch die spannungsgesteuerten Kaliumkanäle während dieser Phase geöffnet sind. Dadurch wird das Membranpotenzial in Richtung eines stark negativen Werts verschoben, der weit von dem Schwellenwert entfernt liegt, der eine Aktivierung der Natriumkanäle auslösen könnte. Dieses Intervall bezeichnet man als **relative Refraktärzeit**.

Änderungen der Ionenkonzentrationen durch ein Aktionspotenzial Unsere Darstellung der Ionentransporte könnte den Eindruck erwecken, dass ein Aktionspotenzial mit signifikanten Veränderungen der cytosolischen Konzentrationen von Natrium- und Kaliumionen einhergeht. Tatsächlich ist es so, dass sich die absoluten zellulären Konzentrationen von Natrium- und Kaliumionen während eines einzigen Aktionspotenzials so gut wie gar nicht ändern. Rufen Sie sich in Erinnerung, dass das Membranpotenzial auf den leichten Überschuss einer negativen Ladung auf einer Seite der Membran beruht. Die Anzahl dieser überschüssigen negativen Ladungen ist nur ein winziger Bruchteil aller in der Zelle befindlichen Ionen, und die Anzahl von Ionen, welche die Membran durchqueren müssen, um sie zu neutralisieren oder das Gleichgewicht zu verändern, ist verhältnismäßig gering.

Nichtsdestotrotz kann eine intensive neuronale Aktivität signifikante Veränderungen in den Ionenkonzentrationen bewirken. Wenn zum Beispiel ein Neuron über längere Zeit hinweg viele Aktionspotenziale erzeugt, steigt die Konzentration von Kalium außerhalb der Zelle merklich an. Dies kann sich sowohl auf das Membranpotenzial des betreffenden Neurons als auch auf die umgebenden Zellen auswirken. Man nimmt an, dass Astrocyten, die Gliazellen, welche die Blut-Hirn-Schranke bilden, dieses Problem kontrollieren, indem sie überschüssige Kaliumionen aufnehmen.

12.4.4 Aktionspotenziale werden ohne Kraftverlust über das Axon weitergeleitet

Damit Neuronen Signale übertragen können, müssen die vorübergehende Depolarisation und die Repolarisation, die während eines Aktionspotenzials ablaufen, entlang der neuronalen Membran übertragen werden. Die Depolarisation an einer Stelle der Membran breitet sich über einen Vorgang, den man als **passive Ausbreitung der Depolarisation** bezeichnet, auf benachbarte Regionen aus. Wenn sich eine Depolarisationswelle passiv von ihrem Ursprungsort ausbreitet, dann nimmt damit das Ausmaß der Depolarisation ab. Infolge dieser Abnahme der Depolarisation in Abhängigkeit von der Entfernung zum Ursprungsort haben die Aktionspotenziale Schwierigkeiten, sich passiv über sehr große Entfernungen auszubreiten. Damit die Aktionspotenziale größere Strecken zurücklegen können, muss ein Aktionspotenzial von einem Punkt der Membran zum nächsten Punkt entlang der Membran aktiv weitergegeben werden.

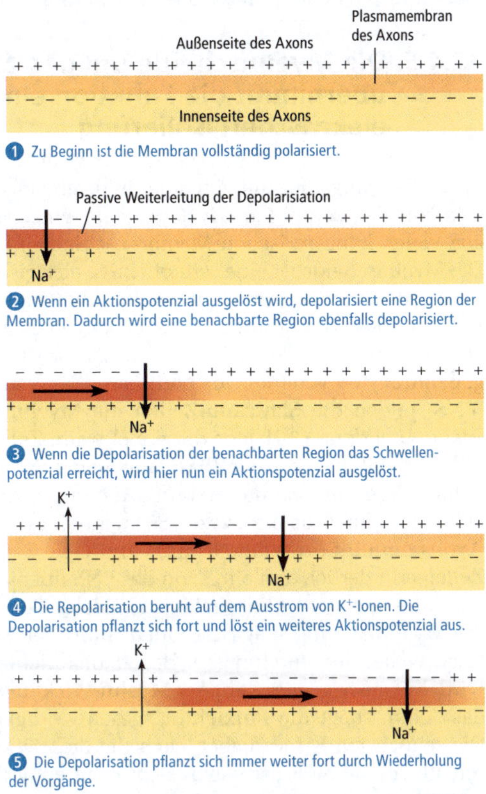

Abbildung 12.7: Übertragung eines Aktionspotenzials in einem nicht-myelinisierten Axon. Ein nicht-myelinisiertes Axon kann man sich als eine Kette vorstellen, die sich aus Punkten zusammensetzt, wobei jeder Punkt ein Aktionspotenzial durchlaufen kann. Beachten Sie, dass nahe der Stellen, an denen sich ein Aktionspotenzial bildet, keine Rückwärtsübertragung stattfinden kann, denn die Natriumkanäle sind inaktiviert und die Membran ist hyperpolarisiert.

Zum Verständnis des Unterschieds zwischen der passiven Ausbreitung der Depolarisation und der Weiterleitung eines Aktionspotenzials schauen wir uns an, wie ein Signal von seinem Ursprung auf den Dendriten zum Ende des Axons wandert. Die ankommenden Signale werden über Synapsen zu einem Neuron übertragen. Diese Synapsen sind Kontaktpunkte zwischen der synaptischen Axonterminale des übertragenden Neurons und den Dendriten des empfangenden Neurons. Wenn die Dendriten des empfangenden Neurons von den ankommenden Signalen depolarisiert werden, breitet sich die Depolarisierung passiv über die Membran von den Dendriten zur Basis des Axons aus – dem **Axonhügel**. Der Axonhügel ist die Region, in der am leichtesten Aktionspotenziale erzeugt werden können. Dies liegt an den verstreut über die Dendriten und den Zellkörper liegenden Natriumkanälen, die aber im Axonhügel und an den Ranvier-Schnürringen konzentriert sind. Ein bestimmtes Maß an Depolarisierung führt an den Stellen zum stärksten Einwärtsstrom von Natrium, an denen die meisten Natriumkanäle liegen. Die am Axonhügel initiierten Aktionspotenziale werden dann entlang des Axons weitergeleitet.

Der Mechanismus zur Weiterleitung eines Aktionspotenzials in nicht myelinisierten Nervenzellen (also unisolierten Zellen ohne Myelin-Scheide) ist in ▸*Abbildung 12.7* dargestellt. Die Stimulation einer im Ruhezustand befindlichen Membran führt zur Depolarisation der Membran und plötzlich strömen an dieser Stelle Ionen in das Axon ❶. Die Membranpolarität wird in diesem Moment kurzzeitig umgekehrt und diese Depolarisation breitet sich dann auf einen benachbarten Punkt aus ❷. Die Depolarisation an dieser benachbarten Stelle genügt, um das Schwellenpotenzial zu übersteigen, und löst den Einstrom von Natriumionen aus ❸. Mittlerweile ist die Membran aber auch schon höchst durchlässig für Kaliumionen, da die langsamen spannungsgesteuerten Kaliumkanäle aktiviert wurden. Wenn die Kaliumionen in die Zelle strömen, wird die negative Polarität wiederhergestellt und dieser Teil der Membran kehrt wieder in den Ruhezustand zurück ❹.

Mittlerweile hat sich die Depolarisation auf eine neue Region ausgebreitet, wodurch die Ereignisabfolge an dieser neuen Stelle der Membran ausgelöst wird ⑤. Auf diese Weise bewegt sich das Aktionspotenzial durch Abfolge von Depolarisations-Repolarisations-Ereignissen entlang der Membran. Die Membranpolarität wird in unmittelbarer Nachbarschaft des Signals umgekehrt, kehrt aber wieder in den Normalzustand zurück, wenn das Signal auf dem Axon entlang weiterläuft. Die Übertragung dieser Ereignisabfolge auf der Nervenfaser bezeichnet man als *weitergeleitetes Aktionspotenzial* oder **Nervenimpuls**. Der Nervenimpuls kann sich nur ausgehend von der Ausgangsstelle der Depolarisation *fortbewegen*, weil die Natriumkanäle, die gerade depolarisiert wurden, inaktiviert sind und nicht sofort auf eine weitere Stimulierung durch Depolarisation reagieren können.

Da ein Aktionspotenzial aktiv übertragen wird, lässt seine Stärke im Laufe der Übertragung nicht nach. Das liegt daran, dass es immer wieder an jedem aufeinander folgenden Punkt der Membran neu erzeugt wird, wie ein Ereignis, das nach dem Prinzip „alles oder nichts" abläuft. Somit kann ein Nervenimpuls über praktisch jede Entfernung übertragen werden, ohne seine Stärke einzubüßen.

12.4.5 Die Myelinscheide um das Axon übernimmt die Funktion einer elektrischen Isolierung

Die Axone der Wirbeltiere verfügen über eine weitere Spezialisierung: Sie sind von einer in regelmäßigen Abständen eingeschnürten *Myelinscheide* umgeben, die aus vielen konzentrischen Membranschichten besteht. Die Myelinscheide ist eine sehr effektive elektrische Isolierung der Axonsegmente, die sie umhüllt (vergleichbar mit der Plastikumhüllung eines elektrischen Kabels). Die Myelinscheide der Neuronen im ZNS wird von **Oligodendrocyten** gebildet. Im peripheren Nervensystem (PNS) bilden die **Schwann-Zellen** die Myelinscheide (siehe *Abbildung 12.1*). Jede dieser Schwann-Zellen umhüllt fest mit ihrer eigenen Plasmamembran Schicht um Schicht konzentrisch das Axon (▸*Abbildung 12.8*). Da jede Schwann-Zelle ein kurzes Segment eines einzigen Axons umhüllt (ungefähr 1 mm), sind viele Schwann-Zellen erforderlich, um ein Axon des PNS mit einer diskontinuierlichen Myelinscheide zu umschließen. Durch die Myelinisierung steigt der Querschnitt der Nervenfaser, wobei der Durchmesser des Axons nicht größer wird. Mit ansteigender Zahl der Myelin-Wicklungen um das Axon, steigt die Reizleitungsgeschwindigkeit an. Die schnellsten Fasern haben auch die dickste Myelinscheide, in diesen Fasern kann sich eine Depolarisation weiter und viel schneller ausbreiten als in einem nichtmyelinisierten Axon.

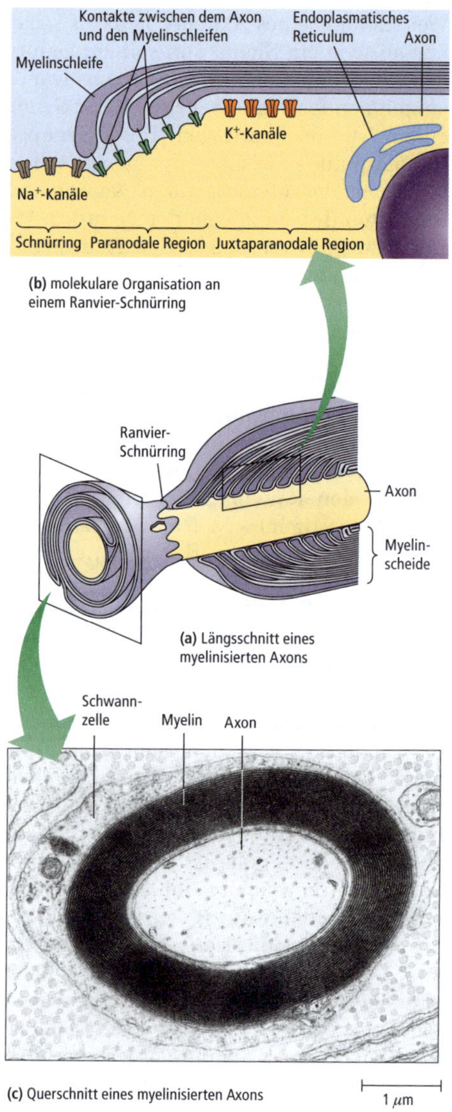

Abbildung 12.8: Die Myelinisierung von Axonen. (a) Ein Axon des peripheren Nervensystems, das von einer Schwann-Zelle myelinisiert wird. Jede Schwann-Zelle bildet ein Segment der Myelinscheide, indem sie ihre eigene Plasmamembran konzentrisch um das Axon hüllt. (b) Organisation eines typischen Ranvier-Schnürrings im peripheren Nervensystem. Die Natriumkanäle (braun) liegen konzentriert im Schnürring vor. Myelinscheiden sind an die Regionen neben dem Schnürring angeheftet („paranodale" Regionen). Die Anheftung erfolgt über Proteine auf der Axonmembran und auf den Myelinschleifen (grün). Neben den paranodalen Regionen liegen Ansammlungen von Kaliumkanälen (orange). (c) Diese Querschnittansicht eines myelinisierten Axons des Nervensystems einer Katze zeigt die konzentrischen Membranschichten, die von der Schwann-Zelle um das Axon gewickelt wurden (TEM).

Allerdings hebt die Myelinisierung nicht die Notwendigkeit einer aktiven Weiterleitung auf. Damit die Depolarisation von einer Stelle sich auf den Rest des Neurons übertragen kann, muss das Aktionspotenzial immer noch regelmäßig entlang des Axons erneuert werden. Dieser Erneuerungsvorgang findet an den *Ranvier-Schnürringen* (auch Ranvier'sche Schnürringe) statt. Dabei handelt es sich um Unterbrechungen in der Myelinschicht, deren Abstände (1–2 mm) sicherstellen, dass die durch ein Aktionspotenzial an einem Ranvier-Schnürring ausgelöste Depolarisation immer noch so stark ist, dass an dem benachbarten Ranvier-Schnürring das Schwellenpotenzial erreicht wird und ein Aktionspotenzial ausgelöst wird (▸*Abbildung 12.9*). Bei einem myelinisierten Axon kann nur an den Ranvier-Schnürringen ein Aktionspotenzial erzeugt werden, denn der Stromfluss durch die Membran ist an den anderen Bereichen der Membran eingeschränkt. Zudem liegen an den Ranvier-Schnürringen Natriumkanäle in hoher Zahl vor. Somit springen Aktionspotenziale an myelinisierten Axonen von einem Ranvier-Schnürring zum nächsten anstatt langsam an der Membran entlang zu laufen. Diese sogenannte *saltatorische Erregungsleitung* läuft wesentlich schneller ab als die kontinuierliche Übertragung in nicht-myelinisierten Axonen (*saltatorisch* stammt von dem lateinischen Wort für „springen" ab, siehe *Abbildung 12.9*). Die Myelinisierung ist ein charakteristisches Merkmal der Axone von Wirbeltieren. Der Verlust dieser Fähigkeit führt zu einem dramatischen Abfall des elektrischen Widerstands der Axonmembran. Vergleichbar dem Fließen von Wasser durch einen undichten Gartenschlauch, senkt der mangelnde Widerstand bedrohlich die Leitungsgeschwindigkeit über das Axon. Multiple Sklerose, eine menschliche Erkrankung, die mit Schwächung der Muskeln einhergeht, beruht darauf, dass das Immunsystem der Patienten die eigenen myelinisierten Nervenfasern angreift, was zum Abbau der Myelinscheiden führt. Wenn die betroffenen Nerven Muskeln innervieren, werden die motorischen Fähigkeiten der Patienten ganz erheblich beeinträchtigt.

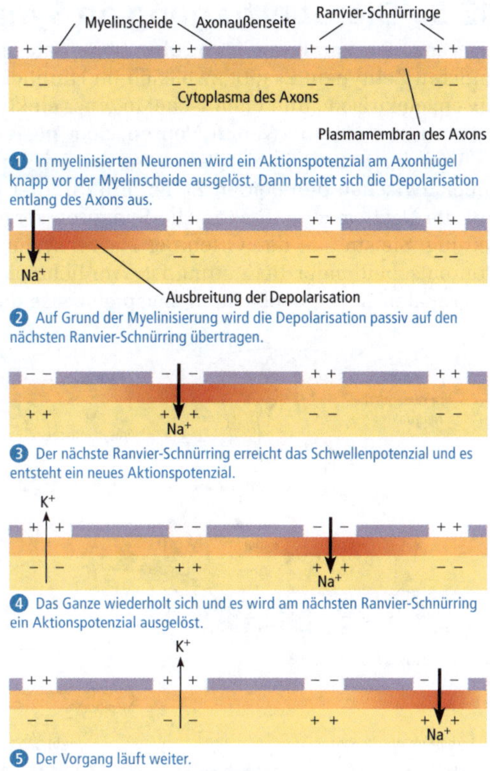

Abbildung 12.9: Die Übertragung eines Aktionspotenzials auf einem myelinisierten Axon. In einem myelinisierten Axon können Aktionspotenziale nur an den Ranvier-Schnürringen erzeugt werden. Durch die Myelinisierung und die strukturelle Organisation der Schnürringe kann hier durch die konzentrierten Natriumkanäle eine größere Menge Natrium einströmen. Die resultierende Depolarisation kann sich entlang des Axons wesentlich schneller und weiter ausbreiten als dies ohne Myelin der Fall wäre. Das Ergebnis ist eine Welle von Depolarisations-Repolarisations-Ereignissen, die von einem Ranvier-Schnürring zum nächsten auf dem Axon weiterspringt.

Die Ranvier-Schnürringe sind hoch organisierte Strukturen. Sie sorgen für einen engen Kontakt zwischen den Myelinringen der Membran der Gliazellen im ZNS oder der Schwann-Zellen im PNZ und der Plasmamembran der myelinisierten Axone. Drei verschiedene Regionen sind mit diesen spezialisierten Kontaktstellen assoziiert. Im Ranvier-Schnürring sind spannungsgesteuerte Natriumkanäle konzentriert lokalisiert. In den benachbarten Regionen, den sogenannten paranodalen Regionen (*para-* bedeutet „nahe bei") enthalten die Axonmembranen und die Gliazellmembranen spezialisierte Andock-Proteine, die denen der Septate Junctions (Septumsverbindungen) ähneln (siehe *Kapitel 16*). Schließlich gibt es in der Region neben den paranodalen Regionen, in den sogenannten juxtaparanodalen Regionen (*juxta-* bedeutet „neben"), sehr viele Kaliumkanäle (▸*Abbildung 12.8b*). Die strukturelle Anordnung der Ranvier-Schnürringe verhindert in den Regionen um die Ranvier-Schnürringe die freie Bewegung der Natrium- und Kaliumkanäle in der Plasmamembran des Axons.

12.5 Die Übertragung an Synapsen

Nervenzellen kommunizieren über Synapsen untereinander und mit Drüsen, Muskeln und vielen anderen Zelltypen. Es gibt zwei sich im Hinblick auf ihre Struktur unterscheidende Typen von Synapsen, elektrische und chemische. In einer **elektrischen Synapse** ist ein Neuron, das **präsynaptische Neuron**, mit einem zweiten Neuron, dem **postsynaptischen Neuron** über Gap Junctions verknüpft (▸*Abbildung 12.10*; in *Kapitel 16* werden wir im Detail auf Gap Junctions eingehen). Wenn sich die Ionen zwischen den beiden Zellen hin und her bewegen, überträgt sich die Depolarisierung passiv auf die Nachbarzelle. Elektrische Synapsen sorgen praktisch ohne jede Verzögerung für die Weiterleitung. Sie sind an den Orten des Nervensystems lokalisiert, an denen eine hohe Geschwindigkeit von entscheidender Bedeutung ist. Ähnliche elektrische Verbindungen kann man zwischen nichtneuronalen Zellen beobachten, beispielsweise den Herzmuskelzellen (siehe *Kapitel 15*).

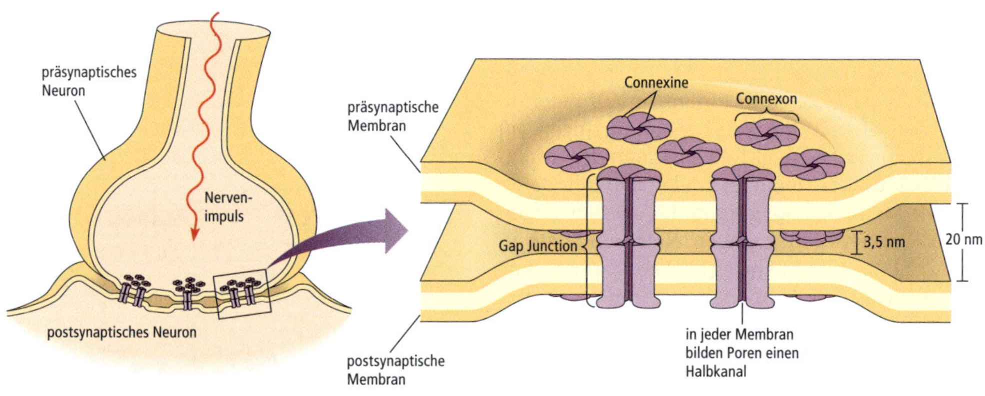

Abbildung 12.10: Eine elektrische Synapse. (a) In den elektrischen Synapsen sind die präsynaptischen und die postsynaptischen Neuronen über Gap Junctions verknüpft, durch die kleine Moleküle und Ionen frei vom Cytosol der einen Zelle in das Cytosol der Nachbarzellen fließen können. Wenn ein Aktionspotenzial auf der präsynaptischen Seite einer elektrischen Synapse ankommt, breitet sich auf Grund des Stroms positiv geladener Ionen die Depolarisierung passiv über die Gap Junction aus. (b) Die Gap Junction besteht aus einer Reihe von Kanälen. Ein Kanal setzt sich aus sechs Proteinuntereinheiten zusammen. Eine Proteinuntereinheit wird als Connexin bezeichnet. Die Gesamtheit aller sechs Proteinuntereinheiten bildet ein Connexon (einen Hemikanal). Zwei Connexons, eins in der präsynaptischen Membran und das andere in der postsynaptischen Membran, bilden eine Gap Junction.

In einer **chemischen Synapse** sind die präsynaptischen und die postsynaptischen Neuronen nicht über Gap Junctions direkt miteinander verbunden (▸*Abbildung 12.11*), wohl aber über Zelladhäsionsproteine (auf die wir in *Kapitel 16* eingehen werden). Stattdessen ist die präsynaptische Membran durch einen kleinen Zwischenraum von ungefähr 20–50 nm von der postsynaptischen Membran getrennt, den sogenannten **synaptischen Spalt**. Ein Nervensignal, das an den Enden des präsynaptischen Neurons ankommt, kann als elektrischer Impuls nicht den synaptischen Spalt überqueren. Damit eine synaptische Übertragung erfolgen kann, muss das elektrische Signal am präsynaptischen Neuron in ein chemisches Signal umgewandelt werden, das ein Neurotransmitter transportiert. Neurotransmittermoleküle werden in den synaptischen Terminalen des präsynaptischen Neurons gespeichert. Ein an der Axonterminale ankommendes Aktionspotenzial bewirkt, dass der Neurotransmitter in den synaptischen Spalt ausgeschüttet wird und dort diffundiert. Die Neurotransmittermoleküle binden dann an spezifische Proteine, die in die Plasmamembran des präsynaptischen Neurons eingebettet sind *(Rezeptoren)* und werden wieder in elektrische Signale zurückverwandelt. Dadurch wird eine Sequenz von Ereignissen ausgelöst, die je nach Synapse entweder zur Anregung oder Hemmung eines Aktionspotenzials im postsynaptischen Neuron führt.

Neurotransmitterrezeptoren teilt man in zwei große Gruppen ein: *ligandengesteuerte Ionenkanäle* (manchmal werden sie auch als *ionotropische Rezeptoren* bezeichnet). In diesen wirkt sich die Aktivierung direkt auf die Zelle aus. Zum zweiten gibt es Rezeptoren, die indirekt, über ein System intrazellulärer Botenstoffe (manchmal werden sie auch als *metabotropische Rezeptoren* bezeichnet, ▸*Abbildung 12.12*) wirken. Die zweite Gruppe von Rezeptoren werden wir in *Kapitel 13* besprechen, hier konzentrieren wir uns auf *ligandengesteuerte Kanäle).* Diese Membranionenkanäle öffnen sich als Antwort auf die Bindung eines Neurotransmitters und können dann entweder exzitatorische oder inhibitorische Antworten in der postsynaptischen Zelle auslösen.

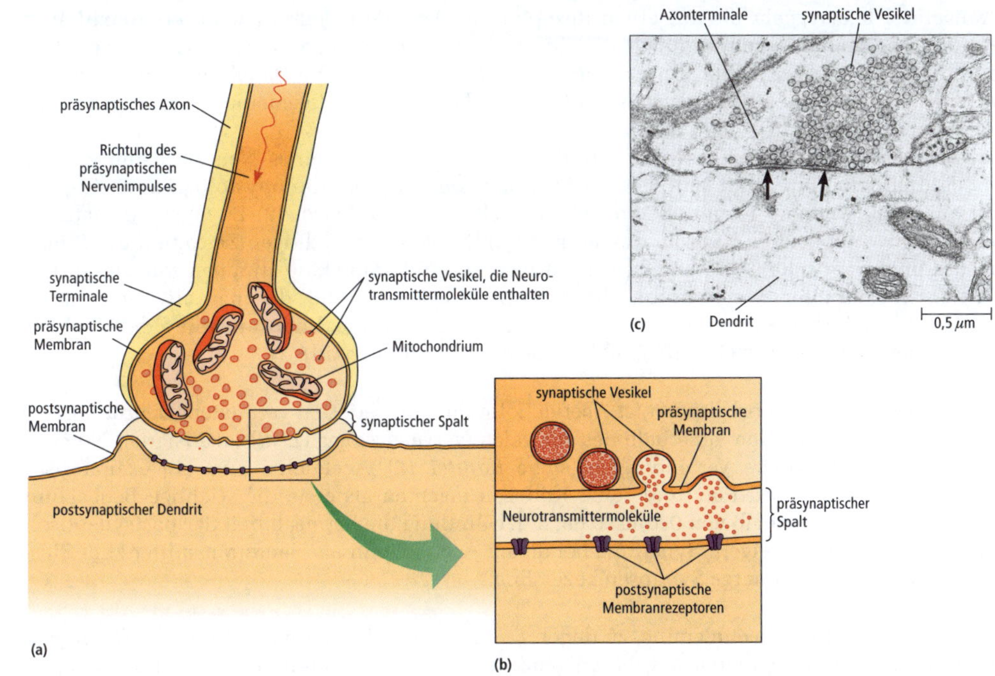

Abbildung 12.11: Eine chemische Synapse. (a) Wenn ein Nervenimpuls vom präsynaptischen Axon die Synapse erreicht (roter Pfeil), führt dies in der synaptischen Axonterminale zur Verschmelzung der synaptischen Vesikel, die mit Neurotransmitter gefüllt sind, mit der präsynaptischen Membran, wodurch deren Inhalt in den synaptischen Spalt freigesetzt wird. (b) Die Neurotransmittermoleküle diffundieren durch den Spalt von der präsynaptischen (axonalen) Membran zur postsynaptischen (dendritischen) Membran, wo sie an spezifische Membranrezeptoren binden und die Polarisierung der Membran ändern; entweder wird die postsynaptische Zelle angeregt oder gehemmt. (c) Elektronenmikroskopische Aufnahme einer Synapse (TEM). Die Pfeile zeigen auf die postsynaptische Stelle, wo Membranrezeptoren und andere Proteine ein Cluster bilden.

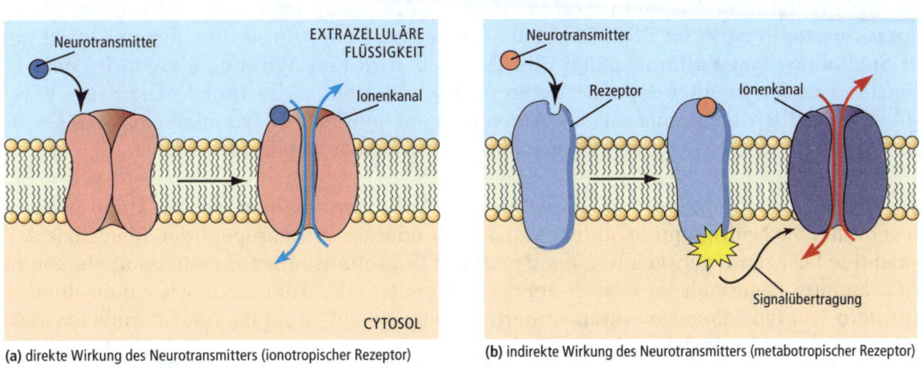

(a) direkte Wirkung des Neurotransmitters (ionotropischer Rezeptor) **(b)** indirekte Wirkung des Neurotransmitters (metabotropischer Rezeptor)

Abbildung 12.12: Verschiedene Rezeptortypen, die als chemische Synapsen dienen. (a) Direkte Wirkung des Neurotransmitters. Ionotropische Rezeptoren wirken direkt als Ionenkanäle. Wenn sie an einen Neurotransmitter binden, durchlaufen sie eine Konformationsänderung und Ionen können hindurchfließen. (b) Indirekte Wirkung des Neurotransmitters. Wenn metabotropische Rezeptoren an Neurotransmitter binden, setzen sie eine Signalkaskade in Gang, die indirekt zur Öffnung eines Ionenkanals führt. Da sie indirekt wirken, erzielen metabotropische Rezeptoren ihre Wirkung langsamer als ionotropische Rezeptoren.

12.5.1 Neurotransmitter übertragen Signale an Nervensynapsen

Im Grunde ist jedes, von einem Neuron freigesetzte Signalmolekül ein Neurotransmitter. Viele Arten von Molekülen übernehmen die Funktion von Neurotransmittern. Die meisten werden über einen spezifischen Rezeptortyp von der postsynaptischen Zelle wahrgenommen. Die meisten Neurotransmitter haben mehr als nur einen Rezeptortyp. Wenn ein Neurotransmittermolekül an seinen Rezeptor bindet, verändern sich die Eigenschaften des Rezeptors und das postsynaptische Neuron reagiert entsprechend. Ein *exzitatorischer Rezeptor* löst eine Depolarisation des postsynaptischen Neurons aus, während ein *inhibitorischer Rezeptor* im Allgemeinen eine Hyperpolarisation der postsynaptischen Zelle bewirkt.

Zwar gibt es unterschiedliche Definitionen zur Beschreibung eines Neurotransmitters, doch müssen drei Kriterien erfüllt sein: (1) Der Neurotransmitter muss die physiologisch richtige Antwort auslösen, wenn er in den synaptischen Spalt freigesetzt wird. (2) Er muss auf natürliche Weise im präsynaptischen Neuron vorkommen. (3) Er muss zum richtigen Zeitpunkt der Stimulation des präsynaptischen Neurons freigesetzt werden. Viele Moleküle stimmen mit diesen Kriterien überein, darunter Acetylcholin, eine Gruppe biogener Amine, die man als Catecholamine bezeichnet, bestimmte Aminosäuren und deren Derivate, Peptide, Endocannabinoide, Nucleotide wie zum Beispiel ATP und Gase (beispielsweise Stickstoffmonooxid).

Acetylcholin Bei den Wirbeltieren ist Acetylcholin der am weitesten verbreitete Neurotransmitter für Synapsen zwischen den außerhalb des zentralen Nervensystems (ZNS) lokalisierten Neuronen, sowie für neuromuskuläre Verbindungen (siehe *Kapitel 15*). Acetylcholin ist ein exzitatorischer Neurotransmitter. Bernard Katz und seine Kollegen machten als erste die wichtige Beobachtung, dass Acetylcholin innerhalb von 0,1 msec nach der Bindung die Permeabilität der postsynaptischen Membran für Natrium steigert. Synapsen, bei denen Acetylcholin als Neurotransmitter zum Einsatz kommt, werden als **cholinerge Synapsen** bezeichnet.

Catecholamine Die Catecholamine, zu denen *Dopamin* und die Hormone *Adrenalin (Epinephrin)* und *Noradrenalin (Norepinephrin)* gehören, sind Derivate der Aminosäure Tyrosin. Da die Catecholamine hauptsächlich in der Nebenniere (Glandula adrenalis) synthetisiert werden, bezeichnet man die Synapsen, bei denen sie verwendet werden, als **adrenerge Synapsen**. Adrenerge Synapsen kommen in den Verbindungen zwischen Nerven und glatter Muskulatur in den inneren Organen vor, beispielsweise im Darm sowie in den Verbindungen zwischen den Nerven im Gehirn. In *Kapitel 13* werden wir uns mit der Wirkungsweise adrenerger Hormone beschäftigen.

Aminosäuren und deren Derivate Zu den Neurotransmittern gehören auch Aminosäuren und deren Derivate, darunter *Histamin*, *Serotonin* und *γ-Aminobuttersäure (GABA)* sowie *Glycin* und *Glutamat*. Serotonin wirkt im ZNS. Es gilt als anregender Neurotransmitter, denn es wirkt indirekt an der Schließung von Kaliumkanälen mit. Dadurch wird eine Wirkung erzielt, die dem Öffnen von Natriumkanälen in einer depolarisierten postsynaptischen Zelle ähnelt. Allerdings wirkt sich der Effekt wesentlich langsamer aus als Antworten auf geöffnete Natriumkanäle. GABA und Glycin sind inhibitorische Neurotransmitter, während Glutamat exzitatorisch wirkt.

Neuropeptide Durch proteolytische Spaltung von Vorläuferproteinen werden kurze Aminosäureketten gebildet, die **Neuropeptide** bilden. Man hat Hunderte von Neuropeptiden identifiziert. Einige Neuropeptide besitzen Eigenschaften, die denen der Neurotransmitter ähneln, denn sie können die Aktivität anderer Neuronen im Gehirn anregen, hemmen oder verändern. Sie unterscheiden sich aber insofern von typischen Neurotransmittern als dass sie auf Gruppen von Neuronen wirken und diese Wirkung langfristig erhalten bleibt.

Zu den Neuropeptiden gehören unter anderem *Enkephaline*, die auf natürliche Weise im Säugetiergehirn synthetisiert werden und die Aktivität von Neuronen in den Gehirnregionen hemmen, in denen die Schmerzwahrnehmung lokalisiert ist. Die Veränderung der neuronalen Aktivität durch diese Neuropeptide scheint dem Phänomen zugrunde zu liegen, dass Individuen, die unter großem Stress leiden oder unter Schock stehen, keinen Schmerz empfinden. Die schmerzstillende

Wirkung von Medikamenten wie Morphin, Codein, Demerol und Heroin beruht auf ihrer Fähigkeit, an die Stellen im Gehirn anzudocken, auf die normalerweise Enkephaline abzielen.

Weitere, von Synapsen freigesetzte Substanzen sind die Lipidderivate, die man als *Endocannabinoide* bezeichnet, welche die Aktivität präsynaptischer Neuronen hemmen. Der wichtigste Endocannabinoidrezeptor des Gehirns wird auch von Tetrahydrocannabinol oder THC angeregt. Diese Substanz ist in den Pflanzen der Gattung *Cannabis* enthalten. Marihuana ist ein Derivat der Blätter der Spezies *Cannabis sativa* und seine Wirkung beruht auf THC.

12.5.2 Calcium regt die Sekretion von Neurotransmittern aus präsynaptischen Neuronen an

Die Sekretion von Neurotransmittern durch die präsynaptische Zelle wird direkt über die Konzentration von Calciumionen in der synaptischen Axonterminale gesteuert (▸*Abbildung 12.13*). Jedes ankommende Aktionspotenzial bewirkt die Depolarisation der präsynaptischen Membran durch einen kurzzeitigen Anstieg der Calciumkonzentration in der synaptischen Axonterminale. Dies beruht darauf, dass in der präsynaptischen Membran **spannungsgesteuerte Calciumkanäle** geöffnet werden. Normalerweise ist die Zellmembran recht undurchlässig für Calciumionen, sodass die Calciumkonzentration im Cytosol niedrig bleibt (ungefähr 0,1 μM). Allerdings liegt über der Membran ein sehr hoher Calciumgradient vor, denn die Calciumkonzentration außerhalb der Zelle ist ungefähr 10.000-mal höher als im Cytosol. Daher werden die Calciumionen in die Zelle hineinströmen, wenn sich Calciumkanäle öffnen.

Neurotransmittermoleküle sind in kleinen, membranumhüllten **neurosekretorischen Vesikeln** in den synaptischen Axonterminalen gespeichert (siehe *Abbildung 12.13*). Der Calciumstrom durch spannungsgesteuerte Calciumkanäle in die synaptische Axonterminale hat zwei sehr wichtige Auswirkungen auf die neurosekretorischen Vesikel. Erstens, die gespeicherten Vesikel werden zur raschen Freisetzung mobilisiert. Zweitens, die zur Freisetzung vorbereiteten Vesikel docken schnell an die präsynaptische Plasmamembran an und fusionieren mit ihr. Währenddessen bewegt sich die Membran eines Vesikels dicht an die Plasmamembran der Axonterminale heran, mit der es verschmilzt. Daraufhin wird der Inhalt des Vesikels freigesetzt. Diesen Vorgang werden wir uns genauer anschauen.

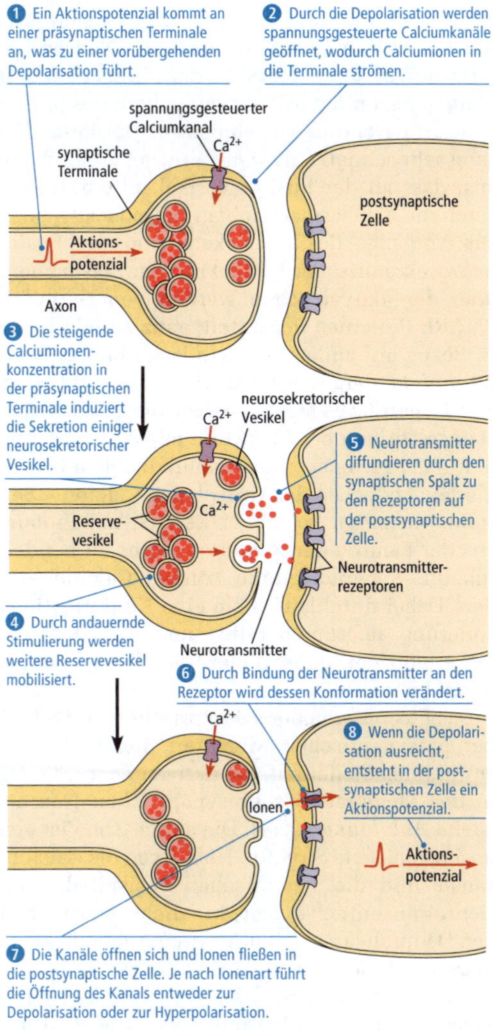

Abbildung 12.13: Synaptische Übertragung. Wenn ein Aktionspotenzial an der präsynaptischen Axonterminale ankommt, werden spannungsgesteuerte Calciumkanäle geöffnet. Infolge der erhöhten Calciumkonzentration kommt es zur Freisetzung eines Neurotransmitters, der durch den synaptischen Spalt diffundiert und auf der postsynaptischen Zelle an seinen Rezeptor bindet. Die daraus resultierende Depolarisation löst ein Aktionspotenzial aus.

12.5.3 Die Sekretion der Neurotransmitter erfolgt über Andocken und Fusion von Vesikeln mit der Plasmamembran

Damit der Neurotransmitter an einer postsynaptischen Zelle wirken kann, muss er über einen Vorgang, den man als Exocytose bezeichnet (siehe *Kapitel 11* für eine genauere Darstellung der Exocytose), freigesetzt werden. Hierbei verschmilzt das neurosekretorische Vesikel mit der Plasmamembran und der Inhalt des Vesikels wird in den synaptischen Spalt freigesetzt.

Wenn ein Aktionspotenzial an einem Axonende ankommt und das Öffnen spannungsgesteuerter Calciumkanäle auslöst, strömt Calcium in die synaptische Axonterminale ein. Neurosekretorische Vesikel in der Nähe der Plasmamembran können jetzt mit der Plasmamembran des präsynaptischen Neurons verschmelzen. Da dieser Vorgang sehr schnell ablaufen kann, geht man davon aus, dass an der Fusion Vesikel mitwirken, die bereits an die Plasmamembran „angedockt" haben. Die Vorgänge des Andockens und der Fusion neurosekretorischer Vesikel mit der Plasmamembran der aktiven Zone werden von t- und v-SNARE-Proteinen vermittelt, ganz so wie wir es in Bezug auf andere exocytotische Ereignisse in *Kapitel 11* dargestellt haben (siehe ▸*Abbildung 12.14*; spezifische Mechanismen, die an den Andockungsschritten der Exocytose mitwirken, werden in *Kapitel 11* genauer dargestellt). Bei dem koordinierten Andocken der Vesikel sind Calcium-„Sensoren" beteiligt, bei denen es sich um Proteine aus der Familie der *Synaptotagmine* zu handeln scheint. Synaptotagmine können Calcium binden. Dabei durchlaufen sie eine Konformationsänderung, aufgrund der die t- und v-SNARE-Komplexe effizient miteinander in Wechselwirkung treten können.

Das Fusionieren der sekretorischen Vesikel mit der präsynaptischen Membran findet an einer bestimmten Stelle statt, der **aktiven Zone**. Sie liegt in der Membran des präsynaptischen Neurons (siehe *Abbildung 12.14*). Die aktive Zone ist eine hochorganisierte Struktur. Hier liegen die Calciumkanäle und die synaptischen Vesikel, die ihre Neurotransmitter freisetzen, dicht nebeneinander. Dadurch lässt sich das extrem schnelle Fusionieren angedockter Vesikel mit der präsynaptischen Plasmamembran erklären, wenn das Neuron angeregt wird. Zwei bekannte und potenziell tödlich verlaufende Erkrankungen des Menschen beruhen auf Störungen der Mechanismen des Andockens von Vesikeln an die Membran und der Fusion mit der Membran. Sowohl Tetanus (Wundstarrkrampf) als auch Botulismus (Fleischvergiftung) gehen auf die Wechselwirkung von **Neurotoxinen** mit dem Andocken von Vesikeln und der Freisetzung von deren Inhalt zurück. *Tetanusto-*

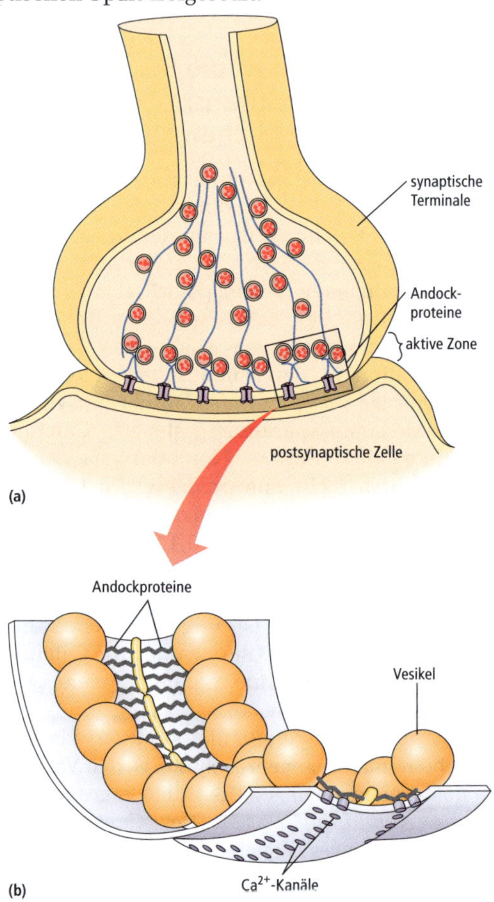

Abbildung 12.14: Andocken synaptischer Vesikel an die Plasmamembran eines präsynaptischen Neurons. Als Antwort auf eine erhöhte Calciumkonzentration im präsynaptischen Neuron gehen einige synaptische Vesikel eine feste Verbindung mit der Plasmamembran ein (oder docken an diese an). Wenn sich nahegelegene Calciumkanäle öffnen, verschmelzen diese angedockten Vesikel mit der Plasmamembran und setzen ihren Inhalt frei. (b) Die Zeichnung beruht auf einer TEM-Rekonstruktion der aktiven Zone eines motorischen Neurons eines Frosches. Die angedockten Vesikel sind in Reihen angeordnet und über einen Komplex aus Proteinen verbunden, die mit dem Andocken assoziiert sind. Die Calciumkanäle befinden sich unmittelbar unterhalb der Vesikel.

xine verhindern die Freisetzung von Neurotransmittern aus inhibitorischen Neuronen im Rückgrat. Dies führt zu unkontrollierter Muskelkontraktion (aus diesem Grund hat man Tetanus auch im Volksmund als „Wundstarrkrampf" bezeichnet). Das *Botulinumtoxin* verhindert die Freisetzung von Neurotransmittern aus motorischen Neuronen. Dies führt zu Muskelschwäche und Lähmung.

Bitte rufen Sie sich aus *Kapitel 11* in Erinnerung, dass die Exocytose von Vesikeln mit dem Einbau der Vesikelmembran in die Plasmamembran einhergeht. Wenn Neuronen in schneller Abfolge viele neurosekretorische Vesikel freisetzen, dann kann das potenziell zur Anhäufung übergroßer Membranmengen in der präsynaptischen Nervenendigung führen. Neuronen lösen dieses Problem mit Hilfe der *kompensatorischen Endocytose*. Der Mechanismus der kompensatorischen Endocytose beruht auf der Bildung Clathrin-abhängiger Vesikel (*Kapitel 11*). Sie ermöglichen ein Recycling von Membranen und dadurch gelingt es ihnen, die Größe des terminalen Nervs zu erhalten.

In Fällen, in denen Neuronen sehr schnell feuern müssen, können sie sich einer noch schnelleren Methode zur Freisetzung von Neurotransmittern bedienen, der sogenannten *Kiss-and-run-Exocytose*. Bei diesem Mechanismus verschmelzen die Vesikel nicht mit der Membran, sondern geben ihre Neurotransmitter über eine winzige Öffnung in beiden Membranen (Vesikel und Neuron) in den synaptischen Spalt ab. Das Vesikel schließt sich dann schnell wieder, ohne den weiteren Schritt der vollständigen Fusion mit der Plasmamembran zu vollziehen.

12.5.4 Neurotransmitter werden von spezifischen Rezeptoren in postsynaptischen Membranen erkannt

Wenn Neurotransmitter an einer Synapse ausgeschieden werden, dann muss die postsynaptische Zelle deren Gegenwart erkennen. Typischerweise wird für diese Antwort ein *Proteinrezeptor* benötigt, an den der Neurotransmitter bindet und die Antwort des postsynaptischen Neurons auslöst. Die verschiedenen Neurotransmitter binden an spezifische Rezeptoren. In *Kapitel 13* werden wir uns eingehender mit Rezeptoren beschäftigen. Hier stellen wir nun mehrere gut untersuchte Rezeptoren vor, die spezifisch an der synaptischen Übertragung beteiligt sind.

Der nikotinische Acetylcholinrezeptor Ein Rezeptortyp, an den Acetylcholin bindet, ist ein ligandengesteuerter Natriumkanal, der sogenannte *nikotinische Acetylcholinrezeptor (nAchR)*. (Die Bezeichnung „nikotinisch" beruht auf der Wirkung von Acetylcholin auf diesen Rezeptor, der auch durch Nikotin aktiviert werden kann; muscarinische AchRs, die auch von Acetylcholin aktiviert werden, werden von dem Pilzgift Muscarin aktiviert und nicht von Nikotin.) Wenn zwei Acetylcholinmoleküle eine Bindung mit dem Rezeptor eingehen, dann öffnet sich der Kanal und Natriumionen können in das postsynaptische Neuron einströmen, wodurch eine Depolarisation ausgelöst wird.

Wir verdanken unser Wissen über den nAchR besonders den vielen Untersuchungen am elektrischen Organ des Zitterrochens *(Torpedo californica)*. Das elektrische Organ dieses Fischs besteht aus *Elektroplaxen* – Zellstapeln, die nur auf einer Seite mit Nerven durchzogen sind. Die nervenreiche Seite des Stapels kann als Antwort auf einen Stimulus eine Ladungsänderung von ungefähr –90 mV auf etwa +60 mV erfahren, während die nicht von Nerven durchzogene Seite bei –90 mV bleibt. Daher kann an der Spitze eines Aktionspotenzials über einem einzelnen Elektroplax durchaus eine Potenzialdifferenz von circa 150 mV aufgebaut werden. Da das elektrische Organ Tausende dieser in Serie geschalteten Elektroplaxe enthält, addieren sich deren Spannungen, sodass der Zitterrochen Spannungen bis zu 1.000 Volt mit einer Stromstärke von bis zu 50 A ans umgebende Wasser abgeben kann. Der räuberische Zitterrochen nutzt diese Stromschläge, um Beutetiere zu lähmen.

Bei der Untersuchung unter dem Elektronenmikroskop stellt man fest, dass Elektroplaxmembranen sehr viele rosettenförmige Partikel mit einem Durchmesser von 8 nm enthalten (▸ *Abbildung 12.15a*). Diese Partikel sind die nikotinischen Acetylcholinrezeptoren.

Die biochemische Aufreinigung des Acetylcholinrezeptors gelang vor allem durch Verwendung mehrerer Neurotoxine aus Schlangengiften, darunter *α-Bungarotoxin* und *Cobratoxin*. Diese Neurotoxine dienen als hoch spezifische Hilfsmittel zur Lokalisierung und Quantifizierung von nAchRs, denn man kann sie gut radioaktiv markieren, und da sie fest und spezifisch an das Rezeptorprotein binden, wird dieses radioaktiv markiert. Andere Neurotoxine wirken auf synaptische Komponenten.

Der gereinigte nAchR hat ein Molekulargewicht von ungefähr 300.000 und setzt sich aus vier Typen von Untereinheiten zusammen: α-, β-, γ- und δ-Untereinheit. Jede Untereinheit enthält circa 500 Aminosäuren (▸*Abbildung 12.15b, c*). Diese Rezeptoren spielen eine Schlüsselrolle bei der Übertragung von Nervenimpulsen an Muskelzellen der Skelettmuskulatur. In einigen Fällen entwickeln Menschen eine Autoimmunantwort gegen ihre eigenen Acetylcholinrezeptoren (mit anderen Worten, ihr Immunsystem greift ihre eigenen Rezeptoren an). Die Betroffenen leiden dann an einer Erkrankung, die man als *Myasthenia gravis* bezeichnet, eine degenerative Muskelschwäche, die auch bei Hunden vorkommen kann.

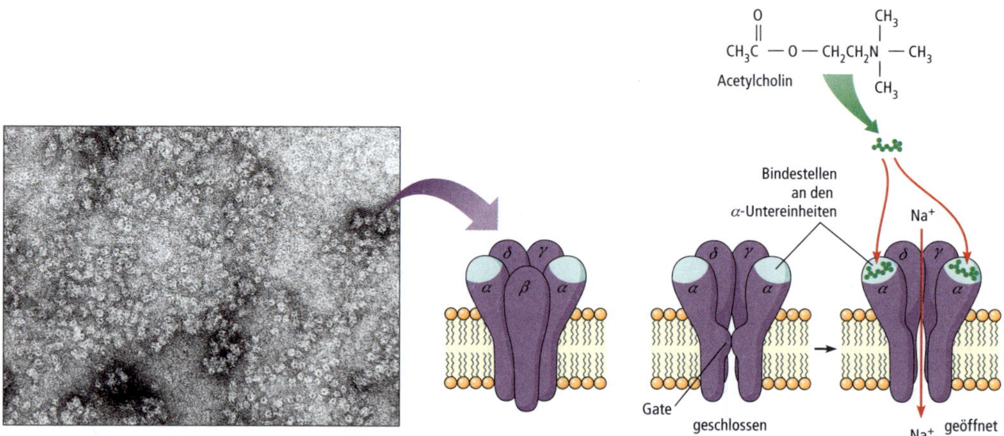

(a) Acetylcholinrezeptoren in der Membran eines Elektroplax (b) Struktur des Rezeptors (c) Funktion des Rezeptors

Abbildung 12.15: Der nikotinische Acetylcholinrezeptor. Der nikotinische Acetylcholinrezeptor (nAchR) ist ein wichtiger exzitatorischer Rezeptor des zentralen Nervensystems. (a) Diese mikroskopische Aufnahme der postsynaptischen Membran eines Elektroplax zeigt die rosettenähnlichen nAchR-Partikel (TEM). (b) Der nAchR besteht aus fünf Untereinheiten, darunter zwei α-Untereinheiten mit den Bindestellen für Acetylcholin und jeweils eine β-, γ- und δ-Untereinheit. Die Untereinheiten aggregieren in der Lipiddoppelschicht, sodass die Transmembrananteile einen Kanal bilden. (c) Der Kanal (hier wird die β-Untereinheit nicht dargestellt) ist normalerweise geschlossen. Wenn das Acetylcholin an die beiden Bindungsstellen auf den α-Untereinheiten bindet, ändert sich die Konformation der Untereinheiten, sodass sich der Kanal öffnet und Natriumionen einströmen können.

Der GABA-Rezeptor Der γ-Aminobuttersäure-Rezeptor (GABA-Rezeptor) ist ein ligandengesteuerter Kanal. Im geöffneten Zustand ist er für Chloridionen durchlässiger als für Natriumionen. Da Chloridionen normalerweise in der Umgebung eines Neurons in höherer Konzentration vorkommen (siehe *Tabelle 12.1*), strömen nach Öffnung eines GABA-Rezeptorkanals überwiegend Chloridionen in das postsynaptische Neuron, wodurch dieses hyperpolarisiert wird. Die Hyperpolarisation der postsynaptischen Membran mindert die Wahrscheinlichkeit, dass im postsynaptischen Neuron ein Aktionspotenzial initiiert wird. *Benzodiazepin-haltige Medikamente*, wie beispielsweise Valium und Librium, können die Wirkung von GABA auf seinen Rezeptor intensivieren. Darauf beruht vermutlich die beruhigende Wirkung dieser Medikamente.

12.5.5 Neurotransmitter müssen bald nach ihrer Freisetzung schnell inaktiviert werden

Damit Neuronen Signale auch effektiv übertragen können, ist das Abstellen des Reizes ebenso wichtig wie das Anschalten. Ganz gleich ob es sich um anregende oder hemmende Reize handelt, nachdem der Neurotransmitter ausgeschüttet wurde, muss er schnell aus dem synaptischen Spalt entfernt werden. Sollte dies nicht geschehen, dann würde die Stimulierung oder Hemmung eines postsynaptischen Neurons unverhältnismäßig verlängert werden, sogar ohne Aussenden weiterer

Signale seitens der präsynaptischen Neuronen. Im Fall von Acetylcholin muss zum Beispiel das überschüssige Acetylcholin hydrolysiert werden, um das Ruhepotenzial der präsynaptischen Membran wieder herzustellen. Geschieht dies jedoch nicht, so treten gewaltige Probleme auf.

Zwei spezifische Mechanismen werden zur Entfernung von Neurotransmittern aus dem synaptischen Spalt eingesetzt: Abbau zu inaktiven Molekülen oder Wiederaufnahme in die präsynaptische Axonterminale. Den ersten Mechanismus werden wir am Beispiel von Acetylcholin darstellen. Das Enzym Acetylcholinesterase hydrolysiert Acetylcholin zu Essigsäure (oder Acetat) und Cholin. Beide Substanzen stimulieren den Acetylcholinrezeptor nicht mehr. Purinnucleotid-Neurotransmitter werden gleichfalls von spezifischen Enzymen abgebaut. Die zweite, sehr häufig eingesetzte Methode zur Beendigung einer synaptischen Übertragung ist die **Neurotransmitter-Wiederaufnahme**. Bei der Wiederaufnahme werden Neurotransmitter in die präsynaptischen Axonterminale oder nahe gelegene unterstützende Zellen zurücktransportiert (in *Kapitel 7* haben Sie den Pumpmechanismus bereits kennengelernt). Die Wiederaufnahme des Neurotransmitters kann sehr schnell vor sich gehen. Die Synapsen einiger Neuronen können innerhalb von nur einer Millisekunde von allen Neurotransmittern bereinigt werden. Die Wirkung einiger Antidepressiva beruht auf der Blockierung der Aufnahme spezifischer Neurotransmitter. Zum Beispiel blockiert Prozac (Wirkstoff: Fluoxetin) die Wiederaufnahme von Serotonin. Dies führt zum lokalen Anstieg der Serotoninkonzentration und anhaltender Stimulation der entsprechenden Rezeptoren.

12.6 Integration und Prozessierung von Nervensignalen

Wenn ein Signal über eine Synapse gesandt wird, baut sich nicht automatisch ein Aktionspotenzial in der postsynaptischen Zelle auf. Somit handelt es sich nicht einfach um eine Eins-zu-eins-Umsetzung von Aktionspotenzialen, die an einer präsynaptischen Axonterminale ankommen zu Aktionspotenzialen, die an einem postsynaptischen Neuron initiiert werden. Ein einzelnes Aktionspotenzial kann zwar zur Folge haben, dass genügend Neurotransmitter abgegeben wird, um eine nachweisbare Depolarisation der postsynaptischen Membran herbeizuführen, doch muss das noch lange nicht für ein Aktionspotenzial in der postsynaptischen Zelle ausreichen. Erst wenn die Depolarisation der postsynaptischen Membran stark genug ist, um das Schwellenpotenzial am Axonhügel zu überschreiten, wird ein Aktionspotenzial am postsynaptischen Neuron ausgelöst. Diese modulierende Wirkung auf das Potenzial mit zunehmender Neurotransmitterausschüttung, die auf der zunehmenden Bindung von Neurotransmittern beruht, bezeichnet man als *postsynaptische Potenziale (PSPs*, engl.: *postsynaptic potentials)*. Im Fall eines erregenden Neurotransmitters kommt es zu dem sogenannten **exzitatorischen postsynaptischen Potenzial (EPSP)**. Entsprechend verhält es sich im Fall eines hemmenden Neurotransmitters. Dieser hyperpolarisiert geringfügig das postsynaptische Neuron und wird als **inhibitorisches postsynaptisches Potenzial (IPSP)** bezeichnet.

Soll nun ein präsynaptisches Neuron ein postsynaptisches Neuron zur Bildung eines Aktionspotenzials anregen, so muss das EPSP so stark ansteigen, dass das Schwellenpotenzial der postsynaptischen Membran erreicht wird. Im Folgenden werden wir uns die beiden Mechanismen anschauen, mit deren Hilfe EPSPs dies erreichen.

12.6.1 Neuronen können Signale von anderen Neuronen durch zeitliche und räumliche Summation integrieren

Ein einzelnes Aktionspotenzial baut nur ein kurzzeitiges EPSP auf. Wenn allerdings zwei Aktionspotenziale schnell nacheinander am präsynaptischen Neuron abgefeuert werden, dann bleibt dem postsynaptischen Neuron keine Zeit, um sich von dem ersten EPSP zu erholen, bevor es das zweite EPSP empfängt. Aus diesem Grund wird das postsynaptische Neuron stärker depolarisiert. Eine schnelle Folge von Aktionspotenzialen summiert mit der Zeit EPSPs und treibt das postsynaptische Neuron an seinen Schwellenwert. Diesen Vorgang bezeichnet man als *zeitliche Summation*.

Im Allgemeinen reichen die Mengen von Neurotransmittern, die in Folge eines Aktionspotenzials an einer einzigen Synapse freigesetzt werden, nicht aus, um in der postsynaptischen Zelle ein

Aktionspotenzial aufzubauen. Wenn viele Aktionspotenziale dazu führen, dass gleichzeitig viele Neurotransmitter freigesetzt werden, dann verstärken sich ihre Effekte und manchmal führt dies zu einer starken Depolarisation in der postsynaptischen Zelle. Diesen Vorgang bezeichnet man als *räumliche Summation*, denn das postsynaptische Neuron integriert die zahlreichen kleinen Depolarisationen, die an seiner Oberfläche ablaufen, zu einer einzigen großen Depolarisation.

12.6.2 Neuronen können sowohl erregende als auch hemmende Signale von anderen Neuronen integrieren

Postsynaptische Neuronen empfangen nicht nur Reize unterschiedlicher Stärke, sondern auch Signale exzitatorischer und inhibitorischer Neuronen gleichzeitig (▸*Abbildung 12.16*). Neuronen können wirklich Tausende synaptischer Signale von anderen Neuronen empfangen. Wenn diese verschiedenen Neuronen gleichzeitig feuern, dann wirken sie zusammen auf das Membranpotenzial des postsynaptischen Neurons. Somit ist ein einziges Neuron in der Lage, effektiv ankommende Signale (erregende oder hemmende) zu integrieren, indem es die EPSPs und IPSPs physikalisch summiert.

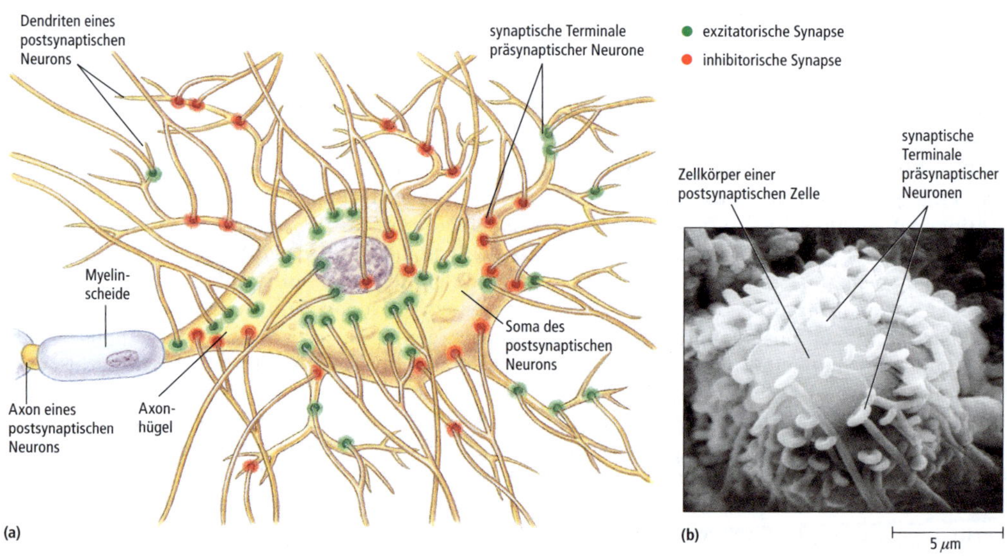

Abbildung 12.16: Integration synaptischer Signale. (a) Neuronen, vor allem des ZNS, empfangen Signale von Tausenden von Synapsen. Einige Signale sind erregend (grün), andere hemmend (rot). An dem Axonhügel eines solchen Neurons kann ein Aktionspotenzial erzeugt werden, wenn die Wirkung aller Aktionspotenziale, die von diesen Synapsen gebildet werden, eine Depolarisation oberhalb des Schwellenpotenzials herbeiführen. Sowohl die zeitliche als auch die räumliche Summierung tragen dazu bei, dass ein Aktionspotenzial aufgebaut wird. (b) Diese SEM zeigt, dass die synaptischen Enden vieler präsynaptischer Neuronen mit einem einzelnen postsynaptischen Neuron in Kontakt treten können.

Signaltransduktionsmechanismen II: Botenstoffe und Rezeptoren

13

ÜBERBLICK

13.1 Chemische Signale und zelluläre Rezeptoren

Alle Zellen verfügen über einen Mechanismus zur Wahrnehmung und Antwort auf spezifische chemische Signale. Beispielsweise tragen Prokaryoten Rezeptormoleküle in ihrer Plasmamembran, durch die sie auf Substanzen in ihrer Umgebung reagieren können. Der menschliche Körper hat Rezeptoren auf der Zunge und in der Nase, die chemische Substanzen in der Nahrung und der Luft wahrnehmen. Sogar die Zellen tierischer Embryos im Frühstadium der Entwicklung verfügen über eine ausgeklügelte Maschinerie zur Wahrnehmung von Veränderungen in ihrer Umgebung.

Zellen senden auch Signale aus. Ein Weg der Signalisierung besteht darin, Moleküle auf ihren Oberflächen zu präsentieren, die von speziellen Rezeptoren auf den Oberflächen anderer Zellen erkannt werden. Für diese Form der Zell-Zell-Kommunikation müssen die Zellen direkt miteinander in Kontakt treten. Alternativ kann eine Zelle chemische Signale abgeben, die von anderen Zellen erkannt werden, entweder in der näheren Umgebung oder in größerer Entfernung. In komplexen multizellulären Organismen ist es von größter Bedeutung, die verschiedenen Aktivitäten von Zellen oder Geweben zu regulieren und zu koordinieren, denn der gesamte Organismus ist in verschiedene Gewebe organisiert, die sich aus spezialisierten Zellen zusammensetzen. Des Weiteren können die spezifischen Funktionen dieser Zellen nur unter bestimmten physiologischen Umständen von besonderer Bedeutung sein, oder ein Gewebe hat die Aufgabe, in verschiedenen Situationen mehrere unterschiedliche Funktionen zu übernehmen. Häufig steuern multizelluläre Organismen die Aktivitäten spezialisierter Zellen durch Freisetzung chemischer Botenstoffe, dem Thema dieses Kapitels.

13.1.1 Zellen können verschiedene Typen chemischer Signale empfangen

Viele verschiedene Verbindungen können als chemische Botenstoffe fungieren (▸*Abbildung 13.1*). Häufig klassifiziert man Signalmoleküle nach der Entfernung, die zwischen dem Ort liegt, an dem sie synthetisiert werden, und dem/den Zielgewebe/n, auf die sie wirken. Einige Botenstoffe, zum Beispiel Hormone, wirken als *endokrine Signale* („endokrin" leitet sich von dem griechischen Wort für „ausscheiden in" ab). Sie werden in größerer Entfernung von ihren Zielgeweben synthetisiert und über das Kreislaufsystem zu ihren verschiedenen Wirkungsorten im Körper transportiert. Andere Signale wie Wachstumsfaktoren werden lokal abgegeben und verteilen sich in einem kleinen Bereich, wo sie auf nahe gelegene Gewebe wirken. Diese Signale bezeichnet man als *parakrine Signale* (von dem griechischen Wort *para*, das „neben" bedeutet). Wenn die Übertragungsentfernung von Signalen so gering ist, dass physikalischer Kontakt zwischen den Senderzellen und den Empfängerzellen notwendig ist, dann spricht man von *juxtakrinen Signalen*. Außerdem gibt es noch lokale Mediatoren, die auf die gleiche Zelle rückwirken, welche sie gebildet hat; diese Signale bezeichnet man als *autokrine Signale*.

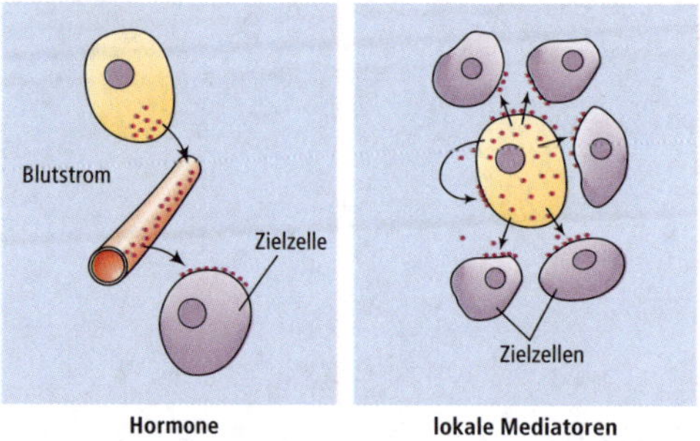

Abbildung 13.1: Zell-Zell-Signalisierung durch Hormone und lokale Mediatoren. Der Hauptunterschied zwischen den Klassen der Signalmoleküle ist die Entfernung, die das Molekül zurücklegt, bevor es auf seine Zielzelle oder auf sein Zielgewebe trifft. Endokrine Hormone werden vom Blutstrom transportiert. Lokale Mediatoren, beispielsweise Wachstumsfaktoren, können auf nahe gelegene Zellen wirken (parakrine Signale) oder auf die Zelle, die sie bildet (autokrine Signale). Obwohl viele Signalmoleküle an der Zelloberfläche wirken, gelangen einige hydrophobe Moleküle durch die Plasmamembran in ihre Zielzellen.

Nachdem ein Botenstoff sein Zielgewebe erreicht hat, bindet er an spezielle **Rezeptoren** auf der Oberfläche der Zielzellen. Dadurch wird der Signalisierungsvorgang, die Signaltransduktion, eingeleitet. Der logische und allgemeine Informationsfluss, über den die Signalisierung abläuft, wird in der ▸*Abbildung 13.2a* dargestellt. Ein Molekül, das entweder in der Nähe der Zielzelle oder aber auch an einem weiter entfernten Ort abgegeben wurde, dient als **Ligand**, indem es an den Rezeptor bindet. Häufig bindet ein Ligand an einen in der Plasmamembran der Empfängerzelle eingebetteten

Rezeptor. In anderen Fällen, zum Beispiel bei den Steroidhormonen, ist der Ligand ein „primärer Botenstoff" (engl.: *primary messenger*). In Folge der Bindung des Liganden an den Rezeptor werden weitere Moleküle in der Empfängerzelle gebildet. Bei diesen **sekundären Botenstoffen (Second Messenger**; engl.: *secondary messenger*) handelt es sich um kleine Moleküle oder Ionen, die Signale von einem Ort in der Zelle, zum Beispiel der Plasmamembran, in das Zellinnere weiterleiten. Dadurch lösen sie eine Kaskade von Veränderungen („Signalkaskade") in der Zielzelle aus. Häufig wirken sich diese Ereignisse auf die Expression spezifischer Gene in der Zielzelle aus. Letztendlich wird eine Änderung einer oder mehrerer Funktionen oder Reaktionen der Zelle herbeigeführt. Die Fähigkeit der Zelle, eine Wechselwirkung zwischen Rezeptor und Ligand in eine Änderung ihres Verhaltens oder der Genexpression umzusetzen, wird als **Signaltransduktion** bezeichnet.

Botenstoffmoleküle kann man chemisch als Aminosäuren oder deren Derivate, Peptide, Proteine, Fettsäuren, Lipide, Gasmoleküle, Nucleoside oder Nucleotide charakterisieren. Viele Botenstoffe sind hydrophile Verbindungen, deren Funktion und Fähigkeit ausschließlich darin bestehen, an einen oder mehrere spezifische Rezeptoren auf einer Zielzelle zu binden. Hydrophobe Botenstoffe hingegen wirken auf Rezeptoren im Zellkern oder im Cytosol. Ihre Funktion besteht in der Regel darin, die Transkription bestimmter Gene zu regulieren. Zu den hydrophoben Botenstoffen, die an intrazelluläre Rezeptoren binden, gehören Steroidhormone, die von der Verbindung Cholesterin abstammen, und Retinoide, Derivate des Vitamins A.

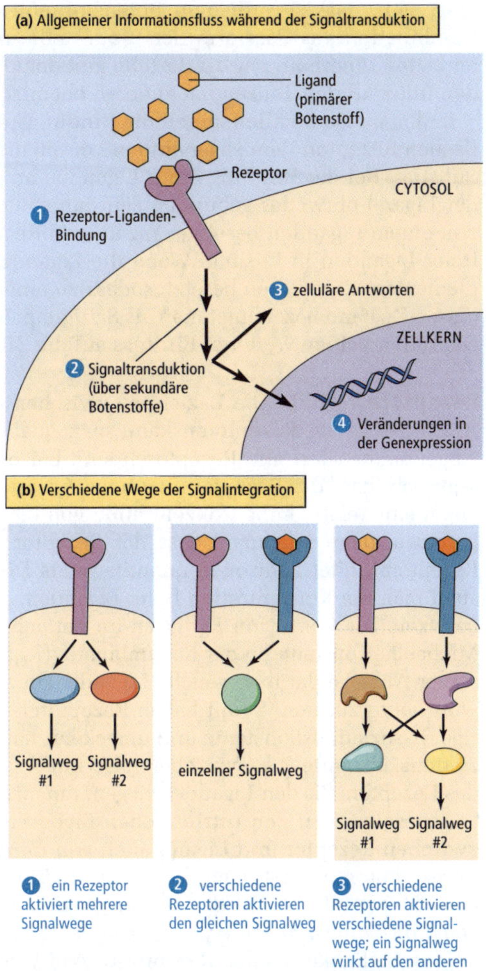

Abbildung 13.2: Der Informationsfluss während der Signaltransduktion. (a) Der allgemeine Informationsfluss während der Signaltransduktion. Durch Bindung eines Liganden an einen Rezeptor werden Ereignissequenzen ausgelöst, die das Signal in das Zellinnere weiterleiten und spezifische Zellantworten und/oder Veränderungen in der Genexpression herbeiführen. (b) Verschiedene Wege der Signalintegration. 1 Ein Signal kann mehrere Signaltransduktionswege aktivieren. 2 Mehrere Signale können den gleichen Weg aktivieren. 3 Verschiedene Signale können verschiedene Wege aktivieren, wobei eine Komponente des einen Weges eine Komponente eines anderen Weges regulieren kann.

13.1.2 Die Rezeptorbindung erfolgt über spezifische Wechselwirkungen zwischen Liganden und deren Rezeptoren

Wie unterscheiden Zellen Botenstoffe inmitten der gewaltigen Menge anderer chemischer Substanzen in ihrer Umgebung oder von Botenstoffen, die für andere Zellen bestimmt sind? Die Antwort liegt in der höchst spezifischen Bindungsweise, über die das Botenstoffmolekül an den Rezeptor bindet. Ein Botenstoff bildet nicht-kovalente chemische Bindungen mit dem Rezeptorprotein. Einzelne nichtkovalente Bindungen sind im Allgemeinen schwach. Daher müssen mehrere Bindungen eingegangen werden, damit eine starke Bindung entsteht. Nun muss ein Rezeptor, der mit seinem Liganden mehrere Bindungen eingehen möchte, eine Bindestelle (eine *Bindetasche*) haben, in die der Botenstoff perfekt hineinpasst – wie ein Handschuh, der für die Hand gemacht ist. Des Weiteren müssen innerhalb der Ligandenbindestelle auf dem Rezeptor geeignete Aminosäureseitenketten so positioniert sein, dass sie mit dem Botenstoffmolekül chemische Bindungen eingehen können. Diese Kombination aus Passform der Bindestelle und strategischer Positionierung der Aminosäureseitenketten innerhalb der Bindestelle gibt dem Rezeptor die Möglichkeit, seinen spezifischen Liganden unter all den Tausenden anderen chemischen Substanzen herauszufinden.

In den meisten Fällen ähnelt die Bindungsreaktion zwischen einem Liganden und seinem spezifischen Rezeptor, dem sogenannten komplementären Rezeptor, der Bindung eines Enzyms an sein Substrat. Bei der Bindung eines Liganden an seinen Rezeptor wird der Rezeptor *besetzt.* So kann der Ligand entweder gebunden sein (an seinen Rezeptor) oder frei in der Lösung existieren. Die von einem Liganden besetzte Anzahl von Rezeptoren verhält sich proportional zur Konzentration freier Liganden in Lösung. Wenn die Ligandenkonzentration ansteigt, werden immer mehr komplementäre Rezeptoren besetzt, sodass zu einem Zeitpunkt praktisch alle Rezeptoren besetzt sind – diesen Zustand bezeichnet man als Sättigung. Im Prinzip hat eine darüber ansteigende Ligandenkonzentration keinen weiteren Einfluss auf die Zielzelle.

Rezeptoraffinität Die Beziehung zwischen der Konzentration von Liganden in Lösung und der Anzahl besetzter Rezeptoren kann man qualitativ mit dem Begriff **Rezeptoraffinität** beschreiben. Angenommen fast alle Rezeptoren sind bei niedriger Konzentration freier Liganden besetzt, dann sagt man, dass der Rezeptor eine hohe Affinität für seinen Liganden hat. Umgekehrt bedeutet dies, wenn eine relativ hohe Konzentration von Liganden erforderlich ist, um die meisten Rezeptoren zu besetzen, dann sagt man, dass der Rezeptor eine geringe Affinität für seinen Liganden hat. Die Rezeptoraffinität kann man quantitativ als **Dissoziationskonstante**, K_d, beschreiben. Darunter versteht man die Konzentration freier Liganden, die erforderlich ist, um die Hälfte aller Rezeptoren zu besetzen. Die Werte von K_d liegen im Bereich von ungefähr 10^{-7} bis 10^{-10} Mol. Ebenso wie bei der Michaelis-Konstante in der Enzymkinetik (K_m, siehe *Kapitel 5*), liegt die Bedeutung dieses Wertes in seiner Aussage darüber, welche Ligandenkonzentration erforderlich ist, um eine wirksame Zellantwort hervorzurufen. Somit haben Rezeptoren mit hoher Affinität für ihre Liganden eine sehr niedrige Dissoziationskonstante und umgekehrt haben Rezeptoren mit geringer Affinität eine hohe Dissoziationskonstante K_d. Typischerweise muss die Ligandenkonzentration im Bereich des K_d-Wertes des Rezeptors für den Liganden liegen, um eine Wirkung auf das Zielgewebe auszuüben.

Abgesehen von den intrinsischen Eigenschaften des Rezeptors können die Wechselwirkungen zwischen Rezeptor und Ligand auch von *Corezeptoren* auf der Zelloberfläche beeinflusst werden. Corezeptoren unterstützen die Wechselwirkung des Rezeptors mit seinem Liganden durch physikalische Interaktion mit dem Rezeptor. Eine sehr gut untersuchte Klasse dieser Moleküle sind die *Heparan-Sulfat-Proteoglycane*, darunter *Glypicane* und *Syndecane*. Corezeptoren bieten eine Regulationsmöglichkeit in den Rezeptor-Ligand-Wechselwirkungen.

Rezeptor-Herabregulierung Obwohl Rezeptoren eine charakteristische Affinität für ihre Liganden besitzen, sind Zellen darauf ausgerichtet, Änderungen in der Ligandenkonzentration wahrzunehmen und sind weniger auf festgelegte Ligandenkonzentrationen fixiert. Wenn in Gegenwart eines Liganden Rezeptoren über einen längeren Zeitraum besetzt sind, dann passt sich die Zelle an diesen Zustand an („adaptiert") und antwortet nicht mehr auf den Liganden. Die Zelle muss aber weiterhin angeregt werden. Soll die Zelle aber weiterhin angeregt werden, muss die Ligandenkonzentration weiter erhöht werden. Diese Änderungen bezeichnet man als Herabregulierung des Rezeptors. Es gibt zwei Hauptwege, über die diese Anpassung abläuft. Erstens können Zellen die Dichte der Rezeptoren auf ihren Oberflächen als Antwort auf ein Signal verändern. Durch einen Vorgang, den man als *rezeptorvermittelte Endocytose* bezeichnet, können Zellen Rezeptoren von ihrer Zelloberfläche entfernen. Bei diesem Vorgang stülpen sich kleine Teile der Plasmamembran, in der die Rezeptoren sitzen, ein und die Rezeptoren werden endocytotisch internalisiert. (In *Kapitel 11* haben wir uns eingehend mit der rezeptorvermittelten Endocytose beschäftigt.) Infolge der verminderten Anzahl von Rezeptoren auf der Zelloberfläche antwortet die Zelle auch weniger auf den Liganden.

Ein zweiter Anpassungsmodus an Signale wird als *Desensitivierung* bezeichnet. Die Desensitivierung erfolgt über strukturelle Veränderungen des Rezeptors, wodurch dessen Affinität für Liganden gesenkt wird oder dieser nicht länger in der Lage ist, Änderungen in der Zellfunktion auszulösen. Mit Hilfe der Desensitivierung können sich Zellen an die ständig schwankenden Konzentrationen der Botenstoffe anpassen. Ein sehr häufiger Weg zur Desensitivierung ist das Anhängen von Phosphatgruppen an spezifische Aminosäuren im cytosolischen Teil des Rezeptors. Schon bald werden Sie ein gut bekanntes Beispiel einer solchen Phosphorylierung kennenlernen, die über einen β-adrenergen Rezeptor erfolgt. Wenn ein Ligand nicht länger vorhanden ist, muss sich die Zelle im Hinblick auf die Fähigkeit zu antworten, in einen Ruhezustand zurücksetzen. Im Fall des β-adrenergen Rezeptors werden durch die ständige Aktivität von Phosphatasen im Cytosol inhibitorische Phosphate entfernt, wodurch der Rezeptor in einen Zustand versetzt wird, in dem er leichter auf den Liganden reagiert.

Das Wissen über die Mechanismen der Rezeptor-Liganden-Bindung öffnete Wissenschaftlern und pharmazeutischen Unternehmen ein großes Feld von Möglichkeiten. Obwohl Rezeptoren Bindungsstellen haben, in die das Botenstoffmolekül recht gut hineinpasst, kann man ähnliche synthetische Liganden herstellen, die sogar noch fester oder selektiver binden. Das ist von ganz besonderer Bedeutung, wenn mehr als nur ein Rezeptortyp für einen Liganden existiert. Medikamente, die den Rezeptor aktivieren, an den sie binden, werden als **Agonisten** bezeichnet. Während normale Botenstoffe im Rezeptor eine Veränderung herbeiführen, wenn sie binden, hat man sowohl synthetische als auch natürliche Verbindungen entdeckt, die an Rezeptoren binden, aber keine derartige Veränderung auslösen. Diese **Antagonisten** hemmen den Rezeptor, indem sie den natürlich vorkommenden Botenstoff an einer Bindung und Aktivierung des Rezeptors hindern.

Medikamente, die bestimmte Rezeptoren selektiv aktivieren oder hemmen, sind bei der Behandlung vieler medizinischer Probleme von zentraler Bedeutung. Zum Beispiel aktivieren oder hemmen *Isoproterenol* und *Propranolol* β-adrenerge Rezeptoren, auf die wir in diesem Kapitel noch zu sprechen kommen. Isoproterenol wird zur Behandlung von Asthma oder zur Stimulation des Herzens eingesetzt. Propranolol senkt den Blutdruck und die Intensität von Herzmuskelkontraktionen und dient zur Kontrolle von Angstattacken. Ein weiteres Beispiel ist *Famotidin*, eine Verbindung, die bestimmte Typen von Histaminrezeptoren, die in Magenzellen vorkommen, selektiv bindet und hemmt. Famotidin kommt als „Magensäureregulator" unter eben diesem Namen in Deutschland in den Handel. Ein weiteres Medikament – *Cimetidin* –, das in Deutschland unter der Handelsbezeichnung Cimetag vertrieben wird, hat eine ähnliche Wirkungsweise.

13.1.3 Die Rezeptorbindung aktiviert eine Signalkaskade in der Zelle

Wenn ein Ligand an seinen komplementären Rezeptor bindet, dann findet im Rezeptor eine Veränderung statt, die wiederum eine Veränderung der Zellaktivitäten nach sich zieht. Im Allgemeinen induziert die Bindung eines Liganden entweder eine Änderung der Rezeptorkonformation oder die Rezeptoren lagern sich zusammen. Nachdem diese Änderungen stattgefunden haben, leitet der Rezeptor eine vorprogrammierte Abfolge von Ereignissen in der Zelle ein. Unter dem Begriff „vorprogrammiert" versteht man das Phänomen, dass Zellen über ein größeres Repertoire an Funktionen verfügen als sie je zu einem bestimmten Zeitpunkt einsetzen. Einige dieser zellulären Vorgänge kommen erst dann zum Einsatz, wenn bestimmte Signale empfangen werden, durch die sie ausgelöst werden.

Signalintegration Die Zellen des menschlichen Körpers können zu jeder Zeit eine sehr große Anzahl von Signalen empfangen. Wie reagieren Zellen auf diese Komplexität? Den größten Teil dieses Kapitels werden wir uns mit jeder Signalkaskade einzeln beschäftigen. Dabei unterstellen wir, dass diese Signalkaskade ganz allein isoliert von anderen Mechanismen in der Zelle abläuft. In Wirklichkeit müssen Zellen viele Signale jedoch *integrieren*, um auf ihre Umgebung koordiniert zu antworten. Tatsächlich können viele verschiedene Signalkaskaden zu jedem beliebigen Zeitpunkt in einer Zelle ablaufen. Diese Signalkaskaden stehen miteinander auf komplexe Art und Weise in Wechselwirkung, denn die Verbindungen einer Kaskade wirken sich auf die Fähigkeit einer anderen Kaskade aus, Signale zu übertragen (▸*Abbildung 13.2b*). Manchmal kann ein einziger Rezeptor mehrere Signaltransduktionswege aktivieren. Dies werden wir uns sowohl am Beispiel von G-Protein-gekoppelten Rezeptoren als auch am Beispiel der Rezeptor-Tyrosinkinasen ansehen. In anderen Fällen laufen verschiedene Signalkaskaden auf den gleichen Molekülen zusammen. Sekundäre Botenstoffe liefern gute Beispiele für diese „Signalintegratoren". Es gibt aber auch Fälle, in denen verschiedene Liganden an ihre entsprechenden Rezeptoren auf der Zelloberfläche binden. Dadurch werden spezifische Signalkaskaden in den Zellen aktiviert. Die aktivierten Verbindungen des einen Signaltransduktionsweges üben dann eine Wirkung auf die Verbindungen eines anderen Weges aus. Diese Form der Interaktion bezeichnet man als Signal-Crosstalk. Hierfür geben wir Ihnen ein Beispiel. Die Aktivität des Rezeptors für den Wachstumsfaktor TGFβ kann durch Proteine gehemmt werden, die aktiviert werden, wenn die Zelle mit anderen Wachstumsfaktoren in Kontakt kommt, die ihre Wirkung über einen anderen Rezeptortyp entfalten (eine Rezeptor-Tyrosinkinase). Man sollte sich zelluläre Signalkaskaden besser nicht als linear ablaufende Vorgänge vorstellen, sondern als komplexe dreidimensionale Netzwerke biochemischer Signaltransduktionswege, die jederzeit die Eigenschaften einer Zelle verändern können. Viele Signalkaskaden einer Zelle sind derart komplex untereinander verschaltet, dass sich das komplette Verständnis solcher Kaskaden sehr schwierig gestaltet und viele bis heute noch unverstanden sind.

Signalamplifikation Zelluläre Signalkaskaden stellen den Zellen einen weiteren Mechanismus zur Verfügung, um auf ein externes Signal zu reagieren: die Signalamplifikation (Signalverstärkung). Oftmals genügen außerordentlich geringe Mengen eines Liganden zur Auslösung einer Antwort an einer Zielzelle, wobei es zu einer sehr heftigen Antwort der Zelle kommt. In vielen Fällen beruht diese heftige Antwort der Zielzelle auf einer Signalkaskade der Empfängerzelle. In jedem Schritt der Signalkaskade hält ein Signalzwischenprodukt seine Funktion so lange aufrecht, bis für den nächsten Schritt der Kaskade genügend Moleküle gebildet wurden. Dadurch multiplizieren sich die Effekte einer einzigen Rezeptor-Liganden-Interaktion auf der Zelloberfläche. Ein gut bekanntes Beispiel einer solchen Signalamplifikation findet beim Abbau von Glykogen in Leberzellen als Antwort auf das Hormon Adrenalin (Epinephrin) statt. Das Ergebnis einer solchen Kaskade hat immense Folgen. Ein einzelnes Adrenalinmolekül kann die Freisetzung von Hunderten von Millionen von Glucosemolekülen aus Glykogen anregen, einem Glucosepolymer zur Speicherung von Glucose in Zellen.

Die Signaltransduktionsereignisse werden dann in einer Zelle eingeleitet oder geändert, wenn ein Ligand an seinen komplementären Rezeptor auf der Zelloberfläche oder im Cytoplasma der Zelle bindet. Je nach Wirkungsweise kann man die Rezeptoren in mehrere Grundkategorien einordnen. In *Kapitel 12* haben wir die ligandengesteuerten Kanäle erklärt. In diesem Kapitel konzentrieren wir uns auf Plasmamembranrezeptoren, deren Mehrzahl grob in zwei Familien eingeteilt werden kann: G-Protein-gekoppelte Rezeptoren und die mit den Proteinkinasen gekoppelten Rezeptoren. Wir beginnen mit den G-Protein-gekoppelten Rezeptoren.

13.2 G-Protein-gekoppelte Rezeptoren

13.2.1 Viele Rezeptoren mit sieben Transmembrandomänen wirken über G-Proteine

Der Name der Familie der G-Protein-gekoppelten Rezeptoren beruht darauf, dass die Ligandenbindung eine Änderung der Rezeptorkonformation herbeiführt, die ein bestimmtes G-Protein aktiviert (eine Abkürzung für *Guanin-Nucleotid-Bindeprotein*). Ein Teil des aktivierten G-Proteins bindet wiederum an ein Zielprotein, beispielsweise an ein Enzym oder ein Kanalprotein und löst eine Veränderung in der Aktivität des Zielproteins aus. Dies führt eine Veränderung der Zielaktivität herbei. Zu den G-Protein-gekoppelten Rezeptoren gehören olfaktorische Rezeptoren (verantwortlich für die Geruchswahrnehmung), Adrenalin- und Noradrenalinrezeptoren und Hormonrezeptoren, die durch Thyroid-stimulierendes Hormon oder Follikel-stimulierendes Hormon stimuliert werden. Eine Klasse G-Protein-gekoppelter Rezeptoren von großer klinischer Bedeutung sind die *Opioidrezeptoren* (landläufig auch als Opiatrezeptoren bezeichnet). Narkotische Medikamente wie Morphin binden an diese Rezeptoren, worauf die schmerzstillende Wirkung beruht. Unglücklicherweise induzieren Morphin und andere verwandte Wirkstoffe langfristige Veränderungen der synaptischen Funktion im Gehirn, was zu Abhängigkeit von diesen Wirkstoffen führt.

13.2.2 Die Struktur und Regulation der G-Protein-gekoppelten Rezeptoren

Die G-Protein-gekoppelten Rezeptoren sind bemerkenswert, da sie sich trotz ihrer recht ähnlichen Struktur erheblich im Hinblick auf ihre Aminosäuresequenzen unterscheiden. In jedem Fall bildet das Rezeptorprotein sieben Transmembran-α-Helices, die über alternierende cytosolische oder extrazelluläre Schleifen miteinander verbunden sind. Der N-Terminus des Proteins ist zur extrazellulären Flüssigkeit ausgerichtet, während der C-Terminus im Cytosol liegt (▸*Abbildung 13.3*). Der extrazelluläre Teil eines jeden G-Protein-gekoppelten Rezeptors besitzt eine einzigartige Ligandenbindungsstelle und dank der cytosolischen Schleifen kann der Rezeptor nur mit bestimmten Typen von G-Proteinen in Wechselwirkung treten.

Die G-Protein-gekoppelten Rezeptoren können auf verschiedenen Wegen reguliert werden. Einer der wichtigsten Regulationswege erfolgt über die Phosphorylierung spezifischer Aminosäuren in ihrer cytosolischen Domäne. Bei der Phosphorylierung dieser Aminosäuren wird der Rezeptor desensitiviert. Eine Klasse von Proteinen, die diese Funktion ausführen, sind die **G-Protein-gekoppelten Rezeptorkinasen (GRKs)**. Sie wirken spezifisch auf aktivierte Rezeptoren. Wenn spezifische Aminosäuren im cytosolischen Teil der G-Protein-gekoppelten Rezeptoren durch GRKs stark phosphoryliert werden, beispielsweise die β-adrenergen Rezeptoren, kann das Protein β-*Arrestin* an die Aminosäuren binden und deren Fähigkeit, mit G-Proteinen zu assoziieren, vollständig unterbinden. Eine andere Kinase, die **Proteinkinase A (PKA)**, die selbst von einem G-Protein-vermittelten Signal aktiviert wird, kann andere Aminosäuren auf dem Rezeptor phosphorylieren. Diese inhibitorische Wirkung bietet ein gutes Beispiel für eine negative Rückkopplung während der Zellsignalisierung.

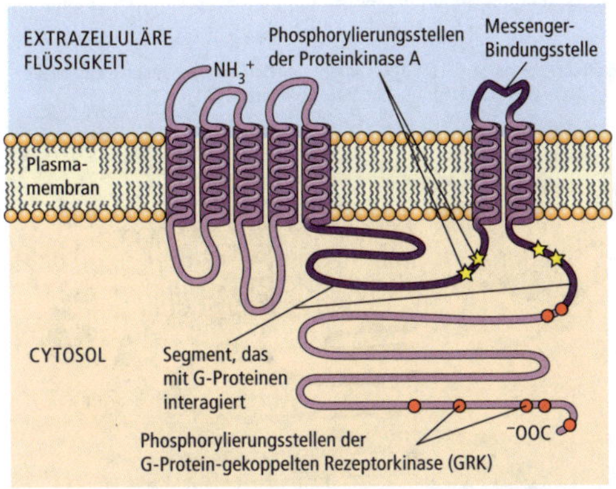

Abbildung 13.3: Die Struktur der G-Protein-gekoppelten Rezeptoren. Jeder G-Protein-gekoppelte Rezeptor besitzt sieben Transmembran-α-Helices. Die Bindung eines Liganden an den extrazellulären Teil eines Rezeptors führt dazu, dass ein intrazellulärer Teil des Rezeptors an ein G-Protein bindet und es aktiviert. Abgesehen von den hier dargestellten Regionen ist manchmal auch eine zweite cytosolische Schleife an den G-Protein-Wechselwirkungen beteiligt. Gleichfalls sind spezifische Aminosäuren in der cytosolischen Region Ziele für die Phosphorylierung durch G-Protein-gekoppelte Rezeptorkinasen (GRKs) und die Proteinkinase A.

Struktur, Aktivierung und Deaktivierung von G-Proteinen G-Proteine funktionieren ganz ähnlich wie molekulare Schalter. Je nachdem, ob eine Bindung des G-Proteins an GTP (Guanosintriphosphat) oder GDP (Guanosindiphosphat) vorliegt, sind die Schalter „an-“ oder „abgeschaltet“. Es gibt verschiedene Klassen von G-Proteinen: die *großen heterotrimeren G-Proteine* und die *kleinen monomeren G-Proteine*. Die großen heterotrimeren G-Proteine enthalten drei verschiedene Untereinheiten, G-alpha (G_α), G-beta (G_β) und G-gamma (G_γ). Heterotrimere G-Proteine vermitteln die Signalübertragung über G-Protein-gekoppelte Rezeptoren. Zu den kleinen monomeren G-Proteinen gehört unter anderem *Ras*, auf das wir später in diesem Kapitel zu sprechen kommen. Hier beschränken wir unsere Darstellung auf den heterotrimeren Typ.

G-Proteine haben die gleiche Grundstruktur und Art der Aktivierung. Von den drei Untereinheiten des $G_{\alpha\beta\gamma}$-Heterotrimers ist G_α die größte. Sie bindet an ein Guanosinnucleotid (GDP oder GTP). Wenn G_α an GTP bindet, dann löst es sich auch von dem $G_{\beta\gamma}$-Komplex. Die G_β- und G_γ-Untereinheiten sind allerdings permanent miteinander verbunden. Einige G-Proteine, beispielsweise G_s, stimulieren die Signaltransduktion (*s* steht für „stimulierend“). Andere, zum Beispiel G_i, hemmen die Signaltransduktion (*i* steht für „inhibitorisch“).

Wenn ein Botenstoff an einen G-Protein-gekoppelten Rezeptor auf der Oberfläche einer Zelle bindet, bewirkt die Konformationsänderung des Rezeptors, dass ein G-Protein mit dem Rezeptor assoziiert, wodurch wiederum G_α dazu veranlasst wird, sein gebundenes GDP abzugeben. Dann bindet ein Molekül GTP an G_α, das sich daraufhin von dem Komplex ablöst (▸*Abbildung 13.4*). Je nach G-Protein und Zelltyp können dann die freie GTP-G_α-Untereinheit oder der $G_{\beta\gamma}$-Komplex die Signalkaskade in der Zelle einleiten. Jeder Teil des G-Proteins übt seine Wirkung dadurch aus, dass er an ein bestimmtes Enzym oder ein anderes Protein in der Zelle bindet. In einigen Fällen regulieren die GTP-G_α-Untereinheit und die $G_{\beta\gamma}$-Untereinheit gleichzeitig verschiedene Vorgänge im Cytosol.

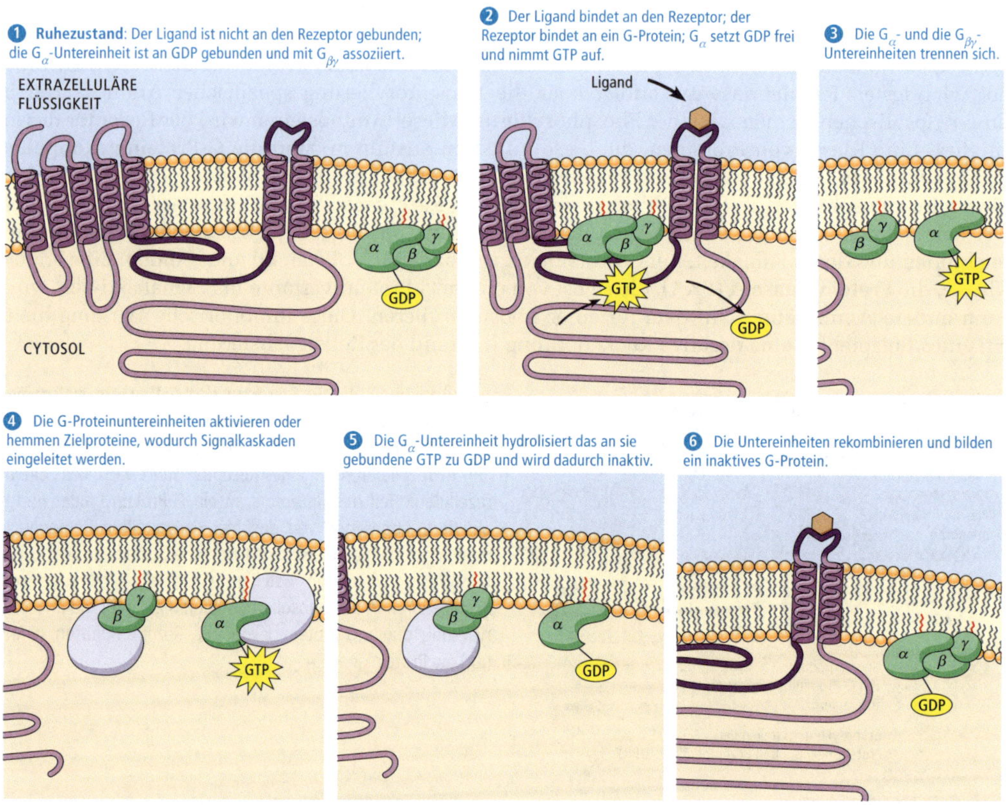

Abbildung 13.4: Der Zyklus der Aktivierung/Deaktivierung eines G-Proteins. Wenn ein Ligand an einen G-Protein-gekoppelten Rezeptor bindet, wird das G-Protein gebunden und aktiviert. Seine dissoziierten Untereinheiten können Zielproteine regulieren. Letztendlich wird durch die Hydrolyse des an G_α gebundenen GTPs das Signal beendet.

Die Aktivität eines G-Proteins dauert nur so lange an, wie die G_α-Untereinheit an GTP gebunden ist und die G_α- und $G_{\beta\gamma}$-Untereinheiten getrennt sind. Da die G_α-Untereinheit die GTP-Hydrolyse katalysiert, endet ihre Aktivität mit der Hydrolyse ihres gebundenen GTPs zu GDP. Dann findet eine neuerliche Assoziation mit $G_{\beta\gamma}$ statt. Auf Grund dieser Eigenschaft kann die Signalkaskade beendet werden, wenn der Botenstoff aufgebraucht wurde. Einige G_α-Proteine sind nicht besonders effizient, was die Katalyse der GTP-Hydrolyse betrifft. Allerdings wird ihre Effektivität ganz erheblich durch Regulatoren der **G-Protein-Signalisierungs-Proteine (RGS**; engl.: *regulators of G protein signaling***)** verstärkt. Wenn RGS-Proteine an G_α binden, regen sie die GTP-Hydrolyse an. Diese *GTPase-Aktivierungsproteine (GAPs)* sind wichtige Regulatoren der G-Proteinfunktion. Das werden wir auch sehen, wenn wir uns mit dem *Ras*-Protein beschäftigen.

Auf Grund der vielen verschiedenen G-Proteine gibt es eine große Vielfalt G-Protein-gekoppelter Signalkaskaden, doch in diesem Rahmen können wir uns nur mit einigen beschäftigen. Vielleicht ist die wichtigste und am häufigsten vorkommende aller G-Protein-gekoppelten Signalkaskaden die Freisetzung oder Bildung sekundärer Botenstoffe (engl.: *secondary messenger*). Im nächsten Abschnitt werden Sie lernen, dass zyklisches AMP und Calciumionen häufig als sekundäre Botenstoffe eingesetzt werden. Sie regen die Aktivität von Zielenzymen an, wenn ihre Konzentration im Cytosol ansteigt. Andere gut untersuchte Beispiele von G-Protein-gekoppelten Signalkaskaden finden wir in der Retina des Auges und in den Endothelzellen. Sie nutzen einen anderen sekundären Botenstoff, zyklisches GMP.

13.2.3 Einige G-Proteine regulieren die Bildung des Second Messengers zyklisches AMP

Zyklisches AMP (cAMP) wird aus cytosolischem ATP durch das Enzym Adenylylcyclase gebildet. Die Adenylylcyclase ist an der Innenseite der Plasmamembran verankert. Der katalytische Teil ragt in das Cytosol hinein. Normalerweise bleibt das Enzym solange inaktiv bis eine aktivierte G_α-Untereinheit eines spezifischen G-Proteins an es bindet, beispielsweise G_s. Wenn ein G-Protein-gekoppelter Rezeptor an G_s gekoppelt wird, regt die Bindung des Liganden die $G_{s\alpha}$-Untereinheit an, GDP abzugeben und GDP zu binden (▸*Abbildung 13.5*). Dieser Vorgang veranlasst wiederum GTP-$G_{s\alpha}$ dazu, sich von den $G_{s\beta\gamma}$-Untereinheiten zu lösen und an die Adenylylcyclase zu binden. Wenn GTP-$G_{s\alpha}$ an die Adenylylcyclase bindet, wird das Enzym aktiviert und wandelt ATP in cAMP um. Im Gegensatz dazu hemmt ein anderes G_α-Protein, $G_{i\alpha}$, die Adenylylcyclase. Zu einem späteren Zeitpunkt in diesem Kapitel werden wir uns mit der Rolle von G_i bei der Regulierung von Kaliumkanälen über seine $G_{\beta\gamma}$-Untereinheiten beschäftigen.

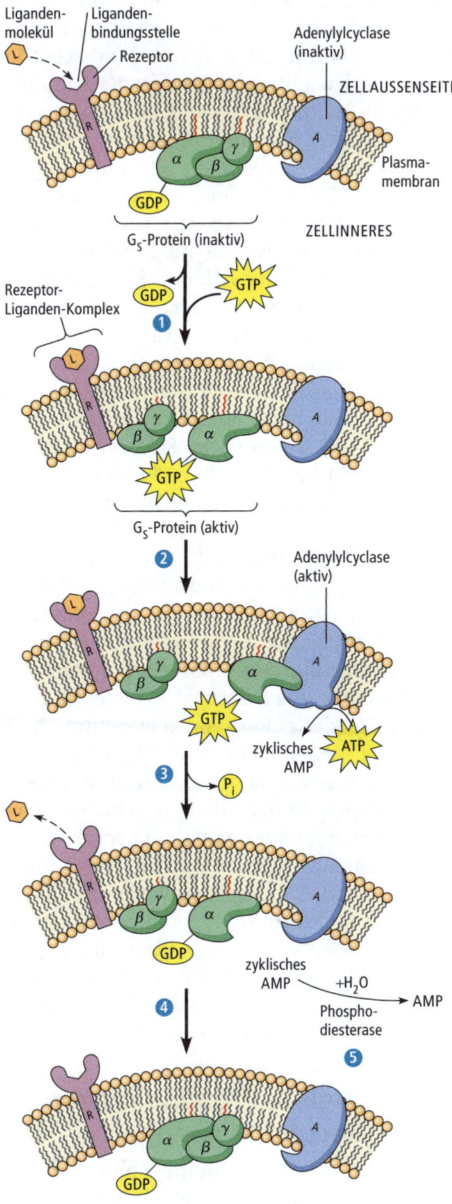

Abbildung 13.5: Die Rollen der G-Proteine und des zyklischen AMPs bei der Signaltransduktion. Im nicht-aktivierten Zustand existieren die α-, β- und γ-Untereinheiten als Komplex, wobei GDP an die α-Untereinheit gebunden ist. Wenn ein Ligand (L) an seinen Rezeptor bindet, wird durch ihn ein G_S-Protein gebunden und aktiviert. ❶ Wenn ein Rezeptor durch eine Ligandenbindung aktiviert wird, assoziiert der Rezeptor-Liganden-Komplex mit dem G_S-Protein, wodurch GDP durch GTP ersetzt wird und der GTP-$G_{S\alpha}$-Komplex dissoziiert. ❷ Der GTP-$G_{S\alpha}$-Komplex bindet und aktiviert daraufhin eine membrangebundene Adenylylcyclase, die cAMP synthetisiert. ❸ Die Aktivierung wird beendet, wenn der Ligand den Rezeptor verlässt. Das GTP wird durch die GTPase-Aktivität der $G_{S\alpha}$-Untereinheit zu GDP hydrolysiert und $G_{S\alpha}$ dissoziiert von der Adenylylcyclase. ❹ Dann kehrt die Adenylylcyclase in ihre inaktive Form zurück, $G_{S\alpha}$ assoziiert wieder mit dem $G_{S\beta\gamma}$-Komplex und ❺ cAMP-Moleküle im Cytosol werden durch Phosphodiesterasen zu AMP hydrolysiert.

G-Proteine reagieren schnell auf Veränderungen in der Ligandenkonzentration, denn sie bleiben nur für kurze Zeit aktiv bevor die G_{α}-Untereinheit das gebundene GTP hydrolysiert und es in seinen nicht-aktiven Zustand zurückführt. Nachdem ein G-Protein deaktiviert wurde, beendet die Adenylylcyclase ihre cAMP-Produktion. Die cAMP-Konzentration würde aber in der Zelle weiterhin erhöht bleiben, wenn es nicht das Enzym **Phosphodiesterase** gäbe. Dieses Enzym baut cAMP ab. Des Weiteren wird dadurch sichergestellt, dass die Signalkaskade sofort abgestellt wird, sobald die Konzentration des Liganden außerhalb der Zelle sinkt.

cAMP übernimmt bei vielen verschiedenen Zellfunktionen wichtige Aufgaben. Es scheint, als hätte cAMP ein Hauptziel in der Zelle – das Enzym Proteinkinase A. PKA phosphoryliert eine große Vielzahl zellulärer Proteine, indem ein Phosphat von ATP auf ein Serin oder Threonin im Zielprotein übertragen wird. cAMP reguliert die Aktivität von PKA, indem es die Abspaltung von zwei regulatorischen Untereinheiten aus den beiden katalytischen Untereinheiten bewirkt (▸ *Abbildung 13.6*). Nachdem die katalytischen Untereinheiten freigesetzt sind, kann PKA die Phosphorylierung verschiedener Proteine in der Zelle katalysieren.

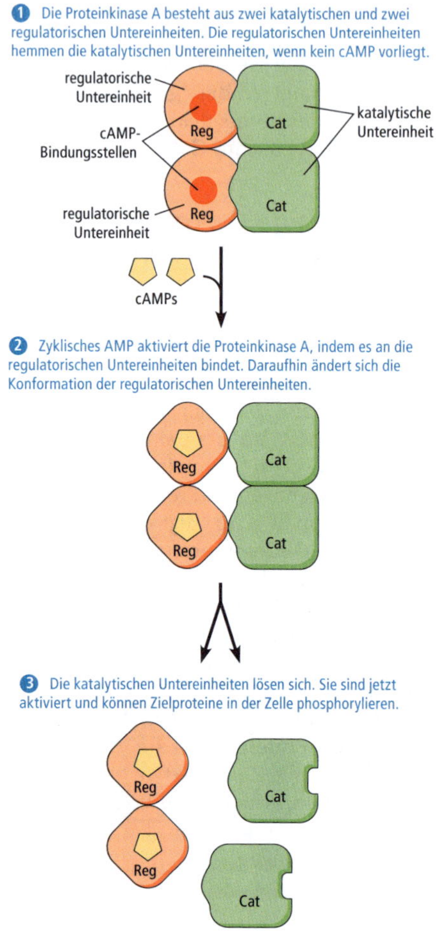

Abbildung 13.6: Die Aktivierung der Proteinkinase A durch zyklisches AMP. PKA setzt sich aus vier Untereinheiten zusammen, zwei katalytische und zwei regulatorische Untereinheiten. Die regulatorischen Untereinheiten hindern die katalytischen Untereinheiten daran, ihre Wirkung zu entfalten, wenn kein cAMP vorliegt. Die cAMP-Bindung aktiviert dann die katalytischen Untereinheiten, die daraufhin ihre Zielproteine regulieren.

Ein Anstieg der cAMP-Konzentration kann sich in den verschiedenen Zellen unterschiedlich auswirken: Wenn cAMP in erhöhter Konzentration in Skelettmuskel- und Leberzellen vorkommt, wird der Abbau von Glykogen stimuliert. Im Herzmuskel verstärkt die erhöhte cAMP-Konzentration die Herzmuskelkontraktion, während die Kontraktion im glatten Muskel gehemmt wird. In den Blutplättchen führt eine erhöhte cAMP-Konzentration dazu, dass die Mobilisierung während der Blutgerinnung gehemmt wird. In intestinalen Epithelzellen führt die erhöhte cAMP-Konzentration zur Ausscheidung von Salzen und Wasser in das Lumen des Darms. Jede dieser Reaktionen bietet uns ein Beispiel für die zuvor angesprochene vorprogrammierte Antwort. Wenn die Konzentration von cAMP in diesen verschiedenen Zelltypen künstlich angehoben wird, können eben diese zellulären Antworten sogar in Abwesenheit eines Liganden ausgelöst werden. Dies kann auf zweierlei Wegen vor sich gehen: entweder durch direkte Anregung der cAMP-Bildung oder durch Hemmung des Enzyms Phosphodiesterase (tatsächlich gibt es verschiedene Phosphodiesterasen), welches cAMP abbaut. Beispiele für Phosphodiesteraseinhibitoren sind die *Methylxanthine*, Verbindungen wie Koffein und Theophyllin, die in Kaffee, Tee oder Softdrinks enthalten sind. (Theophyllin wird häufig als Wirkstoff bei der Asthmabehandlung eingesetzt, denn es relaxiert die glatten Muskeln der Bronchien.)

13.2.4 Viele G-Proteine nutzen Inositoltrisphosphat und Diacylglycerin als Second Messenger

Die Bedeutung der Inositolphospholipide für die Zellsignalisierung wurde erstmalig durch die Pionierarbeiten von Robert Michell und Michael Berridge deutlich. Zu Beginn der 1980er Jahre stellte

Berridge fest, dass sich in den zur Sekretion stimulierten Speicheldrüsen bestimmter Insektenlarven Veränderungen in den Membraninositolphospholipiden vollzogen. Heute wissen wir, dass Inositol-1,4,5-Trisphosphat (IP_3), eines der Abbauprodukte der Inositolphospholipide, als wichtiger Second Messenger dient. IP_3 wird dann aus Phosphatidylinositol-4,5-Bisphosphat (PIP_2) gebildet, einem relativ selten vorkommenden Membranphospholipid, wenn das Enzym **Phospholipase C (PLC)** aktiviert ist. Die Phospholipase C spaltet PIP_2 in zwei Moleküle – **Inositoltrisphosphat** und **Diacylglycerin (DAG)**. Nach der Entdeckung von IP_3 und DAG stellte man schnell fest, dass sie als Second Messenger an einer Vielzahl regulierter Zellfunktionen mitwirken.

▸*Abbildung 13.7* zeigt die Rollen, die IP_3 und DAG als Second Messenger des Inositol-Phospholipid-Calcium-Wegs übernehmen. Das Ganze beginnt mit der Bindung eines Liganden an seinen Membranrezeptor, wodurch ein spezifisches G-Protein, das G_q, aktiviert wird. Dann aktiviert G_q einen Typ der Phospholipase C, das sogenannte C_β. Dies hat die Bildung von IP_3 und DAG zur Folge. Inositoltrisphosphat ist in Wasser löslich und diffundiert schnell im Cytosol, indem es an einen liganden-gesteuerten Calciumkanal bindet, den **IP_3-Rezeptorkanal** im endoplasmatischen Reticulum (ER). Bei der Bindung von IP_3 öffnet sich der Kanal und es werden Calciumionen in das Cytosol freigesetzt. Dann löst das Calcium die gewünschte physiologische Antwort aus. Sowohl die intrazelluläre Freisetzung von Calcium als auch die Bildung von DAG in der Membran durch die Aktivität der Phospholipase C aktiviert Enzyme der Proteinkinase-C-Familie (PKC). PKC kann dann je nach Zelltyp spezifische Serin- und Threoningruppen einer Vielzahl von Zielproteinen phosphorylieren. Die Rolle von DAG wurde experimentell geklärt, indem man dessen Wirkung mit Hilfe von Phorbolestern nachahmte. Phorbolester sind Pflanzenmetabolite, die an PKC binden und es direkt aktivieren. Mittels einer Reihe pharmakologischer Wirkstoffe wiesen die Wissenschaftler nach, dass die durch IP_3 stimulierte Freisetzung von Calcium und die DAG vermittelte Kinaseaktivität für eine umfassende Antwort in den Zielzellen erforderlich sind.

Eine ganze Reihe zellulärer Wirkungen wurden mit der Aktivierung der Proteinkinase C in Zusammenhang gebracht. Dazu gehören die Stimulation des Zellwachstums, die Regulation der Ionenkanäle, Veränderungen im Cytoskelett, der Anstieg des pH-Wertes und Auswirkungen im Hinblick auf die Sekretion von Proteinen und anderen Substanzen.

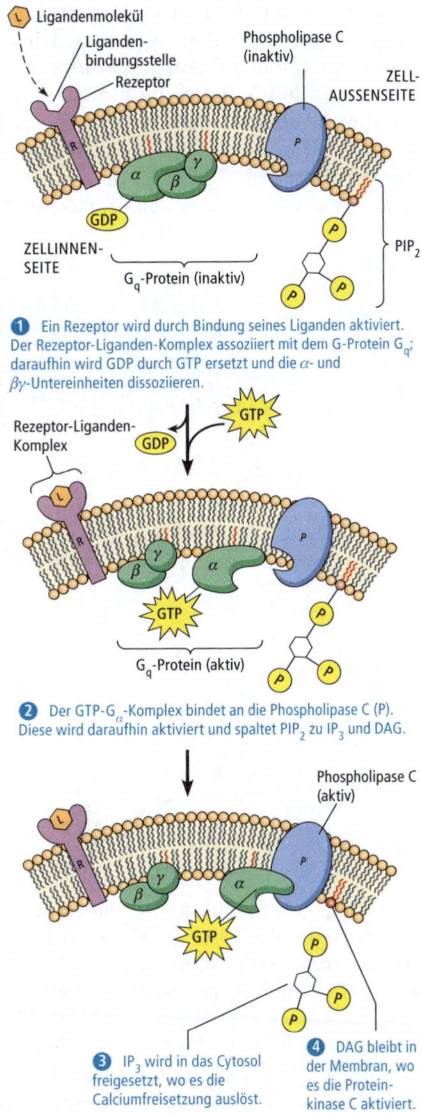

Abbildung 13.7: Die Rolle von IP_3 und DAG bei der Signaltransduktion. Wenn ein Rezeptor (R) durch Bindung an seinen Liganden (L) auf der äußeren Oberfläche der Plasmamembran aktiviert wird, führt die Aktivierung des G-Proteins zur Bildung von IP_3 und Diacylglycerin (DAG), wodurch die Freisetzung von Calcium bzw. die Aktivierung der Proteinkinase C ausgelöst werden.

13.2.5 Die Freisetzung von Calciumionen ist ein Schlüsselereignis vieler Signalkaskaden

Calciumionen (Ca^{2+}) spielen eine ganz wichtige Rolle bei der Regulation einer Vielzahl von Zellfunktionen. ▸*Abbildung 13.8* gibt einen Überblick über die verschiedenen Mechanismen der Calciumregulation. Normalerweise wird die Calciumkonzentration im Cytosol bei einer sehr geringen Konzentration konstant gehalten. Dies beruht auf der Gegenwart von **Calcium-ATPasen** in der Plasmamembran und im ER. Calcium-ATPasen in der Plasmamembran transportierten Calcium aus der Zelle hinaus, während die Calcium-ATPasen im ER Calciumionen in das Lumen des ER pumpen. Außerdem besitzen einige Zellen Natrium-Calcium-Austauscher, welche die Calciumkonzentration im Cytosol noch weiter absenken. Schließlich können Mitochondrien Calcium in die mitochondriale Matrix transportieren. Bei den meisten im Ruhezustand befindlichen Zellen halten die ATPasen die Calciumkonzentration im Cytosol bei 0,1 μ*M*.

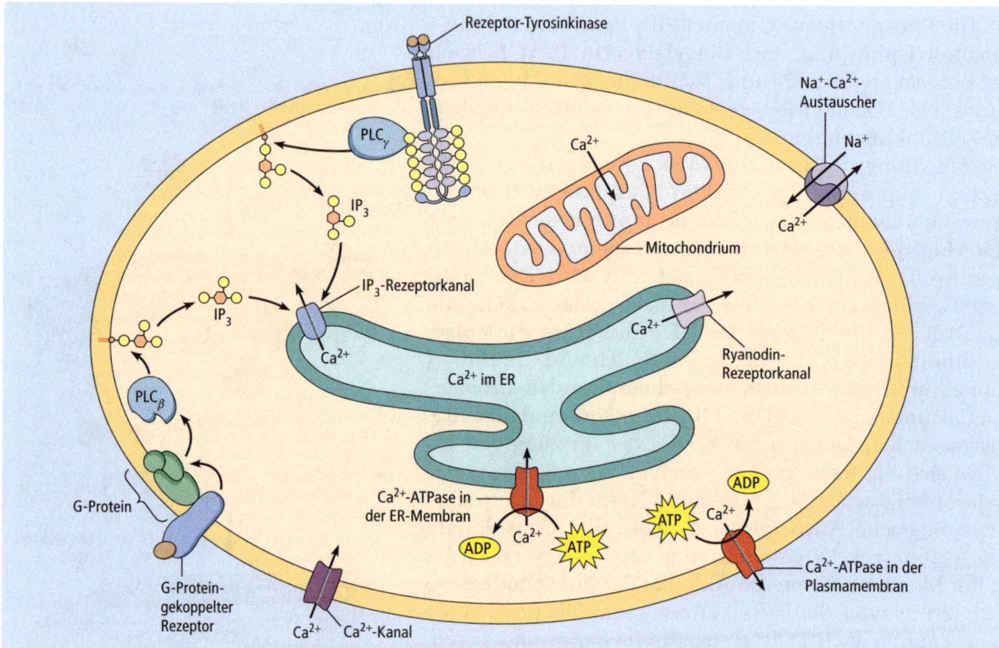

Abbildung 13.8: Überblick über die Calciumregulation in Zellen. Durch die Aktivitäten der ER-Calcium-ATPase, der Calcium-ATPase in der Plasmamembran, der Na^+/Ca^{2+}-Austauscher und der Mitochondrien wird die Ca^{2+}-Konzentration im Cytosol gesenkt. Die Ca^{2+}-Konzentration steigt im Cytosol an, wenn die Ca^{2+}-Kanäle in der Plasmamembran geöffnet werden und/oder Ca^{2+} durch IP_3- oder Ryanodinrezeptorkanäle in der ER-Membran freigesetzt wird.

Es gibt verschiedene Wege, über die eine Reihe von Reizen einen Anstieg der Calciumkonzentration herbeiführen kann. Einer dieser Wege, den wir in *Kapitel 12* in Zusammenhang mit den Neuronen dargestellt haben, funktioniert durch Öffnen der Calciumkanäle in der Plasmamembran. Die Calciumkonzentration in der extrazellulären Flüssigkeit und im Blut liegt bei ungefähr 1,2 m*M*, also um das 10.000-Fache höher als im Cytosol. Folglich können Calciumionen in die Zelle einströmen, sobald sich Calciumkanäle öffnen.

Die cytosolische Calciumkonzentration kann auch durch Freisetzung aus den intrazellulären Speichern erhöht werden. Die im ER eingelagerten Calciumionen können durch den IP_3-Rezeptorkanal, den wir zuvor ansprachen, und durch den Ryanodinrezeptorkanal freigesetzt werden. Der Name geht auf die Empfindlichkeit für das Pflanzenalkaloid *Ryanodin* zurück. Die *Ryanodinrezeptorkanäle* sind von besonderer Bedeutung für die Calciumfreisetzung aus dem sarkoplasmatischen Reticulum der Herz- und Skelettmuskel (siehe *Kapitel 15*), aber Zellen, die keine Muskelzellen sind, wie zum Beispiel die Neuronen, haben auch Ryanodinrezeptoren. Überraschenderweise sind sowohl Ryanodin- als auch IP_3-Rezeptoren für Calcium empfindlich. Wenn zum Beispiel ein Neuron depolarisiert wird, öffnen sich die Calciumkanäle in der Plasmamembran und Calcium strömt in das Cytosol. Nachdem der Ryanodinrezeptorkanal kurzfristig mit Calciumionen in Kontakt gekommen ist, öffnet er sich und die Calciumionen können aus dem ER in das Cytosol strömen. Dieses Phänomen erhielt den passenden Namen *Calcium-induzierte Calciumfreisetzung (*engl.: *calcium-induced calcium release).*

Die Calciumbindung aktiviert viele Effektorproteine Calcium kann direkt an viele verschiedene Effektorproteine binden, wodurch sich deren Aktivität verändert. Die Antwort einer Zielzelle auf einen Anstieg der Calciumkonzentration hängt von den jeweiligen Calciumbindeproteinen in der Zelle ab. Das bedeutet, dass die gleiche Veränderung der Calciumkonzentration deutlich unterschiedliche Wirkungen in zwei Zielzellen hervorrufen kann, wenn in den Zellen verschiedene Calcium-abhängige Enzymsysteme vorliegen. Ein mögliches Calciumbindeprotein ist das Protein **Calmodulin**.

Wie vermittelt Calmodulin die durch Calcium aktivierten Ereignisse in der Zelle? Das Calmodulinmolekül wurde mit einem beweglichen „Arm" verglichen, wobei sich an jedem Ende des Arms eine „Hand" befindet (▸*Abbildung 13.9a*). An jede „Hand-Region" binden zwei Calciumionen, wodurch sich die Form des Calmodulins verändert und ein aktiver Calcium-Calmodulin-Komplex entsteht (▸*Abbildung 13.9b*, Schritte ❶ und ❷). Wenn ein Protein mit einer Calmodulinbindestelle in der Zelle vorkommt, beispielsweise eine Proteinkinase oder eine Phosphatase, dann binden die Hände und der Arm an dieses Protein, indem sie sich um die Bindungsstellen wickeln (▸*Abbildung 13.9b*, Schritt ❸). Die Calmodulinbindung beeinflusst wiederum erheblich die Funktion eines solchen Proteins.

Ein wichtiges Merkmal von Calmodulin ist seine Affinität für Calcium: Calmodulin bindet an Calcium, wenn die cytosolische Calciumkonzentration auf circa 1,0 μM steigt, es setzt aber Calcium frei, wenn die cytosolischen Calciumwerte auf den Ruhezustand von 0,1 μM zurückgehen. Daher ist Calmodulin bestens geeignet, seine Aufgaben im Bereich der typischen cytosolischen Calciumkonzentrationen zu erfüllen.

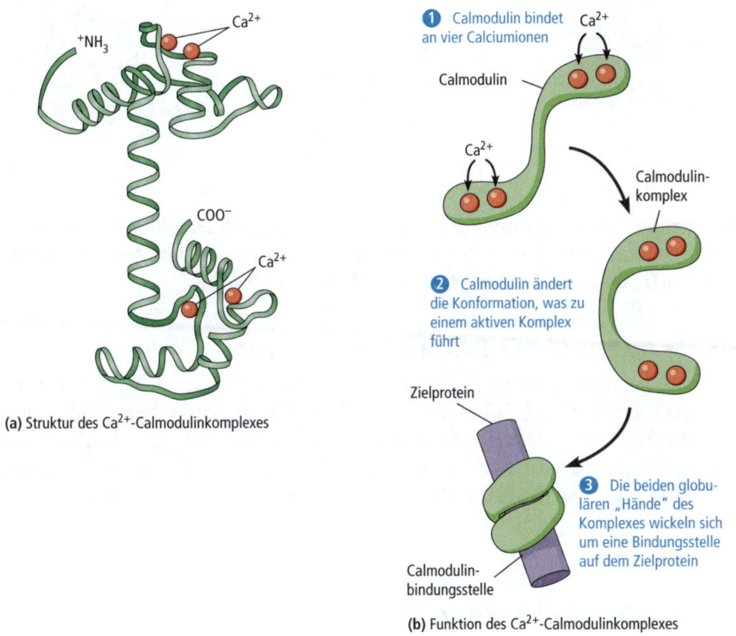

Abbildung 13.9: Struktur und Funktion des Calcium-Calmodulin-Komplexes. (a) Calmodulin ist ein cytosolisches Ca^{2+}-Bindeprotein. Das Modell seiner Molekularstruktur beruht auf den Daten einer Röntgenstrahlkristallographie. Das Molekül besteht aus zwei globulären Enden („Händen"), die durch eine helikale Region („Arm") verbunden sind. Jedes Ende hat zwei Calciumbindestellen. (b) Nach der Bindung von Ca^{2+} kann Calmodulin Zielproteine regulieren.

13.2.6 Die βγ-Untereinheiten der G-Proteine können auch Signale weiterleiten

Wir haben gesehen, dass die α-Untereinheiten aktivierter G-Proteine mit Proteinen wie Adenylylcyclase und Phospholipase C interagieren können, um Veränderungen in einer Zelle herbeizuführen, die ein Signal empfängt. Allerdings kann auch $G_{\beta\gamma}$ an der Signalisierung mitwirken. Zum Beispiel können G-Proteinrezeptorkinasen, die Sie bereits kennengelernt haben, von der βγ-Untereinheit eines dissoziierten G-Proteins aktiviert werden. Dadurch wird ein Rückmeldungsmechanismus zu den G-Proteinsignalen ausgelöst. Ein gut untersuchtes Beispiel der $G_{\beta\gamma}$-Signalisierung ist der muscarinische Acetylcholinrezeptor. In *Kapitel 12* haben Sie gelernt, dass einige Neurotransmitterrezeptoren indirekt wirken und über intrazelluläre Signalkaskaden Einfluss auf Ionenkanäle nehmen. Wenn Acetylcholin an den muscarinischen Acetylcholinrezeptor bindet, wirkt die βγ-Untereinheit des assoziierten G-Proteins (G_i) auf die Kaliumkanäle in der Plasmamembran, woraufhin sich diese öffnen (▸*Abbildung 13.10*). Wenn kein Acetylcholin mehr vorhanden ist, schließen sich die α- und βγ-Untereinheiten wieder zusammen, woraufhin sich die Kaliumkanäle schließen.

Ein weiteres Beispiel für $G_{\beta\gamma}$-Signalisierung ist die knospende Hefe, *Saccharomyces cerevisiae* (siehe *Abbildung 13.13*). Während der Paarung nutzt die Hefe die Mechanismen der G-Protein-gekoppelten Signalkaskaden, aber auch zur Wahrnehmung der Osmolarität, der Verfügbarkeit von Nährstoffen und anderer Umweltfaktoren. Interessanterweise lösen die aktivierten βγ-Untereinheiten in diesem Fall eine Reihe von Phosphorylierungsprozessen aus, die zur Aktivierung einer Kinase führen, die man als *MAP-Kinase* bezeichnet. MAP-Kinasen sind Schlüsselproteine einer anderen Signalkaskade in höheren Eukaryoten, dem Rezeptor-Tyrosinkinase-Weg, mit dem wir uns im nächsten Abschnitt beschäftigen werden.

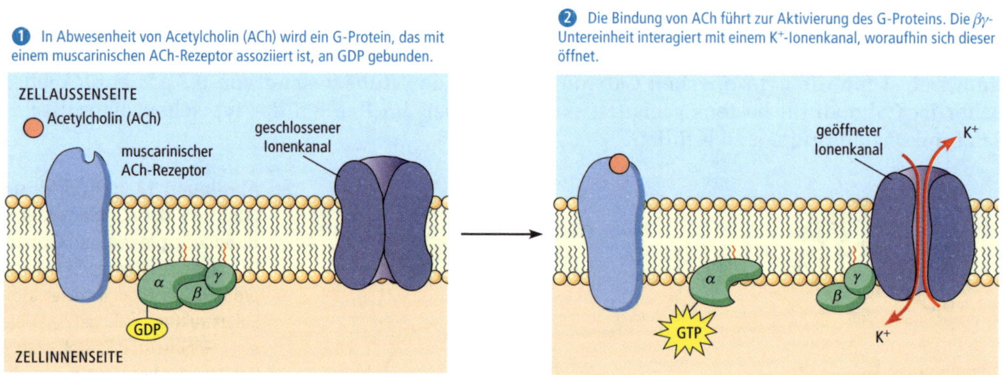

Abbildung 13.10: Die $G_{\beta\gamma}$-Untereinheiten eines G-Proteins regulieren indirekt Ionenkanäle in einigen Neuronen. Ein Typ von Acetylcholinrezeptor (der muscarinische Rezeptor) ist ein G-Protein-gekoppelten Rezeptor. Wenn Acetylcholin bindet, aktiviert es die $G_{\beta\gamma}$-Untereinheit von G_i, wodurch das Öffnen der Kaliumkanäle reguliert wird.

13.2.7 Weitere Signalkaskaden, die G-Proteine aktivieren

Außer den bereits vorgestellten Beispielen gibt es noch viele weitere Wege, die zur Aktivierung heterotrimerer G-Proteine führen. Dazu gehören *Wnts*, die über Rezeptoren mit sieben Transmembrandomänen (engl.: *seven-pass receptors*) wirken, die sogenannten Frizzleds (siehe *Kapitel 23*), und über die Hedgehog-Signalkaskade, die zum Teil über ein anderes Seven-pass-Protein agiert, das sogenannte *Smoothened*. Diese Signalkaskaden unterstreichen die Komplexität der Zellsignalisierungswege in einer Zelle.

13.3 Proteinkinase-assoziierte Rezeptoren

Sie haben gesehen, dass G-Protein-gekoppelte Rezeptoren ihre Signale in das Zellinnere weiterleiten, indem sie in einem G-Protein Veränderungen herbeiführen, die wiederum eine Kaskade von Signaltransduktionsereignissen auslösen. Eine weitere große Familie von Proteinen bedient sich einer anderen Strategie zur Signalübertragung. Sie übernehmen nicht nur die Funktion von Rezeptoren, sie sind außerdem noch Proteinkinasen. Wenn der passende Ligand an sie bindet, wird ihre Kinaseaktivität angeregt und sie übertragen über eine Kaskade von Phosphorylierungsereignissen Signale in die Zelle.

Rufen Sie sich in Erinnerung, dass Kinasen an bestimmte Aminosäuren in Zielproteinen Phosphatgruppen anfügen (siehe *Kapitel 5*). Man kann Rezeptorkinasen in zwei große Kategorien einteilen: Rezeptorkinasen, die einen Tyrosinrest phosphorylieren *(Tyrosinkinasen)* und Rezeptorkinasen, die einen Serin- oder Threoninrest *(Serin/Threoninkinasen)* phosphorylieren. Im Folgenden werden wir uns eingehender mit *Rezeptorproteinkinasen* beschäftigen.

13.3.1 Wachstumsfaktoren binden oft an Kinase-assoziierte Rezeptoren

Proteinkinase-assoziierte Rezeptoren nehmen an vielen wichtigen Zellvorgängen teil. Ein gut untersuchter Vorgang ist die Zellproliferation (Zellwachstum und Zellvermehrung). Damit sich eine Zelle teilen kann, müssen ihr alle für die Synthese ihrer Komponenten notwendigen Nährstoffe zur Verfügung stehen. Allerdings reichen Nährstoffe allein im Allgemeinen nicht für Wachstum aus. Zellen benötigen häufig weitere Signale, um das Zellwachstum anzuregen. Biologen wurden mit den Anforderungen, die das Zellwachstum stellt, konfrontiert, als sie Zellen in vitro kultivieren wollten. Obwohl die Zellen in ein nährstoffreiches Wachstumsmedium gegeben wurden, unter anderem Blutplasma, wuchsen sie nicht. Einen Wendepunkt markierte der Einsatz von Serum anstelle von Plasma. Serum unterstützte das Zellwachstum, was Plasma nicht tat. Viele im Blutserum enthaltene Botenstoffe sind mittlerweile gereinigt worden und sie sind Mitglieder verschiedener Klassen von Proteinen, den sogenannten **Wachstumsfaktoren**.

Der Unterschied zwischen Blutserum und Blutplasma gab einen wichtigen Hinweis über Wachstumsfaktoren. *Plasma* ist das gesamte Blut, darunter reaktionsbereite Blutplättchen (= Thrombocyten, die Gerinnungskomponenten enthalten), allerdings keine roten und weißen Blutkörperchen. *Serum* ist die klare Flüssigkeit, die nach der Blutgerinnung zurückbleibt. Während der Blutgerinnung scheiden die Blutplättchen Wachstumsfaktoren in das Blut ab, die das Wachstum spezieller Zellen anregen, der *Fibroblasten*. Sie bilden neues Bindegewebe, aus dem eine Narbe entsteht. Nach der Blutgerinnung ist das neu gebildete Serum mit dem *Blutplättchen-abgeleiteten Wachstumsfaktor (PDGF*, engl.: *platelet-derived growth factor)* angereichet. Plasma enthält diesen Faktor nicht, da keine Gerinnungsreaktion stattgefunden hat.

Heute wissen wir, dass der Rezeptor für PDGF eine Rezeptor-Tyrosinkinase ist. Tatsächlich wirken mehrere Wachstumsfaktoren durch Stimulation von Rezeptor-Tyrosinkinasen, darunter *Insulin*, der *insulinähnliche Wachstumsfaktor-1*, der *Fibroblastenwachstumsfaktor*, der *epidermale Wachstumsfaktor* und der *Nervenwachstumsfaktor*. Man hat noch viele weitere Wachstumsfaktoren isoliert.

Zwar werden sie alle unter der Bezeichnung Wachstumsfaktoren geführt, doch wirken die Proteine, die Tyrosinkinase und andere Rezeptortypen aktivieren, an vielen verschiedenen Vorgängen mit. Dazu gehören Wachstum und Zellteilung sowie entscheidende Vorgänge während der embryonalen Entwicklung, Reaktionen auf Verletzungen von Geweben und viele weitere Aktivitäten. In diesem Zusammenhang genügt es zu wissen, dass Wachstumsfaktoren ausgeschiedene Moleküle sind, die ihre Wirkung in unmittelbarer Umgebung entfalten und spezifische Wirkungen auf Zellen ausüben, die den passenden Rezeptor zur Bindung des Wachstumsfaktors besitzen.

13.3.2 Rezeptor-Tyrosinkinasen sammeln sich und durchlaufen eine Autophosphorylierung

Viele **Rezeptor-Tyrosinkinasen (RTKs)** lösen eine Kette von Signalkaskaden in der Zelle aus, die letzten Endes zu Zellwachstum, Zellvermehrung oder zur Spezialisierung von Zellen führen. Zu den RTKs gehören die Rezeptoren für Insulin, den Nervenwachstumsfaktorrezeptor (NGF) und den epidermalen Wachstumsfaktor (EGF) (▸*Abbildung 13.11*).

Die Struktur der Rezeptor-Tyrosinkinasen Die Rezeptor-Tyrosinkinasen unterscheiden sich strukturell in vielerlei Hinsicht von den G-Protein-gekoppelten Rezeptoren. Häufig setzen sich diese Rezeptoren aus einer einzigen Polypeptidkette mit nur einer Transmembrandomäne zusammen. Innerhalb dieser Polypeptidkette gibt es mehrere verschiedene Domänen (▸*Abbildung 13.11a*). Der extrazelluläre Teil des Rezeptors enthält die *Ligandenbindedomäne*. Das andere Ende des Proteins ragt durch die Plasmamembran in das Cytosol hinein. Auf der cytosolischen Seite bildet ein

Teil des Rezeptors die Tyrosinkinase. Der cytosolische Teil des Rezeptors enthält Tyrosinreste, die wiederum selbst Ziel des Tyrosinkinase-Teils des Rezeptors sind.

Häufig ist die Tyrosinkinase ein integraler Bestandteil des Rezeptorproteins. In einigen Fällen sind der Rezeptor und die Tyrosinkinase allerdings zwei getrennte Proteine und dann bezeichnet man die Tyrosinkinase als eine *Nicht-Rezeptor-Tyrosinkinase*. Sie kann jedoch an den Rezeptor binden und aktiviert werden, wenn der Rezeptor an seinen Liganden bindet, sodass der Nettoeffekt dem der Aktivierung einer typischen Rezeptor-Tyrosinkinase recht ähnlich kommt.

Die Nicht-Rezeptor-Tyrosinkinasen waren tatsächlich die ersten Tyrosinkinasen, die man entdeckte. Die zuerst identifizierte Nicht-Rezeptor-Tyrosinkinase war das Src-Protein. Dieses Protein wird von dem *src*-Gen des Vogelvirus *Sarcoma* kodiert. Eine Form des Src kann normale Zellen in Krebszellen umwandeln. Auf dieses Thema werden wir in *Kapitel 23* eingehen. Es wurden noch viele andere Nicht-Rezeptor-Tyrosinkinasen entdeckt, von denen die meisten strukturell dem Src-Protein ähneln.

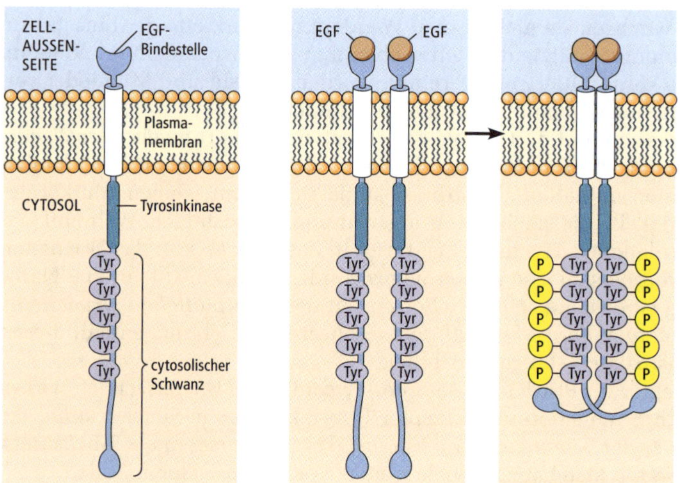

(a) Struktur des Rezeptors für den epidermalen Wachstumsfaktor (EGF)

(b) Aktivierung des EGF-Rezeptors

Abbildung 13.11: Struktur und Aktivierung einer Rezeptor-Tyrosinkinase. (a) Der Rezeptor des hier dargestellten epidermalen Wachstumsfaktors (EGF) ist typisch für viele Rezeptor-Tyrosinkinasen (RTKs). Diese Rezeptoren haben häufig nur eine Transmembrandomäne. Der Ligand (EGF in diesem Fall) bindet an den extrazellulären Teil des Rezeptors. In der Zelle besitzt ein Teil des Rezeptors Tyrosinkinase-Aktivität. Der übrige Rezeptor enthält eine Reihe von Tyrosinresten. Diese sind Substrate für die Tyrosinkinase. (b) Die Aktivierung von RTKs setzt mit der Ligandenbindung ein, woraufhin der Rezeptor dimerisiert. Nachdem sich zwei Rezeptormonomere zusammengeschlossen haben, kommt es zur Überkreuzphosphorylierung auf Tyrosin-Aminosäureresten. Die Bildung von Tyrosinphosphatresten (Tyr-P) auf dem Rezeptor schafft Bindestellen für cytosolische Proteine, die SH2-Domänen enthalten.

Die Aktivierung der Rezeptor-Tyrosinkinasen Die Signaltransduktion wird eingeleitet, wenn ein Ligand bindet, woraufhin die Rezeptor-Tyrosinkinasen-Monomere dimerisieren (▸ *Abbildung 13.11b*). Bei vielen der am besten untersuchten Fälle schließen sich zwei Rezeptormonomere in der Plasmamembran zu einem Dimer zusammen, wenn ihr Ligand an sie bindet. Nachdem diese Dimerisierung erfolgt ist, phosphoryliert die mit jedem Rezeptor assoziierte Tyrosinkinase die Tyrosinreste des benachbarten Rezeptors. Da die Rezeptoren mit anderen Rezeptoren gleichen Typs phosphorylieren, bezeichnet man diesen Vorgang als **Autophosphorylierung**.

13.3.3 Rezeptor-Tyrosinkinasen leiten eine Signalkaskade ein, an der Ras und MAP-Kinase mitwirken

Rezeptor-Tyrosinkinasen nutzen eine andere Methode zur Initiierung der Signaltransduktion als die G-Protein-gekoppelten Rezeptoren. Viele Schlüsselereignisse der RTK-Signalisierung hat man mit Hilfe mutierter Modellorganismen identifiziert, beispielsweise *Drosophila* und *Caenorhabditis elegans*. Wenn als Antwort auf die Ligandenbindung die Autophosphorylierung von Tyrosinresten an dem cytosolischen Teil des Rezeptors abläuft (▸ *Abbildung 13.12* ❶), rekrutiert der Rezeptor eine Reihe cytosolischer Proteine, die mit ihm in Wechselwirkung treten. Jedes dieser Proteine bindet an einen phosphorylierten Tyrosinrest des Rezeptors. Jedes cytosolische Protein muss eine Sequenz von Aminosäuren besitzen, die das Phosphotyrosin und einige wenige benachbarte Aminosäuren des Rezeptors erkennen, sonst kann das Protein nicht binden. Der Teil eines Proteins, der eines dieser phosphorylierten Tyrosine erkennt, wird als **SH2-Domäne** bezeichnet. Der Begriff SH2 steht für Src-Homologe (Domäne) 2, (engl.: *Src homology* (domain) 2), weil Proteine mit SH2-Domänen Aminosäuresequenzen besitzen, die eine verblüffende Ähnlichkeit mit einem Teil des Src-Proteins (einer cytosolischen Tyrosinkinase) aufweisen.

Durch Rekrutierung verschiedener Proteine, die SH2-Domänen enthalten, werden verschiedene Signalkaskaden aktiviert. Dies hat zur Folge, dass Rezeptor-Tyrosinkinasen mehrere verschiedene Signalkaskaden gleichzeitig aktivieren. Dazu gehören der Weg des Second Messengers Inositol-Phospholipid-Calcium, den wir bereits dargestellt haben (*Abbildung 13.8*) sowie der Ras-Weg, der letztendlich die Expression von Genen aktiviert, die am Wachstum oder der Entwicklung mitwirken.

Ras (Ra*t sarcoma*, ein kleines Proto-Onkogen, das häufig an der Entstehung von Tumoren beteiligt ist) ist für die Regulierung des Zellwachstums von Bedeutung. Anders als heterotrimere G-Proteine, die mit G-Protein-gekoppelten Rezeptoren assoziiert sind, besteht Ras nur aus einer Untereinheit. Ras und andere *kleine monomere G-Proteine* sind wichtige Signalmoleküle. Ebenso wie andere G-Proteine kann Ras entweder an GDP oder GTP binden, doch nur in Verbindung mit GTP wird Ras aktiv. Im Fall einer fehlenden Rezeptorstimulierung verbleibt Ras im Allgemeinen an GDP gebunden. Damit Ras aktiv wird, muss es GDP freisetzen und ein Molekül GTP binden. Hierfür benötigt Ras die Unterstützung eines anderen Proteintyps, des sogenannten **Guanin-Nucleotid-Austauschfaktors (GEF**, engl.: *guanine-nucleotide exchange factor*).

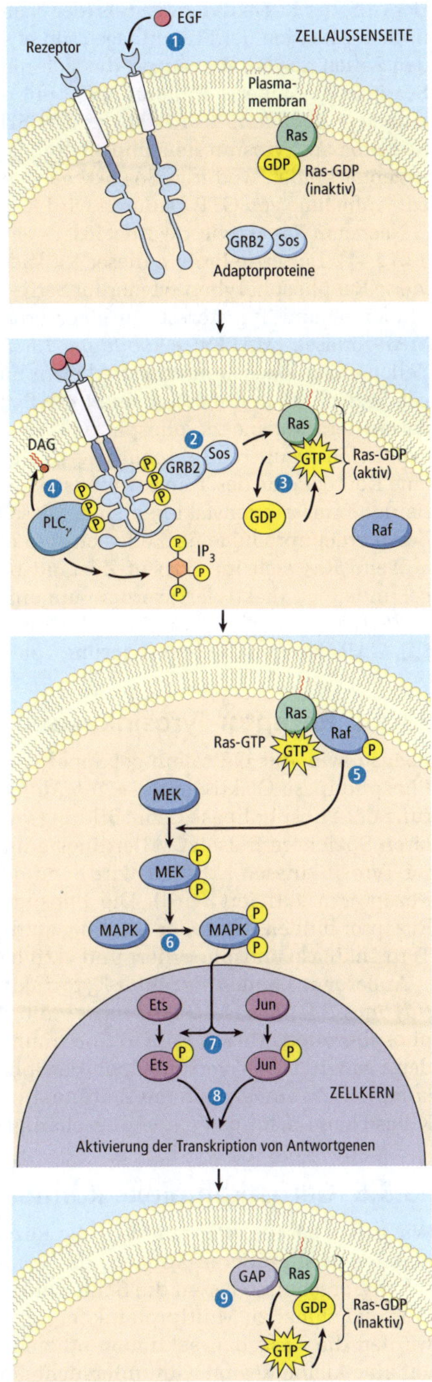

Abbildung 13.12: Signaltransduktion durch Rezeptor-Tyrosinkinasen. ❶ Im Anschluss an die Ligandenbindung dimerisieren die Rezeptor-Tyrosinkinasen, zum Beispiel der epidermale Wachstumsfaktor (EGF) und ❷ durchlaufen eine Autophosphorylierung. Nach der Phosphorylierung eines Rezeptors an den Tyrosinresten auf der Cytosol-Seite, binden Proteine mit SH2-Domänen wie GRB2 an den Rezeptor und rekrutieren Sos, einen GEF für Ras. ❸ Sos veranlasst dann die Aktivierung von Ras, indem es Ras bei der Freisetzung von GDP und der Aufnahme von GTP unterstützt. ❹ Gleichzeitig führt die Bindung der Phospholipase C_γ an den aktivierten Rezeptor zu dessen Aktivierung und zur Spaltung von PIP_2 zu IP_3 und DAG. ❺ Das aktivierte Ras leitet eine Kaskade von Phosphorylierungsereignissen ein, die mit dem Protein Raf beginnen, das die Phosphorylierung von MEK katalysiert. ❻ Schließlich wird die MAP-Kinase (MAPK) phosphoryliert. ❼ Die aktivierte MAPK katalysiert die Phosphorylierung von Proteinen wie Ets und Jun, die mit anderen Proteinen im Zellkern wirken und ❽ die Transkription von Antwortgenen regulieren. ❾ Durch die Hydrolyse des an Ras gebundenen GTP, ein Schritt den GAP erleichtert, wird Ras deaktiviert.

Der GEF, der Ras aktiviert, ist **Sos** (der Name geht darauf zurück, dass man Sos erstmalig in einer genetischen Mutation der Fruchtfliege „son of sevenless" identifizierte. Diese Mutation führt zu Fehlern in den Zellen des Facettenauges, die sich nicht richtig entwickeln können. Zu seiner Aktivierung muss Sos über ein anderes Protein, *GRB2* mit einer SH2-Domäne, indirekt an die Rezeptor-Tyrosinkinase binden (▸*Abbildung 13.12* ❷), das eine SH2-Domäne enthält. Daher wird zur Aktivierung von Ras der Rezeptor an Tyrosinresten phosphoryliert und GRB2 und Sos bilden einen Komplex, der an den Rezeptor bindet, wodurch Sos aktiviert wird. Sos stimuliert dann Ras zur Freisetzung von GDP und zur Aufnahme von GTP. Dadurch wird Ras in seinen aktiven Zustand versetzt (▸*Abbildung 13.12* ❸).

Nachdem Ras aktiviert wurde, löst es eine Reihe von Phosphorylierungsreaktionen aus (▸*Abbildung 13.12* ❺). Das erste Protein dieser Kaskade ist eine Proteinkinase mit der Bezeichnung *Raf*. Das aktivierte Raf phosphoryliert wiederum Serin- und Threoninreste in dem Protein *MEK*. MEK kann sodann Threonin- und Tyrosinreste in einer Proteinklasse namens **mitogen-aktivierte Proteinkinasen** oder **MAP-Kinasen** (**MAPKs**; ▸*Abbildung 13.12* ❻) phosphorylieren. MAPKs werden aktiviert, wenn die Zellen einen Wachstumsanreiz erhalten und sich teilen (ein solches Signal wird manchmal als *mitogen* bezeichnet und daher stammt die Bezeichnung der Kinase). Eine Funktion von MAPKs besteht darin, Kernproteine zu phosphorylieren, die sogenannten Transkriptionsfaktoren, welche die Genexpression regulieren (▸*Abbildung 13.12* ❼). Eines dieser Kernproteine trägt die Bezeichnung *Jun*, eine Komponente des Transkriptionsfaktors AP-1, sowie andere Proteine, die Mitglieder der *Ets*-Familie der Transkriptionsfaktoren sind. Diese Proteine regulieren wiederum die Expression von Genen, deren Proteinprodukte für Zellwachstum und Zellteilung benötigt werden (▸*Abbildung 13.12* ❽).

Wenn Ras sich im aktiven Zustand befindet, muss es durch Hydrolyse von GTP, das an Ras gebunden ist, inaktiviert werden, um eine weitere Stimulierung des Ras-Weges zu vermeiden. Die GTP-Hydrolyse wird von einem **GTPase-Aktivierungsprotein** gefördert (**GAP**; ▸*Abbildung 13.12* ❾). GAPs können die Inaktivierung von Ras um das Hundertfache beschleunigen.

13.3.4 Rezeptor-Tyrosinkinasen aktivieren eine Vielzahl weiterer Signalwege

Ebenso wie die G-Protein-gekoppelten Rezeptoren können auch Rezeptor-Tyrosinkinasen die Phospholipase C aktivieren (▸*Abbildung 13.12* ❹). Wir haben bereits gesehen, dass die Aktivierung der Phospholipase C zur Bildung von IP_3 und DAG führt und dass IP_3 Calcium aus intrazellulären Speichern freisetzt. Allerdings unterscheidet sich die Phospholipase C_γ (die von den Rezeptor-Tyrosinkinasen aktiviert wird) von der Phospholipase C_β (die von den G-Protein-gekoppelten Rezeptoren aktiviert wird). Die Phospholipase C_γ enthält eine SH2-Domäne und muss an den Rezeptor binden. Nach der Bindung an den Rezeptor wird die Phospholipase C_γ von der Rezeptor-Tyrosinkinase phosphoryliert und aktiviert.

Außerdem können Rezeptor-Tyrosinkinasen weitere Enzyme binden, beispielsweise *Phosphatidylinositol-3-Kinase (PI-3-Kinase)*, die das Plasmamembran-Phospholipid Phosphatidylinositol phosphoryliert. Dieses Enzym übernimmt wichtige Aufgaben bei Zellwachstum und Zellteilung, denn es wirkt über verschiedene Phosphatidylinositole. Die Rolle dieser Kinase ist vielfältig und komplex. Zu einem späteren Zeitpunkt in diesem Kapitel werden wir uns mit einer Rolle der PI-3-Kinase beim Insulinsignalweg beschäftigen.

13.3.5 Gerüstkomplexe können die Zellsignalisierung erleichtern

Wir haben bereits erfahren, dass die Rezeptor-Tyrosinkinasen eine Reihe von Phosphorylierungsreaktionen stimulieren können, die von dem aktiven Ras-Protein initiiert werden. Neuere Forschungsergebnisse lassen die Schlussfolgerung zu, dass Signalisierungskomponenten wie der Ras-Weg manchmal zu Multiproteinkomplexen zusammengesetzt werden. Aufgrund dieser Komplexe werden die Kaskadenreaktionen effizienter und begrenzen die zellulären Antworten auf Signale auf eine kleine Region. Gut untersucht sind beispielsweise die Prozesse bei der Paarung der knospenden Hefe *Saccharomyces cerevisiae*. Unter günstigen Bedingungen ist Hefe haploid. Unter Stress scheiden die Zellen des Paarungstyps a ein chemisches Signal aus, das man als *a-Faktor* bezeichnet. Dieser Faktor kann an spezifische G-Protein-gekoppelte Rezeptoren auf nahe gelegenen α-Zellen binden (▸*Abbildung 13.13a*). Gleichzeitig scheiden α-Zellen einen *α-Faktor* aus, der an die entsprechenden Rezeptoren auf a-Zellen bindet. Diese *Paarungsfaktor*-Signalisierung (engl.: *mating factor*) führt zu weitreichenden Veränderungen in den beiden Zellen, unter anderem zu polarisierter Sekretion, Veränderungen des Cytoskeletts und Veränderungen der Genexpression. Letztendlich verschmelzen die beiden Zellen zu einer diploiden a/α-Zelle.

Wie wir gesehen haben, wird die Paarungsfaktor-Signalisierung von einer aktivierten $G_{\beta\gamma}$-Untereinheit eines G-Proteins vermittelt. $G_{\beta\gamma}$ rekrutiert ein großes Gerüstprotein (engl.: *scaffold protein*) für die Plasmamembran, das *Ste5*. Ste5 steigert die Effizienz der Signaltransduktion für den Paarungsweg, indem die daran beteiligten Kinasen zu einem großen Komplex gebündelt werden. In diesem Fall führt dies über eine spezifische Phosphorylierungskaskade zu der Phosphorylierung von MAPK (▸*Abbildung 13.13b*). MAPK wiederum phosphoryliert Proteine, die Veränderungen der Genexpression bewirken, die für die Paarung relevant sind. Man hat andere ähnliche Gerüstkomplexe in der Hefe identifiziert, die Antworten auf Änderungen der Osmolarität, des Nährstoffangebots und anderer Umweltsignale regulieren. Gerüstkomplexe kommen nicht ausschließlich in der Hefe vor. Neuronale Synapsen enthalten beispielsweise Multiproteinkomplexe; es ist wahrscheinlich, dass viele Signalisierungswege sich auch diese Strategie zu Nutze machen. Eine wichtige Klasse von Proteinen, die zahlreiche Signalisierungsmoleküle binden und deren Funktionen in Multiproteinkomplexen regulieren, ist die Klasse der sogenannten *14-3-3-Proteine*.

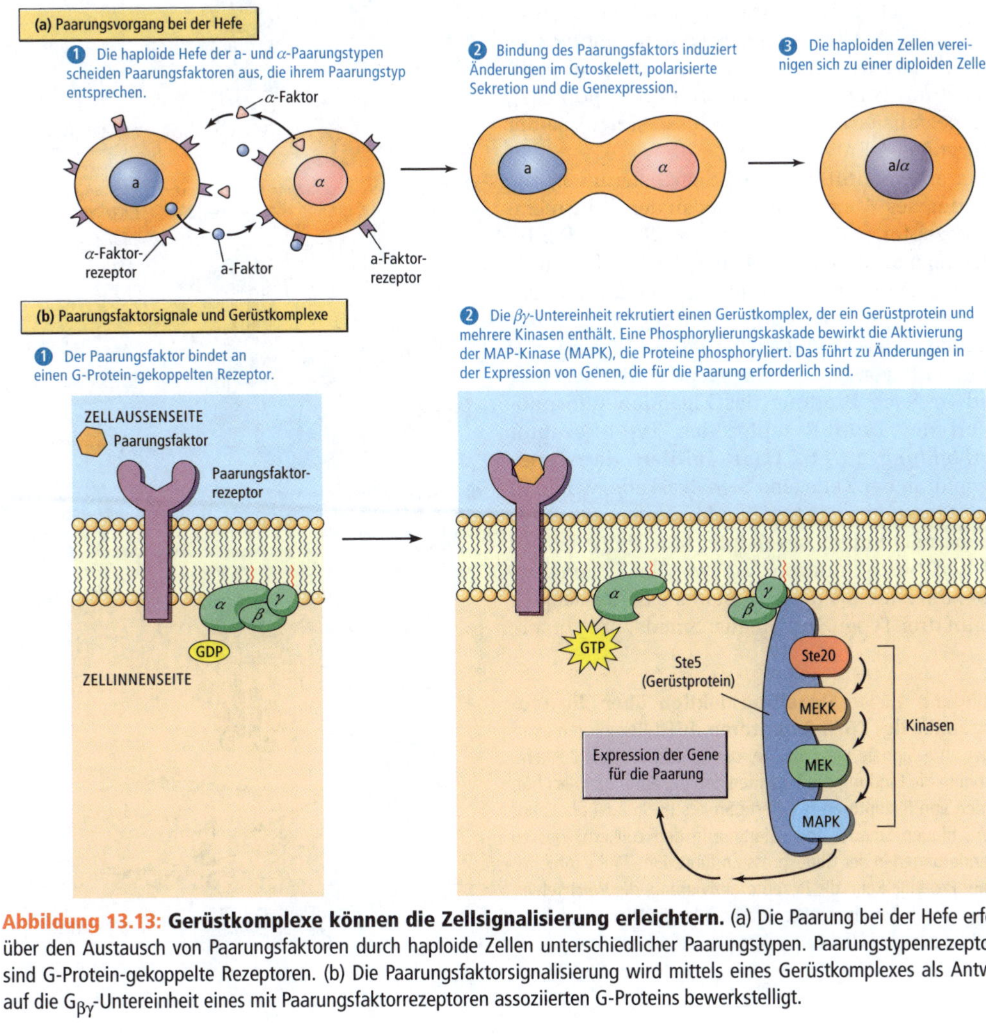

Abbildung 13.13: Gerüstkomplexe können die Zellsignalisierung erleichtern. (a) Die Paarung bei der Hefe erfolgt über den Austausch von Paarungsfaktoren durch haploide Zellen unterschiedlicher Paarungstypen. Paarungstypenrezeptoren sind G-Protein-gekoppelte Rezeptoren. (b) Die Paarungsfaktorsignalisierung wird mittels eines Gerüstkomplexes als Antwort auf die $G_{\beta\gamma}$-Untereinheit eines mit Paarungsfaktorrezeptoren assoziierten G-Proteins bewerkstelligt.

13.3.6 Andere Wachstumsfaktoren übertragen ihre Signale über Serin/Threoninkinasen-Rezeptoren

Wir haben gesehen, dass bei der Bindung eines Liganden an Tyrosinkinase-Rezeptoren in der Zelle eine Reihe von Signaltransduktionsereignissen aktiviert wird, die zu Veränderungen in der Zelle führen, die das Signal empfängt. Eine weitere wichtige Klasse von Proteinkinase-assoziierten Rezeptoren nutzt einen ganz anderen Satz von Signalkaskaden, um Veränderungen in der Zelle hervorzurufen. Diese Rezeptoren phosphorylieren Serin- und Threoninreste anstatt von Tyrosinresten. Eine wichtige Klasse von **Serin/Threoninkinasen-Rezeptoren** ist die Familie der Proteine, welche die verschiedenen **transformierenden Wachstumsfaktoren β (TGFβ)** der Familie der Wachstumsfaktoren binden. Diese Familie der Wachstumsfaktoren reguliert eine ganze Reihe zellulärer Funktionen sowohl in Embryos als auch in ausgewachsenen Tieren, darunter Zellwachstum, programmierten Zelltod (Apoptose), Zellspezialisierung sowie Schlüsselereignisse der embryonalen Entwicklung.

Der erste Schritt der TGFβ-Signalisierung ist die Bindung des Wachstumsfaktors an den Transmembranrezeptor (▸*Abbildung 13.14*, ❶ und ❷). Im Allgemeinen binden Mitglieder der TGFβ-Familie an zwei Typen von Rezeptoren der Empfängerzelle: die *Typ-I-* und die *Typ-II-Rezeptoren*. Einige Mitglieder der TGFβ-Familie bilden Dimere miteinander bevor sie an ihren spezifischen Rezeptor binden. Nach Bindung des Liganden phosphoryliert der Typ-II-Rezeptor den Typ-I-Rezeptor (▸*Abbildung 13.14*). Dann initiiert der Typ-I-Rezeptor in der Zelle eine Signalkaskade, wodurch eine Klasse von Proteinen phosphoryliert wird, die man als **Smads** bezeichnet (der Name beruht auf den Bezeichnungen für zwei der ersten Proteine, die man aus dieser Proteinklasse entdeckte). Es gibt drei Typen von Smads: Smads, die von ei-

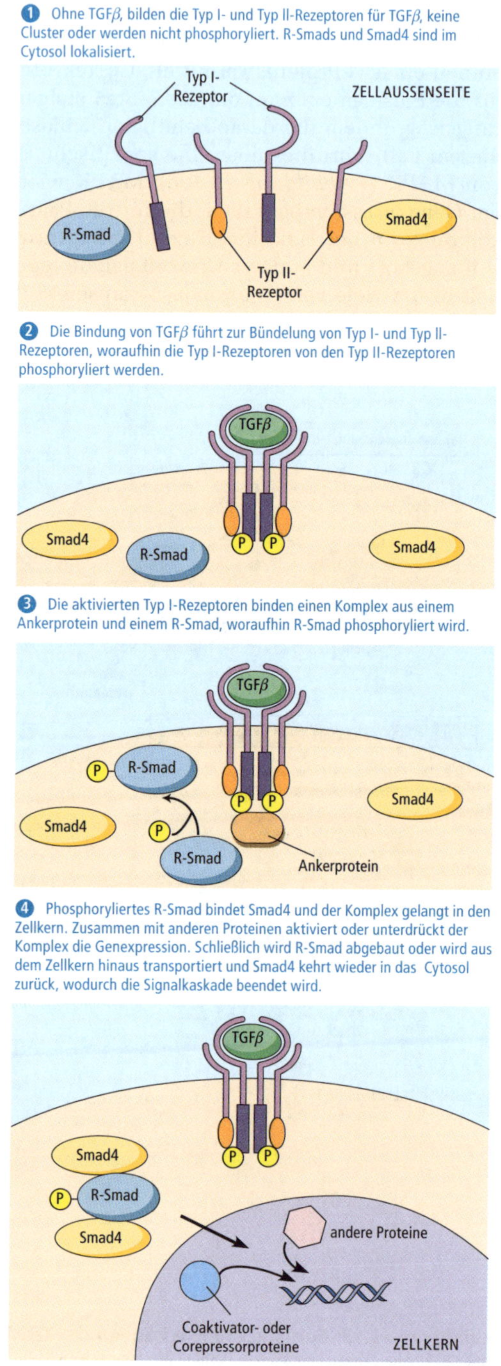

Abbildung 13.14: Signaltransduktion über die Proteinfamilie der TGFβ-Rezeptoren. TGFβ-Rezeptoren übertragen ihre Signale via Proteine, die Smads, an den Zellkern. Nachdem die Bindung des Liganden den Rezeptor aktiviert hat, werden von Rezeptoren regulierte Smads (R-Smads) phosphoryliert, binden Smad 4 und gelangen in den Zellkern, was zu Veränderungen in der Genexpression führt. Eine Reihe inhibitorischer Proteine kann die Rezeptoraktivierung, die Wechselwirkungen von R-Smads mit Rezeptoren oder die Wechselwirkung von R-Smads mit Smad 4 blockieren.

einem Komplex aus Ankerproteinen und aktivierten Rezeptoren phosphoryliert werden, nennt man *Rezeptor-regulierte Smads* oder *R-Smads* (▸*Abbildung 13.14*, ❸). Ein anderer Smad-Typ, *Smad 4*, bildet mit phosphorylierten R-Smads einen Multiproteinkomplex. Wenn Smad-4-Moleküle mit R-Smads binden, kann der gesamte Komplex in den Zellkern gelangen, wo er mit anderen Kofaktoren und DNA-Bindeproteinen assoziiert, um die Genexpression zu regulieren (▸*Abbildung 13.14*, ❹). Andere Smads üben ihre Wirkung an verschiedenen Orten der TGFβ-Signalkaskade aus, um diesen Weg zu hemmen; ein Typ kann an Rezeptoren binden und diesen hemmen, während ein anderer Typ an Smad 4 bindet und dieses hemmt. Die Smad-Signalkaskade wird beendet, wenn der R-Smad abgebaut wird oder zurück ins Cytosol transportiert wird. Smad 4 kann sich vom Zellkern zurück zum Cytosol bewegen, um wieder Verwendung zu finden, wenn die Zelle ein neues Signal empfängt.

13.3.7 Unterbrechung der Wachstumsfaktorsignalkaskaden kann zu Krebsentstehung führen

Wir haben also gelernt, dass Wachstumsfaktoren wichtige Ereignisse wie Zellwachstum und -teilung, Zellbewegung und Genexpression regulieren. Wir haben außerdem erfahren, dass die Wachstumsfaktoren bei der embryonalen Entwicklung alle zellbiologischen Ereignisse streng regulieren. Wenn die normale embryonale Entwicklung ein Musterbeispiel für die richtige Regulation von Wachstumsfaktoren ist, so stellen viele Formen der Krebsentstehung genau das Gegenteil dar. Heute wissen wir, dass einige Krebstumore auf den Verlust der Regulationsfähigkeit der Wachstumsfaktorsignalkaskaden zurückgehen. Eines der zuerst identifizierten für Krebs verantwortlichen Gene war eine mutierte Form von Ras. Mutationen von Ras sind häufig mit Krebs assoziiert. Mutationen des epidermalen Wachstumsfaktors können zur Entwicklung von Brustkrebs führen, zu einem Glioblastom (einem Krebs der Gliazellen im Gehirn) oder zu einem Fibrosarkom (einem Krebstumor der Röhrenknochen). Ähnlich verhält es sich mit Mutationen im TGFβ-Typ-I-Rezeptor, die für ein Drittel aller Eierstockkrebserkrankungen verantwortlich sind und mit Mutationen im Typ-II-Rezeptor bei vielen kolorektalen Krebstumoren. Die Hälfte aller Fälle von Bauchspeicheldrüsenkrebs geht auf Mutationen in Smad 4 zurück.

13.3.8 Wachstumsfaktor-Signalkaskaden haben gemeinsame Merkmale

Obwohl sich die Fälle im Detail voneinander unterscheiden, haben die meisten Wachstumsfaktor-Signalkaskaden mehrere gemeinsame Merkmale. Häufig führt die Ligandenbindung zur Aktivierung und/oder zur Polymerisierung von Rezeptoren. Die Rezeptoraktivierung löst dann eine Ereignisabfolge aus, in deren Ablauf einige intermediäre Proteine ihre Phosphatgruppen abgeben oder Phosphatgruppen aufnehmen. Allerdings besitzen nicht alle Wachstumsfaktor-Rezeptoren eine eigene Kinaseaktivität. Zum Beispiel führt die Bindung einiger Wachstumsfaktoren an ihre Rezeptoren zur Aktivierung einer eigenständigen intrazellulären Proteinkinase, der *Janus-Kinase*.

Oftmals ist das Endergebnis der Wachstumsfaktorsignalisierung eine Veränderung in einem oder in mehreren Proteinen, die in den Zellkern transportiert werden. Dies hat wiederum Veränderungen im Hinblick auf die Genexpression in der Zelle zur Folge, die das Signal empfängt. Die spezifische Antwort der Empfängerzelle hängt von der Zellart sowie von der Kombination von Signalen ab, die von dieser Zelle gleichzeitig empfangen werden. Im nächsten Abschnitt werden Sie sehen, dass die gleiche Logik auch für Signalübertragungen über größere Entfernungen gilt, die von Hormonen vermittelt werden.

13.4 Hormonsignalisierung

Wachstumsfaktoren wirken innerhalb eines engen Bereichs, um die Zellfunktion zu regulieren. Große Organismen müssen jedoch in der Lage sein, die Funktion verschiedener Zellen und Gewebe über große Entfernungen zu koordinieren. Zu diesem Zweck nutzen Pflanzen und Tiere chemische Signale, die sogenannten **Hormone**. Sowohl bei Pflanzen als auch bei Tieren werden Hormone häufig vaskulär transportiert. Hunderte verschiedener Hormone regulieren ein breites Spektrum physiologischer Funktionen, darunter Wachstum und Entwicklung, Geschwindigkeit der körpereigenen Abläufe, Konzentrationen von Substanzen und Antworten auf Stress und Verletzung.

Zwar können wir Hormone auf Grund ihrer regulatorischen Funktion als Gruppe auffassen, doch unterschieden sie sich in mancher Hinsicht. Sowohl Pflanzen als auch Tiere bilden eine ansehnliche Menge von Hormonen. Einige Hormone sind Steroide oder andere hydrophobe Moleküle, die auf intrazelluläre Rezeptoren ausgerichtet sind. Andere Hormone, beispielsweise die adrenergen Hormone, auf die wir später noch zu sprechen kommen werden, zielen auf eine Vielzahl G-Protein-gekoppelter Rezeptoren ab. Dann gibt es auch Hormone, zum Beispiel Insulin, die den Rezeptor-Tyrosinkinasen als Liganden dienen. Pflanzen bilden Phytohormone wie beispielsweise Steroidhormone, die *Brassinosteroide*, die das Blattwachstum regulieren. Ähnlich verhält es sich mit dem organischen Molekül *Ethylen*, das die Fruchtreifung reguliert, und *Abszisinsäure* bewirkt das Schließen der Stomata während Trockenheitsperioden. Da unser Verständnis der tierischen Hormone bereits sehr gut vorangeschritten ist, konzentrieren wir uns in dem noch verbleibenden Teil dieses Kapitels auf diese, vor allem auf die endokrinen Hormone.

13.4.1 Hormone können je nach zurückgelegter Entfernung und nach ihren chemischen Eigenschaften klassifiziert werden

Endokrine Hormone werden über die Blutbahn von den Zellen, aus denen sie freigesetzt werden, zu anderen Zellen transportiert, in denen sie eine oder mehrere spezifische Funktionen regulieren. Endokrine Hormone werden von dem *endokrinen Gewebe* des Körpers synthetisiert und direkt in die Blutbahn abgegeben. Nachdem sie in die Blutbahn sekretiert wurden, bleibt ihnen nur eine kurze Lebensspanne. Diese reicht von wenigen Sekunden für Adrenalin (ein Produkt der Nebennierenrinde) bis zu vielen Stunden, wie im Fall des Insulins. Wenn die Hormone durch die Blutbahn zirkulieren, kommen die Hormonmoleküle mit den überall im Körper verteilten Rezeptoren in Kontakt. Ein Gewebe, das von einem bestimmten Hormon besonders angesprochen wird, bezeichnet man als *Zielgewebe* des jeweiligen Hormons (▸*Abbildung 13.15*). So sind zum Beispiel Herz und Leber Zielgewebe für Adrenalin, während die Leber und die Skelettmuskeln Ziele für Insulin sind.

Man kann Hormone auch entsprechend ihrer chemischen Eigenschaften klassifizieren. Im Hinblick auf die Chemie kann man vier Kategorien unterscheiden: Aminosäurederivate, Peptide, Proteine und den Lipiden ähnliche Hormone wie die Steroide. Als Beispiel für ein Aminosäurederivat sei Adrenalin genannt, ein Tyrosinderivat. *Antidiuretisches Hormon* (das man auch als *Vasopressin* bezeichnet) ist ein Beispiel für ein Peptidhormon, während Insulin ein Protein ist. *Testosteron* ist ein Steroidhormon. Die Steroidhormone sind Cholesterinderivate (siehe *Abbildung 2.26*), die entweder in den Gonaden (als *Geschlechtshormone*) oder im Cortex der Nebenniere (die *Corticosteroide*) synthetisiert werden.

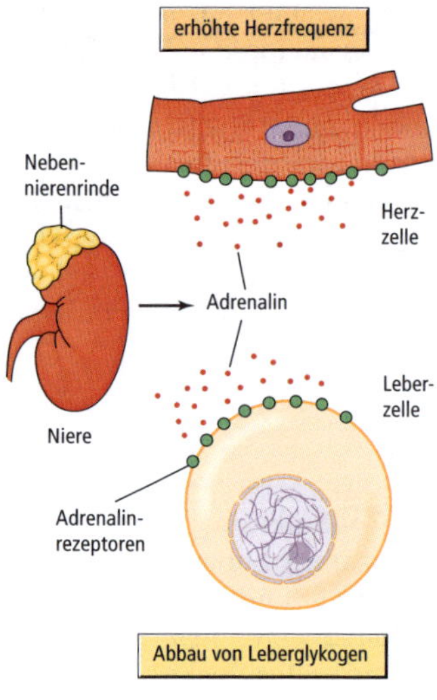

Abbildung 13.15: Zielgewebe für endokrine Hormone. Die Zellen eines Zielgewebes besitzen hormonspezifische Rezeptoren, die in die Plasmamembran der Zielzellen eingebettet sind (oder, im Fall der Steroidhormone, im Zellkern oder im Cytosol lokalisiert sind): Herz- und Leberzellen können auf Adrenalin reagieren, das von der Nebenniere synthetisiert wurde, denn in der Plasmamembran dieser Zellen sind adrenalinspezifische Rezeptoren lokalisiert. Ein spezifisches Hormon kann unterschiedliche Antworten in verschiedenen Zielzellen auslösen. Adrenalin führt zu einem Anstieg der Herzfrequenz, regt aber auch den Glykogenabbau in der Leber an.

13.4.2 Die Steuerung des Glucosemetabolismus ist ein gutes Beispiel für endokrine Regulierung

Da Hormone die Funktion bestimmter Zielgewebe regulieren, ist ein Aspekt der Beschäftigung mit Hormonen die Untersuchung der spezifischen Funktionen dieser Zielgewebe. Wir werden uns eingehender mit den **adrenergen Hormonen** Adrenalin und Noradrenalin beschäftigen, um die Wirkung endokriner Hormone zu veranschaulichen. (Adrenalin wird auch als Epinephrin bezeichnet; die beiden Wörter sind lateinischen bzw. griechischen Ursprungs und bedeuten „oberhalb oder nahe der Niere". Sie beziehen sich auf die Lage der Nebennierendrüsen im Körper. Diese synthetisieren das Hormon.) Grundsätzlich verfolgen adrenerge Hormone die Strategie, viele der normalen Körperfunktionen einzustellen und dem Herzmuskel und den Skelettmuskeln vitale Ressourcen zur Verfügung zu stellen, aber auch den Körper in erhöhte Alarmbereitschaft zu versetzen. Wenn sie in den Blutstrom ausgeschieden werden, regen Adrenalin und Noradrenalin viele verschiedene Gewebe oder Organe an, die alle darauf ausgerichtet sind, den Körper auf gefährliche oder nervlich belastende Situationen vorzubereiten (die sogenannte Kampf-oder-Flucht-Antwort). Grundsätzlich lösen adrenerge Hormone eine verstärkte Herzleistung aus, indem sie Blut von den viszeralen Organen zu den Muskeln und zum Herzen leiten und die Arteriolen erweitern, um die Sauerstoffversorgung des Blutes zu erleichtern. Des Weiteren stimulieren diese Hormone den Abbau von Glykogen, um die Muskeln mit Glucose zu versorgen. Für die Entschlüsselung der Struktur und der Funktion der Adrenorezeptoren, wie die entsprechenden Rezeptoren auch genannt werden, erhielten Robert Lefkowitz und sein Mitarbeiter Brian Kobilka 2012 den Nobelpreis für Chemie.

Adrenerge Hormone binden an eine Familie der G-Protein-gekoppelten Rezeptoren, die sogenannten **adrenergen Rezeptoren**. Man kann sie grob in die α- und die *β-adrenergen Rezeptoren* einteilen. Die α-adrenergen Rezeptoren binden Adrenalin und Noradrenalin. Diese Rezeptoren sind auf den glatten Muskeln lokalisiert, die den Blutstrom zu den viszeralen Organen regulieren. Die β-adrenergen Rezeptoren binden Adrenalin wesentlich besser als Noradrenalin. Diese Rezeptoren befinden sich auf den glatten Muskeln, die mit den Arteriolen assoziiert sind, die das Herz, die glatten Muskeln der Bronchien in den Lungen und die Skelettmuskeln versorgen.

Die α- und die β-adrenergen Rezeptoren stimulieren verschiedene Signaltransduktionswege, weil sie mit verschiedenen G-Proteinen gekoppelt sind. Zum Beispiel die G-Proteine, die von einem Typ des α-adrenergen Rezeptors aktiviert werden. Die α_1-adrenergen Rezeptoren sind G_q-Proteine, während die β-adrenergen Rezeptoren G_s aktivieren. Bereits zuvor hatten wir festgestellt, dass durch die Aktivierung von G_s der cAMP Signaltransduktionsweg angeregt wird. Dies führt zur Relaxierung bestimmter glatter Muskeln. Die Aktivierung von G_q regt die Phospholipase C an. Daraufhin werden IP_3 und DAG gebildet, wodurch wiederum die intrazelluläre Calciumkonzentration erhöht wird. Als spezifisches Beispiel der cAMP-vermittelten Regulation schauen wir uns die Steuerung des Glykogenabbaus durch das Hormon Adrenalin in Leber- und Muskelzellen an.

Intrazelluläre Wirkungen adrenerger Hormone: Steuerung des Glykogenabbaus Eine Wirkungsweise der adrenergen Hormone ist die Stimulation des Glykogenabbaus, damit die Muskelzellen ausreichend mit Glucose versorgt werden. Der Abbau von Glykogen wird von dem Enzym Glykogenphosphorylase erleichtert. Dieses Enzym katalysiert eine Reaktion, bei der die glykosidische Verbindung zwischen zwei Glucoseuntereinheiten in Anwesenheit von anorganischem Phosphat gespalten wird. Daraufhin wird ein Molekül Glucose-1-Phosphat freigesetzt. Das Glykogenphosphorylasesystem war die erste cAMP-vermittelte regulatorische Sequenz, die man nachvollziehen konnte. Die Arbeit wurde 1956 von Earl Sutherland veröffentlicht, der 1971 für seine Entdeckung den Nobelpreis erhielt.

Die Signalkaskade, die von der hormonellen Stimulierung bis zum Glykogenabbau abläuft, wird in der ▸*Abbildung 13.16* dargestellt. Die Reaktionsabfolge wird von einem Adrenalinmolekül eingeleitet, das an einen β-adrenergen Rezeptor in der Plasmamembran einer Leber- oder Muskelzelle bindet. Der Rezeptor aktiviert ein benachbartes G_s-Protein und dieses G_s-Protein stimuliert wiederum die Adenylylcyclase. Diese bildet aus ATP cAMP. Die dadurch bewirkte vorübergehend erhöhte Konzentration von cAMP im Cytosol aktiviert die Proteinkinase A (PKA; ▸*Abbildung 13.16*, ❶). PKA aktiviert sodann eine weitere Ereigniskaskade, die mit der Phosphorylierung des Enzyms Phosphorylasekinase einsetzt (▸*Abbildung 13.16*, ❷). Dies führt zur Umwandlung von Glykogenphosphorylase aus der Phosphorylase *b*, der weniger aktiven Form, in die Phosphorylase *a*, die aktivere Form (▸*Abbildung 13.16*, ❸), und somit wird Glykogen schneller abgebaut (▸*Abbildung 13.16*, ❹).

cAMP regt die Deaktivierung des für die Glykogensynthese verantwortlichen Enzymsystems an. PKA phosphoryliert auch das Enzym *Glykogensynthase*. Durch diese Phosphorylierung wird das Enzym aber nicht aktiviert, sondern deaktiviert. Somit erzielt cAMP zwei Wirkungen, sowohl eine erhöhte Geschwindigkeit des Glykogenabbaus als auch eine Verlangsamung der Glykogensynthese.

α_1-adrenerge Rezeptoren und der IP_3-Weg Ein weiterer wichtiger adrenerger Weg wird von den α_1-adrenergen Rezeptoren ausgelöst, welche die Bildung von IP_3 und DAG anregen. Die α_1-adrenergen Rezeptoren kommen vor allem in den glatten Muskeln der Blutgefäße vor, unter anderem in denen, die den Blutstrom zum Darm steuern. Wenn α_1-adrenerge Rezeptoren angeregt werden, führt die Bildung von IP_3 zu einem Anstieg der intrazellulären Calciumkonzentration. Die erhöhte Calciumkonzentration bewirkt die Kontraktion der glatten Muskelzellen, was zur Verengung der Blutgefäße und vermindertem Blutfluss führt. Somit wirkt sich die Aktivierung der α_1-adrenergen Rezeptoren auf die Zellen der glatten Muskeln aus und zwar mit dem gegenteiligen Effekt der Aktivierung der β-adrenergen Rezeptoren, deren Aktivierung eine Entspannung der glatten Muskeln auslöst.

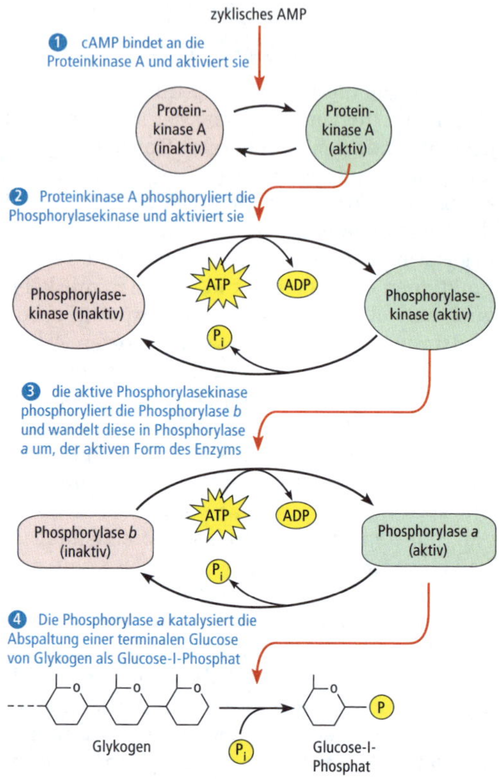

Abbildung 13.16: Stimulierung des Glykogenabbaus durch Adrenalin. Muskel- und Leberzellen antworten auf einen erhöhten Adrenalinspiegel im Blut, indem sie die Geschwindigkeit des Glykogenabbaus steigern. Der stimulatorische Effekt des extrazellulären Adrenalins auf den intrazellulären Glykogenkatabolismus wird von einer durch G-Protein und cAMP induzierten regulatorischen Kaskade vermittelt.

Die Insulinsignalisierung über die PI-3-Kinase zur Regulation der Glucosekonzentration im Ruhezustand Wir haben gesehen, wie Adrenalin über G-Protein-vermittelte Signale metabolische Vorgänge – darunter die Bildung und den Verbrauch von Glucose in Leber- und Muskelzellen – in Situationen reguliert, in denen der Organismus Stress ausgesetzt ist. Während der normalen Aktivität regulieren allerdings zwei Peptidhormone, die von spezialisierten Zellen in der Bauchspeicheldrüse gebildet werden, die man als *Langerhanssche Inseln* bezeichnet, die Glucosekonzentration im Blut. Eines dieser Peptide, das Peptidhormon **Glucagon**, wirkt über das gleiche von Adrenalin aktivierte G-Protein und erhöht daher die Blutglucose durch Abbau von Glykogen, wenn der Glucosespiegel im Blut zu weit abgesunken ist. Das andere Hormon, **Insulin**, wirkt auf eine dem Adrenalin und dem Glucagon entgegengesetzte Weise, indem es die Konzentration der Glucose im Blut *senkt*. Diese Senkung wird durch Förderung der Aufnahme von Glucose in Muskelzellen und Zellen des Fettgewebes sowie durch Stimulation der Glykogensynthese bewerkstelligt. Eine Erkrankung mit schweren weltweiten Konsequenzen ist die *Typ-I-Diabetes*, die letztendlich zum Verlust der Beta-Zellen in den Langerhansschen Inseln führt, die Insulin bilden. 1923 erhielten Frederick Banting und John Macleod für ihre Entdeckung, dass man die Typ-I-Diabetes erfolgreich mit Insulin behandeln kann, den Nobelpreis. Unglücklicherweise erweist sich die Behandlung mit Insulin bei der Typ-II-Diabetes als weniger erfolgreich. Dieser Diabetestyp hat epidemische Ausmaße erreicht und Hunderte von Millionen Erwachsener sind weltweit davon betroffen. Die Typ-II-Diabetes scheint eher auf einer Resistenz gegenüber Insulin zu beruhen als auf dem Unvermögen, Insulin zu bilden.

13.4.3 Steroidhormonrezeptoren wirken in erster Linie im Zellkern, nicht an der Zelloberfläche

Nicht alle Hormonrezeptoren sind an der Zelloberfläche lokalisiert. Steroidhormone, eine wichtige Hormonklasse, binden an Rezeptoren, die ihre Wirkung vorrangig im Zellkern und nicht an der Zelloberfläche entfalten. Diese **Steroidrezeptorproteine** vermitteln die Wirkung von Steroidhormonen wie Progesteron, Östrogen, Testosteron und Glucocorticoiden. (Verwandte Rezeptoren für das Thyroidhormon, das Vitamin D und die Retinsäure, das Vitamin A, wirken auf ähnliche Weise.) Steroidhormone sind Lipidsignalisierungsmoleküle, die von Zellen des endokrinen Gewebes synthetisiert werden. Die Hormone werden in den Blutstrom freigesetzt und durch den Körper transportiert, wobei sie an die Zellen mit den geeigneten Rezeptoren Signale übermitteln. Nachdem ein Steroidhormon in eine Zielzelle gelangt ist, bindet es an den entsprechenden Rezeptor im Cytosol und löst dadurch eine Reihe von Ereignissen aus, die in letzter Konsequenz die Transkription eines spezifischen Gensatzes aktivieren oder in seltenen Fällen hemmen (▸*Abbildung 13.17*).

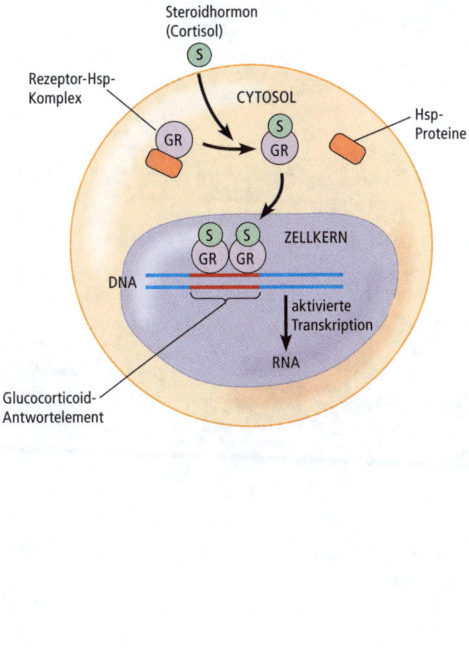

Abbildung 13.17: Aktivierung der Gentranskription durch Steroidhormonrezeptoren. Das hier dargestellte Beispiel ist das Steroidhormon Cortisol (S). Cortisol diffundiert durch die Plasmamembran und bindet an den Glucocorticoidrezeptor (GR), was zur Freisetzung von Hitzeschockproteinen (Hsp) und zur Aktivierung der DNA-Bindestelle des GR-Moleküls führt. Das GR-Molekül tritt dann in den Zellkern ein und bindet an ein Glucocorticoidantwortelement in der DNA. Dieses veranlasst wiederum ein zweites GR-Molekül zur Bindung an das gleiche Antwortelement. Das daraus hervorgehende GR-Dimer aktiviert die Transkription des benachbarten Gens.

Das Cytoskelett

14

ÜBERBLICK

Nun wenden wir uns dem Cytosol zu, der Region des Cytoplasmas, die zwischen den Organellen liegt und diese umgibt. Noch vor wenigen Jahrzehnten vertrat man die Auffassung, dass das Cytosol der eukaryotischen Zelle grundsätzlich eher uninteressant sei, eine gelähnliche Substanz, in welcher der Zellkern und andere Organellen eingelagert sind. Nun zeigten Fortschritte in der Mikroskopie und anderen Untersuchungsmethoden, dass das Innere einer eukaryotischen Zelle höchst strukturiert ist. Ein Teil der inneren Struktur wird von dem **Cytoskelett** bestimmt, einem komplizierten Netzwerk untereinander verbundener Filamente und Tubuli, die sich über das gesamte Cytosol erstrecken, vom Zellkern bis zur inneren Oberfläche der Plasmamembran. Das Cytoskelett ist für intrazelluläre Bewegungsvorgänge und die Zellteilung verantwortlich. Bei den Eukaryoten wirkt es aktiv am Transport der von Membranen umgebenen Organellen im Cytosol mit. Es übernimmt außerdem eine ähnliche Rolle für die Messenger-RNA und andere Zellkomponenten. Des Weiteren wirkt das Cytoskelett an vielen Formen der Zellbewegung mit und ist sehr eng mit anderen Vorgängen wie der Zellsignalisierung und der Zell-Zell-Adhäsion verknüpft. Das Cytoskelett unterliegt Veränderungen, die auf der Zelloberfläche ablaufen, und scheint zugleich an diesen Ereignissen teilzunehmen und sie zu beeinflussen.

Der Begriff Cytoskelett erfasst exakt die Rolle dieses polymeren Netzwerks, denn es verleiht der Zellfunktion Gestalt und innere Struktur. Es gibt den Zellen ein hohes Maß an innerer Organisation und die Fähigkeit, komplexe Gestalt anzunehmen und beizubehalten, was sonst nicht möglich wäre. Allerdings spiegeln sich in dieser Bezeichnung nicht die dynamischen Eigenschaften und die Fähigkeit zu Veränderungen wider und auch nicht seine Mitwirkung an einer Vielzahl zellulärer Vorgänge.

14.1 Die wichtigsten Strukturelemente des Cytoskeletts

14.1.1 Bei den Eukaryoten unterscheidet man drei Grundbausteine des Cytoskeletts

Die drei wichtigsten Strukturelemente des Cytoskeletts bei den Eukaryoten sind die *Mikrotubuli*, die *Mikrofilamente* und die *intermediären Filamente*. Die Existenz dieser drei Systeme von Filamenten und Tubuli wurde erstmalig mit Hilfe der Elektronenmikroskopie sichtbar gemacht. Mittels biochemischer und cytochemischer Untersuchungen identifizierte man die verschiedenen Proteine eines jeden Systems. Die Technik der indirekten Immunfluoreszenz bewährte sich besonders zur Lokalisierung spezifischer Proteine des Cytoskeletts.

Jedes Strukturelement des Cytoskeletts hat eine charakteristische Größe, Struktur und intrazelluläre Verteilung, und jedes Element entsteht durch Polymerisation verschiedenartiger Untereinheiten. Mikrotubuli bestehen aus dem Protein *Tubulin* mit einem Durchmesser von ungefähr 25 nm. Mikrofilamente, deren Durchmesser bei circa 7 nm liegt, sind Polymere des Proteins *Actin*. Der Durchmesser der intermediären Filamente liegt im Bereich von 8–12 nm. Die Untereinheiten der intermediären Filamente sind je nach Zelltyp sehr unterschiedlich. Abgesehen von dem jeweils wichtigsten Proteinbaustein besitzt jedes Filament des Cytoskeletts eine Reihe weiterer mit ihm assoziierter Proteine. Diese zusätzlichen Proteine verleihen den Elementen des Cytoskeletts die eindrucksvolle strukturelle und funktionelle Vielfalt.

14.1.2 Strukturelle Ähnlichkeit des bakteriellen und eukaryotischen Cytoskeletts

Vor noch gar nicht langer Zeit war man der Ansicht, dass die Proteine des Cytoskeletts einzig bei Eukaryoten vorkommen. Nun haben aber neuere wissenschaftliche Arbeiten gezeigt, dass auch Bakterien, beispielsweise die stäbchenförmigen Bakterien und die Archaea, gleichfalls über Polymersysteme verfügen, die im Hinblick auf die Funktion den Mikrofilamenten, Mikrotubuli und intermediären Filamenten ähneln. Basierend auf Mutationsexperimenten hat man festgestellt, dass sie ähnliche Aufgaben übernehmen wie ihre eukaryotischen Gegenstücke. Zum Beispiel wirkt das dem Actin ähnliche *MreB*-Protein an der DNA-Segregation mit. Das dem Tubulin ähnliche *FtsZ*-Protein unterstützt die Festlegung des Bereiches der bakteriellen Zellteilung und das dem intermediären Filament ähnliche *Crescentin*-Protein ist ein wichtiger Regulator der Zellform. Tatsächlich wird das FtsZ-Protein auch von bestimmten Organellen einiger Eukaryoten gebildet, beispielsweise den Chloroplasten und den Mitochondrien, und es bestimmt die Bereiche, an denen sich diese Organellen teilen. Diese Forschungsergebnisse liefern einen weiteren Nachweis der in *Kapitel 3* dargestellten Endosymbiontentheorie. Obwohl die bakteriellen Proteine im Hinblick auf die Aminosäuren nur wenig Ähnlichkeit mit ihren eukaryotischen Pendants aufweisen, hat man mit Hilfe der Röntgenstrahlkristallographie nachgewiesen, dass sie zu Polymeren zusammengesetzt sind und ihre Gesamtstruktur eine bemerkenswerte Ähnlichkeit aufweist. Des Weiteren binden äquivalente Proteine die gleichen Phosphonucleotide wie bei den entsprechenden eukaryotischen Organismen, womit auch auf biochemischer Ebene ganz erstaunliche Ähnlichkeiten zu Tage treten.

14.1.3 Das Cytoskelett wird andauernd dynamisch auf- und abgebaut

Das Cytoskelett liegt momentan im Fokus des wissenschaftlichen Interesses der Zellbiologen. Mikrotubuli und Mikrofilamente sind vielleicht durch ihre Aufgaben bei der Zellmotilität am besten bekannt. So sind beispielsweise Mikrofilamente essenzielle Komponenten der *Muskelfibrillen* und Mikrotubuli sind die Strukturelemente der *Cilien* und der *Flagellen*. Diese Anhängsel helfen einigen Zellen dabei, sich selber durch eine flüssige Umgebung vorwärts zu bewegen oder Flüssigkeiten an der Zelle vorbei zu transportieren. Dank ihrer Größe kann man diese Strukturen bereits unter dem Lichtmikroskop erkennen und daher waren sie schon bekannt und wurden bereits untersucht, lange bevor man erkannte, dass eben diese Strukturelemente zugleich integrale Bestandteile des Cytoskeletts der meisten Zellen sind. Mit der Einführung modernerer mikroskopischer Techniken wurde dann schließlich klar, dass die meisten Zellen in der Lage sind, dynamisch zu regulieren, wo und wann sie spezifische Strukturen des Cytoskeletts zusammen- oder wieder auseinanderbauen. Neuere Einblicke in die Struktur des Cytoskeletts stützen sich vor allem auf eine Kombination mehrerer leistungsfähiger mikroskopischer Techniken: verschiedene Typen der Fluoreszenzmikroskopie, digitale Videomikroskopie und verschiedene Typen der Elektronenmikroskopie. Im Anhang stellen wir jede Technik im Einzelnen dar. Außerdem kann man bestimmte Substanzen verwenden, um die Funktion des Cytoskeletts zu stören. Im Verbund mit den immer weiter entwickelten biochemischen Untersuchungsmethoden hat man mit Hilfe dieser Techniken die unglaublich dynamische Beschaffenheit des Cytoskeletts und die bemerkenswert elaborierte Struktur des Cytoskeletts aufgedeckt.

In diesem Kapitel konzentrieren wir uns auf die Struktur des Cytoskeletts und wie dessen Komponenten dynamisch zusammengesetzt und wieder auseinandergebaut werden. Wir beschäftigen uns stets mit der Chemie der Untereinheit/en, der Struktur des Polymers und wie dieses polymerisiert wird, mit der Rolle akzessorischer Proteine sowie einiger Aufgaben, welche die jeweilige Komponente im Hinblick auf Struktur und Funktion in der Zelle übernimmt. In diesem Zusammenhang schauen wir uns nacheinander Mikrotubuli, Mikrofilamente und Intermediärfilamente an und gehen auf ihre eigenen unabhängigen Funktionen ein. In Wirklichkeit sind aber die Komponenten des Cytoskeletts strukturell und funktional miteinander verknüpft, worauf wir im letzten Abschnitt dieses Kapitels eingehen werden. Wir beginnen unsere Darstellung mit den Mikrotubuli.

14.2 Mikrotubuli

14.2.1 Zwei Typen von Mikrotubuli sind für viele Funktionen in der Zelle verantwortlich

Mikrotubuli (**MT**; engl.: *microtubules*) sind die größten Elemente des Cytoskeletts. Man kann die Mikrotubuli der eukaryotischen Zellen in zwei große Gruppen einteilen, die sich im Grad der Organisation und der strukturellen Stabilität unterscheiden.

Zur ersten Gruppe gehören oftmals locker organisierte Mikrotubuli mit einem dynamischen Netzwerk aus **cytoplasmatischen Mikrotubuli**. Die cytoplasmatischen Mikrotubuli in eukaryotischen Zellen wurden erst in den frühen 1960er Jahren mit der Einführung besserer Fixierungstechniken erkannt, mit deren Hilfe man das Netzwerk der Mikrotubuli sichtbar machen konnte, von dem man heute weiß, dass es das Cytosol der meisten eukaryotischen Zellen durchzieht. Seither hat man mit Hilfe der Fluoreszenzmikroskopie die Vielfalt und Komplexität der Mikrotubuli-Netzwerke in verschiedenen Zellen sichtbar gemacht.

Cytoplasmatische Mikrotubuli sind für viele Funktionen verantwortlich. So sind sie beispielsweise in tierischen Zellen für die Erhaltung der Axons verantwortlich, der Fortsätze der Nervenzellen, deren elektrische Eigenschaften wir in *Kapitel 12* dargestellt haben. Einige wandernde tierische Zellen benötigen cytoplasmatische Mikrotubuli, um ihre polarisierte Form beizubehalten. In Pflanzenzellen bestimmten cytoplasmatische Mikrotubuli die Ausrichtung der Cellulosemikrofibrillen, die während des Zellwachstums in den Zellwänden eingelagert werden (siehe *Kapitel 16*). Von großer Bedeutung ist auch, dass cytoplasmatische Mikrotubuli mitotische und meiotische Spindeln bilden, die für die Bewegung der Chromosomen während der Mitose und der Meiose unerlässlich sind (siehe *Kapitel 18*). Cytoplasmatische Mikrotubuli tragen außerdem zur räumlichen Disposition und zum gerichteten Transport von Vesikeln und anderen Organellen bei, da sie ein organisiertes System von Fasern bilden, die zur Lenkung des Transports dienen.

Die zweite Gruppe der Mikrotubuli sind die **axonemalen Mikrotubuli**. Dazu zählen hoch organisierte, stabile Mikrotubuli, die in spezifischen subzellulären Strukturen vorliegen, die mit der Zellbewegung in Zusammenhang stehen, so bei Cilien, Flagellen und den Basalkörpern, die mit diesen Fortsätzen verknüpft sind. Der zentrale Schaft oder das *Axonem* einer Cilie oder einer Geißel besteht aus einem Bündel sehr geordneter axonemaler Mikrotubuli und assoziierter Proteine. Angesichts der Ordnung und Stabilität wundert es nicht, dass die axonemalen Mikrotubuli zuerst entdeckt und untersucht wurden. Ein Vertreter dieser Struktur ist das Axonem des Spermiumschwanzes, das sich aus Mikrotubuli zusammensetzt. In *Kapitel 15* werden wir uns mit der Struktur des Axonems und der durch Mikrotubuli vermittelten Motilität eingehender beschäftigen.

14.2.2 Tubulinheterodimere sind die Proteinbausteine der Mikrotubuli

Mikrotubuli sind gerade, hohle, röhrenförmige Strukturen mit einem Außendurchmesser von circa 25 nm und einem Innendurchmesser von circa 15 nm (▸*Abbildung 14.1*). Die Länge ist sehr variabel. Einige sind nicht einmal 200 nm lang, andere, beispielsweise die axonemalen Mikrotubuli, können eine Länge von mehreren Mikrometern haben. Die Wand eines Mikrotubulus setzt sich aus horizontal benachbarten linearen Polymeren zusammen, den **Protofilamenten**. Im Allgemeinen sind 13 Protofilamente nebeneinander angeordnet und bilden ein hohles Zentrum oder Lumen. Obwohl einige Mikrotubuli mancher Tiere sich aus mehr oder weniger als 13 Protofilamenten zusammensetzen, sind 13 Protofilamente doch bei weitem am häufigsten.

Wie in der *Abbildung 14.1* dargestellt, ist die eigentliche Untereinheit eines Protofilaments ein Heterodimer des Proteins **Tubulin**. Die Heterodimere aus denen die Protofilamente bestehen, sind je aus einem Molekül **α-Tubulin** und einem Molekül **β-Tubulin** zusammengesetzt. Sobald einzelne α- und β-Tubulinmoleküle synthetisiert wurden, gehen sie eine kovalente Bindung ein und bilden ein **αβ-Heterodimer**, das unter normalen Bedingungen nicht dissoziiert.

Einzelne α- und β-Tubulinmoleküle besitzen einen Durchmesser von 4–5 nm und die Molekülmasse beträgt 55 kDa. Strukturuntersuchungen haben erbracht, dass α- und β-Tubuline fast identische dreidimensionale Strukturen besitzen, obgleich nur 40 % ihrer Aminosäuresequenz identisch sind. Jedes Tubulin besitzt eine GTP-Bindedomäne am N-Terminus. In der Mitte dieser Domäne kann Colchicin binden (Colchicin ist ein Gift, das die Bildung von Mikrotubuli hemmt; siehe unten) und eine dritte Domäne am C-Terminus, die mit den Proteinen interagiert, die mit Mikrotubuli assoziiert sind (engl.: *microtubules associated proteins*, MAPs; auf die MAPs werden wir später in diesem Kapitel zu sprechen kommen).

In einem Mikrotubulus weisen alle Tubulindimere in die gleiche Richtung, sodass alle α-Tubulinuntereinheiten zum gleichen Ende gewandt sind. Diese gleichförmige Ausrichtung der Tubulindimere hat zur Folge, dass sich die Enden der Protofilamente chemisch und strukturell unterscheiden und das Protofilament somit eine inhärente Polarität aufweist. Da die Ausrichtung der Tubulindimere für alle Protofilamente eines Mikrotubulus gleich ist, hat der Mikrotubulus selbst eine polare Struktur.

Die meisten Organismen haben mehrere eng verwandte, jedoch nicht identische Gene für jede der α- und β-Tubulinuntereinheiten. Diese sich geringfügig unterscheidenden Formen des Tubulins werden als *Tubulinisoforme* bezeichnet. Im Säugetiergehirn gibt es beispielsweise fünf α- und fünf β-Tubulinisoforme. Diese Isoformen unterscheiden sich hauptsächlich in der Domäne des C-Terminus, was nahelegt, dass verschiedene Tubulinisoforme mit verschiedenen Proteinen in Wechselwirkung treten können. Abgesehen von den verschiedenen Isoformen kann Tubulin auch chemisch modifiziert werden. Acetylierte Tubuline bilden tendenziell stabilere Mikrotubuli als nicht-acetylierte Tubuline.

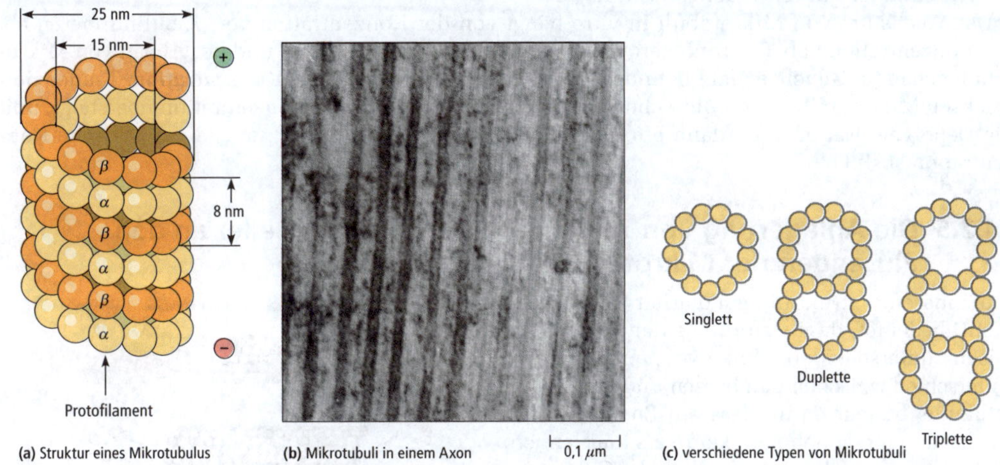

Abbildung 14.1: Struktur der Mikrotubuli. (a) Schematische Darstellung eines Mikrotubulus als hohler Zylinder, der ein Lumen umschließt. Der äußere Durchmesser liegt bei ungefähr 25 nm und der innere Durchmesser bei ungefähr 15 nm. Die Wand des Zylinders besteht aus 13 Protofilamenten. Der Pfeil weist auf ein Protofilament. Ein Protofilament ist ein lineares Polymer aus Tubulindimeren, die jeweils aus zwei Polypeptiden zusammengesetzt sind – α-Tubulin und β-Tubulin. Alle Heterodimere in den Protofilamenten haben die gleiche Ausrichtung. Das macht die Polarität der Mikrotubuli verständlich. (b) Mikrotubuli in einem Längsschnitt eines Axons (TEM). (c) Mikrotubuli existieren als einzelne Mikrotubuli (13 Protofilamente umschließen ein hohles Lumen), Doppelmikrotubuli (Dubletten) und Dreifachmikrotubuli (Tripletten). Dubletten und Tripletten enthalten einen vollständigen Mikrotubulus aus 13 Protofilamenten (den *A-Tubulus*) und einen oder zwei weitere, nicht vollständig ausgebildete Mikrotubuli (die sogenannten *B-* und *C-Tubuli*), die aus zehn Protofilamenten zusammengesetzt sind.

14.2.3 Mikrotubuli können Singletts, Dubletten und Tripletten bilden

Cytoplasmatische Mikrotubuli sind einfache Röhren oder Singlettmikrotubuli, die sich aus 13 Protofilamenten zusammensetzen. Einige axonemale Mikrotubuli sind allerdings komplexer: Sie enthalten *Dubletten* und *Tripletten* von Mikrotubuli. Dubletten und Tripletten enthalten einen vollständigen Mikrotubulus aus 13 Protofilamenten (den *A-Tubulus*) und einen oder zwei weitere unvollständige Tubuli (die *B-* und *C-Tubuli*), die sich aus zehn oder elf Protofilamenten zusammensetzen (▸ *Abbildung 14.1c*). Dubletten kommen in den Cilien und den Geißeln vor; Tripletten in den Basalkörpern und den Centriolen. In *Kapitel 15* werden wir uns eingehender mit Cilien und Geißeln beschäftigen.

14.2.4 Mikrotubuli entstehen durch Anlagerung von Tubulindimeren an den Enden

Mikrotubuli entstehen durch reversible Polymerisation von Tubulindimeren. Der Polymerisationsvorgang wurde eingehend in vitro untersucht. Erwärmt man eine Lösung mit ausreichender Konzentration von Tubulindimeren, GTP und Mg^{2+} von 0 °C auf 37 °C, dann setzt eine Polymerisierungsreaktion ein. (Die Bildung des Mikrotubulus kann man gut mit Hilfe eines Spektrophotometers als Zunahme der Lichtstreuung messen.) Ein entscheidender Schritt bei der Bildung des Mikrotubulus ist die Aggregation von Tubulindimeren zu Bündeln, den sogenannten *Oligomeren*. Diese Oligomere dienen als „Zellkerne", aus denen neue Mikrotubuli herauswachsen und daher bezeichnet man diesen Vorgang als **Kernbildung (Nukleation)**. Nach der Kernbildung des Mikrotubulus wächst dieser durch Anlagerung von Untereinheiten an beiden Enden. Diesen Vorgang bezeichnet man als **Elongation**.

Anfangs schreitet die Bildung des Mikrotubulus langsam voran, eine Wachstumsphase die man als *lag-Phase* bezeichnet. Dieser Zeitraum spiegelt den relativ langsamen Vorgang der Mikrotubulusnukleation wider. Die Elongationsphase – das Anlagern von Tubulindimeren – läuft im Vergleich zur Nukleation recht schnell ab. Schließlich nimmt die Masse des Mikrotubulus so lange zu, bis die Konzentration freien Tubulins an ihre Grenzen stößt. Daraufhin setzt die *Plateauphase* ein, in der Auf- und Abbau im Gleichgewicht liegen.

Das Wachstum von Mikrotubuli in vitro hängt von der Konzentration von Tubulindimeren ab. Die Konzentration von Tubulinheterodimeren, bei der sich die Bildung und der Abbau von Mikrotubuli genau im Gleichgewicht befinden, bezeichnet man als **kritische Konzentration**. Tendenziell wachsen Mikrotubuli, wenn die Tubulinkonzentration die kritische Konzentration übersteigt, und die Depolymerisation setzt dann ein, wenn die Tubulinkonzentration unter diese kritische Konzentration absinkt.

14.2.5 Die Anlagerung von Tubulindimeren läuft schneller an den Plusenden der Mikrotubuli ab

Die inhärente strukturelle Polarität von Mikrotubuli bedeutet, dass sich die beiden Enden chemisch unterscheiden. Ein weiterer wichtiger Unterschied zwischen den beiden Enden des Mikrotubulus besteht darin, dass ein Ende schneller wachsen oder abnehmen kann als das andere Ende. Man kann die unterschiedliche Geschwindigkeit des Zusammenbaus gut sichtbar machen, indem man mit Mikrotubuli assoziierte Strukturen, die an der Basis von Cilien vorkommen, die sogenannten *Basalkörper*, mit Tubulinheterodimeren mischt. An beiden Enden werden Tubulinheterodimere zusammengesetzt, aber an einem Ende wachsen sie schneller als am anderen Ende. Das rasch wachsende Ende des Mikrotubulus ist das **Plusende** und das andere Ende bezeichnet man als **Minusende**. Bald werden Sie erfahren, dass die Minusenden von Mikrotubuli oftmals im Centrosom verankert sind; in diesem Fall findet das Wachstum nur an den Plusenden statt.

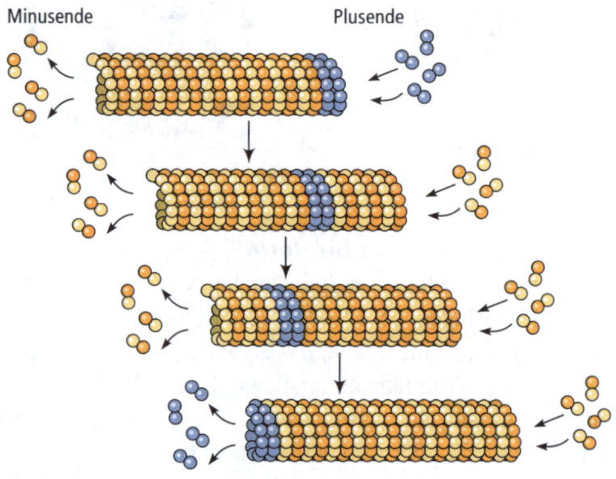

Abbildung 14.2: Treadmilling der Mikrotubuli. Der Zusammenbau von Mikrotubuli findet am Plusende schneller als am Minusende des Mikrotubulus statt. Wenn die Tubulinkonzentration höher ist als die kritische Konzentration am Plusende, aber niedriger als die kritische Konzentration am Minusende, kann der Mikrotubulus Tubulinheterodimere an sein Plusende anlagern und sie zugleich vom Minusende abspalten.

Die unterschiedlichen Wachstumsgeschwindigkeiten der Plus- und Minusenden der Mikrotubuli spiegeln die verschiedenen kritischen Konzentrationen wider, die für die Zusammensetzung an den beiden Enden des Mikrotubulus benötigt werden. Die kritische Konzentration am Plusende ist niedriger als am Minusende. Wenn die Konzentration freien Tubulins über der kritischen Konzentration des Plusendes liegt, aber unter der kritischen Konzentration des Minusendes, wird eine Anlagerung am Plusende erfolgen, während am Minusende eine Depolymerisation stattfindet. Das Phänomen des Gleichgewichts der Anlagerung von Untereinheiten an einem Ende und der Abspaltung am anderen Ende wird als *Treadmilling* bezeichnet (▸*Abbildung 14.2*).

14.2.6 Wirkstoffe können die Bildung von Mikrotubuli beeinflussen

Es gibt eine Reihe von Substanzen, welche auf die Bildung von Mikrotubuli Einfluss nehmen können. Ein gut bekannter Wirkstoff ist **Colchicin**, ein Alkaloid der Herbstzeitlosen, *Colchicum autumnale*, das an Tubulinmonomere bindet. Es wirkt auf die Aggregation von Mikrotubuli stark hemmend und fördert den Abbau. Der daraus hervorgehende Tubulin-Colchicin-Komplex kann zwar noch immer an das wachsende Ende eines Mikrotubulus anlagern, aber später wird jede weitere Anlagerung von Tubulinmolekülen verhindert. Die Struktur wird destabilisiert und somit der

Abbau des Mikrotubulus gefördert. *Vinblastin* und *Vincristin* sind verwandte Verbindungen aus dem Zimmerimmergrün *(Vinca rosea)*, die zur Aggregation von Tubulin in der Zelle führen. Die Verbindung **Nocodazol** (ein synthetisches Benzimidazol) ist ein weiterer Inhibitor der Polymerisation der Mikrotubuli und wird häufig in Experimenten anstelle von Colchicin verwendet, denn seine Wirkung ist leichter rückgängig zu machen, wenn die Substanz abgesetzt wird.

Diese Verbindungen bezeichnet man als *antimitotische Substanzen*, denn sie unterbrechen die Bildung der mitotischen Spindel bei der Zellteilung und blockieren dadurch den weiteren Ablauf der Mitose. Die Sensitivität der mitotischen Spindel für diese Hemmstoffe ist nachvollziehbar, denn die Spindelfasern bestehen aus vielen Mikrotubuli. In der medizinischen Behandlung finden Vinblastin und Vincristin als Antikrebswirkstoffe Anwendung. Sie sind dafür gut eignet, da sich die Krebszellen schnell teilen und somit besonders empfindlich auf Wirkstoffe reagieren, die mit der mitotischen Spindel interferieren.

Im Gegensatz dazu bindet Taxol (auch Paclitaxel genannt, aus der Pazifischen Eibe, *Taxus brevifolia*) fest an Mikrotubuli und dient ihrer Stabilisierung, wodurch ein Großteil des freien Tubulins sich in den Mikrotubuli ansammelt. In den Zellen bewirkt Taxol die Zusammensetzung freien Tubulins zu Mikrotubuli und setzt der Zellteilung während der Mitose ein Ende. Somit blockieren sowohl Taxol als auch Colchicin die Zellen in der Mitose. Sie wirken sich allerdings entgegengesetzt auf die Mikrotubuli aus und somit auch auf die Fasern der mitotischen Spindel. Taxol dient außerdem zur Behandlung von Krebserkrankungen, vor allem bei Brustkrebs.

14.2.7 Die GTP-Hydrolyse trägt zur dynamischen Instabilität von Mikrotubuli bei

Im vorigen Abschnitt haben Sie gelernt, dass Tubulin in vitro zusammengebaut werden kann, wenn man es mit Mg^{2+} und GTP zusammenbringt. GTP wird für den Zusammenbau von Mikrotubuli benötigt. Jedes Tubulindimer bindet zwei GTP-Moleküle. Das α-Tubulin bindet ein GTP und das andere GTP wird von dem β-Tubulin gebunden und kann kurze Zeit nachdem das Heterodimer an ein Mikrotubulus angefügt wurde zu GDP hydrolysiert werden. Höchstwahrscheinlich wird GTP für die Bildung von Mikrotubuli benötigt, weil die Bindung der über GDP verknüpften Tubulinheterodimere zu schwach ist, um die Polymerisation zu unterstützen. Die Hydrolyse von GTP ist allerdings nicht für den Zusammenbau erforderlich, denn die Mikrotubuli polymerisieren aus Tubulinheterodimeren, die an ein nicht-hydrolysierbares Analog von GTP gebunden sind.

Bei Experimenten zum Zusammenbau von Mikrotubuli in vitro, bei denen man isolierte Centrosomen (eine Struktur, auf die wir später genauer eingehen werden) als Nukleationsorte verwendet hat, stellte man fest, dass einige Mikrotubuli durch Polymerisation wachsen können, während andere durch Depolymerisation gleichzeitig verkürzt werden. Daraus ergibt sich, dass einige Mikrotubuli auf Kosten anderer wachsen.

Zur Klärung des Phänomens der gleichzeitigen Polymerisation und Depolymerisation schlugen Tim Mitchison und Marc Kirschner das **Modell der dynamischen Instabilität** vor. Dieses Modell beruht auf der Annahme von zwei Populationen von Mikrotubuli. Eine Population wächst durch kontinuierliche Polymerisation an den Plusenden in die Länge und die andere Population baut ihre Länge durch Depolymerisation ab. Der Unterschied zwischen den beiden Populationen besteht darin, dass an das Tubulin der wachsenden Plusenden GTP gebunden ist, während bei den schrumpfenden Mikrotubuli GDP gebunden ist. Man nimmt an, dass die GTP-Moleküle die Mikrotubuli schützen, indem sie das Abspalten von Untereinheiten aus ihren Plusenden verhindern. Diese *GTP-Kappe* sorgt für eine stabile Spitze des Mikrotubulus, an die weitere Dimere angefügt werden können (▸*Abbildung 14.3a*). Die Hydrolyse von GTP durch ein β-Tubulin führt letztendlich zu einer instabilen Spitze, an der schnell eine Depolymerisation einsetzen kann.

Die Konzentration des an GTP gebundenen Tubulins ist von entscheidender Bedeutung für das Modell der dynamischen Instabilität. Wenn an GTP gebundenes Tubulin ausreichend zur Verfügung steht, wird es schnell an den Mikrotubulus angelagert, wodurch eine große GTP-Tubulin-Kappe entsteht. Bei sinkender Konzentration von GTP-Tubulin verlangsamt sich die Anlagerung von Tubulin. Bei entsprechend niedriger Konzentration von GTP-Tubulin läuft die Hydrolyse von GTP auf den β-Tubulinuntereinheiten in der Nähe der Spitze des Mikrotubulus schneller ab als die

Anlagerung neuen, GTP-gebundenen Tubulins. Das führt zum Schrumpfen der GTP-Kappe. Wenn die GTP-Kappe gänzlich abgebaut ist, wird der Mikrotubulus instabil und der Abbau der an GDP gebundenen Untereinheiten von der Spitze wird gefördert.

Einen direkten Nachweis für die dynamische Instabilität stammt von der Beobachtung einzelner Mikrotubuli in vitro mit Hilfe der Lichtmikroskopie. Ein einzelner Mikrotubulus kann abwechselnd Perioden des Wachstums und des Abbaus durchlaufen (▸*Abbildung 14.3b*). Wenn ein Mikrotubulus von der Wachstumsphase in die Abbauphase wechselt, so spricht man von der *Mikrotubuluskatastrophe*. Der Mikrotubulus kann vollständig verschwinden oder abrupt wieder in die Wachstumsphase springen, ein Phänomen, das man als *Mikrotubulusrettung* bezeichnet. Die Häufigkeit des Auftretens einer Katastrophe verhält sich umgekehrt zur Konzentration freien Tubulins. Bei hoher Tubulinkonzentration treten die Katastrophen mit geringerer Wahrscheinlichkeit auf, aber sie sind nicht ausgeschlossen. Sollte sich nun aber tatsächlich eine Mikrotubuluskatastrophe ereignen, so bewirken höhere Tubulinkonzentrationen eher eine Rettung. Bei jeder Tubulinkonzentration ist eine Katastrophe am Plusende eines Mikrotubulus wahrscheinlicher – das heißt, die dynamische Instabilität ist am Plusende des Mikrotubulus ausgeprägter.

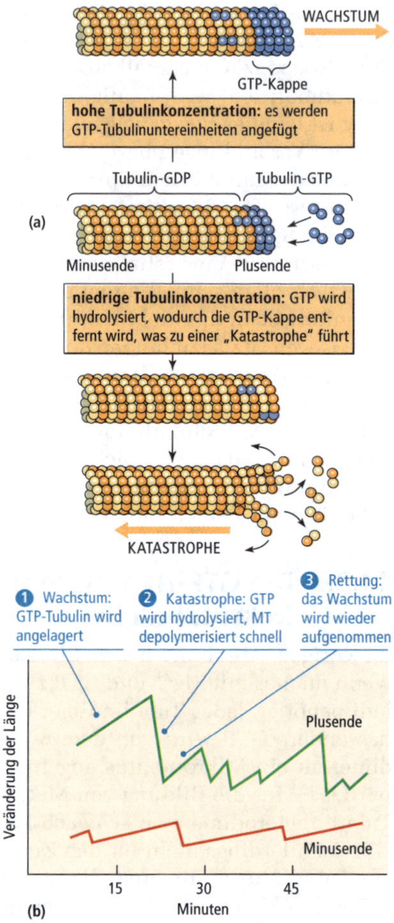

Abbildung 14.3: Die GTP-Kappe und ihre Rolle bei der dynamischen Instabilität der Mikrotubuli. (a) Ein Modell zur Darstellung der Rolle der GTP-Kappe. Bei hoher Tubulinkonzentration wird Tubulin-GTP schneller an die Mikrotubulusspitze angelagert als das eingebaute GTP hydrolysiert werden kann. Die daraus hervorgehende GTP-Kappe stabilisiert die Mikrotubulusspitze und begünstigt weiteres Wachstum. Bei niedrigeren Tubulinkonzentrationen lässt die Wachstumsgeschwindigkeit nach, wodurch die GTP-Hydrolyse wieder aufholt. Dadurch entsteht eine instabile Spitze (keine GTP-Kappe), was die Depolymerisation des Mikrotubulus fördert. (b) Ein einzelner Mikrotubulus unter dem Lichtmikroskop, 1 Es können Wachstum und 2 katastrophales Schrumpfen erfolgen. Die Plus- und Minusenden wachsen und schrumpfen unabhängig voneinander; die Veränderungen der Länge laufen an dem Plusende wesentlich dynamischer ab. 3 Die Rettung geschieht durch Wechsel von Abbau zu Wachstum.

14.2.8 Mikrotubuli gehen aus Mikrotubuli-Organisationszentren in der Zelle hervor

Bislang haben wir uns vorrangig mit den Eigenschaften beschäftigt, die Tubulin und Mikrotubuli in vitro zeigen und auf diese Weise ein Fundament für die Funktion von Mikrotubuli in der Zelle gelegt. Allerdings läuft die Bildung von Mikrotubuli in vivo geordneter und regulierter ab. Es werden an spezifischen Stellen für spezifische Zellfunktionen ganze Sets von Mikrotubuli gebildet.

Im Allgemeinen gehen Mikrotubuli aus einer Struktur in der Zelle hervor, die man als **Mikrotubuli-Organisationszentrum (MTOC**, engl.: *microtubule-organizing center***)** bezeichnet. Ein MTOC ist der Ort, an dem der Zusammenbau eines Mikrotubulus eingeleitet wird und in dem ein Teil dieser Mikrotubuli verankert ist. Bei vielen Zellen tritt während der Interphase ein MTOC auf, das **Centrosom**, das in der Nähe des Zellkerns liegt. Das Centrosom einer tierischen Zelle ist normalerweise mit zwei Centriolen assoziiert, die von einem diffusen granulären Material umgeben sind, das *Pericentriolarmaterial* (▸*Abbildung 14.4a*). Dank elektronenmikroskopischer Aufnahmen des Centrosoms ist bekannt, dass Mikrotubuli aus dem Pericentriolarmaterial hervorgehen (▸*Abbildung 14.4b*).

Die symmetrische Struktur von Centriolen ist bemerkenswert: Die Wände der Centriolen setzen sich aus neun Paaren von Triplettmikrotubuli zusammen (*Abbildung 14.4a*). Meistens sind die Centriolen rechtwinkelig zueinander angeordnet; die Bedeutung dieser Anordnung ist noch nicht geklärt. Man weiß, dass Centriolen an der Bildung der Basalkörper mitwirken, die für die Bildung von Cilien und Geißeln von Bedeutung sind (siehe *Kapitel 15*). Die Rolle der Centriolen in Zellen ohne Cilien ist weniger klar. In tierischen Zellen können Centriolen zur Rekrutierung von Pericentriolarmaterial für das Centrosom dienen, das dann die Nukleation des Wachstums von Mikrotubuli initiiert. In tierischen Zellen ohne Centriolen verstreut sich das Mikrotubuli-Nukleationsmaterial und das MTOC verschwindet. Zellen ohne Centriolen sind immer noch zur Zellteilung befähigt, was wahrscheinlich daran liegt, dass die Chromosomen die Mikrotubuli bis zu einem gewissen Grad eigenständig organisieren können. Die daraus hervorgehenden Spindeln sind allerdings schlecht organisiert. Im Gegensatz zu tierischen Zellen haben die Zellen der höheren Pflanzen keine Centriolen. Diese Tatsache weist darauf hin, dass Centriolen für die Bildung von MTOCs nicht unbedingt erforderlich sind.

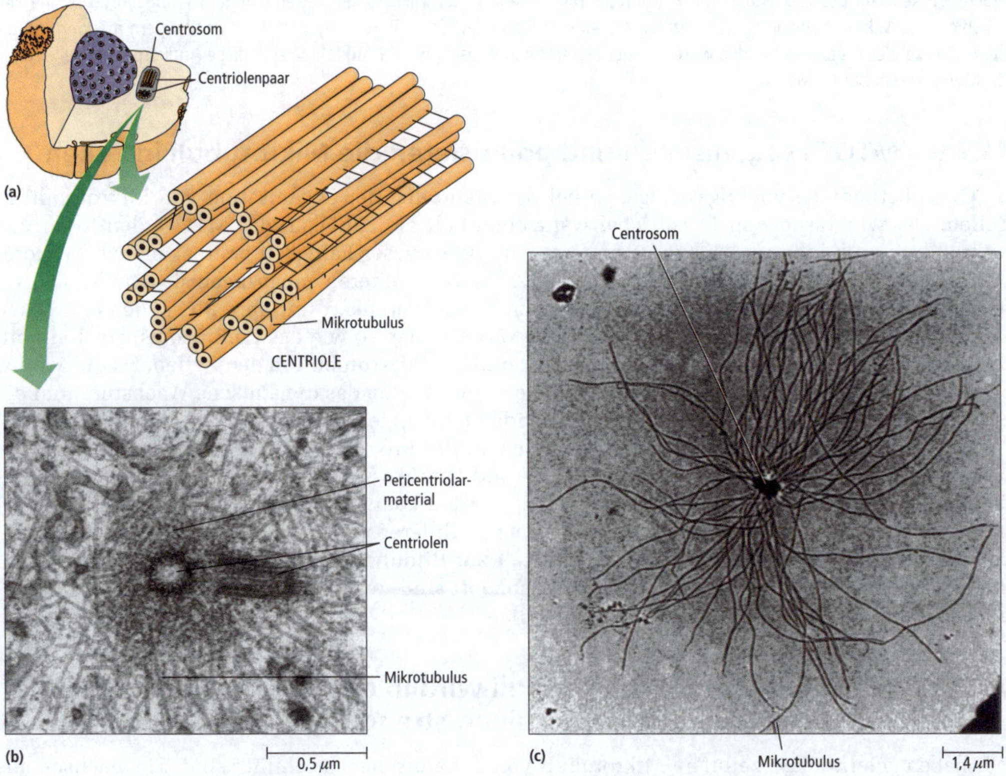

Abbildung 14.4: Das Centrosom. (a) In tierischen Zellen enthält das Centrosom zwei Centriolen und assoziiertes Pericentriolarmaterial. Die Wände der Centriolen bestehen aus neun Sätzen von Triplett-Mikrotubuli. (b) Elektronenmikroskopische Aufnahme eines Centrosoms mit Centriolen und Pericentriolarmaterial. Beachten Sie, dass die Mikrotubuli aus dem Pericentriolarmaterial hervorgehen. (c) In-vitro-Nukleation und Zusammenbau von Mikrotubuli am Centrosom.

Große, ringförmige Proteinkomplexe im Centrosom enthalten einen anderen Typ von Tubulin, das γ-Tubulin. In Verbindung mit einer Reihe anderer Proteine, den GRiPs (G*amma*-*Tubulin*-R*ing*p*roteine*) kann man γ-Tubulinringe an der Basis von Mikrotubuli erkennen, die aus dem Centrosom heraustreten (▸ *Abbildung 14.5*). Diese γ-Tubulinringkomplexe (γ-TuRCs, engl.: γ-*tu*bulin *r*ing *c*om*plexes*) dienen als Ausgangspunkt des Zusammenbaus neuer Mikrotubuli außerhalb des Centrosoms. Die Bedeutung von γ-TuRCs wurde nachgewiesen, indem man Zellen das γ-Tubulin oder

Verbindungen mit γ-TuRC entnahm. Ohne diese Proteine können die Centrosomen keine Mikrotubuli bilden. Abgesehen von dem Centrosom besitzen einige Zelltypen andere MTOCs. Der Basalkörper an der Basis eines Ciliums in Zellen mit Cilien dient auch als MTOC. Während der Zellteilung verdoppeln sich die Centrosomen und für jede Tochterzelle wird ein neues MTOC gebildet. In *Kapitel 18* werden wir die Mitose ausführlich darstellen.

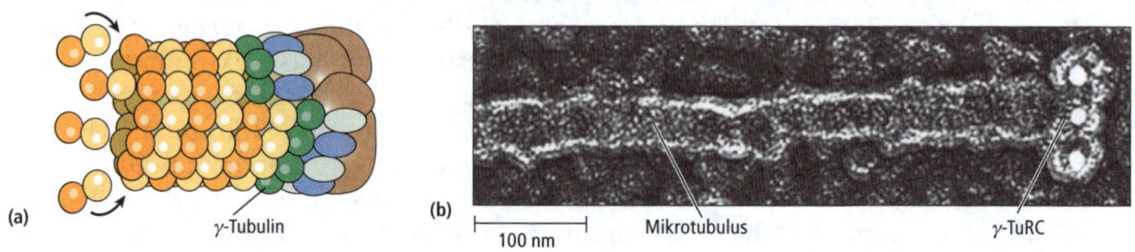

Abbildung 14.5: γ-Tubulinringkomplexe (γ-TuRCs) bilden den Keim von Mikrotubuli. (a) γ-TuRCs in Centrosomen bilden den Keim für das Wachstum von Mikrotubuli. Die Plusenden der Mikrotubuli weisen von dem γ-TuRC fort. (b) Eine Platinkopie eines Mikrotubulus in vitro. Hierzu wurde eine Komponente des γ-TuRCs (Xgrip109) mit Antikörpern markiert, an die kleine Partikel des Metalls gebunden waren. In der elektronenmikroskopischen Aufnahme sind diese Antikörper als helle runde Strukturen erkennbar (TEM).

14.2.9 MTOCs organisieren und polarisieren die Mikrotubuli in Zellen

MTOCs übernehmen wichtige Aufgaben bei der Steuerung der Organisation von Mikrotubuli in Zellen. Der wichtigste Aspekt ist dabei wahrscheinlich die Fähigkeit des MTOC, den Keim von Mikrotubuli zu bilden und sie zu verankern. Aufgrund dieser Fähigkeit erstrecken sich Mikrotubuli aus dem MTOC heraus zur Peripherie der Zelle. Des Weiteren entspringen sie dem MTOC mit festgelegter Polarität – ihre Minusenden sind im MTOC verankert und ihre Plusenden erstrecken sich Richtung Zellmembran. Die Fähigkeit der MTOCs, ebenso wie des Centrosoms, zur Keimbildung hat eine wichtige Auswirkung auf die Dynamik der Mikrotubuli in den Zellen. Da die Minusenden vieler Mikrotubuli im Centrosom verankert sind, finden das dynamische Wachstum und die Schrumpfung dieser Mikrotubuli an den Plusenden tendenziell eher an der Zellperipherie statt.

Das MTOC hat außerdem Einfluss auf die Anzahl der Mikrotubuli in einer Zelle. Jedes MTOC besitzt eine begrenzte Anzahl von Nukleations- und Verankerungsstellen, die wahrscheinlich darüber bestimmen, wie viele Mikrotubuli gebildet werden können. Die Fähigkeit des MTOC Mikrotubuli hervorzubringen, kann während bestimmter zellulärer Vorgänge, beispielsweise der Mitose, verändert werden. Zum Beispiel ist die Fähigkeit zur Bildung von Mikrotubuli bei Centrosomen, die mit Spindelpolen in mitotischen Zellen assoziiert sind, während der Prophase und der Metaphase am stärksten ausgeprägt (siehe *Kapitel 18*).

14.2.10 Die Stabilität von Mikrotubuli wird in den Zellen von einer Reihe von Mikrotubuli-Bindeproteinen streng reguliert

Wir haben gelernt, dass zelluläre Mikrotubuli von dynamischer Instabilität sind. Sie wachsen aus dem Centrosom heraus und fallen dann auseinander. Dieser Vorgang könnte die Ursache für die zufällige Verteilung und Kurzlebigkeit der Mikrotubuli sein, jedoch nicht für die organisierten und stabilen Reihungen der Mikrotubuli in den Zellen. Tatsächlich regulieren Zellen die Mikrotubuli mit höchster Präzision. Dafür machen sie sich eine Reihe von Proteinen zunutze, mit deren Hilfe sie Struktur, Zusammenbau und Funktion der Mikrotubuli regulieren. Einige der Mikrotubuli-Bindeproteine nutzen ATP, um den Transport von Vesikeln und Organellen anzutreiben oder zur Generierung von Gleitkräften zwischen Mikrotubuli. Diese Proteine werden wir in *Kapitel 15* genauer darstellen. In diesem Zusammenhang konzentrieren wir uns hier auf Proteine zur Regulierung der Mikrotubulistruktur.

Mikrotubuli-Stabilisierungs-/Bündelungsproteine **Mikrotubuli-assoziierte Proteine (MAPs;** engl.: *microtubule-associated proteins*) machen 10 bis 15 % der Masse der aus Zellen isolierten Mikrotubuli aus. MAPs binden in regelmäßigen Abständen entlang der Wand eines Mikrotubulus, wodurch sie eine Interaktion mit anderen Filamenten und Zellstrukturen ermöglichen. Die meisten MAPs stärken erwiesenermaßen die Stabilität der Mikrotubuli und sie wirken sich auf die Dichte der Mikrotubulibündel aus.

Man hat die Funktion von MAPs eingehend bei Gehirnzellen untersucht, denn in Gehirnzellen kommen diese Proteine sehr häufig vor. In *Kapitel 12* haben wir dargestellt, dass Neuronen Axone besitzen, die elektrische Signale vom Zellkörper des Neurons ausgehend weiterleiten, und Dendriten, die Signale von benachbarten Zellen empfangen und sie zum Zellkörper leiten. Die Mikrotubulibündel sind normalerweise in den Axonen dichter als in den Dendriten. Ein MAP mit der Bezeichnung *Tau* bewirkt, dass Mikrotubuli in den Axonen feste Bündel bilden. Ein anderes MAP, *MAP2*, kommt in den Dendriten vor und führt zur Bildung lockerer Mikrotubulibündel. Ein Teil der MAPs, wie zum Beispiel Tau und MAP2, bindet entlang eines Mikrotubulus; ein anderer Teil erstreckt sich im rechten Winkel von dem Mikrotubulus aus, wo das Protein mit anderen Proteinen in Wechselwirkung treten kann (▸*Abbildung 14.6a*). Die Länge dieser „Arme" kontrolliert die Abstände der Mikrotubuli in den Bündeln. MAP2 hat einen längeren Arm als Tau. Daher sorgt MAP2 dafür, dass die Mikrotubulusbündel weniger dicht gepackt sind als die mit Tau assoziieren.

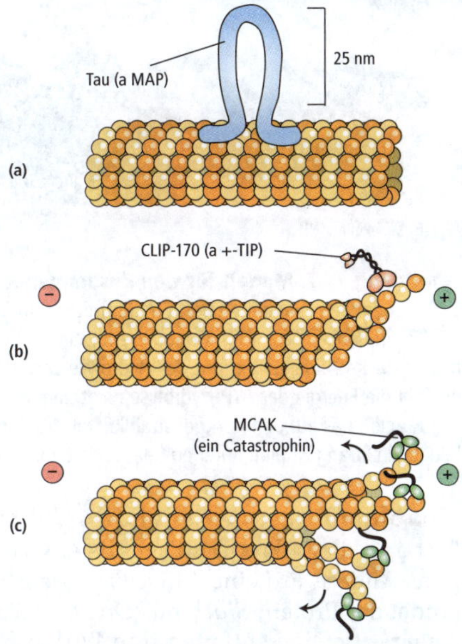

Abbildung 14.6: Mikrotubulus-Interaktionsproteine regulieren in vivo die Mikrotubulusfunktion. Drei verschiedene Mikrotubulus-Interaktionsproteine sind dargestellt. (a) Tau ist ein MAP. Ein Teil von Tau bindet entlang eines Mikrotubulus; ein anderer Teil von Tau erstreckt sich von dem Mikrotubulus fort und reguliert auf diese Weise die Abstände der Mikrotubuli. (b) +-TIP-Proteine, beispielsweise CLIP-170, binden an oder in der Nähe der Plusenden von Mikrotubuli, wodurch diese stabilisiert werden. (c) Catastrophine wie MCAK gehören zur Familie der Kinesinproteine, die Mikrotubuli destabilisieren.

Die Bedeutung der MAPs kann man nachweisen, indem man nicht-neuronale Zellen dazu nutzt, das Tau-Protein künstlich zu bilden. Normalerweise sind die Zellen rund. Wenn sie jedoch große Mengen von Tau exprimieren, bilden diese Zellen einzelne lange Bündel, die eine bemerkenswerte Ähnlichkeit mit Axonen haben. Tau spielt auch bei menschlichen Erkrankungen eine Rolle. Dichte Neuritenanhängsel, die *neurofibrillären Bündel*, sind ein Erkennungsmerkmal mehrerer Erkrankungen, die zu Demenz führen, beispielsweise Alzheimer, die Pick-Krankheit und mehrere Formen von Lähmungsarten. Im Fall von Alzheimer enthalten diese Bündel große Mengen hyperphosphorylierter Tau-Proteine, die helikale Filamente bilden. Menschliche Mutationen, die zu defekten Tau-Proteinen führen, bedingen eine erbliche Prädisposition zur Bildung neurofibrillärer Bündel. Daher werden diese neurodegenerativen Krankheitsbilder auch gelegentlich als *Tauopathien* bezeichnet.

+-TIP-Proteine Im Allgemeinen sind Mikrotubuli zu instabil, um einen längeren Zeitraum zu überdauern und depolymerisieren schnell, es sei denn, sie werden irgendwie stabilisiert. Eine Möglichkeit der Stabilisierung von Mikrotubuli besteht darin, die wachsenden Plusenden „einzufangen" und zu schützen. Zu diesem Zweck assoziieren **+-TIP-Proteine** (engl.: *+-end tubulin interacting proteins*) mit den Plusenden der Mikrotubuli. Einige dieser Proteine scheinen entweder direkt oder indirekt an der Stabilisierung von Plusenden mitzuwirken. Dadurch wird die Gefahr gemindert, dass sie einen katastrophalen Verlust der Untereinheiten erleiden (▸*Abbildung 14.7*). Ein wichtiges Beispiel für das Einfangen eines Mikrotubulus sind die Kinetochore während der Mitose, worauf wir uns in *Kapitel 18* konzentrieren werden. Andere +-TIPs assoziieren mit dem *Zellcortex*, einem Netzwerk auf Actinbasis unterhalb der Plasmamembran und können die Mikrotubuli, die sich dort erstrecken, stabilisieren.

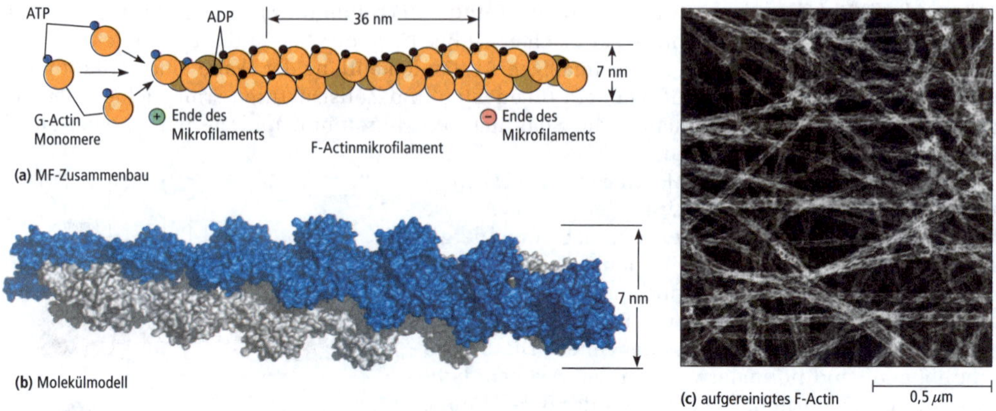

Abbildung 14.7: Modell für den Zusammenbau eines Mikrofilaments in vitro. (a) Monomere von G-Actin polymerisieren zu langen Filamenten von F-Actin mit einem Durchmesser von ungefähr 7 nm. Eine ganze Windung der Helix erfolgt alle 36–37 nm, wobei circa 13,5 Monomere für eine vollständige Windung benötigt werden. Das Anfügen eines jeden G-Actinmonomers geht im Allgemeinen mit der Hydrolyse des ATP-Moleküls einher oder findet nach der Hydrolyse des ATP-Moleküls statt, obwohl die Energie der ATP-Hydrolyse nicht benötigt wird, um die Polymerisationsreaktion anzutreiben. (b) Molekulares Modell von F-Actin, das auf den Röntgenstrahlkristallstrukturen von G-Actin basiert. Zwei Stränge von 13G-Actinmonomeren sind abgebildet. Ein Strang ist blau unterlegt, der andere grau. (c) Elektronenmikroskopische Aufnahme eines gereinigten F-Actins (TEM).

Mikrotubuli destabilisierende/verkürzende Proteine Wie wir gesehen haben, gibt es einige Proteine, die Mikrotubuli stabilisieren, denn sie senken die Wahrscheinlichkeit der Depolymerisation. Andere Proteine hingegen fördern die Depolymerisation von Mikrotubuli. Beispielsweise bindet das Protein *Stathmin/Op 18* an Tubulinheterodimere und verhindert deren Polymerisation. Andere Proteine entfalten ihre Wirkung nach der Polymerisation an den Enden von Mikrotubuli und begünstigen das Abschälen von Untereinheiten an den Enden. Mehrere Proteine der *Kinesinfamilie* wirken auf diese Weise (*Abbildung 14.7*; in *Kapitel 15* werden Sie mehr über andere Kinesine erfahren). Indem sie streng den Wirkungsort von Catastrophinen reguliert, kann eine Zelle genau kontrollieren, wo und wann die Bildung und Depolymerisation von Mikrotubuli erfolgen. Ein hervorragendes Beispiel für diese Regulation ist die mitotische Spindel, mit der wir uns in *Kapitel 18* beschäftigen werden. Es gibt noch weitere Proteine, die Mikrotubuli beeinträchtigen; zu diesen Proteinen gehören die *Katanine*.

14.3 Mikrofilamente

Mit einem Durchmesser von nur 7 nm sind die **Mikrofilamente (MF**, engl.: *microfilaments***)** die kleinsten Filamente des Cytoskeletts. Am bekanntesten sind Mikrofilamente für ihre Rolle als kontraktile Fibrillen der Muskelzellen, wo sie mit dickeren Filamenten aus Myosin in Wechselwirkung treten und die charakteristischen Kontraktionen der Muskeln herbeiführen (siehe *Kapitel 15*). MF kommen allerdings nicht nur in Muskelzellen vor. Sie sind Bestandteil fast aller eukaryotischer Zellen und wirken an zahlreichen anderen Phänomenen mit, unter anderem sind sie Bestandteil des Bewegungsapparats und übernehmen Strukturfunktionen.

Zu den Beispielen für Zellbewegungen, an denen Mikrofilamente beteiligt sind, zählen die Zellmigration mit Hilfe von Lamellipodien und Filopodien, die *Mobilität der Amöben* und die *cytoplasmatische Strömung*, ein regelmäßiges Muster cytoplasmatischer Strömung in einigen pflanzlichen und tierischen Zellen. In *Kapitel 15* werden wir uns eingehend mit diesen Phänomenen beschäftigen. MF bilden auch die Teilungsfurchen, die das Cytoplasma tierischer Zellen während der Cytokinese trennen (siehe *Kapitel 18*). Außerdem sind sie an den Zell-Zell-Kontaktbereichen lokalisiert und dort, wo die Zellen an der extrazellulären Matrix haften (siehe *Kapitel 16*).

Abgesehen davon, dass sie eine Reihe von Zellbewegungen vermitteln, spielen sie auch bei der Entwicklung und Erhaltung der Zellform eine wichtige Rolle. Die meisten tierischen Zellen besitzen zum Beispiel ein dichtes Netzwerk von Mikrofilamenten, den sogenannten **Zellcortex**, der sich unmittelbar unterhalb der Plasmamembran befindet. Der Cortex verleiht der Zelloberfläche strukturelle Festigkeit und ermöglicht Veränderungen der Zellform und Zellbewegung. Außerdem setzt sich der Strukturkern der *Mikrovilli* aus parallelen Bündeln von MF zusammen, fingerähnlichen Anhängseln auf der Oberfläche vieler tierischer Zellen.

14.3.1 Actin ist der Proteinbaustein der Mikrofilamente

Actin ist ein Protein, das in praktisch allen eukaryotischen Zellen außerordentlich häufig vorkommt, unter anderem auch in den Zellen der Pflanzen, Algen und Pilze. Actin wird als einzelnes Polypeptid aus 375 Aminosäuren synthetisiert und hat ein Molekulargewicht von ungefähr 42 kDa. Nach der Synthese faltet es sich zu einem annähernd U-förmigen Molekül, dessen zentrale Vertiefung ATP oder ADP bindet. Einzelne Actinmoleküle bezeichnet man als **G-Actin** (globuläres Actin). Unter geeigneten Bedingungen polymerisieren G-Actinmoleküle und bilden Mikrofilamente; das Actin dieser Form ist das **F-Actin** (filamentöses Actin; siehe *Abbildung 14.7*). Actin in der G- oder F-Form bindet außerdem an eine Vielzahl weiterer Proteine, die man unter der Bezeichnung *Actin-bindende Proteine* zusammenfasst.

14.3.2 Zellen enthalten verschiedene Typen von Actin

Von den drei Typen der Cytoskelettproteine ist Actin das am stärksten konservierte. In Funktionsuntersuchungen scheinen alle Actine zunächst identisch zu sein und Actine verschiedener Organismen kopolymerisieren zu Filamenten. Trotz dieses hohen Grades an Sequenzähnlichkeit unterscheiden sich die Actine der Organismen und der Gewebe innerhalb eines Organismus. Auf der Grundlage der Sequenzähnlichkeit kann man die Actine grob in zwei Hauptgruppen unterteilen: die *muskelspezifischen Actine (α-Actine)* und die *Nicht-Muskelactine* (β- und *γ-Actine)*. β- und γ-Actin sind in verschiedenen Regionen der Zelle lokalisiert und scheinen mit Actin-bindenden Proteinen verschiedene Wechselwirkungen einzugehen. Beispielsweise enthält eine Seite der Epithelzellen, die apikale Seite, Mikrovilli, während die entgegengesetzte Seite, die sogenannte basolaterale Seite, mit der extrazellulären Matrix assoziiert ist (siehe *Abbildung 16.11*). β-Actin kommt hauptsächlich im apikalen Bereich von Epithelzellen vor, während γ-Actin konzentriert am Basalende und den Zellseiten vorliegt.

14.3.3 G-Actinmonomere polymerisieren zu F-Actinmikrofilamenten

Ebenso wie Tubulindimere können auch G-Actinpolymere reversibel zu Filamenten polymerisieren, wobei die lag-Phase der Filamentnukleation entspricht, an die sich eine schnellere Polymer-Elongationsphase anschließt. Die Kinetik der Actinpolymerisation kann man in Lösung mit fluoreszierendem G-Actin beobachten. Die Fluoreszenz von markiertem F-Actin kann gemessen werden und ergibt ähnliche Daten wie für Tubulin. Die F-Actinfilamente bestehen aus zwei linearen Strängen polymerisierten G-Actins, die sich um eine Helixachse winden und aus jeweils 13,5 Actionmonomeren pro Windung bestehen (*Abbildung 14.7*).

Innerhalb eines Mikrofilaments sind alle Actinmonomere in die gleiche Richtung orientiert, sodass ein Mikrofilament ebenso wie ein Mikrotubulus Polarität besitzt, wobei sich die Enden chemisch und strukturell voneinander unterscheiden. Diese Polarität kann man leicht durch Inkubation von Mikrofilamenten mit **Myosinsubfragment 1 (S1)** nachweisen, einem proteolytischen Myosinfragment (▸*Abbildung 14.8*). S1-Fragmente binden an Actinmikrofilamente und verleihen ihnen das charakteristische Pfeilspitzenmuster, wobei alle S1-Moleküle in die gleiche Richtung zeigen (▸*Abbildung 14.8c*). Ausgehend von diesem Pfeilspitzenmuster verwendet man im Allgemeinen die Begriffe *spitzes Ende* und *stacheliges Ende*, um die Plus- und Minusenden eines Mikrofilaments zu unterscheiden. Die Polarität eines Mikrofilaments ist von Bedeutung, weil sie an jedem Ende des Filaments die unabhängige Regulation des Actinzusammenbaus oder -abbaus ermöglicht.

Man spricht von Polarität der Mikrofilamente und unterscheidet ein Plusende, an dem G-Actin schneller angelagert oder abgespalten wird und ein Minusende, an dem G-Actin langsamer angelagert oder abgespalten wird (siehe ▸*Abbildung 14.7a*). Wenn G-Actin auf kurzen Fragmenten von F-Actin polymerisiert wird, das mit S1 versehen ist, schreitet die Polymerisation am stacheligen Ende wesentlich schneller voran. Dies zeigt an, dass das stachelige Ende zugleich das Plusende ist. Sogar unter Bedingungen, die für das Anlagern von Monomeren an beiden Enden gleich günstig sind, wächst das Plusende schneller als das Minusende.

Wenn sich die G-Actinmonomere auf einem Mikrofilament anhäufen, wird das gebundene ATP langsam zu ADP hydrolysiert, ganz so wie das an Tubulin gebundene GTP zu GDP hydrolysiert wird. Somit besitzen die wachsenden Enden von Mikrofilamenten tendenziell viel ATP-F-Actin, während die meisten Mikrofilamente aus ADP-F-Actin bestehen. Allerdings ist die ATP-Hydrolyse keine unabdingbare Voraussetzung für die Elongation eines Mikrofilaments, da Mikrofilamente auch aus ADP-G-Actin oder nicht hydrolysierbaren Analoga von ATP-G-Actin zusammengefügt werden können.

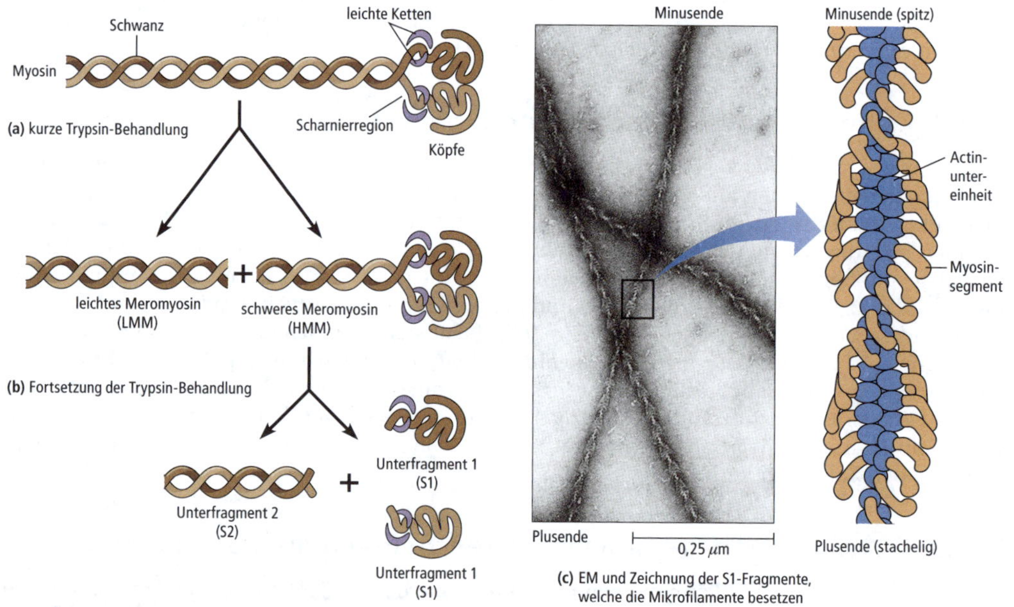

Abbildung 14.8: Myosin-S1-Subfragmente zur Ermittlung der Actinpolarität. Myosin II ist Teil der Kontraktionsmaschinerie der Muskelzellen. Der globuläre Kopf des Myosinmoleküls bindet an Actin, während die Myosinschwänze mit den Myosinfilamenten (den dicken Myofilamenten der Muskelzellen) assoziieren können. (a) Myosin II kann von Proteasen, beispielsweise Trypsin, in zwei Teile gespalten werden, schweres Meromyosin (HMM, engl.: *heavy meromyosin*) und leichtes Meromyosin (LMM, engl.: *light meromyosin*). (b) HMM kann weiter abgebaut werden, sodass letztendlich nur ein globulärer Kopf bleibt. Dieses Fragment, das sogenannte Myosin-Subfragment 1 (S1), behält seine Actinbindeeigenschaften. (c) Wenn man die Mikrofilamente mit Myosin S1 inkubiert und dann unter dem Elektronenmikroskop untersucht, scheinen die S1-Fragmente die Mikrofilamente mit Pfeilspitzen zu versehen. Alle S1-Pfeilspitzen sind zu einem Minusende ausgerichtet, was auf die Polarität des Mikrofilaments verweist.

14.3.4 Zellen können Actin dynamisch in eine Reihe von Strukturen einbauen

Ebenso wie bei den Mikrotubuli können Zellen dynamisch regulieren, wo und wie G-Actin in Mikrofilamente eingebaut werden soll. Zum Beispiel besitzen zur Kriechbewegung fähige Zellen auf ihrem vorwärtsgerichteten Ende spezialisierte Strukturen, die sogenannten *Lamellipodien* und *Filopodien*, mittels derer sie sich auf einer Oberfläche bewegen können (in *Kapitel 15* werden wir uns diese spezialisierten Strukturen genauer anschauen). Die Form dieser Ausstülpungen hängt von der Fortbewegungsweise der Zelle und von der Organisation der Actinfilamente innerhalb der Zelle ab. In Zellen, die fest an die Oberfläche angeheftet sind und die sich nicht gut bewegen können, erstrecken sich organisierte Actinbündel, die *Stressfasern*, vom Schwanzende oder dem nachgezogenen Ende bis zur Vorderseite der Zelle. Die sich schnell bewegenden Zellen besitzen keine solchen spezialisierten Actinbündel. In diesen Zellen ist der Zellcortex, der sich unmittelbar unterhalb der Plasmamembran befindet und mit Actin angereichert ist, zu einer Art Gel quervernetzt oder in einem sehr lockeren Netzwerk von Mikrofilamenten organisiert. Am vorderen Zellende, und das trifft vor allem auf die Filopodien zu, bilden die Mikrofilamente stark ausgerichtete, polarisierte Stränge, deren Plusenden auf die Spitze des Ausläufers zeigen. Das Actin der Lamellipodien ist typischerweise weniger gut organisiert als das der Filopodien. Voraussetzung für das Verständnis, wie Zellen eine solche Fülle von Strukturen auf Actinbasis regulieren, ist, dass man begreift, wie Zellen die Polymerisation von MF regulieren können und wie sich MF nach ihrer Polymerisation zu Netzwerken anordnen.

14.3.5 Actin-bindende Proteine regulieren Polymerisation, Länge und Organisation von Mikrofilamenten

Wie auch bei den Mikrotubuli können Zellen den Ort des Zusammenbaus von Actin und die Struktur des daraus hervorgehenden Actinnetzwerks genauestens kontrollieren. Für diese Aufgaben steht den Zellen eine Vielzahl von Actin-bindenden Proteinen zur Verfügung (▸*Abbildung 14.9*). Der Vorgang der Mikrofilament-Polymerisation wird in mehreren Schritten kontrolliert, dazu gehören die Nukleation neuer Mikrofilamente, die Elongation und der Abbau bereits existierender MFs und die Assoziation von Mikrofilamenten zu Netzwerken. Im Folgenden werden wir kurz auf jeden dieser Schritte eingehen.

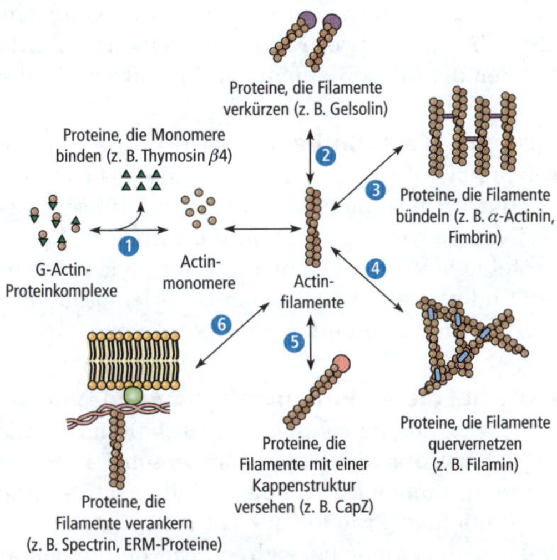

Abbildung 14.9: Actin-bindende Proteine regulieren die Organisation von Actin. Actin-bindende Proteine sind für die Umwandlung von Actinfilamenten von einer Form in die andere verantwortlich. Dazu gehören ❶ Monomer-bindende Proteine wie Thymosin β4 und Profilin; ❷ Filament-verkürzende Proteine wie Gelsolin; ❸ Filament-bündelnde Proteine wie α-Actinin, Fimbrin und Fascin; ❹ Filament-quervernetzende Proteine wie Filamin. ❺ Proteine wie CapZ und Tropomodulin versehen Filamente mit einer Kappenstruktur. ❻ Filament-verankernde Proteine wie Spectrin und ERM-Proteine.

Proteine zur Regulation der Polymerisation

Wenn keine anderen Faktoren vorliegen, hängt das Wachstum von Mikrofilamenten von der Konzentration von ATP-gebundenem G-Actin ab. Bei hoher Konzentration von ATP-gebundenem G-Actin setzen sich so lange Mikrofilamente zusammen, bis nicht mehr ausreichend G-Actin zur Verfügung steht. In der Zelle ist die Menge an freiem G-Actin für die Zusammensetzung von Mikrofilamenten allerdings begrenzt, denn das G-Actin wird von dem Protein *Thymosin* β*4* gebunden. Ein zweites Protein, das sogenannte *Profilin*, scheint mit dem *Thymosin* β*4* um die Bindung von G-Actinmonomeren zu konkurrieren. Eine hohe Profilinkonzentration begünstigt die Polymerisation, vorausgesetzt, dass freie Filamente zur Verfügung stehen. Allerdings ist ein anderes Protein bekannt, das *ADF/Cofilin*, das an ADP-G-Actin und F-Actin bindet. Man nimmt an, dass ADF/Cofilin die Geschwindigkeit des Umsatzes von ADP-Actin an den Minusenden der Mikrofilamente erhöht. Das ADP an diesen G-Actinmonomeren kann dann gegen ein neues ATP ausgetauscht werden und das ATP-G-Actin kann dann zum Anfügen an die wachsenden Plusenden der Mikrofilamente recycelt werden. ADF/Cofilin verkürzt auch die Filamente und schafft dadurch neue Plusenden.

Proteine versehen Actinfilamente mit einer Kappenstruktur (Capping) Die Frage, ob die Enden von Mikrofilamenten für weiteres Wachstum zur Verfügung stehen, hängt davon ab, ob das Ende des Filaments *mit einer Kappenstruktur versehen (capping protein)* ist. Dieser Vorgang findet statt, wenn ein Capping-Protein an das Ende eines Filaments bindet und ein weiteres Anlagern oder Abspalten von Untereinheiten verhindert, wodurch das Filament stabilisiert wird. Ein Protein, das als Kappe der Plusenden von Mikrofilamenten dient, trägt bezeichnenderweise den Namen *CapZ*. Wenn CapZ an das Ende eines Filaments gebunden wird, wird eine weitere Anlagerung von Untereinheiten an das Plusende verhindert; wenn CapZ abgespalten wird, kann die Anlagerung neuer Untereinheiten wieder aufgenommen werden. Eine weitere Klasse von Proteinen, die *Tropomoduline*, binden an die Minusenden von Actinfilamenten, wodurch das Abspalten von Untereinheiten von den spitzen Enden des F-Actins verhindert wird. Tropomoduline sind in den Muskelsarkomeren enthalten, mit denen wir uns in *Kapitel 15* beschäftigen werden.

Proteine, die Actinfilamente quervernetzen In vielen Fällen bilden Actinnetzwerke lockere Flechtwerke kreuz und quer laufender, quervernetzter Mikrofilamente. Eines dieser quervernetzenden Proteine, das für die Netzwerke von Bedeutung ist, heißt *Filamin*. Es handelt sich um ein langes Molekül, das aus zwei identischen Polypeptiden besteht, deren Köpfe miteinander verbunden sind. Filamin hat an jedem Schwanz eine Actinbindestelle. Filaminmoleküle dienen als „Spleißer", die zwei Mikrofilamente verknüpfen, wenn sie sich überschneiden. Auf die Weise werden die Mikrofilamente verknüpft und bilden dreidimensionale Netzwerke.

Proteine, die Actinfilamente verkürzen Allerdings gibt es Proteine, die eine genau entgegengesetzte Rolle übernehmen, indem sie das Netzwerk des Filaments aufbrechen. Dadurch verliert das Cortikalactin seine Festigkeit und verflüssigt sich. Dies erreichen die Proteine, indem sie die Mikrofilamente verkürzen und/oder mit einer Kappenstruktur versehen. Es gibt einige Fälle, in denen Proteine beide Funktionen erfüllen, wie beispielsweise das *Gelsolin*. Gelsolin löst Mikrofilamente auf und versieht deren neu entstandene Enden mit Kappenstrukturen, wodurch eine weitere Polymerisation verhindert wird.

Proteine, die Actinfilamente bündeln Im Gegensatz zur lockeren Organisation von Actin im Zellcortex können auch die Actin-haltigen Strukturen in kriechenden oder nicht-kriechenden Zellen höchst organisiert sein. In diesen Fällen kann das Actin fest in Reihen gebündelt vorliegen. Diese Bindung wird von einer Reihe Actin-bindender Proteine vermittelt. Eines dieser Proteine ist *α-Actinin*, ein Protein, das vor allem in Strukturen vorkommt, die man als *fokale Kontakte* oder *fokale Adhäsionen* bezeichnet. Die Zellen benötigen diese Strukturen, um während der Fortbewegung adhäsive Verbindungen zur extrazellulären Matrix herzustellen. In *Kapitel 16* werden wir uns eingehender mit diesen Strukturen beschäftigen. Ein weiteres Bündelungsprotein, *Fascin*, kommt in den Filopodien vor. Fascin sorgt dafür, dass das im Kern eines Filopodiums enthaltene Actin dicht gebündelt bleibt, wodurch es zur stachelähnlichen Erscheinung dieser Anhängsel beiträgt.

Die am besten untersuchten Strukturen geordneter Actinkomplexe sind wahrscheinlich die Actinbündel der **Mikrovilli**. Mikrovilli (Singular: **Mikrovillus**) sind besonders charakteristische Merkmale der intestinalen Schleimzellen (▸ *Abbildung 14.10a*). Eine einzelne Schleimzelle des Dünndarms besitzt beispielsweise mehrere Tausend Mikrovilli, wobei jede ungefähr 1–2 µm lang ist und einen Durchmesser von circa 0,1 µm hat. Dadurch wird die Oberfläche der Zelle um etwa das 20-fache vergrößert. Diese große Oberfläche ist von entscheidender Bedeutung für die Darmfunktion, denn die Aufnahme verdauter Nahrungsbestandteile hängt von einer großen Absorptionsfläche ab.

Wie in der ▸ *Abbildung 14.10b* dargestellt, setzt sich der Kern (nicht zu verwechseln mit dem Zellkern!) des intestinalen Mikrovillus aus einem festen Bündel von Mikrofilamenten zusammen.

Die Plusenden weisen zur Spitze, wo sie über eine amorphe, elektronendichte Schicht mit der Membran verbunden sind. Die Mikrofilamente im Bündel sind außerdem über laterale Querverbindungen mit der Plasmamembran, die aus den Proteinen *Myosin I* und *Calmodulin* bestehen, verknüpft. Diese Querverbindungen erstrecken sich ungefähr 20–30 nm von dem Bündel fort und kontaktieren elektronendichte Flecken auf der inneren Membranoberfläche. Benachbarte Mikrofilamente in dem Bündel sind in regelmäßigen Abständen fest über die quervernetzenden Proteine (man bezeichnet diese auch als Actin-bündelnde Proteine) *Fimbrin* und *Villin* zusammengefasst.

An der Basis des Mikrovillus geht das Mikrofilamentbündel in ein Netzwerk aus Filamenten über, das sogenannte **terminale Netz** (engl.: *terminal web*). Die Filamente des terminalen Netzes bestehen vor allem aus Myosin und Spectrin. Sie verbinden die Mikrofilamente untereinander, mit Proteinen in der Plasmamembran und vielleicht auch mit dem Netzwerk der intermediären Filamente unterhalb des terminalen Netzes. Das terminale Netz scheint den Mikrovilli Festigkeit zu geben, indem es ihre Mikrofilamentbündel gut verankert, sodass sie gerade aus der Zelloberfläche herausragen.

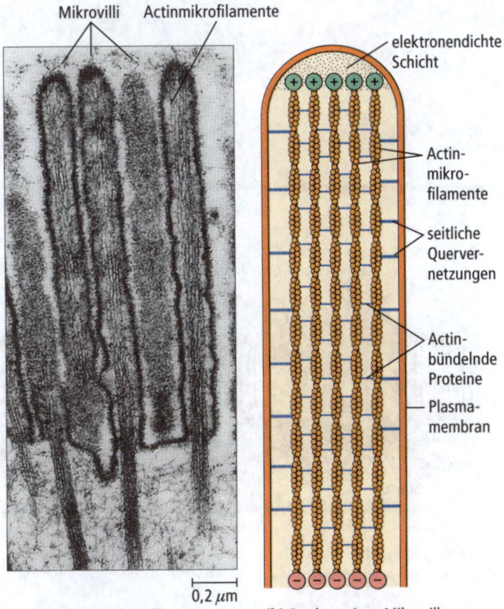

(a) intestinale Mikrovilli (b) Struktur eines Mikrovillus

Abbildung 14.10: Struktur eines Mikrovillus. (a) Eine elektronenmikroskopische Aufnahme von Mikrovilli intestinaler Schleimzellen (TEM). (b) Schematische Darstellung eines einzelnen Mikrovillus. Der Kern der Mikrofilamente ist sichtbar. Dieser Kern verleiht dem Mikrovillus die charakteristische Steifheit. Der Kern besteht aus mehreren Dutzend Mikrofilamenten, deren Plusenden nach außen zur Spitze und deren Minusenden zur Zelle ausgerichtet sind. Die Plusenden sind in einen amorphen, elektronendichten Belag eingebettet. Die Mikrofilamente sind durch Actin-bündelnde Proteine (quervernetzende Proteine) fest miteinander verbunden und über laterale Querverbindungen mit der inneren Oberfläche der Plasmamembran verknüpft.

Proteine, die Actin an Membranen binden Damit die Mikrofilamente bei der Zellbewegung oder der Cytokinese (Zellteilung) auch auf die Plasmamembran Kraft ausüben können, müssen sie mit der Plasmamembran verbunden sein. Die Verbindung von Mikrofilamenten mit der Plasmamembran erfolgt indirekt und es werden dafür ein oder zwei Ankerproteine benötigt, welche die Mikrofilamente mit den Transmembranproteinen, die in der Plasmamembran eingebettet sind, verankern. Eine Proteingruppe, die sehr häufig an der Verknüpfung von Mikrofilamenten mit Membranen beteiligt zu sein scheint, ist die Protein-Familie der Actin-bindenden Proteine mit *Bande-4.1-Protein*, *Ezrin*, *Radixin* und *Moesin*. Eine Mutation dieser Proteine wirkt sich auf eine große Anzahl zellulärer Vorgänge aus, unter anderem auf die Cytokinese, die Sekretion und die Bildung von Mikrovilli. Ein weiteres Beispiel für die Verbindung von Actin mit Membranen bieten die Proteine *Spectrin* und *Ankyrin* (▸*Abbildung 14.11*). In *Kapitel 6* haben Sie bereits erfahren, dass die Plasmamembran des Erythrocyten durch ein Netzwerk von Spectrinfilamenten gestützt wird, die über sehr kurze Actinketten quervernetzt sind. Dieses Netzwerk ist über Moleküle des Proteins Ankyrin und Bande 4.1 mit der Plasmamembran verbunden. Diese Proteine verbinden die Spectrinfilamente mit spezifischen Transmembranproteinen. Aufgrund von Mutationen in Genen, die Spectrine und Ankyrine in *Drosophila* und in dem Nematoden *Caenorhabditis elegans* kodieren, wissen wir, dass diese Proteine bei einer großen Anzahl von Zellen eine wichtige Aufgabe zur Erhaltung der Zellform übernehmen.

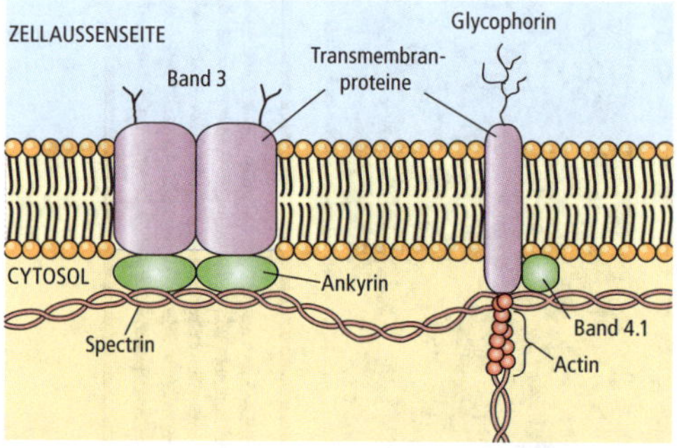

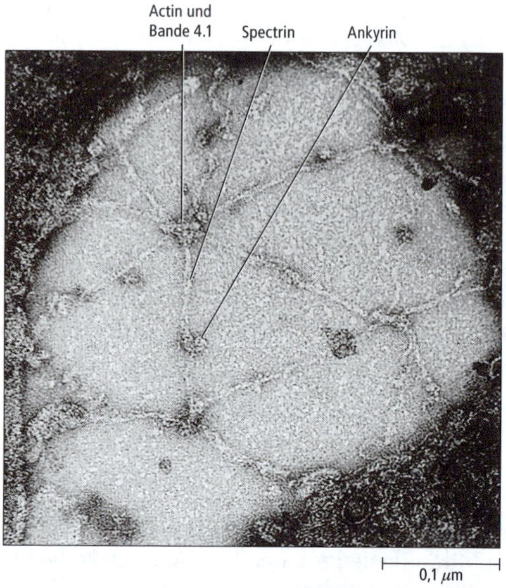

Abbildung 14.11: Unterstützung der Erythrocytenplasmamembran durch ein Spectrin-Ankyrin-Actin-Netzwerk. Die Plasmamembran der roten Blutkörperchen wird an ihrer Innenseite von einem filamentösen Netzwerk gestützt, das der Zelle sowohl Festigkeit als auch Flexibilität verleiht. (a) Schematische Darstellung der wichtigsten Komponenten des Spectrin-Ankyrin-Actin-Netzwerks. Das Netzwerk ist über Moleküle des Proteins Ankyrin am Bande-3-Transmembranprotein verankert. (b) Eine elektronenmikroskopische Aufnahme einer Erythrocytenmembran, in der Spectrinnetzwerk-Komponenten sichtbar sind (TEM).

14.3.6 Die Zellsignalisierung reguliert, wo und wann Strukturen auf Actinbasis zusammengesetzt werden

Wir haben gesehen, dass Actin-bindende Proteine die Typen von Strukturen auf Actinbasis regulieren, die von den Zellen zusammengesetzt werden. Die Zellsignalisierung reguliert ihrerseits die Aktivität dieser Proteine. Sowohl die Plasmamembranlipide als auch mehrere kleine G-Proteine, die mit Ras in Zusammenhang stehen (siehe *Kapitel 13*), regulieren Bildung, Stabilität und Abbau von Mikrofilamenten.

Inositolphospholipide Inositolphospholipide bilden eine Gruppe von Membranphospholipiden, die den Actinzusammenbau regulieren. Rufen Sie sich bitte in Erinnerung, dass *Phosphatidylinositol-4,5-Bisphosphat* (PIP_2) bei einigen Signalkaskaden von Bedeutung ist, beispielsweise bei der Insulinsignalisierung (siehe *Kapitel 13*). PIP_2 kann an Profilin, CapZ und Proteine wie Ezrin binden, wodurch diese an die Plasmamembran gebunden werden. Es kann aber auch die Fähigkeit dieser Proteine, mit Actin zu interagieren, regulieren. Zum Beispiel bindet CapZ fest an PIP_2, wodurch PIP_2 vom Ende eines Mikrofilaments abgespalten wird. Dadurch kann das Filament abgebaut werden und seine Monomere stehen für die Zusammensetzung neuer Filamente zur Verfügung. Gelsolin ist ein weiteres Actin-bindendes Protein, das durch Bindung an Polyphosphoinositide reguliert werden kann. Wenn Gelsolin an ein spezifisches Polyphosphoinositid bindet, kann es nicht länger das Plusende eines Mikrofilaments schützen. Dadurch kann das nicht mehr mit einer Kappe versehene Ende seine Länge verändern.

Die GTPasen der Rho-Familie Ein ganz erstaunlicher Fall der Regulation des Actincytoskeletts ist die dramatische Veränderung des Cytoskeletts der Zellen, die mit bestimmten Wachstumsfaktoren in Kontakt kommen. Als Antwort auf die Stimulation des von Blutplättchen gebildeten Wachstumsfaktors (PDGF; engl.: p*latelet-*d*erived* g*rowth* f*actor*) beginnen Fibroblasten zu wachsen, sich zu teilen und bilden Actin-reiche Membranausläufer, die den Lamellipodien ähneln. Andere Faktoren, beispielsweise Lysophosphatidsäure (LPA), regen Zellen zur Bildung von Stressfasern an.

Wie führen diese Signale eine tiefgreifende Neuorganisation im Actincytoskelett herbei? Die Wirkung vieler Signale beruht auf Veränderungen in Folge der Wirkung einer Familie monomerer G-Proteine, der sogenannten **Rho-GTPasen**. Drei Schlüsselmitglieder dieser Familie sind **Rho**, **Rac** und **Cdc42**. Diese Proteine hat man zuerst in der Hefe identifiziert. Sie sind wichtige Regulatoren des Actincytoskeletts aller Eukaryoten. Jede Rho-GTPase hat tiefgreifende und unterschiedliche Auswirkungen auf das Actincytoskelett (▸*Abbildung 14.12*). Beispielsweise führt die Aktivierung des Rho-Wegs zur Bildung von Stressfasern und die Rho-Deaktivierung verhindert die Bildung von Stressfasern, nachdem die Fibroblasten mit LPA in Kontakt gekommen sind. In ähnlicher Weise führt die Rac-Aktivierung bei kultivierten Zellen häufig zur Bildung von Lamellipodien und die Hemmung von Rac verhindert die normale Antwort auf PDGE. Schließlich führt die Aktivierung von Cdc42 zur Bildung von Filopodien. Rho-GTPasen haben viele verschiedene Funktionen in Zellen: beispielsweise Bildung von Ausläufern der Plasmamembran, Induktion und Abbau der Teilungsfurche bei der Zellteilung und Regulation der Endo- und Exocytose. Viele dieser Prozesse sind unter strenger Kontrolle der Zellsignalisierung. Es überrascht also nicht, dass diese Proteine für Wachstumsfaktoren wie PDGF und LPA von essenzieller Bedeutung sind, um ihre gewünschten Wirkungen zu erzielen.

Ebenso wie Ras (siehe *Kapitel 13*) werden die GTPasen der Rho-Familie von *Guanin-Nucleotid-Austauschfaktoren (GEFs*, engl.: *guanine-nucleotid exchange factors)* stimuliert, die den Austausch eines gebundenen GDPs gegen GTP katalysieren (▸*Abbildung 14.12e*). Entsprechende *GTPase-aktivierende Proteine (GAPs)* stimulieren Rho-GTPasen zur Hydrolyse ihres gebundenen GTPs, wodurch diese ihre Aktivität verlieren. Außerdem können die *Guanin-Nucleotid-Austauschinhibitoren (GDIs*, engl.: *guanine-nucleotide displacement inhibitors)* inaktive Rho-GTPasen im Cytosol akkumulieren. All diese Ereignisse können durch Zellsignale verändert werden, wodurch höchst differenziert bestimmt wird, an welchem Ort Strukturen auf Actinbasis zusammengesetzt werden. Nach ihrer Aktivierung können Rho-GTPasen verschiedene Typen der Actinpolymerisation anregen. Beispielsweise kann aktiviertes Cdc42 an WASP binden und es aktivieren. Dies regt die Actinpolymerisation durch den Arp2/3-Komplex an. Rac kann ein anderes Protein der WASP-Familie aktivieren, WAVE. Es ist bekannt, dass Rho an

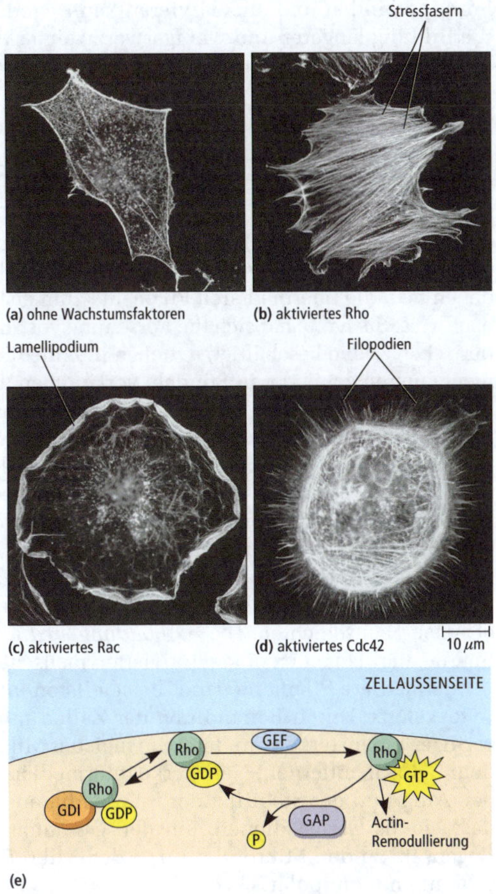

Abbildung 14.12: Regulation von Membranausläufern durch Proteine der Rho-Familie. (a) Wenn man einen kultivierten Fibroblasten ohne Wachstumsfaktoren mit einem Actin-sensitiven Farbstoff anfärbt, hat er erst wenige Actinbündel und entwickelt nur wenige Membranausläufer. (b) Unter Bedingungen, die den Rho-Signalisierungsweg aktivieren (beispielsweise durch Zufügen von Lysophosphatidsäure, LPA), entwickeln sich Stressfasern. (c) Wenn der Rac-Weg aktiviert wird (in diesem Fall durch Injektion von mutiertem Rac, das immer aktiv ist), bilden sich Lamellipodien. (d) Wenn man Cdc42 aktiviert (zum Beispiel durch Injektion des Guanin-Nucleotidaustauschfaktors, der Cdc42 aktiviert), bilden sich Filopodien. (e) Regulation von Proteinen der Rho-Familie. Nucleotidaustauschfaktoren (GEFs) stimulieren den Austausch eines gebundenen GDP durch GTP, sie aktivieren Proteine der Rho-Familie und ermöglichen deren Stimulation der Actin-Remodellierung. Die Proteine, die GTPase aktivieren (GAPs), bewirken, dass Rho-GTPasen das an sie gebundene GTP hydrolisieren, wodurch sie deaktiviert werden. Inhibitoren des Austauschs von Guanin-Nucleotid (GDIs, engl.: *guanine-nucleotide displacement inhibitors*) können inaktive G-Proteine der Rho-Familie bündeln und im Cytosol zurückhalten.

Formine binden und sie aktivieren kann, wodurch sich erklärt, warum die Aktivierung von Rho die Bildung längerer und weniger verzweigter Actinfilamente bewirkt.

14.4 Intermediäre Filamente

Intermediäre Filamente (IF) haben einen Durchmesser von ungefähr 8–12 nm, sodass sie im Hinblick auf die Größe zwischen den Mikrotubuli und den Mikrofilamenten liegen oder zwischen den dünnen (Actin) und den dicken (Myosin) Filamenten in den Muskelzellen, in denen man die intermediären Filamente zum ersten Mal nachwies. Bis heute hat sich die Forschung vor allem mit tierischen Zellen beschäftigt, in denen intermediäre Filamente nur einzeln oder in Bündeln vorkommen und vermutlich eine Rolle bei der Struktur oder Erhaltung der Spannung übernehmen. Ein sehr gut bekanntes und häufig vorkommendes intermediäres Filament ist das Protein *Keratin*. Keratin ist ein wichtiger Baustein von Strukturen, die von der Haut der Tiere gebildet werden, unter anderem von Haaren, Krallen und Fingernägeln, von Hörnern und Schnäbeln, vom Panzer der Schildkröte, von den Schuppen der Fische und von den obersten Hautschichten. Die ▸*Abbildung 14.13* zeigt eine elektronenmikroskopische Aufnahme von Intermediärfilamenten einer kultivierten menschlichen Fibroblastenzelle.

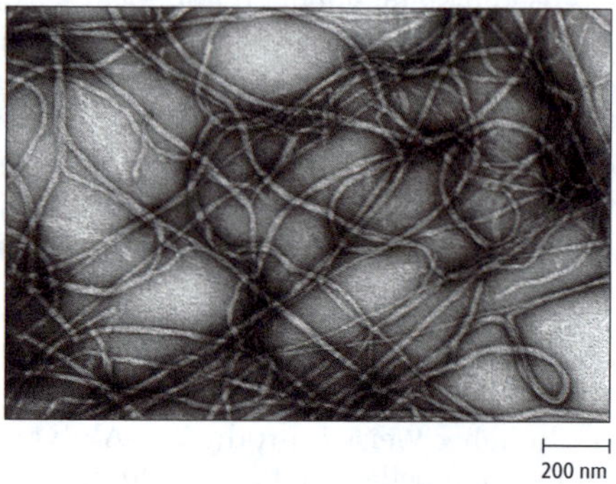

Abbildung 14.13: Intermediäre Filamente. Elektronenmikroskopische Aufnahme der angefärbten Keratin-5- und Keratin-14-Intermediärfilamente, die in vitro rekonstituiert wurden (TEM).

Intermediäre Filamente sind die stabilsten und am wenigsten in Wasser löslichen Bausteine des Cytoskeletts. Durch Behandlung der Zellen mit Detergenzien oder mit Lösungen mit hoher oder geringer Ionenstärke kann man die meisten Mikrotubuli, Mikrofilamente und anderen Proteine aus dem Cytosol entfernen, Netzwerke intermediärer Filamente aber behalten ihre ursprüngliche Form bei. Aufgrund der Stabilität der intermediären Filamente sind einige Wissenschaftler der Ansicht, dass sie als Gerüst dienen, um den gesamten Rahmen des Cytoskeletts zusammenzuhalten. Im Gegensatz zu den Mikrotubuli und den Mikrofilamenten sind die intermediären Filamente wahrscheinlich nicht polarisiert.

14.4.1 Intermediäre Filamentproteine sind gewebespezifisch

Im Gegensatz zu den Mikrotubuli und den Mikrofilamenten weisen intermediäre Filamente ganz erhebliche Unterschiede in ihrer Aminosäurezusammensetzung auf, die von Gewebe zu Gewebe stark variiert. Auf Grundlage des Zelltyps, in dem sie vorkommen, kann man die intermediären Filamente und ihre Proteine (IF-Proteine) in sechs Klassen einteilen. Zu den Klassen I und II gehören die *Keratine*. Das sind Proteine, aus denen die *Tonofilamente* bestehen, die in den Epithelzellen vorkommen, die Körperoberflächen bedecken und Körperhöhlen auskleiden. Die Keratine der Klasse I sind *saure Keratine*, während die Mitglieder der Klasse II *basische* oder *neutrale Keratine* sind; zu jeder Klasse gehören mindestens 15 verschiedene Keratine.

Zu den IF-Proteinen der Klasse III zählen Vimentin, Desmin und saures Gliafaserprotein. *Vimentin* kommt im Bindegewebe und anderen Zellen vor, die von Nichtepithelzellen abgeleitet sind. Filamente, die Vimentin enthalten, sind oft Erkennungsmerkmale kultivierter Fibroblastenzellen, in denen sie ein Netzwerk bilden, das sich vom Zentrum bis zur Peripherie der Zelle erstreckt. *Desmin* kommt in Muskelzellen vor und *saures Gliafaserprotein (GFA*, engl.: *glial fibrillary acidic protein)* ist für die Gliazellen charakteristisch, welche die Nervenzellen umgeben und isolieren. Die intermediären Filamente der Klasse IV sind die *Neurofilamentproteine* (NF) in den Neurofilamenten der Nervenzellen. Die intermediären Filamente der Klasse V sind die Kernlamine A, B und C. Sie bilden bei allen eukaryotischen Zellen entlang der inneren Oberfläche der Zellkernmembran ein filamentöses Gerüst aus Laminin, auch bei den Pflanzen. Die Neurofilamente der Zellen des embryonalen Nervensystems bestehen aus *Nestin*, das die Klasse VI bildet.

Als man intermediäre Filamentproteine und ihre Gene sequenzierte, wurde klar, dass diese Proteine von einer einzigen (großen) Familie verwandter Gene kodiert werden und dass man sie daher aufgrund der verwandten Aminosäuresequenz klassifizieren kann. Die Einteilung in die sechs Klassen der IF-Proteine wurde auf dieser Grundlage vorgenommen.

Aufgrund der Gewebespezifität der intermediären Filamente kann man tierische Zellen aus verschiedenen Geweben anhand des jeweiligen IF-Proteins unterscheiden, das man mit Hilfe der Immunfluoreszenzmikroskopie identifizieren kann. Diese *Typisierung der Intermediärfilamente* dient in der Medizin als diagnostisches Hilfsmittel. Die Typisierung der Intermediärfilamente erweist sich besonders bei der Diagnose von Krebs als nützlich, denn Tumorzellen behalten die für das Ausgangsgewebe typischen intermediären Filamentproteine zurück, unabhängig von dem Ort im Körper, an welchem die Metastasen auftreten. Da die richtige Behandlung eines Tumors häufig von dessen Ausgangsgewebe abhängt, erweist sich die Typisierung der IF-Proteine vor allem in den Fällen als hilfreich, in denen konventionelle mikroskopische Techniken nur bedingt einsetzbar sind.

14.4.2 Intermediäre Filamente setzen sich aus fibrösen Untereinheiten zusammen

Da die IF-Proteine einer Familie verwandter Gene angehören, haben alle intermediären Filamentproteine einige gemeinsame Merkmale, obwohl sie sich im Hinblick auf Größe und chemische Eigenschaften stark unterscheiden. Im Gegensatz zu Actin und Tubulin sind IF-Proteine fibröse und nicht-globuläre Proteine. Alle IF-Proteine haben eine homologe zentrale Domäne von 310 bis 318 Aminosäuren, die im Hinblick auf Größe, Sekundärstruktur und in gewissem Maß auch in der Sequenz hoch konserviert ist. Diese zentrale Domäne besteht aus vier Segmenten spiralisierter Helices, über die drei kurze Linkersegmente verteilt sind. Die zentrale helikale Domäne wird von N- und C-terminalen Domänen flankiert, die sich bezüglich Größe, Sequenz und Funktion bei den IF-Proteinen unterscheiden. Darauf beruht vermutlich die funktionale Vielfalt dieser Proteine.

Ein mögliches Modell für den Zusammenbau von Intermediärfilamenten wird in der ▸ *Abbildung 14.14* dargestellt. Die grundlegende Struktureinheit der intermediären Filamente setzt sich aus zwei intermediären Filamentpolypeptiden zusammen, die in einer *Coiled-coil*-Struktur ineinandergreifen. Die zentralen helikalen Domänen der beiden Polypeptide sind parallel zueinander aufgereiht, wobei die N- und C-terminalen Regionen an jedem Ende als globuläre Domänen herausragen. Zwei dieser Dimere reihen sich dann seitlich aneinander und bilden ein tetrameres *Protofilament*. Protofilamente interagieren und assoziieren durch Überlappung, sodass sowohl seitlich als auch der Länge nach eine filamentöse Struktur entsteht. Man geht davon aus, dass ein vollständig zusammengesetztes intermediäres Filament aus acht, stets gleich starken Protofilamenten besteht. Wahrscheinlich sind die Protofilamente an den Enden durch gestaffelte Überlappungen verbunden.

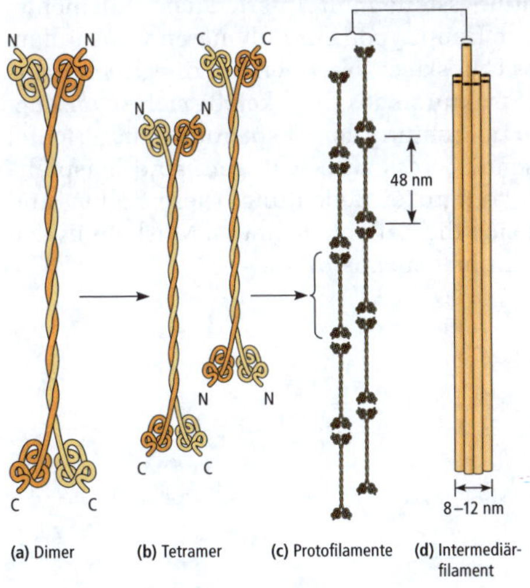

Abbildung 14.14: Modell für den Zusammenbau eines intermediären Filaments in vitro. (a) Der Ausgangspunkt für den Zusammenbau ist ein Paar intermediärer Filamentpolypeptide. Die beiden Polypeptide sind bei allen intermediären Filamenten mit Ausnahme der Keratinfilamente identisch. Dieses sind obligate Heterodimere mit jeweils einem Typ-I- und einem Typ-II-Polypeptid. Die beiden Polypeptide winden sich umeinander und bilden eine spiralisierte Kette aus zwei Kettensträngen, wobei ihre konservierte zentrale Domäne parallel zueinander verläuft. (b) Zwei Dimere reihen sich seitlich aneinander und bilden ein tetrameres Protofilament. (c) Protofilamente setzen sich an den Enden und seitlich zu größeren Filamenten zusammen. (d) Das schließlich zusammengesetzte intermediäre Filament hat vermutlich überall eine Stärke von acht Protofilamenten.

14.4.3 Intermediäre Filamente verleihen Geweben mechanische Belastbarkeit

Intermediäre Filamente sind wichtige Strukturbausteine vieler Zellen und Gewebe. Da sie oftmals in Zellregionen vorkommen, die starker mechanischer Belastung ausgesetzt sind, nimmt man an, dass sie den Zellen helfen, mechanische Zugspannungen zu kompensieren. Wenn man beispielsweise Keratinfilamente genetisch in den Keratinocyten transgener Mäuse verändert, werden die Epidermiszellen sehr fragil und reißen leicht auf. Beim Menschen entwickelt sich als Folge natürlich auftretender Mutationen der Keratine eine Hauterkrankung mit Blasen- und Wundenbildung, die sogenannte *Epidermolyse bullosa simplex (EBS)*. Weitere pathologische Zustände, die vermutlich auf Defekte der intermediären Filamente beruhen, sind unter anderem die *Amyotrophe Lateralsklerose (ALS)* sowie bestimmte Formen der erblichen *Cardiomyopathien*, Erkrankungen des Herzmuskels, die auf Defekte in der Organisation des Herzmuskels zurückgehen.

Obwohl unsere Diskussion der intermediären Filamente den Eindruck erwecken könnte, dass es sich um statische Strukturen handelt, trifft dies nicht zu. Zum Beispiel werden intermediäre Filamente in Neuronen dynamisch transportiert und remodelliert. Verschiedene intermediäre Filamente bilden ein strukturelles Gerüst, die Kernlamina, die an der inneren Oberfläche der Zellkernmembran liegt (darauf werden wir in *Kapitel 17* und *Kapitel 18* genauer eingehen). Die Kernlamina setzt sich aus drei einzelnen intermediären Filamentproteinen zusammen, den *Kernlaminen A*, *B* und *C*. Diese Lamine werden im Rahmen der Auflösung der Zellkernhülle zu Beginn der Mitose phosphoryliert und abgebaut. Nach der Mitose entfernen Laminaphosphatasen die Phosphatgruppen, woraufhin sich wieder eine Zellkernhülle bilden kann.

14.4.4 Das Cytoskelett ist eine mechanisch hoch integrierte Struktur

In den vorherigen Abschnitten haben wir uns die einzelnen Komponenten des Cytoskeletts als voneinander getrennte Einheiten angesehen. Tatsächlich hängt die zelluläre Architektur von den einzigartigen Eigenschaften der verschiedenen, miteinander kooperierenden Bausteine des Cytoskeletts ab. Man geht im Allgemeinen davon aus, dass Mikrotubuli einem Druck, der entsteht, wenn man eine Zelle zusammenpresst, Widerstand leisten können, während Mikrofilamente als kontraktile Elemente dienen, die Spannung erzeugen. Intermediäre Filamente sind elastisch und widersetzen sich Zugkräften.

Die mechanische Integration der intermediären Filamente, der Mikrofilamente und der Mikrotubuli wird durch spezifische Linkerproteine ermöglicht, die diese miteinander verbinden, die sogenannten *Plakine*. Ein Plakin, das *Plectin*, ist ein vielseitiges Linkerprotein, das an den Stellen vorkommt, an denen die intermediären Filamente an Mikrofilamente oder Mikrotubuli geknüpft sind. Plectin sowie mehrere andere Plakine enthalten Bindungsstellen für intermediäre Filamente, Mikrofilamente und Mikrotubuli. Indem die Plakine diese Haupttypen aus Polymeren verknüpfen, tragen sie dazu bei, diese in ein mechanisch integriertes Cytoskelett-Netzwerk zu integrieren. Aus diesem Grunde können die untereinander verknüpften Strukturen des Cytoskeletts sich so an Zugkräfte anpassen, dass die spannungstragenden Elemente in Richtung der Anspannung ausgerichtet werden. Diese Fähigkeiten des Cytoskeletts, mechanischen Stress zu bewältigen, sind beispielsweise für die Epithelzellen, die den Darm auskleiden, von großer Bedeutung. Diese Zellen sind laufend starkem mechanischen Stress ausgesetzt, wenn sich die Zellen der glatten Muskeln in den Darmwänden zusammenziehen und Druck auf den Darminhalt ausüben.

Zellbewegung: Motilität und Kontraktilität

15

ÜBERBLICK

15.1 Bewegliche Systeme

Motilität trifft man auf der Ebene des Gewebes, der Zelle und auf subzellulärer Ebene an. Die auffälligsten Beispiele für Motilität, vor allem in der Welt der Tiere, ereignen sich auf der Ebene des Gewebes. Die am häufigsten vorkommenden tierischen Muskelgewebe bestehen aus Zellen, die spezifisch für Kontraktion ausgerüstet sind. Die erzeugten Bewegungen sind oftmals ganz offensichtlich. So können sie sich beispielsweise durch Beugung eines Gliedes, durch Schlagen des Herzens oder durch Uteruskontraktion während der Geburt eines Kindes manifestieren.

Auf zellulärer Ebene beobachtet man Motilität in einzelnen Zellen oder von Organismen, die aus einer oder nur wenigen Zellen bestehen. Wir finden sie bei so unterschiedlichen Zelltypen wie Protozoen mit Cilien oder beweglichen Spermien, wobei die Beweglichkeit jeweils von Cilien oder Geißeln abhängt, den zellulären Ausläufern, welche Zellen wie mit einem Propeller fortbewegen. Weitere Beispiele sind das Actin-abhängige Kriechen einzelner Zellen, die amöboide Bewegung und das Eindringen von Krebszellen aus bösartigen Tumoren in das umgebende Gewebe.

Motilität ist eine besonders faszinierende Form der Energienutzung durch Zellen, denn häufig wirkt die direkte Umwandlung chemischer Energie in mechanische Energie mit. Im Gegensatz dazu benötigen die meisten mechanischen Geräte, die Bewegung aus chemischen Substanzen erzeugen (beispielsweise ein Automotor, der von der Verbrennung von Benzin abhängt) eine Zwischenform der Energie (das heißt erhitzte Gase). Wir werden sehen, dass die zelluläre Energie für Motilität im Allgemeinen aus ATP gewonnen wird, dessen Hydrolyse an Veränderungen in der Gestalt spezifischer Proteine gekoppelt ist, welche die Bewegung vermitteln. Zur Erzeugung von Bewegung liefern die Mikrofilamente und Mikrotubuli des Cytoskeletts den **Motorproteinen** oder **Mechanoenzymen** ein Grundgerüst. Sie treten mit dem Cytoskelett in Wechselwirkung, um auf molekularer Ebene Bewegung zu erzeugen. Die Kombination der Wirkungen dieser molekularen Bewegungen baut auf zellulärer Ebene Bewegung auf. In Fällen wie der Muskelkontraktion erzeugt das Zusammenspiel vieler sich gleichzeitig bewegender Zellen auf der Ebene des Gewebes dann Bewegung.

Bei den Eukaryoten gibt es zwei Haupttypen der Motilität. Am ersten Typ sind Wechselwirkungen zwischen spezialisierten Motorproteinen und Mikrotubuli beteiligt. Mikrotubuli kommen in Zellen in großer Zahl vor und werden für eine ganze Reihe intrazellulärer Bewegungen genutzt. Ein spezifisches Beispiel einer Bewegung auf Basis von Mikrotubuli ist der *schnelle axonale Transport*, mit dessen Hilfe eine Nervenzelle Material zwischen ihrem Zellkörper und außerhalb liegenden Regionen bewerkstelligt. Ein weiterer Vorgang ist das Gleiten von Mikrotubuli in *Cilien* und *Flagellen*. Der zweite Typ der eukaryotischen Motilität beruht auf Wechselwirkungen zwischen Actinmikrofilamenten und Mitgliedern der *Myosin*familie der Motormoleküle. Ein uns vertrautes Beispiel der Bewegung durch Mikrofilamente ist die *Muskelkontraktion*. Wir beginnen unsere detaillierte Darstellung der beiden Motilitätstypen mit zwei Proteinen, die für die Bewegung durch Mikrotubuli von grundlegender Bedeutung sind.

15.2 Intrazelluläre Bewegung durch Mikrotubuli: Kinesin und Dynein

Mikrotubuli (MT) bilden ein festes Schienennetz für den Transport einer Reihe von Vesikeln und Organellen, die von Membranen umgeben sind. Zwar stellen die Mikrotubuli ein organisiertes Schienennetz zur Verfügung, auf denen sich die Organellen bewegen können, doch liefern sie nicht die für die Bewegung notwendige Energie. Die für die Bewegung erforderliche mechanische Arbeit leisten Mikrotubuli-assoziierte Motorproteine, die sich an Vesikel oder Organellen anheften und dann „auf dem Mikrotubulus entlanglaufen", wofür sie ATP nutzen, das die benötigte Energie zur Verfügung stellt. Außerdem erkennen Motorproteine die Polarität eines Mikrotubulus, wobei jedes Motorprotein sich bevorzugt in eine Richtung bewegt. Bisher sind zwei Hauptfamilien der MT-Motorproteine bekannt: die Kinesine und die Dyneine.

15.2.1 Motorproteine transportieren Organellen während des axonalen Transports auf Mikrotubuli

Viele grundlegende Erkenntnisse intrazellulären Transports an Mikrotubuli entlang stammen von dem historisch bedeutenden Riesenaxon des Tintenfisches. Proteine oder Neurotransmitter, die im Zellkörper (Soma) des Neurons synthetisiert werden, müssen von dort über weite Entfernungen von bis zu einem Meter zu den Nervenendigungen transportiert werden. Dieser Transport ist notwendig, weil Ribosomen ausschließlich im Zellkörper vorkommen, sodass in den Axonen oder den synaptischen Terminalen keine Proteinsynthese stattfindet. Stattdessen werden Proteine und membranumhüllte Vesikel im Zellkörper synthetisiert und entlang der Axone zu den synaptischen Terminalen transportiert. Ganz ohne Zweifel wird dafür irgendeine Form energieabhängigen Transports benötigt, und die Bewegung auf der Grundlage von Mikrotubuli stellt eben diesen Mechanismus bereit. Dieser Vorgang, der sogenannte **schnelle axonale Transport**, erfolgt durch die Bewegung von Vesikeln und anderen Organellen an Mikrotubuli entlang. (Wir werden uns nicht mit dem langsamen axonalen Transport beschäftigen, an dem etwas andere Vorgänge mitwirken.)

Dass Mikrotubuli beim axonalen Transport eine Rolle spielen könnten, wurde erstmalig vermutet, als man herausfand, dass dieser Vorgang von Substanzen gehemmt wurde, die Mikrotubuli depolymerisieren, jedoch nicht durch Substanzen beeinträchtigt wurde, die auf Mikrofilamente abzielen. Seitdem hat man Mikrotubuli entlang des Axons sichtbar gemacht und nachgewiesen, dass sie typische Merkmale des axonalen Cytoskeletts sind. Des Weiteren besitzen axonale Mikrotubuli kleine, mit ihnen assoziierte, von Membranen umgebene Vesikel und Mitochondrien.

Der Nachweis, dass ein Motorprotein die Bewegungen von Organellen bewirkt, gelang den Wissenschaftlern mit dem Befund, dass sich Organellen in der Gegenwart von ATP entlang feiner filamentöser Strukturen bewegen können, die im Axoplasma (dem Cytosol der Axons) vorkommen und die man durch videounterstützte Differenzial-Interferenz-Kontrast-Mikroskopie sichtbar machen konnte (siehe Anhang für eine genauere Darstellung). Die Transportgeschwindigkeit, mit der sich die Organellen bewegten, lag bei ungefähr 2 µm/sec, was mit der Geschwindigkeit des axonalen Transports intakter Neuronen vergleichbar ist. Durch Kombination von Immunfluoreszenz- und Elektronenmikroskopie konnte man zeigen, dass die feinen Filamente, an denen entlang sich die Organellen bewegten, tatsächlich Mikrotubuli waren.

Seither hat man zwei MT-Motorproteine aufgereinigt und charakterisiert, die für den schnellen axonalen Transport verantwortlich sind. Zur Bestimmung, in welcher Richtung der Transport durch diese Motorproteine erfolgte, setzte man aufgereinigte Proteine ein, um den Transport von Polystyrolkügelchen an polymerisierten Mikrotubuli aus aufgereinigten Centrosomen entlang zu verfolgen. Als man Polystyrolkügelchen, aufgereinigtes Kinesin und ATP zu diesen Mikrotubuli gab, bewegten sich die Kügelchen in Richtung der Plusenden (das heißt, sie entfernten sich vom Centrosom). Dieser Befund bedeutet, dass Kinesin in einer Nervenzelle den Transport vom Zellkörper entlang des Axons zur Nervenendigung vermittelt (der sogenannte anterograde axonale Transport). Als man mit aufgereinigtem cytoplasmatischen Dynein ähnliche Versuche durchführte, bewegten sich die Partikel in die entgegengesetzte Richtung, zu den Minusenden der Mikrotubuli (der sogenannte retrograde axonale Transport, wenn es sich um Neuronen handelt). Somit transportieren diese molekularen Motoren ihre *Ladung*, jene Organellen oder Komponenten, die sich auf den Mikrotubulusbahnen vorwärts bewegen, innerhalb des

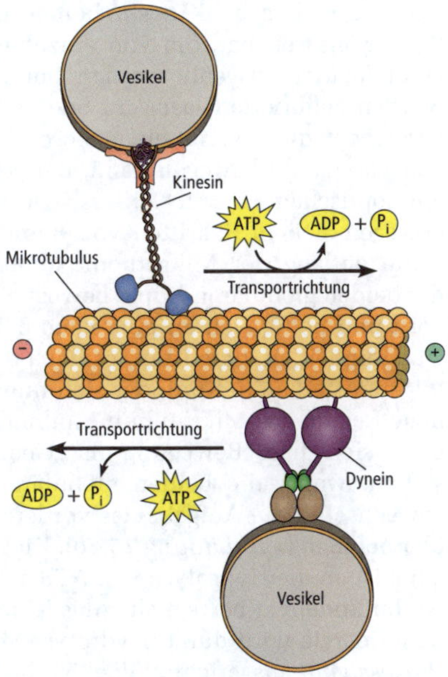

Abbildung 15.1: Mikrotubulus-abhängige Motilität. Kinesine und Dyneine sind molekulare Motorproteine, welche die ATP-Hydrolyse an Konformationsänderungen koppeln, sodass ein „Schritt" auf den Mikrotubuli möglich wird. Die meisten Kinesine bewegen Vesikel oder Organellen in Richtung der Plusenden von Mikrotubuli. Dyneine transportieren in die Gegenrichtung, zu den Minusenden der Mikrotubuli.

Cytosols in entgegengesetzte Richtungen (▸ *Abbildung 15.1*). Dieser Befund wurde mehrfach durch neuere molekulare und genetische Analysen belegt.

Man könnte aus der *Abbildung 15.1* schließen, dass die Ladung auf den Mikrotubuli immer in die eine oder die andere Richtung transportiert wird. In einigen Fällen, beispielsweise beim axonalen Transport, ist der unidirektionale Transport die Regel. Es gibt allerdings einige Vesikel, die ihre Richtung während ihrer Bewegung auf einem Mikrotubulus ändern können. In diesen Fällen ist die Ladung sowohl an Kinesine als auch an Dyneine gebunden. Die Transportrichtung scheint von dem dominierenden Motorproteintyp bestimmt zu werden.

15.2.2 Die Bewegung von Motorproteinen auf Mikrotubuli erfolgt durch Hydrolyse von ATP

Die ersten Kinesine, die man im Cytoplasma des Riesenaxons des Tintenfisches identifizierte, setzten sich aus drei Teilen zusammen: einer globulären *Kopf*region, die sich an Mikrotubuli heftet und an der Hydrolyse von ATP mitwirkt, zweitens einer spiralisierten helikalen Region und schließlich einer Region mit einer *leichten Kette*, die an der Anheftung von Kinesin an andere Proteine und Organellen beteiligt ist (▸ *Abbildung 15.2a*). Die Bewegungen der einzelnen Kinesinmoleküle auf den Mikrotubulibahnen wurden untersucht, indem man Kügelchen an Kinesin heftete oder die Kraft gemessen hat, die von einzelnen Kinesinmolekülen ausgeübt werden kann. Hierfür wurden kalibrierte Glasfasern oder Kügelchen verwendet, die man mit einem besonderen Typ von Laserstrahl bewegen kann, der sogenannten „optischen Pinzette". Klassische Kinesine bewegen sich in Schritten von 8 nm Schrittweite entlang der Mikrotubulibahnen: einer der beiden globulären Köpfe bewegt sich nach vorn und heftet sich an eine neue β-Tubulin-Untereinheit an, daraufhin löst sich der nachfolgende globuläre Kopf, der sich nun an eine neue Region des Mikrotubulus anbindet. Man muss sich diese Bewegung als „Gehen" vorstellen, wobei die beiden globulären Köpfe abwechselnd die Aufgabe des vorderen Fußes übernehmen (▸ *Abbildung 15.2b*). Diese Bewegung ist an die Hydrolyse von ATP gekoppelt, das an spezifische Stellen in den Köpfen gebunden ist. Im Endeffekt bewegt sich das Kinesin zum Plusende eines Mikrotubulus, und die dafür benötigte Energie wird durch Hydrolyse von ATP gewonnen. Ein einzelnes Kinesin-1-Molekül ist auf *Prozessivität* ausgerichtet; dies ist die Eigenschaft von Enzymen, eine einmal ausgelöste Reaktion selbsttätig immer weiterzuführen. Das Kinesin-1-Molekül kann auf diese Weise sehr große Entfernungen zurücklegen, bevor es sich von einem Mikrotubulus löst. Dafür setzt es sein gebundenes ADP frei und erhält ein neues ATP-Molekül, sodass der Zyklus von Neuem beginnen kann. Ein einzelnes Kinesin-Molekül kann bis zu 1 µm zurücklegen. Das ist im Verhältnis zur Größe des Kinesin-Moleküls eine sehr große Distanz. In ihrer Eigenschaft als molekulare Motoren scheinen Kinesine recht effizient zu wirken. Schätzungen ihres Wirkungsgrades bei der Umsetzung der durch Hydrolyse von ATP gewonnenen Energie liegen in einer Größenordnung von 60–70 %. Zum Vergleich: Ein moderner Dieselmotor kommt gerade einmal auf 50 %.

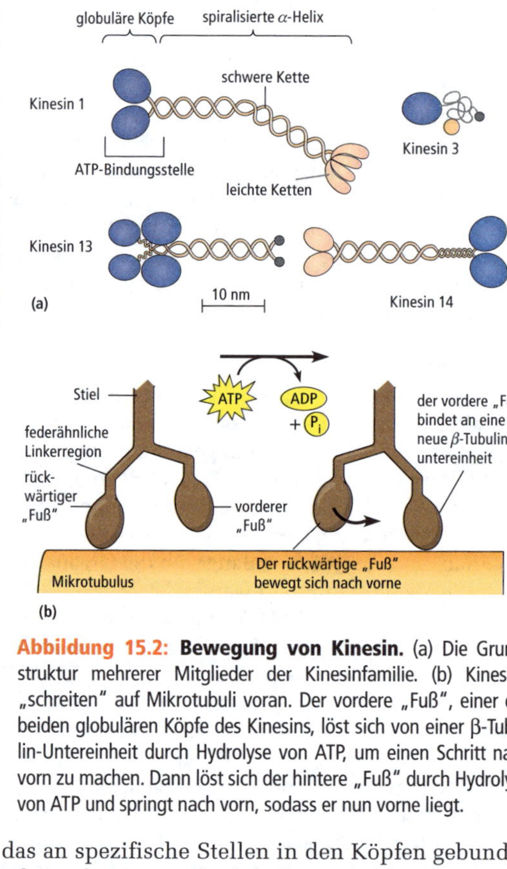

Abbildung 15.2: Bewegung von Kinesin. (a) Die Grundstruktur mehrerer Mitglieder der Kinesinfamilie. (b) Kinesine „schreiten" auf Mikrotubuli voran. Der vordere „Fuß", einer der beiden globulären Köpfe des Kinesins, löst sich von einer β-Tubulin-Untereinheit durch Hydrolyse von ATP, um einen Schritt nach vorn zu machen. Dann löst sich der hintere „Fuß" durch Hydrolyse von ATP und springt nach vorn, sodass er nun vorne liegt.

15.2.3 Die Kinesine bilden eine sehr große Familie von Proteinen mit unterschiedlichen Strukturen und Funktionen

Seit der Entdeckung des ersten Kinesins, das am anterograden Transport in Neuronen beteiligt ist, wurden noch viele weitere Kinesine gefunden. Man kann sie aufgrund ihrer Struktur in Familien einteilen. Einige dieser Kinesine bilden mit einem weiteren identischen Protein oder mit einem anderen Kinesin Dimere. Eine Familie (Kinesin 14) bewegt sich bevorzugt in Richtung auf die Minusenden und nicht auf die Plusenden hin. Biochemische und immuncytochemische Untersuchungen sowie Analysen mutierter Organismen haben ergeben, dass Kinesine an vielen verschiedenen Vorgängen in der Zelle mitwirken. Eine wichtige Funktion der Kinesine ist die Bewegung und Lokalisierung von Substanzen in der Zelle. Dazu gehören RNAs, Multiproteinkomplexe und von Membranen umgebene Organellen. Andere Kinesine werden für den Abschluss der Mitose und der Cytokinese benötigt. So initiieren beispielsweise Zellen in mutierten *Drosophila* oder *C. elegans*, denen diese Kinesine fehlen (sogenannte MKLP-Kinesine), die Cytokinese. Da sich jedoch die Teilungsfurche niemals vertieft, findet keine Zellteilung statt.

Zur Anheftung an ihre Ladung nutzen die Kinesine häufig ihre leichten Ketten. In einigen Fällen binden die leichten Ketten direkt an ihre Ladung. In anderen Fällen, zum Beispiel bei den Mitochondrien, ermöglichen Adapterproteine die indirekte Anheftung der leichten Ketten an die Ladung.

15.2.4 Dyneine können in zwei Hauptgruppen eingeteilt werden: axonemale und cytoplasmatische Dyneine

Die Familie der Motorproteine der Dyneine umfasst zwei Grundtypen: cytoplasmatisches Dynein und axonemales Dynein. Im Gegensatz zu den Kinesinen wurden nur sehr wenige Dyneine identifiziert. Cytoplasmatisches Dynein enthält zwei schwere Ketten, die mit Mikrotubuli interagieren, zwei intermediäre Ketten und zwei leichte intermediäre Ketten sowie verschiedene leichte Ketten. Entgegen den meisten Kinesinen bewegt sich cytoplasmatisches Dynein in Richtung des Minusendes von Mikrotubuli. Cytoplasmatisches Dynein ist mit einem Proteinkomplex assoziiert, dem **Dynactin** (▸*Abbildung 15.3*). Der Dynactin-Komplex unterstützt die Bindung des cytoplasmatischen Dyneins an die Ladung (zum Beispiel membranumgebene Vesikel), die auf Mikrotubulibahnen transportiert wird, indem Proteine wie Spectrin an die Membran der Ladung geheftet werden.

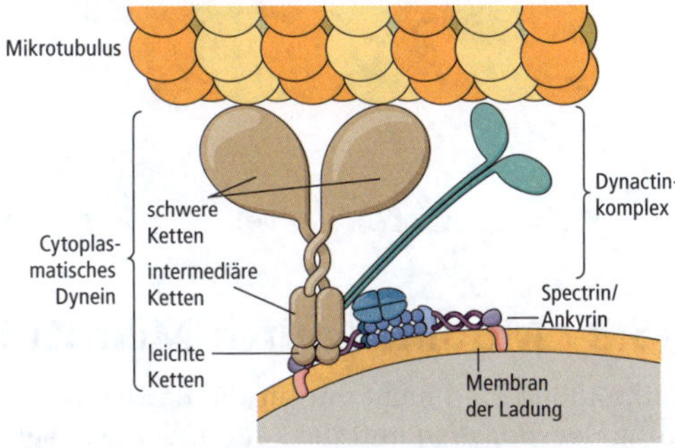

Abbildung 15.3: Schematische Darstellung des cytoplasmatischen Dynein-/Dynactin-Komplexes. Cytoplasmatisches Dynein (braun) ist indirekt über den Dynactin-Multiprotein-Komplex (bläulich) mit der Membran der Ladung verknüpft. Der Dynactin-Komplex bindet an einen Komplex, der Spectrin und Ankyrin enthält und mit der Membran des Ladungsvesikels assoziiert ist.

Man hat mindestens vier Typen von axonemalem Dynein identifiziert. Später in diesem Kapitel werden wir uns eingehender mit der Funktion von axonemalem Dynein in Cilien und Flagellen beschäftigen.

15.2.5 Mikrotubuli-Motoren wirken an der Formgebung des Endomembransystems und dem Vesikeltransport mit

In *Kapitel 11* haben Sie gelernt, dass die Zelle über ein ausgeklügeltes Transportsystem aus Vesikeln und von Membranen umgebenen Organellen verfügt. Rufen Sie sich bitte zunächst in Erinnerung, dass das Endomembransystem ein komplexes Netzwerk aus membranumschlossenen Tubuli ist. Dieses Netzwerk ist nicht allein für den Auswärtstransport und die Prozessierung neu synthetisierter Proteine von Bedeutung, sondern auch für Abläufe wie die Calciumfreisetzung (siehe

Kapitel 13). Mikrotubuli-Motoren scheinen für die dynamische Formgebung dieses komplizierten Netzwerkes wichtig zu sein. Liveaufnahmen von Mikrotubuli und Membranen des endoplasmatischen Reticulums (ER) in vitro und in lebenden Zellen weisen darauf hin, dass abgeschnürte Teile des ER auf Mikrotubulibahnen transportiert werden können.

Denken Sie auch daran, dass sich der Golgi-Komplex aus einer Reihe flacher Membranstapel zusammensetzt, die in der Region des Centrosoms liegen. Die Funktion des Golgi-Komplexes besteht darin, im ER synthetisierte Proteine aufzunehmen sowie die Proteine zu prozessieren und zu verpacken, die zu den für sie vorgesehenen Bestimmungsorten in der Zelle geschickt werden sollen. Bei jedem Schritt dieses Vorgangs werden Proteine in Vesikeln transportiert. Daher haben wir es mit einem kontinuierlichen Fluss von Vesikeln zum Golgi-Komplex hin und vom Golgi-Komplex weg zu tun. Die Vesikel werden von Mikrotubuli-Motoren auf Mikrotubulibahnen transportiert (▸*Abbildung 15.4*).

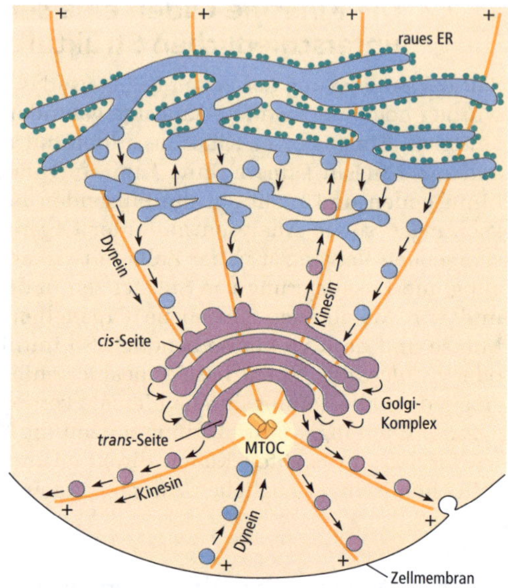

Abbildung 15.4: Mikrotubuli und das Endomembransystem. Vesikel, die sich zum Golgi-Komplex und vom Golgi-Komplex fortbewegen, sind an Mikrotubuli gebunden und werden von Motorproteinen transportiert. Vesikel, die entweder vom ER oder der Zellmembran stammen, werden von Dynein zum Golgi-Komplex und dem Mikrotubuli-Organisationszentrum (MTOC) transportiert, während Vesikel aus dem Golgi-Komplex von Kinesinen entweder zum ER oder zur Zellperipherie transportiert werden.

15.3 Motilität durch Mikrotubuli: Cilien und Flagellen

Mikrotubuli sind nicht nur für die Bewegung in Zellen ausschlaggebend, sondern auch für die Bewegung der *Flagellen* und der *Cilien*, den beweglichen Ausstülpungen der Plasmamembran eukaryotischer Zellen. Die beiden Typen von Zellfortsätzen haben eine gemeinsame strukturelle Basis und unterscheiden sich lediglich im Hinblick auf Länge, Anzahl pro Zelle und Art des Schlagens. **Cilien** (Singular **Cilium**) haben einen Durchmesser von 0,25 µm, eine Länge von circa 2–10 µm und kommen tendenziell in großer Anzahl auf der Oberfläche von spezialisierten Zellen vor. Jedes Cilium wird durch eine Ausstülpung der Plasmamembran gebildet und ist daher eine intrazelluläre Struktur.

15.3.1 Cilien und Flagellen sind weit verbreitete bewegliche Zellfortsätze eukaryotischer Zellen

Cilien findet man sowohl bei einzelligen als auch bei vielzelligen Eukaryoten. Einzellige Organismen, zum Beispiel *Paramecium*, ein Protozoe, nutzen ihre Cilien sowohl zur Fortbewegung als auch für die Nahrungsaufnahme. Bei den mehrzelligen Organismen dienen die Cilien vor allem dazu, die Umgebung an der Zelle vorbei zu bewegen und nicht dazu, die Zelle durch die Umgebung zu bewegen. Die Zellen, welche die Luftwege des menschlichen Atemtraktes auskleiden, besitzen zum Beispiel jeweils mehrere Hundert Cilien, was bedeutet, dass jeder Quadratzentimeter des Epithelgewebes, das den Atemtrakt auskleidet, ungefähr eine Milliarde Cilien hat! Das koordinierte, wellenartige Schlagen dieser Cilien befördert Schleim, Staub, tote Zellen und anderes Fremdmaterial aus der Lunge. Eines der gesundheitlichen Risiken des Rauchens beruht auf dem inhibitorischen Effekt des Rauchs auf das normale Schlagen der Cilien. Bestimmte Atemwegserkrankungen können auch auf defekte Cilien zurückgeführt werden.

Die Schlagbewegung der Cilien ähnelt der Ruderbewegung, wobei ein Kraftschlag senkrecht zur Cilie erfolgt. Dadurch wird eine Kraft parallel zur Zelloberfläche erzeugt. Jeder Schlag-Zyklus dauert circa 0,1–0,2 s und umfasst einen kräftigen Kraftschlag, an den sich ein Rückschlag anschließt.

Flagellen (Singular **Flagellum**) dienen den Zellen zur Bewegung durch eine flüssige Umgebung. Obwohl sie den gleichen Durchmesser haben wie Cilien, sind Flagellen häufig wesentlich länger – von 1 µm bis zu einer Länge von mehreren Millimetern, aber im Allgemeinen im Bereich von 10–200 µm. Eine Zelle kann nur eine oder wenige Flagellen haben. Flagellen (Geißeln) unterscheiden sich von den Cilien in der Schlagweise. Die Geißelbewegung erfolgt durch fortgesetzte Schwingung, die im Allgemeinen symmetrisch und wellenförmig abläuft und sogar ein helikales Bewegungsmuster aufweisen kann. Dieser ondulierende Schlagtyp erzeugt eine parallel zur Geißel verlaufende Kraft, sodass sich die Zelle etwa in die Richtung der Geißelachse bewegt. Das Bewegungsmuster der meisten begeißelten Zellen, beispielsweise des Spermiums, entsteht durch Vortrieb der Zelle durch die am Hinterende der Zelle liegende Geißel. Es sind auch Fälle bekannt, bei denen die Geißel tatsächlich am Vorderende der Zelle liegt. Die Geißeln von Bakterien bestehen aus einem gänzlich anderen Satz von Proteinen, und der Mechanismus ihrer Bewegung ist vollkommen anders.

15.3.2 Cilien und Flagellen bestehen aus einem mit dem Basalkörper verbundenen Axonem

Cilien und Flagellen haben eine gemeinsame Struktur, das sogenannte Axonem mit einem Durchmesser von etwa 0,25 µm. Das Axonem ist mit dem Basalkörper verbunden und von einer Ausstülpung der Zellmembran umgeben. Zwischen dem Axonem und dem Basalkörper liegt eine Übergangszone, in der die Anordnung der Mikrotubuli im Basalkörper das für das Axonem charakteristische Muster annimmt.

Der Basalkörper hat das gleiche Erscheinungsbild wie die Centriole. Ein Basalkörper besteht aus neun Sätzen tubulärer Strukturen, die sich um ihn herum gruppieren. Wie Sie in *Kapitel 14* gesehen haben, bezeichnet man jeden Satz als Triplett, denn er besteht aus drei Tubuli mit gemeinsamen Wänden – einem vollständigen Tubulus und zwei unvollständigen Tubuli. Wenn eine Cilie oder eine Geißel entsteht, wandert eine Centriole an die Zelloberfläche und berührt die Plasmamembran. Dann dient die Centriole als Nukleationsstelle für die Zusammensetzung des Mikrotubulus, indem sie die Polymerisation der neun äußeren Dubletten des Axonems initiiert. Nachdem der Zusammenbau des Tubulus begonnen hat, bezeichnet man die Centriole als Basalkörper.

Die zur Vorwärtsbewegung genutzten Axoneme der Cilien und Geißeln zeigen ein charakteristisches „9+2"-Muster. Es gibt neun **äußere Dubletten** von Tubuli und zwei weitere Mikrotubuli im Zentrum, die man oft als **zentrales Paar** bezeichnet. Eine andere spezialisierte Gruppe von Cilien, die sogenannten *Primärcilien*, dienen als sensorische Strukturen und übernehmen während der Entwicklung des tierischen Embryos eine wichtige Aufgabe. Fast jede tierische Zelle trägt solch eine primäre Cilie. Diese Cilien haben eine „9+0"-Struktur, das heißt, ihnen fehlt das zentrale Paar. Defekte in diesen Cilien können beim Menschen schwere Krankheiten auslösen.

In der ▸*Abbildung 15.5* sind die Strukturmerkmale eines typischen „9+2"-Ciliums genauer dargestellt. Die neun äußeren Dubletten des Axonems sind vermutlich Fortsätze der zwei oder drei Subfasern eines jeden der insgesamt neun Tripletts des Basalkörpers. Jede äußere Dublette des Axonems besteht daher aus einem vollständigen Mikrotubulus, dem **A-Tubulus**, und einem unvollständigen Mikrotubulus, dem **B-Tubulus** (▸*Abbildung 15.5b*). Der A-Tubulus besitzt 13 Protofilamente, während der B-Tubulus nur zehn oder elf hat. Beide Tubuli des zentralen Paares sind vollständig und haben jeweils 13 Protofilamente. All diese Strukturen enthalten Tubulin sowie ein zweites Protein, das *Tektin*. Tektin ist mit den intermediären Filamentproteinen verwandt (siehe *Kapitel 14*) und eine notwendige Komponente des Axonems. Die A- und B-Tubuli haben eine Wand gemeinsam, deren Hauptbestandteil vermutlich Tektin ist.

Abgesehen von den Mikrotubuli enthalten Axoneme mehrere weitere Schlüsselkomponenten (*Abbildung 15.5b*). Am wichtigsten sind die **Seitenarme**, die aus jedem A-Tubulus der neun äußeren Dubletten herausragen. Jeder Seitenarm erstreckt sich im Uhrzeigersinn zu den B-Tubuli der benachbarten Dubletten. Diese Arme bestehen aus axonemalem Dynein, das für das Aneinandervorbeigleiten der Mikrotubuli im Axonem verantwortlich ist, was zur Beugung des Axonems führt. Die Dyneinarme liegen paarweise vor und bestehen aus einem inneren und einem äußeren Arm, die in regelmäßigen Intervallen auf dem Mikrotubulus liegen. In kürzeren Abständen werden benachbarte Dubletten über **Interdublettenverbindungen** verknüpft. Diese Verbindungen schränken wahrscheinlich die Bewegungsfreiheit der Dubletten untereinander wenn, wenn sich das Axonem krümmt.

In regelmäßigen Abständen erstrecken sich Radiärspeichen ausgehend von den neun Mikrotubulidubletten nach innen. Sie enden in der Nähe einer Reihe von Ausstülpungen, die sich vom zentralen Paar der Mikrotubuli erstrecken. Diese Speichen übernehmen wahrscheinlich bei der Umsetzung der Gleitbewegung benachbarter Dubletten in die Beugebewegung eine wichtige Rolle. Diese Beugung ist für diese Zellfortsätze charakteristisch. Außer der Anheftung der Radiärspeichen an das zentrale Paar verknüpft ein Protein mit der Bezeichnung **Nexin** benachbarte Dubletten miteinander und spielt wahrscheinlich ebenfalls eine Rolle bei der Umsetzung der Gleitbewegung in die Beugebewegung.

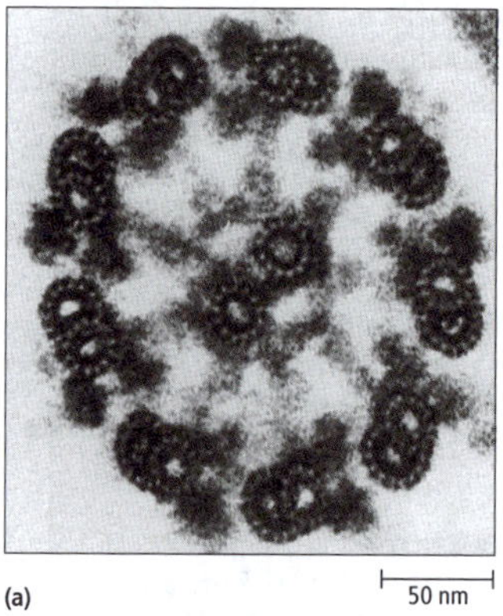

(a)

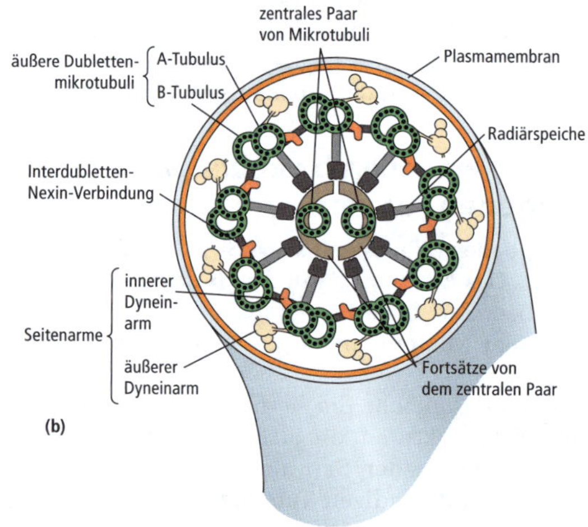

(b)

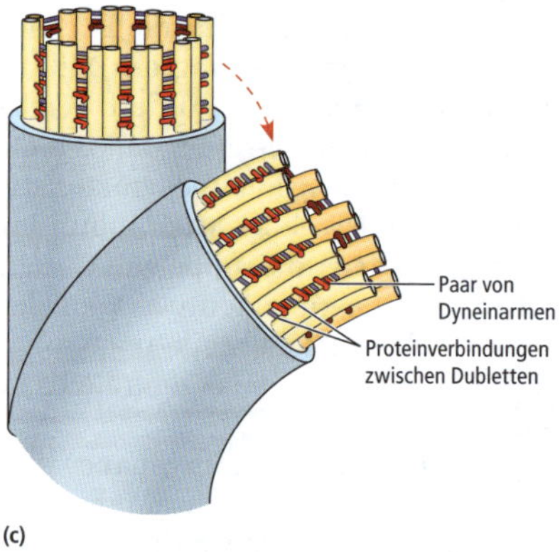

(c)

Abbildung 15.5: Vergrößerungen eines Axonems. (a) Diese mikroskopische Aufnahme zeigt ein Axonem einer Geißel von *Chlamydomonas* (TEM). (b) Schematische Darstellung des Querschnitts eines Axonems. Die Mikrotubuli des zentralen Paares haben jeweils 13 Protofilamente, ebenso wie die A-Tubuli der äußeren Dubletten. Jeder B-Tubulus besteht aus elf eigenen Protofilamenten und hat fünf Protofilamente mit dem A-Tubulus gemeinsam. Die Dynein-Seitenarme haben ATPase-Aktivität und man geht davon aus, dass sie für das Gleiten benachbarter Dubletten verantwortlich sind. Die Verbindungen zwischen den Dubletten (Nexinverbindungen) verknüpfen benachbarte Dubletten. Die radialen Speichen zeigen nach Innen und enden in der Nähe von Ausstülpungen, die sich vom zentralen Paar der Mikrotubuli erstrecken. (c) Beugung des Axonems durch Dynein. Durch Verbindung der äußeren Dublette der Mikrotubuli mit dem zentralen Paar wird das Gleiten der benachbarten Mikrotubuli in eine lokale Beugung des Axonems umgewandelt.

15.3.3 Das Gleiten der Mikrotubuli im Axonem führt zur Krümmung der Cilien und Flagellen

Wie wirkt sich axonemales Dynein auf diese komplizierte Struktur des Axonems aus, um die charakteristische Krümmung der Cilien und Flagellen zu erzeugen? Die Gesamtlänge von Mikrotubuli in Cilien und Geißeln verändert sich nicht. Stattdessen gleiten die Mikrotubuli in benachbarten äußeren Dubletten durch Verschiebung gegeneinander und werden dafür durch ATP mit Energie versorgt. Gemäß dem Mikrotubuli-Gleitmodell für Cilien und Flagellen wird diese Gleitbewegung in eine lokalisierte Krümmung umgesetzt, denn die Dubletten des Axonems sind sternförmig mit dem zentralen Paar und miteinander verbunden und können daher nicht frei aneinander vorbeigleiten. Die daraus resultierende Krümmung hat die Form einer Welle, deren Ursprung an der Basis der Organelle liegt und sich dann bis zur Spitze ausbreitet.

Dyneinarme sind für die Gleitbewegung verantwortlich Die Antriebskraft für die Gleitbewegung der Mikrotubuli liefert die ATP-Hydrolyse, die von den Dyneinarmen katalysiert wird. Die Bedeutung der Dyneinarme wird durch zwei Tatsachen untermauert: Wenn man Dynein selektiv aus isolierten Axonemen extrahiert, verschwinden die Arme von den äußeren Dubletten und die Axoneme verlieren sowohl ihre Fähigkeit, ATP zu hydrolysieren, als auch ihre Schlagfähigkeit. Außerdem ist diese Wirkung umkehrbar: fügt man aufgereinigtes Dynein zu isolierten Dubletten hinzu, dann tauchen die Seitenarme wieder auf und das ATP-abhängige Gleiten kann wieder aufgenommen werden.

Ein zweiter Nachweis stammt von Untersuchungen nicht-beweglicher, mutierter Geißeln der Spezies *Chlamydomonas*, einer Grünalge. Einige Mutanten haben zwar Geißeln, doch sind diese nicht funktionstüchtig. Je nach Mutante fehlen den nicht beweglichen Geißeln die Dyneinarme, die Radialspeichen oder das zentrale Paar der Mikrotubuli. Diese Strukturen sind daher für die Krümmung der Flagellen unabdingbar.

Das axonemale Dynein ist ein sehr großes Protein. Es besitzt mehrere Untereinheiten, von denen die drei größten ATPase-Aktivität haben und ein Molekulargewicht von jeweils ungefähr 450.000. Während des Gleitvorgangs heftet sich der Stiel des Dyneinarms offensichtlich abwechselnd an den B-Tubulus an und löst sich wieder. Für jeden Zyklus ist die Hydrolyse von ATP erforderlich, und stets wird der Dyneinarm von einer Dublette zur benachbarten Dublette geschoben. Auf diese Weise bewegen die Dyneinarme einer Dublette die benachbarte Dublette, wodurch sich die beiden gegeneinander verschieben.

Quervernetzungen und Speichen sind für die Krümmung verantwortlich Damit das durch Dynein vermittelte Gleiten von Dubletten in eine Krümmungsbewegung umgewandelt werden kann, müssen die Dubletten so verankert sein, dass sie der Gleitbewegung Widerstand entgegensetzen können, aber eine Deformation zulassen. Für den Widerstand sorgen Radialspeichen, welche die Dubletten mit dem zentralen Paar der Mikrotubuli verknüpfen, und wahrscheinlich auch Nexin-Querverbindungen zwischen den Dubletten (▸ *Abbildung 15.5b, c*). Wenn diese Querverbindungen und Speichen entfernt werden (z. B. durch teilweisen Abbau durch proteolytische Enzyme), dann geht der Widerstand, der die Dublettengleitbewegung in eine Krümmung umsetzt, verloren und die Gleitbewegung wird von der Krümmung abgekoppelt. Unter diesen Bedingungen bewegen sich die Dubletten im Verhältnis zueinander und die Axoneme werden immer länger und dünner, während die Mikrotubuli auseinander gleiten.

Abgesehen von ihrer Rolle beim Schlagen der Geißeln und Cilien wirken die axonalen Dyneine auch an einem Vorgang mit, der auf den ersten Blick gar nicht mit der Gleitbewegung der Mikrotubuli in Verbindung zu stehen scheint: der Positionierung der inneren Organe des Körpers.

Intraflagellarer Transport fügt Komponenten an wachsende Flagellen an Die feine Struktur von Flagellen und Cilien lässt eine Frage aufkommen: Wie werden Tubulinuntereinheiten und andere Komponenten an wachsende Cilien oder Flagellen angelagert? Aufgrund der Analyse von *Chlamydomonas*- und Nematoden-Mutanten ist bekannt, dass sowohl zu den Plusenden als auch zu den Minusenden ausgerichtete Mikrotubuli-Motoren am Transport von Komponenten zu und von den Spitzen von Flagellen mitarbeiten. Dieser Vorgang, der **intraflagellare Transport (IFT)**, ist in gewisser Weise analog zum axonalen Transport in Nervenzellen: Kinesine transportieren Material zu den Spitzen der Geißeln und ein Dynein bringt Material zurück zur Basis. Damit diese Motorproteine an IFT-Partikel geknüpft werden können, sind mehrere Adaptorproteine notwendig, die zwei verschiedene Hauptproteinkomplexe bilden. Beim Menschen sind mehrere Krankheitssyndrome bekannt, die auf Mutationen in Komponenten dieser Proteinkomplexe zurückgehen.

15.4 Zellbewegung auf Actinbasis: die Myosine

Die Bewegung von Molekülen und anderen Zellkomponenten erfolgt entlang eines weiteren wichtigen Filamentsystems in der Zelle – dem Actincytoskelett. Ebenso wie bei den Mikrotubuli üben ATP-abhängige Motoren eine Kraft auf Actinmikrofilamente in Zellen aus. Diese Motoren gehören alle zu einer großen Superfamilie von Proteinen, den **Myosinen**.

15.4.1 Myosine bilden eine große Familie von Motoren auf Actinbasis, die verschiedene Rollen bei der Zellmotilität übernehmen

Die Bewegung von Molekülen und anderen Zellkomponenten erfolgt entlang eines weiteren wichtigen Filamentsystems in der Zelle – dem Actincytoskelett. Ebenso wie bei den Mikrotubuli üben ATP-abhängige Motoren eine Kraft auf Actinmikrofilamente in Zellen aus. Diese Motoren gehören alle zu einer großen Superfamilie von Proteinen, den **Myosinen**.

Zurzeit sind 24 Klassen von Myosinen bekannt. Alle Myosine haben mindestens eine Polypeptidkette, die sogenannte schwere Kette, mit einer globulären Kopfgruppe, die an einem Ende an einen unterschiedlich langen Schwanz geknüpft ist. Der globuläre Kopf bindet Actin und nutzt die aus der Hydrolyse von ATP gewonnene Energie zur Bewegung am Actinfilament entlang. Viele Myosine bewegen sich in Richtung der Plusenden der Actinfilamente. (Myosin VI stellt eine gut untersuchte Ausnahme dar: es bewegt sich zum Minusende der Actinfilamente.)

Die Struktur der Schwanzregion variiert bei den verschiedenen Myosinarten. Daher können die Myosinmoleküle an verschiedene Moleküle oder Zellstrukturen binden. Die Schwanzstruktur bestimmt auch die Fähigkeit der Myosine, an andere identische Myosine zu binden und Dimere oder lange Verbünde zu bilden. Typischerweise enthalten Myosine kleine Polypeptide, die an die globuläre Kopfgruppe gebunden sind. Diese Polypeptide, die man als *leichte Ketten* bezeichnet, spielen oftmals eine Rolle bei der Regulation der Aktivität der Myosin-ATPase. Einige Myosine sind insofern ungewöhnlich, als sowohl in ihrer Schwanzregion als auch in ihrem Kopf eine Bindungsstelle für Actin liegt. Außerdem scheinen einige Myosine an Membranen zu binden, was nahelegt, dass diese Formen des Myosins eine Rolle bei der Bewegung der Plasmamembran oder beim Transport membranumhüllter Organellen in der Zelle spielen.

Die Myosine üben weitreichende Funktionen aus, beispielsweise bei der Muskelkontraktion (Muskelmyosin II), bei der Zellbewegung (nicht-muskuläres Myosin II), bei der Phagocytose (Myosin VI) und beim Vesikeltransport oder bei Vorgängen, die mit der Membran assoziiert sind (Myosin I, V). Eine Funktion, die man bei den Myosinen nicht erwartet, ist ihre Fähigkeit, Strukturen aufrechtzuerhalten, die für das Hören beim Menschen erforderlich sind.

15.4.2 Viele Myosine bewegen sich mit kurzen Schritten an Actinfilamenten entlang

Ebenso wie die Kinesine hat man auch die Myosine als einzelne Moleküle untersucht. Aus diesen Untersuchungen weiß man, dass die Kraft, die ein einzelner Myosinkopf auf Actin ausübt, der Kraft ähnelt, die man bei Kinesinen gemessen hat. Ebenso wie Kinesin ist auch Myosin ein effizienter Motor. Wenn die Myosine Ladungen mittleren Gewichts ziehen müssen, dann liegt ihr Wirkungsgrad bei circa 50 %.

Es ist hilfreich, die beiden am besten untersuchten Typen der Motorproteine des Cytoskeletts zu vergleichen, das „klassische" Kinesin und Myosin II, denn heute sind wir in der Lage zu beobachten, wie sie als biochemische Motoren auf der Ebene einzelner Moleküle wirken. Beide besitzen zwei Köpfe, die sie dazu nutzen, auf einem Proteinfilament „voranzuschreiten". Außerdem bedienen sich beide der ATP-Hydrolyse, um ihre Form zu verändern. Trotz dieser Gemeinsamkeiten gibt es auch tiefgreifende Unterschiede. Konventionelle Kinesine arbeiten allein oder in kleinen Gruppen, um Vesikel über große Entfernungen zu transportieren, und ein einzelnes Kinesin kann Hunderte von Nanometern auf einem einzigen Mikrotubulus zurücklegen. Im Gegensatz dazu gleitet ein einzelnes Myosin-II-Molekül pro Kraftschlag ungefähr 12–15 nm. Nicht alle Myosine legen so kurze Entfernungen zurück. Myosin V zum Beispiel ist am Transport von Organellen und Vesikeln beteiligt und legt wesentlich größere Distanzen zurück.

Wenn Myosin II keine großen Distanzen auf dem Actin zurücklegen kann, wie kann es dann an der Bewegung mitwirken? Myosin-II-Moleküle kooperieren häufig in großen Verbünden. Im Fall von Myosin-II-Filamenten im Muskel können diese Verbünde aus Milliarden von Motoren bestehen, die zusammenarbeiten, um die Kontraktion des Skelettmuskels zu bewerkstelligen. Diesen Vorgang werden wir uns jetzt anschauen.

15.5 Muskelkontraktion durch Filamente

Die **Muskelkontraktion** ist das bekannteste Beispiel für mechanische Arbeit, die durch intrazelluläre Filamente vermittelt wird. Säugetiere besitzen drei Arten von Muskeln: den Skelettmuskel, den Herzmuskel und den glatten Muskel. Wir wenden uns zuerst dem Skelettmuskel zu, denn ein Großteil unseres Wissens über den Kontraktionsvorgang verdanken wir den frühen Forschungsarbeiten zur Molekularstruktur und zur Funktion dieses Muskels.

15.5.1 Skelettmuskelzellen enthalten dünne und dicke Filamente

Skelettmuskeln sind für willkürliche Bewegungen verantwortlich. Die strukturelle Organisation des Skelettmuskels ist in ▸*Abbildung 15.6* dargestellt. Ein Muskel setzt sich aus Bündeln paralleler Muskelfasern zusammen, die mit Sehnen an den Knochen befestigt sind, welche der Muskel dann bewegen kann. Eine Faser ist im Grunde eine lange, dünne, vielkernige, auf ihre Kontraktionsfunktion hoch spezialisierte Zelle. Die vielen Kerne beruhen auf der Verschmelzung embryonaler Zellen (den sogenannten Myoblasten) während der Differenzierung zur Bildung eines *Syncytiums*. Diese Zellverschmelzung ist zumindest zum Teil für die faszinierende Länge der Muskelzellen verantwortlich. Sie können viele Zentimeter lang werden. Damit die Muskeln auf andere Gewebe Kraft ausüben können, nutzen sie spezialisierte Strukturen, um sich an andere Gewebe anzuheften. Eine dieser Strukturen trägt die Bezeichnung *Costamere*; auf diese werden wir in *Kapitel 16* eingehen.

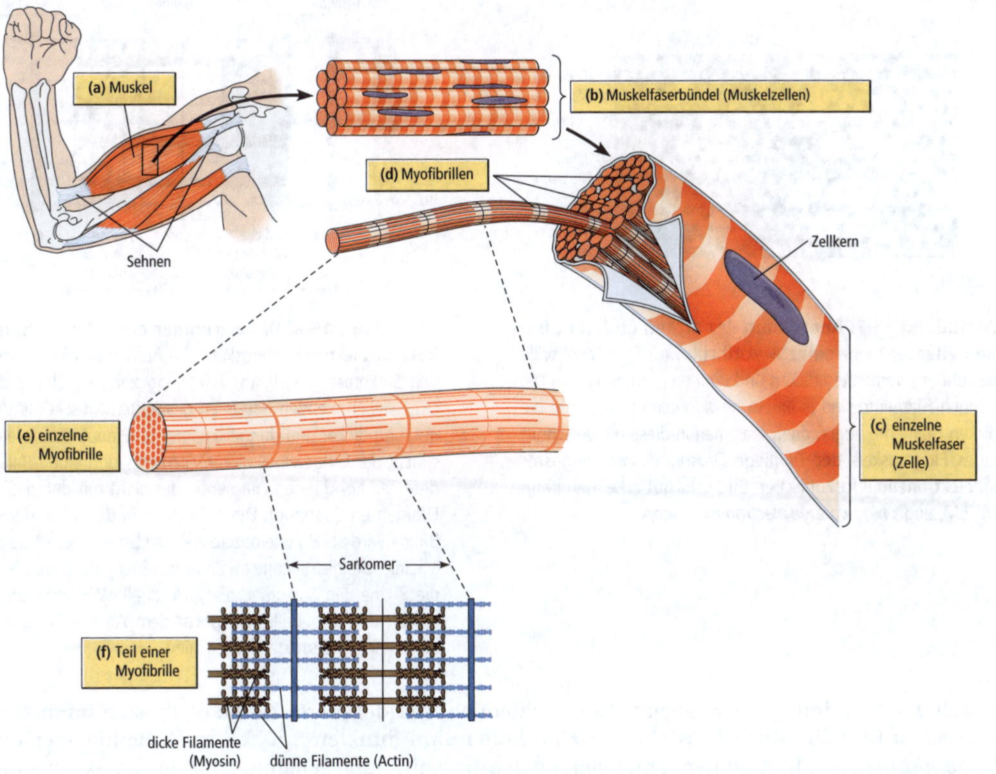

Abbildung 15.6: Organisationsstufen des Skelettmuskels. (a) Skelettmuskeln sind über Sehnen mit den Knochen verbunden, welche sie bewegen. (b) Ein Muskel besteht aus Muskelfaserbündeln, (c) wobei jede Muskelfaser eine lange, dünne und vielkernige Zelle ist. (d) In jeder Zelle befinden sich viele Myofibrillen. (e) Jede Myofibrille besteht aus Bündeln parallel angeordneter Filamente, worauf die gestreifte Erscheinung des Skelettmuskels beruht. (f) Die funktionelle Kontraktionseinheit in jeder Myofibrille ist das Sarkomer, in dem dicke Filamente und dünne Filamente parallel angeordnet sind. Die dicken und die dünnen Filamente bestehen vor allem aus Myosin bzw. Actin (plus Troponin und Tropomyosin).

Auf subzellulärer Ebene enthält jede Muskelfaser (oder Muskelzelle) zahlreiche **Myofibrillen**. Myofibrillen haben einen Durchmesser von 1–2 µm und können sich über die Gesamtlänge einer Zelle erstrecken. Jede Myofibrille ist in Längsrichtung in viele funktionelle kontraktile Einheiten unterteilt, die **Sarkomere**. Das Sarkomer ist die fundamentale kontraktile Einheit der Muskelzelle. Jedes Sarkomer einer Myofibrille enthält Bündel **dicker Filamente** und **dünner Filamente**. Dicke Filamente bestehen aus Myosin, während die Hauptbestandteile der dünnen Filamente Actin, Tropomyosin und Troponin sind. Die dünnen Filamente sind in einem hexagonalen Muster um die dicken Filamente angeordnet, was man im Querschnitt gut sehen kann (▸*Abbildung 15.7*).

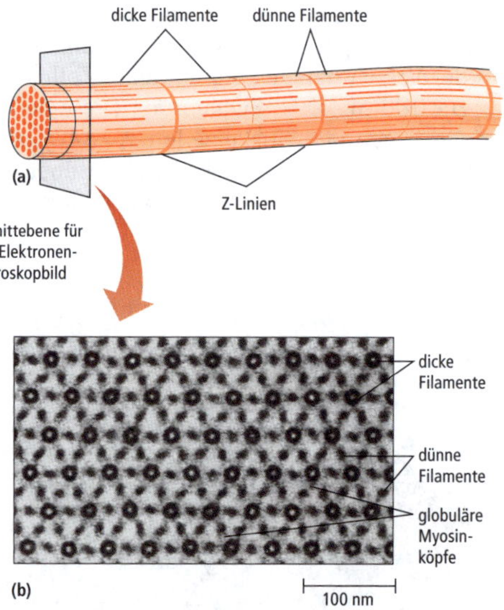

Abbildung 15.7: Anordnung der dicken und der dünnen Filamente in einer Myofibrille. (a) Eine Myofibrille besteht aus vernetzten dicken und dünnen Filamenten. (b) Die dünnen Filamente sind in einem hexagonalen Muster um die dicken Filamente angeordnet, was man in diesem Querschnitt eines Flugmuskels der Taufliege *Drosophila melanogaster* im elektronenmikroskopischen Bild sehr gut erkennen kann (HVEM; engl.: *high-voltage electron microscopy*).

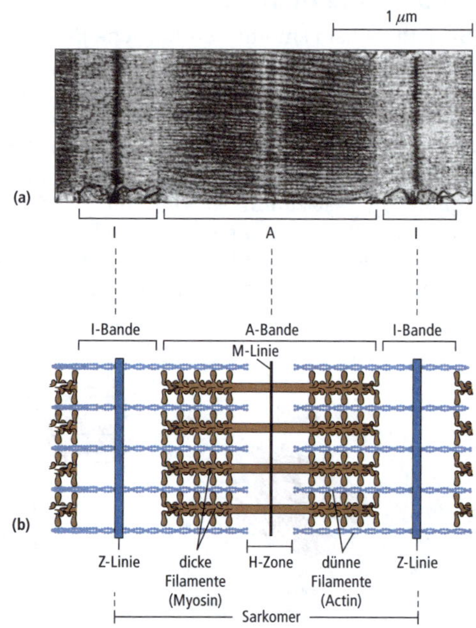

Abbildung 15.8: Das Sarkomer eines Skelettmuskels. (a) Elektronenmikroskopische Aufnahme eines einzelnen Sarkomers (TEM). (b) Zeichnung zur Darstellung des sich wiederholenden Bands im gestreiften Muskel als Vernetzung dicker und dünner Filamente. Eine A-Bande entspricht der Länge eines dicken Filaments und eine I-Bande dem Teil der dünnen Filamente, der nicht mit den dicken Filamenten überlappt. Die helle Zone in der Mitte der A-Bande wird als H-Zone bezeichnet, die Linie in der Mitte als M-Linie. Die dichte Zone im Zentrum einer jeden I-Bande ist die Z-Line. Ein Sarkomer, die funktionelle Wiederholungseinheit der Myofibrille, entspricht dem Abstand zwischen zwei aufeinanderfolgenden Z-Linien.

Durch die Anordnung der Filamente in verschiedene, klar definierte Zonen ergibt sich im mikroskopischen Bild ein Muster aus abwechselnd hellen und dunklen Streifen, auch Banden genannt (▸*Abbildung 15.8a*). Diese Bandenmuster, auch Streifenbildung genannt, sind für die Skelett- und Herzmuskeln charakteristisch. Daher bezeichnet man diese Muskulatur als **quergestreifte Muskulatur**. Die dunklen Banden heißen **A-Banden** und die hellen Banden **I-Banden**. (Die Terminologie für die Struktur und das Erscheinungsbild der Muskelmyofibrillen beruht auf Beobachtungen, die man mit dem polarisierenden Lichtmikroskop gemacht hat. I steht für *isotop* und A für *anisotop*. Die Begriffe beziehen sich auf das Erscheinungsbild dieser Banden, wenn man sie unter linear polarisiertem Licht betrachtet.)

Wie in ▸*Abbildung 15.8b* dargestellt, bezeichnet man die helle Zone in der Mitte einer A-Bande als **H-Zone** (von dem Wort *hell*). Durch die Mitte der H-Zone verläuft die **M-Linie**, die Myomesin enthält, ein Protein, das Myosinfilamente miteinander verbindet. In der Mitte einer jeden I-Bande findet sich eine dichte Z-Linie (von *zwischen*). Der Abstand von einer Z-Linie zur nächsten definiert ein einzelnes Sarkomer. Die Länge eines Sarkomers liegt im entspannten Zustand bei ungefähr 2,5–3,0 µm, verkürzt sich aber bei der Kontraktion des Muskels.

15.5.2 In den Sarkomeren sind Actin, Myosin und akzessorischen Proteine angeordnet

Das Streifenmuster des Skelettmuskels und die während der Kontraktion beobachtete Verkürzung der Sarkomere beruhen auf der Anordnung dicker und dünner Filamente in Myofibrillen. Daher werden wir uns diese beiden Filamenttypen jetzt genauer anschauen und uns dann dem Kontraktionsvorgang zuwenden, bei dem sie eine entscheidende Rolle spielen.

Dicke Filamente – Myosin Der Durchmesser der dicken Filamente der Myofibrillen beträgt circa 15 nm, die Länge etwa 1,6 µm. Sie liegen parallel zueinander in der Mitte des Sarkomers (siehe *Abbildung 15.8*). Jedes dicke Filament setzt sich aus Myosinmolekülen zusammen, die in den beiden Hälften des Filaments in entgegensetzte Richtung angeordnet sind. Jedes Myosinmolekül ist lang und dünn und hat ein Molekulargewicht von ungefähr 525.000.

Jedes dicke Filament besteht aus Hunderten gestaffelt angeordneten Myosinmolekülen, sodass abwechselnd die Köpfe aufeinanderfolgender Moleküle aus dem dicken Filament herausragen und vom Zentrum des Filaments weg weisen (▸*Abbildung 15.9*). Die hervorstehenden Kopfpaare liegen auf dem dicken Filament 14,3 nm auseinander. Jedes Kopfpaar ist zum Filament des vorhergehenden Paares um ein Drittel versetzt. Diese hervorstehenden Köpfe können mit benachbarten dünnen Filamenten Kontakt herstellen und Querbrücken zwischen dicken und dünnen Filamenten bilden; diese sind für die Muskelkontraktion essenziell.

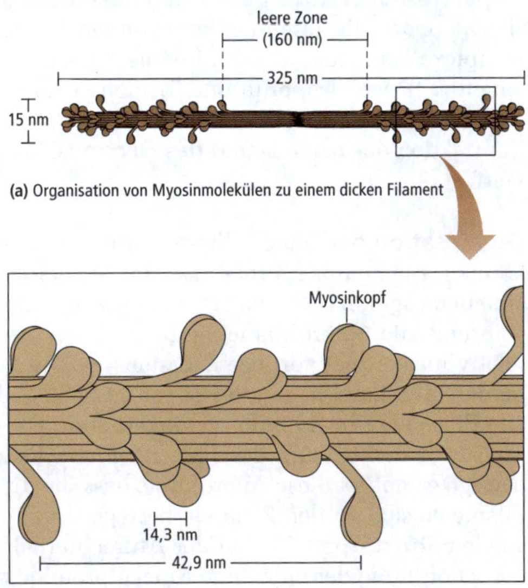

Abbildung 15.9: Das dicke Filament des Skelettmuskels. (a) Das dicke Filament der Myofibrille besteht aus Hunderten von Myosinmolekülen, die in einer sich wiederholenden Anordnung gestaffelt vorliegen. Hier ist nur ein Teil eines solchen dicken Filaments dargestellt. Ein typisches dickes Filament hat eine Länge von ungefähr 1,6 µm und einen Durchmesser von circa 15 nm. Einzelne Myosinmoleküle sind längs in das Filament integriert, wobei ihre ATPase-haltigen Köpfe vom Zentrum des Filaments wegweisen. Die zentrale Region des Filaments ist daher eine leere Zone, die keine Köpfe enthält. (b) Diese Vergrößerung eines Teils des dicken Filaments zeigt die Paare der Myosinköpfe, die 14,3 nm auseinander liegen.

Dünne Filamente – Actin Die dünnen Filamente der Myofibrillen sind zwischen den dicken Filamenten angeordnet und haben einen Durchmesser von ungefähr 7 nm und eine Länge von etwa 1 µm. Jede I-Bande setzt sich aus *zwei* Sätzen dünner Filamente zusammen, einem Satz auf jeder Seite der Z-Linie. Jedes Filament ist mit der Z-Linie verbunden und erstreckt sich in Richtung und in die A-Bande im Zentrum des Sarkomers hinein. So erklärt sich die Länge der I-Banden von fast 2 µm im gestreckten Muskel.

▸*Abbildung 15.10* zeigt die Struktur eines dünnen Filaments. Ein dünnes Filament besteht aus mindestens drei Proteinen. Das wichtigste Element der dünnen Filamente ist das F-Actin, um das sich die Proteine **Tropomyosin** und **Troponin** winden. Tropomyosin ist ein langes, filamentöses

Molekül, das dem Myosinschwanz ähnelt und in die Furche der Actin-Helix passt. Jedes Tropomyosinmolekül erstreckt sich auf dem Filament über eine Länge von ungefähr 38,5 nm und assoziiert auf dieser Länge mit sieben Actinmonomeren. So sind in jedem dünnen Filament zwei F-Actinketten mit zwei Tropomyosinfäden verdrillt.

Troponin ist ein Komplex aus drei Polypeptidketten: TnT, TnC und TnI. TnT bindet an Tropomyosin und man vermutet, dass es für die Positionierung des Komplexes auf dem Tropomyosinmolekül verantwortlich ist. TnC bindet Calciumionen und TnI bindet Actin. (*Tn* steht für Troponin, *T* für Tropomyosin, *C* für Calcium und *I* für inhibitorisch, denn TnI hemmt die Muskelkontraktion.) Mit jedem Tropomyosinmolekül ist ein Troponinkomplex assoziiert, sodass die aufeinanderfolgenden Troponinkomplexe auf einem dünnen Filament 38,5 nm auseinander liegen. Troponin und Tropomyosin bilden eine für Calcium sensitive Schaltstelle, welche die Kontraktion des Skelett- und des Herzmuskels aktiviert.

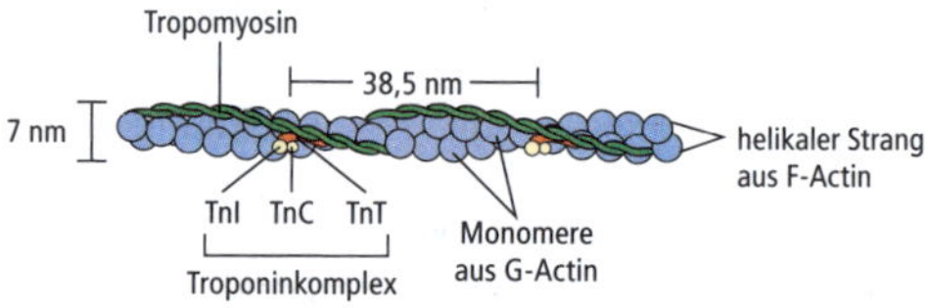

Abbildung 15.10: Das dünne Filament des gestreiften Muskels. Jedes dünne Filament besteht aus zwei Strängen F-Actin, in den G-Actin-Monomere wie auf einer Perlenkette angeordnet vorliegen. Insgesamt ergibt diese Anordnung das Bild einer doppelsträngigen Helix. Eine Folge dieser Anordnung ist, dass zwei Furchen zu beiden Seiten des Filaments entlang laufen. In diesen Furchen liegen lange, bandähnliche Tropomyosinmoleküle. Jedes Tropomyosinmolekül setzt sich aus zwei α-Helices zusammen, die so umeinander gewunden sind, dass sie ein Band mit einem Durchmesser von ungefähr 2 nm und einer Länge von 38,5 nm bilden. Jedes Tropomyosinmolekül ist mit einem Troponinkomplex assoziiert, der aus drei Polypeptiden besteht: TnT, TnC und TnI.

Organisation der Muskelfilamentproteine Wie können filamentöse Proteine von Muskelfasern eine derartig präzise Organisation aufrechterhalten, während die Mikrofilamente in anderen Zellen relativ ungeordnet vorliegen? Erstens ist das Actin in den dünnen Filamenten so ausgerichtet, dass alle Plusenden in Z-Linien verankert sind. Da sich Myosin II in Richtung des Plusendes von F-Actin bewegt, garantiert diese Anordnung, dass die dicken Filamente sich zu den Z-Linien bewegen. Zweitens spielen Strukturproteine bei der Aufrechterhaltung der Anordnung der einzelnen Muskelproteine eine zentrale Rolle (▸*Abbildung 15.11*). Zum Beispiel sorgt α-Actinin dafür, dass die Actinfilamente gebündelt in parallelen Reihen vorliegen. Das Capping-Protein CapZ trägt dafür Sorge, dass die Plusenden der Actinfilamente an die Z-Linie angeheftet bleiben und versieht zugleich das Actin der dünnen Filamente mit einer Kappe. Am anderen Ende der dünnen Filamente liegt *Tropomodulin*, das dazu beiträgt, Länge und Stabilität der dünnen Filamente zu erhalten, indem es an deren Minusenden bindet. *Myomesin* kommt in der H-Zone der Reihen dicker Filamente vor und bündelt die Myosinmoleküle, aus denen sich die Reihen zusammensetzen. Ein drittes Strukturprotein, *Titin*, verbindet die dicken Filamente mit den Z-Linien. Titin, das größte Protein in tierischen Geweben, ist höchst flexibel. Während des Kontraktions-Relaxierungs-Kreislaufs kann es die dicken Filamente im Verhältnis zu den dünnen Filamenten in der richtigen Position halten. Dieses Titingerüst verhindert außerdem, dass die Reihen dicker und dünner Filamente auseinandergezogen werden, wenn sich ein Muskel streckt. Ein weiteres Protein, *Nebulin*, stabilisiert die Organisation der dünnen Filamente.

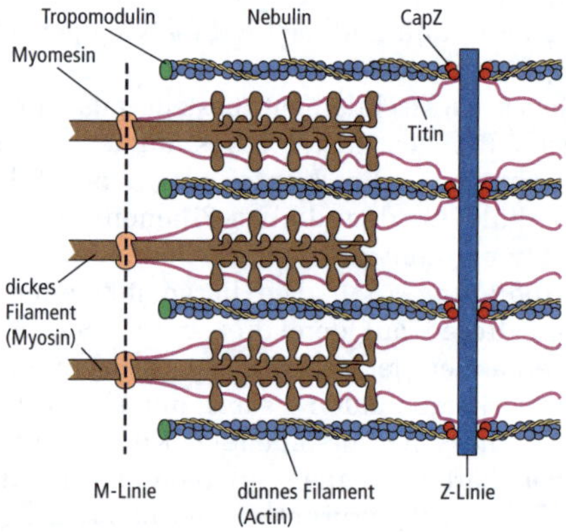

Abbildung 15.11: Strukturproteine des Sarkomers. Die dicken und dünnen Filamente benötigen eine strukturelle Stütze, um ihre präzise Organisation im Sarkomer aufrechtzuhalten. Zwei Proteine leisten diese Hilfe: α-Actinin und Myomesin, die Actin bzw. Myosinfilamente bündeln. Titin verbindet die dicken Filamente mit der Z-Linie, wodurch deren Position zwischen den dünnen Filamenten erhalten wird. Nebulin stabilisiert die Organisation der dünnen Filamente. Zur Vereinfachung wird Tropomyosin nicht dargestellt.

15.5.3 Der Gleitfilament-Theorie beschreibt die Muskelkontraktion

Mit diesem Wissen über die Muskelstruktur können wir uns jetzt damit beschäftigen, was während des Kontraktionsvorgangs abläuft. Dank elektronenmikroskopischer Untersuchungen ist klar, dass die Länge der A-Banden der Myofibrillen während der Kontraktion gleich bleibt, während sich die I-Banden fortschreitend verkürzen und im vollständig kontrahierten Zustand praktisch verschwinden. Im Jahr 1954 haben Andrew Huxley und Rolf Niedergerke sowie Hugh Huxley und Jean Hanson unabhängig voneinander das in ▸*Abbildung 15.12* dargestellte **sliding filament model (Gleitfilament-Modell)** vorgeschlagen, um diese Beobachtungen zu erklären. Gemäß diesem Modell beruht die Muskelkontraktion auf dünnen Filamenten, die an dicken Filamenten vorbeigleiten, wobei keines der Filamente seine Länge verändert. Das Gleitfilament-Modell erwies sich nicht nur als zutreffend, sondern lenkte die Aufmerksamkeit auch auf die molekularen Wechselwirkungen zwischen den dicken und den dünnen Filamenten, auf denen dieser Gleitvorgang beruht.

Wie in der ▸*Abbildung 15.12a* dargestellt, erfolgt die Kontraktion durch die Gleitbewegung dünner Filamente, wobei sie nacheinander in die Zwischenräume zwischen benachbarten dicken Filamenten gezogen werden. Bei diesem Vorgang kommt es zu einer immer stärkeren Überlappung mit den dicken Filamenten und zur Verkürzung der I-Bande. Das Ergebnis ist eine Verkürzung der einzelnen Sarkomere und Myofibrillen sowie eine Kontraktion der Muskelzelle und des gesamten Gewebes. Dies führt wiederum zur Bewegung der mit dem Muskel verknüpften Körperteile.

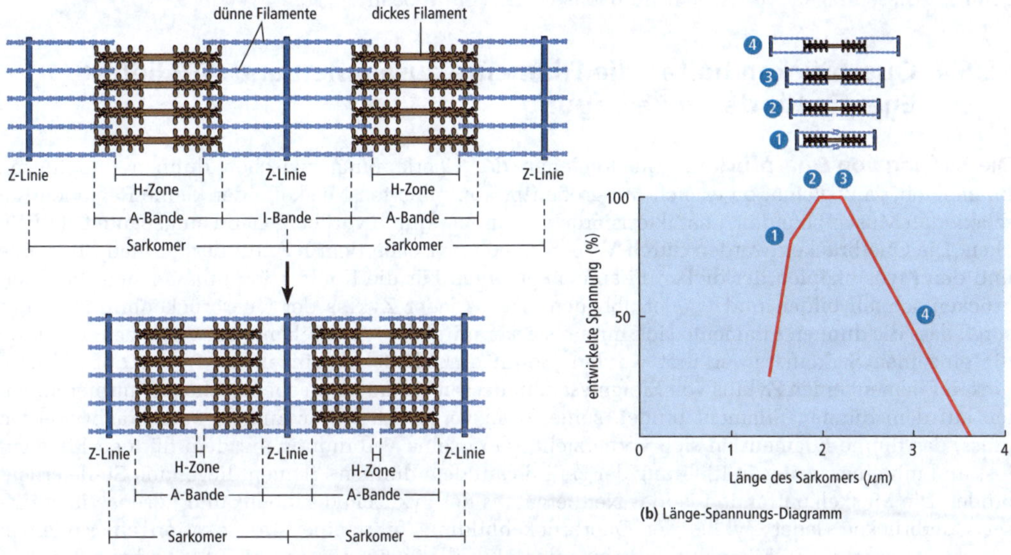

Abbildung 15.12: Das Gleitfilament-Modell der Muskelkontraktion. (a) Zwei Sarkomere einer Myofibrille während des Kontraktionsvorgangs. Die ausgestreckte Konfiguration wird oben dargestellt, während die untere Ansicht eine stärker kontrahierte Myofibrille zeigt. Eine Myofibrille verkürzt sich schrittweise durch das Aneinandervorbeigleiten der dicken und dünnen Filamente. Das Ergebnis ist eine stärkere Vernetzung der Filamente, jedoch verändert sich nicht die Länge der einzelnen Filamente. Die zunehmende Überlappung der dicken und dünnen Filamente führt zu einer voranschreitenden Verkürzung der I-Bande, denn das Aneinandervorbeischieben der Filamente wird während der Kontraktion fortgesetzt. (b) Dieser Graph zeigt, dass sich die vom Sarkomer aufgebaute Spannung proportional zur Überlappung zwischen den dünnen Filamenten und der Region der dicken Filamente mit Myosinköpfen verhält. Wenn sich das Sarkomer zu verkürzen beginnt, beispielsweise während der Muskelkontraktion, rücken die Z-Linien dichter zusammen, wodurch die Überlappung zwischen dünnen und dicken Filamenten zunimmt. Infolge der Überlappung kann ein größerer Teil des dicken Filaments mit dem dünnen Filament interagieren. Aus diesem Grund kann der Muskel mehr Spannung aufbauen (von ❹ nach ❸). Dieses proportionale Verhältnis bleibt bestehen bis die dünnen Filamente in die H-Zone gleiten. Dort gibt es keine Myosinköpfe, sodass die Spannung konstant bleibt (von ❸ nach ❷). Jede weitere Verkürzung des Sarkomers führt zu einem dramatischen Nachlassen der Spannung (von ❷ nach ❶), da sich die Filamente nicht mehr weiter verschieben können.

Das Vorbeigleiten der dicken und dünnen Filamente als Mittel zur Krafterzeugung legt nahe, dass zwischen der Kraft, die während der Kontraktion erzeugt wird, und dem Grad der Verkürzung des Sarkomers ein Zusammenhang bestehen muss. Misst man das Verhältnis zwischen Verkürzung und Kraft, dann erfüllt sich die Vorhersage des Gleitfilament-Modells (▸*Abbildung 15.12b*): Die Kraft, die der Muskel während der Kontraktion erzeugen kann, hängt von der Anzahl der Myosinköpfe des dicken Filaments ab, die mit dem dünnen Filament in Kontakt treten können. Wenn das Sarkomer ausgestreckt ist, gibt es relativ wenig Überlappung zwischen den dünnen und den dicken Filamenten, weshalb nur wenig Kraft erzeugt wird. Dieser Fall kommt aber praktisch nie vor, denn der Skelettmuskel hat immer eine gewisse Vordehnung, sodass die dünnen und dicken Filamente in einer optimalen Position zueinander stehen. Wenn sich das Sarkomer verkürzt, dann vergrößert sich die Region der Überlappungen und die Kontraktionskraft lässt nach. Schließlich wird ein Punkt erreicht, an dem eine weitere Verkürzung zu keiner weiteren Überlappung zwischen dünnen und dicken Filamenten führt und die Kontraktionskraft gleich bleibt. Jede weitere Verkürzung des Sarkomers führt zu einem dramatischen Spannungsnachlass, denn die Filamente ballen sich ineinander.

Das Gleiten der dünnen Filamente vorbei an den dicken Filamenten hängt von den ausgefeilten Strukturmerkmalen des Sarkomers ab und benötigt Energie. Diese grundlegenden Beobachtungen leiten uns zu wichtigen Fragen weiter: Erstens, durch welche Mechanismen werden die dünnen Filamente allmählich in die Zwischenräume zwischen den dicken Filamenten gezogen und führen eine Kontraktion herbei? Zweitens, wie wird die Energie aus ATP zum Antrieb dieses Vorgangs genutzt? Diese Fragen werden wir im nächsten Abschnitt beantworten.

15.5.4 Querbrücken halten die Filamente zusammen und ATP liefert Energie für deren Bewegung

Die Bildung von Querbrücken Die Regionen der Überlappung zwischen dünnen und dicken Filamenten, ganz gleich, ob es sich um große (im kontrahierten Muskel) oder kleine Regionen (im relaxierten Muskel) handelt, charakterisieren sich immer durch vorübergehend aufgebaute **Querbrücken**. Die Querbrücken werden durch Verbindungen zwischen dem F-Actin der dünnen Filamente und den Myosinköpfen der dicken Filamente gebildet. Für die Kontraktion müssen sich die Querbrücken schnell bilden und wieder abbauen, sodass jeder Zyklus der Querbrückenbildung dafür sorgt, dass die dünnen Filamente sich immer stärker mit den dicken Filamenten vernetzen, wodurch die einzelnen Sarkomere verkürzt werden. Somit durchläuft ein einzelner Myosinkopf auf dem dicken Filament einen Zyklus von Ereignissen, in dessen Verlauf er an spezifische Actinuntereinheiten auf dem dünnen Filament bindet, seine Form verändert, wofür Energie aufgebracht werden muss, das dünne Filament an sich vorbeizieht, dann seine Verbindung mit dem dünnen Filament löst und mit einer weiter in Richtung der Z-Linie auf dem dünnen Filament liegenden Stelle erneut bindet. Die Muskelkontraktion ist das Nettoergebnis des zyklischen Bindens und Lösens vieler dieser Querbrücken. Jeder Zyklus der Querbrückenbildung führt eine Translokation eines kleinen Abschnitts des dünnen Filaments einer einzelnen Fibrille in einer einzelnen Zelle herbei.

ATP und der Kontraktionszyklus Die Antriebskraft für die Querbrückenbildung ist die Hydrolyse von ATP, die von den Myosinköpfen katalysiert wird. Man kann den ATP-Bedarf im Experiment nachweisen, denn isolierte Muskelfasern kontrahieren in Anwesenheit von Calcium als Reaktion auf zugeführtes ATP.

Der Mechanismus der Muskelkontraktion wird in ▸*Abbildung 15.13* als Zyklus aus vier Schritten beschrieben. In Schritt ❶ ist eine hochenergetische Konfiguration dargestellt, die ein ADP- und ein P_i-Molekül enthält (im Grunde ein hydrolysiertes ATP). Ein spezifischer Myosinkopf geht mit dem Actinfilament eine lockere Bindung ein. Der Myosinkopf geht dann in eine festere Bindungskonfiguration über, für die P_i abgespaltet werden muss. In Schritt ❷ erfolgt der Kraftschlag. Der Übergang von Myosin in den Zustand einer festeren Bindung löst im Myosin eine Konformationsänderung aus, die mit der Freisetzung von ADP assoziiert ist. Diese Konformationsänderung ist mit einer Bewegung des Kopfes verknüpft, wodurch das dicke Filament veranlasst wird, das dünne Filament an sich vorbei zu ziehen, welches sich dann gegenüber dem dicken Filament bewegt.

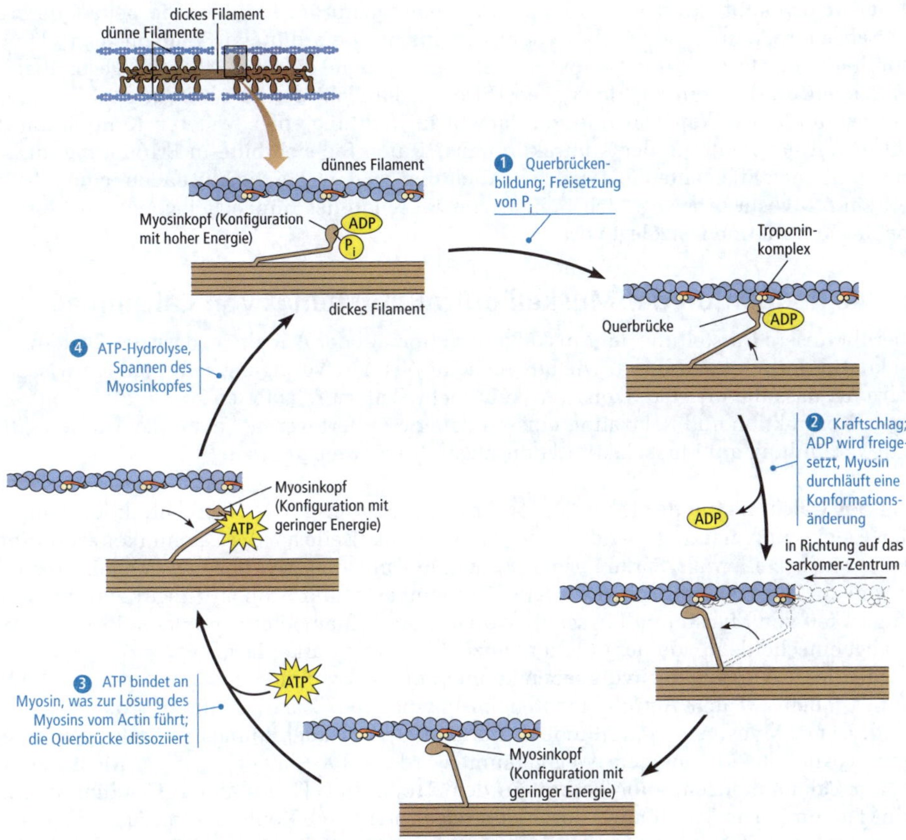

Abbildung 15.13: Der zyklische Vorgang der Muskelkontraktion. Ein kleines Segment benachbarter dicker und dünner Filamente (siehe das zur Orientierung eingesetzte Nebenbild oben links) dient zur Veranschaulichung einer Reihe von Reaktionen, in der die von einem Myosinkopf gebildete Querbrücke das dünne Filament ins Zentrum des Sarkomers zieht, wodurch die Myofibrille zur Kontraktion veranlasst wird. Schritt 1 zeigt die Querbrückenkonfiguration des relaxierten Muskels, während am Ende von Schritt 2 die Konfiguration des angespannten Muskels dargestellt wird. Eine genauere Beschreibung der Vorgänge finden Sie im Text.

In Schritt 3 erfolgt die Auflösung der Querbrücke, denn ATP bindet zur Vorbereitung des nächsten Schrittes an den Myosinkopf. Die Bindung von ATP führt eine Konformationsänderung im Myosinkopf herbei, der die Bindung an Actin schwächt. Diese Lösung der Bindung zwischen Actin und Myosin durch ATP wird *Weichmachereffekt* des ATP genannt. Bei fehlendem ATP findet keine Auflösung der Querbrücke statt und der Muskel verharrt im angespannten Zustand, den man als *Rigor* bezeichnet. *Rigor mortis*, die Totenstarre, beruht auf dem vollständigen Abbau von ATP und der fortschreitenden Anhäufung von Querbrücken in der Konformation, die wir am Ende von Schritt 2 darstellen. Beachten Sie Folgendes: nachdem die dicken und dünnen Filamente voneinander losgelöst sind, könnten sie frei in ihre vorherigen Positionen zurückschnellen, sie werden aber immer auf ihrer gesamten Länge von vielen Querbrücken zusammengehalten – so wie zumindest ein Bein eines Tausendfüßlers in Kontakt mit der Oberfläche steht, auf der er sich bewegt. Tatsächlich besitzt jedes Filament ungefähr 350 Myosinköpfe, und jeder Myosinkopf bindet und löst sich während einer schnellen Kontraktion circa fünfmal pro Sekunde, sodass zu jedem Zeitpunkt viele Querbrücken bestehen.

In Schritt 4 wird schließlich die ATP-Hydrolyse genutzt, um den Myosinkopf in die hochenergetische Konfiguration zu drehen, die für die nächste Runde der Querbrückenbildung und des Filamentgleitens notwendig ist. Damit kehren wir wieder an unseren Ausgangspunkt zurück, denn jetzt ist der Myosinkopf aktiviert und kann eine neue Querbrücke bilden. Die neue Querbrücke wird jetzt aber mit Actin gebildet, das weiter abwärts auf dem dünnen Filament liegt, denn der erste Durchlauf führte zu einer Nettoverschiebung auf dem dünnen Filament gegenüber dem dicken Filament. In den nun nachfolgenden Durchläufen zieht der in *Abbildung 15.13* exemplarisch dargestellte Myosinkopf das dünne Filament in Richtung einer weiteren Kontraktion. Und wie sieht es mit der Richtung der Kontraktion aus? Rufen Sie sich bitte in Erinnerung, dass das Actin in den dünnen Filamenten in die gleiche Richtung zeigt, wobei die Plusenden in den Z-Linien verankert sind. Myosin II bewegt sich immer zum *Plus*ende des dünnen Filaments, wodurch die Richtung der Kontraktion festgelegt wird.

15.5.5 Die Regulation der Muskelkontraktion hängt von Calcium ab

Bisher beruht unsere Darstellung der Muskelkontraktion auf der Annahme, dass der Skelettmuskel so lange kontinuierlich kontrahiert, wie ausreichend ATP zur Verfügung steht. Jedoch wissen wir aus Erfahrung, dass die meisten Skelettmuskeln mehr Zeit im relaxierten Zustand als kontrahiert verbringen. Kontraktion und Relaxation müssen daher reguliert werden, damit koordinierte Bewegungen in Verbindung mit Muskelaktivität durchgeführt werden können.

Die Rolle des Calciums bei der Kontraktion Die Regulation der Muskelkontraktion hängt von den freien Calciumionen (Ca^{2+}) sowie von der Fähigkeit der Zelle ab, die Calciumkonzentration im Cytosol (in Muskelzellen als Sarkoplasma bezeichnet) mit den Myofibrillen schnell anzuheben oder zu senken. Die regulatorischen Proteine Tropomyosin und Troponin regulieren zusammen die Verfügbarkeit von Myosinbindungsstellen auf den Actinfilamenten, und deren Regulationsvermögen hängt entscheidend von der Calciumkonzentration im Sarkoplasma ab.

Damit Sie diesen Vorgang nachvollziehen können, müssen wir zuerst klarstellen, dass die Myosinbindungsstellen auf den Actinfilamenten im entspannten Zustand durch Tropomyosin blockiert sind. Damit Myosin an Actin binden und die Querbrückenbildung auslösen kann, müssen die Tropomyosinmoleküle aus dem Weg geräumt werden. Die Abhängigkeit der Muskelkontraktion von der Calciumkonzentration beruht auf dem Troponin C (TnC), an das Calciumion bindet. Wenn ein Calciumion an TnC bindet, durchläuft das Protein eine Konformationsänderung, die auf das Tropomyosinmolekül übertragen wird. Daraufhin wird das Tropomyosinmolekül in Richtung des Zentrums der helikalen Furche des dünnen Filaments bewegt und die Blockade ist aufgelöst. Die Bindungsstellen für die Myosinköpfe auf dem Actin sind dann für die Myosinköpfe zugänglich, wodurch die Kontraktion eingeleitet werden kann.

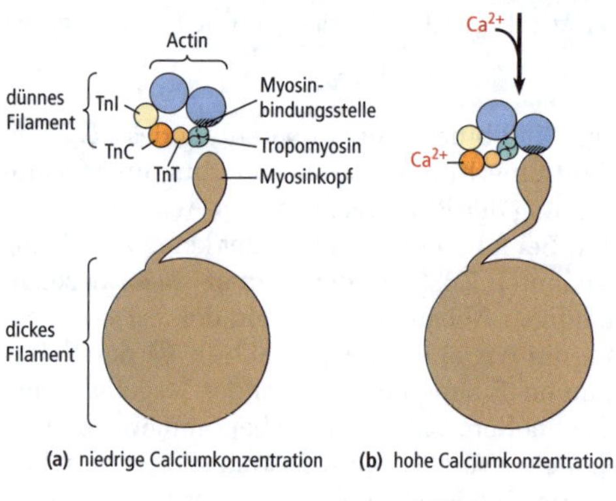

Abbildung 15.14: Regulation der Kontraktion im quergestreiften Muskel. (a) Bei niedrigen Konzentrationen (< 0,1 μM Ca^{2+}) wird das Calcium nicht an die TnC-Untereinheit von Troponin gebunden und Tropomyosin blockiert die Myosinbindungsstellen auf dem Actin, wodurch Myosin inaktiv bleibt und daher den Muskel in einem relaxierten Zustand hält. (b) Bei hohen Konzentrationen (> 0,1 μM Ca^{2+}) bindet Calcium an die TnC-Untereinheit von Troponin. Dadurch wird eine Konformationsänderung herbeigeführt, die auf Tropomyosin übertragen wird. Das Tropomyosinmolekül bewegt sich zum Zentrum der Furche des dünnen Filaments, wodurch Myosin wieder Zugang zu den Bindungsstellen auf dem Actin erhält und somit eine Kontraktion auslösen kann.

In der ▸*Abbildung 15.14* ist dargestellt, wie der Troponin-Tropomyosin-Komplex die Interaktion zwischen Actin und Myosin reguliert. Bei niedriger Calciumkonzentration im Sarkoplasma (< 0,1 μM Ca^{2+}) blockiert Tropomyosin die Myosinbindungsstellen auf dem Actinfilament, wodurch es sehr effektiv die Interaktion mit Myosin unterbindet (▸*Abbildung 15.14a*). Dadurch wird eine Bildung von Querbrücken gehemmt und der Muskel bleibt entspannt. Bei höheren Calciumkonzentrationen (> 0,1 μM Ca^{2+}) bindet Calcium an TnC, worauf das Tropomyosinmolekül seine Position wechselt. Damit können die Myosinköpfe mit den Bindungsstellen auf dem Actinfilament in Kontakt kommen und die Kontraktion einleiten (▸ *Abbildung 15.14b*). Wenn die Calciumkonzentration wieder abfällt, da das Calcium aus dem Cytosol gepumpt wird (worauf wir gleich eingehen werden), löst sich der Troponin-Calcium-Komplex auf und das Tropomyosin geht in seine Ausgangsposition zurück. Dadurch wird die Myosinbindung gehemmt, eine weitere Querbrückenbildung verhindert und der Kontraktionszyklus endet.

Regulation der Calciumkonzentration im Skelettmuskel Aus der bisherigen Darstellung ist Ihnen bekannt, dass die Muskelkontraktion durch die Konzentration von Calciumionen im Sarkoplasma gesteuert wird. Wie wird nun aber die Calciumkonzentration reguliert? Denken Sie einmal daran, was geschehen muss, wenn wir irgendeinen Körperteil bewegen – beispielsweise wenn wir den Zeigefinger beugen. Im Gehirn wird ein Nervenimpuls erzeugt und entlang der Wirbelsäule an die Nervenzellen oder *Motoneuronen* weitergeleitet, die einen kleinen Muskel im Unterarm steuern. Die Motoneuronen aktivieren die richtigen Muskelzellen, die sich kontrahieren und danach wieder entspannen. All dies läuft in wenigen 100 ms ab. Wenn die an die Muskelzelle gesendeten Nervenimpulse nachlassen, sinkt die Calciumkonzentration schnell und der Muskel entspannt sich. Möchten Sie also die Muskelkontraktion verstehen, so müssen Sie wissen, wie Nervenimpulse Änderungen in der Calciumkonzentration des Sarkoplasmas herbeiführen und wie diese Veränderungen sich auf die Kontraktionsmaschinerie auswirken. Muskelzellen haben viele spezialisierte Fähigkeiten, die eine schnelle Veränderung der Konzentration von Calciumionen im Sarkoplasma erleichtern und eine rasche Antwort der Kontraktionsmaschinerie möglich machen. Dies sind die Themen des nächsten Abschnitts.

Ereignisse an der neuromuskulären Verbindung Rufen Sie sich aus *Kapitel 12* in Erinnerung, dass das an eine Muskelzelle ausgesandte Signal zur Kontraktion in Form eines elektrischen Impulses von einer Nervenzelle übertragen wird, dem *Aktionspotenzial*. Der Ort, an dem der Nerv die Muskelzelle innerviert oder Kontakt herstellt, ist die **neuromuskuläre Verbindung**. An der neuromuskulären Verbindung verzweigt sich das Axon und bildet *synaptische Nervenendigungen*, die mit der Muskelzelle in Kontakt treten. Diese Nervenendigungen enthalten den Neurotransmitter Acetylcholin, der in membranumhüllten Vesikeln gespeichert ist und als Antwort auf ein Aktionspotenzial an den Nervenendigungen abgegeben wird. Die Region unterhalb der Nervenendigungen in der Plasmamembran der Muskelzelle bezeichnet man als *motorische Endplatte*. In der Plasmamembran (dem Sarkolemm der Muskelzellen), sind Acetylcholinrezeptoren lokalisiert. Wenn Acetylcholin an den Rezeptor bindet, öffnet sich eine Pore im Rezeptor, durch die Natriumionen in die Muskelzelle strömen können. Der Natriumeinstrom führt wiederum zur Depolarisation einer Membran, und diese Depolarisation breitet sich dann weiter aus.

Übertragung eines Impulses in das Muskelinnere Nachdem an der motorischen Endplatte eine Depolarisation der Membran stattgefunden hat, breitet sich die Depolarisation über das **Transversalsystem** (engl.: *transverse (T-)tubule system*; ▸ *Abbildung 15.15*) durch das Sarkolemm aus. Das Transversalsystem setzt sich aus einer Reihe regelmäßiger Einstülpungen (T-Tubuli) der Muskelmembran zusammen, die in das Innere einer Muskelzelle hineinragen. Die T-Tubuli leiten Aktionspotenziale in die Muskelzelle weiter und sind zum Teil dafür verantwortlich, dass Muskelzellen so schnell auf einen Nervenimpuls antworten können.

In der Muskelzelle kommt das Transversalsystem mit dem **sarkoplasmatischen Reticulum (SR)** in Kontakt, einem System intrazellulärer Membranen in Form flacher Säcke oder Röhren. Wie der Name bereits vermuten lässt, ähnelt das SR dem endoplasmatischen Reticulum (ER) der Nicht-Muskelzellen, allerdings mit dem Unterschied, dass es höchst spezialisiert ist. Das SR verläuft entlang der Myofibrillen, wo es darauf ausgerichtet ist, Calciumionen direkt an der Myofibrille freizusetzen, eine Kontraktion zu bewirken, anschließend das Calcium von der Myofibrille zu entfernen und eine Relaxierung herbeizuführen. Die Nähe des SR zu den Myofibrillen erleichtert die schnelle Antwort der Muskelzellen auf Nervensignale.

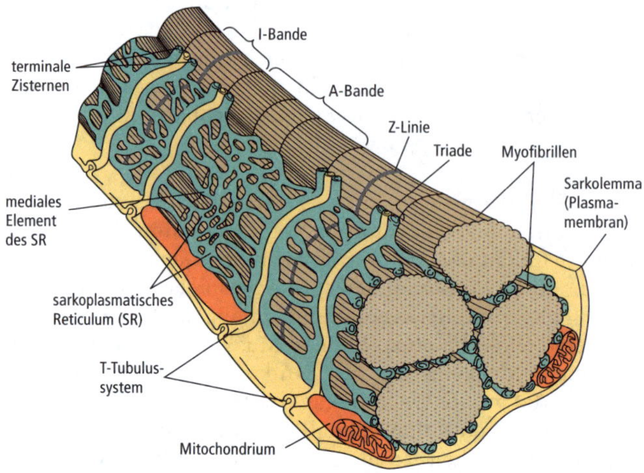

Abbildung 15.15: Das sarkoplasmatische Reticulum und das Transversalsystem der Skelettmuskelzellen. Das sarkoplasmatische Reticulum (SR) ist ein ausgedehntes Netzwerk aus spezialisiertem ER, das Calciumionen akkumuliert und diese als Antwort auf Nervensignale freisetzt. T-Tubuli sind Einstülpungen des Sarkolemms (der Plasmamembran), die Veränderungen des Membranpotenzials in das Zellinnere weiterleiten. An den Stellen, an denen der T-Tubulus nahe der terminalen Zisternen des SR vorbeiläuft, bildet sich eine Triade, die man unter dem Elektronenmikroskop als Querschnitt drei benachbarter Röhren sichtbar machen kann. Der T-Tubulus liegt in der Mitte. Auf jeder Seite des SR befindet sich eine der terminalen Zisternen des SR. Die Triade enthält den wichtigen Verbindungskomplex, der die Freisetzung von Calciumionen aus dem SR reguliert.

Die Funktion des SR bei der Freisetzung und Aufnahme von Calcium Man kann das SR im Hinblick auf seine Funktion in zwei Komponenten unterteilen, die man als mediales Element und als terminale Zisternen (siehe *Abbildung 15.15*) bezeichnet. In den terminalen Zisternen des SR befindet sich eine hohe Konzentration ATP-abhängiger Calciumpumpen, die unablässig Calcium in das Lumen des SR pumpen. Die Fähigkeit des SR, Calciumionen zu pumpen und zu akkumulieren, ist eine unabdingbare Voraussetzung für die Muskelrelaxation, aber auch für die Muskelkontraktion. Durch das Hineinpumpen von Calcium wird im Lumen des SR eine hohe Calciumkonzentration aufgebaut (bis zu mehrere Millimolar). Dieses Calcium kann dann bei Bedarf aus den terminalen Zisternen des SR freigesetzt werden. In *Abbildung 15.15* ist dargestellt, wie die terminalen Zisternen des SR neben dem kontraktilen Apparat einer jeden Myofibrille positioniert sind. Die terminalen Zisternen liegen im Allgemeinen unmittelbar neben einem T-Tubulus, woraus eine Struktur mit der Bezeichnung **Triade** hervorgeht. Unter dem Elektronenmikroskop betrachtet erscheint eine Triade als drei aneinandergereihte Kreise. Der mittlere Kreis ist die Membran des T-Tubulus, und die beiden angrenzenden Kreise sind die Membranen der terminalen Zisternen. Bei genauerer Untersuchung der Triade stellt man fest, dass die terminalen Zisternen mit dem T-Tubulus über besondere Strukturen zwischen den beiden Membranen verbunden zu sein scheinen. Diese Strukturen bezeichnet man als *Verbindungskomplex* (engl.: *junctional complex*; auf diesen werden wir bald eingehen).

Die räumliche Nähe der T-Tubuli, der terminalen Zisternen des SR und der kontraktilen Maschinerie der Myofibrille bildet die Grundlage dafür, dass die Muskelzellen derartig schnell auf einen Nervenimpuls reagieren können. Das Aktionspotenzial wandert von der Motorendplatte weiter, breitet sich über das Sarkolemm aus und gelangt zum T-Tubulus (▸*Abbildung 15.16*). Während das Aktionspotenzial den T-Tubulus abwärts wandert, aktiviert es spannungsgesteuerte Calciumkanäle im T-Tubulus, die sogenannten Dihydropyridin-Rezeptoren (DHP-Rezeptoren). Die DHP-Rezeptoren des Sarkolemms sind mechanisch mit den Ryanodinrezeptoren in den terminalen Zisternen des SR gekoppelt. Eine Aktivierung der DHP-Rezeptoren führt zwar nicht zu einem signifikanten Calciumeinstrom, wohl aber zur Aktivierung und Öffnung der Ryanodinrezeptoren (siehe *Abbildung 13.8*). Wenn sich die Ryanodinrezeptorkanäle öffnen, strömt Calcium sehr schnell aus dem SR in das Sarkoplasma, das unmittelbar neben den Myofibrillen liegt, und bewirkt deren Kontraktion.

Dadurch, dass Calcium aus dem SR hinausströmt, kommt es zur Kontraktion der Muskelzelle. Damit sich die Muskelzelle entspannen kann, muss die Calciumkonzentration wieder die Konzentration des Ruhezustands erreichen. Dies gelingt, weil Calcium in das SR zurück gepumpt wird. Die Membran des SR enthält ein primär aktives Transportprotein, eine **Calcium-ATPase**. Sie kann Calciumionen vom Sarkoplasma in die Zisternen des SR pumpen. Diese Pumpen liegen konzentriert im medialen Element des SR. Der ATP-abhängige Mechanismus, der dafür sorgt, dass Calcium durch die Pumpe strömt, ähnelt der in *Kapitel 7* dargestellten Na^+/K^+-Pumpe (siehe *Abbildung 7.11*).

Durch das Pumpen von Calcium aus dem Sarkoplasma zurück in die SR-Zisternen wird die Calciumkonzentration schnell so weit gesenkt, dass das Troponin Calcium freisetzt, das Tropomyosin wieder die Blockadeposition auf dem Actin einnimmt und die Bildung einer weiteren Querbrücke verhindert wird. Die Querbrücken verschwinden daher schnell, wenn Actin sich vom Myosin löst und vom Tropomyosin blockiert wird. Dadurch bleibt der Muskel entspannt und kann wieder gedehnt werden, denn bei fehlenden Querbrückenkontakten können die dünnen, zwischen den dicken Filamenten gelegenen Filamente wieder passiv an den dicken Filamenten vorbeigleiten. Dies passiert über eine passive Streckung durch antagonistische Muskeln.

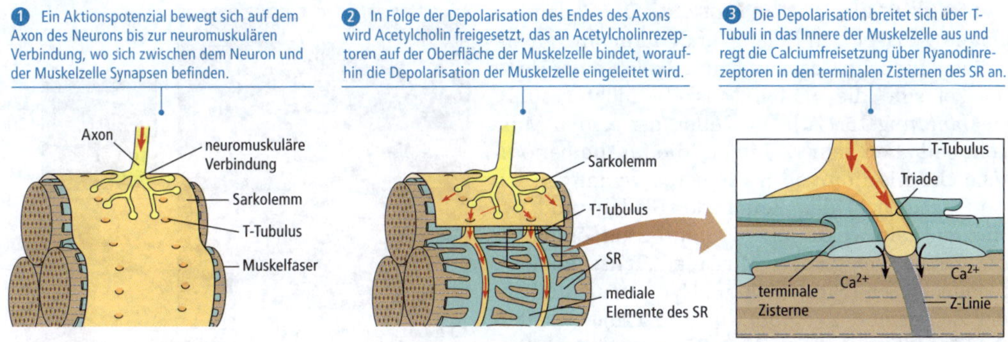

Abbildung 15.16: Stimulation einer Muskelzelle durch einen Nervenimpuls. Der Nervenimpuls bewirkt eine Depolarisation der Muskelzelle, die sich über das Transversalsystem in das Innere der Muskelzelle ausbreitet und die Freisetzung von Calcium aus den terminalen Zisternen des sarkoplasmatischen Reticulums (SR) anregt.

15.5.6 Die koordinierte Kontraktion der Herzmuskelzellen erfolgt durch elektrische Kopplung

Der Herzmuskel ist dafür verantwortlich, dass das Herz schlägt und Blut durch das Kreislaufsystem des Körpers gepumpt wird. Der Herzmuskel arbeitet unaufhörlich. Während eines Jahres schlägt unser Herz 40 Millionen Mal! Der Herzmuskel ist dem Skelettmuskel im Hinblick auf die Organisation von Actin- und Myosinfilamenten im Herzmuskel ist ähnlich wie im Skelettmuskel und zeigt das gleiche quergestreifte Erscheinungsbild. Im Gegensatz zum Skelettmuskel wird der Großteil der für das Schlagen des Herzens im Ruhezustand benötigten Energie nicht von der Blutglucose bereitgestellt, sondern von freien Fettsäuren, die vom Fettgewebe (Fettspeicherung) über das Serum-Albumin, ein Blutprotein, transportiert werden.

Ein zweiter Unterschied zwischen Herz- und Skelettmuskel besteht darin, dass Herzmuskelzellen nicht mehrkernig sind. Stattdessen sind die Zellen an den Enden über Strukturen miteinander verbunden, die man als **Glanzstreifen** bezeichnet. Diese Glanzstreifen haben eine hohe Dichte von Desmosomen und Gap Junctions (siehe *Kapitel 16*). Die Gap Junctions vermögen benachbarte Zellen elektrisch zu koppeln, wodurch sich während des Kontraktionszyklus Depolarisationswellen im Herzen ausbreiten können. Das Herz wird nicht wie der Skelettmuskel durch Nervenimpulse aktiviert, sondern es kommt spontan etwa einmal pro Sekunde zur Kontraktion. Die Geschwindigkeit des Herzschlags wird von einer „Schrittmacherregion", dem sogenannten *Sinusknoten*, im oberen Bereich des Herzens (rechtes Atrium) gesteuert. Die vom Schrittmacher ausgelöste Depolarisationswelle breitet sich dann über das gesamte Herz aus und erzeugt den Herzschlag.

Der dritte Unterschied zwischen dem Skelett- und dem Herzmuskel ist die Herkunft des Calciums, das in beiden Muskeltypen die Kontraktion auslöst. Beim Skelettmuskel stammt das Calcium fast ausschließlich aus dem SR, während beim Herzmuskel zusätzlich Calciumionen durch Calciumkanäle in der Plasmamembran der Herzmuskelzellen aus dem Extrazellularraum einströmen. Zur Beendigung der Kontraktion werden die Calciumionen durch ATPasen ins SR zurückgepumpt, und zusätzlich wird Ca^{2+} über einen Na^+/Ca^{2+}-Antiporter in den Extrazellularraum transportiert.

15.5.7 Der glatte Muskel ist den Nicht-Muskelzellen ähnlicher als dem Skelettmuskel

Der glatte Muskel ist für unwillkürliche Kontraktionen wie die des Magens, des Darms, des Uterus und der Blutgefäße verantwortlich. Im Allgemeinen handelt es sich um langsame Kontraktionsvorgänge, die bis zu fünf Sekunden benötigen, um ihre maximale Spannung zu erreichen. Die Kontraktionen glatter Muskeln halten wesentlich länger an die als Kontraktionen des Skelett- oder des Herzmuskels. Obwohl der glatte Muskel nicht zur schnellen Kontraktion fähig ist, so ist er doch dazu geeignet, die Spannung über einen längeren Zeitraum aufrechtzuhalten, was beispielsweise bei Organen und Geweben erforderlich ist.

Die Struktur des glatten Muskels Die Zellen der glatten Muskeln sind lang und dünn mit einem spitzen Ende. Im Gegensatz zum Skelett- oder Herzmuskel sind die glatten Muskeln nicht gestreift (▸*Abbildung 15.17a*). Die Zellen der glatten Muskeln enthalten keine Z-Linien, die für die periodische Organisation von Sarkomeren verantwortlich sind, welche in den Zellen der Skelett- und der Herzmuskeln vorkommen. Stattdessen enthalten die Zellen der glatten Muskeln **„dense bodies“**, plaqueähnliche Strukturen im Cytoplasma und auf der Zellmembran (▸*Abbildung 15.17b*), die intermediäre Filamente enthalten. Bündel von Actinfilamenten sind an ihren Enden mit diesen dense bodies verbunden. Aus diesem Grund scheinen die Actinfilamente in einem Kreuzgittermuster vorzuliegen, das im schiefen Winkel zur Längsachse der Zelle ausgerichtet ist. Querbrücken verbinden im glatten Muskel dicke und dünne Filamente, aber nicht in dem sich regelmäßig wiederholenden Muster wie man es beim Skelettmuskel findet.

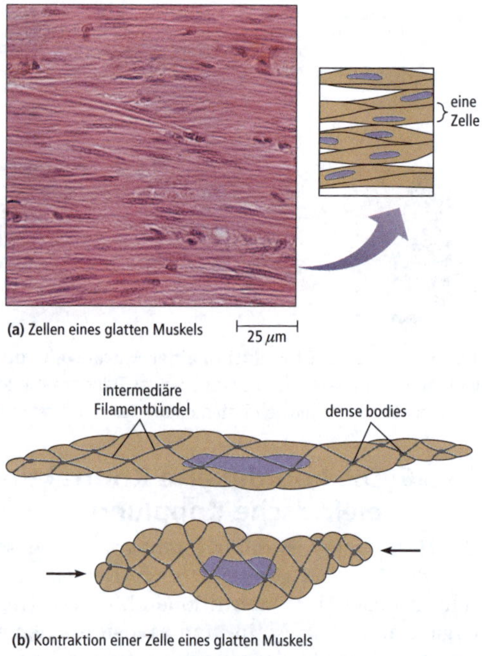

Abbildung 15.17: Der glatte Muskel und die Kontraktion des glatten Muskels. (a) Die einzelnen Zellen des glatten Muskels sind lang und spindelförmig, sie haben weder Z-Linien noch eine Sarkomerstruktur (LM). (b) In der Zelle des glatten Muskels scheinen kontraktile Actin- und Myosinbündel in plaqueähnlichen Strukturen verankert zu sein, die man als dense bodies bezeichnet. Die dense bodies sind miteinander über intermediäre Filamente verknüpft, wobei die Actin- und Myosinbündel im schiefen Winkel zur Längsachse der Zelle ausgerichtet sind. Bei der Kontraktion der Actin- und Myosinbündel werden die dense bodies und die intermediären Filamente zueinander angezogen und es kommt zur hier dargestellten zellulären Kontraktion.

Die Regulation der Kontraktion in den Zellen der glatten Muskeln Die Kontraktion der Zellen des glatten Muskels sowie der Nicht-Muskelzellen wird auf andere Weise reguliert als die Kontraktion der Skelettmuskelzellen. Obwohl Skelettmuskelzellen und glatte Muskelzellen beide durch einen Anstieg der Konzentration von Calciumionen im Sarkoplasma angeregt werden, unterscheiden sich die der Kontraktion zugrunde liegenden Mechanismen doch erheblich. Wenn die Calciumkonzentration im Sarkoplasma der glatten Muskelzellen ansteigt, dann läuft eine Kaskade von Ereignissen ab, zu der die Aktivierung der **Myosin-Leichtketten-Kinase (MLCK**, engl.: *myosin light-chain kinase*) gehört. Das aktivierte MLCK phosphoryliert dann einen Typ der Myosin-Leichtketten, die **regulatorische leichte Kette**.

Die Myosin-Leichtketten-Phosphorylierung wirkt sich auf zweierlei Weise auf Myosin aus. Erstens sind einige Myosinmoleküle aufgewickelt, sodass sie keine Filamente bilden können. Nach der Phosphorylierung der Myosin-Leichtkette entrollt sich der Myosinschwanz und steht nun für den Zusammenbau eines Filaments bereit. Zweitens aktiviert die Phosphorylierung der Myosin-Leichtketten Myosin, wodurch es mit Actinfilamenten interagieren kann, um einen Querbrückenzyklus zu durchlaufen.

Die Ereigniskaskade, die zur Aktivierung des Myosins des glatten Muskels und des nicht-muskulären Myosins führt, ist in ▸*Abbildung 15.18a* dargestellt. Als Reaktion auf einen Nervenimpuls oder ein hormonelles Signal, das die Zelle des glatten Muskels erreicht, kommt es zum Einstrom extrazellulärer Calciumionen durch Ca^{2+}-Kanäle, wodurch die intrazelluläre Calciumkonzentration ansteigt und eine Kontraktion stattfindet. Rufen Sie sich bitte aus *Kapitel 13* in Erinnerung, dass der Anstieg der intrazellulären Calciumkonzentration das Protein *Calmodulin* aktivieren kann. Der daraus resultierende *Calcium-Calmodulin-Komplex* kann die Myosin-Leichtketten-Kinase binden und dadurch das Enzym aktivieren. Daraufhin werden die Myosin-Leichtketten phosphoryliert und Myosin kann mit Actin in Wechselwirkung treten und eine Kontraktion auslösen. Außerdem strecken sich die Myosinschwänze und können sich mit anderen Myosinmolekülen zu Filamenten zusammensetzen (▸*Abbildung 15.18b*). Wenn die Calciumkonzentration in den Zellen der glatten Muskeln wieder sinkt, wird die MLCK aktiviert und ein zweites Enzym, die *Myosin-Leichtketten-Phosphatase*, entfernt die Phosphatgruppe der Myosin-Leichtkette. Da die dephosphorylierten Myosinmoleküle nicht mehr an Actin binden können, relaxiert die Muskelzelle.

Somit wird sowohl der Skelettmuskel als auch der glatte Muskel von Calciumionen zur Kontraktion aktiviert, aber die Quellen des Calciums und die molekularen Mechanismen unterscheiden sich. Im Skelettmuskel stammt das Calcium aus dem sarkoplasmatischen Reticulum. Dessen Wirkung auf die Actin-Myosin-Interaktion wird von Troponin vermittelt und geschieht sehr schnell, denn sie hängt nur von Konformationsänderungen ab. Im glatten Muskel werden die Calciumionen von außen in die Zelle geschleust und ihre Wirkung wird von Calmodulin vermittelt. Die Wirkung setzt in diesem Fall wesentlich später ein, denn sie beruht auf der kovalenten Modifikation (Phosphorylierung) des Myosinmoleküls.

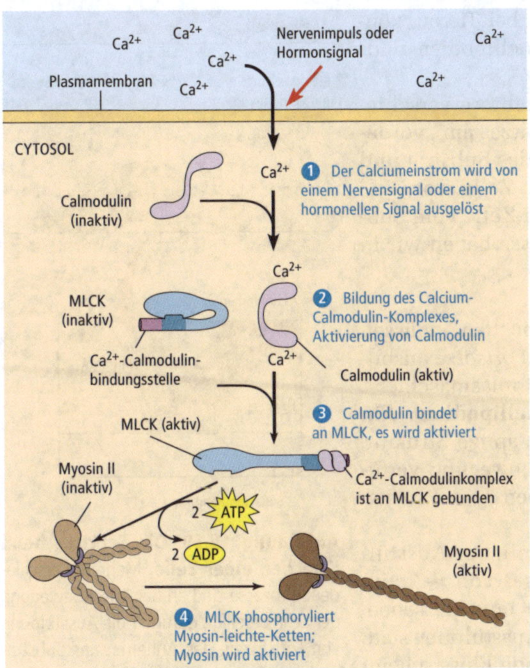

(a) Phosphorylierung von Myosin II durch die Myosin-leichte-Ketten-Kinase (MLCK)

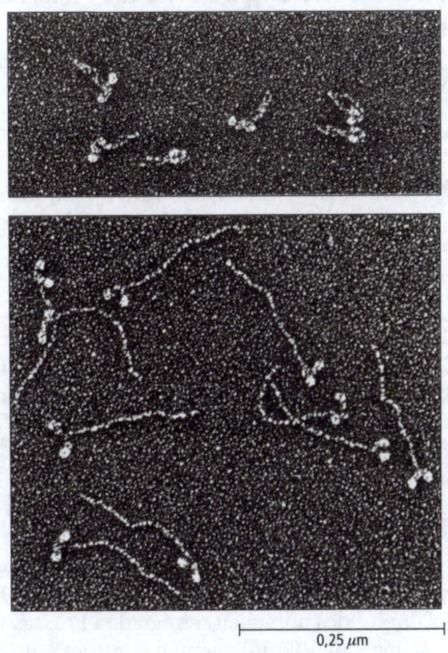

(b) aufgerollte und wieder entrollte Myosin II Moleküle

Abbildung 15.18: Phosphorylierung des Myosins im glatten Muskel und in nicht-muskulären Zellen. (a) Die Funktionen sowohl des Myosin II des glatten Muskels als auch des nicht-muskulären Myosin II werden durch Phosphorylierung der regulatorischen leichten Ketten reguliert. Ein Einstrom von Calciumionen durch Ca^{2+}-Kanäle in die Zelle, der von einem Nervenimpuls oder einem hormonellen Signal ausgelöst wird, bewirkt, dass der Calcium-Calmodulin-Komplex an die Myosin-Leichtketten-Kinase (MLCK) bindet, wodurch wiederum die Myosin-Leichtketten phosphoryliert werden. Das aktivierte (und entrollte) Myosin kann dann an Actin binden. (b) Elektronenmikroskopische Aufnahmen aufgerollter und wieder entrollter Myosin-II-Moleküle (TEM).

15.6 Bewegung in Nicht-Muskelzellen durch Actin

Actin und Myosin sind so gut bekannt, weil sie die wichtigsten Komponenten der dünnen und dicken Filamente der Muskelzellen sind. Tatsächlich repräsentieren die Muskelzellen aber nur einen spezialisierten Fall von Zellbewegungen, die durch die Wechselwirkung von Actin und Myosin angetrieben werden. Actine und Myosine hat man mittlerweile in fast allen eukaryotischen Zellen nachgewiesen, und man weiß, dass sie bei verschiedenen Typen der nicht-muskulären Motilität wichtige Aufgaben übernehmen. Ein Beispiel der Actin-abhängigen, nicht-muskulären Motilität läuft während der Cytokinese (Zellteilung) ab (siehe *Kapitel 18*). In den nun folgenden Abschnitten werden wir mehrere Beispiele vorstellen.

15.6.1 Zellmigration durch Lamellipodien erfolgt über Zyklen von Ausstülpung, Anheftung, Translokation und Ablösung

Actinmikrofilamente (MF) sind für die Bewegung der meisten nicht-muskulären Zellen bei Tieren notwendig. Viele nicht-muskuläre Zellen, beispielsweise die Fibroblasten, der Wachstumskegel von Neuronen und viele Embryonalzellen bei Tieren, können über ein Substrat kriechen, wofür sie Lamellipodien und/ oder Filopodien besitzen.

An der Kriechbewegung der Zelle wirken mehrere verschiedene Ereignisse mit: ❶ Austrecken eines Fortsatzes am „vorderen“ Zellpol; ❷ Anheften der Ausstülpung an das Substrat und ❸ Erzeugung einer Spannung, wodurch die Zelle vorwärts gezogen wird, während sich der „Schwanz“ der Zelle vom Substrat löst und nachgezogen wird. Diese Ereignisse haben wir in ▸*Abbildung 15.19* zusammengefasst.

Das Ausstülpen von Fortsätzen Um zu kriechen, müssen Zellen an ihrem *vorderen Zellpol* spezialisierte *Fortsätze* ausbilden. Ein Typ dieser Fortsätze ist ein dünne Cytoplasmaschicht, ein sogenanntes **Lamellipodium** (Plural: **Lamellipodien**). Ein anderer Typ eines Zellfortsatzes ist eine dünne, spitze Struktur, ein **Filopodium** (Plural: **Filopodien**). Zur Fortbewegung verfügen kriechende Zellen häufig über beide Typen von Plasmamembranausstülpungen.

Von fundamentaler Bedeutung für die Dynamik der Ausstülpung ist das Phänomen des **retrograden Flusses** von F-Actin. Während des normalen retrograden Flusses findet eine Massenbewegung von Mikrofilamenten zur Rückseite der Ausstülpung statt, während sich der Fortsatz ausstülpt. Der retrograde Fluss scheint das Ergebnis zweier simultan ablaufender Vorgänge zu sein: *Actinzusammenbau* an der Spitze des wachsenden Lamellipodiums oder Filopodiums und *rückwärtige Translokation* der Actinfilamente zur Basis der Ausstülpung. In einer typischen Zelle stehen der Zusammenbau vorne und die rückwärtige Translokation im Gleichgewicht; während der eine oder der andere Prozess abläuft, kann ein Fortsatz ausgestreckt oder zurückgezogen werden.

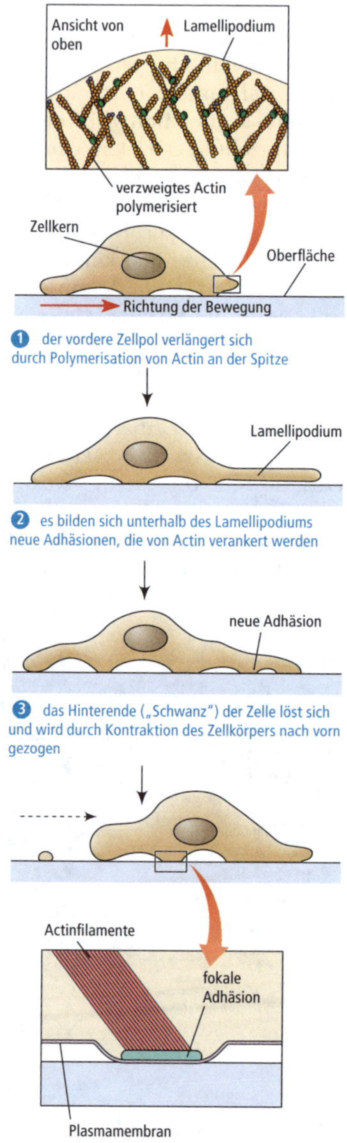

Abbildung 15.19: Die Schritte beim Kriechen einer Zelle. Mehrere verschiedene Prozesse sind an der Kriechbewegung der Zelle beteiligt, darunter die Ausstülpung von Fortsätzen, das Anheften ans Substrat und die Kontraktionsaktivitäten. Die Ausstülpung geht mit der Arp2/3-abhängigen Actinpolymerisation am führenden Ende einher. Durch die Anheftung wird Actin mit der Zelloberfläche verbunden, typischerweise über Integrine, die sich an fokalen Adhäsionen bündeln.

Die Actinpolymerisation, vor allem bei den Lamellipodien, wird von der Arp2/3-abhängigen dendritischen Verzweigung angetrieben, ein Vorgang, den wir in *Kapitel 14* in allen Einzelheiten dargestellt haben. Wenn das Actin an der Spitze eines Fortsatzes polymerisiert, zieht der ausgestülpte Fortsatz nach vorn. Während die Spitze einer Ausstülpung erweitert wird, wird das polymerisierte Actin zur Basis der Ausstülpung gezogen, wo es abgebaut wird. Die freigesetzten Actinmonomere stehen dann bereit, um an die Plusenden neuer oder wachsender Mikrofilamente angelagert zu werden, während die Zelle nach vorne kriecht.

Auch Mikrotubuli sind an der polarisierten Ausstülpung von Fortsätzen beteiligt. Obwohl man noch nicht ganz verstanden hat, worin genau ihre Aufgabe besteht, kann man bei den Mikrotubuli kultivierter Zellen sehen, dass sie nahe beim vorderen Zellpol polymerisieren. Außerdem führt die Behandlung einiger Zellen mit Mikrotubuli-depolymerisierenden Wirkstoffen zur Aufhebung der Polarisierung und sie bilden spontan an ihrer gesamten Oberfläche Fortsätze.

Die Zellanheftung Wenn Zellen Actin nur an den Spitzen der Ausstülpungen polymerisieren, es rückwärts ziehen und dann depolymerisieren würden, wären sie nicht fähig, sich zu bewegen. Irgendetwas muss den retrograden Fluss zur Vorwärtsbewegung der gesamten Zelle koppeln. Außerdem ist eine Anheftung oder Adhäsion der Zelle an ein Substrat für die Kriechbewegung notwendig. Am Vorderende der Zelle müssen neue Stellen zur Bindung gebildet werden, und Kontakte am hinteren Ende müssen gelöst werden. Die Anheftungsstellen zwischen der Zelle und dem Substrat sind komplexe Strukturen und beinhalten die Anheftung von Transmembranproteinen an andere Proteine sowohl außerhalb als auch innerhalb der Zelle. Eine Familie dieser Transmembranproteine, die der Anheftung dienen, sind die *Integrine*. Auf der Außenseite der Zelle heften sich Integrine an extrazelluläre Matrixproteine. In der Zelle sind Integrine über Ankerproteine an Actinfilamente gebunden. Diese Integrin-abhängigen Anheftungen bezeichnet man als *fokale Kontakte*; sie sind für die Zellbewegung von grundlegender Bedeutung. In *Kapitel 16* werden wir uns eingehender mit dem Phänomen des fokalen Kontakts beschäftigen.

Die Intensität der Anheftung einer Zelle an das unter ihr befindliche Substrat ist entscheidend dafür, ob eine Zelle sich vorwärts bewegen kann. In dieser Hinsicht ist die Actinpolymerisation am vorderen Zellpol analog zu einem Auto im Leerlauf. Nachdem man im Auto einen Gang eingelegt hat, bewegt es sich schnell vorwärts. Ebenso verhält es sich mit der Zelle: Durch die feste Anheftung des vorderen Zellpols wird das Gleichgewicht zugunsten einer Vorwärtsbewegung verschoben.

Translokation und Ablösung Bei der Kriechbewegung der Zelle haben wir es mit der koordinierten Bildung von Ausstülpungen, der Anheftung und der Vorwärtsbewegung des gesamten Zellkörpers zu tun. Durch Kontraktion des hinteren Zellteils wird der Zellkörper nach vorn gepresst und die Zelle löst ihre Anheftungsstellen am hinteren Ende. Es liegen Hinweise darauf vor, dass die Kontraktion auf Wechselwirkungen zwischen Actin und Myosinen beruht und dass die Kontraktion unter der Kontrolle des Proteins Rho steht. Man geht davon aus, dass Rho die Aktivierung nicht-muskulären Myosins II reguliert, das sich im hinteren Bereich der Zelle befindet. In mutierten Zellen des zellulären Schleimpilzes *Dictyostelium* ist kein Myosin II lokalisiert, und daher ist die Zelle nur vermindert fähig, ihr hinteres Ende zurückziehen. Ähnliches geschieht, wenn die Rho-Aktivität in kriechenden Monocyten gehemmt wird. Sie sind nicht mehr in der Lage, Anheftungen am hinteren Ende zu lösen und das Ende zu kontrahieren. Diese sowie andere Ergebnisse untermauern die Idee, dass Rho und Myosin II am Zurückziehen des „Zellschwanzes" beteiligt sind.

Die Kontraktion des Zellkörpers muss mit der Lösung des hinteren Zellendes verknüpft sein. Zur Lösung müssen Adhäsionskontakte aufgebrochen werden. Interessanterweise sind die Kontakte am Hinterende manchmal so stark, dass sie nicht gelöst werden können, und der „Zellschwanz" bricht tatsächlich ab, wenn die Zelle das vordere Ende nach vorn zieht (siehe *Abbildung 15.19*). Im Allgemeinen wirkt sich die Intensität der Anheftung an das Substrat auf die Kriechgeschwindigkeit der Zelle aus. Wenn Zellen zu fest an ihr Substrat gebunden sind, dann können sie mit dem Substrat nicht dynamisch Verbindungen herstellen und wieder auflösen, wodurch ihre Motilität beeinträchtigt wäre. Zur Bewerkstelligung der Bewegung müssen neue Anheftungen mit dem Lösen alter Anheftungen im Gleichgewicht stehen.

Jenseits der Zelle: Zelladhäsionen, Zellverbindungen und extrazelluläre Strukturen

16

ÜBERBLICK

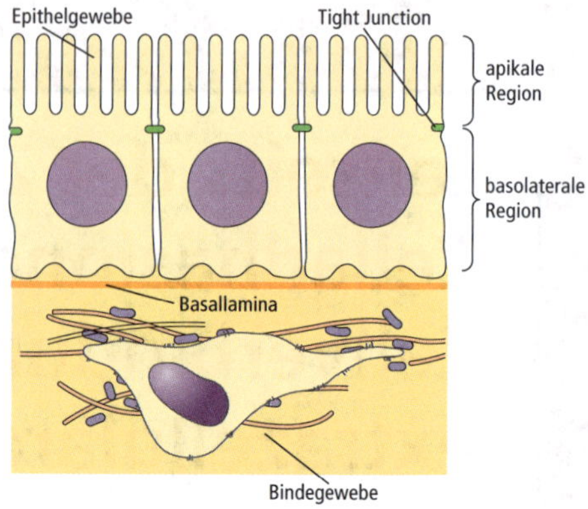

Abbildung 16.1: Zwei verschiedene Gewebetypen bei Tieren. Gewebe sind vielzellige Strukturen, die aus Zellen bestehen, welche über extrazelluläres Material miteinander verbunden sind. In einem polarisierten Epithel (oben), beispielsweise den Zellen, die den Dünndarm von Säugetieren auskleiden, sind die Zellen über Zell-Zell-Adhäsionen (Tight Junctions) miteinander verbunden. Die apikalen Oberflächen dieser Zellen unterscheiden sich funktional und strukturell erheblich von den Oberflächen der basolateralen Seite, die sich auf der sogenannten Basallamina befinden. In einem Bindegewebe (unten), beispielsweise der Lederhaut der Haut, sind locker miteinander verbundene Zellen in extrazelluläre Matrixfasern eingebettet.

In den vorangegangenen Kapiteln haben wir Zellen so behandelt, als existierten sie isoliert und als endeten sie an der Plasmamembran. Die meisten Organismen sind jedoch mehrzellige Lebewesen. Sie bestehen aus vielen Zellen, ja manchmal aus Billionen von Zellen. Viele Zellarten – darunter auch die meisten Zellen Ihres Körpers – verbringen ihr Leben in direktem Kontakt zu benachbarten Zellen. Aufgrund der Organisation von Zellen zu *Geweben* können vielzellige Organismen komplexe Strukturen aufbauen. Diese Gewebe sind wiederum auf präzise Art und Weise angeordnet, um so einen Organismus zu bilden. Wie ist es diesen Geweben möglich, Struktur anzunehmen? Betrachten Sie die beiden Typen tierischer Gewebe, die in ▸*Abbildung 16.1* dargestellt sind. Ein Typ ist eine Schicht aus Zellen, das Epithel. Das sind zum Beispiel die Zellen, die den Dünndarm oder die Atemwege auskleiden, aber auch die Haut ist ein Epithel. Diese Zellen sind eindeutig *polarisiert* – das heißt, sie enthalten an den gegenüberliegenden Zellseiten deutlich abgegrenzte funktionale Domänen. Die mit der äußeren Umgebung in Kontakt stehende Zellseite (zum Beispiel das Lumen des Dünndarms oder der Atemwege) wird häufig als *apikale* (oder auch luminale) Zellseite bezeichnet. Die Bereiche unterhalb der festen Tight Junctions (Schlussleisten), inklusive der Bereiche, die mit der Basallamina in Kontakt stehen, sowie die seitlichen Bereiche zwischen den Zellen bilden die *basolaterale* Seite der Zelle (nicht ganz korrekt auch als basale Seite bezeichnet). Der andere in *Abbildung 16.1* dargestellte Zelltyp stammt aus einem weniger fest organisierten Gewebetyp, dem *Bindegewebe*, beispielsweise der Lederhaut der Haut. In jedem Fall müssen die Zellen miteinander verbunden oder an ein mechanisch festes Gerüst gebunden sein, oder sie gehen beide Formen der Verbindung ein. Möchte man also verstehen, wie vielzellige Organismen aufgebaut sind, so muss man sowohl die Verbindungen zwischen den Zellen, die *Zell-Zell-Adhäsionen*, als auch die *extrazellulären Strukturen* betrachten, an die sich Zellen anheften. Zellen nutzen eine ganze Reihe ausgeklügelter molekularer Komplexe oder Verbindungen, um sich aneinanderzuheften, und an den meisten dieser Komplexe wirken Transmembranproteine mit, welche die Zelloberfläche mit dem Cytoskelett verbinden (darüber haben Sie viel in den *Kapiteln 14* und *15* gelernt). Um sich an extrazelluläre Strukturen zu heften, nutzen Zellen aber andere Typen molekularer Komplexe. Dafür sind spezifische Verknüpfungen zwischen der Zelloberfläche und dem Cytoskelett erforderlich.

Die extrazellulären Strukturen bestehen vor allem aus Makromolekülen, die von der Zelle ausgeschieden werden. Tierische Zellen haben eine *extrazelluläre Matrix (*engl.: *extracellular matrix*; ECM*)*, die in verschiedenen Formen existiert und wichtige Aufgaben bei zellulären Vorgängen wie der Zellteilung, der Motilität, der Differenzierung sowie der Adhäsion übernimmt. Epithelzellen, wie sie in *Abbildung 16.1* zu sehen sind, bilden beispielsweise basolateral eine spezialisierte extrazelluläre Matrix, die *Basallamina*, eine zellfreie Proteinschicht „unter" den Epithelzellen. Bindegewebe bilden wiederum eine weniger fest organisierte Matrix. Bei Pflanzen, Pilzen, Algen und Prokaryoten ist die extrazelluläre Struktur eine *Zellwand* – auch wenn deren chemische Zusammensetzung sich bei diesen Organismen ganz beträchtlich unterscheiden kann. Zellwände verleihen den Zellen, die sie umschließen, Festigkeit. Sie dienen als Permeabilitätsbarrieren und schützen die Zellen vor physikalischem Schaden und vor Angriffen von Viren und infektiösen Organismen.

Den größten Teil unserer Aufmerksamkeit widmen wir in diesem Kapitel den Zell-Zell-Kontakten tierischer Zellen, den für diese Adhäsionen charakteristischen Verbindungen und der Antwort auf die Frage, wie tierische Zellen mit der extrazellulären Matrix in Wechselwirkung treten. Anschließend werden wir uns mit den Wänden beschäftigen, welche die pflanzliche Zelle umgeben, und den spezialisierten Strukturen, die eine Zell-Zell-Kommunikation zwischen pflanzlichen Zellen ermöglicht, obwohl eine Zellwand zwischen den Zellen liegt.

16.1 Zell-Zell-Erkennung und Adhäsion

Einzelne Zellen können sich zu präzisen Mustern anordnen und Gewebe, Organe und Organsysteme bilden. Dafür müssen diese einzelnen Zellen in der Lage sein, sich zu erkennen, sich zu verbinden und miteinander zu kommunizieren. In diesem Abschnitt werden wir uns mit dem *Zell-Zell-Kontakt* beschäftigen und uns später in diesem Kapitel *interzellulären Verbindungen* widmen.

16.1.1 Transmembranproteine vermitteln Zell-Zell-Kontakte

Tierische Zellen machen sich spezialisierte Adhäsionsrezeptoren zunutze, um miteinander Verbindungen einzugehen. Viele dieser Adhäsionsproteine sind Transmembranproteine, was bedeutet, dass der extrazelluläre Anteil dieser Proteine mit dem extrazellulären Teil ähnlicher Proteine auf der Oberfläche einer benachbarten Zelle interagieren kann. Obwohl schematische Zeichnungen adhäsiver Strukturen nahelegen können, dass es sich nach dem Zusammenbau um statische Strukturen handeln könnte, so trifft das überhaupt nicht zu. Zellen können Adhäsionen als Antwort auf eine Vielzahl von Signalen dynamisch zusammensetzen und abbauen. Viele Adhäsionsproteine werden ständig recycelt: Proteine von der Zelloberfläche werden durch Endocytose aufgenommen und neue Proteine werden durch Exocytose auf der Oberfläche abgelagert. Außerdem dienen Adhäsionsproteine als Schlüsselstellen für die Zusammensetzung von Signalisierungskomplexen in Zellen und für die dynamische Zusammensetzung wichtiger Strukturen des Cytoskeletts an Orten der Zelladhäsion. Auf diese Weise wird die Zelladhäsion mit anderen sehr wichtigen Vorgängen koordiniert, unter anderem der Zellsignalisierung, der Zellbewegung, dem Zellwachstum und dem Überleben der Zelle.

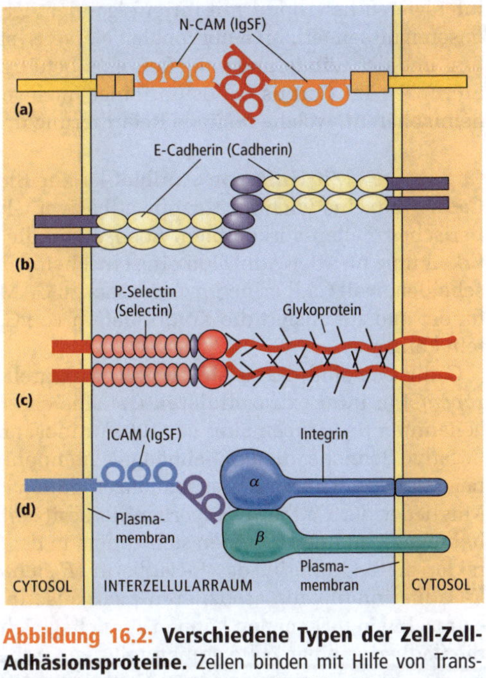

Abbildung 16.2: Verschiedene Typen der Zell-Zell-Adhäsionsproteine. Zellen binden mit Hilfe von Transmembranproteinen an andere Zellen. Diese Transmembranproteine gliedern sich in einige wenige Hauptklassen: (a) die Proteine der *Immunglobulin-Superfamilie (IgSF)*, wie N-CAM; (b) Cadherine, zum Beispiel E-Cadherin; (c) Selectine, die mit den Kohlenhydraten der Glykoproteine auf anderen Zellen eine Bindung eingehen; und (d) in einigen wenigen Fällen, wie bei den Leukocyten, die Integrine, die an IgSF-Proteine wie ICAM auf der Oberfläche von Endothelzellen binden.

Heute wissen wir, dass die Zell-Zell-Adhäsionsrezeptoren in eine relativ kleine Anzahl von Klassen eingeteilt werden können. Dazu zählen die Proteine der *Immunglobulin-Superfamilie (IgSF)*, *Cadherine*, *Selectine* und in einigen wenigen Fällen die *Integrine* (▸*Abbildung 16.2*). In jedem Fall bindet das Adhäsionsprotein auf der Oberfläche der einen Zelle an den geeigneten Liganden auf der Oberfläche einer benachbarten Zelle. In einigen Fällen, zum Beispiel bei vielen Cadherinen und den Mitgliedern der Immunglobulin-Superfamilie, interagieren Zellen mit identischen Molekülen auf der Zelloberfläche, an die sie angeheftet sind. Man bezeichnet derartige Wechselwirkungen als **homophile Interaktionen** (aus dem Griechischen von *homos*, was „gleich", und *philia*, was „Freundschaft" bedeutet). In anderen Fällen, interagiert ein Zelladhäsionsrezeptor auf einer Zelle mit einem anderen Molekül auf der Oberfläche der Zelle, an die er bindet; beispielsweise trifft dies auf die Selectine und die Integrine zu.

Diese Form der Interaktion bezeichnet man als **heterophile Interaktionen** (vom Griechischen *heteros*, was „unterschiedlich" bedeutet). Viele Transmembranadhäsionsrezeptoren sind über Linkerproteine am Cytoskelett verankert. Diese Linkerproteine variieren je nach Molekülklasse und ihrer Lage in der Zelle. In den nächsten Abschnitten werden wir Beispiele aus den wichtigsten Klassen von Zell-Zell-Adhäsionsmolekülen vorstellen.

Zelladhäsionsmoleküle (CAM) Zelladhäsionsmoleküle (CAM; engl.: *cell adhesion molecules*) gehören zur **Immunglobulin-Superfamilie (IgSF)**. Das Gründungsmitglied dieser Familie, das *neurale Zelladhäsionsmolekül (N-CAM)*, wurde mit einem Antikörper entdeckt, welcher die Zell-Zell-Adhäsion zwischen isolierten neuronalen Zellen unterbrach. Die Proteine dieser großen Superfamilie verdanken ihren Namen der Tatsache, dass sie Domänen enthalten, die sich durch gut organisierte Schleifen charakterisieren, welche denen in den Immunglobulin-Untereinheiten ähneln, aus denen sich Antikörper zusammensetzen. Zum Beispiel interagieren CAM, z. B. N-CAM, auf einer Zelle über diese Domänen homophil mit den CAM auf einer benachbarten Zelle. Andere IgSF-Mitglieder interagieren heterophil mit ihren Liganden. IgSF-Mitglieder nehmen an einer Vielzahl von Adhäsionsereignissen teil. Im embryonalen Nervensystem sind CAM, wie N-CAM und L1-CAM, am Wachstum und der Bündelung von Neuronen beteiligt. Menschen mit Mutationen im L1-CAM-Gen haben Störungen im Corpus callosum (einer quer verlaufenden Verbindung zwischen den beiden Hirnhemisphären), welche mentale Retardierung und andere Defekte hervorrufen.

Cadherine Mit Hilfe von Antibiotika zur Blockierung der Zell-Zell-Kontakte entdeckte man die **Cadherine**, eine wichtige Gruppe adhäsiver Glykoproteine, die in der Plasmamembran der meisten tierischen Zellen vorkommen. Ebenso wie die CAM spielen auch die Cadherine bei der Zell-Zell-Erkennung und der Adhäsion eine entscheidende Rolle. Die beiden Proteingruppen kann man unterscheiden, weil Cadherine im Gegensatz zu CAM Calcium für ihre Funktionsfähigkeit benötigen. Ca^{2+} bindet und stabilisiert die Konformation von Cadherinen, sodass sie die Zell-Zell-Adhäsion vermitteln können.

Cadherine sind durch eine Reihe strukturell ähnlicher Domänen (oder „Wiederholungen", engl.: *repeats*) in ihrer extrazellulären Domäne charakterisiert. Diese auch Ektodomänen (EC-Domänen) genannten Sequenzen sind ca. 100 Aminosäuren lang, evolutionär hoch konserviert und besitzen negative Bereiche, die Ca^{2+}-abhängige homophile Bindungen ermöglichen. Die einzelnen Ektodomänen sind durch kurze Linkersequenzen miteinander verbunden und wiederholen sich bis zu 34-mal. Mitglieder der Cadherin-Superfamilie besitzen eine erheblich schwankende Anzahl dieser Wiederholungen und unterscheiden sich zudem in der Struktur der cytosolischen Enden. Das am besten charakterisierte Cadherin, das E-Cadherin (*E* steht für „Epithel") besitzt fünf Wiederholungsdomänen. E-Cadherinmoleküle assoziieren paarweise in der Plasmamembran. Aufgrund der Struktur ihrer extrazellulären Domänen können sie sich, gleich einem Reißverschluss, homophil verschließen, denn die Cadherine einer Zelle greifen mit den Cadherinen einer benachbarten Zelle ineinander. An ihren cytosolischen Enden assoziieren Cadherine mit dem Cytoskelett, wodurch sie die Zelloberfläche mit dem Cytoskelett verbinden. Diese Verbindungen unterscheiden sich bei den verschiedenen Typen der Cadherine. Damit werden wir uns auseinandersetzen, wenn wir uns zu einem späteren Zeitpunkt in diesem Kapitel mit der Struktur der Zell-Zell-Verbindungen beschäftigen.

In den spezifischen Geweben werden verschiedene Cadherine exprimiert. Ihre regulierte Expression ist ein ganz besonders faszinierendes Merkmal der embryonalen Entwicklung und bedingt die Fähigkeit verschiedener Gewebe, sich voneinander zu trennen, wenn der Embryo seine Gestalt ändert. Die Rolle der verschiedenen Cadherine bei der Zell-Zell-Adhäsion hat man anhand kultivierter Fibroblasten, den sogenannten *L-Zellen*, untersucht. Sie gehen eine nur schwache Bindung miteinander ein und enthalten wenig Cadherin. Als man aufgereinigte DNA, die E-Cadherin oder P-Cadherin kodiert (P steht für „die Plazenta", in der man dieses Cadherin erstmalig beschrieb), in L-Zellen einführte, begannen die Zellen mit der Bildung von Cadherinen und banden fester aneinander. Außerdem binden die L-Zellen, die E-Cadherin bilden, vorzugsweise an andere, gleichfalls E-Cadherin bildende Zellen. Ähnlich verhält es sich mit Zellen, die P-Cadherin bilden und selektiv an andere, ebenfalls P-Cadherin bildende Zellen binden. Aus diesen Beobachtungen kann man folgern, dass die Menge und die Arten der Cadherinmoleküle auf Zelloberflächen bei der Zuweisung der Zelltypen zu spezifischen Geweben helfen.

Vor allem bei der embryonalen Entwicklung spielen die Cadherine eine Hauptrolle. Während der embryonalen Entwicklung sind der dynamische Zusammenbau und der Abbau von Adhäsionen auf Cadherinbasis strengstens reguliert. Hemmt man beispielsweise in Froschembryos die mRNA, die für den wichtigsten Cadherintyp kodiert, dann verlieren die Froschembryos ihre normale Organisation. Andere Cadherine (N-Cadherine) unterstützen neuronale Zellen bei der Bildung von Nervenbündeln und dem Aufbau synaptischer Verbindungen. Ein Prozess von ganz besonderer Bedeutung, der häufig während der embryonalen Entwicklung abläuft, ist der Abbau eines Epithels zu locker organisierten, migratorischen Zellen, den sogenannten Mesenchymzellen. Diese *Epithel-Mesenchym-Transition (EMT)* geht mit Veränderungen in der Cadherinexpression einher. Veränderungen in der Cadherinexpression finden auch in Krebszellen statt. Sehr häufig stoppt auf den Oberflächen von Krebszellen die Expression von Cadherinen, zum Beispiel die Expression von E-Cadherin. Daraus folgt, dass sie im Gegensatz zu gesunden Zellen eine EMT durchlaufen, und diese Zellen sich damit auf andere Körperteile ausbreiten können. Diesen Vorgang bezeichnet man als Metastasierung, die Bildung von Metastasen.

16.1.2 Kohlenhydratgruppen sind für die Zell-Zell-Erkennung und die Adhäsion wichtig

Ebenso wie andere Glykoproteine beeinflussen wahrscheinlich die Kohlenhydratseitenketten der CAM und der Cadherine deren Adhäsionseigenschaften. Des Weiteren gibt es einige gut untersuchte Beispiele dafür, wie sich auf der Zelloberfläche lokalisierte Kohlenhydrate auf die Zelladhäsion auswirken.

Lectine Eine Beteiligung von Kohlenhydratgruppen an der Zelladhäsion wird dadurch deutlich, dass viele tierische und pflanzliche Zellen Kohlenhydrat-Bindungsproteine abgeben, die sogenannten **Lectine**. Lectine fördern die Zell-Zell-Adhäsion, indem sie an einen spezifischen Zucker oder eine spezifische Zuckersequenz binden, die sich auf der äußeren Zelloberfläche befindet. Da Lectine im Allgemeinen mehr als nur eine Kohlenhydratbindungsstelle besitzen, können sie an die Kohlenhydratgruppen auf zwei verschiedenen Zellen binden, wodurch die Zellen vernetzt werden.

Selectine und die Leukocytenadhäsion Die Kohlenhydraterkennung spielt später in diesem Kapitel noch eine wichtige Rolle, und zwar bei den Interaktionen von Leukocyten (weißen Blutkörperchen) mit Endothelzellen, die Blutgefäße auskleiden, oder mit Blutplättchen. Die Zelloberflächenglykoproteine mit der Bezeichnung **Selectine** vermitteln diese Wechselwirkungen. Jeder Zelltyp exprimiert ein anderes Selectin (L-Selectin auf Leukocyten, E-Selectin auf den Endothelzellen der Blutgefäße und P-Selectin auf Blutplättchen und Endothelzellen). Leukocyten rollen an den Wänden von Blutgefäßen entlang. Im Fall einer Entzündung heften sie sich in der Nähe des Entzündungsherdes an die Wand des Blutgefäßes und wandern dann aus dem Blutgefäß heraus zum Ort der Entzündung. Die erste Anheftung der Leukocyten wird durch Bindung von Selectinen auf den Leukocyten an Kohlenhydrate auf der Oberfläche von Endothelzellen und umgekehrt vermittelt. Wenn die Leukocyten sich nicht mehr bewegen und beginnen, in das Gewebe einzudringen, bilden sie stabilere Kontakte. Diese werden von einem spezifischen Integrin an der Oberfläche des Leukocyten und von Proteinen der Immunglobulin-Superfamilie, den *ICAM*, auf den Oberflächen von Endothelzellen vermittelt.

Kohlenhydrate und das Überleben der Erythrocyten Eines der am eingehendsten untersuchten Beispiele zur Verdeutlichung der Wichtigkeit von Kohlenhydraten auf der Zelloberfläche ist die Bestimmung der Blutgruppen A, B, AB und 0 des Menschen mit Hilfe einer spezifischen Kohlenhydratseitenkette auf einem Glykolipid der Erythrocyten-Plasmamembran. Das AB0-Blutgruppensystem beruht auf Unterschieden in den Kohlenhydratseitenketten auf der Oberfläche der roten Blutkörperchen. Wenn man bei einer Transfusion die falsche Blutgruppe wählt, kann es dadurch zur Verklumpung der roten Blutkörperchen kommen und möglicherweise den Tod eines Patienten zur Folge haben. Die vier Blutgruppen im AB0-System hängen von genetisch bedingten Unterschieden in der Struktur einer verzweigten Kohlenhydratkette ab, die an ein spezifisches Glykoprotein in der Plasmamembran des Erythrocyten gebunden ist. Bei Individuen mit der Blutgruppe A findet sich an den Enden dieses

Kohlenhydrats der Aminozucker *N*-Acetylgalactosamin (GalNAc), während Individuen mit der Blutgruppe B stattdessen Galactose (Gal) haben. Bei Individuen mit der Blutgruppe AB liegt sowohl *N*-Acetylgalactosamin als auch Galactose vor. Bei Individuen mit der Blutgruppe 0 kommt keiner dieser terminalen Zucker vor.

Diese geringfügigen Unterschiede haben gewaltige Auswirkungen auf die Kompatibilität von Bluttransfusionen, denn im Blutstrom von Menschen mit den Blutgruppen A, B oder 0 befinden sich Antikörper, die den jeweiligen terminalen Zucker dieses spezifischen Glykoplipids erkennen und an ihn binden. Ein Individuum, in dessen Blut Antikörper gegen einen oder beide Zucker (GalNAc oder Gal) vorliegen, verträgt keine Bluttransfusion von einem Spender, in dessen Blut das Glykolipid mit dem terminalen Zucker enthalten ist. Individuen der Blutgruppe A besitzen Antikörper gegen Kohlenhydratseitenketten, die mit Galactose enden. Gerade diese kommen im Blut der Blutgruppen B und AB vor. Daher kann man bei ihnen keine Transfusion mit Blut der Blutgruppen B und AB durchführen. Hingegen können sie Blut von Spendern mit den Blutgruppen A oder 0 erhalten. Umgekehrt bedeutet dies, dass Individuen mit der Blutgruppe B Antikörper gegen Kohlenhydratseitenketten besitzen, die mit GalNAc enden, die bei den Blutgruppen A und AB auftreten. Aus diesen Grunde kann man keine Transfusion mit Blut der Blutgruppen A oder AB durchführen, wohl aber mit Blut von Spendern der Blutgruppen B oder 0. Individuen der Blutgruppe 0 bezeichnet man als Universalspender, denn ihre Erythrocyten lösen keine Immunantwort bei anderen Blutgruppen aus, da sie keine Antigene vom Typ A oder B tragen.

16.2 Zell-Zell-Verbindungen

Per Definition kommt bei einzelligen Organismen keine dauerhafte Assoziation zwischen Zellen vor (obwohl sie vorübergehend Assoziationen eingehen können, beispielsweise bei Bakterienschwärmen oder der Aggregation von Amöbenzellen der Schleimpilze). Während bei ihnen eine einzelne Zelle in sich eine Einheit bildet, verfügen vielzellige Organismen über spezifische Mechanismen, mit deren Hilfe Zellen langfristig zu Gruppen zusammengefasst und Gewebe und Organe gebildet werden. Diese Assoziationen beruhen im Allgemeinen auf spezialisierten Modifikationen der Plasmamembran genau an den Stellen, an denen die Zellen in Kontakt treten. Diese spezialisierten Strukturen bezeichnet man als **Zell-Zell-Verbindungen** (engl.: *cell-cell-junctions*). Die drei am häufigsten bei Tieren auftretenden Zell-Zell-Verbindungen sind *Adhäsionsverbindungen*, *Tight Junctions* und *Gap Junctions*. In ▸ *Abbildung 16.3* sind diese Verbindungsarten dargestellt.

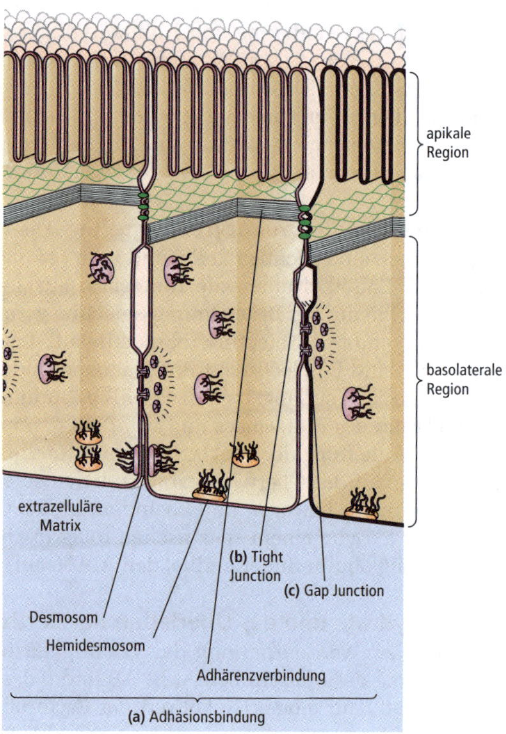

Abbildung 16.3: Die wichtigsten Zellverbindungen bei tierischen Zellen. (a) Adhäsionsverbindungen sind auf die Zell-Zell- und die Zell-ECM-Adhäsion spezialisiert. Desmosomen und Hemidesmosomen binden an intermediäre Filamente in der Zelle, während Adhärenzverbindungen und fokale Kontakte an Actinmikrofilamente binden. (b) Tight Junctions bauen eine weitgehend impermeable Abdichtung zwischen Zellen auf, wodurch Flüssigkeiten, Moleküle oder Ionen daran gehindert werden, über den interzellulären Zwischenraum eine Zellschicht zu durchqueren. (c) Gap Junctions ermöglichen eine direkte chemische und elektrische Kommunikation zwischen Zellen, indem sie die Passage kleiner Moleküle und Ionen von einer Zelle zur anderen zulassen. Beachten Sie, dass Adhäsionsverbindungen ebenso wie Tight Junctions auch Actin akkumulieren können (in der Abbildung nicht dargestellt).

Bei Pflanzen ist durch die Existenz der Zellwand zwischen den Plasmamembranen benachbarter Zellen die Arten von Zellverbindungen, welche tierische Zellen verknüpfen, nicht möglich. Trotzdem üben die Zellwand und besondere Strukturen, die *Plasmodesmen* (auch *Plasmodesmata*), ähnliche Funktionen aus, womit wir uns später in diesem Kapitel beschäftigen werden.

16.2.1 Polaritäts-Proteine regulieren die Positionierung von Zell-Zell-Verbindungen

Sowohl einzelne freibewegliche Zellen als auch Epithelien zeigen eine deutliche funktionelle Polarität. Sie besitzen definierte Regionen, die offensichtlich unterschiedliche Aktivitäten ausführen. Vor allem Epithelzellen zeigen eine ausgeprägte Polarität, durch welche die apikale von der basolateralen Seite der Zelle getrennt ist (siehe *Abbildung 16.1*).

16.2.2 Adhäsionsverbindungen verknüpfen benachbarte Zellen miteinander

Eine der drei wichtigsten Typen von Verbindungen zwischen tierischen Zellen ist die **Adhäsionsverbindung**. Adhäsionsverbindungen verknüpfen Zellen zu Geweben, wodurch die Zellen die Fähigkeit erlangen, als Einheit zu funktionieren. Alle Verbindungen dieser Kategorie verankern die Zelloberfläche am Cytoskelett. Das daraus hervorgehende untereinander verknüpfte Netzwerk aus Membranen und Cytoskelett hilft, die Integrität des Gewebes zu erhalten und mechanischem Stress zu widerstehen.

Die beiden wichtigsten Arten der Zell-Zell-Adhäsionsverbindungen sind *Adhärenzverbindungen* (engl.: *adherens junctions*) und *Desmosomen* (*Abbildung 16.3*). Trotz struktureller und funktionaler Unterschiede haben alle Adhäsionsverbindungen zwei verschiedene Proteinarten gemeinsam: *intrazelluläre Anheftungsproteine*, welche die Verbindungen mit den richtigen Cytoskelettfilamenten auf der Innenseite der Plasmamembran verknüpfen, und *Cadherine*. Diese ragen aus der äußeren Membranoberfläche heraus und verbinden Zellen miteinander.

Adhärenzverbindungen Die von Cadherin vermittelten Adhäsionsverbindungen, die mit Actin interagieren, bezeichnet man als **Adhärenzverbindungen**. Der Abstand zwischen den benachbarten Membranen liegt bei den Adhärenzverbindungen bei ungefähr 20–25 nm. Vor allem in Epithelien sind die Adhärenzverbindungen von Bedeutung. In den Epithelzellen bilden Adhärenzverbindungen einen kontinuierlichen, die Zelle umlaufenden Adhäsionsgürtel, der die Zellen unterhalb der Tight Junctions an der lateralen Seite der Membran umgibt (*Abbildung 16.3*).

Adhärenzverbindungen sind Anheftungspunkte zwischen der Zelloberfläche und dem Cytoskelett (siehe ▸*Abbildung 16.3a*). Ein Protein mit der Bezeichnung β-*Catenin* bindet an den cytosolischen Schwanz des Cadherins. β-*Catenin* übernimmt vielfältige Aufgaben in der Zelle: Abgesehen von seiner Tätigkeit bei der Zelladhäsion wirkt es auch am Wnt-Signalweg mit, einem Zellsignalisierungsweg, der bei der Krebsentstehung eine wichtige Rolle spielt. β-*Catenin* wird wiederum von einem zweiten Protein gebunden, dem α-*Catenin*, das Actin zur Bindung rekrutieren kann. Obwohl man β-*Catenin* im Allgemeinen als desmosomales Protein betrachtet (siehe unten), kommt in einigen Adhärenzverbindungen ein weiteres Mitglied der Familie der β-*Catenine* vor, das Plakoglobin.

Desmosomen Desmosomen sind enge, scheibenförmige Verbindungen zwischen den benachbarten Zellen eines Gewebes. Desmosomen (auch als Macula adhaerens bezeichnet) verleihen dem Gewebe strukturelle Integrität und befähigen die Zellen, als Einheit zu funktionieren und mechanischen Stress zu überstehen. Desmosomen kommen in vielen Geweben vor, doch hauptsächlich in Geweben, die starker mechanischer Beanspruchung ausgesetzt sind, wie Haut, Herzmuskel und Gebärmutterhals. In ▸*Abbildung 16.4* sehen Sie die Struktur eines typischen Desmosoms. Die Plasmamembranen der beiden benachbarten Zellen sind parallel angeordnet und haben einen Zwischenraum von ca. 25–35 nm. Der extrazelluläre Raum zwischen den beiden Membranen ist der *Desmosomenkern*. Der Desmosomenkern setzt sich aus den desmosomalen Cadherinen zusammen, *Desmocollin* und *Desmoglein*. Im Gegensatz zu E-Cadherin interagieren Desmocolline und

Desmogleine wahrscheinlich heterophil über den intrazellulären Zwischenraum. Ebenso wie andere Cadherine binden Linkerproteine an den cytosolischen Schwanz und verknüpfen diesen mit dem Cytoskelett. Das zur Familie der β-Cateninproteine gehörende *Plakoglobin* bindet an Desmocollin. Plakoglobin bindet wiederum an das Protein *Desmoplakin*. Desmoplakin bindet an *Tonofilamente*, die aus intermediären Filamenten wie Vimentin, Desmin oder Keratin bestehen. Unmittelbar unterhalb der Plasmamembran der beiden benachbarten Zellen liegt eine dicke Plaque, welche diese Linkerproteine und Tonofilamente enthält.

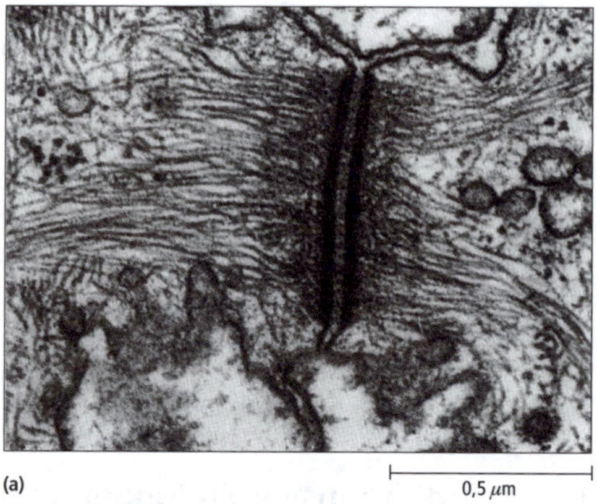

(a)

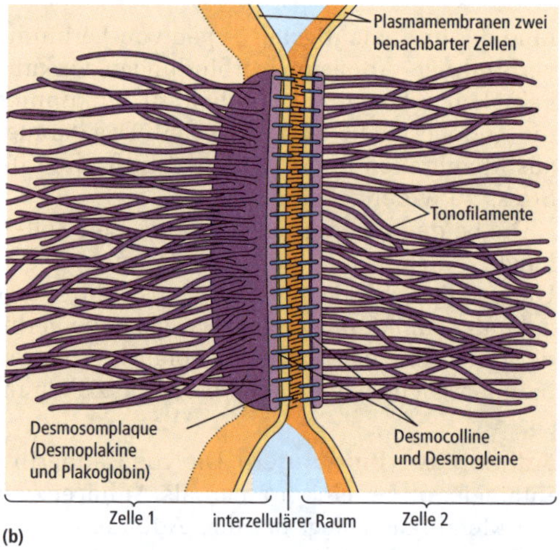

(b)

Abbildung 16.4: Die Struktur eines Desmosoms. (a) Elektronenmikroskopische Aufnahme eins Desmosoms, das zwei Zellen in der Haut eines Wassermolchs verbindet (TEM). (b) Schematische Zeichnung eines Desmosoms. Der Abstand zwischen den Zellen in der Desmosomregion beträgt 25–35 nm, was ungefähr dem Abstand einer nicht-verknüpften Region entspricht. Der Desomsomkern zwischen den beiden Membranen ist mit Cadherinen ausgefüllt (Desmocolline und Desmogleine). Die Plaque auf der cytoplasmatischen Seite der Membran enthält Desmoplakine und Plakoglobin und ist mit Tonofilamenten verknüpft. Tonofilamente sind Intermediärfilamente, die je nach Zelltyp aus Keratin, Desmin oder Vimentin bestehen. Indem Desmosomen Tonofilamente benachbarter Zellen miteinander verbinden, tragen sie zur mechanischen Festigkeit der Epithelien bei.

16.2.3 Tight Junctions verhindern die Passage von Molekülen

Ein Schlüsselmerkmal von Epithelien ist ihre Fähigkeit, Barrieren zwischen den internen Zellen des Körpers und der Außenwelt zu errichten. Beispielsweise muss das Darmepithel die Flüssigkeiten im Lumen des Darms von den körperinneren Flüssigkeiten trennen. Daher benötigen die Epithelzellen spezialisierte Strukturen, die sie sich fest miteinander verbinden können. Das ist die Funktion der **Tight Junctions (Zonula occludens, Schlussleiste)**. Wie ihr Name bereits sagt, verhindern sie jeden Zwischenraum zwischen den Plasmamembranen benachbarter Zellen (▸*Abbildung 16.5*). Die Tight Junctions zwischen den in enger Nachbarschaft liegenden Zellen eines Epithels, das ein Organ oder eine Körperhöhle auskleidet, bilden ein kontinuierliches Band in der apikalen Region der seitlichen Oberflächen einer jeden Zelle, genau über den Adhärenzverbindungen. Diese Bänder stellen eine hervorragende Barriere dar (▸*Abbildung 16.5a*), sodass Moleküle typischerweise durch die Zellen hindurch transportiert werden müssen, wenn sie das Epithel überqueren sollen. Tight Junctions sind vor allem charakteristische Zell-Zell-Verbindungen der Epithelzellen. Sie kommen auch häufig in den Kanälen und Hohlräumen der Drüsen vor, die mit dem Verdauungstrakt verbunden sind, beispielsweise der Leber und der Bauchspeicheldrüse, sowie der Blase; dort gewährleisten sie, dass der in der Blase gespeicherte Harn nicht zwischen den Epithelzellen hindurchsickert. Tight Junctions bilden eine Diffusionsbarriere, die verhindert, dass Ionen und Moleküle ungerichtet zwischen den Epithelzellen hindurch in den Körper gelangen. Je nach Lage der Tight Junctions kann diese Diffusionsbarriere sehr undurchlässig („tight epithelium") oder durchlässig für Ionen oder kleinere Moleküle sein („leaky epithelium").

Tight Junctions verbinden die Membranen benachbarter Zellen höchst effektiv. Allerdings stehen die Membranen der Nachbarzellen nicht über weite Bereiche miteinander in Kontakt, vielmehr sind sie an genau definierten Stellen über Proteinkomplexe miteinander verbunden (▸*Abbildung 16.5b*). Tight Junctions kann man insbesondere mit Hilfe der Gefrierätztechnik unter dem Mikroskop sichtbar machen, wobei die inneren Seiten der Membranen erkennbar sind. Jede dieser Tight Junctions ist als Reihe von Graten zu sehen, die ein untereinander verbundenes Netzwerk bilden, das sich über die Verbindungsstellen ausdehnt (▸*Abbildung 16.5c*). Jeder Grat besteht aus einer ununterbrochenen Reihe dicht gepackter Transmembranverbindungsproteine mit einem Durchmesser von 3–4 nm. Das Ergebnis gleicht zwei verrosteten Metallstücken, die man an den Seiten zusammengeschweißt hat. Durch die verschweißten Seiten ist kein Zwischenraum mehr möglich und sie siegeln die Verbindung effektiv ab. Die daraus hervorgegangene Barriere verhindert den Durchlass extrazellulärer Flüssigkeit durch die Zwischenräume zwischen benachbarten Zellen. Es überrascht keineswegs, dass die Anzahl von „Schweißnähten" über den Tight Junctions sehr wohl mit der Stärke der Versiegelung korreliert, welche die jeweilige Tight Junction gebildet hat. Abgesehen von diesen dicht nebeneinander liegenden Membranen akkumulieren Gerüstproteine an den Tight Junctions Cytoskelettproteine wie F-Actin, die sich an die Tight Junctions anlagern.

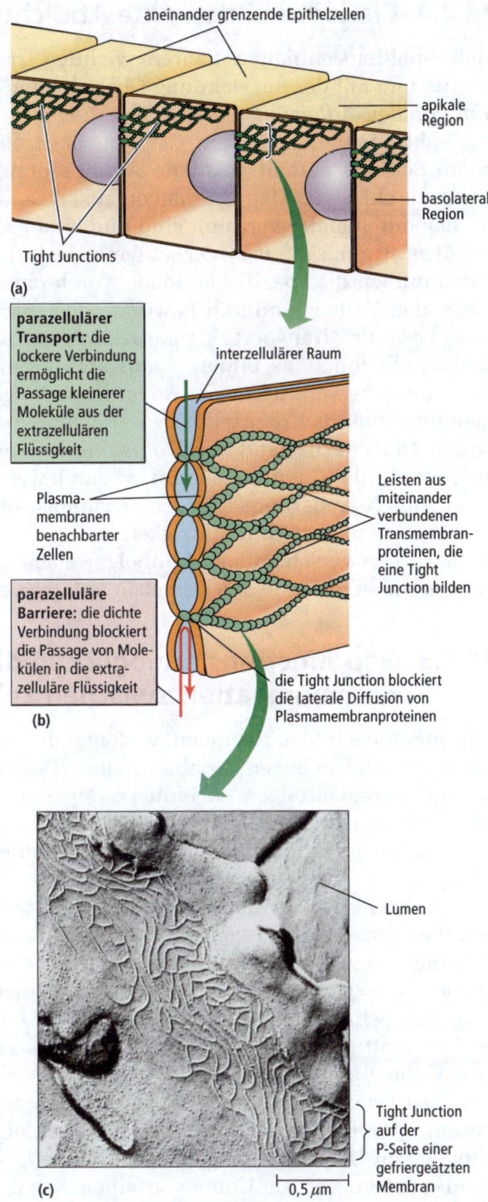

Abbildung 16.5: Struktur der Tight Junction. (a) Schematische Darstellung mehrerer benachbarter Epithelzellen, die durch Tight Junctions verbunden werden. (b) Die Transmembranverbindungsproteine in den Plasmamembranen zwei benachbarter Zellen liegen gebündelt an den Kontaktpunkten und bilden Grate aus Proteinen, welche die Plasmamembranen fest miteinander verbinden. Tight Junctions verhindern den Durchlass extrazellulärer Moleküle durch Spalten zwischen den Zellen (rote Pfeile) und blockieren zudem die Seitwärtsbewegung von Transmembranproteinen. (c) Diese elektronenmikroskopische Aufnahme eines Gefrierätzpräparats zeigt die Tight Junctions zwischen den Zellen einer Froschblase. Die Tight Junctions sind als erhabene Grate auf der protoplasmatischen Seite (P) der Membran zu erkennen. Das Lumen ist der Hohlraum der Blase (TEM).

Die Rolle von Tight Junctions bei der Blockade der lateralen Diffusion von Membranproteinen Tight Junctions kann man sich als „Tore" vorstellen, die Flüssigkeiten, Ionen und Moleküle daran hindern, sich unkontrolliert zwischen den Zellen hindurch ins Körperinnere zu bewegen. Zugleich sind Tight Junctions aber auch „Zäune", die eine Seitwärtsbewegung von Lipiden und Proteinen innerhalb der Membran unterbinden. Die Lipidbewegung wird nur im äußeren Monolayer blockiert, aber die Bewegung integraler Membranproteine wird vollständig unterbunden. Tight Junctions sorgen durch Verhinderung der lateralen Diffusion von Proteinen dafür, dass die Bereiche der apikalen und der basolateralen Membran eine vollkommen unterschiedliche Ausstattung mit integralen Membranproteinen haben. Auf diese Weise entsteht die für die normale Funktion von Epithelien so wichtige *funktionale Polarität* der Epithelzellen.

16.2.4 Claudine bilden eine Abdichtung an den Tight Junctions

Tight Junctions enthalten mehrere wichtige Transmembranproteine. Dazu gehören ein Transmembranprotein mit der Bezeichnung *Occludin* und die Proteine der Immunglobulin-Superfamilie, die *junktionalen Adhäsionsmoleküle (JAM*; engl.: *junctional adhesion molecules)*. Außerdem enthalten Tight Junctions **Claudine**. Claudine besitzen vier Transmembrandomänen. Die größte extrazelluläre Schleife enthält geladene Aminosäuren, von denen man annimmt, dass sie spezifische Ionen durchlassen. Man geht davon aus, dass Claudine in der Plasmamembran benachbarter Zellen eng miteinander verzahnt sind und eine feste Abdichtung bilden. Ferner nimmt man an, dass geladene Aminosäuren in der großen extrazellulären Schleife von Claudinen für Ionen selektive Poren bilden, die spezifische Ionen durch das Epithel lassen. Da sich in diesem Fall Ionen zwischen den Zellen hindurch bewegen, aber nicht in die Zellen hineingelangen, bezeichnet man diese Form des Transports als **parazellulären Transport** (siehe *Abbildung 16.5*). Wenn Zellen, die keine Tight Junctions bilden, stattdessen Claudine exprimieren, bilden sie den Tight Junctions recht ähnliche Verbindungen. Außer ihrer Aufgabe, Tight Junctions zusammenzusetzen, scheinen Claudine auch den parazellulären Transport von Ionen durch Epithelzellen zu regulieren (siehe unten). Die Selektivität dieser Diffusionsbarriere hängt offenbar von der unterschiedlichen Zusammensetzung der Claudine ab und ist den jeweiligen Anforderungen des speziellen Epithels angepasst. Durch Änderungen in der Zusammensetzung der Claudine und anderer Proteine können Tight Junctions ihre Durchlässigkeit auch entsprechend den physiologischen Erfordernissen variieren. In den verschiedenen Epithelgeweben werden unterschiedliche Claudine exprimiert, und man vermutet, dass sie den Geweben unterschiedliche Permeabilitätseigenschaften verleihen.

16.2.5 Gap Junctions ermöglichen direkte elektrische und chemische Kommunikation zwischen Zellen

Gap Junctions bilden Regionen, in denen die Plasmamembranen zweier Zellen dicht nebeneinander liegen und in engem Kontakt stehen. Der Abstand beträgt nur 2–3 nm und wird von kleinen molekularen „Leitungen" überquert. Gap Junctions stellen also Punkte cytoplasmatischen Kontakts zwischen zwei benachbarten Zellen dar, durch den sich Ionen und kleine Moleküle bewegen können. Sie ermöglichen benachbarten Zellen eine direkte elektrische und chemische Kommunikation.

▸*Abbildung 16.6* stellt die Struktur von Gap Junctions dar. An den Gap Junctions sind die beiden Plasmamembranen benachbarter Zellen durch fest gepackte, hohle Zylinder, die **Connexone**, verbunden. Einzelne Gap Junctions können aus nur ganz wenigen oder bis zu Tausenden gebündelter Connexone bestehen. Bei Wirbeltieren wird ein Connexon durch die kreisförmige Ansammlung von sechs Untereinheiten des Proteins *Connexin* gebildet. Wirbellose Tiere haben keine Connexine. Stattdessen bilden sie Proteine, die sogenannten *Innexine*, die wohl die Aufgabe der Connexine übernehmen.

In den Geweben kommen viele verschiedene Connexine vor (es gibt mehr als ein Dutzend Typen), doch jede bildet auf ähnliche Weise Connexone. Der Komplex von Connexinen einer Zelle bildet einen *Halbkanal (*engl.: *hemi channel)*, welcher mit seinem Pendant der Nachbarzelle verbunden ist und so als Connexon einen Kanal zwischen den beiden Zellen bildet (▸*Abbildung 16.6a*). Der Durchmesser eines Connexons liegt bei ungefähr 7 nm. Ein Connexon hat ein hohles Zentrum, das einen sehr schmalen, hydrophilen Kanal durch die Membran bildet. Der Kanal hat an seiner schmalsten Stelle einen Durchmesser von circa 3 nm – gerade groß genug, um Ionen und kleinen Moleküle Durchlass zu gewähren, aber zu klein für Proteine, Nucleinsäuren und Organellen. Zu der Gruppe der kleinen Moleküle, die passieren können, gehören außer Ionen einzelne Zucker, Aminosäuren und Nucleotide – fast alle am Zellmetabolismus beteiligten Moleküle. Indem Wissenschaftler fluoreszierende Moleküle in Zellen einführten, die über Gap Junctions miteinander verbunden sind, konnten sie nachweisen, dass Gap Junctions gelöste Stoffe mit einem Molekulargewicht von bis zu 1.200 durchlassen.

Obwohl Connexone anfangs als geschlossene Strukturen gebildet werden, verbinden sich die Enden der Connexin-Zylinder in den beiden Membranen, sobald die Connexone benachbarter Zellen in Kontakt treten. Sie bilden direkte Kommunikationskanäle zwischen den beiden Zellen, die man unter dem Elektronenmikroskop sichtbar machen kann (▸*Abbildung 16.6b, c*). Nachdem sich der Kanal vollständig ausgebildet hat, können verschiedene zelluläre Parameter wie das Membranpotenzial oder die Konzentration an Second Messengern das Öffnen oder Schließen von Gap Junctions beeinflussen.

Gap Junctions findet man bei den meisten Zellen der Vertebraten und der Invertebraten. Sie kommen vor allem in Geweben vor, in denen eine extrem schnelle Kommunikation zwischen Zellen erforderlich ist, wie Muskeln und Nerven (z. B. in elektrischen Synapsen; siehe *Kapitel 12*). Im Herzmuskel erleichtern Gap Junctions den Fluss der elektrischen Erregungen, welche das Herz zum Schlagen bringen. Diese Funktionen wurden durch die Analyse von Mutationen in Connexinen und Innexinen bestätigt. Bei Mäusen, denen ein Connexintyp fehlt, ist zum Beispiel die Weiterleitung elektrischer Impulse im Herzen gestört. Mehrere Erkrankungen beim Menschen konnten direkt mit Defekten in den Gap Junctions in Verbindung gebracht werden. Dazu gehören mehrere Typen demyelinisierender neurodegenerativer Erkrankungen, verschiedene Hautkrankheiten, die Entwicklung des grauen Stars und einige Formen von Taubheit.

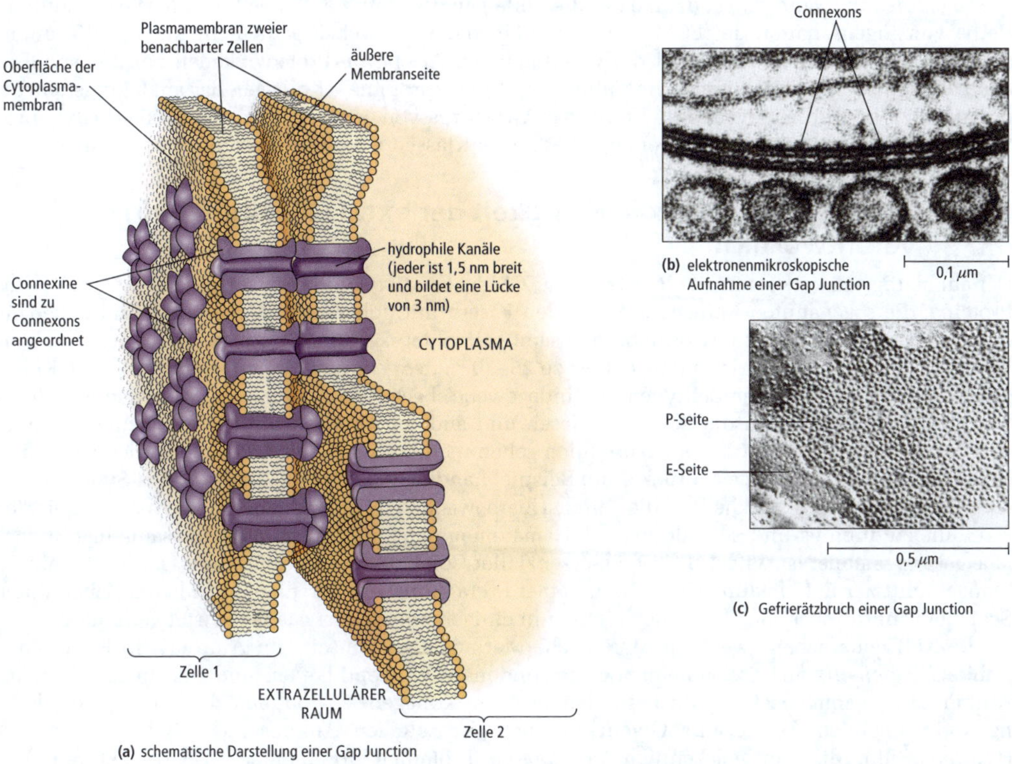

Abbildung 16.6: Die Struktur von Gap Junctions. (a) Schematische Darstellung der Gap Junctions. Gap Junctions bestehen aus einer großen Anzahl hydrophiler Kanäle, die durch Zusammenschluss zweier Connexone in der Plasmamembran zweier benachbarter Zellen gebildet werden. (b) Elektronenmikroskopische Aufnahme von Gap Junctions zwischen zwei benachbarten Nervenzellen. Die Connexone, die sich durch die Membranen erstrecken, sind hier als perlenähnliche Vorsprünge zu erkennen, die ungefähr 17 nm auseinander liegen und sich auf jeder Seite der Membran-Membran-Verbindung befinden (TEM). (c) Gap Junctions, die mit der Gefrierätzmethode präpariert wurden. Die Gap Junctions sind als Aggregation von Intermembranpartikeln auf der protoplasmatischen Seite (P) zu erkennen und auf der äußeren Seite der Membran (E, engl.: *exterior*) als Reihe von Vertiefungen (TEM).

16.3 Die extrazelluläre Matrix tierischer Zellen

Gewebe bestehen nicht einfach nur aus Zellen. Zellen interagieren mit extrazellulären Komponenten, die für die Gewebestruktur und die Funktion der Gewebe von ganz entscheidender Bedeutung sind. Bei tierischen Zellen nimmt diese **extrazelluläre Matrix (ECM**; engl.: *extracellular matrix***)** bemerkenswert vielfältige Formen an. *Knochen* besteht in erster Linie aus fester extrazellulärer Matrix, in der eine winzige Menge von Zellen verteilt liegt. *Knorpel* ist ein weiteres Gewebe, das fast gänzlich aus Matrixmaterial besteht, obwohl die Matrix hier wesentlich flexibler ist als im Knochen. Im Gegensatz zu Knochen und Knorpel besitzt das *Bindegewebe*, welches Drüsen und Blutgefäße umgibt, eine recht gelatinöse extrazelluläre Matrix, die zahlreiche, verteilt liegende Fibroblastenzellen enthält. Wie wir schon gesehen haben, bilden Epithelzellen eine spezialisierte ECM, die man als Basallamina bezeichnet.

Diese Beispiele veranschaulichen die vielfältigen Rollen, welche die ECM bei der Festlegung der Form und der mechanischen Eigenschaften von Organen und Geweben übernimmt. Trotz der unterschiedlichen Funktionen setzt sich die ECM tierischer Zellen fast immer aus diesen drei Molekülklassen zusammen: (1) Strukturproteinen wie *Kollagenen* und *Elastinen*, die der ECM Festigkeit und Flexibilität verleihen; (2) Protein-Polysaccharid-Komplexen, den *Proteoglykanen*, welche die Matrix bilden, in der die Strukturmoleküle eingebettet sind; und (3) adhäsiven Glykoproteinen wie *Fibronectinen* und *Lamininen*, dank derer die Zellen an die Matrix anheften können. Die beachtliche Reihe von Eigenschaften der ECM in den verschiedenen Geweben geht nicht nur auf die unterschiedlichen Strukturproteine und die verschiedenen Arten von Proteoglykanen zurück, sondern auch auf Unterschiede im Mengenverhältnis der Strukturproteine – Kollagen, das am häufigsten vorkommt – zu den Proteoglykanen und auf das Verhältnis von Art und Menge adhäsiver Glykoproteine. Nun werden wir nacheinander jede dieser drei Klassen von ECM-Bausteinen betrachten.

16.3.1 Kollagene sind für die Festigkeit der extrazellulären Matrix verantwortlich

Der am häufigsten vorkommende Baustein der ECM ist bei Tieren eine große Familie eng verwandter Proteine, die sogenannten **Kollagene**. Sie bilden Fasern mit hoher Zugfestigkeit und sind daher für die Festigkeit des ECM verantwortlich. Insgesamt betrachtet ist Kollagen das in Vertebraten am häufigsten vorkommende Protein und macht bis zu 25–30 % des gesamten Proteins im Körper aus. Kollagen wird von verschiedenen Zelltypen im Bindegewebe abgegeben, darunter auch von den *Fibroblasten*. Ohne Kollagen wären die Zellen in diesen und anderen Geweben nicht stark genug, um eine bestimmte Form aufrechtzuhalten. Tatsächlich gehen mehrere schwere Erkrankungen des Menschen auf Mutationen in Kollagenen zurück. Zum Beispiel handelt es sich beim Ehlers-Danlos-Syndrom um eine Gruppe von Erbkrankheiten, die durch Überbeweglichkeit der Gelenke, Überdehnbarkeit der Haut, die zu dünn ist und zur Bildung von Hämatomen neigt, und/oder verletzungsanfällige Blutgefäße gekennzeichnet ist. Vitamin C ist ein essenzieller Cofaktor der Kollagensynthese. Ein Vitamin-C-Mangel führt zur Entwicklung von Skorbut, einer Erkrankung, die vor allem in früheren Zeiten unter Seeleuten auftrat, aber auch heute noch immer in einigen Entwicklungsländern weit verbreitet ist.

Alle Kollagene haben zwei charakteristische Merkmale gemeinsam: ihr Auftreten in Form einer stabilen *Tripelhelix* aus drei umeinander gewundenen Polypeptidketten und ihre ungewöhnliche Aminosäurezusammensetzung. Insbesondere besitzen Kollagene sowohl eine große Menge der häufig vorkommenden Aminosäure Glycin als auch der seltenen Aminosäuren Hydroxylysin und Hydroxyprolin, die nur gelegentlich in anderen Proteinen vorkommen. (Die Strukturen von Hydroxylysin und Hydroxyprolin sind in *Abbildung 6.16c* dargestellt.) Der hohe Glycingehalt ist für die Ausbildung der Tripelhelix verantwortlich, denn die Glycinreste liegen in der Achse der Helix, und Glycin ist die einzige Aminosäure, die so klein ist, dass sie in das Innere einer Tripelhelix passt.

Bei den meisten tierischen Geweben kann man die Kollagenfasern unter dem Elektronenmikroskop in Bündeln über die gesamte extrazelluläre Matrix verteilt erkennen (▸*Abbildung 16.7a*). Eine der faszinierendsten Eigenschaften der Kollagenfasern ist ihre enorme physikalische Stärke. So benötigt man eine Kraft von mehr als neun Kilogramm, um eine Kollagenfaser mit einem Millimeter Durchmesser zu dehnen! Wie in ▸*Abbildung 16.7b* dargestellt, besteht jede Kollagenfaser aus zahlreichen *Fibrillen*. Eine Fibrille wiederum besteht aus vielen Kollagenmolekülen, und jedes Kollagenmolekül aus drei Polypeptiden, den α-Ketten, die wie eine feste, rechtsgängige Tripelhelix spiralisiert sind (▸*Abbildung 16.7c, d*). Kollagenmoleküle haben eine Länge von ungefähr 270 nm und einen Durchmesser von etwa 1,5 nm. Sie sind in den Fibrillen seitlich und an den Enden verbunden. Im Durchschnitt besitzt eine typische Kollagenfaser ungefähr 270 Kollagenmoleküle.

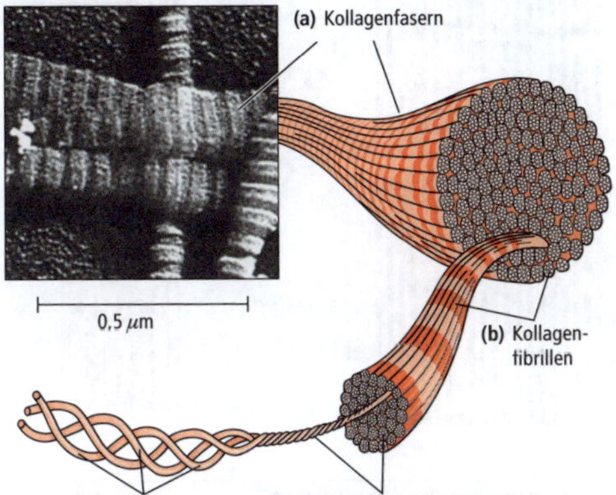

Abbildung 16.7: Die Struktur von Kollagen. (a) Kollagenfasern unter dem SEM. (b) Eine Kollagenfaser enthält viele Fibrillen, wobei jede Fibrille ein Bündel aus Kollagenmolekülen ist, die man auch als Tropokollagen bezeichnet. (c) Jedes Kollagenmolekül ist eine Tripelhelix, die sich aus (d) drei umeinander gewundenen α-Ketten zusammensetzt. Die unter dem SEM auf den Fasern erkennbaren, sich wiederholenden Banden spiegeln das regelmäßige, doch versetzte Anlagern bei der seitlichen Assoziation von Kollagenmolekülen wider, die Fibrillen bilden; zu Einzelheiten siehe *Abbildung 16.8*.

16.3.2 Ein Vorläufer namens Prokollagen bildet viele Typen gewebsspezifischer Kollagene

Angesichts der Komplexität einer Kollagenfaser muss man sich die wichtige Frage stellen, wie eine derart ausgefeilte Struktur gebildet wird (▸*Abbildung 16.8*). Im Lumen des endoplasmatischen Reticulums (ER) bilden drei α-Ketten eine Tripelhelix, das **Prokollagen**. An beiden Enden der Tripelhelixstruktur verhindern kurze, nicht-helikale Aminosäuresequenzen solange die Bildung von Kollagenfasern, wie das Prokollagen in der Zelle verbleibt. Nachdem das Prokollagen aus der Zelle in den interzellulären Raum abgegeben wurde, wird es von der *Prokollagenpeptidase* in Kollagen umgewandelt. Die Prokollagenpeptidase ist ein Enzym, das die überschüssigen Aminosäuren sowohl von den N- als auch C-terminalen Enden der Tripelhelix abspaltet. Die daraus hervorgehenden Kollagenmoleküle assoziieren spontan und bilden reife Kollagenfibrillen, die sich dann seitlich zu Fasern zusammenlagern.

Die Stabilität der Kollagenfibrille ìwird durch Wasserstoffbrückenbindungen verstärkt, an denen die Hydroxylgruppen von Hydroxyprolin- und Hydroxylysinresten in den α-Ketten mitwirken. Diese Wasserstoffbrückenbindungen bilden sowohl innerhalb der Kollagenmoleküle als auch zwischen den Kollagenmolekülen einer Fibrille Quervernetzungen. Außerdem befinden sich häufig spezialisierte Typen von Kollagen auf der Oberfläche der Kollagenfibrillen. Die Tripelhelixstruktur dieser spezialisierten Kollagene wird in regelmäßigen Abständen unterbrochen, sodass sich die Moleküle biegen können und daher als flexible Brücken zwischen benachbarten Kollagenfibrillen oder zwischen Kollagenfibrillen und anderen Matrixkomponenten dienen.

Wirbeltiere besitzen ungefähr 25 Arten von α-Ketten. Jede wird von einem eigenen Gen kodiert und besitzt ihre eigene, einzigartige Aminosäuresequenz. Diese verschiedenen α-Ketten gehen unterschiedliche Kombinationen ein und bilden mindestens 15 Typen von Kollagenmolekülen, von denen die meisten in spezifischen Geweben vorkommen. Die Typen I, II und III kommen am häufigsten vor. Der Typ I macht allein schon 90 % des Kollagens im menschlichen Körper aus.

Wenn man Fibrillen, die aus Typ-I-, -II-, -III- oder -V-Kollagenmolekülen bestehen, unter dem Elektronenmikroskop untersucht, dann erkennt man ein charakteristisches Muster aus dunklen Querbändern oder *Streifen*, die sich in Abständen von etwa 67 nm (siehe *Abbildung 16.7a*) wiederholen. Diese Bänder spiegeln die regelmäßige, aber versetzte Anordnung von Tripelhelices wider, mit der die Tripelhelices seitlich assoziieren und Fibrillen bilden (▸*Abbildung 16.8*, ❸). Typ-IV-Kollagen bildet sehr feine, nicht-gestreifte Fibrillen. Die Strukturen der anderen Kollagene sind weniger gut charakterisiert.

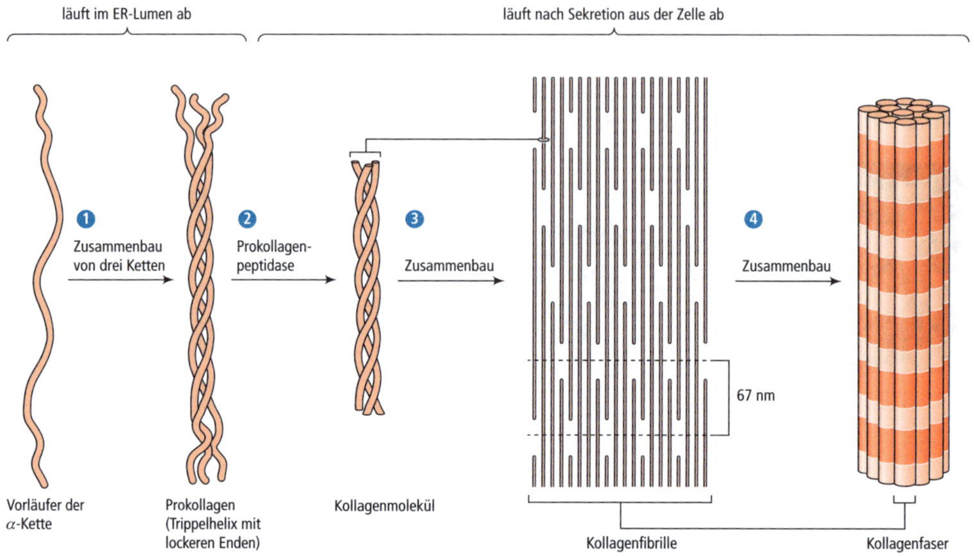

Abbildung 16.8: Kollagenzusammensetzung. ❶ Kollagenvorläuferketten werden im Lumen des ER zusammengesetzt und bilden eine Tripelhelix aus Prokollagenmolekülen. ❷ Nachdem das Prokollagen aus der Zelle abgegeben wurde, wird es durch eine Reaktion, bei der Peptide abgespalten werden und die von dem Enzym Prokollagenpeptidase katalysiert wird, zu Kollagen umgewandelt. ❸ Die Kollagenmoleküle, auch als Tropokollagen bezeichnet, gehen dann miteinander Bindungen ein und setzen sich selbst zu Kollagenfibrillen zusammen. ❹ Die Fibrillen setzen sich seitlich zu Kollagenfasern zusammen. Im gestreiften Kollagen beruht der sich wiederholende Abstand von 67 nm auf gepackten Reihen von Kollagenmolekülen, wobei jede Reihe um ein Viertel der Länge eines einzelnen Moleküls versetzt liegt.

16.3.3 Elastine verleihen der extrazellulären Matrix Elastizität und Flexibilität

Obwohl die Kollagenfasern der ECM große Zugfestigkeit verleihen, eignet sich ihre starre, stäbchenähnliche Struktur nicht sonderlich gut dafür, einigen Geweben, deren Form ständig verändert wird, die notwendige Elastizität und Flexibilität zu verleihen, beispielsweise der Lunge, den Arterien, der Haut und dem Darm. Auf den dehnbaren elastischen Fasern beruht die Elastizität. Die wichtigste Komponente der elastischen Fasern ist eine Familie der ECM-Proteine, die **Elastine**. Ebenso wie die Kollagene sind in den Elastinen die Aminosäuren Glycin und Prolin reichlich vorhanden. Die Prolinreste sind allerdings nicht hydroxyliert, und es kommt auch kein Hydroxylysin vor. Die Elastinmoleküle sind über kovalente Bindungen zwischen Lysinresten quervernetzt. Die Spannung, die auf ein Elastinnetzwerk einwirkt, führt zur Streckung des gesamten Netzwerkes (▸ *Abbildung 16.9a*).

Die wichtigen Aufgaben von Kollagenen und Elastinen werden bei der Alterung des Menschen am deutlichsten. Im Laufe des Lebens wird die Quervernetzung der Kollagene stärker und ihre Flexibilität nimmt ab. Die Elastine der Hautgewebe werden abgebaut. Dies hat zur Folge, dass Knochen und Gelenke älterer Menschen an Flexibilität einbüßen und die Haut Falten bildet.

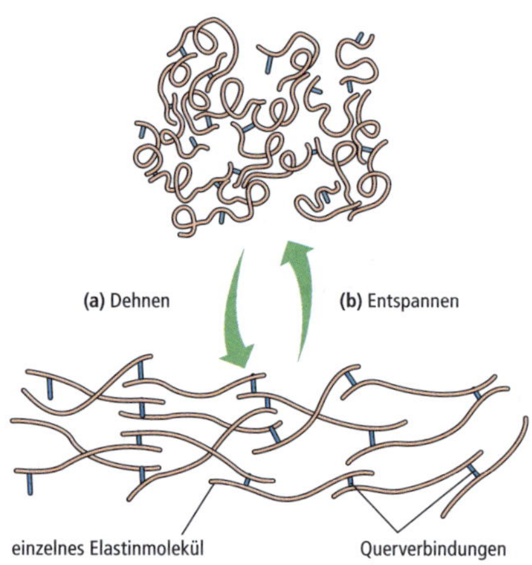

Abbildung 16.9: Dehnen und Entspannen von Elastinfasern. Jedes Elastinmolekül in dem quervernetzten Netzwerk kann sich entweder in der ausgestreckten (unten) oder der kompakten (oben) Konfiguration befinden. Die Faser (a) streckt sich und nimmt die ausgestreckte Form an, wenn eine Spannung auf sie einwirkt und (b) zieht sich in die kompakte Form zusammen, wenn die Spannung nachlässt.

16.3.4 Kollagen- und Elastinfasern sind in eine Matrix aus Proteoglykanen eingebettet

Das hydratisierte, Gel-ähnliche Netzwerk, in dem die Kollagen- und Elastinfibrillen des ECM eingebettet sind, besteht hauptsächlich aus Proteoglykanen, also Glykoproteinen, in denen eine große Anzahl von Glykosaminoglykanen an ein einzelnes Proteinmolekül geknüpft ist.

Glykosaminoglykane (GAG) sind große Kohlenhydrate, die charakteristischerweise aus sich wiederholenden Disaccharid-Untereinheiten bestehen, wie in ▸*Abbildung 16.10* anhand der drei am häufigsten vorkommenden Typen *Chondroitinsulfat*, *Keratansulfat* und *Hyaluronsäure* dargestellt. In jedem Fall ist einer der beiden Zucker der Disaccharid-Wiederholungseinheit ein Aminozucker, entweder *N-Acetylglucosamin (GlcNAc)* oder *N-Acetylgalactosamin (GalNAc)*. Der andere Bestandteil der Disaccharid-Wiederholungseinheit ist im Allgemeinen ein Zucker oder eine Zuckersäure, zumeist *Galactose (Gal)* oder *Glucuronat (GlcUA)*. In den meisten Fällen sind an den Aminozucker eine oder mehrere Sulfatgruppen geknüpft. Von den in *Abbildung 16.10* dargestellten GAG-Wiederholungseinheiten ist Hyaluronsäure die einzige Substanz, die keine Sulfatgruppen enthält. Da GAG hydrophile Moleküle mit vielen negativ geladenen Sulfat- und Carboxylgruppen sind, ziehen sie sowohl Wasser als auch Kationen an, wodurch sie eine hydratisierte, gelatineartige Matrix bilden, in die Kollagen- und Elastinfibrillen eingebettet werden.

Die meisten Glykosaminoglykane in der ECM sind kovalent an Proteinmoleküle gebunden und bilden **Proteoglykane**. Jedes Proteoglykan besteht aus zahlreichen GAG-Ketten, die auf der ganzen Länge eines **Kernproteins** gebunden sind, wie in *Abbildung 16.10* dargestellt. Durch Kombination verschiedener Kernproteine und GAG unterschiedlicher Arten und Längen können viele Arten von Proteoglykanen gebildet werden. Proteoglykane unterscheiden sich erheblich in ihrer Größe, abhängig vom Molekulargewicht des Kernproteins (das Molekulargewicht liegt zwischen ungefähr 10.000 bis zu mehr als 500.000) sowie von Anzahl und Länge der Kohlenhydratketten (1–200 pro Molekül mit einer durchschnittlichen Länge von circa 800 Monosaccharideinheiten). Die meisten Proteoglykane sind sehr groß. Ihr Molekulargewicht liegt im Bereich von 0,25–3 Millionen. Proteoglykane sind direkt an Kollagenfasern gebunden und bilden die Faser-Netzwerk-Struktur des ECM.

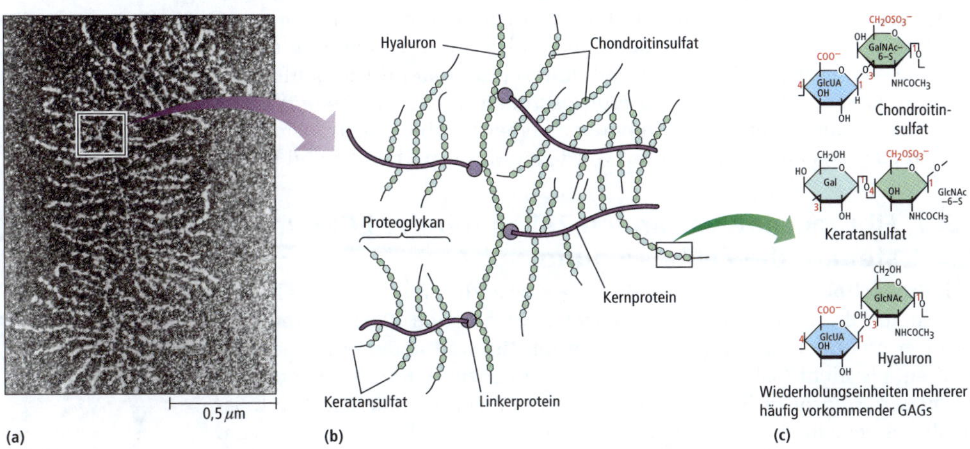

Abbildung 16.10: Die Struktur der Proteoglykane im Knorpel. Im Knorpel assoziieren viele Proteoglykane mit einem Hyaluronrückgrat und bilden einen unter dem Elektronenmikroskop gut erkennbaren Komplex. (a) Ein aus Rinderknorpel isolierter Proteoglykankomplex (TEM). (b) Schematische Darstellung eines kleinen Teils der Struktur von Kernproteinen mit Proteoglykanen, die über Linkerproteine an ein langes Hyaluronmolekül gebunden sind. Kurze Keratansulfat- und Chondroitinsulfatketten sind kovalent entlang der Kernproteine gebunden. Proteoglykane bestehen zu 95 % aus Kohlenhydraten. (c) Strukturen der sich wiederholenden Disaccharid-Einheiten in drei häufig vorkommenden extrazellulären Glykosaminoglykanen (GAG), wie sie in der extrazellulären Matrix tierischer Zellen vorkommen. Die sich wiederholende Chondroitinsulfat-Einheit (oben) besteht aus Glucuronat (GlcUA), der ionisierten Form der Gluconsäure, und *N*-Acetylgalactosamin (GalNAc). Die Wiederholungseinheit Keratansulfat (Mitte) besteht aus Galactose (Gal) und *N*-Acetylglucosamin (GlcNAc). Hyaluron (unten) hat eine Wiederholungseinheit aus GlcUA und GlcNAc.

Es gibt Fälle, in denen die Proteoglykane selbst integrale Komponenten der Plasmamembran sind, wobei ihre Kernpolypeptide in die Membran eingebettet sind. In anderen Fällen sind Proteoglykane kovalent an Membranphospholipide geknüpft. Alternativ können entweder Proteoglykane oder Kollagen an spezifische Rezeptorproteine auf der äußeren Oberfläche der Plasmamembran binden.

Proteoglykane kommen in vielen Geweben als einzelne Moleküle vor. Im Knorpel sind jedoch zahlreiche Proteoglykane an lange Hyaluronsäuremoleküle geknüpft. Dadurch entstehen die großen, in *Abbildung 16.10* dargestellten Komplexe. Ein einzelner Komplex kann ein Molekulargewicht von mehreren Millionen haben, und seine Länge kann mehrere Mikrometer übertreffen.

Die bemerkenswerte Widerstandsfähigkeit und Biegsamkeit des Knorpels beruhen in erster Linie auf den Eigenschaften dieser Komplexe. Kleinere Proteoglykane sind dafür bekannt, dass sie die Wachstumsfaktor-Signalkaskaden erleichtern, über die Sie in *Kapitel 13* viel erfahren haben. Zum Beispiel fungiert ein Proteoglykan mit der Bezeichnung *Syndecan* als Modulator der Wachstumsfaktor-Signalkaskade der Fibroblasten.

16.3.5 Freie Hyaluronsäure schmiert die Gelenke und erleichtert die Zellmigration

Die meisten in der extrazellulären Matrix vorkommenden GAG existieren nur als Komponenten von Proteoglykanen und nicht als freie Glykosaminoglykane; eine Ausnahme ist die **Hyaluronsäure**.

Abgesehen von ihrer Rolle als Rückgrat des Proteoglykankomplexes im Knorpel, kommt Hyaluronsäure als freies Molekül vor, das aus Hunderten oder sogar Tausenden von Disaccharid-Einheiten besteht. Hyaluronsäuremoleküle wirken als Gelenkschmiere und kommen dort am häufigsten vor, wo Reibung abgefedert werden muss, beispielsweise zwischen beweglichen Knochen.

16.3.6 Adhäsive Glykoproteine verankern Zellen an der extrazellulären Matrix

Direkte Verbindungen zwischen der ECM und der Plasmamembran werden von einer Familie *adhäsiver Glykoproteine* tatkräftig unterstützt, die Proteoglykane und Kollagenmoleküle sowohl aneinander als auch an Rezeptoren auf der Membranoberfläche binden. Diese Proteine besitzen typischerweise viele Domänen, von denen einige Bindungsstellen für Makromoleküle in der ECM und andere Bindungsstellen für Membranrezeptoren sind. Die beiden am weitesten verbreiteten adhäsiven Glykoproteine sind die *Fibronectine* und die *Laminine*. Viele Membranrezeptoren, an die diese Glykoproteine binden, gehören zu einer Familie von Transmembranproteinen, den *Integrinen*. In den folgenden Abschnitten werden wir uns mit den beiden Familien beschäftigen.

16.3.7 Fibronectine verbinden Zellen mit der ECM und steuern die Zellbewegung

Die **Fibronectine** bilden eine Familie eng verwandter adhäsiver Glykoproteine in der ECM und kommen sehr häufig bei den Wirbeltieren vor. Fibronectine findet man in gelöster Form im Blut und anderen Körperflüssigkeiten, als nicht-lösliche Fibrillen in der extrazellulären Matrix und in intermediärer Form in lockerer Assoziation mit Zelloberflächen. Die Existenz dieser verschiedenen Formen des Proteins kommt daher, dass die vom Fibronectin-Gen transkribierte RNA prozessiert wird, um viele verschiedene mRNAs zu bilden.

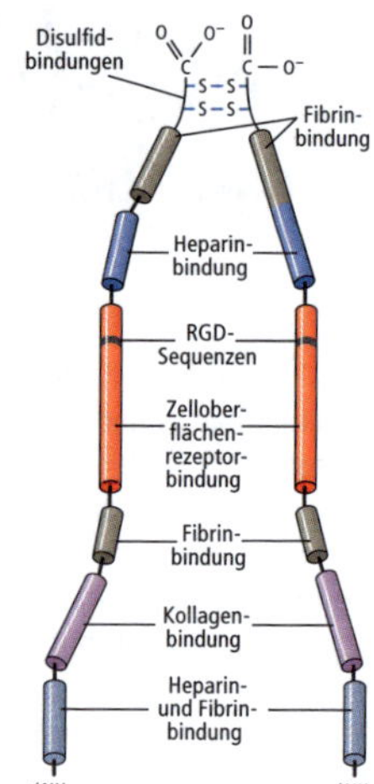

Abbildung 16.11: Die Struktur von Fibronectin. Ein Fibronectinmolekül setzt sich aus zwei nahezu identischen Polypeptidketten zusammen, die über zwei Disulfidbindungen nahe ihrer Carboxylgruppen verknüpft sind. Jede Polypeptidkette ist in eine Reihe von Domänen gefaltet, die über kurze, flexible Segmente verknüpft sind. Diese Domänen besitzen Bindungsstellen für ECM-Komponenten oder spezifische Rezeptoren auf der Zelloberfläche. Die Rezeptor-Bindedomäne enthält die Tripeptidsequenz RGD (Arginin-Glycin-Aspartat), die von Fibronectinrezeptoren erkannt werden kann. Außer den bereits erwähnten Bindungsaktivitäten besitzt Fibronectin Bindungsstellen für Heparansulfat, Hyaluronsäure und Ganglioside (Glykosphingolipide, die Sialinsäure enthalten).

Ein Fibronectinmolekül besteht aus zwei sehr großen Polypeptiduntereinheiten, die durch zwei Disulfidbindungen nahe ihrer Carboxylgruppen verknüpft sind (▸*Abbildung 16.11*). Jede Untereinheit besitzt ungefähr 2.500 Aminosäuren und ist durch kurze, flexible Segmente der Polypeptidkette in eine Reihe stäbchenförmiger Domänen gefaltet. Mehrere Domänen binden an eine spezifischere Art von Makromolekülen in der ECM oder auf Zelloberflächen, darunter mehrere Kollagentypen (I, II und IV), Heparin und das Blutgerinnungsprotein Fibrin. Andere Domänen erkennen und binden Zelloberflächenrezeptoren. Für die Rezeptorbindeaktivität dieser Domänen ist eine spezifische Tripeptidsequenz verantwortlich, die RGD-Sequenz (Arginin-Glycin-Aspartat). Die *RGD-Sequenz* bei den extrazellulären adhäsiven Proteinen weit verbreitet und wird von verschiedenen Integrinen auf der Zelloberfläche erkannt (siehe nächster Abschnitt).

Die Wirkung von Fibronectin auf Zellform und Zellbewegung Fibronectin bindet an Zelloberflächenrezeptoren und an ECM-Komponenten wie Kollagen und Heparin. Es dient als Überbrückungsmolekül, das sich an Zellen der ECM heftet. Diese Funktion als Anker kann man experimentell nachweisen, indem man Zellen in eine Petrischale gibt, die mit Fibronectin überzogen wurde. Unter diesen Bedingungen heften sich die Zellen stärker an die Oberfläche der Petrischale, als sie dies ohne Fibronectin täten. Nachdem sie sich angeheftet haben, verflachen sich die Zellen und die Komponenten des Actincytoskeletts werden entsprechend dem außerhalb der Zelle lokalisierten Fibronectin ausgerichtet. In einigen Fällen beruht die Ausrichtung darauf, dass die Zelle die ECM remodelliert, indem sie diese in neue Anordnungsformationen bringt. In anderen Fällen richtet sich die Zelle von selbst mit der ECM aus.

Fibronectin ist außerdem an der Zellbewegung beteiligt. Wenn man zum Beispiel migratorische embryonale Zellen auf Fibronectin kultiviert, dann gehen sie ohne Weiteres eine Bindung mit Fibronectin ein. Die Wege, auf denen sich die wandernden Zellen bewegen, sind reich an Fibronectin, was nahelegt, dass die Zellen durch Bindung an Fibronectinmoleküle auf diesem Weg geführt werden. Einen direkteren Nachweis für die Bedeutung von Fibronectin bei Embryonen verdanken wir der Untersuchung gentechnologisch veränderter Mäuse, die kein Fibronectin bilden können. Diese Mäuse leiden unter schweren Störungen in einigen Zellen, aus denen sich Muskulatur und Gefäßsystem zusammensetzen. Die Defekte verdeutlichen die entscheidende Bedeutung von Fibronectin während der embryonalen Entwicklung.

Man nimmt außerdem an, dass Fibronectin bei der Entwicklung von Tumoren beteiligt ist. Diese Vermutung beruht auf der Beobachtung, dass viele Arten von Krebszellen keine Fibronectine synthetisieren, was mit einem Verlust der Zellform und der Ablösung von der ECM einhergeht. Wenn man diese Zellen mit Fibronectin versorgt, dann nehmen sie häufig ihre normale Gestalt wieder an, gewinnen ihre Fähigkeit, an die ECM zu binden, zurück und scheinen nicht länger bösartig zu sein.

Die Wirkungen von Fibronectin auf die Blutgerinnung Die lösliche Form von Fibronectin im Blut, das sogenannte *Plasmafibronectin*, ist an der Blutgerinnung beteiligt. Fibronectin unterstützt die Blutgerinnung, denn es verfügt über mehrere Bindedomänen, die *Fibrin* erkennen. Fibrin ist das Blutgerinnungsprotein und kann während der Bildung von Blutgerinnseln Blutplättchen an Fibrin heften.

16.3.8 Laminine binden Zellen an die Basallamina

Eine weitere wichtige adhäsive Glykoproteinfamilie der ECM sind die **Laminine**, die von einfachen Invertebraten bis hin zum Menschen konserviert sind. Im Gegensatz zu den Fibronectinen, die oft in Stützgeweben und Blutflüssigkeiten enthalten sind, trifft man die Laminine vor allem in der **Basallamina** an. Diese dünne Proteinschicht aus spezialisiertem extrazellulärem Material, deren Dicke im Allgemeinen bei 5 nm liegt, befindet sich „unterhalb" der Epithelzellen, wodurch die Epithelzellen vom Bindegewebe getrennt werden. Die Basallamina umgeben auch Muskelzellen, Fettzellen und die Schwann-Zellen, welche die Myelinscheiden um die Nervenzellen bilden.

Die Eigenschaften der Basallamina Die Basallamina ist eine Strukturstütze, die zur Aufrechterhaltung der Gewebeorganisation und als Permeabilitätsbarriere dient, welche die Bewegung von

Molekülen und Zellen reguliert. In der Niere übernimmt eine extrem dicke Basallamina die Funktion eines Filters, durch den kleine Moleküle, aber keine Blutproteine, vom Blut in den Urin gelangen können. Die Basallamina unterhalb der Epithelzellen verhindert die Passage darunterliegender Bindegewebszellen in das Epithel, ist jedoch durchlässig für weiße Blutkörperchen zur Verteidigung gegen Infektionen. Die Wirkung der Basallamina auf die Zellmigration ist von besonderem Interesse, weil Krebszellen verstärkt an die Basallamina binden. Diese Fähigkeit der Krebszellen könnte deren Bewegung durch die Basallamina erleichtern und ihnen die Möglichkeit eröffnen, von einer Region des Körpers in die nächste zu wandern.

Trotz der Unterschiede im Hinblick auf Funktion und spezifische Zusammensetzung je nach Gewebe enthalten alle Basallaminae Typ-IV-Kollagen, Proteoglykane, Laminine sowie ein weiteres Glykoprotein, das *Entactin* oder *Nidogen*. Es können auch Fibronectine enthalten sein, aber die Laminine sind die am häufigsten in der Basallamina vorkommenden adhäsiven Glykoproteine. Man nimmt an, dass die Laminine vor allem auf der Oberfläche der Basallamina lokalisiert sind, die den darüber liegenden Epithelzellen zugewandt ist. Dort tragen sie dazu bei, die Zellen mit der Basallamina zu verbinden. Fibronectine hingegen sind auf der anderen Seite der Basallamina lokalisiert, wo sie für die Verankerung der Zellen im Bindegewebe wichtig sind.

Zellen können die Eigenschaften der Basallamina durch Sekretion von Enzymen, die Veränderungen in der Basallamina katalysieren, beeinflussen. Eine wichtige Klasse dazu fähiger Enzyme sind die *Matrixmetalloproteinasen (MMP)*. Diese Enzyme, die Metallionen als Cofaktoren benötigen, bauen die ECM lokal ab, sodass Zellen durch die ECM hindurch gelangen können. Dies ist beispielsweise für Leukocyten sehr wichtig, um im Fall einer Entzündung in das verletzte Gewebe eindringen zu können. MMP sind außerdem an abnormalen Invasionsereignissen beteiligt. Die MMP-Aktivität invasiver Krebszellen, zum Beispiel von metastatischen Melanomzellen, ist sehr hoch.

Die Eigenschaften von Laminin Laminin ist ein sehr großes Protein mit einem Molekulargewicht von ungefähr 850.000. Es besteht aus drei langen Polypeptiden, die man mit α, β und γ bezeichnet. Es gibt verschiedene Typen der drei Untereinheiten, die unterschiedlich miteinander kombiniert werden können. Die Polypeptidketten werden über Disulfidbindungen miteinander verknüpft und wie ein Kreuz angeordnet, wobei ein Teil des langen Arms zu einer dreisträngigen Spirale gewunden ist. Ebenso wie Fibronectin besteht Laminin aus mehreren Domänen, zu denen Bindungsstellen für Typ-IV-Kollagen, Heparin, Heparansulfat und Entactin gehören sowie Lamininrezeptorproteine auf der Oberfläche darüber liegender Zellen. Aufgrund der Bindungsstellen wirkt Laminin als Brückenmolekül, das Zellen an die Basallamina bindet. Entactinmoleküle besitzen Bindungsstellen für Laminin und Typ-IV-Kollagen, und man nimmt daher an, dass sie die Bindung von Typ-IV-Kollagen und Lamininnetzwerken in der Basallamina verstärken.

16.3.9 Integrine sind Zelloberflächenrezeptoren, die ECM-Bausteine binden

Fibronectine und Laminine können an tierische Zellen binden, weil sich auf der Plasmamembran der meisten Zellen spezifische Rezeptoren befinden, die spezifische Regionen des Fibronectin- oder Lamininmoleküls erkennen. Diese Rezeptoren – sowie die Rezeptoren für eine Vielzahl anderer ECM-Bausteine – gehören zu einer großen Familie von Transmembranproteinen, den sogenannten **Integrinen**. Der Name beruht auf ihrer Funktion, denn sie *integrieren* das Cytoskelett in die extrazelluläre Matrix. Integrine sind wichtige Rezeptoren, denn sie sind für Zellen das wesentlichste Hilfsmittel, um mit ECM-Proteinen wie Kollagen, Fibronectin und Laminin eine Verbindung einzugehen.

Die Struktur von Integrinen Ein Integrin besteht aus zwei großen Transmembranpolypeptiden, der α- und β-Untereinheit, die nicht kovalent miteinander verbunden sind (▸*Abbildung 16.12*). Integrine unterscheiden sich im Hinblick auf ihre Bindungsspezifität und die Größe ihrer Untereinheiten erheblich (das Molekulargewicht schwankt zwischen 110.000 und 140.000 bei der α-Untereinheit, zwischen 85.000 und 91.000 bei der β-Untereinheit). Bei einem spezifischen Integrin interagieren die extrazellulären Teile der α- und β-Untereinheit und bilden eine Bindungsstelle für ein bestimmtes ECM-Protein, wobei die Bindungsspezifität anscheinend hauptsächlich von der α-Untereinheit abhängt. Auf der cytoplasmatischen Seite der Membran besitzen die Integrine Bindungsstellen für spezifische Moleküle des Cytoskeletts, wodurch sie über die Plasmamembran eine mechanische Verbindung zwischen dem Cytoskelett und der ECM herstellen.

Aufgrund der vielen Typen von α- und β-Untereinheiten gibt es eine große Anzahl von verschiedenen Integrin-Heterodimeren mit unterschiedlicher Bindungsspezifität. Beispielsweise kommen Integrine, die eine β_1-Untereinheit enthalten, auf den Oberflächen der meisten Wirbeltierzellen vor und vermitteln vor allem Zell-ECM-Wechselwirkungen. Hingegen sind Integrine, die eine β_2-Untereinheit enthalten, nur auf der Oberfläche weißer Blutkörperchen lokalisiert und vor allem an Zell-Zell-Wechselwirkungen beteiligt. Das am häufigsten vorkommende Integrin, welches Fibronectin bindet, ist $\alpha_5\beta_1$, während $\alpha_6\beta_1$ an Laminin bindet. Viele Integrine erkennen die RGD-Sequenz in den spezifischen ECM-Glykoproteinen, die sie verbinden. Allerdings muss die Bindungsstelle auch andere Teile des Glykoproteins erkennen, denn Integrine besitzen eine größere Spezifität für die Glykoproteinbindung als die RGD-Sequenz.

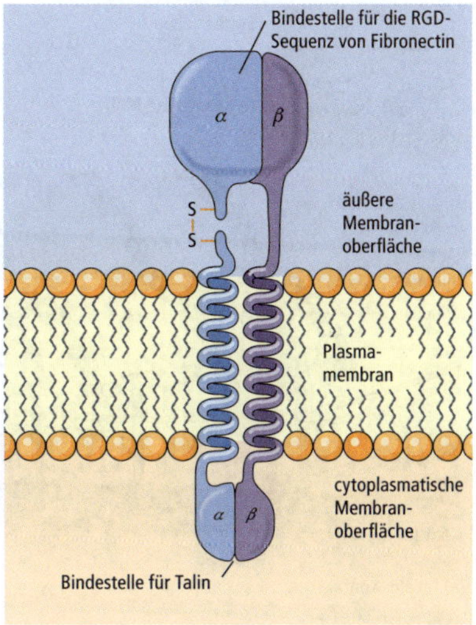

Abbildung 16.12: Ein Integrin: Der Fibronectinrezeptor. Ein Integrin besteht aus α- und β-Untereinheiten, Transmembranpolypeptiden, die nicht kovalent miteinander verbunden sind, und die auf der äußeren Membranoberfläche eine Bindungsstelle für den Liganden und auf der inneren Membranoberfläche eine Bindungsstelle für ein spezifisches Cytoskelettprotein bilden. Hier ist ein Fibronectinrezeptor ($\alpha_5\beta_1$) dargestellt, der eine Bindungsstelle für Fibronectin auf der äußeren Oberfläche und eine Bindungsstelle für Talin auf der cytoplasmatischen Seite der Membran besitzt. Bei diesem und auch anderen Integrinen ist die α-Untereinheit in zwei Segmente geteilt, die über eine Disulfidbindung zusammengehalten werden. Sowohl die α- als auch die β-Untereinheit sind auf der Außenseite glykosyliert, allerdings sind die Zuckerseitenketten hier nicht dargestellt.

Integrine und das Cytoskelett Obwohl Integrine die extrazelluläre Matrix mit dem Cytoskelett verknüpfen, erfolgt diese Bindung nicht direkt. Stattdessen interagieren die Schwänze der Integrine mit Proteinen im Cytosol, welche die Integrine mit Cytoskelettproteinen verbinden. Integrine schaffen zwei Verbindungstypen mit dem Cytoskelett (▸*Abbildung 16.13*). Kriechende Zellen und nicht-epitheliale Zellen wie Fibroblasten binden über **Fokaladhäsionen** an die Moleküle der extrazellulären Matrix. Fokaladhäsionen enthalten Integrinaggregate, die über mehrere Linkerproteine mit Bündeln von Actinmikrofilamenten interagieren (▸*Abbildung 16.13a, b*). Dazu gehören *Talin*, das an das Actinbindeprotein *Vinculin* binden kann, und *α-Actinin*, das direkt an Actinmikrofilamente bindet.

Dem anderen wichtigen Typ der von Integrin vermittelten Verbindung begegnen wir bei den Epithelzellen. Epithelzellen heften sich über **Hemidesmosomen** (so benannt, weil sie „halben Desmosomen" ähneln; über Desmosomen haben wir früher in diesem Kapitel gesprochen) an die Basallamina. In den Hemidesmosomen ist $\alpha_6\beta_4$-Integrin enthalten. Hier sind die Integrine nicht an Actin geknüpft, sondern an Intermediärfilamente, typischerweise an *Keratin* (▸*Abbildung 16.13c, d*). Die Linkerproteine der Hemidesmosomen bilden eine dichte **Plaque**, die gebündelte Integrine mit dem Cytoskelett verbindet. Unter den Linkerproteinen sind vor allem Mitglieder der **Plakinproteinfamilie** vertreten. Ein unter der Bezeichnung *Plectin* bekanntes Plakin verbindet Keratinfilamente mit Integrinen. Ein anderes Transmembranprotein, *BPAG2*, und sein assoziiertes Plakin, *BPAG1*, können als Brücke zwischen Keratin und Laminin dienen. Diese Proteine wurden mit Hilfe von Antikörpern entdeckt, welche von Patienten stammten, die eine Autoimmunantwort gegen ihre eigenen Hemidesmosomen entwickelt hatten. Von der sich daraus entwickelnden Hautkrankheit, dem *bullösen Pemphigoid*, sind hauptsächlich ältere Menschen betroffen, und zu den Symptomen gehört die Blasenbildung der Haut. Die Proteine wurden nach der Krankheit benannt (*BPAG* ist die Abkürzung für „*b*ullous *p*emphigoid *a*nti*g*en").

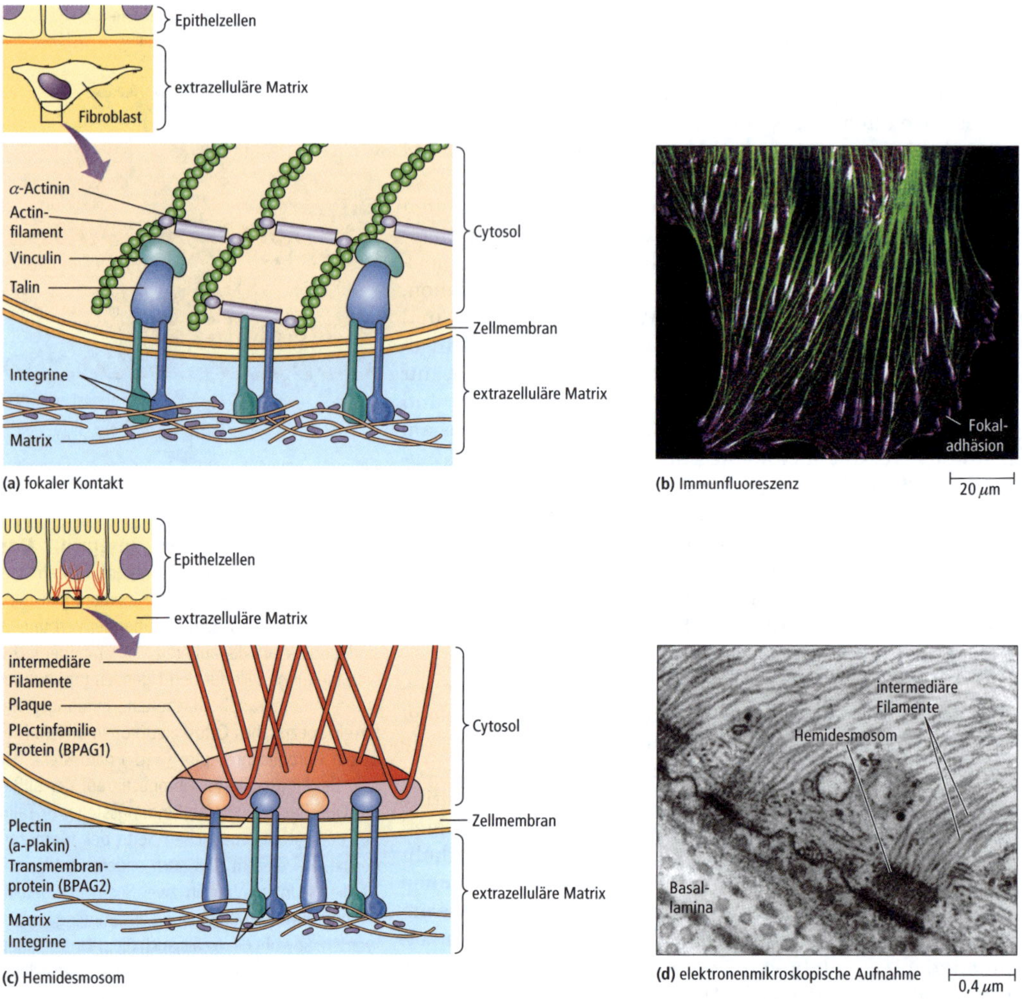

Abbildung 16.13: Integrine, Fokaladhäsionen und Hemidesmosomen. (a) Kriechende Zellen, die sich über Fokaladhäsion an die extrazelluläre Matrix heften. Fokaladhäsionen enthalten Integrine wie $\alpha_5\beta_1$-Integrin und mit Integrin assoziierte Linkerproteine wie Talin, Vinculin und α-Actinin, das Integrin an das Actincytoskelett bindet. (b) Eine kultivierte Gliazelle eines Frosches, die angefärbt wurde (grün), um Actin sichtbar zu machen, und mit Antikörpern angefärbt wurde, die β_1-Integrin (violett) und Vinculin erkennen. Die weißen Streifen sind die Regionen, in denen man die drei Proteine zusammen lokalisiert hat. Beachten Sie, wie die Actinmikrofilamente an den Fokaladhäsionen enden. (c) Epithelzellen heften sich über Hemidesmosomen an die extrazelluläre Matrix, die $\alpha_6\beta_4$-Integrine enthält. Die Epithelzellen binden über Linkerproteine wie Plectin an Intermediärfilamente. (d) Die äußere Oberfläche eines Hemidesmosoms grenzt direkt an die Basallamina (TEM).

Die Funktion von Integrinen Da sie auf der Außenseite der Zelle an Komponenten der ECM und im Zellinneren an Actinmikrofilamente binden, spielen Integrine bei der Regulierung der Zellbewegung und der Zellbindung eine wichtige Rolle. Mäuse, die eine bestimmte Integrinuntereinheit (α_7) nicht bilden können, welche für das Anheften von Laminin benötigt wird, entwickeln eine bestimmte Form der fortschreitenden Muskeldystrophie. Menschen mit der gleichen Mutation entwickeln ebenfalls eine fortschreitende Muskeldegeneration. Rufen Sie sich bitte in Erinnerung, dass Hemidesmosomen $\alpha_6\beta_1$-Integrine nutzen, um an Laminin zu binden. Menschen mit Mutationen in der β_4-Untereinheit entwickeln die *Epidermolysis bullosa*, eine schwere Hauterkrankung mit Blasenbildung.

Integrine und Signalisierung Obwohl eine der wichtigsten Aufgaben der Integrine darin besteht, das Cytoskelett und die extrazelluläre Matrix zu verknüpfen, interagieren auch mit intrazellulären Signalkaskaden. Beispielsweise können Signale wie die Bindung von Wachstumsfaktoren, die zur Aktivierung der MAP-Kinase führen (siehe *Kapitel 13*), bewirken, dass sich die Integrine zusammenlagern. (Diese Aktivität wird oftmals als „Inside-out-Signalisierung" bezeichnet, denn innere Veränderungen in der Zelle wirken sich auf die Oberfläche von Integrinen aus.) Die Inside-out-Signalisierung scheint auf Konformationsänderungen in den cytoplasmatischen Regionen der α- und β-Untereinheiten zu beruhen. Integrine können außerdem als Rezeptoren dienen, die selber die intrazellulären Signalkaskaden aktivieren (diese Aktivität wird manchmal als „Outside-in-Signalisierung" bezeichnet). Die ersten Beobachtungen, die nahelegten, dass Integrine an der Zellsignalisierung mitwirken, gingen aus Untersuchungen von Krebszellen hervor. Die meisten normalen Zellen können nur dann kultiviert werden, wenn sie an eine Oberfläche angeheftet sind. Sogar in Gegenwart von Wachstumsfaktoren, die normalerweise das Zellwachstum fördern, setzt die Zellteilung aus und die Zellen erliegen der Apoptose, einer Art programmiertem Zelltod (das Thema Apoptose werden wir in *Kapitel 18* behandeln), wenn sie sich nicht an eine extrazelluläre Matrixschicht heften können. Dieses Verhalten bezeichnet man als **verankerungsabhängiges Wachstum**. Krebszellen hingegen wachsen auch dann weiter, wenn sie nicht fest mit einer extrazellulären Matrixschicht verbunden sind. Das liegt wahrscheinlich daran, dass sie nicht mehr auf die Transduktion von Signalen angewiesen sind, die auf der Verbindung mit der extrazellulären Matrix beruhen.

Das verankerungsabhängige Wachstum hängt mit der Aktivierung intrazellulärer Wege zusammen, nachdem sich die Integrine zusammengelagert haben. Nach der Zusammenlagerung der Integrine werden mehrere Kinasen an den Fokaladhäsionen aktiviert. Die Kinasen werden von Adapterproteinen wie *Paxillin* zu den Fokaladhäsionen rekrutiert. Zu diesen Adapterproteinen gehören die *Fokaladhäsionskinase (FAK)*, *Kindline* und die *Integrin-gekoppelte Kinase (ILK*; engl.: *integrin-linked kinase)*. Wahrscheinlich dient ILK während der durch Integrin vermittelten Signalkaskade als Gerüstprotein, denn Proteine, deren Kinase nicht mehr aktiv ist, sind immer noch funktionsfähig. Obwohl die Kindline an der Integrinaktivierung mitwirken, ist ihre genaue Funktion noch unklar. Mutationen in einem Kindlin führen zum Kindler-Syndrom. Kinder und Jugendliche mit dem Kindler-Syndrom entwickeln häufig kleinere Hautdefekte und sind normalerweise sehr anfällig für Sonnenbrand. FAK scheint sehr wichtig für die Regulation des verankerungsabhängigen Wachstums zu sein. Krebszellen enthalten sogar dann aktiviertes FAK, wenn sie nicht angeheftet sind. Man kann Zellen in Krebs-ähnliche Zellen umwandeln, indem man eine aktivierte FAK-Mutante zur Expression bringt. Diese Versuche verdeutlichen die Bedeutung der Zelladhäsion für die Krebsforschung.

16.3.10 Die Glykocalyx ist eine polysaccharidreiche Zone an der Peripherie tierischer Zellen

Obwohl tierische Zellen nicht von einer festen Hülle wie einer Zellwand umgeben sind, ist die Plasmamembran häufig von einer polysaccharidreichen Zone, der *Glykocalyx*, umgeben (siehe *Abbildung 6.18*). Zu den Aufgaben der Glykocalyx gehören Zellerkennung und Adhäsion, der Schutz der Zelloberfläche und der Aufbau von Permeabilitätsbarrieren. Spezialisierte Strukturen wie die äußere Hülle der Amöben und die Gallerthüllen, von denen die meisten tierischen Eizellen umschlossen sind, liefern jeweils ein Beispiel für die Glykocalyx.

16.4 Die Oberfläche der Pflanzenzelle

Bisher haben wir das Hauptaugenmerk unserer Diskussion auf die Zelloberfläche bei Tieren gelegt. Die Oberflächen der Pflanzen-, Algen- und Bakterienzellen besitzen die gleichen Eigenschaften, aber sie haben auch einige einzigartige Merkmale. Im verbleibenden Teil dieses Kapitels werden wir die Unterscheidungsmerkmale der pflanzlichen Zelloberfläche behandeln.

16.4.1 Zellwände bilden einen strukturellen Rahmen und dienen als Permeabilitätsbarriere

Eines der hervorstechendsten Merkmale der Pflanzen ist die Tatsache, dass sie keine Knochen oder ähnliche Skelettstrukturen besitzen und doch von bemerkenswerter Festigkeit sind. Diese Festigkeit verdanken die Pflanzen den starren *Zellwänden*, von der Pflanzenzellen umschlossen sind. Ausnahmen bilden einige Algen und einige Samen. Die Festigkeit der Zellwand hat zur Folge, dass die Zellen praktisch bewegungsunfähig sind. Zugleich widerstehen die Pflanzen aufgrund der starken Zellwände dem großen *Turgordruck*, der durch die Aufnahme von Wasser entsteht. Der Turgor ist für Pflanzen überlebenswichtig, denn ihm verdanken sie in erheblichem Maß die Turgidität oder Festigkeit ihres Gewebes, und er liefert die für die Zellexpansion erforderliche Kraft.

Die Pflanzenzellwand ist zugleich eine Permeabilitätsbarriere für große Moleküle. Für Wasser, Gase, Ionen und kleine wasserlösliche Moleküle wie Zucker oder Aminosäuren stellt die Zellwand kein wirkliches Hindernis dar. Diese Substanzen diffundieren mühelos durch die Zellwand hindurch.

16.4.2 Die pflanzliche Zellwand ist ein Netzwerk aus Cellulosemikrofibrillen, Polysacchariden und Glykoproteinen

Ebenso wie die extrazelluläre Matrix der tierischen Zellen bestehen die pflanzlichen Zellen vor allem aus langen, in ein Netzwerk verzweigter Moleküle eingebetteten Fasern. Die Pflanzenzellwände enthalten allerdings weder Kollagen noch Proteoglykane, sondern *Cellulosemikrofibrillen*, die ein komplexes Maschenwerk aus verzweigten Polysacchariden und Glykoproteinen bilden, die *Extensine*. Die beiden wichtigsten Typen von Polysacchariden sind *Hemicellulosen* und *Pektine*. Cellulose macht 40 % des Trockengewichts einer Pflanzenzellwand aus, Hemicellulose 20 % und Pektine ungefähr 30 %, Glykoproteine sind mit 10 % vertreten. ▸*Abbildung 16.14a* stellt die Beziehungen zwischen diesen Zellwandkomponenten dar. Cellulose, Hemicellulosen und Glykoproteine sind miteinander verbunden und bilden ein starres, quervernetztes Geflecht, das in eine Pektinmatrix eingebettet ist. Die Lignine sind nicht abgebildet. In verholzten Geweben liegen sie zwischen den Cellulosefibrillen und sorgen für besondere Stärke und Festigkeit. Im Folgenden werden wir uns mit jeder dieser Komponenten nacheinander beschäftigen.

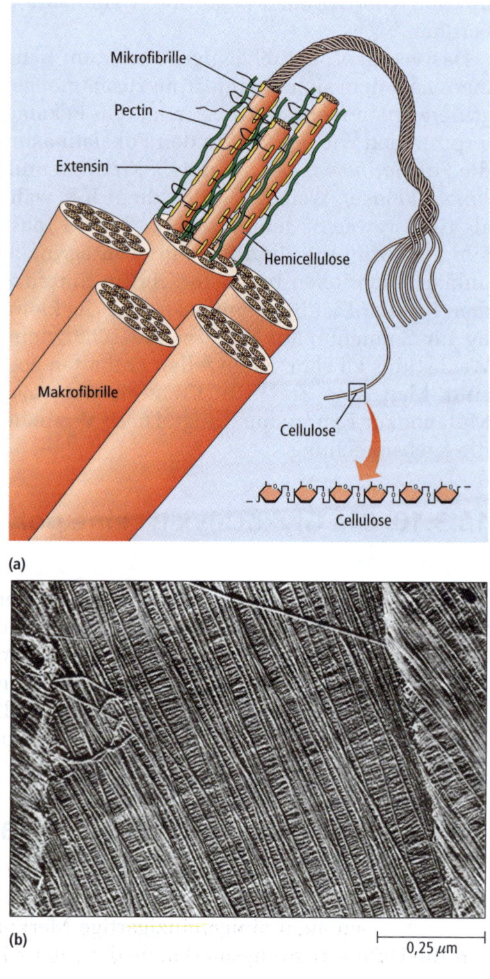

Abbildung 16.14: Strukturkomponenten pflanzlicher Zellwände. (a) Cellulosemikrofibrillen sind durch Hemicellulose und Glykoproteine, die Extensine, zu einem festen Netzwerk verbunden, das in eine Matrix aus Pektinen eingebettet ist. Cellulosemikrofibrillen sind oftmals umeinander gewunden und bilden große Strukturen, die Makrofibrillen. (Die Lignine sind hier nicht abgebildet. Sie liegen in verholzten Geweben zwischen den Cellulosemikrofibrillen). (b) Elektronenmikroskopische Aufnahme einzelner Cellulosemikrofibrillen in der Zellwand einer Grünalge. Jede Mikrofibrille besteht aus vielen seitlich aneinander gereihten Cellulosemolekülen (TEM).

Cellulose und Hemicellulose Von all den Polysacchariden der Pflanzenzelle ist **Cellulose** das wichtigste. Cellulose ist das am häufigsten einzeln vorkommende Makromolekül der Erde. Wie Sie aus *Kapitel 2* wissen, ist die Cellulose ein unverzweigtes Polymer, das sich aus Tausenden von β-D-Glukoseeinheiten zusammensetzt, die über β-(1,4)-Bindungen miteinander verknüpft sind. Cellulosemoleküle sind lange, bandartige Strukturen, die durch intramolekulare Wasserstoffbrückenbindungen stabilisiert werden. Viele dieser Moleküle (zumeist 50–60) haften in Parallelanordnung aneinander und bilden die **Mikrofibrillen** der Zellwände. Cellulosemikrofibrillen sind wie bei einem Seil verdrillt und bilden dadurch sogar noch größere Strukturen, die sogenannten *Makrofibrillen* (*Abbildung 16.14a*). Die Zugfestigkeit der Cellulosemakrofibrillen ist mit der eines gleich großen Stahlstücks vergleichbar!

Trotz des Namens unterscheiden sich die **Hemicellulosen** chemisch und strukturell von der Cellulose. Die Hemicellulosen bilden eine heterogene Gruppe von Polysacchariden, wobei ein jedes aus einer langen linearen Kette eines einzigen Zuckers besteht (Glucose oder Xylose) und kurzen, zu einem festen Netzwerk verflochtenen Seitenketten (*Abbildung 16.14a*). Im Allgemeinen enthalten die Seitenketten mehrere Zuckerarten, darunter die Hexosen Glucose, Galactose und Mannose sowie die Pentosen Xylose und Arabinose.

Weitere Zellwandkomponenten Abgesehen von Cellulose und Hemicellulose haben Zellwände noch weitere wichtige Komponenten. **Pektine** sind ebenfalls verzweigte Polysaccharide, deren Rückgrat bezeichnet man aber als *Rhamnogalacturonane*, die sich in erster Linie aus negativ geladener Galacturonsäure und der Hexose Rhamnose zusammensetzen. Die an das Rückgrat gebundenen Seitenketten enthalten einige der Monosaccharide, die man auch in Hemicellulosen vorfindet. Pektinmoleküle bilden eine Matrix, in die Cellulosemikrofibrillen eingebettet sind (*Abbildung 16.14a*). Sie verbinden auch benachbarte Zellwände. Aufgrund ihrer stark verzweigten Struktur und ihrer negativen Ladung binden Pektine Wassermoleküle und sind daher von Gel-ähnlicher Substanz. (Wegen ihrer Fähigkeit, Gel zu bilden, fügt man bei der Herstellung von Fruchtsäften, Marmeladen und Gelees Pektin hinzu.)

Außer den Hemicellulosen und den Pektinen enthalten Zellwände eine Gruppe verwandter Glykoproteine, die **Extensine**. Trotz ihres Namens sind die Extensine in Wahrheit starre, stäbchenähnliche Moleküle, die fest in das komplexe Polysaccharidnetzwerk eingeflochten sind (*Abbildung 16.14a*). Tatsächlich sind Extensine ein solch integraler Bestandteil, sodass Versuche, sie chemisch zu extrahieren, zum Verlust der Zellwandstruktur führen. Zuerst werden Extensine in löslicher Form in der Zellwand gelagert. Danach gehen die Extensinmoleküle miteinander und mit der Cellulose kovalente Querverbindungen ein, sodass ein verstärkter Protein-Polysaccharid-Komplex entsteht. Extensine kommen weniger häufig in aktiv wachsenden Geweben vor. Am häufigsten sind sie in den Zellwänden von Geweben vertreten, die einer Pflanze als mechanische Stütze dienen.

Lignine sind unlösliche Polymere aromatischer Alkohole, die vor allem in verholzten Geweben enthalten sind. (Das lateinische Wort für „Holz" ist *lignum*.) Ligninmoleküle sind vor allem zwischen den Cellulosefibrillen angesiedelt, wo sie sich der Einwirkung von Druck widersetzen. Lignin macht 25 % des Trockengewichts von Holzpflanzen aus, sodass es nach Cellulose der zweithäufigste organische Baustein auf der Erde ist.

16.4.3 Zellwände werden in mehreren getrennten Stufen synthetisiert

Die pflanzlichen Zellwandkomponenten werden schrittweise von der Zelle abgegeben, sodass eine Reihe von Schichten entsteht. Die zuerst synthetisierte Schicht ist schließlich die am weitesten von der Plasmamembran entfernte Schicht. Die erste Struktur ist die **Mittellamelle**. Benachbarte Zellen haben eine Mittellamelle gemeinsam, die sie aneinander kittet (▸*Abbildung 16.15*). Die nächste Struktur, die gebildet wird, ist die **primäre Zellwand**, die während der Wachstumsphase von Pflanzen entsteht. Primäre Zellwände sind ungefähr 100–200 nm dick, also stärker als die Basallamina tierischer Zellen (50 nm). Die primäre Zellwand ist ein locker organisiertes Netzwerk von Cellulosemikrofibrillen, die mit Hemicellulose, Pektinen und Glykoproteinen assoziiert sind. Die Cellulosemikrofibrillen werden von Cellulose-synthetisierenden Enzymkomplexen gebildet, den sogenannten *Rosetten*, die in der Plasmamembran lokalisiert sind. Da die Mikrofibrillen in anderen Zellkomponenten verankert sind, müssen sich die Rosetten auf der Ebene der Membran bewegen, wenn sich die wachsenden Cellulosemikrofibrillen erweitern.

Während des Wachstums der Sprossen und der Wurzeln einer Pflanze müssen die Zellwände neu geformt werden. Eine Proteinfamilie, die *Expansine*, hilft, die Biegsamkeit der Zellwände zu erhalten. Die Expansine erfüllen diese Aufgabe, indem sie die normale Wasserstoffbrückenbindung der Glykane in den Mikrofibrillen der Zellwand aufbrechen, sodass sich die Mikrofibrillen neu anordnen können.

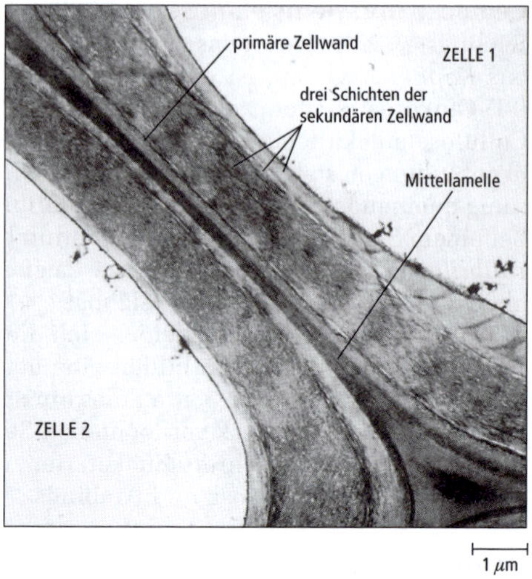

Abbildung 16.15: Die Mittellamelle. Die Mittellamelle ist eine Schicht des Zellwandmaterials, die sich zwei benachbarte Zellen teilen. Sie besteht vor allem aus klebrigen Pektinen und sorgt für eine feste Verbindung zwischen den Zellen.

Die lockere Textur der primären Zellwand bildet eine relativ dünne, flexible Struktur. In bestimmten Pflanzenzellen ist das Zellwachstum dann abgeschlossen. Allerdings legen viele Zellen, die ihr Wachstum eingestellt haben, dickere und festere Schichten an, die man als **sekundäre Zellwand** bezeichnet. Die vielschichtige sekundäre Zellwand wird auf die innere Oberfläche der primären Zellwand aufgelagert, nachdem das Wachstum beendet wurde. Cellulose und Lignine sind die wichtigsten Bausteine der sekundären Zellwand, weshalb diese Struktur wesentlich stärker, härter und starrer ist als die primäre Zellwand. Jede Schicht der sekundären Zellwand besteht aus dicht gepackten Bündeln von Cellulosemikrofibrillen. Sie sind parallel angeordnet und liegen in Längsausrichtung mit den Mikrofibrillen benachbarter Schichten. Diese Organisation verleiht der sekundären Zellwand größere mechanische Stärke und Festigkeit.

Während der Entstehung der sekundären Zellwand werden unterhalb der Plasmamembran lokalisierte Mikrotubuli so ausgerichtet wie die neu gebildeten Cellulosemikrofibrillen, und die Cellulose-synthetisierenden Rosetten werden zu großen Reihen zusammengelagert, die Dutzende von Rosetten enthalten. Man nimmt an, dass die darunterliegenden Mikrotubuli die Bewegung dieser Rosettenballungen steuern, welche während der Dehnung der Zellwände große parallele Bündel von Cellulosemikrofibrillen synthetisieren.

16.4.4 Plasmodesmen ermöglichten die direkte Zell-Zell-Kommunikation durch die Zellwand

Da jede Pflanzenzelle von einer Plasmamembran und einer Zellwand umschlossen ist, könnten Sie sich fragen, an welcher Stelle Pflanzenzellen wohl zu interzellulärer Kommunikation fähig sind, so wie es die Gap Junctions tierischer Zellen ermöglichen. Tatsächlich besitzen Pflanzenzellen derartige Strukturen. **Plasmodesmen** (Singular: **Plasmodesma**, auch **Plasmodesmata** genannt) sind cytoplasmatische Kanäle durch die relativ großen Öffnungen in der Zellwand, sodass die Plasmamembranen der beiden benachbarten Zellen in Kontakt stehen. Jedes Plasmodesma ist daher von der den beiden verbundenen Zellen gemeinsamen Plasmamembran umgeben. Ein Plasmodesma hat die Form eines Zylinders, wobei sich der Zylinder an beiden Enden verjüngt. Der Kanaldurchmesser liegt zwischen ungefähr 20 und circa 200 nm. Eine einzelne Röhrenstruktur, der *Desmotubulus*, befindet sich im Allgemeinen im mittleren Kanal des Plasmodesma. Zisternen des endoplasmatischen Reticulums (ER) sind häufig in der Nähe von Plasmodesmen auf beiden Seiten der Zellwand zu erkennen. ER-Membranen angrenzender Zellen sind mit dem Desmotubulus und dem ER anderer Zellen verbunden.

Der Cytoplasmaring zwischen dem Desmotubulus und der Membran, die am Plasmodesma verläuft, ist der *Annulus*. Man geht davon aus, dass der Annulus das Cytoplasma zwischen zwei benachbarten Zellen verbindet, wodurch Moleküle frei von einer Zelle in die nächste gelangen können. Sogar noch nach der Zellteilung und der Ablagerung neuer Zellwände zwischen zwei Tochterzellen wird die cytoplasmatische Verbindung zwischen den Tochterzellen durch Plasmodesmen aufrechterhalten, die sich zwischen den neugebildeten Zellen erstrecken. Tatsächlich werden die meisten Plasmodesmen während der Zellteilung gebildet, wenn die neue Zellwand entsteht. Zwar werden später geringfügige Veränderungen vorgenommen, aber Anzahl und Lage der Plasmodesmen sind schon zur Zeit der Zellteilung weitestgehend festgelegt.

In vielerlei Hinsicht scheinen Plasmodesmen die Funktion von Gap Junctions auszuüben. Sie verringern den elektrischen Widerstand zwischen benachbarten Zellen um das 50-Fache verglichen mit Zellen, die vollständig durch die Plasmamembran voneinander getrennt sind. Tatsächlich verhält sich der Ionenfluss zwischen benachbarten Zellen (als elektrischer Strom gemessen) proportional zur Anzahl von Plasmodesmen, die Zellen verbinden. Allerdings ermöglichen Plasmodesmen die Passage wesentlich größerer Moleküle, darunter Signalmoleküle, RNAs, Transkriptionsfaktoren und sogar von Viren.

Die strukturelle Basis der zellulären Information: DNA, Chromosomen und der Zellkern

17

ÜBERBLICK

In unserer bisherigen Darstellung der Zellstruktur und der Zellfunktion sind wir immer von einer gewissen Vorhersehbarkeit, einer Ordnung und Kontrolle ausgegangen. Wir erwarten, dass Organellen und andere Zellstrukturen ein bestimmtes Erscheinungsbild und eine bestimmte Funktion haben, dass metabolische Stoffwechselwege an spezifischen Orten auf geordnete Art und Weise ablaufen und dass alle Zellaktivitäten sorgfältig kontrolliert, höchst effizient und vererbbar sind.

Diese Erwartungshaltung ist Ausdruck unserer Überzeugung, dass Zellen einen Satz von „Anweisungen" besitzen, die ihre Struktur spezifizieren, ihre Funktionen vorgeben, ihre Aktivitäten regulieren, und dass diese Strukturen problemlos an die Tochterzellen weitergegeben werden können. Vor 150 Jahren erarbeitete der Augustinermönch Gregor Mendel die Regeln für das von ihm bei Erbsenpflanzen beobachtete Vererbungsmuster, obwohl er noch nichts von den zellulären oder molekularen Grundlagen dieser Regeln wusste. Seine Untersuchungen führten Mendel zu der Schlussfolgerung, dass die Erbinformation in Form sich deutlich voneinander unterscheidender Einheiten weitergegeben wurde. Diese Einheiten bezeichnen wir heute als **Gene**. Heute wissen wir auch, dass Gene aus DNA-Sequenzen bestehen, die funktionale Produkte kodieren, die im Allgemeinen Proteine sind; in einigen Fällen handelt es sich aber auch um regulatorische RNA-Moleküle, die keine Proteine kodieren.

17.1 Die chemische Natur des genetischen Materials

Als Mendel zum ersten Mal die Existenz von „Faktoren" postulierte, die von den Eltern auf die Nachkommen vererbt werden, war ihm das Molekül nicht bekannt, das diese Faktoren befähigt, vererbte Information zu speichern und weiterzugeben. Nur wenige Jahre später wurde dieses Molekül auf ganz unspektakuläre Weise von Johann Friedrich Miescher entdeckt, einem Schweizer Arzt. Miescher berichtete 1869 von der Entdeckung einer Substanz, die man heute als DNA bezeichnet. Das war nur wenige Jahre bevor der Zellbiologe Walther Flemming zum ersten Mal Chromosomen beobachtete, als er sich teilende Zellen unter dem Mikroskop betrachtete. Der Begriff „Gen" wurde von dem dänischen Forscher Wilhelm Johannsen erst 1909 geprägt nach dem griechischen Wort ‚genos' für Geschlecht.

17.2 Die DNA-Struktur

Als die wissenschaftliche Gemeinde allmählich den Befund akzeptierte, dass die DNA die genetische Information speichert, kam gleich wieder eine Reihe neuer Fragen auf, nämlich wie die DNA ihre genetische Funktion ausübt? Eine der ersten Fragen, die es zu lösen galt, lautete: Wie replizieren Zellen exakt ihre DNA, sodass Doppelkopien der genetischen Information während der Zellteilung und während der Reproduktion vom Elternteil an die Nachkommen von einer Zelle an die nächste Zelle weitergegeben werden können? Zur Beantwortung dieser Frage musste man die dreidimensionale Struktur der DNA verstehen, die Watson und Crick 1953 formulierten und ihr Modell der DNA als Doppelhelix vorstellten. In *Kapitel 2* haben wir die Struktur der Doppelhelix dargestellt. Jetzt wenden wir uns der Doppelhelix wieder zu und betrachten einige weitere Details.

17.2.1 Watson und Crick entdeckten, dass die DNA eine Doppelhelix ist

1952 gehören James Watson und Francis Crick zu einer Handvoll von Wissenschaftlern, die davon überzeugt waren, dass die DNA das genetische Material sei und dass man, wenn man nur ihre dreidimensionale Struktur kennen würde, wertvolle Hinweise auf ihre Funktionsweise erhalten könne. Watson und Crick, die an der Cambridge University in England arbeiteten, näherten sich dem Rätsel, indem sie Drahtmodelle möglicher Strukturen konstruierten. Schon seit Jahren war bekannt, dass es sich bei der DNA um ein langes Polymer mit einem Rückgrat aus sich wiederholenden Zucker- (Desoxyribose-) und Phosphateinheiten handelte, wobei an jeden Zucker eine stickstoffhaltige Base geknüpft war. Bei ihrer Modellbauarbeit half ihnen ihr Wissen, dass die bestimmten Formen, in denen die Basen A, G, C und T bei physiologischem pH-Wert vorliegen, die Bildung spezifischer Wasserstoffbrückenbindungen zwischen ihnen ermöglichen. Den entscheidenden experimentellen Nachweis verdankten sie einer Röntgenbeugungsaufnahme der DNA von Rosalind Franklin, die am King's College in London arbeitete. Franklins gewissenhafte und sorgfältige

Analyse des Beugungsmusters brachte zutage, dass es sich bei der DNA um ein langes, helikales Molekül mit nur einem Strukturmerkmal handelt, das alle 0,34 nm wiederholt wird, und einem weiteren, sich alle 3,4 nm wiederholenden Strukturmerkmal. Ausgehend von der durch diese Aufnahme erlangten Information, erstellten Watson und Crick schließlich ein DNA-Modell, das aus zwei umeinandergeschlungenen Strängen bestand – eine **Doppelhelix**. Watson und Crick veröffentlichten ihre Ergebnisse im April 1953 in einer Publikation, die gerade mal aus einer Seite in dem Fachjournal ‚Nature' bestand. Für diese epochale Entdeckung erhielten die beiden zusammen mit Maurice Wilkins den Nobelpreis für Medizin; Rosalind Franklin konnte nicht mehr nominiert werden, da sie zu diesem Zeitpunkt bereits verstorben war.

In ▸*Abbildung 17.1* ist die Doppelhelix von Watson und Crick dargestellt. Die Zucker-Phosphat-Rückgrate der beiden Stränge liegen auf der Außenseite der Helix, und die Basen zeigen nach innen in das Zentrum der Helix. Sie bilden die „Sprossen" der Wendeltreppe, der diese Struktur ähnelt. Die Helix ist rechtsgängig, was deutet, dass sie sich rechtsherum nach „oben" schraubt (beachten Sie, dass dies sogar dann stimmt, wenn sie die Zeichnung auf den Kopf drehen). Die Doppelhelix enthält zehn Nucleotidpaare pro Windung und wächst pro Nucleotidpaar um 0,34 nm. Folglich verlängert sich das Molekül pro vollständiger Windung um 3,4 nm. Der Durchmesser der Helix beträgt 2 nm. Diese Entfernung erweist sich aber als zu klein für zwei Purine und als zu groß für zwei Pyrimidine, aber ein Purin und ein Pyrimidin können gut untergebracht werden, was mit Chargaffs Regeln übereinstimmt. Die Paarung von Pyrimidin und Purin war mit anderen Worten aufgrund ihrer physikalischen Größen notwendig. Die beiden Stränge werden von Wasserstoffbrückenbindungen zwischen den Basen der gegenüberliegenden Stränge zusammengehalten. Außerdem passen die Wasserstoffbrückenbindungen, welche die beiden Stränge der Doppelhelix zusammenhalten *nur, wenn sie zwischen der Base Adenin (A) in einer Kette und Thymin (T) in der anderen oder zwischen der Base Guanin (G) in einer Kette und Cytosin (C) in der anderen gebildet werden*. Das bedeutet, dass die Sequenz eines Strangs die Basensequenz des gegenüberliegenden Strangs vorschreibt. Daher bezeichnet man die beiden Stränge der DNA-Doppelhelix als zueinander **komplementär**. Ein solches Modell erklärt die von Chargaff gemachte Beobachtung, dass in den DNA-Molekülen die Basen A und T und die Basen G und C in gleichen Mengen enthalten sind.

Die weitestreichende Erkenntnis, die man aus dem Modell von Watson und Crick gewann, war, dass es einen Mechanismus geben musste, mit dessen Hilfe Zellen ihre genetische Information replizieren konnten: Die beiden DNA-Stränge der Doppelhelix konnten sich einfach vor der Zellteilung trennen, sodass jeder Strang als *Matrize* dienen konnte und auf diese Weise auf Grundlage der Basenpaarungsregeln die Synthese eines neuen komplementären DNA-Strangs diktierte. Mit anderen Worten, die Base A in einem Matrizenstrang würde die Aufnahme der Base T in den sich neu bildenden Strang spezifizieren, die Base G die Aufnahme der Base C, die Base T die Aufnahme der Base A und die Base C die Aufnahme der Base G. Im nächsten Kapitel werden wir den experimentellen Beweis für diesen angedachten Mechanismus darstellen und die molekulare Grundlage der DNA-Replikation im Detail erläutern.

In *Abbildung 17.1* sind noch einige weitere wichtige Merkmale der DNA-Doppelhelix dargestellt. Beachten Sie zum Beispiel, dass die beiden Stränge so umeinander verdreht sind, sodass eine *große Furche* und eine *kleine Furche* entstehen. Wenn man die Basenpaare von der großen Furche aus betrachtet, so erhält man mehr Information als bei der Betrachtung von der kleinen Furche aus, denn in der großen Furche binden mehr Wasserstoffbrückendonoren (H) und -akzeptoren (O, N), ebenso wie die Methylgruppe der Base T. Daher können regulatorische Proteine an die große Furche binden und spezifische Basensequenzen erkennen, ohne die Doppelhelix zu entwinden.

Ein weiteres wichtiges Merkmal ist die antiparallele Anordnung der beiden DNA-Stränge, wie in ▸*Abbildung 17.1b* dargestellt. Aus der Zeichnung geht hervor, dass die Phosphodiesterbindungen, welche den 5'-Kohlenstoff eines Nucleotids mit dem 3'-Kohlenstoff des benachbarten Nucleotids verbinden, in den beiden DNA-Strängen in *entgegengesetzte* Richtungen verlaufen. So verläuft der linke Strang in die 5'→3'-*Ausrichtung*, denn sein erstes Nucleotid hat ein freies 5'-Ende und sein letztes Nucleotid ein freies 3'-Ende. Umgekehrt verläuft der rechte Strang von oben nach unten in die 3'→5'-Richtung, denn sein erstes Nucleotid hat ein freies 3'-Ende und sein letztes Nucleotid ein freies 5'-Ende. Die entgegengesetzte Ausrichtung der beiden Stränge hat sowohl für die DNA-Replikation als auch für die DNA-Transkription weitreichende Folgen.

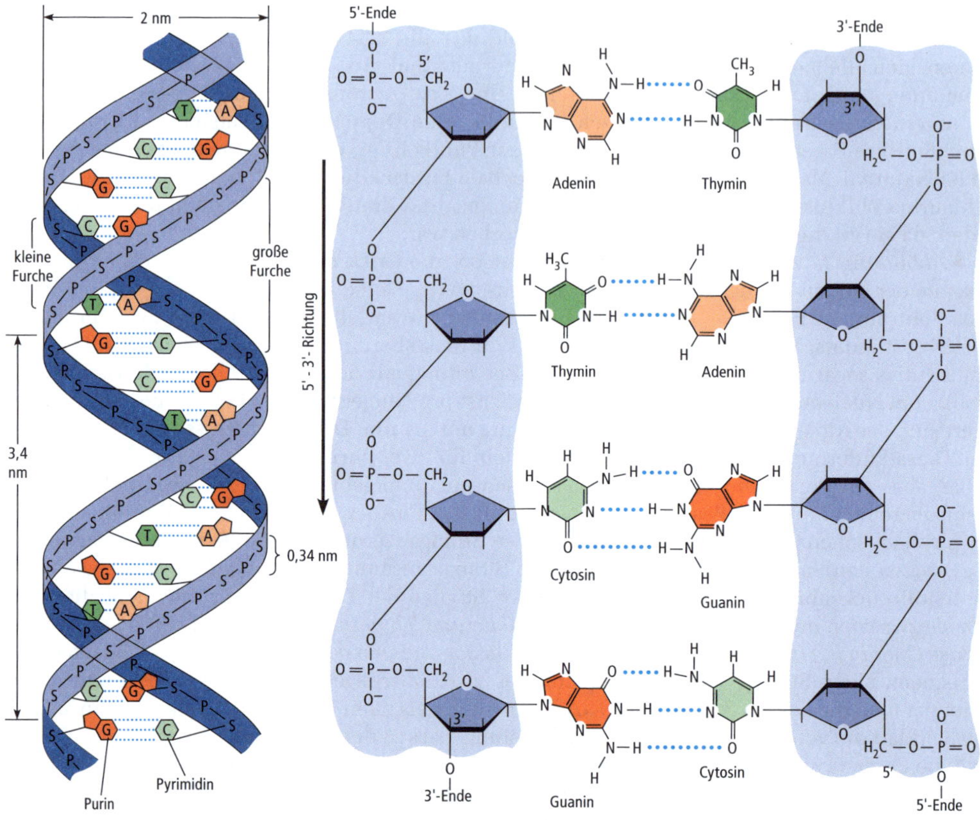

Abbildung 17.1: Die DNA-Doppelhelix. (a) Die schematische Darstellung zeigt die Zucker-Phosphat-Ketten des DNA-Rückgrats, die komplementären Basenpaare, die großen und die kleinen Furchen sowie mehrere wichtige Abmessungen. A = Adenin, G = Guanin, C = Cytosin, T = Thymin, P = Phosphat und S = Zucker (Desoxyribose). (b) Ein Strang eines DNA-Moleküls verläuft in die 5′→3′-Richtung, während der komplementäre Strang in die entgegengesetzte 3′→5′-Richtung verläuft. Die Zeichnung stellt außerdem die Wasserstoffbrücken dar, welche die Basen in den AT- und GC-Paaren verbinden.

17.2.2 Die DNA kann zwischen relaxiertem und überspiralisiertem Zustand wechseln

Es gibt viele Situationen, in denen sich die DNA-Doppelhelix um sich selber winden kann und eine **überspiralisierte DNA („supercoiled“ DNA)** bildet. Obwohl man heute weiß, dass die DNA häufig überspiralisiert vorliegt, so wurde das Phänomen der Überspiralisierung erstmalig in der DNA bestimmter kleiner Viren identifiziert, die ringförmige DNA-Moleküle enthalten, welche als geschlossene Schleifen vorliegen. Ringförmige DNA-Moleküle kommen auch in Bakterien, Mitochondrien und Chloroplasten vor. Auch wenn das Phänomen der Überspiralisierung nicht nur bei ringförmiger DNA auftritt, so kann man es in diesen Molekülen doch am besten untersuchen.

Ein DNA-Molekül kann zwischen dem überspiralisierten Zustand und dem nicht-überspiralisierten Zustand, dem *relaxierten* Zustand, hin und her wechseln. Zum besseren Verständnis dieses Grundgedankens können Sie folgende Übung durchführen: Nehmen Sie ein Stück Seil, das aus zwei umeinandergeschlungenen Strängen besteht, die eine rechtshändige Drehung machen. Dies entspricht einem relaxierten, linearen DNA-Molekül. Wenn man nun die Enden dieses Seils miteinander verbindet, so geschieht gar nichts. Das Seil bildet zwar jetzt einen Kreis, befindet sich aber immer noch im relaxierten Zustand. Wenn Sie das Seil aber noch einmal in die Richtung drehen, in die die beiden Stränge bereits gedreht wurden, und die Enden dann zusammenführen, dann befindet sich das Seil im Zustand einer *positiven Überspiralisierung*. Umgekehrt passiert Folgendes: wenn Sie das Seil nochmals in die entgegengesetzte Richtung drehen, dann wird es *negativ überspiralisiert*. Ebenso wie das Seil in diesem Beispiel kann ein relaxiertes DNA-Molekül durch Drehung in die gleiche Richtung positiv überspiralisiert werden, genauso wie eine Doppel-Helix gewunden ist und durch Windung in die entgegengesetzte Richtung negativ überspiralisiert werden kann (▸*Abbildung 17.2*). Die ringförmigen, in der Natur vorkommenden DNA-Moleküle, auch die der Bakterien, Viren und eukaryotischen Organellen sind grundsätzlich negativ überspiralisiert.

Überspiralisierung kommt auch bei linearen DNA-Molekülen vor, wenn Regionen des Moleküls in einer Zellstruktur verankert sind und nicht frei rotieren können. Zu jedem Zeitpunkt können größere Teile der linearen DNA im Zellkern eukaryotischer Zellen überspiralisiert vorliegen. Wenn die DNA während der Zellteilung in die Chromosomen gepackt wird, trägt die ausgedehnte Überspiralisierung zu einer kompakteren Form der DNA bei.

Da die Überspiralisierung sowohl die räumliche Organisation als auch den Energiestatus der DNA beeinflusst, wirkt sie sich auf die Fähigkeit des DNA-Moleküls aus, mit anderen Molekülen in Wechselwirkung zu treten. Die positive Überspiralisierung bedeutet eine festere Wicklung der Doppelhelix und reduziert daher die Möglichkeiten zur Interaktion. Im Gegensatz dazu ist die negative Überspiralisierung mit einer Entwindung der Doppelhelix assoziiert, sodass ihre Stränge Zugang zu den Proteinen haben, die an der DNA-Replikation und DNA-Transkription mitwirken.

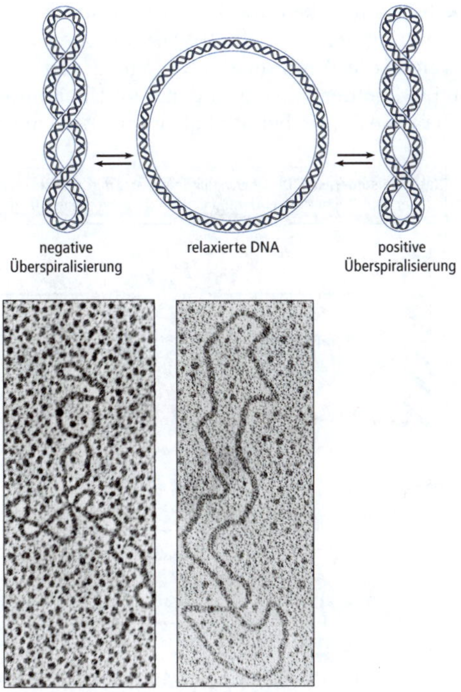

Abbildung 17.2: Übergang von relaxierter DNA in überspiralisierte DNA. *(oben)* Umwandlung eines relaxierten ringförmigen DNA-Moleküls in die negativ überspiralisierte Form (durch Drehung in die entgegengesetzte Richtung während sich die Doppelhelix entwindet) und in die positiv überspiralisierte Form (durch Drehung in die gleiche Richtung während sich die Doppelhelix entwindet). *(unten)* Elektronenmikroskopische Aufnahmen ringförmiger DNA-Moleküle des Bakteriophagen PM2. Abgebildet sind ein Molekül mit negativer Überspiralisierung links und ein relaxiertes Molekül rechts (TEM).

Der Wechsel zwischen relaxierter und spiralisierter Form der DNA wird von Enzymen katalysiert, die man als **Topoisomerasen** bezeichnet. Diese werden entweder als Topoisomerasen des *Typs I* oder des *Typs II* klassifiziert. Beide katalysieren die Relaxierung überspiralisierter DNA. Die Typ-I-Enzyme bewirken kurzzeitige Einzelstrangbrüche in der DNA, während die Typ-II-Enzyme vorübergehende Doppelstrangbrüche herbeiführen. In ▸*Abbildung 17.3* ist dargestellt, wie sich die kurzzeitigen Brüche auf die DNA-Überspiralisierung auswirken. Die Topoisomerasen des Typs I führen eine DNA-Relaxierung herbei, indem sie einen Strang der Doppelhelix durchschneiden. Aus diesem Grund kann sich die DNA drehen, und der intakte Strang kann durch den Bruch gezogen werden, bevor der gebrochene Strang wieder versiegelt wird. Im Gegensatz dazu bewirken die Topoisomerasen des Typs II eine Relaxierung, indem sie beide DNA-Stränge schneiden und dann ein Segment der intakten Doppelhelix durch den Bruch stecken, bevor sie diesen Bruch wieder versiegeln. Die Wirkung der Topoisomerasen des Typs II beruht aber im Gegensatz zur Wirkung der Topoisomerasen des Typs I auf der Energie, die aus der Hydrolyse von ATP gewonnen wird.

Typ-I- und Typ-II-Topoisomerasen können sowohl positive als auch negative Überspiralisierungen auslösen. Außerdem besitzen Bakterien eine Typ-II-Topoisomerase, die sogenannte DNA-Gyrase, die sowohl eine Relaxierung als auch eine Überspiralisierung auslösen kann. In *Kapitel 18* werden Sie lernen, dass die DNA-Gyrase eines von mehreren Enzymen ist, die an der DNA-Replikation mitwirken. Sie kann die positive Überspiralisierung relaxieren, die auf der teilweisen Entwindung der Doppelhelix beruht, oder sie kann aktiv eine negative Überspiralisierung auslösen, welche die Trennung der Stränge fördert, wodurch die an der DNA-Replikation mitwirkenden Proteine leichter Zugang finden. Um Überspiralisierung in einer DNA auszulösen, benötigt die DNA-Gyrase ATP; sie benötigt aber kein ATP, um ein bereits überspiralisiertes Molekül zu relaxieren.

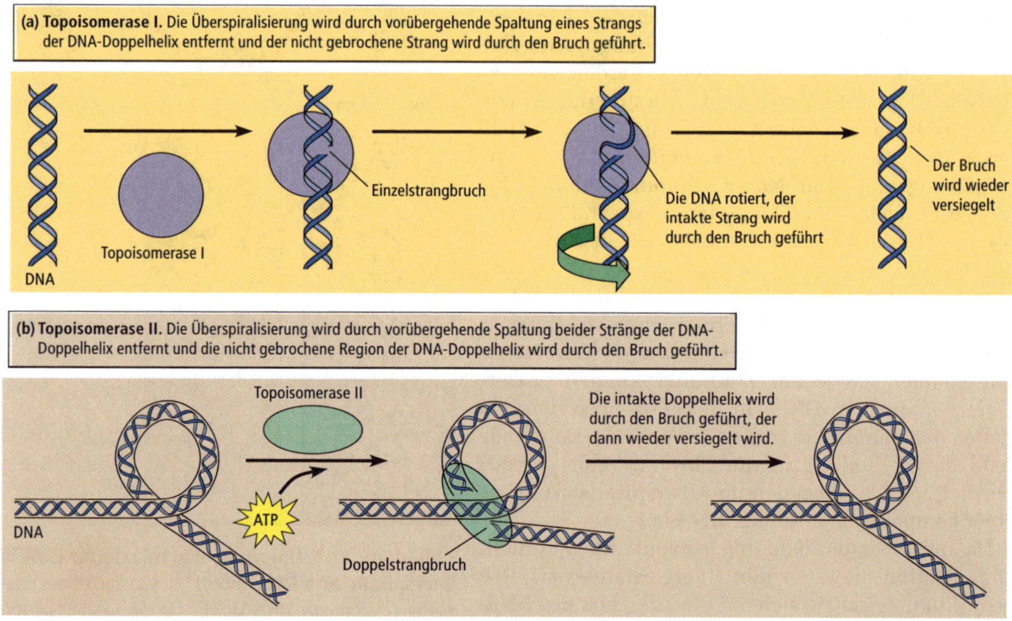

Abbildung 17.3: Von den Topoisomerasen I und II katalysierte Reaktionen. (a) Typ-I-und (b) Typ-II-Topoisomerasen werden zur Aufhebung positiver und negativer Überspiralsierungen aus DNA eingesetzt.

17.2.3 Die beiden Stränge der DNA-Doppelhelix können experimentell durch Denaturierung getrennt und durch Renaturierung wieder verbunden werden

Da die beiden Stränge der DNA-Doppelhelix über relativ schwache, nicht-kovalente Bindungen verknüpft sind, können die Stränge unter geeigneten Bedingungen leicht voneinander getrennt werden. In den folgenden Kapiteln werden Sie sehen, dass die Trennung der Stränge ein integraler Bestandteil sowohl der DNA-Replikation als auch der RNA-Synthese ist. Man kann die Stränge auch experimentell trennen, was zur **DNA-Denaturierung** führt; den Umkehrprozess, bei dem aus den getrennten Strängen wieder eine Doppelhelix hervorgeht, bezeichnet man als **DNA-Renaturierung**.

Im Allgemeinen denaturiert man die DNA im Labor durch Erhöhung der Temperatur oder des pH-Werts. Wenn man eine Denaturierung herbeiführt, indem man die Temperatur allmählich erhöht, dann behält die DNA ihre Doppelstrang- oder native Struktur so lange, bis sie eine kritische Temperatur erreicht. An diesem Punkt angelangt, denaturiert oder „schmilzt" die Doppelstruktur schnell und zerfällt in ihre beiden Stränge. Der Schmelzvorgang kann einfach beobachtet werden, denn doppelsträngige und einzelsträngige DNA unterscheiden sich im Hinblick auf ihre Fähigkeit, Strahlung zu absorbieren. Jede DNA absorbiert ultraviolette Strahlung von bis zu ungefähr 260 nm. Wenn man die Temperatur einer DNA in Lösung allmählich erhöht, dann bleibt die Absorption bei 260 nm so lange konstant, bis die Doppelhelix in ihre Einzelstränge denaturiert. Wenn sich die Stränge trennen, steigt die Absorption auf Grund der intrinsischen Absorption der einzelsträngigen DNA schnell an.

Die Temperatur, bei der der Absorptionswechsel zur Hälfte vollzogen ist, bezeichnet man als die **DNA-Schmelztemperatur (T_m)**. Der Wert der Schmelztemperatur spiegelt wider, wie fest die DNA-Doppelhelix zusammengehalten wird. Zum Beispiel widersetzen sich die GC-Basenpaare, die von drei Wasserstoffbrückenbindungen zusammengehalten werden, stärker der Trennung als AT-Basenpaare, die nur zwei Wasserstoffbrückenbindungen besitzen (siehe *Abbildung 17.1b*). Daher steigt die Schmelztemperatur direkt proportional zur relativen Anzahl von GC-Basenpaaren in der DNA. Entsprechend schmelzen DNA-Moleküle, in denen die beiden Stränge der Doppelhelix und ihre Basenpaare richtig an jeder Position einander zugeordnet sind, bei höheren Temperaturen als DNA-Moleküle, deren Stränge nicht perfekt komplementär sind.

Man kann denaturierte DNA wieder renaturieren, indem man die Temperatur senkt, sodass sich die Wasserstoffbrücken zwischen den beiden Strängen wieder bilden. Die Möglichkeit, Nucleinsäuren zu renaturieren, hat eine ganze Reihe wissenschaftlicher Anwendungen gefunden. An erster Stelle steht allerdings, dass dieses Verfahren die Grundlage der **Nucleinsäurehybridisierung** darstellt. Eine Reihe von Methoden zur Identifizierung von Nucleinsäuren beruht auf der Fähigkeit einzelsträngiger Ketten, mit komplementären Basensequenzen Bindungen einzugehen oder zu *hybridisieren*. Man kann die Nucleinsäurehybridisierung auf DNA-DNA-, DNA-RNA- oder sogar auf RNA-RNA-Interaktionen anwenden. Bei der DNA-DNA-Hybridisierung wird beispielsweise die zu untersuchenden DNA denaturiert und dann mit einem gereinigten, einzelsträngigen, radioaktiven DNA-Fragment, einer sogenannten **Sonde**, inkubiert, deren Sequenz zu der Basensequenz komplementär ist, die man nachzuweisen wünscht.

Nucleinsäuresequenzen müssen nicht unbedingt perfekt komplementär sein, um zu hybridisieren. Eine Änderung der Temperatur, der Salzkonzentration und des pH-Werts während der Hybridisierung kann eine Paarung zwischen zwei teilweise komplementären Sequenzen ermöglichen, die mehrere fehlgepaarte Basen enthalten. Unter solchen Bedingungen wird eine Hybridisierung zwischen miteinander verwandten, nicht aber identischen DNAs stattfinden. Diese Vorgehensweise hilft bei der Identifizierung von Familien verwandter Gene, sowohl bei einem bestimmten Typ von Organismus als auch bei verschiedenen Arten von Organismen.

17.3 Die Organisation der DNA in Genomen

Bisher haben wir uns mit mehreren chemischen und physikalischen Eigenschaften der DNA beschäftigt. Als Zellbiologen interessieren wir uns aber in erster Linie dafür, was diese Eigenschaften für die Zelle bedeuten. Daher möchten wir wissen, wie viel DNA in den Zellen enthalten ist, wie und wo Zellen die DNA lagern und wie sie die in der DNA enthaltene genetische Information nutzen. Wir beginnen mit der Frage nach den Mengen der enthaltenen DNA, denn diese Menge legt den maximalen Informationsgehalt fest, über den eine Zelle verfügen kann.

Das Genom eines Organismus oder Virus besteht aus DNA (bei einigen Viren aus RNA), das einen vollständigen Satz aller genetischen Information dieses Organismus oder Virus enthält. Bei vielen Viren und Bakterien liegt das Genom als einzelnes lineares oder ringförmiges DNA-Molekül oder in einer geringen Anzahl dieser Moleküle vor. Eukaryotische Zellen haben ein Zellkerngenom, ein mitochondriales Genom und, bei den Pflanzen und Algen, auch ein Chloroplastengenom. Mitochondriale Genome und Chloroplastengenome sind einzelne, im Allgemeinen ringförmige DNA-Moleküle, die denen der Bakterien ähneln. Das Kerngenom setzt sich im Allgemeinen aus vielen DNA-Molekülen zusammen, die sich über einen haploiden Chromosomensatz verteilen. (In *Kapitel 19* werden wir uns eingehender damit beschäftigen, dass ein haploider Chromosomensatz aus einem Vertreter eines jeden Chromosomentyps besteht, während ein diploider Chromosomensatz aus zwei Kopien eines jeden Chromosomentyps besteht, einer Kopie von der Mutter und einer Kopie vom Vater. Spermium und Eizelle haben jeweils einen haploiden Chromosomensatz, während die meisten anderen Typen eukaryotischer Zellen diploid sind.)

17.3.1 Die Größe des Genoms nimmt mit der Komplexität des Organismus zu

Die Größe des Genoms wird im Allgemeinen als Gesamtheit der Nucleotidbasenpaare ausgedrückt, der **Basenpaare (bp)**. Zum Beispiel setzt sich das ringförmige DNA-Molekül, aus dem das Genom von *E. coli* besteht, aus 4,639,221 bp zusammen. Da diese Zahlen tendenziell sehr groß sind, verwendet man Abkürzungen wie *Kb* (Kilobasen), *Mb* (Megabasen) und *Gb* (Gigabasen), um sich auf Tausend, eine Million bzw. eine Milliarde Basenpaare zu beziehen. Daher kann man die Größe des Genoms von *E. coli* einfach als 4,6 Mb ausdrücken. Die Genomgrößen zeigen ein Spektrum von fast acht Größenordnungen im Hinblick auf die Genomgröße, von einigen wenigen Tausend Basenpaaren bei den einfachsten Viren bis zu mehr als 100 Milliarden Basenpaaren bei bestimmten Pflanzen, Amphibien und Protisten. Im Verhältnis zur Gesamtlänge der DNA entspricht dies einer Länge von unter 2 μm DNA bei einem kleinen Virus, beispielsweise SV40, bis zu ungefähr 34 m DNA bei bestimmten Pflanzen wie der Wildblume *Trillium*.

Ganz allgemein formuliert, nimmt die Größe des Genoms mit der Komplexität des Organismus zu. Die Nucleinsäure der Viren genügt, um nur einige oder wenige Dutzend Proteine zu kodieren, Bakterien können einige Tausend Proteine spezifizieren, und eukaryotische Zellen haben genügend DNA (zumindest theoretisch), um Hundertausende von Proteinen zu kodieren. Bei genauerer Analyse dieser Daten fallen allerdings einige verwirrende Merkmale auf. Vor allem sticht heraus, dass die große Bandbreite der Genomgrößen der Eukaryoten nicht eindeutig mit den uns bekannten Differenzen im Hinblick auf die Komplexität der Organismen korreliert. Einige Amphibien und Pflanzen besitzen zum Beispiel riesige Genome, die um das Zehn- oder sogar Hundertfache größer sind als die der Amphibien oder Pflanzen oder der Säugetierspezies. Beispielsweise ist bei *Trillium*, einem Mitglied der Lilienfamilie, keine erkennbare Notwendigkeit für außergewöhnlich große Mengen genetischer Information zu erkennen. Allerdings ist das Genom von *Trillium* mehr als 20-mal größer als das der Erbsenpflanze und 30-mal größer als das des Menschen. Außerdem besitzt eine einzellige Amöbe ein Genom, das 200-mal größer ist als das des Menschen. Wir haben keine Ahnung, warum Lilienpflanzen und Amöben so viel DNA besitzen. Diese Genomgröße betont die Tatsache, dass die meisten eukaryotischen Genome große Mengen von DNA tragen, deren Funktion uns heute noch nicht bekannt ist. Später werden wir uns eingehender mit diesem Phänomen beschäftigen. Letztendlich kommt man bei der Analyse zu dem Ergebnis, dass die Genomgröße von geringerer Bedeutung ist als die Anzahl und Identität der funktionalen Gene und der DNA-Sequenzen, die deren Expression kontrollieren.

17.3.2 Restriktionsendonucleasen schneiden die DNA an spezifischen Stellen

Da die vererbten Ähnlichkeiten und Unterschiede, die man bei Organismen beobachtet, auf deren DNA beruhen, können wir davon ausgehen, dass wir durch die Untersuchung von DNA-Molekülen wichtige biologische Erkenntnisse gewinnen. Wir können in den Nucleotidsequenzen der genomischen DNA Hinweise zur Lösung einer Myriade von Geheimnissen finden – von der Steuerung der Genexpression in einer Zelle bis zur Evolution neuer Spezies. Die meisten DNA-Moleküle sind viel zu groß, um intakt untersucht zu werden. Tatsächlich war die DNA bis in die frühen 1970er Jahre das am schwierigsten mit biochemischen Methoden zu untersuchende biologische Molekül. Angesichts ihrer Größe wirkte die eukaryotische DNA besonders einschüchternd und es gab keine Methode, mit der man die DNA an spezifischen Stellen spalten konnte, um reproduzierbare Fragmente zu erhalten. Es schien unwahrscheinlich, dass man jemals in der Lage sein könnte, spezifische eukaryotische Gene zu identifizieren, zu sequenzieren und mit ihnen zu arbeiten. Trotzdem wurde die DNA in weniger als einem Jahrzehnt das biologische Molekül, mit dem man am besten arbeiten konnte.

Diesen Durchbruch verdankt man der Entdeckung der **Restriktionsendonucleasen** (sie werden auch als *Restriktionsenzyme* bezeichnet). Dies sind aus Bakterien isolierte Proteine, die fremde DNA-Moleküle an spezifischen internen Stellen schneiden. Durch Spaltung mit einem Restriktionsenzym erhält man einen spezifischen Satz von DNA-Fragmenten, die sogenannten *Restriktionsfragmente*. Jedes Restriktionsenzym spaltet doppelsträngige DNA nur an den Stellen, an denen es auf eine spezifische Erkennungssequenz trifft, die **Erkennungsschnittstelle**, die im Allgemeinen vier oder sechs (aber auch acht oder mehr sind möglich) Nucleotide lang ist. Als Beispiel hier die Restriktionsschnittstelle des verwendeten *E.-coli*-Restriktionsenzyms, *Eco*RI:

$$\begin{array}{c} \downarrow \\ 5'\,G - A - A - T - T - C\,3' \\ 3'\,C - T - T - A - A - G\,5' \\ \uparrow \end{array}$$

Die Pfeile zeigen an, wo *Eco*RI die DNA spaltet. Dieses Restriktionsenzym macht einen *versetzten* Schnitt im doppelsträngigen DNA-Molekül. Restriktionsschnittstellen kommen so häufig in der DNA vor, dass typische Restriktionsenzyme die DNA in Fragmente spalten können, deren Länge zwischen wenigen Hundert bis zu einigen Tausend Basenpaaren schwankt. Mit Fragmenten dieser Größe kann man wesentlich leichter arbeiten als mit den enorm langen DNA-Molekülen, aus denen man sie herausgeschnitten hat.

17.3.3 Schnelle Verfahren zur DNA-Sequenzierung

Ungefähr zur gleichen Zeit als die Techniken zur Präparierung von Restriktionsfragmenten entwickelt wurden, entwickelte man zwei Methoden zur schnellen **DNA-Sequenzierung** – also zur Ermittlung der linearen Anordnung der Basen in einer DNA. Eine Methode wurde von Allan Maxam und Walter Gilbert entwickelt, die andere stammt von Frederick Sanger und seinen Kollegen. Die Maxam-Gilbert-Methode, die sogenannte *chemische Methode*, beruht auf dem Einsatz von (nicht-proteinhaltigen) chemischen Substanzen, welche die DNA bevorzugt an spezifischen Basen schneiden; bei der Sanger-Methode, der sogenannten *Kettenabbruchmethode*, arbeitet man mit *Didesoxynucleotiden* (Nucleotide ohne 3′-Hydroxylgruppe), die mit der normalen enzymatischen Synthese von DNA interferieren. Wir werden uns auf Sangers Methode konzentrieren, denn sie bildet die Grundlage für die automatisierten Systeme, welche heute für die meisten DNA-Sequenzierungsarbeiten eingesetzt werden.

Bei dieser Methode dient ein einzelsträngiges DNA-Fragment als Matrize zur Steuerung der Synthese neuer komplementärer DNA-Stränge. Die DNA-Synthese wird mit den *Desoxynucleotiden* dATP, dCTP, dTTP und dGTP durchgeführt. Das sind normale Substrate, welche die Basen A, C, T und G für die wachsenden DNA-Ketten liefern. Außerdem bedient man sich, in niedriger Konzentration, vierer farbstoffmarkierter *Didesoxynucleotide* (ddATP, ddCTP, ddTTP und ddGTP), denen die Hydroxylgruppe fehlt, die an das 3′-Kohlenstoffatom der normalen Desoxynucleotide geknüpft ist. Wenn ein Didesoxynucleotid anstelle eines normalen Desoxynucleotids in eine wachsende DNA-Kette eingebaut wird, dann wird die *DNA-Synthese vorzeitig beendet*, denn die fehlende 3′-Hydroxylgruppe verhindert die Bindung des nächsten Nucleotids. Daher entsteht eine Reihe unvollständiger DNA-Fragmente, deren Größen Information über die lineare Reihenfolge der Basen in der DNA geben.

▸*Abbildung 17.4* veranschaulicht das Vorgehen bei dieser Methode. In Schritt ❶ wird eine Reaktionsmischung mit den Didesoxynucleotiden ddATP, ddCTP, ddTTP und ddGTP zusammengestellt. Jedes wird mit einem andersfarbigen Fluoreszenzfarbstoff markiert (zum Beispiel ddATP = rot, ddCTP = blau, ddTTP = orange und ddGTP = grün). Diese farbigen Didesoxynucleotide werden mit den normalen Desoxynucleotidsubstraten für die DNA-Synthese sowie mit einem einzelsträngigen DNA-Molekül, das sequenziert werden soll, und einem kurzen, einzelsträngigen DNA-*Primer*, der mit dem 3′-Ende des sequenzierten DNA-Strangs komplementär ist, vermischt. Wenn man die DNA-Polymerase hinzufügt, dann katalysiert sie das Anheften der Nucleotide, ein Nucleotid nach dem anderen, an das 3′-Ende des Primers. Das ergibt einen wachsenden DNA-Strang, der komplementär ist mit der Matrize, dessen Sequenz ermittelt werden soll. Die meisten eingefügten Nucleotide sind normale Desoxynucleotide, da sie die von der DNA-Polymerase bevorzugten Substrate sind. Doch wird auch immer wieder, ganz nach dem Zufallsprinzip, ein farbiges Didesoxynucleotid anstelle seines normalen Äquivalents eingefügt. Jedes Mal, wenn ein Didesoxynucleotid eingefügt wird, hält es die DNA-Synthese des jeweiligen Strangs an. Folglich erzeugt man eine Mischung aus Strängen verschiedener Längen, wobei jeder Strang an dem Ende eine farbige Base enthält, an der die DNA-Synthese vorzeitig durch Einbau eines Didesoxynucleotids angehalten wurde (Schritt ❷).

Dann erfolgt die Elektrophorese in einem Polyacrylamidgel zur Auftrennung der neu synthetisierten DNA-Fragmente, denn die kürzeren Fragmente bewegen sich schneller durch das Gel als die längeren (Schritt ❸). Während sich die Fragmente durch das Gel bewegen, nimmt eine Spezialkamera die Farbe eines jeden vorbeiziehenden Fragments auf. In Schritt ❹ ist dargestellt, wie man mit Hilfe dieser Information die DNA-Basensequenz ermitteln kann. In diesem Beispiel ist das kürzeste DNA-Fragment blau und das zweitkürzeste Fragment grün. Da blau und grün die Farben von ddCTP bzw. ddGTP sind, müssen die ersten beiden Basen, die an den Primer angefügt wurden, C und dann G gewesen sein. Bei automatisierten DNA-Sequenzierungssystemen wird diese Information für Hunderte von Basen nacheinander gesammelt und dann in einen Computer gegeben, sodass man rasch die vollständige Sequenz des ursprünglichen DNA-Fragments ermitteln kann.

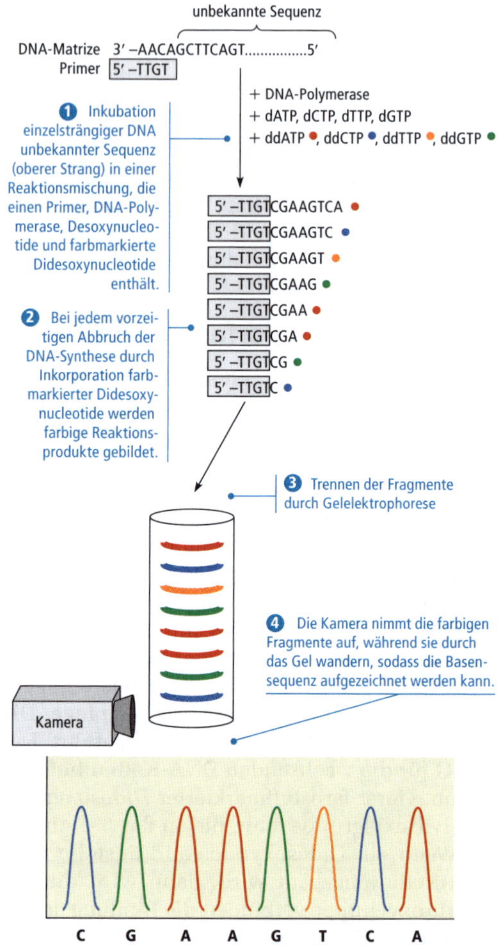

Abbildung 17.4: DNA-Sequenzierung. Darstellung der Kettenabbruchtechnik, bei der man sich farbmarkierter Didesoxynucleotide bedient, die an den Einsatz in Hochgeschwindigkeitssystemen zur automatisierten Sequenzierung angepasst wurden. Auch wenn in diesem Beispiel nur die Ergebnisse der ersten acht Basen einer DNA-Sequenz zusammengefasst werden, ermittelt man mit Experimenten dieser Art im Allgemeinen die Sequenz von DNA-Fragmenten mit einer Länge von 500–800 Basen. Im Text werden die vier wichtigsten Schritte des Verfahrens erläutert.

17.3.4 Die kompletten Genome vieler Organismen wurden bereits sequenziert

Die Bedeutung der gerade beschriebenen Methode kann gar nicht genug gewürdigt werden. Die DNA-Sequenzierung ist heute so selbstverständlich und automatisiert, dass sie standardmäßig nicht nur auf einzelne Gene angewandt wird, sondern auf ganze Genome. Obwohl DNA-Sequenzierungsmaschinen immer nur die Sequenz eines kurzen DNA-Teilstückes, im Allgemeinen mit einer Länge von 500–800 Basen, auf einmal ermitteln, suchen Computerprogramme unter diesen Fragmenten nach überlappenden Sequenzen. Dadurch werden die Daten von Hunderten oder Tausenden von DNA-Fragmenten zu längeren Fragmenten zusammengesetzt, die eine Länge von Millionen von Basenpaaren erreichen können.

Bei vielen der ersten Erfolge der Genomsequenzierung arbeitete man mit Bakterien, da ihre Genome relativ klein sind und zumeist nur wenige Millionen Basenpaare enthalten. Heutzutage stehen uns für mehr als 2.000 Bakterienarten vollständige DNA-Sequenzen zur Verfügung, darunter auch für Bakterien, die für eine Reihe von Erkrankungen des Menschen verantwortlich sind. Tatsächlich sind die Sequenzierungssysteme so effizient, dass ein Forschungsinstitut berichtete, innerhalb eines Monats die Sequenzierung von 15 verschiedenen Bakteriengenomen durchgeführt zu haben! Allerdings wurde die DNA-Sequenzierung auch auf wesentlich größere Genome angewandt, darunter auf mehrere Dutzend Organismen, die in der biologischen Forschung von größter Bedeutung sind. Zum Beispiel haben Wissenschaftler die vollständige Genomsequenz der Hefe *Saccharomyces cerevisiae* ermittelt (12,1 Mb), der Senfpflanze *Arabidopsis thaliana* (125 Mb) und der Taufliege *Drosophila melanogaster* (180 Mb).

Für uns Menschen ist natürlich die DNA-Sequenzierung des menschlichen Genoms die größte Aufgabe. Was für eine Ehrfurcht gebietende Herausforderung mag das wohl gewesen sein? Zur Beantwortung dieser Frage müssen wir uns klar machen, dass das menschliche Zellkerngenom ungefähr 3,2 Milliarden Basen enthält, was in etwa das Tausendfache der in einer Zelle von *E. coli* enthalten DNA ist. Eine Möglichkeit, die Dimension dieser Arbeit zu erfassen, ist, sich vor Augen zu halten, dass im Labor von Frederick Blattner in den frühen 1990er Jahren, als man sich ernsthaft an die Sequenzierung des menschlichen Genoms machte, fast sechs Jahre daran gearbeitet wurde, die vollständige Basensequenz des Genoms von *E. coli* zu bestimmen. Hätte man mit dieser Geschwindigkeit weitergearbeitet, so hätte ein einzelnes Labor fast 6.000 Jahre für die Sequenzierung des menschlichen Genoms benötigt! Folglich trafen sich Wissenschaftler aus aller Welt 1990 und riefen das *Human Genome Project* ins Leben, eine gemeinsame internationale Aufgabe, an der Hunderte von Wissenschaftlern mitarbeiteten, die ihre Daten austauschten, um die gesamte Sequenz des menschlichen Genoms zu entschlüsseln. Ende der 1990er Jahre nahm sich auch ein kommerzielles Unternehmen, die Celera Genomics, dieser Aufgabe an. Dank dieser Anstrengungen hatte man 2003 die vollständige Sequenz des menschlichen Genoms bestimmt, zwei Jahre früher als geplant.

Diese monumentale Leistung wurde nach mehr als einem Jahrzehnt Arbeit und einem Kostenaufwand von fast drei Milliarden Dollar erzielt. Heute kann man dank ständiger Verbesserung der Sanger-Sequenzierungsmethode Genome vergleichbarer Größe für 20 Millionen Dollar in einem Jahr sequenzieren, und der schnelle Fortschritt ist nicht aufzuhalten. Beispielsweise ermöglicht ein neu entwickeltes Sequenzierungsverfahren die gleichzeitige Sequenzierung von einer Million DNA-Fragmenten in mikroskopischen Reaktionskammern. Dadurch kann man das menschliche Genom in weniger als einem Monat für 100.000 Dollar sequenzieren. Aber das ist noch nicht das Ende der Sequenzierung. Man hat einen Preis ausgeschrieben, um die Entwicklung einer Technologie zu fördern, mit der ein menschliches Genom für 1.000 Dollar sequenziert werden kann – bei diesem Preis könnten Ärzte eines Tages eine Kopie des Genoms eines Patienten anfordern, um aufgrund der Gene des Patienten die für ihn am besten geeignete Behandlung herauszufinden. Mittlerweile gibt es kommerzielle Anbieter, die komplette Genome mit Hilfe tausender Sequenzier-Roboter („next generation sequencing") innerhalb kürzester Zeit und kostengünstig sequenzieren.

17.3.5 Geringfügige Unterschiede in der Genomsequenz unterscheiden Menschen voneinander

Die zuerst veröffentlichte Sequenz des menschlichen Genoms ist im Grunde ein Mosaik, das man durch die Analyse der aus zehn verschiedenen Individuen isolierten DNA erhalten hat. Mittlerweile hat man allerdings bereits die Genome mehrerer tausend Menschen sequenziert, da die Sequenziertechniken immer schneller und kostengünstiger wurden und sich dieser Trend bestimmt noch verstärken wird. Durchschnittlich werden ungefähr 99,7 % der Basen Ihres Genoms perfekt mit dieser veröffentlichen Sequenz oder mit der DNA-Basensequenz Ihres Nachbars übereinstimmen. Die verbleibenden 0,3 % der Basenpaare unterscheiden sich allerdings von Mensch zu Mensch, woraus Merkmale hervorgehen, die uns zu einzigartigen Individuen machen. Unterschiede, die auf Änderungen einzelner Basen zurückgehen, bezeichnet man als **Einzelnucleotidpolymorphismen (SNPs**, ausgesprochen „snips"; engl.: *single nucleotide polymorphisms***)**. Obwohl 0,3 % keine beachtliche Größenordnung sein mag, ergibt 0,3 % multipliziert mit 3,2 Milliarden Basen im menschlichen Genom insgesamt ungefähr 10 Millionen SNPs. Wissenschaftler haben bereits Datenbanken aufgebaut, in denen die meisten der am häufigsten auftretenden SNPs gespeichert werden. Man nimmt an, dass sie sehr wichtig sind, denn einige dieser winzigen genetischen Varianten können Ihre Empfindlichkeit für bestimmte Krankheiten beeinflussen oder darüber entscheiden, wie Sie auf eine bestimmte Behandlungsmethode reagieren.

Die meisten SNPs liegen allerdings nicht in den proteinkodierenden Regionen der Gene. Wie finden wir also heraus, welche SNPs mit welchen wichtigen Merkmalen in Zusammenhang stehen, beispielsweise der Empfindlichkeit für eine bestimmte Krankheit? Glücklicherweise muss man nicht alle zehn Millionen SNPs getrennt untersuchen, denn SNPs sind nicht unabhängig voneinander. Die nahe beieinander auf einem Chromosom lokalisierten SNPs werden tendenziell in Blöcken vererbt, den **Haplotypen**. Eine Datenbank mit diesen Haplotypen, die sogenannte *Hap-*

Map, stellt denjenigen Wissenschaftlern ein Werkzeug zur Verfügung, die sich für die Beziehung zwischen Genen und Krankheit interessieren: nur einige wenige hundert SNPs (jedes in einem anderen Haplotyp lokalisiert) müssen untersucht werden und nicht zehn Millionen. Nachdem ein Merkmal mit einem bestimmten Haplotyp in Verbindung gebracht wurde, werden nur die SNPs innerhalb dieses Haplotyps untersucht, um herauszufinden, welche verantwortlich sind.

SNPs sind nicht die einzige Quelle genetischer Variation, welche die Individualität eines Menschen definieren. DNA-Neuanordnungen, Deletionen und Duplikationen tragen gleichfalls zur Variation unter den Genomen bei. Diese Mechanismen haben DNA-Segmente entstehen lassen, die Tausende von Basenpaaren lang sind und von denen bei den verschiedenen Individuen unterschiedliche Anzahlen von Kopien vorkommen. Man geht davon aus, dass das Genom eines jeden Menschen Hunderte dieser **Kopienzahlvariationen (CNV**; engl.: *copy number variations***)** enthält, an der insgesamt Millionen von DNA-Basenpaaren mitwirken.

Die Wirkung unseres rasch wachsenden Wissens über das menschliche Genom wird jetzt bereits deutlich, denn Erkenntnisse über die genetische Grundlage von Erkrankungen beim Menschen – von Brustkrebs und Darmkrebs bis zu Diabetes und Alzheimer – werden in immer kürzeren Abständen publiziert. Diese Entdeckungen kündigen eine Revolution der künftigen medizinischen Praxis an, denn sie geben uns die Möglichkeit an die Hand, Krankheitsgene zu identifizieren und deren Funktion zu untersuchen, um darauf aufbauend medizinische Maßnahmen zur Linderung oder sogar Vermeidung der Krankheit zu entwickeln, die sogenannte personalisierte Medizin. Diese personalisierten Behandlungsmethoden sind derzeit aber noch Zukunftsmusik.

Allerdings stellt uns die Fähigkeit, potenziell schädliche Gene zu identifizieren, auch vor ethische Fragen, denn wir alle tragen möglicherweise ein paar Dutzend Gene, die für irgendetwas ein Risiko bergen. Diese Information könnte möglicherweise missbraucht werden – beispielsweise zur genetischen Diskriminierung von Individuen oder Gruppen von Menschen durch Versicherungsgesellschaften, Arbeitgeber oder sogar Regierungsinstitutionen. Des Weiteren erhöht die detaillierte Kenntnis des menschlichen Genoms das Potenzial zur Nutzung rekombinanter DNA-Technologien (siehe *Kapitel 19*), um die Gene der Menschen gezielt zu *verändern*, nicht nur zur Korrektur von Krankheiten in einem falsch funktionierenden Körpergewebe, sondern auch zur Änderung von Genen im Sperma und in Eizellen, was die genetische Zusammensetzung künftiger Generationen verändern würde. Das Problem, wie man diese Fähigkeiten nutzbringend einsetzt und wie man sie regulieren kann, birgt eindeutig Fragestellungen, die nicht nur die wissenschaftliche Gemeinde, sondern die gesamte menschliche Gesellschaft betreffen.

17.3.6 Repetitive DNA-Sequenzen erklären zum Teil die Größe eukaryotischer Genome

Abgesehen von den Schwierigkeiten, die das menschliche Genom aufgrund seiner gewaltigen Größe bei der DNA-Sequenzierung bereitete, stellt es uns noch vor eine grundlegendere Frage: Spiegelt die große DNA-Menge in menschlichen Zellen einfach den Bedarf an tausendmal mehr Genen als in bakteriellen Zellen wider oder spielen noch andere Faktoren eine Rolle? Der erste Durchbruch zur Beantwortung dieser Frage erfolgte in den späten 1960er Jahren, als Roy Britten und David Kohne Untersuchungen zur DNA-Renaturierung durchführten und dabei sich wiederholende DNA-Sequenzen entdeckten.

Bei diesen Experimenten wurde die DNA in kleine Fragmente zerlegt und durch Temperaturerhöhung in einzelne Stränge aufgetrennt. Dann wurde die Temperatur gesenkt und die einzelsträngigen Fragmente konnten renaturieren. Die Renaturierungsgeschwindigkeit hängt von der Konzentration jeder einzelnen Art von DNA-Sequenz ab; je höher die Konzentration von Fragmenten einer bestimmten DNA-Sequenz, desto größer die Wahrscheinlichkeit, dass sie zufällig mit komplementären Strängen kollidieren und reassoziieren. Schauen wir uns als Beispiel die DNA einer Bakterienzelle und die DNA einer typischen Säugetierzelle an, die das Tausendfache an DNA enthält. Wenn dieser unterschiedliche DNA-Gehalt einen tausendfachen Unterschied in den Arten der vorliegenden DNA-Sequenzen widerspiegelt, dann müsste die bakterielle DNA 1.000-mal schneller renaturieren als Säugetier-DNA. Der Grund für diese Vorhersage ist, dass jede einzelne DNA-Sequenz in einer tausendfach niedrigeren Konzentration in der DNA-Säugetierprobe existieren muss, denn es liegen 1.000-mal mehr Arten von Sequenzen vor, und so stellt jede einzelne Sequenz einen kleinen Teil der gesamten Sequenzenpopulation dar.

Als Britten und Kohne das Verhalten von Säugetier- und Bakterien-DNA verglichen, erhielten sie eben nicht genau diese erwarteten Ergebnisse. Es zeigte sich, dass Kalbs-DNA aus zwei Klassen von Sequenzen besteht, die mit sehr unterschiedlicher Geschwindigkeit renaturieren. Ein Sequenztyp, der ungefähr 40 % der Kalbs-DNA ausmacht, renaturiert *schneller* als bakterielle DNA. Die naheliegendste Erklärung für dieses unerwartete Ergebnis ist, dass Kalbs-DNA **repetitive DNA-Sequenzen** enthält, die in Mehrfachkopien vorliegen. Die Existenz von Mehrfachkopien erhöht die Konzentration dieser Sequenzen, was mehr Kollisionen und eine höhere Reassoziierungsgeschwindigkeit bedingt als man erwarten könnte, wenn jede Sequenz nur als Einzelkopie vorläge.

Die übrigen 60 % der Kalbs-DNA renaturieren ungefähr 1.000-mal langsamer als die DNA von *E. coli.* Dieses Verhalten wird von Sequenzen erwartet, die als Einzelkopie vorliegen. Daher bezeichnet man diesen Anteil als **nicht-repetitive DNA**, um sie von den Wiederholungssequenzen zu unterscheiden, die schneller renaturieren. Nicht-repetitive DNA-Sequenzen kommen jeweils in einer Kopie pro Genom vor. Die meisten proteinkodierenden Gene bestehen aus nicht-repetitiver DNA, obwohl das nicht bedeutet, dass nicht-repetitive DNA stets Proteine kodiert.

In bakteriellen Zellen ist praktisch die gesamte DNA nicht-repetitiv, während bei den Eukaryoten große Variationen in den Mengenverhältnissen von repetitiver und nicht-repetitiver DNA vorliegen. Dies trägt zur Klärung des Geheimnisses des scheinbaren Überschusses an DNA in Spezies wie *Trillium* bei: Dieser Organismus enthält eine relativ große Menge repetitiver DNA. Mit Hilfe der zuvor beschriebenen Sequenzierungstechniken vermochten Wissenschaftler die Basensequenz verschiedener Typen repetitiver DNAs zu ermitteln und diese in zwei Hauptkategorien zu klassifizieren: *tandemartig repetitive DNA* und *eingestreute repetitive DNA*.

Tandemartig repetitive DNA Eine der Hauptkategorien der repetitiven DNA bezeichnet man als tandemartig repetitive DNA, denn die Vielfachkopien sind nebeneinander in einer Reihe aufgereiht – also als Tandem. Tandemartig wiederholte DNA macht 10–15 % eines typischen Säugetiergenoms aus und besteht aus vielen verschiedenen Typen von DNA-Sequenzen, die sich sowohl im Hinblick auf die Länge als auch auf die grundlegende Wiederholungseinheit und die Zahl der aufeinanderfolgenden Wiederholungen dieser Einheit unterscheiden. Die Länge der Wiederholungseinheit kann stark variieren, von 1 bis etwa 2.000 bp. Meistens ist die Wiederholungseinheit kürzer als 10 bp, daher bezeichnet man diese Kategorie als *einfache Sequenzwiederholung der DNA*. Hier ein Beispiel (das nur einen Strang zeigt) einer einfachen Sequenzwiederholung der DNA, die aus einer Einheit aus fünf Basen besteht, GTTAC:

...GTTACGTTACGTTACGTTACGTAC...

Die Anzahl der sequenziellen Wiederholungen der GTTAC-Einheit kann an bestimmten Stellen des Genoms bis zu mehrere Hunderttausend betragen.

Tandemartig repetitive DNA vom Typ der einfachen Sequenzwiederholung wurden ursprünglich als *Satelliten-DNA* bezeichnet, denn die sie unterscheidende Basenkomposition lässt sie als „Satellitenband" erscheinen, das sie vom Rest der genomischen DNA während der Zentrifugation trennt, die darauf abzielt, Moleküle entsprechend ihrer Dichte zu trennen. Die unterschiedliche Dichte beruht darauf, dass sich Adenin und Guanin geringfügig hinsichtlich ihres Molekulargewichts unterscheiden, ebenso wie Cytosin und Thymin. Daher unterscheiden sich DNAs mit unterschiedlichen Basenzusammensetzungen voneinander. In den Verfahren, bei denen Satellitenbanden auftreten, wird die genomische DNA in kurze DNA-Segmente unterschiedlicher Dichten gespalten, die sich dann während des Zentrifugationsvorgangs frei bewegen können.

Was ist die Funktion einer einfachen Sequenzwiederholung der DNA (der Satelliten-DNA)? Da diese Sequenzen im Allgemeinen nicht transkribiert werden, nimmt man an, dass sie stattdessen bestimmten Regionen auf Chromosomen besondere physikalische Eigenschaften verleihen könnten. Bei den meisten Eukaryoten gibt es chromosomale Regionen, die sogenannten **Centromere** (diese spielen bei der Chromosomenverteilung während der Zellteilung eine wichtige Rolle, siehe *Kapitel 18*), die besonders reich sind an einfachen Sequenzwiederholungen, und diese Sequenzen könnten dem Centrosom spezialisierte strukturelle Eigenschaften übertragen. **Telomere**, an den Enden der Chromosomen lokalisierte DNA-Sequenzen, haben auch einfache Sequenzwiederholungen. Im nächsten Kapitel werden Sie erfahren, wie Telomere Chromosomen während des Replikationszyklus vor dem Abbau an ihren verwundbaren Enden schützen. Die Telomere des Menschen enthalten 250–1.500 Kopien der Sequenz TTAGGG, die über Hunderte von Millionen Jahren der Evolution stark konserviert wurde. Alle bisher untersuchten Wirbeltiere besitzen die gleiche identische Sequenz, und sogar einzellige Eukaryoten besitzen ähnliche Sequenzen. Anscheinend sind diese Sequenzen für das Überleben dieser Organismen von entscheidender Bedeutung.

Die Menge von Satelliten-DNA, die an jeder Stelle vorhanden sein kann, unterliegt sehr starken Schwankungen. Die Länge einer typischen Satelliten-DNA liegt im Bereich von 10^5 bis 10^7 bp. Der Begriff *Minisatelliten*-DNA bezieht sich auf kurze Regionen, im Allgemeinen ungefähr 10^2 bis 10^5 bp, die jeweils eine tandemartig repetitive Wiederholungseinheit von ungefähr 10–100 bp bilden. *Mikrosatelliten*-DNA, in der die Wiederholungeinheit nur 1–10 bp lang ist, ist sogar noch kürzer (sie erreicht eine Länge von 10–100 bp), obwohl zahlreiche Stellen im Genom die gleiche Sequenz aufweisen können. Die kurzen wiederholten Sequenzen der Mikrosatelliten- und Minisatelliten-DNAs sind im Labor beim **DNA-Fingerabdruck** (DNA-Fingerprinting) außerordentlich hilfreich. Bei diesem Verfahren nutzt man die Gelelektrophorese, um DNA-Fragmente aus verschiedenen Regionen der Genome von zwei oder mehr Individuen zu vergleichen. Der DNA-Fingerabdruck ist ein ebenso akkurates Mittel zur Identifizierung von Individuen wie der konventionelle Fingerabdruck.

Wissenschaftler verschiedener Disziplinen haben die überraschende Entdeckung gemacht, dass mehr als ein Dutzend erblicher Erkrankungen des Nervensystems auf einfache Veränderungen in der Mikrosatelliten-DNA zurückzuführen sind. Genauer gesagt gehen diese Erkrankungen auf eine zu große Anzahl wiederholter Trinucleotidsequenzen innerhalb des ansonsten normalen Gens zurück. Ein Beispiel für dieses Phänomen, die sogenannte *Tripletwiederholungsamplifikation*, ist *Chorea Huntington* (engl.: *Huntington's disease*), eine spät auftretende, unweigerlich letale neurodegenerative Krankheit. Die normale Version des Huntington-Gens enthält das Trinucleotid CAG, das in Tandemordnung 11- – 34-mal wiederholt wird. Die Gene der betroffenen Individuen besitzen allerdings bis zu 100 Kopien der repetitiven Einheit. Neurologische Krankheiten, die auf einer Amplifikation anderer Tripletwiederholungssequenzen beruhen, sind das *Fragile-X-Syndrom*, das für mentale Retardierung hauptverantwortlich ist, und die *myotonische Dystrophie*, die zu Muskelabbau führt. Bei einigen dieser Krankheiten befindet sich die Wiederholungssequenz in einer Region des betroffenen Gens, die nicht translatiert wird, bei anderen Krankheiten wird die Wiederholungssequenz in ein Polypeptidsegment translatiert, das aus einem langen Strang der gleichen Aminosäure besteht. In beiden Fällen scheint die Schwere der Erkrankung mit der Anzahl der Tripletwiederholungen zu korrelieren.

Eingestreut repetitive DNA Der andere Haupttyp der DNA-Wiederholungen ist die **eingestreut repetitive DNA** (engl.: *interspersed repetitive DNA*). In diesem Fall ist die DNA nicht in Tandemanordnung gebündelt, sondern die Wiederholungseinheiten dieses DNA-Typs liegen verstreut über das Genom verteilt. Ein einzelne Wiederholungseinheit kann Hunderte oder sogar Tausende von Basenpaaren lang sein, und die verstreut liegenden „Kopien", deren Anzahl in die Hunderttausende gehen kann, sind einander zwar ähnlich, aber nicht identisch. Eingestreut repetitive DNA macht typischerweise 25–50 % der Säugetiergenome aus.

Der größte Teil der eingestreut repetitiven DNA setzt sich aus Familien von **transponierbaren Elementen (Transposons)** zusammen, die man auch als „springende Gene" bezeichnet, denn sie können sich im Genom bewegen, und wo immer sie anhalten, können sie Kopien von sich hinterlassen. Bemerkenswerterweise besteht das menschliche Genom zur Hälfte aus diesen mobilen Elementen. Die am häufigsten vorkommenden, die **LINEs** (engl.: *long interspersed nuclear elements*) liegen in der Größe zwischen 6.000–8.000 bp und machen ungefähr 20 % des Genoms aus. LINEs haben Gene, die Enzyme kodieren, die am Kopieren von LINE-Sequenzen (und anderen mobilen Elementen) beteiligt sind und die Kopien an einem anderen Ort in das Genom einfügen. Eine weitere Klasse mobiler Elemente, die **SINEs** (engl.: *short interspersed nuclear elements*), bestehen aus kurzen Wiederholungssequenzen von weniger als 500 bp Länge, die keine Gene enthalten, sondern im Hinblick auf ihre Bewegungsfähigkeit von Enzymen abhängig sind, die andere mobile Elemente für sie synthetisieren. Die am häufigsten beim Menschen vorkommenden SINEs haben eine Länge von circa 300 bp und werden als *Alu-Sequenzen* bezeichnet, denn die zuerst identifizierten SINEs enthielten ausnahmslos eine Restriktionsstelle für das Restriktionsenzym *AluI*. Fast eine Million Kopien der *Alu*-Sequenz liegen über das menschliche Genom verstreut und machen somit ungefähr zehn Prozent der DNA aus. DNA, die Proteine kodiert oder ribosomale bzw. transfer-RNAs bildet (dieser Typ der DNA kommt in *Exons* vor, was Sie in *Kapitel 20* erfahren werden), macht überraschenderweise nur einen geringen Teil der DNA des menschlichen Genoms aus (▸*Abbildung 17.5*).

Die Mobilität von LINEs, SINEs sowie anderen Typen von Transposons geht vermutlich auf die kreative genomische Variabilität zurück, die zur evolutionären Anpassungsfähigkeit der Organismen beiträgt. Außerdem können sich einige LINEs während der normalen Entwicklung bewegen und die Expression benachbarter Gene verändern, was eine mögliche Rolle in der Genregulation nahelegt. Die Ursprünge der transponierbaren Elemente und die Mechanismen, durch die sie sich bewegen, werden wir in *Kapitel 20* eingehender darstellen.

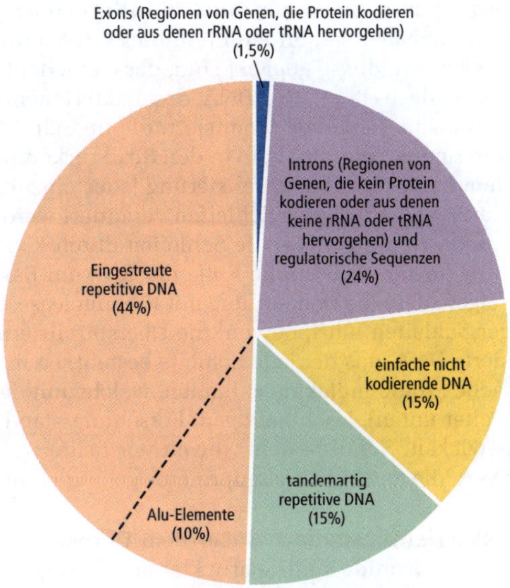

Abbildung 17.5: DNA-Typen des menschlichen Genoms. Die DNA, die Proteine kodiert oder in ribosomale bzw. transfer-RNA transkribiert wird, macht nur 1,5 % der gesamten DNA des menschlichen Genoms aus. Die eingestreut repetitive DNA macht 44 % des menschlichen Genoms aus; fast ein Viertel davon besteht aus *Alu*-Elementen. Tandemartig repetitive DNA macht weitere 15 % des Genoms aus.

17.4 Das Packen von DNA

Die Zellen müssen eine erstaunliche Menge von DNA unterbringen, sogar die Spezies mit Genomen von bescheidener Größe. Zum Beispiel hat die typische *E.-coli*-Zelle einen Durchmesser von ungefähr 1 µm und eine Länge von 2 µm; sie muss allerdings ein (ringförmiges) DNA-Molekül mit einer Länge von circa 1.600 µm unterbringen – genug DNA, um die Zelle mehr als 250-mal zu umwickeln! Eukaryotische Zellen sehen sich einer noch größeren Herausforderung gegenüber. Eine menschliche Zelle durchschnittlicher Größe enthält genügend DNA, um die Zelle mehr als 15.000-mal zu umwickeln. Irgendwie muss also diese DNA effizient in die Zellen gepackt werden und zugleich noch der zellulären Maschinerie sowohl für die DNA-Replikation als auch für die Transkription spezifischer Gene zur Verfügung stehen. Ohne jeden Zweifel ist das Packen der DNA für alle Lebensformen eine schwierige Aufgabe. Zuerst werden wir uns damit beschäftigen, wie Bakterien die Aufgabe, ihre DNA zu organisieren, bewältigen und dann werden wir das gleiche Problem bei den Eukaryoten untersuchen.

17.4.1 Die bakterielle DNA liegt in Bakterienchromosom und Plasmiden vor

Früher nahm man an, dass das Genom eines Bakteriums, wie das von *E. coli*, ein „nacktes" DNA-Molekül sei, dem jegliche feinere Organisation fehlt und das nur über sehr geringe Mengen mit ihr assoziierter Proteine verfügt. Heute wissen wir, dass die Organisation des Bakteriengenoms stärker den Chromosomen der Eukaryoten ähnelt, als man zuvor für möglich hielt. Bakteriengenetiker bezeichnen die Struktur, die den Hauptteil des bakteriellen Genoms enthält, daher als bakterielles Chromosom. Allerdings ist es kein „klassisches" Chromosom wie bei den Eukaryoten, denn es liegt in zirkulärer, in sich geschlossener Form vor. Obwohl es eine Länge von über einem Millimeter hat, ist es so dicht strukturiert, dass es nur einen kleinen Teil der Bakterienzelle einnimmt.

Das Bakterienchromosom Bakterienchromosomen können einzeln oder mehrfach, ringförmig oder linear sein; die häufigste Anordnung ist ein einzelnes, ringförmiges DNA-Molekül, das an geringe Mengen von Protein gebunden ist und in einem spezifischen Bereich in der Bakterienzelle liegt, dem sogenannten **Nucleoid (Kernäquivalent)**. Obwohl das Nucleoid nicht von einer Membran umgeben ist, bildet die in dieser Region liegende bakterielle DNA eine fadenähnliche Masse aus Fasern, die so gepackt sind, dass eine deutliche Grenze zwischen dem Nucleoid und dem Rest der Zelle besteht. Die DNA des Bakterienchromosoms ist negativ überspiralisiert und in einer Reihe von Schleifen organisiert, die im Schnitt ungefähr 20.000 Basenpaare lang sind. Da die beiden Enden jeder Schleife in den Strukturkomponenten verankert sind, die sich im Nucleoid befinden, kann die Überspiralisierung jeder einzelnen Schleife ohne Auswirkung auf die Überspiralisierung benachbarter Schleifen verändert werden.

Man vermutet, dass die Schleifen durch RNA und Proteinmoleküle verankert werden. Der Nachweis für die strukturelle Rolle der RNA im Bakterienchromosom stammt von Untersuchungen, die zeigen, dass die Behandlung mit Ribonuclease, einem Enzym, das RNA abbaut, zur Freisetzung einiger Schleifen führt, obwohl die Überspiralisierung dadurch nicht aufgehoben wird. Die überspiralisierte DNA, aus der jede Schleife besteht, ist in perlenartigen Strukturen organisiert, die kleine, einfache Proteinmoleküle enthalten, welche mit den Histonen eukaryotischer Zellen analog sind (siehe weiter unten). Nach heutigem Forschungsstand ist das DNA-Molekül um Partikel aus Grundprotein gewickelt. Somit besteht, soweit wir heute wissen, das Bakterienchromosom aus überspiralisierter DNA, die an kleine Grundproteine gebunden und dann in Schleifendomänen gefaltet ist.

Bakterienplasmide Außer dem Chromosom besitzt die Bakterienzelle ein oder mehrere Plasmide. **Plasmide** sind relativ kleine, im Allgemeinen ringförmige DNA-Moleküle, die Gene sowohl für ihre eigene Replikation als auch häufig für eine oder mehrere zelluläre Funktionen tragen (im Allgemeinen keine von essenzieller Bedeutung). Die meisten Plasmide sind überspiralisiert, worauf ihre kondensierte, kompakte Form beruht. Obwohl Plasmide unabhängig replizieren, läuft die Replikation zumeist relativ synchron mit der Replikation des Bakterienchromosoms ab, um von einer Zellgeneration zur nächsten eine ungefähr vergleichbare Anzahl von Plasmiden zu erhalten. Bei den Zellen von *E. coli* unterscheidet man mehrere Klassen von Plasmiden: *F-Faktoren (Fertilitätsfaktoren)* wirken an der Konjugation mit, ein geschlechtlicher Vorgang, mit dem wir uns in *Kapitel 19* beschäftigen werden; *R-Faktoren (Resistenzfaktoren)* tragen Gene für die Ausbildung von Medikamentenresistenzen; *colicinogene Faktoren (col-Faktoren)* ermöglichen dem Bakterium die Sekretion von *Colicinen*, Toxine, die andere Bakterien, denen dieser col-Faktor fehlt, abtöten; *Virulenzfaktoren* erhöhen die Wahrscheinlichkeit einer Erkrankung, indem sie toxische Proteine bilden, die Gewebedefekte oder Defekte in Enzymen herbeiführen, woraufhin Bakterien in Wirtszellen eindringen können. Weiterhin bildet *E. coli metabolische Plasmide*, welche die für bestimmte metabolische Reaktionen benötigten Enzyme bilden. Einige *E.-coli*-Stämme besitzen *kryptische Plasmide*, die keine uns bekannte Funktion ausüben und nur die Gene tragen, die das Plasmid zur Replikation und Übertragung auf andere Zellen benötigt.

17.4.2 Eukaryotische Zellen packen DNA in Chromatin und Chromosomen

Wenn wir uns von Bakterien nun den Eukaryoten zuwenden, so wird das Packen der DNA komplizierter. Erstens sind wesentlich größere Mengen von DNA beteiligt. Jedes eukaryotische Chromosom enthält ein einzelnes, lineares und riesiges DNA-Molekül. Ein einziges dieser DNA-Moleküle kann in menschlichen Zellen eine Länge von 10 cm oder mehr haben – ungefähr hundertmal größer als das DNA-Molekül in einem typischen Bakterienchromosom. Zweitens wird aufgrund der Assoziation der eukaryotischen DNA mit größeren Mengen und einer größeren Anzahl von Proteinen eine größere strukturelle Komplexität erreicht. Die an diese Proteine gebundene DNA wird in **Chromatin**fasern mit einem Durchmesser von 10–30 nm umgewandelt, die normalerweise über den Zellkern verteilt liegen. Bei der Zellteilung (und in einigen anderen Fällen) kondensieren diese Fasern und falten sich zu wesentlich größeren kompakten Strukturen, die dann als einzelne **Chromosomen** erkennbar werden.

Die Proteine, die die wichtigste Rolle in der Chromatinstruktur übernehmen, sind die **Histone**. Sie bilden eine Gruppe relativ kleiner Proteine mit einem hohen Gehalt der Aminosäuren Lysin und Arginin, die ihnen eine starke positive Ladung verleihen. Die Bindung der Histone an die negativ geladene DNA wird daher durch Ionenbindungen stabilisiert. In den meisten Zellen entspricht die Masse der Histone in etwa der DNA-Masse. Man unterscheidet bei den Histonen fünf

Haupttypen, die mit H1, H2A, H2B, H3 und H4 bezeichnet werden. Chromatin enthält ungefähr zu gleichen Teilen H2A-, H2B-, H3- und H4-Moleküle sowie ungefähr halb so viele H1-Moleküle. Dieses Verhältnis ist bei den verschiedenen Arten eukaryotischer Zellen erstaunlich konstant und vom Zelltyp und dem physiologischen Zustand unabhängig. Abgesehen von den Histonen enthält Chromatin eine vielfältige Gruppe von *Nicht-Histon-Proteinen*, die vielfältige enzymatische, strukturelle und regulatorische Aufgaben erfüllen.

17.4.3 Nucleosomen sind die Basiseinheit der Chromatinstruktur

Die DNA eines typischen Zellkerns wäre länger als einen Meter, wenn man sie vollständig ausstrecken würde, während der Zellkern selber im Allgemeinen nur einen Durchmesser von 5–10 µm hat. Das Falten einer derart langen DNA in einen Zellkern, der fast eine Millionen Mal kleiner ist, stellt ein erhebliches topologisches Problem dar.

17.4.4 Ein Histon-Octamer bildet den Nucleosomenkern

Die ersten Einblicke in die molekulare Architektur des Nucleosoms stammen aus der Arbeit von Roger Kornberg, der im Jahr 2006 den Nobelpreis für eine Reihe fundamentaler Erkenntnisse über das Packen von DNA und die Transkription bei Eukaryoten erhielt. In früheren Untersuchungen hatten Kornberg und seine Kollegen nachgewiesen, dass die aus Nucleosomen bestehenden Chromatinfasern durch Kombination gereinigter DNA mit einer Mischung aus allen fünf Histonen synthetisiert werden konnten. Als sie jedoch versuchten, einzelne gereinigte Histone zu verwenden, entdeckten sie, dass die Nucleosomen nur dann zusammengesetzt werden konnten, wenn man mit schonenden Methoden arbeitete, bei denen die Verbindungen von Histon H2A mit Histon H2B und Histon H3 mit Histon H4 nicht aufgebrochen wurden. Als sie diese H3-H4- und H2A-H2B-Komplexe mit DNA mischten, wurden die Chromatinfasern mit normaler Nucleosomenstruktur rekonstituiert (wiederhergestellt). Kornberg folgerte daher, dass die Histonkomplexe H3-H4 und H2A-H2B ein integraler Bestandteil des Nucleosoms sind.

Zur genaueren Untersuchung dieser Wechselwirkungen zwischen Histonen behandelten Kornberg und sein Kollege Jean Thomas isoliertes Chromatin mit einem chemischen Reagens, das kovalente Querverbindungen zwischen benachbarten Proteinmolekülen bildet. Nachdem man die chemisch quervernetzten Proteine mit diesem Wirkstoff behandelt hatte, isolierten sie die Proteine und analysierten sie mittels Polyacrylamid-Gelelektrophorese. Proteinkomplexe mit einer Größe von acht Histonmolekülen waren in diesen Gelen zu erkennen, woraus sie schlossen, dass der nucleosomale Partikel ein *Octamer* aus acht Histonen enthielt. Ausgehend von dem Wissen, dass die Histone H3-H4 und die Histone H2A-H2B jeweils feste Komplexe bilden und dass diese vier Histone in ungefähr gleichen Mengen vorkommen, schlugen Kornberg und Thomas vor, dass Histon-Octamere durch Verbindung von zwei H2A-H2B-Dimeren und zwei H3-H4-Dimeren gebildet werden und dass die DNA-Doppelhelix dann um das neu gebildete Octamer gewickelt wird (▸*Abbildung 17.6*).

Ein Problem wird allerdings nicht durch das zuvor dargestellte Modell gelöst. Es betrifft die Bedeutung von Histon H1, das nicht Bestandteil des Octamers ist. Wenn man einzelne Nucleosomen isoliert, indem man Chromatin kurz durch Nuclease aus *Micrococcus* abbaut, dann liegt H1 immer noch vor (zusammen mit vier weiteren Histonen und 200 bp DNA). Führt man den Abbauvorgang über einen längeren Zeitraum durch, dann wird das DNA-Fragment weiter abgebaut, bis es schließlich eine Länge von ungefähr 146 bp erreicht: während der letzten Schritte des Abbauvorgangs wird Histon H1 freigesetzt. Der verbleibende Partikel, der aus einem Histon-Octamer besteht, der mit 146 bp DNA assoziiert ist, wird als *Kernpartikel* bezeichnet. Die DNA, die während des Abbauvorgangs von einer Länge von 200 bp auf eine Länge von 146 bp gespalten wird, bezeichnet man als *Linker-DNA*, denn sie verbindet die Nucleosomen miteinander (*Abbildung 17.6*). Da Histon H1 nach dem Abbau der Linker-DNA freigesetzt wird, geht man davon aus, dass die Histon-H1-Moleküle mit der Linker-Region assoziiert sind. Die Länge der Linker-DNA variiert bei den verschiedenen Organismen, aber die mit dem Kern-Nucleosom assoziierte DNA liegt immer bei 146 bp. Diese Länge genügt, um circa 1,7-mal um den Kernpartikel gewickelt zu werden.

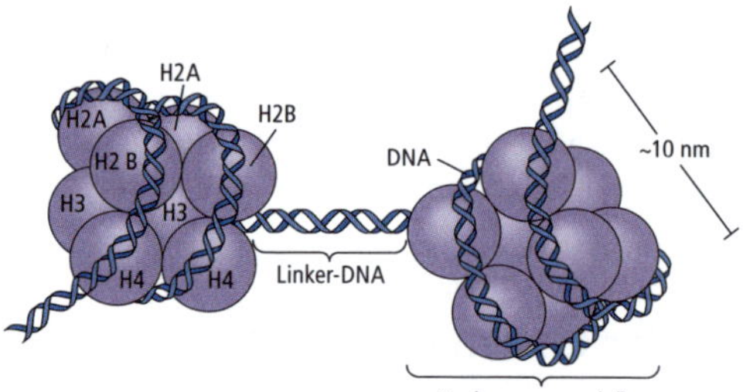

Abbildung 17.6: Ein genauerer Blick auf die Struktur des Nucleosoms. Jedes Nucleosom besteht aus acht Histonmolekülen (jeweils zwei der Histone H2A, H2B, H3 und H4), die mit 146 Basenpaaren DNA und einem Teilstück Linker-DNA mit einer Länge von ungefähr 50 Basenpaaren assoziiert sind. Der Durchmesser einer Nucleosomen„perle“, oder eines Kernpartikels liegt bei etwa 10 nm. Man vermutet, dass Histon H1 (nicht dargestellt) an die Linker-DNA bindet und das Packen von Nucleosomen in 30-nm-Fasern erleichtert.

17.4.5 Nucleosomen werden gepackt und bilden Chromatinfasern und Chromosomen

Die Bildung von Nucleosomen stellt nur den ersten Schritt des Packvorgangs nucleärer DNA dar (▸*Abbildung 17.7*). Isolierte Chromatinfasern, die als „Perlen auf einer Schnur“ erkennbar sind, haben einen Durchmesser von circa 10 nm, aber das Chromatin intakter Zellen bildet häufig eine etwas dickere Faser mit einem Durchmesser von etwa 30 nm, die sogenannte **30-nm-Chromatinfaser**. Bei der Präparierung von isoliertem Chromatin können die 10-nm- und die 30-nm-Formen der Chromatinfaser durch Änderung der Salzkonzentration ausgetauscht werden. Allerdings bilden sich in der 30-nm-Faser keine Chromatinpräparate, wenn die Histon-H1-Moleküle entfernt wurden. Daraus kann man folgern, dass Histon H1 das Packen von Nucleosomen in die 30-nm-Faser erleichtert. Man hat zur Erklärung dafür, wie einzelne Nucleosomen gepackt werden und eine 30-nm-Faser bilden, mehrere Modelle aufgestellt. Die frühesten Modelle postulierten, dass die Nucleosomenkette um sich selbst gewunden wird und eine Art überspiralisierte Struktur bildet. Allerdings lassen neuere Untersuchungen die Vermutung zu, dass die Struktur der 30-nm-Faser wesentlich weniger uniform ist als das Modell der Überspiralisierung es zulässt. Stattdessen scheinen die Nucleosomen der 30-nm-Faser so gepackt zu sein, dass sie eine unregelmäßige, dreidimensionale Zickzack-Struktur bilden, die mit den benachbarten Fasern zusammenhängen könnte.

In der nächsten Stufe der Chromatinpackung erfolgt die Faltung der 30-nm-Fasern in **Schleifendomänen**, deren Länge zwischen 50.000 und 100.000 bp liegt. Diese Schleifenanordnung beruht auf der regelmäßigen Verknüpfung von DNA mit einem unlöslichen Netzwerk aus Nicht-Histon-Proteinen, die ein chromosomales *Gerüst* bilden, an das die langen DNA-Schleifen gebunden sind. Die Schleifendomänen kann man am besten auf elektronenmikroskopischen Aufnahmen von Chromosomen erkennen, die aus sich teilenden Zellen isoliert wurden und die man so behandelt hat, dass alle Histone und die meisten Nicht-Histon-Proteine entfernt sind. Die Schleifen sind auch in spezialisierten Chromosomentypen erkennbar, die nicht mit dem Vorgang der Zellteilung in Verbindung stehen (siehe die Darstellung der Polytänchromosomen in *Kapitel 22*). In diesen Fällen stellt sich heraus, dass die Chromatinschleifen „aktive“ DNA-Regionen enthalten – das heißt, die DNA wird transkribiert. Es ist nachvollziehbar, dass aktive DNA weniger dicht gepackt sein sollte als inaktive DNA, denn die an der Gentranskription beteiligten Enzyme haben dann leichter Zugang.

Sogar in Zellen, in denen Gene aktiv transkribiert werden, können signifikante Mengen von Chromatin noch stärker verdichtet werden (▸*Abbildung 17.7d*). Der Grad der Faltung variiert innerhalb einer gewissen Bandbreite. Chromatinsegmente, die so stark verdichtet sind, dass sie unter dem Mikroskop als dunkle Flecken erkennbar sind, werden als **Heterochromatin** bezeichnet, während man die eher locker gepackte, diffuse Form des Chromatins als **Euchromatin** bezeichnet (siehe ▸*Abbildung 17.9a*). Das stark verdichtete Heterochromatin enthält DNA, die nicht transkribiert wird, während das eher locker gepackte Euchromatin mit DNA assoziiert ist, die aktiv transkribiert wird. Ein Großteil des Chromatins in metabolisch aktiven Zellen wird locker als Euchromatin gepackt; wenn sich eine Zelle allerdings auf die Teilung vorbereitet, wird das *gesamte* Chromatin stark verdichtet, wodurch eine Gruppe mikroskopisch erkennbarer Chromosomen gebildet wird. Da die chromosomale DNA soeben erst verdoppelt wurde, besteht jedes Chromosom aus zwei verdoppelten Einheiten, den *Chromatiden* (▸*Abbildung 17.7e*).

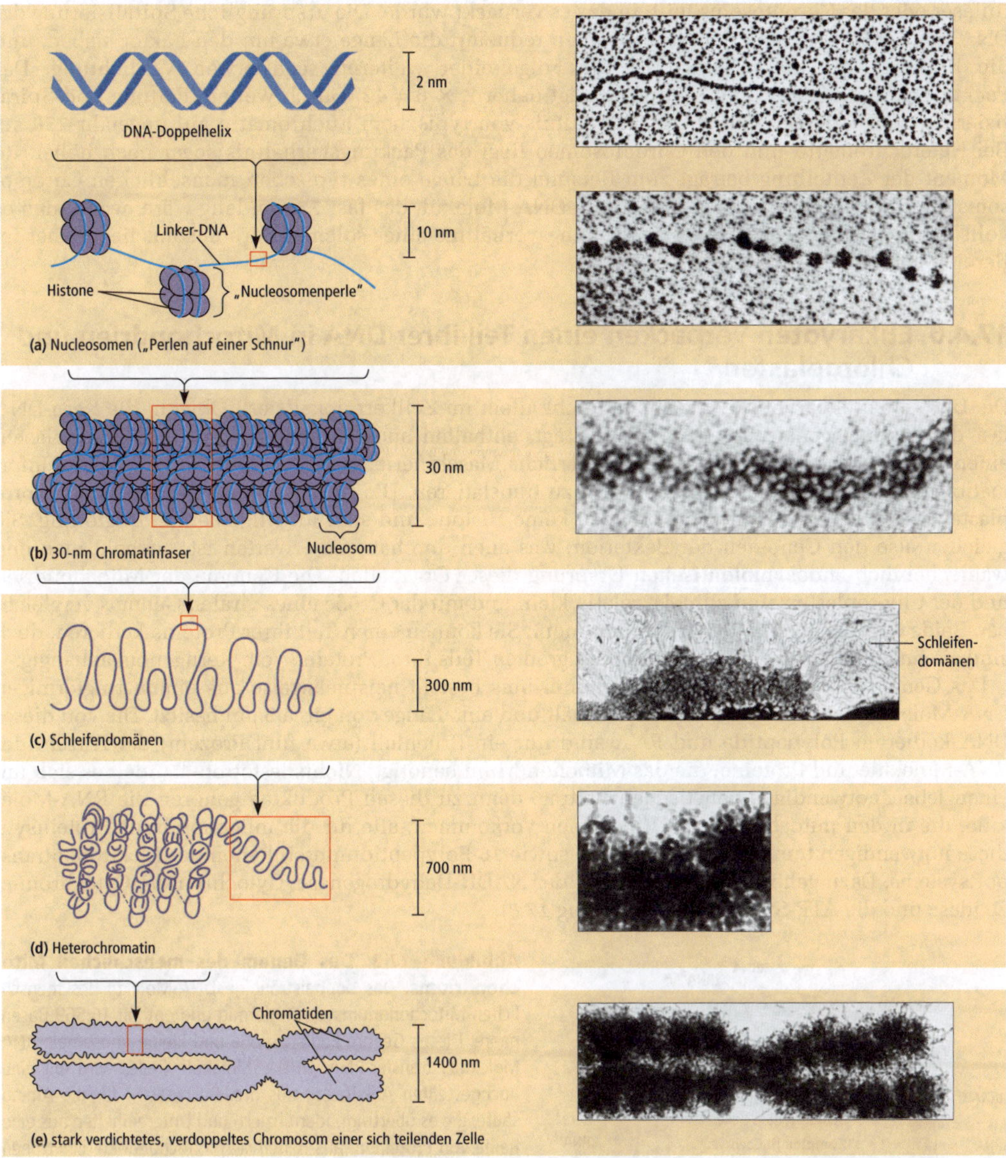

Abbildung 17.7: Die Schritte der Chromatinpackung. Diese Zeichnungen und elektronenmikroskopischen Aufnahmen zeigen ein aktuelles Modell der aufeinander folgenden Schritte der DNA-Spiralisierung und -Faltung und enden schließlich mit den dickt gepackten Chromosomen einer sich teilenden Zelle. (a) „Perlen auf einer Schnur", eine ausgestreckte Konfiguration von Nucleosomen, die durch Assoziation von DNA mit vier Histontypen gebildet wird. (b) Die 30-nm-Chromatinfaser, hier als stark verdichtete Bündelung von Nucleosomen dargestellt. Das fünfte Histon, H1, kann sich auf der Innenseite der Faser befinden. (c) Schleifendomänen aus 30-nm-Fasern, die hier unter dem Elektronenmikroskop sichtbar sind, da ein mitotisches Chromosom experimentell entspiralisiert wurde. (d) Heterochromatin, stark gefaltetes Chromatin, das sogar in Interphasezellen als einzelne Flecken erkennbar ist. (e) Ein repliziertes Chromosom (zwei verknüpfte Chromatiden) einer sich teilenden Zelle, wobei die gesamte DNA des Chromosoms in Form dicht gepackten Heterochromatins vorliegt.

Der Grad der Faltung eines DNA-Moleküls zu Chromatin und Chromosomen kann mittels des **DNA-Packungsverhältnisses** quantifiziert werden. Dies wird berechnet, indem man die Gesamtlänge eines ausgestreckten DNA-Moleküls ermittelt und diesen Wert durch die Länge der Chromatinfaser oder des Chromosoms teilt, in das es verpackt wurde. Die ursprüngliche Spiralisierung der DNA um die Histonkerne der Nucleosomen reduziert die Länge etwa um den Faktor sieben, und die Bildung von 30-nm-Fasern ist die Folge einer weiteren sechsfachen Verdichtung. Das Packungsverhältnis der 30-nm-Faser beträgt daher $7 \times 6 = 42$. Durch weitere Faltung und Spiralisierung steigt das Gesamtpackungsverhältnis von typischem Euchromatin auf ungefähr 750 an. Bei Heterochromatin und den Chromosomen liegt das Packungsverhältnis sogar noch höher. Im Moment der Zellteilung beträgt zum Beispiel die Länge eines typischen menschlichen Chromosoms ungefähr 4–5 µm, enthält jedoch ein DNA-Molekül, das fast 75 mm lang wäre, wenn man es vollständig ausstrecken würde. Das Packungsverhältnis eines solchen Chromosoms liegt daher im Bereich von 15.000–20.000.

17.4.6 Eukaryoten verpacken einen Teil ihrer DNA in Mitochondrien und Chloroplasten

Die DNA einer eukaryotischen Zelle ist nicht allein im Zellkern lokalisiert. Obwohl die Kern-DNA fast die gesamte genetische Information trägt, enthalten auch Mitochondrien und Chloroplasten einen Teil eigener DNA – sowie die erforderliche Maschinerie, um die von der DNA kodierte Information zu replizieren, transkribieren und zu translatieren. Die in den Mitochondrien und Chloroplasten liegenden DNA-Moleküle besitzen keine Histone und sind im Allgemeinen ringförmig. Sie gleichen also den Genomen der Bakterien, was auch durchaus zu erwarten ist, bedenkt man den wahrscheinlich endosymbiontischen Ursprung dieser Organellen. Die Genome der Mitochondrien und der Chloroplasten sind zumeist relativ klein und mit der Größe eines viralen Genoms vergleichbar. Beide Organellen sind daher semiautonom: Sie können einen Teil ihrer Proteine kodieren, doch sind sie im Hinblick auf die Kodierung des größten Teils ihrer Proteine vom Kerngenom abhängig.

Das Genom des menschlichen Mitochondriums besteht beispielsweise aus einem ringförmigen DNA-Molekül, das 16.569 Basenpaare enthält und eine Länge von circa 5 µm besitzt. Die von dieser DNA kodierten Polypeptide und RNA sind nur ein Bruchteil (etwa fünf Prozent) der Anzahl der RNA-Moleküle und Proteine, die das Mitochondrium benötigt. Nichtsdestotrotz handelt es sich um einen lebensnotwendigen genetischen Beitrag, denn zu diesen Produkten gehören die RNA-Moleküle, die in den mitochondrialen Ribosomen vorkommen, alle für die mitochondriale Proteinsynthese notwendigen transfer-RNA-Moleküle sowie 13 Polypeptiduntereinheiten des Elektronentransportsystems. Dazu gehören Untereinheiten der NADH-Dehydrogenase, Cytochrom-*b*-, Cytochrom-*c*-Oxidase und die ATP-Synthase (▸*Abbildung 17.8*).

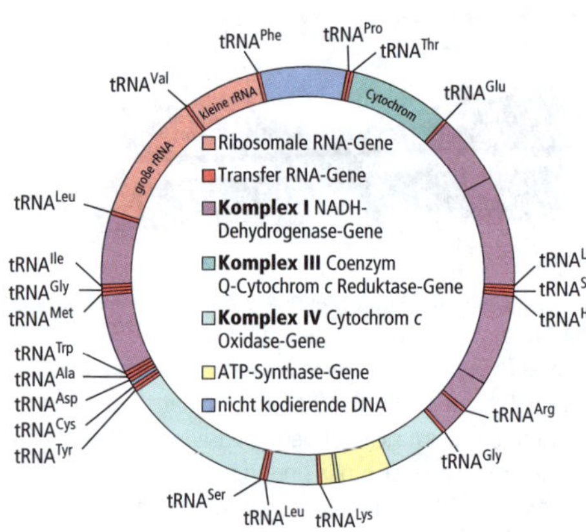

Abbildung 17.8: Das Genom des menschlichen Mitochondriums. Das doppelsträngige DNA-Molekül des menschlichen Mitochondriums ist ringförmig und enthält 16.569 Basenpaare. Dieses Genom kodiert große und kleine ribosomale RNA-Moleküle, transfer-RNA- (tRNA-)Moleküle (jedes wird mit einer hochgestellten Abkürzung aus drei Buchstaben für die Aminosäure, die es überträgt, identifiziert) und Untereinheiten aus einer Reihe von Proteinen, aus denen sich mitochondriale Elektronentransportsystemkomplexe zusammensetzen. Die tRNA-Gene sind sehr kurz, da die sie kodierenden RNA-Moleküle jeweils nur etwa 75 Nucleotide enthalten. Beachten Sie, dass es für Leucin und Serin jeweils zwei tRNA-Gene gibt; sie kodieren für sich geringfügig unterscheidende Versionen von tRNAs für diese Aminosäuren. Das mitochondriale Genom ist extrem kompakt und zwischen den Genen liegt nur wenig nichtkodierende DNA.

Die Größe des mitochondrialen Genoms variiert unter den Organismen erheblich. Die Mitochondrien der Säugetiere haben im Allgemeinen ungefähr 16.500 bp DNA, die mitochondriale DNA der Hefe ist fünfmal größer und pflanzliche mitochondriale DNA noch größer. Es ist allerdings nicht klar, warum die größeren mitochondrialen Genome mehr entsprechende Proteine kodieren müssen. Ein Vergleich der Hefe mit der menschlichen mitochondrialen DNA legt beispielsweise nahe, dass der größte Teil der im Hefemitochondrium enthaltenen DNA aus nichtkodierenden Sequenzen besteht. Abgesehen von diesen jeweils artspezifischen Unterschieden im Hinblick auf die Größe des mitochondrialen Genoms gibt es einige mitochondriale DNA-Sequenzen, die ausschließlich bei einer bestimmten Art vorkommen. Zum Beispiel kann eine 648-Nucleotidsequenz, die gelegentlich als *DNA-Barcode* bezeichnet wird, zur genauen Identifizierung eng verwandter Arten herangezogen werden.

Chloroplasten besitzen typischerweise ringförmige DNA-Moleküle mit einer Länge von 120.000 bp und ungefähr 120 Genen. Neben ribosomaler DNA, transfer-RNA und Polypeptiden, die an der Proteinsynthese mitwirken, kodiert das Chloroplastengenom auch einige wenige an der Photosynthese beteiligte Polypeptide. Dazu gehören mehrere Polypeptidkomponenten der Photosysteme I und II und zwei Untereinheiten der Ribulose-1,5-Bisphosphatcarboxylase, das kohlenstofffixierende Enzym des Calvin-Zyklus (siehe *Kapitel 10*).

Interessanterweise sind die meisten Polypeptide, die von mitochondrialen oder von Chloroplastengenomen kodiert werden, Komponenten multimerer Proteine, die auch Untereinheiten besitzen, die vom Kerngenom kodiert werden. Mit anderen Worten, Organellenproteine, deren Untereinheiten innerhalb der Organelle kodiert werden, sind typischerweise Hybridproteinkomplexe, die Polypeptide enthalten, welche in der Organelle kodiert und synthetisiert werden, sowie auch Polypeptide, die vom Kerngenom kodiert und von cytoplasmatischen Ribosomen synthetisiert werden. Daraus ergeben sich die spannenden Fragestellungen, wie im Cytoplasma synthetisierte Polypeptide in die Organelle gelangen; ein Thema, mit dem wir uns in *Kapitel 21* beschäftigen werden.

17.5 Der Zellkern

Bisher haben wir uns in diesem Kapitel mit der DNA als genetisches Material der Zelle befasst, wir haben das Genom als vollständigen Satz aller von der DNA an die Zellen einer bestimmten Spezies ausgehenden Instruktionen betrachtet und das Chromosom als physikalisches Hilfsmittels zum Packen von DNA innerhalb der Zellen angesehen. Nun kommen wir zum **Zellkern**, dem Ort in der eukaryotischen Zelle, in dem die Chromosomen lokalisiert sind und repliziert werden, und an dem die in ihnen enthaltene DNA transkribiert wird. Daher ist der Zellkern sowohl der Speicher der genetischen Information der Zelle als auch das Kontrollzentrum bei der Expression dieser Information.

Der Zellkern ist eines der wichtigsten Erkennungs- und Unterscheidungsmerkmale eukaryotischer Zellen. Tatsächlich bedeutet das Wort *eukaryon* „wahrer Kern“. Das heißt, dass das Hauptmerkmal einer eukaryotischen Zelle im Grunde ihr von einer Membran umschlossener Kern ist, der die Aktivitäten des Genoms – sowohl Replikation als auch Translation – vom Rest des zellulären Metabolismus abtrennt. Im Folgenden werden wir uns zuerst auf die Membranhülle konzentrieren, die den Zellkern begrenzt. Dann werden wir unsere Aufmerksamkeit auf die Poren lenken, welche die Hülle durchsetzen, die strukturelle Matrix im Zellkern, die Anordnung der Chromatinfasern und abschließend auf die Organisation des Nucleolus eingehen. ▸ *Abbildung 17.9* gibt einen Überblick über einige dieser Zellkernstrukturen.

17.5.1 Der Zellkern ist von einer Doppelmembran umgeben

Die Existenz einer Membran um den Zellkern wurde erstmalig Ende des 19. Jahrhunderts vermutet und beruht auf den osmotischen Eigenschaften des Zellkerns. Da man unter dem Lichtmikroskop nur eine schmale, ausgefranste Grenze auf der äußeren Oberfläche des Zellkerns erkennen kann, wusste man vor der Entwicklung des Elektronenmikroskops nur wenig über die Struktur dieser Membranbegrenzung. Das Transmissionselektronenmikroskop enthüllte, dass der Zellkern von einer **Zellkernhülle** umgeben ist, die aus zwei Membranen besteht – der äußeren und der inneren Kernmembran –, die von einem **perinukleären Raum** mit einem Durchmesser von ungefähr 20–40 nm getrennt werden (siehe ▸ *Abbildung 17.9b*). Die äußere Kernmembran geht fließend in das endoplasmatische Reticulum über, sodass der perinukleäre Raum in das Lumen des ER übergeht. Ebenso wie die Membranen des rauen ER ist die äußere Membran häufig auf ihrer Außenseite mit Ribosomen besetzt, die an der Proteinsynthese mitwirken. Mehrere Proteine der äußeren Membran binden an Actin und die Intermediärfilamente des Cytoskeletts der Zelle, wodurch der Zellkern in der Zelle verankert wird und dem Zellkern ein Mechanismus für Bewegungen zur Verfügung steht. Röhrenförmige Einstülpungen der Zellkernhülle, die man unter dem Begriff *nucleoplasmatisches Reticulum* zusammenfasst, können in den Zellkerninnenraum hineinreichen und die Fläche des Zellkerns vergrößern, die mit der inneren Zellkernmembran in direktem Kontakt steht.

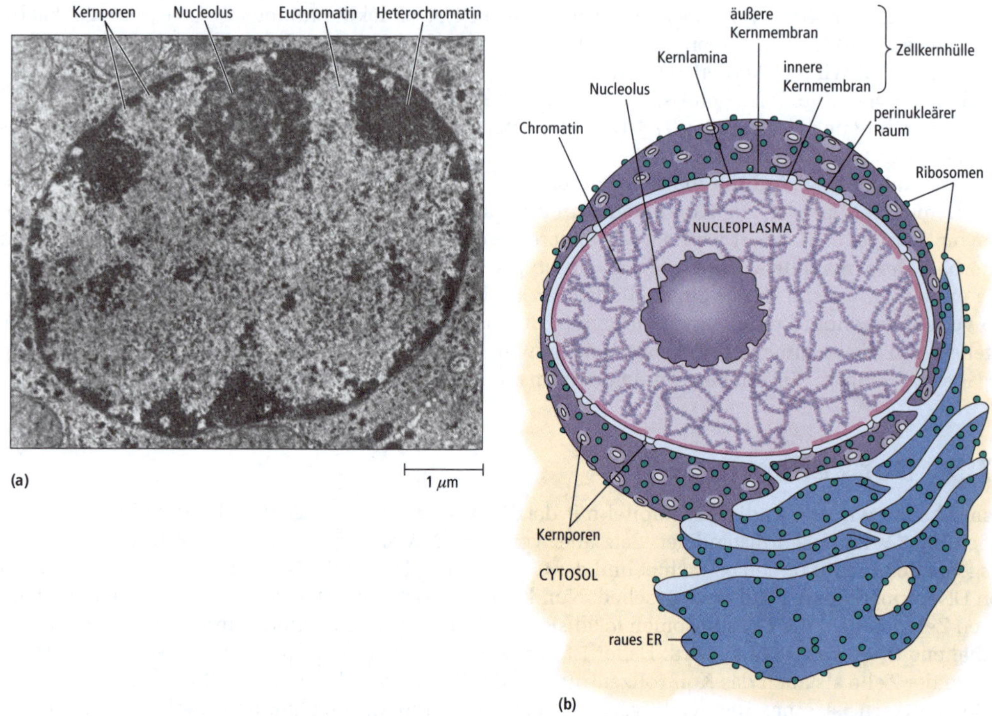

Abbildung 17.9: Die strukturelle Organisation des Zellkerns und der Kernhülle. (a) Elektronenmikroskopische Aufnahme des Zellkerns einer Mausleberzelle mit deutlich erkennbaren markierten Strukturmerkmalen (TEM). Die Kernhülle ist eine doppelte Membran, die Kernporen enthält. Zu den inneren Strukturen gehören der Nucleolus, Euchromatin und Heterochromatin. (b) Zeichnung eines typischen Zellkerns. Zu den Strukturmerkmalen, die in der mikroskopischen Aufnahme allerdings nicht erkennbar sind, gehören die Zellkernlamina, Ribosomen auf der äußeren Kernmembran und die Verbindung zwischen der äußeren Kernmembran und dem rauen ER.

Eines der charakteristischsten Merkmale der Zellkernhülle ist das Vorhandensein spezialisierter Kanäle, der **Kernporenkomplexe**, die man gut erkennen kann, wenn man die Zellkernhülle mit der Methode der Gefrierätzung unter dem Mikroskop untersucht. Jede Pore ist ein kleiner, zylindrischer Kanal, der sich durch beide Membranen der Kernhülle erstreckt, wodurch ein direkter Übergang zwischen dem Cytosol und dem **Nucleoplasma** geschaffen wird (die Bezeichnung für den Innenraum des Zellkerns, der nicht vom Nucleolus eingenommen wird). Die Anzahl der Poren variiert je nach Zelltyp und Zellaktivität erheblich. Ein typischer Säugetierzellkern enthält circa 3.000–4.000 Poren oder 10–20 Poren pro Quadratmikrometer Membranoberfläche.

An jeder Pore sind die innere und die äußere Membran der Kernhülle verbunden, sodass sie einen Kanal bilden, der mit einer feinen Proteinstruktur, dem **Kernporenkomplex (NPC**; engl.: *nuclear pore complex*) ausgekleidet ist. Der NPC hat einen äußeren Durchmesser von ungefähr 120 nm und besteht aus ca. 30 verschiedenen Proteinen, den *Nucleoporinen*. In elektronenmikroskopischen Aufnahmen ist die oktagonale Symmetrie das beeindruckendste Merkmal des Porenkomplexes. In mikroskopischen Aufnahmen, wie die in ▸*Abbildung 17.10a*, erkennt man Ringe aus acht Untereinheiten, die in einem oktagonalen Muster angeordnet sind. In anderen Aufnahmen kann man erkennen, dass sowohl auf der cytoplasmatischen als auch aus der nucleoplasmatischen Seite der Kernhülle acht Untereinheiten hervorstehen. Beachten Sie, dass man in einigen Kernporenkomplexen der *Abbildung 17.10a* die zentralen Granula erkennen kann. Obwohl man früher annahm, dass diese Granula ausschließlich aus Partikeln bestanden, die sich durch die Poren bewegten, geht man heute davon aus, dass sie auch Komponenten enthalten, die integrale Bestandteile des Porenkomplexes sind.

▸*Abbildung 17.10b* veranschaulicht die Hauptkomponenten des Kernporenkomplexes. Die Analyse dieser Zeichnung macht deutlich, dass die Form des innerhalb der Kernhülle liegenden Porenkomplexes dem eines auf der Seite liegenden Rades ähnelt. Zwei parallele Ringe, die den Rand des Rades begrenzen, bestehen aus jeweils acht unter dem Elektronenmikroskop erkennbaren Untereinheiten. Acht Speichen (grün unterlegt) verlaufen von den Ringen zur Radnabe (dunkelrosa unterlegt), der „zentralen Granula", die man in vielen elektronenmikroskopischen Aufnahmen erkennt. Diese Granula wird manchmal als *Transporter* bezeichnet, denn man vermutet, dass sie Komponenten beinhaltet, die am Transport von Makromolekülen durch die Kernhülle mitwirken. Die sich am Rand in den perinukleären Zwischenraum erstreckenden Proteine unterstützen die Verankerung des Porenkomplexes in der Kernhülle. Außerdem erstrecken sich Fasern von den Ringen in das Cytosol und das Nucleoplasma, wobei die Fasern auf der nucleoplasmatischen Seite einen Korb bilden (den man auch als „Käfig" oder „Reuse" bezeichnet).

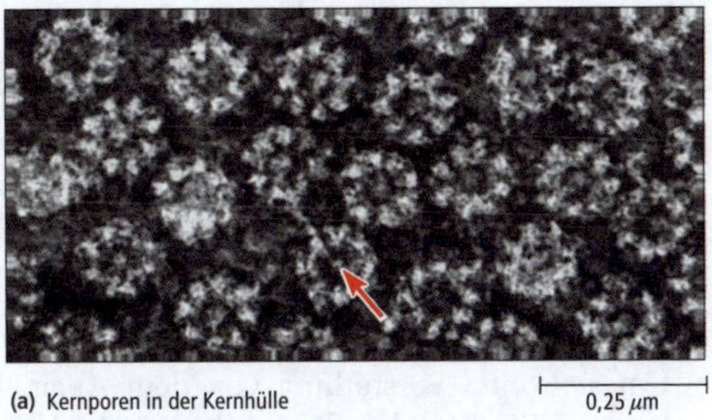

(a) Kernporen in der Kernhülle

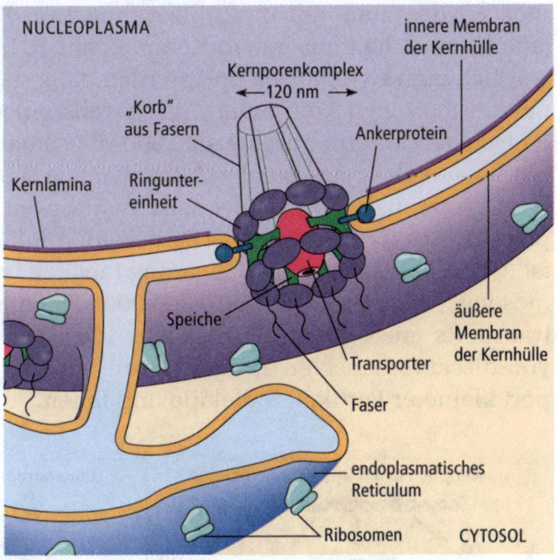

(b) Lage der Kernporen in der Kernmembran

Abbildung 17.10: Struktur des Kernporenkomplexes. (a) Die Negativfärbung der Kernhülle einer Oocyte zeigt das oktagonale Muster der Kernporenkomplexe. Die Pfeile weisen auf die zentralen Granula. Diese Kernhülle stammt von einer Oocyte des Gelbbauchmolches *Taricha granulosa* (TEM). (b) Eine Kernpore entsteht durch die Fusion der inneren und der äußeren Kernmembranen und wird von einer feinen Proteinstruktur ausgekleidet, dem sogenannten Kernporenkomplex. Die Struktur hat in etwa die Form eines Rades und eine oktagonale Symmetrie. Die parallelen Ringe, die jeweils aus acht Untereinheiten bestehen (dunkelviolett unterlegt), bilden den Rand des Rades. Die beiden Ringe werden von acht Speichen (grün) verbunden (zwei Speichen sind nicht dargestellt) und erstrecken sich bis zum zentraler Transporter (dunkelrosa) in der Mitte des Rades; man nimmt an, dass der Transporter zwei Komponenten enthält, die an der Bewegung von Partikeln durch die Pore mitwirken. Oberhalb und unterhalb des Komplexes erstrecken sich Fasern und bilden mit den Fasern auf der nucleoplasmatischen Seite einen Korb, dessen Funktionen noch nicht komplett aufgeklärt wurden.

17.5.2 Kernporen ermöglichen das Ein- und Ausschleusen von Molekülen in den bzw. aus dem Zellkern

Die Kernhülle löst ein Problem, aus dem sich aber ein anderes Problem ergibt. Aufgrund ihrer Fähigkeit, Chromosomen und deren Aktivität in einer Region der Zelle zu lokalisieren, ist sie ein Beispiel für die allgemeine eukaryotische Strategie der Kompartimentierung. Wahrscheinlich ist es für den Zellkern von Vorteil, eine Barriere zu besitzen, die Chromosomen einschließt und Organellen wie Ribosomen, Mitochondrien, Lysosomen und Mikrotubuli abtrennt. Die Kernhülle schützt zum Beispiel neu synthetisierte RNA vor der Aktivität cytoplasmatischer Organellen oder vor Enzymen, bevor sie vollständig prozessiert ist.

Allerdings entstehen für die eukaryotischen Zellen durch die Trennung unreifer RNA-Moleküle und Chromosomen vom Cytoplasma durch die Kernhülle mehrere ganz erhebliche Transportprobleme, die sich den Bakterien nicht stellen. Alle Enzyme und Proteine, die für die Chromosomenreplikation und die Transkription der DNA im Zellkern benötigt werden, müssen aus dem Cytoplasma importiert werden, und alle RNA-Moleküle und teilweise zusammengesetzten Ribosomen, die für die Proteinsynthese im Cytoplasma erforderlich sind, müssen aus dem Zellkern transportiert werden (▸*Abbildung 17.11*). Als Antwort auf diese Transportprobleme haben sich spezialisierte Poren entwickelt, die praktisch den gesamten Transport in den Zellkern hinein und wieder hinaus abwickeln.

Um sich eine Vorstellung von dem Ausmaß des Transports durch die Kernporen zu machen, betrachten Sie bitte den Strom ribosomaler Untereinheiten vom Zellkern in das Cytoplasma. Ribosomen werden zum Teil im Zellkern aus zwei Klassen von Untereinheiten zusammengesetzt, wobei jede Untereinheit aus einem Komplex aus RNA und Proteinen besteht. Diese Untereinheiten bewegen sich zum Cytoplasma und werden, falls sie für die Proteinsynthese benötigt werden, zu funktionalen Ribosomen kombiniert, die jeweils einen Untereinheitstyp enthalten. Eine aktiv wachsende Säugetierzelle kann durchaus 20.000 ribosomale Untereinheiten pro Minute synthetisieren. Wir wissen bereits, dass eine solche Zelle ungefähr 3.000 bis 4.000 Kernporen besitzt, sodass die ribosomalen Untereinheiten mit einer Geschwindigkeit von circa fünf bis sechs Untereinheiten pro Minute pro Pore ins Cytosol transportiert werden müssen. Der Transport in die entgegengesetzte Richtung ist, wenn überhaupt eine Steigerung möglich ist, noch umfangreicher. Für die Replikation von Chromosomen werden pro Minute 300.000 Histonmoleküle benötigt. Die Geschwindigkeit des Einwärtstransports muss daher bei ungefähr 100 Histonmolekülen pro Minute pro Pore liegen! Abgesehen von diesem intensiven Transport von Makromolekülen bewerkstelligen die Poren auch den Transport kleinerer Partikel, Moleküle und Ionen.

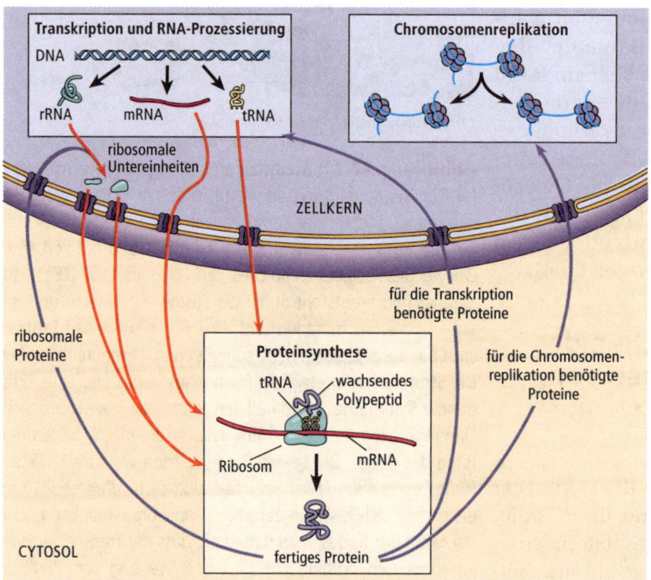

Abbildung 17.11: Makromolekularer Transport in den Zellkern hinein und hinaus. Da eukaryotische Zellen ihre genetische Information im Zellkern speichern, die Proteine jedoch im Cytoplasma synthetisiert werden, müssen alle im Zellkern benötigten Proteine aus dem Cytoplasma (violette Pfeile) importiert werden und alle RNA-Moleküle und ribosomalen Untereinheiten, die für die Proteinsynthese im Cytoplasma gebraucht werden, aus dem Zellkern hinaustransportiert werden (rote Pfeile). Die drei Arten der RNA-Moleküle, die für die Proteinsynthese benötigt werden, sind ribosomale RNA (rRNA), Messenger-RNA (mRNA, Boten-RNA, engl.: *messenger RNA*) und Transfer-RNA (tRNA).

Einfache Diffusion kleiner Moleküle durch Kernporen Der Gedanke, dass kleine Partikel frei durch die Kernporen hin und her diffundieren können, wurde erstmalig durch experimentelle Studien untermauert, bei denen man unterschiedlich große kolloidale Goldpartikel in das Cytoplasma von Zellen injizierte und diese dann unter dem Elektronenmikroskop untersuchte. Kurz nach der Injektion konnte man mitverfolgen, wie die Goldpartikel durch die Kernporen in den Zellkern gelangten. Die Geschwindigkeit, mit der ein Partikel in den Zellkern eintritt, verhält sich umgekehrt zum Durchmesser des Partikels – das heißt, je größer der Goldpartikel, desto langsamer gelangt er in den Zellkern hinein. Partikel mit einem Durchmesser von mehr als 10 nm werden zurückgehalten. Da der Gesamtdurchmesser eines Kernporenkomplexes wesentlich größer ist als diese Goldpartikel, zog man die Schlussfolgerung, dass der Porenkomplex winzige *Wasserdiffusionskanäle* enthält, durch die sich kleine Partikel und Moleküle frei bewegen können.

Zur Ermittlung des Durchmessers dieser Kanäle hat man radioaktive Proteine unterschiedlicher Größen in das Cytoplasma von Zellen injiziert und beobachtet, wie lange die Proteine benötigen, um in den Zellkern zu gelangen. Ein globuläres Protein mit einem Molekulargewicht von 20.000 braucht nur wenige Minuten für den Austausch zwischen dem Cytoplasma und dem Zellkern, aber die meisten Proteine mit einem Molekulargewicht von 60.000 Dalton oder mehr sind kaum in der Lage, in den Zellkern zu gelangen. Diese sowie andere Messungen des Transports durch die Kernporen weisen darauf hin, dass der Durchmesser der Wasserdiffusionskanäle bei circa 9 nm liegt, eine Größe, die für Moleküle, deren Molekulargewicht wesentlich größer als ungefähr 30.000 ist, eine signifikante Permeabilitätsbarriere darstellt. Ursprünglich gingen Wissenschaftler von der Annahme aus, dass jeder Kernporenkomplex nur einen Wasserdiffusionskanal besitzt. Heute liegen jedoch Daten vor, die zeigen, dass acht einzelne 9-nm-Kanäle auf der Peripherie eines jeden Porenkomplexes liegen können – zwischen den Speichen – und vielleicht ein weiterer 9-nm-Kanal im Zentrum des Transporters. Man vermutet, dass diese Wasserdiffusionskanäle für Ionen und kleine Moleküle frei durchlässig sind (auch für kleine Proteine), denn diese Substanzen bewegen sich nach Injektion in die Zellen schnell durch die Zellkernhülle. Daher diffundieren die Nucleosidtriphosphate, die für die DNA- und RNA-Synthese benötigt werden, ebenso frei durch die Poren wie andere kleine Moleküle, die für metabolische Stoffwechselwege gebraucht werden, die im Zellkern ablaufen.

Der aktive Transport von großen Proteinen und RNA durch Kernporen Viele Proteine, die am Packen von DNA, an der Replikation und der Transkription mitwirken, sind so klein, dass sie einen 9 nm breiten Kanal passieren können. Beispielsweise sollten Histone, deren Molekulargewicht 21.000 oder weniger beträgt, ohne Probleme passiv durch die Kernporen diffundieren können. Einige Kernproteine sind allerdings sehr groß. Die an der DNA- und RNA-Synthese beteiligten Enzyme besitzen beispielsweise Untereinheiten, deren Molekulargewicht weit über 100.000 liegt, womit sie zu groß sind, um durch eine 9-nm-Öffnung zu passen. Auch Messenger-RNA-Moleküle stellen eine Herausforderung dar, denn sie verlassen den Zellkern an Proteine gebunden als recht große RNA-Protein-Komplexe („Ribonucleoproteine"). Ribosomale Untereinheiten müssen, nachdem sie im Zellkern zusammengesetzt wurden, in das Cytoplasma transportiert werden. Ganz ohne Zweifel stellt der Transport all dieser Partikel durch die Kernporen eine wirklich große Herausforderung dar.

Es gibt sehr viele aus Experimenten gewonnene Daten, die belegen, dass diese großen Moleküle und Partikel durch einen selektiven Vorgang aktiv durch die Kernporen transportiert werden. Ebenso wie der aktive Transport durch einzelne Membranen wird auch für den aktiven Transport durch Kernporen Energie benötigt, und es muss eine spezifische Bindung der zu transportierenden Substanz an Membranproteine erfolgen, die in diesem Fall Bestandteile des Kernporenkomplexes sein müssen. Der diesem Vorgang zugrundeliegende molekulare Mechanismus ist bei den Proteinen am besten verstanden, die aktiv vom Cytosol in den Zellkern transportiert werden. Diese Proteine enthalten eine oder mehrere **Kernlokalisierungssequenzen (NLS**; engl.: *nuclear localization signals*). Dank dieser Aminosäuresequenzen kann das Protein erkannt werden und der Transport durch den Zellkernkomplex erfolgen. Ein NLS hat im Allgemeinen eine Länge von 8–30 Aminosäuren und enthält häufig Prolin sowie die positiv geladenen (basischen) Aminosäuren Lysin und Arginin.

Die Rolle, die NLS-Sequenzen bei der Auswahl von Proteinen für den Zellkern spielen, wurde durch Experimente ermittelt, bei denen man Goldpartikel mit einem Durchmesser von mehr als 9 nm – zu groß also, um die Wasserdiffusionskanäle der Kernporen zu passieren – mit Polypeptiden umhüllte, die NLS enthielten, und dann in das Cytoplasma von Frosch-Oocyten injizierte. Nach dieser Behandlung werden Goldpartikel mit einem Durchmesser von bis zu 26 nm schnell durch die Kernporenkomplexe in den Zellkern transportiert. Somit liegt der maximale Durchmesser für den *aktiven* Transport durch die Kernhülle wahrscheinlich bei 26 nm (gegenüber 9 nm bei der einfachen Diffusion). Dies ist nur eines der Beispiele, bei denen man nachweisen konnte, dass eine kurze Aminosäuresequenz ein Molekül oder einen Partikel gezielt zu einer spezifischen Stelle in der Zelle transportiert hat.

Der Transport cytoplasmatischer Proteine in den Zellkern durch Kernporen wird in ▸ *Abbildung 17.12a* dargestellt. In Schritt ❶ wird ein cytoplasmatisches Protein, das eine NLS enthält, von einem besonderen Typ von Rezeptorprotein erkannt, dem sogenannten **Importin**, das an die NLS bindet und den Transport NLS-haltigen Proteins zu einer Zellkernpore bewerkstelligt. In Schritt ❷ wird der Importin-NLS-Proteinkomplex von einem im Zentrum des Kernporenkomplexes gelegenen Transporter (NPC, engl.: *nuclear pore complex*) transportiert. Nachdem dieser Komplex im Zellkern angelangt ist, assoziiert das Importinmolekül mit einem GTP-bindenden Protein, dem sogenannten *Ran*. Infolge dieser Wechselwirkung zwischen Importin und Ran wird das NLS-haltige Protein für seine Verwendung im Zellkern freigesetzt (Schritt ❸). Der Ran-GTP-Importinkomplex wird anschließend durch eine Kernpore in das Cytoplasma zurück transportiert (Schritt ❹), wo das Importin für einen neuen Durchlauf freigesetzt wird. Diese Freisetzung geht mit der Hydrolyse von Ran-gebundenem GTP einher (Schritt ❺). Experimente, aus denen hervorging, dass der Kerntransport gehemmt werden kann, indem man Zellen mit nicht-hydrolysierbaren GTP-Analoga in Kontakt bringt, nicht aber, wenn man sie mit nicht-hydrolysierbaren ATP-Analoga in Kontakt bringt, haben den Beweis dafür geliefert, dass dieser GTP-Hydrolyse-Schritt die für den Kerntransport benötigte Energie liefert.

Beim Export von Material aus dem Zellkern laufen ähnliche Mechanismen ab. Der Hauptunterschied besteht darin, dass der Transport aus dem Zellkern hauptsächlich RNA-Moleküle betrifft, die im Zellkern synthetisiert werden, ihre Funktion aber im Cytoplasma erfüllen, während der Zellkernimport hauptsächlich zum Import von Proteinen dient, die im Cytoplasma synthetisiert werden, aber im Zellkern wirken. Obwohl die Hauptfracht des Zellkerntransports RNA und nicht Protein ist, wird der RNA-Export von Proteinen vermittelt, die RNA binden. Diese Adapterproteine enthalten Aminosäuresequenzen, **Kernexportsignale** genannt (**NES**; engl.: *nuclear export signals*), die das Protein – und somit seine gebundene RNA – für den Export durch die Kernporen vorbereiten. NES-Sequenzen werden von Kerntransport-Rezeptorproteinen erkannt, den sogenannten **Exportinen**. Diese binden an Moleküle, welche die NES-Sequenzen enthalten und vermitteln deren Auswärtstransport durch die Kernporen. Der Mechanismus ähnelt demjenigen, der von den Importinen zum Transport cytoplasmatischer Moleküle in den Zellkern genutzt wird (▸ *Abbildung 17.12b*).

Der Richtungsunterschied zwischen dem durch Importin und Exportin vermittelten Transport wird durch die Wechselwirkung zwischen Ran-GTP und diesen zwei Klassen von Molekülen bewerkstelligt. Hinzu kommt ein Konzentrationsgradient von Ran-GTP über die Zellkernmembran. Die Ran-GTP-Konzentration wird innerhalb des Zellkerns durch den *Guanin-Nucleotid-Austauschfaktor (GEF*; engl.: *guanin-nucleotid exchange factor)* sehr hoch gehalten. Dieser Faktor fördert die Bindung von GTP im Austausch gegen GDP. Im Gegensatz dazu enthält das Cytosol ein *GTPase-aktivierendes Protein (GAP)*, das die Hydrolyse von GTP durch Ran fördert, wodurch die Ran-GTP-Konzentration außerhalb des Zellkerns gesenkt wird. Die relativ hohe Konzentration von Ran-GTP im Zellkern hat zwei Folgen: erstens, nukleares Ran-GTP *fördert die Freisetzung* der NLS-haltigen Fracht des Importins (*Abbildung 17.12a*, Schritt ❸), zweitens, nukleares Ran-GTP *fördert die Bindung* von NES-haltiger Fracht an Exportin (*Abbildung 17.12b*, Schritt ❷). Daraus ergibt sich, dass die Transportrichtung jedes einzelnen Frachtmoleküls durch den Typ der Lokalisierungssequenz bestimmt wird, die es enthält (NLS oder NES). Die Lokalisierungssequenzen bestimmen, welche Importine Fracht im Cytoplasma binden und im Zellkern freisetzen oder welche Exportine im Zellkern an die Fracht binden und diese im Cytoplasma freisetzen.

Durch den nuklearen Transportzyklus stellt sich der Zelle ein Recyclingproblem: Ran-GTP wird zusammen mit Molekülen exportiert, die den Zellkern verlassen. Wenn Ran nicht wieder in den Zellkern zurücktransportiert werden würde, dann wäre der Vorrat an Ran schon bald erschöpft. Ein spezifisches nukleares Transportprotein, *NTF2* (die Abkürzung steht für engl.: *nuclear transport factor 2*) löst dieses Problem, indem es Ran-GDP zurück in den Zellkern schleust.

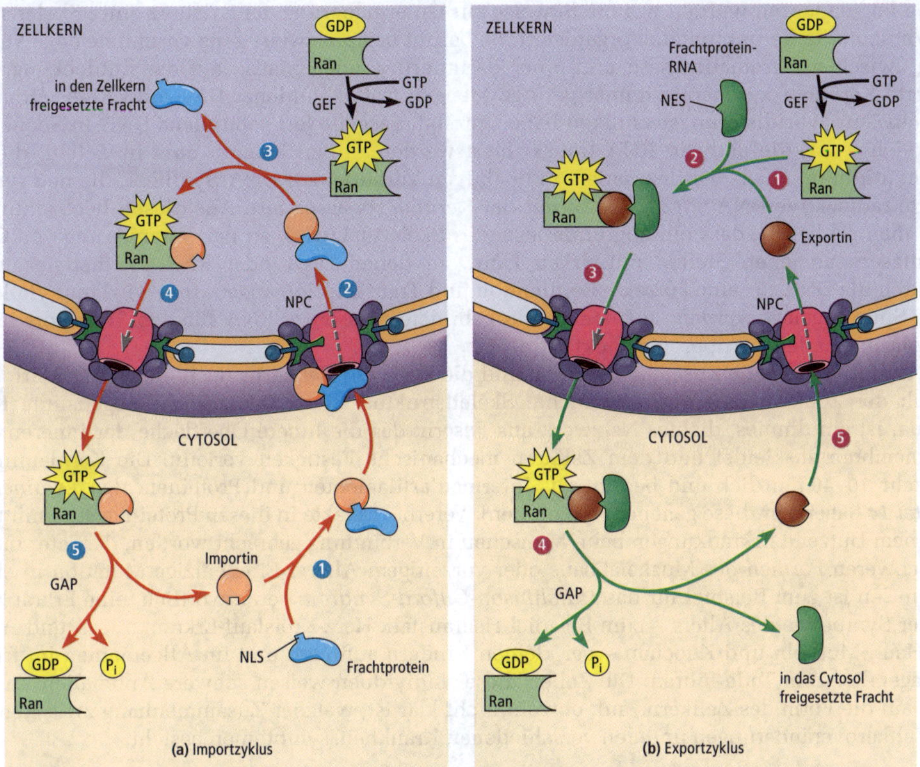

Abbildung 17.12: Transport durch den Kernporenkomplex. (a) Importzyklus. Im Cytosol gebildete Proteine, die für den Einsatz im Zellkern bestimmt sind, enthalten eine Kernlokalisierungssequenz (NLS), die sie als „Fracht" für den Transport durch den Zellkernporenkomplex leitet. ❶ Ein NLS-enthaltendes Frachtprotein bindet an Importin und ❷ der Importin-Frachtprotein-Komplex wird dann durch den Zellkernporenkomplex befördert. ❸ Nukleares Ran-GTP bindet an Importin, worauf die Freisetzung des Frachtproteins im Zellkern ausgelöst wird. ❹ Der Ran-GTP-Importin-Komplex wird zurück ins Cytosol transportiert, wo ❺ die Hydrolyse von GTP zu GDP mit der Freisetzung von Importin einhergeht. (b) Exportzyklus. Die wichtigste Ladung für den Export aus dem Zellkern ist RNA und nicht Protein, aber die RNAs werden im Allgemeinen von Proteinen, die ein Kernexportsignal (NES) enthalten, aus dem Zellkern transportiert. Während des Exportzyklus ❶ bindet Ran-GTP im Zellkern an Exportin, das ❷ die Bindung von Exportin an seine Fracht fördert; in diesem Fall handelt es sich um einen Protein-RNA-Komplex. ❸ Der Exportin-Fracht-Ran-GTP-Komplex wird durch die Kernporen in das Cytosol befördert, wo ❹ das Exportin und dessen Fracht von Ran-GTP freigesetzt werden, was mit der Hydrolyse von GTP zu GDP einhergeht. ❺ Exportin kehrt dann wieder in den Zellkern zurück, wo der Exportzyklus von Neuem begonnen werden kann. Die Zyklen von Import und Export werden beide durch einen Konzentrationsgradienten von Ran-GTP angetrieben, der durch die Gegenwart von GEF (Guanin-Nucleotid-Austauschfaktor) im Zellkern und einem GAP (GTPase-aktivierenden Protein) im Cytosol aufrechterhalten wird.

17.5.3 Die Kernmatrix und die Kernlamina sind Stützstrukturen des Zellkerns

Ungefähr 80–90 % der Zellkernmasse besteht aus Chromatinfasern. Man könnte annehmen, dass der Zellkern zu einer relativ formlosen Struktur zusammenfallen würde, wenn man das Chromatin entfernt. In den frühen 1970er Jahren entdecken Wissenschaftler jedoch, dass ein Netzwerk aus unlöslichen Fasern, das die Gesamtform des Zellkerns erhält, übrig bleibt, wenn man mehr als 95 % des Chromatins durch Behandlung mit einer Kombination aus Nuclease und Detergenzien entfernt. Man nimmt an, dass dieses Netzwerk, die **Kernmatrix** oder das **Kernskelett**, dazu beitragen, die Form des Zellkerns aufrechtzuerhalten und den Chromatinfasern ein Organisationsgerüst zur Verfügung zu stellen. Es hatten jedoch nicht alle Zellbiologen mit der Existenz dieses Grundskeletts gerechnet.

In den letzten Jahren wurden weitere Beweise zur Untermauerung der Existenz einer Skelettstruktur erbracht, die Kernaktivitäten organisiert. So beruht beispielsweise eine vermutete enge Verbindung zwischen Chromatinfasern und einer darunterliegenden Matrix auf der Entdeckung, dass isolierte Kernmatrixpräparate immer geringe Mengen fest gebundener DNA und RNA enthalten. Nucleinsäurehybridisierungstechniken haben gezeigt, dass die fest gebundene DNA in Sequenzen angereichert ist, die aktiv in RNA transkribiert werden. Hinzu kommt, dass in Zellen, die mit ^{3}H-Thymidin inkubiert wurden, einem radioaktiven Vorläufer zur DNA-Synthese, die neu synthetisierte radioaktive DNA vorzugsweise mit der Kernmatrix assoziiert. Aus diesen Beobachtungen kann man schließen, dass ein zugrundeliegendes Skelettnetzwerk an der Verankerung von Chromatinfasern an jenen Stellen mitwirken kann, an denen DNA oder RNA synthetisiert wird, wodurch die DNA für eine korrekte Replikation und Transkription angeordnet wird und vielleicht sogar Spuren gelegt werden, auf denen neu gebildete Messenger-RNA für den Transport in das Cytoplasma zu den Kernporen gelenkt wird.

Zwar sind die genaue Zusammensetzung und die Rolle des Zellkerns noch nicht aufgeklärt, doch enthält der Zellkern eine gut untersuchte Skelettstruktur. Diese Struktur, die sogenannte **Kernlamina**, ist ein dünnes, dichtes Netzwerk aus Fasern, das die innere Oberfläche der inneren Zellkernmembran auskleidet und dem Zellkern mechanische Festigkeit verleiht. Die Kernlamina ist ungefähr 10–40 nm dick und besteht aus Intermediärfilamenten und Proteinen, den *Laminen* (in *Kapitel 14* haben wir diese genauer beschrieben). Vererbte Defekte in diesen Proteinen sind mit mehr als einem Dutzend Erkrankungen beim Menschen in Verbindung gebracht worden, darunter mehreren schweren Formen des Muskelabbaus oder vorzeitigem Altern. Eine einzige Mutation in einem Lamin-Gen ist zum Beispiel für das *Hutchinson-Gilford-Syndrom* verantwortlich, eine Erkrankung, bei der Symptome des Alters – zum Beispiel Haarausfall, Herz-Kreislauf-Erkrankungen und Abbau von Haut, Muskeln und Knochen – bei kleinen Kindern auftreten und im Allgemeinen im frühen Teenageralter zum Tode führen. Die Zellen dieser Individuen weisen schwere Anomalien im Hinblick auf die Form des Zellkerns auf, obwohl nicht klar ist, welcher Zusammenhang zwischen diesen Zellkernveränderungen und den verschiedenen Krankheitssymptomen besteht.

17.5.4 Chromatinfasern liegen im Zellkern auf nicht-zufällige Weise verteilt vor

Anders als bei der Zellteilung tendieren die Chromatinfasern einer Zelle dazu, stark ausgestreckt und über den gesamten Zellkern verteilt vorzuliegen. Daher könnte man meinen, dass die Chromatinfasern, die zu den einzelnen Chromosomen gehören, innerhalb des Zellkerns zufällig verteilt und stark miteinander verschlungen vorliegen. Es ist vielleicht eine große Überraschung, dass dies nicht zutrifft. Stattdessen besitzt das Chromatin eines jeden Chromosoms seinen eigenen Platz. Dieser Gedanke kam erstmalig im Jahr 1885 auf, aber der Nachweis, dass das auf eine Reihe von Zellen zutrifft, konnte erst durch die Techniken der modernen Molekularbiologie erbracht werden. Aus Experimenten, bei denen man Nucleinsäuresonden einsetzte, die mit der DNA spezifischer Chromosomen hybridisieren (ein Beispiel für eine Technik, die man als *In-situ-Hybridisierung* bezeichnet), ist bekannt, dass die Chromatinfasern, die zu einem einzelnen Chromosom gehören, bestimmte Kompartimente innerhalb des Zellkerns besetzen, die man als *Chromosomenterritorien* bezeichnet (▸ *Abbildung 17.13*). In den Leukocyten (weißen Blutkörperchen) des Menschen zum Beispiel liegt Chromosom 18 im Kern immer außen in der Nähe der inneren Kernmembran, während Chromosom 19 stets im Zentrum lokalisiert und Chromosom 7 dazwischen positioniert ist. Der Zellkern bietet also insgesamt kein homo-

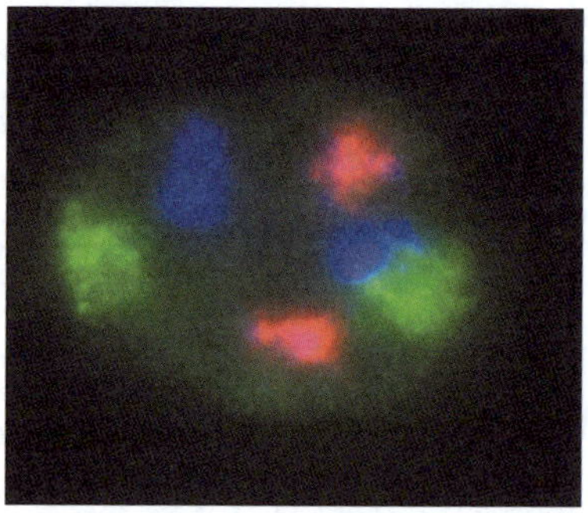

Abbildung 17.13: Chromosomenterritorien. Die Zellen einer Mauslunge wurden mit Fluoreszenzfarbstoffen angefärbt und an Nucleinsäuresonden gebunden, die spezifisch mit der DNA von Chromosom 12 (rot), Chromosom 14 (grün) oder Chromosom 15 (blau) hybridisieren. Diese Ansicht eines einzelnen Zellkerns unter dem Lichtmikroskop zeigt, dass die DNA eines jeden Chromosoms in einer spezifischen Region des Zellkerns lokalisiert ist (jedes Chromosom liegt in zweifacher Kopie vor).

genes Milieu, und ein Chromosom in einem bestimmten Zelltyp hat normalerweise immer das gleiche Nachbarchromosom. Die Positionen dieser Territorien scheinen allerdings nicht vorgeschrieben zu sein. Sie variieren von Zelle zu Zelle eines Organismus und ändern sich während des Lebenszyklus der Zelle. Darin spiegeln sich Änderungen in der Genaktivität der verschiedenen Chromosomen wider.

Die Kernhülle trägt zur Organisation des Chromatins bei, indem sie an den Stellen der inneren Kernhülle, die eng mit den Kernporen assoziiert sind, Teile des Chromatins bindet. Diese Chromatinregionen sind stark verdichtet – das heißt, es handelt sich um Heterochromatin. In elektronenmikroskopischen Aufnahmen ist dieses Material als dunkle, unregelmäßige Schicht um die Zellkernperipherie erkennbar, wie Sie in *Abbildung 17.9a* sehen können. Der Großteil scheint **konstitutives Heterochromatin** zu sein, das in stark verdichteter Form praktisch immer in allen Zellen eines Organismus enthalten ist. Die DNA des konstitutiven Heterochromatins besteht aus repetitiver DNA mit einfachen Sequenzen (rufen Sie sich bitte in Erinnerung, dass es sich um kurze Sequenzen handelt, die tandemartig wiederholt und nicht transkribiert werden). Die beiden wichtigsten chromosomalen Regionen, die aus konstitutivem Heterochromatin bestehen, sind das Centrosom und das Telomer. In vielen Fällen handelt es sich um chromosomale Telomere – die stark repetitiven DNA-Sequenzen, die sich an den Enden der Chromosomen befinden – die nicht während der Zellteilung an die Kernhülle geheftet sind.

Im Gegensatz zum konstitutiven Heterochromatin variiert das fakultative Heterochromatin je nach der Aktivität, die eine Zelle gerade ausführt. Somit unterscheidet sich dieser Chromatintyp von Gewebe zu Gewebe und kann sogar innerhalb einer Zelle zu verschiedenen Zeiten unterschiedlich sein. Fakultatives Heterochromatin scheint chromosomale Regionen zu repräsentieren, die in einem bestimmten Zelltyp spezifisch inaktiviert werden. Die Bildung von fakultativem Heterochromatin kann ein wichtiges Mittel zu Inaktivierung ganzer Blöcke genetischer Information während der embryonalen Entwicklung sein.

17.5.5 Der Zellkern ist an der Ribosomenbildung beteiligt

Eine wichtige Strukturkomponente des eukaryotischen Zellkerns ist der **Nucleolus** (Plural **Nucleoli**), der Ribosomenfabrik der Zelle. Typische eukaryotische Zellen enthalten einen oder zwei Nucleoli, aber nicht selten kommen auch einige mehr vor. In bestimmten Situationen können sogar Hunderte oder sogar Tausende vorliegen. Im Allgemeinen ist der Nucleolus rund. Er hat einen Durchmesser von mehreren Mikrometern, aber man hat im Hinblick auf Größe und Form beträchtliche Schwankungen beobachtet. Aufgrund ihrer Größe kann man Nucleoli gut unter dem Lichtmikroskop erkennen. Vor 200 Jahren hat man sie das erste Mal beobachtet. Allerdings musste erst in den 1950er Jahren das Elektronenmikroskop entwickelt werden, um die Strukturkomponenten des Nucleolus klar zu identifizieren. In Dünnschnittaufnahmen des Elektronenmikroskops erscheint jeder Nucleolus als membranfreie Organelle, die aus Fibrillen und Granula besteht. Die Fibrillen enthalten DNA, die zu *ribosomaler RNA (rRNA)* transkribiert wird, der RNA-Komponente der Ribosomen. Die Granula sind rRNA-Moleküle, die mit Proteinen gepackt werden (die aus dem Cytoplasma importiert wurden) und ribosomale Untereinheiten bilden. Wir haben bereits zuvor gesehen, dass die ribosomalen Untereinheiten nacheinander durch die Kernporen in das Cytoplasma transportiert werden. Aufgrund ihrer Rolle bei der Synthetisierung von RNA werden die Nucleoli stark radioaktiv markiert, wenn man die Zelle radioaktiven Vorläufern von RNA aussetzt.

Der früheste Hinweis auf einen Zusammenhang zwischen dem Nucleolus und der Ribosomenbildung wurde in den frühen 1960er Jahren von Robert Perry erbracht. Er arbeitete mit einem Mikrostrahl ultravioletten Lichts, um die Nucleoli lebender Zellen zu zerstören. Diese Zellen verloren ihre Fähigkeit, RNA zu synthetisieren, woraus er folgerte, dass der Nucleolus an der Bildung von Ribosomen mitwirkte. Dieser Befund wurde durch Untersuchungen untermauert, die Donald Brown und John Gurdon mit dem afrikanischen Klauenfrosch, *Xenopus laevis*, durchführten. Durch genetische Kreuzungen ist es möglich, *Xenopus*-Embryonen zu schaffen, deren Zellen keine Nucleoli besitzen. Brown und Gurdon entdeckten, dass diese Embryos, die man als *nucleolusfreie Mutanten* bezeichnete, keine RNA synthetisieren konnten und daher während der frühen Entwicklung starben – was wiederum impliziert, dass der Nucleolus an der Ribosomenbildung beteiligt ist. Für sein Lebenswerk erhielt John Gurdon 2012 den Nobelpreis für Medizin.

Wenn rRNA im Nucleolus synthetisiert wird, dann müssen die DNA-Sequenzen, die diese RNA kodieren, auch im Nucleolus lokalisiert sein. Diese Vermutung wurde durch den Nachweis erhärtet, dass isolierte Nucleoli die **Nucleolus-Organisator-Region (NOR**; engl.: *nucleolus organizer region*) enthalten – einen DNA-Abschnitt, der Mehrfachkopien von rRNA-Genen trägt. Diese multiplen rRNA-Gene kommen in allen Genomen vor und sind daher ein wichtiges Beispiel für repetitive DNA, die genetische Information trägt. Die Anzahl der Kopien von rRNA-Genen variiert unter den Spezies erheblich, aber tierische Zellen enthalten im Allgemeinen Hunderte von Kopien und Pflanzenzellen oftmals Tausende. Die Vielfachkopien sind in einer oder mehreren NOR gruppiert, die auf mehr als nur einem Chromosom lokalisiert sein können. In jeder NOR sind die Mehrfachgenkopien tandemartig angeordnet. Ein einzelner Nucleolus kann rRNA-Gene enthalten, die aus mehr als nur einer NOR stammen. Zum Beispiel besitzt das menschliche Genom pro haploidem Chromosomensatz fünf NOR – oder zehn pro diploidem Zellkern – wobei jede nahe der Spitze eines anderen Chromosoms lokalisiert ist. Doch anstelle von zehn getrennten Nucleoli hat ein typischer menschlicher Zellkern einen einzigen großen Nucleolus, der Chromatinschleifen enthält, die von zehn verschiedenen Chromosomen stammen.

Die Größe des Nucleolus korreliert mit dem Grad seiner Aktivität. In Zellen, in denen mit hoher Geschwindigkeit Proteine synthetisiert werden und die daher mehr Ribosomen benötigen, sind die Nucleoli tendenziell größer und können 20 bis 25 % des Gesamtvolumens des Zellkerns ausmachen. In weniger aktiven Zellen sind die Nucleoli kleiner.

Der Nucleolus verschwindet während der Mitose, zumindest bei den höheren Pflanzen und Tieren. Wenn sich die Zelle der Phase der Zellteilung nähert, kondensiert das Chromatin zu kompakten Chromosomen, was mit dem Zusammenschrumpfen und dem Verschwinden der Nucleoli einhergeht. Auf der Grundlage unserer heutigen Erkenntnisse über Zusammensetzung und Funktion des Zellkerns ist das auch ganz stimmig: Die ausgedehnten Chromatinschleifen des Nucleolus werden nicht weiter transkribiert, denn sie werden spiralisiert und gefaltet, und jegliche noch verbleibenden rRNA-Moleküle und ribosomalen Proteinmoleküle zerstreuen sich oder werden abgebaut. Somit entspiralisiert sich das Chromatin am Ende der Mitose, die NOR bilden wieder Schleifen, und die rRNA-Synthese wird wiederaufgenommen. In menschlichen Zellen ist dies der einzige Zeitpunkt, zu dem die zehn NOR des diploiden Zellkerns zu erkennen sind; wenn die RNA-Synthese neu einsetzt, werden zehn winzige Nucleoli erkennbar, jeweils einer in der Nähe der Spitze der zehn Chromosomen. Wenn diese Nucleoli größer werden, dann verschmelzen sie schnell zu dem einzigen großen Nucleolus, den man in den menschlichen Zellen, die gerade nicht im Prozess der Teilung begriffen sind, findet.

Abgesehen vom Nucleolus haben Mikroskopiker auch mehrere Arten kleiner, nicht von einer Membran umschlossener Zellkernstrukturen identifiziert. Diese Zellkernkörper spielen wahrscheinlich verschiedene Rollen bei der Prozessierung und Weiterverarbeitung von RNA-Molekülen, die im Zellkern gebildet werden. Dazu gehören *Cajalkörper* (engl.: *Cajal bodies*; benannt nach dem Wissenschaftler, der sie entdeckte), *Gemini von Cajalkörpern* (*GEMS*; engl.: *Gemini of Cajal bodies*; so benannt, weil sie den Cajalkörpern ähneln), *Speckles* und *promyelocytische Leukämiekörper (PML bodies*; engl.: *promyelocytic leukemia bodies)*. Cajalkörper und GEMS wirken an der Reifung und Prozessierung kleiner RNA des Nucleolus (snoRNA) und kleiner nucleärer RNA (snRNA) mit. Cajalkörper sind mit dem Nucleolus über das Protein Coilin verbunden und wahrscheinlich an der Biogenese von Telomerase-Enzymen beteiligt. Speckles, die manchmal als *Interchromatingranulacluster* bezeichnet werden, sind reich an RNAs und Proteinen, die zum Spleißen von mRNA-Vorläufern in reifen mRNAs benötigt werden. Heutzutage konzentriert sich die Forschung auf die Klärung der Rollen dieser Kernkörperchen.

Zellzyklus, DNA-Replikation und Mitose

18

ÜBERBLICK

Wachstums- und Reproduktionsfähigkeit sind elementare Eigenschaften lebender Organismen. Allerdings sind dem Wachstum einzelner Zellen grundsätzlich Grenzen gesetzt. Bei der Synthese neuer Proteine, Nucleinsäuren, Kohlenhydrate und Lipide führt deren Akkumulation zur Vergrößerung des Zellvolumens, wodurch sich die Plasmamembran ausdehnen muss, um das Platzen der Zelle zu verhindern. Zellen können sich aber nicht unendlich vergrößern; das Wachstum einer Zelle geht mit einer Abnahme des Oberfläche-Volumen-Verhältnisses und damit ihrer Fähigkeit, mit ihrer Umgebung in effektivem Austausch zu stehen, einher. Aus diesem Grund läuft Zellwachstum im Allgemeinen zusammen mit **Zellteilung** ab, wobei aus einer Mutterzelle zwei neue Tochterzellen hervorgehen. (Der Begriff *Tochter* wird vereinbarungsgemäß verwendet und bedeutet nicht, dass Zellen ein Geschlecht haben.) Bei einzelligen Organismen führt die Zellteilung zu einer größeren Gesamtzahl von Individuen einer Population. Bei vielzelligen Organismen steigt durch Zellteilung entweder die Zellzahl, woraufhin der Organismus wächst, oder abgestorbene Zellen werden ersetzt. Bei einem erwachsenen Menschen teilen sich beispielsweise pro Sekunde ungefähr zwei Millionen Stammzellen im Knochenmark, um eine konstante Menge roter Blutkörperchen im Körper zu halten. Obwohl Zellwachstum und Zellteilung häufig gekoppelte Prozesse sind, gibt es eine bemerkenswerte Ausnahme: Eine befruchtete tierische Eizelle durchläuft typischerweise viele Zellteilungen ohne Zellwachstum, wodurch das konstante Volumen des Zellhaufens in immer kleinere einzelne Zellen geteilt wird. Auch in diesem Fall ist die strenge Regulation von Ort und Zeitpunkt der Zellteilung von entscheidender Bedeutung.

Wenn Zellen wachsen und sich teilen, dann sind die neu gebildeten Tochterzellen im Allgemeinen genetische Duplikate der Elternzelle und enthalten die gleichen (oder praktisch gleichen) DNA-Sequenzen. Daher muss die gesamte im Zellkern der Mutterzelle enthaltene genetische Information während des Teilungsvorgangs verdoppelt und sorgfältig auf die Tochterzellen aufgeteilt werden. Die Zelle durchläuft zur Bewältigung dieser Aufgabe eine Reihe deutlich voneinander getrennter Stadien, die man unter dem Begriff *Zellzyklus* zusammenfasst. In diesem Kapitel werden wir die mit dem Zellzyklus assoziierten Ereignisse untersuchen, wobei wir uns auf die Mechanismen konzentrieren werden, die sicherstellen, dass jede neue Zelle einen vollständigen Satz genetischer Information erhält. Anschließend werden wir darstellen, wie der Zellzyklus reguliert wird, um den Bedürfnissen des Organismus gerecht zu werden.

18.1 Ein Überblick über den Zellzyklus

Der Zellzyklus beginnt, wenn zwei neue Zellen durch Teilung einer Mutterzelle gebildet werden, und endet, wenn eine dieser Zellen sich wiederum in zwei Zellen teilt. Für die ersten Zellbiologen, die eukaryotische Zellen unter dem Mikroskop betrachteten, waren jene Ereignisse im Leben einer Zelle am aufregendsten, die unmittelbar mit dem Moment des Zyklus zusammenhingen, in dem sich die Zelle tatsächlich teilt. Dieser Teilungsvorgang, die sogenannte **M-Phase**, besteht aus zwei sich überlappenden Ereignissen, während derer sich zuerst der Zellkern und dann das Cytoplasma teilt. Die Zellkernteilung bezeichnet man als **Mitose** (oder auch Karyokinese) und die Teilung des Cytoplasmas zur Bildung von zwei Tochterzellen als **Cytokinese**.

Die Hauptdarsteller des mitotischen Schauspiels sind die Chromosomen. Der Beginn der Mitose zeichnet sich durch Verdichtung (Spiralisierung und Faltung) des Chromatins der Zelle aus, wodurch so dicke Chromosomen gebildet werden, dass man sie einzeln unter dem Mikroskop erkennen kann. Da die DNA-Replikation bereits stattgefunden hat, besteht jedes Chromosom tatsächlich aus zwei Chromosomenkopien, die so lange aneinander gebunden bleiben, bis sich die Zelle teilt. Solange sie verbunden bleiben, bezeichnet man sie als **Schwesterchromatiden**. Wenn die Chromatiden erkennbar werden, zerbricht die Kernhülle in Fragmente. Dann, in einem kontinuierlichen, von den Mikrotubuli der *mitotischen Spindel* kontrollierten Ablauf, trennen sich die Schwesterchromatiden und – da nun jede ein voll ausgebildetes Chromosom ist – bewegen sie sich zu den entgegengesetzten Enden der Zelle. Zu diesem Zeitpunkt hat die Cytokinese im Allgemeinen bereits eingesetzt und neue Kernmembranen umhüllen bei Abschluss der Zellteilung die beiden Gruppen von Tochterchromosomen.

Zwar sind die Ereignisse, die sich während der M-Phase abspielen, faszinierend zu beobachten, doch nehmen sie nur einen relativ geringen Teil des gesamten Zellzyklus ein. Bei einer typischen Säugetierzelle dauert die M-Phase weniger als eine Stunde. Zellen verbringen den größten Teil ihrer Wachstumsphase zwischen Teilungsvorgängen, der sogenannten **Interphase**. Die meisten zellulären Komponenten werden kontinuierlich in der Interphase synthetisiert, sodass die Zellmasse allmählich größer wird, während sich die Zelle dem Teilungsvorgang nähert. Während der Interphase verdoppelt sich die Menge nucleärer DNA, und aus Experimenten mit radioaktiven DNA-Vorläufern weiß man, dass die neue Zellkern-DNA während eines spezifischen Teils der Interphase synthetisiert wird, der sogenannten S-Phase (S steht für Synthese). Eine Zeitspanne, die G_1-Phase, trennt die S-Phase von der vorangehenden M-Phase; eine zweite Zeitspanne, die G_2-Phase, trennt das Ende der S-Phase von der nächsten M-Phase (G steht für das englische Wort „gap", also Lücke).

Obwohl sich die Zellen vielzelliger Organismen mit unterschiedlicher Geschwindigkeit teilen, werden die meisten Untersuchungen zum Zellzyklus mit Zellen durchgeführt, die in einer Kultur wachsen, und die Länge des Zyklus ist tendenziell bei den verschiedenen Zelltypen ähnlich. Wir können ohne Weiteres die Gesamtdauer des Zellzyklus für kultivierte Zellen ermitteln – die Generationszeit – indem wir die Zellen unter dem Mikroskop zählen und berechnen, wie viel Zeit für eine Verdopplung der Zellpopulation erforderlich ist. Bei kultivierten Säugetierzellen umfasst ein gesamter Zellzyklus im Allgemeinen ungefähr 18–24 Stunden. Nachdem wir die Gesamtdauer des Zellzyklus ermittelt haben, können wir die Dauer spezifischer Phasen berechnen. Zur Berechnung der S-Phase können wir die Zellen kurz mit einem radioaktiv markierten DNA-Vorläufer in Kontakt bringen (im Allgemeinen ^{3}H-Thymidin) und sie dann mit Hilfe der Autoradiographie untersuchen. Der Anteil von Zellen mit Silberkörnern oberhalb des Zellkerns repräsentiert die Zellen, die sich in der S-Phase befanden, als sie mit der radioaktiven Verbindung in Kontakt kamen. Wenn wir diesen Anteil mit der Gesamtdauer des Zellzyklus multiplizieren, dann erhalten wir einen Schätzwert für die durchschnittliche Länge der S-Phase. Bei kultivierten Säugetierzellen liegt dieser Faktor häufig bei 0,33, was darauf hinweist, dass die S-Phase ungefähr sechs bis acht Stunden dauert. Ähnlich gehen wir vor, wenn wir die Länge der M-Phase schätzen, indem wir die Generationszeit mit dem Prozentsatz von Zellen multiplizieren, die sich tatsächlich zu irgendeinem Zeitpunkt in der Mitose befanden. Diesen Prozentsatz bezeichnet man als **mitotischen Index**. Der mitotische Index liegt für kultivierte Säugetierzellen oftmals bei ungefähr drei bis fünf Prozent. Das bedeutet, dass die M-Phase weniger als eine Stunde dauert (im Allgemeinen 30–45 Minuten).

Im Gegensatz zu den S- und M-Phasen, die bei den verschiedenen Säugetierzellen ähnlich lang sind, ist die Dauer von G_1 je nach Zelltyp recht variabel. Obwohl eine typische G_1-Phase acht bis zehn Stunden umfasst, verbringen einige Zellen nur wenige Minuten oder Stunden in der G_1-Phase, während andere Zellen länger in dieser Phase verweilen. Während der G_1-Phase wird eine wichtige „Entscheidung" getroffen, nämlich ob und wann sich die Zelle wieder teilen soll. Zellen, die in der G_1-Phase stehen bleiben und auf ein Signal warten, das den Wiedereintritt in den Zellzyklus auslöst und sie zur Teilung anregt, befinden sich in der **G_0- (G null-)**Phase. Andere Zellen treten ganz aus dem Zellzyklus aus und durchlaufen eine *terminale Differenzierung*, d.h. sie sind dazu bestimmt, sich niemals wieder zu teilen: die meisten Nervenzellen in Ihrem Körper befinden sich in diesem Zustand. In einigen Zellen kann auch in der G_2-Phase ein kurzzeitiger Stillstand des Zellzyklus einsetzen. Im Allgemeinen ist aber die G_2-Phase kürzer als die G_1-Phase und von konstanterer Dauer, meistens vier bis sechs Stunden.

Untersuchungen zum Zellzyklus wurden durch den Einsatz der Durchflusszytometrie (Zytometrie = Zellvermessung) erheblich erleichtert. Dabei handelt es sich um eine Technik zur fast gleichzeitigen automatisierten Analyse der chemischen Zusammensetzung von Millionen einzelner Zellen. Bei diesem Verfahren werden die Zellen zuerst mit einem oder mehreren fluoreszierenden Farbstoffen angefärbt – zum Beispiel könnte ein roter Farbstoff, der DNA anfärbt, mit einem grünen Farbstoff kombiniert werden, der spezifisch an ein bestimmtes Zellprotein bindet. Die angefärbten Zellen werden in einem winzigen Flüssigkeitsstrom durch einen Laserstrahl geschickt. Durch Analyse der schwankenden Intensität und Farbe des fluoreszierenden Lichts, das von jeder Zelle ausgestrahlt wird, wenn sie durch den Laserstrahl gleitet, können Wissenschaftler die Konzentration von DNA und spezifischen Proteinen in jeder Zelle ermitteln. Diese Information dient dann zur Bestimmung der chemischen Zusammensetzung der Zellen zu verschiedenen Zeitpunkten des Zellzyklus. Eine automatisierte Version dieser Techniken, das FACS-Verfahren (fluorescence-activated cell sorting), erlaubt die Sortierung und Analyse verschieden angefärbter Zellen.

18.2 DNA-Replikation

Nachdem wir nun einen Überblick über den Zellzyklus gegeben haben, können wir dessen Ablauf genauer unter die Lupe nehmen. Da die DNA-Replikation ein zentrales Ereignis in diesem Zyklus ist, beginnen wir mit der Darstellung des zugrunde liegenden Mechanismus, der wiederum von der Doppelhelixstruktur der DNA abhängt. Tatsächlich veröffentlichten Watson und Crick nur einen Monat nach ihrem heute klassischen Artikel über die Doppelhelix der DNA einen ebenso wichtigen Artikel, in dem sie darstellten, wie eine derartige Basenpaarstruktur sich selber verdoppeln könnte.

Das von Watson und Crick vorgeschlagene Modell der DNA-Replikation ist in ▸*Abbildung 18.1* dargestellt. Im Kern geht dieses Modell von der Annahme aus, dass einer der beiden Stränge eines jeden neu gebildeten DNA-Moleküls vom Muttermolekül stammt, während der anderen Strang neu synthetisiert wird. Diesen Vorgang bezeichnet man als **semikonservative Replikation**, denn jedes Tochtermolekül behält die Hälfte des Muttermoleküls.

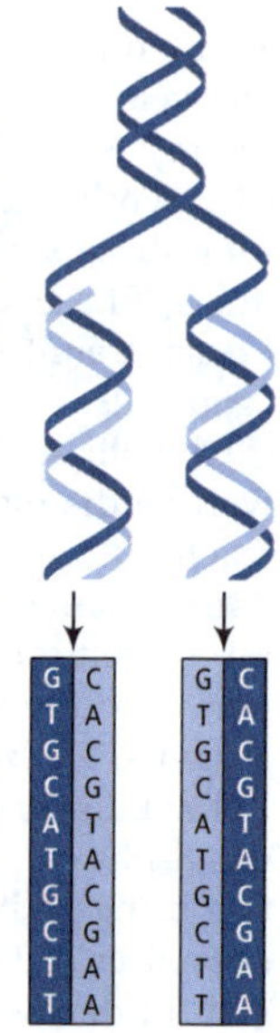

Abbildung 18.1: Watson-Crick-Modell der DNA-Replikation. Im Jahr 1953 schlugen Watson und Crick vor, dass sich die DNA-Doppelhelix semikonservativ repliziert. Sie verwendeten ein ähnliches Modell wie das hier dargestellte, um das Prinzip zu veranschaulichen. Die doppelsträngige Helix entspiralisiert und jeder der beiden Mutterstränge dient als Matrize für die Synthese eines komplementären Tochterstrangs, der entsprechend den Regeln der Basenpaarung zusammengesetzt wird. A, T, C und G stehen für Adenin-, Thymin-, Cytosin- und Guaninnucleotide. A paart mit T und G mit C.

18.2.1 Die DNA-Replikation verläuft im Allgemeinen bidirektional

Jeder Strang der DNA-Doppelhelix dient während der DNA-Replikation als Matrize für die Synthese eines neuen, komplementären Strangs. Als die Biologen sich eingehender mit den molekularen Einzelheiten dieses Vorgangs befassten, wurde schrittweise deutlich, dass es sich bei der DNA-Replikation um einen komplexen Vorgang handelt, an dem zahlreiche Enzyme und andere Proteine mitwirken – und sogar RNA daran beteiligt ist. Wir werden zuerst die allgemeinen Merkmale dieses Replikationsmechanismus untersuchen und uns dann auf einige molekulare Feinheiten konzentrieren. In diesem Zusammenhang werden wir uns häufig auf das Darmbakterium *Escherichia coli (E. coli)* beziehen, einem Modellorganismus, bei dem die DNA-Replikation besonders gut aufgeklärt wurde. Allerdings verdanken wir Untersuchungen von Säugetierviren wie SV40 und der Bäckerhefe *Saccharomyces cerevisiae* gleichfalls detaillierte Kenntnisse der eukaryotischen DNA-Replikation. Die DNA-Replikation scheint ein Schauspiel zu sein, dessen Handlung und molekulare Akteure im Grunde bei bakteriellen und eukaryotischen Zellen gleich sind. Vielleicht ist das im Fall eines solch fundamentalen Vorgangs auch gar nicht verwunderlich – ein Vorgang, der sehr früh in der Evolution des Lebens entstanden sein muss.

Die ersten Experimente zur unmittelbaren Sichtbarmachung der DNA-Replikation führte John Cairns durch, der *E.-coli*-Zellen in einem Medium kultivierte, das den DNA-Vorläufer ^{3}H-Thymidin enthielt, und dann mit Autoradiographie das einzelne, ringförmige DNA-Molekül der Zellen untersuchte, das er im Moment der Replikation fixiert hatte. Ein solches Molekül ist in ▸*Abbildung 18.2a* dargestellt. Die beiden Y-förmigen Strukturen, auf welche die Pfeile weisen, stellen die Orte dar, an denen die DNA-Duplex repliziert wird. Diese **Replikationsgabeln** entstehen durch einen DNA-Replikationsmechanimus, der an einer einzigen Stelle in der DNA beginnt und von diesem Ursprungsort ausgehend *bidirektional* fortschreitet. Mit anderen Worten, es entstehen zwei Replikationsgabeln, die sich in entgegengesetzter Richtung vom Ursprungsort fort bewegen, wodurch die Helix entspiralisiert wird und Kopien beider Stränge entstehen, während die Replikationsgabeln fortschreiten. Bei der ringförmigen DNA wird dieser Vorgang manchmal als *Theta-Replikation* bezeichnet, denn es entstehen Zwischenprodukte, die dem griechischen Buchstaben theta (θ) ähneln, wie Sie in ▸*Abbildung 18.2b* sehen können. Die Theta-Replikation findet nicht nur in bakteriellen Genomen, wie bei *E. coli*, statt, sondern auch in der ringförmigen DNA der Mitochondrien, Chloroplasten, Plasmide sowie einiger Viren. Am Ende eines Zyklus der Theta-Replikation bleiben die entstandenen DNA-Ringe verbunden, und erst eine Topoisomerase kann die beiden Ringe voneinander trennen.

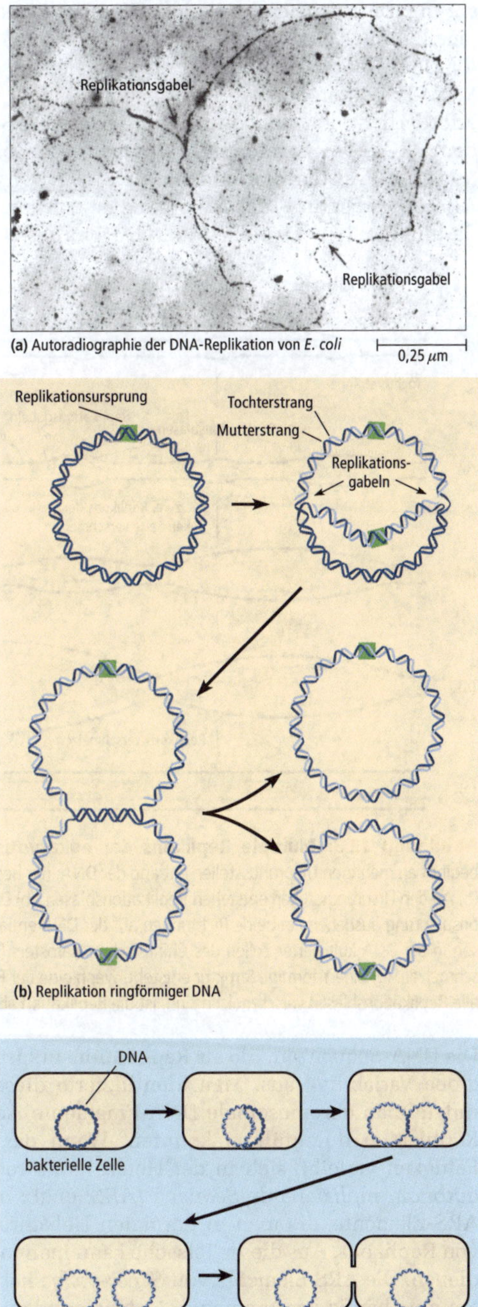

Abbildung 18.2: Replikation ringförmiger DNA. (a) Diese Autoradiographie zeigt ein DNA-Molekül von *E. coli* im Moment der Replikation. Das DNA-Molekül wurde aus einem Bakterium isoliert, das in einem Medium mit ^{3}H-Thymidin kultiviert worden war, wodurch die DNA mit Autoradiographie sichtbar gemacht werden konnte. (b) Die Replikation eines ringförmigen DNA-Moleküls beginnt an einem einzigen Ursprungsort und verläuft bidirektional über das ringförmige DNA-Molekül, wobei sich die beiden Replikationsgabeln in entgegengesetzter Richtung bewegen. Die neuen Stränge sind hellblau unterlegt. Während des Replikationsvorgangs entstehen Zwischenprodukte, die dem griechischen Buchstaben theta (θ) ähneln, nach dem dieser Replikationstyp benannt wurde. (c) Während des Zellteilungszyklus von Bakterien, die ein einziges ringförmiges Chromosom besitzen, werden die Tochterchromosomen durch das Wachstum der Membranen zwischen den Bindungsstellen der beiden Replikationskopien zu den entgegengesetzten Seiten der Zelle bewegt.

In ▸*Abbildung 18.2c* ist der Zusammenhang dieser Ereignisse mit dem Zellteilungszyklus von Bakterien dargestellt, die ein einziges ringförmiges Chromosom besitzen. Bei diesen Bakterien binden die beiden Kopien des replizierenden Chromosoms an den Stellen der Replikationsursprünge an die Plasmamembran. Während des Zellwachstums zur Vorbereitung auf die Zellteilung wird der Region zwischen diesen Chromosomenanheftungsstellen neues Plasmamembran-Material zugefügt. Dadurch werden die Chromosomen zu den entgegengesetzten Enden der Zelle bewegt. Nach Abschluss der DNA-Replikation und Verdoppelung der Zellgröße trennt sich die Zelle in der Mitte durch *binäre Teilung*, und die beiden Chromosomen werden auf die zwei Tochterzellen verteilt.

18.2.2 Die eukaryotische Replikation erfolgt durch multiple Replikons

Im Gegensatz zu den ringförmigen bakteriellen Chromosomen – bei denen die DNA-Replikation von einem einzigen Ursprungsort ausgeht – beginnt die Replikation der linearen DNA-Moleküle der eukaryotischen Chromosomen an mehreren Stellen, sodass mehrere Replikationseinheiten entstehen, die sogenannten **Replikons** (▸*Abbildung 18.3*). Die DNA eines typischen großen eukaryotischen Chromosoms kann mehrere Tausend Replikons enthalten, jedes mit einer Länge von ungefähr 50.000–300.000 Basenpaaren. Im Zentrum jedes Replikons liegt eine besondere DNA-Sequenz, der sogenannte **Replikationsursprung**, an dem die DNA-Synthese durch einen Mechanismus eingeleitet wird, an dem mehrere Gruppen von *Initiatorproteinen* mitwirken. Zuerst bindet ein Proteinkomplex aus mehreren Untereinheiten, der sogenannte *Ursprungserkennungskomplex (ORC*; engl.: *origin recognition complex)*, an einen Replikationsursprung. Die nächsten bindenden Komponenten sind die *Minichromosomerhaltungsproteine (MCM*; (engl.: *minichromosome maintenance proteins)*, zu denen mehrere DNA-Helicasen gehören, welche die DNA-Replikation durch Entspiralisierung der Doppelhelix erleichtern. Für die Anhäufung von MCM-Proteinen am Replikationsursprung ist die Mitwirkung einer dritten Gruppe von Proteinen erforderlich, den *helicase loading proteins*. Sie vermitteln die Bindung des MCM-Komplexes an den ORC. Man bezeichnet die zu diesem Zeitpunkt vollständige Gruppe DNA-gebundener Proteine als **Prä-Replikationskomplex**. Die DNA hat nun sozusagen die „Lizenz" zur Replikation. Allerdings beginnt dieser Vorgang erst, wenn noch etliche weitere Proteine hinzugefügt wurden, darunter Enzyme, welche die DNA-Synthese katalysieren.

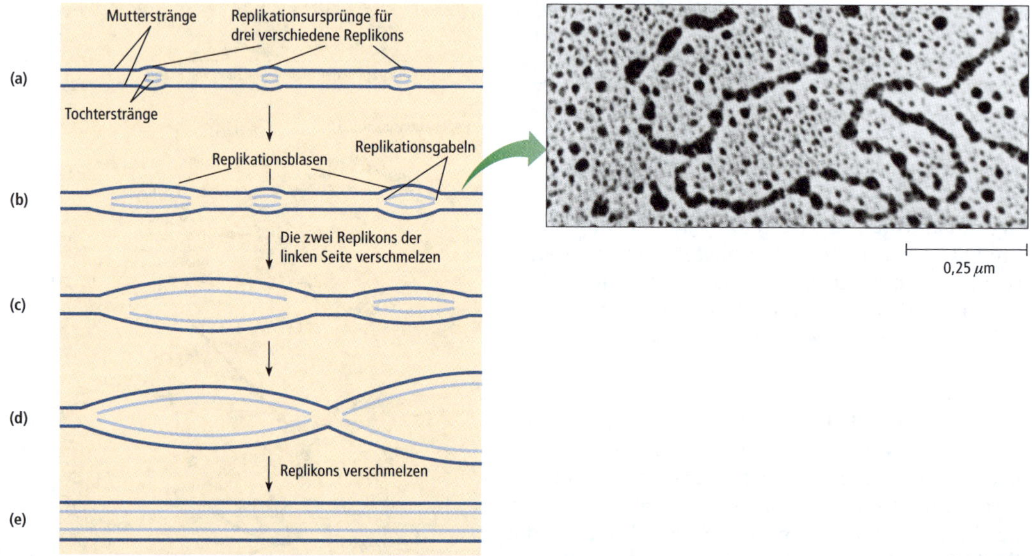

Abbildung 18.3: Multiple Replikons der eukaryotischen DNA. Die Replikation linearer eukaryotischer DNA-Moleküle beginnt an mehreren Ursprungsstellen entlang der DNA; der Beginn der Replikation ist für jede Gruppe von Ursprungsstellen spezifisch. (b) An den Ursprungsstellen entstehen Replikationsblasen. (b) Die Blasen wachsen, während sich die Replikationsgabeln vom Replikationsursprung ausgehend in beide Richtungen auf der DNA entlang bewegen. Die mikroskopische Aufnahme zeigt drei Replikationsblasen in der DNA kultivierter Zellen des Chinesischen Hamsters (TEM). (c) Schließlich treffen die einzelnen Blasen aufeinander und verschmelzen. (d) Eine Y-förmige Struktur entsteht, wenn eine der Replikationsgabeln das Ende eines DNA-Moleküls erreicht. (e) Nachdem alle Replikationsblasen verschmolzen sind, ist die Replikation abgeschlossen und die beiden Tochtermoleküle trennen sich.

Die DNA-Sequenzen, die als Replikationsursprünge dienen, zeichnen sich bei den Eukaryoten durch große Variabilität aus. Man identifizierte diese Sequenzen erstmalig in Hefezellen *(S. cerevisiae)*, indem man chromosomale DNA-Fragmente isolierte und sie in DNA-Moleküle einfügte, die keine Replikation durchführen konnten. Wenn das eingefügte DNA-Fragment dem DNA-Molekül die Fähigkeit verleiht, sich in der Hefezelle zu replizieren, dann bezeichnet man dieses Fragment als *autonom replizierende Sequenz (ARS*; engl.: *autonomously replicating sequence)*. Die Anzahl der ARS-Elemente, die man in normalen Hefechromosomen entdeckte, entspricht in etwa der Anzahl von Replikons. Aus dieser Tatsache kann man folgern, dass ARS-Sequenzen als Replikationsursprünge dienen. Die ARS-Elemente von *S. cerevisiae* haben eine Länge von 100–150 Basenpaaren und enthalten eine häufig vorkommende 11-Nucleotidkernsequenz, die zum größten Teil aus AT-Basenpaaren besteht, die von Hilfssequenzen flankiert werden, die weitere AT-reiche Regionen enthalten. Da die DNA-Doppelhelix entspiralisiert sein muss, damit die Replikation initiiert werden kann, sind die vielen AT-Basenpaare am Replikationsursprung sehr hilfreich, denn AT-Basenpaare, die von zwei Wasserstoffbrückenbindungen zusammengehalten werden, können leichter aufgebrochen werden als GC-Basenpaare mit drei Wasserstoffbrückenbindungen. Die Replikationsursprünge mehrzelliger Eukaryoten sind im Allgemeinen größer und haben eine variablere Sequenz als die ARS-Elemente von *S. cerevisiae*, aber auch sie enthalten tendenziell AT-reiche Regionen.

Nachdem die DNA-Synthese am Replikationsursprung eingeleitet wurde, beginnen die beiden Replikationsgabeln, DNA ausgehend vom Replikationsursprung in entgegengesetzter Richtung zu synthetisieren, wodurch eine „Replikationsblase" entsteht. Diese wächst mit dem in beiden Richtungen fortschreitenden Replikationsvorgang (*Abbildung 18.3*). Wenn die wachsende Replikationsblase eines Replikons auf die Replikationsblase eines benachbarten Replikons trifft, dann wird die von den beiden Replikons synthetisierte DNA verknüpft. Auf diese Weise wird die an vielen Replikationsstellen synthetisierte DNA schließlich verbunden und bildet doppelsträngige Tochtermoleküle, die jeweils aus einem Mutterstrang und einem neuen Strang bestehen.

Warum gibt es bei der DNA-Replikation der Eukaryoten mehrere Replikationsursprünge, nicht aber bei den Bakterien? Da eukaryotische Chromosomen mehr DNA enthalten als bakterielle Chromosomen, würde die Replikation der Chromosomen bei den Eukaryoten wesentlich länger dauern, wenn die DNA-Synthese nur von einem einzigen Replikationsursprung ausginge. Außerdem synthetisiert bei den Eukaryoten jede Replikationsgabel wesentlich langsamer DNA als bei den Bakterien (das liegt vermutlich daran, dass die anwesenden Nucleosomen den Replikationsvorgang verlangsamen).

Messungen der Länge radioaktiver DNA aus Zellen, die unterschiedlich lange mit ^{3}H-Thymidin in Kontakt gekommen waren, ergaben, dass eukaryotische Replikationsgabeln DNA mit einer Geschwindigkeit von ungefähr 2.000 Basenpaaren pro Minute synthetisieren, verglichen mit 50.000 Basenpaaren pro Minute bei Bakterien. Da ein menschliches Genom durchschnittlich ungefähr 3×10^9 Basenpaare DNA enthält, würde es weitaus länger als einen Monat dauern, um ein Chromosom zu verdoppeln, wenn es nur einen Replikationsursprung gäbe!

Das Verhältnis zwischen der Geschwindigkeit der Chromosomenreplikation und der Anzahl von Replikationsursprüngen kann man gut veranschaulichen, indem man die Geschwindigkeit der DNA-Synthese bei embryonalen und adulten Zellen der Taufliege *Drosophila* miteinander vergleicht. In einem sich entwickelnden Embryo, in dem die Zellteilungen in rascher Abfolge stattfinden, nutzen Zellen eine große Anzahl gleichzeitig aktiver Replikons, die nur wenige Tausend Basenpaare lang sind. Daraus ergibt sich, dass die DNA-Replikation sehr schnell abläuft und die S-Phase nur wenige Minuten dauert. Adulte Zellen nutzen hingegen weniger Replikons im Abstand von wenigen Zehntausend oder Hunderttausend Basenpaaren, sodass eine vollständige S-Phase fast zehn Stunden dauert. Da die Geschwindigkeit der DNA-Synthese für eine beliebige Replikationsgabel bei embryonalen und adulten Zellen in etwa gleich ist, wird klar, dass die Länge der S-Phase von der Anzahl der Replikons sowie der Geschwindigkeit, mit der diese aktiviert werden, bestimmt wird – und nicht von der Geschwindigkeit, mit der jedes Replikon DNA synthetisiert.

Während der S-Phase eines typischen eukaryotischen Zellzyklus sind nicht alle Replikons gleichzeitig aktiviert. Stattdessen neigen bestimmte Gruppen von Replikons schon während der frühen S-Phase zur Replikation, während andere erst später replizieren. Über die Reihenfolge, in der die Replikons aktiviert werden, hat man durch Inkubation von Zellen mit *5-Bromodesoxyuridin* (*BrdU*) zu verschiedenen Zeitpunkten während der S-Phase Kenntnisse gewonnen. Dabei handelt es sich um eine Substanz, die anstelle von Thymidin in die DNA eingefügt wird. Da DNA, die BrdU enthält, dichter ist als normale DNA, kann sie durch Dichtegradienten-Zentrifugation von DNA-Rückständen getrennt werden. Die mit BrdU markierte DNA wird dann durch Hybridisierung mit einer Reihe von DNA-Sonden analysiert, die für einzelne Gene spezifisch sind. Aus derartigen Experimenten ging hervor, dass die Gene, die aktiv in einem bestimmten Gewebe exprimiert werden, während der frühen S-Phase repliziert werden, während inaktive Gene zu einem späteren Zeitpunkt der S-Phase repliziert werden. Wenn man das gleiche Gen in zwei verschiedenen Zelltypen analysiert, einem Zelltyp mit einem aktiven Gen und einem mit einem inaktiven Gen, dann kann man die frühe Replikation nur in dem Zelltyp beobachten, in dem das Gen transkribiert wird.

18.2.3 Replikationslizenzierung stellt sicher, dass DNA-Moleküle nur einmal vor jeder Zellteilung verdoppelt werden

Von größter Bedeutung während des eukaryotischen Zellzyklus ist, dass die DNA-Moleküle nur einen Replikationszyklus durchlaufen, und zwar nur einmal vor der Zellteilung. Zur Gewährleistung dieser Einschränkung stellt ein Vorgang, den man als **Lizenzierung** bezeichnet, sicher, dass die DNA, nachdem sie während der S-Phase an irgendeinem Replikationsursprung repliziert wurde, an einer anderen Stelle nicht wieder die Berechtigung erhält, eine weitere Runde der DNA-Replikation zu durchlaufen, bevor die Zelle die Mitose durchgeführt hat. Diese Lizenz vergeben die MCP-Proteine an den Replikationsursprüngen. Für diesen Vorgang werden sowohl ORC als auch helicase loading factors benötigt. Nach Beginn der Replikation werden die MCM-Proteine durch die sich fortbewegenden Replikationsgabeln von den Replikationsursprüngen entfernt, und die erneute, von den gleichen Replikationsursprüngen ausgehende Replikation wird durch Mechanismen verhindert, welche die MCM-Proteine von einer erneuten Bindung an die Replikationsursprünge abhalten. Somit ist die Lizenz zur Replikation niemals mit replizierter DNA assoziiert.

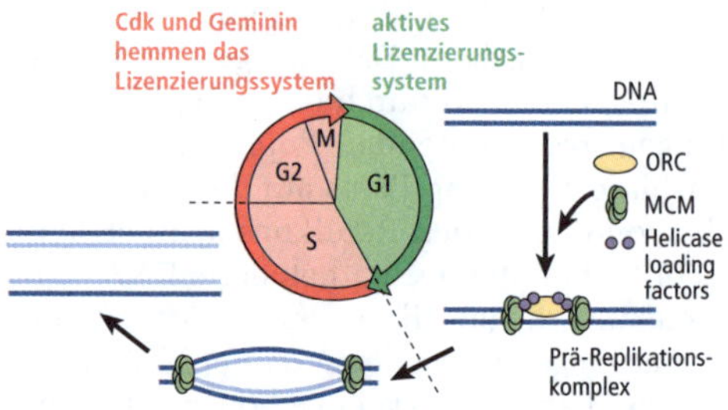

Abbildung 18.4: Lizenzierung der DNA-Replikation während des eukaryotischen Zellzyklus. Während der G_1-Phase wird die DNA für die Replikation lizenziert, indem die MCM-Proteine an die Replikationsursprünge binden, ein Ereignis, für das sowohl ORC als auch helicase loading factors benötigt werden. Das Lizenzierungssystem wird am Ende der G_1-Phase durch die Bildung von Cdks und/oder Geminin abgeschaltet, deren Aktivität die Funktionen von Proteinen hemmt, die für die Lizenzierung (ORC, helicase loading factors und MCM) benötigt werden. Nachdem die Zelle die Mitose abgeschlossen hat, wird Geminin abgebaut und die Aktivität von Cdk sinkt, sodass das Lizenzierungssystem für den nächsten Zellzyklus wieder aktiviert ist.

Ein entscheidender Mitspieler bei diesem Mechanismus ist die *Cyclin-abhängige Kinase (Cdk*; engl.: *cyclin-dependent kinase)*. Cdk ist ein Enzym, das an vielen Stellen im Zellzyklus beteiligt ist, auf die wir später in diesem Kapitel eingehen werden. Zu Beginn der S-Phase wird eine Form der Cdk gebildet. Sie ist an der Aktivierung der DNA-Synthese an lizenzierten Replikationsursprüngen beteiligt. Außerdem stellt sie sicher, dass die gleichen Replikationsursprünge nicht erneut lizenziert werden können. Cdk blockiert durch Katalyse der Phosphorylierung die Lizenzierung und hemmt dadurch die Funktion von Proteinen, die für die Lizenzierung benötigt werden, beispielsweise ORC und die helicase loading factors. Vielzellige Eukaryoten besitzen einen weiteren Inhibitor der Lizenzierung, das sogenannte *Geminin*, ein während der S-Phase gebildetes Protein, das die Bindung von MCM-Proteinen an die DNA blockiert. Nachdem die Zelle die Mitose abgeschlossen hat, wird Geminin abgebaut und die Aktivität von Cdk sinkt, sodass die für die DNA-Lizenzierung benötigten Proteine ihre Funktion für den nächsten Zellzyklus wieder aufnehmen können (▸ *Abbildung 18.4*).

18.2.4 DNA-Polymerasen katalysieren die Elongation von DNA-Ketten

Als man zu Beginn der 1950er Jahre zum ersten Mal das Modell der semikonservativen Replikation vorstellte, dachten die Biologen, dass die DNA-Replikation ein so komplexer Vorgang sei, dass er nur in intakten Zellen ablaufen könne. Doch nur wenige Jahre später beweis Arthur Kornberg (Nobelpreis für Physiologie 1959), dass ein von ihm aus Bakterien isoliertes Enzym DNA-Moleküle in einem Reagenzglas kopieren konnte. Dieses Enzym, die sogenannte **DNA-Polymerase**, benötigt eine geringe Ausgangsmenge an DNA als Matrize. Gelenkt von dieser Matrize katalysiert die DNA-Polymerase die Elongation der DNA-Ketten und nutzt dabei als Substrate Desoxynucleosidtriphosphat-Derivate der vier Basen der DNA (dATP, dTTP, dGTP und dCTP). Da jedes Substrat in eine sich neu bildende DNA-Kette eingebaut wird, werden die terminalen Phosphatgruppen jeweils freigesetzt. Da Desoxynucleosidtriphosphate hoch energetische Bindungen sind (vergleichbar mit ATP), treibt die bei der Spaltung dieser Phosphatbindungen freigesetzte Energie eine Polymerisationsreaktion an, die ansonsten thermodynamisch ungünstig wäre.

Bei der DNA-Polymerase-Reaktion werden neu anzufügende Nucleotide kovalent an das 3′-Hydroxylende der wachsenden DNA-Kette angefügt. Jedes nachfolgende Nucleotid wird durch eine Phosphoesterbindung zwischen der Phosphatgruppe auf seinem 5′-Kohlenstoffatom und der Hydroxylgruppe auf dem 3′-Kohlenstoffatom des im vorherigen Schritt angefügten Nucleotids an die wachsende Kette angehängt (▸ *Abbildung 18.5*). Mit anderen Worten, die Kettenverlängerung findet am 3′-Ende eines DNA-Strangs statt, und daher sagt man, dass der Strang in die 5′→3′-Richtung wächst.

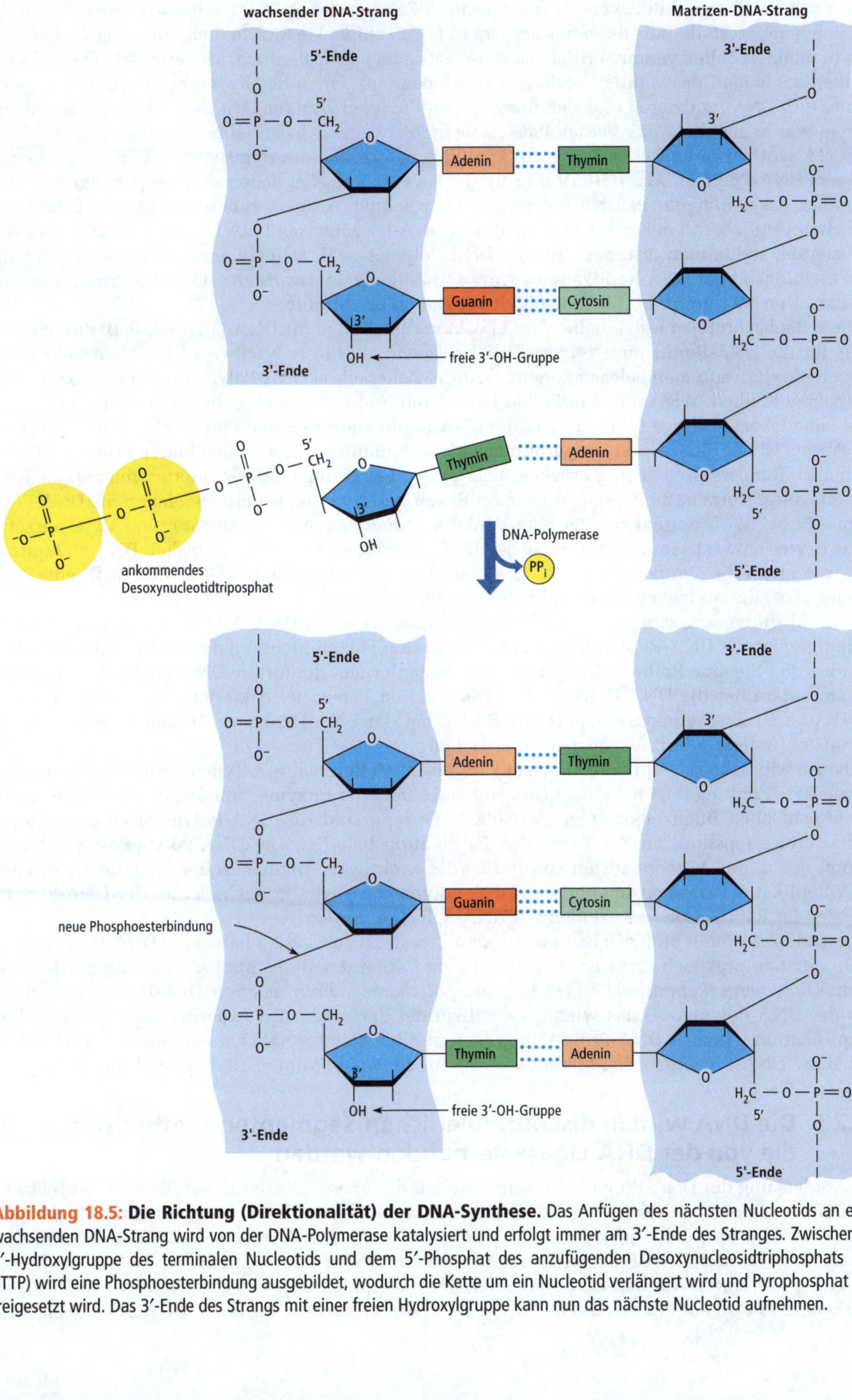

Abbildung 18.5: Die Richtung (Direktionalität) der DNA-Synthese. Das Anfügen des nächsten Nucleotids an einen wachsenden DNA-Strang wird von der DNA-Polymerase katalysiert und erfolgt immer am 3′-Ende des Stranges. Zwischen der 3′-Hydroxylgruppe des terminalen Nucleotids und dem 5′-Phosphat des anzufügenden Desoxynucleosidtriphosphats (hier dTTP) wird eine Phosphoesterbindung ausgebildet, wodurch die Kette um ein Nucleotid verlängert wird und Pyrophosphat (PP_i) freigesetzt wird. Das 3′-Ende des Strangs mit einer freien Hydroxylgruppe kann nun das nächste Nucleotid aufnehmen.

Bald nach Kornbergs Entdeckung wurden weitere Formen der DNA-Polymerase nachgewiesen. Es hat sich herausgestellt, dass das von Kornberg in *E. coli* entdeckte Enzym nicht für die DNA-Replikation in intakten Zellen verantwortlich ist. Diese Tatsache wurde deutlich, als Peter DeLucia und John Cairns berichteten, dass mutierte Stämme von Bakterien, denen das Kornberg-Enzym fehlte, noch immer ihre DNA replizieren und sich normal reproduzieren konnten. Mit dem fehlenden Kornberg-Enzym war es möglich, das Vorhandensein mehrerer weiterer bakterieller Enzyme nachzuweisen, die DNA synthetisieren. Diese neu entdeckten Enzyme werden mit römischen Ziffern benannt (zum Beispiel DNA-Polymerasen II, III, IV und V), um sie vom ursprünglichen Kornberg-Enzym zu unterscheiden, das man heute als DNA-Polymerase I bezeichnet. Als man zum ersten Mal die Geschwindigkeiten verglich, mit denen die verschiedenen DNA-Polymerasen DNA in einem Reagenzglas synthetisierten, stellte man fest, dass nur die DNA-Polymerase III schnell genug arbeitete, um für die Geschwindigkeit der DNA-Replikation in intakten Zellen verantwortlich sein zu können. Diese liegt bei Bakterien bei durchschnittlich 50.000 Basenpaaren pro Minute.

Diese Beobachtungen legten nahe, dass in bakteriellen Zellen die DNA-Polymerase III das in erster Linie für die DNA-Replikation verantwortliche Enzym ist; dieser Nachweis hätte aber mehr Überzeugungskraft, wenn man belegen könnte, dass die Zellen ohne DNA-Polymerase III ihre DNA nicht replizieren können. Wie kann man Zellen kultivieren und untersuchen, die nicht mehr in der Lage sind, eine lebenswichtige Funktion wie die DNA-Replikation durchzuführen? Ein vielversprechender Ansatz ist der Einsatz von **temperatursensitiven Mutanten**. Diese Zellen bilden Proteine, die bei normalen Temperaturen richtig arbeiten, aber schon bei geringfügig veränderter Temperatur stark beeinträchtigt werden. Zum Beispiel hat man Bakterien-Mutanten isoliert, bei denen die DNA-Polymerase III bei 37 °C normal arbeitet, ihre Funktion jedoch bei einer Temperatur von 42 °C aussetzt. Diese Bakterien wachsen normalerweise bei 37 °C, aber sie verlieren ihre Fähigkeit DNA zu replizieren, wenn man die Temperatur auf 42 °C erhöht. Das zeigt, dass die DNA-Polymerase III eine zentrale Rolle bei der normalen DNA-Replikation spielt.

Obwohl die vorangegangen Beobachtungen zeigen, dass die DNA-Polymerase III von zentraler Bedeutung für die DNA-Replikation ist, handelt es sich jedoch nicht um das einzige Enzym. Schon bald werden Sie eine Reihe weiterer Proteine kennenlernen, die für die DNA-Replikation notwendig sind, darunter die DNA-Polymerase I. Die anderen Typen der bakteriellen DNA-Polymerasen (II, IV und V) übernehmen spezialisierte Rollen bei der DNA-Reparatur. Diesen Vorgang werden wir später in diesem Kapitel genauer untersuchen.

Ebenso wie Bakterien enthalten auch eukaryotische Zellen mehrere Typen der DNA-Polymerase. Die neueste Zählung liegt bei einem Dutzend verschiedener Enzyme, von denen jedes einen anderen griechischen Buchstaben trägt. Aus dieser Gruppe sind die DNA-Polymerasen α (alpha), δ (delta) und ε (epsilon) an der Kern-DNA-Replikation beteiligt. Die DNA-Polymerase γ (gamma) kommt nur in den Mitochondrien vor und ist die wichtigste Polymerase bei der mitochondrialen DNA-Replikation. Die meisten anderen DNA-Polymerasen wirken entweder an der DNA-Reparatur oder der Replikation in Regionen mit DNA-Schaden mit.

Zusätzlich zu ihren biologischen Funktionen innerhalb von Zellen haben die DNA-Polymerasen auch wichtige praktische Anwendungen auf dem Gebiet der Biotechnologie gefunden. Die sogenannte *Polymerasekettenreaktion (PCR*; engl.: *polymerase chain reaction)*, bei der ein besonderer Typ der DNA-Polymerase das wichtigste Hilfsmittel darstellt, wird experimentell zur schnellen Amplifikation winziger DNA-Proben eingesetzt und hat sich deshalb als wirkungsvolles Hilfsmittel bei der DNA-Fingerprinting-Methode erwiesen, die wir in *Kapitel 17* dargestellt haben.

18.2.5 Die DNA wird in diskontinuierlichen Segmenten synthetisiert, die von der DNA-Ligase verbunden werden

Die Entdeckung der DNA-Polymerase war lediglich der erste Schritt auf dem Weg zur Aufklärung der DNA-Replikation. Sehr früh stellte sich ein konzeptionelles Problem: Die Erkenntnis, dass die DNA-Polymerasen Nucleotide *nur an das 3'-Ende einer bereits bestehenden DNA-Kette anfügten.* Mit anderen Worten, DNA-Polymerasen synthetisieren DNA ausschließlich in der 5'→3'-Richtung. Allerdings verlaufen die beiden Stränge der DNA-Doppelhelix in entgegengesetzte Richtungen. Wie schafft es also ein Enzym, das nur in der 5'→3'-Richtung arbeitet, beide DNA-Stränge an einer sich fortbewegenden Replikationsgabel zu synthetisieren, wenn eine Kette in die 5′→3′-Richtung verläuft und die andere Kette in die 3′→5′-Richtung?

Man entwarf ein Modell der DNA-Replikation, das mit der Tatsache übereinstimmt, dass die DNA-Polymerase die DNA nur in der 5′→3′-Richtung synthetisiert. Gemäß diesem Modell verläuft die DNA-Synthese an jeder Replikationsgabel *kontinuierlich* in der Richtung, in der sich die Replikationsgabel auf einem Strang bewegt, jedoch für den anderen Strang in der entgegengesetzten Richtung *diskontinuierlich* (▸*Abbildung 18.6*). Daher kann man die beiden Tochterstränge aufgrund ihrer Wachstumsweise unterscheiden. Einer der beiden neuen Stränge, der sogenannte **Führungsstrang**, wird als kontinuierliche Kette synthetisiert, denn er wächst in die 5′→3′-Richtung. Aufgrund der entgegengesetzten Ausrichtung der beiden DNA-Stränge muss der neu gebildete Strang, der sogenannte **Folgestrang**, in die 3′→5′-Richtung wachsen. Die DNA-Polymerase kann aber nicht Nucleotide in der 3′→5′-Richtung anfügen, sodass der Folgestrang stattdessen aus Reihen kurzer, diskontinuierlicher Okazaki-Fragmente gebildet wird, die in der 5′→3′-Richtung synthetisiert werden. Diese Fragmente werden dann von der DNA-Ligase zusammengefügt und bilden einen kontinuierlichen neuen 3′→5′-DNA-Strang. In viralen und bakteriellen Systemen haben Okazaki-Fragmente im Allgemeinen eine Länge von 1.000 – 2.000 Nucleotiden, aber in eukaryotischen Zellen nur ein Zehntel dieser Länge. Bei *E. coli* wird die gleiche DNA-Polymerase, die Polymerase III, zur Synthese von Okazaki-Fragmenten des Folgestrangs und der kontinuierlichen DNA-Kette des Führungsstrangs verwendet. Man nimmt an, dass die DNA-Polymerasen δ und ε bei den Eukaryoten an der Synthese des Führungsstrangs und des Folgestrangs mitwirken.

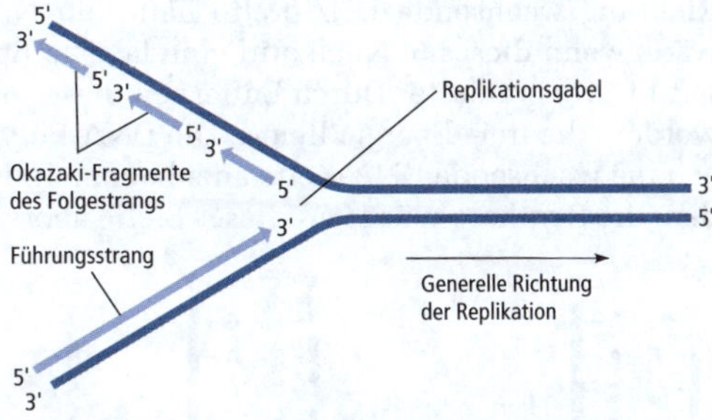

Abbildung 18.6: Richtungen der DNA-Synthese an einer Replikationsgabel. Da DNA-Polymerasen DNA-Ketten nur in der 5′→3′-Richtung synthetisieren, verläuft die Synthese an jeder Replikationsgabel kontinuierlich in die Richtung, in der sich die Replikationsgabel auf dem Führungsstrang fortbewegt, jedoch diskontinuierlich in der Richtung, in der sich die Replikationsgabel auf dem Folgestrang in der entgegengesetzten Richtung bewegt. An der diskontinuierlichen Synthese sind kurze Zwischenprodukte beteiligt, die Okazaki-Fragmente, die bei den bakteriellen Zellen eine Länge von 1.000–2.000 Nucleotiden haben, und ungefähr 100–200 Nucleotide bei eukaryotischen Zellen. Die Fragmente werden später von dem Enzym DNA-Ligase verbunden. Eltern-DNA ist dunkelblau, neu synthetisierte DNA hellblau unterlegt. Hier sowie in den folgenden Abbildungen zeigen die Pfeile in die Richtung, in der die Nucleinsäurekette verlängert wird.

18.2.6 Das Korrekturlesen erfolgt durch die 3′→5′-Exonucleaseaktivität der DNA-Polymerase

Angesichts der Komplexität des dargestellten Modells könnten Sie sich fragen, warum Zellen nicht einfach ein Enzym entwickelten, das DNA in der 3′→5′-Richtung synthetisiert. Eine mögliche Antwort auf diese Frage steht mit der Notwendigkeit in Zusammenhang, während der DNA-Replikation aufgetretene Fehler zu korrigieren. Bei etwa einem von 100.000 Nucleotiden, das während der DNA-Replikation eingebaut wird, liegt eine falsche Basenpaarung gegenüber dem Matrizenstrang der DNA vor. Das ist eine Fehlerquote, die bei jeder DNA-Replikation einer Zelle mehr als 120.000 Fehler ergäbe. Glücklicherweise werden diese Fehler durch einen **Korrekturlese**mechanismus repariert, der die gleichen DNA-Polymerasemoleküle nutzt, die auch die DNA-Synthese katalysieren. Das Korrekturlesen beruht auf der Tatsache, dass fast alle DNA-Polymerasen eine 3′→5′-Exonucleaseaktivität besitzen (abgesehen von ihrer Fähigkeit zur DNA-Synthese). **Exonucleasen** sind Enzyme, die Nucleinsäuren von einem Ende zum anderen abbauen (im Allgemeinen DNA), anstatt sie im Inneren zu schneiden wie die Endonucleasen. Eine 3′→5′-Exonuclease schneidet vom 3′-Ende einer Nucleotidkette. Somit können auf Grund der 3′→5′-Exonucleaseaktivität der DNA-Polymerase falsch gepaarte Nucleotidpaare vom 3′-Ende einer wachsenden DNA-Kette entfernt werden (▸*Abbildung 18.7*). Diese Fähigkeit, falsch eingefügte Nucleotide zu entfernen, steigert die Genauigkeit der DNA-Replikation auf durchschnittlich sehr wenige Fehler pro einer Milliarde replizierter Basenpaare.

Wenn Zellen ein Enzym besäßen, das in der Lage wäre, DNA in der 3′→5′-Richtung zu synthetisieren, dann könnte der Mechanismus des Korrekturlesens nicht ablaufen, denn eine in die 3′→5′-Richtung wachsende DNA-Kette hätte ein Nucleotidtriphosphat am wachsenden 5′-Ende. Was wäre, wenn dieses 5′-Nucleotid eine falsche Base enthielte, die während des Korrekturlesens entfernt werden müsste? Durch Entfernen dieses 5′-Nucleotids würde die Triphosphatgruppe entfernt werden, die freie Energie liefert. Die DNA-Polymerase benötigt diese freie Energie, um Nucleotide an eine wachsende DNA-Kette anzubauen, und somit könnte die Kette nicht weiter verlängert werden; die Synthese würde an dieser Stelle abbrechen.

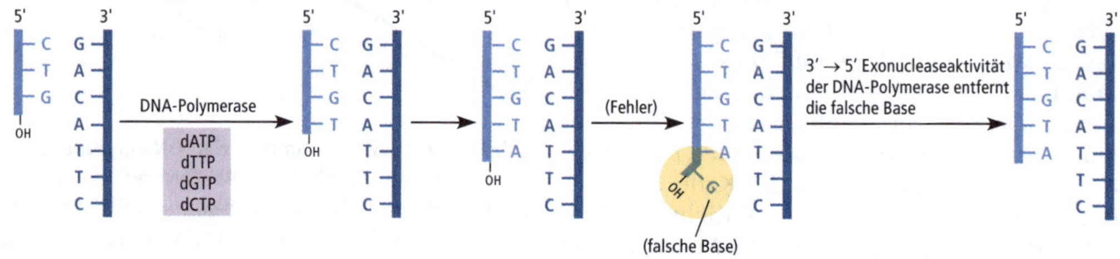

Abbildung 18.7: *Korrekturlesen durch die 3′→5′-Exonuclease.* Wird während der DNA-Replikation eine falsche Base eingefügt, katalysiert die 3′→5′-Exonucleaseaktivität, die Teil des DNA-Polymerasemoleküls ist, deren Entfernen, sodass die richtige Base eingefügt werden kann.

18.2.7 RNA-Primer initiieren die DNA-Replikation

Da die DNA-Polymerase Nucleotide nur an eine bereits existierende Nucleotidkette anfügen kann, stellt sich die Frage, wie die Replikation einer DNA-Doppelhelix eingeleitet wird. Kurze Zeit nach der Entdeckung der Okazaki-Fragmente waren die Wissenschaftler aufgrund folgender Beobachtungen der Ansicht, dass die RNA am Initiierungsprozess mitwirkt: (1) Okazaki-Fragmente weisen häufig kurze RNA-Teilstücke an den 5′-Enden auf, die im Allgemeinen eine Länge von 3–10 Nucleotiden haben; (2) Die DNA-Polymerase kann das Anfügen von Nucleotiden sowohl an die 3′-Enden von RNA-Strängen als auch an DNA-Stränge katalysieren; (3) Zellen enthalten ein Enzym, die sogenannte **Primase**, die RNA-Fragmente mit ungefähr zehn Basen mit Hilfe einer DNA als Matrize synthetisiert; (4) im Gegensatz zur DNA-Polymerase, die Nucleotide an die Enden bereits bestehender Stränge anfügt, kann die Primase die RNA-Synthese von Grund auf starten, indem sie zwei Nucleotide miteinander verbindet.

Diese Beobachtungen führten zur der Schlussfolgerung, dass die DNA-Synthese durch die Bildung kurzer **RNA-Primer** initiiert wird. RNA-Primer werden von der Primase synthetisiert, die einen einzelnen DNA-Strang als Matrize verwendet, um die Synthese eines komplementären RNA-Teilstücks zu steuern (▸*Abbildung 18.8*, ❶). Die Primase ist eine spezifische Art der RNA-Polymerase, die nur bei der DNA-Replikation verwendet wird. Ebenso wie andere RNA-Polymerasen, aber nicht wie die DNA-Polyme-

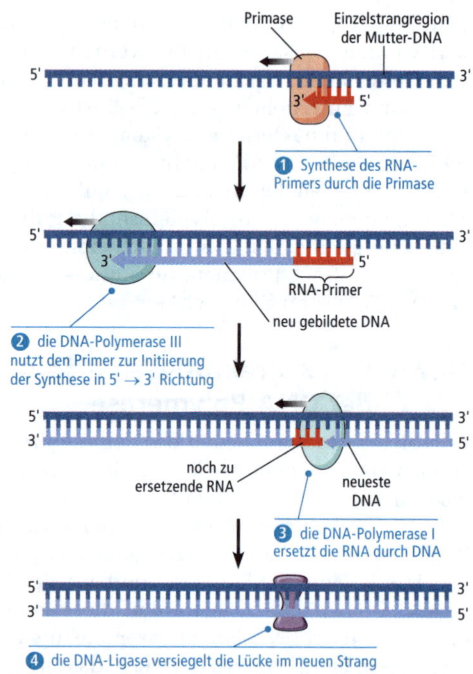

Abbildung 18.8: Die Rolle der RNA-Primer bei der DNA-Replikation. Die DNA-Synthese wird bei Bakterien und Eukaryoten mit einem kurzen RNA-Primer initiiert. Diese Abbildung zeigt den Vorgang bei einem Folgestrang von *E. coli*.

rasen, können Primasen die Synthese eines neuen Polynucleotidstrangs initiieren, der zu einem Matrizenstrang komplementär ist. Sie brauchen keinen Primer.

Bei *E. coli* ist die Primase relativ inaktiv, es sei denn, sie wird von sechs anderen Proteinen unterstützt, die einen als **Primosom** bezeichneten Komplex bilden. Die anderen Primosomproteine wirken bei der Entspiralisierung der Mutter-DNA mit und erkennen DNA-Zielsequenzen, an denen die Replikation initiiert wird. In eukaryotischen Zellen haben wir es mit einer geringfügig veränderten Situation zu tun, sodass man den Begriff *Primosom* in diesem Zusammenhang nicht verwendet. Die eukaryotische Primase ist nicht eng mit Entspiralisierungs-Proteinen assoziiert, sondern ganz fest mit der DNA-Polymerase α verbunden, der für die Initiierung der DNA-Replikation wichtigsten DNA-Polymerase.

Nach Bildung eines RNA-Primers kann die DNA-Synthese weiterlaufen, indem die DNA-Polymerase III (oder DNA-Polymerase α gefolgt von Polymerase δ oder ε bei Eukaryoten) nacheinander Desoxynucleotide an das 3′-Ende des Primers anfügt (▸*Abbildung 18.8*, ❷). Beim Folgestrang muss die Initiation mit einem RNA-Primer nur einmal stattfinden, wenn sich zum ersten Mal eine Replikationsgabel bildet. Die DNA-Polymerase kann in der 5′→3′-Richtung kontinuierlich Nucleotide an die Kette anfügen. Im Gegensatz dazu wird der Folgestrang als Reihe diskontinuierlicher Okazaki-Fragmente synthetisiert, von denen jedes mit einem einzelnen RNA-Primer initiiert werden muss. Für jeden Primer werden von der DNA-Polymerase III solange DNA-Nucleotide angefügt, bis das wachsende Fragment das benachbarte Okazaki-Fragment erreicht. Das nun nicht mehr benötigte RNA-Segment wird entfernt und die DNA-Nucleotide werden polymerisiert, um dessen Platz einzunehmen. Bei *E. coli* werden die RNA-Primer durch die dem DNA-Polymerase I-Molekül inhärente 5′→3′-Exonucleaseaktivität entfernt (sie unterscheidet sich von der 3′→5′-Exonucleaseaktivität, die am Korrekturlesen mitwirkt). Zur gleichen Zeit synthetisiert das DNA-Polymerase-I-Molekül DNA in der normalen 5′→3′-Richtung, um die entstehenden Lücken zu füllen (▸*Abbildung 18.8*, ❸). Benachbarte Fragmente werden nachfolgend von der DNA-Ligase verbunden (▸*Abbildung 18.8*, ❹).

Warum nutzen Zellen RNA-Primer, die später entfernt werden müssen, anstatt gleich einen DNA-Primer einzusetzen? Wieder muss die Antwort auf diese Frage mit der Notwendigkeit der Fehlerkorrektur in Zusammenhang stehen. Wir haben bereits gesehen, dass die DNA-Polymerase eine 3′→5′-Exonucleaseaktivität besitzt, die das Entfernen falscher Nucleotide vom 3′-Ende einer DNA-Kette ermöglicht. Tatsächlich kann die DNA-Polymerase nur dann eine bereits bestehende DNA-Kette verlängern, wenn das Nucleotid am 3′-Ende die richtige Basenpaarung eingegangen ist. Allerdings kann ein Enzym, das die Synthese einer neuen Kette *initiiert*, diesen Korrekturlesevorgang nicht durchführen, denn es fügt kein Nucleotid an ein bereits vorhandenes Ende mit einer Basenpaarung. Daraus folgt, dass sich Enzyme, welche die Nucleinsäuresynthese initiieren, nicht gut für die Fehlerkorrektur eignen. Indem die RNA und nicht die DNA die DNA-Synthese initiiert, stellen Zellen sicher, dass sämtliche während der Initiation falsch eingefügten Basen nur in RNA-Sequenzen vorkommen, die von der DNA-Polymerase I entfernt werden.

18.2.8 Zur Entspiralisierung der DNA-Doppelhelix werden DNA-Helicasen, Topoisomerasen und Einzelstrang-DNA-Bindeproteine benötigt

Während der DNA-Replikation müssen die beiden Stränge der Doppelhelix an jeder Replikationsgabel entspiralisiert werden, damit die Einzelstränge mit den Enzymen in Kontakt kommen können, von denen sie kopiert werden. Drei Klassen von Proteinen mit unterschiedlichen Funktionen erleichtern den Entspiralisierungsvorgang: *DNA-Helicasen*, *Topoisomerasen* und *Einzelstrang-DNA-Bindeproteine* (▸*Abbildung 18.9*). Die für die Entspiralisierung der DNA verantwortlichen Proteine sind die **DNA-Helicasen**. Mit Hilfe der aus der ATP-Hydrolyse gewonnenen Energie entspiralisieren diese Proteine die DNA-Doppelhelix vor der Replikationsgabel, indem sie die Wasserstoffbrückenbindungen spalten. Bei *E. coli* sind mindestens zwei verschiedene DNA-Helicasen an der DNA-Replikation beteiligt. Eine bindet an die Matrize des Folgestrangs und bewegt sich in die 5′→3′-Richtung, die andere bindet an die Matrize des Führungsstrangs und schreitet in der 3′→5′-Richtung fort. Beide sind Teil des Primosoms, aber die 5′→3′-Helicase ist für die Entspiralisierung der DNA an der Replikationsgabel wichtiger.

Die mit der DNA-Replikation assoziierte Entspiralisierung würde eine inakzeptable Überspiralisierung herbeiführen und möglicherweise ein weiteres Verwickeln der restlichen DNA zur Folge haben, wäre da nicht die Aktivität der **Topoisomerasen**, die wir in *Kapitel 17* erläutert haben. Diese Enzyme bilden Drehpunkte im DNA-Molekül, indem sie in der Doppelhelix Einzel- und Doppelstrangbrüche herbeiführen und schnell wieder versiegeln. Von den ungefähr zehn Topoisomerasen bei *E. coli* ist die *DNA-Gyrase* das Schlüsselenzym der DNA-Replikation, eine Typ-II-Topoisomerase (ein Enzym, das beide DNA-Stränge schneidet). Die DNA-Gyrase nutzt die ATP-Energie und führt negative Überspiralisierungen ein, wodurch sie die positiven Überspiralisierungen relaxiert. Die DNA-Gyrase dient als wichtigster Drehpunkt zur Verhinderung einer positiven Überspiralisierung der DNA vor der Replikationsgabel. Außerdem spielt dieses Enzym sowohl bei der Initiation als auch beim Abschluss der DNA-Replikation bei *E. coli* eine Rolle – beim Öffnen der Doppelhelix am Replikationsursprung und beim Trennen der verbundenen Ringe der Tochter-DNA am Ende. Bei den eukaryotischen Zellen ist der Vorgang nicht so gut aufgeklärt, obwohl beide Typen von Topoisomerasen isoliert wurden.

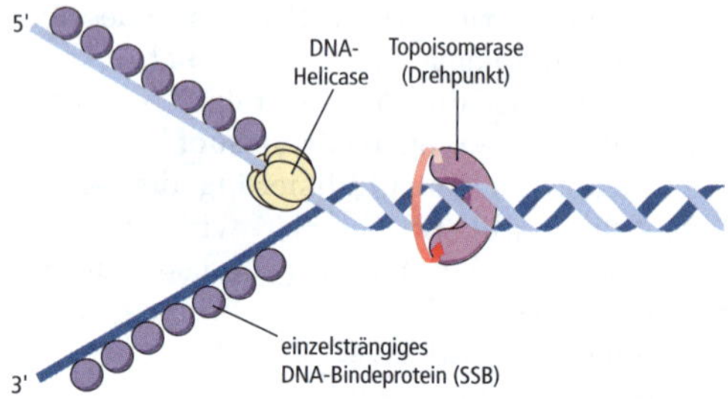

Abbildung 18.9: Proteine, die bei der Entspiralisierung der DNA an der Replikationsgabel mitwirken. Drei Typen von Proteinen wirken an der Entspiralisierung der DNA mit. Die tatsächlich die Entspiralisierung durchführenden Proteine sind die DNA-Helicasen; die wichtigste DNA-Helicase bei *E. coli*, die Teil des Primosoms ist, wirkt in der 5'→3'-Richtung entlang der Matrize des Folgestrangs, wie hier dargestellt. Einzelstrang-DNA-Bindeproteine (SSB, engl.: *single-stranded DNA binding proteins*) stabilisieren die entwundene DNA in einer nicht-spiralisierten Position. Eine Topoisomerase bildet vor der Replikationsgabel einen Drehpunkt; bei *E. coli* handelt es sich bei der Topoisomerase um eine DNA-Gyrase.

Nach Beginn der Trennung binden die Moleküle des **Einzelstrang-DNA-Bindeproteins (SSB**, engl.: *single-stranded DNA binding protein*) schnell an die freiliegenden Einzelstränge, damit die DNA entspiralisiert bleibt und somit für die DNA-Replikationsmaschinerie zur Verfügung steht. Nachdem ein bestimmtes DNA-Segment repliziert wurde, lösen sich die SSB-Moleküle ab und werden recycelt, indem sie sich an das nächste einzelsträngige Segment heften.

18.2.9 Zusammenfassung der DNA-Replikation

▸*Abbildung 18.10* zeigt die Eckpfeiler unseres heutigen Verständnisses der Mechanismen der DNA-Replikation in *E. coli*. Es beginnt am Replikationsursprung, wo die Enzym-Maschinerie an der Replikationsgabel nacheinander die verschiedenen, für die Synthese der DNA notwendigen Proteine anfügt – das heißt, DNA-Helicase, DNA-Gyrase, SSB, Primase, DNA-Polymerase und DNA-Ligase. Noch einige weitere Proteine (nicht dargestellt) tragen gleichfalls dazu bei, die Effizienz der DNA-Replikation sicherzustellen. Zum Beispiel bildet ein ringförmiges Protein, das *Sliding-clamp*-Protein, einen Ring um die DNA-Doppelhelix und bindet an die DNA-Polymerase. Dadurch kann die DNA-Polymerase an der DNA entlanggleiten und bleibt trotzdem fest mit dieser verbunden.

Die verschiedenen an der DNA-Replikation mitwirkenden Proteine sind locker in einem großen Komplex assoziiert, dem **Replisom**, das ungefähr so groß wie ein Ribosom ist. Aktivität und Bewegung des Replisoms werden von der Energie aus der Hydrolyse der Nucleosidtriphosphate angetrieben. Dazu zählen sowohl die Nucleosidtriphosphate (die DNA-Polymerasen und die Primase nutzen diese als Bausteine bei der DNA- und RNA-Synthese) als auch ATP, das von mehreren anderen an der DNA-Replikation beteiligten Proteine hydrolysiert wird (darunter DNA-Helicase, DNA-Gyrase und DNA-Ligase). Während sich das Replisom in Richtung der Replikationsgabel entlang der DNA bewegt, muss es mit dem Umstand fertig werden, dass die DNA auf der Matrize der beiden Stränge in entgegengesetzten Richtungen synthetisiert wird. ▸*Abbildung 18.11* veranschaulicht mit Hilfe eines schematischen Modells, wie dieser Vorgang durch Faltung der Matrize des Folgestrangs zu einer Schleife abläuft. Durch die Schleifenbildung können die Moleküle der DNA-Polymerase die Führungs- und die Folgestränge in die gleiche Richtung bewegen, obwohl die beiden Matrizenstränge mit entgegengesetzter Polarität ausgerichtet sind.

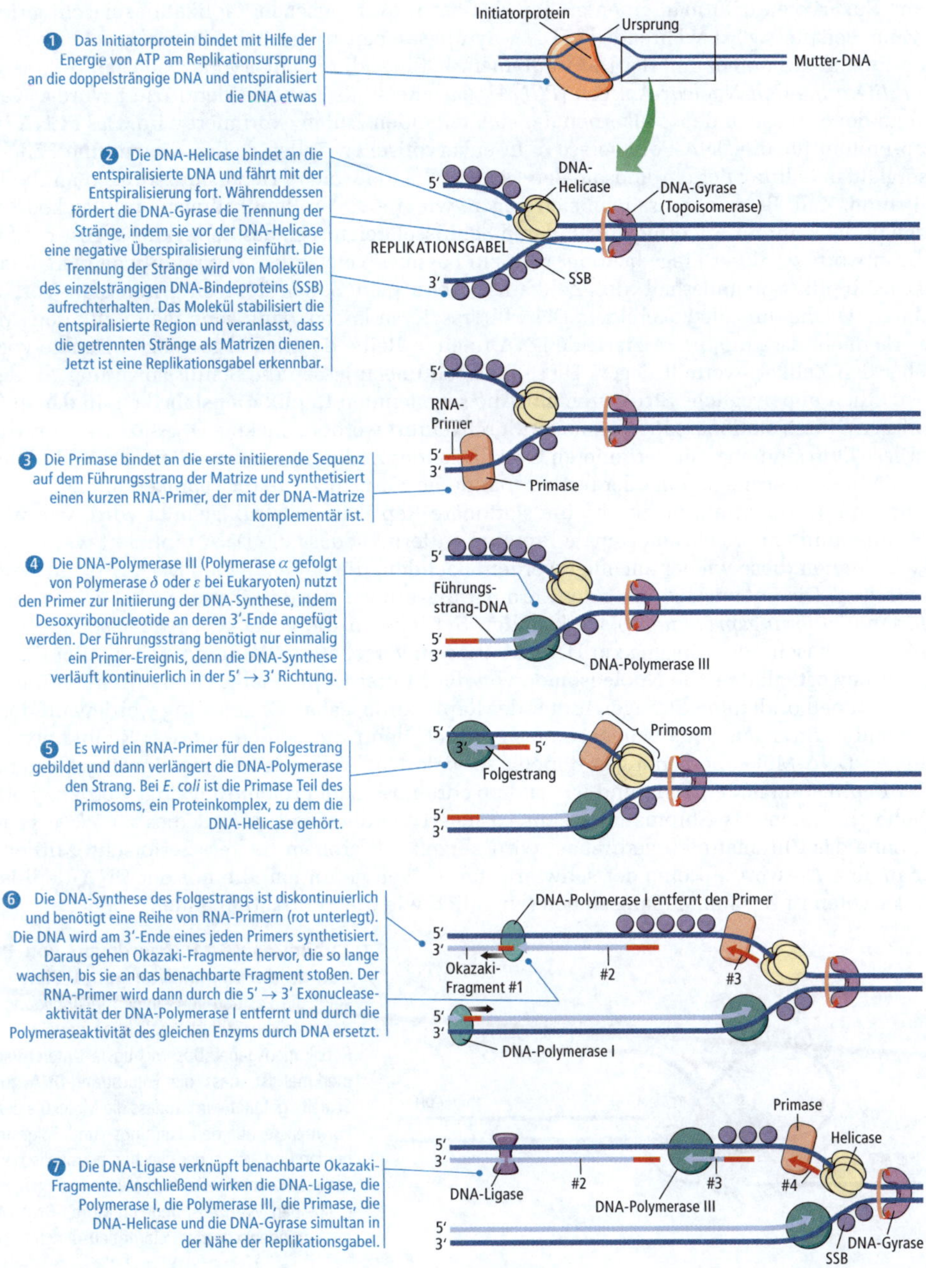

Abbildung 18.10: Zusammenfassung der DNA-Replikation bei Bakterien. Beginnend mit der Initiation am Replikationsursprung, stellt diese Abbildung in sieben Schritten die DNA-Replikation bei *E. coli* dar. Zwei Replikationsgabeln bewegen sich ausgehend vom Replikationsursprung in entgegengesetzter Richtung, aber nur eine Replikationsgabel wird hier zur besseren Verdeutlichung in den Schritten ❷–❼ dargestellt. Die verschiedenen, hier als getrennte Einheiten abgebildeten Proteine sind in einem einzigen großen Komplex, dem Replisom, (mit anderen Proteinen) eng assoziiert. Die Primase und die DNA-Helicase sind besonders eng miteinander verbunden und bilden zusammen mit anderen Proteinen das Primosom. Die Eltern-DNA ist dunkelblau unterlegt, die neu synthetisierte DNA hellblau und die RNA rot. Die Zeichnungen geben nicht die topologische Anordnung der DNA-Stränge wider.

Bei den Eukaryoten trifft man einen großen Teil der prokaryotischen Replikationsmaschinerie wieder. Zum Beispiel wirkt während der DNA-Synthese ebenso wie bei den Prokaryoten ein DNA-Clamp-Protein zusammen mit der DNA-Polymerase. Eines dieser eukaryotischen Clamp-Proteine ist das *Proliferating-Cell-Nuclear-Antigen (PCNA)*, das zuerst als Antigen identifiziert wurde, welches während der S-Phase in den Zellkernen der sich teilenden Zellen exprimiert wird. Das PCNA ist ein Clamp-Protein für die DNA-Polymerase δ. In eukaryotischen Zellen stellen die enorme Länge und die sorgfältige Faltung der chromosomalen DNA-Moleküle weitere Herausforderungen an die DNA-Replikation. Zum Beispiel muss man sich fragen, wie die vielen Replikationsursprünge koordiniert werden und wie ihre Aktivierung mit anderen Schlüsselereignissen des Zellzyklus abgestimmt wird. Zur Beantwortung dieser Frage benötigt man ein besseres Verständnis der räumlichen Organisation der DNA-Replikation innerhalb des Zellkerns. Wenn man Zellen kurzzeitig mit DNA-Vorläufern inkubiert, welche die zuletzt gebildete DNA fluoreszieren lassen, dann kann man unter dem Mikroskop erkennen, dass die fluoreszierende DNA in einer Reihe deutlich abgegrenzter Punkte vorliegt, die über den Zellkern verteilt liegen. Diese Beobachtungen lassen die Schlussfolgerung zu, dass es offensichtlich unbewegliche Strukturen gibt, die sogenannten **Replikationsfabriken**, in denen Chromatinfasern durch stationäre Replisome hindurchgeführt werden, die eine DNA-Replikation vollziehen. Diese Orte sind eng mit der inneren Oberfläche der Zellkernhülle assoziiert, obwohl nicht klar ist, ob sie in der Kernmembran oder mit einer anderen Kernstützstruktur verankert sind.

Wenn eine Chromatinfaser durch eine stationäre Replikationsfabrik geleitet wird, wie werden die Histone und andere chromosomale Proteine entfernt, sodass die DNA repliziert werden kann, und wie können diese wieder angefügt werden, nachdem die beiden neuen DNA-Stränge synthetisiert wurden? Die Entspiralisierung der Chromatinfasern vor der Replikationsgabel wird von *Chromatinremodellierungsproteinen* bewerkstelligt. Sie lockern die gepackten Nucleosomen, um der Replikationsmaschinerie Zugang zur DNA-Matrize zu verschaffen. Während sich die Replikationsgabel fortbewegt, gleiten alte Nucleosomen von der Mutter-Doppelhelix vor der Replikationsgabel zu den sich neu bildenden Strängen hinter der Replikationsgabel. Gleichzeitig werden auf den neu entstehenden Strängen neue Nucleosomen gebildet, denn die beiden von der Replikationsgabel gebildeten DNA-Moleküle benötigen doppelt so viele Nucleosomen wie die einzelne Mutter-DNA vor der Replikation hatte. Wann und wie andere chromosomale Proteine angefügt werden, wodurch die höheren Stufen des Chromatinpackens gesteuert werden, und wie all dies zu Wege gebracht wird, ohne das Chromatin zu verdrehen, wird zurzeit mit großem Interesse erforscht. Mittlerweile hat man eine Antwort auf eine der schwierigsten Fragen gefunden, die mit der DNA-Replikation bei Eukaryoten in Zusammenhang stehen – nämlich wie die Replikation endet.

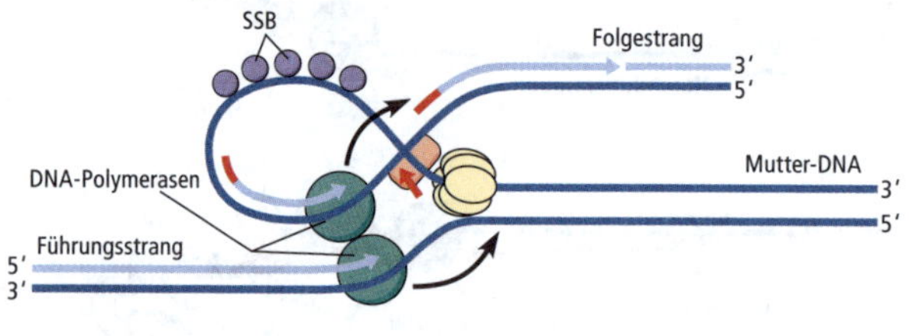

Abbildung 18.11: Anordnung von Proteinen an der Replikationsgabel. Dieses Modell zeigt die Position von einigen in *Abbildung 18.10* dargestellten Schlüsselreplikationsproteinen an der Replikationsgabel. Das wichtigste Unterscheidungsmerkmal ist, dass die Folgestrang-DNA zu einer Schleife gefaltet wird, sodass die Moleküle der DNA-Polymerase auf den Führungs- und Folgesträngen binden und sich in der gleichen physikalischen Richtung (schwarze Pfeile) fortbewegen können, obwohl die beiden Matrizenstränge im Mutter-DNA-Molekül mit entgegengesetzter Polarität ausgerichtet sind.

18.2.10 Telomere lösen das Problem der Beendigung der DNA-Replikation

Wenn wir den in *Abbildung 18.10* zusammenfassend dargestellten Vorgang bei dem ringförmigen Genom von *E. coli* (oder jeder anderen ringförmigen DNA) weiterführen, dann werden wir diesen Kreis schließlich beenden. Der Führungsstrang kann einfach in der 5′→3′-Richtung weiterwachsen bis dessen 3′-Ende mit dem 5′-Ende des Folgestrangs, der in der anderen Richtung entgegenkommt, verknüpft wird. Und was den Folgestrang betrifft, so kann das letzte Stück der noch zu synthetisierenden DNA – der Ersatz für den RNA-Primer des letzten Okazaki-Fragments – an das freie 3′-OH-Ende des Folgestrangs geknüpft werden, der in entgegengesetzter Richtung läuft.

Bei linearen DNA-Molekülen bedeutet die Tatsache, dass die DNA-Polymerasen Nucleotide nur an das 3′-OH-Ende einer *bereits existierenden* DNA-Kette anfügen können, ein ernstes Problem, wie in ▸*Abbildung 18.12* dargestellt. Wenn ein wachsender Folgestrang (hellster Blauton) das Ende des DNA-Moleküls erreicht und der letzte RNA-Primer von einer 5′→3′-Exonuclease entfernt wird, kann die letzte Lücke nicht gefüllt werden, denn es fehlt ein 3′-OH-Ende, an das Desoxynucleotide angefügt werden können. Daraus ergibt sich die Gefahr, dass die linearen DNA-Muttermoleküle bei jeder Replikation immer kürzere Tochter-DNA-Moleküle bilden. Wenn dieser Trend unendlich weiterginge, dann gäbe es uns heute nicht!

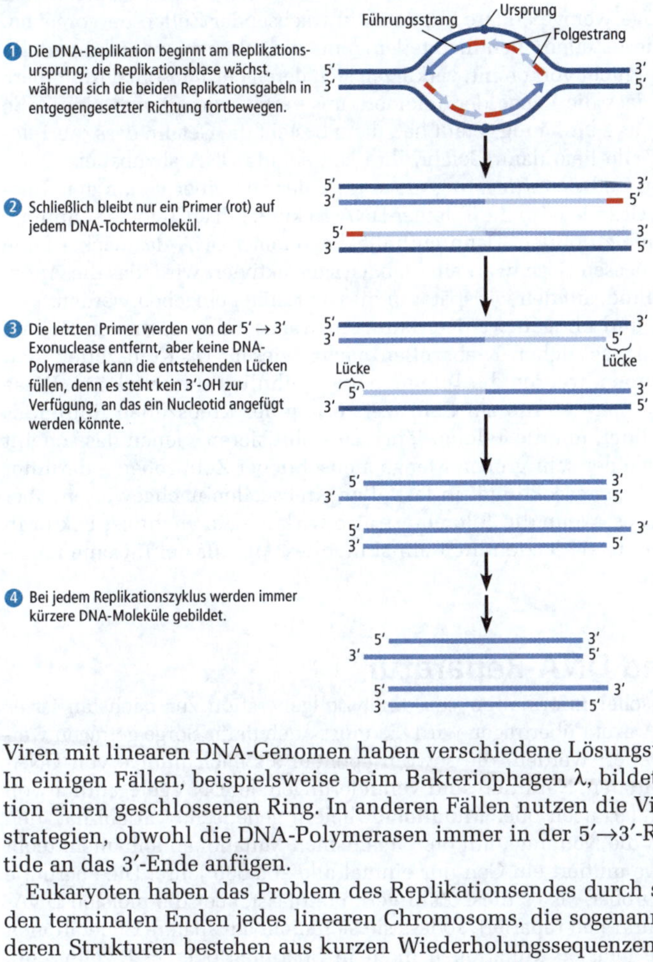

Abbildung 18.12: Das Problem der Replikation der Strangenden. Bei einem linearen DNA-Molekül, beispielsweise einem eukaryotischen Chromosom, kann die normale DNA-Replikationsmaschinerie die Enden nicht replizieren. Daraus folgt, dass die DNA-Moleküle mit jedem Durchlauf der Replikation kürzer werden, was potenziell verheerende Folgen für die Zelle hätte. In dieser schematischen Darstellung sind die Mutter-DNA-Stränge dunkelblau, die Tochter-DNA-Stränge hellblau und die RNA-Primer rot. Zur übersichtlicheren Darstellung zeigen wir nur einen Replikationsursprung und in den letzten beiden Schritten nur das kürzeste Tochtermolekül. (Die Tochter-DNA des Folgestrangs wurde in den ersten drei Schritten mit dem hellsten Blauton dargestellt, um einen Fakt zu verdeutlichen, der nicht mit dem Problem der Beendigung der Replikation in Beziehung steht: jeder Tochterstrang hat an einem Ende einen Führungsstrang und einen Folgestrang. Das wird aus der Abbildung deutlich, denn sie stellt das gesamte replizierende Molekül mit beiden Replikationsgabeln dar.)

Viren mit linearen DNA-Genomen haben verschiedene Lösungswege für dieses Problem gefunden. In einigen Fällen, beispielsweise beim Bakteriophagen λ, bildet die lineare DNA vor der Replikation einen geschlossenen Ring. In anderen Fällen nutzen die Viren ausgefallenere Reproduktionsstrategien, obwohl die DNA-Polymerasen immer in der 5′→3′-Richtung fortschreiten und Nucleotide an das 3′-Ende anfügen.

Eukaryoten haben das Problem des Replikationsendes durch stark repetitive DNA-Sequenzen an den terminalen Enden jedes linearen Chromosoms, die sogenannten **Telomere**, gelöst. Diese besonderen Strukturen bestehen aus kurzen Wiederholungssequenzen, deren 5′→3′-Strang viele G-Basen enthält. Die Sequenz TTAGGG, die sich am Ende der menschlichen Chromosomen befindet, ist ein Beispiel für eine solche Telomerstruktur oder *TEL-Sequenz*. Menschliche Telomere bestehen im Allgemeinen aus 100 bis 1.

500 Kopien der tandemartig repetitiven TTAGGG-Sequenz. Solche nichtkodierenden Sequenzen an den Enden jedes Chromosoms schützen die Zelle vor dem Verlust wichtiger genetischer Information, wenn ein DNA-Molekül während der DNA-Replikation leicht verkürzt werden sollte. Außerdem kann eine besondere DNA-Polymerase, die Telomerase, die Bildung weiterer Kopien der Sequenzen aus Tandemwiederholungen katalysieren. Dadurch wird die allmähliche Verkürzung kompensiert, die während der DNA-Replikation an beiden Enden des Chromosoms stattfindet.

Die Telomerase ist ein ungewöhnliches Enzym, denn sie besteht sowohl aus RNA als auch aus Protein. Bei dem Protozoen *Tetrahymena*, dessen Telomerase als erste isoliert wurde, enthält die

RNA-Komponente die Sequenz 3'–AACCCC–5', die mit der Wiederholungssequenz 5'–TTGGGG–3' komplementär ist, aus der die *Tetrahymena*-Telomere bestehen. Die enzymgebundene RNA dient als Matrize für die Synthese der DNA-Wiederholungssequenz, die an die Telomerenden angefügt wird. Nachdem die Telomere von der Telomerase verlängert wurden, werden die Telomere von *Telomer-Capping-Proteinen* (engl.: *telomere capping proteins*) geschützt, die an das freiliegende 3'-Ende der DNA binden. Bei vielen Eukaryoten kann das 3'-Ende der DNA durch rückwärtsgerichtete Basenpaarung mit dem entgegengesetzten Strang eine Schleife bilden. Dadurch entsteht eine geschlossene Schleife, die das Ende des Telomers schützt.

Bei vielzelligen Organismen ist die Telomerase vor allem in den *Keimzellen* lokalisiert, aus denen die Spermien und Eizellen und einige wenige andere Typen aktiv wachsender Zellen hervorgehen. Dank der Telomerase können sich diese Zellen unendlich teilen, ohne die Telomere zu verkürzen. Da die Telomerase in den meisten Zellen nicht vorkommt, verkürzen sich deren chromosomale Telomere mit jeder Zellteilung. Daraus folgt, dass die Länge der Telomere uns verrät, wie oft sich eine Zelle geteilt hat. Wenn sich eine Zelle bereits sehr häufig geteilt hat, dann besteht die Gefahr, dass die Telomere ganz verschwinden und die Zelle liefe dann Gefahr, ihre kodierende DNA abzubauen. Diese potenzielle Gefahr wird durch einen Zellzerstörungsweg umgangen, der von einer verkürzten Telomer-DNA in Gang gebracht wird. Im Grunde wird die Telomer-DNA zu kurz, um an Telomer-Capping-Proteine zu binden oder eine Schleife zu bilden. Dann enthüllt die Telomer-DNA das nackte Ende einer doppelsträngigen DNA, durch dessen Gegenwart ein Signalsystem aktiviert wird, das die *Apoptose* auslöst, einen kontrollierten Zelltod, auf den wir später in diesem Kapitel eingehen werden.

Abgesehen von den Keimzellen und einigen wenigen anderen wachsenden normalen Zellen, hat man die Telomerase auch in menschlichen Krebszellen nachgewiesen. Da Krebszellen sich unkontrolliert sehr häufig teilen können, werden die Telomere ungewöhnlich stark verkürzt. Diese fortschreitende Verkürzung der Telomere würde zur Selbstzerstörung der Krebszellen führen, es sei denn, es würde Telomerase gebildet, um die Telomerlänge zu stabilisieren. Genau das scheint zu passieren. Bei der Untersuchung einer sehr großen Menge menschlicher Zellproben – darunter mehr als 100 Tumore – hat man Telomeraseaktivität in fast allen Krebszellen nachgewiesen, aber in keiner Probe des normalen Gewebes. Wenn die Telomerase also wirklich ein wichtiger Faktor in der Krebsentwicklung ist, dann könnte sie letztendlich ein sinnvolles Angriffsziel für eine medikamentöse Krebstherapie darstellen.

18.3 DNA-Schäden und DNA-Reparatur

Für die genaue Übertragung genetischer Information von einer Zellgeneration zur nächsten ist es nicht nur erforderlich, dass die DNA exakt übertragen wird. Es muss auch dafür Sorge getragen werden, dass DNA-Veränderungen repariert werden, die sowohl spontan als auch infolge von DNA-schädigenden Umwelteinflüssen auftreten. Natürlich sind Veränderungen der DNA gelegentlich von Vorteil, denn DNA-Basensequenzänderungen oder **Mutationen** liefern genetische Variabilität, den „Rohstoff" der Evolution. Jedoch ist die Nettorate, mit der Organismen Mutationen anhäufen, recht niedrig; einigen Schätzungen zufolge mutiert ein Gen nur einmal alle 200.000 Jahre. Die zugrunde liegende Mutationsrate ist weitaus größer, als es diese Zahl vermuten lässt, aber die meisten DNA-Schäden werden kurz nach ihrem Auftreten repariert, sodass sie sich nicht auf spätere Generationen auswirken. Des Weiteren treten die meisten Mutationen nicht in Spermien oder in Eizellen auf, sodass sie ganz selten an die Nachkommenschaft weitergegeben werden.

18.3.1 DNA-Schäden können spontan oder als Antwort auf Mutagene auftreten

Während des normalen Ablaufs der DNA-Replikation treten mehrere Typen von Mutationen spontan auf, am häufigsten bei Depurinations- und Desaminierungsreaktionen. Dies sind spontane Hydrolysereaktionen, die durch zufällige Interaktionen zwischen der DNA und den sie umgebenden Wassermolekülen ausgelöst werden. *Depurination* bedeutet den Verlust einer Purinbase (entweder Adenin oder Guanin) durch spontane Hydrolyse der glykosidischen Bindung mit der

Desoxyribose (▸*Abbildung 18.13*). Diese glykosidische Bindung ist in sich instabil und tatsächlich derart empfindlich für Hydrolyse, dass die DNA einer menschlichen Zelle täglich Tausende von Purinbasen verlieren könnte. *Desaminierung* bezeichnet den Verlust einer Aminogruppe einer Base (—NH_2). Die Abspaltung einer Aminogruppe von Cytosin, Adenin oder Guanin verändert die Basenpaarungseigenschaften der betroffenen Basen. Von diesen drei Basen ist Cytosin am empfänglichsten für die Desaminierung, wodurch Uracil entsteht (▸*Abbildung 18.13b*). Ebenso wie die Depurination ist auch die Desaminierung eine Hydrolysereaktion, die im Allgemeinen durch zufällige Kollision eines Wassermoleküls mit der Bindung, welche die Aminogruppe der Base an den Pyrimidin- oder Purinring bindet, beginnt. In einer typischen menschlichen Zelle liegt die Rate der auf eine solche Kollision zurückgehenden DNA-Schäden bei ungefähr 100 Desaminierungsreaktionen pro Tag.

Wird ein DNA-Strang mit fehlenden Purinen oder desaminierten Basen nicht repariert, kann die falsche Basensequenz weitergegeben werden, wenn der Strang im nächsten Durchlauf der DNA-Replikation als Matrize dient. Wurde beispielsweise ein Cytosin durch Desaminierung in Uracil umgewandelt, dann verhält sich das Uracil in seinen Basenpaarungseigenschaften wie Thymin. Das heißt, es steuert die Insertion eines Adenins in den gegenüberliegenden Strang und nicht die Insertion von Guanin, der richtigen Base. In letzter Konsequenz kann die Änderung der Basensequenz eine Änderung der Aminosäuresequenz und der Funktion eines Proteins, das von dem betroffenen Gen kodiert wird, zur Folge haben.

Außer durch spontane Mutationen kann ein DNA-Schaden auch durch Mutationen verursachende Substanzen in der Umwelt hervorgerufen werden, die sogenannten *Mutagene*. Mutagene aus der Umwelt werden in zwei große Kategorien eingeteilt: Chemikalien und Strahlung. Mutagene chemische Substanzen verändern durch eine Reihe von Mechanismen die DNA-Struktur. Die Strukturen von *Basenanaloga* ähneln der Struktur stickstoffhaltiger Basen und werden in die DNA eingebaut; *Substanzen, die Basen modifizieren*, reagieren chemisch mit DNA-Basen und verändern dadurch deren Struktur. Es entstehen die sogenannten *DNA-Addukte*. *Interkalierende Agenzien* schieben sich von selbst zwischen benachbarte Basen der Doppelhelix ein, wodurch die DNA-Struktur verzerrt wird und die Gefahr einer Basendeletion oder -insertion während der DNA-Replikation steigt. Es überrascht keineswegs, dass Mutagene Krebserkrankungen auslösen, worauf wir in *Kapitel 23* genauer eingehen werden. So zeigt zum Beispiel die DNA-Analyse starker Raucher einen direkten Zusammenhang zwischen der Anzahl der Zigaretten, die ein Patient raucht und der Häufigkeit, mit der man in der DNA dieser Patienten Addukte nachweisen kann.

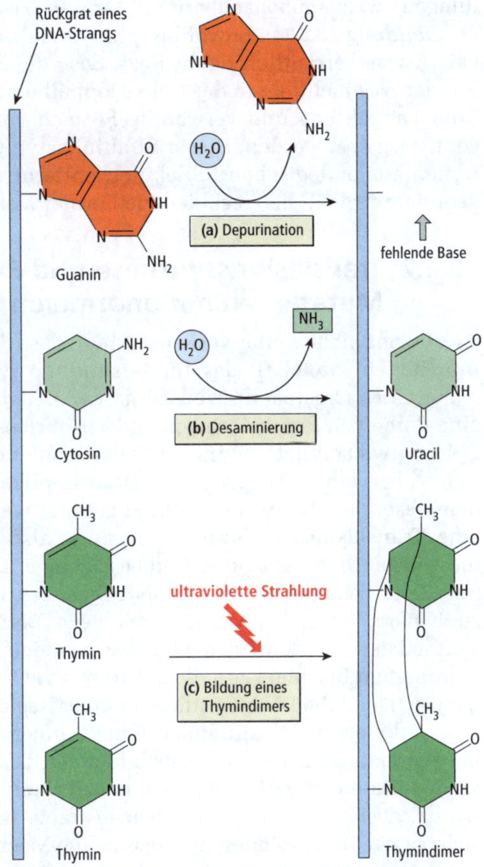

Abbildung 18.13: Einige häufig auftretende Arten von DNA-Schäden. Die häufigsten Arten chemischer Veränderungen, die zu DNA-Schäden führen, sind (a) Depurination, (b) Desaminierung und (c) Bildung von Pyrimidindimeren (hier als Thymindimere dargestellt). Depurination und Desaminierung sind spontane Hydrolysereaktionen, während Dimere durch kovalente Bindungen entstehen, die von ultraviolettem Licht induziert werden.

DNA-Mutationen können außerdem durch eine Reihe von Strahlungsarten ausgelöst werden. Das Sonnenlicht ist eine starke Quelle ultravioletter Strahlung. Durch Einführung einer *Pyrimidindimerbildung* wird eine Veränderung der DNA induziert – das heißt, es entstehen kovalente Bindungen zwischen benachbarten Pyrimidinbasen, wobei es sich oftmals um zwei Thymine handelt (▸*Abbildung 18.13c*). Sowohl Replikation als auch Transkription werden von diesen Dimeren blockiert, was vermutlich daran liegt, dass die Enzyme, welche diese Funktionen ausführen, nicht mit der Ausbuchtung in der DNA-Doppelhelix fertig werden. Mutationen können außerdem durch Röntgenstrahlung und verwandte Formen von Strahlung, die von radioaktiven Substanzen ausgeht, ausgelöst werden. Dieser Strahlungstyp wird als *ionisierende Strahlung* bezeichnet, da Elektronen aus biologischen Molekülen entfernt werden, wodurch stark reaktive Zwischenprodukte gebildet werden, die verschiedene Formen von DNA-Schäden herbeiführen.

18.3.2 Transläsionssynthese und Exzisionsreparatur korrigieren Mutationen mit anormalen Nucleotiden

Es ist wohl nicht weiter verwunderlich, dass die Evolution für ein Molekül, das für Gesundheit und Überleben eines Organismus von so großer Bedeutung ist, eine Reihe von Reparaturmechanismen für beschädigte DNA entwickelt hat. In einigen Fällen erfolgt die Reparatur über einen Vorgang der DNA-Replikation, bei dem besondere DNA-Polymerasen genutzt werden, die eine **Transläsionssynthese** ausführen – also die Synthese neuer DNA in Regionen mit beschädigter DNA-Matrize. Zwar neigt dieser Typ der DNA-Synthese manchmal zu Fehlern, doch können dadurch neue DNA-Stränge synthetisiert werden, in denen der Schaden behoben wurde. Zum Beispiel kann die eukaryotische DNA-Polymerase η (eta) die DNA-Synthese in einer Region katalysieren, die einen Thymindimer enthält, indem sie zwei neue Adenine in den sich neu bildenden DNA-Strang einfügt. Da die Mutation aus dem neuen Strang entfernt wurde, aber nicht aus dem Matrizenstrang, handelt es sich bei der Transläsionssynthese um eine Mechanismus zur Schadensbegrenzung, der verhindert, dass eine erste Mutation an die sich neu bildenden DNA-Stränge weitergegeben wird.

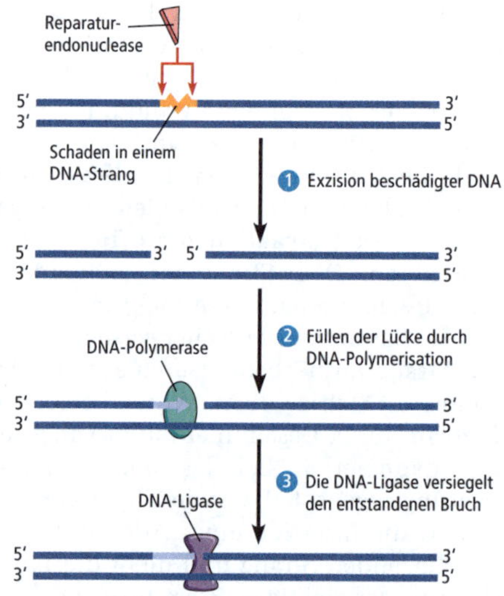

Abbildung 18.14: Allgemeines Schema der Exzisionsreparatur eines DNA-Schadens. Die drei hier dargestellten Schritte sind bei allen Typen der Exzisionsreparatur eines DNA-Schadens in einem Strang gleich. ❶ Der defekte Abschnitt des DNA-Strangs und wahrscheinlich ein Teil der DNA auf beiden Seiten des Strangs daneben, werden aus der Doppelhelix ausgeschnitten. Eine Endonuclease, welche die DNA in der Nähe des Schadens aufbricht, ist bei diesem Schritt von größter Bedeutung; eine DNA-Helicase und/oder eine Exonuclease können beim Entfernen des beschädigten Segments mitwirken. ❷ Eine DNA-Polymerase füllt die Lücke durch Anfügen von Nucleotiden an das 3′-Ende des Strangs; die DNA-Polymerase I spielt eine Rolle bei *E. coli*. ❸ Der Bruch wird von der DNA-Ligase versiegelt.

Fehler, welche die DNA-Replikationsmaschinerie hinter sich lässt (oder Fehler, die anschließend auftreten), bleiben bestehen und werden zum Ziel einer anderen Gruppe von Enzymen und Proteinen. Schon bei *E. coli* kodieren fast 100 Gene Proteine, die am Entfernen und Ersetzen anormaler Nucleotide mitwirken. Diese Proteine sind Komponenten der **Exzisionsreparatur**wege und korrigieren DNA-Defekte über einen dreistufigen Vorgang (▸*Abbildung 18.14*). Im ersten Schritt werden defekte Nucleotide aus einem Strang der DNA-Doppelhelix ausgeschnitten. Diesen Vorgang führen besondere Enzyme aus, die *Reparaturendonucleasen*, die von Proteinen zur DNA geleitet werden. Die Proteine erkennen die Stellen der DNA-Schäden. Reparaturendonucleasen spalten das DNA-Rückgrat neben der beschädigten Stelle. Dann erleichtern andere Enzyme das Entfernen einzelner oder mehrerer defekter Nucleotide. Beispielsweise könnte eine DNA-Helicase die DNA bereichsweise entspiralisieren, um die beschädigte DNA aus der Doppelhelix freizulegen. Alternativ könnte eine Exonuclease an das durch einen Bruch entstandene Ende binden und den beschädigten Strang Nucleotid für Nucleotid abbauen. Im zweiten Schritt der Exzisionsreparatur ersetzt die DNA-Polymerase die fehlenden Nucleotide durch intakte Nucleotide – bei

E. coli wird dies im Allgemeinen von der DNA-Polymerase I bewerkstelligt. Die Nucleotidsequenz des Komplementärstrangs dient als Matrize, um die richtige Baseninsertion sicherzustellen, genauso wie bei der DNA-Replikation. Schließlich, im dritten Schritt, versiegelt die DNA-Ligase den Bruch im reparierten Strang, indem sie die fehlende Phosphoesterbindung bildet.

Man unterscheidet zwei Haupttypen der Exzisionsreparatur, die *Basenexzisionsreparatur* und die *Nucleotidexzisionsreparatur.* Bei der Basenexzisionsreparatur werden einzelne beschädigte Basen der DNA korrigiert. So entdecken beispielsweise spezifische *DNA-Glykosylasen* desaminierte Basen. Sie erkennen eine spezifische desaminierte Base und entfernen sie aus dem DNA-Molekül, indem sie die Bindung zwischen der Base und dem mit der Base verknüpften Zucker spalten. Der Zucker mit der fehlenden Base wird dann von einer Reparaturendonuclease erkannt, die eine Depurination erkennt. Diese Reparaturendonuclease bricht das Phosphodiesterrückgrat auf einer Seite des Zuckers, dem eine Base fehlt, und ein zweites Enzym schließt dann das Entfernen der Zucker-Phosphat-Einheit ab.

Zum Entfernen von Pyrimidindimeren und anderen Ausbuchtungsläsionen der DNA nutzen Zellen den zweiten Typ der Exzisionsreparatur, die **Nucleotidexzisionsreparatur (NER**; engl.: *nucleotide excision repair*). Dieses Reparatursystem agiert mit Proteinen, die große Verzerrungen in der DNA-Doppelhelix erkennen und ein Enzym rekrutieren, die **NER-Endonuclease** (oder **Excinuclease**). Sie schneidet das DNA-Rückgrat zweimal; einmal auf jeder Seite der Verzerrung. Dann bindet eine DNA-Helicase an das Teilstück der DNA zwischen den beiden Brüchen (zwölf Nucleotide bei *E. coli*, 29 beim Menschen) und entspiralisiert das Teilstück, sodass es vom Rest der DNA freigesetzt ist. Schließlich wird die entstehende Lücke von einer DNA-Polymerase gefüllt und von der DNA-Ligase versiegelt.

Das NER-System ist das vielseitigste aller DNA-Reparatursysteme der Zelle. Es erkennt und korrigiert viele Typen von DNA-Schäden, die sonst nicht zu reparieren wären. In einigen Fällen wird das NER-System spezifisch zu DNA-Regionen geschickt, in denen die Transkription nicht fortgesetzt wird, weil die Transkriptionsmaschinerie auf eine Region mit einem DNA-Schaden gestoßen ist. Dieser Mechanismus, die sogenannte *transkriptionsgekoppelte Reparatur* (engl.: *transcription-coupled repair*; TCR), vermag aktive Gene schneller zu reparieren als DNA, die an einem anderen Ort des Genoms lokalisiert ist. Die Bedeutung des NER-Systems wird durch das Leiden der Menschen deutlich, die Mutationen in diesem Reparatursystem haben. Individuen mit der Erkrankung *Xeroderma pigmentosum* tragen im Allgemeinen eine Mutation in einem der sieben Gene, welche die Komponenten des NER-Systems kodieren. Aus diesem Grund können sie keine DNA-Schäden reparieren, welche durch die ultraviolette Strahlung des Sonnenlichts verursacht werden, und sind somit dem erhöhten Risiko ausgesetzt, an Hautkrebs zu erkranken.

18.3.3 Die Fehlpaarungsreparatur korrigiert Mutationen mit nicht-komplementären Basenpaaren

Die Exzisionsreparatur ist ein sehr wirkungsvoller Mechanismus zur Korrektur von Schäden, die auf anormalen Nucleotiden beruhen. Doch ist dies nicht der einzige Typ von DNA-Fehler, den Zellen reparieren können. Ein alternativer Reparaturweg, die sogenannte **Fehlpaarungsreparatur (MMR**; engl.: *mismatch repair*), zielt auf Fehler ab, die während der DNA-Replikation entstehen, wenn falsch gepaarte Nucleotide manchmal von den normalen Korrekturlesemechanismen übersehen werden. Da fehlgepaarte Basenpaare keine richtigen Wasserstoffbrückenbindungen ausbilden, kann das Fehlpaarungsreparatursystem diese Basenpaare auffinden und korrigieren. Dieses Reparatursystem muss allerdings ein Problem lösen, um richtig zu agieren, das den Biologen viele Jahre lang ein Rätsel blieb: Inwiefern unterscheidet sich das *falsche* Mitglied eines anormalen Basenpaares von einem *richtigen* Mitglied? Anders als bei der Exzisionsreparatur zeigt keine der Basen eines fehlgepaarten Paares eine Strukturveränderung, aufgrund derer man eine anormale Base erkennen könnte. Das Paar besteht einfach aus zwei normalen Basen, die nicht richtig gepaart wurden, beispielsweise die Base A gepaart mit C oder G gepaart mit T. Wenn C der falsche Partner des Basenpaares AC wäre und das Reparatursystem stattdessen die Base A entfernen würde, dann würde das Reparatursystem eine dauerhafte Mutation schaffen und nicht ein fehlgepaartes Basenpaar reparieren!

Zur Lösung dieses Problems muss das Fehlpaarungsreparatursystem in der Lage sein, zu erkennen, welcher der beiden DNA-Stränge im vorherigen Durchlauf der DNA-Replikation neu synthetisiert wurde (der neue Strang wäre dann der Strang, der eine falsch eingefügte Base enthält). Das Bakterium *E. coli* nutzt ein Auffindungsverfahren, welches auf der Tatsache beruht, dass eine Methylgruppe normalerweise immer an die Base Adenin (A) angefügt wird, wenn es in der Sequenz GATC in der DNA erscheint. Dieser Vorgang der DNA-Methylierung findet erst kurze Zeit nach der Synthese eines neuen DNA-Strangs statt. Daher kann das bakterielle Fehlpaarungsreparatursystem den neuen DNA-Strang aufgrund der fehlenden Methylierung erkennen. Dann führt eine Reparaturendonuclease einen einzigen Bruch in den nicht-methylierten Strang ein und eine Exonuclease entfernt die falschen Nucleotide aus dem gebrochenen Strang.

Obwohl die ersten Beweise für die Existenz der Fehlpaarungsreparatur zum größten Teil auf Untersuchungen bakterieller Zellen beruhten, hat man auch bei Eukaryoten Reparatursysteme nachgewiesen. Die eukaryotische Fehlpaarungsreparatur unterscheidet sich aber von der bakteriellen, denn Eukaryoten nutzen andere Mechanismen als die DNA-Methylierung, um den neu synthetisierten DNA-Strang zu unterscheiden. Die Bedeutung der Fehlpaarungsreparatur für Eukaryoten wird deutlich durch die Entdeckung, dass die am häufigsten auftretende vererbungsbedingte Krebserkrankung, das *hereditäre nicht-polypöse Dickdarmkarzinom (HNPCC*, engl.: *hereditary nonpolyposis colon cancer)* auf Mutationen in Genen zurückzuführen ist, die an der Fehlpaarungsreparatur mitwirkende Proteine kodieren.

18.3.4 Die Schadensreparatur erklärt, warum die DNA Thymin und nicht Uracil enthält

Viele Jahre lang war nicht klar, warum die DNA Thymin und nicht Uracil enthält, das in der RNA vorkommt. Beide Basen gehen eine Paarung mit Adenin ein, aber Thymin besitzt eine Methylgruppe, die Uracil nicht hat (▸*Abbildung 18.15*). Da der Schritt zur Bildung von Thymin energieintensiv ist, schiene es für die DNA günstiger zu sein, Uracil zu enthalten. Jetzt aber, da wir wissen, wie der Desaminierungsschaden repariert wird, verstehen wir auch, warum die DNA Thymin und nicht Uracil enthält.

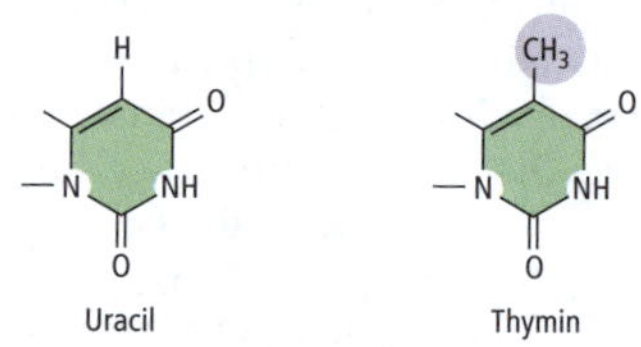

Abbildung 18.15: Vergleich von Uracil und Thymin.

Wenn die DNA durch Desaminierungsreaktionen beschädigt wird, wird Cytosin in Uracil umgewandelt (*Abbildung 18.13b*). Dieses wird von dem DNA-Reparaturenzym *Uracil-DNA-Glykosylase* entdeckt und entfernt. Wenn Uracil eine normale Komponente der DNA wäre, dann würde die DNA-Reparatur nicht greifen, denn das normale Uracil wäre nicht von dem Uracil zu unterscheiden, das durch zufällige Desaminierung von Cytosin gebildet wird. Indem die DNA Thymin und nicht Uracil verwendet, stellen die Zellen sicher, dass der durch die Desaminierung von Cytosin entstandene Schaden erkannt und repariert werden kann, ohne weitere Veränderung im DNA-Molekül vorzunehmen.

18.3.5 DNA-Doppelstrangbrüche werden durch nicht-homologe Verknüpfung der Enden oder homologe Rekombination repariert

Die bisher beschriebenen Reparaturmechanismen – Exzisions- und Fehlpaarungsreparatur – sind wirkungsvolle Mechanismen zur Korrektur von DNA-Schäden, die auf chemisch veränderten oder inkorrekten Basen beruhen. In solchen Fällen entfernt ein „Ausschneiden-und-reparieren"-Weg die beschädigten oder falschen Nucleotide aus einem DNA-Strang, und die dadurch entstandene Lücke wird mit Hilfe des intakten Strangs als Matrize gefüllt. Einige Schäden, beispielsweise Doppelstrangbrüche in der DNA-Doppelhelix, können auf diese Weise jedoch nicht behoben werden. Die Reparatur eines Doppelstrangbruchs ist schwieriger, denn bei anderen DNA-Schäden bleibt ein Strang der Doppelhelix unbeschädigt und kann als Matrize zum Aufreihen und Reparieren des defekten Strangs dienen. Im Gegensatz dazu wird die DNA-Doppelhelix durch Doppelstrangbrüche vollständig in zwei getrennte Segmente gespalten; die Reparaturmaschinerie steht aus diesem Grund vor dem Problem, die beiden richtigen Fragmente zu identifizieren und deren gebrochene Enden wieder zu verknüpfen, wobei keine Nucleotide verloren gehen dürfen.

Es gibt zwei Hauptwege, die in diesen Fällen beschritten werden. Zum einen die **nicht-homologe Verknüpfung von Enden** (engl.: *nonhomologous end-joining*). Hierbei bindet eine Reihe von Proteinen an die Enden der gebrochenen DNA-Fragmente und verknüpft sie. Unglücklicherweise neigt dieser Mechanismus zu Fehlern, denn er kann den Verlust von Nucleotiden aus den gebrochenen Enden nicht verhindern, und es gibt keinerlei Möglichkeit, sicherzustellen, dass die beiden richtigen DNA-Fragmente verknüpft werden. Eine präzisere Methode zur Verknüpfung von Doppelstrangbrüchen ist die sogenannte **homologe Rekombination**. Dieser Weg macht sich die Tatsache zunutze, dass die Zellen im Allgemeinen zwei Kopien von jedem Chromosom besitzen. Wenn ein DNA-Molekül eines Chromosoms einen Doppelstrangbruch erleidet, ist immer noch eine andere intakte Kopie der chromosomalen DNA verfügbar, die als Matrize dient, um die Reparatur des gebrochenen Chromosoms zu steuern. Abgesehen von ihrer Rolle bei der Reparatur von Doppelstrangbrüchen wirkt die homologe Rekombination auch beim Austausch von genetischer Information zwischen Chromosomen während der meiotischen Zellteilungen mit, bei denen Spermien und Eizellen gebildet werden. Aus diesem Grund verlegen wir unsere Darstellung der molekularen Mechanismen, auf denen die homologe Rekombination beruht, nach *Kapitel 19*. In diesem Kapitel werden wir die Meiose und die genetische Rekombination detailliert beschreiben.

Nachdem Sie nun die verschiedenen Typen der DNA-Reparatur kennen gelernt haben, möchten wir betonen, dass einige dieser Proteine an mehreren Reparaturwegen mitwirken. Außerdem spielen viele dieser „Reparaturproteine" weitere Rollen in anderen wichtigen Vorgängen, darunter der DNA-Replikation, der Gentranskription, der genetischen Rekombination und der Steuerung des Zellzyklus. Mit anderen Worten, das gleiche molekulare Werkzeug findet bei einer Vielzahl von Aktivitäten, die mit der DNA in Beziehung stehen, Verwendung.

18.4 Kernteilung und Zellteilung

Wir haben uns mit den Mechanismen der DNA-Replikation und der DNA-Reparatur beschäftigt. Nun können wir uns der Frage zuwenden, wie die beiden Kopien jedes chromosomalen DNA-Moleküls, die während der S-Phase des Zellzyklus entstehen, anschließend voneinander getrennt und den Tochterzellen zugeteilt werden. Diese Vorgänge laufen während der M-Phase ab, in der sowohl die Zellkernteilung (Mitose) als auch die Zellteilung (Cytokinese) stattfinden.

18.4.1 Die Mitose gliedert sich in Prophase, Prometaphase, Metaphase, Anaphase und Telophase

Seit mehr als einem Jahrhundert beschäftigt sich die Forschung mit der Mitose, aber erst in den letzten Jahrzehnten hat man entscheidende Fortschritte auf molekularer Ebene gemacht. Wir beginnen mit einem Überblick über die morphologischen Veränderungen, die während der Mitose in der Zelle stattfinden, und anschließend werden wir die zugrunde liegenden molekularen Mechanismen betrachten.

Die Mitose gliedert sich entsprechend der Änderung des Erscheinungsbildes und des Verhaltens der Chromosomen in fünf Phasen: Prophase, Prometaphase, Metaphase, Anaphase und Telophase. (Eine andere Bezeichnung für Prometaphase ist einfach *späte Prophase*.) Die mikroskopischen Aufnahmen und Zeichnungen veranschaulichen die Phasen, die eine typische tierische Zelle durchläuft (▸*Abbildung 18.16*). Bitte denken Sie beim Betrachten der Phasen stets daran, dass es bei der Mitose darum geht, sicherzustellen, dass die beiden Tochterzellkerne jeweils eine Kopie jedes verdoppelten Chromosoms erhalten.

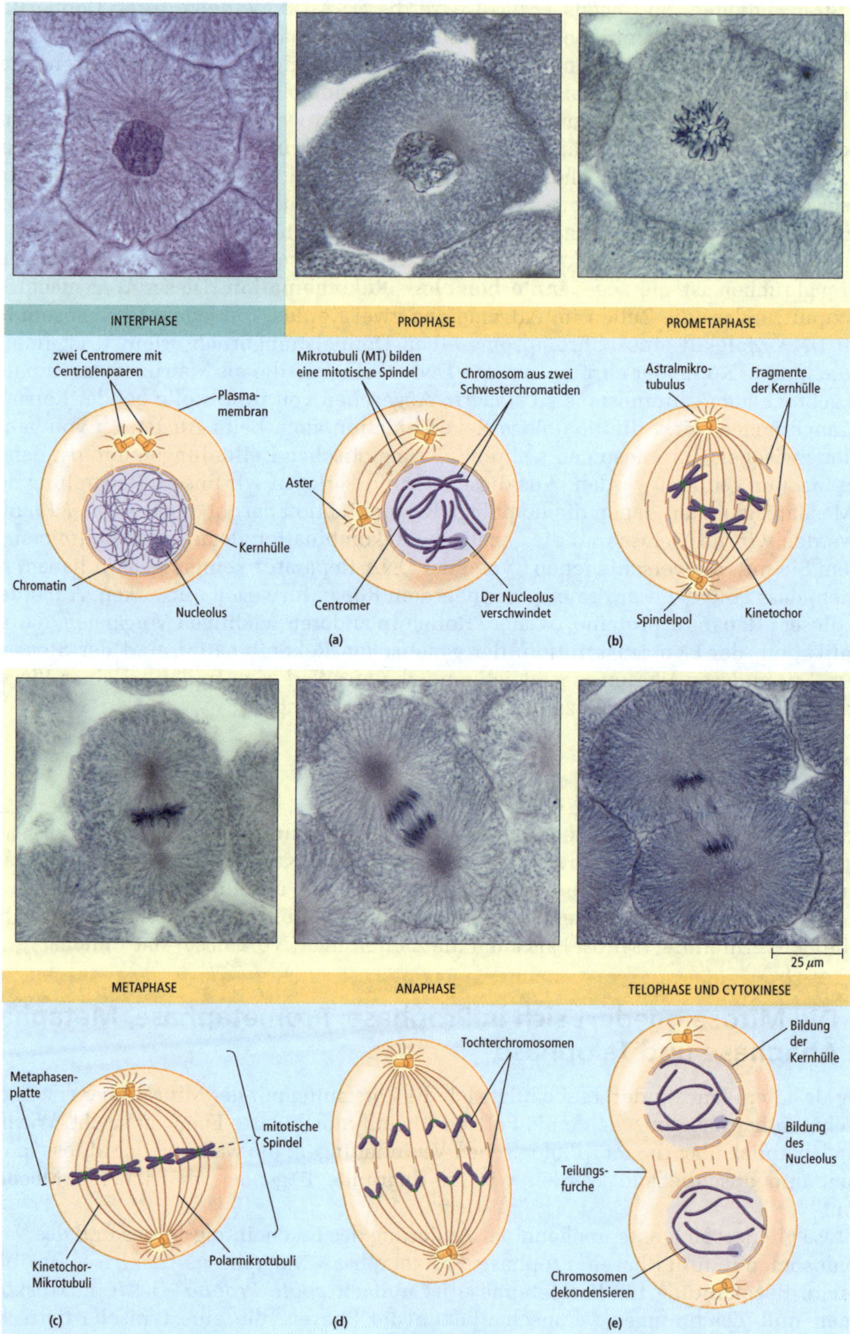

Abbildung 18.16: Die Phasen der Mitose einer tierischen Zelle. Es handelt sich um lichtmikroskopische Aufnahmen der Mitose in den Zellen eines Fischembryos. Die mitotische Spindel, einschließlich der Polstrahlen, ist in den mikroskopischen Aufnahmen der Metaphase und der Anaphase sichtbar. Bei dieser geringen Vergrößerung (ungefähr das 600-Fache) erkennt man eher Spindel„fasern" als einzelne Mikrotubuli; jede Faser setzt sich aus einer Reihe von Mikrotubuli zusammen. Die Zeichnungen sind schematisch und stellen Einzelheiten dar, die in den mikroskopischen Aufnahmen nicht erkennbar sind. Es sind nur vier Chromosomen dargestellt.

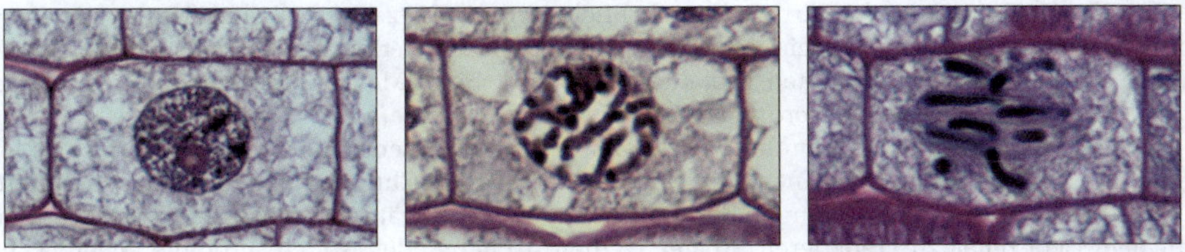

(a) Prophase (b) Prometaphase (c) Metaphase

Prophase Nach Abschluss der DNA-Replikation beenden Zellen die S-Phase und gehen in die G_2-Phase über. In dieser Phase finden die letzten Vorbereitungen für die Mitose statt. Gegen Ende der G_2-Phase beginnen die Chromosomen zu kondensieren. Sie gehen von der ausgestreckten, höchst diffusen Form der Interphasechromatinfasern in die kompakte, stark gefaltete Struktur über, die für die Mitose typisch ist. Die Kondensation der Chromosomen ist ein wichtiges Ereignis, denn die Interphasechromatinfasern sind in der nicht-kompakten Form so lang und umeinandergeschlungen, dass sie während der Verteilung der chromosomalen DNA bei der Zellteilung unentwirrbar verschlungen wären. Obwohl der Übergang von der G_2-Phase in die Prophase nicht scharf abgegrenzt ist, spricht man von einer Zelle im Stadium der **Prophase**, wenn einzelne Chromosomen so stark kondensiert sind, dass sie unter dem Lichtmikroskop als abgegrenzte Objekte erkennbar sind. Da sich die chromosomalen DNA-Moleküle während der S-Phase repliziert haben, besteht jedes Chromosom während der Prophase aus zwei Schwesterchromatiden, die fest miteinander verbunden sind. Bei tierischen Zellen lösen sich die Nucleoli während der Chromosomenkondensation im Allgemeinen auf; die Nucleoli der Pflanzenzellen bleiben entweder deutlich erkennbare Einheiten, lösen sich teilweise auf oder verschwinden völlig.

In der Zwischenzeit ist eine andere wichtige Organelle aktiv geworden. Es handelt sich um das **Centrosom**, eine kleine Zone granulären Materials, die neben dem Zellkern lokalisiert ist. Wie in *Kapitel 14* beschrieben, dient das Centrosom als *Mikrotubuli-organisierendes Zentrum (MTOC*; engl.: *microtubuli organizing center)*, in dem Mikrotubuli zusammengesetzt und verankert werden. Aus einigen Untersuchungen kann man auch folgern, dass die Centrosomen an der Ausrichtung der Spindel in der Zelle mitwirken, die wiederum die Position der Teilungsebene bei der Zellteilung bestimmt. Während jedes Zellzyklus wird das Centrosom vor der Mitose verdoppelt, im Allgemeinen während der S-Phase. Zu Beginn der Prophase trennen sich die Centrosomen dann voneinander und bewegen sich in entgegengesetzter Richtung vom Zellkern weg. Bei dieser Trennung dient jedes Centrosom als Nucleationsstelle für den Zusammenbau von Mikrotubuli, und die Region zwischen den beiden Centrosomen beginnt sich mit Mikrotubuli zu füllen. Diese bilden die **mitotische Spindel**, eine Struktur, welche die Chromosomen später in der Mitose an die Tochterzellen verteilt. Bei diesem Vorgang dissoziieren die cytoskelettalen Mikrotubuli, und ihre Tubulinuntereinheiten werden an die wachsende mitotische Spindel angefügt. Gleichzeitig entsteht in unmittelbarer Nähe zu jedem Centrosom eine dichte Anhäufung aus strahlenförmigen Mikrotubuli, den sogenannten *Astern*.

In das Centrosom der tierischen Zelle ist ein Paar kleiner, zylindrischer, mikrotubulihaltiger Strukturen eingebettet, die *Centriolen*, die oftmals im rechten Winkel zueinander angeordnet sind. Da Centriolen in bestimmten Zelltypen nicht vorkommen, darunter den meisten Pflanzenzellen, können sie nicht von grundlegender Bedeutung für die Mitose sein. Sie spielen allerdings eine wichtige Rolle bei der Bildung von Cilien und Flagellen.

Prometaphase Der Beginn der Prometaphase zeichnet sich durch die Fragmentierung der Membranen der Kernhülle aus. Wenn die Centrosomen an den gegenüberliegenden Polen der Zelle angelangt sind (▸*Abbildung 18.16b*), können die Spindelmikrotubuli aufgrund der Auflösung der Kernhülle in die Kernregion eindringen und mit den Chromosomen, die zu diesem Zeitpunkt noch immer als gepaarte Chromatiden vorliegen, in Kontakt treten. Die Spindelmikrotubuli heften sich in der Region des **Centromers** an die Chromatiden an. Das Centromer ist ein abgeschlossenes Areal, in dem die beiden Mitglieder jedes Chromatidenpaares zusammengehalten werden. Die DNA jedes Centromers besteht aus einer Einfachsequenz tandemartig repetitiver *CEN-Sequenzen*, deren Zusammensetzung von Art zu Art erheblich variiert. Trotz dieser Vielfalt ist ein gemeinsames Merkmal der Centromerregionen die Gegenwart spezialisierter Nucleosomen, in denen das Histon H3 von einem verwandten Protein ersetzt wird. Beim Menschen bezeichnet man dieses Protein als *CENP-A (Centromerprotein A*; engl.: *centromere protein A)*.

CENP-A spielt bei der Akkumulation weiterer Proteine im Centromer, die das Kinetochor bilden, eine Schlüsselrolle. Das Kinetochor bindet die gepaarten Chromatiden an die Spindelmikrotubuli. Kinetochorproteine beginnen, kurz nachdem die DNA während der S-Phase repliziert hat, mit dem Centromer zu assoziieren. Später werden nacheinander weitere Proteine angefügt, bis reife Kinetochore zusammengesetzt worden sind, die mehr als 50 verschiedene Proteine enthalten. Jedes Chromosom erhält letztendlich zwei Kinetochore, die entgegengesetzt ausgerichtet sind; ein Kinetochor ist mit einem der beiden Chromatiden assoziiert. Während der Prometaphase treten einige Spindelmikrotubuli mit diesen Kinetochoren in Verbindung, wodurch die Chromosomen an die Spindel gebunden werden. Die von diesen Kinetochor-Mikrotubuli ausgeübten Kräfte bringen die Chromosomen dann in eine Wackelbewegung und bewegen die Chromosomen allmählich in das Zentrum der Zelle. Diesen Vorgang bezeichnet man als *Kongression*.

Außer den Kinetochor-Mikrotubuli gibt es noch zwei weitere Arten von Mikrotubuli in der Zelle: Die **Polarmikrotubuli**, welche mit den Mikrotubuli der gegenüberliegenden Zellpole interagieren, und die **Astralmikrotubuli**, kürzere Mikrotubuli, welche an jedem Pol die Astern bilden (vom griechischen Wort für „Stern"). Einige Astralmikrotubuli treten vermutlich mit Proteinen, die mit der Plasmamembran assoziiert sind, in Wechselwirkung.

Metaphase Eine Zelle befindet sich in der Metaphase, wenn die vollständig verdichteten Chromosomen alle auf der *Metaphasenplatte* aufgereiht werden. Die Metaphasenplatte ist die in gleicher Entfernung von beiden Polen der mitotischen Spindel liegende Ebene (▸*Abbildung 18.16c*). Wirkstoffe, die mit der Spindelfunktion interferieren, beispielsweise das Alkaloid der Herbstzeitlosen, *Colchicin*, kann man dafür nutzen, um die Zellen in der Metaphase anzuhalten. Mikroskopische Untersuchungen solcher Zellen ermöglichen die Identifizierung einzelner Chromosomen und deren Klassifizierung nach Größe und Form. Diese Analyse bezeichnet man als **Karyotypisierung** (▸*Abbildung 18.17*), die Gesamtheit aller cytologisch identifizierbaren Chromosomeneigenschaften als Karyotyp.

In der Metaphase scheinen die Chromosomen relativ stationär zu sein, doch der Schein trügt. Tatsächlich werden die beiden Schwesterchromatiden jedes Chromosoms bereits aktiv zu den gegenüberliegenden Polen gezogen. Sie erscheinen stationär, denn die auf sie einwirkenden Kräfte sind gleich stark und wirken in entgegengesetzter Richtung. Die Chromatiden sind der Preis im Tauziehen zwischen gleich starken Gegnern. (Schon bald werden wir uns mit der Quelle dieser entgegengesetzten Kräfte beschäftigen).

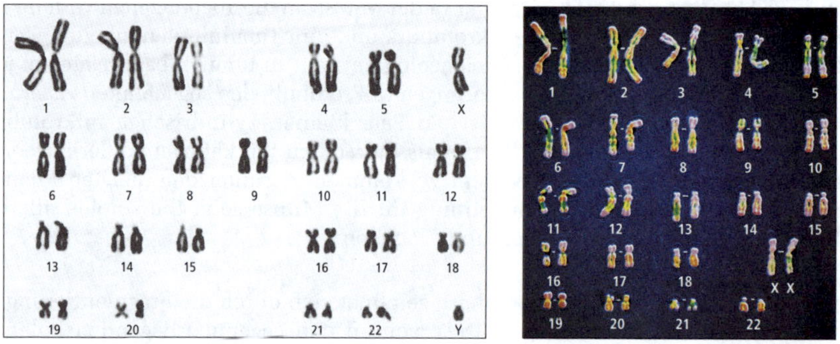

Abbildung 18.17: Mitotischer Karyotyp der menschlichen Chromosomen aus Zellen mit gestoppter Metaphase. (Links) Dieser Chromosomensatz eines Mannes wurde mit einem Farbstoff angefärbt, der gleichmäßig mit dem gesamten Chromosomenkörper reagiert. Männer besitzen 22 Chromosomenpaare plus ein X- und ein Y-Chromosom. Die Chromosomen des Karyotyps wurden entsprechend ihrer Größe und der Position des Centromers angeordnet. (Rechts) Dieser Chromosomensatz einer Frau wurde mit Farbstoffen angefärbt, die selektiv mit bestimmten Chromosomenregionen interagieren. Dadurch entsteht ein für jeden Chromosomentyp einzigartiges Muster.

Anaphase Die Anaphase ist im Allgemeinen die kürzeste Phase der Mitose und dauert nur wenige Minuten. Zu Beginn der Anaphase trennen sich die Schwesterchromatiden jedes Chromosoms abrupt und beginnen, sich mit einer Geschwindigkeit von ungefähr einem Mikrometer pro Minute in Richtung der gegenüberliegenden Spindelpole zu bewegen (▸*Abbildung 18.16d*).

Die Anaphase ist durch zwei Bewegungsabläufe charakterisiert, die Anaphase A und die Anaphase B (▸*Abbildung 18.18*). In der **Anaphase A** werden die Chromosomen zu den Spindelpolen gezogen, voran das Centromer, während sich die Kinetochor-Mikrotubuli verkürzen. In der **Anaphase B** werden die beiden Spindelpole auseinandergeschoben und gleichzeitig verlängern sich die Polarmikrotubuli. Je nach Zelltyp können Anaphase A und B gleichzeitig ablaufen oder zuerst Anaphase A und dann Anaphase B.

Telophase Zu Beginn der Telophase haben die Tochterchromosomen die Spindelpole erreicht (▸*Abbildung 18.16e*). Dann entschrauben sich die Chromosomen und entfalten sich zu den typischen Fasern des Interphasechromatins, an den nucleär organisierenden Bereichen der DNA bilden sich Nucleoli, die Spindel zerfällt und es bilden sich Kernhüllen um die beiden Gruppen der Tochterchromosomen. Während dieser Periode durchlaufen die Zellen im Allgemeinen die Cytokinese. In der Cytokinese findet die Teilung der Zelle in zwei Tochterzellen statt.

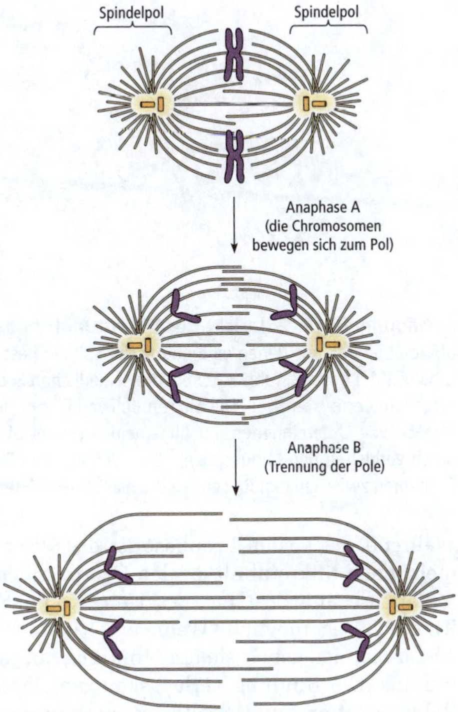

Abbildung 18.18: Die zwei Formen der Bewegung, die während der Anaphase an der Chromosomentrennung mitwirken. In der Anaphase A findet die Bewegung der Chromosomen zu den Spindelpolen statt. In der Anaphase B bewegen sich die Spindelpole voneinander fort. Anaphase A und Anaphase B können gleichzeitig ablaufen.

18.4.2 Die mitotische Spindel ist für die Bewegung der Chromosomen während der Mitose verantwortlich

Das zentrale Anliegen der Mitose besteht darin, die beiden Sätze von Tochterchromosomen zu trennen und diese auf die beiden sich neu bildenden Tochterzellen aufzuteilen. Zum Verständnis des Mechanismus, der diesem Vorgang zugrunde liegt, müssen wir einen genaueren Blick auf die Struktur werfen, die Mikrotubuli enthält und für diese Auftrennung und Verteilung der Chromatiden verantwortlich ist: die mitotische Spindel.

Spindelzusammenbau und Chromosomenbindung In *Kapitel 14* haben Sie erfahren, dass alle Tubulinuntereinheiten eines Mikrotubulus gleich ausgerichtet sind. Daher wohnt den Mikrotubuli eine Polarität inne, das heißt, die beiden Enden jedes Mikrotubulus unterscheiden sich chemisch voneinander (▸*Abbildung 18.19*). Das Ende, an dem der Zusammenbau des Mikrotubulus beginnt – bei den Spindelmikrotubuli befindet es sich am Centrosom – ist das Minus- (–)-ende. Das Ende, das am stärksten wächst und vom Centrosom entfernt liegt, ist das Plus- (+)-ende. Mikrotubuli sind dynamische Strukturen (siehe *Kapitel 14*). An diese Strukturen werden ständig Tubulinuntereinheiten angefügt oder von ihnen abgegeben. Das Ende, an das mehr Untereinheiten angefügt werden, wächst, und der Mikrotubulus wird länger. Im Allgemeinen werden die Untereinheiten bevorzugt am Plusende angefügt, und am Minusende werden vorzugsweise Untereinheiten entfernt, sodass das Längenwachstum eines Mikrotubulus vor allem durch Anfügen von Untereinheiten an das Plusende erfolgt.

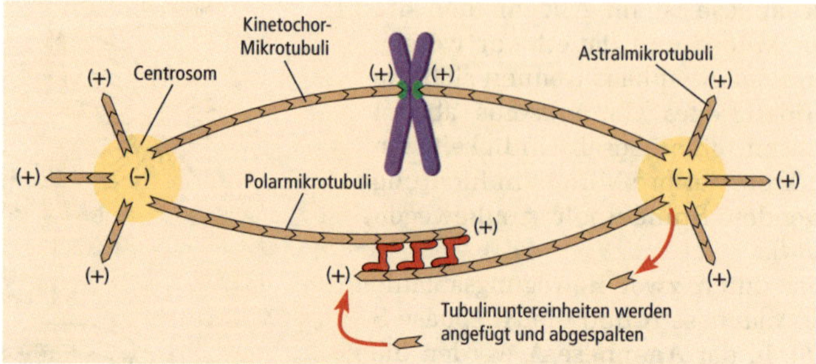

Abbildung 18.19: Polarität der Mikrotubuli in der mitotischen Spindel. Die Zeichnung stellt nur einige der vielen Mikrotubuli dar, aus denen eine mitotische Spindel besteht. Die Ausrichtung der Tubulinuntereinheiten, aus denen ein Mikrotubulus (MT) besteht, führt zu zwei unterschiedlichen Enden der Mikrotubuli. Das Minusende liegt am Centrosom, das Plusende zeigt vom Centrosom weg. Die Mikrotubuli verlängern sich durch Anfügen von Tubulinuntereinheiten und verkürzen sich durch Abgabe von Untereinheiten. Im Allgemeinen erfolgt die Verlängerung durch Anfügen an die Plusenden und die Verkürzung durch Verlust an den Minusenden, aber auch von den Plusenden können Untereinheiten entfernt werden. Die rot unterlegten Strukturen zwischen den Plusenden der hier abgebildeten polaren Mikrotubuli sind Proteine, die sie quervernetzen.

Während der späten Prophase ist das Wachstum der Mikrotubuli besonders stark und es werden mehr neue Mikrotubuli an den Centrosomen gebildet. Nachdem sich die Kernhülle zu Beginn der Metaphase aufgelöst hat, wird ein Kontakt zwischen den Mikrotubuli und den chromosomalen Kinetochoren möglich. Wenn ein Kinetochor mit dem Plusende eines Mikrotubulus in Kontakt gekommen ist, gehen sie eine Bindung ein und der Mikrotubulus wird zu einem Kinetochor-Mikrotubulus. Die Bindung verlangsamt die Depolymerisation am Plusende des Mikrotubulus, obwohl Polymerisation und Depolymerisation immer noch ablaufen können.

Jedes Kinetochor hat eine tellerförmige, dreischichtige Struktur aus Proteinen, die an die CEN-Sequenzen geheftet sind, welche in der DNA des Centromers lokalisiert sind. Die Kinetochore der verschiedenen Spezies variieren im Hinblick auf die Größe. Bei der Hefe sind sie zum Beispiel klein und binden jeweils nur einen Spindelmikrotubulus, während die Kinetochore der Säugetierzellen wesentlich größer sind und jeweils 30 bis 40 Mikrotubuli binden.

Da die beiden Kinetochore an entgegengesetzten Enden des Chromosoms liegen, heften sie sich im Allgemeinen an Mikrotubuli, die den Centrosomen an gegenüberliegenden Zellpolen entspringen. (Die Ausrichtung jedes einzelnen Chromosoms ist dem Zufall überlassen; jedes Kinetochor kann letztendlich zu jedem Zellpol ausgerichtet sein.) In der Zwischenzeit tritt die andere Hauptgruppe der Mikrotubuli – die Polarmikrotubuli – mit den Polarmikrotubuli vom gegenüberliegenden Centrosom in Kontakt. Wenn die Plusenden-Regionen von zwei Mikrotubuli mit entgegengesetzter Polarität zu überlappen beginnen, werden sie von quervernetzenden Proteinen aneinandergebunden (*Abbildung 18.19*). Ebenso wie die Quervernetzung zwischen Kinetochoren und Kinetochor-Mikrotubuli dient auch diese Quervernetzung der Stabilisierung von Polarmikrotubuli. So können wir uns die späte Prophase und die Prometaphase als ein Feuerwerk rasch aus jedem Chromosom herausschießender *Abbildung 18.19* Mikrotubuli vorstellen. Diejenigen Polarmikrotubuli, die erfolgreich ein Kinetochor oder einen Mikrotubulus entgegengesetzter Polarität treffen, werden stabilisiert, die anderen treten den Rückzug an und zerfallen.

Ein Nachteil dieses Mechanismus liegt darin, dass er nicht erklärt, wie die Spindeln in Zellen ohne Centrosomen zusammengesetzt werden. Dazu gehören die meisten Zellen der höheren Pflanzen sowie die Oocyten (unreifen Eizellen) vieler Tiere. Außerdem haben Experimente mit einem Lasermikrostrahl zur Zerstörung von Centrosomen ergeben, dass tierische Zellen, die normalerweise Centrosomen enthalten, mit Hilfe eines von Centrosomen unabhängigen Mechanismus Spindeln zusammensetzen können. In Zellen ohne Centrosomen sind es eher die Chromosomen als die Centromere, die den Zusammenbau der Mikrotubuli und die Spindelbildung fördern. Die von Chromosomen induzierte Zusammensetzung von Mikrotubuli wird mit *Ran* bewerkstelligt, dem GTP-Bindeprotein, auf dessen Rolle wir beim Kerntransport in *Kapitel 17* eingegangen sind (siehe ▸*Abbildung 17.12*). Mitotische Chromosomen besitzen ein Protein, das die Bindung von GTP an Ran fördert.

Der Ran-Protein-Komplex interagiert mit dem Protein *Importin*, genauso wie beim Kerntransport. Dies führt zur Freisetzung Importin-gebundener Proteine, die den Zusammenbau von Mikrotubuli fördern. In Zellen ohne Centrosomen beginnt die Spindelbildung in der Nähe der Chromosomen und nicht an den Spindelpolen. Man geht davon aus, dass sogar in den häufiger vorkommenden Fällen, in denen Zellen Centrosomen zur Bildung von Spindelmikrotubuli einsetzen, Ran-GTP dazu beiträgt, die neu gebildete Spindel zu organisieren und das Anheften von Mikrotubuli an chromosomale Kinetochore zu lenken.

Chromosomenaufreihung und -trennung Wenn die Spindelmikrotubuli während der frühen Metaphase an die chromosomalen Kinetochore gebunden werden, liegen die Chromosomen zufällig über die Spindel verteilt. Dann wandern die Chromosomen durch Wackelbewegungen, die von mindestens zwei verschiedenen Kräften erzeugt werden, zur Zentralregion der Spindel. Zuerst üben die Kinetochor-Mikrotubuli eine „Zugkraft“ aus. Diese zieht die Chromosomen zum Pol, an dem die Mikrotubuli angeheftet sind. Diese Kraft kann man experimentell nachweisen, indem man einzelne Chromosomen mit Mikronadeln von der Spindel wegzieht. Ein Chromosom, das von der Spindel entfernt wurde, bewegt sich erst dann wieder, wenn neue Mikrotubuli an sein Kinetochor binden. Dann wird das Chromosom zur Spindel zurückgezogen.

Die zweite Kraft „stößt“ die Chromosomen ab, wenn sie sich einem der Spindelpole nähern. Die Existenz dieser Stoßkraft wurde mit Untersuchungen nachgewiesen, bei denen mit einem Lasermikrostrahl ein Ende eines Chromosoms abgebrochen wurde. Nachdem das abgebrochene Chromosomenfragment von seinem assoziierten Centromer und dem Kinetochor abgeschnitten wurde, entfernt es sich vom nächstgelegenen Spindelpol, obwohl es nicht mehr von Mikrotubuli an die Spindel gebunden wird. Die Natur dieser Stoßkraft, die Chromosomen ohne Mikrotubulihaftung vorantreibt, ist noch nicht eindeutig identifiziert worden.

Die Kombination aus Stoß- und Zugkräften, die auf Chromosomen einwirken, bewegt die Chromosomen zur Metaphaseplatte, der stabilsten Position. Dort reihen sie sich nach dem Zufallsprinzip auf. Obwohl die Bewegung der Chromosomen zu diesem Zeitpunkt auszusetzen scheint, ergaben sorgfältige Untersuchungen an lebenden Zellen, dass sie noch immer zucken. Das zeigt, dass die Chromosomen konstant einer Spannung in beiden Richtungen ausgesetzt sind. Wenn das Kinetochor auf einer Seite eines Metaphasechromosoms durch einen Lasermikrostrahl beschädigt wird, dann bewegt sich das Chromosom sofort zum entgegengesetzten Spindelpol. Somit bleiben die Metaphasechromosomen im Zentrum der Spindel, denn die Kräfte, die sie zu den entgegengesetzten Polen ziehen, befinden sich exakt im Gleichgewicht.

Zu Beginn der Anaphase teilen sich die beiden Chromatiden jedes einzelnen Metaphasechromosoms und beginnen, sich in Richtung der entgegengesetzten Spindelpole zu bewegen. Mehrere Moleküle sind an diesem Vorgang der Chromatidentrennung beteiligt. Eines dieser Moleküle ist das Enzym Topoisomerase II, das sich in der Nähe des Centrosoms konzentriert und Änderungen in der DNA-Überspiralisierung katalysiert. In mutierten Zellen, denen die Topoisomerase II fehlt, sind die gepaarten Chromatiden zu Beginn der Anaphase immer noch bestrebt, sich zu trennen, und erleiden einen Schaden statt sauber getrennt zu werden. Die Chromatidentrennung geht außerdem mit Änderungen in Adhäsionsproteinen einher, von denen die Chromatidenpaare vor Beginn der Anaphase zusammengehalten werden. Später in diesem Kapitel werden Sie sehen, dass die Trennung der Schwesterchromatiden zu Beginn der Anaphase durch den Abbau dieser Adhäsionsproteine ermöglicht wird.

Motorproteine und Chromosomenbewegung Nachdem die beiden Chromatiden jedes Metaphasechromosoms getrennt sind, agieren sie als zwei unabhängige Chromosomen, die sich zu den entgegengesetzten Spindelpolen bewegen. Untersuchungen der Mechanismen, die dieser Bewegung zugrunde liegen, führten zur Entdeckung der Motorproteine. Sie spielen in der Mitose aktive Rollen. Wir haben in den *Kapiteln 14* und *15* bereits gesehen, dass Motorproteine die Energie von ATP nutzen, um ihre Form so zu verändern, dass sie Kraft ausüben und gebundenen Strukturen bewegen können. Motorproteine übernehmen mindestens drei unterschiedliche Aufgaben bei der Bewegung von Anaphasechromosomen.

Die erste Aufgabe dreht sich um den Mechanismus, mit dessen Hilfe Chromosomen während der Anaphase A mit den Kinetochoren voran zu den Spindelpolen gezogen werden. Wie in ▸*Abbildung 18.20a* ❶ dargestellt, wird diese Form der Chromosomenbewegung von molekularen Motoren angetrieben, die mit Kinetochormolekülen assoziiert sind. Es gibt fundierte Hinweise darauf, dass diese molekularen Motoren spezialisierte Mitglieder der Proteinfamilie der Kinesine sind. In *Kapitel 15* haben Sie gelernt, dass einige spezialisierte Kinesine an das Ende eines Mikrotubulus binden und dessen Depolymerisation herbeiführen können. Zwei dieser Kinesin-ähnlichen Motoren wirken an der Bewegung von Chromosomen zu den Spindelpolen mit: einer befindet sich am Plusende der Kinetochor-Mikrotubuli und der andere am Minusende. Der Motor am Plusende ist in das Kinetochor eingebettet, wo er die Mikrotubulus-Depolymerisation induziert und dadurch das Chromosom zum Spindelpol schiebt, während er das Plusende des Mikrotubulus „verschluckt". Gleichzeitig wird der am Minusende lokalisierte Motor in den Spindelpol eingebettet, wo er die Mikrotubulus-Depolymerisation induziert und dadurch die Mikrotubuli und die an sie gebundenen Chromosomen „einrollt".

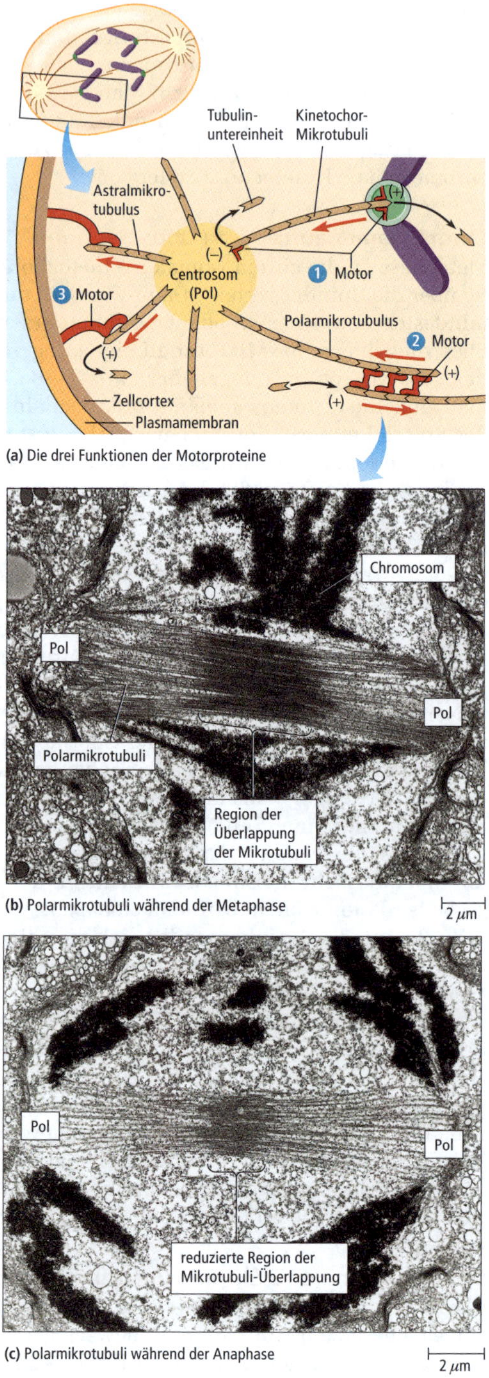

(a) Die drei Funktionen der Motorproteine

(b) Polarmikrotubuli während der Metaphase

(c) Polarmikrotubuli während der Anaphase

Abbildung 18.20: Mitotische Motoren. (a) Ein Modell für die mitotische Chromosomenbewegung, das auf den drei von den Motorproteinen ausgeübten Funktionen beruht. Die Motorproteine sind rot unterlegt, und die kleinen roten Pfeile zeigen die Bewegungsrichtung an, die von diesen molekularen Motoren erzeugt wird. Motorproteine sind mit drei Typen von Mikrotubuli assoziiert: Kinetochor-Mikrotubuli, Polarmikrotubuli und Astralmikrotubuli. ❶ Die Motorproteine der Kinetochor-Mikrotubuli sind mit ihren beiden Plusenden (eingebettet in das chromosomale Kinetochor) und Minusenden assoziiert (die im Centrosom des Spindelpols lokalisiert sind). Die im Kinetochor lokalisierten Motorproteine „verschlucken" (das heißt depolymerisieren) die Plusenden der Kinetochor-Mikrotubuli. Auf diese Weise wird das Chromosom zum Spindelpol gezogen, während die Kinetochor-Mikrotubuli durch den Verlust von Tubulinuntereinheiten verkürzt werden. Gleichzeitig depolymerisieren die am Spindelpol lokalisierten Motorproteine die Minusenden der Kinetochor-Mikrotubuli, indem sie die Mikrotubuli und die an sie gebundenen Chromosomen einrollen. ❷ Motorproteine quervernetzen die Polarmikrotubuli und bewirken deren Auseinanderdriften, wodurch die Spindelpole auseinandergezogen werden. Wenn die Polarmikrotubuli auseinanderdriften, werden sie durch Anfügen von Tubulinuntereinheiten an ihre Plusenden verlängert, an denen sie mit dem Spindelzentrum überlappen. ❸ Motorproteine der Astralmikrotubuli binden die Plusenden von Astralmikrotubuli an den Zellcortex und üben eine Zugkraft auf die Spindelpole aus, indem sie die Depolymerisation der Plusenden der Astralmikrotubuli induzieren. (b, c) Die beiden elektronenmikroskopischen Aufnahmen zeigen das Gleiten der Polarmikrotubuli, das von den Motoren der Polarmikrotubuli angetrieben wird. Während der Metaphase kommt es zu einer signifikanten Überlappung gegenüberliegender Polarmikrotubuli. Während der Anaphase bewirken die Polarmikrotubuli-Motoren, dass diese beiden Gruppen von Mikrotubuli auseinandergleiten, sodass sich die Überlappungszone verkleinert (TEM).

Die Auffassung, dass die Mikrotubulus-Depolymerisation bei der Chromosomenbewegung eine entscheidende Rolle spielt, wird durch mehrere experimentelle Daten gestützt. Wenn man Zellen mit dem Medikament *Taxol* in Kontakt bringt, das die Mikrotubulus-Depolymerisation hemmt, dann bewegen sich die Chromosomen nicht zu den Spindelpolen. Umgekehrt hat man nachgewiesen, dass sich die Chromosomen in Zellen, auf die ein stärkerer Druck ausgeübt wird, schneller zu den Polen bewegen. Und schließlich hat man auch nachgewiesen, dass Antikörper, welche die Depolymerisationsaktivität sowohl der am Spindelpol lokalisierten Motorproteine als auch der Motorproteine am Kinetochor hemmen, mit der Chromosomenbewegung interferieren.

Die zweite Aufgabe der Motorproteine während der Anaphase hängt mit dem Auseinanderstreben der Spindelpole während der Anaphase B zusammen. In diesem Fall binden bipolare Kinesinmotoren an überlappende Polarmikrotubuli, die von den gegenüberliegenden Spindelpolen ausgehen. Dadurch gleiten die Polarmikrotubuli auseinander, wodurch die Spindelpole getrennt werden (▸*Abbildung 18.20a*, ❷). Während die Mikrotubuli auseinandergleiten, werden sie durch Anfügen von Tubulinuntereinheiten an ihre Plusenden in der Nähe des Spindelzentrums verlängert, wo die Mikrotubuli gegenüberliegender Spindelpole überlappen. Das Gleiten der Mikrotubuli kann man experimentell induzieren, indem man isolierte Spindeln mit ATP in Kontakt bringt. Dies beweist, dass die Motorproteine ihre Energie aus der ATP-Hydrolyse gewinnen und diese Kraft nutzen, um überlappende Mikrotubuli auseinandergleiten zu lassen. Während der Anaphase B kann diese Motoraktivität die primäre Kraft zur Verlängerung der Spindel sein, während die Verlängerung der Polarmikrotubuli die zweite Kraft ist. In ▸*Abbildung 18.20b* und *c* liefern wir den mikroskopischen Beweis für das Gleiten überlappender Polarmikrotubuli während der Anaphase B.

Beim dritten Typ der von einem Motor ausgehenden Kraft, den man während der Anaphase nachgewiesen hat, spielt das *cytoplasmatische Dynein* eine Rolle, das mit den Astralmikrotubuli assoziiert ist (▸*Abbildung 18.20a*, ❸). Die Plusenden der Astralmikrotubuli sind mit dem Zellcortex verbunden. Das ist eine Schicht aus Actinmikrofilamenten, welche die innere Oberfläche der Plasmamembran auskleiden. Cytoplasmatisches Dynein, das sich zu den Minusenden der Mikrotubuli bewegt, scheint jeden Spindelpol zum Cortex zu schieben. Dieser Zug – zusätzlich zum Stoß nach außen, der von den Motorproteinen ausgeht, welche die überlappenden Polarmikrotubuli quervernetzen – unterstützt bei einigen Zelltypen die Trennung der Spindelpole während der Anaphase B.

Daher sind an der Mitose mindestens drei getrennte Gruppen von Motorproteinen beteiligt, die auf Kinetochor-, Polar- und Astralmikrotubuli wirken (*Abbildung 18.20a*). Die Stoß- und Zugkräfte, die von diesen drei Motorproteinen ausgehen, sind bei verschiedenen Organismen unterschiedlich stark beteiligt. Zum Beispiel ist bei Diatomeen und Hefen das Ziehen (Gleiten) der Mikrotubuli gegen benachbarte Mikrotubuli entgegengesetzter Polarität während der Anaphase von besonderer Bedeutung. Im Gegensatz dazu ist die Zugkraft an den Astern die Hauptkraft von Zellen in bestimmten Pilzen. Bei Wirbeltieren sind wahrscheinlich beide Mechanismen am Werk, obwohl die Astralzugkraft eine größere Rolle spielen könnte, vor allem während der Spindelbildung.

18.4.3 Teilung des Cytoplasmas während der Cytokinese

Nachdem während der Anaphase die beiden Chromosomensätze getrennt wurden, findet während der Cytokinese die Teilung des Cytoplasmas statt, wodurch der Vorgang der Zellteilung abgeschlossen wird. Die Cytokinese beginnt während der späten Anaphase und der frühen Telophase, wenn sich Kernhülle und Nucleoli wieder neu bilden und die Chromosomen in eine aufgelockerte Funktionsform überführt werden. Allerdings ist die Cytokinese nicht untrennbar mit der Mitose verknüpft. In einigen Fällen kann eine recht große Zeitspanne zwischen der Kernteilung (Mitose) und der Cytokinese liegen. Das zeigt, dass die beiden Vorgänge nicht fest gekoppelt sind. Außerdem durchlaufen bestimmte Zelltypen mehrere Zyklen der Chromosomenreplikation und der Kernteilung ohne Cytokinese, woraus eine große Zelle mit vielen Zellkernen hervorgeht, ein *Syncytium*. Manchmal bleiben die vielen Zellkerne erhalten, doch kann es sich auch nur um ein vorübergehendes Stadium in der Entwicklung des Organismus handeln. Dies trifft zum Beispiel auf die Entwicklung eines pflanzlichen Samengewebes zum, das sogenannte *Endosperm* bei Getreidekörnern. Hier erfolgt die Kernteilung ohne Cytokinese, sodass in einem Cytoplasma viele Zellkerne liegen. Dann gibt es mehrere Zyklen der Cytokinese ohne Mitose, wodurch die vielen Zellkerne in einzelne Endospermzellen abgetrennt werden. Einen ähnlichen Vorgang beobachtet man bei einigen Insektenembryos. Die Zellen der Skelettmuskeln der Wirbeltiere, die Muskelfasern, besitzen dauerhaft mehrere Zellkerne.

Trotz dieser Beispiele läuft die Cytokinese in den meisten Fällen zusammen mit der Mitose oder kurz nach der Mitose ab. Dadurch wird sichergestellt, dass die Tochterzellkerne ihr eigenes Cytoplasma erhalten und sich zu getrennten Zellen entwickeln.

Cytokinese bei tierischen Zellen Der Mechanismus der Cytokinese verläuft bei Pflanzen und Tieren unterschiedlich. In tierischen Zellen bezeichnet man die Cytoplasmateilung als **Furchung** (engl.: *cleavage*). Der Vorgang beginnt als leichte Einbuchtung oder Einstülpung der Zellplasmamembran. Diese Einbuchtung vertieft sich zur **Teilungsfurche** (engl.: *cleavage furrow*), die als Ringfurche die gesamte Zelle einschnürt. Die Furche schnürt sich immer stärker ein, bis die gegenüberliegenden Oberflächen miteinander in Kontakt kommen und die Zelle in zwei neue Zellen geteilt wird. Die Teilungsfurche teilt die Zelle in einer Ebene, die durch die Zentralregion der Spindel verläuft *(Spindeläquator)*. Somit liegt nahe, dass die Position der Spindel festlegt, wo das Cytoplasma geteilt wird. Diese Idee ist experimentell überprüft worden, indem man die mitotische Spindel entweder mit winzigen Glasnadeln oder mittels der Gravitationskräfte einer Zentrifuge bewegt hat. Wenn sich die Spindel vor dem Ende der Metaphase bewegt, dann ändert sich die Ausrichtung der Furchungsebene, sodass sie durch die neue Position des Spindeläquators verläuft. Es gibt begründete Hinweise darauf, dass Signale, die vom Mittelteil der Spindel ausgesendet werden, dem sogenannten *Spindelmittelbereich*, von großer Bedeutung für den Ablauf der Cytokinese sind. In den Zellen von *C. elegans* oder der Taufliege Drosophila fehlen die Komponenten eines Multiproteinkomplexes (das *Zentralspindlin*), der im Spindelmittelbereich vorkommt. Die Cytokinese beginnt, aber die Teilungsfurche bildet sich zurück. Die Aktivität von Astralmikrotubuli kann das Werk des Spindelmittelbereichs zu Ende bringen, indem sie die Bildung der Teilungsfurche in anderen Regionen des Cortex hemmt.

Die Furche hängt von einem Bündel von Actinmikrofilamenten ab, dem sogenannten **kontraktilen Ring**. Er bildet sich während der Anaphase genau unterhalb der Plasmamembran. Bei Untersuchung des kontraktilen Rings unter dem Elektronenmikroskop kann man erkennen, dass es sich um eine große Anzahl von Actinfilamenten handelt, deren lange Achsen parallel zur Furche ausgerichtet sind. Bei fortschreitender Furchung verdichtet sich dieser Ring aus Mikrofilamenten um das Cytoplasma, wie ein Gürtel um die Taille, und schnürt die Zelle schließlich in zwei Teile ab. Die Einschnürung des kontraktilen Rings beruht auf Wechselwirkungen zwischen den Actinmikrofilamenten und dem *Myosin*, dem Motorprotein, dessen Rolle bei der Muskelkontraktion in *Kapitel 15* dargestellt wurde.

Der kontraktile Ring bietet uns ein faszinierendes Beispiel dafür, wie schnell Myosinkomplexe in Nicht-Muskelzellen auf- und abgebaut werden können. Die Mitglieder der *Rho*-Familie der GTP-Bindeproteine spielen bei der Regulation des Zusammenbaus und der Aktivierung des kontraktilen Rings eine zentrale Rolle. Ein Familienmitglied, RhoA, wird an die Teilungsfurche geholt. Dort hilft RhoA, durch Aktivierung von Proteinen, welche die Actinpolymerisierung fördern, den Ablauf der Cytokinese zu organisieren. RhoA stimuliert Proteinkinasen, die Myosin phosphorylieren. Die Phosphorylierung ist der entscheidende Schritt bei der Aktivierung von Myosin, das dann als molekularer Motor bei der Einschnürung des kontraktilen Rings wirken kann.

Cytokinese bei pflanzlichen Zellen Die Cytokinese bei höheren Pflanzen unterscheidet sich grundlegend von dem entsprechenden Vorgang bei tierischen Zellen. Da Pflanzenzellen von einer festen Zellwand umgeben sind, können sie keinen kontraktilen Ring auf der Zelloberfläche bilden, der die Zelle in zwei Teile abschnürt. Stattdessen teilen sie sich, indem sie eine Plasmamembran und eine Zellwand zwischen den beiden Tochterzellkernen bilden. Mit anderen Worten, wir haben es hier nicht mit einer Einschnürung des Cytoplasmas in zwei Hälften durch einen kontraktilen Ring zu tun, der sich vom Zelläußeren in das Zellinnere bewegt, sondern das Cytoplasma der Pflanzenzelle wird durch einen Vorgang geteilt, der im Zellinneren beginnt und sich zum Zellrand vorarbeitet.

Die Cytokinese bei Pflanzen wird typischerweise während der späten Anaphase oder frühen Telophase eingeleitet. Eine Gruppe kleiner, membranumgebener Vesikel aus dem Golgi-Komplex reiht sich in der Äquatorialregion der Spindel auf. Diese Vesikel, die Polysaccharide und Glykoproteine enthalten, werden für die Bildung der Zellwand benötigt. Der **Phragmoplast** leitet die

Vesikel zum Spindeläquator. Der Phragmoplast enthält parallel verlaufende Mikrotubuli, die aus Polarmikrotubuli hervorgegangen sind und horizontal in die Richtung weisen, in welcher die neue Zellwand gebildet wird. Nachdem sie den Äquator erreicht haben, verschmelzen die aus dem Golgi-Apparat stammenden Vesikel und bilden einen großen, flachen Stapel, die **Zellplatte**. Diese Zellplatte repräsentiert die entstehende Zellwand. Der Inhalt des Stapels stellt die Nicht-Cellulose-Komponenten der primären Zellwand, die sich vergrößert, da Bündel von Mikrotubuli und Vesikel auf den Seitenrändern der sich vergrößernden Zellplatte entstehen. Schließlich trifft die Zellplatte auf die ursprüngliche Zellwand, und die beiden Tochterzellen werden voneinander getrennt. Die neue Zellwand wird dann durch Ablagerung von Cellulosemikrofibrillen vervollständigt. In der Zellplatte und der sie neu bildenden Zellwand liegen auch Plasmodesmen, die Kanäle zwischen dem Cytoplasma benachbarter Pflanzenzellen bilden.

18.4.4 Manchmal verläuft die Zellteilung asymmetrisch

Die Teilungsebene verläuft bei tierischen und pflanzlichen Zellen durch den Spindeläquator. Wenn die Spindel in der Mitte der Zelle liegt, was normalerweise der Fall ist, dann findet eine Teilung in ungefähr gleich große Komponenten zwischen den beiden neuen Zellen statt. Die cytoplasmatische Teilung verläuft aber nicht immer symmetrisch. Bei der knospenden Hefe *Saccharomyces cerevisiae* entsteht eine höchst asymmetrische Spindel, aus der eine große und eine kleine Zelle hervorgehen. Asymmetrische Teilungen kommen häufig während der Entwicklung von Tierembryos vor. Diese asymmetrischen Teilungen führen zu Zellen, die sich nicht nur in der Größe ganz erheblich voneinander unterscheiden, sondern die Zellen besitzen auch ein unterschiedliches Entwicklungspotenzial. Asymmetrische Teilungen kommen auch bei weiblichen Tieren während der Entwicklung der Eizellen aus Vorläuferzellen, den *Oocyten*, vor. In diesem Fall teilt die Cytokinese das Cytoplasma ungleich, sodass die zur Entwicklung einer Eizelle bestimmte Zelle den größten Teil des Cytoplasmas der ursprünglichen Oocyte erhält. Dadurch wird die Menge gespeicherter Nährstoffe in jeder Eizelle maximiert.

Bei der Zellteilung gibt es aber noch einen etwas feineren Typ der Asymmetrie. In diesem Fall sehen die Tochterzellen gleich aus, sind aber für unterschiedliche Schicksale bestimmt. Diese ungleiche Bestimmung oder Determination beruht auf Mechanismen, bei denen spezifische Moleküle in bestimmten Regionen des Muttercytoplasmas ungleichmäßig an die beiden Tochterzellen weitergegeben werden, womit ihr einzigartiges Schicksal determiniert wird.

18.5 Regulation des Zellzyklus

An früherer Stelle in diesem Kapitel haben wir einen typischen eukaryotischen Zellzyklus beschrieben, in dessen Verlauf die G_1-, S-, G_2- und M-Phasen im Laufe von ungefähr 24 Stunden in geordneter Reihenfolge ablaufen und abgeschlossen werden. Dieser Prozess kommt bei wachsenden Organismen häufig vor, aber auch bei kultivierten Zellen, denen ausreichend Nährstoffe und Raum zur Verfügung stehen. Man hat allerdings viele Abweichungen beobachtet, vor allem im Hinblick auf die Dauer des Zyklus, die relative Dauer einzelner Phasen und die Intensität, mit der Mitose und Cytokinese aneinander gekoppelt sind. Diese Vielfalt sagt uns, dass der Zellzyklus so reguliert sein muss, dass er den physiologischen Bedürfnissen eines jeden Zelltyps und Organismus zu jeder Zeit gerecht wird. Die molekulare Grundlage der Regulation des Zellzyklus steht im Mittelpunkt des wissenschaftlichen Interesses. Es geht dabei nicht allein um das Verständnis der Lebenszyklen normaler Zellen, sondern auch darum, wie Krebszellen es schaffen, sich den normalen Kontrollmechanismen zu entziehen.

18.5.1 Die Dauer eines Zellzyklus unterscheidet sich bei den verschiedenen Zelltypen

Einige der Variationen des Zellzyklus, denen man am häufigsten begegnet, beruhen auf der Geschwindigkeit der Zellteilung. Bei vielzelligen Organismen unterscheiden sich die Generationszeiten der Zelltypen ganz erheblich voneinander, je nach der Rolle der Zelle im Organismus. Ein

Extrem sind Zellen, die sich unablässig teilen, um Zellen zu ersetzen, die ständig verloren gehen oder zerstört werden. Zu dieser Kategorie gehören Zellen, die an der Spermienbildung mitwirken, sowie die *Stammzellen*, aus denen zum Beispiel Blutzellen, Hautzellen und Epithelzellen hervorgehen. Diese bilden die innere Auskleidung der Körperorgane, beispielsweise der Lunge und des Darms. Die Generationszeit menschlicher Stammzellen liegt manchmal bei nur acht Stunden.

Im Gegensatz dazu können Zellen der langsam wachsenden Gewebe Generationszeiten von mehreren Tagen oder länger haben. Einige Zellen, beispielsweise Zellen ausgewachsener Nerven oder des Muskelgewebes, teilen sich überhaupt nicht oder nur ganz selten. Es gibt aber auch Zellen, die sich unter normalen Bedingungen nicht teilen, jedoch durch einen Anreiz zu nochmaliger Teilung induziert werden können. Leberzellen zählen zu dieser Kategorie. Normalerweise wachsen sie in der ausgewachsenen Leber nicht, doch können sie zu Wachstum induziert werden, wenn ein Teil der Leber chirurgisch entfernt wird. Lymphocyten (weiße Blutkörperchen) sind ein weiteres Beispiel. Wenn man sie mit einem Fremdprotein in Kontakt bringt, beginnen sie sich als Teil der Immunantwort zu teilen.

Die meisten Abweichungen bei der Generationszeit beruhen auf der variierenden Länge der G_1-Phase, obwohl die S- und die G_2-Phase ebenfalls variieren können. Sich langsam teilende Zellen können Tage, Monate oder sogar in der stationären G_1-Phase verweilen, der sogenannten G_0-Phase, während sich schnell teilende Zellen eine kurze G_1-Phase durchlaufen oder diese sogar überspringen. Die Embryonalzellen von Insekten, Amphibien und einigen andere Nicht-Säugetieren liefern faszinierende Beispiele für Zellen mit sehr kurzen Zellzyklen ohne G_1-Phase und mit einer sehr kurzen S-Phase. Während der frühen Embryonalentwicklung des Krallenfroschs *Xenopus laevis* wird bei jedem Zellteilungsdurchgang das Ausgangscytoplasma auf immer kleinere Zellen verteilt, bis die Zellgröße des typischen ausgewachsenen Gewebes erreicht ist. Der Zellzyklus dauert weniger als 30 Minuten, obwohl die normale Dauer des Zellzyklus in den Geweben ausgewachsener Frösche bei etwa 20 Stunden liegt. Die hohe Geschwindigkeit der DNA-Synthese, die notwendig ist, um einen so raschen Zellzyklus aufrechtzuerhalten, wird zum Teil durch eine erhöhte Gesamtzahl der Replikons erreicht. Dadurch wird die DNA-Menge verringert, die jedes Replikon synthetisieren muss. Außerdem werden alle Replikons gleichzeitig aktiviert, im Gegensatz zur sequenziellen Aktivierung in den Geweben ausgewachsener Frösche. Durch Erhöhung der Anzahl der Replikons und ihrer simultanen Aktivierung wird die S-Phase in weniger als drei Minuten durchlaufen. Das ist mindestens 100-mal schneller als in den ausgewachsenen Geweben des gleichen Organismus.

Obwohl wir aufgrund dieser Beispiele wissen, dass das Zellwachstum für den Zellzyklus nicht von größter Wichtigkeit ist, sind die beiden Vorgänge doch im Allgemeinen verknüpft, sodass sich Zellen teilen können, ohne immer kleiner zu werden. Eine Proteinkinase mit der Bezeichnung *TOR* (engl.: *target of rapamycin*) spielt in dem Signalisierungsnetzwerk, das die Zellgröße steuert, eine zentrale Rolle und koordiniert diese mit dem Fortlauf des Zellzyklus. Dieses Signalisierungsnetzwerk aktiviert TOR in der Gegenwart von Nährstoffen und Wachstumsfaktoren. Die aktivierte Proteinkinase TOR stimuliert dann Moleküle, welche die Geschwindigkeit der Proteinsynthese kontrollieren. Der daraus folgende Anstieg der Proteinbildung führt zur Vergrößerung der Zellmasse. Einige der von TOR aktivierten Moleküle erleichtern auch den Eintritt in die S-Phase, sodass TOR zu einem wichtigen Regulator des Zellwachstums und des Zellzyklusablaufs wird.

18.5.2 Die Progression durch den Zellzyklus wird an mehreren zentralen Kontrollpunkten überwacht

Das Kontrollsystem, das die Progression durch den Zellzyklus reguliert, muss mehrere Aufgaben bewältigen. Erstens muss es sicherstellen, dass die mit jeder Phase des Zellzyklus verknüpften Ereignisse zur richtigen Zeit und in der korrekten Reihenfolge ausgeführt werden. Zweitens muss es dafür sorgen, dass jede Phase des Zellzyklus vor Beginn der nächsten Phase ordnungsgemäß beendet wurde. Und schließlich muss es in der Lage sein, auf externe Bedingungen zu reagieren, welche die Notwendigkeit von Zellwachstum signalisieren (zum Beispiel die Menge verfügbarer Nährstoffe oder die Gegenwart von Molekülen, die Wachstum signalisieren).

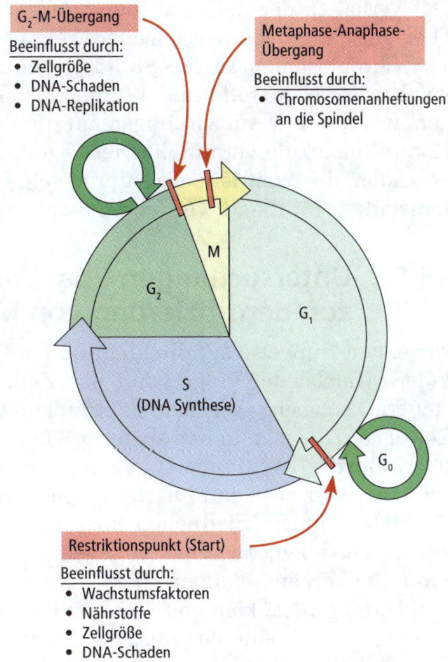

Abbildung 18.21: Zentrale Übergangspunkte des Zellzyklus. Die roten Balken markieren drei wichtige Übergangspunkte des eukaryotischen Zellzyklus, an denen Kontrollmechanismen festgelegen, ob die Zelle weiter durch den Zellzyklus läuft. Diese Entscheidung beruht auf chemischen Signalen, die sowohl den inneren Zustand der Zelle widerspiegeln als auch deren externe Umgebung. Die beiden runden dunkelgrünen Pfeile verweisen auf Stellen in der späten G_1-Phase und der späten G_2-Phase, an denen die Zelle den Zyklus anhalten und in einen Zustand übergehen kann, in dem sie sich nicht teilt.

Die soeben beschriebenen Aufgaben werden von einer Reihe von Molekülen bewältigt, die an Schlüsselkontrollpunkten des Zellzyklus agieren (▸*Abbildung 18.21*). An jedem dieser Punkte bestimmen die Bedingungen innerhalb der Zelle, ob die Zelle in das jeweils nächste Stadium des Zellzyklus eintritt. Der erste Kontrollpunkt liegt in der G_1-Phase. Wir haben bereits gesehen, dass die G_1-Phase die größte Variabilität bei allen Zelltypen besitzt und dass Säugetierzellen, bei denen die Teilung ausgesetzt hat, fast immer in der G_1-Phase verharren. Bei kultivierten Zellen kann zum Beispiel der Vorgang der Zellteilung gestoppt oder verlangsamt werden, indem den Zellen nicht ausreichend Nährstoffe zugeführt werden, ihnen Raum fehlt oder Hemmstoffe zugegeben werden, die lebenswichtige Prozesse wie die Proteinsynthese unterdrücken. Stets wird der Zellzyklus in der späten G_1-Phase angehalten. Daraus kann man folgern, dass die Progression von der G_1-Phase in die S-Phase ein entscheidender Kontrollpunkt des Zellzyklus ist. Bei der Hefe bezeichnet man diesen Kontrollpunkt als **Start**. Den Hefezellen müssen ausreichend Nährstoffe zur Verfügung stehen und sie müssen eine bestimmte Größe erreicht haben, bevor sie den Start passieren. Bei tierischen Zellen bezeichnet man den entsprechenden Kontrollpunkt als **Restriktionspunkt**. Die Fähigkeit, diesen Restriktionspunkt zu überschreiten, wird vom Vorhandensein extrazellulärer *Wachstumsfaktoren* beeinflusst. Das sind Proteine, die vielzellige Organismen zur Stimulierung oder Hemmung des Zellwachstums benötigen. Zellen, die erfolgreich den Restriktionspunkt hinter sich gelassen haben, gehen in die S-Phase über, während die Zellen, die den Restriktionspunkt nicht überschritten haben, in die G_0-Phase eintreten und in dieser unterschiedlich lange verweilen. Sie warten auf ein Signal, das ihnen den Wiedereintritt in die G_1-Phase erlaubt, und passieren dann den Restriktionspunkt.

Ein zweiter wichtiger Kontrollpunkt ist die G_2-M-Grenze, an der die Zelle in die Mitose übergeht. Bei bestimmten Zelltypen kann der Zellzyklus unendlich lange in der G_2-Phase aufgehalten werden, wenn die Zellteilung nicht erforderlich ist. Unter solchen Bedingungen treten die Zellen in einen Zustand ein, in dem sie sich nicht teilen und der mit der G_0-Phase analog ist. Der Stellenwert der Kontrollen, die während der späten G_2-Phase oder der späten G_1-Phase im Hinblick auf die Regulierung der Zellteilungsgeschwindigkeit ausgeübt werden, indem der Zellzyklus vorübergehend aufgehalten wird, unterscheidet sich je nach Organismus und Zelltyp. Im Allgemeinen wird der Durchlauf der Zelle durch den Zellzyklus bei vielzelligen Organismen in der späten G_1-Phase aufgehalten (am Restriktionspunkt). Es gibt auch einige wenige Fälle, beispielsweise die Teilung befruchteter Froscheizellen oder einige Hautzellen, für die der Stillstand durch den Kontrollpunkt in der G_2-Phase wichtiger ist.

Ein dritter Schlüsselkontrollpunkt liegt in der M-Phase am Übergang zwischen Metaphase und Anaphase. Dort entscheidet sich, ob die beiden Chromosomensätze in die sich neu bildenden Tochterzellen geschoben werden. Bevor die Zellen diesen Kontrollpunkt passieren können und die Anaphase einsetzt, müssen alle Chromosomen richtig an der Spindel befestigt sein. Wenn die beiden Chromatiden, aus denen jedes Chromosom besteht, nicht richtig an die gegenüberliegenden Spindelpole gebunden sind, dann wird der Zellzyklus so lange angehalten, bis die Anheftung an die Spindel erfolgt ist. Ohne diesen Mechanismus könnte nicht garantiert werden, dass jede der sich neu bildenden Tochterzellen einen vollständigen Chromosomensatz erhält.

Das Verhalten der Zellen an den verschiedenen Kontrollpunkten wird zum einen vom erfolgreichen Abschluss vorangegangener Ereignisse des Zellzyklus bestimmt (zum Beispiel das Anheften von Chromosomen an die Spindel) und zum anderen von Faktoren in der Zellumgebung (beispielsweise Nährstoffe und Wachstumsfaktoren). Unabhängig davon, welche Einflüsse überwiegen, werden ihre Auswirkungen auf die Progression des Zellzyklus von einer Gruppe verwandter Kontrollmoleküle vermittelt. Diese Kontrollmoleküle aktivieren oder hemmen Wechselwirkungskaskaden, die recht fein abgestimmt sein können. Schauen wir uns einmal an, wie diese Kontrollmoleküle identifiziert wurden und welche Funktionen sie ausführen.

18.5.3 Untersuchungen über Zellfusion und Zellzyklusmutanten führten zur Identifizierung von Molekülen, die den Zellzyklus kontrollieren

Die ersten Hinweise auf die Identität von Molekülen, welche die Progression des Zellzyklus steuern, ergaben sich aus Experimenten zur Zellfusion, die man in den späten 1970er Jahren durchführte. Bei diesen Untersuchungen verschmolz man zwei kultivierte Säugetierzellen, die sich in unterschiedlichen Phasen des Zellzyklus befanden, zu einer einzigen Zelle mit zwei Zellkernen – einem *Heterokaryon*. Aus ▸*Abbildung 18.22* können Sie folgendes entnehmen: wenn sich eine der Ausgangszellen in der S-Phase befindet und die andere Zelle in der G_1-Phase, dann initiiert der G_1-Zellkern schnell die DNA-Synthese, sogar dann, wenn er die S-Phase erst viele Stunden später erreicht hätte. Diese Beobachtungen weisen darauf hin, dass Zellen in der S-Phase Moleküle enthalten, die den Übergang von der G_1-Phase in die S-Phase auslösen. Bei den kontrollierenden Molekülen handelt es sich nicht einfach um Enzyme, die an der DNA-Replikation mitwirken, denn diese Enzyme können in den Zellen, die nicht in die S-Phase eintreten, in hoher Konzentration vorliegen.

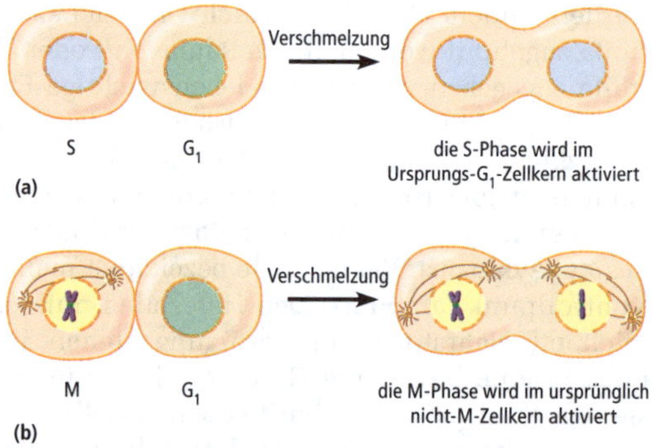

Abbildung 18.22: Nachweis der Rolle chemischer Signale bei der Regulation des Zellzyklus. Der Nachweis ergab sich aus Untersuchungen, bei denen man zwei Zellen zu verschiedenen Zeitpunkten des Zellzyklus miteinander verschmolz. Es entstand eine einzige Zelle mit zwei Zellkernen. Die Zellverschmelzung kann durch Zugabe bestimmter Viren, von Polyethylenglykol oder durch Anlegen eines kurzen elektrischen Impulses ausgelöst werden. Letzteres führt zur kurzzeitigen Destabilisierung der Plasmamembranen (Elektroporation). (a) Wenn Zellen in der S-Phase und der G_1-Phase verschmolzen werden, beginnt die DNA-Synthese im Ausgangs-G_1-Zellkern. Daraus kann man schließen, dass eine Substanz, welche die S-Phase aktiviert, in der S-Phase-Zelle enthalten ist. (b) Wenn Zellen in der M-Phase mit Zellen in irgendeiner anderen Phase verschmolzen werden, dann treten letztere sofort in die Mitose ein. Wenn sich die Zellen in der G_1-Phase befanden, dann haben sich die auftretenden verdichteten Chromosomen nicht repliziert und sind daher analog zu einzelnen Chromatiden.

Man hat auch Zellfusionsexperimente von Zellen in der Mitose mit Interphasezellen in der G_1-, der S- oder der G_2-Phase durchgeführt. Nach der Verschmelzung wird der Zellkern der Interphasezellen sofort in die frühen Stadien der Mitose getrieben, einschließlich Chromatinverdichtung zu erkennbaren Chromosomen, Spindelbildung und Fragmentierung der Kernhülle. Hätte sich die Interphasezelle in der G_1-Phase befunden, dann hätten sich die verdichteten Chromosomen nicht verdoppelt (▸*Abbildung 18.22b*).

Alle dargestellten Experimente legten die Schlussfolgerung nahe, dass im Cytoplasma enthaltene Moleküle für die Progression von Zellen von der G_1-Phase in die S-Phase und von der G_2-Phase in die Mitose verantwortlich sind. Wir verdanken den wissenschaftlichen Fortschritt der Identifizierung dieser den Zellzyklus kontrollierenden Moleküle den Untersuchungen zur Hefegenetik. Da es sich um einzellige Organismen handelt, die leicht kultivierbar sind und unter definierten Bedingungen im Labor untersucht werden können, eignen sich die Hefen besonders gut zur Erforschung der an der Zellzykluskontrolle mitwirkenden Gene.

Der Genetiker Leland Hartwell, der mit der Hefe *Saccharomyces cerevisiae* arbeitete, leistete bei der Entwicklung von Techniken zur Identifizierung von Hefemutanten, die an einem Punkt des Zellzyklus „hängenblieben", Pionierarbeit. Man könnte erwarten, dass die Untersuchung der meisten dieser Mutanten schwierig oder sogar unmöglich wäre, da ihr blockierter Zellzyklus sie an der Reproduktion hindern würde. Hartwell aber überwand dieses Hindernis mit Hilfe einer schlagkräftigen Strategie – dem Einsatz temperatursensitiver Mutanten.

Wie bereits zuvor in diesem Kapitel erwähnt, sind bei diesem Mutationstyp schädigende Wirkungen erst bei Temperaturen oberhalb der normalen Lebenstemperatur des Organismus erkennbar. Daher kann man Hefezellen, die eine temperatursensitive Mutation tragen, gut bei einer niedrigeren („permissiven") Temperatur kultivieren, auch wenn höhere Temperaturen deren Zellzyklen blockieren würden. Wahrscheinlich liegt das von dem mutierten Zellzyklus kodierte Protein so dicht am normalen Genprodukt, dass seine Funktion nicht von einer niedrigeren Temperatur beeinflusst wird, während die erhöhte Wärmeenergie bei höheren Temperaturen dessen aktive Konformation (die für die Funktion benötigte Molekülform) leichter aufbricht als beim normalen Protein.

Mit diesem Ansatz identifizierten Hartwell und seine Kollegen viele Gene, die am Zellzyklus von *S. cerevisiae* mitwirken, und fanden heraus, an welchem Punkt des Zyklus die Genprodukte wirken. Es war vorhersehbar, dass einige dieser Gene DNA-Replikationsproteine bilden. Andere Gene schienen an der Regulation des Zellzyklus beteiligt zu sein. Paul Nurse gelang eine bahnbrechende Entdeckung. Er führte ähnliche Experimente mit der Spalthefe (engl.: *fission yeast*) *Schizosaccharomyces pombe* durch. Nurse identifizierte ein Gen mit der Bezeichnung *cdc2*, dessen Aktivität für die Initiierung der Mitose benötigt wird – das heißt, zur Bewegung von Zellen durch den G_2-M-Kontrollpunkt. (Das Akronym *cdc* steht für Zellteilungszyklus, engl.: *cell division cycle*.) Man fand schnell heraus, dass das *cdc2*-Gen Gegenstücke in allen untersuchten eukaryotischen Zellen hatte. Als man die Eigenschaften des Proteins untersuchte, das vom *cdc2*-Gen kodiert wird, entdeckte man, dass es sich um eine *Proteinkinase* handelte – das heißt, ein Enzym, das den Transfer einer Phosphatgruppe von ATP auf spezielle Zielproteine katalysiert. Diese Entdeckung öffnete die Tür zur Entschlüsselung der Geheimnisse des Zellzyklus.

18.5.4 Die Progression durch den Zellzyklus wird von Cyclin-abhängigen Kinasen (Cdks) kontrolliert

Die Phosphorylierung von Zielproteinen durch Proteinkinasen und deren Dephosphorylierung durch Enzyme, die *Proteinphosphatasen*, sind weitverbreitete Mechanismen zur Regulation der Proteinaktivität, die auch sehr häufig bei der Kontrolle des Zellzyklus zum Einsatz kommen. Der Durchlauf durch den Zellzyklus wird von einer Reihe von Proteinkinasen angetrieben – darunter die Proteinkinase, die vom *cdc2*-Gen gebildet wird –, die nur dann enzymatische Aktivität zeigen, wenn sie an einen besonderen Typ von Aktivatorprotein gebunden sind, das **Cyclin**. Diese Proteinkinasen bezeichnet man daher als *Cyclin-abhängige Kinasen* oder einfach *Cdks* (engl.: *cyclin-dependent kinases*). Der eukaryotische Zellzyklus wird von mehreren verschiedenen Cdks kontrolliert, die an verschiedene Cycline binden. Daraus geht eine Vielzahl von Cdk-Cyclin-Komplexen hervor.

Wie ursprünglich schon Tim Hunt am Beispiel der Seeigelembryonen gezeigt hatte, beruht die Bezeichnung Cycline auf der Tatsache, dass ihre Konzentration in der Zelle während der verschiedenen Phasen des Zellzyklus steigt und fällt. Cycline, die für den G_2-M-Kontrollpunkt und die frühen Ereignisse der Mitose benötigt werden, bezeichnet man als *mitotische Cycline*, und die Cdks, an die sie binden, als *mitotische Cdks*. Ebenso werden für den Übergang vom G_1-Restriktionspunkt (oder Start) benötigte Cycline als *G_1-Cycline* bezeichnet und die Cdks, an die sie binden, als *G_1-Cdks*. Es gibt noch eine andere Gruppe von Cyclinen, die *S-Cycline*, die für Ereignisse gebraucht werden, die mit der DNA-Replikation während der S-Phase assoziiert sind. Unser heutiges Verständnis von Cdks und Cyclinen, das auf den Pionierarbeiten von Hartwell, Nurse und Hunt beruht, wurde 2001 mit dem Nobelpreis für Physiologie oder Medizin gewürdigt.

Wenn der Durchlauf durch kritische Punkte im Zellzyklus von einer Reihe verschiedener Cdks und Cycline kontrolliert wird, die in verschiedenen Kombinationen interagieren, wie wird dann die Aktivität dieser Proteinkomplexe reguliert? Eine Kontrollebene beruht auf der Verfügbarkeit von Cyclinmolekülen. Sie werden zur Aktivierung der Proteinkinaseaktivität der Cdks benötigt. Ein zweiter Regulationstyp läuft über die Phosphorylierung von Cdks. Wir werden beide Kontrolltypen beschreiben, wenn wir einen genaueren Blick auf ein mitotisches Cdk-Cyclin werfen, das den Übergang von der G_2-Phase in die Mitose kontrolliert.

18.5.5 Mitotisches Cdk-Cyclin treibt die Progression in den G_2-M-Übergang durch Phosphorylierung von Schlüsselproteinen an, die an den frühen Stadien der Mitose mitwirken

Der früheste Hinweis auf die Existenz von Kontrollmolekülen, die den Beginn der Mitose auslösen, stammt von Experimenten mit Froscheizellen. Reife Eizellen entwickeln sich durch Meiose aus Vorläuferzellen, den *Oocyten*. Die Meiose ist ein besonderer Typ der Zellteilung, bei der die Anzahl der Chromosomen halbiert wird, wenn sich die Eizellen oder die Spermien bilden (siehe *Kapitel 19*). Während der Eizellenreifung wird der Zellzyklus nach Beginn der Meiose kurzzeitig angehalten. Dann wartet die Oocyte auf die Stimulation durch ein geeignetes Hormon. Anschließend durchläuft die Oocyte die meisten Phasen der Meiose, wird aber während der Metaphase der zweiten der beiden aufeinanderfolgenden Kernteilungen, Meiose I und Meiose II, angehalten. Jetzt handelt es sich um eine „reife" Eizelle, die befruchtet werden kann. In wichtigen Experimenten wiesen Yoshio Masui und seine Kollegen Folgendes nach: wenn man das Cytoplasma einer reifen Eizelle in das Cytoplasma einer unreifen Oocyte injiziert, die auf ihre hormonelle Stimulation wartet, dann durchläuft die Oocyte sofort die Meiose. Masui stellte daher die Hypothese auf, dass eine im Cytoplasma vorhandene chemische Substanz, die er als **MPF (Reifungsfaktor**; engl.: *maturation-promoting factor***)** bezeichnete, die Reifung der Oocyte induziert (das heißt die meiotische Teilung).

In späteren Experimenten wurde bewiesen, dass MPF nicht nur die Meiose auslöst, sondern auch die Mitose, wenn man MPF in befruchtete Froscheizellen injiziert. Schon bald entdeckte man vergleichbare Moleküle im Cytoplasma einer ganzen Reihe sich teilender Zelltypen, darunter der Hefe, wirbelloser Meerestiere und von Säugetieren. Biochemische Untersuchungen dieser Mitose-induzierenden Moleküle zeigten, dass sie aus zwei Untereinheiten bestehen: einem Cdk und einem Cyclin. Mit anderen Worten, *MPF ist ein mitotischer Cdk-Cyclin-Komplex*. Außerdem ist der mitotische Cdk-Anteil dieses Komplexes fast mit dem Protein identisch, das vom *cdc2*-Gen der Hefe gebildet wird. Tatsächlich kann das menschliche Gen, das mitotisches Cdk kodiert, in Hefezellen mit einem defekten oder fehlenden *cdc*-Gen dieses Gen problemlos ersetzen, obwohl der letzte gemeinsame Vorfahre von Hefen und Menschen wahrscheinlich vor ungefähr einer Milliarde Jahren lebte!

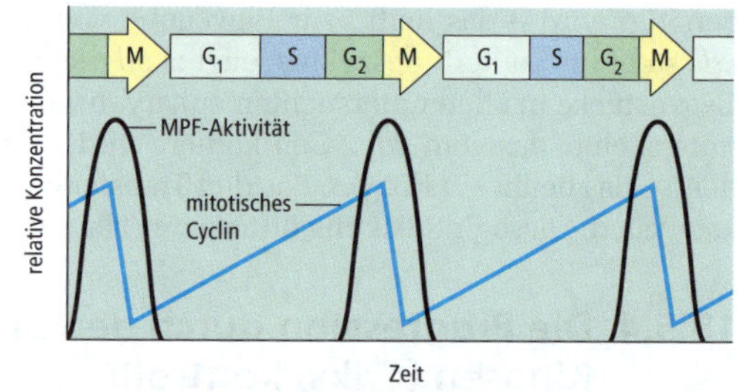

Abbildung 18.23: Schwankende Konzentrationen von mitotischem Cyclin sowie MPF-Aktivität während des Zellzyklus. Die zelluläre Konzentration von mitotischem Cyclin steigt während der Interphase (G_1-Phase, S-Phase, G_2-Phase und fällt dann abrupt in der M-Phase ab. Die Scheitelpunkte der MPF-Aktivität (experimentell ermittelt durch Testen der Fähigkeit, die Mitose zu stimulieren) und der Cyclinkonzentration entsprechen einander, obwohl der Anstieg der MPF-Aktivität erst dann signifikant wird, wenn Cyclin eine Schwellenkonzentration erreicht hat. Aktives MPF setzt sich aus einer Kombination aus mitotischem Cyclin und mitotischem Cdk zusammen. Das mitotische Cdk selbst liegt in konstanter Konzentration vor (im Bild nicht dargestellt), denn die Menge mitotischen Cdks nimmt mit einer Geschwindigkeit zu, die dem Wachstum der Zelle entspricht.

Nachdem man nun nachgewiesen hatte, dass es sich bei MPF um ein mitotisches Cdk-Cyclin handelte, das bei sehr vielen Zelltypen die Mitose auslöst, stellte sich die Frage, wie das mitotische Cdk-Cyclin kontrolliert wird, sodass es im richtigen Moment wirkt – also am Ende der G_2-Phase. Die Antwort liegt nicht in der Verfügbarkeit von mitotischem Cdk. Dessen Konzentration bleibt während des Zellzyklus relativ konstant. Mitotisches Cdk zeigt seine Aktivität als Proteinkinase nur, wenn es an mitotisches Cyclin gebunden ist, und mitotisches Cyclin liegt nicht immer in ausreichender Menge vor. Stattdessen steigt die Konzentration von mitotischem Cyclin während der G_1-Phase, der S-Phase und der G_2-Phase kontinuierlich an. Schließlich erreicht es am Ende der G_2-Phase einen kritischen Schwellenwert, woraufhin es mitotisches Cdk aktivieren kann, und dadurch wird der Beginn der Mitose ausgelöst (▸*Abbildung 18.23*). Nach der Hälfte der Mitose werden die Moleküle des mitotischen Cyclins plötzlich zerstört. Daraufhin sinkt die Aktivität des mitotischen Cdks, sodass keine weitere Mitose stattfinden kann, bis die Konzentration mitotischen Cyclins während des nächsten Zellzyklus wieder ansteigt.

Zur Aktivierung des mitotischen Cdks wird nicht nur mitotisches Cyclin benötigt, sondern es bedarf auch der Phosphorylierung und Dephosphorylierung des Cdk-Moleküls. Wie in ▸*Abbildung 18.24* dargestellt, entsteht durch Bindung von mitotischem Cyclin an mitotisches Cdk ein Cdk-Cyclin-Komplex, der zu Beginn inaktiv ist (Schritt ❶). Damit dieser Komplex die Mitose auslösen kann, muss an eine bestimmte Aminosäure im Cdk-Molekül eine aktivierende Phosphatgruppe angefügt werden. Bevor dieses Phosphat angefügt wird, phosphorylieren *hemmende* Kinasen das Cdk-Molekül an zwei anderen Stellen. Dadurch wird die aktive Stelle blockiert (Schritt ❷). Die aktivierende Phosphatgruppe, gelb unterlegt in Schritt ❸, wird dann durch eine spezifische *aktivierende* Kinase angefügt. Im letzten Schritt der Aktivierungssequenz werden die hemmenden Phosphate von einem spezifischen *Phosphatase*-Enzym entfernt (Schritt ❹). Wenn die Phosphatase mit dem Entfernen der hemmenden Phosphate beginnt, baut sich eine positive Rückkopplungsschleife auf: Das durch diese Reaktion aktivierte mitotische Cdk stimuliert die Phosphatase, wodurch der Aktivierungsvorgang schneller abläuft.

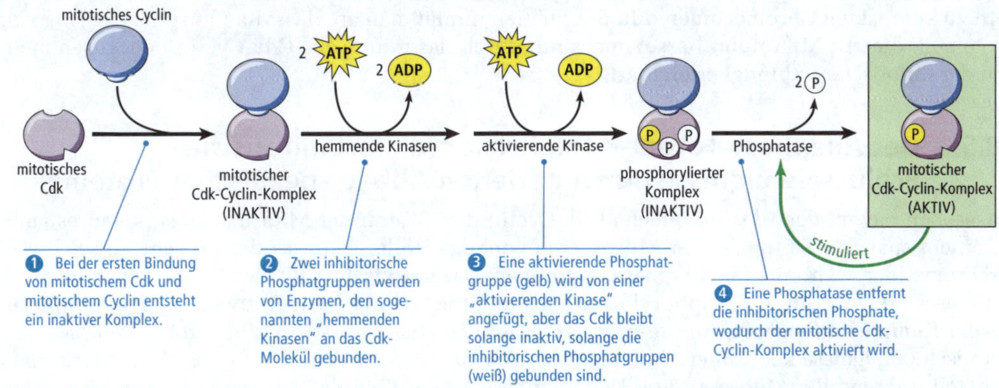

Abbildung 18.24: Regulation des mitotischen Cdk-Cyclins durch Phosphorylierung und Dephosphorylierung. Die Aktivierung von mitotischem Cdk-Cyclin erfolgt durch Anfügen hemmender oder aktivierender Phosphatgruppen. Anschließend entfernt eine Phosphatase die hemmenden Phosphatgruppen. Nachdem mit dem Abbau der hemmenden Phosphatgruppen in Schritt ❹ begonnen wurde, entsteht eine positive Rückkopplungsschleife: der von dieser Reaktion aktivierte Cdk-Cyclin-Komplex stimuliert die Phosphatase, woraufhin der Aktivierungsprozess schneller abläuft.

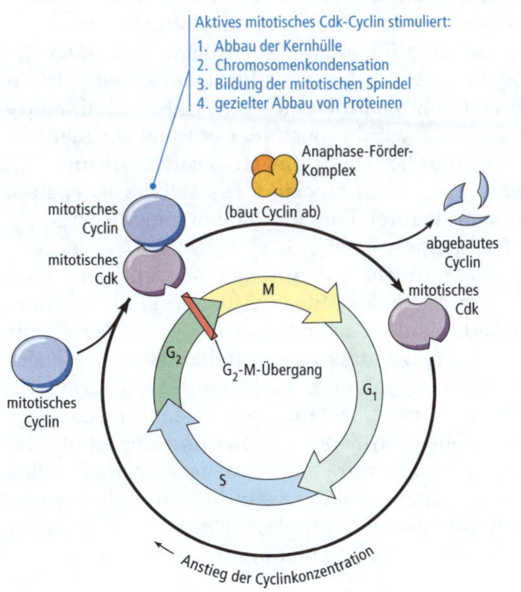

Abbildung 18.25: Der mitotische Cdk-Zyklus. Die Abbildung veranschaulicht Aktivierung und Inaktivierung des mitotischen Cdk-Proteins während des Zellzyklus. In der G_1-Phase, S-Phase und G_2-Phase wird während des Zellwachstums mit gleichbleibender Geschwindigkeit mitotisches Cdk gebildet, während die Konzentration von mitotischem Cyclin stetig sinkt. Mitotisches Cdk und Cyclin bilden einen aktiven Komplex, dessen Proteinkinaseaktivität den Zellzyklus durch den G_2-M-Kontrollpunkt in die Mitose vorantreibt, und zwar durch Stimulation der aufgeführten mitotischen Ereignisse. Indem der mitotische Cdk-Cyclin-Komplex einen Proteinabbauweg aktiviert, der Cyclin abbaut, bewirkt er auch seinen eigenen Abbau, wodurch der vollständige Ablauf der Mitose und der Eintritt in die G_1-Phase des nächsten Zellzyklus möglich werden.

Nachdem das mitotische Cdk-Cyclin durch die vorangegangenen Schritte aktiviert worden ist, löst dessen Proteinkinase-Aktivität den Beginn der Mitose aus (▸*Abbildung 18.25*). Wir haben bereits gesehen, dass zu den frühen Ereignissen der Mitose die Kondensation von Chromosomen, der Zusammenbau der mitotischen Spindel und der Abbau der Kernhülle gehören. Wie löst das mitotische Cdk-Cyclin diese Veränderungen aus? Im Fall des Abbaus der Kernhülle phosphoryliert (und stimuliert andere Kinasen zur Phosphorylierung) das mitotische Cdk-Cyclin die *Lamin*-Proteine der *Kernlamina*, an der die innere Kernmembran befestigt ist. Durch die Phosphorylierung depolymerisieren die Lamine, was zum Abbau der Kernlamina und zur Destabilisierung der Kernhülle führt. Die Integrität der Kernhülle wird zudem durch Phosphorylierung von mit der Kernhülle assoziierten Proteinen aufgebrochen, und kurz danach werden die Kernmembranen auseinandergerissen. Die Phosphorylierung weiterer Zielproteine durch mitotisches Cdk-Cyclin spielt auch bei anderen mitotischen Ereignissen eine Rolle. Zum Beispiel wirkt die Phosphorylierung eines Multiproteinkomplexes, dem sogenannten *Condensin*, an der Verdichtung von Chromatinfasern zu kompakten Chromosomen mit. Schließlich nimmt man an, dass die Phosphorylierung von Proteinen, die mit Mikrotubuli assoziiert sind, durch das mitotische Cdk-Cyclin den Zusammenbau der mitotischen Spindel erleichtert.

18.5.6 Der Anaphase-Förder-Komplex koordiniert mitotische Schlüsselereignisse durch gezielten Abbau spezifischer Proteine

Abgesehen davon, dass das mitotische Cdk-Cyclin den Beginn der Mitose auslöst, spielt es auch zu einem späteren Zeitpunkt der Mitose eine wichtige Rolle, wenn es darum geht, die Schwesterchromatiden während der Anaphase zu trennen. Das mitotische Cdk-Cyclin übt seinen Einfluss auf dieses Ereignis durch Phosphorylierung aus und trägt dadurch zur Aktivierung des **Anaphase-Förder-Komplexes** (engl.: *anaphase-promoting complex*) bei. Das ist ein Multiproteinkomplex, der mitotische Ereignisse koordiniert, indem er den Abbau mehrerer Schlüsselproteine an spezifischen Punkten während der Mitose fördert. Der Anaphase-Förder-Komplex ist eine Ubiquitin-Ligase, ein Enzymtyp, der spezifische Proteine zum Abbau markiert, indem er an sie das kleine Protein Ubiquitin anlagert. Mit Ubiquitin markierte Proteine werden anschließend durch einen Mechanismus zerstört, den wir in *Kapitel 22* erläutern werden.

Ein entscheidendes, für den Abbau durch den Anaphase-Förder-Komplex markiertes Protein ist **Securin**. Securin hemmt die Trennung der Schwesterchromatiden. Wie in ▸*Abbildung 18.26a* dargestellt, werden die Schwesterchromatiden vor der Anaphase durch Adhäsionsproteine zusammengehalten, die sogenannten **Cohäsine**. Sie werden in der S-Phase an neu gebildete chromosomale DNA gebunden und folgen der Bewegung der Replikationsgabel. Außerdem wirken die ringförmigen Cohäsin-Komplexe, die zusätzlich eine ATPase-Aktivität besitzen, bei der DNA-Reparatur mit. Securin hält die Bindung der Schwesterchromatiden aufrecht, indem es eine Protease mit der Bezeichnung **Separase** hemmt. Die Separase würde sonst die Cohäsine abbauen. Zu Beginn der Anaphase lagert der Anaphase-Förder-Komplex Ubiquitin an Securin an und löst dadurch dessen Abbau aus. Somit wird die Separase nicht mehr blockiert. Die aktivierte Separase spaltet dann Cohäsin. Jetzt sind die Schwesterchromatiden frei, können sich voneinander trennen und sich während der Anaphase in Richtung der Spindelpole bewegen.

Der Anaphase-Förder-Komplex initiiert die Anaphase, indem er den Abbau der Cohäsine veranlasst. Er induziert aber zudem Ereignisse, die mit dem Ende der Mitose assoziiert sind, indem er ein anderes für den Abbau wichtiges Protein markiert, nämlich das mitotische Cyclin. Der daraus resultierende Verlust von mitotischem Cyclin hat zur Folge, dass die Proteinkinaseaktivität des mitotischen Cdks abfällt. Es gibt Hinweise darauf, dass viele mit dem Austritt aus der Mitose assoziierte Veränderungen – beispielsweise die Cytokinese, die Chromosomenverdichtung und der Wiederzusammenbau der Kernhülle – von diesem Abbauschritt des Cyclins und der damit verknüpften Minderung der Cdk-Aktivität abhängen. Beispielsweise hat man nachgewiesen, dass man durch Einfügen einer nicht-abbaubaren Form von mitotischem Cyclin in Zellen die Cytokinese hemmen, den Wiederzusammenbau der Kernhülle blockieren und die Chromosomen an der Verdichtung hindern kann. Dadurch kann die Mitose nicht vollständig durchlaufen werden.

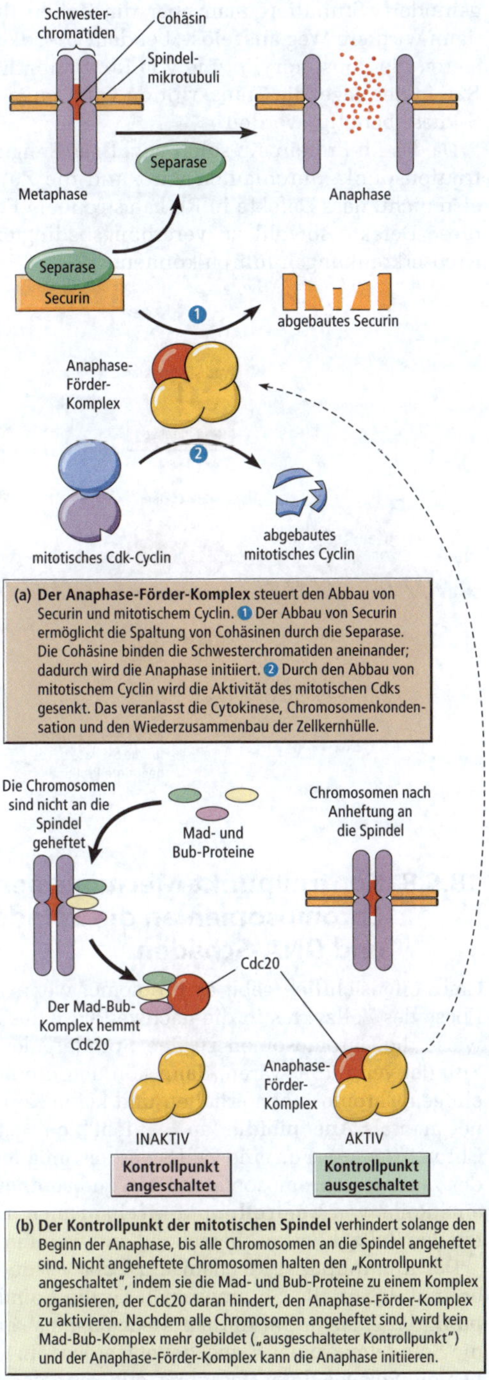

Abbildung 18.26: Der Anaphase-Förder-Komplex und der Kontrollpunkt der mitotischen Spindel. (a) Der Anaphase-Förder-Komplex kontrolliert die letzten Stadien der Mitose, indem er ausgewählte Proteine für den Abbau markiert. Dazu zählen Securin und mitotisches Cyclin. (b) Modell des Kontrollpunkts der mitotischen Spindel. Es stellt dar, wie Chromosomen, die nicht an die Spindel angeheftet sind, einen Komplex aus Mad- und Bub-Proteinen bilden könnten, der den Anaphase-Förder-Komplex hemmt. Dadurch wird der Beginn der Anaphase so lange aufgehalten, bis alle Chromosomen an die Spindel angeheftet sind.

(a) Der Anaphase-Förder-Komplex steuert den Abbau von Securin und mitotischem Cyclin. ❶ Der Abbau von Securin ermöglicht die Spaltung von Cohäsinen durch die Separase. Die Cohäsine binden die Schwesterchromatiden aneinander; dadurch wird die Anaphase initiiert. ❷ Durch den Abbau von mitotischem Cyclin wird die Aktivität des mitotischen Cdks gesenkt. Das veranlasst die Cytokinese, Chromosomenkondensation und den Wiederzusammenbau der Zellkernhülle.

(b) Der Kontrollpunkt der mitotischen Spindel verhindert solange den Beginn der Anaphase, bis alle Chromosomen an die Spindel angeheftet sind. Nicht angeheftete Chromosomen halten den „Kontrollpunkt angeschaltet", indem sie die Mad- und Bub-Proteine zu einem Komplex organisieren, der Cdc20 daran hindert, den Anaphase-Förder-Komplex zu aktivieren. Nachdem alle Chromosomen angeheftet sind, wird kein Mad-Bub-Komplex mehr gebildet („ausgeschalteter Kontrollpunkt") und der Anaphase-Förder-Komplex kann die Anaphase initiieren.

18.5.7 G_1-Cdk-Cyclin reguliert die Progression durch den Restriktionspunkt durch Phosphorylierung von Rb-Protein

Nachdem wir uns mit der Rolle des mitotischen Cdk-Cyclins bei Kontrollvorgängen während der Mitose beschäftigt haben, wollen wir uns kurz einen anderen Cdk-Cyclintyp anschauen, der den Eintritt in die S-Phase reguliert. Wir haben bereits erwähnt, dass der Restriktionspunkt (Start bei der Hefe) ein Kontrollmechanismus der späten G_1-Phase ist, der darüber entscheidet, ob eine Zelle in die S-Phase eintritt, den weiteren Zellzyklus durchläuft und sich teilen wird. Die Passage durch den Restriktionspunkt ist der wichtigste Schritt, der eine Zelle darauf festlegt, den Zellteilungszyklus zu durchlaufen. Dieser Schritt wird durch eine Reihe von Faktoren kontrolliert, beispielsweise die Zellgröße, die Verfügbarkeit von Nährstoffen und die Gegenwart von Wachstumsfaktoren, welche die Notwendigkeit des Zellwachstums signalisieren.

Die Signale erzielen ihre Wirkung durch Aktivierung von G_1-Cdk-Cyclin, dessen Proteinkinaseaktivität durch Phosphorylierung mehrerer Zielproteine die Progression durch den Restriktionspunkt auslöst. Eines der Zielproteine ist das Rb-Protein, ein Molekül, das die Expression von Genen kontrolliert, deren Genprodukte für die Bewegung durch den Restriktionspunkt in die S-Phase benötigt werden. Der molekulare Mechanismus, über den Rb seine Kontrolle ausführt, ist in ▸*Abbildung 18.27* zusammenfassend dargestellt. Bevor Rb vom G_1-Cdk-Cyclin phosphoryliert wird, bindet Rb an den **E2F-Transkriptionsfaktor** und hemmt diesen. Der E2F-Transkriptionsfaktor ist ein Protein, das sonst die Transkription von Genen aktivieren würde, die Produkte kodieren, welche für den Beginn der DNA-Replikation benötigt werden. Solange das Rb-Protein an E2F gebunden bleibt, ist das E2F-Molekül inaktiv und diese Gene ruhen. Dadurch wird die Zelle am Eintritt in die S-Phase gehindert. Stimuliert man aber die Zellen durch Zugabe von Wachstumsfaktoren zur Teilung, dann wird ein Weg ausgelöst, bei dem G_1-Cdk-Cycline gebildet und aktiviert werden. Diese katalysieren die Phosphorylierung von Rb. Dadurch vermag Rb nicht mehr an E2F zu binden. Somit ist E2F in der Lage, die Transkription von Genen zu aktivieren, deren Produkte für den Eintritt in die S-Phase benötigt werden.

Da das Rb-Protein ein solch wichtiges Ereignis reguliert – nämlich die Entscheidung, ob der Restriktionspunkt durchlaufen wird und die Zelle somit den Zellzyklus abschließt – überrascht es also nicht, dass Defekte in Rb katastrophale Folgen haben. In *Kapitel 23* werden Sie erfahren, wie diese Defekte sowohl zu vererbungsbedingten als auch zu durch Umwelteinflüsse ausgelösten Krebserkrankungen führen können.

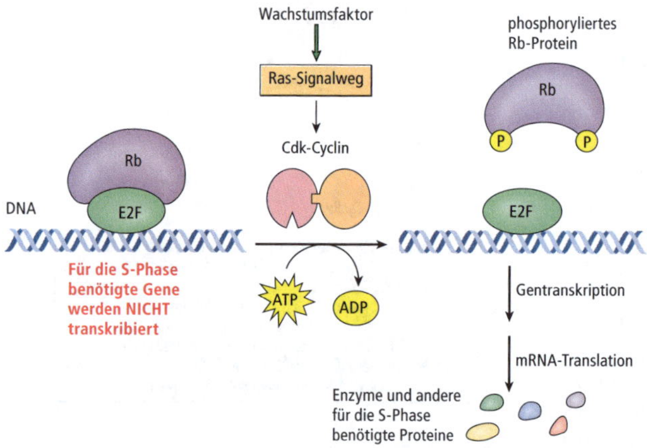

Abbildung 18.27: Die Rolle des Rb-Proteins bei der Kontrolle des Zellzyklus. Im dephosphorylierten Zustand bindet das Rb-Protein an den E2F-Transkriptionsfaktor. Diese Bindung hindert E2F an der Aktivierung der Transkription von Genen, die Proteine kodieren, die für die DNA-Replikation benötigt werden und die gebraucht werden, bevor die Zelle durch den Restriktionspunkt in die S-Phase übergehen kann. In Zellen, die man mit Wachstumsfaktoren angeregt hat, wird der Ras-Weg aktiviert (siehe *Abbildung 18.29*). Dieser führt zur Bildung und Aktivierung des G_1-Cdk-Cyclin-Komplexes, der das Rb-Protein phosphoryliert. Das phosphorylierte Rb kann nicht mehr an E2F binden, wodurch E2F die Gentranskription aktivieren und den Beginn der S-Phase auslösen kann. Während der nachfolgenden M-Phase (nicht dargestellt), wird das Rb-Protein dephosphoryliert, sodass es wieder E2F hemmen kann.

18.5.8 Kontrollpunkt-Mechanismen überwachen die Anheftung der Chromosomen an die Spindel, den Durchlauf der DNA-Replikation und DNA-Schäden

Ganz offensichtlich gäbe es Probleme, wenn Zellen von einer nicht vollständig abgeschlossenen Phase des Zellzyklus in die nächste Phase des Zellzyklus übergehen könnten. Wenn sich beispielsweise die Chromosomen zu den Spindelpolen bewegen würden, bevor sie nicht alle gut mit der Spindel verknüpft wären, dann könnten die neu gebildeten Tochterzellen zusätzliche Kopien von einigen Chromosomen erhalten und keine Kopien anderer Chromosomen. Diesen Zustand bezeichnet man als **Aneuploidie** (an = „nicht", eu = „gut", und „ploidie" bezieht sich auf die Anzahl der Chromosomen). Für eine Zelle wäre es möglicherweise gefährlich, die Mitose vor der Replikation der gesamten chromosomalen DNA zu beginnen. Die Zelle nutzt zur Minimierung möglicher Fehler eine Reihe von **Kontrollpunkt-M**echanismen. Diese überwachen den Zustand in der Zelle und halten den Zellzyklus vorübergehend auf, wenn ungünstige Bedingungen vorherrschen.

Der Kontrollpunkt-Mechanismus, der verhindert, dass die Chromosomenbewegung der Anaphase beginnt, bevor alle Chromosomen an die Spindel angeheftet sind, wird als **Mitosespindel-Kontrollpunkt** bezeichnet. Bei diesem Mechanismus senden die Chromosomen, deren Kinetochore *nicht* an die Spindelmikrotubuli *angeheftet* werden, ein „Wartesignal" aus, das den Anaphase-Förder-Komplex hemmt. Solange diese Hemmung gilt, kann der Abbau von Cohäsinen, von denen die Schwesterchromatiden zusammengehalten werden, nicht ausgelöst werden. Die genaue molekulare Grundlage des Wartesignals ist noch nicht geklärt, aber Mitglieder der *Mad-* und *Bub-Proteinfamilien* spielen eine Rolle. Einem Modell zufolge sammeln sich die Mad- und Bub-Proteine an nicht angehefteten chromosomalen Kinetochoren. Dort werden sie in einen Multiproteinkomplex umgewandelt, der den Anaphase-Förderkomplex hemmt, indem sie die Wirkung eines der wichtigsten Aktivatoren dieses Komplexes blockieren, des *Cdc20*-Proteins (siehe ▸*Abbildung 18.26b*). Nachdem alle Chromosomen an die Spindel angeheftet wurden, werden keine Mad- und Bub-Proteine mehr in diesen inhibitorischen Komplex umgewandelt. Dadurch ist der Anaphase-Förder-Komplex frei und kann den Beginn der Anaphase initiieren.

Ein zweiter Kontrollpunktmechanismus, der **DNA-Replikations-Kontrollpunkt**, überwacht den Status der DNA-Replikation, um sicherzustellen, dass die DNA-Synthese abgeschlossen ist, bevor die Zelle aus der G_2-Phase tritt und mit der Mitose beginnt. Der Nachweis dieses Kontrollpunktes ging aus der Behandlung von Zellen mit Inhibitoren hervor, die einen Durchlauf der DNA-Replikation hemmen. Unter solchen Bedingungen wird die Phosphatase, die den letzten Dephosphorylierungsschritt katalysiert, der an der Aktivierung von mitotischem Cdk-Cyclin mitwirkt (siehe ▸*Abbildung 18.24*, ❷), durch eine Signalkaskade gehemmt, die von Proteinen ausgelöst wird, die mit der DNA-Replikation in Zusammenhang stehen.

Ein dritter Kontrollpunkt-Mechanismus trägt dazu bei, Zellen mit beschädigter DNA am weiteren Durchlaufen des Zellzyklus zu hindern, es sei denn, der DNA-Schaden wird vorher repariert. In diesem Fall stehen mehrere Reihen von **DNA-Schadens-Kontrollpunkten** zur Verfügung, welche die DNA nach Schäden abtasten und den Zellzyklus an verschiedenen Punkten anhalten können – während der späten G_1-Phase, der S- Phase und der G_2-Phase –, indem sie verschiedene Cdk-Cyclin-Komplexe hemmen. Ein Protein mit der Bezeichnung **p53**, das man gelegentlich als „Wächter des Genoms" bezeichnet, spielt bei diesen Kontrollpunkt-Mechanismen eine zentrale Rolle. In ▸*Abbildung 18.28* ist folgender Ablauf dargestellt: wenn Zellen auf Wirkstoffe treffen, die große Doppelstrangbrüche in der DNA verursachen, dann löst die veränderte DNA die Aktivierung eines Enzyms mit der Bezeichnung *ATM-Proteinkinase* aus. (ATM steht für A*taxia* T*elangiectasia* M*utated*; Mutationen des ATM-Gens können zu Defekten im Kleinhirn führen. Sie bedingen unkoordinierte Bewegungen sowie aus dem Weiß der Augen hervortretende Blutgefäße). Die Serin-Proteinkinase ATM katalysiert die Phosphorylierung von Kinasen, den sogenannten *Kontrollpunktkinasen*. Die Kontrollpunktkinasen phosphorylieren p53 (und mehrere andere Zielproteine). Durch Phosphorylierung von p53 wird verhindert, dass es mit *Mdm2* interagiert, einem Protein, das sonst p53 durch Anlagerung von Ubiquitin für den Abbau markieren würde (genauso wie der Anaphase-Förder-Komplex Proteine für den Abbau durch Anlagerung von Ubiquitin markiert). Die von ATM katalysierte Phosphorylierung von p53 schützt p53 daher vor dem Abbau und

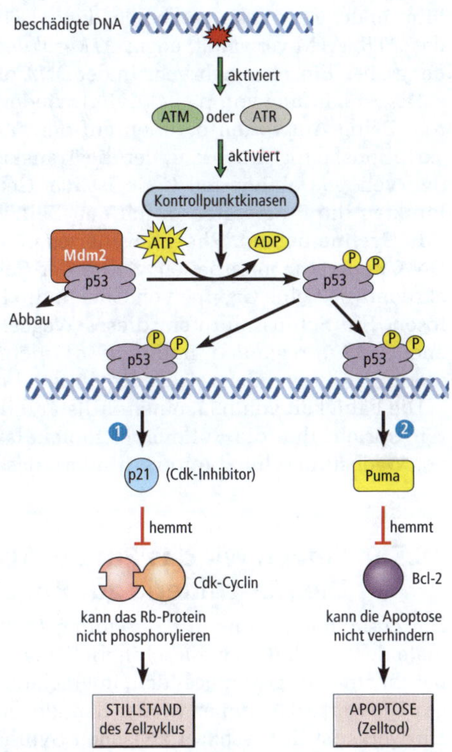

Abbildung 18.28: Die Rolle des p53-Proteins bei der Antwort auf DNA-Schäden. Beschädigte DNA aktiviert die ATM- oder ATR-Proteinkinase, was zur Aktivierung von Kontrollpunktkinasen führt. Daraufhin erfolgt die Phosphorylierung des p53-Proteins. Die Phosphorylierung stabilisiert p53, indem dessen Wechselwirkung mit Mdm2 blockiert wird, einem Protein, das sonst p53 für den Abbau markieren würde. (Der Abbaumechanismus ist nicht dargestellt, aber die Anlagerung von Ubiquitin an p53 wird durch Katalyse von Mdm2 bewerkstelligt. Ubiquitin markiert Moleküle für die wichtigste Proteinabbau-Maschinerie der Zelle, das Proteosom.) Wenn die Wechselwirkung zwischen p53 und Mdm2 durch Phosphorylierung von p53 blockiert wurde, sammelt sich das phosphorylierte p53-Protein an und löst zwei Ereignisse aus: ❶ Das p53-Protein bindet an die DNA und aktiviert die Transkription des Gens, das p21-Protein kodiert, einen Cdk-Inhibitor. Die daraus resultierende Hemmung von Cdk-Cyclin verhindert die Phosphorylierung des Rb-Proteins. Dann kommt der Zellzyklus am Restriktionspunkt zum Stillstand. ❷ Wenn der DNA-Schaden nicht repariert werden kann, dann aktiviert p53 Gene, die eine Gruppe von Proteinen kodieren, die durch Apoptose den Zelltod auslösen. Ein Schlüsselprotein ist Puma. Puma begünstigt die Apoptose, indem es an den Apoptoseinhibitor Bcl-2 bindet und dessen Wirkung blockiert.

führt in der Gegenwart von beschädigter DNA zur Bildung von p53. Ein mit ATM verwandtes Protein, das *ATR* (ATM-verwandt, engl.: *ATM-related*), hat eine ähnliche Wirkungsweise, führt aber aufgrund der großen Einzelstrangbrüche in der DNA einen Stillstand des Zellzyklus herbei.

Die Anhäufung von p53 aktiviert wiederum zwei Ereignisse: *Stillstand des Zellzyklus* und *Zelltod*. Beide Antworten beruhen auf der Fähigkeit von p53, an die DNA zu binden und als Transkriptionsfaktor zu wirken, der die Transkription spezifischer Gene anregt. Eines der entscheidenden von p53 aktivierten Gene ist das Gen, welches **p21** kodiert, ein Protein, das an mehreren Punkten die Progression durch den Zellzyklus aufhält, indem es die Aktivität mehrerer anderer Cdk-Cycline hemmt. Phosphoryliertes p53 stimuliert auch die Bildung von Enzymen, die an der DNA-Reparatur mitarbeiten. Sollte der Schaden allerdings nicht behoben werden können, dann aktiviert p53 eine Gruppe von Genen, die Proteine kodieren, die den Zelltod durch Apoptose auslösen. Ein Schlüsselprotein dieses Weges, **Puma (p53-hochregulierter Modulator der Apoptose**, engl.: *p53 upregulated modulator of apoptosis*), fördert die Apoptose durch Bindung und Inaktivierung des normalerweise auftretenden Inhibitors der Apoptose, *Bcl-2*.

Die Fähigkeit von p53, einen Stillstand des Zellzyklus auszulösen und den Zelltod herbeizuführen, spricht ihm die Rolle eines molekularen Stoppsignals zu, das die Zellen mit DNA-Schäden vor Wachstum schützt und verhindert, dass der Schaden an die Tochterzellen weitergegeben wird.

18.5.9 Setzen wir das Puzzle zusammen: Die Maschinerie zur Regulation des Zellzyklus

Die Zusammenfassung in ▸*Abbildung 18.29* verallgemeinert und vereinfacht die wichtigsten Merkmale der molekularen „Maschinerie", die den eukaryotischen Zellzyklus reguliert. Die Maschinerie beruht auf zwei grundlegenden, interagierenden Mechanismen. Ein Mechanismus ist ein unabhängiges Uhrwerk, das immer wieder den gleichen Zyklus durchläuft. Die molekulare Grundlage dieses Uhrwerks ist der Wechsel zwischen Synthese und Abbau von Cyclinen. Diese Cycline binden an Cdk-Moleküle, aus denen verschiedene Cdk-Cyclin-Komplexe hervorgehen, die den Durchlauf von

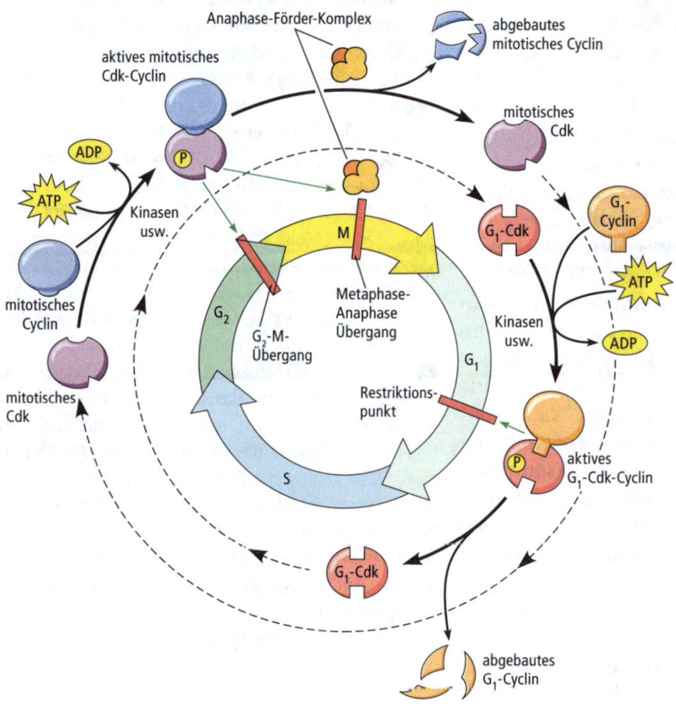

Abbildung 18.29: Allgemeines Modell der Regulation des Zellzyklus. Der Durchlauf durch die drei wichtigsten Kontrollpunkte des Zellzyklus wird von Proteinkomplexen ausgelöst, die aus Cyclin und Cdk bestehen. Diese phosphorylieren andere Proteine und induzieren so das Fortschreiten durch den Kreislauf. G_1-Cdk-Cyclin wirkt am Restriktionspunkt, indem es die Phosphorylierung von Rb-Protein katalysiert. Mitotisches Cdk-Cyclin wirkt am G_2-M-Grenzübergang durch Phosphorylierung von Proteinen, die an der Chromosomenverdichtung, dem Abbau der Kernhülle und dem Zusammenbau der Spindel mitwirken. Das gleiche mitotische Cdk-Cyclin beeinflusst den Übergang von der Metaphase in die Anaphase durch Katalyse der Phosphorylierung des Anaphase-Förder-Komplexes, der wiederum die Trennung der Chromosomen und den Abbau des mitotischen Cyclins auslöst. Kontrollpunkt-Mechanismen, welche die Zelle nach DNA-Schäden, DNA-Replikation und Chromosomenanheftung an die Spindel durchsuchen, können Signale aussenden, die den Zellzyklus an einem oder mehreren dieser Schlüsselkontrollpunkte anhalten.

Zellen durch die wichtigsten Kontrollpunkte des Zellzyklus auslösen. Der zweite Mechanismus stellt das Uhrwerk je nach Bedarf ein, indem er eine Rückmeldung aus dem Inneren der Zelle und der Zellumgebung liefert. Dieser Mechanismus nutzt weitere Proteine, die, direkt oder indirekt, die Aktivität von Cdk und Cyclinen beeinflussen. Viele dieser zusätzlichen Proteine sind Proteinkinasen oder Phosphatasen. Dieser Teil der Zellzyklusmaschinerie gibt Information über den Zustand des Metabolismus der Zelle – darunter DNA-Schäden und DNA-Reparatur – und über die außerhalb der Zelle herrschenden Bedingungen. Dadurch wird Einfluss darauf genommen, ob die Zelle weiterhin am Prozess der Zellteilung teilnehmen soll. Im nächsten Abschnitt werden wir sehen, dass Signalmoleküle das Wachstum fördern und hemmen können. Diese Signalmoleküle befinden sich außerhalb der Zelle und sind wichtige Komponenten dieses regulatorischen Mechanismus.

18.6 Wachstumsfaktoren und Zellwachstum und -vermehrung

Einfache einzellige Organismen wie Bakterien oder Hefen leben unter Bedingungen, in denen eine ausreichende Nährstoffversorgung aus der äußeren Zellumgebung der ausschlaggebende Faktor dafür ist, ob die Zellen wachsen und sich teilen. Bei vielzelligen Organismen verhält es sich umgekehrt. Die Zellen sind typischerweise von einer nährstoffreichen extrazellulären Flüssigkeit umgeben, aber der Organismus als Ganzer würde schnell absterben, wenn jede Zelle ständig wachsen und sich teilen würde, nur weil ausreichend Nährstoffe zur Verfügung stehen. Eine Krebserkrankung ist eine potenziell tödliche Erinnerung daran, was passieren würde, wenn das Zellwachstum unvermindert und ohne Koordination mit den Bedürfnissen des gesamten Organismus weiterginge. Vielzellige Organismen nutzen extrazelluläre Signalproteine, die *Wachstumsfaktoren*, um die Geschwindigkeit des Zellwachstums zu kontrollieren. Die meisten Wachstumsfaktoren sind *Mitogene*; das bedeutet, dass sie Zellen dazu stimulieren, den Restriktionspunkt zu passieren und sich anschließend durch Mitose zu teilen.

18.6.1 Stimulierende Wachstumsfaktoren aktivieren den Ras-Weg

Wenn man Säugetierzellen in ein Kulturmedium gibt, das Nährstoffe und Vitamine, jedoch keine Wachstumsfaktoren enthält, dann wird das Wachstum normalerweise in der G_1-Phase angehalten, obwohl entsprechende Nährstoffe zur Verfügung stehen. Wachstum und Zellteilung können durch Zugabe geringer Mengen von Serum (flüssiger, zellfreier Anteil des Blutes) ausgelöst werden, das mehrere stimulierende Wachstumsfaktoren enthält. Zu diesen gehört der **Blutplättchen-Wachstumsfaktor (PDGF**, engl.: *platelet-derived growth factor*), ein Protein, das von den Blutplättchen gebildet wird und das Wachstum von Bindegewebezellen und Zellen der glatten Muskulatur anregt. Ein anderer wichtiger Wachstumsfaktor ist der **epidermale Wachstumsfaktor (EGF**; engl.: *epidermal growth factor*), der in vielen Geweben und Blutflüssigkeiten vorkommt. EGF wurde erstmalig von Stanley Cohen aus den Speicheldrüsen von Mäusen isoliert. Stanley Cohen erhielt 1987 den Nobelpreis für seine Pionierarbeiten auf dem Gebiet der Wachstumsfaktoren.

Wachstumsfaktoren wie PDGF und EGF binden an Plasmamembranrezeptoren auf der Oberfläche von Zielzellen. In *Kapitel 13* haben Sie gelernt, dass die Rezeptoren dieser Wachstumsfaktoren Tyrosinkinaseaktivität besitzen. Die Bindung eines Wachstumsfaktors an seinen Rezeptor aktiviert dessen Tyrosinkinaseaktivität, was zur Phosphorylierung der Tyrosinreste in dem Teil des Rezeptormoleküls führt, der in das Cytosol hineinragt. Die Phosphorylierung dieser Tyrosine löst wiederum eine komplexe Signalkaskade von Ereignissen aus, die darin gipfeln, dass die Zelle den Restriktionskontrollpunkt durchschreitet und in die S-Phase eintritt. Der in *Kapitel 13* vorgestellte Ras-Weg spielt bei diesen Ereignissen eine zentrale Rolle, was man durch Untersuchungen mit Zellen nachgewiesen hat, deren Zellteilung ausgesetzt hatte, weil keine Wachstumsfaktoren anwesend waren. Wenn man mutierte, hyperaktive Formen des Ras-Proteins in Zellen injiziert, so treten sie in die S-Phase ein und beginnen mit der Teilung. Umgekehrt geschieht Folgendes: Wenn man in Zellen Antikörper injiziert, die das Ras-Protein inaktivieren, dann sind diese Zellen als Antwort auf die Stimulation durch Wachstumsfaktoren nicht mehr in der Lage, in die S-Phase einzutreten und sich zu teilen.

Wie wirkt sich der Ras-Weg auf den Zellzyklus aus? Wie in ▸ *Abbildung 18.30* dargestellt, besteht dieser Vorgang aus mehreren Schritten. ❶ Zunächst führt die Bindung eines Wachstumsfaktors an seinen Rezeptor an der Plasmamembran zur Aktivierung von Ras. ❷ Das aktivierte Ras bewirkt die Phosphorylierung und Aktivierung einer Proteinkinase mit der Bezeichnung *Raf*, die eine Kaskade von

Phosphorylierungsereignissen auslöst. Die aktivierte Raf phosphoryliert Serin- und Threoninreste in einer Proteinkinase, *MEK*, die wiederum Threonin- und Tyrosinreste in einer Gruppe von Proteinkinasen phosphoryliert, den sogenannten *MAP-Kinasen (Mitogen-aktivierte Proteinkinase, MAPK*; engl.: *mitogen-activated protein kinases)*. ❸ Die aktivierten MAPKs wandern in den Zellkern und phosphorylieren mehrere regulatorische Proteine, welche die Transkription spezifischer Gene aktivieren. Zu diesen Proteinen gehören *Jun* (eine Komponente des AP-1-Transkriptionsfaktors) sowie Mitglieder der *Ets-Familie* der Transkriptionsfaktoren. Diese aktivierten Transkriptionsfaktoren schalten die Transkription „früher Gene“ an, welche die Bildung weiterer Transkriptionsfaktoren kodieren, darunter Myc, Fos und Jun. Diese aktivieren die Transkription einer Familie „später Gene“. Eines dieser späten Gene kodiert den E2F-Transkriptionsfaktor. Dessen Rolle bei der Kontrolle des Eintritts in die S-Phase haben wir weiter oben in diesem Kapitel erläutert. ❹ Zu den späten Genen gehören auch mehrere Gene, die entweder Cdk- oder Cyclinmoleküle kodieren, deren Entstehung zur Bildung von Cdk-Cyclin-Komplexen führt, die Rb phosphorylieren und somit den Übergang von der G_1- in die S-Phase auslösen.

Somit kann der Ras-Weg also zusammenfassend als komplexe Signalkaskade mit vielen Schritten verstanden werden, in dem die Bindung eines Wachstumsfaktors an einen Rezeptor auf der Zelloberfläche letztendlich die Zelle dazu veranlasst, durch den Restriktionspunkt in die S-Phase einzutreten. Damit steht die Zelle am Beginn eines Weges, der mit der Zellteilung abschließt. Die Bedeutung dieses Weges für die Kontrolle der Zellproliferation wurde durch die Entdeckung unterstrichen, dass Mutationen des Ras-Wegs häufig in Krebszellen auftreten. So findet man beispielweise mutierte Ras-Proteine, welche die Zellproliferation ständig unabhängig von der Stimulation durch Wachstumsfaktoren anregen, häufig in Bauchspeicheldrüsen-, Darm-, Lungen- und Blasenkrebstumoren. Sie treten bei ungefähr 25–30 % aller Krebserkrankungen des Menschen auf. In *Kapitel 23* werden wir die Rolle solcher Mutationen des Ras-Wegs bei der Entstehung von Krebs eingehend beschreiben.

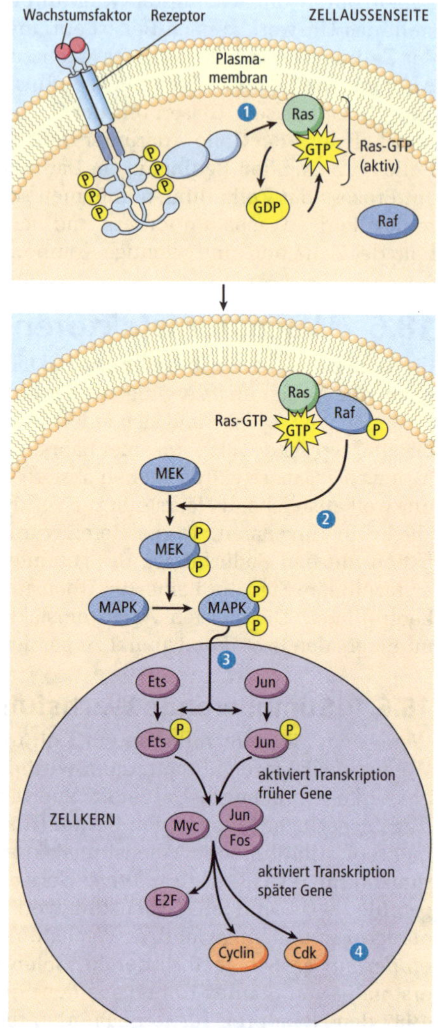

Abbildung 18.30: Regulation des Zellzyklus über den Ras-Weg. Die Regulation des Zellzyklus durch Ras setzt sich aus vier Schritten zusammen: ❶ Bindung eines Wachstumsfaktors an seinen Rezeptor. Dies führt zur Aktivierung des Ras-Proteins. ❷ Aktivierung einer Kaskade cytoplasmatischer Proteinkinasen (Raf, MEK und MAPK). ❸ Aktivierung und Bildung von Kerntranskriptionsfaktoren (Ets, Jun, Fos, Myc, E2F) und ❹ Synthese von Cyclin und Cdk-Molekülen. Die daraus hervorgehenden Cdk-Cyclin-Komplexe katalysieren die Phosphorylierung von Rb und lösen somit den Übergang von der G_1-Phase in die S-Phase aus. (MAPK = MAP-Kinasen).

18.6.2 Stimulierende Wachstumsfaktoren können auch den PI3K-Akt-Weg aktivieren

Wenn ein Wachstumsfaktor an einen Rezeptor bindet, der den Ras-Weg auslöst, kann der aktivierte Rezeptor gleichzeitig auch andere Wege aktivieren. Ein Beispiel, mit dem wir uns in *Kapitel 13* im Zusammenhang mit der Insulinsignalisierung beschäftigt haben, ist der PI-3-Kinase-Akt-Weg. Dieser Weg beginnt mit der Rezeptor-induzierten Aktivierung von Phosphatidylinositol-3-Kinase (abgekürzt *PI-3-Kinase* oder *PI3K*). Sie katalysiert die Bildung von PIP_3 (Phosphatidylinositol-3,4,5-Trisphosphat). Das führt letztendlich zur Phosphorylierung und

Aktivierung von *Akt*. Akt vermag auf Grund seiner Fähigkeit, die Phosphorylierung mehrerer wichtiger Zielproteine zu katalysieren, die Apoptose zu unterdrücken (siehe nächster Abschnitt dieses Kapitels) und blockiert das Anhalten des Zellzyklus (▸*Abbildung 18.31*). Ein Mechanismus zur Unterdrückung der Apoptose läuft über die Aktivierung eines monomeren G-Proteins, des Rheb (engl.: *Ras homolog enriched in brain*). Die Aktivierung von Rheb führt zur Aktivierung von TOR, einem Schlüsselregulator des Zellwachstums, den wir bereits früher in diesem Kapitel erwähnten. Der Nettoeffekt des PI-3-Kinase-Akt-Signalisierungswegs besteht also darin, Zellüberleben und Zellwachstum zu fördern.

Wie beim Ras-Weg sind auch hier Mutationen, die das normale Verhalten des PI-3-Kinase-Akt-Signalisierungswegs unterbrechen, mit vielen Formen von Krebserkrankungen assoziiert. In einigen Fällen führen diese Mutationen zu übermäßiger Aktivität des Akt-Proteins, sodass das Wachstum der Zellen unmäßig ansteigt und die Zellen überleben. In anderen Fällen beruht die Hyperaktivität des PI-3-Kinase-Akt-Signalisierungswegs auf Mutationen, die Proteine funktionsuntüchtig machen, die diesen Weg normalerweise hemmen. Eines dieser Proteine ist *PTEN*, (engl.: *Phosphatase and Tensin homolog*), eine Phosphatase, die eine Phosphatgruppe von PIP_3 entfernt und dadurch die Aktivierung von Akt verhindert. Wenn PTEN durch Mutationen unterbrochen wird, dann kann die Zelle PIP_3 nicht abbauen und dessen Konzentration steigt. Die Akkumulation von PIP_3 aktiviert Akt zu unkontrolliertem Verhalten, sogar ohne Wachstumsfaktoren. Das führt zu verstärkter Zellproliferation und steigert das Zellüberleben. Mutationen, welche die Aktivität von PTEN reduzieren, treten in 50 % aller Fälle von Prostatakrebs sowie in 35 % aller Fälle von Gebärmutterkrebs auf und sind in unterschiedlichem Maß für Eierstock-, Brust-, Leber-, Lungen-, Nieren-, Schilddrüsen- und Lymphdrüsenkrebs verantwortlich.

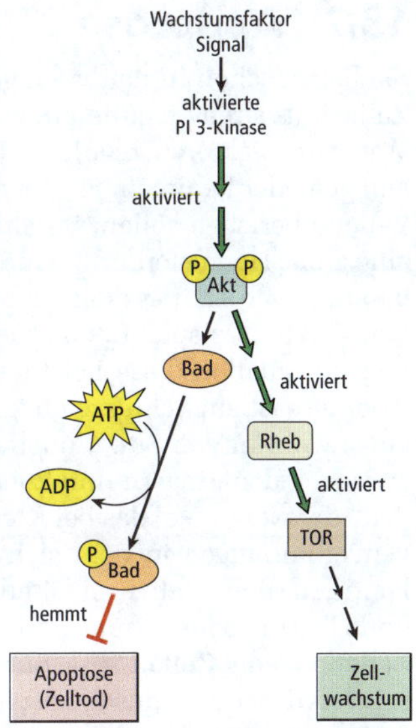

Abbildung 18.31: PI-3-Kinase-Akt-Signalisierungsweg. Wachstumsfaktoren, die an den Tyrosinkinaserezeptoren binden, aktivieren außer dem in der *Abbildung 18.30* dargestellten Ras-Weg mehrere andere Wege. Der hier abgebildete Weg führt zur Aktivierung der Proteinkinase Akt. Akt unterdrückt die Apoptose, zum Teil durch Phosphorylierung und Inaktivierung eines Proteins mit der Bezeichnung Bad, das normalerweise die Apoptose fördert. Akt hemmt auch das Anhalten des Zellzyklus, da es TOR aktiviert. Somit zielt die PI-3-Kinase-Akt-Signalisierung auf das Überleben der Zelle und Zellwachstum ab. Der PI-3-Kinase-Akt-Weg wird von PTEN gehemmt.

18.6.3 Inhibitorische Wachstumsfaktoren wirken durch Cdk-Inhibitoren

Obwohl wir im Allgemeinen der Auffassung sind, das es sich bei Wachstumsfaktoren um das Wachstum stimulierende Moleküle handelt, haben einige Wachstumsfaktoren jedoch die Aufgabe, das Zellwachstum zu hemmen. Ein Beispiel dafür ist der **transformierende Wachstumsfaktor β (TGFβ;** engl.: *transforming growth factor* **β)**. TGFβ ist ein Protein, das entweder das Wachstum stimulieren oder hemmen kann, je nach Zelltyp, auf den er abzielt. In seiner Eigenschaft als Wachstumsinhibitor löst TGFβ durch Bindung an seinen Zelloberflächenrezeptor eine Signalkaskade aus, bei welcher der Rezeptor die Phosphorylierung von *Smad*-Proteinen katalysiert [der Name leitet sich vom homologen Gen der Taufliege *Drosophila melanogaster*, MAD (engl.: *mothers against decapentaplegic*) und dem Gen für das Protein *Sma* (engl.: *small body size*, kleine Körpergröße) von *C. elegans* ab]. Diese wandern in den Zellkern und regulieren die Genexpression (siehe *Abbildung 13.14*). Außerhalb des Zellkerns aktivieren Smads die Expression von Genen, die Proteine kodieren, welche die Zellproliferation hemmen. Zwei Schlüsselgene bilden die Proteine *p15* und *p21*. Dieses sind Cdk-Inhibitoren, welche die Aktivität von Cdk-Cyclin-Komplexen unterdrücken und dadurch die Progression durch den Zellzyklus blockieren. (Das Protein p21 wurde bereits zuvor in diesem Kapitel erwähnt, als wir den Mechanismus des von p53 vermittelten Zellzyklusstillstands erklärten.)

Die das Wachstum hemmenden Signale, die auf Zellen durch Auslösen der Bildung von Cdk-Inhibitoren wirken, tragen dazu bei, normale Gewebe vor übermäßig häufigen Zellteilungen zu schützen, aus denen mehr Zellen als notwendig hervorgehen würden.

18.7 Apoptose

Sie haben schon in den vorangegangenen Abschnitten dieses Kapitels gesehen, dass Organismen den Zellzyklus streng regulieren, wenn die Mitose beginnt. Der Zeitpunkt der Zellteilung wird häufig von Wachstumsfaktoren reguliert. Diese können je nach den herrschenden Umständen die Zellteilung anregen oder hemmen. Es gibt aber auch Situationen, in denen die Organismen regulieren müssen, ob Zellen überleben sollen. Beschädigte oder erkrankte Zellen müssen abgetötet werden, doch stellt das eine große Herausforderung für den Organismus dar. Die zum Absterben bestimmten Zellen müssen so beseitigt werden, dass das Zellinnere der abgetöteten Zelle – dazu gehören Abbauenzyme in Organellen wie zum Beispiel Lysosomen – den umliegenden Zellen keinen Schaden zufügen. Vielzellige Organismen schaffen diese Leistung durch eine Form des programmierten Zelltods – die **Apoptose**. Die Apoptose ist ein Schlüsselereignis vieler biologischer Prozesse. Bei Embryonen findet die Apoptose in einer Vielzahl von Situationen statt. Dazu gehören beispielsweise das Entfernen der „Schwimmhaut" zwischen den Fingern und Zehen während der Entwicklung der Hände und Füße und das „Beschneiden" der Neuronen, das bei Kleinkindern während der ersten Lebensmonate stattfindet, wenn die Nervenverbindungen in dem sich entwickelnden Gehirn reifen. Bei Erwachsenen findet die Apoptose kontinuierlich statt; wenn Zellen von Pathogenen infiziert werden oder weiße Blutkörperchen das Ende ihrer Lebensspanne erreicht haben, dann befreit sich der Organismus durch Apoptose von diesen Zellen. Wenn Zellen, die durch Apoptose abgetötet werden sollten, weiterleben, dann kann das schwerwiegende Konsequenzen nach sich ziehen. Mutationen in einigen der Proteine, die an der Apoptose mitwirken, können zur Entwicklung einer Krebserkrankung führen. Beispielsweise beruht ein Melanom häufig auf einer Mutation in Apaf-1, einem Protein, auf das wir später in diesem Abschnitt eingehen werden.

Ein anderer Typ des Zelltods ist die *Nekrose*, die manchmal als Folge massiver Verletzung des Gewebes eintritt. Während es bei der Nekrose zum Anschwellen und Aufbrechen verletzter Zellen kommt, wirkt an der Apoptose eine spezifische Reihe programmierter Ereignisse mit, die zur Auflösung des Zellinhalts führen. Während der frühen Phasen der Apoptose kommt es zur DNA-Fragmentierung an der Peripherie des Zellkerns, und das Volumen des Cytoplasmas schrumpft ❶. Dann beginnt die Zelle, kleine, bläschenähnliche, cytoplasmatische Ausstülpungen zu bilden, und die Fragmentierung des Zellkerns und der Organellen setzt ein ❷. Die DNA der Zelle wird von einer Apoptose-spezifischen DNA-Endonuclease, oder *DNase* (ein Enzym, das DNA abbaut), in regelmäßigen Abständen entlang der DNA geschnitten. Die daraus hervorgegangenen DNA-Fragmente mit einer Länge des Vielfachen von 200 Basenpaaren bilden eine „Leiter" aus Fragmenten. Schließlich teilt sich die Zelle in kleine Teilstücke, die *apoptotischen Körperchen*. Während der Apoptose führt die Inaktivierung eines Phospholipidtranslokators, zur Akkumulation von Phosphatidylserin in der äußeren Schicht der Plasmamembran. Diese Phosphatidylserine senden ein „Friss mich"-Signal aus, damit sich andere Zellen in der Nähe die Reste der apoptotischen Zelle durch Phagocytose einverleiben (typischerweise übernehmen Makrophagen diese Aufgabe). Die Makrophagen sind wie Aasfresser, welche die verbleibenden Zellreste beseitigen.

Die Tatsache, dass Zellen ein Programm für einen „programmierten Zelltod" in sich tragen, wurde erstmalig durch Untersuchungen mit dem Nematoden *Caenorhabditis elegans* nachgewiesen. Bei diesen Nematoden identifizierte man erstmals Schlüsselgene zur Kontrolle der Apoptose. Nachfolgende Untersuchungen zeigten, dass viele andere Organismen, darunter auch Säugetiere, während der Apoptose ähnliche Proteine nutzen. Ein Schlüsselereignis der Apoptose ist die Aktivierung einer Reihe von Enzymen, den **Caspasen** (die Bezeichnung Caspasen beruht darauf, dass sie an ihrer aktiven Stelle ein Cystein tragen und dass sie Proteine an den Stellen spalten, die einen Asparaginsäurerest enthalten, an den sich vier für jede Caspase spezifische Aminosäuren anschließen). Caspasen entstehen als inaktive Vorläufer, den sogenannten **Procaspasen**, die dann oftmals von anderen Caspasen gespalten werden und über eine proteolytische Kaskade zu aktiven Enzymen werden. Nach ihrer Aktivierung spalten die Caspasen andere Proteine. Die Apoptose-spezifische DNase ist ein gutes Beispiel; sie ist an ein inhibitorisches Protein gebunden, das von einer Caspase gespalten wird.

Geschlechtliche Vermehrung, Meiose und genetische Rekombination

19

ÜBERBLICK

Im vorangegangenen Kapitel haben wir uns mit der mitotischen Zellteilung beschäftigt, die zur Vermehrung der meisten eukaryotischen Zellen dient. Dadurch werden neue Organismen gebildet oder mehr Zellen pro Organismus. Da der mitotische Zellteilungszyklus aus einer DNA-Replikation besteht, an den sich die Aufteilung identischer Chromosomen auf zwei Tochterzellen anschließt, entstehen durch mitotische Zellteilung genetisch identische oder fast identische Zellen. Diese Fähigkeit, genetische Merkmale exakt weiterzugeben, macht die mitotische Form der Zellteilung zur Grundlage der **ungeschlechtlichen Vermehrung** bei Eukaryoten. Bei der ungeschlechtlichen Vermehrung entstehen durch mitotische Teilung der Zellen in einem einzigen Mutterorganismus neue Individuen, entweder einzellig oder mehrzellig. Auch wenn sich diese Vorgänge bei verschiedenen Organismen im Detail unterscheiden, kommt die ungeschlechtliche Vermehrung in der Natur sehr häufig vor. Beispiele dafür sind die *mitotische Teilung* einzelliger Organismen, die *Knospung* von Nachkommen aus dem mehrzelligen Körper des Mutterorganismus und die *Regeneration* ganzer Organismen aus Teilen des Mutterorganismus. Bei Pflanzen können sogar ganze Organismen aus einzelnen Zellen der Mutterpflanze hervorgehen.

Die ungeschlechtliche Vermehrung kann eine effiziente und in der Evolution erfolgreiche Form der Überlebenssicherung einer Spezies sein. Solange die Umweltbedingungen sich nicht grundlegend verändern, eignet sich die genetische Vorhersehbarkeit der ungeschlechtlichen Vermehrung perfekt zur Sicherung des Überlebens einer Population. Sollten sich die Umweltbedingungen aber verändern, dann kann eine sich ungeschlechtlich vermehrende Population eventuell nicht mehr in der Lage sein, sich den neuen Gegebenheiten anzupassen. Unter diesen Bedingungen haben sich geschlechtlich vermehrende Organismen im Allgemeinen eher einen Vorteil als sich ungeschlechtlich vermehrende Organismen, womit wir uns im Folgenden beschäftigen werden.

19.1 Geschlechtliche Vermehrung

Im Gegensatz zur ungeschlechtlichen Vermehrung, deren Nachkommen mit dem einzigen Mutterorganismus, aus dem sie hervorgehen, genetisch identisch sind, ermöglicht die geschlechtliche Vermehrung die Vermischung der genetischen Information zweier Elternorganismen, woraus Nachkommen hervorgehen, die nicht genetisch identisch sind und sich voneinander sowie von den Eltern unterscheiden. Außerdem sind die Unterschiede der Nachkommen unvorhersehbar; das heißt, wir können nicht vorhersagen, welche Genkombinationen ein bestimmter Nachkomme von seinen beiden Eltern erhalten wird. Da die meisten Pflanzen und Tiere – und sogar viele eukaryotische Mikroorganismen – sich geschlechtlich vermehren, muss diese Form der Reproduktion einige deutliche Vorteile mit sich bringen. Allerdings sind die Evolutionsbiologie und angrenzende Wissenschaftsgebiete noch nicht in der Lage, schlüssig und endgültig zu erklären, warum und wie sich geschlechtliche Vermehrung so grundlegend durchgesetzt hat, denn ihre energetischen „Kosten" für die Organsimen sind ungleich höher als bei der ungeschlechtlichen Vermehrung.

19.1.1 Geschlechtliche Vermehrung führt zu genetischer Vielfalt, indem Chromosomen von zwei unterschiedlichen Elternorganismen zusammengebracht werden

Die geschlechtliche Vermehrung ermöglicht in den neu entstehenden Nachkommen verschiedene Kombinationen von Merkmalen unterschiedlicher Individuen. Darauf beruht die gewaltige Vielfalt der Individuen, aus denen sich eine Population zusammensetzt. Letztendlich beruht die genetische Variation auf dem Auftreten von *Mutationen*, unvorhersehbaren Änderungen der DNA-Basensequenz. Mutationen sind seltene Ereignisse, und vorteilhafte Mutationen treten noch viel seltener auf. Sollten positive Mutationen aber tatsächlich stattfinden, dann ist es eindeutig von Vorteil, sie in der Population zu bewahren. Es kann sogar noch nutzbringender sein, Mutationen in verschiedenen Kombinationen zusammenzuführen – darin liegt der Vorteil der geschlechtlichen Vermehrung. Obwohl Mutationen sowohl bei sich geschlechtlich als auch bei sich ungeschlechtlich vermehrenden Spezies vorkommen, kann nur die geschlechtliche Vermehrung in jedem neuen Nachkommen eine Neuanordnung der genetischen Information bewirken.

Da die geschlechtliche Vermehrung die genetische Information zweier unterschiedlicher Eltern in einem einzigen Nachkommen kombiniert, besitzt jeder sich geschlechtliche vermehrende Organismus zu einem bestimmten Zeitpunkt seines Lebenszyklus zwei Kopien jedes Chromosomentyps, jeweils eine Kopie von einem Elternteil. Die beiden Teile jedes Chromosomenpaares bezeichnet man als **homologe Chromosomen**. Zwei homologe Chromosomen tragen die gleiche Genpalette, obwohl sich die beiden Versionen bei jedem Gen geringfügig in der Basensequenz voneinander unterscheiden können. Es überrascht also keineswegs, dass homologe Chromosomen im Allgemeinen gleich aussehen, wenn man sie unter dem Mikroskop betrachtet (siehe *Abbildung 18.17*). Eine Ausnahme von dieser Regel stellen die **Geschlechtschromosomen** dar, die bestimmen, ob ein Individuum männlich oder weiblich ist. Die beiden Arten von Geschlechtschromosomen, die man im Allgemeinen als X- und Y-Chromosomen bezeichnet, unterscheiden sich im Hinblick auf ihre genetische Zusammensetzung und ihr Erscheinungsbild erheblich. Bei Säugetieren tragen beispielsweise die weiblichen Tiere zwei gleich große X-Chromosomen, während die männlichen Tiere ein X-Chromosom und ein wesentlich kleineres Y-Chromosom besitzen. Trotzdem sind Teile der X- und Y-Chromosomen tatsächlich homolog. Während der geschlechtlichen Vermehrung verhalten sich die X- und Y-Chromosomen als Homologe.

Eine Zelle oder ein Organismus mit zwei Chromosomensätzen ist diploid (vom griechischen Wort *diplous*, das „doppelt" bedeutet) und enthält zwei Kopien seines Genoms. Eine Zelle oder ein Organismus mit einem einzigen Chromosomensatz und daher nur einer Genom-Kopie ist haploid (vom griechischen Wort *haplous*, das „einzeln" bedeutet). Vereinbarungsgemäß bezeichnet man die Anzahl der haploiden Chromosomen einer Spezies mit n (oder $1n$) und die diploide Anzahl mit $2n$. Beispielsweise bedeutet beim Menschen $n = 23$, dass die meisten menschlichen Zellen zwei Sätze aus 23 Chromosomen enthalten, was eine diploide Gesamtzahl von 46 ergibt. Der diploide Zustand ist ein grundlegendes Merkmal des Lebenszyklus sich geschlechtlich vermehrender Spezies. In gewisser Weise enthält eine diploide Zelle einen Extrasatz von Genen, die für Mutation und genetische Innovation bereitstehen. Veränderungen in einer zweiten Kopie eines Gens stellen im Allgemeinen keine Bedrohung für das Überleben eines Organismus dar, sogar dann nicht, wenn die Mutation die ursprüngliche Funktion dieser bestimmten Genkopie unterbricht. Außerdem bietet der diploide Zustand einen gewissen Schutz gegen Chromosomenschäden. Sollte ein Chromosom tatsächlich kaputt gehen, dann kann es manchmal mit Hilfe der DNA-Sequenz des homologen Chromosoms, die als Matrize dient, repariert werden.

19.1.2 Diploide Zellen können für jedes Gen homozygot oder heterozygot sein

Um die genetischen Konsequenzen des diploiden Zustands weiter zu erforschen, wollen wir uns jetzt auf das Verhalten eines einzelnen **Genlocus** (Plural: **Loci**) konzentrieren. Der Genlocus ist der Ort auf einem Chromosom, der die DNA-Sequenz eines bestimmten Gens enthält. Der Einfachheit halber gehen wir von der Annahme aus, dass das Gen ein einziges, deutlich abgegrenztes *Merkmal*, wie die Genetiker im Allgemeinen sagen, kontrolliert. Nehmen wir also an, dass von diesem Gen nur eine Kopie pro haploidem Genom vorliegt, sodass ein diploider Organismus zwei Kopien des Gens besitzt, die entweder identisch sind oder sich ein wenig unterscheiden. Die beiden Versionen des Gens sind die **Allele**, und die Kombination der Allele legt fest, wie ein Organismus das von dem Gen kontrollierte Merkmal exprimieren wird. Bei Gartenerbsen bestimmen die Allele an einer bestimmten Stelle des entsprechenden Chromosoms die Samenfarbe, entweder grün oder gelb (▸*Abbildung 19.1*). Ein Organismus mit zwei identischen Allelen für ein bestimmtes Gen wird als **homozygot** für das Gen oder das Merkmal bezeichnet. Somit bezeichnet man eine Erbsenpflanze, die von beiden Eltern das gleiche Allel für gelbe Samenfarbe geerbt hat, als homozygot für die Samenfarbe. Ein Organismus mit zwei verschiedenen Allelen für ein Gen ist **heterozygot** für das Gen oder das Merkmal, das es bestimmt. Eine Erbsenpflanze mit einem Allel, das die gelbe Samenfarbe spezifiziert, und einem zweiten Allel, das die grüne Samenfarbe spezifiziert, ist daher im Hinblick auf die Samenfarbe heterozygot.

In einem heterozygoten Individuum ist eines der beiden Allele oftmals **dominant** und das andere **rezessiv**. Diese Begriffe vermitteln sofort den Gedanken, dass das dominante Allel bestimmt, wie das Merkmal in einem heterozygoten Individuum ausgeprägt wird. (Das Wort „Merkmal" bezieht sich auf eine bestimmte Variante eines Charakters, wie grüne und gelbe Samen, wobei die Samenfarbe der Charakter ist.) Was die Samenfarbe bei Erbsen betrifft, so ist das gelbe Merkmal dominant gegenüber grün; das bedeutet, dass Erbsenpflanzen, die für die Samenfarbe heterozygot sind, gelbe Samen haben werden. Ein dominantes Allel wird im Allgemeinen durch einen großgeschriebenen Buchstaben gekennzeichnet, der ein Merkmal repräsentiert, während ein entsprechendes rezessives Allel durch den gleichen, aber kleinen Buchstaben repräsentiert wird. In beiden Fällen verwendet man kursiv geschriebene Buchstaben. Somit werden die Allele für die Samenfarbe von Erbsenpflanzen mit *Y* für gelb und *y* für grün darstellt, denn das Merkmal gelb ist dominant. Wie Sie *Abbildung 19.1* entnehmen können, kann die Erbsenpflanze homozygot für das dominante Allel *(YY)*, homozygot für das rezessive Allel *(yy)* oder heterozygot *(Yy)* sein.

Es ist wichtig, zwischen dem **Genotyp**, der genetischen Zusammensetzung eines Organismus, und dem **Phänotyp** zu unterscheiden, der physikalischen Ausprägung des Genotyps. Im Allgemeinen kann man den Phänotyp eines Organismus durch Betrachtung ermitteln (zum Beispiel, indem man nachschaut, ob die Samen grün oder gelb sind). Andererseits kann man den Genotyp nur durch Untersuchung der DNA des Organismus *direkt* ermitteln. Der Genotyp muss also aus einem indirekten Nachweis abgeleitet werden, beispielsweise dem Phänotyp sowie Information über die Phänotypen der Eltern und/oder des Nachkommen. Organismen mit gleichem Phänotyp müssen nicht unbedingt identische Genotypen haben. Im Beispiel aus *Abbildung 19.1* sind die Erbsenpflanzen mit gelbem Samen (Phänotyp) entweder *YY* oder *Yy* (Genotyp). In ▸*Abbildung 19.2* ist die bisher verwendete genetische Terminologie zusammengefasst.

19.1.3 Gameten sind haploide, auf geschlechtliche Vermehrung spezialisierte Zellen

Das herausragende Kennzeichen der geschlechtlichen Vermehrung ist die Tatsache, dass die von zwei Eltern beigetragene genetische Information in einem einzigen Individuum zusammengeführt wird. Da die Nachkommen der geschlechtlichen Vermehrung diploid sind, muss der Beitrag eines jeden Elternteils haploid sein. Die haploiden Zellen, die von jedem Elternteil gebildet werden,

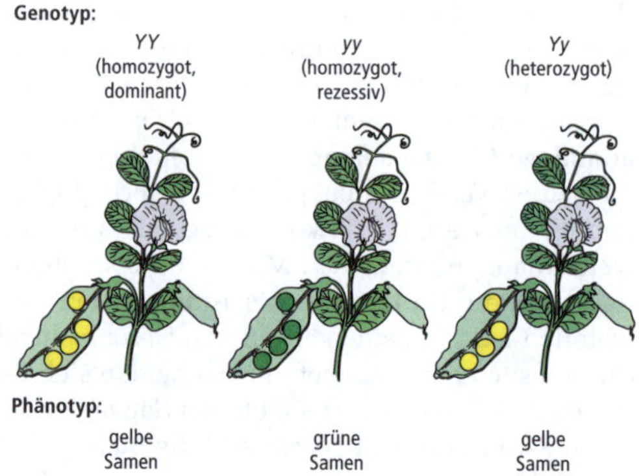

Abbildung 19.1: Genotyp und Phänotyp. Bei Gartenerbsen ist die Samenfarbe (Phänotyp) entweder gelb oder grün. Die Samenfarben-Allele sind *Y* (gelb, dominant) oder *y* (grün, rezessiv). Da die Erbsenpflanze ein diploider Organismus ist, kann die genetische Zusammensetzung (Genotyp) der Samenfarbe homozygot dominant *(YY)*, homozygot rezessiv *(yy)* oder heterozygot *(Yy)* sein.

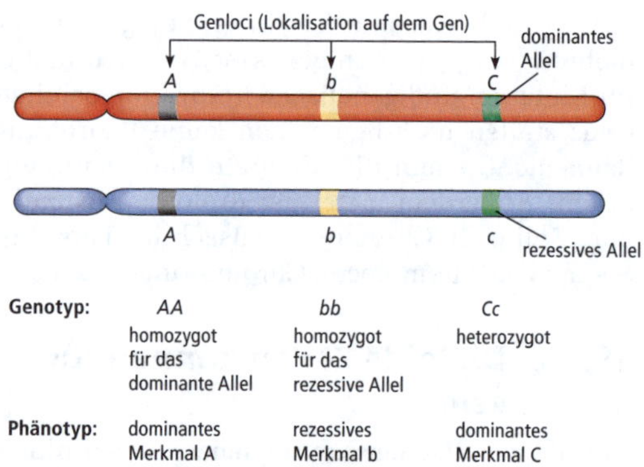

Abbildung 19.2: Genetische Terminologie. In der Zeichnung ist ein homologes Chromosomenpaar einer diploiden Zelle dargestellt. Die Chromosomen sind von gleicher Größe und Form und tragen in der gleichen Reihenfolge Gene für die gleichen Merkmale. Die Lage eines Gens auf einem Chromosom wird als Locus bezeichnet. Die jeweilige Versionen eines Gens – Allele –, die man auf vergleichbaren Genloci auf homologen Chromosomen findet, können identisch (wodurch der Organismus einen Genotyp hat, der für das Gen homozygot ist) oder unterschiedlich sein (wodurch der Organismus einen heterozygoten Genotyp erhält). Wenn ein Allel eines Gens dominant und das andere rezessiv ist, dann zeigt der heterozygote Organismus im Hinblick auf das betreffende Merkmal einen dominanten Phänotyp. Man beobachtet nur dann einen rezessiven Phänotyp, wenn der Genotyp für das rezessive Allel homozygot ist. Hier wurden die Farben Rot und Blau verwendet, um die Herkunft der beiden Chromosomen von den verschiedenen Elternteilen zu unterscheiden, und auch in den meisten weiteren Darstellungen werden wir diese Farben verwenden

die sogenannten **Gameten**, verschmelzen und bilden die diploide Nachkommenschaft. Die Entstehung der Gameten ist die **Gametogenese**. Die Unterscheidung der Biologen zwischen männlichen und weiblichen Individuen beruht auf den von ihnen gebildeten Gameten Die von männlichen Individuen gebildeten Gameten, die **Spermien** (oder *Spermatozoen*), sind im Allgemeinen recht klein und meist überaus beweglich. Weibliche Gameten, die sogenannten **Oocyten** oder **Ova** (Singular: **Ovum**), sind auf die Speicherung von Nährstoffen spezialisiert, im Vergleich zu den Spermien tendenziell recht groß und unbeweglich. Zum Beispiel ist das Volumen der Oocyte eines Seeigels mehr als 10.000-mal größer als das einer Spermazelle. Bei Vögeln und Amphibien, die große, mit Dotter gefüllte Eier haben, ist der Unterschied noch größer. Trotz dieser unterschiedlichen Größen geben Spermien und Oocyten die gleichen Mengen chromosomaler DNA an die Nachkommen weiter.

Die Vereinigung von Spermium und Eizelle während der geschlechtlichen Vermehrung ist die **Befruchtung**. Die dadurch befruchtete Eizelle oder **Zygote** ist diploid, denn sie hat einen Chromosomensatz des Spermiums und einen homologen Chromosomensatz der Eizelle erhalten. Bei multizellulären Organismen folgt auf die Befruchtung und Bildung der Zygote eine Reihe mitotischer Teilungen sowie die fortschreitende Spezialisierung verschiedener Zellgruppen zur Bildung eines vielzelligen Embryos und schließlich eines entwickelten Organismus.

19.2 Meiose

Da Gameten haploid sind, können sie nicht durch Mitose aus diploiden Zellen hervorgehen, denn bei der Mitose entstehen mit der ursprünglichen Mutterzelle genetisch identische Tochterzellen. Mit anderen Worten, wenn Gameten durch mitotische Teilung diploider Zellen entstünden, dann hätten sowohl die Spermien als auch die Eizellen eine diploide Chromosomenanzahl, genauso wie die diploiden Mutterzellen. Die durch hypothetische Verschmelzung solcher diploiden Gameten geschaffene Zygote wäre *tetraploid* (das heißt, sie hätte *vier* homologe Chromosomensätze). Außerdem würde sich die Anzahl der Chromosomen mit jeder weiteren Generation verdoppeln – ein unmögliches Szenario. Daher muss während der Bildung der Gameten eine andere Art der Zellteilung erfolgen, damit die Chromosomenanzahl von einer Generation zur nächsten gleich bleibt. Diese besondere Form der Teilung, die **Meiose**, verringert die Chromosomenanzahl von diploid auf haploid.

Die Meiose beinhaltet einen Durchlauf der chromosomalen DNA-Replikation, an den sich zwei aufeinanderfolgende Kernteilungen anschließen. Es entstehen vier Tochterzellkerne (normalerweise in vier getrennten Tochterzellen), die einen haploiden Chromosomensatz pro Zellkern besitzen. Die Meiose beginnt mit einer diploiden Zelle, die in dem gezeigten Beispiel vier Chromosomen enthält ($2n = 4$). Nach nur einem Zyklus der DNA-Replikation folgen zwei Zellteilungen, die Meiose I und die Meiose II. Daraus gehen vier haploide Zellen hervor.

Meiose und Befruchtung sind unverzichtbare Bestandteile des Lebenszyklus aller sich geschlechtlich vermehrenden Organismen, denn die Verdopplung der Chromosomenanzahl, die während der Befruchtung stattfindet, wird durch Halbierung während der Meiose ausgeglichen. Daraus folgt, dass der Lebenszyklus eines sich geschlechtlich vermehrenden Organismus in zwei Phasen eingeteilt ist: eine diploide ($2n$) Phase und eine haploide ($1n$) Phase. Die diploide Phase beginnt mit der Befruchtung und dauert bis zur Meiose, während die haploide Phase mit der Meiose beginnt und mit der Befruchtung endet.

Verschiedene Organismen unterscheiden sich im Hinblick auf die relative Dauer der haploiden und diploiden Phasen ihres Lebenszyklus ganz erheblich. Einige Pilze stehen exemplarisch für sich geschlechtlich vermehrende Organismen, deren Lebenszyklen in erster Linie haploid verlaufen und nur eine kurze diploide Phase beinhalten, die mit der Gametenfusion beginnt (was bei den Pilzen der Befruchtung entspricht) und mit der Meiose endet. Im Allgemeinen findet die Meiose fast unmittelbar nach der Verschmelzung der Gameten statt. Daher ist die diploide Phase sehr kurz. Entsprechend ist in solchen Pilzen nur ein sehr kleiner Bruchteil von Zellkernen zu einem bestimmten Zeitpunkt diploid. Die Gameten der Pilze entwickeln sich ohne Meiose aus bereits haploiden Zellen.

Moose und Farne sind wahrscheinlich die besten Beispiele für Organismen, bei denen sowohl die haploiden als auch die diploiden Phasen wichtige Abschnitte des Lebenszyklus darstellen. Jede Spezies dieser Pflanzen hat zwei alternative, morphologisch unterschiedliche, vielzellige Formen, eine haploide und eine diploide. Bei den Moosen ist die haploide Form des Organismus größer und langlebiger, die diploide Form hingegen kleiner und kurzlebiger. Bei den Farnen verhält es sich andersherum. In beiden Fällen entwickeln sich die Gameten aus bereits existierenden haploiden Zellen.

Organismen, die auf diese Weise zwischen haploiden und diploiden mehrzelligen Formen alternieren, durchlaufen in ihrem Lebenszyklus einen **Generationswechsel**. Abgesehen von Moosen und Farnen findet auch bei eukaryotischen Algen und anderen Pflanzen ein Wechsel von diploiden und haploiden Generationen statt. Bei all diesen Organismen sind die Meioseprodukte **haploide Sporen**, aus denen nach der Keimung durch mitotische Zellteilung die haploide Form der Pflanze oder Alge hervorgeht. Die haploide Form bildet wiederum durch Spezialisierung der bereits haploiden Zellen Gameten. Aus den Gameten entsteht nach der Befruchtung die diploide Form. Da die diploide Form Sporen bildet, bezeichnet man sie als **Sporophyt** („sporenbildende Pflanze"). Die haploide Form bildet Gameten und wird daher als **Gametophyt** bezeichnet. Obwohl alle Pflanzen einen Generationswechsel durchleben, dominiert in den meisten Fällen die Sporophytengeneration. Bei Blütenpflanzen liegt die Gametophytengeneration in einer fast nicht ausgebildeten Form in der Blüte vor (weiblicher Gametophyt im Fruchtblatt, männliche Gametophyten in den Staubbeuteln der Blüte). Die besten Beispiele für Lebenszyklen, die von der diploiden Phase dominiert werden, finden wir unter den Tieren. Bei diesen Organismen, auch beim Menschen, gehen aus der Meiose nicht Sporen hervor, sondern direkt Gameten, sodass die haploide Phase ausschließlich durch Gameten vertreten wird. In diesen Spezies bezeichnet man die Meiose als Meiose mit Gametenbildung und unterscheidet sie so von der Meiose mit Sporenbildung, die man in sporenbildenden Organismen antrifft, welche einen Generationswechsel durchleben. Die Meiose bringt somit in Tieren Gameten und in Pflanzen Sporen hervor.

19.3 Die Meiose verwandelt eine diploide Zelle in vier haploide Zellen

Ganz gleich, wann die Meiose im Lebenszyklus eines Organismus stattfindet, immer geht ihr eine Chromosomenverdopplung in einer diploiden Zelle voraus, und immer beinhaltet sie zwei aufeinanderfolgende Teilungen, die aus einem diploiden vier haploide Zellkerne machen. In ▸*Abbildung 19.3* sind die verschiedenen Phasen der Meiose dargestellt. Diese Abbildung können Sie immer wieder heranziehen, während Sie sich mit den folgenden Darstellungen beschäftigen.

Die erste meiotische Teilung, die **Meiose I**, wird manchmal als *Reduktionsteilung* der Meiose bezeichnet, denn bei diesem Ereignis wird die Chromosomenanzahl von diploid auf haploid reduziert. Zu Beginn der Meiose I, in der Prophase, kommen die beiden Chromosomen eines jeden homologen Paares zusammen und tauschen einen Teil ihrer genetischen Information aus (der diesem Austausch zugrunde liegende Mechanismus wird weiter unten beschrieben). Diese Paarung homologer Chromosomen wird als **Synapsis** bezeichnet und findet ausschließlich während der Meiose statt. Zu allen anderen Zeitpunkten, auch während der Mitose, sind die Chromosomen eines homologen Paares voneinander unabhängig.

Die beiden Chromosomen jedes homologen Paares binden während der ersten meiotischen Prophase derart fest aneinander, dass sie als Einheit agieren, als ein **Bivalent** (oder *Tetrade*. Diese Bezeichnung betont, dass jedes der beiden homologen Chromosomen aus zwei Schwesterchromatiden besteht, also aus insgesamt vier Chromatiden). Nachdem sich die Bivalente am Spindeläquator aufgereiht haben, wird jedes Bivalent getrennt und seine beiden homologen Chromosomen werden zu den entgegengesetzten Spindelpolen gezogen. Da jeder Pol nur ein Mitglied von jedem homologen Paar erhält, betrachtet man die während der Meiose I gebildeten Tochterzellkerne als haploid (obwohl die einzelnen Chromosomen in diesen Zellkernen aus zwei Schwesterchromatiden bestehen). Während der zweiten meiotischen Teilung (Meiose II), die eine große Ähnlichkeit mit der mitotischen Teilung besitzt, trennen sich die beiden Schwesterchromatiden eines jeden Chromosoms in zwei Tochterzellen auf. Somit finden die für die Meiose charakteristischen Ereignisse während der ersten meiotischen Teilung statt: die Synapsis der homologen Chromosomen und ihre anschließende Aufteilung auf verschiedene Tochterzellkerne.

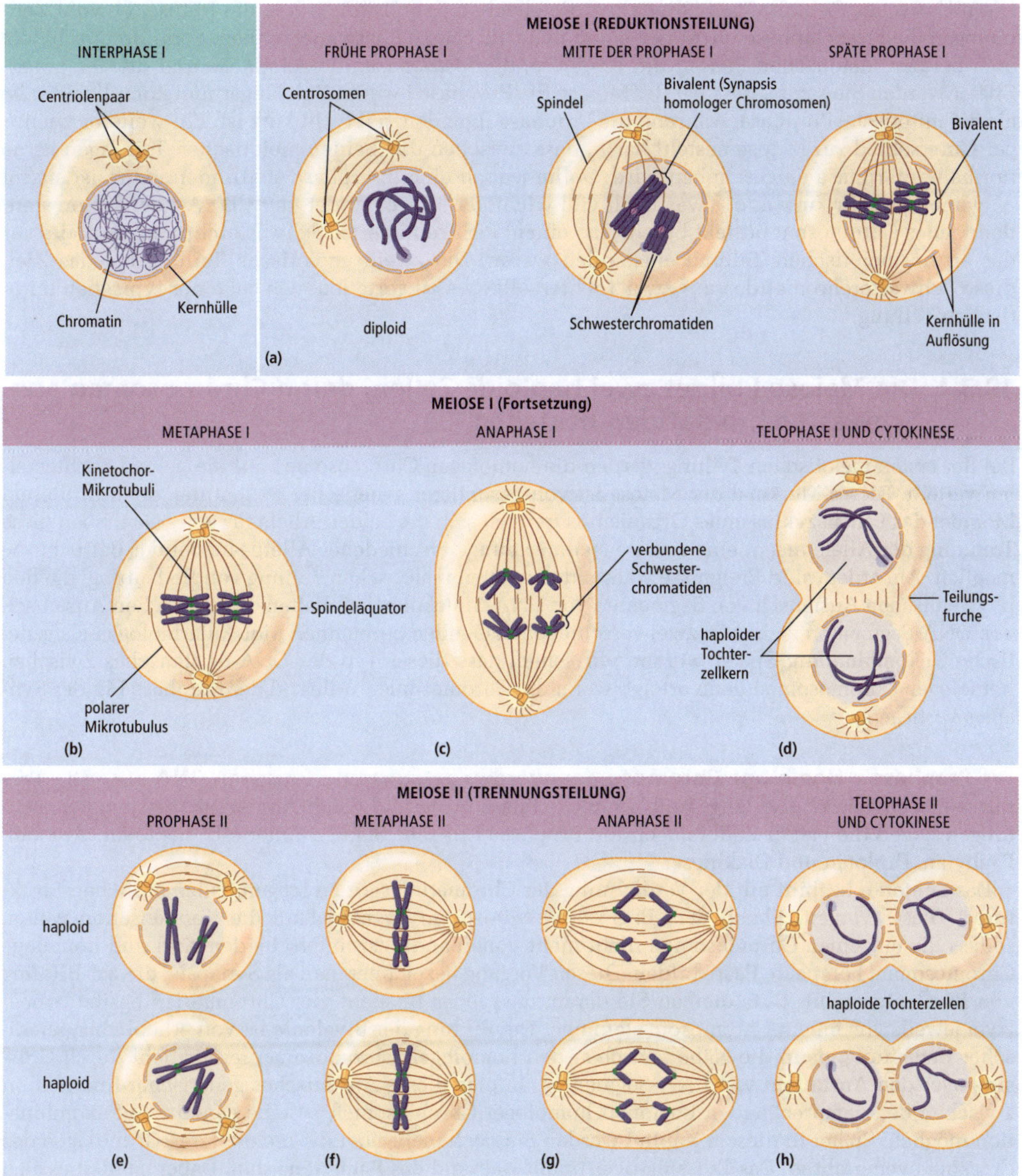

Abbildung 19.3: Meiose in einer tierischen Zelle. Die Meiose beinhaltet zwei Teilungen in Folge, die Meiose I und die Meiose II. Diese Teilungen werden nicht durch DNA-Synthese oder Chromosomenverdopplung unterbrochen. (a) Während der Prophase I kondensieren die Chromosomen (während der vorangegangenen S-Phase fand eine Verdopplung statt) und die beiden Centrosomen wandern zu den entgegengesetzten Polen der Zelle. Jedes Chromosom (in diesem Beispiel sind es vier) setzt sich aus zwei Schwesterchromatiden zusammen. Homologe Chromosomen paaren sich und bilden Bivalente. (b) Die bivalenten Paare werden am Spindeläquator aufgereiht (Metaphase I). (c) In der Anaphase I werden die homologen Chromosomen getrennt, aber die Schwesterchromatiden sind weiterhin an das Centromer geheftet. (d) Es schließen sich Telophase und Cytokinese an. Zwar ist das hier nicht dargestellt, aber es kann dann eine kurze Interphase (Interphase II) folgen. Während der Meiose II (e) verdichten sich die Chromosomen wieder (Prophase II), (f) die Chromosomen reihen sich am Spindeläquator auf (Metaphase II) und (g) schließlich trennen sich die Schwesterchromatiden (Anaphase II). (h) Nach der Telophase II und der Cytokinese existieren vier haploide Tochterzellen, jede mit jeweils einem Chromosom von jedem homologen Paar. Die Prophase I ist ein komplizierter Vorgang. Die Meiose verläuft in Pflanzen ähnlich, es gibt aber keine Centriolen und es findet keine Cytokinese statt, welche die Bildung einer Zellplatte beinhaltet (siehe dazu *Kapitel 18*).

Die meiotischen Zellteilungen beinhalten die gleichen Grundstadien wie die Mitose, obwohl Zellbiologen die Prometaphase im Allgemeinen nicht als eigene Phase anerkennen. Somit unterscheidet man bei den meiotischen Phasen die *Prophase*, die *Metaphase*, die *Anaphase* und die *Telophase*. Später werden Sie sehen, dass bei der Meiose die Prophase I wesentlich länger und komplizierter ist als die mitotische Prophase, während die Prophase II tendenziell recht kurz ist. Ein weiterer wichtiger Unterschied zur Mitose besteht darin, dass zwischen den beiden meiotischen Teilungen keine normale Interphase eingeschoben wird. Sollte jedoch eine Interphase stattfinden, dann ist sie im Allgemeinen sehr kurz und – was noch viel wichtiger ist – es findet *keine* DNA-Replikation statt, denn jedes Chromosom besteht bereits aus einem Paar replizierter Schwesterchromatiden, die vor der ersten meiotischen Teilung entstanden waren. Die zweite meiotische Teilung hat das Ziel, diese Schwesterchromatiden auf zwei Tochterzellkerne zu verteilen, wie bei einer typischen mitotischen Teilung.

19.3.1 Die Meiose I bildet zwei haploide Zellen, deren Chromosomen aus Schwesterchromatiden bestehen

Bei der ersten meiotischen Teilung werden die homologen Chromosomen auf die beiden Tochterzellen verteilt. Dieses Merkmal der Meiose ist von besonderer genetischer Bedeutung, denn in diesem Moment des Lebenszyklus eines Organismus trennen sich die beiden Allele für jedes Gen. Eben diese Trennung der Allele macht eine spätere Neumischung verschiedener Allelpaare bei der Befruchtung möglich. Außerdem sind Ereignisse während der ersten meiotischen Teilung von Bedeutung, die den physikalischen Austausch von Segmenten von DNA-Molekülen beinhalten. Einen solchen Austausch von DNA-Segmenten zwischen zwei verschiedenen Quellen bezeichnen Molekularbiologen als **genetische Rekombination**. Später werden wir sehen, dass dieser Typ des DNA-Austausches zwischen homologen Chromosomen dann erfolgt, wenn die Chromosomen während der Prophase I in der Synapsis vorliegen.

Die Prophase I: Homologe Chromosomen werden gepaart und tauschen DNA aus Die Prophase I ist eine besonders lange und komplexe Phase. Aufgrund von lichtmikroskopischen Beobachtungen haben die ersten Zellbiologen die Prophase I in fünf Stadien unterteilt: Leptotän, Zygotän, Pachytän, Diplotän und Diakinese.

Das **Leptotän** beginnt mit der Verdichtung der Chromatinfasern zu langen, fadenähnlichen Strukturen. Dieser Vorgang ähnelt dem Beginn der Mitose. Im **Zygotän** läuft die Kondensation weiter, sodass die einzelnen Chromosomen nicht mehr voneinander zu unterscheiden sind und homologe Chromosomen kompakte Paare bilden. Diesen Vorgang bezeichnet man als Synapsis, die zur Bildung von Bivalenten führt. Bitte denken Sie daran, dass jedes Bivalent vier Chromatiden besitzt, wobei zwei jeweils von einem Chromosom stammen. Die Bildung der Bivalente ist von erheblicher genetischer Bedeutung, denn die Nähe zwischen den homologen Chromosomen ermöglicht durch **Crossing-over** den Austausch von DNA-Segmenten. Infolge dieses Austausches genetischer Information zwischen den entsprechenden Regionen homologer Chromosomen ist eine genetische Rekombination möglich. Später in diesem Kapitel werden Sie noch mehr über die molekularen Grundlagen des Crossing-over erfahren. Das Crossing-over findet während des **Pachytäns** statt. Dabei handelt es sich um einen Komprimierungsvorgang, in dessen Verlauf jedes Chromosom auf weniger als ein Viertel seiner Ausgangslänge reduziert wird.

Im Diplotän beginnen sich die homologen Chromosomen jedes Bivalents voneinander zu trennen, vor allem in der Nähe des Centromers. Allerdings bleiben die beiden Chromosomen jedes homologen Paares durch sogenannte **Chiasmata** (Singular: **Chiasma**) verknüpft. Diese Verbindungen sind in Regionen lokalisiert, in denen homologe Chromosomen DNA-Segmente ausgetauscht haben und somit einen sichtbaren Beweis dafür liefern, dass zwischen zwei Chromatiden, jeweils einem von jedem Chromosom, ein Crossing-over stattgefunden hat.

Bei einigen Organismen – zum Beispiel bei weiblichen Säugetieren – verdichten sich die Chromosomen während des Diplotäns, die Transkription wird wieder aufgenommen und die Zellen legen eine längere Wachstumspause ein, die sich manchmal über Jahre erstrecken kann. (Mit diesem Phänomen werden wir uns am Ende unserer Darstellung der Meiose beschäftigen.) Mit Beginn der **Diakinese**, dem letzten Stadium der Prophase I, nehmen die Chromosomen durch Kondensation ihre kompakteste Form an. Nun trennen sich die Centromere der homologen Chromosomen weiter, und die Chiasmata sind die einzigen noch verbleibenden Verknüpfungen zwischen den Homologen. In diesem Stadium verschwinden die Nucleoli, es bildet sich die Spindel und die Kernhülle löst sich auf. Damit endet die Prophase I.

Dank der Entwicklung moderner Hilfsmittel, allen voran das Elektronenmikroskop, konnten Zellbiologen unsere Vorstellung von dem, was während der Prophase I abläuft, verfeinern. Sie haben herausgefunden, dass die Struktur, die homologe Chromosomen während der Synapsis dicht nebeneinander hält, ein **synaptischer Komplex (SC**; engl.: *synaptonemal complex*) ist. Das ist eine komplizierte Proteinstruktur, die einem Reißverschluss ähnelt. Die *lateralen Elemente* des synaptischen Komplexes beginnen sich während des Leptotäns an einzelne Chromosomen zu heften. Allerdings bildet sich das *zentrale Element*, das die homologen Chromosomen im Grunde zusammenhält, erst im Zygotän. Wie finden die Partner eines Paares homologer Chromosomen einander, sodass sie zu einem synaptischen Komplex zusammengefügt werden können? Während des frühen Zygotäns werden die Enden (Telomere) jedes Chromosoms auf einer Seite des Zellkerns gebündelt und heften sich an die Kernhülle, wobei der Körper jedes Chromosoms sich in den Zellkern erstreckt. Stellen Sie sich vor, dass Sie die Enden von vier Seilen (zwei langen und zwei kurzen) zusammenhalten. Wenn Sie die Seile richtig schütteln, dann werden sich entsprechend ihrer Länge vier Schlaufen bilden. Diese Form der Chromosomenkonfiguration bezeichnet man als „*Bouquet*" und man vermutet, dass sie die Aufreihung der Chromosomen begünstigt.

Die Aufreihung ähnlich großer Chromosomen erleichtert die Bildung des synaptischen Komplexes, der sich während des Pachytäns vollständig ausbildet. Die Bildung des synaptischen Komplexes ist eng mit dem Vorgang des Crossing-over in höheren Eukaryoten assoziiert. In einigen elektronenmikroskopischen Aufnahmen werden weitere Proteinkomplexe erkannt, die sogenannten *Rekombinationsknoten*, die diesen Crossing-over-Vorgang vermitteln könnten. Im Diplotän zerfallen die synaptischen Komplexe, woraufhin die homologen Chromosomen sich trennen können (vorausgesetzt, dass sie nicht von Chiasmata zusammengehalten werden).

Die Metaphase I: Bivalente reihen sich am Spindeläquator auf Während der Metaphase I heften sich die Bivalente über ihre Kinetochore an die Spindelmikrotubuli an und wandern zum Spindeläquator. Die Präsenz *gepaarter* homologer Chromosomen (das heißt die Gegenwart von Bivalenten) am Spindeläquator während der Metaphase I ist ein fundamentaler Unterschied zwischen der Meiose I und einer typischen mitotischen Teilung. Dort findet kein derartiger Paarungsvorgang statt (▸*Abbildung 19.4*). Da jedes Bivalent vier Chromatiden enthält (zwei Schwesterchromatiden von jedem Chromosom), liegen auch vier Kinetochore vor. Die Kinetochore der Schwesterchromatiden liegen nebeneinander – in vielen Spezies sind sie als eine Masse erkennbar – und zum gleichen Zellpol ausgerichtet. Aufgrund dieser Anordnung können sich die Kinetochore, die von den Schwesterchromatiden eines homologen Chromosoms stammen, an die Mikrotubuli heften, die aus einem Spindelpol herausragen und die Kinetochore, die von den Schwesterchromatiden des anderen homologen Chromosoms stammen, heften sich an die Mikrotubuli, die aus dem gegenüberliegenden Spindelpol ragen. Diese Ausrichtung ermöglicht die Trennung der homologen Chromosomen während der Anaphase. Die Bivalente sind zu diesem Zeitpunkt nach dem Zufallsprinzip ausgerichtet und zwar so, dass bei jedem Bivalent entweder das mütterliche oder das väterliche Homologe zu einem beliebigen Zellpol schaut. Aus diesem Grund erhält jeder Spindelpol (und somit jede Tochterzelle) eine rein zufällige Mischung mütterlicher und väterlicher Chromosomen, wenn die beiden Partner jedes Chromosomenpaares sich während der Anaphase in Richtung der entgegengesetzten Spindelpole bewegen.

Zu diesem Zeitpunkt werden die homologen Chromosomen nur von den Chiasmata zusammengehalten. Hätte aus welchem Grund auch immer während der Prophase I kein Crossing-over stattgefunden und folglich auch keine Bildung von Chiasmata, dann bestünde die Gefahr, das sich die Chromosomen am Spindeläquator nicht richtig paaren und sich die homologen Chromosomen während der Anaphase I nicht ordentlich trennen. Genau dieses Szenario läuft während der Meiose in mutierten Hefezellen ab, bei denen Defekte in der genetischen Rekombination auftreten.

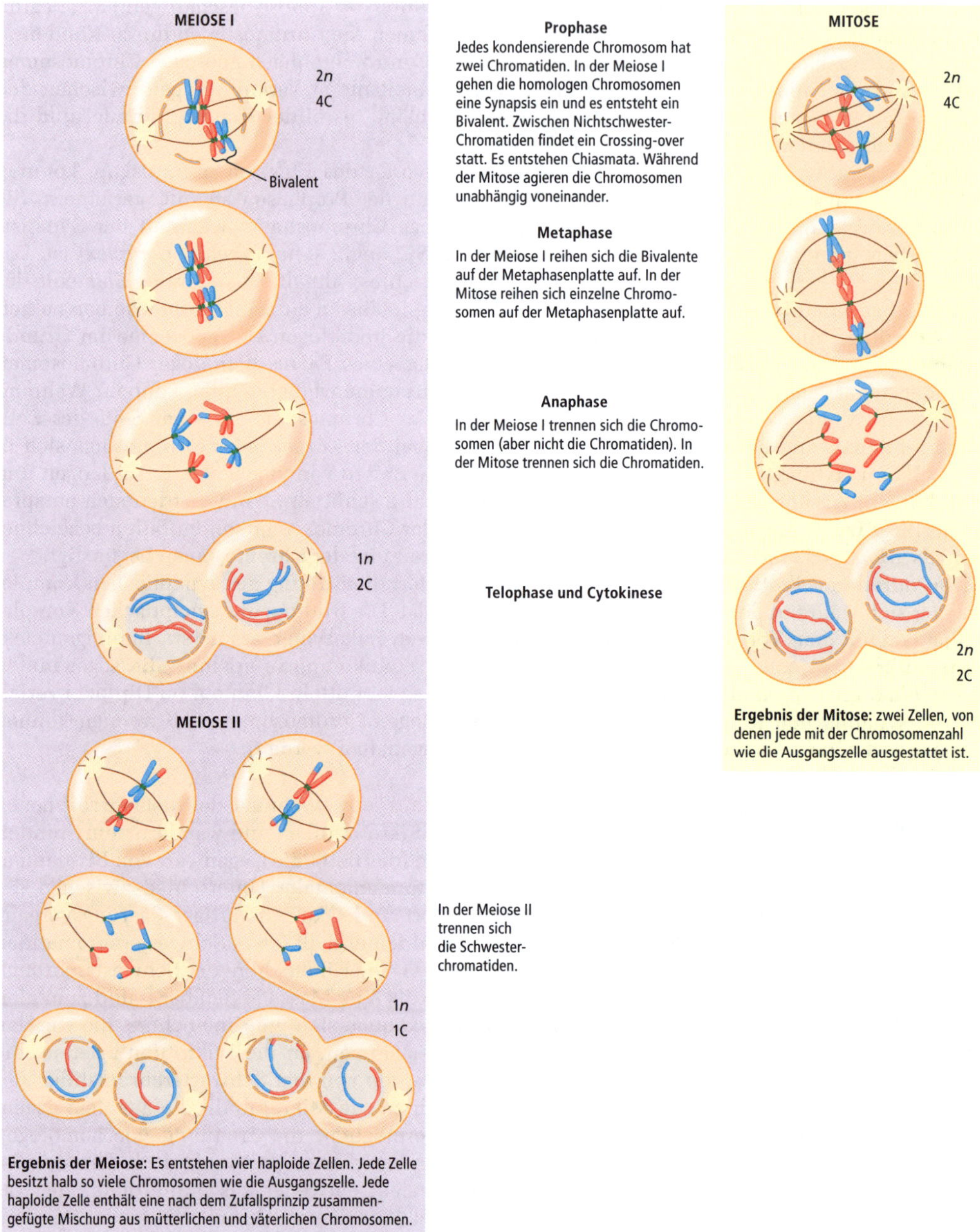

Abbildung 19.4: Vergleich der Meiose und der Mitose. Sowohl der Meiose als auch der Mitose geht die DNA-Replikation voraus, die in der Prophase zur Bildung von zwei Schwesterchromatiden pro Chromosom führt. Die Meiose, die ausschließlich in Keimbahnzellen abläuft, beinhaltet zwei Kernteilungen (und Zellteilungen), wodurch die Chromosomenanzahl auf das haploide Niveau halbiert wird. Außerdem finden während der fein abgestimmten Prophase der ersten meiotischen Teilung die Synapsis der homologen Chromosomen und das Crossing-over zwischen den Nicht-Schwesterchromatiden statt. Bei der Mitose beobachtet man nur eine einzige Teilung, aus der zwei diploide Zellkerne hervorgehen (und im Allgemeinen auch zwei Zellen). Jeder Zellkern besitzt die gleiche Chromosomenanzahl wie die Ausgangszelle. Bei der Mitose verhalten sich die homologen Chromosomen unabhängig voneinander. Sie kommen niemals als Paare zusammen. Die Bedeutung der C-Werte (4C, 2C, 1C) in dieser Abbildung wird später erklärt.

Anaphase I: Homologe Chromosomen bewegen sich zu entgegengesetzten Spindelpolen Zu Beginn der Anaphase I trennen sich die Partner jedes Paares homologer Chromosomen voneinander und beginnen sich in Richtung entgegengesetzter Spindelpole zu bewegen, indem sie von ihren jeweiligen Kinetochor-Mikrotubuli gezogen werden. Achten Sie bitte wieder auf den fundamentalen Unterschied zwischen Meiose und Mitose (*Abbildung 19.4*). Während der mitotischen Anaphase trennen sich die *Schwesterchromatiden* und bewegen sich zu den entgegengesetzten Spindelpolen, während sich in der Anaphase I der Meiose die *homologen Chromosomen trennen* und zu den entgegengesetzten Spindelpolen wandern, die Schwesterchromatiden aber zusammenbleiben. Da sich die beiden Partner jedes homologen Chromosomenpaares während der Anaphase I zu den entgegengesetzten Spindelpolen bewegen, erhält jeder Pol einen haploiden Chromosomensatz.

Wie können wir die Tatsache erklären, dass die Schwesterchromatiden sich während der Mitose voneinander trennen, aber nicht während der Meiose I? In *Kapitel 18* haben Sie gelernt, dass die mitotische Anaphase mit der Aktivierung des Enzyms Separase durch den Anaphase-Förder-Komplex assoziiert ist (siehe *Abbildung 18.26*). Die aktivierte Separase spaltet wiederum die Cohäsine, welche die Schwesterchromatiden zusammenhalten. Dadurch können sich die Schwesterchromatiden trennen. Damit während der Anaphase I der Meiose keine Trennung der Chromatiden stattfindet, schützt ein Protein mit der Bezeichnung *Shugoshin* (aus dem Japanischen, bedeutet „bewachender Geist") die Cohäsine, die auf dem chromosomalen Centromer liegen, vor Abbau durch die Separase.

Telophase I und Cytokinese: zwei haploide Zellen entstehen Die Telophase I beginnt, wenn ein haploider Chromosomensatz den jeweiligen Spindelpol erreicht. Welches Mitglied eines homologen Paares schließlich an welchem Pol ankommt, wird einzig und allein dadurch geregelt, wie die Chromosomen während der Metaphase I zufälligerweise am Spindeläquator ausgerichtet sind. Nachdem die Chromosomen die Spindelpole erreicht haben, bilden sich manchmal Kernhüllen um die Chromosomen, und dann beginnt die Cytokinese. Aus dieser gehen zwei haploide Zellen hervor, deren Chromosomen aus Schwesterchromatiden bestehen. In den meisten Fällen kondensieren die Chromosomen nicht vor Beginn der Meiose II.

19.3.2 Die Meiose II ähnelt einer mitotischen Teilung

Nach Abschluss der Meiose I kann eine kurze Interphase dem Beginn der **Meiose II** vorgeschaltet sein. Diese Interphase geht allerdings nicht mit einer DNA-Replikation einher, weil jedes Chromosom bereits aus einem Paar replizierter Schwesterchromatiden besteht, die während der Interphase vor der Meiose I durch DNA-Synthese entstanden. *Daher wird die DNA nur einmal während der Meiose repliziert, und zwar vor der ersten meiotischen Teilung.* Das Ziel der Meiose II ist, ebenso wie das Ziel einer typischen mitotischen Teilung, die während dieses ersten Durchlaufs der DNA-Replikation entstandenen Schwesterchromatiden in zwei sich neu bildende Zellen aufzuteilen. Aus diesem Grund bezeichnet man die Meiose II manchmal als *Trennungsteilung* der Meiose.

Die Prophase II ist sehr kurz. Wenn man sie überhaupt beobachten kann, so ähnelt sie stark der mitotischen Prophase. Die Metaphase II ähnelt auch dem entsprechenden Stadium der Mitose, mit dem einzigen Unterschied, dass nur halb so viele Chromosomen am Spindeläquator liegen. Die Kinetochore der Schwesterchromatiden weisen jetzt in entgegengesetzte Richtungen, weshalb die Schwesterchromatiden sich trennen und während der Anaphase II (als neue Tochterchromosomen) zu den gegenüberliegenden Spindelpolen streben können. Die noch verbleibenden Phasen der zweiten meiotischen Teilung sind mit den entsprechenden Stadien der Mitose vergleichbar. Das Endergebnis ist die Bildung von vier Tochterzellen, die jeweils einen haploiden Satz von Chromosomen enthalten. Da die beiden Mitglieder jedes homologen Chromosomenpaares nach dem Zufallsprinzip an die während der Meiose I gebildeten Zellen verteilt wurden, enthält jede während der Meiose II gebildete haploide Tochterzelle eine Zufallsmischung mütterlicher und väterlicher Chromosomen. Hinzukommt, dass jedes dieser Chromosomen aus einer Mischung mütterlicher und väterlicher DNA-Sequenzen besteht, die durch Crossing-over während der Prophase I gebildet wurde.

Obwohl jede während der Meiose gebildete Zelle normalerweise einen vollständigen haploiden Chromosomensatz enthält, kann eine selten auftretende Fehlfunktion, die sogenannte **Non-Disjunction**, zur Entstehung von Zellen führen, denen entweder ein bestimmtes Chromosom fehlt oder die ein überzähliges Chromosom haben. Diesen Zustand bezeichneten wir in *Kapitel 18* als *Aneuploidie*. Unter Non-Disjunction versteht man das Unvermögen der homologen Chromosomen (während der Anaphase I) oder der Schwesterchromatiden (während der Anaphase II), sich vor dem Übergang von der Metaphase in die Anaphase zu trennen. Stattdessen bleiben die Chromosomen oder Chromatiden zusammen und bewegen sich in eine der beiden Tochterzellen hinein. Als Folge entsteht eine Zelle, die beide Chromosomenkopien enthält, und eine Zelle ohne Kopie. Die entstandenen Gameten mit einem fehlenden oder überzähligen Chromosom bilden tendenziell defekte Embryos, die vor der Geburt sterben. Allerdings können einige wenige dieser Gameten an der Entwicklung überlebensfähiger Embryos mitwirken. Wenn beispielsweise ein anormales menschliches Spermium, das zwei normale Kopien des Chromosoms 21 trägt, eine normale Eizelle befruchtet, die eine Kopie des Chromosoms 21 trägt, dann kann sich der daraus hervorgehende Embryo, der drei Kopien des Chromosoms 21 trägt, vollständig entwickeln und das Kind wird lebend geboren. Dieses Kind wird allerdings eine Reihe von Entwicklungsanomalien aufweisen – darunter Minderwuchs, die typische Lidfalte, breite Hände und einen niedrigen Intelligenzquotienten – die Symptome des *Down-Syndroms (Trisomie 21)*.

An diesem Punkt angelangt, sollten Sie sich vielleicht mit *Abbildung 19.4* als Ganzes beschäftigen, um sich Gemeinsamkeiten und Unterschiede zwischen Meiose und Mitose einzuprägen. In dieser Zeichnung ist die in den jeweiligen Stadien der DNA vorhandene DNA-Menge mit dem **Wert C** angegeben. Dieser Wert entspricht der DNA-Menge, die in einem einzigen (haploiden) Chromosomensatz enthalten ist. Vor der S-Phase beträgt die Chromosomenzahl in einer diploiden Zelle $2n$ und die DNA-Menge 2C, denn es liegen zwei Chromosomensätze vor. Bei der DNA-Replikation während der S-Phase wird die DNA-Menge auf 4C verdoppelt, denn jedes Chromosom besteht jetzt aus zwei Chromatiden. Während der Meiose I verringert die Segregation homologer Chromosomen zu verschiedenen Tochterzellen die Chromosomenzahl von $2n$ auf $1n$ und der DNA-Gehalt sinkt von 4C auf 2C. Infolge der Trennung der Schwesterchromatiden während der Meiose II wird die DNA-Menge von 2C auf 1C reduziert, während die Chromosomenzahl bei $1n$ bleibt. Im Gegensatz dazu reduziert die normale Mitose den DNA-Gehalt von 4C auf 2C (durch Trennung der Schwesterchromatiden), während die Chromosomenzahl konstant bei $2n$ bleibt.

19.3.3 Spermien und Eizellen entstehen durch Meiose und anschließende Zelldifferenzierung

Die Meiose ist das Kernstück der Gametogenese. Wir haben bereits gelernt, dass die Gametogenese der Vorgang ist, bei dem haploide Gameten aus diploiden Vorläuferzellen hervorgehen. Allerdings unterscheiden sich männliche und weibliche Gameten ganz erheblich. Daraus folgt, dass die Gametogenese aus mehr Vorgängen als nur der Meiose bestehen muss. In ▸*Abbildung 19.5* ist die Gametogenese bei Tieren dargestellt. Bei männlichen Lebewesen wandelt die Meiose eine diploide *Spermatocyte* in vier haploide, etwa gleich große *Spermatiden* um (▸*Abbildung 19.5a*). Nach Abschluss der Meiose differenzieren sich die Spermatiden zu Samenzellen, indem sie den größten Teil ihres Cytoplasmas verlieren und Geißeln und andere spezialisierte Strukturen entwickeln.

Bei den weiblichen Tieren wird während der Meiose eine diploide *Oocyte* in vier haploide Zellen umgewandelt, von denen aber nur eine überlebt, aus der dann eine funktionale Eizelle hervorgeht (▸*Abbildung 19.5b*). Dies ist das Ergebnis von zwei meiotischen Teilungen, bei denen das Cytoplasma der Oocyte ungleich aufgeteilt wird, wobei eine der vier Tochterzellen den Hauptanteil des Cytoplasmas der ursprünglichen diploiden Oocyte erhält. Die anderen drei kleineren Zellen bezeichnet man als **Polarkörper**. Diese Polarkörper werden im Allgemeinen abgebaut (rufen Sie sich aber in Erinnerung, dass der Komodowaran einen Polarkörper zur „Befruchtung" einer Eizelle nutzen kann). Die Tatsache, dass sich nur eines von vier haploiden Produkten der Meiose zu einer funktionalen Eizelle entwickelt, liegt darin, dass das Cytoplasma, das andernfalls auf die vier Tochterzellen aufgeteilt worden wäre, stattdessen in einer Eizelle konzentriert wird. Damit wird die Menge in einer reifen Eizelle gespeicherter Nährstoffe maximiert.

Ein wichtiger Unterschied zwischen Spermien- und Eizellenbildung ist in dem Stadium erkennbar, in dem die Zellen ihre spezialisierten Merkmale erhalten, die sie zu funktionalen, reifen Gameten machen. Während der Entwicklung der Spermazelle bilden sich durch Meiose haploide

Spermatiden, die den größten Teil ihres Cytoplasmas ablegen und Flagellen entwickeln, bevor sie funktionell ausgereift sind. Im Gegensatz dazu erhalten die sich entwickelnden Eizellen ihre spezialisierten Merkmale *während* der Meiose, viele davon in der Prophase I. In diesem Stadium wird die Meiose kurzzeitig angehalten, damit die Zelle extensiv wachsen kann. Während dieser *Wachstumsphase* entwickelt die Zelle auch verschiedene Typen äußerer Hüllen. Deren Aufgabe besteht darin, die Eizelle vor chemischem oder physikalischem Schaden zu schützen. Das Wachstum kann während dieser Phase recht stark sein. Eine menschliche Eizelle hat zum Beispiel einen Durchmesser von ungefähr 100 µm. Damit übertrifft ihr Volumen das Volumen der diploiden Oocyte, aus der sie hervorging, um das Hundertfache. Denken Sie an die gewaltige Größe von Vogeleiern! Auch Frosch-Oocyten haben einen Durchmesser von ca. 1,2 mm und sind somit im Vergleich zu normalen Körperzellen riesengroß. Sie eignen sich daher ganz besonders für wissenschaftliche Experimente in der Entwicklungsbiologie.

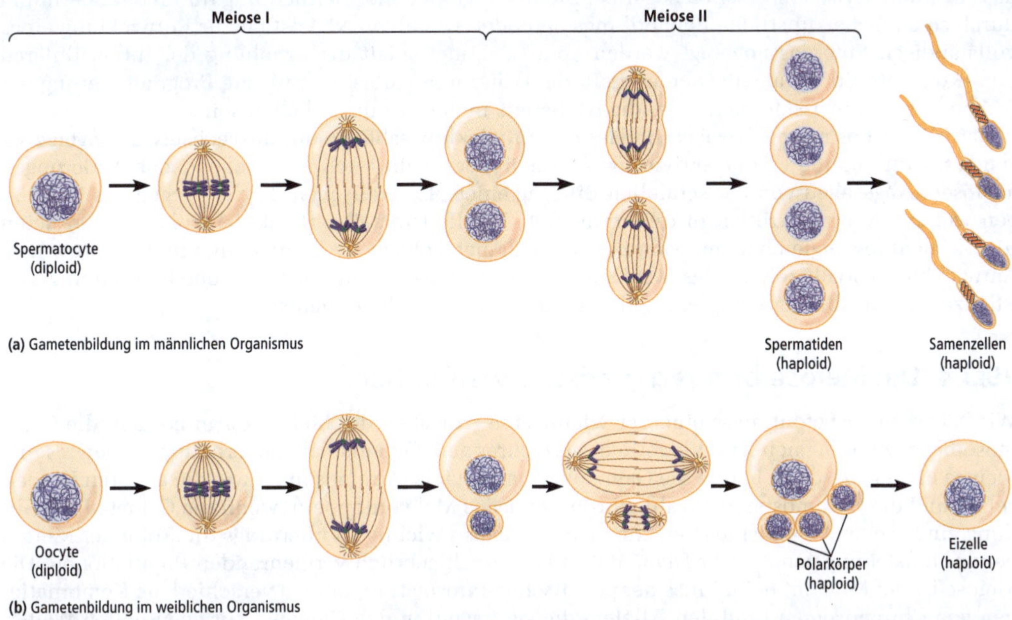

Abbildung 19.5: Gametenbildung. (a) In einem männlichen Organismus bleiben die vier haploiden Produkte der Meiose erhalten und differenzieren zu Spermien. (b) In einem weiblichen Organismus sind beide meiotischen Teilungen asymmetrisch. Es entstehen eine große und drei (in einigen Fällen nur zwei) kleine Eizellen, die sogenannten Polarkörper, aus denen keine funktionalen Gameten hervorgehen. Die reife Eizelle wird im Allgemeinen wesentlich größer als die Oocyte, aus der sie entstand, was hier aber nicht dargestellt ist.

Nach Abschluss der Wachstumsphase wird die Entwicklung der Oocyten solange in der Prophase I angehalten, bis der Wiederbeginn der Meiose durch einen entsprechenden Stimulus initiiert wird. Bei Amphibien wird der Wiederbeginn der Meiose durch das Steroidhormon Progesteron ausgelöst, dessen Gegenwart zu verstärkter Aktivität der Proteinkinase *MPF (*engl.: *maturation-promoting factor)* führt. In *Kapitel 18* haben wir erklärt, dass MPF ein Cdk-Cyclin-Komplex ist, der die mitotische Teilung kontrolliert, indem er den Übergang von der G_2-Phase in die M-Phase auslöst. Außerdem kontrolliert MPF die Meiose durch Auslösen des Übergangs von der Prophase I in die Metaphase I. Progesteron übt seine Kontrollfunktion über MPF aus, indem es die Bildung von *Mos* anregt, einer Proteinkinase, die eine Reihe weiterer Proteinkinasen aktiviert. Diese wiederum aktivieren MPF.

Als Reaktion auf die Aktivierung von MPF wird die erste meiotische Teilung abgeschlossen. Bei einigen Organismen läuft die zweite meiotische Teilung dann rasch bis zum Schluss durch. Bei anderen hält sie in einem Zwischenstadium an und wird erst nach der Befruchtung abgeschlossen. In den Eizellen von Wirbeltieren wird die zweite meiotische Teilung im Allgemeinen in der Metaphase II angehalten, bis eine Befruchtung stattfindet. Der Stillstand der Metaphase II wird von einem *cytostatischen Faktor (CSF,* engl.: *cytostatic factor)* ausgelöst, einem biochemisch aktiven Faktor im Cytoplasma reifer Eizellen. CSF agiert, indem er den Anaphase-Förder-Komplex hemmt, dessen Aktivität normalerweise für den Übergang von der Metaphase in die Anaphase benötigt wird. Nach der Befruchtung einer Eizelle durchläuft CSF einen Inaktivierungsprozess. Bei fehlender CSF-Aktivität kann der Anaphase-Förder-Komplex den Übergang von der Metaphase in die Anaphase auslösen. Daraufhin kann die Meiose abgeschlossen werden.

Wenn die Meiose abgeschlossen ist, ist die Eizelle vollständig ausgereift und kann sogar schon befruchtet sein. Die reife Eizelle ist eine höchst differenzierte Zelle, die darauf spezialisiert ist, einen neuen Organismen zu bilden, ganz so wie eine Muskelzelle darauf spezialisiert ist, zu kontrahieren, oder die Zelle eines roten Blutkörperchens auf den Transport von Sauerstoff. Diese inhärente Spezialisierung der Eizelle wird anschaulich unter Beweis gestellt durch die Beobachtung, dass manche tierischen Eizellen sogar bei nicht-stattgefundener Befruchtung durch ein Spermium durch so einfache künstliche Behandlungsmethoden wie einen Nadelstich zur Entwicklung eines vollständigen Embryos angeregt werden können. Dabei spielt die Erhöhung der intrazellulären Ca^{2+}-Konzentration eine entscheidende Rolle. Daher muss alles, was für die Programmierung der frühen Entwicklungsstadien notwendig ist, bereits in der Eizelle enthalten sein.

Natürlich ist es normalerweise so, dass die Entwicklungsabfolge durch Wechselwirkungen zwischen Spermium und Eizelle aktiviert wird, die in der Eizelle wichtige biochemische Änderungen auslösen. Abgesehen von der schnellen Bildung einer physikalischen Barriere gegen das Eindringen weiterer Spermienzellen in die befruchtete Eizelle (schneller Block der Polyspermie), leitet die Befruchtung zugleich einen wahren Ausbruch metabolischer Aktivität ein, um die embryonale Entwicklung vorzubereiten. Das wird hier zwar nicht dargestellt, aber bei der Befruchtung von Pflanzen laufen ähnlich komplexe zelluläre und biochemische Ereignisse ab.

19.3.4 Die Meiose bringt genetische Vielfalt hervor

Wir haben zuvor betont, dass eine der wichtigsten Aufgaben der Meiose darin besteht, die Chromosomenanzahl in sich geschlechtlich vermehrenden Organismen zu erhalten. Wenn es die Meiose nicht gäbe, dann hätten die Gameten genauso viele Chromosomen wie die anderen Körperzellen und die Chromosomenanzahl würde sich jedes Mal verdoppeln, wenn die Gameten zur Bildung eines neuen Organismus verschmelzen. Genauso wichtig ist allerdings die Rolle der Meiose bei der Entstehung genetischer Diversität in sich geschlechtlich vermehrenden Populationen. Die Meiose ist der Moment beim Fluss der genetischen Information, in dem verschiedene Kombinationen von Chromosomen (und den Allelen, die sie tragen) in den Gameten zur eventuellen Weitergabe an die Nachkommen zusammengesetzt werden. Obwohl jeder Gamet haploid ist und daher einen Partner eines jeden homologen Chromosomenpaares besitzt, unterliegt die jeweilige Kombination väterlicher und mütterlicher Chromosomen in jedem Gameten dem Zufall. Dieses Zufallsprinzip beruht auf der willkürlichen Ausrichtung von Bivalenten in der Metaphase I, wenn die väterlichen und mütterlichen Homologe jedes Paares zu jedem der beiden Pole ausgerichtet sein können, und das unabhängig von den Ausrichtungen der anderen Bivalente. Bei menschlichen Gameten, die 23 Chromosomen enthalten, erhalten wir im Endeffekt mehr als acht Millionen mögliche unterschiedliche Kombinationen mütterlicher und väterlicher Chromosomen!

Außerdem erzeugt das Crossing-over zwischen homologen Chromosomen während der Prophase I weitere genetische Vielfalt unter den Gameten. Das Crossing-over ermöglicht den Austausch von DNA-Segmenten zwischen homologen Chromosomen und erzeugt daher mehr Allelkombinationen, als die zufällige Anordnung mütterlicher und väterlicher Chromosomen schaffen würde. Später in diesem Kapitel werden wir uns wieder mit dem Crossing-over (Rekombination) beschäftigen. Zuerst werden wir uns aber den historischen Experimenten zuwenden, die zur Klärung der genetischen Folgen der Chromosomensegregation und der zufälligen Anordnung während der Meiose führten. Diese Experimente führte Gregor Mendel aus, noch bevor man überhaupt von der Existenz von Chromosomen wusste.

19.4 Genetische Vielfalt: Segregation und Anordnung der Allele

Die meisten Biologiestudenten haben von dem Augustinermönch Gregor Mendel und seinen klassischen Experimenten zur Genetik gehört, die er in einem Klostergarten durchführte. Mendels Entdeckungen, die 1865 zum ersten Mal veröffentlich wurden, legten das Fundament für das Gebiet, das wir heute als *Mendel'sche Genetik* bezeichnen. Für seine Arbeit mit der Gartenerbse wählte Mendel sieben gut identifizierbare Merkmale der Erbsenpflanzen aus und selektierte in jedem Fall zwei Pflanzenvarianten, in denen sich die jeweilige Eigenschaft unterschiedlich ausprägte. Zum Beispiel war die Samenfarbe eines der Merkmale, die Mendel wählte, denn er hatte einen Erbsenstamm mit gelben Samen und einen mit grünen (*Abbildung 19.1*). Zuerst legte er fest, dass jeder dieser Pflanzenstämme nach Selbstbefruchtung reinerbig sei. Das bedeutet, dass die aus gelben Samen gewachsenen Pflanzen nur gelbe Samen bildeten und dass Pflanzen, die aus grünen Samen hervorgingen, nur grüne Samen bildeten (▸*Abbildung 19.6*). Nachdem er das festgelegt hatte, war er soweit, dass er die Prinzipien untersuchen konnte, auf denen die Vererbung dieser Merkmale beruhte.

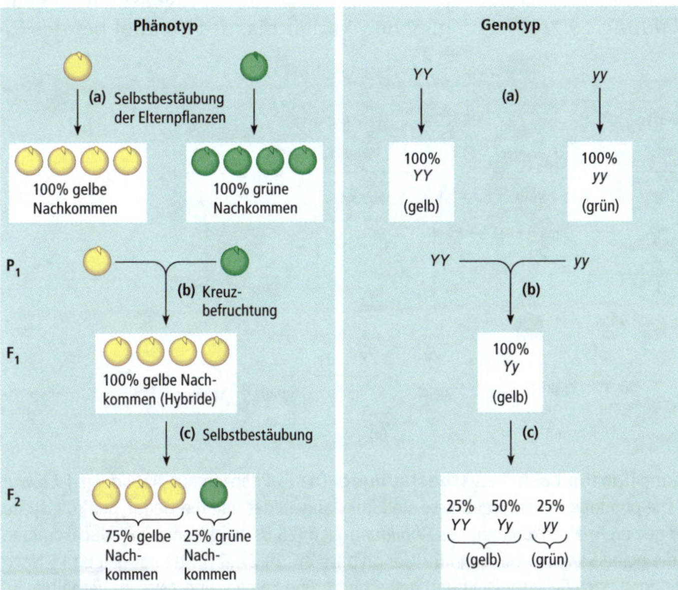

Abbildung 19.6: Genetische Analyse der Samenfarbe bei Erbsenpflanzen. Die genetischen Kreuzungen begannen mit zwei reinerbigen Stämmen von Erbsenpflanzen, eine mit gelben Samen und die andere mit grünen Samen. Das Merkmal gelber Samen ist dominant (Allel *Y*); das Merkmal grüner Samen ist rezessiv (Allel *y*). Die resultierenden Phänotypen der Nachkommen sind links und ihre Genotypen rechts dargestellt (die Genotypen wurden später abgeleitet). (a) Die Elternpflanzen sind entweder für das dominante *(YY)* oder das rezessive *(yy)* Merkmal homozygot und nach Selbstbestäubung reinerbig. (b) Wenn man sie kreuzt, ergeben die Elternpflanzen F_1-Pflanzen (Hybride), die alle heterozygot *(Yy)* sind und daher das dominante Merkmal besitzen. (c) Nach Selbstbestäubung bilden die F_1-Pflanzen in der F_2-Generation gelbe und grüne Samen, und zwar im Verhältnis 3:1. Siehe *Abbildung 19.7* und *Abbildung 19.8* für weitere Analysen.

19.4.1 Die Information zur Spezifizierung rezessiver Merkmale kann vorhanden sein, ohne dass sie erkennbar ist

In der ersten Folge von Experimenten kreuzte Mendel die reinerbigen elterlichen Pflanzen (die **P_1-Generation**) und erhielt **hybride** Stämme. Das Ergebnis dieses Experiments muss auf den ersten Blick seltsam gewesen sein: in jedem Fall zeigten die Nachkommen – die sogenannte **F_1-Generation** – das eine oder das andere der elterlichen Merkmale, aber niemals beide Merkmale. Mit anderen Worten, ein elterliches Merkmal war immer dominant und das andere war immer rezessiv. Im Fall der Samenfarbe hatten alle F_1-Pflanzen gelbe Samen (▸*Abbildung 19.6b*). Das zeigt, dass die gelbe Samenfarbe dominant ist.

Im nächsten Sommer führte Mendel eine Selbstbestäubung bei allen F_1-Hybriden durch. Bei jedem der sieben untersuchten Merkmale machte er die gleiche überraschende Beobachtung: das rezessive Merkmal, das in der F_1-Generation unsichtbar war, trat bei den Nachkommen der nächsten Generation, der **F_2-Generation**, wieder auf. Für jedes der sieben Merkmale war das Verhältnis dominanter und rezessiver Phänotypen bei den Nachkommen immer etwa 3:1. Was zum Beispiel die Samenfarbe betrifft, bildeten die Pflanzen, die aus den gelben F_1-Samen gezüchtet worden waren, ungefähr 75 % gelbe und 25 % grüne Samen (▸*Abbildung 19.6c*).

Dieses Ergebnis unterschied sich recht deutlich vom Verhalten reinerbiger gelber Samen des Elternstamms, der nach Selbstbestäubung nur gelbe Samen hervorgebracht hatte. Es gab ganz eindeutig einen wichtigen Unterschied zwischen den gelben Samen des P_1-Stamms und den gelben Samen der F_1-Generation. Sie sahen gleich aus, aber erstere waren reinerbig letztere nicht.

Anschließend führte Mendel eine Selbstbestäubung der F_2-Pflanzen durch. Die F_2-Pflanzen mit dem rezessiven Merkmal (grün im Fall der Samenfarbe) waren immer reinerbig (▸*Abbildung 19.7c*). Das legt nahe, dass sie mit dem P_1-Stamm mit grünen Samen identisch waren, mit denen Mendel seine Experimente begonnen hatte. Die F_2-Pflanzen mit dem dominanten Merkmal brachten ein komplexeres Muster hervor. Ein Drittel war für das dominante Merkmal reinerbig (▸*Abbildung 19.7a*) und schien daher identisch mit den P_1-Pflanzen mit dem dominanten Merkmal (gelbe Samen). Die anderen zwei Drittel der F_2-Pflanzen mit den gelben Samen brachten Nachkommen mit dominanten und rezessiven Phänotypen hervor. Die beiden Eigenschaften standen im Verhältnis von 3:1 (▸*Abbildung 19.7b*) – dem gleichen Verhältnis, das Mendel bei der F_1-Selbstbestäubung erhalten hatte.

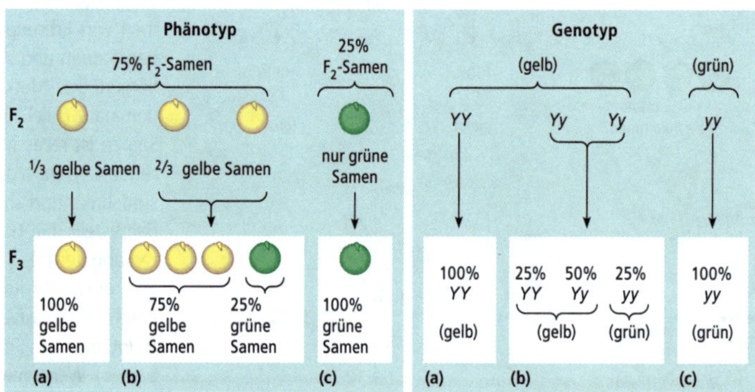

Abbildung 19.7: Analyse der F_2-Erbsenpflanzen nach Selbstbestäubung. Die F_2-Pflanzen aus *Abbildung 19.6* wurden mittels Selbstbestäubung untersucht. Die phänotypischen Ergebnisse sind links abgebildet und die Genotypen (die später gefolgert wurden) rechts. (a) Ein Drittel der gelben F_2-Nachkommen aus *Abbildung 19.6* (25 % der gesamten F_2-Nachkommen) sind nach Selbstbestäubung reinerbig für die gelbe Samenfarbe, denn ihr Genotyp ist *YY*. (b) Zwei Drittel der gelben F_2-Nachkommen (50 % aller F_2-Nachkommen) erbringen nach Selbstbestäubung gelbe und grüne Samen, und zwar im Verhältnis 3:1 (genauso wie die F_2-Pflanzen aus *Abbildung 19.6* nach Selbstbestäubung). (c) Alle grünen F_2-Samen (25 % aller F_2-Nachkommen) sind nach Selbstbestäubung reinerbig für die grüne Samenfarbe, denn ihr Genotyp ist *yy*.

Aus diesen Ergebnissen folgerte Mendel, dass die genetische Information, die das rezessive Merkmal spezifiziert, in den F_1-Hybridpflanzen und Samen liegen musste, obwohl das Merkmal unsichtbar blieb. Diese Schlussfolgerung stimmte mit den Ergebnissen einer anderen Reihe von Experimenten überein, in denen F_1-Hybride mit Ausgangselternstämmen gekreuzt worden waren, eine Technik, die man als **Rückkreuzung** bezeichnet (▸*Abbildung 19.8*). Durch Rückkreuzung von F_1-Hybriden mit dem dominanten Elternstamm erhielt Mendel immer Nachkommen mit dem dominanten Merkmal (▸*Abbildung 19.8a*), während er bei Rückkreuzung mit dem rezessiven Elternteil eine Mischung aus Pflanzen mit dominanten und rezessiven Merkmalen im Verhältnis 1:1 erhielt (▸*Abbildung 19.8b*). Des Weiteren verhielten sich die dominanten Nachkommen der letzten Kreuzung ebenso wie die F_1-Hybriden: nach der Selbstbestäubung erhielt Mendel eine Mischung von Phänotypen im Verhältnis 3:1 (▸*Abbildung 19.8c*) und nach Rückkreuzung mit dem rezessiven Elternteil dominante und rezessive Nachkommen im Verhältnis 1:1 (▸*Abbildung 19.8d*). (Eine alternative Form der Darstellung von Kreuzungsdiagrammen, ist das sogenannte *Punnett-Quadrat.*)

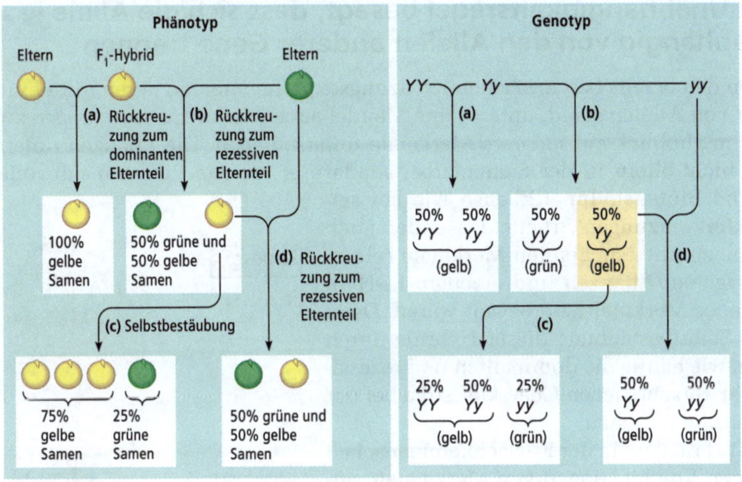

Abbildung 19.8: Analyse von F_1-Hybriden durch Rückkreuzung. Die F_1-Hybriden in *Abbildung 19.6* wurden durch Rückkreuzung der Elternstämme (P_1) untersucht. Die phänotypischen Ergebnisse sind links und die genotypischen (später erschlossen) rechts dargestellt. (a) Nach Rückkreuzung des F_1-Hybrids *(Yy)* mit den dominanten Eltern *(YY)* produzieren alle Nachkommen gelbe Samen, denn der Genotyp war entweder *YY* oder *Yy*. (b) Die Rückkreuzung mit den rezessiven Eltern *(yy)* ergibt zu gleichen Anteilen gelbe *(Yy)* und grüne *(yy)* Samen. (c) Diese Nachkommen mit gelben Samen produzieren nach Selbstbestäubung gelbe und grüne Samen im Verhältnis von 3:1 (genauso wie die F_1-Hybriden in *Abbildung 19.6*). (d) Durch Rückkreuzung der Nachkommen mit gelben Samen mit den homozygoten rezessiven Eltern erhält man wieder gelbe und grüne Samen im Verhältnis 1:1, wie in der Rückkreuzung aus Teil b.

19.4.2 Die Spaltungsregel besagt, dass sich die Allele jedes Gens während der Gametenbildung trennen

Nach einem Jahrzehnt sorgfältiger Arbeit und Aufzeichnung der zuvor dargestellten Vererbungsmuster formulierte Mendel mehrere Prinzipien – sie sind als **Mendel'sche Vererbungsregeln** bekannt – welche die von ihm gemachten Beobachtungen erklärten. Das erste dieser Gesetze besagte, dass die phänotypischen Merkmale von unsichtbaren „Faktoren" bestimmt werden, die in den meisten Organismen als Paare von „Determinanten" vorliegen. Heute bezeichnen wir diese „Faktoren" als *Gene* und die „Determinanten" als *Allele* (unterschiedliche Formen von Genen). Mendels Schlussfolgerung erscheint uns selbsterklärend, aber zur Zeit Mendels war das eine wichtige Behauptung. Damals befürworteten die meisten Wissenschaftler die *Blending Inheritance* (engl.: *blending theory of inheritance*; für den Begriff gibt es keine deutsche Entsprechung). Nach dieser Theorie handelte es sich bei Merkmalen wie gelber und grüner Samenfarbe um so etwas wie Farbdosen, die gemischt werden und Zwischenergebnisse hervorbringen. Andere Wissenschaftler hatten vor Mendel die nicht auf Vermischung beruhende Vererbung beschrieben, sie aber nicht mit Daten und mathematischer Analyse untermauert, die Mendels ganz besonderen Beitrag ausmachten. Mendels Durchbruch ist besonders beeindruckend, wenn wir uns in Erinnerung rufen, dass er seine Theorie formulierte, bevor irgendjemand jemals Chromosomen gesehen hatte oder an deren Existenz dachte.

Von besonderer Bedeutung für die Entwicklung der Genetik war Mendels Folgerung im Hinblick auf die Verteilung der Gene während der Gametenbildung. Gemäß seiner **Segregationsregel** (Spaltungsregel) sind die beiden Allele eines Gens Einheitsfaktoren, die während der Gametenbildung segregieren oder sich voneinander trennen. Anders formuliert, die beiden Allele behalten ihre Identität, sogar für den Fall, dass sie in einem hybriden Organismen vorkommen, und sie werden auf zwei verschiedene Gameten verteilt, sodass sie in späteren Generationen unverändert wieder auftreten können.

19.4.3 Die Unabhängigkeitsregel besagt, dass sich die Allele jedes Gens unabhängig von den Allelen anderer Gene trennen

Abgesehen von den bereits beschriebenen Kreuzungsexperimenten, in deren Mittelpunkt immer ein einzelnes Paar von Allelen stand, untersuchte Mendel auch *Multifaktorkreuzungen* zwischen Pflanzen, die sich im Hinblick auf *mehrere* Merkmale unterschieden. Die Pflanzen unterschieden sich zum Beispiel nicht allein in der Samenfarbe, sondern er kreuzte Pflanzen mit unterschiedlicher Samenform und Blütenstellung. Ebenso wie bei seinen Einzelfaktorkreuzungen arbeitete Mendel auch hier mit für die zu untersuchenden Merkmale reinerbigen (homozygoten) Pflanzen und erzeugte F_1-Hybride, die für jedes Merkmal heterozygot waren. Dann führte er eine Selbstbestäubung dieser Hybride durch und ermittelte, wie häufig die dominanten und rezessiven Formen der verschiedenen Charakteristika bei der Nachkommenschaft auftraten.

Mendel stellte fest, dass in der F_2-Nachkommenschaft alle erdenklichen Kombinationen von Merkmalen auftraten. Daraus folgerte er, dass in den F_1-Gameten alle möglichen Kombinationen der verschiedenen Allele präsent gewesen sein müssten. Außerdem folgert Mendel, ausgehend von den Verhältnissen der verschiedenen Phänotypen, die er in der F_2-Generation vorfand, dass alle möglichen Kombinationen der Allele mit gleicher Häufigkeit in den Gameten auftraten. Mit anderen Worten, *die beiden Allele jedes Gens segregieren unabhängig von den Allelen der anderen Gene*. Dies ist die **Unabhängigkeitsregel** (oder **Neukombinationsregel**), ein weiterer Meilenstein der Genetik. Später sollte bewiesen werden, dass dieses Gesetz nur für Gene auf verschiedenen Chromosomen oder für auf dem gleichen Chromosom sehr weit entfernt liegende Gene gilt.

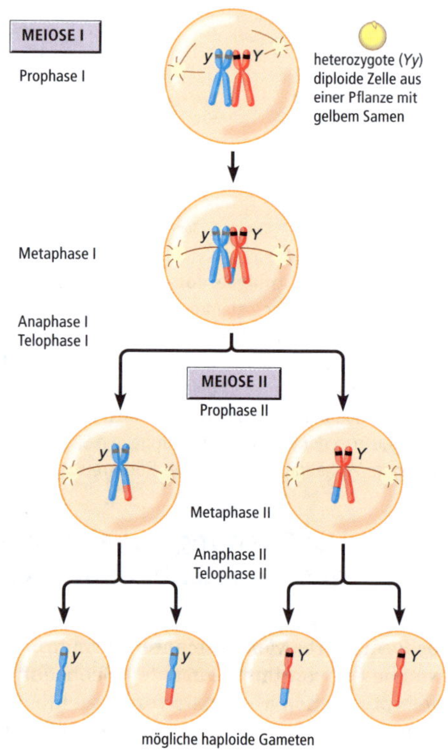

Abbildung 19.9: Die meiotische Grundlage von Mendels Segregationsregel. Die Segregation der Allele für die Samenfarbe während der Meiose ist am Beispiel einer für dieses Merkmal heterozygoten Erbsenpflanze dargestellt. Die Erbsen haben sieben Chromosomenpaare, aber nur das homologe Paar trägt die Allele mit den hier abgebildeten Samenfarben. Während der ersten meiotischen Teilung (Meiose I) paaren sich die homologen Chromosomen (die jeweils aus zwei Schwesterchromatiden bestehen) in der Prophase I, sodass ein Crossing-over stattfinden kann. Dann reihen sich die homologen Chromosomen während der Metaphase I als Paar am Spindeläquator auf und segregieren in der Anaphase I und der Telophase I zu getrennten Zellen. In der Meiose II segregieren die Schwesterchromatiden zu verschiedenen Tochterzellen. Das Ergebnis sind vier haploide Tochterzellen, von denen jede ein Allel für die jeweilige Samenfarbe besitzt.

19.4.4 Das Verhalten der Chromosomen erklärt die Regeln der Segregation und der unabhängigen Verteilung

Die *Chromosomentheorie der Vererbung* kann in fünf Hauptpunkten zusammengefasst werden:

1. Mit Ausnahme der Keimzellen (Spermien und Eizellen) enthalten die Zellkerne aller Zellen zwei Sätze homologer Chromosomen, einen Satz mütterlichen Ursprungs und einen Satz väterlichen Ursprungs.
2. Chromosomen behalten ihre Individualität und sind genetisch über den Lebenszyklus eines Organismus konstant.
3. Die beiden Sätze homologer Chromosomen in einer diploiden Zelle sind funktional äquivalent. Sie tragen jeweils einen ähnlichen Satz von Genen.

4. Mütterliche und väterliche Homologe bilden während der Meiose eine Synapsis und bewegen sich dann zu den entgegengesetzten Polen der Teilungsspindel; dadurch segregieren sie zu verschiedenen Zellen.

5. Die mütterlichen und väterlichen Mitglieder verschiedener homologer Paare segregieren während der Meiose unabhängig voneinander.

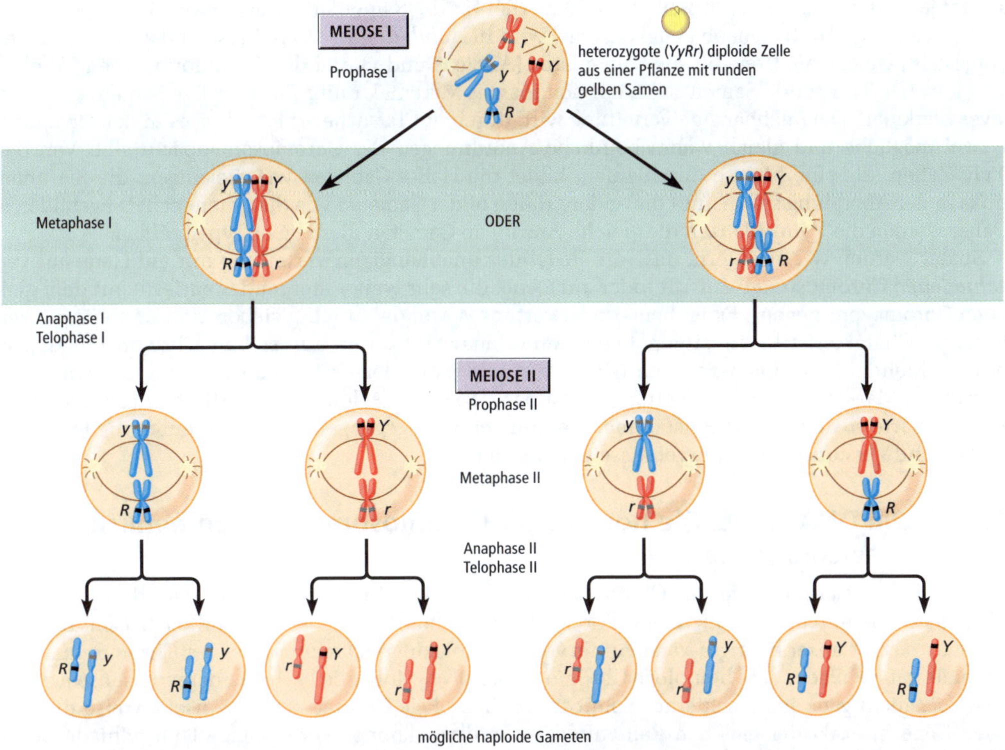

Abbildung 19.10: Die meiotische Grundlage für Mendels Unabhängigkeitsregel. Die unabhängige Verteilung der Allele von zwei Genen auf verschiedenen Chromosomen wird anhand der Meiose in einer für die Samenfarbe *(Yy)* und die Samenform *(Rr)* heterozygoten Erbsenpflanze dargestellt. Erbsenpflanzen haben sieben Chromosomenpaare, aber nur die beiden Paare, welche die Allele für die Samenfarbe und die Samenform tragen, sind dargestellt. Während der Meiose findet die Segregation der Allele für die Samenfarbe unabhängig von der Segregation der Allele für die Samenform statt. Die Grundlage für diese unabhängige Verteilung ist in der Metaphase I zu finden, wenn die homologen Paare (Bivalente) sich am Spindeläquator aufreihen. Da jedes Bivalent in jede Richtung ausgerichtet sein kann, gibt es zwei alternative Lösungen: entweder zeigen die väterlichen Homologe (blau) beide zum gleichen Zellpol, wobei die mütterlichen Homologe (rot) zum anderen Zellpol ausgerichtet sind, oder sie sind auf verschiedene Zellpole ausgerichtet. Die Anordnung in der Metaphase I legt fest, welche Homologe später welchen Tochterzellen zugeteilt werden. Da die verschiedenen Anordnungen mit gleicher Wahrscheinlichkeit stattfinden, können alle möglichen Allelkombinationen mit gleicher Wahrscheinlichkeit in den Gameten vorkommen. Zur Vereinfachung sind Chiasmata und Crossing-over nicht dargestellt.

Die Chromosomentheorie der Vererbung lieferte die physikalische Grundlage für das Verständnis dafür, wie Mendels genetische Faktoren getragen und übertragen werden konnten und wie sie segregierten. So stellt zum Beispiel die Gegenwart von zwei Sätzen homologer Chromosomen in jeder Zelle eine Parallele zu Mendels Hypothese von zwei Determinanten für jedes phänotypische Merkmal dar. Entsprechend bietet die Segregation homologer Chromosomen während der meiotischen Teilungen der Gametenbildung eine Erklärung für Mendels Gesetz der Segregation, und die zufällige Ausrichtung der homologen Paare in der Metaphase I erklärt das Gesetz der unabhängigen Verteilung. In ▸*Abbildung 19.9* und ▸*Abbildung 19.10* stellen wir am Beispiel seiner Erbsenpflanzen die chromosomalen Grundlagen der Mendel'schen Regeln dar. Die Grundlage für die Segregationsregel ist in *Abbildung 19.9* am Beispiel der Allele, welche die Samenfarbe in einer heterozygoten Erbsenpflanze mit dem Genotyp *Yy* bestimmen, dargestellt. (Erbsen haben sieben Chromosomenpaare, aber nur das Paar, welches die Allele für die Samenfarbe trägt, ist hier abgebildet.) Während der Meiose bilden die beiden homologen Chromosomen, jedes mit zwei Schwesterchromatiden, in der Prophase I eine Synapse, reihen sich in der Metaphase I am Spindeläquator auf und segregieren dann zu getrennten Tochterzellen. Dann trennt die zweite meiotische Teilung die Schwesterchromatiden, sodass jede haploide Zelle schließlich nur ein Allel für die Samenfarbe trägt, entweder *Y* oder *y*.

Die Grundlage für die Unabhängigkeitsregel wird in *Abbildung 19.10* am Beispiel der Chromosomen dargestellt, welche die Gene für die Samenfarbe (Allele *Y* und *y*) und die Samenform tragen (Allele *R* und *r*, wobei *R* für runde Samen steht, ein dominantes Merkmal, und *r* für runzelige Samen, ein rezessives Merkmal). Die unabhängige Verteilung wird durch die Tatsache erklärt, dass es in der Metaphase I zwei mögliche und gleich wahrscheinliche Anordnungen der Chromosomenpaare gibt. Von den *YyRr*-Zellen, die eine Meiose durchlaufen, bildet die Hälfte Gameten wie diejenigen, die Sie unten links in der Abbildung sehen, und die andere Hälfte bildet Gameten wie die unten rechts abgebildeten. Daher werden die *YyRr*-Pflanzen die gleiche Anzahl an Gameten dieser acht Typen bilden.

Später werden wir erläutern, dass die Regel der unabhängigen Verteilung nur auf Gene auf *verschiedenen* Chromosomen zutrifft (oder auf Gene, die sehr weit voneinander entfernt auf dem gleichen Chromosom liegen). Es ist bemerkenswert, dass Mendel zufällig sieben sich unabhängig verteilende Charakteristika in einem Organismus auswählte, der nur sieben Chromosomenpaare besitzt. Mendel hatte insofern auch Glück, als dass jedes der sieben von ihm zur Untersuchung gewählten Merkmale von einem einzigen Genpaar (Paar von Allelen) kontrolliert wurde. Vielleicht konzentrierte er sich auf Erbsenstämme, die ihm bei vorangegangenen Experimenten die folgerichtigsten und verständlichsten Ergebnisse geliefert hatten.

19.4.5 Die DNA-Moleküle homologer Chromosomen haben ähnliche Basensequenzen

Einer der fünf Hauptpunkte der Chromosomentheorie der Vererbung ist die Idee, dass homologe Chromosomen funktional äquivalent sind. Jedes Chromosom trägt einen ähnlichen Gensatz. Was bedeutet das für unser heutiges Verständnis von der molekularen Organisation der Chromosomen? Es bedeutet ganz einfach, dass homologe Chromosomen DNA-Moleküle besitzen, deren Basensequenzen fast, aber nicht ganz identisch sind. Somit tragen homologe Chromosomen typischerweise die gleichen Gene in exakt der gleichen Reihenfolge. Allerdings können geringfügige Unterschiede in der Basensequenz auf dem chromosomalen DNA-Molekül auf einem Gen unterschiedliche Allele hervorbringen. Derartige Unterschiede beruhen auf Mutationen, und die unterschiedlichen Allele für ein Gen, die wir in einer Population vorfinden – sei es bei Erbsenpflanzen oder beim Menschen – sind Folgen von Mutationen, die sukzessive in einem Gen eines Vorfahren stattgefunden haben. Allele werden im Allgemeinen durch Transkription in RNA und Translation in Proteine „exprimiert“, und das Verhalten dieser Proteine bedingt in letzter Konsequenz den Phänotyp eines Organismus. In *Kapitel 20* werden Sie sehen, dass eine so winzige Veränderung wie die eines einzelnen DNA-Basenpaars ein Allel hervorbringen kann, das ein verändertes Protein kodiert, dessen Andersartigkeit genügt, um eine beobachtbare Veränderung im Phänotyp eines Organismus hervorzubringen – eine DNA-Veränderung kann tatsächlich tödliche Folgen mit sich bringen.

Die zugrundliegende Ähnlichkeit in den Basensequenzen ihrer DNA-Moleküle – die *DNA-Homologie* – erklärt vermutlich die Fähigkeit homologer Chromosomen, während der Meiose die Synapsis (enge Paarung) zu durchlaufen, und ist für das normale Crossing-over unerlässlich. Ein bekanntes Modell der Synapsis besagt, dass die korrekte Aufreihung homologer Chromosomen vor der Vollendung des synaptischen Komplexes durch Basenpaarungswechselwirkungen zwischen zusammenpassenden DNA-Regionen auf zwei Chromosomen erfolgt. Diese Idee wird durch Untersuchungen gestützt, die nachwiesen, dass die Chromosomen einiger Organismen besondere DNA-Sequenzen besitzen, sogenannte *Paarungsstellen*, welche die Synapsis zwischen Chromosomen fördern, wenn die gleiche Paarungsstelle auf zwei Chromosomen vorkommt. Proteinkomponenten des synaptischen Komplexes spielen gleichfalls eine Rolle, wenn es darum geht, die Paarung zwischen zusammenpassenden DNA-Regionen homologer Chromosomen zu erleichtern. Nachdem sich der synaptische Komplex vollständig ausgebildet hat, wird die DNA-Rekombination an diesen (und vielleicht auch anderen) Stellen abgeschlossen.

19.5 Genetische Variabilität: Rekombination und Crossing-over

Segregation und unabhängige Verteilung homologer Chromosomen während der ersten meiotischen Teilung führten zur zufallsgemäßen Anordnung der von verschiedenen Chromosomen getragenen Allele, wie in *Abbildung 19.10* am Beispiel der Samenform und der Samenfarbe bei Erbsenpflanzen dargestellt. In ▸*Abbildung 19.11a* wird das Ergebnis der Meiose als verallgemeinerte Version der gleichen Situation zusammengefasst. Hier handelt es sich um einen diploiden Organismus, der für zwei Gene auf nicht-homologen Chromosomen heterozygot ist und die Allelpaare mit der Bezeichnung *Aa* und *Bb* trägt. Die Meiose solch eines Organismus bringt Gameten hervor, in denen Allel *A* mit gleicher Wahrscheinlichkeit mit Allel *B* wie mit Allel *b* auftreten kann, und mit gleicher Wahrscheinlichkeit tritt *B* mit *A* oder mit *a* auf. Was aber geschieht, wenn zwei Gene, *D* und *E*, auf dem gleichen Chromosom liegen? In diesem Fall werden die Allele *D* und *E* standardmäßig in der gleichen Gamete gekoppelt, ebenso wie die Allele *d* und *e* (▸*Abbildung 19.11b*).

Doch selbst bei Genen, die sich auf dem gleichen Chromosom befinden, kann sich aufgrund von Crossing-over eine Veränderung ereignen, die zu genetischer Rekombination führt. Die genetische Rekombination beinhaltet den Austausch genetischen Materials zwischen homologen Chromosomen während der Prophase I der Meiose, wenn die Homologe in der Synapsis sind. Daraus gehen Chromosomen hervor, die neue Allelkombinationen tragen (▸*Abbildung 19.11c*). Das Phänomen der Rekombination wurde zum ersten Mal bei Untersuchungen mit der Taufliege *Drosophila melanogaster* um 1910 von Thomas Hunt Morgan und Kollegen beobachtet. Daher werden wir uns jetzt mit Morgans Arbeit beschäftigen und beginnen mit seiner Entdeckung von Kopplungsgruppen.

19.5.1 Chromosomen enthalten Gruppen gekoppelter Gene, die im Allgemeinen zusammen vererbt werden

Die Taufliegen, mit denen Morgan und seine Kollegen arbeiteten, boten gegenüber Mendels Erbsenpflanzen gewisse Vorteile, wobei die relativ geringe

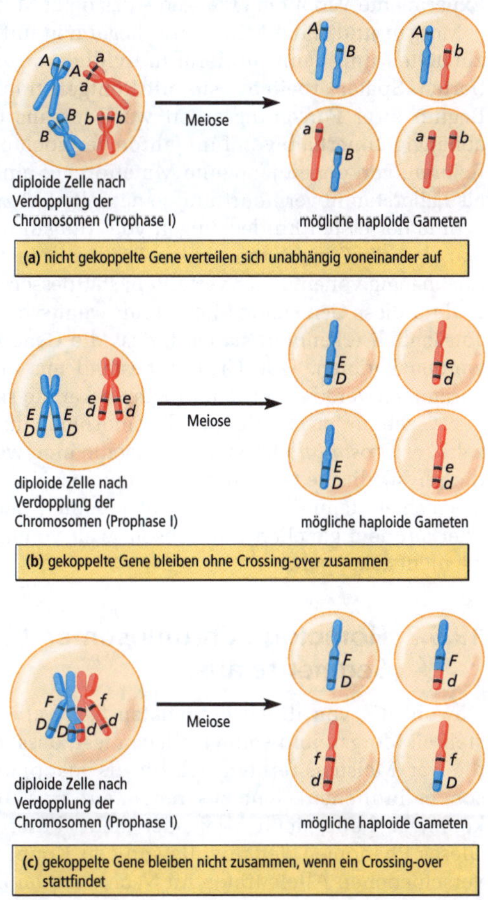

Abbildung 19.11: Segregation und Verteilung gekoppelter und nicht-gekoppelter Gene. In dieser Abbildung sind *A* und *a* die Allele eines Gens, *B* und *b* die Allele eines anderen Gens und so weiter. (a) Allele von Genen auf verschiedenen Chromosomen segregieren während der Meiose und verteilen sich unabhängig voneinander; das Allel *A* kommt in einem Gameten mit gleicher Wahrscheinlichkeit mit Allel *B* oder Allel *b* vor. (b) Allele auf Genen auf dem gleichen Chromosom bleiben während der Meiose gekoppelt, wenn kein Crossing-over stattfindet; in diesem Fall wird Allel *D* standardmäßig im gleichen Gameten mit Allel *E* auftreten, aber nicht mit Allel *e*. (c) Allele von Genen auf dem gleichen Chromosom können während des Crossing-over ausgetauscht werden, sodass das Allel *D* nicht nur mit Allel *F*, sondern auch mit Allel *f* auftreten kann und so weiter.

Generationszeit der Fliege (ungefähr zwei Wochen im Gegensatz zu mehreren Monaten bei Erbsenpflanzen) nicht der unwichtigste Aspekt war. Allerdings brachten die Taufliegen im Gegensatz zu Mendels Erbsenpflanzen keine vorgefertigte Vielfalt an Phänotypen und Genotypen hervor. Während Mendel sich mit Samenstöcken verschiedener reinerbiger Sorten eindecken konnte, stand Morgan anfänglich als einzige Taufliegenart nur der Typ zur Verfügung, den wir heute als **Wildtyp** oder „normalen" Organismus bezeichnen. Morgan und seine Kollegen mussten daher für ihre genetischen Experimente Varianten erzeugen – das heißt Mutanten.

Morgan und seine Mitarbeiter begannen mit ihrer Arbeit, indem sie große Mengen von Fliegen züchteten und dann mutierte Individuen mit vererbbaren phänotypischen Veränderungen selektierten. Später arbeiteten sie mit Röntgenstrahlung, um die Mutationsrate zu vergrößern, aber zu Beginn ihrer Forschungsarbeit war Morgans Gruppe ausschließlich von spontanen Mutationen abhängig. Innerhalb von fünf Jahren vermochten sie ungefähr 85 verschiedene Mutanten zu identifizieren, von denen jede eine Mutation auf einem anderen Gen trug. Jede dieser Mutanten konnte als Laborstamm vermehrt und je nach Bedarf zur Paarung genutzt werden.

Eine der ersten Entdeckungen von Morgan und seinen Kollegen bei der Analyse ihrer Mutanten war, dass die Gene der mutierten Taufliegen im Gegensatz zu Mendels Erbsenpflanzen sich nicht alle unabhängig voneinander verteilten; stattdessen verhielten sich einige Gene, als wären sie gekoppelt, und für diese Gene hätte Mendel nur wenige oder gar keine neuen Allelkombinationen vorhergesagt. Tatsächlich erkannten sie bald, dass die Gene der Taufliegen in vier **Kopplungsgruppen** unterteilt werden konnten. Jede Gruppe bestand aus einer Reihe **gekoppelter Gene**, die im Allgemeinen zusammen vererbt wurden. Morgan erkannte sehr schnell, dass die Anzahl der Kopplungsgruppen der Anzahl unterschiedlicher Chromosomen im Organismus entsprach (die haploide Chromosomenzahl bei *Drosophila* ist vier). Er machte eine weitreichende Schlussfolgerung: jedes Chromosom ist die physikalische Grundlage für eine spezifische Kopplungsgruppe. Mendel hatte keine Kopplung beobachtet, denn die von ihm untersuchten Gene lagen entweder auf verschiedenen Chromosomen oder auf dem gleichen Chromosom weit voneinander entfernt und verhielten sich daher, als seien sie nicht gekoppelt.

19.5.2 Homologe Chromosomen tauschen während des Crossing-over Segmente aus

Obwohl die von ihnen entdeckten Gene alle in Kopplungsgruppen eingeteilt werden konnten, stellten Morgan und seine Kollegen fest, dass die Kopplung innerhalb dieser Gruppen unvollständig war. Meistens reihten sich die als gekoppelt bekannten (und daher auf dem gleichen Chromosom befindlichen) Gene zusammen auf, was auch zu erwarten war. Manchmal traten in der Nachkommenschaft jedoch zwei oder mehr dieser Merkmale in nicht-parentaler Kombinationen auf. Dieses Phänomen der unvollständigen Kopplung bezeichneten sie als *Rekombination*, denn die verschiedenen Allele traten im Nachkommen in neuen, unerwarteten Verbindungen auf.

Morgan, der für seine Arbeiten 1933 den Nobelpreis für Medizin erhielt, suchte eine Erklärung für diese rekombinanten Nachkommen. Er schlug vor, dass homologe Chromosomen Segmente austauschen können. Dieser Austausch beruhte wahrscheinlich auf einem Bruch-und-Verschmelzungs-Vorgang, wie in ▸*Abbildung 19.12a* dargestellt. Durch diesen Vorgang, den Morgan als *Crossing-over* bezeichnete, konnte ein bestimmtes Allel oder eine bestimmte Gruppe von Allelen, die ursprünglich auf einem Mitglied eines homologen Chromosomenpaares lagen, auf das andere Chromosom und umgekehrt übertragen werden.

In dem in *Abbildung 19.12a* dargestellten Beispiel liegen zwei homologe Chromosomen, eines mit den Allelen *A* und *B* und das andere mit den Allelen *a* und *b*, in der Synapsis nebeneinander. Dann tauschen die Abschnitte eines *AB*-Chromatids und eines Nicht-Schwester-*ab*-Chromatids DNA-Segmente aus, wodurch zwei rekombinante Chromatiden gebildet werden – ein Chromatid mit den Allelen *A* und *b* und das andere mit den Allelen *a* und *B*. Am Ende der zweiten meiotischen Teilung liegt jedes der vier Chromatiden in einer anderen Gamete. Geht man von nur einem Crossing-over aus, so gehören zu den Produkten der Meiose zwei parentale und zwei rekombinante Gameten (▸*Abbildung 19.12b*).

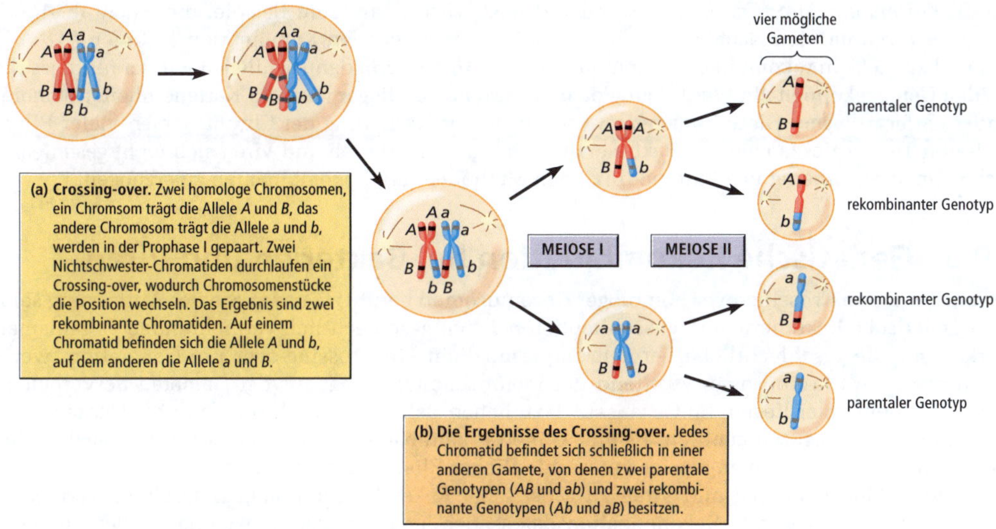

(a) Crossing-over. Zwei homologe Chromosomen, ein Chromsom trägt die Allele *A* und *B*, das andere Chromosom trägt die Allele *a* und *b*, werden in der Prophase I gepaart. Zwei Nichtschwester-Chromatiden durchlaufen ein Crossing-over, wodurch Chromosomenstücke die Position wechseln. Das Ergebnis sind zwei rekombinante Chromatiden. Auf einem Chromatid befinden sich die Allele *A* und *b*, auf dem anderen die Allele *a* und *B*.

(b) Die Ergebnisse des Crossing-over. Jedes Chromatid befindet sich schließlich in einer anderen Gamete, von denen zwei parentale Genotypen (*AB* und *ab*) und zwei rekombinante Genotypen (*Ab* und *aB*) besitzen.

Abbildung 19.12: Crossing-over und genetische Rekombination. Nach einem einzigen Crossing-over erhält man als Ergebnis der Meiose zwei elterliche Gameten und zwei rekombinante Gameten.

Heute wissen wir, dass das Crossing-over während des Pachytäns der meiotischen Prophase I abläuft, wenn die Schwesterchromatiden dicht gepackt sind und man nur mit Mühe den Ablauf verfolgen kann. Wenn sich die Chromatiden im Diplotän zu trennen beginnen, kann man jedes der vier Chromatiden in einem Bivalent dem einen oder dem anderen der beiden Homologe zuordnen. Ganz gleich an welcher Stelle das Crossing-over stattfindet, die beiden Homologe bleiben miteinander verbunden und bilden ein Chiasma.

In der ersten meiotischen Prophase werden die beiden homologen Chromosomen immer von mindestens einem Chiasma zusammengehalten. Sollte dies nicht der Fall sein, so können sie falsch segregieren. Viele Bivalente enthalten mehrere Chiasmata. Menschliche Bivalente besitzen zum Beispiel typischerweise zwei oder drei Chiasmata, denn häufig finden mehrere Crossing-over zwischen gepaarten Homologen statt. Ein Crossing-over ist nur dann von genetischer Bedeutung, wenn Nicht-Schwesterchromatiden mitwirken. Bei einigen Spezies beobachtet man auch Austauschvorgänge zwischen Schwesterchromatiden. Diese Austauschvorgänge haben aber keine genetischen Konsequenzen, denn Schwesterchromatiden sind genetisch identisch.

19.5.3 Genloci können durch Messung der Rekombinationshäufigkeiten kartiert werden

Letztendlich wurde Morgan und seinen Kollegen klar, dass rekombinante Nachkommen bei den verschiedenen Genpaaren einer Kopplungsgruppe mit unterschiedlicher Häufigkeit auftraten. Aus dieser Beobachtung folgerten sie, dass die Rekombinationshäufigkeit zwischen zwei Genen ein Maß für die Entfernung von Genen war, denn nahe beieinander gelegene Gene wurden mit geringerer Wahrscheinlichkeit durch ein Crossing-over getrennt als weiter entfernt liegende Gene. Diese Erkenntnis führte Alfred Sturtevant, einen Studenten im Grundstudium in Morgans Labor, 1911 zu der Hypothese, dass man mit Hilfe von Rekombinationsdaten bestimmen könnte, wo Gene auf den Chromosomen von *Drosophila* lagen. Mit anderen Worten, ein Chromosom wurde nun als ein mit Genen besetzter Strang betrachtet, deren Positionen auf der Grundlage von Rekombinationshäufigkeiten ermittelt werden konnten.

Die Ermittlung der sequenziellen Reihenfolge und der Entfernung von Genen auf einem Chromosom ausgehend von den Rekombinationshäufigkeiten wird als **genetische Kartierung** bezeichnet. Bei der Erstellung dieser Karten entspricht die Rekombinationshäufigkeit der Entfernung auf der Karte, die in *Karteneinheiten (Centimorgans)* ausgedrückt wird. Wenn zum Beispiel die Allele in *Abbildung 19.12b* unter den Nachkommen zu 85 % in ihrer parentalen Kombination auftreten (*AB* und *ab*) und zu 15 % in rekombinanten Kombinationen (*Ab* und *aB*), dann schließen wir daraus, dass die beiden Gene gekoppelt sind (auf dem gleichen Chromosom liegen) und 15 Karteneinheiten voneinander entfernt liegen. Diese Vorgehensweise diente zur Kartierung der Chromosomen vieler Pflanzen- und Tierspezies, sowie von Bakterien und Viren. Da Bakterien und Viren sich nicht geschlechtlich vermehren, arbeitet man mit modifizierten Methoden, um Rekombinanten zu erzeugen.

19.6 Genetische Rekombination bei Bakterien und Viren

Da alles auf dem Crossing-over homologer Chromosomen beruht, könnten Sie der Auffassung sein, dass genetische Rekombination ausschließlich bei sich geschlechtlich vermehrenden Organismen vorkommt. Die geschlechtliche Vermehrung ermöglicht ein Crossing-over pro Generation, wenn die homologen Chromosomen während der meiotischen Teilung, aus der Gameten hervorgehen, dicht nebeneinander liegen. Im Gegensatz dazu haben Bakterien und Viren haploide Genome und vermehren sich ungeschlechtlich. Es gibt keinen erkennbaren Mechanismus für das regelmäßige Verschmelzen von Genomen zweier unterschiedlicher Elternorganismen.

Trotzdem sind Bakterien und Viren zu genetischer Rekombination fähig. Tatsächlich vermochte man auf der Grundlage von Rekombinationsdaten noch lange vor dem Einzug der modernen DNA-Technologien viele virale und bakterielle Genome zu kartieren. Zum Verständnis, wie Rekombination möglich ist, obwohl ein haploides Genom vorliegt, müssen wir die Mechanismen untersuchen, mit denen zwei haploide Genome, oder Segmente von Genomen, innerhalb einer Zelle zusammengeführt werden können.

19.6.1 Transformation und Transduktion erfolgen durch Rekombination mit freier DNA oder mit DNA, die von Bakteriophagen in Bakterienzellen transportiert wird

Bei den Bakterien gibt es mehrere Mechanismen zur Rekombination genetischer Information. Bakterienzellen können von einem genetischen Typ in einen anderen transformiert werden, indem man sie mit gereinigter DNA in Kontakt bringt. Die Fähigkeit einer Bakterienzelle, DNA-Moleküle aufzunehmen und einen Teil dieser DNA in das eigene Genom zu integrieren, bezeichnet man als **Transformation** (▸*Abbildung 19.13*). Obwohl die Transformation zuerst als Labortechnik zur künstlichen Einführung von DNA in Bakterienzellen betrachtet wurde, wird sie heute als natürlicher Mechanismus akzeptiert, durch den sich einige (doch bei Weitem nicht alle) Bakterienarten genetische Informationen beschaffen, wenn sie Zugang zur DNA anderer Zellen haben.

Ein zweiter Mechanismus der genetischen Rekombination in Bakterien ist die sogenannte **Transduktion**. An diesem Vorgang ist DNA beteiligt, die ein Bakteriophage in eine Bakterienzelle eingeführt hat. Die meisten Phagen enthalten nur ihre eigene DNA, doch gelegentlich kann ein Phage einen Teil der bakteriellen Wirts-DNA-Sequenzen in seine Phagen-Nachkommen aufnehmen. Ein solcher Phagenpartikel ist fähig, ein anderes Bakterium zu infizieren. Dabei wirkt er wie eine Nadel, die DNA von einer bakteriellen Zelle in die nächste überträgt (▸*Abbildung 19.13b*). Phagen, die in der Lage sind, DNA der Wirtszelle von einer Zelle auf die andere zu übertragen, bezeichnet man als *transduzierende Phagen*.

Der transduzierende Phage P1, der *E. coli* infiziert, hat sich bei der Genkartierung als besonders nützlich erwiesen. Die DNA-Menge, die in einen Phagenpartikel passt, ist verglichen mit der Größe des bakteriellen Genoms nur gering. Zwei Bakteriengene – oder allgemeiner formuliert, genetische Marker (spezifische DNA-Sequenzen) – müssen daher dicht benachbart sein, um gleichzeitig von einem einzigen Phagenpartikel in eine Bakterienzelle eingeführt zu werden. Die Grundlage der *co-transduktionalen Kartierung*, bei der man die Nähe eines Markers zum anderen bestimmt, wird ermittelt, indem man misst, wie häufig die beiden Marker in einem transduzierenden Phagenpartikel gemeinsam übertragen werden. Je dichter die beiden Marker beieinander liegen, desto größer ist die Wahrscheinlichkeit, dass sie in eine Bakterienzelle co-transduziert werden. Aus Untersuchungen mit dem transduzierenden Phagen P1 hat sich ergeben, dass Marker nicht co-transduziert werden können, wenn sie in der bakteriellen DNA mehr als 10^5 Basenpaare voneinander entfernt liegen. Dieser Befund stimmt mit der Beobachtung überein, dass das Genom des P1-Phagen ungefähr diese Größe hat.

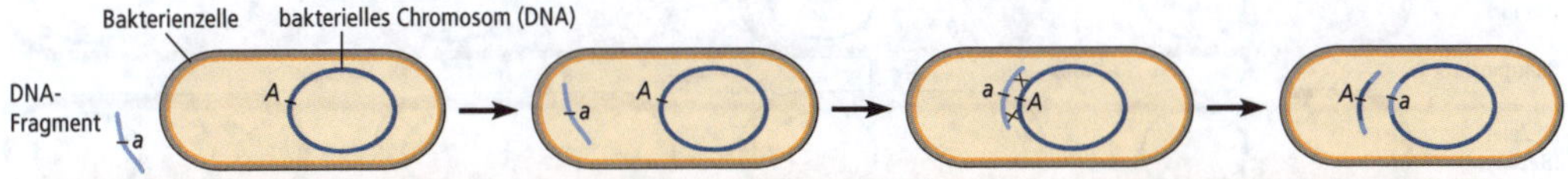

(a) Transformation. Transformation bedeutet die Aufnahme exogener DNA durch die Bakterienzelle, die gelegentlich durch Crossing-over in das bakterielle Genom integriert wird (mit X markiert). Die exogene DNA ist nur dann in den Zellen der Nachkommen nachweisbar, wenn sie in das bakterielle Chromosom integriert wurde, denn das ursprünglich aufgenommene DNA-Fragment ist normalerweise nicht fähig, sich selbst autonom in der Zelle zu replizieren (Ausnahme ist ein intaktes Plasmid).

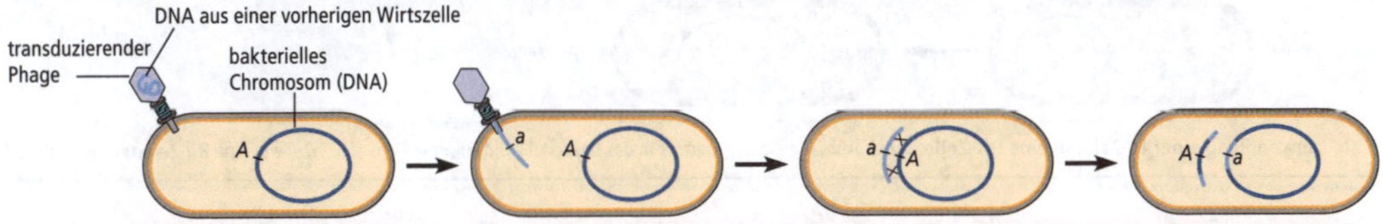

(b) Transduktion. Transduktion bedeutet Einführung exogener DNA in eine Bakterienzelle durch einen Phagen. Nach Injektion in die Wirtszelle kann die DNA genauso wie bei der Transformation in das bakterielle Genom integriert werden. In beiden Fällen werden lineare DNA-Fragmente, die sich außerhalb des bakteriellen Chromosoms befinden, von Nucleasen abgebaut.

Abbildung 19.13: Transformation und Transduktion in Bakterienzellen. Transformation und Transduktion sind Mechanismen, mit denen Bakterien externe genetische Information aufnehmen, die entweder aus freier DNA stammt oder aus DNA, die Bakteriophagen in Bakterienzellen eingeführt haben. In dieser Abbildung stehen die Buchstaben *A* und *a* für Allele auf dem gleichen Gen.

19.6.2 Konjugation ist eine modifizierte geschlechtliche Aktivität, die genetische Rekombination bei Bakterien erleichtert

Abgesehen von Transformation und Transduktion transferieren einige Bakterien DNA auch durch **Konjugation** von einer Zelle in die andere. Wie man aus dem Namen schließen kann, ähnelt der Vorgang der Konjugation einem Paarungsvorgang, bei dem ein Bakterium eindeutig als Donor erkennbar ist (häufig als „männlich“ bezeichnet) und das andere als Empfänger („weiblich“). Obwohl die Konjugation einem geschlechtlichen Vorgang ähnelt, ist diese Form des DNA-Transfers kein charakteristischer Bestandteil des bakteriellen Lebenszyklus, und im Allgemeinen ist nur ein Teil des Genoms beteiligt. Daher gilt die Konjugation nicht als echte geschlechtliche Vermehrung.

Der F-Faktor Aufgrund einer DNA-Sequenz mit der Bezeichnung **F-Faktor** (F für Fruchtbarkeit, engl.: *fertility*) kann *E. coli* bei der Konjugation die Rolle des Donors übernehmen. Der F-Faktor kann entweder als unabhängig replizierendes Plasmid auftreten oder als DNA-Segment im bakteriellen Chromosom. Donorbakterien, die einen F-Faktor im Plasmid tragen, werden mit F^+ bezeichnet, während Empfängerzellen, die meist gar keinen F-Faktor tragen, mit F^- bezeichnet werden. Donorzellen entwickeln lange, haarähnliche Ausstülpungen, die sogenannten **Sexpili** (Singular: **Pilus**), die aus der Zelloberfläche herausragen (*Abbildung 19.1*). Das Ende eines jeden Sexpilus enthält Moleküle, die selektiv an die Oberfläche von Empfängerzellen binden, was zur Bildung einer vorübergehenden cytoplasmatischen **Paarungsbrücke** führt, über die DNA gerichtet von der Donorzelle zur Empfängerzelle transferiert wird.

Wenn eine Donorzelle in seiner Plasmidform einen F-Faktor enthält, dann wird während der Konjugation schnell eine Kopie zur Empfängerzelle transferiert. Dadurch wird die Empfängerzelle von einer F^--Zelle zu einer F^+-Zelle (▸*Abbildung 19.14a*). Der Transfer beginnt immer am **Transferursprung**, der in dieser Abbildung mit einem Pfeil dargestellt ist. Während des Transfers eines F-Faktors an eine F^--Zelle verliert die Donorzelle ihren F^+-Status aber nicht, denn der F-Faktor wird in enger Assoziation mit dem Transfervorgang repliziert. Daher kann die Kopie des F-Plasmids in der Donorzelle verbleiben. Letztendlich wird die Vermischung einer F^+-Population von Bakterien mit F^--Zellen zur Entstehung einer Zellenpopulation führen, die ausschließlich F^+ ist. „Männlich“ ist gewissermaßen ansteckend, und dafür ist der F-Faktor verantwortlich.

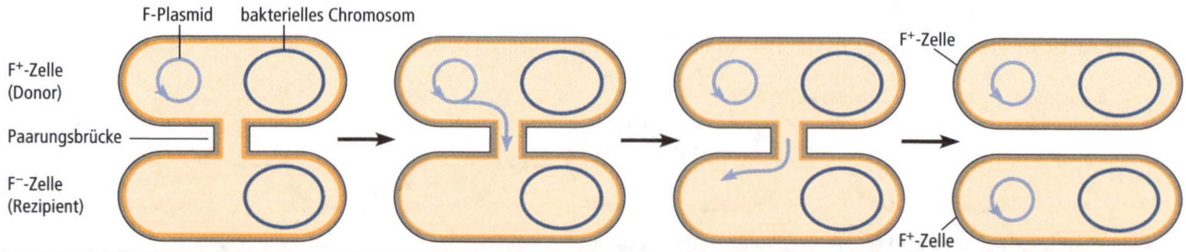

(a) Konjugation zwischen F⁺- und F⁻-Zellen. Der Transfer einer Kopie des F-Faktorplasmids von einem F⁺-Donorbakterium auf einen F⁻-Rezipienten wandelt die F⁻-Zelle in eine F⁺-Zelle um. Der Plasmidtransfer findet über eine Paarungsbrücke statt und beginnt am Transferursprung des F-Faktors, worauf der Pfeil verweist.

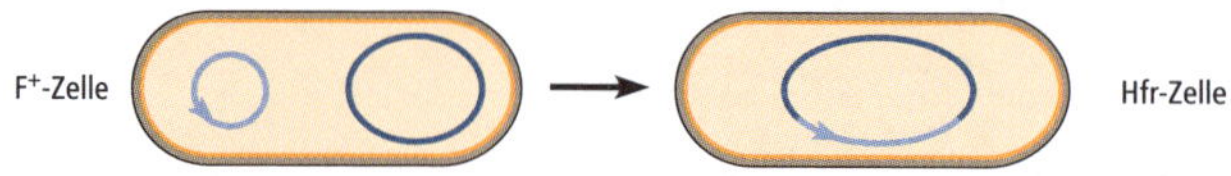

(b) Umwandlung einer F⁺-Zelle in eine Hfr-Zelle. Durch Aufnahme des F-Faktors in das bakterielle Chromosom wird die F⁺-Zelle in eine Hfr-Zelle umgewandelt.

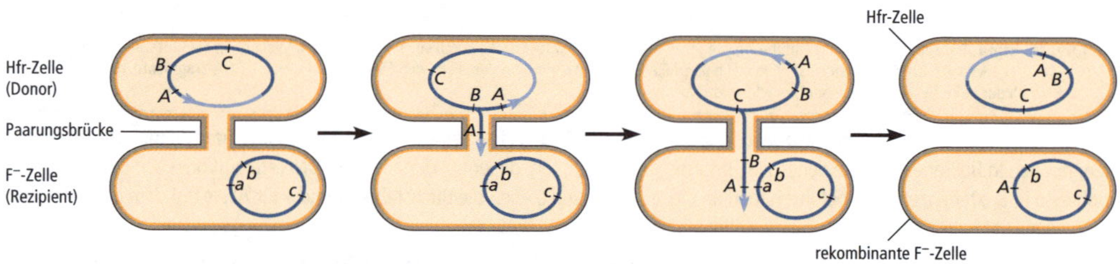

(c) Konjugation zwischen einer Hfr-Zelle und einer F⁻-Zelle. Der Transfer einer Kopie des Hfr-Genoms in eine F⁻-Zelle beginnt am Transferursprung auf dem integrierten F-Faktor. Die Zellen bleiben nur selten solange miteinander in Kontakt bis das gesamte bakterielle Chromosom transferiert wurde. Innerhalb der F⁻-Zelle rekombinieren Teile der Hfr-DNA mit der DNA der F⁻-Zelle. Groß geschriebene Buchstaben stehen für Allele, die von Hfr getragen werden, klein geschriebene Buchstaben repräsentieren die entsprechenden Allele in der F⁻-Zelle. Im letzten Schritt wird Allel *A* von Hfr statt des Allels *a* in die DNA der F⁻-Zellen rekombiniert.

Abbildung 19.14: DNA-Transfer durch bakterielle Konjugation. (a) Das Vorhandensein eines F-Faktor-Plasmids befähigt die *E.-coli*-Zelle, während der Konjugation als Plasmiddonor zu agieren. (b) Chromosomale Integration des F-Faktors erzeugt eine Hfr-Zelle, die (c) während der Konjugation genomische DNA transferieren kann.

Hfr-Zellen und bakterieller Chromosomentransfer Bisher haben wir gelernt, dass Donor- und Empfängerzellen durch Vorhandensein oder Fehlen des F-Faktors definiert werden. Der F-Faktor wird durch Konjugation übertragen. Wie können daraus rekombinante Bakterien hervorgehen? Die Antwort ist, dass der F-Faktor – der im Allgemeinen als Plasmid vorliegt – manchmal in das bakterielle Chromosom integriert werden kann, wie in ▸*Abbildung 19.14b* dargestellt. (Die Integration beruht auf dem Crossing-over zwischen kurzen DNA-Sequenzen im Chromosom und ähnlichen Sequenzen im F-Faktor.) Durch die chromosomale Integration des F-Faktors wird eine F⁺-Donorzelle in eine Hfr-Zelle umgewandelt, die jetzt bei weiteren Paarungen zur Rekombination mit besonders hoher Frequenz befähigt ist, da sie nun *genomische* DNA transferieren kann (engl.: *high frequency recombination*).

Wenn ein Hfr-Bakterium mit einem F⁻-Empfänger gepaart wird, wird DNA in die Empfängerzelle transferiert (▸*Abbildung 19.14c*). Allerdings wird nicht der F-Faktor selbst transferiert, sondern die Hfr-Zelle transferiert zumindest einen Teil seiner chromosomalen DNA (manchmal auch die gesamte). Sie behält eine Kopie zurück, wie beim DNA-Transfer. Der Transfer nimmt am Transferursprung im integrierten F-Faktor seinen Anfang und schreitet in der durch die Ausrichtung des F-Faktors vorgeschriebenen Richtung im Chromosom voran. Beachten Sie, dass die chromosomale DNA linear transferiert wird, wobei ein kleiner Teil des F-Faktors am Anfang und der restliche Teil am Ende übertragen werden. Da der F-Faktor auf diese Weise geteilt wird, werden nur jene Empfängerzellen zu Hfr-Zellen, die vom Hfr-Donor ein vollständiges bakterielles Chromosom erhalten. Nur sehr selten findet der Transfer eines gesamten Chromosoms statt, denn der Vorgang dauert ungefähr 90 Minuten. Im Allgemeinen wird der Paarungskontakt spontan abgebrochen, bevor der

Transfer abgeschlossen werden konnte, sodass die Empfängerzelle nur einen Teil des Hfr-Chromosoms erhalten konnte, wie in *Abbildung 19.14c* dargestellt. Daraus folgt, dass die Gene, die auf dem Hfr-Chromosom in nächster Nachbarschaft zum Transferursprung liegen, mit größter Wahrscheinlichkeit auf die Empfängerzelle transferiert werden.

Nachdem ein Teil des Hfr-Chromosoms durch Konjugation in eine Empfängerzelle übertragen wurde, kann das Hfr-Chromosom mit Regionen der chromosomalen DNA der Empfängerzelle rekombinieren, die eine homologe (ähnliche) Sequenz besitzen. Die rekombinanten bakteriellen Chromosomen, die auf diese Weise erzeugt werden, enthalten einen Teil der genetischen Information von der Donorzelle und einen Teil von der Empfängerzelle. Nur Donor-DNA-Sequenzen, die durch diesen Rekombinationsmechanismus vollständig integriert wurden, überleben in der Empfängerzelle und ihrer Nachkommenschaft. Donor-DNA, die nicht während der Rekombination integriert wurde, sowie DNA, die während des Rekombinationsvorgangs aus dem Empfängerchromosom entfernt wurde, werden anschließend von Nucleasen abgebaut.

Die Korrelation zwischen der Position eines Gens im bakteriellen Chromosom und der Wahrscheinlichkeit seines Transfers kann dazu benutzt werden, Gene im Hinblick auf ihren Abstand vom Transferursprung zu kartieren und damit ihre tatsächliche Reihenfolge zu bestimmen. Wenn zum Beispiel Gen *A* einer Hfr-Zelle bei der Konjugation in 95 % der Fälle, Gen *B* in 70 % und Gen *C* in 55 % der Fälle übertragen wird, dann lautet die Reihenfolge der Gene *A-B-C*, wobei das Gen *A* dem Übertragungsursprung am nächsten liegt. Des Weiteren kann man die Tochterzellen des Empfängerbakteriums für die genetische Analyse nutzen, da sie Rekombinanten sind. Typischerweise kreuzt man Hfr- und F^--Stämme, die sich im Hinblick auf zwei oder mehr genetische Merkmale unterscheiden. Nach der Konjugation werden die Zellen auf ein Nährmedium plattiert, auf dem Rekombinanten wachsen können, nicht aber „Eltern"stämme. Dadurch kann man die Rekombinanten nachweisen und deren Häufigkeit berechnen.

19.7 Molekulare Mechanismen der homologen Rekombination

Wir haben nun fünf verschiedene Möglichkeiten für den Austausch genetischer Information zwischen homologen DNA-Molekülen vorgestellt: (1) Prophase I der Meiose, die mit der Gametogenese in Eukaryoten assoziiert ist, (2) Co-Infektion von Bakterien mit verwandten Bakteriophagen, (3) Transformation von Bakterien mit DNA, (4) Transduktion von Bakterien durch transduzierende Phagen und (5) bakterielle Konjugation. Trotz der deutlichen Unterschiede haben alle fünf Mechanismen ein grundlegendes gemeinsames Merkmal: es handelt sich immer um **homologe Rekombination**, bei der genetische Information zwischen DNA-Molekülen ausgetauscht wird, die große Sequenzähnlichkeit aufweisen. Damit können wir uns den molekularen Mechanismen zuwenden, auf denen dieser Typ der Rekombination basiert. Da die daran mitwirkenden Prinzipien bei Bakterien und Eukaryoten recht ähnlich sind, werden wir die Mechanismen anhand von Beispielen beider Organismentypen darstellen.

19.7.1 DNA-Bruch und -Austausch sind die Grundlagen der homologen Rekombination

Kurze Zeit nachdem man entdeckt hatte, dass während der Meiose genetische Information zwischen Chromosomen ausgetauscht wird, wurden zur Erklärung dieses Vorgangs zwei Theorien vorgeschlagen. Das *Bruch-und-Austausch-Modell* postulierte, dass in den DNA-Molekülen zweier benachbarter Chromosomen Brüche auftreten, woraufhin ein Austausch erfolgt und die gebrochenen Segmente wieder zusammengefügt werden. Im Gegensatz dazu schlug das *Copy-choice-Modell* vor, dass die genetische Rekombination während der DNA-Replikation erfolgt. Nach diesem Modell beginnt die DNA-Replikation mit der Kopie eines DNA-Moleküls, das in einem Chromosom lokalisiert ist, und wechselt zu einem bestimmten Zeitpunkt zur Kopie der DNA, die im homologen Chromosom liegt. Das Gesamtergebnis wäre ein neues DNA-Molekül, das Information von beiden Chromosomen enthält. Eine der nachvollziehbaren Vorhersagen des Copy-choice-Modells besagt, dass DNA-Replikation und genetische Rekombination gleichzeitig ablaufen müssten. Als spätere Untersuchungen aufdeckten, dass die DNA-Replikation während der S-Phase stattfindet, die Rekombination aber normalerweise während der Prophase I abläuft, musste das Copy-choice-Modell als allgemeines Modell der meiotischen Rekombination aufgegeben werden.

Die genetische Rekombination erfolgt tatsächlich in eukaryotischen Zellen, ebenso wie in prokaryotischen Zellen, durch DNA-Bruch und Austausch erfolgt. Die meisten DNA-Austauschvorgänge finden zwischen homologen Chromosomen und nicht zwischen den beiden Schwesterchromatiden eines Chromosoms statt. Diese Selektivität ist von Bedeutung, denn sie stellt sicher, dass die Gene zwischen väterlichen und mütterlichen Chromosomen ausgetauscht werden. Allerdings finden Rekombinationsvorgänge nicht an allen Stellen des Chromosoms mit gleicher Häufigkeit statt. Stattdessen gibt es auf den Chromosomen Regionen mit hoher Rekombinationshäufigkeit („hot spots") und Regionen, an denen es selten oder nie zu Rekombination kommt („cold spots"). Die Gründe hierfür sind allerdings noch weitgehend unerforscht.

19.7.2 Homologe Rekombination wird durch Einzelstrang-DNA-Austausch (Holliday-Junctions) initiiert

Aus den zuvor dargestellten Beobachtungen kann man schließen, dass die homologe Rekombination komplizierter ist und nicht durch ein einfaches Bruch-und-Austausch-Modell erklärbar, in dem ein Crossing-over durch Spaltung von zwei doppelsträngigen DNA-Molekülen und dann Austausch und Zusammenfügen der gespaltenen Enden erfolgt. Robin Holliday schlug als Erster ein anderes Modell vor. Seine Idee war, dass Rekombination auf dem Austausch einzelner DNA-Stränge zwischen zwei doppelsträngigen DNA-Molekülen beruht. In ▸*Abbildung 19.15* stellen wir ein aktuelles Modell dar, das erklärt, wie derartige Einzelstrangaustauschvorgänge zu genetischer Rekombination führen können. Laut diesem Modell werden im ersten Schritt ❶ der Rekombination einer oder beide Stränge der DNA-Doppelhelix gespalten. In jedem Fall „dringt" ein einzelner, gebrochener DNA-Strang, der von einem DNA-Molekül stammt, in eine komplementäre Region einer homologen DNA-Doppelhelix ein, wodurch einer der beiden Stränge verschoben wird ❷. Schließlich führt die lokale DNA-Synthese und -Reparatur (❸ und ❹) zu einer Kreuzstruktur, der sogenannten **Holliday-Junction** (auch Holliday-Verbindung genannt). In dieser Struktur hat ein Einzelstrang einer jeden DNA-Doppelhelix ein Crossing-over durchlaufen und wurde mit der gegenüberliegenden Doppelhelix verknüpft. Die elektronenmikroskopische Sichtbarmachung von DNA-Doppelhelices, die an den Orten genetischer Rekombination durch Einzelstrang-Crossing-over-Vorgänge verknüpft wurden (*Abbildung 19.15*, Einschub), untermauert die Existenz von Holliday-Junctions.

Nach Bildung einer Holliday-Junction führt die Entspiralisierung und Neuspiralisierung der DNA-Doppelhelices dazu, dass sich der Crossing-over-Punkt auf der chromosomalen DNA vor und zurück bewegt ❺. Dieses Phänomen, die sogenannte *Schenkelwanderung*, kann die einzelsträngige DNA, die zwischen zwei DNA-Molekülen ausgetauscht wird, schnell verlängern. Nach der Schenkelwanderung wird die Holliday-Junction gespalten, die gespaltenen DNA-Stränge werden neu verknüpft und bilden zwei getrennte DNA-Moleküle. Eine Holliday-Junction kann auf zwei Arten gespalten werden. Wenn sie auf einer Ebene gespalten wird, dann durchlaufen die beiden entstandenen DNA-Moleküle ein Crossing-over, das heißt, die chromosomale DNA, die hinter der Stelle liegt, an der die Rekombination stattfand, wurde zwischen den beiden Chromosomen vollständig ausgetauscht (6a). Wenn die Holliday-Junction in der anderen Ebene gespalten wird, dann findet kein Crossing-over statt, aber die DNA-Moleküle besitzen eine nicht komplementäre Region nahe der Stelle, an der eine Holliday-Junction entstand (6b).

Welches Schicksal erwartet diese nicht-komplementären Regionen? Wenn sie unversehrt bleiben, trennt eine anschließende mitotische Teilung die fehlgepaarten DNA-Stränge. Jeder Strang dient dann als Matrize zur Synthese eines neuen komplementären Strangs. Im Endeffekt erhält man zwei neue DNA-Moleküle mit unterschiedlichen Basensequenzen und somit zwei Zellen mit leicht differierenden Gensequenzen in der betroffenen Region. Dieser Fall wird gelegentlich bei *Neurospora* beobachtet. Bei *Neurospora* können während der Mitose nach der Meiose zwei genetisch unterschiedliche Zellen entstehen. Alternativ kann eine nicht-komplementäre DNA-Region durch Exzisionsreparatur korrigiert werden. Das Endergebnis einer DNA-Reparatur wäre die Umwandlung von Genen von einer Form in die andere – also eine Genkonversion.

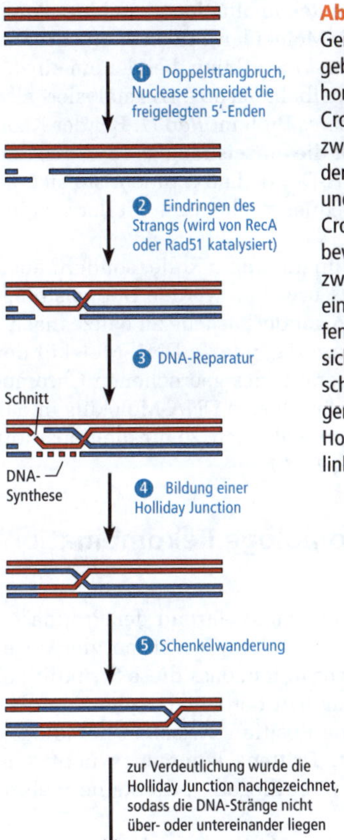

Abbildung 19.15: Molekulares Modell der homologen Rekombination. Gemäß diesem Modell setzt der erste Schritt der Rekombination ein, wenn (1) ein gebrochener Strang in einem DNA-Molekül (2) in die komplementäre Region einer homologen DNA-Doppelhelix „eindringt". In den Schritten (3) und (4) wird einer der Crossing-over-Punkte durch Spaltung und DNA-Synthese repariert. Dadurch entstehen zwei DNA-Moleküle, die von einer einzigen Holliday-Junction zusammengehalten werden, in der ein Einzelstrang jeder DNA-Doppelhelix ein Crossing-over durchlaufen hat und mit der gegenüberliegenden Doppelhelix verknüpft wurde. Nachdem sich das Crossing-over durch Entspiralisierung der DNA (5) und erneute Spiralisierung weiterbewegen musste (Schenkelwanderung), entstehen durch Spaltung in einer Ebene (6a) zwei DNA-Moleküle, die ein Crossing-over durchlaufen, während die Spaltung auf einer anderen Ebene (6b) zwei DNA-Moleküle erzeugt, die kein Crossing-over durchlaufen, aber eine nicht-komplementäre Region in der Nähe der Stelle enthalten, an der sich eine Holliday-Junction gebildet hat. In der transmissionselektronenmikroskopischen Aufnahme (Einschub) zeigt der Pfeil auf eine Region, in der zwei Bakteriophagen-DNA-Moleküle gerade die homologe Rekombination durchlaufen und durch eine Holliday-Junction verknüpft werden. (Diese Aufnahme entspricht der Konfiguration am linken unteren Rand der Zeichnung, unmittelbar vor den Schritten (6a) und (6b)).

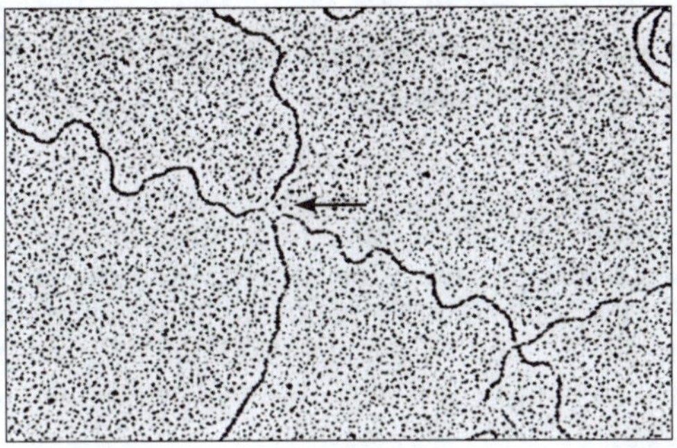

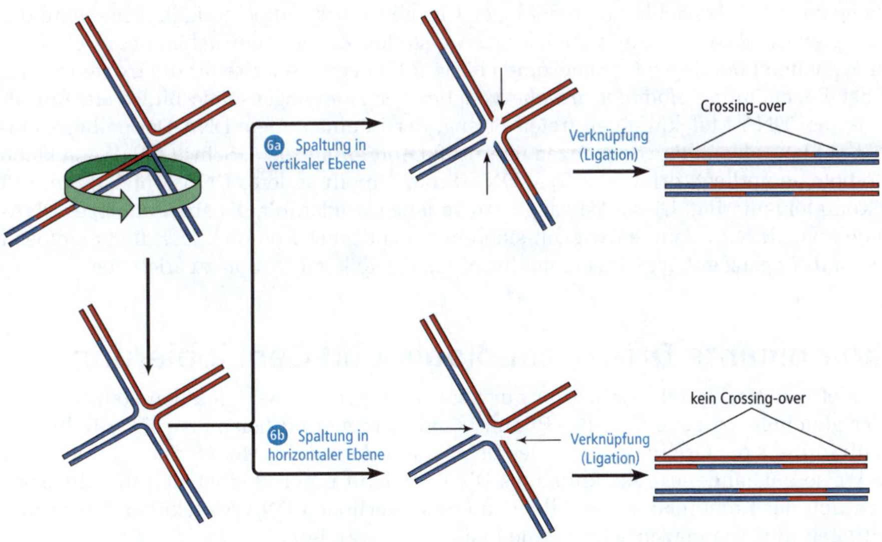

Die Identifizierung eines Schlüsselenzyms, das an der homologen Rekombination mitwirkt, gelang erstmalig mit Hilfe bakterieller Extrakte, welche die Bildung von Holliday-Junctions katalysieren. Diese Extrakte enthalten ein Protein, *RecA*, das für die Rekombination benötigt wird. Mutierte Bakterien, die ein defektes RecA-Protein bilden, können keine genetische Rekombination ausführen. Auch Extrakte von Zellen, die Holliday-Junctions aus homologen DNA-Molekülen bilden können, sind dazu nicht in der Lage. Das RecA-Protein katalysiert eine *Stranginvasions*reaktion, bei der ein einzelsträngiges DNA-Segment einen der beiden Stränge einer DNA-Doppelhelix ersetzt. Es katalysiert also Schritt ❷ in *Abbildung 19.15*. Eukaryoten enthalten ein vergleichbares Protein, *Rad51*. Bei der Katalyse der Stranginvasionsreaktion umhüllen RecA und Rad51 zuerst die einzelsträngige DNA-Region. Die einzelsträngige, umhüllte DNA interagiert dann mit einer DNA-Doppelhelix, indem sie sich so lange auf der Ziel-DNA bewegt, bis sie an einer komplementären Sequenz ankommt, mit der sie eine Paarung eingehen kann.

Die Stranginvasion spielt nicht nur bei der genetischen Rekombination eine Rolle, sondern auch bei bestimmten Typen der DNA-Reparatur. Wie bereits in *Kapitel 18* erwähnt, werden Doppelstrangbrüche in der DNA häufig durch einen Prozess repariert, der sich folgende Tatsache zu Nutze macht: Wenn ein Chromosom einen Doppelstrangbruch erleidet, dann kann das intakte DNA-Molekül der homologen chromosomalen DNA als Matrize dienen und die Reparatur des gebrochenen Chromosoms leiten. In diesen Fällen dringen einzelne DNA-Stränge des gebrochenen DNA-Moleküls in das intakte DNA-Molekül ein und finden eine komplementäre Region, die als Matrize für die Reparatur der gebrochenen DNA dient, genau wie in Schritt ❷ der *Abbildung 19.15*.

19.7.3 Der synaptische Komplex erleichtert die homologe Rekombination während der Meiose

In diesem Kapitel haben Sie gelernt, dass die homologen Chromosomen während der Prophase I der Meiose durch eine reißverschlussartige, proteinhaltige Struktur verknüpft werden, den sogenannten synaptischen Komplex. Mehrere Beobachtungen lassen vermuten, dass diese Struktur bei der genetischen Rekombination eine wichtige Rolle spielt. Erstens tritt der synaptische Komplex gleichzeitig mit der Rekombination auf. Zweitens entspricht seine Position zwischen homologen Chromosomen der Region, in der das Crossing-over stattfindet. Drittens kommen synaptische Komplexe nicht in Organismen vor – beispielsweise männlichen Taufliegen –, die keine meiotische Rekombination durchlaufen können.

Vermutlich erleichtert der synaptische Komplex die Rekombination, indem er auf ganzer Länge eine enge Paarung zwischen benachbarten homologen Chromosomen aufrechterhält. Aber wenn der synaptische Komplex die Rekombination erleichtert, wie stellen Zellen dann sicher, dass sich diese Strukturen nur zwischen homologen Chromosomen bilden? Es liegen Beweise für die Existenz eines Vorgangs mit der Bezeichnung *Homologensuche* vor. Bei der Homologensuche bildet ein Einzelstrangbruch in einem DNA-Molekül einen freien Strang, der in eine andere DNA-Doppelhelix eindringt und diese auf komplementäre Sequenzen überprüft (*Abbildung 19.15*, Schritt ❷). Wenn keine ausgeprägte Homologie vorliegt, dringt der freie DNA-Strang in ein anderes DNA-Molekül ein und prüft dort die Komplementarität. Dieser Vorgang wird so lange wiederholt, bis ein homologes DNA-Molekül gefunden wurde. Nur dann entwickelt sich ein synaptischer Komplex, der die homologen Chromosomen auf ihrer ganzen Länge zusammenführt, um die Rekombination zu erleichtern.

19.8 Rekombinante DNA-Technologie und Genklonierung

In der Natur findet genetische Rekombination nur zwischen zwei DNA-Molekülen statt, die von Organismen der gleichen Art stammen. Bei Pflanzen und Tieren sind beispielsweise die beiden Eltern eines Individuums die Originalquellen der DNA, die während der Meiose rekombiniert. Ein auf natürliche Weise entstandenes rekombinantes DNA-Molekül unterscheidet sich im Allgemeinen nur hinsichtlich der Kombination der Allele von den elterlichen DNA-Molekülen. Die fundamentalen Identitäten und Sequenzen seiner Gene bleiben unverändert.

Im Labor gibt es diese Grenzen nicht. Seit Entwicklung der **rekombinanten DNA-Technologie** in den 1970er Jahren steht den Wissenschaftlern eine Reihe von Techniken zur Herstellung rekombinanter DNA im Labor zur Verfügung. Jedes DNA-Segment kann nun aus jedem Genom geschnitten und mit jedem anderen DNA-Segment verknüpft werden. Dank dieser Techniken, die ursprünglich aus der Grundlagenforschung der molekularen Bakterienbiologie stammten, können Wissenschaftler leichter und mit größerer Genauigkeit Gene aus jeder Quelle isolieren und untersuchen, als dies jemals zuvor denkbar war.

Ein zentrales Merkmal der rekombinanten DNA-Technologie ist die Möglichkeit, spezifische DNA-Segmente für Forschungs- und andere Zwecke in ausreichender Menge herzustellen. Diesen Vorgang der Erstellung vieler Kopien spezifischer DNA-Fragmente bezeichnet man als **DNA-Klonierung**. (In der Biologie ist ein *Klon* eine Population von Organismen, die von einem einzigen Vorfahren abstammen und daher genetisch homogen sind. Ein *Zellklon* ist eine Population von Zellen, die von einer einzigen Zelle abstammen. Analog ist ein *DNA-Klon* eine Population von DNA-Molekülen, die aus der Replikation eines einzigen DNA-Moleküls hervorgingen und daher miteinander identisch sind.)

DNA-Klonierung erfolgt durch Einfügen der interessierenden DNA in ein genetisches Element, den **Klonierungsvektor**. Dieser kann autonom replizieren, wenn man ihn in eine kultivierte Zelle einführt – meistens handelt es sich um ein Bakterium wie *E. coli*. Als Klonierungsvektor dient ein Plasmid oder die DNA eines Virus, im Allgemeinen eines Bakteriophagen. In jedem Fall wird der DNA-„Passagier" des Vektors bei jeder Replikation kopiert. Auf diese Weise kann man große Mengen spezifischer Gene oder anderer DNA-Segmente erzeugen – und auch von ihren Proteinprodukten, wenn die fremden Gene in den wachsenden Zellen, die den Vektor tragen, transkribiert und translatiert werden.

Wenn wir die Bedeutung der rekombinanten DNA-Technologie nachvollziehen möchten, müssen wir uns die ungeheuren Probleme vor Augen führen, mit denen die Biologen zu kämpfen hatten, als sie die Genome eukaryotischer Organismen untersuchten wollten. Ein Großteil des frühen Verständnisses des Informationsflusses in Zellen stammte aus Untersuchungen mit Bakterien und Viren, deren Genome mit Hilfe genetischer Methoden sehr genau kartiert und analysiert wurden. Es war nicht leicht, diese Methoden auf Eukaryoten zu übertragen. Bis vor wenigen Jahrzehnten verzweifelten Wissenschaftler an der Frage, ob es jemals möglich sein würde, eukaryotische Genome in gleichem Maß zu verstehen und zu manipulieren, denn der typische Eukaryot besitzt ungefähr das 10.000-Fache an DNA wie die am besten untersuchten Phagen – das ist wirklich ein Heuhaufen, in dem man eine Nadel von der Größe eines Gens finden soll. Doch die Entwicklung der rekombinanten DNA-Technologie ermöglichte die Isolierung einzelner eukaryotischer Gene in solch großer Menge, dass man sie eingehend untersuchen konnte, und damit wurde eine neue Ära der Biologie eingeläutet.

19.8.1 Die Entdeckung von Restriktionsenzymen ebnete den Weg für die rekombinante DNA-Technologie

Ein erheblicher Teil dessen, was wir als rekombinante DNA-Technologie bezeichnen, beruht auf der Entdeckung von Restriktionsenzymen. Die Fähigkeit der Restriktionsenzyme, DNA-Moleküle an spezifischen Sequenzen zu spalten, den sogenannten Restriktionsstellen, macht sie zu sehr nützlichen Hilfsmitteln, wenn es darum geht, DNA-Moleküle in kleinere Fragmente zu schneiden, die auf verschiedene Weisen rekombiniert werden können. Restriktionsenzyme, die DNA auf versetzte Weise schneiden, sind ganz besonders nützlich, denn man erhält einzelsträngige *klebrige Enden* (auch als *köhäsive Enden* bezeichnet; engl.: *sticky ends*; *cohesive ends*). Im Grunde können zwei beliebige DNA-Fragmente, die vom gleichen Restriktionsenzym erzeugt wurden, durch komplementäre Basenpaarung zwischen ihren einzelsträngigen, klebrigen Enden verknüpft werden. In ▸*Abbildung 19.16* ist der Ablauf dieses Verfahrens dargestellt. Zuerst werden DNA-Moleküle aus zwei Quellen mit einem Restriktionsenzym behandelt, von dem bekannt ist, dass es Fragmente mit klebrigen Enden erzeugt ❶ und dann werden die Fragmente unter Bedingungen, welche die Basenpaarung zwischen den klebrigen Enden begünstigen, vermischt ❷. Nachdem die Verknüpfung stattgefunden hat, werden die DNA-Fragmente von der DNA-Ligase kovalent miteinander versiegelt ❸. Die DNA-Ligase ist ein Enzym, das normalerweise an der DNA-Replikation und -Reparatur mitwirkt (siehe *Kapitel 18*). Das Endprodukt ist ein rekombinantes DNA-Molekül, welches DNA-Sequenzen enthält, die aus zwei verschiedenen Quellen stammen.

Durch Kombination von Restriktionsenzymen und DNA-Ligase kann man zwei (oder mehr) beliebige DNA-Fragmente unabhängig von ihren Ursprüngen miteinander verbinden. Ein Fragment menschlicher DNA kann genauso einfach an bakterielle DNA oder Phagen-DNA geknüpft werden wie an ein anderes Fragment menschlicher DNA. Mit anderen Worten, es können rekombinante DNA-Moleküle erzeugt werden, die in der Natur niemals existiert haben. Dabei werden natürliche Barrieren überschritten, welche die Rekombination normalerweise auf Genome derselben oder nahe verwandter Arten beschränken. Darin liegt die enorme Potenz der rekombinanten DNA-Technologie (und für einige Kritiker auch der Grund zur Beunruhigung).

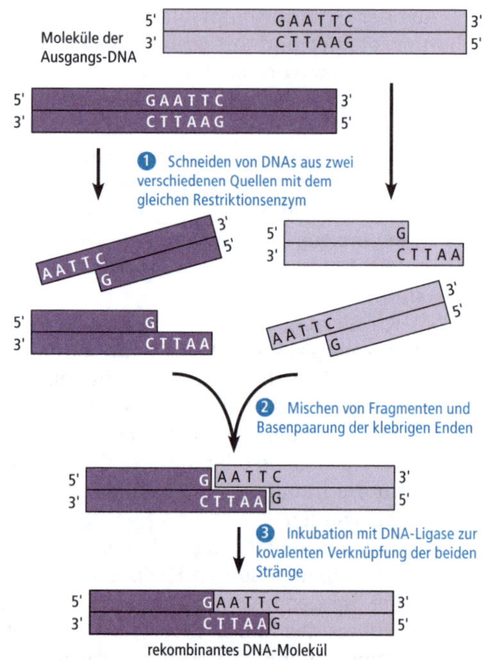

Abbildung 19.16: Bildung rekombinanter DNA-Moleküle. Ein Restriktionsenzym, das klebrige Enden erzeugt (in diesem Fall EcoRI; die Abkürzung steht für *E.-coli*-Restriktionsenzym-I) dient zur Spaltung von DNA-Molekülen aus zwei verschiedenen Quellen. Die komplementären Enden der entstandenen Fragmente werden durch Basenpaarung verknüpft und es entstehen rekombinante Moleküle, die Segmente beider Ausgangsquellen enthalten.

19.8.2 Mit den Techniken der DNA-Klonierung kann man große Mengen einzelner Gensequenzen erzeugen

Die enorme Bedeutung der Restriktionsenzyme beruht darauf, dass man mühelos ein gewünschtes DNA-Fragment – im Allgemeinen ein Segment mit einem spezifischen Gen – in einen Klonierungsvektor einfügen kann, der sich in bakteriellen Zellen selbst repliziert. Angenommen, Sie wollten beispielsweise ein Gen isolieren, das ein medizinisch nützliches Produkt kodiert, wie Insulin zur Behandlung von Diabetes oder Blutgerinnungsfaktoren, die Patienten mit Hämophilie benötigen. Mit Hilfe von Restriktionsenzymen kann man eine cDNA, die ein solches Protein kodiert (siehe nächster Abschnitt), in einen Klonierungsvektor in bakteriellen Zellen einfügen und die Bakterien identifizieren, welche die interessierende DNA enthalten. Man ist in der Lage, große Mengen dieser Zellen zu züchten und dadurch die gewünschte DNA (und deren Proteinprodukte) in großen Mengen zu erhalten.

Obwohl sich die Verfahren im Detail unterscheiden, läuft das Grundprinzip der DNA-Klonierung normalerweise mit den folgenden fünf Schritten ab: ❶ Einfügen von DNA in einen Klonierungsvektor; ❷ Einfügen des rekombinanten Vektors in kultivierte Zellen, im Allgemeinen Bakterien; ❸ Amplifikation des rekombinanten Vektors in den Bakterien; ❹ Selektion der Zellen, die rekombinante DNA enthalten und ❺ Identifizierung der Klone mit der interessierenden DNA. Die ▸*Abbildung 19.17* vermittelt einen Überblick über dieses Verfahren mit einem Klonierungsvektor. Wenn wir uns im Folgenden mit jedem einzelnen Schritt beschäftigen, können Sie diese jeweils in der Abbildung nachvollziehen.

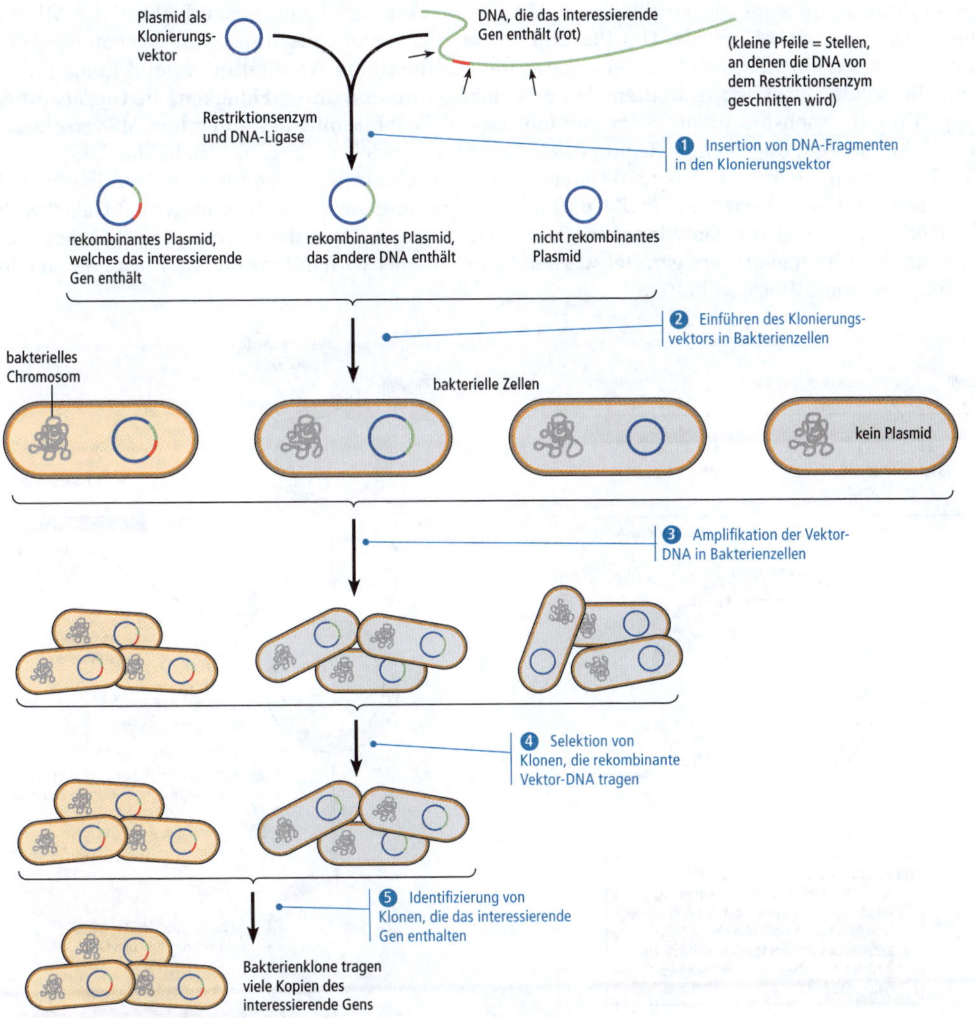

Abbildung 19.17: Überblick über die DNA-Klonierung bei Bakterien mittels eines Plasmidvektors. Die am häufigsten als Klonierungsvektoren verwendeten Plasmide haben im Allgemeinen ungefähr 1/1.000 der Größe eines bakteriellen Chromosoms.

1. Insertion von DNA in einen Klonierungsvektor Der erste Schritt zur Klonierung eines gewünschten DNA-Fragments besteht darin, dieses Fragment in einen geeigneten Klonierungsvektor einzufügen, im Allgemeinen einen Bakteriophagen oder ein Plasmid. Die meisten der zur DNA-Klonierung verwendeten Vektoren sind selber rekombinante DNA-Moleküle, die eigens zu diesem Zweck konstruiert wurden. Wenn man beispielsweise DNA des Bakteriophagen Lambda (Phage λ) als Klonierungsvektor verwendet, dann wurde ein Teil der nicht lebensnotwendigen Gene aus der Phagen-DNA entfernt, um im Phagenkopf Platz für die DNA zu schaffen. Die als Klonierungsvektoren verwendeten Plasmide besitzen im Allgemeinen eine Reihe von Restriktionsstellen und tragen häufig Gene, die ihren Wirtszellen Antibiotikaresistenz verleihen. Die Antibiotikaresistenz-Gene vereinfachen den Selektionsschritt 4, während die Präsenz multipler Restriktionsstellen die Möglichkeit eröffnet, in das Plasmid DNA-Fragmente einzuführen, die mit einer Vielzahl von Restriktionsenzymen ausgestattet wurden.

▸*Abbildung 19.18* zeigt die Struktur von *pUC19* („puck-19"), einem Plasmidvektor, der Mitte der 1980er Jahre entwickelt wurde. Das Plasmid sowie eine Reihe vielseitiger, von diesem abgeleiteter Vektoren tragen ein Gen, das Resistenz gegen das Antibiotikum Ampicillin verleiht (amp^R). Bakterien, die solche Plasmide enthalten, können daher aufgrund ihrer Fähigkeit, in Gegenwart von Ampicillin zu wachsen, identifiziert werden. Das pUC19-Plasmid hat außerdem elf verschiedene Restriktionsstellen, die in einer Region des Plasmids gebündelt vorliegen, welche das *lacZ*-Gen enthält. Dieses Gen kodiert das Enzym β-Galactosidase. Durch Einführen von Fremd-DNA in eine beliebige Restriktionsstelle wird das *lacZ*-Gen unterbrochen und somit die Bildung von β-Galactosidase blockiert. Schon bald werden wir sehen, dass diese Unterbrechung der Bildung von β-Galactosidase später im Klonierungsprozess genutzt werden kann, um das Vorhandensein von Plasmiden nachzuweisen, die Fremd-DNA enthalten.

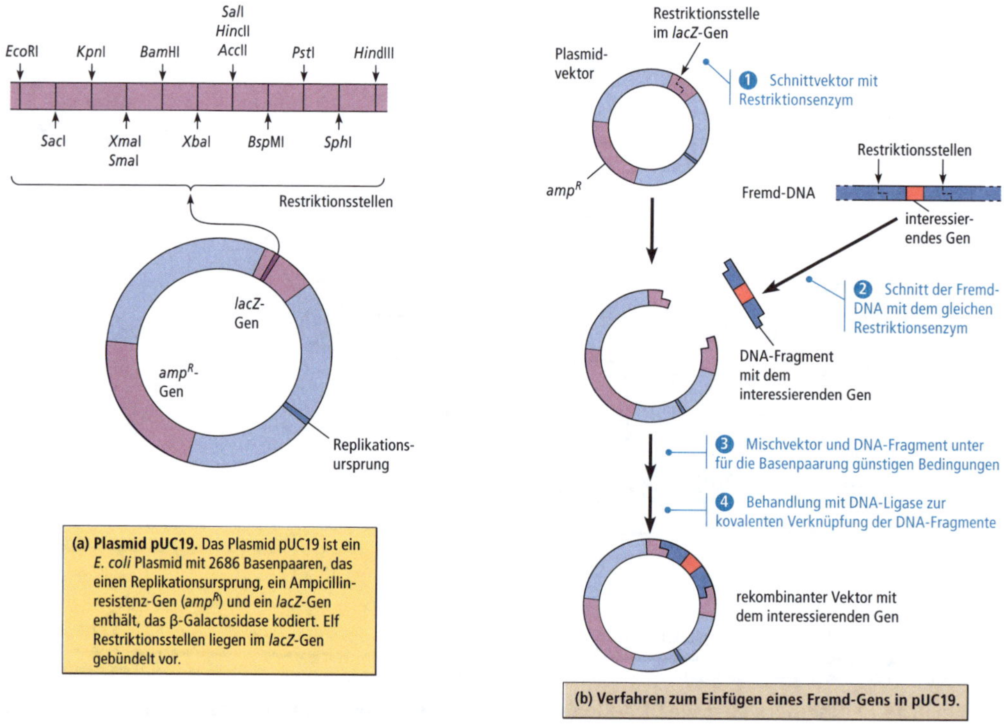

(a) Plasmid pUC19. Das Plasmid pUC19 ist ein *E. coli* Plasmid mit 2686 Basenpaaren, das einen Replikationsursprung, ein Ampicillinresistenz-Gen (amp^R) und ein *lacZ*-Gen enthält, das β-Galactosidase kodiert. Elf Restriktionsstellen liegen im *lacZ*-Gen gebündelt vor.

(b) Verfahren zum Einfügen eines Fremd-Gens in pUC19.

Abbildung 19.18: Klonierung eines Gens im Plasmidvektor pUC19. Zur Insertion von Fremd-DNA in ein Plasmid müssen die Fremd- und die Plasmid-DNA mit einem Restriktionsenzym gespalten werden, das die gleiche Stelle erkennt; in diesem Fall eine Stelle im *lacZ*-Gen. Die Fragmente der Fremd-DNA werden mit der linearisierten Plasmid-DNA inkubiert und zwar unter Bedingungen, die eine Basenpaarung zwischen klebrigen Enden begünstigen. Zu den erwarteten Produkten gehören Plasmidmoleküle, die durch Basenpaarung mit einem einzigen Fragment von Fremd-DNA ihre ringförmige Struktur wieder angenommen haben, und einige dieser Plasmidmoleküle werden das interessierende Gen enthalten. Zellen, die solche Plasmide tragen, sind für Ampicillin resistent und werden aufgrund der Fremd-DNA, die in das *lacZ*-Gen inseriert wurde, keine β-Galactosidase bilden.

Abbildung 19.18 veranschaulicht, wie ein spezifisches Gen aus einer fremden DNA-Quelle in einen Plasmidvektor inseriert wird. Dies geschieht mit Hilfe von pUC19 als Vektor und einem Restriktionsenzym, das pUC19 an einer einzigen Stelle im *lacZ*-Gen schneidet. Durch Inkubation mit dem Restriktionsenzym wird das Plasmid an der Stelle ❶ geschnitten und die DNA wird linear (der Ring wird geöffnet). Das gleiche Restriktionsenzym spaltet das DNA-Molekül, das die zu klonierenden Gene enthält ❷. Die klebrigen Fragment-Enden der Fremd-DNA werden mit den linearisierten Vektormolekülen unter Bedingungen inkubiert, die eine Basenpaarung begünstigen ❸. Dann folgt die Behandlung mit DNA-Ligase, um die DNA-Moleküle kovalent miteinander zu verknüpfen ❹. Um die schematische Darstellung möglichst einfach zu gestalten zeigt ▸*Abbildung 19.18b* nur das rekombinante Plasmid, welches das gewünschte Fragment Fremd-DNA enthält. In der Praxis wird man aber eine Reihe von DNA-Produkten erhalten, darunter nicht-rekombinante Plasmide und rekombinante Plasmide, die andere durch das Restriktionsenzym gebildete Fragmente enthalten.

2. Einfügen eines rekombinanten Vektors in bakterielle Zellen Nachdem Fremd-DNA in einen Klonierungsvektor eingefügt wurde, wird der entstandene rekombinante Vektor repliziert. Dafür inseriert man ihn in eine geeignete Wirtszelle, im Allgemeinen in das Bakterium *E. coli*. Es gibt zwei Methoden, um Klonierungsvektoren in ein Bakterium einzufügen. Handelt es sich bei dem Klonierungsvektor um eine Phagen-DNA, dann werden die Phagenpartikel zur Infektion einer geeigneten Zellpopulation benutzt. Plasmide hingegen werden einfach in das Medium gegeben, in dem sich die Zielzellen befinden. Sowohl bakterielle als auch eukaryotische Zellen nehmen die Plasmid-DNA aus dem externen Medium auf; allerdings sind besondere Behandlungen erforderlich, um die Effizienz dieses Verfahrens zu maximieren. Beispielsweise kann man die Geschwindigkeit, mit der Zellen DNA aus der externen Umgebung aufnehmen, durch Zugabe von Calciumionen erheblich steigern.

3. Amplifikation des rekombinanten Vektors in Bakterien Nachdem die Wirtsbakterien den rekombinanten Klonierungsvektor aufgenommen haben, werden sie auf ein Nährstoffmedium plattiert, sodass der rekombinante Vektor repliziert oder *amplifiziert* werden kann. Im Fall eines Plasmidvektors wachsen die Bakterien und bilden Kolonien, die jeweils von einer einzigen Zelle abstammen. Unter günstigen Bedingungen teilt sich *E. coli* alle 22 Minuten, sodass man in weniger als elf Stunden Milliarden von Zellen erhält. Während sich die Bakterien vervielfachen, replizieren sich auch die rekombinanten Plasmide, sodass man eine gewaltige Menge von Vektormolekülen mit Fragmenten von Fremd-DNA erhält. Unter diesen Bedingungen wird ein einzelnes, in eine Zelle eingeführtes rekombinantes Plasmid innerhalb von nicht einmal einem halben Tag mehrere Hundertmilliarden Male amplifiziert.

Bei Phagenvektoren wie dem Phagen λ arbeitet man mit einem geringfügig abweichenden Verfahren. Phagenpartikel, die rekombinante DNA enthalten, werden mit bakteriellen Zellen gemischt. Diese Mischung wird auf ein Kulturmedium aufgetragen. Unter günstigen Bedingungen bildet sich ein zusammenhängender „Rasen" von Bakterien aus. Bei jeder Infektion einer Zelle durch einen Phagenpartikel wird der Phage repliziert und führt schließlich zum Aufbrechen und Absterben der Zelle. Die freigesetzten Phagenpartikel können dann benachbarte Zellen infizieren, und der Vorgang beginnt von neuem. Dieser Kreislauf bildet eine klare Zone mit toten Bakterien, eine sogenannte **Plaque**. Diese enthält große Mengen replizierter Phagenpartikel, die durch Replikation eines einzigen Typs rekombinanter Phagen entstanden sind. Die Millionen von Phagenpartikeln in jeder Plaque enthalten identische Moleküle rekombinierter Phagen-DNA.

4. Selektion von Zellen mit rekombinierter DNA Bei der Amplifikation des Klonierungsvektors arbeitet man mit Verfahren, die vorzugsweise für das Wachstum von Zellen selektieren, die den Vektor aufgenommen haben. Bei Plasmidvektoren wie pUC19 beruht die Selektionsmethode auf den Antibiotikaresistenz-Genen des Plasmidvektors. Beispielsweise sind alle Bakterien, die die in *Abbildung 19.18b* dargestellten rekombinanten Plasmide tragen, gegen das Antibiotikum Ampicillin resistent, denn alle Plasmide besitzen ein intaktes Ampicillin-Resistenz-Gen. Das *amp*^{R}-Gen ist ein **selektierbarer Marker**. Er gestattet nur Zellen, die solche Plasmide tragen, das Wachstum auf einem Kulturmedium, das Ampicillin enthält (das Medium „selektiert auf" das Wachstum von Ampicillinresistenten Zellen).

Allerdings tragen nicht alle Ampicillin-resistenten Bakterien *rekombinante* Plasmide – das heißt, Plasmide, die eine eingefügte Fremd-DNA enthalten. Aber die Bakterien, die rekombinante Plasmide enthalten, können leicht identifiziert werden, denn ihr *lacZ*-Gen wurde durch Fremd-DNA unterbrochen und daher können sie keine β-Galactosidase bilden. Der Mangel an β-Galactosidase kann durch einen einfachen Farbtest nachgewiesen werden. Hierfür werden die Bakterien einem Substrat ausgesetzt, das normalerweise von β-Galactosidase in eine blaufärbende Verbindung gespalten wird. Bakterienkolonien, die das normale pUC19-Plasmid enthalten, werden daher blau gefärbt, während Kolonien, die rekombinante Plasmide mit eingefügten DNA-Fragmenten enthalten, weiß sind.

Einen anderen Weg schlägt man mit Phagenklonierungsvektoren ein, die normalerweise von DNA-Molekülen des Phagen λ stammen, die nur etwas 70 % der Länge einer normalen Phagen-DNA haben. Daraus folgt, dass diese Moleküle zu klein sind, um in funktionale Phagenpartikel gepackt zu werden. Inseriert man aber ein weiteres DNA-Fragment in die Mitte eines solchen Klonierungsvektors, dann entsteht ein längeres rekombinantes DNA-Molekül, das in einen funktionalen Phagen eingebaut werden kann (▸*Abbildung 19.19*). Arbeitet man mit Phagenklonierungsvektoren, dann werden nur die Phagenpartikel, die eine Fremd-DNA-Sequenz inseriert haben, erfolgreich bakterielle Zellen infizieren.

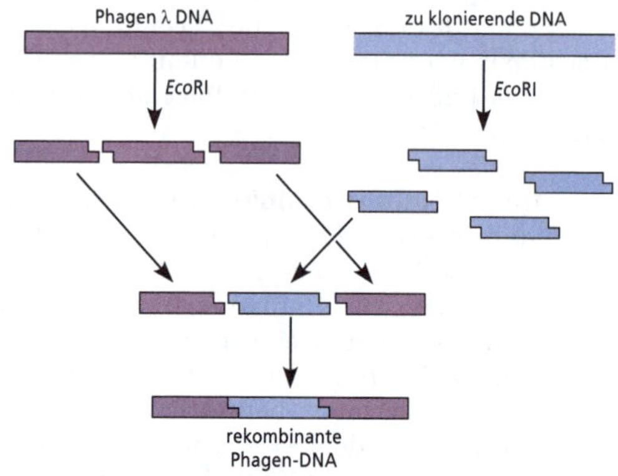

Abbildung 19.19: Der Bakteriophage λ als Klonierungsvektor. Das Zentralsegment des DNA-Moleküls des Bakteriophagen λ wird mittels Spaltung durch *Eco*RI entfernt und dann durch das zu klonierende DNA-Fragment ersetzt. Das inserierte DNA-Fragment wird benötigt, damit die Größe des DNA-Moleküls des Phagen λ genügt, um es in einen funktionalen Phagenpartikel zu packen.

5. Identifizierung von Klonen, welche die interessierende DNA enthalten Bei den zuvor beschriebenen Schritten erhält man im Allgemeinen große Mengen von Bakterien, die viele verschiedene Arten von rekombinanter DNA bilden. Aber nur eine oder einige wenige davon sind für die gewünschte Anwendung relevant. Der erste Schritt bei jedem Verfahren mit rekombinanter DNA besteht daher darin, die Bakterienkolonien (oder Phagenplaques) durchzusehen, um diejenigen Kolonien zu identifizieren, die das spezifische interessierende DNA-Fragment enthalten. Bei der Arbeit mit standarisierten Bakterienklonen isoliert man dazu die DNA aus den Bakterien und verwendet dann Restriktionsenzyme, um sich zu vergewissern, dass die klonierte DNA das erwartetet Muster aufweist. Die klonierte DNA wird dann häufig sequenziert, um die Beschaffenheit der inserierten DNA genau zu überprüfen.

19.8.3 Genom- und cDNA-Datenbanken unterstützen die DNA-Klonierung

Heutzutage ist die Klonierung von Fremd-DNA in bakteriellen Zellen ein Standardverfahren. In der Praxis besteht die größte Schwierigkeit oftmals darin, eine geeignete DNA-Quelle als Ausgangsmaterial zu bekommen. Zwei verschiedene Vorgehensweisen werden standardmäßig zur Bildung von DNA-Ausgangsmaterial angewandt. Beim „Shotgun-Verfahren" spaltet man das gesamte Genom eines Organismus (oder ein substanzielles Teilstück des Genoms) in eine große Anzahl von Restriktionsfragmenten, die dann in Klonierungsvektoren inseriert werden, sodass sie in Bakterienzellen (oder Phagenpartikel) eingeführt werden können. Die daraus hervorgehende Gruppe von Klonen bezeichnet man als **Genombank**, denn sie enthält klonierte Fragmente, die den größten Teil des Genoms, wenn nicht sogar das gesamte Genom repräsentieren. Die Genombanken eukaryotischer DNA sind wertvolle Quellen, aus denen man spezifische Gene isolieren kann, vorausgesetzt, man verfügt über eine ausreichend sensitive Identifizierungstechnik. Wenn man eine seltene Bakterienkolonie identifiziert hat, welche die gewünschten DNA-Fragmente enthält, kann man diese auf einem Nährstoffmedium züchten, um die benötigte Kopienanzahl des Fragments zu erzeugen. Natürlich achten die DNA-Schnitte des Restriktionsenzyms nicht auf die Gengrenzen, und einige Gene können zwischen zwei oder mehr Restriktionsfragmenten zerteilt werden. Dieses Problem kann man allerdings umgehen, indem man einen Teilabbau der DNA durchführt. Dafür wird die DNA kurzzeitig mit einer geringen Menge eines Restriktionsenzyms in Kontakt gebracht. Unter diesen Bedingungen werden einige Restriktionsstellen nicht geschnitten. Damit erhöht man die Wahrscheinlichkeit, dass zumindest von jedem Gen eine intakte Kopie in der Genombank enthalten sein wird.

Die alternative DNA-Quelle für Klonierungsexperimente ist DNA, die man durch Kopieren von Messenger-RNA (mRNA) mit dem Enzym *Reverse Transkriptase* erhalten hat. Durch diese Reaktion gewinnt man eine Population *komplementärer DNA*-Moleküle *(cDNA*; engl.: *complementary DNA)*, deren Sequenz zu der als Matrize verwendeten mRNA komplementär ist (▸*Abbildung 19.20*). Isoliert man die gesamte RNA-Population einer Zelle und kopiert diese zur späteren Klonierung in cDNA, dann bezeichnet man die auf diese Weise erhaltenen Klone als **cDNA-Bank**. Der Vorteil einer cDNA-Bank liegt darin, dass sie nur die DNA-Sequenzen enthält, die in mRNA transkribiert werden – vermutlich die aktiven Gene von Zellen oder Gewebe, aus denen die mRNA präpariert wurde.

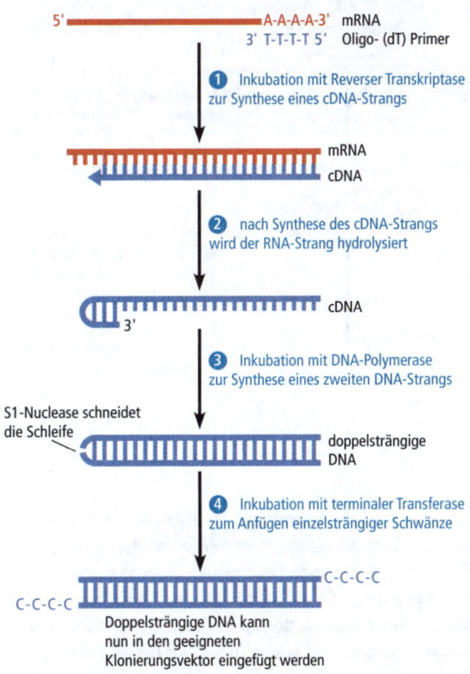

Abbildung 19.20: Präparierung komplementärer DNA (cDNA) zur Klonierung. ❶ Messenger-RNA wird mit Reverser Transkriptase inkubiert, um einen komplementären DNA-Strang (cDNA) zu erhalten. Oligo(dT), eine kurze Kette von Thymindesoxynucleotiden, kann als Primer verwendet werden, denn eukaryotische mRNA besitzt am 3'-Ende einen Schwanz aus Adeninnucleotiden. ❷ Das daraus resultierende mRNA-cDNA-Hybrid wird mit Lauge oder einem Enzym behandelt, um die RNA zu hydrolysieren. Dadurch erhält man eine einzelsträngige cDNA. ❸ Jetzt kann die DNA-Polymerase den komplementären DNA-Strang synthetisieren, wobei das 3'-Ende des ersten DNA-Strangs, das eine Schleife gebildet hat, als Primer benutzt wird. Ein Enzym mit der Bezeichnung S1-Nuclease dient dann zur Spaltung der Schleife. ❹ Damit man die doppelsträngige DNA gut in einen Klonierungsvektor inserieren kann, muss diese einzelsträngige Schwänze haben, die mit denen des Vektors komplementär sind. Diese können durch Inkubation mit terminaler Transferase angeknüpft werden, einem Enzym, das Nucleotide an DNA-Enden anfügt. Wenn zum Beispiel kurze Teilstücke von Cytosin-Nucleotiden (C) an die cDNA und kurze Teilstücke von Guanin-Nucleotiden (G) an einen linearisierten Vektor angefügt werden, kann man rekombinante Moleküle erzeugen, indem man die einzelsträngigen C-Schwänze in der cDNA mit einzelsträngigen G-Schwänzen im Vektor hybridisiert. (Als Alternative zu Schritt ❹ können kurze synthetischer „Linker"-Moleküle, die mehrere Restriktionsstellen enthalten, sowohl an die Enden der cDNA als auch an die stumpfen Enden des Klonierungsvektor angefügt werden. Dann werden die Linker mit einem Restriktionsenzym geschnitten, wodurch man klebrige Enden erhält.)

Abgesehen davon, dass sich die cDNA-Bank auf transkribierte Gene beschränkt, bietet sie einen weiteren Vorteil, da sie als Ausgangspunkt für die Klonierung eukaryotischer Gene dient. Wenn man cDNA mit Hilfe von mRNA erzeugt, dann hat man die Garantie, dass die klonierten Gene nur Sequenzen enthalten, die Gene kodieren. Es gibt keine nichtkodierenden Unterbrechungen, die sogenannten *Introns*, die in eukaryotischen Genen sehr häufig vorkommen (siehe *Kapitel 20*). Ein Intron kann so groß sein, dass das System aufgrund der Gesamtlänge eines eukaryotischen Gens zu unhandlich wird, um eine rekombinante DNA-Manipulation durchzuführen. Durch Einsatz von cDNA wird dieses Problem umgangen. Des Weiteren können Bakterien nur dann das richtige Proteinprodukt eines eukaryotischen Gens mit Introns synthetisieren, wenn die Introns entfernt wurden – so wie das in der cDNA der Fall ist.

Nachdem man eine DNA-Bank aufgebaut hat, stellt sich die Frage, wie Bakterien oder Phagen identifiziert werden können, die nur die uns interessierenden Sequenzen tragen. Es stehen mehrere Methoden für das *Screening* von DNA-Banken zur Verfügung. Die Wahl der Methode hängt davon ab, was dem Wissenschaftler über das zu klonierende Gen sowie über die jeweilige Datenbank bekannt ist. Wenn etwas über die Basensequenz des interessierenden Gens bekannt ist, kann der Wissenschaftler mit einer **Nucleinsäuresonde** (engl.: *nucleic acid probe*) arbeiten. Dabei handelt es sich um ein einzelsträngiges DNA- oder RNA-Molekül, das eine gewünschte DNA-Sequenz durch

Basenpaarung mit dieser Sequenz identifizieren kann. Die Sonden können entweder radioaktiv oder mit irgendeiner anderen chemischen Substanz markiert werden, sodass die Sonde leicht sichtbar gemacht werden kann. Der Wissenschaftler präpariert eine markierte DNA- oder RNA-Sonde, welche die vollständige interessierende Nucleotidsequenz oder nur einen Teil dieser Nucleotidsequenz enthält und markiert damit Kolonien, die komplementäre DNA enthalten. In ▸*Abbildung 19.21* wird die Technik zur Hybridisierung einer Kolonie dargestellt und wie man damit Kolonien nach der gewünschten DNA absuchen kann. Nachdem man die geeigneten Kolonien identifiziert hat, erhält man die klonierte DNA aus diesen Kolonien, indem man Vektor-DNA aus den Bakterienzellen isoliert und diese mit demselben Restriktionsenzym hydrolysiert, das man zuvor benutzt hatte.

Ein anderer Ansatz konzentriert sich auf das Protein, das von dem interessierenden Gen kodiert wird. Wenn dieses Protein bekannt ist und in gereinigter Form vorliegt, kann man Antikörper gegen das Protein präparieren und als Sonden einsetzen, um die Bakterienkolonien auf die Gegenwart dieses Proteins zu überprüfen. Alternativ kann man die *Funktion* des Proteins messen. Man könnte zum Beispiel ein Enzym auf seine katalytische Aktivität hin untersuchen. Protein-Screeningmethoden hängen offensichtlich von der Fähigkeit der Bakterienzellen ab, ein Fremdprotein zu synthetisieren, das von einem klonierten Gen kodiert wird. Sie können keine klonierten Gene aufspüren, die nicht in der Wirtszelle exprimiert werden. Es gibt allerdings besondere *Expressionsvektoren*. Mit Hilfe dieser Expressionsvektoren kann man die Wahrscheinlichkeit erhöhen, dass Bakterien eukaryotische Gene richtig und in gewünschter Menge transkribieren. Expressionsvektoren enthalten besondere DNA-Sequenzen, die der bakteriellen Zelle das Signal zur Ausführung dieser Vorgänge geben.

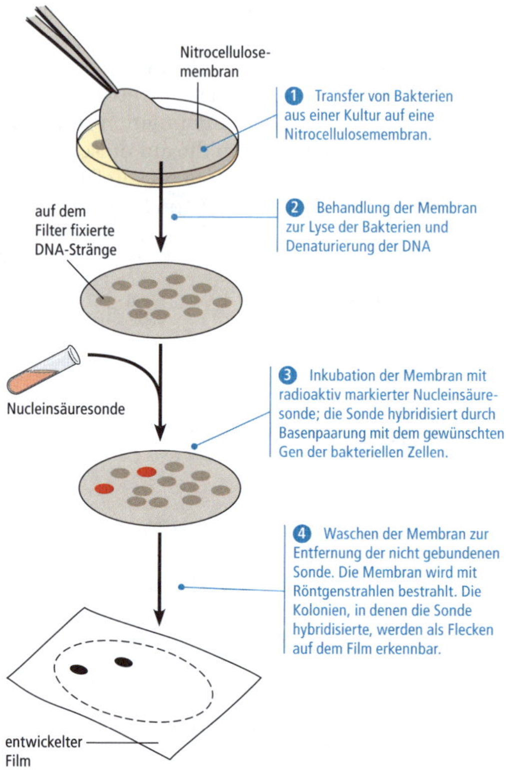

Abbildung 19.21: Technik zur Hybridisierung einer Kolonie. Diese Technik dient zum Screening von Bakterienkolonien auf das Vorhandensein von DNA, deren Sequenz komplementär zur Nucleinsäuresonde ist. Bakterienkolonien werden von der Oberfläche einer Agarplatte auf eine Nitrocellulosemembran übertragen, die dann mit einem Detergens behandelt wird, um die Bakterien zu lysieren, sowie mit Lauge (NaOH), um deren DNA zu denaturieren. Dann werden die Membranen mit Molekülen der Nucleinsäuresonde – radioaktiv markierte, einzelsträngige DNA oder RNA – inkubiert, die sich durch Basenpaarung an jede komplementäre DNA auf der Membran heftet. Die Membran wird gewaschen und zum Nachweis der Kolonien, die DNA enthalten, deren Sequenz mit der Sequenz der Sonde komplementär ist, wird die Membran mit einem Röntgenfilm belichtet.

19.8.4 Die PCR wird standardmäßig zur Klonierung von Genen aus sequenzierten Genomen eingesetzt

Viele Jahre lang waren die in den vorangegangenen Abschnitten dargestellten Klonierungsmethoden die wichtigsten Techniken für die Erzeugung klonierter Gene sowie für die Konstruktion langer DNA-Teilstücke für die Genomsequenzierung. Heutzutage haben Wissenschaftler die Genomsequenzen von Hunderten von Bakterien und mehreren Dutzend eukaryotischen Organismen bestimmt, darunter auch die des Menschen. Diese Vorhaben sind ihnen dank der einfacheren und schnelleren *Polymerase-Kettenreaktion (PCR*; engl. *polymerase chain reaction)* gelungen, die heute wesentlich häufiger genutzt wird, um Gene aus cDNA-Banken oder Genombanken zu klonieren. Für die PCR-Methode benötigt man nur die Kenntnis der Basensequenz des zu amplifizierenden Gens. Im nächsten Schritt werden kurze, einzelsträngige DNA-Primer synthetisiert, die zu Sequenzen auf den gegenüberliegenden Enden des Gens komplementär sind. Diese Primer werden dann verwendet, um die dazwischen liegende DNA zum Zweck der Amplifikation zu markieren.

Doch nicht nur die Geschwindigkeit der PCR stellt einen großen Vorteil dar, sie ermöglicht auch die Modifizierung von Genen, indem an die verwendeten Primer Basensequenzen anfügt werden. Eine dieser Modifizierungstechniken, die *Epitopmarkierung*, beinhaltet das Anfügen kurzer Sequenzen, die eine Abfolge von Aminosäuren kodieren, welche von einem kommerziell erhältlichen Antikörper erkannt wird. Wenn man ein auf diese Weise hergestelltes kloniertes Gen in Zellen exprimiert, dann enthält das von diesem Gen gebildete Protein das zusätzliche Aminosäurenteilstück und kann daher, wenn man den Antikörper mit einem fluoreszierenden Farbstoff markiert, sichtbar gemacht und nachverfolgt werden. Bei einer weiteren Methode der Modifizierung, der sogenannten *Polyhistidinmarkierung* (oder kurz *His*-Markierung; engl.: *polyhistidine tagging*), wird sechsmal hintereinander eine kurze Basensequenz eingefügt, welche die Aminosäure Histidin kodiert. Durch die Gegenwart von sechs benachbarten Histidinen in einem Protein bildet sich eine Struktur, die selektiv Nickelionen bindet, sodass das Protein aufgrund seiner Affinität für Nickel schnell aufgereinigt werden kann.

19.9 Gentechnologie

Die rekombinante DNA-Technologie hat das Gebiet der Zellbiologie sehr stark beeinflusst und führte zu vielen neuen Erkenntnissen über Organisation, Verhalten und Regulation von Genen und deren Proteinprodukten. Viele dieser Entdeckungen wären ohne die Techniken zur Isolierung von Gensequenzen nahezu undenkbar gewesen. Die raschen Fortschritte in der Manipulation von Genen haben auch das neue Gebiet der **Gentechnologie** (auch kurz als Gentechnik bezeichnet) begründet. Darunter versteht man die Anwendung der rekombinanten DNA-Technologie auf die Praxis, vor allem in der Medizin und der Landwirtschaft. Zum Abschluss dieses Kapitels werden wir uns kurz mit einigen Gebieten beschäftigen, auf denen der praktische Nutzen der rekombinanten DNA-Technologie bereits deutlich wird.

19.9.1 Mit Hilfe der Gentechnologie kann man wertvolle Proteine herstellen, was sonst nur unter schwierigen Bedingungen möglich wäre

Ein praktischer Nutzen, den wir der rekombinanten DNA-Technologie verdanken, ist die Möglichkeit, Gene zu klonieren, die medizinisch wichtige Proteine kodieren. Mit konventionellen Methoden wäre dies äußerst schwierig. Zu den ersten Proteinen, die mit Hilfe der Gentechnologie hergestellt wurden, gehört das menschliche Insulin, das ungefähr sieben Millionen Diabetiker in Deutschland zur Behandlung ihrer Krankheit benötigen. Die Versorgung mit Insulin, das man aus menschlichem Blut oder Bauchspeicheldrüsengewebe gereinigt hat, gestaltet sich außerordentlich schwierig. Daher wurden Diabetiker viele Jahre lang mit Insulin behandelt, das man aus Schweinen oder Rindern gewonnen hatte. Dieses kann allerdings toxische Reaktionen hervorrufen. Heutzutage stehen uns mehrere Wege zur Produktion menschlichen Insulins aus genetisch veränderten Bakterien, die das menschliche Insulin-Gen besitzen, zur Verfügung. Aus diesem Grunde können Diabetiker mit Insulinmolekülen behandelt werden, die mit dem von der menschlichen Bauchspeicheldrüse gebildeten Insulin identisch sind.

Ebenso wie Insulin gibt es eine Reihe weiterer medizinisch wichtiger Proteine, die früher nur unter Schwierigkeiten in ausreichender Menge hergestellt werden konnten und heute mit Hilfe der rekombinanten DNA-Technologie produziert werden. Zu diesen gehören die *Blutgerinnungsfaktoren* zur Behandlung der Hämophilie (Bluterkrankheit), das *Wachstumshormon* zur Behandlung von erblichem Zwergwuchs, der *Gewebeplasminogenaktivator (TPA*; engl.: *tissue plasminogen activator)*, ein Protein, das Blutgerinnsel bei Herzinfarktpatienten auflöst, *Erythropoietin*, welches die Bildung der roten Blutkörperchen bei Patienten mit Anämie anregt sowie der *Tumornekrosefaktor*, *Interferon* und *Interleukin*, welche zur Behandlung bestimmter Krebserkrankungen dienen. Die traditionellen Methoden zur Isolierung und Reinigung solcher Proteine aus natürlichen Quellen sind recht mühselig, und man erhält zumeist nur eine verschwindend geringe

Menge des Proteins. Daher war die Versorgung mit diesen Substanzen vor Entwicklung der rekombinanten DNA-Technologie unzureichend und außerordentlich teuer. Jetzt, da man die Gene für diese Proteine in Bakterien und Hefe klonieren kann, ist man in der Lage, diese Proteine im Labor in großen Mengen zu akzeptablen Preisen herzustellen.

19.9.2 Das Ti-Plasmid ist ein nützlicher Vektor zur Insertion von Fremd-Genen in Pflanzen

Die rekombinante DNA-Technologie nutzt man auch zur Veränderung landwirtschaftlich wichtiger Pflanzen durch die Insertion von Genen, die bestimmte Merkmale hervorbringen. Beispiele hierfür sind Resistenzen gegen Insekten, Herbizide oder Viruserkrankungen, eine Steigerung der Stickstoffspeicherungskapazität, der photosynthetischen Effizienz oder des Nährstoffgehalts sowie die Fähigkeit, unter ungünstigen Bedingungen zu wachsen. Bevor man die klonierten Gene in die Pflanzen einführt, werden diese zuerst in ein Ti-Plasmid inseriert, ein natürlich vorkommendes DNA-Molekül des Bakteriums *Agrobacterium tumefaciens*. In der Natur führt die Infektion von Pflanzenzellen mit diesem Bakterium zur Insertion eines kleinen Teils der Plasmid-DNA, die sogenannte *T-DNA-Region*, in die chromosomale DNA der Pflanzenzelle. Die Expression der inserierten DNA löst das unkontrollierte Wachstum eines Gewebes mit der Bezeichnung *Wurzelhalsgallentumor* aus. Im Labor kann man die DNA-Sequenzen, welche die Tumorbildung auslösen, aus dem Ti-Plasmid entfernen, ohne den Transfer von DNA vom Plasmid in das Chromosom der Wirtszelle zu unterbrechen. Das Einführen der interessierenden Gene in solche modifizierten Plasmide ermöglicht die Konstruktion von Vektoren, mit deren Hilfe man Fremd-Gene in Pflanzenzellen übertragen kann.

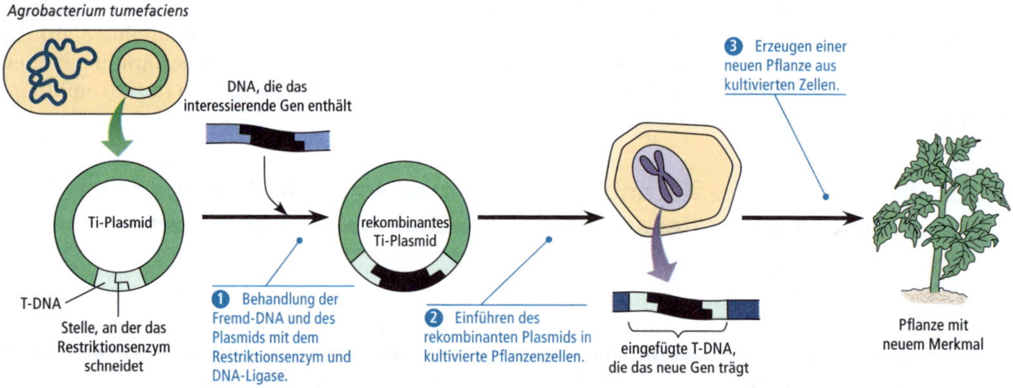

Abbildung 19.22: Verwendung eines Ti-Plasmids zum Transfer von Genen in Pflanzen. Bei den meisten Verfahren zur gentechnischen Veränderung von Pflanzen dient das Ti-Plasmid als Vektor. Ein DNA-Fragment, das ein interessierendes Gen enthält, wird in eine Restriktionsstelle in der T-DNA-Region des Plasmids eingeführt. Das rekombinante Plasmid wird dann in Pflanzenzellen eingeführt, aus denen eine neue Pflanze hervorgeht, die rekombinante T-DNA enthält, die dauerhaft in das Genom jeder Zelle eingebaut ist.

Die allgemeine Vorgehensweise zur Übertragung von Genen in Pflanzen mittels dieser Plasmide wird zusammenfassend in ▸*Abbildung 19.22* dargestellt. Zuerst wird das gewünschte Fremd-Gen mit standardmäßig verwendeten rekombinanten DNA-Techniken in die T-DNA-Region des isolierten Plasmids eingeführt. Das Plasmid wird wieder in das Bakterium *Agrobacterium* eingeführt, und diese genetisch veränderten Bakterien dienen dann zur Infektion von Pflanzenzellen, die in Kultur gezüchtet werden. Wenn das rekombinante Plasmid in die Pflanzenzelle eindringt, wird dessen T-DNA dauerhaft in das Pflanzengenom integriert und bei jeder Zellteilung an die beiden Tochterzellen weitergegeben. Diese Zellen dienen anschließend zur Erzeugung von Pflanzen, die in allen Zellen rekombinante T-DNA enthalten – und damit auch das gewünschte Fremd-Gen. Das Fremd-Gen wird nun so wie jedes andere Gen an die Nachkommen weitergegeben. Solche Pflanzen bezeichnet man als **transgen**. Dieser allgemeine Begriff bezieht sich auf jeden Organismus, egal ob Pflanze oder Tier, der in allen Zellen ein oder mehrere Gene eines fremden Organismus trägt, auch in seinen Reproduktionszellen. Transgene Pflanzen bezeichnet man häufig auch als GM-Pflanzen (engl.: *genetically modified*), genetisch manipulierte Pflanzen.

19.9.3 Durch genetische Manipulation kann man die Merkmale von Nutzpflanzen verbessern

Die Fähigkeit, mit Hilfe eines Ti-Plasmids neue Gene in Pflanzen einzuführen, gab Wissenschaftlern die Möglichkeit, genetisch veränderte Nutzpflanzen zu erzeugen, die eine Vielzahl neuer Merkmale besaßen. Zum Beispiel hat man Pflanzen hinsichtlich ihrer Resistenz gegen Insektenschädlinge gentechnisch verbessert, indem man ein Gen einführte, das aus dem Bodenbakterium *Bacillus thuringiensis* (*Bt*) kloniert wurde. Dieses *Bt*-Gen kodiert ein Protein, das bei bestimmten Bakterien toxisch wirkt – vor allem Raupen und Käfern, die den Nutzpflanzen durch Zerkauen der Blätter Schaden zufügen. Man führte das *Bt*-Gen in Pflanzen wie Baumwolle oder Mais ein, sodass die Landwirte nicht mehr so große Mengen gefährlicher Pestizide zur Kontrolle der Insekten einsetzen mussten. Dadurch erhielten sie größere Erträge, und eine beachtliche Menge an Tieren und Pflanzen kehrte auf ihre Felder zurück. Als mehrere Millionen Bauern in China sich für den Anbau eines solchen insektenresistenten Stamms gentechnisch veränderter Baumwolle entschieden, senkten sie ihren Pestizideinsatz um 70 %. Dieser Erfolg ging mit steigenden Baumwollerträgen und einer signifikanten Senkung der Todesrate durch Pestizidvergiftung bei landwirtschaftlichen Helfern einher. Vergleichbare wirtschaftliche und gesundheitliche Verbesserungen wurden von einigen Bauern gemeldet, die insektenresistente Stämme von gentechnisch verändertem Reis anbauten. Auch diese Stämme, die durch Gentechnik gegen Unkrautpestizide an Resistenz gewonnen haben, machen weniger toxische Chemikalien erforderlich und bringen höhere Erträge. Allerdings ist die langfristige Wirkung der genmanipulierten Pflanzen auf die Umwelt noch völlig unerforscht, und es gibt viele Wissenschaftler, die diesen Experimenten sehr kritisch gegenüber stehen. Derzeit ist die Mehrheit der Bevölkerung in Europa noch gegen einen breiten Einsatz von genmanipulierten Pflanzen, welcher die Bauern auch in die Abhängigkeit einiger großen Saatguthersteller bringt.

Ein weiteres Ziel der genetischen Veränderung besteht darin, den Nährwert von Nahrungsmitteln zu steigern. Betrachten Sie beispielsweise Reis, die wichtigste und am weitesten verbreitete Nahrungsquelle weltweit. Mehr als drei Milliarden Menschen essen zurzeit täglich Reis. Man geht davon aus, dass im Jahr 2020 mindestens die Hälfte der Weltbevölkerung von der Versorgung mit Reis abhängig sein wird. Diese Abhängigkeit wird vor allem in den armen Entwicklungsländern ein Problem darstellen, denn ein großer Teil der Bevölkerung ist nicht ausreichend mit Nährstoffen und Vitaminen versorgt. An einem Beispiel möchten wir veranschaulichen, wie man die Nahrungsmittelversorgung mit Hilfe der Gentechnologie verbessern kann. Man veränderte die Gene, die für die Synthese von β-Carotin, einen Vorläufer von Vitamin A, benötigt werden, und führte diese 2001 in Reis ein. Der Gehalt dieser Reispflanzen an β-Carotin wurde binnen weniger Jahre um das 20-Fache erhöht. Das daraus resultierende Produkt wird aufgrund seiner ihm von β-Carotin verliehenen Farbe als „goldener Reis" bezeichnet. Dieser Reis birgt das Potenzial, den globalen Vitamin-A-Mangel zu lindern, der bei Millionen von Kindern zu Erblindung und Krankheit führt.

19.9.4 Es bestehen Sorgen im Hinblick auf Sicherheit und mögliche Umweltrisiken durch gentechnologisch manipulierte Lebensmittel

Als immer mehr gentechnisch manipulierte Nutzpflanzen angebaut wurden, wurden viele kritische Stimmen laut, die mit dieser Technik verbundene Risiken fürchteten, vor allem wegen der Möglichkeit, Gene über Artgrenzen hinweg zu kreuzen, was bei traditionellen Züchtungsverfahren nicht möglich ist. Bei vielen Konsumenten herrscht die Sorge über die Sicherheit vor, denn es ist allgemein bekannt, dass toxische und allergische Reaktionen auf Lebensmittel schwerwiegend oder sogar lebensbedrohlich sein können. Bisher scheint allerdings kein Zweifel daran zu bestehen, dass manche konventionellen Nahrungsmittel auf dem Markt, wie Erdnüsse und Paranüsse, größere Allergierisiken darstellen als bisher bei einem gentechnisch veränderten Lebensmittel nachgewiesen. Des Weiteren steht man genau den gleichen Problemen gegenüber, wenn man neue

Nutzpflanzenstämme durch konventionelle Züchtungsmethoden erzeugt. Tatsächlich haben die herkömmlichen Nahrungsmittel bereits durch traditionelle Methoden der Pflanzenzüchtung tiefgreifende Veränderungen in ihrer genetischen Zusammensetzung erfahren, und man kann argumentieren, dass es sicherer ist, einmalig sorgfältig ausgewählte Gene in Pflanzen einzuführen, wie es in der Gentechnologie praktiziert wird, als Tausende von Genen gleichzeitig zu verändern, wie bei der traditionellen Kreuzzüchtung von Pflanzen. Wenn ein einzelnes Gen in eine Nutzpflanze eingeführt wird, dann kann man die Auswirkungen dieses einen Gens und seines Proteinprodukts leichter auf Sicherheitsrisiken überprüfen, so das Argument der Befürworter.

Die Möglichkeit, dass gentechnisch veränderte Nutzpflanzen Umweltrisiken bergen könnten, hat gleichermaßen Besorgnis erregt. Nach einem 1999 durchgeführten Laborexperiment berichteten Wissenschaftler, dass Monarchen (Schmetterlinge), starben, nachdem sie sich von Blättern ernährt hatten, auf die Pollenstaub einer gentechnisch veränderten Maispflanze gefallen war, die das *Bt*-Gen enthielt. Diese Beobachtung beschwor die Befürchtung herauf, dass das von gentechnisch veränderten Pflanzen gebildete *Bt*-Toxin harmlose Insekten schädigen könnte. Allerdings ist die Laborbank nicht das Feld, und die ersten Untersuchungen wurden unter künstlichen Laborbedingungen durchgeführt. Unter diesen Bedingungen konsumierten die Schmetterlingslarve weitaus größere Dosen des *Bt*-Toxins als dies in der Natur möglich wäre. Aus später zusammengetragenen Daten von Anbaufeldern mit gentechnisch veränderten Pflanzen ging hervor, dass die Menge von *Bt*-Maispollen, der die Schmetterlinge unter realen Bedingungen ausgesetzt wären, kein signifikantes Risiko für den Monarchen darstellt.

Trotz berechtigter Sorgen hinsichtlich möglicher Gefahren haben die bisher mit gentechnisch veränderten Pflanzen gemachten Erfahrungen nur wenige Anlass dafür gegeben, mit größeren Risiken für die menschliche Gesundheit oder die Umwelt rechnen zu müssen. Natürlich ist keine neue Technologie völlig risikolos, und die Auswirkungen gentechnisch veränderter Pflanzen auf die Sicherheit der Ökosysteme und die Gesundheit des Menschen sowie ihr Einfluss auf die Umwelt müssen ständig überprüft werden. Zugleich konnte jedoch durch gentechnisch veränderte Pflanzen der Einsatz von Pestiziden gesenkt werden. Außerdem könnten sie einen einzigartigen Beitrag im Kampf gegen Hunger und Krankheit in Entwicklungsländern leisten. Allerdings geraten die Bauern auch in eine direkte Abhängigkeit von einigen Saatgut-Monopolisten, und es hat sich zum Beispiel in Afrika gezeigt, dass die Rückkehr zu traditionellen Anbautechniken wesentlich bessere Ergebnisse erzielte als der Einsatz von genmanipuliertem, teurem Saatgut.

19.9.5 Tiere können durch An- oder Abschalten spezifischer Gene genetisch verändert werden

Ebenso wie wir es gerade bei den Pflanzen gesehen haben, kann man auch Tiere genetisch verändern. Die Techniken, mit deren Hilfe gentechnologisch veränderte DNA eingeführt wird, hängen vom jeweiligen Tier ab; häufig arbeitet man aber mit einer Mikroinjektion gentechnisch veränderter DNA in ein ausgewachsenes Tier oder einen Embryo. Einer der ersten Beweise für die Durchführbarkeit einer Gentransplantation bei Tieren wurde von Richard Palmiter und Ralph Brinster erbracht. Sie transferierten das Gen für das Wachstumshormon in eine befruchtete Mauseizelle. Dadurch erschufen sie eine transgene Maus, in deren Zellen sich ein Gen eines anderen Organismus befand. Transgene Tiere sind in vielerlei Hinsicht außerordentlich hilfreich. Im Labor konnte man dank der Gentechnologie die Genexpression sowie die Funktion spezifischer Gene in lebenden Tieren untersuchen. Wenn man beispielsweise Proteine gentechnisch dahingehend verändert, dass sie mit dem grün fluoreszierenden Protein (GFP) verschmelzen, kann deren Position in lebenden Zellen dynamisch nachverfolgt werden.

Doch begrenzt sich der Nutzen nicht auf die Grundlagenforschung. Gentechnisch veränderte Tiere haben auch einen praktischen Nutzen. Ein Ziel dieser Technologie liegt darin, Nutztiere zu erschaffen, die medizinisch wichtige menschliche Proteine synthetisieren können (zum Beispiel in der Milch weiblicher Säugetiere), die dann leicht aufgereinigt werden können. Ein weiteres Ziel ist die Produktion gentechnisch veränderter Nutztiere als Nahrungsquelle. Viele der Einwände, mit denen wir uns im Zusammenhang mit gentechnisch veränderten Nutzpflanzen beschäftigt haben, werden auch vorgetragen, wenn es um die Züchtung gentechnisch veränderter Nutztiere für die Nahrungsmittelversorgung geht.

Zwar kann es von großem Nutzen sein, mit Hilfe der transgenen Technologie ein gentechnisch verändertes DNA-Fragment in ein Tier einzuführen, doch ist es häufig sinnvoller, ein bestimmtes Gen zu *entfernen (knock out)*. Bei einem Verfahren macht man sich die Fähigkeit der homologen Rekombination zunutze, Basensequenzen zwischen verwandten DNA-Molekülen zu transferieren. Beispielsweise sind Wissenschaftler heute in der Lage, einzelne ausgewählte Gene zu inaktivieren oder „auszuknocken", indem sie die Rekombination mit verwandten Teilstücken nicht-funktionaler DNA induzieren (▸*Abbildung 19.23*). Mit dieser Strategie hat man Hunderte einzigartiger Stämme von **„Knockout"-Mäusen** erschaffen, die jeweils ein defektes Gen tragen. Zurzeit arbeitet man daran, „Knockout"-Stämme für jedes der ungefähr 25.000 Gene einer Maus zu konstruieren. 2007 erhielten Mario Capecchi, Oliver Smithies und Martin Evans den Nobelpreis als Anerkennung für ihre Pionierarbeiten, auf deren Grundlage das Erzeugen von „Knockout"-Mäusen möglich wurde.

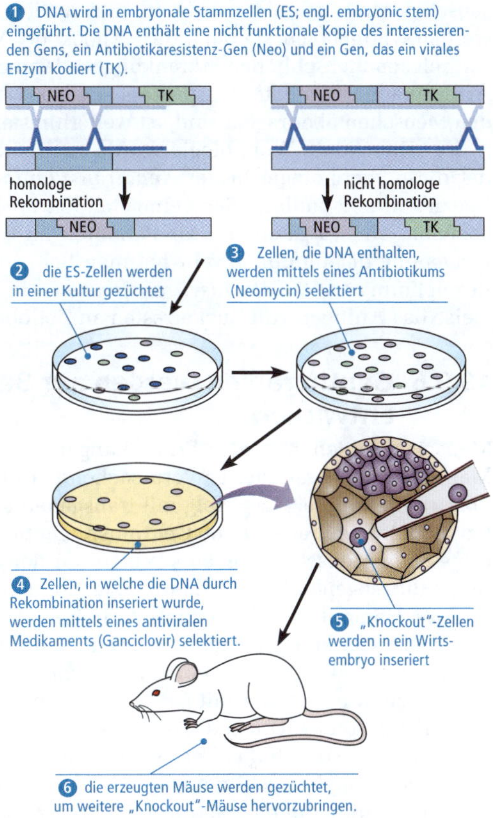

Abbildung 19.23: Erzeugung von „Knockout"-Mäusen durch homologe Rekombination. Die Erzeugung von „Knockout"-Mäusen beinhaltet ❶ die Konstruktion eines auf die DNA abzielenden Vektors, der eine nicht-funktionale Kopie des interessierenden Gens enthält, das ❷ in embryonale Stammzellen (ES-Zellen, engl.: stem cells) eingeführt wird. Die ES-Zellen werden mit Hilfe von zwei verschiedenen Medikamente nach seltenen Zellen abgesucht, in denen eine Rekombination stattgefunden hat (❸, ❹). Diese „Knockout"-Zellen werden ❺ in ein Wirtsembryo eingeführt, und ❻ durch anschließende Züchtung erhält man Mäuse, die eine gentechnisch herbeigeführte Mutation tragen.

Im ersten Schritt der Schaffung einer „Knockout"-Maus muss eine künstliche DNA synthetisiert werden, deren Basensequenz dem Ziel-Gen und dessen flankierenden Sequenzen ähnelt, jedoch mit zwei wichtigen Änderungen (▸*Abbildung 19.23*, ❶): Erstens wird ein antibiotisches Resistenzgen (zum Beispiel eines, das Resistenz gegen Neomycin verleiht) in die Mitte der ausgewählten Gensequenz eingeführt. Damit wird die gentechnisch veränderte Kopie des Gens nicht mehr funktional, und die Zellen, welche die DNA tragen, können somit in Gegenwart das Antibiotikums überleben. Zweitens wird DNA, die ein virales Enzym kodiert, *Thymidinkinase*, an das Ende der DNA geknüpft. Wenn diese DNA in einer Zelle enthalten ist, dann wird sie in Gegenwart eines antiviralen Medikaments (zum Beispiel Ganciclovir) absterben. Anschließend wird diese DNA in die *embryonalen Stammzellen (ES-Zellen*; engl.: *embryonic stem cells)* einer Maus eingeführt. Diese Zellen können sich zu allen Zelltypen einer ausgewachsenen Maus differenzieren ❷. In sehr seltenen Fällen dringt die DNA über Mechanismen, die denen der Meiose ähneln, in den Zellkern ein und die künstliche DNA reiht sich mit komplementären Sequenzen auf, die das Ziel-Gen flankieren. Durch homologe Rekombination wird das ausgewählte Gen dann durch die neue, nicht-funktionale Kopie ersetzt. Nur wenn eine homologe Rekombination stattfindet, wird das Thymindinkinase-Gen aus der gentechnisch veränderten DNA entfernt und in der ES-Zelle von Nucleasen abgebaut. In diesem Fall wird die Zelle in Gegenwart von Antibiotika überleben ❸, aber sie wird gegenüber einem antiviralen Medikament unempfindlich sein ❹. Zellen, bei denen diese doppelte Medikamentenselektion nachweisbar ist, werden dann in Mäuseembryos eingeführt, die sich zu ausgewachsenen Mäusen entwickeln. Diese Mäuse besitzen Gewebe, in denen das interessierende Gen inaktiviert wurde ❺. Durch Kreuzzüchtung dieser Tiere erhält man schließlich Stämme reiner „Knockout"-Mäuse, in denen beide Kopien die Ziel-Gens (eines auf jedem Chromosom) in allen Geweben ausgeschaltet sind ❻. Da Wissenschaftlern genehmigt wurde, zu untersuchen, was geschieht, wenn spezifische Gene ausgeschaltet werden, vermochten sie dank der „Knockout"-Mäuse aufzuklären, welche Rolle einzelne Gene bei zahlreichen menschlichen Erkrankungen, darunter Krebs, Fettleibigkeit, Herzerkrankungen, Diabetes, Arthritis und dem Alterungsprozess spielen. Ob diese Erkenntnisse aus Mäusen aber komplett auf den Menschen übertragbar sind, ist weiterhin stark umstritten.

Die „Knockout"-Technologie wurde auch auf andere Gebiete übertragen. Eine Anwendung findet diese Technologie in der *Xenotransplantation*, der Transplantation von Geweben von einer Spezies in eine andere. Schweine standen im Mittelpunkt dieser Forschungsarbeiten, die darauf abzielen, eine Organquelle für Patienten zu schaffen, die auf eine Transplantation warten. Zur Umgehung der Immunabwehr hat man Schweine geschaffen, denen ein Schlüsselenzym mit der Bezeichnung *α-1,3-Galactosyltransferase* fehlt. Dieses Enzym katalysiert bei Schweinen normalerweise das Anfügen von Zuckerresten an Zelloberflächen und trägt zur Immunantwort bei.

19.9.6 Gentherapien werden zur Behandlung menschlicher Krankheiten entwickelt

Menschen leiden an vielen Erkrankungen, die ohne Zweifel geheilt werden könnten, wenn man Menschen, die Krankheiten verursachende Gene tragen, normale, funktionale Kopien von Genen übertragen könnte. Der Erfolg mit transgenen und „Knockout"-Mäusen bei ähnlichen Experimenten brachte die Frage auf, ob Gentransplantationstechniken nicht vielleicht zur Reparatur defekter Gene beim Menschen dienen könnten. Zu den eindeutigsten Kandidaten für eine solche Behandlung, die sogenannte *Gentherapie*, gehören genetisch bedingte Erbkrankheiten wie zystische Fibrose, Hämophilie, Hypercholesterinämie, Hämoglobinstörungen, Muskelschwäche, lysosomale Speichererkrankungen und eine Immunstörung, der sogenannte *schwere kombinierte Immundefekt (SCID*; engl.: *severe combined immunodeficiency)*.

Der erste Mensch, der mit Gentherapie behandelt wurde, war ein vierjähriges Mädchen, das an einer Form von SCID litt, die auf einem Defekt in dem Gen beruhte, das die *Adenosindeaminase (ADA)* kodiert. Durch den Verlust der Aktivität von ADA können nicht ausreichend Immunzellen, die *T-Lymphocyten*, gebildet werden. Folglich litt das Kind an häufigen und potenziell lebensbedrohlichen Infektionen. 1990 wurde sie einer Reihe von Behandlungen unterzogen, bei denen eine normale Kopie des klonierten ADA-Gens in ein Virus inseriert wurde. Das Virus sollte die aus dem Blut des Mädchens gewonnenen T-Lymphocyten infizieren. Anschließend injizierte man die Lymphocyten wieder in den Blutkreislauf. Dadurch erzielte man eine signifikante Verbesserung ihrer Immunfunktion, auch wenn die Wirkung im Laufe der Zeit nachließ und die Behandlung bei den meisten anderen SCID-Patienten keine Wirkung zu erzielen schien.

Seit diesen ersten Untersuchungen hat man erhebliche Fortschritte gemacht und die Techniken zur Übertragung klonierter Gene in Zielzellen sowie die Sicherstellung ihrer Funktion entscheidend weiterentwickelt. Im Jahr 2000 berichteten französische Wissenschaftler endlich von einer erfolgreichen Behandlung von Kindern mit SCID (in diesem Fall einer besonders schweren Form von SCID, die auf einem defekten Rezeptor-Gen und nicht auf einem defekten ADA-Gen beruht). Sie verwendeten ein Virus, das sich beim Transfer klonierter Gene als effizienter erweis, und entwickelten bessere Bedingungen zur Kultivierung von Zellen während des Gentransfervorgangs. Dadurch waren sie in der Lage, die Immunfunktion der behandelten Kinder auf einen normalen Status anzuheben. Tatsächlich gelang erstmals eine erfolgreiche Behandlung der Kinder, sodass sie die schützende „Isolationsblase" verlassen konnten, in der sie während der Behandlung im Krankenhaus von möglichen Infektionsquellen abgeschirmt worden waren.

Es ist daher nachvollziehbar, dass die Enttäuschung groß war, als drei der zehn in dieser ersten Studie behandelten Kinder wenige Jahre später an Leukämie erkrankten. Bei der Untersuchung der Leukämiezellen stellte sich heraus, dass sich das Virus, das man zur Übertragung des korrigierenden Gens verwendet hatte, manchmal direkt neben einem normalen Gen inserierte, welches im Fall einer abnormen Expression Krebs verursachen konnte. Wir sollten allerdings die Tatsache nicht vergessen, dass diese Untersuchungen auch ein hoffnungsvolles erstes Zeichen dafür waren, dass mit Hilfe der Gentherapie eine lebensbedrohliche genetische Erkrankung therapiert werden kann. Allerdings müssen die damit assoziierten Krebsrisiken noch besser aufgeklärt werden, bevor diese Behandlungsmethoden tatsächlich in der Praxis angewandt werden können.

Genexpression I: Genetischer Code und Transkription

20

ÜBERBLICK

Bisher haben wir die DNA als genetisches Material der Zellen und Organismen vorgestellt. Wir haben uns mit Struktur, Chemie und Replikation beschäftigt sowie mit dem Packen der DNA in Chromosomen und ihrer Verteilung auf Tochterzellen während der mitotischen und der meiotischen Zellteilung. Auf Grundlage dieser Kenntnisse können wir uns nun mit der Expression der DNA auseinandersetzen – das heißt, wie die in der DNA gespeicherte Information die Bildung von RNA und Proteinmolekülen steuert. Wir gliedern die Diskussion dieses wichtigen Themas in drei Kapitel. In diesem Kapitel erläutern wir die Beschaffenheit des genetischen Codes und wie in der DNA gespeicherte Information die Synthese von RNA-Molekülen steuert. Diesen Vorgang bezeichnet man als *Transkription*.

20.1 Der direktionale Fluss der genetischen Information

Wie bereits zu Beginn dieser drei Kapitel erwähnt, fließt die genetische Information in Zellen im Allgemeinen von der DNA zur RNA zum Protein. Zuerst dient die DNA (genauer gesagt, ein Segment eines DNA-Strangs) als Matrize für die Synthese eines RNA-Moleküls, das in den meisten Fällen die Synthese eines bestimmten Proteins steuert. (Häufig sind RNA-Moleküle verschiedener Länge und Struktur aber auch die Endprodukte der Genexpression und agieren als regulatorische Elemente im Kern und in der Zelle.) Das Prinzip des gerichteten Informationsflusses von DNA zu RNA zum Protein wird als das *zentrale Dogma der Molekularbiologie* bezeichnet. Diesen Begriff formulierte Francis Crick bald nach Publikation des Doppelhelixmodells der DNA. Man kann das Prinzip folgendermaßen zusammenfassen:

Somit beinhaltet der Fluss der genetischen Information die Replikation der DNA, die Transkription der auf der DNA enthaltenen Information in RNA und die Translation dieser Information von RNA in ein Protein. Der Begriff **Transkription** (von dem lateinischen Wort *transcribere* = um-/überschreiben) wird verwendet, wenn man von der RNA-Synthese spricht, bei der DNA als Matrize dient, um zu betonen, dass in dieser Phase der Genexpression einfach der Transfer von Information von einer Nucleinsäure zur nächsten erfolgt. Die Grundlagen der „Sprache" bleiben also unverändert. Im Gegensatz dazu bezeichnet man die Proteinsynthese als **Translation (Übersetzung)**, denn hier wird in eine andere Sprache gewechselt – von der Nucleotidsequenz eines RNA-Moleküls in die Aminosäuresequenz einer Polypeptidkette.

RNA, die in ein Protein umgewandelt wird, bezeichnet man als **Messenger-RNA (mRNA; Boten-RNA)**, denn sie trägt eine genetische Botschaft von der DNA zu den Ribosomen, wo die eigentliche Proteinsynthese stattfindet. Außer der mRNA gibt es noch zwei weitere Typen von RNAs, die an der Proteinsynthese mitwirken: **ribosomale RNA-Moleküle (rRNA)**, integrale Komponenten des Ribosoms, und **Transfer-RNA-Moleküle (tRNA)**, welche als Zwischenprodukte dienen, die die kodierte Basensequenz der Messenger-RNA übersetzen und die richtigen Aminosäuren zum Ribosom transportieren. Beachten Sie, dass ribosomale und Transfer-RNAs nicht selber Proteine kodieren. Die diese beiden Typen von RNA kodierenden Gene stehen beispielhaft für Gene, deren Endprodukte RNA-Moleküle und nicht Proteinketten sind.

Außer diesen drei RNA-Typen gibt es noch viele weitere RNAs, die bei verschiedenen Prozessen mitarbeiten: bei der RNA-Reifung zum Beispiel wirken die snRNA (small nuclear RNA) und die snoRNA (small nucleolar RNA) mit. Verschiedene andere RNA-Typen wie die asRNA (antisense RNA) und circRNA (circular RNA) helfen bei der Regulation der Genexpression mit. Viel Aufmerksamkeit hat in den letzten Jahren die siRNA (small interfering RNA) erfahren, die bei einer zellulären Signalkaskade, der RNA Interference (RNAi) entsteht und die jeweils bestimmte Genbereiche abschalten kann.

Seit der ersten Formulierung des zentralen Dogmas durch Crick ist dieser Leitsatz mehrfach verfeinert worden. Zum Beispiel hat man herausgefunden, dass viele Viren mit RNA-Genomen RNA-Moleküle mit einer RNA-Matrize synthetisieren. Andere RNA-Viren, beispielsweise HIV, führen eine *reverse Transkription* durch. Dabei dient die virale RNA als Matrize für die DNA-Synthese – ein „Rückfluss" der genetischen Information. Trotz dieser Variationen des Originalmodells bleibt das Prinzip des Informationsflusses von DNA zu RNA zum Protein das grundlegende Ablaufprinzip, nach dem alle Zellen ihre genetische Information nutzen.

20.2 Der genetische Code

Der Kern der Genexpression liegt in der Beziehung zwischen der Nucleotidbasensequenz von DNA-Molekülen und der linearen Anordnung von Aminosäuren in Proteinmolekülen. Diese Beziehung beruht auf einer Reihe von Gesetzen, die man als den **genetischen Code** bezeichnet. Das Entschlüsseln dieses Codes, der uns sagt, wie DNA Proteine kodieren kann, ist eine der wichtigsten Leistungen der Biologie des zwanzigsten Jahrhunderts.

Man kann sich leicht vorstellen, wie beim Informationsfluss von der DNA zur RNA zum Protein die in der DNA-Basensequenz gespeicherte Information über den Mechanismus der komplementären Basenpaarung an die mRNA weitergeleitet wird. Doch es stellt sich die Frage, wie eine Basensequenz in der mRNA ihre „Botschaft" nutzt, um die Synthese eines Proteinmoleküls zu steuern, das aus einer Sequenz von Aminosäuren besteht. Selbstverständlich muss dafür der richtige Code bekannt sein – die Regeln, die bestimmen, welche Nucleotide in der mRNA welchen Aminosäuren entsprechen. Bis zu seiner Entschlüsselung Anfang der 1960er Jahre war der genetische Code in zweifacher Hinsicht ein Geheimcode: bevor die Wissenschaftler die kodierende Beziehung zwischen der Basensequenz eines DNA-Moleküls und der Aminosäuresequenz eines Proteins richtig klären konnten, mussten sie erst einmal erkennen, dass diese Beziehung überhaupt existiert. Diese Erkenntnis gewannen sie durch die Entdeckung, dass Mutationen in der DNA Änderungen in Proteinen herbeiführen können.

20.2.1 Experimente mit *Neurospora* führten zur Erkenntnis, dass Gene Enzyme kodieren

Der Zusammenhang zwischen Mutationen und Proteinen wurde experimentell erstmalig von George Beadle und Edward Tatum zu Beginn der 1940er Jahre erbracht. George Beadle und Edward Tatum arbeiteten mit dem Brotschimmelpilz *Neurospora crassa*. *Neurospora* ist ein relativ genügsamer Organismus, der in einem Minimalmedium wachsen kann, das nur Zucker, anorganische Salze und das Vitamin Biotin enthält. Mit diesen wenigen Substanzen bildet der Metabolismus von *Neurospora* alles, was der Organismus braucht. Beadle und Tatum wollten den Einfluss der Gene auf die metabolischen Wege untersuchen und behandelten eine Kultur von *Neurospora* mit Röntgenstrahlen, um genetische Mutationen zu induzieren. Dadurch erhielten sie mutierte Stämme, die in dem Minimalmedium nicht mehr überleben konnten, wohl aber in einem Vollmedium, das mit einer Reihe von Aminosäuren, Nucleosiden und Vitaminen angereichert worden war.

Aus diesen Beobachtungen schlossen sie, dass die *Neurospora*-Mutanten ihre Fähigkeit verloren hatten, bestimmte Aminosäuren oder Vitamine zu synthetisieren, und nur überleben konnten, wenn man dem Wachstumsmedium diese Nährstoffe zugeführt hatte. Nun wollten Beadle und Tatum herausfinden, um welche Nährstoffe es sich genau handelte. Sie überführten die mutierten Zellen in verschiedene Wachstumsmedien, wobei jedes Medium aus dem Minimalmedium und einer einzigen Aminosäure oder einem Vitamin bestand. Diese Vorgehensweise führte zur Entdeckung, dass ein mutierter Stamm nur in einem Medium wachsen konnte, das mit Vitamin B_6 ergänzt worden war, ein zweiter Stamm wuchs nur in einem Medium mit der Aminosäure Arginin und so weiter. Schließlich charakterisierten sie eine große Anzahl verschiedener Mutanten, die jeweils in ihrer Fähigkeit, eine bestimmte Aminosäure oder ein bestimmtes Vitamin zu synthetisieren, eingeschränkt waren.

Da Aminosäuren und Vitamine über metabolische Wege synthetisiert werden, die aus vielen Schritten bestehen, machten sich Beadle und Tatum an die Arbeit und wollten in jedem metabolischen Weg den Schritt identifizieren, der einen Defekt erlitten hatte. Zur Bewältigung dieser Aufgabe ergänzten sie das Minimalmedium mit metabolischen Vorläufern einer bestimmten Aminosäure oder eines bestimmten Vitamins und nicht mit der eigentlichen Aminosäure oder dem Vitamin. So fanden sie heraus, welche Vorläufer das Wachstum des jeweiligen mutierten Stamms stützten und konnten folgern, dass jede Mutation einen von einem Enzym katalysierten Schritt auf dem Weg zur Bildung einer bestimmten Verbindung blockierte. Das war, mit anderen Worten, eine Eins-zu-eins-Korrelation zwischen jeder genetischen Mutation und dem Verlust eines spezifischen

Enzyms, das der metabolische Weg benötigte. Auf Grundlage dieser Erkenntnisse formulierten Beadle und Tatum die *Ein-Gen-Ein-Enzym-Hypothese*, der zufolge jedes Gen die Bildung eines einzigen Enzyms steuert.

20.2.2 Der genetische Code ist ein Triplett-Code

Ausgehend von einer Sequenzbeziehung zwischen der DNA und den Proteinen stellt sich die nächste Frage: Wie viele Nucleotide benötigt die DNA, um jede Aminosäure in einem Protein zu spezifizieren? Wir wissen, dass die Information der DNA in der Sequenz von vier Nucleotiden liegen muss, aus denen sich die DNA zusammensetzt: A, T, G und C. Das Alphabet der DNA besteht nur aus diesen vier „Buchstaben". Da die DNA-Sprache aber mindestens 20 „Wörter" umfassen muss, ein Wort für jede der 20 Aminosäuren in den Proteinmolekülen, muss das DNA-Wort, das jede Aminosäure kodiert, aus mehr als einem Nucleotid bestehen. Ein Duplett-Code aus zwei benachbarten Nucleotiden würde nicht ausreichen, denn vier Nucleotide hoch zwei können nur $4^2=16$ verschiedene Kombinationen ergeben.

Mit drei Nucleotiden pro Wort liegt die Anzahl unterschiedlicher Worte, die man mit einem Alphabet aus nur vier Buchstaben schreiben kann, bei $4^3=64$. Diese Zahl reicht bei Weitem, um 20 verschiedene Aminosäuren zu kodieren. In den frühen 1950er Jahren veranlassten derartige Spekulationen die Biologen zu der Vermutung, dass es einen Triplett-Code geben könnte – das heißt, ein Code, in dem drei Basenpaare in doppelsträngiger DNA benötigt werden, um jede Aminosäure in einem Polypeptid zu spezifizieren. Allerdings wurde der direkte Nachweis für die Triplettstruktur des Codes erst zehn Jahre später erbracht. Diesen Nachweis können wir nur verstehen, wenn wir uns zuvor mit Mutationen durch Leserasterverschiebung (engl.: *frameshift mutation*) beschäftigen.

Mutationen durch Leserasterverschiebung 1961 lieferten Francis Crick, Sydney Brenner und Kollegen den genetischen Beweis für die Triplettnatur des genetischen Codes, indem sie die mutagenen Auswirkungen der chemischen Verbindung *Proflavin* auf den Bakteriophagen T4 untersuchten. Es lohnt sich wirklich, auf diese Arbeiten näher einzugehen. Dabei ist nicht nur der entscheidende Beweis zu würdigen, den sie im Hinblick auf die Beschaffenheit des Codes brachten, sondern auch die Genialität, mit der sie die Bedeutung ihrer Beobachtungen zu interpretieren wussten.

Proflavin ist einer von mehreren Acridinfarbstoffen, die standardmäßig als **Mutagene** (Mutationen induzierende Wirkstoffe) in der Genforschung verwendet werden. Acridine sind interessante Mutagene, weil sie ihre Wirkung durch Einfügen (Insertion) oder Deletion einzelner Basenpaare in der DNA erzielen. Manchmal scheinen Mutanten, die durch Behandlung mit Acridin aus einem Wildtypvirus (einem „normalen" Virus) oder -organismus erzeugt wurden, wieder zum Wildtyp zurückzukehren, wenn man sie mit einer größeren Menge des gleichen Mutagens behandelt. Bei genauerer Untersuchung stellt man häufig fest, dass es sich nicht um eine echte Umkehr der Ausgangsmutation handelt, sondern um den Erwerb einer zweiten Mutation, die sehr dicht neben der ersten Mutation liegt.

Diese Mutationen folgen einer interessanten Gesetzmäßigkeit. Angenommen man bezeichnet die erste Änderung als Plusmutation (+) und die zweite als Minusmutation (–). Jede bringt einen mutierten Phänotyp hervor. Sollten sie aber dicht nebeneinander als Doppelmutation auftreten, dann schalten sie sich gegenseitig aus und das Virus oder der Organismus zeigen den normalen Phänotyp des Wildtyps. (Richtig formuliert bezeichnet man den Phänotyp als *Pseudo-Wildtyp*. Obwohl er als Wildtyp erscheint, liegen zwei Mutationen vor.) Dieses Verhalten kann man mit Hilfe der in ▸*Abbildung 20.1* dargestellten Analogie erklären. Angenommen Zeile 1 stellt ein Wildtyp-„Gen" dar, das in einer Sprache geschrieben wurde, die Wörter aus drei Buchstaben verwendet. Wenn wir die Zeile von Anfang an „übersetzen" und jeweils drei Buchstaben lesen, dann ist die Nachricht problemlos verständlich. Unter einer Plusmutation versteht man das Einfügen (Insertion) eines einzigen Buchstabens in die Nachricht (Zeile 2). Das mag wie eine zu vernachlässigende Veränderung aussehen. Da die Nachricht aber immer in Einheiten von drei Buchstaben gelesen wird, bedeutet das Einfügen eines weiteren Buchstaben zu Beginn der Sequenz, dass alle noch verbleibenden Buchstaben im falschen Rhythmus gelesen werden. Das führt mit anderen Worten zu einer Verschiebung des *Leserasters*, und das Ergebnis ist eine Nachricht, die ab dem

Punkt der Insertion und von dort an verzerrt ist. Man kann eine Minusmutation ähnlich erklären, denn das Löschen eines einzigen Buchstabens führt gleichfalls zur Verschiebung des Leserasters und zu einer anderen verzerrten Nachricht (Zeile 3). Derartige **Leserasterverschiebungs-Mutationen** sind typische Wirkungen der Acridinfarbstoffe und anderer Mutagene, die eine Insertion oder Deletion einzelner Basenpaare bewirken.

Einzelne Plus- und Minusmutationen verursachen immer eine Änderung des Leserasters und verzerren die Nachricht. Sollten jedoch eine Plus- und eine Minusmutation im gleichen Gen eng nebeneinander auftreten, dann können sie ihre Wirkung zum größten Teil ausschalten. In diesen Fällen kompensiert die Insertion der Plusmutation die Deletion der Minusmutation, und von diesem Punkt an ist die Nachricht verständlich (Zeile 4). Bedenken Sie jedoch, dass Doppelmutationen mit entweder zwei Additionen (+/+; Zeile 5) oder zwei Deletionen (–/–; Zeile 6) sich nicht auf diese Weise ausschalten. Sie bleiben für die gesamte noch verbleibende Nachricht außerhalb des Leserasters.

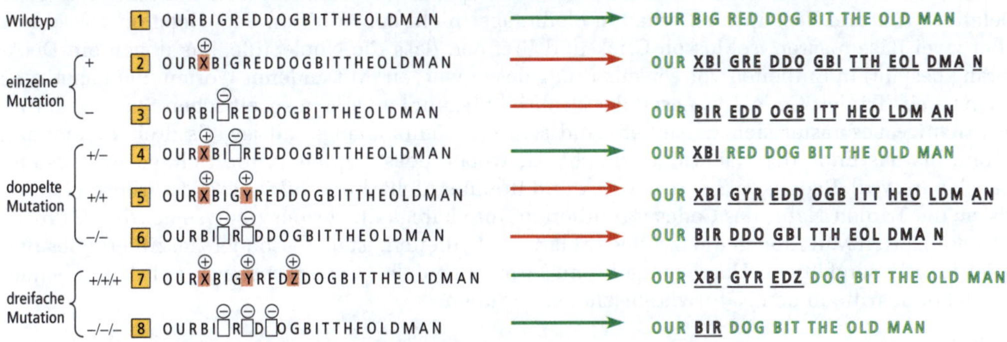

Abbildung 20.1: Leserasterverschiebungs-Mutationen. Die Wirkung von Mutationen mit Verschiebung des Leserasters kann man mit einem englischen Satz veranschaulichen. Der Wildtypsatz (Zeile 1) besteht ausschließlich aus Wörtern mit drei Buchstaben. Wenn man ihn im richtigen Rahmen liest, dann ist er vollkommen verständlich. Durch Einfügen (Zeile 2) oder Weglassen (Zeile 3) eines einzigen Buchstabens wird der Leserahmen verschoben, und von diesem Punkt an ist die Botschaft durcheinandergebracht. (Die aufgrund der Verschiebung des Leserahmens verzerrten Worte sind unterstrichen.) Bei Doppelmutanten, die eine Deletion enthalten, die eine vorherige Insertion „annulliert", wird der Leserahmen ab der zweiten Mutation (Zeile 4) wiederhergestellt. Allerdings haben doppelte Insertionen (Zeile 5) oder doppelte Deletionen (Zeile 6) verzerrte Nachrichten zur Folge. Dreifach-Insertionen (Zeile 7) oder Dreifach-Deletionen (Zeile 8) verzerren einen Teil der Nachricht. Sie stellen den Leserahmen allerdings durch Nettoaddition oder -deletion eines einzigen Wortes wieder her.

Nachweis des Triplett-Codes Als Crick und Brenner mit Hilfe von Proflavin T4-Mutationen erzeugten, erhielten sie ähnliche Ergebnisse wie in dem hypothetischen Beispiel aus *Abbildung 20.1*, wo wir mit einer Sprache arbeiteten, die aus Wörtern mit drei Buchstaben besteht. Sie fanden heraus, dass Minusmutanten mit einem abnormalen Phänotyp eine zweite Mutation erfahren konnten, die sie zur Rückkehr zum Phänotyp des Wildtyps veranlasste (oder genauer gesagt, zu einem Pseudo-Wildtyp). Bei der zweiten Mutation handelte es sich immer um eine Plusmutation an einer anderen Stelle, doch in der Nähe der ursprünglichen Minusmutation. Anders formuliert, die zum Phänotyp des Wildtyps zurückgekehrten Mutanten zeigten ein –/+-Mutationsmuster. Crick und Brenner fanden bei ihren Experimenten viele –/+- (oder +/–)-Mutanten mit dem Phänotyp des Wildtyps. Als sie aber durch Rekombination +/+- oder –/–-Doppelmutanten erzeugten, trat der Wildtyp niemals als Phänotyp auf.

Crick und Brenner konstruierten auch Dreifachmutanten des gleichen Typs (+/+/+ oder –/–/–) und stellten fest, dass viele zum Phänotyp des Wildtyps zurückkehrten. Diese Beobachtung kann man allerdings leicht nachvollziehen, wenn man sich die Zeilen 7 und 8 der *Abbildung 20.1* anschaut: das Leseraster (das auf Wörtern mit drei Buchstaben beruht) bleibt am Anfang und am Ende der hypothetischen Nachricht gleich, wenn man drei Buchstaben anfügt oder entfernt. Der Teil der Nachricht zwischen der ersten und der dritten Mutation wird verzerrt, doch sollten sie in großer Nähe zueinander liegen, so kann die Länge des noch verbleiben Satzes genügen, um eine verständliche Nachricht zu übermitteln.

Crick und Brenner übertrugen das Konzept des Drei-Buchstaben-Codes auf die DNA und folgerten, dass sich der Leserahmen des Gens durch Einfügen oder Weglassen eines einzelnen Basenpaares ab diesem Punkt verschiebt, und eine zweite ähnliche Veränderung verschiebt den Leserahmen nochmals. Daher ist die Nachricht ab der Stelle der ersten Mutation verzerrt. Findet jedoch eine dritte Veränderung dieses Typs statt, so wird der ursprüngliche Leserahmen wiederhergestellt und das einzige falsch übersetzte Segment des Gens liegt zwischen der ersten und der dritten Mutation. Diese Art von Fehlern ist häufig tolerierbar, wenn die genetische Nachricht in die Aminosäuresequenz eines Proteins translatiert wird, vorausgesetzt, dass es sich um eine kurze Region handelt und die Veränderungen in der Aminosäuresequenz nicht die Proteinfunktion zerstören. Aus diesem Grunde liegen die einzelne Mutationen in einer Dreifachmutante mit dem Wildtyp-Phänotyp auf der genetischen Karte so dicht nebeneinander. Bei der anschließenden Sequenzierung von Wildtyp-Polypeptiden aus solchen Dreifachmutanten bestätigten sich die leicht veränderten Aminosäuresequenzen, die sie erwartet hatten.

Ausgehend von ihrer Erkenntnis, dass der Wildtyp-Phänotyp oftmals trotz der Addition (oder Deletion) von drei Basenpaaren erhalten bleibt, aber nicht bei Addition oder Deletion von einem oder zwei Basenpaaren, schlossen Crick und Brenner, dass die Nucleotide, aus denen ein DNA-Strang besteht, in Einheiten von jeweils drei gelesen werden. Mit anderen Worten, der genetische Code ist ein Triplett-Code. Das Lesen der Nachricht beginnt an einem spezifischen Startpunkt (um das richtige Leseraster sicherzustellen) und schreitet dann solange mit jeweils drei Nucleotiden voran, bis das Ende der Nachricht erreicht ist, wobei jedes Triplett in die richtige Aminosäure translatiert wird. Bedenken Sie, dass Crick und Brenner nicht die *Abbildung 20.1* vorliegen hatten, als sie die Triplett-Natur des Codes formulierten. Ihre Fähigkeit, aus der Analyse der durch Proflavin induzierten Mutationen die richtige Erklärung abzuleiten, ist ein besonders faszinierendes Beispiel für die sorgfältigen Überlegungen und oftmals genialen Gedankengänge, auf denen bedeutende Fortschritte in den Naturwissenschaften beruhen.

20.2.3 Der genetische Code ist degeneriert und überlappt nicht

Ausgehend von der Tatsache, dass so viele ihrer Dreifachmutanten lebensfähig waren, zogen Crick und Brenner eine weitere Schlussfolgerung: die meisten der 64 möglichen Nucleotidtripletts (oder Codons) müssen Aminosäuren spezifizieren, obwohl sich Proteine nur aus 20 verschiedenen Arten von Aminosäuren zusammensetzen. Wenn nur 20 der 64 möglichen Kombinationen von Nucleotiden in der Zelle „einen Sinn ergeben würden", dann würde man in den verschobenen Abschnitten mit großer Wahrscheinlichkeit auf ein bedeutungsloses Triplett treffen. Solche Tripletts würden gewiss mit der Proteinsynthese interferieren und die Leserasterverschiebungs-Mutationen würden nur selten zum Wildtyp zurückkehren.

Allerdings konstatierten Crick und Brenner häufig eine Rückkehr zum Wildtypverhalten, woraus sie schlossen, dass die meisten der 64 möglichen Tripletts Aminosäuren kodieren müssen. Da es nur 20 Aminosäuren gibt, folgerten sie, dass der genetische Code ein **degenerierter Code** ist – das heißt, eine Aminosäure kann von mehr als nur einem Nucleotidtriplett spezifiziert werden. Die Degeneration übernimmt eine wichtige Funktion bei der Verbesserung der Anpassungsfähigkeit des Kodierungssystems. Wenn nur 20 Tripletts eine Kodierungsfunktion übernehmen dürften (jedes Triplett für eine Aminosäure), würde jede Mutation in der DNA, die zur Bildung irgendeines der anderen 44 möglichen Tripletts führen würde, die genetische Nachricht an diesem Punkt unterbrechen. Aus diesem Grund wäre ein solches Kodierungssystem sehr störanfällig.

Eine weitere Konsequenz der Arbeiten von Crick und Brenner – die wir schon vermutet haben – war, dass der genetische Code *nicht überlappt*. In einem überlappenden Code würde das Leseraster nur jeweils um ein oder zwei Nucleotide auf einem DNA-Strang fortschreiten, sodass jedes Nucleotid zwei- oder dreimal gelesen werden würde. In ▸*Abbildung 20.2* vergleichen wir einen nicht-überlappenden Code mit einem überlappenden Code, in dem sich das Leseraster um jeweils ein Nucleotid vorarbeitet. Im Fall eines überlappenden Codes würde die Insertion oder Deletion eines einzelnen Basenpaares zur Insertion oder Deletion einer Aminosäure an einem Punkt im Polypeptid führen und mehrere benachbarte Aminosäuren ändern. Dies würde sich aber nicht auf das Leseraster des verbleibenden Gens auswirken. Das bedeutet Folgendes: Wenn der genetische Code ein überlappender Code wäre, dann hätten Crick und Brenner ihre Leserasterverschiebungs-

Mutationen gar nicht beobachten können. Somit wiesen ihre Ergebnisse eindeutig auf die nicht-überlappende Beschaffenheit des Codes hin. Jedes Nucleotid ist Teil nur eines einzigen Tripletts.

Interessanterweise gibt es Fälle, in denen ein bestimmtes DNA-Segment in mehr als einem Leseraster translatiert wird, obwohl der genetische Code immer auf nicht-überlappende Weise translatiert wird. Es gibt zum Beispiel Viren mit sehr kleinen Genomen und überlappenden Genen. Das erste Virus dieser Art, das man entdeckte, war der Phage ϕX174 im Jahr 1977. In der DNA dieses Phagen ist ein Gen vollständig in ein anderes Gen eingebettet und, damit die Lage noch komplizierter wird, werden die beiden von einem dritten Gen überlappt! Die drei Gene werden von drei verschiedenen Leserastern translatiert. Anderen Fällen von überlappenden Genen begegnen wir bei den Bakterien, bei denen einige Gene mit den Grenzen von Nucleotiden überlappen.

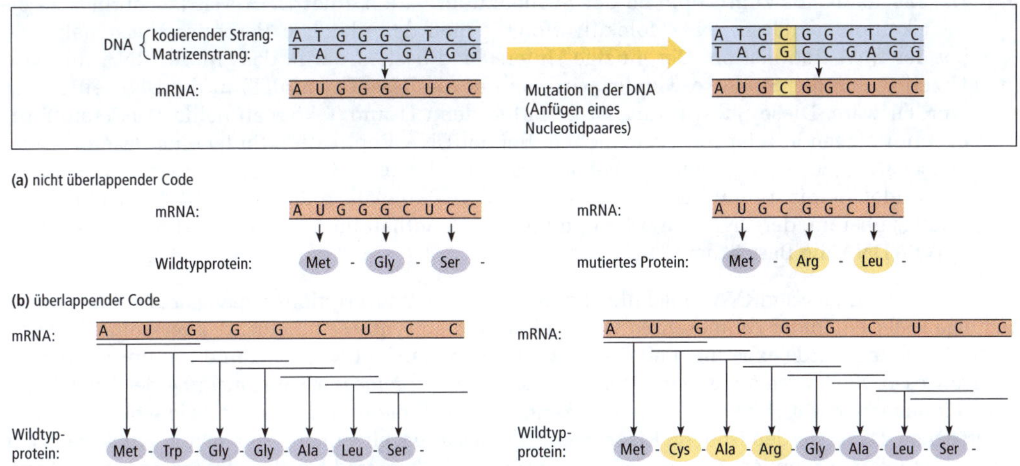

Abbildung 20.2: Auswirkung der Insertion eines einzelnen Basenpaares auf Proteine, die von überlappenden und nicht-überlappenden genetischen Codes kodiert werden. Ein Strang der DNA-Duplex oben, der sogenannte *Matrizenstrang*, wird in das mRNA-Segment aus neun Nucleotiden transkribiert. Dies erfolgt gemäß der Basenpaarungsregeln der DNA-Replikation. Der einzige Unterschied besteht darin, dass in der RNA die Base U anstelle von T benutzt wird. (Der komplementäre DNA-Strang, der eine im Grunde mit der mRNA identische Sequenz besitzt, wird als der *kodierende Strang* bezeichnet.) (a) Bei einem nicht-überlappenden Code schreitet das Leseraster jeweils drei Nucleotide weiter und das mRNA-Segment wird daher in drei aufeinanderfolgenden Tripletts gelesen und kodiert die Aminosäuren Methionin, Glycin und Serin (siehe *Abbildung 20.3* für die Regeln der Aminosäurenkodierung). Wenn die DNA-Duplex in Folge der Insertion eines einzelnen Basenpaares mutiert (das gelb unterlegte CG-Paar im oberen Kasten), hat die mRNA ein zusätzliches Nucleotid. Diese Insertion verändert von diesem Punkt an das Leseraster, sodass die verbleibende mRNA falsch gelesen wird und alle Aminosäuren falsch sind. In dem dargestellten Beispiel findet die Insertion in der Nähe des Anfangs der Nachricht statt, und die einzige Gemeinsamkeit zwischen dem Wildtyp-Protein und dem mutierten Protein ist die erste Aminosäure (Methionin). (b) Bei einem Typ des überlappenden Codes schreitet das Leseraster lediglich um jeweils ein Nucleotid voran. Das Wildtyp-Protein wird aus diesem Grund dreimal mehr Aminosäuren enthalten als ein Protein, das die gleiche mRNA mit einem nicht-überlappenden Code erzeugen würde. Durch Insertion eines einzelnen Basenpaares in die DNA erhält man ein mRNA-Molekül mit einem zusätzlichen Nucleotid. In diesem Fall hat die Insertion nur eine geringe Auswirkung auf das Protein. Zwei Aminosäuren im Wildtyp-Protein werden durch drei andere Aminosäuren im mutierten Protein ersetzt, aber der Rest des Proteins ist normal. Die Leserasterverschiebungs-Mutationen, die Crick und Brenner bei ihren Untersuchungen mit dem mutierten Proflavin entdeckten, hätten nicht entstehen können, wenn der genetische Code überlappen würde. Entsprechend deuteten die von ihnen erhaltenen Daten auf einen nicht-überlappenden Code hin.

20.2.4 Messenger-RNA steuert die Synthese von Polypeptidketten

Nachdem Crick und Brenner 1961 ihre historische Entdeckung publiziert hatten, dauerte es nur fünf Jahre, bis man die Bedeutung der 64 Tripletts des genetischen Codes entschlüsselt hatte. Bevor wir uns anschauen, wie man das geschafft hat, wollen wir die Rolle der RNA im Kodierungssystem erläutern. Im Allgemeinen sagt man, dass sich der genetische Code nicht auf die Anordnung von Nucleotiden in doppelsträngiger DNA bezieht, sondern auf deren Anordnung in einzelsträngigen mRNA-Molekülen, die in Wahrheit die Proteinsynthese steuern. Wie in *Abbildung 20.2* angegeben, werden mRNA-Moleküle über einen Mechanismus, der dem der DNA-Replikation ähnelt, aus DNA transkribiert, aber es gibt zwei entscheidende Unterschiede.

1. Im Gegensatz zur DNA-Replikation, bei der beide DNA-Stränge kopiert werden, dient nur einer der beiden DNA-Stränge – der Matrizenstrang – während der Transkription als Matrize für die mRNA-Bildung. Der Nicht-Matrizenstrang der DNA wird vereinbarungsgemäß – obwohl er nicht direkt an der Transkription beteiligt ist, als **kodierender Strang** bezeichnet. Das liegt an der Sequenzähnlichkeit mit den einzelsträngigen mRNA-Molekülen, welche die kodierte Nachricht tragen.

2. Der Mechanismus zum Kopieren der Sequenzinformation eines DNA-Matrizenstrangs zu einem komplementären RNA-Molekül erfolgt gemäß den gleichen Basenpaarungsregeln wie bei der DNA-Replikation. Der einzige Unterschied besteht darin, dass in der RNA die Base Uracil (U) an der Stelle verwendet wird, an der die Base Thymin (T) in die DNA eingebaut worden wäre. Diese Substitution ist gestattet, denn U und T können beide Wasserstoffbrückenbindungen mit der Base A eingehen. Bei der DNA-Replikation findet eine Basenpaarung zwischen A und T statt, während bei der Transkription eine Basenpaarung zwischen A und U stattfindet. Somit stimmt die Sequenz eines mRNA-Moleküls nicht exakt mit der Sequenz des Strangs überein, der DNA kodiert, denn die mRNA enthält immer an der Stelle die Base U, an der die DNA die Base T hat.

Woher wissen wir, dass mRNA-Moleküle, die durch diesen Transkriptionsvorgang entstehen, die Reihenfolge festlegen, in der Aminosäuren während der Proteinsynthese miteinander verknüpft werden? Diese Beziehung wurde experimentell erstmals 1961 von Marshall Nirenberg und J. Heinrich Matthei nachgewiesen. Sie leisteten auf dem Gebiet der *zellfreien Systeme* zur Untersuchung der Proteinsynthese Pionierarbeit. Mit Hilfe dieser Systeme kann man die Proteinsynthese außerhalb lebender Zellen untersuchen. Dafür werden isolierte Ribosomen, Aminosäuren, eine Energiequelle und ein Extrakt, der gelöste Cytoplasma-Komponenten enthält, vermischt. Nirenberg und Matthei stellten fest, dass durch Zugabe von RNA in zellfreie Systeme die Geschwindigkeit der Proteinsynthese anstieg. Daraus ergab sich die Frage, ob die zugefügten RNA-Moleküle als Nachrichtenboten agierten, welche die Aminosäuresequenzen der erzeugten Proteine bestimmten. Zur Beantwortung dieser Frage ergänzten sie das zellfreie System durch synthetische RNA-Moleküle mit bekannter Basenzusammensetzung, um zu sehen, ob solche RNA-Moleküle den Typ des hergestellten Proteins beeinflussen könnten.

Bei ihren ersten Experimenten arbeiteten sie mit dem Enzym *Polynucleotidphosphorylase*. Dieses Enzym kann man zur Herstellung synthetischer RNA-Moleküle mit bekannter Basenzusammensetzung heranziehen. Anders als die Enzyme, die an der zellulären Transkription mitwirken, benötigt die Polynucleotidphosphorylase keine Matrize, vielmehr setzt sie verfügbare Nucleotide nach dem Zufallsprinzip zu einer linearen Kette zusammen. Sollten nur ein oder zwei von den insgesamt vier Ribonucleotiden (ATP, GTP, CTP und UTP) vorliegen, dann synthetisiert das Enzym RNA-Moleküle mit eingeschränkter Basenzusammensetzung. Das einfachste RNA-Molekül erhält man, wenn eine einzige Nucleotidart verwendet wird, denn das einzig mögliche Produkt wird ein RNA-*Homopolymer* sein – das heißt ein Polymer, das sich aus einem sich wiederholenden Nucleotid zusammensetzt. Inkubiert man beispielsweise Polynucleotidphosphorylase mit UTP als einzigem Substrat, dann erhält man ein Polymer aus Uracil mit der Bezeichnung Poly(U). Als Nirenberg und Matthei ein zellfreies Proteinsynthetisierungssystem mit Poly(U) ergänzten, beobachteten sie einen deutlichen Anstieg der Aufnahme einer bestimmten Aminosäure in die Polypeptidketten, nämlich Phenylalanin. Synthetische RNA-Moleküle, die andere Basen als Uracil enthalten, regten die Aufnahme von Phenylalanin nicht an, während Poly(U) ausschließlich die Aufnahme von Phenylalanin begünstigte.

Aus diesen Beobachtungen folgerten Nirenberg und Matthei, dass Poly(U) die Synthese von Polypeptidketten steuert, die ausschließlich aus Phenylalanin bestehen. Diese Beobachtung stellte einen entscheidenden Fortschritt in der Entwicklung des Konzeptes der Messenger-RNA dar, denn damit war erstmalig der Nachweis gelungen, dass die Basensequenz eines RNA-Moleküls die Reihenfolge bestimmt, in der Aminosäuren während der Proteinsynthese miteinander verknüpft werden.

20.2.5 Das Codonwörterbuch wurde mit Hilfe synthetischer RNA-Polymere und -Tripletts erstellt

Nachdem man nachgewiesen hatte, dass die RNA als Bote agiert, der den Prozess der Proteinsynthese steuert, konnte man die genaue Beschaffenheit des Triplettkodierungssystems aufklären. Nucleotidtripletts in der mRNA, die sogenannten **Codons**, sind die wahren Kodierungseinheiten, die bei der Proteinsynthese von der Translationsmaschinerie gelesen werden. Die vier in der RNA enthaltenen Basen sind die Purine Adenin (A) und Guanin (G) sowie die Pyrimidine Cytosin (C) und Uracil (U). Somit setzen sich die 64 Tripletcodons aus allen 64 möglichen Kombinationen dieser vier „Buchstaben" zusammen, von denen immer drei als Einheit gelesen werden. Da RNA-Moleküle in der 5'→3'-Richtung synthetisiert werden (ebenso wie die DNA) und die Translation am 5'-Ende beginnt, werden die 64 Codons vereinbarungsgemäß stets in der 5'→3'-Richtung geschrieben.

Diese Triplettcodons in der mRNA bestimmen die Aminosäuren, die während der Proteinsynthese eingebaut werden. Es stellt sich jedoch die Frage, welches dieser 64 Triplettcodons für welche Aminosäure kodiert. Die Entdeckung, dass Poly(U) während der Proteinsynthese die Inkorporation von Phenylalanin steuert, versetzte Nirenberg und Matthei in die Lage, das erste Codon zuzuordnen: das Triplett UUU in der mRNA muss die Aminosäure Phenylalanin kodieren. In späteren Experimenten über die Kodierungseigenschaften anderer synthetischer Homopolymere wie Poly(A) und Poly(C) stellte sich schnell heraus, dass AAA Lysin und CCC Prolin kodiert. (Aufgrund unerwarteter Komplikationen im Hinblick auf die Struktur erwies sich Poly(G) als schlechter Messenger und wurde nicht getestet.)

Nach der Untersuchung der Homopolymere stellte man mit Hilfe der Polynucleotidphosphorylase aus einer Mischung von zwei Nucleotiden *Copolymere* her. Inkubiert man zum Beispiel Polynucleotidphosphorylase mit den Vorläufern CTP und ATP, so erhält man ein Copolymer, das aus Cs und As in unvorhersehbarer Reihenfolge zusammengesetzt wurde. Ein solches Copolymer enthält eine Zufallsmischung aus acht verschiedenen Codons: CCC, CCA, CAC, ACC, AAC, ACA, CAA und AAA. Als man dieses Copolymer zur Steuerung der Synthese einsetzte, nahmen die synthetisierten Polypeptide sechs von zwanzig möglichen Aminosäuren auf. Damals war aus Untersuchungen mit dem Homopolymer bereits bekannt, dass zwei dieser Aminosäuren von den Codons CCC und AAA spezifiziert werden, aber die Codons der anderen vier Aminosäuren konnten nicht eindeutig zugeordnet werden.

Somit hing jeder weitere Fortschritt von einem alternativen Mittel zur Codonzuordnung ab, die Nirenbergs Gruppe entwickelte. Sie arbeiteten nicht mehr mit langen Polymeren, sondern synthetisierten 64 sehr kurze RNA-Moleküle, die jeweils aus nur drei Nucleotiden bestanden. Dann untersuchten sie, welche Aminosäure als Antwort auf diese Tripletts an das Ribosom anknüpfte. (Bei diesen Experimenten tragen die tRNA-Moleküle die Aminosäuren tatsächlich zum Ribosom.) Dank dieser Vorgehensweise vermochten sie die meisten Codonzuordnungen zu ermitteln.

In der Zwischenzeit hatte man im Labor von H. Gobind Khorana eine sensiblere Methode der Polymersynthese entwickelt. Khoranas Herangehensweise ähnelte der von Nirenberg und Matthei, doch gab es einen wichtigen Unterschied. Die von ihm synthetisierten Polymere hatten definierte Sequenzen. Somit war er in der Lage, ein synthetisches RNA-Molekül herzustellen, dessen Sequenz immer aus UAUA... bestand. Ein solches RNA-Copolymer besteht aus nur zwei Codons, UAU und AUA, und diese wechseln regelmäßig. Als Khorana ein zellfreies Protein-Synthetisierungs-System mit dieser besonderen RNA ergänzte, entstand ein Polypeptid, das nur Tyrosin und Isoleucin enthielt. Daher konnte Khorana die möglichen Codonzuordnungen für UAU und AUA auf genau diesen beiden Aminosäuren eingrenzen. Als man die mit Hilfe der synthetischen Polymere gewonnenen Ergebnisse mit den Ergebnissen aus Nirenbergs Bindungsuntersuchungen verknüpfte, konnte man die meisten Codons eindeutig zuordnen.

20.2.6 Von den 64 möglichen Codons der Messenger-RNA kodieren 61 Aminosäuren

Um 1966, gerade einmal fünf Jahre nach Identifizierung des ersten Codons, vermochte man dank der gerade dargestellten Untersuchungsmethoden alle 64 Codons zuzuordnen – das heißt, man hatte den genetischen Code vollständig entschlüsselt, wie in ▸*Abbildung 20.3* dargestellt. Die Aufklärung des Codes bestätigte mehrere Eigenschaften, die man aus früheren indirekten Beweisen abgeleitet hatte. Alle 64 Codons werden zur Translation der mRNA herangezogen. 61 Codons spezifizieren das Anknüpfen von Aminosäuren an die wachsende Polypeptidkette. Eines dieser Codons (AUG) spielt in seiner Eigenschaft als **Startcodon** eine herausragende Rolle, da das Startcodon die Proteinsynthese einleitet. Die verbleibenden drei Codons (UAA, UAG und UGA) sind **Stoppcodons**. Sie weisen die Zelle an, die Synthese der Polypeptidkette an dieser Stelle zu beenden.

Aus *Abbildung 20.3* geht klar hervor, dass der genetische Code *eindeutig* ist: jedes Codon besitzt nur eine einzige Bedeutung. Die Abbildung zeigt außerdem die degenerierte Natur des Codes – das heißt, viele Aminosäuren werden von mehr als einem Codon spezifiziert. Es gibt zum Beispiel zwei Codons für Histidin (His), vier für Threonin (Thr) und sechs für Leucin (Leu). Obwohl dieser degenerierte Code verschwenderisch anmutet, übernimmt er doch bei der Anpassung an das Codierungssystem eine wichtige Aufgabe. Wir haben bereits an früherer Stelle Folgendes angemerkt: wenn es für jede der 20 Aminosäuren nur ein Codon gäbe, dann würde jede Mutation auf den verbleibenden 44 Codons die Synthese der wachsenden Polypeptidkette an diesem Punkt beenden. Dank des degenerierten Codes führen die meisten Mutationen aber lediglich zu Codonänderungen, die eine Modifikation der spezifizierten Aminosäure herbeiführen. Die Änderung im Verhalten eines Proteins durch die Modifikation einer einzigen Aminosäure ist häufig recht gering und kann in einigen Fällen sogar von Vorteil sein. Des Weiteren haben Mutationen in der dritten Base eines Codons häufig überhaupt keine Wirkung auf die spezifizierte Aminosäure. Auch das können Sie der *Abbildung 20.3* entnehmen. Eine Mutation, die beispielsweise das Codon ACU in ACC, ACA oder ACG umwandelt, verändert nicht die entsprechende Aminosäure, die in allen vier Fällen immer Threonin (Thr) ist.

erste Position	zweite Position U	zweite Position C	zweite Position A	zweite Position G	dritte Position
U	UUU Phe	UCU Ser	UAU Tyr	UGU Cys	U
U	UUC Phe	UCC Ser	UAC Tyr	UGC Cys	C
U	UUA Leu	UCA Ser	UAA Stop	UGA Stop	A
U	UUG Leu	UCG Ser	UAG Stop	UGG Trp	G
C	CUU Leu	CCU Pro	CAU His	CGU Arg	U
C	CUC Leu	CCC Pro	CAC His	CGC Arg	C
C	CUA Leu	CCA Pro	CAA Gln	CGA Arg	A
C	CUG Leu	CCG Pro	CAG Gln	CGG Arg	G
A	AUU Ile	ACU Thr	AAU Asn	AGU Ser	U
A	AUC Ile	ACC Thr	AAC Asn	AGC Ser	C
A	AUA Ile	ACA Thr	AAA Lys	AGA Arg	A
A	AUG Met/start	ACG Thr	AAG Lys	AGG Arg	G
G	GUU Val	GCU Ala	GAU Asp	GGU Gly	U
G	GUC Val	GCC Ala	GAC Asp	GGC Gly	C
G	GUA Val	GCA Ala	GAA Glu	GGA Gly	A
G	GUG Val	GCG Ala	GAG Glu	GGG Gly	G

Abbildung 20.3: Der genetische Code. Die „Worte" des Codes sind Codons aus drei Buchstaben, die in einer Nucleotidsequenz der mRNA vorkommen und in 5'→3'-Richtung gelesen werden. Die Buchstaben stehen für die Nucleotidbasen Uracil (U), Cytosin (C), Adenin (A) und Guanin (G). Jedes Codon spezifiziert entweder eine Aminosäure oder ein Stoppsignal. Zur Entschlüsselung eines Codons muss man den ersten Buchstaben am linken Rand, für die zweite Position die Base am oberen Rand der Tabelle und für die dritte Position die ganz rechts angegebene Basen lesen. Zum Beispiel entspricht AUG der Base Methionin (In *Kapitel 21* werden Sie erfahren, dass AUG auch das Startcodon ist.)

Die Gültigkeit der Codonzuordnungen, die in *Abbildung 20.3* zusammenfassend dargestellt sind, wurde durch die Analyse von Aminosäuresequenzen mutierter Proteine bestätigt. Wir haben zuvor in diesem Kapitel erklärt, dass sich das Sichelzellenhämoglobin an einer Aminosäureposition vom normalen Hämoglobin unterscheidet, wobei Glutaminsäure durch Valin ersetzt wurde. Die Tabelle des genetischen Codes verdeutlicht, dass Glutaminsäure entweder von GAA oder GAG kodiert werden kann. Ganz gleich, welches Triplett eingesetzt wird, die Änderung einer einzigen Base könnte ein Codon für Valin hervorbringen. GAA hätte zum Beispiel zu GUA oder GAG zu GUG umgewandelt werden können. In jedem Fall wäre ein Glutaminsäurecodon in ein Valincodon umgewandelt worden. Viele andere mutierte Proteine sind auf ähnliche Weise untersucht worden. In fast allen Fällen stimmen die Aminosäureersetzungen mit der Änderung einer einzelnen Base in einem Triplettcodon überein.

20.2.7 Der genetische Code ist (fast) universal

Ein letztes und nicht zu vergessendes Merkmal des genetischen Codes ist dessen Universalität. Bis auf wenige Ausnahmen nutzen alle bisher untersuchten Organismen – Bakterien wie Eukaryoten – den gleichen grundlegenden genetischen Code. Sogar Viren nutzen den gleichen Code, obwohl sie keine lebenden Organismen sind. Mit anderen Worten, die 64 Codons stehen immer für die gleiche Aminosäuren oder Stoppcodons, die in *Abbildung 20.3* aufgeführt sind. Dadurch liegt die Vermutung nahe, dass dieses Codierungssystem sehr früh in der Geschichte des Lebens auf der Erde festgelegt wurde und über Milliarden von Jahren der Evolution weitgehend erhalten blieb.

Es gibt allerdings auch einige Abweichungen vom standarisierten genetischen Code, vor allem bei den Mitochondrien sowie einigen Bakterien und anderen einzelligen Organismen. Was die Mitochondrien betrifft, die ihre eigene DNA besitzen und Transkription und Translation durchführen, kann der genetische Code in mehrerlei Hinsicht vom Standardcode abweichen. Ein Unterschied steht mit dem Codon UGA in Zusammenhang. Im Standardcode ist UGA ein Stoppcodon, wird aber in den Mitochondrien der Säugetiere und der Hefe als Tryptophan translatiert. Umgekehrt ist AGA in den Mitochondrien der Säugetiere ein Stoppcodon, obwohl AGA in den meisten anderen Systemen (darunter auch den Mitochondrien der Hefe) Arginin kodiert. Derartige Anomalien beruhen auf den veränderten Eigenschaften der Transfer-RNA-Moleküle (tRNA) der Mitochondrien. Im nächsten Kapitel werden Sie erfahren, dass die Moleküle der tRNA im genetischen Code eine wichtige Rolle spielen, denn sie erkennen Codons in der mRNA und bringen während der Proteinsynthese die richtige Aminosäure zu jedem Codon. Die unterschiedlichen Typen von tRNA-Molekülen in Mitochondrien scheinen darauf zu beruhen, dass Codons wie UAG und AGA abweichend vom standarisierten genetischen Code gelesen werden.

Auch einige Bakterien nutzen abweichend vom Standard ihre eigenen Codons, beispielsweise die Kerngenome bestimmter Protozoen und Pilze. Der Pilz *Candida* bildet zum Beispiel eine ungewöhnliche tRNA, die Serin zu den mRNAs transportiert, die das Codon CUG enthalten, und nicht die normalerweise zu erwartende Aminosäure Leucin. In einem besonders interessanten Fall, den man bei so unterschiedlichen Organismen wie Bakterien und Säugetieren beobachtet hat, ermöglich eine Variation des genetischen Codes die Aufnahme einer 21. Aminosäure, *Selenocystein*. Im Selenocystein ist das Schwefelatom von Cystein durch ein Atom Selen ersetzt worden. In den mRNAs, welche die seltenen Proteine codieren, die Selenocystein enthalten, ist die Bedeutung eines UGA-Codons verändert worden. Es ist kein Stoppcodon mehr, sondern ein Codon, das Selenocystein spezifiziert. In diesen Fällen führt die Faltung des mRNA-Moleküls dazu, dass spezifische UGA-Codons an eine besondere tRNA binden, die Selenocystein trägt. Ihre Funktion als Stoppcodon, welches die Proteinsynthese beendet, ist aufgehoben. Ein ähnlicher Mechanismus ermöglicht einem anderen Stoppcodon, UAG, die Aufnahme einer 22. Aminosäure, *Pyrrolysin*.

20.3 Transkription in Bakterienzellen

Wir haben jetzt den genetischen Code vorgestellt, der die Beziehung zwischen den Nucleotidsequenzen der DNA und den Aminosäuresequenzen der Proteinmoleküle regelt. Damit sind wir bereit für die Diskussion der spezifischen Schritte, die am Fluss der genetischen Information von der DNA zum Protein mitwirken. Der erste Schritt dieses Vorgangs ist die Transkription einer Nucleotidsequenz in der DNA in eine Sequenz von Nucleotiden in der RNA. RNA und DNA sind sich chemisch ähnlich, aber die RNA enthält den Zucker Ribose und nicht Desoxyribose. Sie hat die Base Uracil (U) anstelle der Base Thymin (T) und besteht im Allgemeinen nur aus einem Strang. Ebenso wie auf anderen Gebieten der Molekulargenetik wurden auch die fundamentalen Prinzipien der RNA-Synthese zuerst bei den Bakterien geklärt, denn die dort mitwirkenden Moleküle und Mechanismen sind relativ einfach. Aus diesem Grund werden wir mit der Transkription bei Bakterien beginnen.

20.3.1 Die Transkription wird von der RNA-Polymerase katalysiert, die RNA an einer DNA-Matrize synthetisiert

Die Transkription der DNA wird von dem Enzym RNA-Polymerase ausgeführt. Die RNA-Polymerase katalysiert die RNA-Synthese, indem sie die DNA als Matrize verwendet. Bakterielle Zellen besitzen einen einzigen Typ RNA-Polymerase, der alle drei Hauptklassen von RNA synthetisiert – mRNA, tRNA und rRNA. Die Enzyme der verschiedenen Bakterien sind sich recht ähnlich, und die RNA-Polymerase von *Escherichia coli* wurde ganz besonders gut charakterisiert. Es handelt sich um ein großes Protein, das aus zwei α- und zwei β-Untereinheiten besteht, die sich allerdings voneinander unterscheiden und als β und β′ bezeichnet werden. Hinzu kommt der sogenannte Sigma-Faktor (σ-Faktor), der abdissoziieren kann. Obwohl das *Kernenzym,* dem die Sigma-Untereinheit fehlt, RNA-Synthese ausführen kann, benötigt man das *Holoenzym* (ein vollständiges Enzym mit allen Untereinheiten), um die Initiation an den richtigen Stellen innerhalb des DNA-Moleküls sicherzustellen. Die Sigma-Untereinheit spielt bei diesem Vorgang eine entscheidende Rolle, denn sie fördert die Bindung der RNA-Polymerase an spezifische DNA-Sequenzen, die sogenannten *Promotoren*, die am Anfang der Gene liegen. Bakterien besitzen eine Reihe verschiedener Sigmafaktoren, die selektiv die Transkription spezifischer Kategorien von Genen initiieren. Nachdem der Sigma-Faktor die RNA-Polymerase an die richtige Promotorstelle gelenkt hat, wird er im Allgemeinen während der frühen Stadien der Transkription freigesetzt.

20.3.2 Die vier Schritte der Transkription: Bindung, Initiation, Elongation und Termination

Unter Transkription versteht man die Synthese eines RNA-Moleküls, dessen Basensequenz mit der Basensequenz eines DNA-Matrizenstrangs komplementär ist. ▸ *Abbildung 20.4* gibt einen Überblick über die RNA-Synthese aus einer einzigen **Transkriptionseinheit**, einem DNA-Segment, aus dessen Transkription ein einzelnes, kontinuierliches RNA-Molekül hervorgeht. Die Transkription beginnt mit ❶ der Bindung der RNA-Polymerase an eine DNA-Promotorsequenz, wodurch eine lokale Entspiralisierung der DNA-Doppelhelix ausgelöst wird. Einer der beiden DNA-Stränge dient der RNA-Polymerase als Matrize, die dann ❷ die Synthese einer RNA-Kette initiiert. Danach bewegt sich das RNA-Polymerasemolekül auf der DNA-Matrize, entspiralisiert die DNA-Doppelhelix und ❸ die Elongation der RNA-Kette schreitet fort. Währenddessen katalysiert das Enzym die Polymerisation von Nucleotiden in einer durch deren Basenpaarung mit dem DNA-Matrizenstrang vorgeschriebenen Reihenfolge. Schließlich transkribiert das Enzym eine besondere Basensequenz, das sogenannte *Terminationssignal*, das die RNA-Synthese beendet ❹ und die Freisetzung des vollständigen RNA-Moleküls sowie die Dissoziation der RNA-Polymerase vom DNA-Matrizenstrang bewirkt.

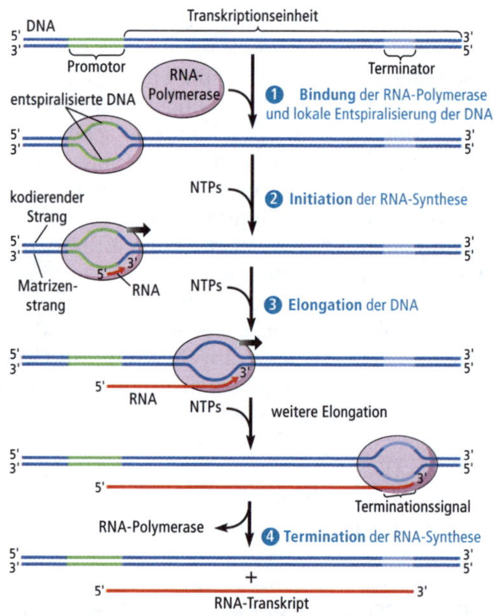

Abbildung 20.4: Überblick über die Transkription. Die Transkription der DNA läuft in vier Hauptschritten ab: ❶ Bindung der RNA-Polymerase an die DNA an einem Promotor, ❷ Initiation der Transkription auf dem Matrizenstrang der DNA, ❸ anschließende Elongation der RNA-Kette und ❹ schließlich Termination der Transkription. Dabei werden die RNA-Polymerase und das fertige RNA-Produkt aus der DNA-Matrize freigesetzt. Dann bewegt sich die RNA-Polymerase auf dem Matrizenstrang der DNA in 3′→5′-Richtung und das RNA-Molekül wächst in 5′→3′-Richtung. Die Überspiralisierung vor der sich bewegenden RNA-Polymerase infolge der Entspiralisierung der DNA wird durch die Wirkung von Topoisomerasen (nicht abgebildet) aufgehoben. Das hier dargestellte allgemeine Schema gilt für die Transkription bei allen Organismen. NTPs (Ribonucleosidtriphosphatmoleküle) = ATP, GTP, CTP und UTP.

Obwohl die Transkription ein komplizierter Vorgang ist, kann man ihn gut in vier einzelne Schritte einteilen: Bindung, Initiation, Elongation und Termination. Im Folgenden werden wir uns mit jedem dieser vier Schritte am Beispiel von *E. coli* eingehend beschäftigen. Während Sie den Text lesen, können Sie immer wieder die *Abbildung 20.4* konsultieren und dadurch jeden einzelnen Schritt in den Gesamtprozess einordnen.

Bindung der RNA-Polymerase an eine Promotorsequenz Der erste Schritt der RNA-Synthese ist die *Bindung* der RNA-Polymerase an eine DNA-**Promotorstelle** – eine spezifische Sequenz aus mehreren Dutzend Basenpaaren, die den Startpunkt der RNA-Synthese bestimmt und festlegt, welcher DNA-Strang als Matrizenstrang dienen soll. Jede Transkriptionseinheit hat eine Promotorstelle, die in der Nähe des Anfangs der zu transkribierenden DNA-Sequenz liegt. Vereinbarungsgemäß werden die Promotorsequenzen auf dem kodierenden Strang in 5'→3'-Richtung gelesen. Der kodierende Strang liegt gegenüber dem Matrizenstrang. Die Begriffe „stromaufwärts" und „stromabwärts" beziehen sich auf die DNA-Sequenzen, die zum 5'- beziehungsweise zum 3'-Ende des kodierenden Strangs ausgerichtet sind. Daher bezeichnet man die Region, in welcher der Promotor liegt, als stromaufwärts von der transkribierten Sequenz liegend. Die Bindung der RNA-Polymerase an den Promotor wird von der Sigma-Untereinheit vermittelt und führt in der Region, in der die Transkription beginnt, zur Entspiralisierung eines kurzen DNA-Teilstücks. Dadurch werden zwei getrennte Stränge der Doppelhelix freigelegt.

Die Promotorsequenzen wurden zuerst durch die Techniken des DNA-Footprinting und Electrophoretic Mobility Shift Assay (EMSA) identifiziert. Diese Techniken dienen dazu, die DNA-Regionen zu lokalisieren, an die ein DNA-Bindeprotein bindet. In jüngerer Zeit hat man die Bindung von Proteinen an spezifische genomische DNA-Sequenzen bei Eukaryoten mit Hilfe der Chromatin-Immunopräzipitation (ChIP, engl.: *chromatin immunoprecipitation*) untersucht. Außerdem hat man Sequenzen identifiziert, die für die Promotorregion von essenzieller Bedeutung sind. Hierfür wurden spezifische Basensequenzen an klonierten Genen entfernt oder hinzugefügt und dann getestet, ob die veränderte DNA von der RNA-Polymerase transkribiert werden kann. Bei der Arbeit mit diesen Techniken stellte sich heraus, dass sich die Promotorstellen der bakteriellen Transkriptionseinheiten ganz erheblich voneinander unterscheiden. Wie ist es bloß möglich, dass nur eine einzige Art von RNA-Polymerase sie alle erkennt? Enzymerkennung und Enzymbindung hängen von mehreren sehr kurzen Sequenzen ab, die innerhalb der Promotorstelle an spezifischen Positionen liegen. Die übrigen Nucleotide des Promotors sind in dieser Hinsicht bedeutungslos.

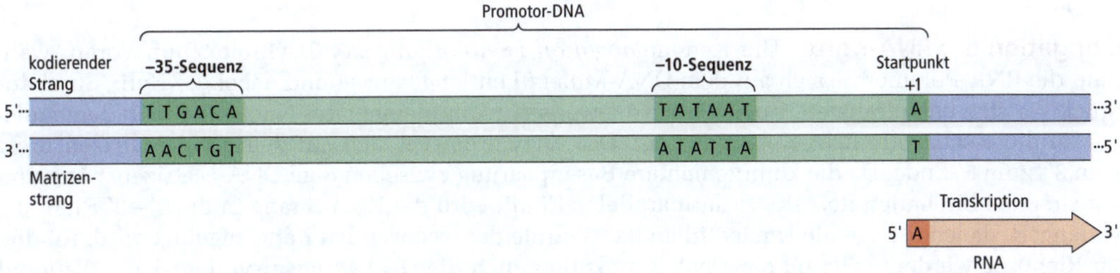

Abbildung 20.5: Organisation einer bakteriellen Promotorsequenz. Bei den Bakterien umfasst die Promotorregion einen Abschnitt von ungefähr 40 bp, der neben dem Transkriptionsstartpunkt liegt und diesen einschließt. Vereinbarungsgemäß werden die wichtigen DNA-Sequenzen so angegeben, wie sie auf dem Kodierungsstrang (dem Nicht-Matrizenstrang, dessen Sequenz dem RNA-Transkript entspricht) erscheinen. Wichtige Merkmale des Promotors sind der Startpunkt (er wird mit +1 und im Allgemeinen mit A gekennzeichnet), die 6-Nucleotid –10-Sequenz und die 6-Nucleotid –35-Sequenz. Wie die Bezeichnungen bereits verraten, gibt es zwei Schlüsselsequenzen, die ungefähr 10 und 35 Nucleotide stromaufwärts des Startpunkts liegen. Die hier abgebildeten Sequenzen sind Konsensussequenzen. Das bedeutet, dass sie auf jeder Position die am häufigsten vorkommenden Basen haben. Die Anzahl der Nucleotide, welche die Konsensussequenzen voneinander und vom Startpunkt trennen, sind für die Promotorfunktion von Bedeutung, nicht aber die Identität dieser Nucleotide.

In ▸*Abbildung 20.5* sind die wichtigsten Sequenzen eines typischen bakteriellen Promotors dargestellt. Der Punkt, an dem die Transkription beginnt, ist der *Startpunkt*. Dabei handelt es sich fast immer um ein Purin, oft aber auch ein Adenin. Ungefähr zehn Basen stromaufwärts vom Startpunkt liegt die sechs Nucleotide umfassende TATAAT-Sequenz, die sogenannte *–10-Sequenz* oder *Pribnow-Box*, die nach ihrem Entdecker benannt wurde. Vereinbarungsgemäß werden die Nucleotide vom Startpunkt (+1) ausgehend nummeriert, nach rechts (stromabwärts) mit positiven Zahlen und nach links (stromaufwärts) mit negativen Zahlen. Das –1-Nucleotid liegt unmittelbar stromaufwärts vom Startpunkt (es gibt keine „0"). An oder in der Nähe der –35-Position liegt die sechs Nucleotide umfassende Sequenz TTGACA, die sogenannte *–35-Sequenz*.

Die –10- und die –35-Sequenzen (und deren Lage zum Startpunkt) wurden im Laufe der Evolution konserviert, aber sie sind nicht bei allen bakteriellen Promotoren identisch und nicht einmal bei allen Promotoren innerhalb eines Genoms. Zum Beispiel ist die –10-Sequenz im Promotor für eines der tRNA-Gene von *E. coli* TATGAT, während die –10-Sequenz für eine Gruppe von Genen, die für den Lactoseabbau im gleichen Organismus benötigt werden, TATGTT lautet und die Sequenz in *Abbildung 20.5* TATAAT. Die jeweiligen in der Abbildung dargestellten Promotorsequenzen sind **Konsensussequenzen**, die an jeder Position aus den am häufigsten vorkommenden Nucleotiden innerhalb einer bestimmten Sequenz bestehen. Mutationen, die signifikante Abweichungen von den Konsensussequenzen herbeiführen, können mit der Promotorfunktion interferieren und sogar den Promotor inaktivieren.

Initiation der RNA-Synthese Nachdem ein RNA-Polymerasemolekül an eine Promotorstelle gebunden hat und die DNA-Doppelhelix lokal entspiralisiert wurde, kann die *Initiation* der RNA-Synthese beginnen. Eines der beiden freigelegten Segmente der einzelsträngigen DNA dient als Matrize der RNA-Synthese, wofür nucleäre Ribonucleosidtriphosphat-Moleküle (NTPs) benötigt werden. Der DNA-Strang, der die Promotorsequenz trägt, bestimmt die Ausrichtung der RNA-Polymerase, und die Ausrichtung des Enzyms legt wiederum fest, welcher DNA-Strang transkribiert wird (siehe *Abbildung 20.4*). Sobald die ersten beiden NTP über eine Wasserstoffbrückenbindung am Startpunkt an die komplementären Basen des DNA-Matrizenstrangs gebunden wurden, katalysiert die RNA-Polymerase die Bildung einer Phosphodiesterbindung zwischen der 3′-Hydroxylgruppe des ersten NTP und dem 5′-Phosphat des zweiten NTP. Dieser Vorgang läuft zusammen mit der Freisetzung von Pyrophosphat (PP_i) ab. Dann bewegt sich die Polymerase auf dem Matrizenstrang vorwärts, während jeweils ein Nucleotid nach dem anderen angefügt wird. Das 5′-Phosphat eines jeden neuen Nucleotids wird an die 3′-Hydroxylgruppe der wachsenden RNA-Kette angefügt bis die Kette eine Länge von ungefähr neun Nucleotiden erreicht hat. Zu diesem Zeitpunkt löst sich der Sigma-Faktor im Allgemeinen von dem RNA-Polymerasemolekül und die Initiationsphase ist abgeschlossen.

Elongation der RNA-Kette Die Ketten*elongation* (▸*Abbildung 20.6*) schreitet nun voran, während die RNA-Polymerase sich auf dem DNA-Molekül entlang bewegt und dabei die Helix Stück für Stück vor sich entspiralisiert. Zugleich wird jeweils ein komplementäres Nucleotid nach dem anderen an die wachsende RNA-Kette angefügt. Das Enzym bewegt sich auf dem DNA-Matrizenstrang vom 3′- zum 5′-Ende. Da die komplementäre Basenpaarung zwischen dem DNA-Matrizenstrang und der sich neu bildenden RNA-Kette antiparallel verläuft, wird der RNA-Strang in die 5′→3′-Richtung verlängert, da jedes folgende Nucleotid an das 3′-Ende der wachsenden Kette angefügt wird. (In dieser Richtung werden während der DNA-Replikation auch die DNA-Stränge synthetisiert.) Während die RNA-Kette wächst, bleibt die Basenpaarung der zuletzt angefügten Nucleotide mit dem DNA-Matrizenstrang erhalten. Es entsteht ein kurzes RNA-DNA-Hybrid aus acht bis neun Basenpaaren. Während sich die RNA-Polymerase voran bewegt, wird die vor dem Enzym liegende DNA entspiralisiert, damit sich das RNA-DNA-Hybrid bilden kann. Gleichzeitig wird die hinter dem sich voran bewegenden Enzym liegende DNA wieder zu einer Doppelhelix spiralisiert. Die Überspiralisierung, die sonst infolge der Entspiralisierung und erneuten Spiralisierung entstehen würde, wird wie bei der DNA-Replikation durch die Aktivität von Topoisomerasen aufgehoben.

Ebenso wie die DNA-Polymerase besitzt auch die RNA-Polymerase eine 3′→5′-Exonuclease-Aktivität. Theoretisch könnte sie falsch gepaarte Nucleotide vom 3′-Ende einer wachsenden Kette entfernen, wenn eine falsche Base aufgenommen wurde. Die Aktivität der Exonuclease ist aber relativ schwach, und stattdessen dient ein anderer Mechanismus zur Fehlerkorrektur. Wenn ein nicht-komplementäres Nucleotid fälschlicherweise in eine wachsende RNA-Kette eingebaut wurde, geht die RNA-Polymerase einen kleinen Schritt zurück und das nicht-komplementäre Nucleotid katalysiert seine eigene Entfernung sowie das Entfernen des zuvor angefügten Nucleotids. Dieses *RNA-Fehlerlesen* scheint für die Fehlerkorrektur während der Transkription zu genügen. Das liegt vor allem daran, dass gelegentliche Fehler in RNA-Molekülen nicht so bedeutsam sind wie bei der DNA-Replikation, denn von jedem Gen werden zahlreiche RNA-Kopien transkribiert. Daher sind einige ungenaue Kopien tolerierbar. Im Gegensatz dazu wird von jedem DNA-Molekül genau eine Kopie erstellt, wenn die DNA vor der Zellteilung repliziert wird. Da jede sich neu bildende Zelle nur einen Satz DNA-Moleküle erhält, ist es von entscheidender Bedeutung, dass der Kopiermechanismus bei der DNA-Replikation mit größter Genauigkeit arbeitet.

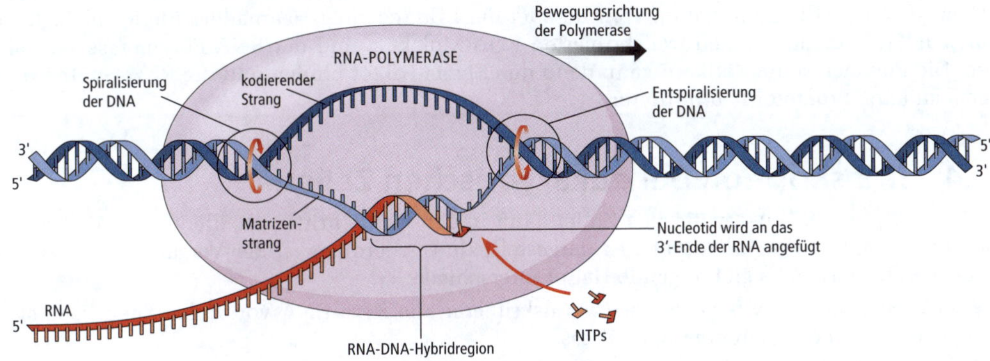

Abbildung 20.6: Nahaufnahme eines bakteriellen Elongationskomplexes. Während der Elongation bindet die RNA-Polymerase ungefähr 30 bp DNA. (Rufen Sie sich bitte in Erinnerung, dass jede vollständig Windung der DNA-Doppelhelix aus ungefähr 10 bp besteht.) Zu jeder Zeit werden circa 18 bp DNA entspiralisiert und die zuletzt synthetisierte RNA ist immer noch über eine Wasserstoffbrücke mit der DNA verbunden. Sie bilden ein kurzes RNA-DNA-Hybrid mit einer Länge von acht bis neun Basenpaaren. Die Gesamtlänge der wachsenden RNA, die an das Enzym und/oder die DNA gebunden ist, beträgt ungefähr 25 Nucleotide.

Termination der RNA-Synthese Die Elongation der wachsenden RNA-Kette endet, wenn die RNA-Polymerase eine bestimmte Sequenz kopiert, das sogenannte **Terminationssignal**. Dieses Terminationssignal löst das Ende der Transkription aus. Bei den Bakterien unterscheidet man zwei Klassen von Terminationssignalen. Die Unterscheidung beruht auf der Mitwirkung des sogenannten rho-Faktors (ρ-Faktor). RNA-Moleküle, die ohne Hilfe des rho-Faktors terminiert werden können, enthalten eine kurze GC-reiche Sequenz, an die sich in der Nähe ihres 3′-Endes mehrere U-Reste anschließen (▸*Abbildung 20.7*). Da GC-Basenpaare durch drei Wasserstoffbrückenbindungen zusammengehalten werden, AU-Basenpaare hingegen nur von zwei, wird die Termination folgendermaßen durch diese Konfiguration begünstigt: Erstens enthält die GC-Region miteinander komplementäre Sequenzen, sodass die RNA sich spontan zu einer Haarnadelschleife (engl.: *hairpin loop*) faltet. Diese zieht das RNA-Molekül von der DNA weg. Dann werden die schwächeren Bindungen zwischen der Sequenz der U-Reste und der DNA-Matrize aufgebrochen. Dadurch löst sich das neu gebildete RNA-Molekül.

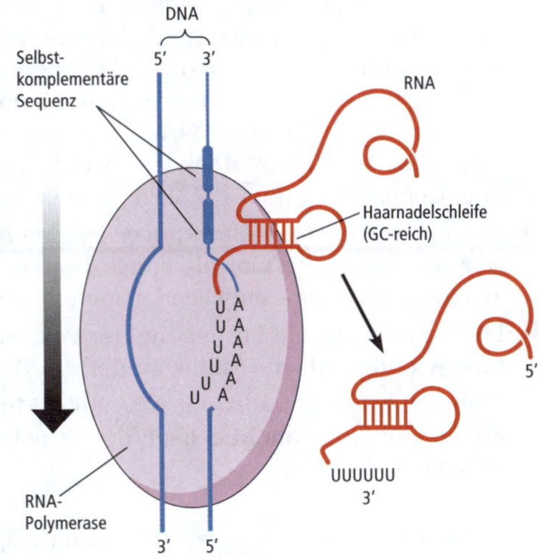

Abbildung 20.7: Termination der Transkription in bakteriellen Genen, die keinen rho-Terminationsfaktor benötigen. Eine kurze, mit sich selbst komplementäre Sequenz in der Nähe des Genendes bewirkt, dass das neu synthetisierte RNA-Molekül eine Haarnadelschleifenstruktur bilden kann, welche die RNA bei der Lösung von der DNA-Matrize unterstützt.

Im Gegensatz dazu benötigen RNA-Moleküle, die keine GC-reiche Haarnadelschleife bilden, zur Termination die Mitwirkung des rho-Faktors. Gene, die solche RNAs kodieren, wurden erstmals bei Experimenten entdeckt, bei denen man gereinigte DNA des Bakteriophagen λ mit gereinigter RNA-Polymerase transkribierte. Es stellte sich heraus, dass einige Gene zu RNA-Molekülen transkribiert wurden, die länger waren als die in lebenden Zellen gebildeten RNAs. Daraus folgerte man, dass die Transkription nicht richtig beendet worden war. Dieses Problem konnte durch Zugabe des rho-Faktors behoben werden, der an spezifische, 50–90 Basen lange Terminationssequenzen bindet, die in der Nähe des 3′-Endes der sich neu bildenden RNA-Moleküle liegen. Der rho-Faktor hat die Funktion eines ATP-abhängigen Entspiralisierungs-Enzyms, das sich auf dem sich neu bildenden RNA-Molekül zum 3′-Ende bewegt und dafür sorgt, dass die RNA sich von der DNA trennt, während er sich fortbewegt.

Ganz gleich, ob die Termination von rho oder der Bildung einer Haarnadelschleife abhängt, sie führt zur Freisetzung des neu transkribierten RNA-Moleküls und der RNA-Polymerase im Zellkern. Die Polymerase im Zellkern kann dann den Sigma-Faktor binden und die RNA-Synthese an einem anderen Promotor neu initiieren.

20.4 Transkription bei eukaryotischen Zellen

Die Transkription bei eukaryotischen Zellen läuft in den vier Schritten ab, die wir gerade besprochen haben und die in *Abbildung 20.4* dargestellt sind. Allerdings ist der Vorgang komplizierter als bei den Bakterien. Es gibt folgende Hauptunterschiede:

- *Drei verschiedene RNA-Polymerasen* transkribieren die Kern-DNA von Eukaryoten. Jede synthetisiert eine oder mehreren RNA-Klassen.
- Eukaryotische Promotoren sind variantenreicher als bakterielle Promotoren. Für die drei Polymerasen werden nicht nur verschiedene Typen von Promotoren eingesetzt, sondern innerhalb eines jeden Typs gibt es eine beachtliche Variation – besonders bei Promotoren für proteinkodierende Gene. Des Weiteren liegen einige eukaryotische Promotoren tatsächlich *stromabwärts* des Transkriptionsstartpunkts.
- Zur Bindung eukaryotischer RNA-Polymerasen an die DNA werden zusätzliche Proteine benötigt, die *Transkriptionsfaktoren*. Im Gegensatz zum bakteriellen Sigma-Faktor sind eukaryotische Transkriptionsfaktoren nicht Teil der RNA-Polymerase. Stattdessen müssen einige der Transkriptionsfaktoren an die DNA binden, *bevor* die RNA-Polymerase an den Promotor binden und die Transkription initiieren kann. Somit bestimmen bei den Eukaryoten die Transkriptionsfaktoren und nicht die RNA-Polymerase die Spezifität der Transkription. In diesem Kapitel schränken wir unsere Diskussion auf die Klasse von Faktoren ein, die für die Transkription aller Gene, die von der RNA-Polymerase transkribiert werden, unerlässlich sind.
- *Protein-Protein-Wechselwirkungen* spielen im ersten Schritt der eukaryotischen Transkription eine ganz wichtige Rolle. Obwohl einige Transkriptionsfaktoren direkt an die DNA binden, binden viele an andere Proteine – entweder an andere Transkriptionsfaktoren oder an die RNA-Polymerase.
- Im Hinblick auf die Festlegung der Position des 3′-Endes des RNA-Produkts ist die RNA-Spaltung wichtiger als die Stelle, an der die Transkription beendet wird.
- Sich neu bildende eukaryotische RNA-Moleküle durchlaufen typischerweise sowohl während als auch in größerem Maß nach der Transkription eine ausgedehnte *RNA-Prozessierung* (chemische Veränderung).

Nun werden wir uns den verschiedenen Aspekten der eukaryotischen Transkription zuwenden und mit den vielen Formen der RNA-Polymerasen beginnen.

20.4.1 Die RNA-Polymerasen I, II und III führen die Transkription im eukaryotischen Zellkern durch

Die RNA-Polymerasen haben die Bezeichnung RNA-Polymerase I, II und III erhalten. Wie aus der Tabelle hervorgeht, unterscheiden sich diese Enzyme hinsichtlich ihrer Lage innerhalb des Zellkerns und der verschiedenen Arten von RNA, die sie synthetisieren. Die Zellkern-RNA-Polymerasen unterscheiden sich zudem hinsichtlich ihrer Sensitivität gegenüber verschiedenen Inhibitoren, beispielsweise α-Amanitin, einem tödlichen Toxin des Pilzes *Amanita phalloides* (Grüner Knollenblätterpilz). Die F-Actin bindende Substanz Phalloidin stammt ebenfalls von diesem Pilz.

Die **RNA-Polymerase I** liegt im Nucleolus und ist für die Synthese eines RNA-Moleküls verantwortlich, das als Vorläufer von drei der vier rRNA-Typen dient, die in eukaryotischen Ribosomen vorkommen (28S-rRNA, 18S-rRNA und 5,8S-rRNA). Dieses Enzym ist nicht α-Amanitin-sensitiv. Die Assoziation mit dem Nucleolus ist nachvollziehbar, denn der Nucleolus ist der Ort der ribosomalen RNA-Synthese und des Zusammenbaus der ribosomalen Untereinheiten.

Die **RNA-Polymerase II** kommt im Nucleoplasma vor und synthetisiert die Vorläufer der mRNA, der Klasse von RNA-Molekülen, die Proteine kodieren. Die aktiven Moleküle der RNA-Polymerase liegen nicht diffus über den Zellkern verstreut, sondern bilden deutlich abgegrenzte Bündel, die sogenannten *Transkriptionsfabriken*. Dabei handelt es sich um Orte, an denen aktive Gene zusammenkommen, die transkribiert werden sollen. Abgesehen davon, dass die RNA-Polymerase II mRNA-Vorläufer bildet, synthetisiert sie auch die meisten *snRNAs* – kleine nucleäre RNAs, die an der posttranskriptionalen RNA-Prozessierung mitwirken – sowie die *microRNAs*, welche die Translation und Stabilität spezifischer mRNAs regulieren und, in geringerem Umfang, die Transkription bestimmter Gene kontrollieren. Die RNA-Polymerase II ist für die Synthese einer großen Vielfalt von RNA-Molekülen verantwortlich und zudem äußerst α-Amanitin-sensitiv. Dadurch erklärt sich die Toxizität dieses Pilzgiftes für Menschen und Tiere.

Die RNA-Polymerase II unterscheidet sich im C-Terminus von den Polymerasen I und III, wo sie zusätzliche Aminosäuren hat. Der C-Terminus der RNA-Polymerase II kann an verschiedenen Stellen phosphoryliert werden. Dadurch entsteht manchmal ein sogenannter „Phosphorylierungs-Code“. Dieser Phosphorylierungs-Code hat dramatische Auswirkungen auf die Funktionen der Polymerase II und korreliert während der Transkription mit der Position des Enzyms auf der DNA. Somit ist die vielseitigste aller RNA-Polymerasen zugleich die am strengsten regulierte.

Die **RNA-Polymerase III** ist gleichfalls ein nucleoplasmatisches Enzym, aber sie synthetisiert eine Reihe kleiner RNAs, darunter die tRNA-Vorläufer und den kleinsten Typ ribosomaler RNA, die 5S-rRNA. Die RNA-Polymerase III der Säugetiere ist ebenfalls α-Amanitin-sensitiv, jedoch muss die Konzentration des Toxins über der liegen, die zur Hemmung der RNA-Polymerase II notwendig ist (Die vergleichbaren Enzyme einiger anderer Eukaryoten wie Insekten und Hefen sind α-Amanitin-insensitiv.)

Im Hinblick auf die Struktur sind die RNA-Polymerasen I, II und III einander recht ähnlich und weisen auch Ähnlichkeit mit der bakteriellen Zellkern-RNA-Polymerase auf. Diese drei Enzyme sind relativ groß, besitzen mehrere Polypeptiduntereinheiten, und ihr Molekulargewicht liegt bei ungefähr 500.000. Die RNA-Polymerase II beispielsweise hat mehr als zehn Untereinheiten mit mindestens acht verschiedenen Typen. Die drei größten Untereinheiten sind evolutionär mit den bakteriellen RNA-Polymerase-Untereinheiten α, β und β′ verwandt. Drei der kleineren Untereinheiten fehlt diese Verwandtschaft, doch kommen sie auch in den RNA-Polymerasen II und III vor. Die RNA-Polymerasen der Mitochondrien und der Chloroplasten weisen große Ähnlichkeit mit den bakteriellen Gegenstücken auf, wie man aufgrund des möglichen Ursprungs dieser Organellen als endosymbiontische Bakterien erwarten würde. Ebenso wie die bakterielle RNA-Polymerase sind auch die mitochondrialen Enzyme und die Enzyme der Chloroplasten α-Amanitin-resistent.

20.4.2 Drei Klassen von Promotoren kommen in eukaryotischen Kerngenen vor, je eine Klasse für einen Typ der RNA-Polymerase

Die Promotoren, an die eukaryotische RNA-Polymerasen binden, sind noch viel variabler als bakterielle Promotoren, aber man kann sie in drei Hauptkategorien einteilen, also eine Kategorie pro Polymerasetyp. In ▸*Abbildung 20.8* finden Sie Beispiele für die drei Promotorentypen.

Der Promotor der RNA-Polymerase I – d. h. der Promotor der Transkriptionseinheit, welche die Vorläufer der drei größten rRNAs bildet – besteht aus zwei Teilen (▸*Abbildung 20.8a*). Der sogenannte **Kernpromotor** – er wird als kleinster Satz von DNA-Sequenzen definiert, welche die richtige Initiation der Transkription durch die RNA-Polymerase steuern kann – erstreckt sich in die zu transkribierende Nucleotidsequenz. Der Kernpromotor genügt zur richtigen Initiation der Transkription, aber die Effizienz der Transkription wird durch die Gegenwart eines *stromaufwärts gelegenen Kontrollelements* gesteigert. Dieses Kontrollelement ist bei der RNA-Polymerase I eine recht lange Sequenz, die dem Kernpromotor ähnelt (aber nicht mit ihm identisch ist). Die Transkriptionsfaktoren heften sich an die beiden Teile des Promotors und erleichtern dadurch die Bindung der RNA-Polymerase I an den Kernpromotor, wodurch diese die Transkription am Startpunkt initiieren kann.

Im Fall der RNA-Polymerase II wirken mindestens vier DNA-Sequenzen an der Funktion des Kernpromotors mit (▸*Abbildung 20.8b*). Bei diesen vier Elementen handelt es sich um (1) eine kurze **Initiator**sequenz **(Inr**; engl.: *initiator***)**, die den Startpunkt der Transkription umgibt (der Startpunkt ist häufig ein A, wie bei den Bakterien); (2) die **TATA-Box**, die aus einer Konsensussequenz aus TATA und zwei oder drei weiteren As besteht und im Allgemeinen ungefähr 25 Nucleotide stromaufwärts des Startpunkts liegt; (3) das **TFIIB-Erkennungselement (BRE**; engl.: *TFIIB recognition element***)**, das etwas stromaufwärts von der TATA-Box liegt; und (4) das **Downstream-Promotorelement (DPE**; engl.: *downstream promotor element***)**, das circa 30 Nucleotide stromabwärts des Startpunkts liegt. Diese vier Elemente werden in zwei allgemeine Typen von Kernpromotoren unterteilt: *TATA-driven promotors*, die eine Inr-Sequenz und eine TATA-Box mit oder ohne BRE enthalten, und *DPE-driven promotors*, die DPE und Inr-Sequenzen enthalten, aber keine TATA-Box oder BRE. Man findet die TATA-driven promotors nicht nur bei den Eukaryoten, sondern auch bei den Archaea. Dies ist einer der Haupthinweise darauf, dass die Archaea auf mancherlei Weise den Eukaryoten ähnlicher sind als den Bakterien.

Ein Kernpromotor (TATA- oder BRE-gesteuert) kann nur ein niedriges Transkriptionsniveau aufrechterhalten. Die meisten proteinkodierenden Gene besitzen zusätzlich kurze, weiter stromaufwärts gelegene Sequenzen – *stromaufwärts gelegene Kontrollelemente* – welche die Effizienz des Promotors steigern. Einige dieser stromaufwärts gelegenen Kontrollelemente kommen in vielen verschiedenen Genen vor, zum Beispiel die *CAAT-Box* (Konsensussequenz GCCCAATCT bei Tieren und Hefen) und die GC-Box (Konsensussequenz GGGCGG). Die Positionen dieser Elemente im Verhältnis zum Startpunkt des Gens variieren von Gen zu Gen. Die Elemente innerhalb von 100 bis 200 Nucleotiden vom Startpunkt werden häufig als *promotornahe Kontrollelemente* bezeichnet, um sie von den *Enhancer-Elementen* zu unterscheiden, die meistens weiter entfernt liegen und sogar stromaufwärts vom Gen liegen können. In *Kapitel 22* werden wir wieder auf die promotornahen Kontrollelemente zurückkommen.

Die für die Promotoraktivität wichtigen Sequenzen werden experimentell oftmals durch Entfernen spezifischer Sequenzen eines klonierten DNA-Moleküls identifiziert. Dieses DNA-Molekül wird dann auf seine Fähigkeit, als Matrize für die Gentranskription zu dienen, getestet, entweder in einem Reagenzglas oder nach Einführung der DNA in kultivierte Zellen. Wenn man zum Beispiel die Transkription des Gens für β-Globin (die β-Kette des Hämoglobins) auf diese Weise untersucht, reduziert man durch Entfernen der TATA-Box oder einer stromaufwärts lokalisierten CAAT-Box die Transkriptionsgeschwindigkeit mindestens um das Zehnfache.

Im Gegensatz zu den RNA-Polymerasen I und II nutzt das Molekül RNA-Polymerase III ausschließlich *stromabwärts* des Transkriptionsstartpunkts gelegene Promotoren für die Transkription von Genen für tRNAs und 5S-rRNA. Die tRNA- und 5S-rRNA-Gene verwenden unterschiedliche Promotoren, aber in beiden Fällen haben wir es mit Konsensussequenzen zu tun, die aus Blöcken von jeweils ungefähr 10 bp bestehen (▸*Abbildung 20.8c*). Die Konsensussequenzen des tRNA-Promotors heißen *Box A* und *Box B*. Die Promotoren der 5S-rRNA-Gene haben Box A (weiter vom Startpunkt entfernt als die tRNA-Genpromotoren) und eine weitere entscheidende Sequenz, die sogenannte *Box C*. (In der Abbildung ist der dritte Typ der RNA-Polymerase-III-Promotoren nicht dargestellt, ein Upstream-Promotor, der für die Synthese anderer Arten kleiner RNA-Moleküle benötigt wird.)

Die von den eukaryotischen RNA-Polymerasen verwendeten Promotoren müssen von den Transkriptionsfaktoren erkannt und gebunden werden, bevor das RNA-Polymerasemolekül an die DNA binden kann. Im Folgenden werden wir uns mit den Transkriptionsfaktoren beschäftigen.

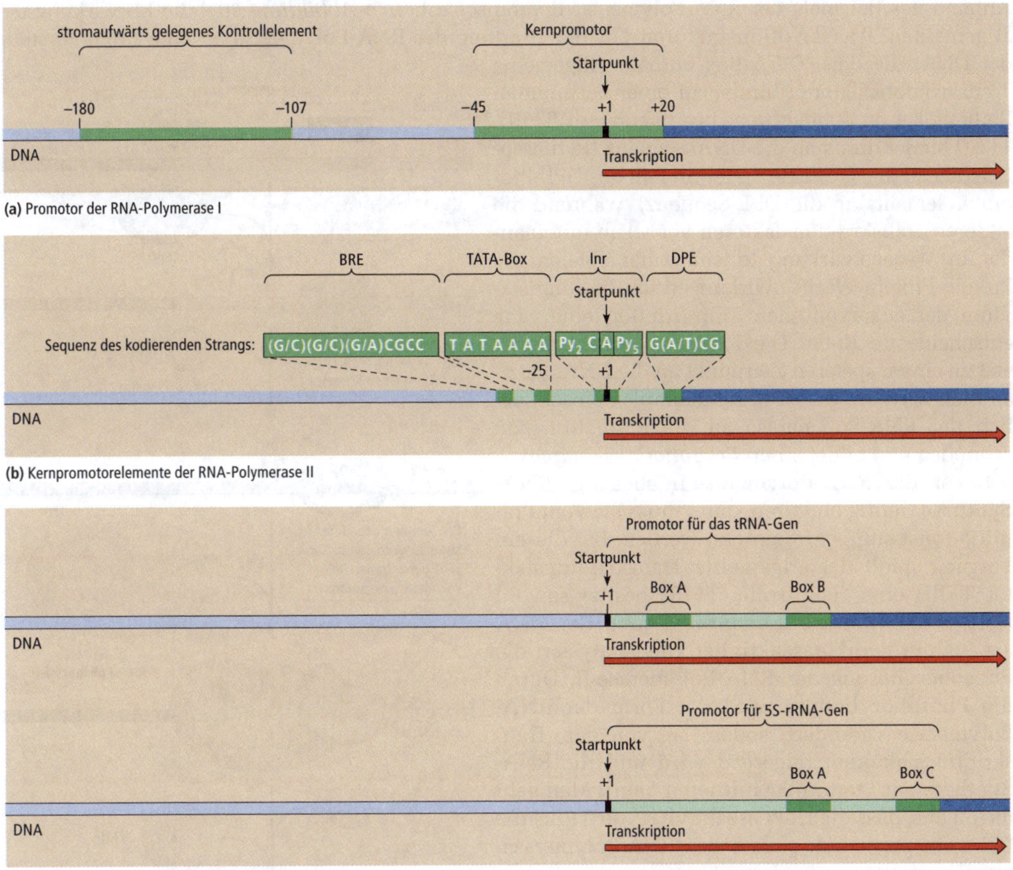

(a) Promotor der RNA-Polymerase I

(b) Kernpromotorelemente der RNA-Polymerase II

(c) zwei Typen von Promotoren für die RNA-Polymerase III

Abbildung 20.8: Beispiele für eukaryotische Promotoren der RNA-Polymerasen I, II und III. (a) Der Promotor der RNA-Polymerase I besteht aus zwei Teilen, einem Kernpromotor, der um den Startpunkt liegt, und einem stromaufwärts gelegenen Kontrollelement. Nachdem die RNA-Polymerase an die richtigen Transkriptionsfaktoren der beiden Teile gebunden hat, bindet sie an den Kernpromotor. (b) Der typische Promotor der RNA-Polymerase II hat eine kurze Initiatorsequenz (Inr). Diese besteht vorrangig aus Pyrimidinen (Py), die entweder mit einer TATA-Box oder einem stromabwärts gelegenen Promotorelement (DPE, engl.: *downstream promotor element*) kombiniert sind. Promotoren, die eine TATA-Box enthalten, können auch ein TFIIB-Erkennungselement (BRE; engl.: *TFIIB recognition element*) besitzen, das als Kernpromotor dient. (c) Die Promotoren der RNA-Polymerase III haben verschiedene Strukturen, aber die Promotoren für die tRNA- und die 5S-rRNA-Gene liegen ausschließlich stromabwärts vom Startpunkt innerhalb der transkribierten Sequenz. Die Boxen A, B und C sind DNA-Konsensussequenzen mit einer Länge von jeweils 10 bp. In den tRNA-Genen werden die Boxen A und B von 30–60 bp DNA getrennt. In den 5S-rRNA-Genen liegen die Boxen A und C ungefähr 10–30 bp voneinander entfernt.

20.4.3 Allgemeine Transkriptionsfaktoren wirken an der Transkription aller Kerngene mit

Ein **allgemeiner Transkriptionsfaktor** ist ein Protein, welches das RNA-Polymerasemolekül immer benötigt, um an seinen Promotor zu binden und mit der RNA-Synthese zu beginnen, und zwar ungeachtet des mitwirkenden Gens. Eukaryoten besitzen viele Transkriptionsfaktoren. Ihre Bezeichnung setzt sich immer aus „TF" (für Transkriptionsfaktor), einer römischen Ziffer zur Angabe der Polymerase, die sie unterstützen, und einem Großbuchstaben zusammen, der jeden Faktor individuell identifiziert (zum Beispiel TFIIA, TFIIB und so weiter).

Anhand des Beispiels der RNA-Polymerase II veranschaulicht ▸*Abbildung 20.9* die Mitwirkung der allgemeinen Transkriptionsfaktoren bei der Bindung der RNA-Polymerase an eine Promotorstelle der DNA, die eine TATA-Box enthält. Allgemeine Transkriptionsfaktoren binden in einer bestimmten Reihenfolge an Promotoren, beginnend mit TFIID. TFIID bindet direkt an die DNA-Sequenz (in diesem Beispiel an die TATA-Box oder im Fall des DPE-Promotorelements an die DPE-Sequenz), während die anderen Transkriptionsfaktoren vor allem miteinander in Wechselwirkung treten. Daher spielen die Protein-Protein-Wechselwirkungen im Bindungsstadium der eukaryotischen Transkription eine ganz entscheidende Rolle. Die RNA-Polymerase bindet erst zu einem späteren Zeitpunkt an die DNA. Letztendlich wird ein großer Proteinkomplex einschließlich der RNA-Polymerase an die Promotorregion gebunden und bildet einen *Präinitiationskomplex.*

Bevor die RNA-Polymerase II aber die RNA-Synthese richtig einleiten kann, muss sie vom Präinitiationskomplex freigesetzt werden. Bei diesem Vorgang spielt der allgemeine Transkriptionsfaktor TFIIH eine Hauptrolle. TFIIH besitzt sowohl Helicaseaktivität zur Entspiralisierung der DNA als auch Proteinkinaseaktivität. Sie katalysiert die Phosphorylierung der RNA-Polymerase II. Durch die Phosphorylierung wird die Form der RNA-Polymerase verändert, sodass sie von den Transkriptionsfaktoren freigesetzt wird und die RNA-Synthese am Startpunkt initiieren kann. Man geht davon aus, dass die Helicaseaktivität von TFIIH die DNA entspiralisiert, sodass das RNA-Polymerasemolekül sich voran bewegen kann.

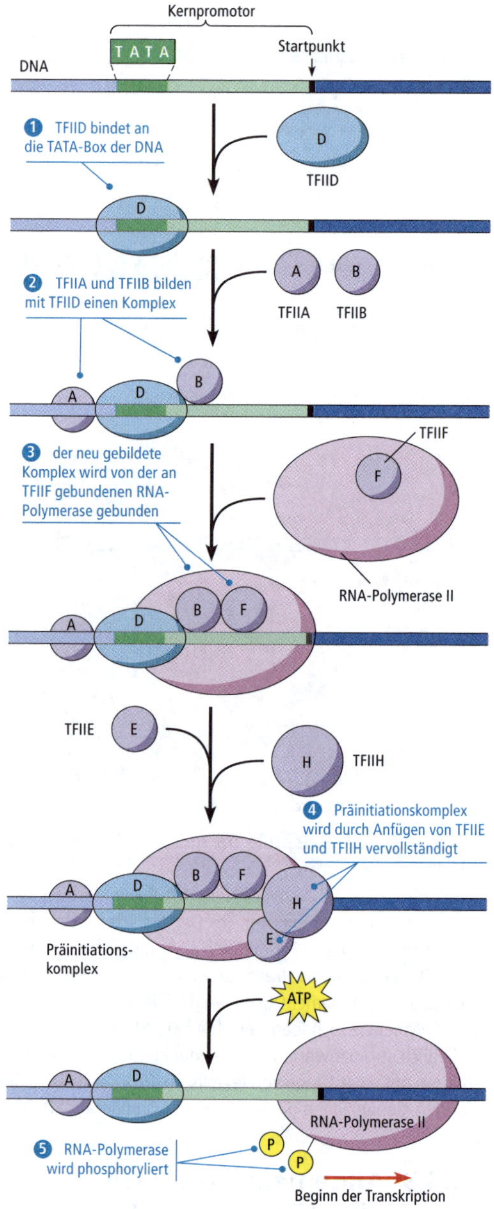

Abbildung 20.9: Die Rolle der allgemeinen Transkriptionsfaktoren bei der Bindung der RNA-Polymerase II an die DNA. Die Zeichnung stellt die sequenzielle Bindung der sechs allgemeinen Transkriptionsfaktoren (die sogenannten TFII_, wobei _ für einen Buchstaben steht, der den jeweiligen Faktor identifiziert) und der RNA-Polymerase dar. Nach dem letzten Aktivierungsschritt, der durch ATP-abhängige Phosphorylierung des RNA-Polymerasemoleküls abläuft, kann die Polymerase die Transkription beginnen. Im intakten Chromatin ist für die effiziente Bindung der allgemeinen Transkriptionsfaktoren und der RNA-Polymerase an die DNA die Mitwirkung weiterer regulatorischer Proteine erforderlich, welche die Chromatinstruktur aufbrechen und den Zusammenbau eines Präinitiationskomplexes an spezifischen Genen erleichtern.

TFIID, der erste Transkriptionsfaktor, der an den Promotor bindet, verdient ganz besondere Aufmerksamkeit. Dank einer seiner Untereinheiten, dem **TATA-Bindungsprotein (TBP**; engl.: *TATA-binding protein*), kann TFIID die DNA-Promotorsequenzen erkennen und an sie binden. Das TATA-Bindungsprotein kombiniert mit einer unterschiedlich großen Anzahl von Untereinheiten und bildet TFIID. Trotz seiner Bezeichnung ist die Fähigkeit von TBP, an die DNA zu binden nicht auf Promotoren beschränkt, die TATA enthalten. TBP vermag auch an Promotoren ohne TATA-Box zu binden, unter anderem an die Promotoren der RNA-Polymerasen I und III. Je nach Promotortyp assoziiert TBP mit verschiedenen Proteinen. Auf der Interaktion mit ebendiesen assoziierten Proteinen beruht wahrscheinlich ein Großteil der Spezifität von TBP für Promotoren ohne TATA-Box.

Zusätzlich zu den allgemeinen Transkriptionsfaktoren und der RNA-Polymerase II werden noch mehrere andere Arten von Proteinen für eine effiziente Transkription und regulierte Aktivierung spezifischer Gene benötigt. Einige dieser Proteine sind an der Öffnung der Chromatinstruktur zur Erleichterung der Bindung der RNA-Polymerase an die DNA beteiligt. Es gibt außerdem *regulatorische Transkriptionsfaktoren*. Sie aktivieren durch Bindung an stromaufwärts gelegene Kontrollelemente und Rekrutierung von *Coaktivatorproteinen* spezifische Gene. Die Coaktivatorproteine erleichtern wiederum den Zusammenbau des RNA-Polymerase-Präinitiationskomplexes.

20.4.4 Elongation, Termination und RNA-Spaltung sind an der Fertigstellung der eukaryotischen RNA-Synthese beteiligt

Nach Initiation der Transkription bewegen sich die RNA-Polymerasen auf der DNA voran und synthetisieren eine komplementäre RNA-Kopie des DNA-Matrizenstrangs. Spezielle Proteine erleichtern den Abbau der Nucleosomen vor der sich bewegenden Polymerase sowie ihre erneute Zusammensetzung unmittelbar nachdem das Enzym vorbeigezogen ist. Trifft das Enzym auf eine Region mit DNA-Schaden, kann die RNA-Polymerase vorübergehend anhalten, während Proteine den Schaden durch DNA-Exzisionsreparatur beheben.

Die Termination der Transkription wird von einer Reihe von Signalen geregelt, die sich je nach RNA-Polymerase unterscheiden. Die Transkription der RNA-Polymerase I wird zum Beispiel von einem Proteinfaktor gesteuert, der ein Terminationssignal aus 18 Nucleotiden an der wachsenden RNA-Kette erkennt. Die Terminationssignale der RNA-Polymerase III sind ebenfalls bekannt. Es handelt sich stets um kurze Wiederholungen von Uracil-Molekülen (wie bei den bakteriellen Terminationssignalen), und zu deren Erkennung werden keine weiteren Proteinfaktoren benötigt. Haarnadelstrukturen scheinen weder an der Termination der Polymerase I noch der Polymerase III mitzuwirken.

Im Fall der RNA-Polymerase II werden Transkripte, die in mRNA umgewandelt werden sollen, häufig noch vor Ende der Transkription an einer spezifischen Stelle gespalten. Die Spaltungsstelle liegt in der wachsenden RNA-Kette 10–35 Nucleotide stromabwärts einer besonderen AAUAAA-Sequenz. Die Polymerase kann die Transkription Hunderter oder sogar Tausender Nucleotide jenseits der Spaltungsstelle fortsetzen, jedoch wird diese zusätzliche RNA schnell abgebaut. Die Spaltungsstelle ist auch die Stelle, an der ein *Poly(A)-Schwanz* angefügt wird. Dabei handelt es sich um einen Strang aus Adenin-Nucleotiden, den man bei fast allen eukaryotischen mRNAs am 3′-Ende vorfindet. Das Anfügen des Poly(A)-Schwanzes ist Teil der RNA-Prozessierung und unser nächstes Thema.

20.5 RNA-Prozessierung

Ein durch Transkription neu gebildetes RNA-Molekül wird als **primäres Transkript** bezeichnet. Häufig muss es vor seiner Funktionsaufnahme in der Zelle chemische Veränderungen durchlaufen. Unter dem Begriff **RNA-Prozessierung** verstehen wir alle notwendigen chemischen Veränderungen, um aus dem primären Transkript ein endgültiges RNA-Produkt zu machen, das als Vorläufer für weitere Prozesse dient. Bei der Prozessierung werden im Allgemeinen Teile des primären Transkripts entfernt und spezifische Nucleotide können angefügt oder chemisch modifiziert werden. Die Modifizierung einzelner Nucleotide erfolgt häufig durch Methylierung von Basen oder Ribosegruppen. Außer der chemischen Modifikation gibt es aber noch weitere posttranskriptionale Ereignisse; zum Beispiel müssen spezifische Proteine gebunden oder (bei den Eukaryoten) vom Zellkern in das Cytoplasma transportiert werden, bevor die RNA ihre Funktion aufnehmen kann.

In diesem Abschnitt beschäftigen wir uns mit den wichtigsten Prozessierungsschritten, die zur Bildung von rRNA, tRNA und mRNA aus ihren jeweiligen primären Transkripten erforderlich sind. Obwohl der Begriff *RNA-Prozessierung* sehr häufig mit eukaryotischen Systemen in Zusammenhang gebracht wird, prozessieren auch Bakterien ihre RNA. Aus diesem Grund führen wir sowohl Beispiele für eukaryotische als auch bakterielle RNAs an.

20.5.1 Zur ribosomalen RNA-Prozessierung gehört die Spaltung mehrerer RNAs aus einer gemeinsamen Vorläufer-rRNA

Ribosomale RNA (rRNA) kommt mit Abstand am häufigsten vor und ist zugleich die stabilste Form der RNA in Zellen. Typischerweise macht die rRNA ungefähr 70–80 % der gesamten zellulären RNA aus, tRNA stellt circa 10–20 % und für mRNA bleiben etwa 10 %. Bei den Eukaryoten enthalten die cytoplasmatischen Ribosomen vier Typen von rRNA, die gewöhnlich durch unterschiedliche Sedimentationsgeschwindigkeiten bei der Zentrifugation gekennzeichnet sind. Die kleinere ribosomale Untereinheit hat ein einziges 18S-rRNA-Molekül. Die größere Untereinheit besteht aus drei rRNA-Molekülen; eines mit 28S (bei manchen Spezies lediglich 25S) und die beiden anderen ungefähr mit 5,8S und 5S. Bei den bakteriellen Ribosomen kommen nur drei rRNA-Typen vor: ein mit der kleinen Untereinheit assoziiertes 16S-Molekül und Moleküle mit 23S und 5S, die mit der großen Untereinheit assoziiert sind.

Von den vier rRNA-Typen der eukaryotischen Ribosomen werden die drei größeren (28S, 18S und 5,8S) von einer einzigen Transkriptionseinheit kodiert, die von der RNA-Polymerase I im Nucleolus transkribiert wird, und aus der ein einziges primäres Transkript hervorgeht, die sogenannte **Prä-rRNA**. Die DNA-Sequenzen, die diese drei rRNAs kodieren, sind innerhalb der Transkriptionseinheit durch DNA-Segmente getrennt, die sogenannten *transkribierten Spacer* (engl.: *transcribed spacers*). Das Vorliegen dieser drei unterschiedlichen rRNA-Gene innerhalb einer Transkriptionseinheit gewährleistet, dass die Zelle gleiche Mengen dieser drei rRNAs bildet. Die meisten eukaryotischen Genome besitzen Mehrfachkopien der Prä-rRNA-Transkriptionseinheit. Diese sind in einer oder mehreren Tandemformationen angeordnet. Diese Mehrfachkopien erleichtern die Bildung der großen Mengen an ribosomaler RNA, welche die Zellen im Allgemeinen benötigen. Das haploide menschliche Genom besitzt zum Beispiel 150–200 Kopien der Prä-rRNA-Transkriptionseinheit, die sich über fünf Chromosomen verteilen. *Nicht-transkribierte Spacer* (engl.: *nontranscribed spacers*) trennen die Transkriptionseinheiten innerhalb eines jeden Clusters.

Nachdem die RNA-Polymerase I die Prä-rRNA-Transkriptionseinheit transkribiert hat, wird das gebildete Prä-rRNA-Molekül durch eine Reihe von Spaltungsreaktionen prozessiert, die zur Entfernung der transkribierten Spacer führen und die reifen rRNAs freisetzen. Die transkribierten Spacersequenzen werden dann abgebaut. Die Prä-rRNA wird auch durch Anfügen von Methylgruppen prozessiert. Die Hauptstelle der Methylierung ist die 2′-Hydroxylgruppe der Ribose, obwohl auch einige wenige Basen methyliert werden. Der Methylierungsvorgang sowie die Prä-rRNA-Spaltung werden von einer besonderen Gruppe von RNA-Molekülen gesteuert, den snoRNAs (small nucleolar RNAs). Sie binden an komplementäre Regionen des Prä-rRNA-Moleküls und markieren spezifische Stellen zur Methylierung oder Spaltung.

Die Prä-rRNA-Methylierung wurde durch Inkubation von Zellen mit radioaktivem *S-Adenosylmethionin* untersucht. Diese Substanz ist bei zellulären Methylierungsreaktionen der Methylgruppen-Donor. Wenn man menschliche Zellen mit radioaktivem S-Adenosylmethionin inkubiert, findet man alle anfangs in das Prä-rRNA-Molekül eingebauten radioaktiven Methylgruppen schließlich in den 28S-, 18S- und 5,8S-rRNA-Produkten. Dies weist darauf hin, dass die methylierten Segmente während der rRNA-Prozessierung selektiv konserviert werden. Die Methylierung könnte bei der Steuerung der RNA-Prozessierung helfen, indem spezifische Regionen des Prä-rRNA-Moleküls vor der Spaltung geschützt werden. Diese Hypothese wurde durch die Beobachtung untermauert, dass bei Zellen, denen eine der essenziellen Komponenten fehlt, die für das Anfügen von Methylgruppen benötigt werden, das Muster der Prä-rRNA-Spaltung unterbrochen wird.

In Säugetierzellen umfasst das Prä-rRNA-Molekül ungefähr 13.000 Nucleotide und hat einen Sedimentationskoeffizienten von 45S. Die drei reifen rRNA-Moleküle, die durch Spaltung des Vorläufers entstehen, enthalten nur ungefähr 52 % der Ausgangs-RNA. Die verbleibenden 48 % (etwa 6.200 Nucleotide) bestehen aus transkribierten Spacersequenzen, die während der Spaltungsschritte entfernt und abgebaut werden. Die rRNA-Vorläufer einiger anderer Eukaryoten enthalten geringere Mengen an Spacersequenzen, aber in allen Fällen ist die Prä-rRNA größer als die drei rRNA-Moleküle zusammen, die aus ihr entstanden sind. Somit ist immer ein gewisses Maß an Prozessierung erforderlich.

Die Prozessierung von Prä-rRNA im Nucleolus geht mit dem Zusammenbau der RNA mit Proteinen zu ribosomalen Untereinheiten einher. Außer den 28S-, 18S- und 5,8S-rRNAs, die durch Prä-rRNA-Prozessierung gebildet werden, benötigt man für den Zusammenbau von Ribosomen auch 5S-rRNA. Das Gen für die 5S-rRNA stellt eine eigene Transkriptionseinheit dar. Diese wird von der RNA-Polymerase III und nicht von der RNA-Polymerase I transkribiert. Sie liegt gleichfalls in Mehrfachkopien vor, die in langen Tandemformationen angeordnet sind. Die 5S-rRNA-Gene liegen allerdings nicht in der Nähe der größeren rRNAs und neigen daher nicht zur Assoziation mit dem Nucleolus. Im Gegensatz zur Prä-rRNA benötigen die während der Transkription von 5S-rRNA-Genen gebildeten RNA-Moleküle nur ein geringes Maß an Prozessierung oder überhaupt keine.

Ebenso wie bei den Eukaryoten beinhaltet die Ribosomenbildung in prokaryotischen Zellen die Prozessierung vieler rRNAs aus einem größeren Vorläufer. *E. coli* besitzt zum Beispiel sieben über sein Genom verstreut liegende rRNA-Transkriptionseinheiten. Jede Transkriptionseinheit enthält Gene für die drei bakteriellen rRNAs – 23S-rRNA, 16S-rRNA und 5S-rRNA – plus mehrere tRNA-Gene. An der Prozessierung der primären Transkripte, die aus diesen Transkriptionseinheiten hervorgehen, sind zwei Sätze von Enzymen beteiligt, einer für die rRNAs und ein zweiter für die tRNAs.

20.5.2 Die Prozessierung der Transfer-RNA erfolgt durch Entfernen, Anfügen und chemische Modifikation von Nucleotiden

Zellen synthetisieren mehrere Dutzend Arten von tRNA-Molekülen. Jede ist darauf ausgelegt, eine bestimmte Aminosäure zu einem oder mehreren Codons in der mRNA zu transportieren. Alle tRNA-Moleküle haben jedoch eine gemeinsame Grundstruktur, wie in ▸*Abbildung 20.10* dargestellt. Ein reifes tRNA-Molekül enthält nur 70–90 Nucleotide, von denen einige chemisch modifiziert werden. Durch Basenpaarungen von in verschiedenen Regionen gelegenen komplementären Sequenzen faltet sich jedes tRNA-Molekül zu einer Sekundärstruktur. Diese enthält mehrere *Haarnadelschleifen* (engl.: *hairpin loops*; vgl. *Abbildung 20.10*). Die meisten tRNAs haben vier Regionen mit Basenpaarungen, was wir mit hellblauen Punkten in Teil b der Abbildung dargestellt haben. Bei einigen tRNAs liegt an der *variablen Schleife* (engl.: *variable loop*) eine fünfte Region vor. Jede dieser Regionen mit Basenpaarungen ist ein kurzer Abschnitt der RNA-Doppelhelix. Molekularbiologen bezeichnen die Sekundärstruktur der tRNA als *Kleeblatt*struktur, da diese Struktur, wenn man sie zweidimensional zeichnet, einem Kleeblatt ähnelt. In seiner normalen dreidimensionalen Tertiärstruktur liegt das Molekül gefaltet vor, sodass die Form als Ganzes im Grunde dem Buchstaben „L“ ähnelt.

Ebenso wie die ribosomale RNA wird auch die Transfer-RNA sowohl bei eukaryotischen als auch prokaryotischen Zellen aus einer Vorläuferform synthetisiert. Die Prozessierung dieser **Prä-tRNA**-Moleküle erfolgt in mehreren Schritten, die in ▸*Abbildung 20.10a* am Beispiel der Tyrosin-tRNA der Hefe dargestellt ist: ❶ Am 5′-Ende der Prä-tRNA wird eine *Führungssequenz* aus 16 Nucleotiden entfernt. ❷ Am 3′-Ende werden die beiden terminalen Nucleotide der Prä-tRNA entfernt und durch das Trinucleotid CCA ersetzt, worin ein allgemeines Strukturmerkmal aller tRNA-Moleküle liegt. (Bei einigen tRNAs liegt bereits in den primären Transkripten die CCA-Sequenz vor und aus diesem Grund ist keine Modifizierung am 3′-Ende erforderlich.) ❸ In einem typischen tRNA-Molekül werden während der Prä-tRNA-Prozessierung ungefähr 10–15 % aller Nucleotide chemisch modifiziert. Zu den wichtigsten Modifikationen gehören die Methylierung von Basen und Zuckern sowie die Bildung ungewöhnlicher Basen wie Dihydrouracil, Ribothymin, Pseudouridin und Inosin.

Die Prozessierung der Tyrosin-tRNA der Hefe ist auch insofern typisch, als dass eine innere Sequenz aus 14 Nucleotiden entfernt wird ❹, obwohl die Transkripte der meisten tRNAs dieser Exzision nicht bedürfen. Ein inneres Segment eines RNA-Transkriptes, das entfernt werden muss, um ein reifes RNA-Produkt zu erzeugen, wird RNA-*Intron* genannt. Im Rahmen unserer Darstellung der mRNA-Prozessierung werden wir uns eingehender mit den Introns beschäftigen, denn es handelt sich um ein fast universelles Merkmal aller mRNA-Vorläufer in eukaryotischen Zellen. Hier stellen wir nur einfach fest, dass einige eukaryotische tRNA-Vorläufer Introns enthalten, die über einen präzisen Mechanismus entfernt werden müssen. Hierfür wird das Vorläufermolekül jedes Mal genau an der gleichen Stelle geschnitten und gespleißt. An diesem Mechanismus aus Schneiden und Spleißen wirken zwei getrennte Enzyme mit, eine RNA-Endonuclease und eine

RNA-Ligase, die bei verschiedenen Spezies Ähnlichkeiten aufweisen, sogar bei Organismen, die evolutionär weit auseinander liegen. In einem Experiment, das diesen Aspekt anschaulich unter Beweis stellt, wurden die in *Abbildung 20.10* dargestellten Gene für die Tyrosin-tRNA der Hefe in Oocyten von *Xenopus laevis*, dem Afrikanischen Klauenfrosch, mikroinjiziert. Trotz der evolutionären Divergenz zwischen Pilzen und Amphibien wurden die in die Frosch-Oocyten injizierten Hefegene transkribiert und richtig prozessiert; unter anderem wurde auch das Intron aus 14 Nucleotiden korrekt entfernt.

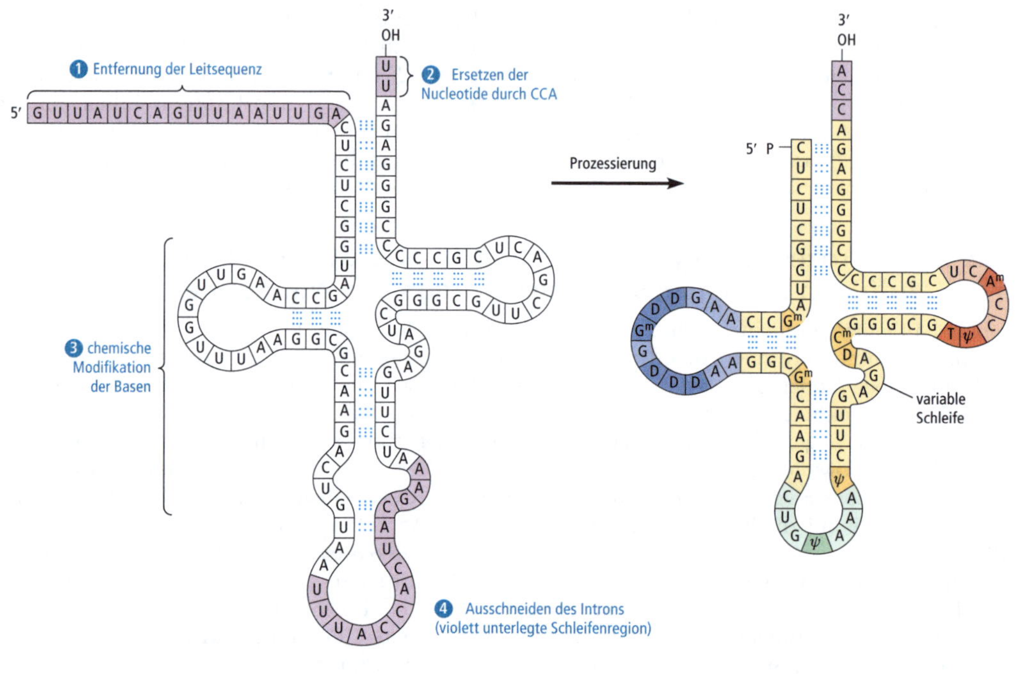

(a) Primäres Transkript (Vorläufer) der Tyrosin tRNA der Hefe

(b) Reife tRNA, Sekundärstruktur

Abbildung 20.10: Prozessierung und Sekundärstruktur der Transfer-RNA. (a) Jedes tRNA-Gen wird als Vorläufer transkribiert, der in ein reifes tRNA-Molekül prozessiert werden muss. In diesem primären Transkript für die Tyrosin-tRNA der Hefe sind alle Regionen violett unterlegt, die während der Prozessierung entfernt werden. Bei der Prozessierung von tRNA wird ❶ die Führungssequenz am 5′-Ende entfernt ❷ und zwei Nucleotide werden durch die Sequenz CCA am 3′-Ende ersetzt (die Sequenz CCA dient in allen reifen tRNAs als Bindungsstelle für Aminosäuren), ❸ bestimmte Basen werden chemisch modifiziert und ❹ ein Intron aus 14 Nucleotiden wird ausgeschnitten. (b) Darstellung der reifen tRNA als flache, kleeblattförmige Struktur, wobei man deutlich die Basenpaarungen zwischen den mit sich selbst komplementären Abschnitten im Molekül erkennen kann. Die modifizierten Basen (dunklere Farben) werden folgendermaßen abgekürzt: A^m für Methyladenin, G^m für Methylguanin, C^m für Methylcytosin, D für Dihydrouracil, T für Ribothymin und ψ für Pseudouridin.

20.5.3 Die Prozessierung von Messenger-RNA bei Eukaryoten erfolgt durch Capping, Anfügen von Poly(A)-Schwänzen und Entfernen von Introns

Bakterielle mRNA stellt fast immer die Ausnahme von der Regel dar, dass RNA prozessiert werden muss, bevor die Zelle sie nutzbringend einsetzen kann. Meistens wird die bakterielle mRNA so synthetisiert, dass sie für die Translation vorbereitet ist, sogar noch vor Vollendung des gesamten RNA-Moleküls. Außerdem ist die Transkription bei Bakterien nicht durch eine Membranbarriere von den für die Translation verantwortlichen Ribosomen getrennt, sodass bakterielle mRNA-Moleküle während der Synthetisierung durch die RNA-Polymerase häufig bereits mit Ribosomen assoziiert sind.

Im Gegensatz dazu laufen Transkription und Translation bei eukaryotischen Zellen sowohl zeitlich als auch räumlich voneinander getrennt ab: die Transkription findet im Zellkern statt, während die Translation vor allem im Cytoplasma abgewickelt wird. Eine richtige Prozessierung muss im Zellkern stattfinden, um primäre Transkripte in reife mRNA-Moleküle umzuwandeln, die dann zur Translation in das Cytoplasma transportiert werden können. Primäre Transkripte sind häufig sehr lang; typischerweise liegen sie im Bereich von 2.000 bis 20.000 Nucleotiden. Diese Bandbreite spiegelt sich in dem Begriff *heterogene Kern-RNA (hnRNA*; engl.: *heterogeneous nuclear RNA)* wider. Dieser Begriff umfasst alle RNA-Moleküle im Zellkern, die keine ribosomale oder Transfer-RNA sind. HnRNA besteht aus einer Mischung aus mRNA-Molekülen sowie deren Vorläufern, der **Prä-mRNA**. Bei der Umwandlung von Prä-mRNA-Molekülen in funktionale mRNAs müssen im Allgemeinen Nucleotidsequenzen entfernt und 5′-Kappen sowie 3′-Schwänze angefügt werden. Darauf gehen wir in den folgenden Abschnitten ein. Die C-terminale Domäne einer der Untereinheiten der RNA-Polymerase II spielt bei der Kopplung dieser RNA-Prozessierungsereignisse mit der Transkription eine zentrale Rolle. Das liegt vermutlich daran, dass sie als Plattform für den Zusammenbau von Proteinkomplexen dient, die an der Prozessierung der Prä-mRNA mitwirken.

5′-Kappen und 3′-Poly(A)-Schwänze Die meisten mRNA-Moleküle erfahren an beiden Enden tiefgreifende Modifikationen. Am 5′-Ende tragen sie alle ein modifiziertes Nucleotid, die sogenannte **5′-Kappe** (das Anfügen dieser Kappe nennt man Capping), und am 3′-Ende liegt im Allgemeinen ein langes Segment aus Adeninribonucleotiden, der **Poly(A)-Schwanz**.

Eine 5′-Kappe ist einfach ein Guanosinnucleotid, das an der Position 7 des Purinrings methyliert wurde. Das Kappen-Nucleotid wird in entgegengesetzter Richtung zum mRNA-Molekül angelagert – das heißt, die Bindung, die das 5′-Ende mit dem RNA-Molekül verknüpft, ist eine 5′⟶5′-Bindung und keine übliche 3′⟶5′-Bindung (▸*Abbildung 20.11*). Das Unterscheidungsmerkmal der eukaryotischen mRNA wird kurz nach Initiation der RNA-Synthese an das primäre Transkript angefügt. Im Rahmen des Capping können auch die Riboseringe des ersten und oftmals des zweiten Nucleotids der RNA-Kette methyliert werden, wie in *Abbildung 20.11* dargestellt. Die 5′-Kappe trägt zur Stabilität der mRNA bei, denn sie schützt das Molekül vor dem Abbau durch Nucleasen, welche die RNA am 5′-Ende angreifen. Außerdem spielt die Kappe später bei der Positionierung der mRNA am Ribosom zur Initiation der Translation eine wichtige Rolle.

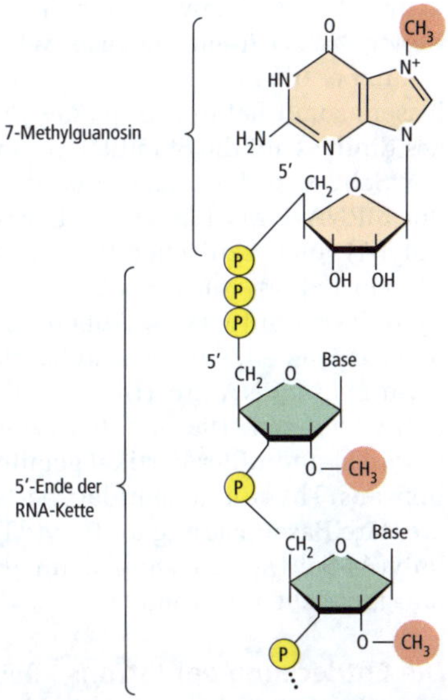

Abbildung 20.11: Kappenstruktur am 5′-Ende der eukaryotischen Prä-mRNA und der mRNA-Moleküle. Die an die ersten beiden Ribosen am 5′-Ende der RNA-Kette gebundenen Methylgruppen sind nicht immer vorhanden. Beachten Sie, dass es sich bei der Bindung zwischen der RNA und dem 7-Methylguanosin um eine 5′⟶5′-Bindung und nicht um die übliche 3′⟶5′-Bindung handelt.

Außer der 5′-Kappe gibt es einen Poly(A)-Schwanz mit einer Länge von 50–250 Nucleotiden, der sich bei den meisten eukaryotischen mRNA-Molekülen am 3′-Ende befindet. (Bei tierischen Zellen gehören die mRNAs zur Kodierung der wichtigsten Histone zu den wenigen mRNAs ohne Poly(A)-Schwanz.) Es ist klar, dass der Poly(A)-Schwanz nach der Transkription angefügt werden muss, denn die Gene enthalten keine langen Segmente aus Thymin-Nucleotiden, die für das Anfügen des Poly(A)-Schwanzes als Matrize dienen könnten. Der direkte Nachweis für diese Schlussfolgerung wurde durch Isolierung des Enzyms *Poly(A)-Polymerase* erbracht. Sie katalysiert das Anfügen von Poly(A)-Sequenzen an die mRNA und benötigt keine RNA-Matrize.

Das Anfügen von Poly(A) ist Teil des Vorgangs, in dessen Verlauf bei den meisten eukaryotischen mRNA-Molekülen das 3′-Ende gebildet wird. Im Gegensatz zu den Bakterien, bei denen spezifische Terminationssequenzen die Transkription am 3′-Ende der sich neu bildenden mRNA beenden, läuft die Transkription eukaryotischer Prä-mRNAs häufig Hunderte oder sogar Tausende

Nucleotide nach der Stelle weiter, die als 3′-Ende des endgültigen mRNA-Moleküls bestimmt war. Ein besonderes Signal – es besteht aus einer AAUAAA-Sequenz etwas stromaufwärts und einem GU-reichen und/oder U-reichen Element stromabwärts der Stelle – bestimmt, wo der Poly(A)-Schwanz angefügt werden soll. Wie in ▸*Abbildung 20.12* dargestellt, löst das Signalisierungselement die Spaltung des primären Transkriptes 10 bis 35 Nucleotide stromabwärts von der AAUAAA-Sequenz aus und die Poly(A)-Polymerase katalysiert die Bildung des Poly(A)-Schwanzes. Aus diesen Prozessierungsereignissen geht nicht nur ein Poly(A)-Schwanz hervor, sondern das AAUAAA-Signal könnte auch signalisieren, dass die Termination der Transkription ausgelöst werden soll.

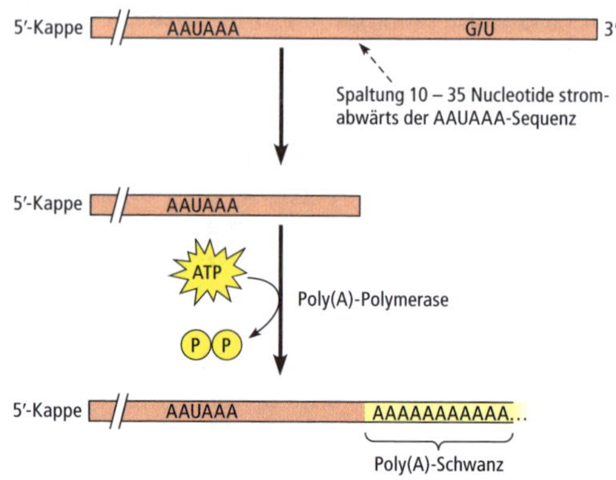

Abbildung 20.12: Anfügen eines Poly(A)-Schwanzes an die Prä-mRNA. Die Transkription eukaryotischer Prä-mRNAs läuft häufig noch jenseits des 3′-Endes der reifen mRNA weiter. Die RNA-Kette wird dann ungefähr 10 bis 35 Nucleotide stromabwärts einer besonderen AAUAAA-Sequenz gespalten. Anschließend wird ein Poly(A)-Schwanz angefügt. Dieser Vorgang wird von der Poly(A)-Polymerase katalysiert. Die richtige AAUAAA-Sequenz zur Schwanzerkennung hebt sich durch die Gegenwart eines begleitenden stromabwärts gelegenen Segments hervor, das GU- und/oder U-reich ist (in der Zeichnung als „G/U" bezeichnet).

Der Poly(A)-Schwanz scheint mehrere Funktionen zu erfüllen. Ebenso wie die 5′-Kappe schützt er die mRNA vor dem Abbau durch Nucleasen; somit hat die Länge des Poly(A)-Schwanzes Einfluss auf die Stabilität der mRNA (je länger der Schwanz, desto länger ist die Lebensspanne der mRNA im Cytoplasma). Hinzu kommt, dass Poly(A) von spezifischen Proteinen erkannt wird, die am Export von mRNA vom Zellkern in das Cytoplasma mitwirken. Außerdem signalisiert er den Ribosomen, dass es sich bei der mRNA um das zu translatierende Molekül handelt. Im Labor kann man mRNA mit Hilfe von Poly(A)-Schwänzen von der häufiger vorkommenden rRNA und tRNA isolieren. Die aus den Zellen extrahierte RNA wird einfach durch eine Säule voller mit Poly(dT) umhüllter Partikel geleitet. Dabei handelt es sich um DNA-Einzelstränge, die ausschließlich aus Thyminnucleotiden bestehen. Moleküle mit Poly(A)-Schwänzen binden über komplementäre Basenpaarung an Poly(dT), während andere RNA-Moleküle durchlaufen. Die mRNA mit Poly(A)-Schwänzen kann dann durch Änderung der Ionenkonzentration aus der Säule eluiert (ausgewaschen) werden.

Die Entdeckung der Introns Bei eukaryotischen Zellen enthalten die DNA-Vorläufer der meisten mRNAs (sowie einige tRNAs und rRNAs) **Introns** (engl.: *intervening region*). *Introns sind Sequenzen des primären Transkripts, die in der reifen, funktionalen RNA nicht auftreten.* Die Entdeckung der Introns war für die Biologen eine große Überraschung. Man hatte bereits bei zahlreichen bakteriellen Genen nachgewiesen, dass die Aminosäuresequenz der Polypeptidkette, die von einem Gen gebildet wurde, genau mit der Sequenz nebeneinander liegender Nucleotide in der DNA übereinstimmte. Sequenzen, die dazu bestimmt sind, in der endgültigen mRNA aufzutreten, bezeichnet man als **Exons** (denn sie werden exprimiert; engl.: *expressed regions*).

Nachdem über Introns in einigen wenigen Genen berichtet worden war, tauchten sie plötzlich überall auf. Der Einsatz von Restriktionskarten und DNA-Sequenzierungstechniken führte zu der Schlussfolgerung, dass Introns in den meisten Protein-kodierenden Genen vielzelliger Eukaryoten vorkommen, auch wenn sie sich im Hinblick auf Größe und Anzahl erheblich unterscheiden können. Das menschliche β-Globin-Gen besitzt zum Beispiel nur zwei Introns, eines mit 120 bp und eines mit 550 bp. Zusammen machen sie ungefähr 40 % der Gesamtlänge des Gens aus. Viele Säugetiergene bestehen sogar zu einem noch größeren Anteil aus Introns. Ein extremes Beispiel ist das menschliche Dystrophin-Gen, dessen Mutation zur Duchenne-Muskeldystrophie führt. Dieses Gen hat eine Länge von über zwei Millionen bp und 85 Introns, die 99 % der DNA des Gens einnehmen!

Die Entdeckung von Introns, die in reifen mRNA-Molekülen nicht vorkommen, leitet zu der Frage über, ob die Introns in der DNA tatsächlich in das primäre Transkript (Prä-mRNA) transkribiert werden. Zur Lösung dieser Frage hat man in Experimenten Prä-mRNA und DNA gemischt und die entstandenen Hybride unter dem Elektronenmikroskop angeschaut. Man erkannte Hybride zwischen der mRNA und der DNA mit vielen R-Schleifen an den Stellen, an denen das DNA-Molekül Sequenzen enthält, die nicht in der mRNA vorkommen. Die Prä-mRNA hybridisiert in einem kontinuierlichen Teilstück mit dem DNA-Molekül und bildet eine einzige R-Schleife. Daraus folgerten die Wissenschaftler, dass die Prä-mRNA-Moleküle kontinuierliche Kopien ihrer entsprechenden Gene sind, die sowohl Introns als auch Sequenzen enthalten, die Teile der endgültigen mRNA werden sollen. Das bedeutet, dass man zur Umwandlung von Prä-mRNA in mRNA spezifische Mechanismen benötigt, um die Introns zu entfernen. Auf diese Mechanismen werden wir im Folgenden eingehen.

20.5.4 Spleißosomen entfernen Introns aus der Prä-mRNA

Um aus einer Prä-mRNA mit Introns eine funktionale mRNA zu gewinnen, müssen Eukaryoten über irgendeinen Mechanismus verfügen, um die Introns zu entfernen und die verbleibenden RNA-Segmente (Exons) zu verbinden. Den gesamten Vorgang des Entfernens von Introns und des Verbindens der Exons bezeichnet man als **RNA-Spleißen**. In ▸*Abbildung 20.13* ist beispielhaft sowohl das primäre Transkript (Prä-mRNA) des β-Globin-Gens als auch das reife Endprodukt (mRNA) dargestellt, das man nach Entfernen der beiden Introns erhält.

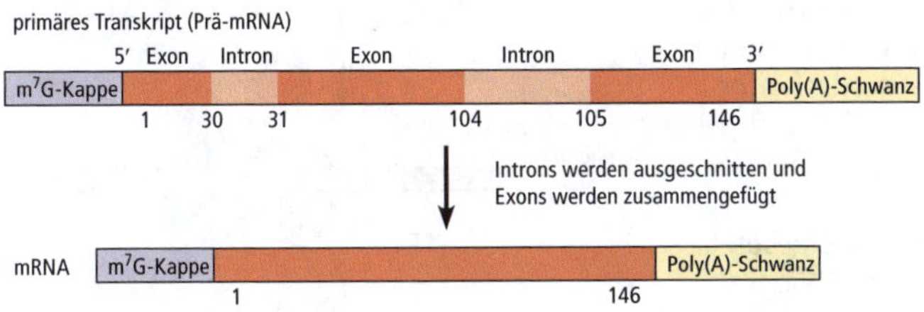

Abbildung 20.13: Überblick über das RNA-Spleißen. Das mit einer Kappe und mit einem Poly(A)-Schwanz versehene primäre Transkript des menschlichen β-Globin-Gens enthält drei Exons (dunkelrot) und zwei Introns (hellrot). Die Zahlen verweisen auf die Codonpositionen in der endgültigen mRNA. In der reifen mRNA, die man durch RNA-Spleißen erhält, wurden die Introns ausgeschnitten und die Exons miteinander verbunden. Es entsteht ein Molekül mit einer durchgehenden Kodierungssequenz. Die Ribosomen der Zelle translatieren diese Nachricht in ein Polypeptid aus 146 Aminosäuren.

Die Bedeutung des RNA-Spleißen für die Gesundheit des Menschen wurde durch die Entdeckung deutlich, dass ungefähr 15 % der Erbkrankheiten beim Menschen auf Fehler beim Spleißen in der Prä-mRNA zurückzuführen sind. Das exakte Spleißen ist unerlässlich, denn ein einziger Nucleotidfehler würde den Leserasterrahmen der mRNA verändern, und damit wäre er nutzlos. Die Präzision des Spleißvorgangs kann man beeinflussen, indem man kurze Basensequenzen an beiden Enden eines Introns unterbricht. Daraus ergibt sich die Vermutung, dass diese Sequenzen die Position der *5′- und der 3′-Spleißstellen* bestimmen – das heißt, die Stellen, an denen die beiden Enden eines Introns während seiner Entfernung gespalten werden. Durch Analyse der Basensequenzen von Hunderten verschiedener Introns ist bekannt, dass das 5′-Ende eines Introns typischerweise mit der Sequenz GU beginnt und das 3′-Ende mit der Sequenz AG endet. Außerdem weist ein kurzer Abschnitt von Basen neben diesen GU- und AG-Sequenzen bei den verschiedenen Introns tendenziell eine Ähnlichkeit auf. Die Basensequenz des restlichen Introns scheint für den Spleißvorgang weitestgehend bedeutungslos zu sein. Obwohl die Anzahl der Introns von wenigen Dutzend Nucleotiden Länge bis zu Tausenden reicht, kann man den größten Teil des Introns künstlich entfernen, ohne den Spleißvorgang zu verändern. Eine besondere Sequenz, die mehrere Dutzend Nucleotide stromaufwärts des 3′-Endes des Introns liegt, stellt eine Ausnahme dar. Es handelt sich um den *Verzweigungspunkt*. Der Verzweigungspunkt spielt im Mechanismus zur Entfernung der Introns eine wichtige Rolle.

Das Entfernen des Introns wird von Spleißosomen katalysiert. Spleißosomen sind große, molekulare Metalloenzymkomplexe, die aus fünf Arten von RNA kombiniert mit mehr als 200 Proteinen bestehen und zur Durchführung der Reaktionen Mg^{2+} benötigen. Dank elektronenmikroskopischer Aufnahmen weiß man, dass Spleißosomen auf Prä-mRNA-Molekülen zusammengesetzt werden, während die Synthese der Prä-mRNA noch abläuft. Daraus kann man folgern, dass das Intron vor Ende der Transkription der Prä-mRNA entfernt wird. Die auf Prä-mRNAs zusammengebauten Spleißosomen werden aus einer Gruppe kleiner RNA-Proteinkomplexe, den sogenannten **snRNPs** (kleine nucleäre Ribonucleoproteine; engl.: *small nuclear ribonucleoproteins*) und weiteren Proteinen gebildet. Jedes snRNP (man spricht diese Abkürzung englisch „snurp" aus) enthält ein oder zwei kleine Moleküle eines bestimmten RNA-Typs, der sogenannten snRNA (kleine nucleäre RNA; engl.: *small nuclear RNA*).

In ▸ *Abbildung 20.14* wird zusammenfassend dargestellt, wie Spleißosomen durch sequenzielle Bindung von snRNPs an Prä-mRNA zusammengesetzt werden. Im ersten Schritt wird ein snRNP, das sogenannte U1, gebunden. Dessen RNA enthält eine spezielle Nucleotidsequenz und ermöglicht die Basenpaarung mit der 5′-Spleißstelle. Ein zweites snRNP, das U2, bindet dann an die Verzweigungspunkt-Sequenz. Schließlich bringt eine andere Gruppe von snRNPs (U4/U6 und U5) die beiden Enden des Introns zusammen und es entsteht ein reifes Spleißosom. Das ist ein massiver Komplex in der Größenordnung eines Ribosoms. Zu diesem Zeitpunkt wird die Prä-mRNA an der 5′-Spleißstelle gespalten und das nun freigelegte 5′-Ende des Introns wird kovalent mit einem Adeninrest verknüpft, der an der Verzweigungspunkt-Sequenz liegt. Dadurch entsteht eine schleifenförmige, lassoartige Struktur, das *Lariat*. Daraufhin wird die 3′-Spleißstelle gespalten und die beiden Enden des Exons werden verknüpft, wodurch das Intron für den nachfolgenden Abbau freigesetzt wird. Ein Multiproteinkomplex, der **Exon-Verbindungskomplex (EJC**; engl.: *exon junction complex*) wird in der Nähe des Randes eines jeden neu gebildeten Exon-Exon-Komplexes abgesetzt. EJCs werden für den effizienten Export von mRNA aus dem Zellkern benötigt. Sie beeinflussen zudem verschiedene regulatorische Ereignisse, darunter Lokalisierung und Translation der mRNA.

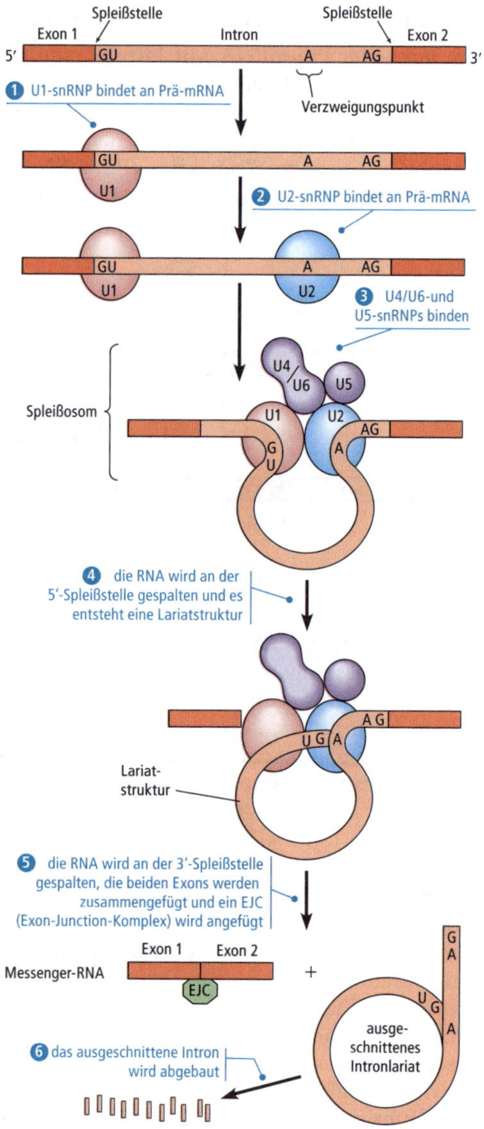

Abbildung 20.14: Entfernen eines Introns durch Spleißosomen. Das Spleißosom ist ein RNA-Proteinkomplex, der im eukaryotischen Zellkern die Prä-mRNA, die ein Intron enthält, spleißt. Das hier dargestellte Substrat ist ein Prä-mRNA-Molekül mit zwei Exons und einem Intron. Die Prä-mRNA setzt sich schrittweise mit dem U1-snRNP, dem U2-snRNP und den U4/U6- sowie U5-snRNPs (sowie mit einigen Nicht-snRNP-Spleißfaktoren) zusammen und bildet ein reifes Spleißosom. Die Prä-mRNA wird dann an der 5′-Spleißstelle gespalten und das soeben freigelegte 5′-Ende mit dem Adenin-Molekül (A) an der Verzweigungspunkt-Sequenz verknüpft. Dadurch entsteht eine schleifenförmige Lariatstruktur. Schließlich wird die 3′-Spleißstelle gespalten und die beiden Enden des Exons werden verknüpft, wodurch das Intron für den anschließenden Abbau freigesetzt wird.

Neben der Hauptklasse von Introns, deren 5′- und 3′-Enden GU- bzw. AG-Sequenzen enthalten, gibt es noch eine zweite Klasse von Introns mit AU- und AC-Sequenzen an diesen Stellen. Diese

„AU-AC"-Introns werden häufig von einem zweiten Typ von Spleißosomen ausgeschnitten. Dieser Typ unterscheidet sich im Hinblick auf die snRNP-Zusammensetzung von dem in *Abbildung 20.14* dargestellten Spleißosom. Die vielen Typen von Introns und Spleißosomen führen zu großer Komplexität, aber dennoch liegt ihnen allen ein gemeinsames Prinzip zugrunde: Die snRNA-Moleküle in den Spleißosomen wirken direkt an der Erkennung der Spleißstelle, dem Zusammenbau des Spleißosoms und dem katalytischen Mechanismus des Spleißens mit. Die Idee, dass die snRNAs als Katalysator wirken könnten, kam mit der Entdeckung selbstspleißender RNA-Introns auf. Diese sind unser nächstes Thema.

20.5.5 Einige Introns sind selbstspleißend

Obwohl zur Entfernung eines Introns fast immer die Mitwirkung der Spleißosomen erforderlich ist, gibt es einige wenige Gentypen mit *selbstspleißenden RNA-Introns*. Das RNA-Transkript eines solchen Gens führt den gesamten Vorgang des RNA-Spleißens ohne Hilfe eines Proteins durch (zum Beispiel in einem Reagenzglas). Die RNA des Introns katalysiert diesen Vorgang selbst. Sie sind die sogenannten *Ribozyme*.

Es gibt zwei Hauptgruppen von Introns, deren RNA als Ribozyme wirken und das eigene Entfernen katalysieren. Die erste Gruppe, die sogenannten *Gruppe-I-Introns*, kommen im mitochondrialen Genom von Pilzen (z. B. Hefen) in den rRNA-Genen vor sowie in den Genen, die Komponenten für das Elektronentransportsystem kodieren. Die Gruppe-I-Introns kommen auch in mitochondrialen Genen der Pflanzen vor, in einigen rRNA- und tRNA-Genen von Chloroplasten, in den nucleären rRNA-Genen einiger einzelliger Eukaryoten, in einigen tRNA-Genen von Bakterien und in einigen wenigen Bakteriophagen-Genen, die mRNAs kodieren. Gruppe-I-Introns werden in Form von linearen RNA-Fragmenten ausgeschnitten.

Im Gegensatz dazu werden die *Gruppe-II-Introns* als Lariatstrukturen ausgeschnitten, in denen ein Adenin innerhalb des Introns einen Verzweigungspunkt bildet, so wie beim Mechanismus des Spleißosoms. Die Gruppe-II-Introns kommen in den Genen der Mitochondrien und Chloroplasten der Pflanzen sowie der einzelligen Eukaryoten und in den Genomen einiger Archaea und Bakterien vor. Biologen sind der Auffassung, dass der heute vorherrschende Spleißmechanismus, der auf Spleißosomen beruht, sich im Laufe der Evolution aus Gruppe-II-Introns entwickelte, wobei die katalytische Rolle der RNA von den snRNA-Molekülen des Spleißosom übernommen wurde. Diese Idee wurde durch die Entdeckung erhärtet, dass Protein-freie RNA-Moleküle, die man aus Spleißosomen isoliert hatte, den ersten Schritt der Spleißreaktion am Adenin-Verzweigungspunkt katalysieren können.

20.5.6 Die Existenz von Introns ermöglicht alternatives Spleißen und Exonvermischung (Exon-Shuffling)

Die brennenden Fragen bei Exons sind: Warum haben fast alle Gene mehrzelliger Eukaryoten Exons? Warum haben Zellen so viel DNA, die anscheinend keine kodierende Funktion ausübt? Warum wird in jeder Zellgeneration derartig viel Energie in die Synthese von DNA-Segmenten – und deren RNA-Transkripte – investiert, die scheinbar keinem Zweck dienen und nur für den Spleißabfallhaufen bestimmt scheinen?

Genau genommen ist es nicht wahr, dass Introns niemals eigenständig Aufgaben übernehmen. Es gibt einige Fälle, in denen Intron-RNAs prozessiert werden und funktionale Produkte hervorbringen, die nicht abgebaut werden. Es gibt zum Beispiel einige Typen von snoRNA – deren Rolle bei der Steuerung der Prä-rRNA-Methylierung und Spaltung wir an früherer Stelle in diesem Kapitel erläutert haben –, die von Introns abstammen, welche zuerst von der Prä-mRNA entfernt und dann zu snoRNA prozessiert werden. Es gibt auch einige wenige Fälle, in denen Introns sogar zu Proteinen translatiert werden.

Ungeachtet dieser Ausnahmen werden die meisten Introns abgebaut, ohne jemals eine offensichtliche Funktion ausgeführt zu haben. Ein Vorteil dieses scheinbar verschwenderischen Arrangements scheint darin zu bestehen, dass durch Gegenwart von Introns jedes Prä-mRNA-Molekül auf mehrere Arten gespleißt werden kann, wodurch zwei, drei oder mehr als 100 verschiedene mRNAs (und damit auch Polypeptide) aus ein und demselben Gen entstehen können. Dieses Phänomen, das sogenannte **alternative Spleißen**, beruht auf Mechanismen, die bestimmte Spleißstellen aktivieren oder überspringen (▸*Abbildung 20.15*). Diese Spleißstellen werden von verschiedenen Molekülen kontrolliert, unter anderem regulatorischen Proteinen und snoRNAs. Sie binden an *Splicing-enhancer-* und *Splicing-silencer*-Sequenzen in den Prä-mRNAs. Durch Bindung des geeigneten regulatorischen Moleküls an den Splicing enhancer oder silencer werden einzelne Spleißstellen entweder aktiviert oder übersprungen.

Das Vorkommen von alternativem Spleißen kann einen Beitrag zum Verständnis der biologischen Komplexität von Wirbeltieren leisten, die ohne großartigen Anstieg der Anzahl der Gene im Vergleich zu einfacheren Organismen erreicht wird. Anstatt die Anzahl der Gene zu erhöhen, transkribiert der Mensch die Mehrzahl seiner Gene zu Prä-mRNAs, die auf verschiedene Weisen gespleißt werden können. Daraus resultiert, dass die ungefähr 23.000 menschlichen Gene mRNAs bilden, die Hunderte oder Tausende verschiedener Polypeptide kodieren können.

Eine weitere Funktion der Introns ist, dass sie die Evolution neuer Protein-kodierender Gene ermöglichen. Dies gelingt durch Rekombinationsereignisse, die Exons in neuen Kombinationen zusammenführen. Daran wirken mindestens zwei verschiedenen Mechanismen mit, die beide darauf beruhen, dass es sich bei Introns um lange DNA-Teilstücke handelt, auf denen ohne Beschädigung der kodierenden Sequenzen eine genetische Rekombination stattfinden kann. Zum einen wird die genetische Rekombination zwischen den Introns verschiedener Gene neue Gene hervorbringen, die Exons in neuen Kombinationen enthalten – eine *Exonvermischung (*engl.: *exon shuffling)*. Zweitens können durch Rekombination auch Kopien eines einzelnen Exons in einem Gen verdoppelt werden. Die beiden Kopien könnten als exakte Duplikate weiter existieren oder eine Kopie könnte zu einer Sequenz mutieren, die in dem Polypeptid, das von dem Gen kodiert wird, eine neue Aktivität ausführt.

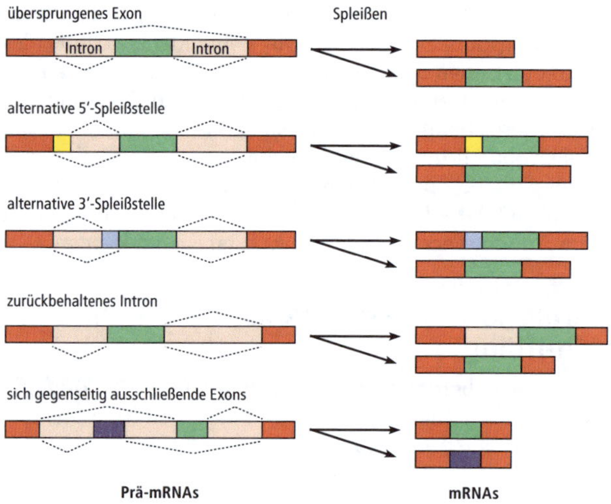

Abbildung 20.15: Beispiele für alternatives Spleißen. Diese Zeichnung veranschaulicht fünf alternative Spleißmechanismen, sodass aus einer Prä-mRNA durch Aktivierung (enhancing) oder Überspringen (silencing) einzelner Spleißstellen verschiedene mRNAs hervorgehen. Die dünne, gestrichelte Linie oberhalb und unterhalb einer jeden Prä-mRNA stellt die Spleißstellen dar, aus denen in jedem Beispiel zwei verschiedene mRNAs hervorgehen.

20.5.7 Durch RNA-Bearbeitung können kodierende mRNA-Sequenzen verändert werden

Ein Jahrzehnt nach Entdeckung der Introns und des RNA-Spleißens entdeckten Molekularbiologen noch einen weiteren unerwarteten Typ der mRNA-Prozessierung, die sogenannte **RNA-Editierung**. Bei der RNA-Editierung können nur ein einziges Nucleotid oder bis zu Hunderte von Nucleotiden eingefügt, entfernt oder innerhalb der kodierenden Sequenz einer mRNA chemisch modifiziert werden. Derartige Veränderungen können neue Start- oder Stoppcodons hervorbringen oder sie können das Leseraster der Nachricht ändern.

Einige der am besten untersuchten Beispiele für RNA-Editierung laufen in den mitochondrialen mRNAs von Trypanosomen ab, einem einzelligen Wirbeltierparasiten. In diesen mRNAs wird die

Editierung durch Insertion und Deletion mehrerer Uracilnucleotide an verschiedenen Punkten in der mRNA eingesetzt. Die Information für diese Editierung liegt in kleinen RNA-Molekülen, den sogenannten **gRNAs** (engl.: *guide RNAs*), die von mitochondrialen Genen getrennt von den mRNA-Genen kodiert werden. Ein möglicher Editierungsmechanismus beinhaltet, dass kurze komplementäre Regionen der gRNA und der mRNA durch Wasserstoffbrückenbindungen verknüpft werden und dann nahegelegene Sequenzen von Uracilmolekülen in der gRNA zu mRNA gespleißt werden.

Ein anderer Typ der Editierung läuft in den mRNAs der Mitochondrien und Chloroplasten von Blütenpflanzen ab. In diesen Fällen werden die Nucleotide weder inseriert noch deletiert, aber Cytosine werden durch Desaminierungsreaktionen (und Aminierungsreaktionen) in Uracil (und umgekehrt) umgewandelt. Ähnliche Basenumwandlungen wurden auch in den nucleär kodierten mRNA-Transkripten tierischer Zellen entdeckt. Ein einzelnes Codon in der mRNA, das aus dem Apolipoprotein-B-Gen eines Säugetiers transkribiert wurde, durchläuft während der RNA-Editierung eine Umwandlung von C zu U. Bei einem anderen Typ der Editierung, den man in tierischen Zellkernen nachgewiesen hat, wird Adenosin (A) zu Inosin (I), das im Hinblick auf seine Basenpaarungseigenschaften dem Guanosin (G) ähnelt. Eine solche A-zu-I-Editierung wurde vor allem in den nichtkodierenden Regionen der mRNAs entdeckt, die von mehr als 1.600 menschlichen Genen gebildet werden. Der Grund, warum Inosine in nicht-translatierte Regionen von mRNAs eingefügt werden, ist ein Rätsel, doch als Erklärung wurden mögliche Aufgaben zur Regulation der RNA-Stabilität, Lokalisierung und Translationsgeschwindigkeit vorgeschlagen.

20.6 Schlüsselaspekte des mRNA-Metabolismus

Bevor wir dieses Kapitel beenden, sollten wir zwei Schlüsselaspekte des mRNA-Metabolismus betrachten, die für unser gesamtes Verständnis des Verhaltens von mRNA-Molekülen in den Zellen von Bedeutung sind. Dabei handelt es sich um die kurze Lebensspanne der meisten mRNAs und die Fähigkeit der mRNA, genetische Information zu amplifizieren.

20.6.1 Die meisten mRNA-Moleküle haben eine relativ kurze Lebensspanne

Die meisten mRNA-Moleküle haben eine hohe Umsatzrate – das ist die Geschwindigkeit, mit der die Moleküle abgebaut und durch neu synthetisierte Moleküle ersetzt werden. In dieser Hinsicht unterscheidet sich die mRNA stark von den anderen Hauptformen von RNA in der Zelle, der rRNA und der tRNA. Sie sind von beachtlicher Stabilität. Aufgrund ihrer kurzen Lebensspanne übernimmt die mRNA den größten Anteil der Transkriptionsaktivität in vielen Zellen, obwohl sie nur einen Bruchteil der gesamten RNA ausmacht. Die Umsatzrate wird im Allgemeinen mit der *Halbwertszeit* des Moleküls gemessen. Darunter versteht man die Zeit, die benötigt wird, um 50 % der Moleküle, die zu einem bestimmten Zeitpunkt vorhanden sind, abzubauen. Die Halbwertszeit einiger mRNA-Moleküle bakterieller Zellen liegt bei nur wenigen Minuten, während die Halbwertszeit eukaryotischer mRNAs zwischen mehreren Stunden und einigen Tagen schwankt.

Da die Geschwindigkeit, mit der eine bestimmte mRNA abgebaut wird, die Zeitspanne bestimmt, in der dieses Molekül translatiert werden kann, kann sich eine veränderte Lebensdauer der mRNA auf die Proteinmenge auswirken, die durch eine bestimmte Information gebildet wird.

20.6.2 Die Existenz der mRNA ermöglicht die Amplifikation der genetischen Information

Dadurch, dass aus demselben Teilstück der DNA-Matrize immer wieder mRNA-Moleküle synthetisiert werden können, haben Zellen die wichtige Möglichkeit zur Amplifikation der genetischen Information. Würden DNA-Gensequenzen direkt zur Proteinsynthese eingesetzt, dann wäre die Anzahl der Proteinmoleküle, die von jedem Gen innerhalb einer bestimmten Zeit translatiert werden könnte, durch die Geschwindigkeit der Polypeptidsynthese strengstens begrenzt. Wir haben aber ein System, in dem mRNA als Zwischenprodukt dient und Mehrfachkopien des Informationsgehalts eines Gens erstellt werden können. Jede dieser Kopien kann wiederum zur Synthese des Proteinprodukts herangezogen werden.

Ein besonders drastisches Beispiel für die Wirkung der Amplifikation ist die Synthese von *Fibroin*, dem wichtigsten Seidenprotein. Das haploide Genom der Seidenraupe besitzt nur ein Fibroingen, dafür werden aber in jeder diploiden Zelle der Seidenraupendrüse 10^4 Kopien der Fibroin-mRNA aus den zwei Kopien des Gens transkribiert. Jedes dieser mRNA-Moleküle steuert seinerseits die Synthese von ungefähr 10^5 Fibroinmolekülen. Daraus geht die Bildung von mehr als 10^9 Molekülen Fibroin pro Zelle hervor – und das alles innerhalb von vier Tagen, welche die Raupe zum Spinnen ihres Kokons benötigt! Ohne mRNA als Zwischenprodukt bräuchte das Genom der Seidenraupe 10^4 Kopien des Fibroin-Gens (oder circa 40.000 Tage!), um den Kokon fertigzustellen.

Bedeutsamer Weise liegen die meisten Protein-kodierenden Gene nur in einer oder wenigen Kopien pro haploidem Genom vor. Im Gegensatz dazu kommen Gene, die rRNA und tRNA kodieren, immer in Mehrfachkopien vor. Für die Zelle ist es von Vorteil, viele Kopien der Gene vorliegen zu haben, deren Endprodukt RNA ist (und nicht Protein), denn dann ist es nicht nötig, die Wirkung jedes Gens durch wiederholte Translation zu amplifizieren.

Genexpression II: Proteinsynthese und Sortierung

21

ÜBERBLICK

Im vorangegangenen Kapitel haben wir uns mit der Expression von DNA und RNA beschäftigt, dabei das Gebiet der DNA-Transkription abgedeckt und anschließend die Prozessierung der entstandenen RNA-Transkripte behandelt. Das Endprodukt der Genexpression bei Genen, die ribosomale und Transfer-RNAs (und einige andere kleine RNAs) kodieren, ist RNA. Es gibt aber im Genom eines Organismus Tausende anderer Gene, deren Genprodukt ein Protein ist. In diesem Kapitel erklären wir, wie Messenger-RNAs (mRNAs), die von diesen Protein-kodierenden Genen gebildet werden, zu Polypeptiden translatiert werden, wie Polypeptide zu funktionalen Proteinen werden und wie Proteine zu ihren Bestimmungsorten gelangen, an denen sie ihre Funktionen erfüllen.

Die Translation, der Schlüsselschritt für die Bildung von Proteinmolekülen, beinhaltet einen „Sprachenwechsel" von der Nucleotidbasensequenz eines mRNA-Moleküls in die Aminosäuresequenz einer Polypeptidkette. Während dieses Vorgangs spezifiziert eine Sequenz von mRNA-Nucleotiden, die als Triplettcodons gelesen werden, die Reihenfolge, in der die Aminosäuren an die wachsende Polypeptidkette angefügt werden. Ribosomen dienen als intrazelluläre Stellen der Translation, während RNA-Moleküle die Insertion der richtigen Aminosäuren an jeder Position im Polypeptid sicherstellen. Wir beginnen mit einem Überblick über die zelluläre Rollenbesetzung bei der Ausführung der Translation, und im Anschluss schauen wir uns jeden Schritt einzeln an.

21.1 Translation: Die Rollenbesetzung

Die zelluläre Maschinerie zur Translation von mRNA in Polypeptide umfasst fünf Hauptkomponenten: *Ribosomen*, welche die Polypeptidsynthese ausführen, *tRNA-Moleküle*, welche die Aminosäuren auf dem mRNA-Matrizenstrang in der richtigen Reihenfolge anordnen, *Aminoacyl-tRNA-Synthetasen*, die Aminosäuren an die passenden tRNA-Moleküle binden, *mRNA*-Moleküle, welche die Information der Aminosäuresequenz für die zu synthetisierenden Polypeptide kodieren, und *Proteinfaktoren*, die bei mehreren Schritten des Translationsvorgangs helfen. Die Vorstellung der Hauptakteure beginnt mit den Ribosomen.

21.1.1 Ribosomen synthetisieren Polypeptide

Ribosomen spielen bei der Proteinsynthese eine zentrale Rolle, indem sie die mRNA und die Aminosäuren transportierenden tRNAs so ausrichten, dass der genetische Code exakt gelesen werden kann. Außerdem katalysieren sie die Bildung der Peptidbindungen, um die Aminosäuren zu einem Polypeptid zu verbinden. In *Kapitel 3* haben Sie gelernt, dass Ribosomen Partikel aus ribosomaler RNA (rRNA) und Protein sind, die im Cytoplasma liegen und bei den Eukaryoten außerdem in der mitochondrialen Matrix und im Chloroplastenstroma. Im eukaryotischen Cytoplasma kommen Ribosomen frei im Cytosol vor, aber auch an die Membranen des endoplasmatischen Reticulums und die äußeren Kernhüllenmembranen gebunden. Die Ribosomen Archaea und Bakterien sind kleiner als die der Eukaryoten, obwohl viele ribosomale Proteine, Translationsfaktoren und tRNAs der Archaea größere Ähnlichkeit mit den eukaryotischen Gegenstücken aufweisen als mit vergleichbaren Komponenten bei den Bakterien.

In ▸*Abbildung 21.1* finden sie eine elektronenmikroskopische Aufnahme eines typischen bakteriellen Ribosoms. Wie alle Ribosomen besteht es aus zwei untrennbaren Untereinheiten, einer *großen* und einer *kleinen Untereinheit*. Das bakterielle Ribosom hat einen Sedimentationskoeffizienten von ungefähr 70S und setzt sich aus einer kleinen Untereinheit von 30S und einer großen Untereinheit von 50S zusammen. Das eukaryotische Äquivalent ist ein 80S-Ribosom, das aus einer 40S- und einer 60S-Untereinheit besteht. Das bakterielle Ribosom enthält weniger Proteine, ist gegenüber verschiedenen Inhibitoren der Proteinsynthese sensitiv und hat kleinere RNA-Moleküle (und eine RNA weniger) als eukaryotische Ribosomen. In *Kapitel 20* haben Sie erfahren, dass rRNAs durch Spaltung und Prozessierungsreaktionen, die bei den Eukaryoten im Nucleolus stattfinden, aus größeren Vorläufermolekülen hervorgehen. Während dieser Prozessierungsereignisse assoziieren die rRNAs mit ribosomalen Proteinen und setzen sich selbsttätig zu großen und kleinen Untereinheiten zusammen, die erst nach Bindung an die mRNA zusammengeführt werden. Dank der Röntgenstrahlkristallographie vermochte man die Anordnung einzelner Proteine und RNA-Moleküle der kleinen und großen Untereinheiten der bakteriellen Ribosomen bis zur Atomebene genau zu bestimmen. Venkatraman Ramakrishnan, Thomas A. Steitz und Ada E. Yonath erhielten für ihren Beitrag zu dieser bahnbrechenden Leistung 2009 den Nobelpreis für Chemie.

Mit Hinblick auf ihre Funktion werden die Ribosomen gelegentlich als „Werkbänke" der Proteinsynthese bezeichnet, aber aufgrund ihrer aktiven Rolle bei der Polypeptidsynthese ist die Bezeichnung „Maschine" passender. Im Grunde ähnelt die Rolle des Ribosoms bei der Polypeptidsynthese der eines großen, komplizierten Enzyms, das sich aus mehr als 50 verschiedenen Proteinen und mehreren rRNA-Arten zusammensetzt. Viele Jahre lang ging man davon aus, dass die rRNA lediglich ein Strukturgerüst für ribosomale Proteine bereitstellt, und diese eigentlich die einzelnen Schritte der Polypeptidsynthese ausführen. Heute wissen wir jedoch, dass genau das Gegenteil dieser Annahme eher der Wahrheit entspricht – die rRNA führt viele der Schlüsselfunktionen des Ribosoms aus.

Auf dem Ribosom gibt es vier Stellen, die hinsichtlich der Proteinsynthese von besonderer Bedeutung sind (▸*Abbildung 21.2*). Dabei handelt es sich um die **mRNA-Bindungsstelle** und drei Bindungsstellen, an die tRNA binden kann: eine **A-Stelle (Aminoacylstelle)**, an die neu ankommende tRNA mit seiner angefügten Aminosäure bindet, eine **P-Stelle (Peptidylstelle)**, an der die tRNA liegt, welche die wachsende Polypeptidkette transportiert, und eine **E-Stelle (Exitsite)**, von der aus die tRNAs die Ribosomen verlassen, nachdem sie ihre Aminosäuren abgeladen haben. Auf den nächsten Seiten wird klar werden, welche Funktionen diese Stellen bei der Translation übernehmen.

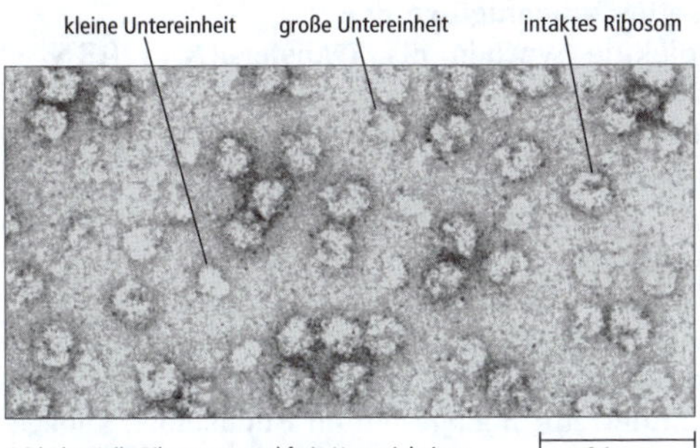

(a) bakterielle Ribosomen und freie Untereinheiten

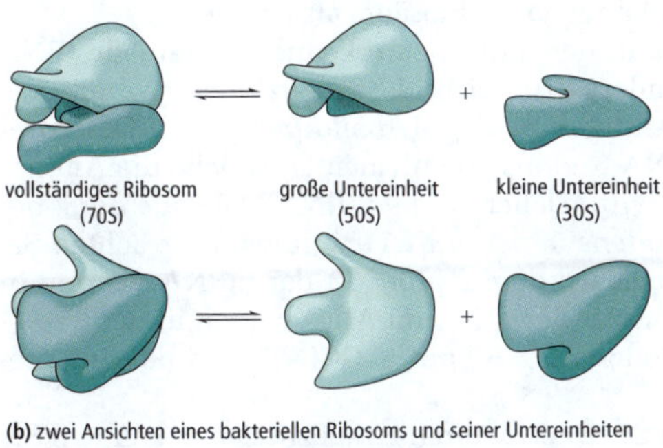

(b) zwei Ansichten eines bakteriellen Ribosoms und seiner Untereinheiten

Abbildung 21.1: Das bakterielle Ribosom. (a) Die elektronenmikroskopische Aufnahme zeigt sowohl intakte Ribosomen als auch einzelne Untereinheiten (TEM). (b) Die beiden Strukturmodelle, die auf diesen Aufnahmen beruhen, zeigen zwei Ansichten, in denen das Ribosom um 90 Grad gedreht wurde. Bakterielle Ribosomen haben einen Durchmesser von ungefähr 25 nm. (Eukaryotische cytoplasmatische Ribosomen haben in etwa die gleiche Form und einen Durchmesser von circa 30 nm.)

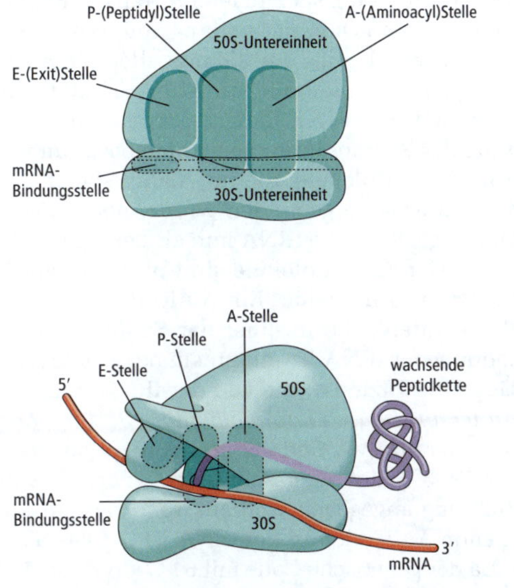

Abbildung 21.2: Bindungsstellen eines Ribosoms. Ribosomen enthalten A- und P-Bindungsstellen, an die sich während der Polypeptidsynthese tRNA-Moleküle anknüpfen, die Aminosäuren transportieren. Außerdem gibt es eine E-Stelle, von der aus entladene tRNAs das Ribosom verlassen. Die mRNA-Bindungsstelle bindet eine spezifische Nucleotidsequenz nahe des 5′-Endes der mRNA. Dadurch wird die mRNA in die richtige Position für die Translation ihres ersten Codons gebracht. Alle Bindungsstellen liegen an oder nahe der Schnittstelle zwischen den großen und den kleinen Untereinheiten. In der oberen Zeichnung, die eine schematische Darstellung des bakteriellen Ribosoms ist, zeigen die beiden horizontalen gestrichelten Linien die Lage des mRNA-Moleküls an. Die untere Zeichnung entspricht mehr der Realität.

21.1.2 Transfer-RNA-Moleküle bringen Aminosäuren zum Ribosom

Da die Sequenz der Codons in der mRNA letztendlich die Aminosäuresequenz von Polypeptidketten bestimmt, muss es einen Mechanismus geben, der dafür sorgt, dass die Codons die Aminosäuren in der richtigen Reihenfolge anordnen können. Die grundlegenden Eigenschaften dieses Mechanismus wurden erstmalig 1957 von Francis Crick vorgestellt. Mit bemerkenswerter Weitsicht postulierte Crick, dass die Aminosäuren die Nucleotidbasensequenzen nicht direkt erkennen können und dass daher eine Art hypothetisches „Adapter"-Molekül die Wechselwirkung zwischen Aminosäuren und mRNA vermitteln müsste. Außerdem sagte er voraus, dass jedes Adaptermolekül zwei Stellen besitzt, von denen eine Bindungsstelle eine spezifische Aminosäure bindet und die andere eine mRNA-Basensequenz erkennt, welche diese Aminosäure kodiert.

Im Jahr nach Cricks Adapterhypothese entdeckte Mahlon Hoagland eine Familie von Adaptermolekülen, auf die diese vorhergesagten Merkmale zutrafen. Bei der Untersuchung des Prozesses der Proteinsynthese in zellfreien Systemen hatte Hoagland herausgefunden, dass radioaktive Aminosäuren zuerst kovalent an kleine RNA-Moleküle gebunden werden. Durch Anfügen dieser Aminosäure-RNA-Komplexe an Ribosomen begannen Proteinsynthese und Aufnahme radioaktiver Aminosäuren in neue Proteine. Daraus folgerte Hoagland, dass Aminosäuren zu Beginn an kleine RNA-Moleküle gebunden werden, welche die Aminosäuren dann zum Ribosom transportieren, wo sie anschließend in neu entstehende Polypeptidketten eingefügt werden.

Die kleinen, von Hoagland entdeckten RNA-Moleküle wurden als **Transfer-RNAs (tRNAs)** bezeichnet. Gemäß ihrer Rolle als Vermittler zwischen mRNA und Aminosäuren sind die tRNA-Moleküle in zweifacher Hinsicht spezifisch: Jede tRNA bindet an eine spezifische Aminosäure, und jede tRNA erkennt gemäß des genetischen Codes ein oder mehrere mRNA-Codons, welche die jeweilige Aminosäure spezifizieren. Transfer-RNAs binden über Esterbindungen an ihre zugehörigen Aminosäuren. Die Esterbindung knüpft die Aminosäure an die 2'- oder 3'-Hydroxylgruppe des Adenin-Nucleotids, das am 3'-Ende aller tRNA-Moleküle liegt (▸*Abbildung 21.3a*). Für die Wahl der richtigen Aminosäure für jede tRNA sind die Enzyme verantwortlich, welche die Bildung der Esterbindung katalysieren (darauf werden wir gleich eingehen). Vereinbarungsgemäß wird die Bezeichnung der Aminosäure, die an eine bestimmte tRNA bindet, mit hochgestellten Buchstaben angegeben. tRNA-Moleküle, die für Alanin spezifisch sind, bezeichnet man somit als $tRNA^{Ala}$. Nachdem die Aminosäure gebunden wurde, nennt man die tRNA **Aminoacyl-tRNA** (z. B. Alanyl-$tRNA^{Ala}$). Man bezeichnet die tRNA nun als beladen und die gebundene Aminosäure als aktiviert.

Transfer-RNA-Moleküle sind in der Lage, Codons in der mRNA zu erkennen, denn jede tRNA besitzt ein **Anticodon**. Ein Anticodon ist eine besondere Trinucleotid-Sequenz (Sequenz aus drei Nucleotiden), die in einer der Schleifen des tRNA-Moleküls liegt (*Abbildung 21.3a*). Das Anticodon jeder tRNA ist mit einem oder mehreren mRNA-Codons komplementär, welche die Aminosäure spezifizieren, die von der tRNA transportiert wird. Daher *können tRNA-Moleküle dank der Anticodons durch komplementäre Basenpaarung Codons in der mRNA erkennen*. Bitte achten Sie stets darauf, wie Codons und Anticodons geschrieben werden: Codons in der mRNA werden in der 5'→3'-Richtung geschrieben, während Anticodons in der tRNA im Allgemeinen in der 3'→5'-Richtung angegeben werden. Somit ist eines der Codons für Alanin 5'-GCC-3', und das entsprechende Anticodon in der tRNA ist 3'-CGG-5'.

Da der genetische Code mit 61 Codons arbeitet, um die Aminosäuren zu spezifizieren, könnten Sie erwarten, 61 verschiedene tRNA-Moleküle vorzufinden, die an der Proteinsynthese mitwirken. Jedes tRNA-Molekül würde ein anderes Codon erkennen. Die Anzahl der tRNAs liegt allerdings weit unter 61, denn viele tRNA-Moleküle erkennen mehr als nur ein Codon. Diese Tatsache können Sie nachvollziehen, wenn Sie sich die Tabelle des genetischen Codes anschauen (siehe *Abbildung 20.3*). Codons, die sich in der dritten Base unterscheiden, kodieren häufig die gleiche Aminosäure. Zum Beispiel kodieren UUU und UUC Phenylalanin, UCU, UCC, UCA und UCG kodieren alle Serin und so weiter. In diesen Fällen kann die gleiche tRNA an mehr als ein Codon binden und begeht dabei keinen Fehler. Eine einzige tRNA kann beispielsweise die Codons UUU und UUC erkennen, denn sie kodieren beide die Aminosäure Phenylalanin.

Aufgrund dieser Überlegungen schlug Francis Crick die Theorie vor, dass mRNA und tRNA sich auf dem Ribosom so auflagern, dass die Basenpaarung für die dritte Base des Codons und der entsprechenden Base im Anticodon flexibler oder „wackeliger" (engl.: *to wobble* = wackeln) ist als für die ersten beiden Basen. Gemäß dieser **Wobble-Hypothese** ermöglicht die Flexibilität der Codon-Anticodon-Bindung die Bildung auch ungewöhnlicher Paarungen. Die seltene Base Inosin (I), die in anderen RNA-Molekülen außerordentlich selten vorkommt, tritt häufig in der Wobble-Position von tRNA-Anticodons auf (siehe *Abbildung 21.3a*). Inosin ist die flexibelste aller Basen auf Position drei, denn sie kann mit U, C oder A eine Basenpaarung eingehen. Eine tRNA mit dem Anticodon 3′-UAI-5′ kann zum Beispiel die Codons AUU, AUC und AUA erkennen, die alle die Aminosäure Isoleucin kodieren.

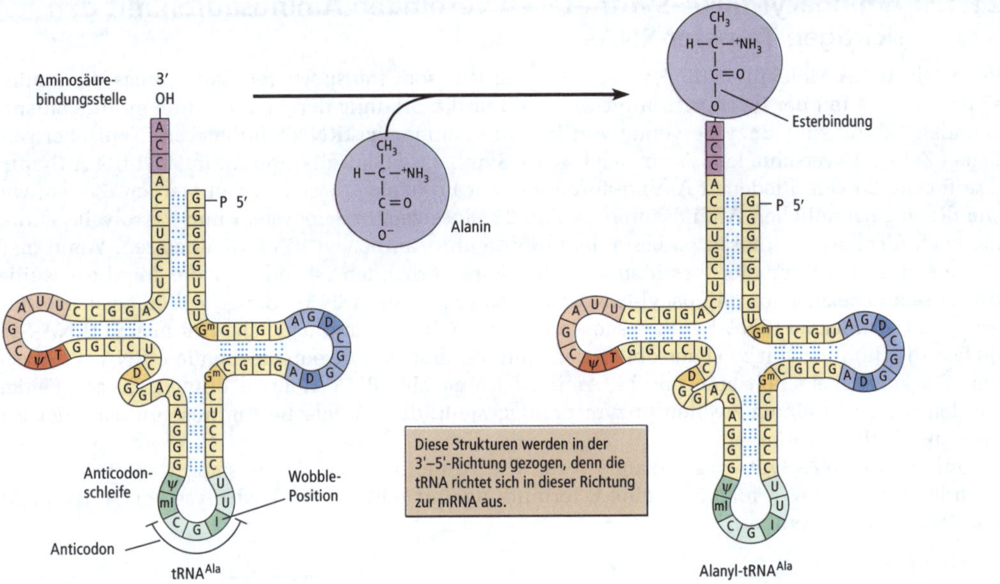

(a) Sekundärstruktur der tRNA vor und nach Bindung der Aminosäure

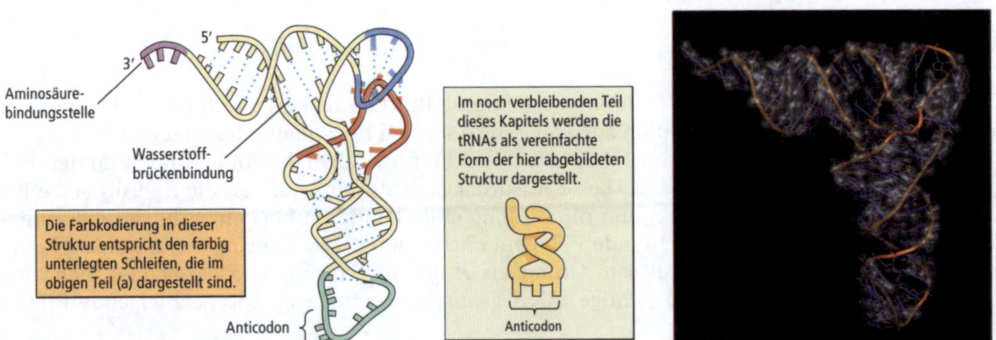

(b) Tertiärstruktur der tRNA

Abbildung 21.3: Struktur und Aminoacylierung einer tRNA. (a) Die Alanin-tRNA der Hefe enthält ebenso wie alle tRNA-Moleküle drei große Schleifen, vier basengepaarte Regionen, ein Anticodontriplett und eine 3′-terminale Sequenz aus CCA. An diese kann über eine Esterbindung die richtige Aminosäure geknüpft werden. Die modifizierten Basen sind dunkel unterlegt und ihre Bezeichnungen (als Nucleoside) wurden folgendermaßen abgekürzt: I für Inosin, mI für Methylinosin, D für Dihydrouridin, T für Ribothymin, ψ für Pseudouridin und G^m für Methylguanosin. (b) In der L-förmigen Tertiärstruktur einer tRNA liegt die Bindungsstelle der Aminosäure an einem und das Anticodon am anderen Ende. Das rechte Bild zeigt ein dreidimensionales Modell der Phenylalanin-tRNA der Hefe. Die molekulare Oberfläche ist durchsichtig grau und das RNA-Rückgrat ist orange.

Aufgrund des Wobble-Effekts werden für einige Aminosäuren weniger tRNA-Moleküle als Aminosäuren-spezifizierende Codons benötigt. Im Fall von Isoleucin kann eine Zelle alle drei Codons mit einem einzigen tRNA-Molekül translatieren, dessen Anticodon 3′-UAI-5′ lautet. Ähnlich verhält es sich mit den sechs Codons für die Aminosäure Isoleucin (UUA, UUG, CUU, CUC, CUA und CUG), die aufgrund des Wobble-Effekts nur drei tRNAs benötigen. Obwohl die Existenz des Wobble-Effekts bedeutet, dass ein einziges tRNA-Molekül mehr als ein Codon erkennen kann, kodieren die verschiedenen Codons, die von einer bestimmten tRNA erkannt werden, immer die gleiche Aminosäure. Der Wobble-Effekt führt also nicht zur Insertion falscher Aminosäuren.

21.1.3 Aminoacyl-tRNA-Synthetasen verbinden Aminosäuren mit den richtigen Transfer-RNAs

Bevor ein tRNA-Molekül seine Aminosäure zum Ribosom transportieren kann, muss die Aminosäure kovalent mit der tRNA verknüpft werden. Für die Bindung der Aminosäuren an ihre entsprechenden tRNAs sind Enzyme verantwortlich, die **Aminoacyl-tRNA-Synthetasen**. Typischerweise haben Zellen 20 verschiedene Aminoacyl-tRNA-Synthetasen; jeweils eine Aminoacyl-tRNA-Synthetase für die 20 verschiedenen Aminosäuren, die zur Proteinsynthese benötigt werden. Zellen, welche die ungewöhnlichen Aminosäuren 21 und 22 einsetzen, Selenocystein und Pyrrolysin, enthalten auch für diese Aminosäuren besondere tRNAs und Aminoacyl-tRNA-Synthetasen. Wenn mehr als nur eine tRNA für eine bestimmte Aminosäure vorhanden ist, erkennt die für die jeweilige Aminosäure spezifische Aminoacyl-tRNA-Synthetase jede der tRNAs. Einige Zellen besitzen weniger als 20 Aminoacyl-tRNA-Synthetasen. In solchen Fällen kann die gleiche Aminoacyl-tRNA-Synthetase die Bindung von zwei verschiedenen Aminosäuren an ihre entsprechenden tRNAs katalysieren. Sie kann aber auch eine falsche Aminosäure an ein tRNA-Molekül binden. Diese „Fehler" werden dann von einem zweiten Enzym richtiggestellt, das die falsche Aminosäure nach der Bindung an die tRNA verändert.

Aminoacyl-tRNA-Synthetasen katalysieren die Anheftung von Aminosäuren an ihre entsprechenden tRNAs. Dies erfolgt über eine Esterbindung und geht mit der Hydrolyse von ATP zu AMP und Pyrophosphat einher:

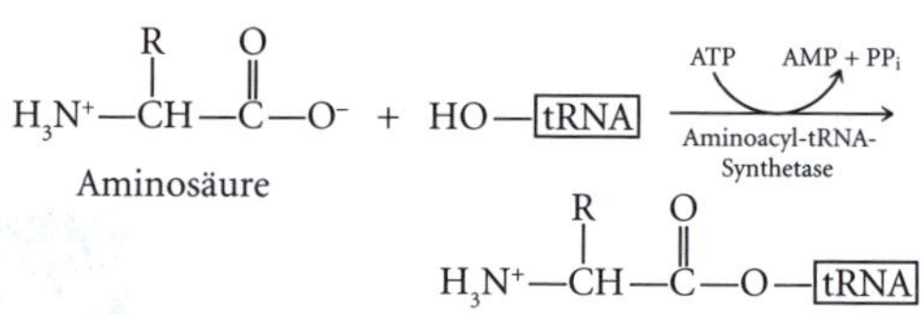

Die Reaktionsschritte sind in ▸*Abbildung 21.4* dargestellt. Die Antriebskraft für diese Reaktion liefert die Hydrolyse von Pyrophosphat zu zwei anorganischen Phosphatmolekülen (2 P_i).

Das Produkt ist eine Aminoacyl-tRNA. Die Esterbindung zwischen der Aminosäure und der tRNA ist eine „hochenergetische" Bindung. Dieser Ausdruck bedeutet einfach, dass die Hydrolyse der Bindung ausreichend Energie freisetzt, um die Bildung einer Peptidbindung anzutreiben, die schließlich die Aminosäure an eine wachsende Polypeptidkette anfügt. Der Vorgang der Aminoacylierung eines tRNA-Moleküls wird aus diesem Grund als *Aminosäureaktivierung* bezeichnet, denn eine Aminosäure wird sowohl an die richtige tRNA gebunden als auch für die nachfolgende Bildung einer Peptidbindung aktiviert.

Wie identifizieren Aminoacyl-tRNA-Synthetasen die für sie passende Aminosäure? Aufgrund von Unterschieden in den Basensequenzen der verschiedenen tRNA-Moleküle können die Synthetasen diese voneinander unterscheiden, und überraschenderweise ist das Anticodon nicht das einzige Erkennungsmerkmal. Veränderungen der Basensequenz des Anticodon-Tripletts oder des 3′-Endes eines tRNA-Moleküls können die Aminosäure, an welche die tRNA bindet, ändern. Somit erkennt die Aminoacyl-tRNA-Synthetase Nucleotide, die in mindestens zwei verschiedenen Regionen von tRNA-Molekülen lokalisiert sind, wenn sie sich die tRNA aussuchen, die an eine bestimmte Aminosäure gebunden werden soll. Nach Bindung der Aminosäure an ein tRNA-Molekül findet ein Korrekturlesen des Endproduktes durch die Aminoacyl-tRNA-Synthetase statt. So wird gewährleistet, dass die richtige Aminosäure verwendet wurde. Das Korrekturlesen wird von einer speziellen Stelle auf der Aminoacyl-tRNA-Synthetase ausgeführt, welche die falsche Aminosäure erkennt und dann die Bindung der falschen Aminosäure mit der tRNA hydrolysiert und spaltet.

Nachdem die richtige Aminosäure an ihre tRNA gebunden wurde, erkennt die tRNA selbst (und nicht die Aminosäure) das entsprechende Codon in der mRNA. Den ersten Nachweis dafür erbrachten Francois Chapeville und Fritz Lipmann. Sie entwarfen ein elegantes Experiment, an dem die tRNA für die Aminosäure Cystein beteiligt war. Sie nahmen die tRNA, nachdem das Cystein gebunden hatte, und behandelten sie mit einem Nickelkatalysator, der das gebundene Cystein in die Aminosäure Alanin umwandelte. Sie erhielten Alanin, das kovalent an ein tRNA-Molekül gebunden war, das normalerweise Cystein trägt. Als die Wissenschaftler die anormale Aminoacyl-tRNA in ein zellfreies Protein-Synthetisierungssystem gaben, wurde das Alanin an den Stellen in die Polypeptidketten eingebaut, die normalerweise vom Cystein besetzt werden. Diese Ergebnisse bewiesen, dass Codons in der mRNA die tRNA-Moleküle und nicht ihre gebundenen Aminosäuren erkennen. Somit ist die Spezifität der Aminoacyl-tRNA-Synthetase von entscheidender Bedeutung für die Genauigkeit der Genexpression, denn sie stellt sicher, dass an jede tRNA die richtige Aminosäure gebunden wird.

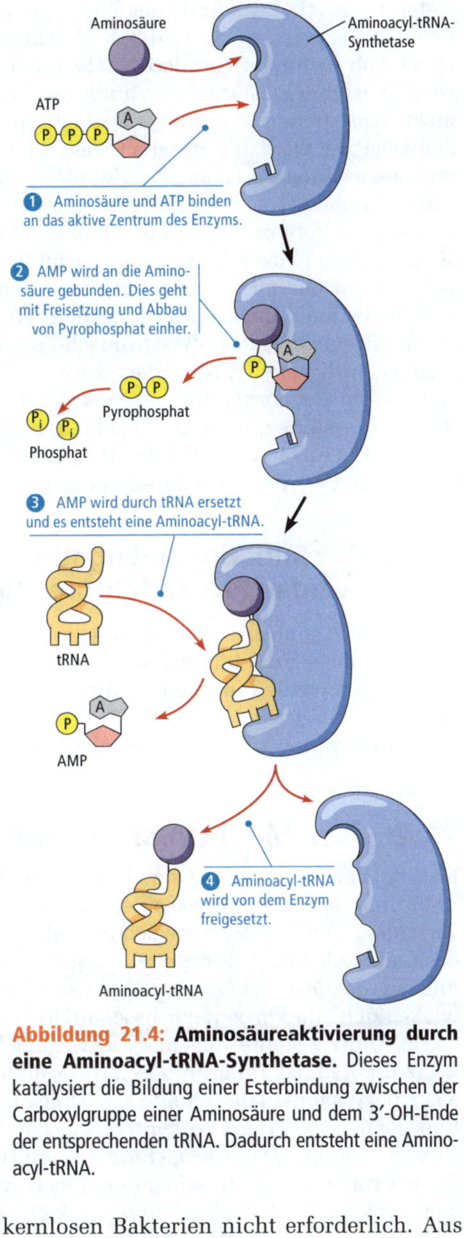

Abbildung 21.4: Aminosäureaktivierung durch eine Aminoacyl-tRNA-Synthetase. Dieses Enzym katalysiert die Bildung einer Esterbindung zwischen der Carboxylgruppe einer Aminosäure und dem 3′-OH-Ende der entsprechenden tRNA. Dadurch entsteht eine Aminoacyl-tRNA.

21.1.4 Messenger-RNA bringt Information über die Polypeptide zum Ribosom

Wie sie in *Kapitel 20* gelernt haben, steuert die Codonsequenz in der mRNA die Reihenfolge, in der Aminosäuren während der Proteinsynthese verknüpft werden. Daher bestimmt die mRNA, die zufällig an ein bestimmtes Ribosom bindet, welches Polypeptid von dem Ribosom hergestellt werden wird. Bei Eukaryoten, deren Transkription im Zellkern stattfindet und deren Proteinsynthese vorrangig im Cytoplasma abläuft, muss die mRNA zuerst aus dem Zellkern heraus transportiert werden. Dieser Export wird von mRNA-Bindeproteinen vermittelt, die Aminosäuresequenzen enthalten, die man als *nucleäre Exportsignale (NES*; engl.: *nuclear export signals)* bezeichnet. Sie zielen auf das für den Transport durch die Kernporen bestimmte Protein (und damit auf dessen gebundene mRNA) ab. Dieser Schritt ist bei kernlosen Bakterien nicht erforderlich. Aus diesem Grund sind Transkription und Translation bei bakteriellen Zellen häufig gekoppelt – das heißt, die Ribosomen können mit der Translation einer mRNA beginnen, bevor die Transkription der DNA beendet wurde.

Das Herzstück jeder Messenger-RNA ist selbstverständlich ihre Nachricht – die Nucleotidsequenz, die ein Polypeptid kodiert. Die mRNAs besitzen allerdings an jedem Ende auch Sequenzen, die nicht translatiert werden. Die nicht-translatierte Sequenz am 5′-Ende einer mRNA liegt vor dem **Startcodon**. Das Startcodon ist das erste Codon, das translatiert wird. AUG ist das am häufigsten vorkommende Startcodon, obwohl auch einige andere Tripletts gelegentlich dafür genutzt werden. Die nicht-translatierte Sequenz am 3′-Ende folgt dem **Stoppcodon**. Das Stoppcodon signalisiert das Ende der Translation und kann UAG, UAA oder UGA sein. Die nicht-translatierten Regionen am 5′- und 3′-Ende können nur wenige Dutzend Nucleotide lang sein oder eine Länge von mehreren Hundert Nucleotiden umfassen. Obwohl diese Sequenzen nicht translatiert werden, ist ihre Existenz von grundlegender Bedeutung für die richtige Funktion der mRNA. Zu den nicht-translatierten Regionen eukaryotischer mRNA gehören eine 5′-Kappe und ein 3′-Poly(A)-Schwanz. Sie werden nun sehen, dass die 5′-Kappe bei der Initiation der Translation bei Eukaryoten eine wichtige Aufgabe übernimmt.

Bei den Eukaryoten sind die meisten mRNA-Moleküle *monocistronisch* (das heißt, sie kodieren ein einziges Polypeptid). Bei den Bakterien und den Archaea sind einige mRNAs *polycistronisch* – sie kodieren mehrere funktional verwandte Polypeptide in einer Zelle. Die Gencluster, aus denen polycistronische mRNAs hervorgehen, sind einzelne Transkriptionseinheiten, die man als *Operons* bezeichnet. In *Kapitel 22* werden wir uns im Rahmen der Genregulation mit den Operons beschäftigen. Obwohl polycistronische RNAs sehr häufig als Merkmal der Prokaryoten betrachtet werden, bilden auch Eukaryoten polycistronische RNAs. In einigen Fällen, beispielsweise bei dem Nematoden *Caenorhabditis elegans*, ist nur die Prä-mRNA polycistronisch. Eine anschließende RNA-Prozessierung führt zu einzelnen, monocistronischen RNAs, die separat translatiert werden. Bei anderen Eukaryoten bleiben dicistronische RNAs (d. h. RNAs, die zwei Proteine kodieren) verbunden und werden zusammen translatiert.

21.1.5 Zur Initiation, Elongation und Termination von Polypeptidketten werden Proteinfaktoren benötigt

Außer den Aminoacyl-tRNA-Synthetasen und den Proteinkomponenten des Ribosoms ist für die Translation auch die Mitwirkung mehrerer anderer Proteinmoleküle notwendig. Einige dieser *Proteinfaktoren* werden für die Initiation der Translation benötigt, andere für die Elongation der Polypeptidkette und wieder andere für die Termination der Polypeptidsynthese. Die Rollen der benötigten Faktoren werden deutlich, wenn wir die Mechanismen der Translation darstellen.

21.2 Der Mechanismus der Translation

Die Translation von mRNAs zu Polypeptiden ist ein geordneter, schrittweise ablaufender Vorgang. Er beginnt mit der Synthese einer Polypeptidkette an dem Ende mit einer freien Aminogruppe (*N-Terminus*) und fügt so lange sequenziell Aminosäuren an die wachsende Polypeptidkette an, bis das Carboxylende (*C-Terminus*) erreicht ist. Der erste experimentelle Nachweis dieses Mechanismus wurde 1961 von Howard Dintzis erbracht, der sich mit der Hämoglobinsynthese in sich entwickelnden Blutkörperchen beschäftigte, die er kurzzeitig mit radioaktiven Aminosäuren inkubierte. Dintzis stellte folgende Überlegung an: Hält man die Inkubationszeit relativ kurz, dann sollte die Radioaktivität in den fertiggestellten Hämoglobinketten dort konzentriert sein, wo sich das zuletzt synthetisierte Ende des Moleküls befindet. Er stellte fest, dass die höchste Konzentration der Radioaktivität in synthetisierten Hämoglobinketten am C-Terminus lag. Dieser Befund verwies darauf, dass der C-Terminus als letzter Teil der Polypeptidkette synthetisiert wurde. Daraus zog er die Schlussfolgerung, dass während der Translation der mRNA *die Aminosäuren zuerst an der wachsenden Polypeptidkette angefügt werden, und zwar beginnend am N-Terminus und dann zum C-Terminus fortschreitend*.

Theoretisch kann die mRNA während der Translation entweder in 5′→3′- oder in 3′→5′-Richtung gelesen werden. Die ersten Versuche, die Richtung zu bestimmen, in der die mRNA tatsächlich gelesen wird, wurden mit künstlichen RNA-Molekülen unternommen. Ein typisches Beispiel für eine synthetische RNA, die man durch Anfügen der Base Cytosin an das 3′-Ende eines Poly(A)-Schwanzes erzeugen kann, ergibt 5′-AAAAAAAAAAAA...AAC-3′. Fügt man diese RNA einem zellfreien Protein-Synthetisierungssystem zu, so stimuliert die RNA die Synthese eines Polypeptids, das am C-Terminus ein Teilstück aus Lysinresten mit einem Asparagin besitzt. Da AAA Lysin und AAC Asparagin kodieren, bedeutet dies, dass *die mRNA in der 5′→3′-Richtung gelesen und übersetzt wird.* Dieser Befund wurde durch viele Untersuchungen bestätigt, bei denen man die

Basensequenzen natürlich auftretender mRNAs mit den Aminosäuresequenzen der Polypeptidketten verglich, die sie kodieren. Immer stimmte die Aminosäuresequenz der Polypeptidkette mit der Reihenfolge der mRNA-Codons überein, die in der 5′→3′-Richtung gelesen werden.

Um zu verstehen, wie die Translation der mRNA in der 5′→3′-Richtung zur Synthese von Polypeptiden vom N-Terminus Richtung C-Terminus führt, müssen wir den Translationsvorgang in drei Schritte unterteilen, wie in ▸*Abbildung 21.5* dargestellt: ❶ einen *Initiationsschritt*, während dem die mRNA an das Ribosom gebunden und für die richtige Translation positioniert wird; ❷ einen *Elongationsschritt*, in dem Aminosäuren sequenziell über Peptidbindungen verknüpft werden, wobei die Reihenfolge durch die Anordnung der Codons in der mRNA bestimmt wird, und ❸ die *Termination*, in der die mRNA und die neu synthetisierte Polypeptidkette vom Ribosom freigegeben werden.

In den folgenden Abschnitten werden wir jeden dieser Schritte genau untersuchen. Obwohl wir bakterielle Zellen in den Mittelpunkt unserer Diskussion der Translation stellen, deren Mechanismen gut verstanden sind, sind die entsprechenden Ereignisse bei Eukaryoten durchaus vergleichbar. Die Aspekte, durch die sich Bakterien und Eukaryoten hinsichtlich der Translation voneinander unterscheiden, beziehen sich hauptsächlich auf die Initiation. Darauf werden wir im nächsten Abschnitt eingehen.

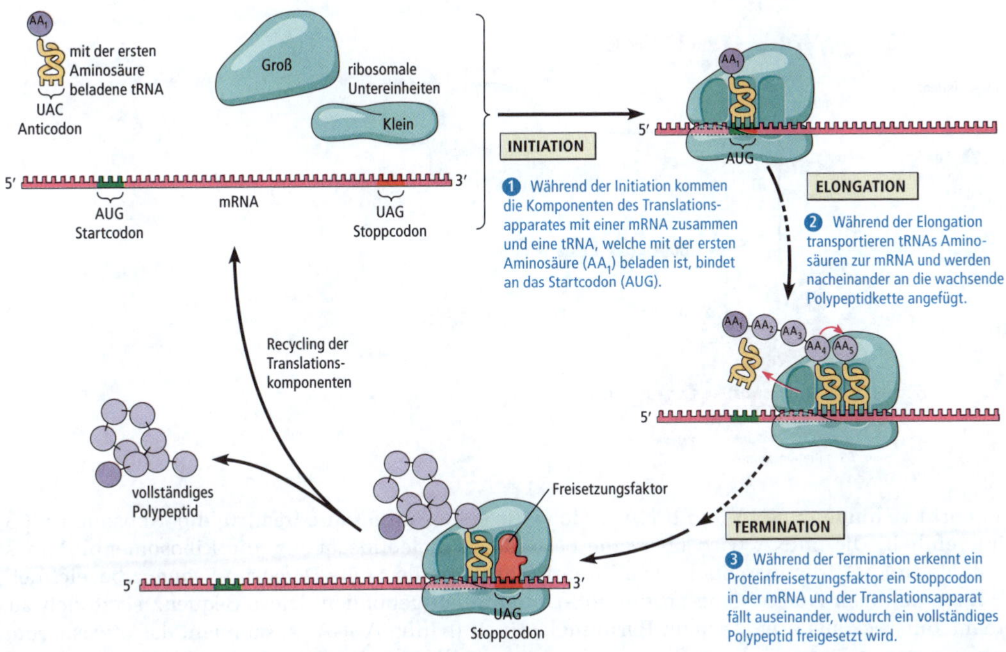

Abbildung 21.5: Überblick über die Translation. Die Translation läuft in drei Schritten ab: Initiation, Elongation und Termination.

21.2.1 Zur Initiation der Translation werden Initiationsfaktoren, ribosomale Untereinheiten, mRNA und Initiator-tRNA benötigt

Bakterielle Initiation In ▸*Abbildung 21.6* wird die Initiation der Translation bei Bakterien veranschaulicht. Es ist zu sehen, dass die Initiation in drei einzelne Schritte unterteilt werden kann. In Schritt ❶ binden die **Initiationsfaktoren** – IF1, IF2 und IF3 – an die kleine (30S) ribosomale Untereinheit, wobei GTP an IF2 bindet. Die Gegenwart von IF3 zu diesem frühen Zeitpunkt der Initiation verhindert, dass die 30S-Untereinheit zu früh mit der 50S-Untereinheit assoziiert.

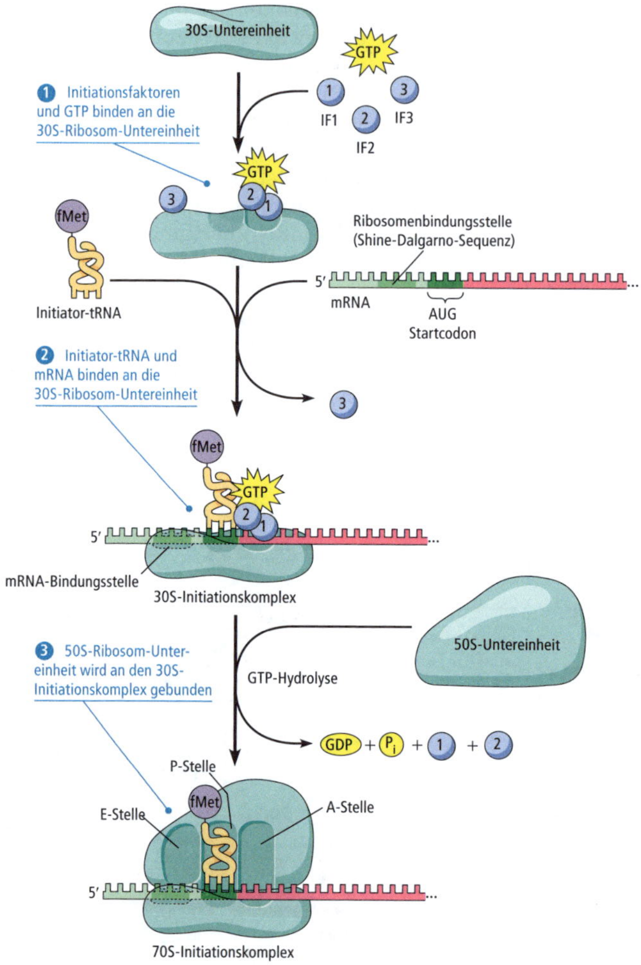

Abbildung 21.6: Initiation der Translation bei Bakterien. Der Zusammenbau des 70S-Translations-Initiations-Komplexes erfolgt in drei Schritten. (1) Drei Initiationsfaktoren (IF1, IF2 und IF3) plus GTP binden an die kleine ribosomale Untereinheit. (2) Die Initiator-Aminoacyl-tRNA und -mRNA werden gebunden. Die mRNA-Bindungsstelle setzt sich, zumindest teilweise, aus einem Teil der 16S-rRNA der kleinen ribosomalen Untereinheit zusammen. (3) Die große ribosomale 50S-Untereinheit bindet an den Komplex. Der entstandene 70S-Initiations-Komplex trägt auf der P-Bindungsstelle des Ribosoms eine fMet-tRNA^{fMet}.

In Schritt (2) binden mRNA und tRNA, welche die erste Aminosäure trägt, an die ribosomale 30S-Untereinheit. Die mRNA wird über eine besondere Nucleotidsequenz, die Ribosomenbindungsstelle der mRNA (die man auch nach ihren Entdeckern als *Shine-Dalgarno-Sequenz* bezeichnet), in ihrer richtigen Ausrichtung an die 30S-Untereinheit gebunden. Diese Sequenz setzt sich aus einem Teilstück aus drei bis neun Purinnucleotiden (häufig AGGA) zusammen, das etwas stromaufwärts des Startcodons liegt. Diese Purine in der mRNA bilden komplementäre Basenpaare mit einer Pyrimidin-reichen Sequenz am 3′-Ende der 16S-rRNA, welche die *mRNA-Bindungsstelle* des Ribosoms bildet. Die Bedeutung der mRNA-Bindungsstelle wurde durch Untersuchungen mit *Colicinen* nachgewiesen. Colicine sind Proteine, die von bestimmten *Escherichia-coli*-Stämmen gebildet werden und andere Bakterien töten. Eines dieser Proteine, Colicin E3, tötet Bakterien, indem es deren Fähigkeit, Proteine zu synthetisieren, zerstört. Nachdem es in das Cytoplasma dafür empfindlicher Bakterien gelangt ist, katalysiert Colicin E3 das Entfernen eines Nucleotidfragments mit einer Länge von 49 Basen vom 3′-Ende der 16S-rRNA. Dadurch wird die Bindungsstelle zerstört und die Ribosomen sind nicht mehr in der Lage, Polypeptide zu synthetisieren.

Die Bindung von mRNA an die mRNA-Bindungsstelle der kleinen ribosomalen Untereinheit verlagert das AUG-Startcodon der mRNA an die Proteinbindungsstelle (P-Stelle) des Ribosoms. Dort kann das Startcodon an das Anticodon der richtigen tRNA binden. Der Hinweis auf die Mitwirkung einer bestimmten tRNA-Art an diesem Schritt tauchte auf, als man entdeckte, dass ungefähr die Hälfte der Proteine von *E. coli* Methionin an den N-terminalen Enden enthält. Das überraschte sehr, denn Methionin ist eine seltene Aminosäure, die weniger als 1 % aller Aminosäuren in bakteriellen Proteinen ausmacht. Die Erklärung für ein solches Muster lag auf der Hand, als man entdeckte, dass Bakterienzellen zwei verschiedene Methionin-spezifische tRNAs enthalten: Die $tRNA^{Met}$ trägt ein normales Methionin, das für den Einbau in innere Regionen von Polypeptidketten benötigt wird, und die $tRNA^{fMet}$ ein Methionin, das nach Bindung an die tRNA in das Derivat *N-Formylmethionin (fMet)* umgewandelt wird. Im N-Formylmethionin wird die Aminogruppe des Methionins durch Anfügen einer Formylgruppe blockiert und kann daher keine Peptidbindung mit einer Aminosäure eingehen. Nur die Carboxylgruppe ist für die Bindung mit einer anderen Aminosäure frei. Daher kann N-Formylmethionin ausschließlich am N-terminalen Ende einer Polypeptidkette liegen. Es liegt also nahe, dass $tRNA^{fMet}$ als **Initiator-tRNA** wirkt und die Translation einleitet. Dieser Gedanke fand schnell Bestätigung, als man entdeckte, das bakterielle Polypeptidketten in den frühen Stadien der Synthese immer N-Formylmethionin am N-Terminus enthalten. Nach Fertigstellung der Polypeptidkette (und in einigen Fällen sogar noch während der Synthese) werden die Formylgruppe und oftmals das Methionin enzymatisch entfernt.

Während der Initiation wird die an das N-Formylmethionin gebundene tRNA an die P-Bindungsstelle der ribosomalen 30S-Untereinheit gebunden. Dies geschieht mit Hilfe des Initiationsfaktors IF2 (plus GTP). Dieser Initiationsfaktor kann die Initiator-$tRNA^{fMet}$ von anderen tRNAs unterscheiden. Dank dieser Eigenschaft von IF2 können wir erklären, warum AUG-Startcodons an die Initiator-$tRNA^{fMet}$ binden, während an anderer Stelle liegende AUG-Codons an die nicht-initiierende $tRNA^{Met}$ binden. Nachdem $tRNA^{fMet}$ an die P-Bindungsstelle angedockt hat, geht dessen Anticodon mit dem AUG-Startcodon in der mRNA eine Basenpaarung ein und IF3 wird freigesetzt. Zu diesem Zeitpunkt bezeichnet man die 30S-Untereinheit, assoziiert mit assoziierten IF1, IF2-GTP, mRNA und N-Formylmethionin-$tRNA^{fMet}$, als **30S-Initiationskomplex**.

Nach Freisetzung von IF3 kann der 30S-Initiationskomplex an eine freie ribosomale 50S-Untereinheit binden. So entsteht der 70S-Initiationskomplex (Schritt ❸ in *Abbildung 21.6*). Die 50S-Untereinheit fördert die Hydrolyse des an IF-2 gebundenen GTP, woraufhin IF2 und IF1 freigesetzt werden. In diesem Stadium sind alle drei Initiationsfaktoren freigesetzt.

Eukaryotische Initiation Anders als bei Bakterien spezifiziert das AUG-Startcodon bei Eukaryoten (und Archaea) die Aminosäure Methionin und nicht N-Formylmethionin. Weitere Unterschiede sind die Nutzung einer anderen Reihe von Initiationsfaktoren, den sogenannten *eIFs* (ungefähr ein Dutzende Proteine, die Bezeichnungen tragen wie eIF1, eIF2 und so weiter), außerdem ist die Reihenfolge des Zusammenbaus des Initiationskomplexes etwas anders, und es gibt eine besondere Initiator-$tRNA^{Met}$, die – ebenso wie die normale tRNA für Methionin, aber nicht wie die Initiator-tRNA der Bakterien – Methionin trägt, das nicht formyliert werden kann.

Zu Beginn der eukaryotischen Initiation bindet der Initiationsfaktor eIF2 (mit gebundenem GTP) an die Initiator-$tRNA^{Met}$, und zwar *bevor* die tRNA zusammen mit anderen Initiationsfaktoren, darunter *eIF1A* (dem eukaryotischen Gegenpart des bakteriellen IF1), an die kleine ribosomale Untereinheit bindet. Der so entstandene Komplex bindet an das 5'-Ende einer mRNA. Er erkennt mit Hilfe eines Kappenbinde-Initiationsfaktors, eIF4F, die 5'-Kappe. [In einigen Fällen kann der Komplex stattdessen an eine *interne Ribosomen-Eingangs-Sequenz* oder *IRES* (engl.: *internal ribosome entry sequence)* binden. Diese Sequenz liegt direkt stromaufwärts vom Startcodon bestimmter mRNA-Typen, vor allem viraler mRNAs.]

Nachdem die kleine ribosomale Untereinheit an die mRNA gebunden hat, bewegt sie sich mit der Initiator-tRNA im Schlepptau auf der mRNA entlang und beginnt im Allgemeinen am ersten AUG-Triplett, dem sie begegnet, mit der Translation. Die Nucleotide zu beiden Seiten des eukaryotischen Startcodons scheinen an der Erkennung des AUG-Tripletts mitzuwirken. Eine häufig vorkommende Startsequenz lautet ACCAUGG (die als *Kozak-Sequenz* bezeichnet wird, benannt nach dem Wissenschaftler, der entdeckte, dass viele eukaryotische mRNAs diese Sequenz besitzen). Das unterstrichene Triplett ist das eigentliche Startcodon. Nach Basenpaarung der Initiator-$tRNA^{Met}$ mit dem Startcodon verbindet sich die große ribosomale Untereinheit mit dem Komplex. Diese Reaktion wird durch die Hydrolyse von GTP erleichtert, das an den Initiationsfaktor *eIF5B* gebunden ist.

21.2.2 Kettenverlängerung durch sequenzielle Zyklen von Aminoacyl-tRNA-Bindung, Bildung von Peptidbindungen und Translokation

Nach Bildung des Initiationskomplexes wird eine Polypeptidkette durch sukzessives Anfügen von Aminosäuren synthetisiert. Die Sequenz wird von Codons in der mRNA festgelegt. Wie in ▸ *Abbildung 21.7* zusammenfassend dargestellt, beinhaltet diese Elongationsphase der Polypeptidsynthese einen sich wiederholenden Zyklus aus drei Schritten, in dessen Verlauf ❶ die *Bindung einer Aminoacyl-tRNA* an das Ribosom erfolgt. Dadurch wird eine neue Aminosäure so positioniert, dass sie an die

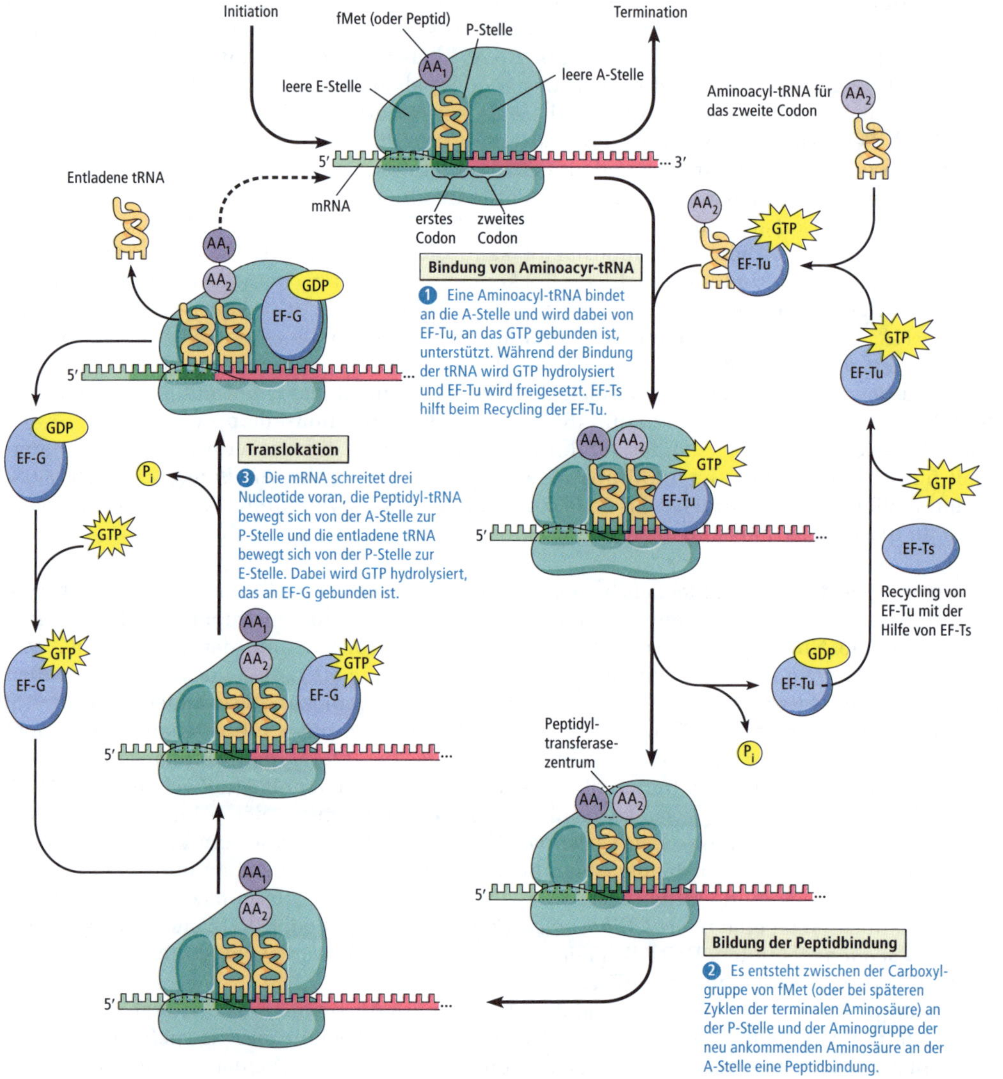

Abbildung 21.7: Elongation der Polypeptidkette bei Eukaryoten. Zur Kettenverlängerung wird eine Peptidyl-tRNA oder, wie im ersten hier dargestellten Elongationszyklus, eine fMet-tRNA^{fMet} an der ribosomalen P-Bindungsstelle benötigt. Nach Bindung der Aminoacyl-tRNA ❶ erfolgt die Bildung einer Peptidbindung, die ❷ von der Peptidyltransferaseaktivität der 23S-rRNA der großen ribosomalen Untereinheit katalysiert wird. Während der Translokation ❸ bewegt sich die Peptidyl-tRNA von der A-Bindungsstelle zur P-Bindungsstelle, nimmt die mRNA mit, bewegt die leere tRNA von der P-Bindungsstelle zur E-Stelle und verlässt das Ribosom. Das nächste mRNA-Codon liegt jetzt auf der A-Bindungsstelle, wo der gleiche Kreislauf für die nächste Aminosäure wiederholt werden kann.

Polypeptidkette binden kann; ❷ durch *Bildung einer Peptidbindung* wird diese Aminosäure an die wachsende Polypeptidkette geknüpft und ❸ die mRNA rutscht um drei Nucleotide voran. Dies erfolgt über den Prozess der *Translokation*, wodurch das nächste Codon für die Translation in Position gebracht wird. Jeden dieser Schritte stellen wir in den folgenden Absätzen genauestens dar.

Bindung der Aminoacyl-tRNA Zu Beginn der Elongationsphase liegt das AUG-Startcodon in der mRNA an der ribosomalen P-Bindungsstelle und das zweite Startcodon (das unmittelbar stromabwärts vom Startcodon lokalisierte Codon) auf der A-Bindungsstelle. Die Elongation beginnt, wenn eine Aminoacyl-tRNA, deren Anticodon zum zweiten Codon komplementär ist, an die ribosomale A-Bindungsstelle bindet (siehe ▸*Abbildung 21.7*, ❶). Zur Bindung dieser neuen Aminoacyl-tRNA an das Codon auf der A-Bindungsstelle sind zwei Protein-**Elongationsfaktoren** erforderlich, *EF-Tu* und *EF-Ts*. Die für diese Bindung notwendige Energie liefert die Hydrolyse von GTP. Ab diesem Zeitpunkt bindet jede neue Aminoacyl-tRNA zuerst an die A- (Aminoacyl)-Stelle – daher auch der Name.

Die Aufgabe von EF-Tu und dem an EF-Tu gebundenen GTP besteht darin, die Aminoacyl-tRNA an die A-Bindungsstelle des Ribosoms zu befördern. Der EF-Tu-GTP-Komplex fördert die Bindung aller Aminoacyl-tRNAs mit *Ausnahme der Initiator-tRNA* an das Ribosom. Somit wird sichergestellt, dass stromabwärts vom Startcodon lokalisierte AUG-Codons nicht fälschlicherweise eine Initiator-tRNA für das Ribosom rekrutieren. Wenn die Aminoacyl-tRNA zum Ribosom transferiert wird, wird GTP hydrolysiert und der EF-Tu-GTP-Komplex wird freigesetzt. Die Rolle von EF-Ts besteht darin, aus EF-Tu-GDP für den nächsten Elongationszyklus EF-Tu-GTP zu erzeugen (siehe *Abbildung 21.7*, ❶).

Elongationsfaktoren erkennen nicht einzelne Anti-Codons. Das bedeutet, dass alle Aminoacyl-tRNAs (mit Ausnahme der Initiator-tRNAs) nach dem Zufallsprinzip zur A-Bindungsstelle des Ribosoms transportiert werden. Aus diesem Grund muss irgendein Mechanismus dafür sorgen, dass das Ribosom nur die richtige Aminoacyl-tRNA für die anschließende Bildung der Peptidbindung zurückbehält. Wenn das Anticodon einer neuen Aminoacyl-tRNA nicht mit dem mRNA-Codon komplementär ist, das an der A-Bindungsstelle exponiert wird, kann die Aminoacyl-tRNA nicht lang genug an das Ribosom binden, damit die GTP-Hydrolyse stattfinden kann. Wenn das Gegenstück ähnlich ist, aber nicht exakt passt, kann vorübergehend eine Bindung erfolgen und GTP wird hydrolysiert. Allerdings entsteht durch die Fehlpaarung zwischen dem Anticodon der Aminoacyl-tRNA und dem Codon auf der mRNA auf der A-Bindungsstelle eine anormale Struktur. Zumeist wird diese A-Bindungsstelle von dem Ribosom entdeckt und die gebundene Aminoacyl-tRNA wird gelöst. Dieser Mechanismus, der die Bindung falscher Aminoacyl-tRNAs verhindert, sowie das zuvor beschriebene Korrekturlesen der Aminoacyl-tRNA-Synthetasen, stellen sicher, dass die Fehlerquote der Translation im Allgemeinen bei 1 : 10.000 liegt.

Bildung der Peptidbindung Nach Bindung der richtigen Aminoacyl-tRNA an die ribosomale A-Bindungsstelle erfolgt im nächsten Schritt die Bildung der Peptidbindung zwischen der Aminogruppe der an die A-Bindungsstelle gebundenen Aminosäure und der Carboxylgruppe, welche die Initiationsaminosäure (oder wachsende Polypeptidkette) mit der tRNA an der P-Bindungsstelle verknüpft. Infolge der Peptidbindung wird die wachsende Peptidkette von der tRNA, die auf der P-Bindungsstelle lokalisiert ist, zur tRNA auf der A-Bindungsstelle verlagert (siehe ▸*Abbildung 21.7*, ❷). Die Bildung der Peptidbindung ist der einzige Schritt der Proteinsynthese, für den weder ribosomale Proteinfaktoren noch von außen zugeführte Energie wie GTP oder ATP erforderlich sind. Die notwendige Energie wird durch Spaltung der hochenergetischen Bindung geliefert, welche die Aminosäure oder Peptidkette mit der auf der P-Bindungsstelle gelegenen tRNA verknüpft.

Translokation Nach Bildung der Peptidbindung ist in der P-Bindungsstelle eine leere tRNA und in der A-Bindungsstelle eine Peptidyl-tRNA gebunden (die tRNA, an welche die wachsende Polypeptidkette gebunden ist). Die mRNA schreitet nun relativ zur kleinen Untereinheit um drei Nucleotide voran. Dadurch wird das nächste Codon in die richtige Position für die anstehende Translation gebracht. Während der Translokation – für diesen Prozess müssen der Elongationsfaktor *EF-G* und GTP vorübergehend an das Ribosom binden – wird die Peptidyl-tRNA von der A-Bindungsstelle auf die P-Bindungsstelle verlagert, und die leere tRNA von der P-Bindungsstelle auf die E-Bindungsstelle (engl.: *exit site*). Zwar wird dieser Vorgang in *Abbildung 21.7* als ein Schritt dargestellt ❸, doch existiert ein intermediärer „Hybrid"-Zustand. In diesem Zustand liegt die Peptidyl-tRNA noch auf der A-Bindungsstelle, während ihr Aminoacyl-Ende bereits in die Position der P-Bindungsstelle gedreht wurde. Das Anticodon der leeren tRNA liegt immer noch auf der P-Bindungsstelle, während das andere Ende bereits in die Position der E-Bindungsstelle gedreht wurde. Durch Hydrolyse des an EF-G gebundenen GTP erfolgt eine Konformationsänderung im Ribosom. Diese Konformationsänderung schließt die Verlagerung der Peptidyl-tRNA von der A-Bindungsstelle zur P-Bindungsstelle ab, und die entladene tRNA wird von der P-Bindungsstelle auf die E-Bindungsstelle überführt.

Während der Translokation bleibt die Peptidyl-tRNA über eine Wasserstoffbrückenbindung mit der um drei Nucleotide fortschreitenden mRNA verbunden. Die zentrale Rolle der Peptidyl-tRNA während der Translokation wies man mit Hilfe von mutierten tRNA-Molekülen nach, die *vier*-Nucleotid-Anticodons haben. Dabei handelt es sich um tRNAs, die über eine Wasserstoffbrückenbindung an vier Nucleotide in der mRNA gebunden sind. Während der Translokation schreitet die mRNA um vier Nucleotide voran und nicht um drei, wie es normalerweise der Fall ist. Obwohl diese Beobachtung darauf hindeutet, dass die Größe der Anticodonschleife der Peptidyl-tRNA, die an die A-Bindungsstelle gebunden ist, bestimmt, um wie viele Nucleotide die mRNA während der Translokation voranschreitet, ist die physikalische Grundlage des Mechanismus, der tatsächlich die Translokation der mRNA auf der Oberfläche des Ribosoms bewerkstelligt, noch nicht richtig aufgeklärt.

Das Endergebnis der Translokation ist, dass das nächste mRNA-Codon auf die A-Bindungsstelle verlagert wird, sodass das Ribosom nun bereit ist, die nächste Aminoacyl-tRNA aufzunehmen und einen weiteren Elongationszyklus einzuleiten. Der einzige Unterschied zwischen den nachfolgenden Elongationszyklen und dem ersten Elongationszyklus liegt darin, dass zu Beginn des ersten Elongationszyklus eine Initiator-tRNA auf der P-Bindungsstelle liegt, und zu Beginn aller folgenden Zyklen die Peptidyl-tRNA. Während weitere Aminosäuren angelagert werden, wird die mRNA in der 5'→3'-Richtung gelesen. Der Aminoterminus der wachsenden Polypeptidkette gelangt durch einen *Exittunnel* in der 50S-Untereinheit aus dem Ribosom heraus. Dort trifft er auf molekulare Chaperone (engl. für Anstandsdame; der Begriff wurde gewählt, weil die Chaperone die unreifen Proteine vor falschen Kontakten bewahren), die das Polypeptid dabei unterstützen, seine richtige dreidimensionale Struktur anzunehmen. Die Polypeptidsynthese läuft sehr schnell ab. In einer wachsenden *E.-coli*-Zelle kann innerhalb von zehn Sekunden eine Polypeptidkette aus 400 Aminosäuren synthetisiert werden.

21.2.3 Die Termination der Polypeptidsynthese wird durch Freisetzungsfaktoren ausgelöst, die Stoppcodons erkennen

Der in *Abbildung 21.7* dargestellte Elongationsvorgang wird durch weitere Elongationszyklen fortgesetzt, wobei ein Codon nach dem anderen gelesen wird und so lange weitere Aminosäuren an die Polypeptidkette gebunden werden, bis eines der drei möglichen Stoppcodons (UAG, UAA oder UGA) in der mRNA die A-Bindungsstelle des Ribosoms erreicht (▸*Abbildung 21.8*). Im Gegensatz zu

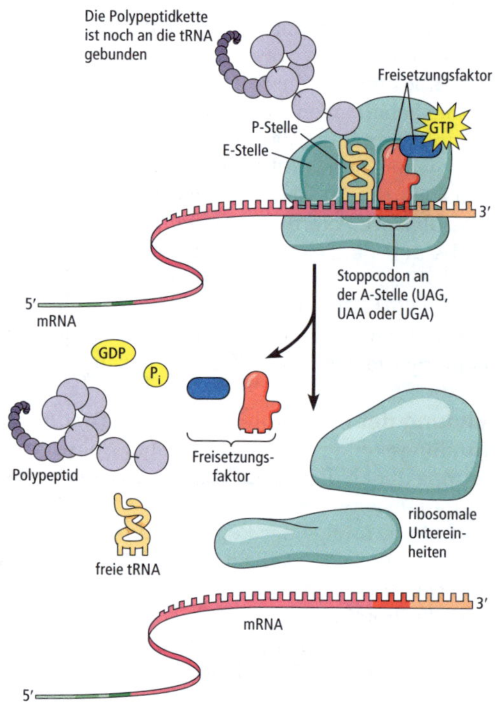

Abbildung 21.8: Termination der Translation. Wenn ein Stoppcodon – UAG, UAA oder UGA – die A-Bindungsstelle erreicht, wird es von Proteinfreisetzungsfaktoren erkannt und gebunden. Die Proteinfreisetzungsfaktoren sind mit GTP assoziiert. Die Hydrolyse von GTP geht mit der Freisetzung des fertiggestellten Polypeptids einher. Dann trennen sich tRNA, mRNA, ribosomale Untereinheiten und Freisetzungsfaktoren voneinander.

anderen Codons werden Stoppcodons nicht von tRNA-Molekülen erkannt. Stattdessen werden sie von Proteinen erkannt, den **Freisetzungsfaktoren**. Freisetzungsfaktoren besitzen bestimmte Regionen („Peptidanticodons"), die auf der A-Bindungsstelle an mRNA-Stoppcodons binden. Nach Bindung an die A-Bindungsstelle zusammen mit GTP beenden die Freisetzungsfaktoren die Translokation, indem sie die Freisetzung des fertigen Polypeptids von der Peptidyl-tRNA auslösen. Im Grunde handelt es sich bei dieser Reaktion um eine hydrolytische Spaltung: Das Polypeptid wird zu einem Wassermolekül und nicht zu einer aktivierten Aminosäure transferiert. Dadurch entsteht am Ende des Polypeptids – am C-Terminus des Polypeptids – eine freie Carboxylgruppe. Das Polypeptid wird durch hydrolytische Spaltung freigesetzt, wobei GTP hydrolysiert wird. Dann löst sich das Ribosom in seine Untereinheiten auf und die tRNAs und mRNAs werden freigesetzt. Nun stehen diese Komponenten für die erneute Verwendung in einem weiteren Zyklus der Proteinsynthese zur Verfügung.

21.2.4 Die Proteinfaltung wird durch molekulare Chaperone unterstützt

Bevor die neu synthetisierten Polypeptide ihre Funktion aufnehmen können, müssen sie die richtige dreidimensionale Konfiguration annehmen. Die Primärsequenz eines Proteins genügt zur Spezifizierung der dreidimensionalen Struktur. Einige Polypeptide verfügen über einen Spontanmechanismus zur Faltung, den man im Labor nachvollziehen kann. Die Proteinfaltung in Zellen wird im Allgemeinen von Proteinen unterstützt, die man als **molekulare Chaperone** bezeichnet. Zur richtigen Faltung werden häufig mehrere, nacheinander wirkende Chaperone benötigt, wenn die wachsende Polypeptidkette zum ersten Mal aus dem Exittunnel des Ribosoms heraustritt.

Eine Schlüsselfunktion der molekularen Chaperone besteht darin, während der frühen Stadien der Faltung an die Polypeptidketten zu binden. Dadurch verhindern sie Interaktionen mit anderen Polypeptiden, bevor die sich neu faltenden Polypeptidketten ihre richtige Konformation erlangt haben. Wenn der Faltungsprozess schiefläuft, können die Chaperone manchmal falsch gefaltete Proteine retten und dabei helfen, sie richtig zu falten, oder die falsch gefalteten Proteine werden abgebaut. Allerdings neigen einige Arten falsch gefalteter Proteine dazu, an andere Proteine zu binden und so unlösliche Aggregate zu bilden, die sowohl in Zellen als auch zwischen Zellen abgelagert werden. Derartige Proteinablagerungen unterbrechen die Zellfunktion und können sogar zu Gewebeabbau und Zelltod führen.

Chaperone kommen in der gesamten belebten Welt vor, bei Archaea und Bakterien ebenso wie in den verschiedenen Kompartimenten eukaryotischer Zellen. Zwei der am weitesten verbreiteten Chaperonfamilien sind *Hsp70* und *Hsp60*. Das „Hsp" geht auf die ursprüngliche Bezeichnung dieser Proteine als „Hitzeschockproteine" (engl:. *heat shock proteins*) zurück, denn Zellen bilden diese als Antwort auf Stresssituationen, beispielsweise hohen Temperaturen. Unter solchen Bedingungen erleichtern Chaperone die Neufaltung der durch Hitze geschädigten Proteine. Mitglieder der Hsp70- und Hsp60-Chaperonfamilien haben unterschiedliche Wirkungsmechanismen, doch beide Mechanismen beinhalten ATP-abhängige Zyklen der Bindung und Freisetzung von Proteinsubstraten (zur Freisetzung wird die Hydrolyse von ATP benötigt). Molekulare Chaperone sind auch an anderen Prozessen der Proteinfaltung beteiligt. Zum Beispiel assistieren sie den Polypeptiden bei der Faltung und Zusammenlagerung zu Proteinaggregaten und – darauf werden wir später in diesem Kapitel eingehen – unterstützen den Proteintransport in die Mitochondrien und Chloroplasten, indem sie die Polypeptide vor dem Transport in diese Organellen in ungefaltetem Zustand halten.

21.2.5 Zusammenfassung der Translation

Sie haben nun gelernt, dass es sich bei der Translation um einen Mechanismus handelt, der in den Strängen der mRNA-Codons gespeicherte Information in eine Kette aus Aminosäuren umwandelt, die über Peptidbindungen miteinander verknüpft sind. Für eine anschauliche Zusammenfassung dieses Vorgangs verweisen wir auf *Abbildung 21.5*. Während das Ribosom die mRNA Codon für Codon in der 5′→3′-Richtung abliest, werden durch komplementäre Basenpaarung zwischen den Codons in der mRNA und den Anticodons der Aminoacyl-tRNA-Moleküle sukzessive Aminosäuren angelagert. Gelangt diese Kette an ein Stoppcodon, so wird das fertiggestellte Polypeptid freigesetzt, und die mRNA sowie ribosomale Untereinheiten stehen für den nächsten Zyklus bereit.

Die meisten Nachrichten werden von vielen Ribosomen zugleich gelesen, wobei jedes Ribosom unmittelbar auf das nächste auf dem gleichen mRNA-Molekül folgt. Ein Cluster solcher Ribosomen, die an eine einzige mRNA gebunden sind, bezeichnet man als **Polyribosom**. Indem viele Polypeptide gleichzeitig synthetisiert werden, maximieren die Polyribosomen die Effizienz der mRNA-Nutzung.

RNA-Moleküle spielen bei der Translation besonders wichtige Rollen. Die mRNA übernimmt als Träger der genetischen Botschaft natürlich eine Hauptrolle. Die tRNA-Moleküle dienen als Transporteure, welche die Aminosäuren zu den richtigen Codons bringen. Die rRNA-Moleküle üben also mehrere Funktionen aus: Sie dienen nicht nur als Strukturkomponenten der Ribosomen, sondern eine rRNA (die 16S-rRNA der kleinen Untereinheit) stellt die Bindungsstelle für die ankommende mRNA bereit und die andere (die 23S-rRNA der großen Untereinheit) katalysiert die Bildung der Peptidbindung. Die fundamentalen Rollen der RNA könnten eine Spur aus der Vergangenheit sein, die uns zeigt, wie sich die Entwicklung der ersten lebenden Organismen auf der Erde vollzog. Wie in *Kapitel 5* dargestellt, stützte die Entdeckung von RNA-Katalysatoren *(Ribozymen)* die Idee, dass die ersten Katalysatoren auf der Erde sich selbst replizierende RNA-Moleküle und nicht Proteine gewesen sein könnten. Daher könnte das heute existierende Ribosom aus einem primitiven Translationsapparat hervorgegangen sein, der vollständig auf RNA-Molekülen beruhte.

21.3 Mutationen und Translation

Nachdem wir den *normalen* Vorgang der Translation besprochen haben, wollen wir uns nun den Ereignissen zuwenden, die auftreten, wenn mRNAs translatiert werden, die *mutierte* Codons enthalten. Die meisten Codon-Mutationen verändern einfach eine Aminosäure, und Mutationen in der dritten Base eines Codons führen häufig gar keine Änderung einer Aminosäure herbei. Allerdings können Mutationen, die ein Stoppcodon anfügen oder entfernen oder das Leseraster verschieben, die mRNA-Translation nachhaltig unterbrechen. In diesem Abschnitt werden wir uns mit einigen Mechanismen beschäftigen, mit denen Zellen auf diese Mutationen reagieren.

21.3.1 Suppressor-tRNAs beseitigen die Wirkung einiger Mutationen

Mutationen, die Aminosäure-kodierende Codons in Stoppcodons umwandeln, bezeichnet man als **Nonsense-Mutationen**. In ▸*Abbildung 21.9* zeigen wir einen Fall, in dem die Mutation eines einzigen Basenpaares in der DNA ein AAG-Lysincodon in der mRNA in ein UAG-Stoppsignal umwandelt. Nonsense-Mutationen wie diese führen typischerweise zur Bildung unvollständiger, nichtfunktionaler Polypeptide, deren Synthese am mutierten Stoppcodon vorzeitig abgebrochen wurde.

In lebenswichtigen Genen ist die Wirkung von Nonsense-Mutationen meistens letal. Manchmal kann ihre schädliche Wirkungen allerdings durch eine unabhängige Mutation aufgehoben werden, die ein tRNA-Gen betrifft. Diese mutierten tRNA-Gene bilden mutierte tRNAs, die ein Codon, das sonst ein Stoppcodon wäre, erkennen und an dieser Stelle eine Aminosäure einfügen. In dem in ▸*Abbildung 21.9c* dargestellten Beispiel hat eine mutierte tRNA ein verändertes Anticodon, wodurch die mutierte tRNA das Stoppcodon als Codon für Tyrosin lesen kann. Fast immer unterscheidet sich die eingefügte Aminosäure von der Aminosäure, die im Wildtypprotein normalerweise an dieser Position wäre, aber der entscheidende Punkt ist, dass die Kettentermination umgangen wird und ein vollständiges Polypeptid gebildet werden kann.

Ein tRNA-Molekül, das irgendwie die Wirkung einer Mutation negiert, wird **Suppressor-tRNA** genannt. Sie erwarten gewiss, dass es Suppressor-tRNAs gibt, die, abgesehen von den Nonsense-Mutationen, die Wirkungen verschiedener Mutationen ausgleichen. Damit eine Zelle überleben kann, müssen Suppressor-tRNAs recht effizient arbeiten, sonst würde der Proteinsynthese-Apparat zu viele anormale Proteine bilden. Ein übermäßig effizienter Nonsense-Suppressor würde beispielsweise dafür sorgen, dass normale Stoppcodons so gelesen werden, als würden sie eine Aminosäure kodieren. Dadurch wäre eine normale Termination nicht mehr möglich. Tatsächlich wird aber in den Zellen, die Nonsense-Suppressor-tRNAs enthalten, die Synthese der meisten Polypeptide richtig beendet. Das zeigt uns, dass ein Stoppcodon, das am richtigen Ort am Ende einer mRNA-Kodierungssequenz liegt, noch immer die Termination auslöst, während das gleiche Codon in Innenlage dies nicht bewerkstelligt. Die naheliegendste Erklärung beruht auf der Wirkung von Freisetzungsfaktoren, welche die normale Termination auslösen. Wenn ein Stoppcodon an seinem richtigen Ort nahe des Endes einer RNA liegt, lösen Freisetzungsfaktoren die Termination aus, weil sie an dieser Stelle effizienter an Stoppcodons binden können als Suppressor-tRNAs. Vielleicht liegt das daran, dass die Wirkung von Freisetzungsfaktoren von einer bestimmten Sequenz oder der dreidimensionalen Konfiguration nahe dem Ende der mRNA stimuliert wird.

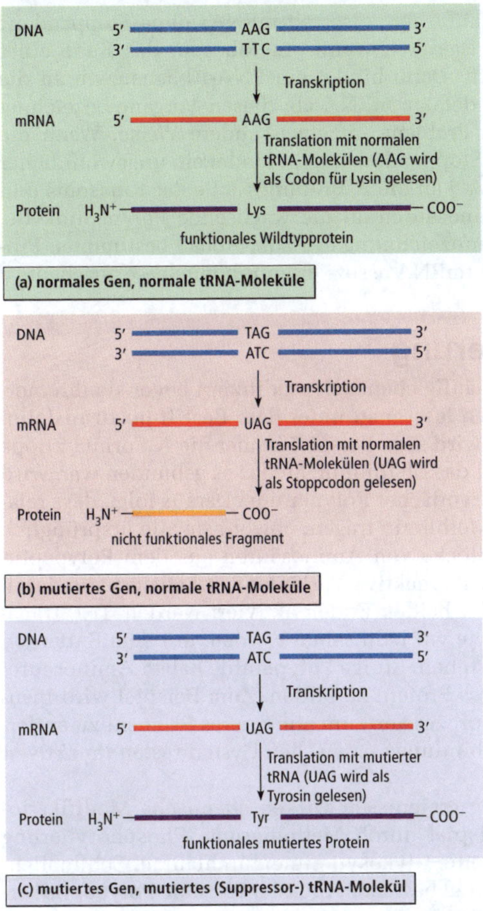

Abbildung 21.9: Nonsense-Mutationen und Suppressor-tRNAs. (a) Ein Wildtypgen (ein normales Gen) wird in ein mRNA-Molekül transkribiert, das an einer Stelle das Codon AAG enthält. Nach der Translation spezifiziert dieses Codon an dieser Stelle im funktionalen Wildtypprotein die Aminosäure Lysin (Lys). (b) Wenn sich eine DNA-Mutation ereignet hat, die das AAG-Codon in der mRNA in ein UAG umwandelt, dann wird das UAG-Codon als Stoppcodon gelesen und als Translationsprodukt wird man ein verkürztes, nicht-funktionales Polypeptid erhalten. Mutationen dieser Art bezeichnet man als Nonsense-Mutationen. (c) In Gegenwart einer mutierten tRNA, die UAG als Aminosäurecodon liest und nicht als Stoppsignal, wird eine Aminosäure eingefügt und die Polypeptidsynthese wird fortgesetzt. Im dargestellten Beispiel wird UAG als Codon für Tyrosin gelesen, denn die mutierte Tyrosin-tRNA hat das Anticodon 3′-AUC-5′ und nicht das übliche Anticodon 3′-AUG-5′ (welches das Tyrosincodon 5′-UAC-3′ erkennt). Daraus wird ein mutiertes Protein hervorgehen, denn ein Lysin wurde an einer Stelle in der langen Kette durch ein Tyrosin ersetzt. Allerdings kann das Protein noch immer seine Funktionalität besitzen, wenn seine biologische Aktivität nicht ernsthaft durch die Aminosäuresubstitution beeinträchtigt wurde.

21.3.2 Nonsense-vermittelter Abbau und Nonstopp-Abbau fördern die Zerstörung von defekten mRNAs

Wenn keine geeignete Suppressor-tRNA zugegen ist, dann beendet ein Nonsense-Stoppcodon vorzeitig die mRNA-Translation. Man erhält eine unvollständige Polypeptidkette, die nicht richtig funktionieren kann und der Zelle sogar Schaden zufügen könnte. Es gilt, die energieintensive Bildung solch nutzloser Produkte zu verhindern. Aus diesem Grund haben eukaryotische Zellen einen Mechanismus zur Qualitätskontrolle entwickelt, den **Nonsense-vermittelten Abbau** zur Zerstörung von mRNAs, die verfrühte Stoppcodons enthalten. Bei Säugetieren bindet die Methode zur Identifizierung verfrühter Stoppcodons den Exon-Junction-Komplex (EJC; engl.: *exon junction complex*) ein. Das ist ein Multiproteinkomplex, der während des mRNA-Spleißens an den Punkten deponiert wird, an denen ein Intron aus der Prä-mRNA entfernt wurde (siehe *Abbildung 20.14*). Daher ist jedes neu gespleißte mRNA-Molekül an einen oder mehrere Exon-Junction-Komplexe gebunden, jeweils an einen Komplex an jeder Exon-Exon-Junction. Während der Translation beruht die Unterscheidung zwischen normalen und verfrühten Stoppcodons auf ihrer Beziehung zu den EJCs. Ein Stoppcodon, das in einer mRNA vor dem letzten EJC liegt – mit anderen Worten vor dem letzten Exon – muss ein verfrühtes Stoppcodon sein. Das Vorhandensein eines solchen Stoppcodons wird zum Abbruch der Translation führen, während noch immer ein oder mehrere EJCs an die mRNA gebunden sind. Die Bindung dieser verbleibenden EJCs kennzeichnet die mRNA für den Abbau.

Wie gehen Zellen mit der entgegengesetzten Situation um, also mit mRNAs ohne Stoppcodon? Bei eukaryotischen Zellen wird die Translation ausgesetzt, wenn ein Ribosom das Ende einer mRNA erreicht, aber nicht auf ein Stoppcodon trifft. Dann bindet ein RNA-Abbauenzym an die leere A-Bindungsstelle des Ribosoms und baut die defekte mRNA ab; diesen Vorgang bezeichnet man als **Nonstopp-Abbau**. Bakterien lösten dieses Problem auf etwas andere Weise. Wenn die Translation am Ende einer bakteriellen mRNA ohne Stoppcodon anhält, bindet ein ungewöhnlicher Typ von RNA, die *tmRNA* („Transfer-Messenger-RNA") an die A-Bindungsstelle des Ribosoms und steuert das Anfügen von etwa einem Dutzend Aminosäuren an die wachsende Polypeptidkette. Diese Aminosäuresequenz erzeugt ein Signal zur Kennzeichnung des zum Abbau bestimmten Proteins. Gleichzeitig wird die mRNA von einer mit der tmRNA assoziierten Ribonuclease abgebaut.

21.4 Posttranslationale Prozessierung

Nach ihrer Synthese werden die Polypeptidketten häufig chemisch modifiziert bevor sie ihre normalen Funktionen aufnehmen. Diese Modifikationen fasst man unter dem Begriff **posttranslationale Modifikationen** zusammen. Bei den Bakterien wird zum Beispiel immer die *N*-Formylgruppe am N-Terminus der Polypeptidketten entfernt. Auch das Methionin, an das es gebunden war, wird entfernt, ebenso wie das Methionin am Anfang eukaryotischer Polypeptide. Daraus folgt, dass relativ wenige reife Polypeptide an ihrem N-Terminus Methionin tragen, obwohl sie alle ursprünglich damit begonnen hatten. Manchmal werden ganz Blöcke von Aminosäuren aus dem Polypeptid entfernt. Bestimmte Enzyme werden beispielsweise als inaktive Vorläufer synthetisiert, die durch Entfernung einer spezifischen Sequenz an einem der beiden Enden aktiviert werden. Der Transport von Proteinen durch Membranen kann auch, wie wir bald sehen werden, mit dem Entfernen einer terminalen *Signalsequenz* in Zusammenhang stehen. Einige Polypeptide haben Aminosäureteilstücke, die entfernt werde müssen, um ein aktives Protein zu bilden. Zum Beispiel wird Insulin als einzelnes Polypeptid synthetisiert und dann prozessiert, um ein inneres Segment zu entfernen. Die beiden Endsegmente bleiben über Disulfidbindungen zwischen Cysteinresten im aktiven Hormon verbunden.

An anderen häufig vorkommenden Prozessierungsereignissen wirken chemische Modifikationen einzelner Aminosäuregruppen mit – zum Beispiel durch Methylierung, Phosphorylierung oder Acetylierung. Außerdem kann ein Polypeptid eine Glykosylierung durchlaufen. Schließlich, im Fall von Proteinen, die aus mehreren Untereinheiten bestehen, müssen einzelne Polypeptidketten eine Bindung miteinander eingehen, um die richtigen Proteine aus mehreren Untereinheiten oder Multiproteinkomplexe zu bilden.

Abgesehen von den zuvor dargestellten posttranslationalen Ereignissen durchlaufen einige Proteine einen relativ ungewöhnlichen Typ der Prozessierung, das sogenannte Proteinspleißen, das dem Phänomen des *RNA-Spleißens*, welches wir in *Kapitel 20* vorgestellt haben, entspricht. Wie Sie erfahren haben, werden beim Spleißen Intronsequenzen aus RNA-Molekülen entfernt und die verbleibenden Exonsequenzen werden gleichzeitig zusammengefügt. Ähnlich verhält es sich mit den Inteinen. Während des Proteinspleißens werden spezifische Aminosäuresequenzen, die *Inteine*, aus der Polypeptidkette entfernt und die verbleibenden Segmente, die *Exteine*, werden zum reifen Protein zusammengefügt. Das Proteinspleißen findet im Allgemeinen intramolekular statt. Dazu gehört das Ausschneiden eines Inteins aus einer einzelnen Polypeptidkette durch einen sich selbst katalysierenden Mechanismus. Das Spleißen kann allerdings auch zwischen zwei Polypeptidketten erfolgen, die aus zwei verschiedenen mRNAs stammen. Zum Beispiel besitzen einige photosynthetische Bakterien eine Untereinheit der DNA-Polymerase III, die aus zwei getrennten Genen gebildet wird. Jedes Gen kodiert ein Intein-haltiges Polypeptid, zu dem ein Teil der DNA-Polymerase-Untereinheit gehört. In einigen Fällen stellen sich die durch Proteinspleißreaktionen entfernten Inteine als stabile Proteine mit eigenen biologischen Funktionen heraus (im Allgemeinen haben sie Endonucleaseaktivität). Früher betrachtete man das Proteinspleißen als seltsame Laune der Natur, doch wurde es mittlerweile in Dutzenden verschiedenen Organismen aller Domänen nachgewiesen (bei Eukaryoten, Bakterien und Archaea).

21.5 Proteinerkennung und -sortierung

Wir haben uns mit der Proteinsynthese beschäftigt und sind somit gut vorbereitet, um die Mechanismen zu verstehen, die jedes neu synthetisierte Protein zu seinem Bestimmungsort lenken. Denken Sie an eine typische eukaryotische Zelle mit ihrer Vielfalt an Organellen, von denen jede ihren einzigartigen Satz von Proteinen besitzt. Eine solche Zelle besitzt mit großer Wahrscheinlichkeit Milliarden Proteinmoleküle, was mindestens 10.000 verschiedene Polypeptidarten bedeutet. Jedes Polypeptid muss seinen Weg zum richtigen Ort in der Zelle und sogar aus der Zelle hinaus finden. Eine begrenzte Anzahl der Polypeptide wird vom mitochondrialen Genom kodiert (und bei Pflanzenzellen auch vom Chloroplastengenom), aber die meisten werden von Kerngenen kodiert und in einem Prozess synthetisiert, der seinen Anfang im Cytosol nimmt. Jedes dieser Polypeptide muss dann zu seinem richtigen Bestimmungsort gelenkt werden und muss daher über eine Art molekularen „Reißverschlusscode" verfügen, der den Transport an die richtige Stelle gewährleistet. Als letztes Thema dieses Kapitels werden wir den Vorgang der Proteinerkennung und -sortierung vorstellen.

Zu Beginn teilen wir die verschiedenen Kompartimente eukaryotischer Zellen in drei Kategorien ein: (1) das Endomembransystem, ein System von untereinander verbundenen Membrankompartimenten, wozu das endoplasmatische Reticulum (ER), der Golgi-Komplex, die Lysosomen, sekretorische Vesikel, die Kernhülle und die Plasmamembran gehören, (2) das Cytosol und (3) die Mitochondrien, Chloroplasten, Peroxisomen (und verwandte Organellen) sowie das Innere des Zellkerns.

Die von Kerngenen kodierten Polypeptide werden über mehrere verschiedene Mechanismen in diese Kompartimente geleitet. Der Vorgang beginnt mit der Transkription von DNA in RNAs, die im Zellkern prozessiert und dann durch die Kernporen in das Cytoplasma transportiert werden, wo der größte Teil der Ribosomen liegt. Im Cytoplasma findet die Translation statt. Obwohl die Translation in erster Linie ein cytoplasmatischer Vorgang ist, gibt es einige Hinweise darauf, dass bis zu zehn Prozent aller Ribosomen einer Zelle tatsächlich im Zellkern lokalisiert sind, wo sie neu synthetisierte RNAs translatieren. Die Zellkerntranslation scheint vor allem als Mechanismus zur Qualitätskontrolle zu dienen, wobei neue mRNAs auf Fehler überprüft werden (siehe Beschreibung des Nonsense-vermittelten Abbaus).

Trotz der Existenz dieser funktionierenden Kernribosomen ist klar, dass der größte Teil der Polypeptidsynthese an cytoplasmatischen Ribosomen stattfindet, nachdem die mRNAs durch die Kernporen transportiert wurden. Wenn sie im Cytoplasma ankommen, werden diese mRNAs mit *freien Ribosomen* (nicht an eine Membran gebundenen Ribosomen) assoziiert. Kurz nach Beginn der Translation trennen sich die beiden Hauptwege zur Lenkung der neu gebildeten Proteinprodukte (▸*Abbildung 21.10*). Den ersten Weg beschreiten Ribosomen, die Polypeptide synthetisieren, die für das Endomembransystem oder den Auswärtstransport aus der Zelle bestimmt sind. Diese Ribosomen werden schon in einem frühen Stadium der Translation an die ER-Membranen gebunden. Dann werden die wachsenden Polypeptidketten während der Synthese durch (oder im Fall der integralen Membranproteine in) die ER-Membran transferiert (▸*Abbildung 21.10a*). Man bezeichnet diesen Transfer von Polypeptiden in das ER als **cotranslationalen Import**, denn der Transport des Polypeptids durch oder in die ER-Membran ist direkt an den Translationsvorgang gekoppelt. Die anschließende Beförderung solcher Proteine vom ER zu den endgültigen Bestimmungsorten wird von verschiedenen Membranvesikeln und dem Golgi-Komplex bewerkstelligt.

Die für Cytosol, Mitochondrien, Chloroplasten, Peroxisomen und das Zellkerninnere bestimmten Polypeptide nehmen einen alternativen Weg (▸*Abbildung 21.10b*). Ribosomen, die diese Typen von Polypeptiden synthetisieren, werden im Cytosol nicht an eine Membran gebunden, sondern bleiben frei. Nach Abschluss der Translation werden die Polypeptide von den Ribosomen freigegeben und verbleiben dann entweder im Cytosol als ihrem endgültigen Bestimmungsort oder werden von der richtigen Organelle aufgenommen. Die Aufnahme solcher fertiggestellter Polypeptide, für die bestimmte Zielsignale ausgesandt werden müssen, bezeichnet man als **posttranslationalen Import**. Im Fall des Zellkerns gelangen die Polypeptide entweder durch die Kernporen in den Zellkern, wie in *Kapitel 17* besprochen (siehe *Abbildung 17.12*). Der Transport der Polypeptide in die Mitochondrien, Chloroplasten und Peroxisomen benötigt die Beteiligung eines anderen Mechanismus, auf den wir gleich eingehen werden.

Mit diesem allgemeinen Überblick sind Sie nun gerüstet, um die Mechanismen des cotranslationalen und des posttranslationalen Imports im Detail kennenzulernen.

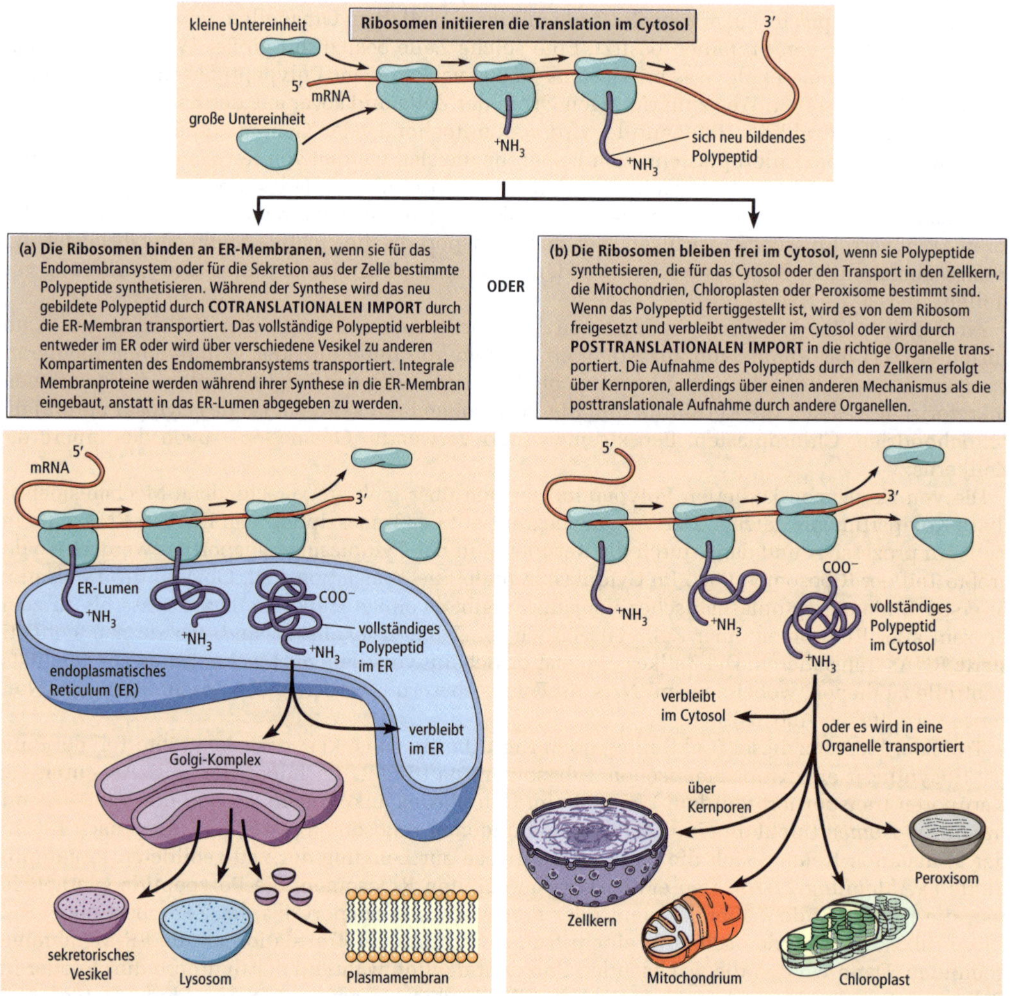

Abbildung 21.10: Intrazelluläre Sortierung von Proteinen. Die Polypeptidsynthese beginnt im Cytosol, schlägt aber einen von zwei möglichen Wegen ein, wenn die Polypeptidkette eine Länge von ungefähr 30 Aminosäuren erreicht hat. (a) Die für das Endomembransystem oder den Auswärtstransport aus der Zelle bestimmten Polypeptide werden während ihrer Synthese durch cotranslationalen Transport durch die ER-Membran transferiert. (b) Andere Polypeptide werden im Cytosol synthetisiert, wo sie entweder verbleiben oder durch posttranslationalen Import in den Zellkern, die Mitochondrien, die Chloroplasten oder die Peroxisomen transferiert werden.

21.5.1 Der cotranslationale Import ermöglicht einigen Proteinen während ihrer Synthese den Eintritt in das ER

Der cotranslationale Import in das ER ist der erste Schritt des Transports neu synthetisierter Proteine zu den verschiedenen Orten innerhalb des Endomembransystems. Die für das Endomembransystem bestimmten Proteine werden an Ribosomen synthetisiert, die kurz nach Beginn der Translation an das ER geheftet werden. Sollten sich einige Polypeptide während ihrer Synthese direkt in das Lumen des ER bewegen, wie bestimmt dann die Zelle, mit welchen Proteinen auf diese Weise verfahren werden soll? Eine Antwort auf diese Frage schlugen 1971 Günter Blobel und David Sabatini vor. Deren Modell wurde als *Signalhypothese* bezeichnet, denn gemäß diesem Modell gab es eine Art intrinsisches Molekularsignal, das unterscheidet, welche der vielen Polypeptide in das Cytosol freigesetzt werden sollten. Diese Hypothese hatte auf das Gebiet der Zellbiologie dermaßen tiefgreifende Auswirkungen, dass Blobel für seinen Nachweis, dass Proteine über intrinsische Signale verfügen, die Transport und Lokalisierung innerhalb der Zelle bestimmen, 1999 den Nobelpreis erhielt. Die Signalhypothese besagte, dass bei den für das ER bestimmten Polypeptiden das erste Segment des zu synthetisierenden Polypeptids, der N-Terminus, eine **ER-Signalsequenz** enthält. Die ER-Signalsequenz leitet den Ribosom-mRNA-Polypeptid-Komplex zur Oberfläche des rauen ER. Dort wird der Komplex auf der ER-Oberfläche an ein Protein verankert. Wenn sich die Polypeptidkette während der mRNA-Translation verlängert, durchquert der Komplex die ER-Membran und tritt in das ER-Lumen ein.

Kurze Zeit nach Veröffentlichung der Signalhypothese wiesen César Milstein und seine Kollegen die Existenz von ER-Signalsequenzen nach. Sie untersuchten die Synthese der kleinen Untereinheit oder *leichten Kette* des Proteins *Immunglobulin G.* In zellfreien Systemen, die aufgereinigte Ribosomen und die für die Proteinsynthese notwendigen Komponenten enthalten, steuert die mRNA, welche die leichte Kette des Immunglobulins kodiert, die Synthese eines Polypeptidproduktes, dessen N-Terminus 20 Aminosäuren länger ist als die echte leichte Kette. Durch Zufügen von ER-Membranen mit Ribosomen (Mikrosomen) zu diesem System erzeugt man leichte Ketten des Immunglobulins in der richtigen Größe (▸*Abbildung 21.11*). Aus diesen Ergebnissen konnte man folgern, dass dieses zusätzliche Aminosäuresegment aus 20 Aminosäuren als ER-Signalsequenz agiert und dass diese Sequenz entfernt wird, wenn sich das Polypeptid in das ER bewegt. Spätere Untersuchungen ergaben, dass noch weitere, für das ER bestimmte Polypeptide eine N-terminale Sequenz besitzen, die für das Erkennen des für das ER bestimmten Proteins notwendig ist und entfernt wird, wenn sich das Polypeptid in das ER bewegt. Proteine, die an ihrem N-Terminus mit solchen ER-Signalsequenzen ausgestattet sind, werden häufig als *Präproteine* bezeichnet (zum Beispiel Prälysozym, Präproinsulin, Prätrypsinogen und so weiter).

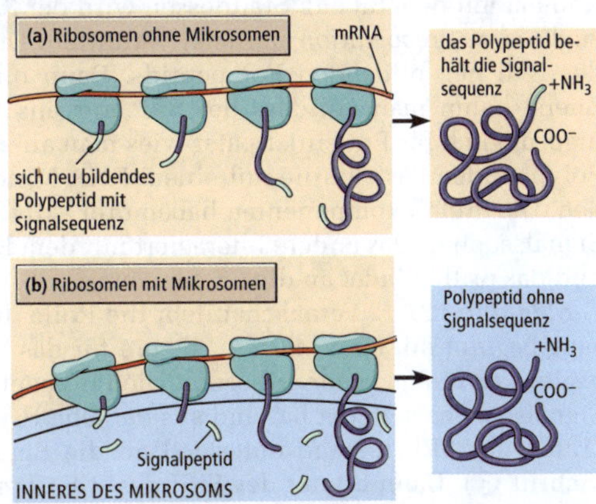

Abbildung 21.11: Nachweis, dass für die normale Prozessierung sekretierter Proteine eine cotranslationale Insertion in das ER notwendig ist. (a) Die Proteinsynthese kann in einem zellfreien System durchgeführt werden, das Ribosomen und andere Komponenten enthält, aber keine Membranen. Fügt man eine Messenger-RNA hinzu, die ein Protein kodiert, das normalerweise sekretiert wird, so erhält man ein anormal großes Protein, was darauf zurückzuführen ist, dass es noch immer die Signalsequenz enthält. (b) Wenn man Mikrosomen, die aus ER-Membranen und angehefteten Ribosomen bestehen, isoliert und die gleiche mRNA zufügt, dann wird das entstandene Protein durch die Vesikelmembran transportiert und die Signalsequenz wird abgespalten.

Aus Sequenzuntersuchungen wissen wir, dass die Aminosäurezusammensetzungen von ER-Signalsequenzen überraschend variabel sind, doch hat man auch mehrere Gemeinsamkeiten entdeckt. ER-Signalsequenzen haben typischerweise eine Länge von 15 bis 30 Aminosäuren und bestehen aus drei Domänen: einer positiv geladenen N-terminalen Region, einer zentralen hydrophoben Region und einer polaren Region, die neben der Stelle liegt, an der die Abspaltung des reifen Proteins stattfinden wird. Das positiv geladene Ende kann die Interaktion mit der hydrophilen Außenseite der ER-Membran fördern, die hydrophobe Region die Interaktion mit der Signalsequenz auf der Lipidinnenseite der Membran. Auf jeden Fall weiß man heute, dass nur Polypeptide mit ER-Signalsequenzen während ihrer Synthese in die ER-Membran eingefügt oder durch die ER-Membran transportiert werden können. Tatsächlich hat man festgestellt, dass Polypeptide, die normalerweise keine ER-Signalsequenzen besitzen, direkt in das ER transportiert wurden, wenn sie mit Hilfe von rekombinanten DNA-Methoden mit ER-Signalsequenzen versehen wurden.

21.5.2 Die Signalerkennungspartikel (SRP) binden den Ribosom-mRNA-Polypeptid-Komplex an die ER-Membran

Nachdem die Existenz der ER-Signalsequenz etabliert war, wurde schnell deutlich, dass die sich neu bildenden Polypeptide an die ER-Membran angeheftet werden müssen, bevor ein größerer Teil des Polypeptids aus dem Ribosom heraustritt. Falls die Translation ohne Anheftung an das ER ablaufen sollte, dann könnte die Signalsequenz durch Faltung der wachsenden Polypeptidkette verdeckt werden. Um zu verstehen, wie diese Gefahr ausgeschlossen wird, müssen wir uns den Signalmechanismus einmal genauer anschauen.

Im Gegensatz zur ursprünglichen Signalhypothese nimmt die ER-Signalsequenz nicht selber Kontakt mit dem ER auf. Stattdessen wird der Kontakt von einem **Signalerkennungspartikel (SRP**; engl.: *signal recognition particle*) vermittelt. Dieser erkennt und bindet an die ER-Signalsequenz des sich neu bildenden Polypeptids. Dann bindet er an die ER-Membran (▸*Abbildung 21.12*). Zuerst nahm man an, dass der SRP nur aus Protein besteht (das P stand in der Bezeichnung ursprünglich für Protein). Später wies man allerdings nach, dass der SRP aus sechs verschiedenen Polypeptiden besteht, die mit einem RNA-Molekül aus 300 Nucleotiden (7S) einen Komplex bilden. Die Proteinkomponenten haben drei aktive Zentren: ein Zentrum erkennt und bindet die ER-Signalsequenz, das andere interagiert mit dem Ribosom, um die weitere Translation zu blockieren, und das dritte bindet an die ER-Membran.

Abbildung 21.12 veranschaulicht die Rolle des SRP beim cotranslationalen Transport. Der Vorgang beginnt mit einer mRNA, die ein für das ER bestimmtes Polypeptid kodiert. Die Translation beginnt an einem freien Ribosom. Die Polypeptidsynthese schreitet so lange fort, bis sich die ER-Signalsequenz gebildet hat und aus der Oberfläche des Ribosoms heraustritt. Zu diesem Zeitpunkt bindet das SRP (orange unterlegt) an die Signalsequenz und blockiert die weitere Translation (Schritt ➊). Dann bindet der SRP das Ribosom an eine besondere Struktur in der ER-Membran, das sogenannte **Translocon**. Die Bezeichnung Translocon beruht darauf, dass diese Struktur die Translokation von Polypeptiden durch die ER-Membran durchführt. (Beachten Sie, dass der Begriff *Translokation* wörtlich „Änderung der Position" bedeutet. Hier wird dieser Begriff verwendet, um sowohl den Transport von Proteinen durch Membranen zu erfassen als auch, früher in diesem Kapitel, das Gleiten der mRNA auf dem Ribosom.)

Das Translocon ist ein Proteinkomplex aus mehreren am cotranslationalen Transport mitwirkenden Komponenten. Dazu gehören der *SRP-Rezeptor*, an den SRP bindet, ein *Ribosomenrezeptor*, der dafür sorgt, dass die Position des Ribosoms beibehalten wird, ein *Porenprotein*, das einen Kanal bildet, durch den die wachsende Polypeptidkette in das ER-Lumen gelangen kann, und eine *Signalpeptidase*, ein Enzym, das die ER-Signalsequenz entfernt. In Schritt ➋ bindet der SRP (mit dem angehefteten Ribosom) zuerst an den SRP-Rezeptor. Dadurch kann das Ribosom an den Ribosomenrezeptor gebunden werden. Dann bindet GTP an den SRP und den SRP-Rezeptor. Dadurch kann die Translation fortschreiten und die Signalsequenz wird zum Porenprotein transferiert. Dessen zentraler Kanal öffnet sich während der Insertion der Signalsequenz ➌. Anschließend wird GTP hydrolysiert, und zugleich wird der SRP freigesetzt ➍. Während der Elongation der Polypeptidkette gelangt sie in das ER-Lumen und die Signalpeptidase spaltet die Signalsequenz ab, die dann rasch abgebaut wird ➎. Nach Abschluss der Polypeptidsynthese wird das fertiggestellte Polypeptid in das ER-Lumen abgegeben, der Transloconkanal wird geschlossen, das Ribosom löst sich von der ER-Membran und zerfällt in seine Untereinheiten, wobei die mRNA freigesetzt wird ➏.

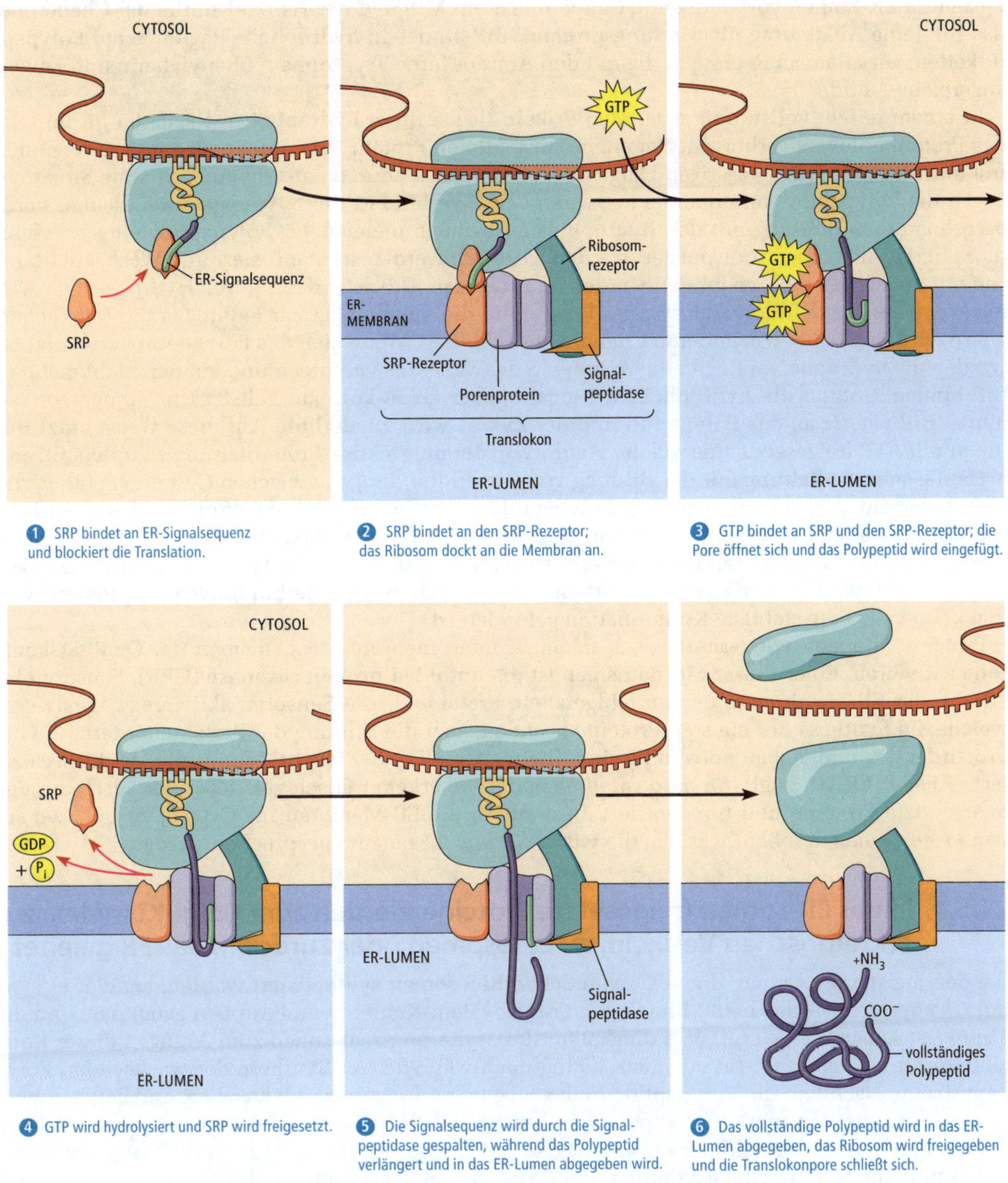

Abbildung 21.12: Ein Modell für den Signalmechanismus des cotranslationalen Imports. Die Abbildung ist eine schematische Zeichnung des Signalmechanismus. Man weiß heute, dass sich die wachsende Polypeptidkette durch eine hydrophile Pore bewegt, die aus einem oder mehreren Membranproteinen besteht. Der Komplex aus Membranproteinen, der die Translokation ausführt, wird als *Translocon* bezeichnet.

21.5.3 Proteinfaltung und Qualitätskontrolle finden im ER statt

Nachdem die Polypeptide in das ER-Lumen abgegeben wurden, nehmen sie durch Faltung ihre endgültige Struktur ein. In einigen Fällen setzen sich mehrere Polypeptide zu Proteinen mit mehreren Untereinheiten zusammen. Wir haben bereits zuvor in diesem Kapitel erwähnt, dass molekulare Chaperone diese Prozesse der Faltung und des Zusammenbaus unterstützen. Das am häufigsten im ER-Lumen vorkommende Chaperon ist ein Mitglied der Hsp70-Familie der Chaperone, das **BiP** (eine Abkürzung für B*indungsprotein*). BiP bindet an hydrophobe Regionen auf Polypeptidketten, vor allem an Regionen, die mit den Aminosäuren Tryptophan, Phenylalanin und Leucin angereichert sind.

In einem reifen, vollständig gefalteten Protein liegen diese hydrophoben Regionen im Inneren des Proteinmoleküls verborgen. Bei einem ungefalteten Protein liegen die hydrophoben Regionen frei und stehen mit der wässrigen Umgebung in Kontakt. Dadurch entsteht eine instabile Situation, in der die Polypeptide miteinander aggregieren. BiP verhindert diese Aggregation, indem es vorübergehend eine Bindung mit den hydrophoben Regionen ungefalteter Polypeptide eingeht, wenn diese in das ER-Lumen transportiert werden. Dadurch werden sie stabilisiert und Wechselwirkungen mit ungefalteten Polypeptiden werden unterbunden. BiP setzt dann durch Hydrolyse von ATP die Polypeptidkette frei, woraufhin das Polypeptid die Möglichkeit zur Faltung erhält (möglicherweise wird ihm dabei von anderen Chaperonen geholfen). Wenn sich das Polypeptid korrekt faltet, werden die hydrophoben Regionen im Inneren des Moleküls verborgen und können nicht mehr an BiP binden. Sollten die hydrophoben Segmente aber keine korrekte Faltstruktur einnehmen, so bindet BiP wieder an das Polypeptid und der Zyklus wird wiederholt. Auf diese Weise nutzt BiP die durch ATP freigesetzte Energie der Hydrolyse, um die richtige Proteinfaltung zu unterstützen.

Häufig geht die Faltung mit der Bildung von Disulfidbindungen zwischen Cysteinen einher, die sich in verschiedenen Regionen einer Polypeptidkette befinden. Diese Reaktion wird von der **Proteindisulfidisomerase** erleichtert, einem Enzym im ER-Lumen, das Bildung und Spaltung von Disulfidbindungen zwischen Cysteinresten katalysiert. Das Enzym entfaltet seine Wirkung bevor das neue Polypeptids fertig synthetisiert ist, sodass mehrere Disulfidbindungen ausprobiert werden können, bis die stabilste Konformation gefunden ist.

Proteine, die sich wiederholt falsch falten, können mehrere Mechanismen der Qualitätskontrolle aktivieren. Einer dieser Mechanismen ist die **unfolded protein response (UPR)**. Sensormoleküle in der ER-Membran erkennen fehlgefaltete Proteine. Diese Sensoren aktivieren Signalwege, welche die Synthese der meisten Proteine beenden, aber die Bildung der Proteine fördern, die für Proteinfaltung und -abbau notwendig sind. Ein weiterer Typ der Qualitätskontrolle, der **ER-assoziierte Abbau (ERAD**; engl.: *ER-associated degradation*) erkennt falsch gefaltete oder falsch zusammengesetzte Proteine und transportiert diese durch die ER-Membran ins Cytosol zurück, wo sie von *Proteosomen* abgebaut werden, die wir in *Kapitel 22* genauer besprechen werden.

21.5.4 In das ER-Lumen freigesetzte Proteine werden zum Golgi-Komplex, zu sekretorischen Vesikeln, zu Lysosomen oder zurück in das ER geleitet

Bei den meisten Proteinen, die von gebundenen Ribosomen synthetisiert werden, handelt es sich um *Glykoproteine* – das heißt, Proteine, an die kovalent Kohlenhydratgruppen gebunden sind. In *Kapitel 11* haben Sie gelernt, dass die ersten Glykosylierungsreaktionen zum Anfügen dieser Kohlenhydratseitenketten im ER ablaufen, häufig noch während der Synthese der wachsenden Polypeptidkette. Nachdem die Polypeptide in das ER-Lumen freigesetzt, glykosyliert und gefaltet wurden, werden sie von mehreren Typen von Transportvesikeln zu ihren Bestimmungsorten in der Zelle gebracht (siehe *Abbildung 11.3*). Die erste Haltestelle auf diesem Weg ist der Golgi-Komplex. Dort kann eine weitere Glykosylierung und Prozessierung der Kohlenhydratseitenketten erfolgen. Der Golgi-Komplex ist der Knotenpunkt zur Sortierung und Verteilung der Proteine an andere Zielorte in der Zelle.

Für lösliche sekretorische Proteine führt der normale Weg vom Golgi-Komplex über sekretorische Vesikel, die sich zur Zelloberfläche bewegen und mit der Plasmamembran verschmelzen, was zur Sekretion dieser Proteine aus der Zelle führt. Lösliche Proteine, die in den Golgi-Komplex eintreten und nicht für die Sekretion aus der Zelle bestimmt sind, besitzen spezifische Kohlenhydratseitenketten und/oder kurze Aminosäuresignalsequenzen, die jedes Protein innerhalb des Endomembransystems zu seinem richtigen Bestimmungsort leiten. Wir haben in *Kapitel 11* zum Beispiel gesehen, dass viele lysosomale Enzyme Kohlenhydratseitenketten mit dem ungewöhnlichen Zucker *Mannose-6-Phosphat* besitzen. Dieser Zucker hat eine Erkennungsfunktion, sodass der Golgi-Komplex diese Proteine selektiv in die sich neu bildenden Lysosomen packen kann (siehe *Abbildung 11.4*). In *Kapitel 11* haben Sie außerdem gelernt, dass es für Proteine, deren Bestimmungsort im ER liegt, einen anderen Signalmechanismus gibt. Der C-Terminus dieser Proteine enthält im Allgemeinen eine *KDEL-Sequenz*, die aus den Aminosäuren Lys-Asp-Glu-Leu oder einer nahe verwandten Sequenz besteht. Der Golgi-Komplex verfügt über einen Rezeptor, der an die KDEL-Sequenz bindet und das markierte Protein zurück ins ER transportiert. Die Proteindisulfidisomerase – das im ER lokalisierte Enzym, dessen Rolle bei der Proteinfaltung im vorhergehenden Abschnitt dargestellt wurde – steht exemplarisch für ein Protein mit einer KDEL-Sequenz, die das Auftreten dieses Moleküls auf das ER beschränkt.

21.5.5 Stopp-Transfersequenzen vermitteln die Insertion integraler Membranproteine

Bisher haben wir uns auf den cotranslationalen Transport und die Sortierung löslicher Proteine konzentriert, die entweder aus der Zelle ausgeschieden werden sollen oder für das Lumen von Endomembrankomponenten wie das ER, den Golgi-Komplex, Lysosomen und ähnliche Vesikel bestimmt sind. Die andere Hauptgruppe von Polypeptiden, die an Ribosomen des ER synthetisiert werden, besteht aus Molekülen, die integrale *Membranproteine* werden sollen. Polypeptide dieses Typs werden von einem Mechanismus synthetisiert, der dem in ▸*Abbildung 21.12* dargestellten Mechanismus für lösliche Proteine ähnelt. Der Unterschied liegt darin, dass die fertiggestellte Polypeptidkette in der ER-Membran verankert bleibt und nicht in das ER-Lumen transportiert wird.

Rufen Sie sich bitte aus *Kapitel 6* in Erinnerung, dass integrale Membranproteine typischerweise durch ein oder mehrere α-helikale *Transmembransegmente* aus 20 bis 30 hydrophoben Aminosäuren in der Lipiddoppelschicht verankert sind. Wenn wir uns mit dem Mechanismus beschäftigen, der solche Proteine nach der Synthese als Teil der ER-Membran zurückbehält und sie nicht in das ER-Lumen abgibt, so konzentrieren wir uns auf den einfachsten Fall: Proteine mit nur einem Transmembransegment. Die daran mitwirkenden Prinzipien gelten aber auch für Proteine mit komplizierteren Konfigurationen. Wissenschaftler postulieren zwei Hauptmechanismen, mittels derer hydrophobe Transmembransegmente sich neu bildende Polypeptidketten in der Lipiddoppelschicht der ER-Membran verankern.

Am ersten Mechanismus wirken Polypeptide mit einer typischen ER-Signalsequenz am N-Terminus mit. Aufgrund dieser Struktur kann ein SRP den Ribosom-mRNA-Komplex an die ER-Membran binden. Die Elongation der Polypeptidkette dauert so lange, bis das hydrophobe Transmembransegment des Polypeptids synthetisiert wurde. Wie in ▸*Abbildung 21.12a* dargestellt, dient dieses Teilstück aus Aminosäuren als **Stopp-Transfersequenz**, welche die Translokation des Polypeptids durch die Membran aufhält. Die Translation geht weiter, aber der Rest der Polypeptidkette bleibt auf der cytosolischen Seite der ER-Membran. Daraus geht ein Transmembranprotein hervor, dessen N-Terminus im ER-Lumen und dessen C-Terminus im Cytosol liegt. In der Zwischenzeit bewegt sich die hydrophobe Stopp-Transfersequenz seitlich durch eine Seitenöffnung im Translocon in die Lipiddoppelschicht hinein und bildet so das dauerhafte Transmembransegment, welches das Protein in der Membran verankert.

Der zweite Mechanismus beinhaltet Membranproteine ohne die typische Signalsequenz am N-Terminus. Stattdessen besitzen diese eine interne **Start-Transfersequenz**, die zwei Funktionen ausführt: Erstens wirkt sie als ER-Signalsequenz, dank der ein SRP den Ribosom-mRNA-Komplex an die ER-Membran binden kann, und ihre hydrophobe Region dient als Membrananker, der sich durch eine Seitenöffnung im Translocon heraus bewegt und das Polypeptid dauerhaft in der Lipiddoppelschicht bindet (▸*Abbildung 21.13b*).

Die Ausrichtung der Start-Transfersequenz zum Zeitpunkt der Insertion bestimmt, welcher Terminus des Polypeptids im ER-Lumen und welcher im Cytosol liegt. Transmembranproteine mit mehreren die Membran durchquerenden Regionen werden auf ähnliche Weise gebildet, jedoch entsteht durch ein alternatives Muster an Start-Transfer- und Stopp-Transfersequenzen ein Polypeptid, das mehrere die Membran durchquerende Transmembrandomänen besitzt, welche die Membran in beide Richtungen durchqueren.

Nachdem ein neu gebildetes Polypeptid durch einen der beschriebenen Mechanismen in die ER-Membran eingebaut wurde, kann es entweder dort verbleiben und als ER-Membranprotein agieren oder es wird zu anderen Kompartimenten des Endomembransystems transportiert, beispielsweise zum Golgi-Komplex, zu den Lysosomen, zur Kernhülle oder zur Plasmamembran. Der Transport erfolgt mittels einer Reihe von Membranknospungs- und Verschmelzungsereignissen, wobei sich Membranvesikel von einem Kompartiment des Endomembransystems abschnüren und mit einem anderen Kompartiment verschmelzen, wie in *Abbildung 11.3* dargestellt.

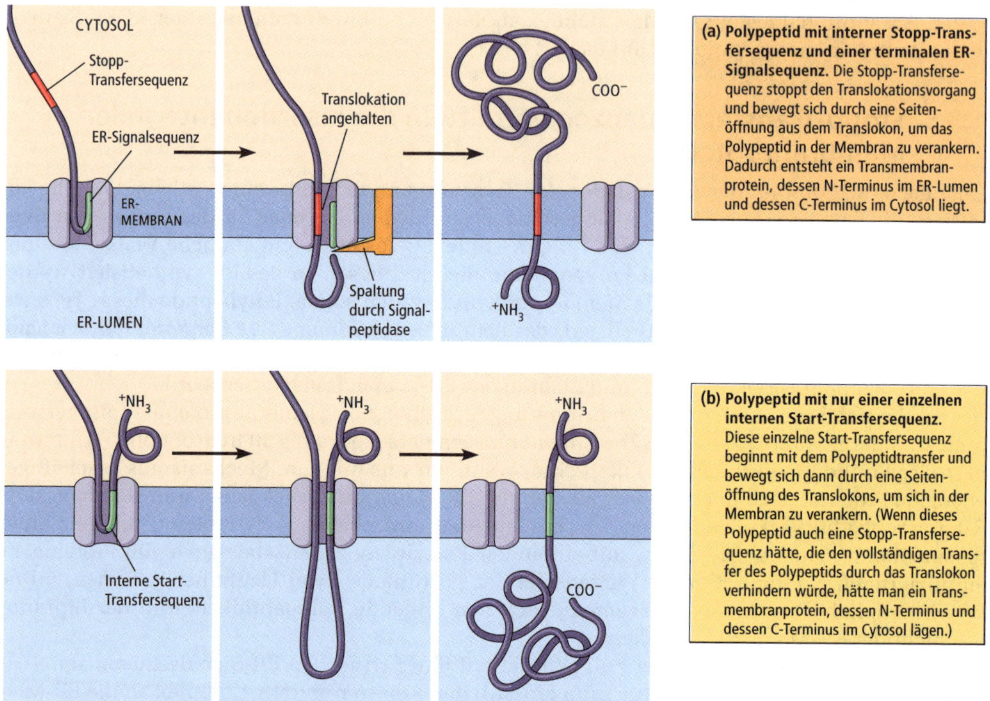

Abbildung 21.13: Cotranslationale Insertion von Transmembranproteinen in die ER-Membran. Diese Abbildung stellt zwei Mechanismen zum Einfügen integraler Membranproteine mit nur einem Transmembransegment vor. Der Übersichtlichkeit halber werden der SRP, das Ribosom und die meisten anderen Teile des Translokationsapparats nicht dargestellt. Transmembranproteine, deren N- und C-Termini in die entgegengesetzte Richtung als hier dargestellt weisen, können mit Hilfe einer Start-Transfersequenz hergestellt werden, die entgegengesetzt ausgerichtet ist, wenn sie das erste Mal in den Translokationsapparat eingefügt wird.

21.5.6 Durch posttranslationalen Import können einige Polypeptide nach der Synthese in Organellen gelangen

Im Gegensatz zum cotranslationalen Import von Proteinen in das ER, den wir einige Seiten zuvor erläutert haben, werden für das Zellkerninnere, für Mitochondrien, Chloroplasten oder Peroxisomen bestimmte Proteine erst *nach* Abschluss der Translation in diese Organellen transportiert. Da diese Proteine an freien Ribosomen synthetisiert und ins Cytosol freigesetzt werden, muss jedes Protein über ein Zielsignal verfügen, das es in die richtige Organelle vermittelt. In *Kapitel 11* haben Sie gelernt, dass eine Serin-Lysin-Leucin-Sequenz (SKL im Einbuchstabencode) in der Nähe des C-Terminus eines Proteins ebendieses Protein für die Aufnahme in Peroxisomen markiert. Seit *Kapitel 17* ist Ihnen bekannt, dass der posttranslationale Proteinimport in den Zellkern von Kernlokalisierungssignalen abhängt, die Proteine zum Transport durch Kernporenkomplexe markieren (siehe *Abbildung 17.12*). Hier konzentrieren wir uns auf den Proteinimport in Mitochondrien und Chloroplasten, der durch Signalsequenzen vermittelt wird, die denen des cotranslationalen Imports ähneln.

Import von Polypeptiden in Mitochondrien und Chloroplasten Obwohl Mitochondrien und Chloroplasten ihre eigene DNA und Proteinsynthese-Maschinerie besitzen, synthetisieren sie selbst nur wenige der von ihnen benötigten Polypeptide. Mehr als 95 % der Polypeptide in diesen beiden Organellen, ebenso wie alle Proteine des Zellkerns und der Peroxisomen, werden von Kerngenen kodiert und an cytosolischen Ribosomen synthetisiert. Die geringe Anzahl der in den Mitochondrien synthetisierten Polypeptide ist hauptsächlich für die mitochondriale Membran bestimmt, und die Polypeptide in den Chloroplasten sind vor allem für die Thylakoidmembranen vorgesehen. Fast ausnahmslos sind diese Polypeptide, die von Mitochondrien- und Chloroplastengenen kodiert werden, Untereinheiten multimerer Proteine, wobei eine oder mehrere der anderen Untereinheiten von Kerngenen kodiert und aus dem Cytosol importiert werden. Zum Beispiel setzt sich die Cytochrom-*c*-Oxidase der Säugetiere aus dreizehn Polypeptiden zusammen, von denen drei vom mitochondrialen Genom kodiert und in den Mitochondrien synthetisiert werden. Die anderen zehn Untereinheiten werden im Cytosol synthetisiert und in die Mitochondrien transportiert.

Die meisten Polypeptide der Mitochondrien und Chloroplasten werden an cytosolischen Ribosomen synthetisiert, ins Cytosol abgegeben und innerhalb von wenigen Minuten von der richtigen Organelle (Mitochondrium oder Chloroplast) aufgenommen. Das Zielsignal für diese Polypeptide ist eine besondere Sequenz, die sogenannte **Transitsequenz**. Ebenso wie die ER-Signalsequenz der auf das ER abzielenden Polypeptide ist die Transitsequenz am N-Terminus des Polypeptids lokalisiert. Nachdem die Transitsequenz in das Mitochondrium oder den Chloroplasten eingedrungen ist, wird sie von einer in der Organelle liegenden *Transitpeptidase* entfernt. Das Entfernen der Transitsequenz findet häufig vor Abschluss des Transports statt.

Die Transitsequenz der Polypeptide der Mitochondrien und Chloroplasten enthält typischerweise sowohl hydrophobe als auch hydrophile Aminosäuren. Das Vorhandensein positiv geladener Aminosäuren ist von entscheidender Bedeutung, auch wenn die Sekundärstruktur der Sequenz wichtiger sein könnte als die spezifischen Aminosäuren. Einige mitochondriale Transitsequenzen besitzen beispielsweise positiv geladene Aminosäuren, die so mit hydrophoben Aminosäuren durchsetzt sind, dass sich im Fall einer zu einer α-Helix spiralisierten Sequenz der größte Teil der positiv geladenen Aminosäuren auf der einen Seite der Helix befindet und die hydrophoben Aminosäuren auf der anderen Seite liegen.

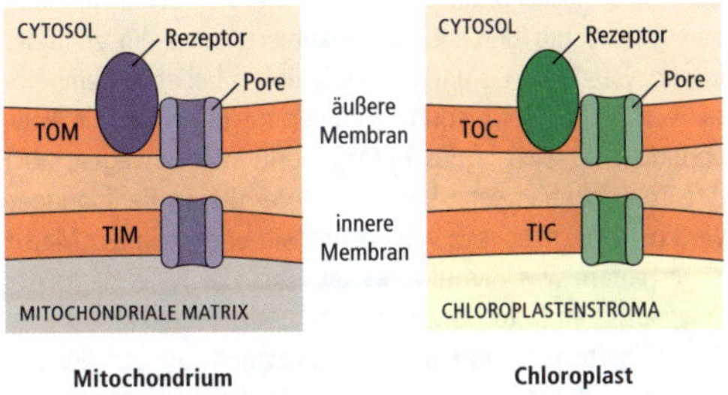

Abbildung 21.14: Proteintransportkomplexe der äußeren und inneren Membranen der Mitochondrien und Chloroplasten. Die Aufnahme der Proteine der Mitochondrien und Chloroplasten, die im Cytosol synthetisiert werden, werden von spezialisierten Transportkomplexen vermittelt, die in den äußeren und inneren Membranen dieser Organellen liegen. Die äußeren und inneren Membrankomplexe der Mitochondrien werden als TOM bzw. TIM bezeichnet. Die vergleichbaren Strukturen der Chloroplasten sind TOC und TIC. Die Transportkomplexe der äußeren Membranen (TOM und TOC) bestehen aus zwei Komponenten: Rezeptorproteinen, die für die Aufnahme bestimmte Polypeptide erkennen und binden, und Kanal-bildenden Porenproteinen, durch die Polypeptide transportiert werden.

Die Aufnahme von Polypeptidketten mit Transitsequenzen wird von spezialisierten Transportkomplexen vermittelt, die in den äußeren und inneren Membranen der Mitochondrien und Chloroplasten lokalisiert sind. Wie in ▸*Abbildung 21.14* dargestellt, bezeichnet man die mitochondrialen Transportkomplexe als **TOM** (Translocase der äußeren mitochondrialen Membran, engl.: *translocase of the outer mitochondrial membrane*) und **TIM** (Translocase der inneren mitochondrialen Membran, engl.: *translocase of the inner mitochondrial membrane*). Die damit vergleichbaren Chloroplastenkomplexe sind **TOC** (Translocase der äußeren Chloroplastenmembran, engl.: *translocase of the outer chloroplast membrane*) und **TIC** (Translocase der inneren Chloroplastenmembran, engl.: *translocase of the inner chloroplast membrane*). Zuerst werden die für den Transport in Mitochondrien oder Chloroplasten bestimmten Polypeptide von TOM- oder TOC-Komponenten ausgewählt, die man als *Transit-Sequenz-Rezeptoren* bezeichnet. Nachdem eine Transitsequenz an ihren Rezeptor gebunden hat, wird das Polypeptid, das diese Sequenz enthält, durch eine *Pore* im TOM- oder TOC-Komplex durch die äußere Membran transportiert. Sollte das Polypeptid für das Innere der Organelle vorgesehen sein, so folgt auf die Bewegung durch den TOM- oder TOC-Komplex schnell die Passage durch den TIM- oder TIC-Komplex der inneren Membran. Die Passage findet vermutlich an einer *Kontaktstelle* statt, an der äußere und innere Membranen dicht beieinander liegen.

Einen Beweis für dieses Modell liefert zum einen die Elektronenmikroskopie, die viele enge Kontaktstellen zwischen äußeren und inneren Membranen erkennbar macht. Außerdem gibt es Daten aus biochemischen Experimenten, in denen man zellfreie mitochondriale Importsysteme auf Eis inkubiert hat, um gerade translokalisierte Polypeptide aufzufangen (▸*Abbildung 21.15*). Aufgrund der niedrigen Temperatur hört der Transport schon bald nach Beginn auf. Zu diesem Zeitpunkt wurden die Transitsequenzen der Polypeptide bereits von dem Enzym Transitpeptidase, das in der mitochondrialen Matrix liegt, entfernt. Allerdings können die Polypeptide immer noch von zugefügten proteolytischen Enzymen angegriffen werden. Diese Ergebnisse zeigen, dass Polypeptide während des Transports vorübergehend beide Membranen durchqueren können. Mit anderen Worten, der N-Terminus kann in die Matrix des Mitochondriums eindringen, während der Rest des Moleküls sich immer noch außerhalb der Organelle befindet.

Polypeptide, die in Mitochondrien oder Chloroplasten hinein transportiert werden, müssen sich normalerweise im ungefalteten Zustand befinden, um durch die Membranen gelangen zu können, welche diese Organellen umhüllen. Diese an die Polypeptide gestellte Bedingung wurde experimentell nachgewiesen. Dafür fügte man Polypeptide, die eine mitochondriale Transitsequenz enthalten, an Wirkstoffe an, die dafür sorgen, dass die Polypeptidkette in fest gefaltetem Zustand bleibt. Solche Polypeptide binden an die äußere Oberfläche des Mitochondriums, aber sie bewegen sich nicht durch die Membran. Das liegt höchstwahrscheinlich an der Größe des gefalteten Polypeptids. Der Durchmesser des Polypeptids ist größer als die Membranpore, durch die das Polypeptid transportiert werden muss.

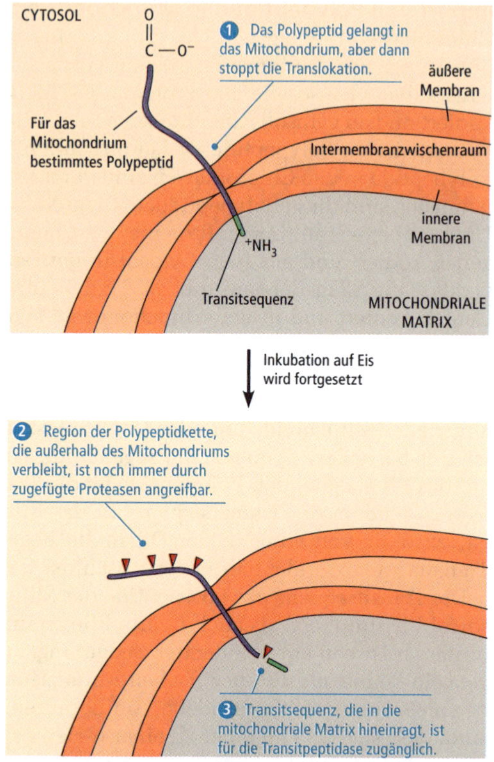

Abbildung 21.15: Experiment zum Nachweis, dass Polypeptide beim Transport beide mitochondrialen Membranen durchqueren. Zum Nachweis, dass Polypeptide, die in Mitochondrien importiert werden, beide Membranen gleichzeitig durchqueren, inkubierte man ein zellfreies Importsystem auf Eis und nicht wie üblich bei einer Temperatur von 37 °C. Bei niedriger Temperatur beginnen die Polypeptide zwar, sich in das Mitochondrium zu bewegen, aber ihre Translokation setzt bald aus. Unter diesen Bedingungen wird die Transitsequenz von der Transitpetidase in der Matrix abgespalten, was darauf hinweist, dass der N-Terminus des Polypeptids im Mitochondrium liegt. Gleichzeitig kann die Polypeptidkette von proteolytischen Enzymen, die auf der Außenseite des Mitochondriums zugefügt wurden, angegriffen werden. Das bedeutet, dass das Polypeptid während des Transports beide Membranen durchspannen muss. Diese geschieht vermutlich an einer zwischen den beiden Membranen liegenden Kontaktstelle.

Es geht darum, die Polypeptide in einem ungefalteten Zustand zu halten. Daher werden die für Mitochondrien und Chloroplasten bestimmten Polypeptide im Allgemeinen an *Chaperonproteine* gebunden. Die Chaperonproteine ähneln den Chaperonen, die neu synthetisierte Polypeptide bei der Faltung unterstützen. In ▸*Abbildung 21.16* wird ein aktuelles Modell des Chaperon-vermittelten Imports von Polypeptiden in die mitochondriale Matrix dargestellt. Zu Beginn des Transportvorgangs binden Hsp70-Chaperone an ein sich neu bildendes Polypeptid, dessen Synthese im Cytosol stattfindet. Die Chaperone sorgen dafür, dass es sich in einem locker gefalteten Zustand befindet (Schritt ❶). Dann bindet die Transitsequenz am N-Terminus des Polypeptids an die Rezeptorkomponente vom TOM, die aus der Oberfläche der äußeren mitochondrialen Membran herausragt ❷. Die Chaperone werden anschließend durch ATP-Hydrolyse freigesetzt, während das Polypeptid durch die TOM- und TIM-Poren in die mitochondriale Matrix bewegt wird ❸. Wenn die Transitsequenz in der Matrix ankommt, wird sie von der Transitpeptidase entfernt ❹. Während der Rest des Polypeptids anschließend in die Matrix gelangt, findet kurzzeitig eine Bindung mit mitochondrialem Hsp70 statt. Zur nachfolgenden Freisetzung von Hsp70 wird wiederum die Hydrolyse von ATP benötigt ❺. Man geht davon aus, dass der Translokationsvorgang mit dieser Energie angetrieben wird. Schließlich binden in den meisten Fällen mitochondriale Hsp70-Chaperonmoleküle an das Polypeptid und assistieren ihm bei der Einnahme seiner vollständig gefalteten Konfiguration ❻.

Nicht nur Chloroplasten, sondern auch Mitochondrien benötigen für den Import von Polypeptiden Energie. Der mitochondriale Import wird sowohl durch ATP-Hydrolyse als auch durch den elektrochemischen Gradienten über der inneren Membran angetrieben. Der elektrochemische Gradient scheint nur für die Bindung und das Eindringen der Transitsequenz erforderlich zu sein. In Experimenten wurde nachgewiesen, dass eine Senkung des Membranpotenzials auf null nach diesem Schritt nicht mit dem noch verbleibenden Transfervorgang interferiert. Chloroplasten halten wiederum einen elektrochemischen Gradienten über der Thylakoidmembran aufrecht, aber nicht über der inneren Membran. Vermutlich wird der Energiebedarf für den Import in das Chloroplastenstroma nur durch ATP gedeckt.

Zielsteuerung von Polypeptiden zu den richtigen Kompartimenten in den Mitochondrien und Chloroplasten Aufgrund der strukturellen Komplexität der Mitochondrien und Chloroplasten müssen die aus dem Cytosol zu importierenden Proteine nicht nur zur richtigen Organelle geleitet werden, sondern auch innerhalb der Organelle zum richtigen Kompartiment. Mitochondrien besitzen vier Kompartimente: die äußere Membran, den Intermembranraum, die innere Membran und die Matrix. Chloroplasten besitzen vier ähnliche Kompartimente (wobei das Stroma die Matrix ersetzt) plus zwei weitere Kompartimente: die Thylakoidmembran und das Thyla-

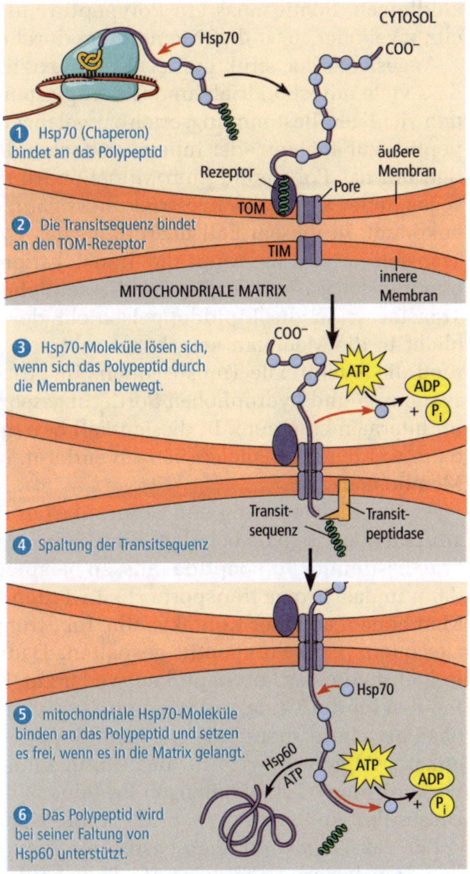

Abbildung 21.16: Posttranslationaler Import von Polypeptiden in das Mitochondrium. Ebenso wie beim cotranslationalen Import in das ER wirken auch am posttranslationalen Import in das Mitochondrium eine Signalsequenz (in diesem Fall handelt es sich um die sogenannte Transitsequenz), ein Membranrezeptor, Poren-bildende Membranproteine und eine Peptidase mit. Beim Mitochondrium erkennt der Membranrezeptor die Signalsequenz aber direkt. Eine Vermittlung durch einen cytosolischen SRP ist hier nicht nötig. Außerdem spielen bei diesem Vorgang Chaperone mehrere ganz entscheidende Rollen: Sie sorgen dafür, dass das Polypeptid nach der Synthese im Cytosol teilweise ungefaltet bleibt, sodass das Polypeptid an die Transitsequenz binden und eine Translokation stattfinden kann (Schritte ❶–❸); Die Chaperone treiben die Translokation selber voran, indem sie an das Polypeptid binden und es *innerhalb* der Matrix freisetzen. Hierbei handelt es sich um einen Vorgang, für den ATP benötigt wird (Schritt ❺). Sie assistieren dem Polypeptid bei der Faltung in die endgültige Konformation (Schritt ❻). Die hier dargestellten Chaperone sind cytosolische und mitochondriale Versionen von Hsp70 (hellblau) und einem mitochondrialen Hsp60 (nicht dargestellt).

koidlumen. Somit muss ein Polypeptid auf seinem Weg zu seinem endgültigen Bestimmungsort ein, zwei oder sogar drei Membranen durchqueren.

Angesichts der strukturellen Komplexität beider Organellen überrascht es vielleicht gar nicht, dass viele mitochondriale und Chloroplasten-Polypeptide mehr als nur ein Signal benötigen, um zu den richtigen Bestimmungsorten zu gelangen. Zum Beispiel wird für die Zielsteuerung eines Polypeptids zur äußeren oder inneren mitochondrialen Membran eine N-terminale Transitsequenz benötigt, um das Polypeptid zum Mitochondrium zu lenken, und zusätzlich eine innere Sequenz, das sogenannte *hydrophobe Sortierungssignal*, damit das Polypeptid an seinem Bestimmungsort ankommt. In diesem Fall übernimmt das hydrophobe Sortierungssignal die Aufgabe einer Stopp-Transfersequenz. Es stoppt die Translokation des Polypeptids durch die äußere oder innere Membrantranslocase und begünstigt die seitliche Auswärtsbewegung durch eine Seitenöffnung in der Translocase in die Lipiddoppelschicht der Membran hinein. Das hydrophobe Sortierungssignal bleibt in die Membran eingebettet und verankert das Polypeptid in der Lipiddoppelschicht, während die N-terminale Transitsequenz im Allgemeinen entfernt wird. Eine Kombination aus Transitsequenzen und hydrophoben Sortierungssequenzen dient auch zur Zielsteuerung von Polypeptiden im Intermembranraum. In diesem Fall bewegt sich das Polypeptid durch die äußere Membran, und dann werden die Signalsequenzen entfernt. Nun befindet sich das Polypeptid zwischen den beiden Membranen.

An der Zielsteuerung von Chloroplasten-Polypeptiden zu ihren endgültigen Bestimmungsorten sind mehrere Signale beteiligt. Für die Insertion in (oder den Transport durch) die Thylakoidmembran bestimmte Polypeptide müssen beispielsweise zuerst zum Chloroplasten gelenkt werden, um dann in das Stroma transportiert zu werden. Vermutlich durchqueren sie die äußeren und inneren Membranen an einer Kontaktstelle. Im Stroma wird die für diesen ersten Schritt verwendete Transitsequenz vom Polypeptid gespalten. Dadurch wird eine hydrophobe *Thylakoidsignalsequenz* freigelegt, die das Polypeptid entweder zur Thylakoidmembran oder zum Thylakoidlumen steuert. Bei den für die Thylakoidmembran bestimmten Polypeptiden kann die hydrophobe Signalsequenz das Polypeptid spontan in die Lipiddoppelschicht der Thylakoidmembran einfügen und dort verankern. Alternativ wird für das Einfügen einiger Polypeptide in die Thylakoidmembran die Mitwirkung eines GTP-abhängigen Proteins benötigt, das dem Signalerkennungspartikel (SRP) ähnelt. Dieses Protein lenkt Polypeptide zu ER-Membranen und bindet sie daran.

Für das Thylakoidlumen bestimmte Polypeptide werden vollständig durch die Thylakoidmembran transloziert. Dabei wird die Thylakoidsignalsequenz abgespalten, wenn das Polypeptid in das Lumen freigesetzt wird. Die meisten für das Lumen bestimmten Polypeptide werden mittels eines ATP-abhängigen Vorgangs in ungefaltetem Zustand durch die Thylakoidmembran bewegt. Dieser Mechanismus ähnelt dem zur Bewegung von Polypeptiden durch die äußere Membran von Chloroplasten oder Mitochondrien. Einige stark gefaltete Proteine können auch durch die Thylakoidmembranen transportiert werden, wobei ein alternativer Mechanismus zum Zuge kommt, dessen Energie von einem Protonengradienten geliefert wird. Obwohl die Translokation stark gefalteter Proteine durch Membranen recht ungewöhnlich ist, hat man einige ähnliche Mechanismen bei Peroxisomen und in der bakteriellen Plasmamembran nachgewiesen.

Die Regulation der Genexpression

22

ÜBERBLICK

In unserer bisherigen Darstellung des biologischen Informationsflusses haben wir die DNA als wichtigsten Speicher genetischer Information identifiziert. Wir haben erfahren, wie DNA repliziert und repariert wird, und wir haben uns mit den Schritten vertraut gemacht, die über Transkription und Translation an der Expression der genetischen Information der DNA mitwirken. Wir schließen unsere Betrachtung des Informationsflusses mit der Darstellung der verschiedenen Schritte zur Regulation der Genexpression, damit jedes Genprodukt zur richtigen Zeit und in angemessener Menge entsprechend der Bedürfnisse der Zelle hergestellt wird.

Regulation ist ein wichtiger Aspekt fast aller Vorgänge in der Natur. Das gilt in besonderem Maß für die Genexpression. Die meisten Gene werden nicht immer exprimiert. In einigen Fällen kann die Zelle dank selektiver Genexpression ihren Metabolismus im Sparmodus zu halten, indem sie nur die unter den vorherrschenden Bedingungen sofort benötigten Produkte synthetisiert. Dies trifft häufig auf Bakterien zu. Bei vielzelligen Organismen können die Zellen aufgrund der selektiven Genexpression bestimmte Rollen erfüllen. Beispielsweise bilden Haut-, Nagel- und Haarzellen große Mengen von Keratin, während die Zellen der roten Blutkörperchen viel Hämoglobin bilden. Möchte man die Ereignisabfolgen verstehen, die diesen gewaltigen Unterschieden im Hinblick auf die Genexpression zugrunde liegen, so muss man genau nachvollziehen, wie die verschiedenen Zelltypen mit der Expression bestimmter Gene in Abhängigkeit von sich verändernden Umständen (und Identitäten) beginnen oder diese beenden.

Wie zu erwarten, beruhen unsere ersten Erkenntnisse über die Regulation der Genexpression auf der Untersuchung von Bakterien. Allerdings ist man in der Folgezeit durch Fortschritte in der DNA-Technologie auch bei den Eukaryoten vorangekommen. Zuerst werden wir uns die Bakterien anschauen und einige der Genkontrollmechanismen darstellen, die man in diesen Organismen entdeckt hat. Anschließend werden wir uns den Eukaryoten zuwenden.

22.1 Die bakterielle Genexpression

Von den mehreren Tausend Genen einer typischen Bakterienzelle habe einige eine so große Bedeutung, dass sie in wachsenden Zellen immer aktiv sind. Zu diesen *konstitutiven Genen* gehören ribosomale Gene und solche, die Enzyme der Glykolyse kodieren. Die Expression der meisten anderen Gene ist allerdings so reguliert, dass die Menge des endgültigen Genprodukts – Protein oder RNA – sorgfältig auf den Bedarf der Zelle für dieses Produkt abgestimmt ist. Eine Reihe dieser *regulierten Gene* kodieren Enzyme für metabolische Vorgänge, die im Gegensatz zu den Enzymen der Glykolyse, nicht ständig benötigt werden. Ein Weg zur Regulation der intrazellulären Konzentration dieser Enzyme ist der Beginn oder die Beendigung der Gen-Transkription als Antwort auf zelluläre Bedürfnisse. Da die Kontrolle dieser Enzym-kodierenden Gene den bakteriellen Zellen hilft, sich an ihre Umgebung anzupassen, bezeichnet man diesen Mechanismus im Allgemeinen als *adaptive Enzymsynthese*.

22.1.1 Katabolische und anabolische Wege werden durch Induktion und Repression reguliert

Bakterien nutzen etwas andere Vorgehensweisen zur Regulation der Enzymsynthese. Das hängt davon ab, ob ein bestimmtes Enzym am *katabolischen* (abbauenden) oder am *anabolischen* (synthetisierenden) Weg mitwirkt. Enzyme, die diese Wege katalysieren, werden oftmals koordiniert reguliert, das heißt, die Synthese aller an einem bestimmten Stoffwechselweg beteiligten Enzyme wird ganz an- oder abgeschaltet. Im Folgenden werden kurz zwei gut untersuchte Stoffwechselwege dargestellt, ein katabolischer und ein anabolischer.

Katabolische Wege und Substratinduktion Katabolische Enzyme dienen in erster Linie dem Abbau spezifischer Substrate, häufig zur Energiegewinnung. In einem katabolischen Weg wird das Disaccharid Lactose zu einfachen Zuckern abgebaut, die durch Glykolyse metabolisiert werden können. Der zentrale Schritt dieses Wegs ist die Hydrolyse von Lactose zu den Monosacchariden Glucose und Galactose. Diese Reaktion wird von dem Enzym β-*Galactosidase* katalysiert. Bevor

Lactose hydrolysiert werden kann, muss sie jedoch zuerst in die Zelle transportiert werden. Ein Protein mit der Bezeichnung *Lactose-Permease*, das auch als Galactosid-Permease bezeichnet wird, übernimmt diesen Transport bei Bakterien. Die Synthese dieses Transportproteins wird koordiniert mit der β-Galactosidase reguliert.

Da die Funktion eines katabolischen Enzyms darin besteht, ein spezifisches Substrat abzubauen, werden diese Enzyme nur dann benötigt, wenn die Zelle mit dem jeweiligen Substrat konfrontiert ist. Das Enzym β-Galactosidase ist zum Beispiel nur dann sinnvoll, wenn den Zellen Lactose zur Verfügung steht. Wenn keine Lactose vorhanden ist, wird das Enzym nicht benötigt. Entsprechend macht es im Hinblick auf die Ökonomie der Zelle Sinn, mit der Synthese von β-Galactosidase erst zu beginnen, oder diese zu *induzieren*, wenn Lactose vorliegt; aber bei fehlender Lactose wird die Synthese des Enzyms abgeschaltet. Das Anschalten der Enzymsynthese bezeichnet man als *Substratinduktion*, und Enzyme, deren Synthese auf diese Weise reguliert wird, sind *induzierbare Enzyme*. Die meisten katabolischen Wege in bakteriellen Zellen unterliegen der Substratinduktion ihrer Enzyme.

Anabolische Wege und Endprodukt-Repression Die Regulation der anabolischen Wege ist in gewisser Weise die Umkehr des katabolischen Wegs. Bei anabolischen Wegen korreliert die Menge des von der Zelle gebildeten Enzyms umgekehrt mit der intrazellulären Konzentration des Endproduktes des entsprechenden Stoffwechselwegs. Ein solcher Zusammenhang ist sinnvoll. Wenn beispielsweise die Verfügbarkeit von Tryptophan steigt, dann ist es für die Zelle von Vorteil, die metabolischen Quellen zu schonen, indem sie die Bildung der Enzyme reduziert, die an der Synthese von Tryptophan mitwirken. Andererseits ist es ebenso wichtig für die Zelle, die Bildung dieser Enzyme bei sinkender Tryptophankonzentration wieder anzuschalten. Diese Form der Kontrolle beruht auf der Fähigkeit des Endprodukts, in unserem Beispiel Tryptophan, die weitere Synthese der an der Bildung von Tryptophan beteiligten Enzyme zu unterdrücken (zu reduzieren oder auszusetzen). Diese verminderte Expression der Gene, welche Enzyme kodieren, wird als **Endprodukt-Repression** bezeichnet. Die meisten biosynthetischen Wege in bakteriellen Zellen werden auf diese Weise reguliert.

Repression ist ein allgemeiner Begriff der Molekulargenetik, der sich auf die Reduktion der Expression eines jeden regulierten Gens bezieht. Die wahre genetische Repression wirkt sich immer auf die Protein*synthese* aus, nicht nur auf die *Aktivität* des Proteins. Dort hatten wir festgestellt, dass die Endprodukte der biosynthetischen Wege häufig auch eine inhibitorische Wirkung auf die Enzymaktivität ausüben. Diese *Rückkopplungshemmung* (engl.: *feedback inhibition)* unterscheidet sich im Hinblick auf Mechanismus und Ergebnis der Repression. Bei der Rückkopplungshemmung liegen die Moleküle des Enzyms immer noch vor, aber ihre katalytische Aktivität wird unterdrückt. Bei der Endproduktrepression werden die Enzymmoleküle nicht einmal gebildet.

Effektormoleküle Ein gemeinsames Merkmal der Induktion und Repression der Enzymsynthese besteht darin, dass die Kontrolle von kleinen organischen Molekülen ausgelöst wird, die in der Zelle oder der Zellumgebung vorhanden sind. Genetiker bezeichnen die auf diese Weise wirkenden organischen Moleküle als **Effektoren**. Die Effektoren der katabolischen Wege sind fast immer Substrate (in unserem Beispiel die Lactose) und sie bewirken eine Induktion der Genexpression und somit der Enzymsynthese. Die Effektoren der anabolischen Wege sind im Allgemeinen Endprodukte (in unserem Beispiel Tryptophan) und veranlassen zumeist die Repression der Genexpression und somit die Repression der Enzymsynthese.

22.1.2 Die am Lactosekatabolismus mitwirkenden Gene sind in einem induzierbaren Operon organisiert

Das klassische Beispiel für ein induzierbares Enzymsystem bietet das Bakterium *Escherichia coli*. Es handelt sich um die Enzyme des Lactosekatabolismus von *E. coli*. Ein Großteil unseres Wissens über die Kontrolle der Genexpression bei Bakterien, unter anderem auch der Wortschatz zur Formulierung unseres Wissens, beruht auf den Pionierarbeiten von Francois Jacob und Jacques Monod. Sie erhielten für ihre Arbeiten 1965 den Nobelpreis für Physiologie oder Medizin. 1961 publizierten Jacob und Monod einen klassischen Artikel, der wahrscheinlich unser Verständnis der Genregulation weitaus mehr als jede andere Arbeit beeinflusst hat.

In ihrer Veröffentlichung stellten Jacob und Monod ein allgemeines Modell der Genregulation mit großer Tragweite vor. Der Grundpfeiler ihres Modells beruhte auf ihrer Entdeckung, dass die Kontrolle des Lactosekatabolismus auf zwei Gentypen basiert: Beim ersten Gentyp handelt es sich um Gene, die Enzyme kodieren, welche an der Lactoseaufnahme und am Lactosemetabolismus mitwirken. Beim zweiten Gentyp handelt es sich um regulatorische Gene, deren Produkt die Aktivität des ersten Gensatzes kontrolliert. Die am Lactosekatabolismus mitwirkenden Gene sind erstens das Gen *lacZ*, welches das Enzym β-Galactosidase kodiert. Dieses Enzym hydrolysiert Lactose sowie andere β-Galactoside. Das zweite Gen ist *lacY*. Es kodiert die Lactosepermease, das Protein der Plasmamembran, das Lactose in die Zelle transportiert. Das dritte beteiligte Gen *lacA* kodiert die Transacetylase. Die Transacetylase fügt eine Acetylgruppe an Lactose an, wenn sie von der Zelle aufgenommen wird. Die drei *lac*-Gene *lacZ*, *lacY* und *lacA* liegen im bakteriellen Chromosom nebeneinander und werden nur dann exprimiert, wenn ein Induktor wie Lactose vorliegt. Aus all diesen Beobachtungen folgerten Jacob und Monod, dass die drei Gene eine regulatorische Einheit bilden, oder, wie sie es nannten, ein **Operon** – eine Gruppe von Genen mit ähnlichen Funktionen, die mit DNA-Sequenzen ein Cluster bilden, sodass die Gene gleichzeitig an- oder abgeschaltet werden können.

Die Organisation funktional verwandter Gene in Operons wird sehr häufig bei Bakterien, jedoch seltener bei Eukaryoten beobachtet. Beim Nematoden *Caenorhabditis elegans* liegen ungefähr 15 % der Gene in Operons. Allerdings sind die Gene in den Operons von *C. elegans* anders als bei den Bakterien nicht funktional verwandt. Trotzdem etablierte das Operonmodell mehrere Grundprinzipien, die unser Verständnis der Regulation der Transkription bei bakteriellen und eukaryotischen Systemen nachhaltig geformt haben.

22.1.3 Das *lac*-Operon wird vom *lac*-Repressor negativ reguliert

Ein Schlüsselmerkmal des Operonmodells ist der Gedanke, dass Gene mit metabolisch ähnlichen Funktionen so miteinander verbunden sind, dass ihre Transkription als einzelne Einheit reguliert werden kann. Wie aber wird die Regulation bewerkstelligt? Jacob und Monod gingen dieser Frage nach, indem sie die Fähigkeit von Inducern wie Lactose untersuchten, die Bildung der am Lactosemetabolismus beteiligten Enzyme anzuschalten. Sie fanden heraus, dass für eine Induktion ein weiteres Gen vorliegen muss – ein regulatorisches Gen, das sie als *lacI* bezeichneten (I für Induzierbarkeit, engl.: *inducibility*). Während normale Bakterien nur dann β-Galactosidase, Lactose-Permease und Transacetylase bilden, wenn ein Inducer verfügbar ist, wie in ▸*Abbildung 22.1* dargestellt, bilden *lacZ*, *lacY* und *lacA* Gene, vor denen ein **Promotor (P_{lac})** und eine besondere Nucleotidsequenz liegen, der **Operator (*O*)**. Dieser überlappt mit dem Promotor. Die Transkription des *lac*-Operons beginnt am Promotor, an den die RNA-Polymerase bindet, und schreitet dann durch den Operator an die *lacZ*-, *lacY*- und *lacA*-Gene weiter, bis die Transkription an einer Termi-

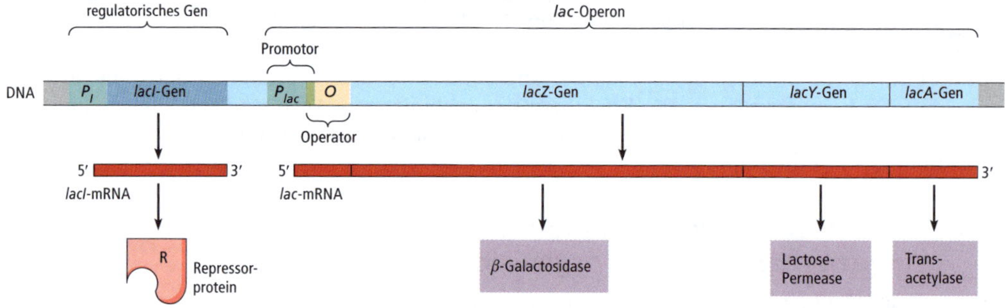

Abbildung 22.1: Das Lactose-Operon von *E. coli*. Das *lac*-Operon besteht aus einem DNA-Segment aus drei direkt hintereinander liegenden Genen (*lacZ*, *lacY* und *lacA*). Diese werden koordiniert translatiert und reguliert. Das nahegelegene regulatorische Gen *lacI* kodiert das *lac*-Repressorprotein R. Sowohl das regulatorische Gen als auch das *lac*-Operon besitzen Promotoren (P_1 bzw. P_{lac}), an welche die RNA-Polymerase bindet, sowie Terminatoren, welche die Transkription beenden. P_{lac} überlappt mit der Operatorstelle (*O*), an welche die aktive Form des Repressorproteins bindet. Das Operon wird als einzelnes, langes mRNA-Molekül transkribiert, das alle drei Polypeptide kodiert. Für weitere Einzelheiten zur Regulation siehe *Abbildung 22.2*.

natorsequenz beendet wird. Die Transkription bringt ein einzelnes mRNA-Molekül hervor, das die Polypeptidprodukte aller drei Gene kodiert. Solche mRNA-Moleküle, die mehr als ein Polypeptid kodieren, bezeichnet man als **polycistronische mRNAs**.

Der Vorteil der Bündelung verwandter Gene zu einem Operon für die Transkription einer einzelnen polycistronischen mRNA liegt darin, dass die Synthese mehrerer Polypeptide nur eines einzigen Kontrollschritts bedarf. Der entscheidende Schritt bei dieser Kontrolle ist die Wechselwirkung zwischen einer Operatorstelle in der DNA und einem Repressorprotein. Die Wechselwirkung zwischen diesen Elementen des *lac*-Operons ist in ▸*Abbildung 22.2* dargestellt. Das Repressorprotein, der sogenannte *lac*-Repressor, wird von dem regulatorischen Gen *lacI* kodiert. *lacI* ist außerhalb des Operons lokalisiert (obwohl es zufälligerweise neben dem *lac*-Operon liegt, welches es reguliert). Der *lac*-Repressor ist ein DNA-Bindeprotein, das die Operatorstelle des *lac*-Operons spezifisch erkennt und an sie bindet (▸*Abbildung 22.2a*). Die RNA-Polymerase wird blockiert und kann sich nicht mehr entlang des *lac*-Operons bewegen und die Gene *lacZ*, *lacY* und *lacA* transkribieren. Mit den knappen Worten der Molekularbiologie formuliert, durch Bindung des Repressors an den Operator werden die Gene des Operons „ausgeschaltet“.

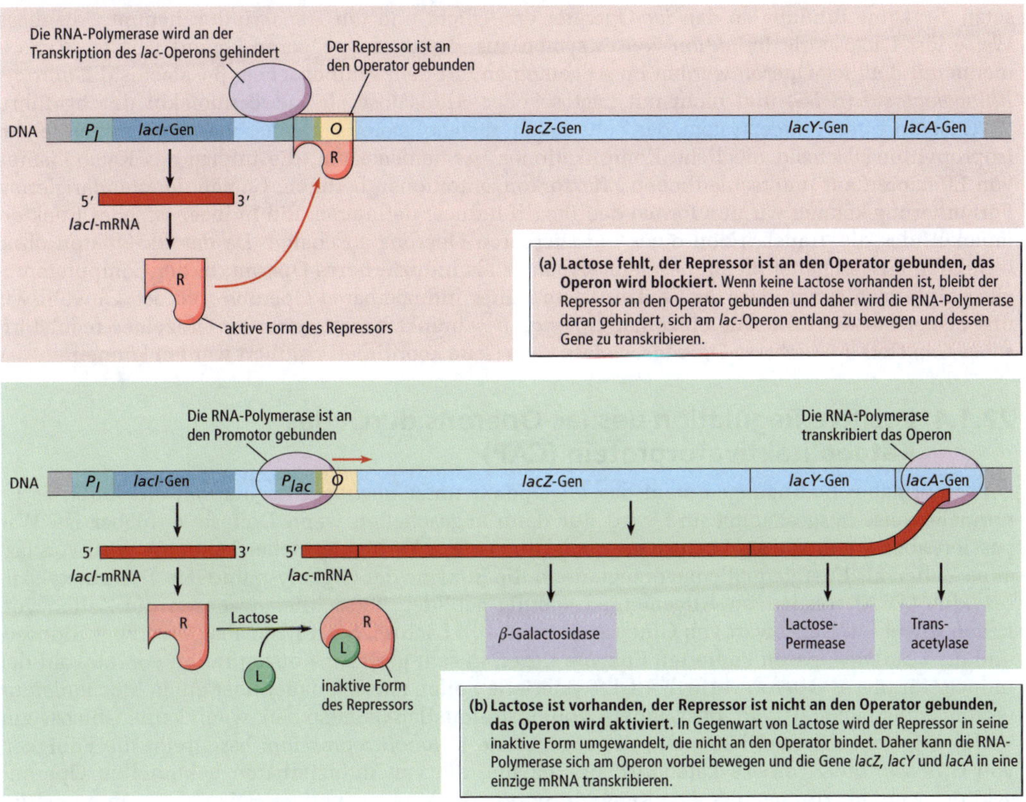

(a) Lactose fehlt, der Repressor ist an den Operator gebunden, das Operon wird blockiert. Wenn keine Lactose vorhanden ist, bleibt der Repressor an den Operator gebunden und daher wird die RNA-Polymerase daran gehindert, sich am *lac*-Operon entlang zu bewegen und dessen Gene zu transkribieren.

(b) Lactose ist vorhanden, der Repressor ist nicht an den Operator gebunden, das Operon wird aktiviert. In Gegenwart von Lactose wird der Repressor in seine inaktive Form umgewandelt, die nicht an den Operator bindet. Daher kann die RNA-Polymerase sich am Operon vorbei bewegen und die Gene *lacZ*, *lacY* und *lacA* in eine einzige mRNA transkribieren.

Abbildung 22.2: Regulation des *lac*-Operons. (a) Die Transkription des *lac*-Operons wird durch Bindung des *lac*-Repressors (R) an den Operator reguliert. (b) Die Aktivität wird wiederum durch dessen Interaktion mit einer Form von Lactose reguliert, der Allolactose (L).

Wenn also durch Bindung des Repressors an den Operator die normale Transkription blockiert wird, wie wird dann von den Zellen die Transkription des *lac*-Operons „angeschaltet“? Die Antwort lautet, dass die Inducermoleküle an den *lac*-Repressor binden, wodurch dessen Konformation geändert wird, sodass der Repressor nicht mehr in der Lage ist, an die Operatorstelle in der DNA zu binden. Nun, da die Operatorstelle nicht länger durch den Repressor blockiert wird, kann die RNA-Polymerase an den Promotor binden und auf dem Operon entlangwandern. Dadurch werden die Gene *lacZ*, *lacY* und *lacA* zu einem einzigen polycistronischen mRNA-Molekül transkribiert (▸*Abbildung 22.2b*).

Ein entscheidendes Merkmal eines Repressorproteins ist daher seine Fähigkeit, in zwei alternativen Formen zu existieren. Nur eine dieser Formen bindet an den Operator. Anders formuliert, ein Repressor ist ein *allosterisches Protein*. Wie Sie aus *Kapitel 5* wissen, kann ein allosterisches Protein in zwei verschiedenen Konformationszuständen vorkommen, je nachdem, ob das geeignete Effektormolekül verfügbar ist. In einem Zustand ist das Protein aktiv, im anderen ist es inaktiv oder fast inaktiv. Wenn das Effektormolekül an das Protein bindet, induziert es eine Änderung des Konformationszustands des Proteins und verändert daher auch dessen Aktivität. Die Bindung ist durchaus reversibel, und ohne Effektor nimmt das Protein schnell wieder seine alternative Form an.

In *Abbildung 22.2* ist die reversible Wechselwirkung zwischen dem *lac*-Repressor und seinem Effektor dargestellt, der in Wahrheit nicht Lactose ist, sondern *Allolactose*. Allolactose ist ein Lactoseisomer, das nach Aufnahme der Lactose in die Zelle gebildet wird. Wenn keine Allolactose verfügbar ist, bindet der Repressor an den *lac*-Operator und hemmt die Transkription des *lac*-Operons. Allerdings wird der Repressor durch Bindung von Allolactose in einen Konformationszustand versetzt, der keine Bindung an den *lac*-Operator ermöglicht und die Transkription hemmt. Auf diese Weise löst Lactose die *Induktion* von Enzymen aus, die vom *lac*-Operon kodiert werden. Experimente mit dem *lac*-Operon werden im Allgemeinen mit dem synthetischem β-Galactosid *Isopropylthiogalactosid* (*IPTG*) und nicht mit Lactose oder Allolactose als Inducermolekül durchgeführt. IPTG ist ein gutes Inducersystem, das Zellen nicht metabolisieren können, sodass man mit Hilfe von Isopropylthiogalactosid mögliche Komplikationen vermeiden kann, die infolge des Katabolismus von Effektoren auf unterschiedlichen Effektorkonzentrationen beruhen. Gemäß der standarisierten Formulierung können wir nun formal den Begriff Inducer definieren. Ein **Inducer** ist jedes Effektormolekül, das die Transkription eines induzierbaren Operons anschaltet. Da das *lac*-Operon ohne Induktion ausgeschaltet bleibt, bezeichnet man es als **induzierbares Operon**. In der Computersprache würde man sagen, dass der „default state" eines induzierbaren Operons „off" ist. Obwohl wir uns bisher auf die Kontrolle einzelner Operons beschränkt haben, wirkt ein einzelnes regulatorisches Gen stets auf mehrere Operons, sodass viele Gene koordiniert reguliert werden können.

22.1.4 Positive Regulation des *lac*-Operons durch das Katabolitaktivatorprotein (CAP)

Unter normalen Bedingungen steht das *lac*-Operon unter *negativer* Regulation, das heißt, es ist normalerweise ausgeschaltet und wird nur dann angeschaltet, wenn Lactose verfügbar ist. Was passiert aber, wenn *sowohl* Lactose *als auch* Glucose zur Verfügung stehen? Glucose wird von fast allen Zellen als Energiequelle bevorzugt, denn die Enzyme der Glykolyse und des Tricarboxylsäurezyklus (TCA) werden im Allgemeinen ständig gebildet. Tatsächlich wachsen die Zellen von *E. coli* sowohl in Gegenwart von Glucose als auch von Lactose. Sie nutzen aber bevorzugt Glucose, und die vom *lac*-Operon kodierten Enzyme liegen in sehr geringer Konzentration vor, obwohl der Inducer für dieses Operon verfügbar ist. Bakterielle Zellen müssen daher über einen Mechanismus verfügen, der sicherzustellt, dass andere Kohlenstoffquellen bereitstehen, wenn keine Glucose zur Verfügung steht. Dieses Phänomen, die sogenannte *Katabolitrepression*, beschreibt die Fähigkeit von Glucose, die Synthese katabolischer Enzyme, die von induzierbaren bakteriellen Operons gebildet werden, zu hemmen. Die Katabolitrepression ist ein wichtiges Beispiel für eine *positive* Transkriptionskontrolle.

Ebenso wie die anderen regulatorischen Mechanismen, die wir kennengelernt haben, wird der bevorzugte Abbau von Glucose durch einen genetischen Kontrollmechanismus ermöglicht, an dem ein allosterisches regulatorisches Protein und ein kleines Effektormolekül mitwirken. Das eigentliche Effektormolekül, das die Genexpression kontrolliert, ist nicht Glucose, sondern ein sekundäres Signal, das die Glucosekonzentration in der Zelle übermittelt. Dieses sekundäre Signal ist eine Form von AMP, das *zyklische AMP* oder *cAMP*. Glucose hemmt indirekt die Adenylylcyclase (oder Adenylatcyklase), das Enzym, das die Synthese von cAMP aus ATP katalysiert. Je mehr Glucose also verfügbar ist, desto weniger cAMP wird gebildet.

Wie beeinflusst cAMP die Genexpression? Ebenso wie andere Effektoren bindet cAMP an allosterisches regulatorisches Protein. In ▸ *Abbildung 22.3* wird dargestellt, dass es sich bei diesem besonderen regulatorischen Protein, dem sogenannten *Katabolitaktivatorprotein* (CAP, engl.: *catabolite activator protein*) oder cAMP-Response-Protein (CRP), um ein Aktivatorprotein handelt, das die Transkription anschaltet. Für sich allein ist CAP nicht funktionsfähig. Wenn es aber mit cAMP komplexiert, kann es an eine bestimmte Basensequenz innerhalb von Operons binden, die ein katabolisches Enzym bilden. Diese Basensequenz, die *CAP-Bindungsstelle*, liegt stromaufwärts vom Promotor. *Abbildung 22.3* zeigt die Position der CAP-Bindungsstelle (mit C markiert) im *lac*-Operon. Ähnliche Stellen findet man in induzierbaren Operons, die am Metabolismus vieler anderer Zucker mitwirken, beispielsweise Saccharose-, Galactose- und Arabinoseoperons. Wenn die aktive Form von CAP (das heißt der CAP-cAMP-Komplex) an einer ihrer Erkennungsstellen an die DNA bindet, wird die Bindung der RNA-Polymerase an den Promotor erheblich verstärkt, wodurch die Initiation der Transkription stimuliert wird. Somit übt CAP, wenn keine Glucose verfügbar ist, einen *positiven* Effekt auf die Genexpression des *lac*-Operons aus. Der CAP-cAMP-Komplex verstärkt die Transkription induzierbarer Operons erheblich. So kann beispielsweise die Transkription des *lac*-Operons auf diese Weise um das 50-Fache verstärkt werden – vorausgesetzt, dass der Repressor für das Operon durch einen Effektor (die Allolactose) inaktiviert wurde.

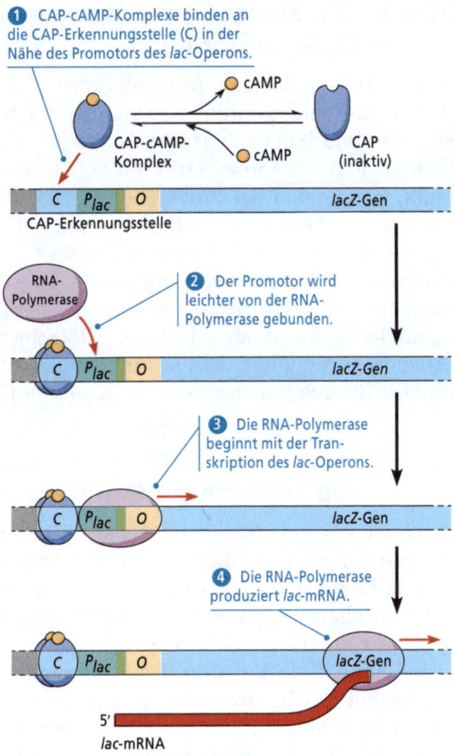

Abbildung 22.3: Das Katabolitaktivatorprotein (CAP) und seine Funktion. CAP ist ein allosterisches Protein, das durch Bindung an zyklisches AMP (cAMP) in seine aktive Form umgewandelt wird. Die Konzentration von cAMP wird wiederum von der Glucosekonzentration beeinflusst. Zwei CAP-cAMP-Komplexe vermitteln die katabolische Expression, indem sie an die DNA binden und die Transkription verschiedener induzierbarer Operons aktivieren, darunter auch das hier dargestellte *lac*-Operon.

Eine andere Situation liegt bei hoher Glucosekonzentration in der Zelle vor. In diesem Fall sinkt die cAMP-Konzentration, und CAP liegt fast ausschließlich in inaktivierter Form vor. Daher kann CAP die Transkription des *lac*-Operons nicht anregen. Auf diese Weise stellen Zellen die Synthese katabolischer Enzyme ab, die nicht gebraucht werden, wenn Glucose in ausreichender Menge als Energiequelle zur Verfügung steht.

22.1.5 Das *lac*-Operon ist ein Beispiel für die doppelte Kontrolle der Genexpression

Wie wir gerade gesehen haben, unterliegt das *lac*-Operon sowohl einer positiven als auch einer negativen Kontrolle. Tatsächlich werden die meisten Gene der Prokaryoten und Eukaryoten doppelt kontrolliert. Für Sie ist es wichtig, den negativen und den positiven Typ der Transkriptionskontrolle ganz klar unterscheiden zu können. Dafür müssen Sie sich den primären Effekt des regulatorischen Proteins vor Augen halten, das an die DNA des Operons bindet. Wenn das regulatorische Protein bei der Bindung die Transkription abschaltet, dann handelt es sich um einen negativen Kontrollmechanismus. Führt die Bindung an die DNA aber zur Aktivierung oder Verstärkung der Transkription, dann ist das regulatorische Protein Teil eines positiven Kontrollmechanismus.

22.1.6 Die Struktur des *lac*-Repressor/Operator-Komplexes bestätigt das Operonmodell

Im Jahr 1996 berichteten Mitchell Lewis, Ponzy Lu und Kollegen die Struktur des an die DNA gebundenen *lac*-Repressorproteins. Die Struktur bestätigte frühere genetische und biochemische Untersuchungen und lieferte genauere Einblicke in die Regulation der Transkription. Das von dem Gen *lacI* kodierte Repressorprotein tritt mit der Operator-DNA in Wechselwirkung und bindet als Tetramer (das heißt, vier Kopien des Proteins wirken zusammen). Der Repressor bindet an den primären Operator O_1, der eine Länge von 21 Basenpaaren hat. Außerdem gibt es noch zwei Operator-DNA-Sequenzen, O_2 und O_3. Wenn der Repressor an die O_1- und O_3-Stellen gebunden hat, induziert er in der DNA wahrscheinlich eine Schleifenbildung. Diese hemmt die Bewegung der RNA-Polymerase. Man geht davon aus, dass die Größe der Schleife sogar dann eine Bindung mit CAP ermöglich, wenn die DNA einen Schleifenbereich hat. Wenn Allolactose an die Inducerstelle bindet, wird die Konformation des Proteins so verändert, dass es nicht mehr mit der DNA interagieren kann. Dann relaxiert die Schleife und die RNA-Polymerase kann sich auf der DNA bewegen, um das *lac*-Operon zu transkribieren.

22.1.7 Die an der Tryptophansynthese mitwirkenden Gene sind in einem reprimierbaren Operon organisiert

Auch wenn ein Großteil der Arbeit, die zur ersten Formulierung des Operonkonzepts führte, auf Untersuchungen mit dem *lac*-Operon von *E. coli* beruhte, sind uns heute viele weitere bakterielle Regulationssysteme bekannt, die nach dem gleichen Muster ablaufen. Operons, die Enzyme der katabolischen Wege kodieren, ähneln dem *lac*-Operon, da auch sie induzierbar sind, das heißt, sie werden von einem spezifischen allosterischen Effektor *angeschaltet*. Dabei handelt es sich im Allgemeinen um ein Substrat des Stoffwechselweges. Im Gegensatz dazu sind Operons, die Enzyme der anabolischen (biosynthetischen) Wege regulieren, **reprimierbare Operons**. Sie werden allosterisch *abgeschaltet*. Das Abschalten übernimmt ein Effektor, der das Endprodukt des Stoffwechselweges ist. Das Tryptophanoperon *(trp)* ist ein gutes Beispiel für ein reprimierbares Operon. Das ***trp*-Operon** enthält Gene, die an der Tryptophanbiosynthese mitwirkende Enzyme kodieren, sowie DNA-Sequenzen zur Regulation dieser Enzym-Synthesen. Das Effektormolekül ist in diesem Fall das Endprodukt des biosynthetischen Weges, die Aminosäure Tryptophan.

Die Bildung von Enzymen, die vom *trp*-Operon kodiert werden, wird in Gegenwart von Tryptophan inhibiert; wenn kein Tryptophan verfügbar ist, wird diese Hemmung aufgehoben (▸*Abbildung 22.4a*). Das regulatorische Gen für dieses Operon, *trpR*, kodiert ein *trp*-Repressorprotein das – im Gegensatz zum *lac*-Repressor – aktiv ist (an die Operator-DNA bindet), wenn es mit dem Effektor eine Bindung eingegangen ist; in seiner freien Form ist es allerdings inaktiv. Manchmal bezeichnet man den Effektor solcher Systeme (in diesem Fall des Tryptophans) als **Corepressor**, denn er wird zusammen mit dem Repressorprotein benötigt, um die Transkription des Operons abzuschalten.

22.1.8 Sigma-Faktoren bestimmen, welche Gen-Sätze exprimiert werden

Bakterielle Zellen nutzen nicht nur regulatorische Proteine, um spezifische Operons zu aktivieren oder zu unterdrücken, sondern auch verschiedene Sigma-Faktoren (σ-Faktoren). Die Sigma-Faktoren kontrollieren, welche Gene transkribiert werden sollen. Der Sigma-Faktor ist ein Proteintyp, der Genpromotor-Sequenzen erkennt. Der am häufigsten vorkommende Sigma-Faktor von *E. coli* ist σ^{70}. Er initiiert die Transkription von Genen, deren Protein-Produkte für das normale Wachstum und den Metabolismus notwendig sind. Veränderungen in der Umgebung der Zelle, zum Beispiel Änderungen der Temperatur, der UV-Strahlung oder des pH-Werts, lösen den Einsatz alternativer Sigma-Faktoren aus, beispielsweise σ^S oder σ^{32}. Wenn eine dieser alternativen Formen von Sigma-Faktoren an das Polymerase-Kernenzym bindet, wird die Promotorerkennung verändert und dadurch die Transkription von Genen initiiert, die Proteine kodieren, welche die Zelle bei der Anpassung an die veränderte Umgebung unterstützen. Ein anderer Sigma-Faktor, σ^{54}, gibt der RNA-Polymerase die Möglichkeit, bevorzugt Gene zu transkribieren, deren Produkte die Verlangsamung des Wachstums minimieren, wenn der Zelle nicht ausreichend Stickstoff zur Verfügung steht.

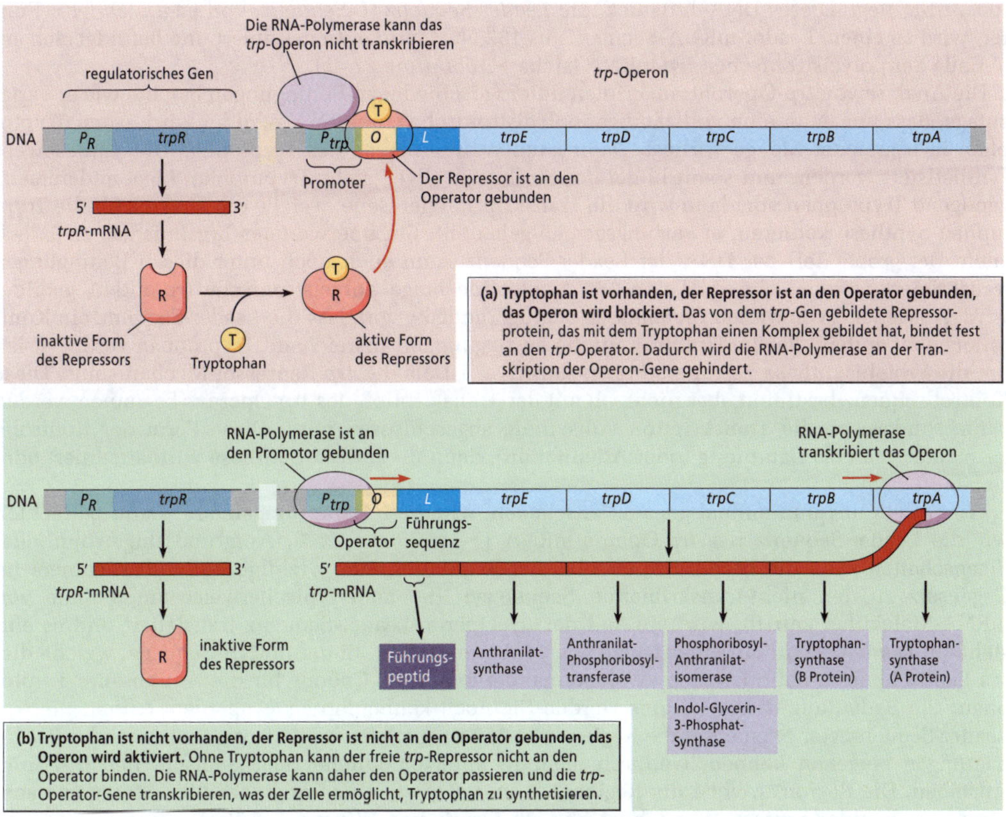

Abbildung 22.4: Regulation des Tryptophan(*trp*)-Operons durch den *trp*-Repressor. Das *trp*-Operon von *E. coli* setzt sich aus einem DNA-Segment zusammen, zu dem fünf nebeneinander liegende Gene gehören *(trpE, trpD, trpC, trpB* und *trpA)*, sowie Promotorsequenzen *(P_{trp})*, Operatorsequenzen *(O)* und Leader-Sequenzen *(L*; von engl.: *leader* = Führer*)*. Die Gene werden als Einheit reguliert und transkribiert. Sie bilden eine polycistronische mRNA, die Enzyme kodiert, die an der Synthese von Tryptophan mitwirken. Die Leader-Sequenz der mRNA spielt außerdem eine regulatorische Rolle, auf die wir in *Abbildung 22.5* und *Abbildung 22.6* eingehen.

Es gibt bei den verschiedenen Bakterien signifikante Unterschiede hinsichtlich Anzahl und Typen von Sigma-Faktoren. *E. coli* besitzt zum Beispiel ein halbes Dutzend Sigma-Faktoren, während die Bodenbakterien *Bacillus subtilis* und *Streptomyces coelicolor* bis zu 20 bzw. 60 verschiedene Sigma-Faktoren einsetzen. In einigen Fällen werden die Sigma-Faktoren, welche die bakterielle Transkription regulieren, von Bakteriophagen gebildet. Infolge dieser Arbeitsaufteilung kann ein Bakteriophage eine Bakterienzelle infizieren und sich deren Transkriptionsmaschinerie aneignen, indem er einen spezifischen Sigma-Faktor bildet, der an die bakterielle RNA-Polymerase bindet und sie dazu veranlasst, nur virale Promotoren zu erkennen.

22.1.9 Durch Dämpfung kann die Transkription nach dem Initiationsschritt reguliert werden

Die regulatorischen Mechanismen, mit denen wir uns bisher beschäftigt haben, kontrollieren die Initiation der Transkription. Bakterien nutzen aber auch regulatorische Mechanismen, die nach dem Initiationsschritt einsetzen. Ein klassisches Beispiel wurde von Charles Yanofsky und seinen Kollegen entdeckt. Sie fanden heraus, dass das *trp*-Operon von *E. coli* eine bisher unbekannte regulatorische Stelle besitzt, die zwischen dem Promotor/Operator und dem ersten Gen des Operons, *trpE*, liegt. Dieses DNA-Teilstück, die *Leader-Sequenz (L-Sequenz*, von engl.: *leader* = Führer*)* wird zu einem Leader-mRNA-Segment aus 162 Nucleotiden transkribiert und befindet sich am 5′-Ende der polycistronischen *trp*-mRNA (siehe ▸*Abbildung 22.4b*).

Die Analyse von *trp*-Operontranskripten unter verschiedenen Bedingungen brachte wie erwartet zutage, dass nur dann eine vollständige, polycistronische *trp*-mRNA gebildet wird, wenn Tryptophan in begrenzter Menge vorliegt. Dann können die Enzyme des Tryptophan-Biosynthesewegs synthetisiert werden, und somit bildet der Stoffwechselweg mehr Tryptophan. Liegt andererseits genügend Tryptophan vor, dann wird die Transkription der Gene, welche die Enzyme für die Tryptophan-Synthese kodieren, erwartungsgemäß gehemmt. Ein unerwartetes Ergebnis gab es jedoch auch: Der größte Teil der DNA der Leader-Sequenz kann auch noch unter diesen Bedingungen transkribiert werden, obwohl keine 162 Nucleotide lange polycistronische *trp*-mRNA gebildet wird. Ausgehend von diesen Ergebnissen schlug Yanofsky vor, dass die Leader-Sequenz ein Kontrollelement enthält, das im Hinblick auf die Festlegung, ob ausreichend Tryptophan verfügbar ist, um die Proteinsynthese zu unterstützen, sensitiver ist als der *trp*-Repressor-Mechanismus. Diese Kontrollsequenz bestimmt aber nicht, ob mit der Transkription des *trp*-Operons begonnen werden kann, sondern ob die Transkription vollständig abgeschlossen wird. Diese Form der Kontrolle bezeichnet man als Dämpfung (oder **Attenuation**), denn die mRNA-Synthese wird attenuiert oder gedämpft.

Wir wollen uns nun einmal genauer anschauen, wie diese Dämpfung abläuft. Dafür betrachten wir die Leader-Sequenz der *trp*-Operon-mRNA (▸*Abbildung 22.5*). Aufgrund ungewöhnlicher Eigenschaften kann die Leader-Sequenz bei der Regulation eine wichtige Rolle übernehmen. Im Gegensatz zu den nicht-transkribierten Sequenzen, die man typischerweise am 5′-Ende von mRNA-Molekülen antrifft, wird ein Teil der *trp*-Operon-Leader-Sequenz translatiert und es entsteht ein *Leader-Peptid* mit einer Länge von 14 Aminosäuren. In der mRNA-Sequenz, welche dieses Peptid kodiert, befinden sich zwei aneinandergrenzende Codons für die Aminosäure Tryptophan. Die Bedeutung dieser Codons werden Sie noch kennenlernen. Außerdem enthält die *trp*-Leader-Sequenz vier Segmente (die Regionen 1, 2, 3 und 4), deren Nucleotide miteinander Basenpaarungen eingehen können, wodurch mehrere unterschiedliche Haarnadelschleifenstrukturen entstehen. Die Region, welche die Regionen 3 und 4 sowie einen angrenzenden Strang aus acht Uracil-Nucleotiden umfasst, bezeichnet man als *Terminator*. Wenn durch Basenpaarung zwischen den Regionen 3 und 4 eine Haarnadelschleife entsteht, dann wirkt diese als Transkriptionsterminationssignal (▸*Abbildung 22.6a*). Bitte rufen Sie sich in Erinnerung, dass die typische bakterielle Termination, die in *Abbildung 20.8* dargestellt ist, gleichfalls eine Haarnadelschleifenstruktur bildet, an die sich ein Strang aus acht Uracil-Molekülen anschließt. Die Bildung einer solchen Struktur führt dazu, dass sich die RNA-Polymerase und die wachsende RNA-Kette von der DNA lösen.

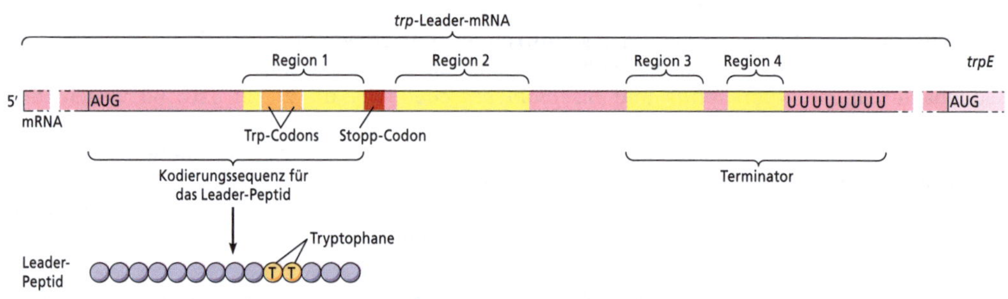

Abbildung 22.5: Die *trp*-mRNA-Leader-Sequenz. Zum Transkript des *trp*-Operons gehört eine Leader-Sequenz aus 162 Nucleotiden, die direkt stromabwärts des Startcodons für *trpE* liegt, dem ersten Operon des Gens. Zur Leader-Sequenz gehört ein Abschnitt, der ein Leader-Peptid aus 14 Aminosäuren kodiert. Zwei benachbarte Tryptophan- (Trp-)codons in der mRNA-Leader-Sequenz spielen bei der Regulation des Operons durch Dämpfung (Attenuation) eine wichtige Rolle. Die mRNA-Leader-Sequenz enthält außerdem vier Regionen, die in verschiedenen Kombinationen Basenpaarungen eingehen können und Haarnadelstrukturen bilden, wie in *Abbildung 22.6* dargestellt. Ein Teil der mRNA-Leader-Sequenz, der die Regionen 3 und 4 sowie einen Strang aus acht Uracil-Molekülen umfasst, wird als Terminator bezeichnet.

Wie man aus Yanofskys Experimenten folgern konnte, spielt die Translation der Leader-RNA eine zentrale Rolle beim Dämpfungs-Mechanismus. Ein Ribosom bindet an seine erste Bindungsstelle auf der *trp*-mRNA, sobald diese Stelle auftaucht. Von dieser Stelle ausgehend folgt das Ribosom dicht der RNA-Polymerase. Bei geringer Tryptophankonzentration (▸*Abbildung 22.6b*) liegt auch eine geringe Konzentration von Tryptophanyl-tRNA (tRNA-Moleküle, die Tryptophan tragen) vor. Wenn also das Ribosom an den Tryptophancodons der Leader-RNA ankommt, wartet es kurz auf die Tryptophanyl-tRNA. Das stillstehende Ribosom blockiert die Region 1, wodurch über Paarung der Regionen 2 und 3 eine alternative Haarnadelschleifenstruktur entsteht, die sogenannte *Antiterminator-Haarnadelschleife*. Wenn die Region 3 auf diese Weise gebunden wurde, kann sie keine Basenpaarung mit der Region 4 eingehen, aus der ein Terminationssignal hervorginge. *Daher läuft die Transkription durch die RNA-Polymerase weiter* und führt letztendlich zur Bildung eines vollständigen RNA-Transkripts des *trp*-Operons. Ribosomen nutzen diese mRNA, um die Enzyme des Tryptophan-Stoffwechselweges zu synthetisieren und daher wird mehr Tryptophan gebildet.

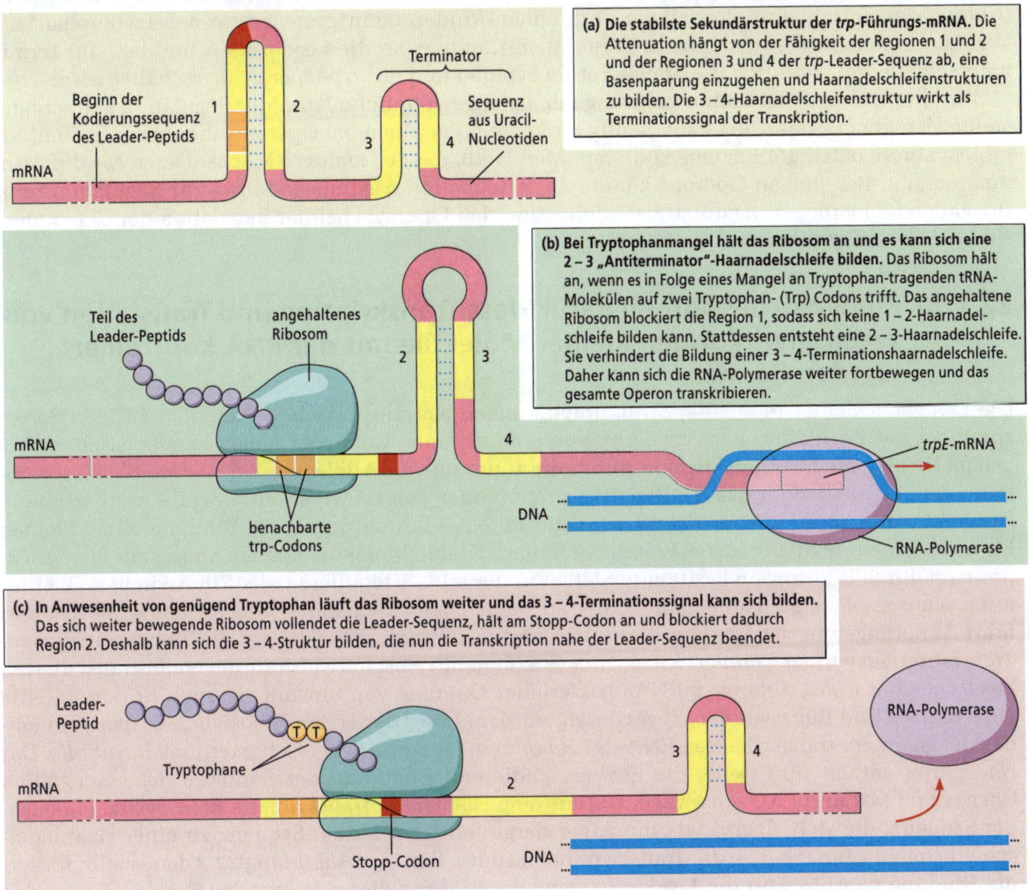

(a) Die stabilste Sekundärstruktur der *trp*-Führungs-mRNA. Die Attenuation hängt von der Fähigkeit der Regionen 1 und 2 und der Regionen 3 und 4 der *trp*-Leader-Sequenz ab, eine Basenpaarung einzugehen und Haarnadelschleifenstrukturen zu bilden. Die 3 – 4-Haarnadelschleifenstruktur wirkt als Terminationssignal der Transkription.

(b) Bei Tryptophanmangel hält das Ribosom an und es kann sich eine 2 – 3 „Antiterminator"-Haarnadelschleife bilden. Das Ribosom hält an, wenn es in Folge eines Mangel an Tryptophan-tragenden tRNA-Molekülen auf zwei Tryptophan- (Trp) Codons trifft. Das angehaltene Ribosom blockiert die Region 1, sodass sich keine 1 – 2-Haarnadelschleife bilden kann. Stattdessen entsteht eine 2 – 3-Haarnadelschleife. Sie verhindert die Bildung einer 3 – 4-Terminationshaarnadelschleife. Daher kann sich die RNA-Polymerase weiter fortbewegen und das gesamte Operon transkribieren.

(c) In Anwesenheit von genügend Tryptophan läuft das Ribosom weiter und das 3 – 4-Terminationssignal kann sich bilden. Das sich weiter bewegende Ribosom vollendet die Leader-Sequenz, hält am Stopp-Codon an und blockiert dadurch Region 2. Deshalb kann sich die 3 – 4-Struktur bilden, die nun die Transkription nahe der Leader-Sequenz beendet.

Abbildung 22.6: Dämpfung (Attenuation) im *trp*-Operon. Die Attenuation hängt von der Fähigkeit der Regionen 1 und 2 und der Regionen 3 und 4 der *trp*-mRNA-Leader-Sequenz ab, Basenpaarungen zu bilden, aus denen Haarnadelschleifen-Sekundärstrukturen hervorgehen. Die von den Regionen 3 und 4 gebildete Haarnadelschleife wirkt als Transkriptionsterminationssignal. Sobald sich sie sich gebildet hat, wird die RNA-Polymerase von der DNA freigesetzt.

Wenn Tryptophan in großer Menge zur Verfügung steht und hohe Konzentrationen von Tryptophanyl-tRNA vorliegen, hält das Ribosom nicht an den Tryptophancodons inne (▸*Abbildung 22.6c*). Stattdessen translatiert das Ribosom bis zum Stoppcodon am Ende der kodierenden Sequenz für das Leader-Peptid und macht dort eine Pause, wodurch die Region 2 blockiert wird. Während dieser Pause bildet sich die Haarnadelschleife zwischen Region 3 und 4, das Transkriptionsterminationssignal. Daher wird die *Transkription durch die RNA-Polymerase* in der Nähe des Endes der Leader-Sequenz (nach 141 Nucleotiden) *beendet* und die mRNAs, welche die an der Tryptophansynthese mitwirkenden Enzyme kodieren, werden nicht mehr gebildet. Die Wahrscheinlichkeit, dass die Transkription beendet oder weitergeführt führt, hängt in hohem Maß von der Sensitivität für geringste Veränderungen in der Konzentration von Tryptophanyl-tRNA ab. Diese Sensitivität bietet ein genaueres Kontrollsystem als die Wechselwirkung zwischen freiem Tryptophan und dem *trp*-Repressor als einziges Mittel der Regulation.

Der zuvor dargestellte Mechanismus, den man bei *E. coli* entdeckt hat, benötigt Ribosomen, die vor Ende der Transkription mit der Translation der mRNA beginnen. Allerdings ist für die Dämpfung (Attenuation) nicht immer die Kopplung von Transkription und Translation erforderlich. Beim Bakterium *B. subtilis* wird die vom *trp*-Operon transkribierte Leader-Sequenz nicht von Ribosomen translatiert und wirkt trotzdem noch als Dämpfer (Attenuator). In diesem Fall wird die Bildung des Terminators von einem Tryptophan-Bindeprotein gesteuert. Wenn Tryptophan zur Verfügung steht, bindet der Protein-Tryptophan-Komplex an die Leader-RNA und legt die Terminatorschleife frei, wodurch die Transkription beendet und das *trp*-Operon abgeschaltet wird.

Obwohl man die Attenuation ursprünglich als ungewöhnliche Form der Regulation betrachtete, stellte sich heraus, dass sie relativ häufig vorkommt, vor allem bei Operons, die an der Aminosäurebiosynthese beteiligte Enzyme kodieren. Man weiß, dass es mehrere Mechanismen für die Attenuation gibt. Bei einigen Operons könnte die Attenuation das einzige Mittel zur Regulation sein. Bei anderen Operons unterstützt die Attenuation den Operator bei der Regulation der Genexpression, wie beim *trp*-Operon.

22.1.10 Riboswitches sorgen dafür, dass Transkription und Translation von Wechselwirkungen kleiner Moleküle mit der RNA kontrolliert werden können

Die Fähigkeit kleiner Moleküle, Strukturänderungen bei allosterischen Proteinen zu induzieren, spielt bei der Regulation der Genexpression eine zentrale Rolle. Wir haben bereits gesehen, wie beispielsweise die Gentranskription durch die Bindung von Allolactose an das *lac*-Repressorprotein, von Tryptophan an das *trp*-Repressorprotein oder von cAMP an ein cAMP-Rezeptorprotein gesteuert wird. In allen drei Fällen wird die mRNA-Bildung durch die Bindung eines kleinen Moleküls an ein regulatorisches Protein verändert. Kleine Moleküle können außerdem die Genexpression durch Bindung an bestimmte Stellen in der mRNA regulieren, die **Riboswitches**. Die Bindung eines geeigneten kleinen Moleküls an seinen entsprechenden Riboswitch (Riboschalter) führt Änderungen in der Struktur der mRNA herbei, die sich entweder auf die Transkription oder Translation auswirken können. Riboswitches kommen typischerweise in der nicht-translatierten Leader-Region transkribierter mRNAs bakterieller Operons vor, obwohl sie auch in den mRNAs von Archaea und Eukaryoten nachgewiesen wurden. Einer der ersten Riboswitches, den man entdeckte, lag in der transkribierten RNA des *Riboflavin*-Operons *(rib)* des Bakteriums *B. subtilis*. Das *rib*-Operon enthält fünf Gene, die Enzyme kodieren, welche an der Synthese der essenziellen Coenzyme FMN und FAD mitwirken. Die aus dem *rib*-Operon transkribierte RNA besitzt eine Leader-Sequenz, die sich ebenso wie die zuvor dargestellte *trp*-Leader-Sequenz zu einer Haarnadelschleife falten kann, welche die Transkription beendet. Wie in ▸*Abbildung 22.7* dargestellt, fördert die Bindung von FMN an die Leader-Sequenz die Bildung dieser Haarnadelschleife. Daher wird die Transkription des *rib*-Operons beendet, wenn FMN vorliegt, und somit auch die Bildung von Enzymen, die nicht benötigt werden, da sie selber an der Synthese von FMN beteiligt sind.

Abgesehen davon, dass durch Bindung kleiner Moleküle an Riboswitches die Transkription reguliert wird, dient diese Bindung auch zur Steuerung der mRNA-Translation. Einem Beispiel hierfür begegnen wir bei mRNA, die Enzyme kodiert, welche an der Synthese von FMN und FAD bei *E. coli* mitwirken. Anders als bei *B. subtilis* sind die Gene von *E. coli*, die diese Enzyme kodieren, nicht in einem einzigen Operon gebündelt, sondern einige dieser Gene werden von Riboswitches gesteuert. In diesem Fall fördert die Bindung von FMN an seinen mRNA-Riboswitch die Bildung einer Haarnadelschleife, die Sequenzen umfasst, welche für die Bindung von mRNA an Ribosomen benötigt werden. Dadurch dass es diese Sequenzen voneinander fernhält, hindert das gebundene FMA die mRNA daran, mit Ribosomen zu interagieren und die Translation zu beginnen (▸ *Abbildung 22.7b*).

(a) Termination der Transkription. Die Bindung eines kleinen Moleküls an einen Riboswitch in der Leader-Sequenz einiger mRNAs löst die Bildung einer Haarnadelschleife aus, welche die Transkription beendet. Die FMN-Bindung der Leader-Sequenz an die transkribierte mRNA des *rib*-Operons von *B. subtilis* funktioniert auf diese Weise.

(b) Initiation der Translation. Bei anderen mRNAs löst die Bindung eines kleinen Moleküls an einen Riboswitch die Bildung einer Haarnadelschleife aus, welche die Stelle enthält, an die das Ribosom normalerweise bindet. Dieser Vorgang interferiert mit der Initiation der Translation. Bei *E. coli* nutzt FMN diesen Kontrolltyp, um die Translation von mRNAs zu hemmen, die Enzyme kodieren, die an der FMN-Synthese mitwirken.

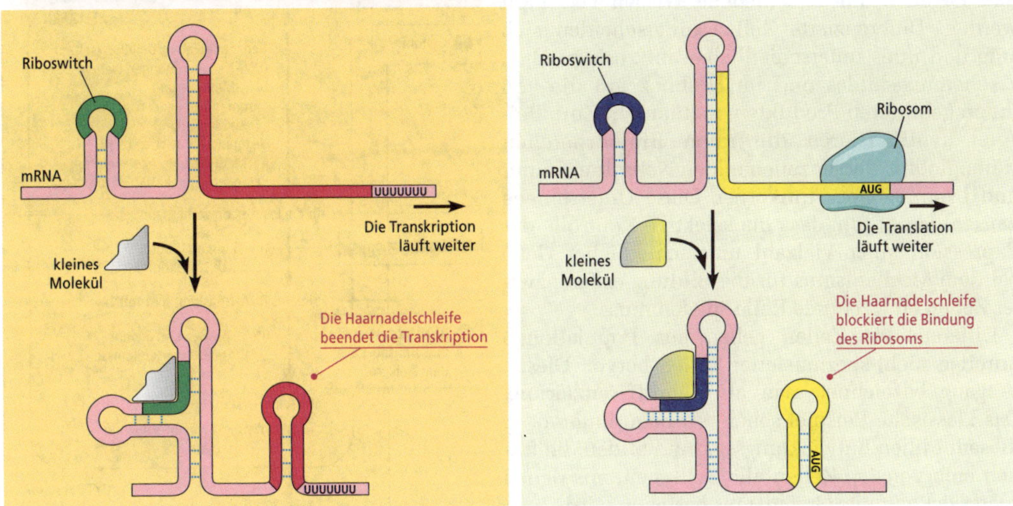

Abbildung 22.7: Kontrolle der Genexpression durch Riboswitches. Diese Modelle zeigen zwei Wege zur Bindung kleiner Moleküle an Riboswitches in der mRNA, wodurch (a) Transkription und (b) Translation gesteuert werden.

22.2 Eukaryotische Genregulation: genomische Kontrolle

In den frühen Tagen der Mikrobiologie lautete ein beliebter Satz: „Was für *E. coli* gilt, gilt auch für Elefanten." Diese Maxime brachte die fundamentale Überzeugung zum Ausdruck, dass fast alles, was man auf molekularer Ebene über die bakterielle Zellfunktion erfahren hatte, auch auf Eukaryoten zutraf. Derartige Vorhersagen haben sich aber nur zum Teil bewahrheitet. Im Hinblick auf die zentralen metabolischen Wege und die Mechanismen zum Transport gelöster Substanzen durch Membranen sowie solch fundamentaler Merkmale wie DNA-Struktur, Proteinsynthese und Enzymfunktion gibt es zahlreiche Ähnlichkeiten zwischen der bakteriellen und der eukaryotischen Welt, und Ergebnisse aus Untersuchungen mit Bakterien können häufig auf Eukaryoten übertragen werden. Heute werden allerdings immer wieder Befunde veröffentlicht, dass molekulare Mechanismen selbst bei relativ nah verwandten Organismen nicht direkt übertragbar sind; so können Ergebnisse aus pharmakologischen Studien an Primaten zum Beispiel nicht direkt auf den Menschen übertragen werden. Noch vorsichtiger muss man sein, wenn Ergebnisse aus Untersuchungen an Organismen, die evolutionär sehr weit voneinander entfernt sind (zum Beispiel C. elegans und Mensch), auf andere Organismen übertragen werden sollen.

Was die Regulation der Genexpression angeht, muss ein Vergleich allerdings genauer durchdacht werden. Die DNA eukaryotischer Zellen ist in Chromatinfasern gepackt und liegt im Zellkern, der von der Proteinsynthese-Maschinerie durch eine Kernhülle getrennt ist. Eukaryotische Genome sind im Allgemeinen wesentlich größer als die der Bakterien, und vielzellige Eukaryoten müssen aus ihrem Genom eine Vielzahl unterschiedlicher Zelltypen bilden. Diese Unterschiede können nur existieren, weil es eine Reihe genetischer Kontrollmechanismen gibt, die sich in einigen Fällen erheblich von den Kontrollmechanismen unterscheiden, die standardmäßig bei Bakterien beobachtet wurden.

22.2.1 Vielzellige Eukaryoten bestehen aus zahlreichen spezialisierten Zelltypen

Zur Vorbereitung auf unsere Diskussion der eukaryotischen Gensteuerung wollen wir uns kurz die gewaltigen regulatorischen Herausforderungen anschauen, mit denen vielzellige Eukaryoten konfrontiert werden, die häufig aus Hunderten verschiedener Zelltypen bestehen. In diesen Fällen setzt sich ein einzelner Organismus aus einer komplexen Mischung spezialisierter oder *differenzierter* Zelltypen zusammen – zum Beispiel Nerven, Muskeln, Knochen, Blut, Knorpel und Fett – die in den Geweben und Organen auf verschiedene Weisen verknüpft werden. Differenzierte Zellen unterscheiden sich aufgrund ihres unterschiedlichen mikroskopischen Erscheinungsbildes und im Hinblick auf die von ihnen gebildeten Produkte voneinander. Zum Beispiel synthetisieren die roten Blutkörperchen Hämoglobin, Nervenzellen bilden Neurotransmitter und Lymphocyten Antikörper. Diese Unterschiede weisen darauf hin, dass die selektive Kontrolle der Expression einer Vielzahl unterschiedlicher Gene bei dem Mechanismus für die Bildung differenzierter Zellen eine zentrale Rolle spielen muss.

Differenzierte Zellen gehen aus Populationen unreifer, nicht-spezialisierter Zellen hervor. Diesen Vorgang bezeichnet man als **Zelldifferenzierung**. Das klassische Beispiel sehen wir beim Embryo. In diesem frühen Entwicklungsstadium bilden die frühen embryonalen Zellen alle Zelltypen, aus denen später der gesamte Organismus bestehen wird.

22.2.2 Die eukaryotische Genexpression wird auf fünf Hauptebenen reguliert

Die Tatsache, dass eine vielzellige Pflanze oder ein vielzelliges Tier mittels eines einzigen Genoms Hunderte unterschiedlicher Zelltypen bilden muss, macht deutlich, dass es schwierig wird, die eukaryotische Genregulation mit den Begriffen der bakteriellen Genexpression zu erklären – immerhin sind Elefanten wesentlich größer und komplexer als *E. coli*! Wenn wir die Genregulation bei eukaryotischen Zellen wirklich im Kern verstehen wollen, so müssen wir uns dem Thema aus der Sicht der Eukaryoten nähern.

Das Genmuster, das in jeder eukaryotischen Zelle exprimiert wird, spiegelt sich letztendlich im Spektrum der funktionalen Genprodukte wider, die von der Zelle gebildet werden – im Allgemeinen sind das Proteinmoleküle, aber in einigen Fällen auch RNA. Insgesamt ergibt sich das Bild einer umfassenden Kontrolle, die auf mehreren Stufen ausgeübt wird. Diese möglichen Kontrollpunkte werden in ▸*Abbildung 22.8* hervorgehoben. In dieser Abbildung wird der Fluss der gene-

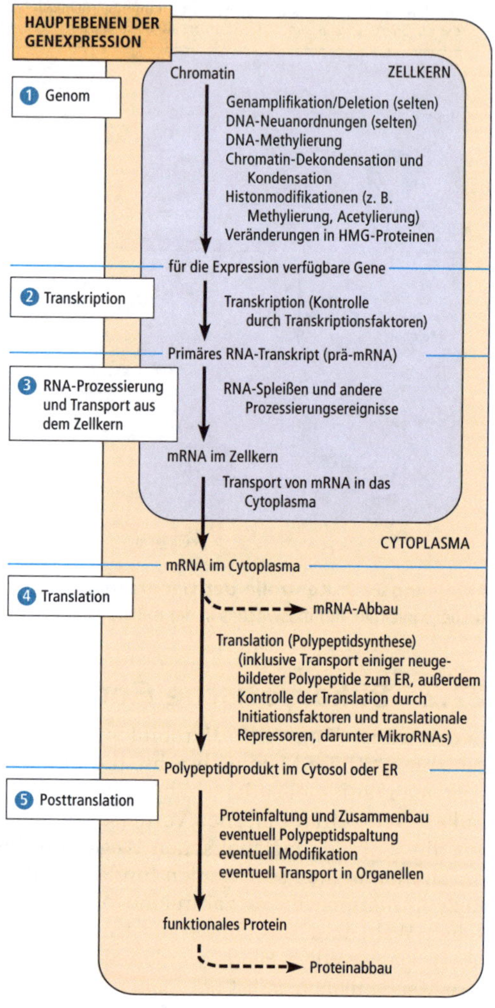

Abbildung 22.8: Die verschiedenen Ebenen der eukaryotischen Genexpression und -regulation. Die Genexpression bei eukaryotischen Zellen wird über eine vielfältige Aneinanderreihung von Mechanismen reguliert, die auf fünf verschiedenen Ebenen operieren: auf der Ebene ❶ des Genoms, ❷ der Transkription, ❸ der RNA-Prozessierung und des Transport aus dem Zellkern zum Cytoplasma, ❹ der Translation und ❺ der posttranslationalen Ereignisse. Die Kontrollen, die auf den letzten drei Ebenen durchgeführt werden, bezeichnet man als *posttranskriptionale Kontrollmechanismen*.

tischen Information von der genomischen DNA im Zellkern zu funktionalen Proteinen im Cytoplasma dargestellt (viele, jedoch nicht alle Kontrollpunkte finden wir auch bei Bakterien). Wie Sie sehen, wird die Kontrolle an fünf Hauptebenen ausgeübt: der Ebene ❶ des Genoms, ❷ der Transkription, ❸ der RNA-Prozessierung und des Transports aus dem Zellkern zum Cytoplasma, ❹ der Translation und ❺ der posttranslationalen Ereignisse. Die regulatorischen Mechanismen der letzten drei Kategorien gehören zur posttranskriptionalen Kontrolle. Dieser Begriff umfasst eine Vielzahl von Ereignissen. In diesem Kapitel werden wir uns mit einigen der Mechanismen beschäftigen, mittels derer Eukaryoten die Genexpression auf den fünf Ebenen kontrollieren.

22.2.3 Zellen vielzelliger Organismen enthalten in der Regel alle den gleichen Gensatz

Die erste Kontrollebene liegt auf dem Niveau des gesamten Genoms. Bei vielzelligen Pflanzen und Tieren nutzt jeder spezialisierte Zelltyp nur einen Bruchteil aller im Genom des Organismus organisierten Gene. Jedoch haben fast alle Zellen dieser Organismen (abgesehen von haploiden Spermien und Eizellen) den gleichen vollständigen Gensatz. Der eindeutige Beweis dafür, dass spezialisierte Zellen noch immer den vollständigen Gensatz tragen, wurde 1958 von Frederick Steward erbracht. Er kultivierte neue Karottenpflanzen aus einzelnen Karottenwurzelzellen. Da die Zellen einer jeden neuen Karottenpflanze die gleiche Kern-DNA enthielten, die in den Ausgangskarottenzellen enthalten war, war jede neue Pflanze ein Klon (eine genetisch identische Kopie) der Pflanze, aus der Frederick Steward die Ausgangskarottenzellen gewonnen hatte.

22.2.4 Genamplifikation und Gendeletion können das Genom verändern

Obwohl die dargestellten Hinweise darauf hindeuten, dass das Genom in allen Zellen eines erwachsenen eukaryotischen Organismus tendenziell identisch ist, gibt es doch einige Typen der Genregulation, die Ausnahmen von dieser Regel darstellen. Ein Beispiel ist der Mechanismus der Genamplifikation zur Erstellung von Vielfachkopien eines Gens. Amplifikation wird durch mehrfache Replikation der DNA in einer spezifischen chromosomalen Region erzielt. Dadurch entstehen Dutzende, Hunderte oder sogar Tausende von Kopien des gleichen DNA-Teilabschnitts. Man kann sich die Genamplifikation als **genomische Kontrolle** vorstellen – das heißt, eine regulatorische Änderung in der strukturellen Zusammensetzung des Genoms.

Eines der am besten untersuchten Beispiele für Genamplifikation sind die ribosomalen RNA-Gene von *Xenopus laevis*, dem Organismus, mit dem John B. Gurdon bei seinen Kerntransplantations-Experimenten arbeitete. Normalerweise enthält das haploide Genom von *Xenopus* ungefähr 500 Gen-Kopien, welche die 5,8S-, 18S- und 28S-rRNA kodieren. Die DNA dieser Gene wird während der Oogenese selektiv ungefähr 4.000-mal reproduziert (Oogenese: Entwicklung der Eizelle vor der Befruchtung). Daraus ergibt sich, dass die reife Oocyte ungefähr zwei Millionen Kopien der rRNA-Gene enthält. Die Genzahl dieser Amplifikation scheint zu genügen, um die gewaltige Produktion von Ribosomen aufrechtzuhalten, die während der Oogenese stattfindet. Diese große Anzahl an Ribosomen wiederum ist notwendig, um die hohe Proteinsyntheserate aufrechtzuhalten, die für die frühe embryonale Entwicklung erforderlich ist.

Dieses besondere Beispiel für Genamplifikation beinhaltet Gene, deren Produkte *RNA* und nicht Proteinmoleküle sind. Die Expression von Genen, die Proteine kodieren – sogar Proteine, die in großen Mengen benötigt werden, wie zum Beispiel ribosomale Proteine – kann im Allgemeinen durch Steigerung der Geschwindigkeit der mRNA-Translation erhöht werden, wofür keine Genamplifikation notwendig ist. Trotzdem kann die gesteigerte Bildung mancher Proteine gelegentlich auf Genamplifikation zurückgeführt werden. Ein Beispiel bei normalen Zellen ist die Synthese von Chorion-Proteinen in Insekteneizellen. Die anormale Amplifikation von Genen, die Proteine der Zellzyklus-Signalisierung kodieren, ist eine häufig beobachtete Veränderung bei Krebszellen (*Kapitel 23*).

Abgesehen davon, dass Zellen Gensequenzen amplifizieren, nach deren Produkten eine große Nachfrage besteht, zerstören Zellen auch Gene, deren Produkte sie nicht benötigen. Ein extremes Beispiel der **Gendeletion** (auch als *DNA-Diminution* bezeichnet) findet in roten Blutkörperchen statt. Sie stoßen ihre Zellkerne aus, nachdem Hämoglobin-mRNA in ausreichenden Mengen gebildet wurde. Ein weniger extremes Beispiel trifft man bei den Nematoden und einer Gruppe winziger Krebstiere, den sogenannten Ruderfußkrebsen, an. Während der embryonalen Entwicklung der Ruderfußkrebse werden in allen Zellen außer denen, die Gameten werden sollen, die heterochromatischen (transkriptional inaktiven) Regionen der Chromosomen ausgeschnitten und ausgeschieden. Auf diese Weise wird die Hälfte der DNA-Menge des Organismus aus den Körperzellen entfernt.

22.2.5 DNA-Neuanordnungen können das Genom verändern

Es sind einige wenige Fälle bekannt, in denen die Genregulation auf der Bewegung von DNA-Segmenten von einer Stelle zu einer anderen innerhalb des Genoms beruht. Diesen Vorgang bezeichnet man als **DNA-Neuanordnung** (engl.: *DNA-rearrangement*). Zwei besonders interessante Beispiele sind der Mechanismus, den Hefezellen zur Kontrolle der Paarung nutzen, und der Mechanismus, über den Wirbeltiere Millionen unterschiedlicher Antikörper bilden.

Neuanordnungen von Genen für Antikörper Die Lymphocyten des Wirbeltier-Immunsystems nutzen einen etwas anderen Typ der DNA-Neuanordnung zur Bildung von Antikörpermolekülen. Antikörper sind Proteine, die aus zwei Arten von Polypeptiduntereinheiten bestehen, den sogenannten *schweren* und *leichten Ketten*. Wirbeltiere bilden Millionen verschiedener Arten von Antikörpern. Jeder Antikörper wird von einer anderen Lymphocyte (und deren Nachkommen) gebildet, und jeder Antikörper kann ein anderes Fremdmolekül (Antigen) spezifisch erkennen und binden. Allerdings birgt diese gewaltige Vielfalt von Antikörpermolekülen ein potenzielles Problem: Wenn jedes Antikörpermolekül von einem anderen Gen kodiert würde, dann wäre praktisch die gesamte DNA eines Menschen von den Millionen benötigter Antikörper-Gene besetzt.

Lymphocyten umgehen dieses Problem, indem sie mit einer relativ geringen Menge unterschiedlicher DNA-Segmente beginnen und diese in verschiedenen Kombinationen neu anordnen, um Millionen einzigartiger Antikörper-Gene zu bilden. Jedes entsteht in einer anderen sich entwickelnden Lymphocyte. Vier DNA-Sequenzen wirken an dieser Neuanordnung mit: *V-*, *J-*, *D-* und *C-Segmente*. Das C-Segment kodiert eine konstante Region einer schweren oder einer leichten Kette, deren Aminosäuresequenz bei den verschiedenen Antikörpern gleich ist. Die *V-*, *J-* und *D-Segmente* kodieren zusammen variable Regionen, die sich bei den Antikörpern unterscheiden und jedem die Möglichkeit geben, einen spezifischen Typ von Fremdmolekül zu erkennen und zu binden.

Wir wollen uns anschauen, wie das funktioniert, und betrachten die schweren Ketten der menschlichen Antikörper, die aus ungefähr 200 Arten von V-Segmenten, mehr als 20 Arten von D-Segmenten und mindestens sechs Arten von J-Segmenten bestehen. In ▸*Abbildung 22.9* ist dargestellt, dass DNA-Regionen mit verschiedenen V-, D- und J-Segmenten während der Lymphocyten-Entwicklung neu angeordnet werden, um nach dem Zufallsprin-

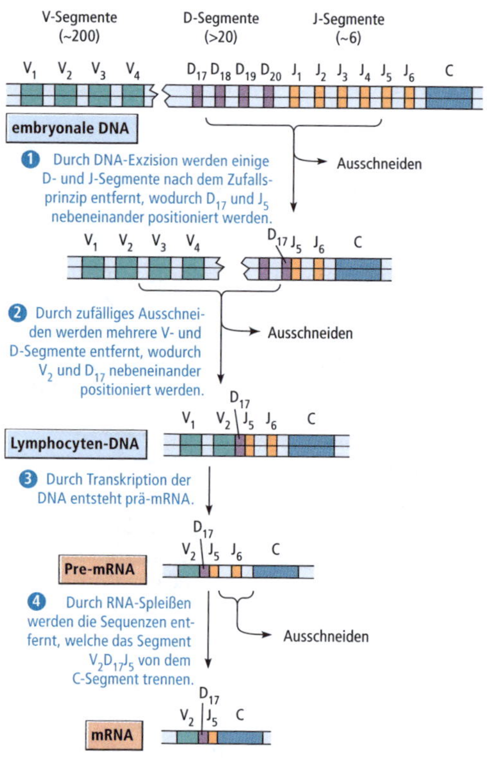

Abbildung 22.9: DNA-Neuanordnung während der Bildung von schweren Ketten in Antikörpern. Gene, die schwere Ketten menschlicher Antikörper kodieren, entstehen durch DNA-Neuanordnungen, an denen mehrere Typen von V-, D- und J-Segmenten mitwirken. Bei diesem Beispiel bringen zufallsbestimmte DNA-Exzisionen eine einzigartige Kombination von V-, D- und J-Segmenten hervor. Nach der Transkription werden die RNA-Sequenzen durch RNA-Spleißen entfernt, wodurch das VDJ-Segment vom C-Segment getrennt wird.

zip ein V-, ein D- und eine J-Segment in jeder Lymphocyte zusammenzubringen. Diese dem Zufall überlassene Neuanordnung gibt dem Immunsystem die Möglichkeit, mindestens 200 × 20 × 6 = 24.000 Arten von variablen Regionen mit schweren Ketten zu bilden. Auf ähnliche Weise können auch Tausende verschiedener variabler Regionen mit verschiedenen Arten leichter Ketten gebildet werden (leichte Ketten werden aus ihren eigenen Typen von V-, D- und J-Segmenten gebildet; sie nutzen keine D-Segmente). Schließlich kann jede der Tausend verschiedenen Arten von schweren Ketten mit jeder der Tausend verschiedenen leichten Ketten zusammengesetzt werden. Das schafft die Möglichkeit, Millionen verschiedener Typen von Antikörpern zu bilden. Das Nettoergebnis ist, dass das menschliche Genom durch Neuanordnung einiger weniger Hundert verschiedener Arten von V-, D- und J-Segmenten Millionen verschiedener Antikörper bildet.

Der Vorgang der DNA-Neuanordnung zur Bildung von Antikörpergenen aktiviert auch die Transkription dieser Gene. Die Aktivierung der Transkription erfolgt über einen Mechanismus, an dem besondere DNA-Sequenzen mitwirken, die *Enhancer*. Bald werden Sie erfahren, dass Enhancer die Geschwindigkeit der Transkriptions-Initiation steigern. Enhancer sind nahe der DNA-Sequenzen lokalisiert, die C-Segmente kodieren; da aber in dieser Region keine Promotorsequenz vorliegt, findet normalerweise keine Transkription statt. Der Promotor für die Gentranskription liegt stromaufwärts der DNA, die V-Segmente kodiert; er ist aber nicht leistungsfähig genug, um die Transkription ohne Enhancer-Sequenz voranzutreiben. Daher liegen die Promotor- und Enhancer-Sequenzen vor der DNA-Neuanordnung so weit auseinander, dass keine Transkription erfolgt. Erst nach der Neuanordnung sind sie so lokalisiert, dass die Transkription initiiert werden kann.

22.2.6 Die Sensitivität der DNase I liefert einen weiteren Beweis für die Rolle der Chromatindekondensation bei der genomischen Kontrolle

Die meisten eukaryotischen Zellen haben keine Polytänchromosomen. Aus diesem Grund ist es schwierig, die Chromatindekondensation in Regionen aktiver Gene sichtbar zu machen. Trotzdem stützen andere Hinweise die Idee, dass die Chromatindekondensation grundsätzlich mit der Gentranskription assoziiert ist. Ein besonders nützliches wissenschaftliches Hilfsmittel ist die *DNase I*, eine aus der Bauchspeicheldrüse isolierte Endonuclease. Bei im Reagenzglas durchgeführten Experimenten bauen geringe Konzentrationen von DNase I vorzugsweise transkriptionsakive DNA im Chromatin ab. Die erhöhte Sensitivität dieser DNA-Regionen für den Abbau durch die DNase I weist darauf hin, dass die DNA entspiralisiert ist.

In ▸*Abbildung 22.10* ist ein klassisches Experiment zur Sensitivität der DNase I dargestellt, in dessen Mittelpunkt ein Hühnergen für ein Globinpolypeptid steht. Es handelt sich um eine der Polypeptiduntereinheiten von Hämoglobin. Das Globin-Gen wird aktiv in den Zellkernen von Hühner-*Erythrocyten* (roten Blutkörperchen) exprimiert. Im Gegensatz zu den Erythrocyten vieler anderer Wirbeltiere behalten Vogel-Erythrocyten ihren Zellkern, wenn sie ausdifferenziert sind. Wenn man diese Zellkerne isoliert und das Chromatin mit DNase I abbaut, wird das Globin-Gen bei geringen DNase-I-Konzentrationen abgebaut, die sich auf das Globin-Gen in anderen Geweben, beispielsweise im Eileitergewebe, nicht auswirken. Gewiss werden Sie schon ahnen, dass ein in Erythrocyten inaktives Gen (zum Beispiel das Gen für Ovalbumin, Eiweißprotein) nicht von der DNase I abgebaut wird. Man erhält genau das gegenteilige Ergebnis, wenn man bei gleicher Vorgehensweise mit Chromatin aus dem Eileiter arbeitet, in dem das Ovalbumin-Gen exprimiert wird und das Globin-Gen inaktiv ist. In diesem Fall ist das Ovalbumin-Gen für den Abbau durch DNase I sensitiver als das Globin-Gen. Diese Daten zeigen, dass die Transkription von Eukaryoten-DNA mit einer erhöhten Sensitivität für den Abbau durch DNase I korreliert.

Die Ergebnisse dieser Experimente sind mit zwei alternativen Erklärungen kompatibel: Entweder ist die Entspiralisierung von Chromatin notwendig, damit die DNA für Transkriptionsfaktoren und die RNA-Polymerase zugänglich wird, oder das Binden dieser Proteine an die DNA führt zur Entspiralisierung. Diese Frage wurde durch Experimente gelöst, die zeigten, dass die Sensitivität für DNase I in Genen, die aktiv transkribiert wurden, in Genen, die soeben transkribiert wurden, aber nicht mehr aktiv sind, und in DNA-Sequenzen, die neben den beiden zuvor beschriebenen Typen liegen, nachweisbar ist. Diese Beobachtungen lassen den Schluss zu, dass die Sensitivität für DNase I nicht auf dem Vorgang der Gentranskription an sich beruht, sondern eine veränderte

Chromatinstruktur widerspiegelt, und zwar in den Regionen mit aktiven oder potenziell aktiven Genen. Das bedeutet vermutlich, dass die Entspiralisierung des Chromatins eine Voraussetzung für die Aktivierung der Transkription ist und nicht ein Folge davon.

Auch bei anderen Experimenten wurde mit der DNase I gearbeitet. Wenn man Zellkerne mit einer sehr geringen Konzentration von DNase I behandelt, kann man spezifische Orte im Chromatin nachweisen, die für den Abbau durch die DNase I außerordentlich sensitiv sind. Diese **DNase-I-Hypersensitivitätsstellen** liegen meist einige Hundert Basen stromaufwärts der Transkriptions-Startstellen aktiver Gene. Im Vergleich zum Großteil der DNA in aktiven Genen sind die DNase-I-Hypersensitivitätsstellen etwa um das Zehnfache sensitiver für den Abbau durch DNase I. Diese Regionen scheinen den Regionen zu entsprechen, in denen die DNA nicht Teil eines Nucleosoms ist. Der Gedanke, dass die DNase-I-Hypersensitivitätsstellen Regionen ohne Nucleosomen sein könnten, kam erstmalig aufgrund von Untersuchungen mit dem eukaryotischen Virus SV40 auf. Wenn das Virus SV40 eine Wirtszelle infiziert, assoziiert dessen ringförmiges DNA-Molekül mit Histonen und bildet typische, unter dem Elektronenmikroskop erkennbare Nucleosomen. Allerdings bleibt eine kleine Region der viralen DNA vollkommen entspiralisiert und frei von Nucleosomen. Diese Region, die mehrere DNase-I-Hypersensitivitätsstellen umfasst, enthält DNA-Sequenzen, die regulatorische Proteine binden, welche an der Aktivierung der Transkription mitwirken.

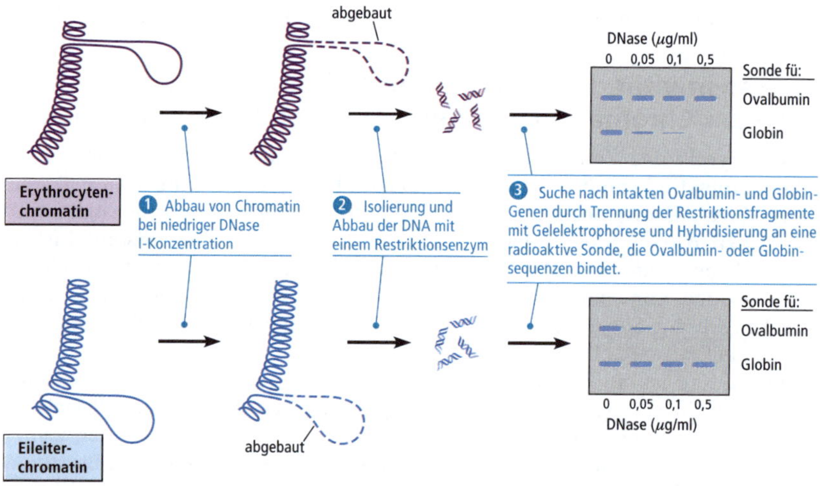

Abbildung 22.10: Sensitivität aktiver Chromatin-Gene für den Abbau durch die DNase I. Man kann die Chromatinkonfiguration aktiver Gene untersuchen, indem man die Zellkerne mit DNase I in Kontakt bringt. Die DNase I baut die DNA durch Schneiden innerer Phosphodiesterbindungen ab. Die im Chromatin kondensierte DNA wird vor dem Angriff der DNase I geschützt, weil sie stark spiralisiert und kondensiert vorliegt. Bei dem hier dargestellten Experiment wird mit Chromatin aus zwei unterschiedlichen Zelltypen gearbeitet, Hühner-Erythrocyten und Eileiterzellen. Im Mittelpunkt des Interesses liegen die Gene für Globin und Ovalbumin, die in Erythrocyten bzw. Eileiterzellen exprimiert werden. Beim Chromatinabbau mit geringer Konzentration von DNase I wird vorzugsweise die DNA in entspiralisierten Regionen abgebaut ①. Dann wird die DNA gereinigt und mit einem Restriktionsenzym ② gespalten, das DNA-Fragmente freisetzt, die ein intaktes Globin- oder Ovalbumin-Gen enthalten (falls nicht durch die DNase I ein Einzelstrangbruch eingeführt wurde). Die Gegenwart dieser Restriktionsfragmente wird in Schritt ③ nachgewiesen. Mittels Elektrophorese wird die DNA getrennt; die getrennten Fragmente werden auf Filterpapier übertragen (Southern Blot) und mit radioaktiven DNA-Sonden für Globin- und Ovalbumin-Gene hybridisiert. Beachten Sie, dass die aus Erythrocytenchromatin isolierte DNA, die mit immer größeren Mengen von DNase I behandelt wurde, entsprechend geringere Mengen intakter Globin-Gene enthält. Für das Ovalbumin-Gen im Eileiterchromatin erhält man vergleichbare Ergebnisse. Im Gegensatz dazu haben noch höhere Konzentrationen von DNase I keine Auswirkung auf das Globin-Gen im Eileiterchromatin oder auf das Ovalbumin-Gen im Erythrocytenchromatin. Mit anderen Worten, Gene in Geweben, die aktiv transkribiert werden, sind für den Abbau durch DNase I sensitiver.

22.2.7 DNA-Methylierung ist mit inaktiven Regionen des Genoms assoziiert

Ein anderer Weg zur Regulierung der Verfügbarkeit spezifischer Regionen des Genoms ist die **DNA-Methylierung**. Unter DNA-Methylierung versteht man das Anfügen von Methylgruppen an einzelne Cytosinbasen in der DNA. Die DNA der meisten Vertebraten enthält geringe Mengen von methyliertem Cytosin, das sich tendenziell in der Nähe der 5′-Enden anhäuft, wo die Promotorsequenzen liegen. Die Methylierung von Promotorregionen kann entweder die Bindung von Proteinen blockieren, die für die Aktivierung der Transkription erforderlich sind, oder als Bindestelle für Proteine dienen, die Chromatin zu inaktiven Konfigurationen kondensieren. Der Effekt ist das Silencing der Genexpression entweder an einer ganz bestimmten Stelle oder in einer gewissen Region des Genoms.

Das für die DNA-Methylierung verantwortliche Enzym wirkt vorzugsweise auf Cytosine, die in 5′-CG-3′-Sequenzen liegen, welche mit bereits methylierten 3′-GC-5′-Sequenzen komplementäre Basenpaarungen eingehen. Mit anderen Worten, wenn ein alter DNA-Strang in einer neu replizierten DNA-Doppelhelix eine methylierte 5′-CG-3′-Sequenz hat, wird die komplementäre 3′-GC-5′-Sequenz des neuen Strangs zur Methylierung bestimmt. Aufgrund dieses Phänomens können DNA-Methylierungsmuster im Laufe aufeinanderfolgender Zyklen der DNA-Replikation vererbt werden. Im Endeffekt ist die DNA-Methylierung eine Mittel zur Schaffung **epigenetischer Veränderungen** – also stabiler Veränderungen der Genexpression, die von einer Zellgeneration an die nächste weitergegeben werden und für die keine Änderung der Basensequenz des Gens notwendig ist.

Ein eindrucksvolles Beispiel sind die X-Chromosomen weiblicher Säugetiere, die von jedem der beiden Elternteile ein X-Chromosom erben. Da männliche Säugetiere nur ein X-Chromosom besitzen, birgt die Expression X-gekoppelter Gene bei männlichen und weiblichen Säugetieren ein potenzielles Ungleichgewicht. Dafür hat die Natur eine Lösung gefunden: Während der frühen embryonalen Entwicklung wird eines der beiden X-Chromosomen nach dem Zufallsprinzip inaktiviert. Während dieser *X-Inaktivierung* wird die DNA eines X-Chromosoms stark methyliert, die Chromatinfasern kondensieren zu einer festen Masse aus Heterochromatin, dessen DNA für die Transkriptionsfaktoren und die RNA-Polymerase weniger zugänglich ist, und die Gentranskription hört auf. Wenn man Interphasezellen unter dem Mikroskop betrachtet, erkennt man das inaktivierte X-Chromosom als dunklen Fleck, das sogenannte *Barr-Körperchen*. Wenn ein bestimmtes X-Chromosom in einer Zelle erst einmal inaktiviert wurde, bleibt dieses X-Chromosom in allen Zellen inaktiviert, die durch nachfolgende Zellteilungen entstehen. Aus diesem Grund enthalten weibliche Säugetiere ebenso wie männliche nur ein aktives X-Chromosom in jeder adulten Zelle.

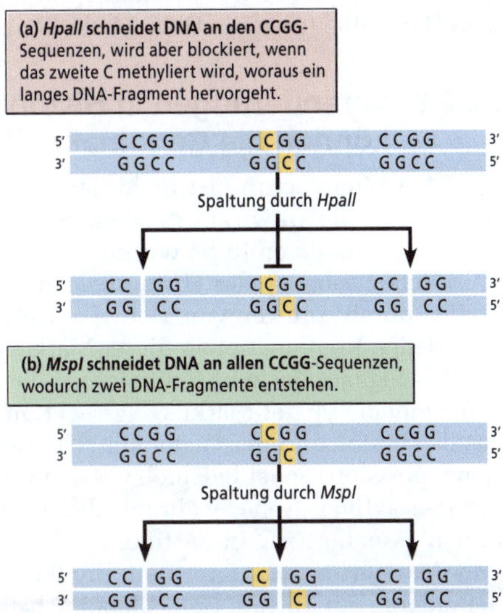

Abbildung 22.11: Unterschiede bei der DNA-Methylierung, die mit Hilfe des enzymatischen Abbaus nachgewiesen wurden. Sowohl *HpaII* als auch *MSPI* schneiden die DNA an CCGG-Sequenzen, aber *HpaII* schneidet nicht, wenn das zweite C methyliert wurde (gelb). (a) Wenn man die dargestellte DNA mit *HpaII* schneidet, entsteht ein langes Fragment, das man mit Hilfe des Southern-Blot-Verfahrens nachweisen kann. (b) Schneidet man diese DNA mit *MspI*, erhält man aus der gleichen Region zwei kürzere Fragmente.

Ein weiterer Hinweis darauf, dass die DNA-Methylierung die Genaktivität hemmen kann, geht aus Untersuchungen mit den Restriktionsenzymen *MspI* und *HpaII* hervor. Diese Enzyme spalten die Erkennungsstelle – CCGG –. Allerdings entfaltet *HpaII* seine Wirkung nur, wenn das zentrale C nicht methyliert wird, während *MspI* unabhängig davon schneidet, ob C methyliert wurde oder nicht (▸ *Abbildung 22.11*). Ein Vergleich der von diesen beiden Enzymen gebildeten DNA-Fragmente ergab, dass bestimmte DNA-Stellen auf gewebespezifische Weise methyliert werden – das heißt, die Stellen sind nur in einigen Geweben methyliert. Im Allgemeinen sind die Stellen in Geweben methyliert, in denen das Gen nicht aktiv ist, aber nicht methyliert, wenn das Gen aktiv oder potenziell aktiv ist. Zum Beispiel werden CG-

Sequenzen in der Nähe der Promotorregion des Globin-Gens in Geweben methyliert, die kein Hämoglobin bilden. In den roten Blutkörperchen werden sie jedoch nicht methyliert.

Die herausragende Bedeutung der DNA-Methylierung wird durch die Entdeckung offenkundig, dass eine zunehmende Anzahl menschlicher Erkrankungen, darunter Krebs, mit Anomalitäten bei der DNA-Methylierung in Zusammenhang steht. Außerdem spielt die DNA-Methylierung bei der genomischen **Prägung** (engl.: *genomic imprinting*) eine Rolle. Bei diesem Vorgang werden bestimmte Gene in Abhängigkeit davon, ob sie von der Mutter oder dem Vater vererbt werden, unterschiedlich exprimiert. So werden zum Beispiel einige geprägte Gene in der Kopie exprimiert, die von der Mutter vererbt wurde, und in der vom Vater vererbten Kopie sind sie abgeschaltet. Das unterschiedliche Verhalten beruht auf verschiedenen Methylierungsmustern: Die Promotorregion der vererbten väterlichen Kopie ist stark methyliert, während die gleiche Region in der vererbten mütterlich Kopie nicht methyliert ist. (Die Prägung läuft auch auf dem entgegengesetzten Weg ab – die mütterliche Kopie und nicht die väterliche Kopie einiger Gene wird durch Methylierung inaktiviert.)

Allerdings ist Vererbung nicht der einzige Faktor, der DNA-Methylierungsmuster beeinflusst. Aus Untersuchungen mit eineiigen Zwillingen ist bekannt, dass auch die Umwelt eine Rolle spielt. Die DNA-Methylierungsmuster junger eineiiger Zwillinge sind praktisch nicht zu unterscheiden, aber bei den heranwachsenden Zwillingen sind signifikante Unterschiede zu sehen. Die größten Unterschiede im Hinblick auf die DNA-Methylierung und das Muster der exprimierten Gene sieht man bei Zwillingen, die über große Zeitabschnitte voneinander getrennt leben. Es liegt die Vermutung nahe, dass Umweltfaktoren die DNA-Methylierung und damit die Genexpression beeinflussen.

22.2.8 Veränderungen in Histonen und Chromatin-Remodellierungsproteine können die Genomaktivität ändern

Die DNA-Methylierung ist nicht der einzige Typ genomischer Veränderung, der an der epigenetischen Kontrolle mitwirkt. An einem weiteren Mechanismus wirken Veränderungen in Histonen mit, den Proteinen, deren Rolle wir im Zusammenhang mit dem Packen chromosomaler DNA in *Kapitel 17* erläutert haben. Jedes Histonmolekül hat einen herausragenden Schwanz, der an verschiedenen Stellen durch Anfügen von Methyl-, Acetyl- oder Phosphatgruppen markiert werden kann. Die verschiedenen Kombinationen dieser Markierungen ergeben einen **Histoncode**, der von anderen Proteinen als Signalreihe zur Modifizierung der Chromatinstruktur und Genaktivität gelesen wird.

Bei einem Typ der Markierungsreaktion wird die Aminosäure Lysin *methyliert*. Sie dient je nach Art des Lysins und der Histonklasse entweder als Signal zur Aktivierung oder Unterdrückung der Genexpression. So ist beispielsweise die Methylierung von Lysin 4 im Histon H3 ein Merkmal der meisten aktiven Gene, während die Methylierung der Lysine 9 und 27 mit dem Silencing von Genen assoziiert ist. In bestimmten Fällen führt die Methylierung von Lysin 27 zur Anhäufung und Aktivierung von Enzymen, die benachbarte DNA methylieren, wodurch zwei epigenetische Veränderungen, die am Gen-Silencing beteiligt sind, gekoppelt werden.

Ein weiterer Mechanismus zur Änderung der Histonstruktur ist die *Acetylierung* – das Anfügen von Acetylgruppen an Aminosäureseitenketten. Vor allem das Enzym **Histonacetyltransferase (HAT)** fügt Acetylgruppen an Histonmoleküle an und fördert dadurch die Chromatindekondensation. Ein anderes Enzym, die **Histondeacetylase (HDAC)**, übt die entgegengesetzte Funktion aus. Es entfernt Acetylgruppen von den Histonen. Regulatorische Proteine, die DNA binden, können Komplexe zusammenstellen, in denen diese Enzyme enthalten sind. Dadurch ändern sie die Verfügbarkeit einer Region für die DNA-Transkription. *Repressor*proteine, die dafür sorgen, dass die Transkription an einer bestimmten Stelle seltener abläuft, setzen HDAC-Komplexe zusammen und *Aktivator*proteine rekrutieren HAT-Komplexe (später in diesem Kapitel werden wir genauer auf Aktivatoren und Repressoren der Transkription eingehen). Man weiß durch Experimente, dass acetylierte Histone vorzugweise mit aktiven Genen assoziieren. In den Experimenten inkubierte man mit DNase I und baute damit selektiv transkriptionsaktive Gene ab. Bei dieser Form der Behandlung wird die acetylierte Form der Histone H3 und H4 freigesetzt. Daraus kann man folgern, dass die Acetylierung dieser Histone mit der Genaktivierung assoziiert ist. Diese durch Acetylierung induzierten Veränderungen der Nucleosomstruktur lockern vermutlich die Chromatinpackung und erleichtern dadurch die Bindung von Transkriptionsfaktoren an Genpromotoren.

Eine andere Art der Einflussnahme von Histonen auf Chromatinstruktur und Genaktivität wurde durch Untersuchungen bewiesen, die zeigten, dass dem transkriptionsaktiven Chromatin häufig das Histon H1 fehlt. Da Histon H1 für die Faltung von Chromatin zu 30-nm-Chromatinfasern benötigt wird (*Abbildung 17.7b*), kann das fehlende H1 dazu beitragen, das aktive Chromatin in Form nicht-spiralisierter 10-nm-Fasern zu erhalten. Ein ähnliches Merkmal des transkriptionsaktiven Chromatins ist der hohe Gehalt an *Proteinen mit großer Beweglichkeit (HMG*; engl.: *high-mobility group proteins)*. Dabei handelt es sich um eine Gruppe von Nicht-Histonproteinen. Der Name beruht auf ihrer großen Beweglichkeit bei der Elektrophorese. Wenn man aus einem Präparat mit isoliertem Chromatin die HMG-Proteine entfernt, verlieren die aktiven Gene ihre DNase-I-Sensitivität. Isoliert man bestimmte HMG-Proteine dann aus einem anderen Gewebe und fügt sie dem HMG-freien Chromatin zu, ähnelt das Muster der DNase-I-sensitiven Gene dem Gewebe, aus dem das Chromatin und nicht die HMG-Proteine stammten. Das bedeutet, dass das Chromatin gewebespezifische Eigenschaften besitzt, die von HMG-Proteinen erkannt werden. Dadurch können sie selektiv an Gene binden, die in jedem Gewebe aktiviert werden können. Man vermutet, dass die Bindung von HMG die DNase-I-Sensitivität vermittelt, indem sie hilft, die Chromatinfasern in eine offenere Konfiguration zu entspiralisieren. Dies wird eventuell durch das Entfernen von Histon H1 aus der 30-nm-Faser bewerkstelligt.

22.3 Eukaryotische Genregulation: Transkriptionskontrolle

Wir haben jetzt einige allgemeine regulatorische Änderungen im Hinblick auf Zusammensetzung und Struktur des Genoms beschrieben. Das Phänomen von Strukturveränderungen, die mit aktiven Regionen des Genoms assoziiert sind, gibt allerdings keine Antwort auf die zugrunde liegende Frage, wie die in diesen Regionen enthaltenen DNA-Sequenzen eigentlich für die Aktivierung ausgewählt werden. Die Antwort ist die Transkriptionskontrolle, die zweite Kontrollebene bei der eukaryotischen Genexpression (siehe *Abbildung 22.8*).

22.3.1 In den verschiedenen Zellen werden unterschiedliche Gensätze transkribiert

Wenn wir uns mit der Transkriptionskontrolle beschäftigen, so bewegen wir uns auf einem Gebiet der Genregulation, auf dem in den letzten Jahren viele neue Erkenntnisse gewonnen wurden. Den ersten direkten Hinweis auf die Bedeutung der Transkriptionsregulation bei Eukaryoten verdankt man Experimenten, bei denen neu synthetisierte RNA in den Zellkernen verschiedener Säugetiergewebe verglichen wurde. Leber- und Hirnzellen bilden zum Beispiel verschiedene Sätze von Proteinen, auch wenn es zwischen den beiden Sätzen erhebliche Überschneidungen gibt. Wie können wir die Ursache für diesen Unterschied herausfinden? Wenn die von diesen beiden Zelltypen gebildeten unterschiedlichen Proteine die differenzielle Gentranskription widerspiegeln – das heißt, die Transkription verschiedener Gene, aus der verschiedene RNA-Sätze hervorgehen – dann müssten wir auch entsprechende Unterschiede zwischen den Beständen der Kern-RNAs erkennen, die aus Hirn- und Leberzellen stammen. Wenn andererseits alle Gene in Leber und Hirn gleichermaßen transkribiert werden, dann würden wir nur, falls überhaupt, wenige Unterschiede zwischen den Beständen der Kern-RNAs aus den beiden Geweben finden, und wir würden folgern, dass die gewebespezifischen Unterschiede bei der Proteinsynthese auf posttranskriptionalen Mechanismen beruhen, welche die Fähigkeit verschiedener RNAs, translatiert zu werden, kontrollieren.

Eine Möglichkeit, zwischen diesen Alternativen zu unterscheiden, bietet die Technik der *Nuclear Run-on Transcription*. Sie liefert uns eine Momentaufnahme der Transkriptionsaktivität, die zu einem bestimmten Zeitpunkt im Zellkern abläuft (▸*Abbildung 22.12*). Dazu werden Transkriptions-aktive Zellkerne vorsichtig aus Zellen entnommen und können die Synthese von RNA-Molekülen in Anwesenheit radioaktiv markierter Nucleosidtriphosphate abschließen. Wenn man einen solchen Versuch mit Leber- und Hirnzellen durchführt, enthalten die neu transkribierten (radioaktiv markierten) RNAs in den Leberzellkernen Sequenzen leberspezifischer Gene. Diese leberspezifischen Sequenzen sind aber nicht in den markierten RNAs nachweisbar, die von isolierten Hirnzellkernen synthetisiert werden. Ähnlich verhält es sich mit neu transkribierten (radioaktiv markierten) RNAs in den Hirnzellkernen, die Sequenzen aus hirnspezifischen Genen enthalten. Diese hirnspezifischen Sequenzen können aber nicht in markierten RNAs nachgewiesen werden, die von isolierten Leberzellkernen synthetisiert wurden.

Man kann also nicht die Synthese von RNA aus leberspezifischen Genen in Hirnzellkernen und umgekehrt nachweisen. Damit zeigen diese Experimente, dass die Genexpression auf der Ebene der Transkription reguliert wird. Anders formuliert, verschiedene Zelltypen transkribierten verschiedene Gensätze, wodurch jeder Zelltyp die Proteine bildet, die er zur Ausführung der spezialisierten Zellfunktionen benötigt.

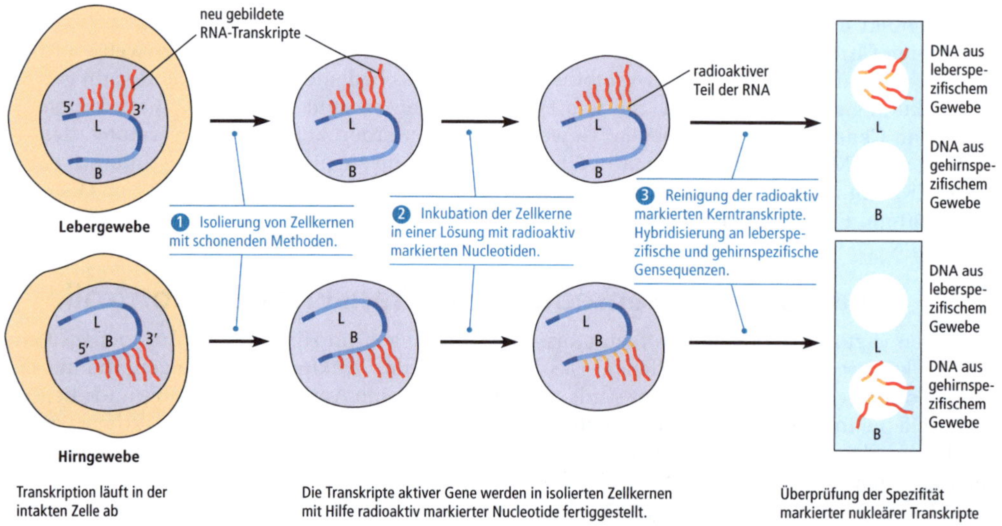

Abbildung 22.12: Nachweis der differenziellen Transkription durch Nuclear Run-on Transcription. Bei diesen Versuchen steht B für ein hypothetisches Gen, das nur im Hirngewebe exprimiert wird, und L für ein Gen, das nur im Lebergewebe exprimiert wird. Isolierte Zellkerne werden in einer Lösung mit radioaktiv markierten Ribonucleotiden inkubiert, die in von aktiven Genen synthetisierter mRNA eingefügt werden. Wenn im Hirn- und Lebergewebe verschiedene Gene aktiv sind, werden einige markierte Sequenzen der Leberzellkerntranskripte nicht in den Hirntranskripten vorkommen und umgekehrt. Die Zusammensetzung der markierten RNA-Population wird getestet, indem die markierte RNA mit den DNA-Sequenzen hybridisieren lässt, die verschiedene auf eine Papierfilterunterlage übertragene Gene repräsentieren 3. Markierte Lebertranskripte hybridisieren mit anderen Gensätzen als markierte Hirntranskripte. Das weist darauf hin, dass sich die Identitäten der aktiven Gene in den beiden Geweben unterscheiden.

22.3.2 DNA-Microarrays ermöglichen die simultane Kontrolle der Expression Tausender Gene

Obwohl die vorangegangenen Beobachtungen aufdeckten, dass in verschiedenen Zelltypen unterschiedliche Gensätze transkribiert werden, kann man nicht ohne Weiteres feststellen, welche Gene jeweils an- oder abgeschaltet werden. Wir stellen nun eine Methode vor, mit der man herausfinden kann, ob ein bestimmtes Gen aktiv ist. Man testet die entsprechende mRNA mit Hilfe einer RNA-Detektionstechnik, der man im Gegensatz zum Southern Blot den fantasievollen Namen **Northern Blot** gegeben hat. Beim Northern Blotting wird eine RNA-Probe durch Gelelektrophorese nach Größe getrennt und auf eine spezielle Membran übertragen. Die Membran wird dann mit einer radioaktiven (oder auf andere Weise markierten) DNA-Sonde in Kontakt gebracht, welche die betreffende Gensequenz enthält. Dann wird die mRNA-Menge bestimmt, indem man die gebundene Radioaktivität misst.

Zur Kontrolle der gleichzeitigen Expression von Hunderten oder sogar Tausenden von Genen kann man ein Hilfsmittel einsetzen, den sogenannten **DNA-Microarray**. Ein DNA-Microarray ist ein dünner Chip aus Glas oder Plastik von der Größe eines Fingernagels, auf den man an bestimmten Stellen Tausende von DNA-Fragmenten aufgebracht hat, die den verschiedenen interessierenden Genen entsprechen. Ein einziger Microarray kann 10.000 oder mehr dieser DNA-Fragmente tragen, die jeweils einem anderen Gen entsprechen. Zur Untersuchung, welche Gene einer bestimmten Zellpopulation exprimiert werden, isoliert man RNA-Moleküle (die Produkte der Gentranskription) aus den Zellen und kopiert diese mit dem Enzym Reverse Transkriptase zu einzelsträngigen cDNA-Molekülen. Diese werden dann an einen fluoreszierenden Farbstoff geheftet. Wenn man den DNA-Microarray in die fluoreszierende cDNA taucht, bindet jedes cDNA-Molekül durch komplementäre Basenpaarung an die Stelle auf dem DNA-Microarray, die das spezifische Gen enthält, von dem es transkribiert wurde.

In ▸*Abbildung 22.13* ist dargestellt, wie man mit Hilfe dieses Verfahrens die Muster der Genexpression in Hirn- und Leberzellen vergleichen kann. In diesem Beispiel arbeitet man mit zwei Fluoreszenzfarbstoffen: einem grünen Farbstoff, um die cDNAs zu markieren, die aus Hirnzellen stammen, und einem roten Farbstoff zur Markierung der cDNAs aus Leberzellen. Mischt man die grünen und roten cDNAs und gibt sie auf einen Microarray, dann binden die grünen cDNAs an Gene, die in Hirnzellen exprimiert werden, und die roten cDNAs binden an Gene, die in Leberzellen exprimiert werden. Daher repräsentieren grüne Punkte die stärkere Expression eines Gens in Hirnzellen, rote Punkte repräsentieren die stärkere Expression eines Gens in Leberzellen, gelbe Punkte (eine Mischung aus grünem und rotem Fluoreszenzfarbstoff) repräsentieren Gene, deren Expression ungefähr gleich ist, und schwarze Punkte (ohne Fluoreszenzfarbstoff) repräsentieren Gene, die in keinem Zelltyp exprimiert werden. Folglich kann man durch Messen der Farbe und der Intensität jedes fluoreszierenden Punktes die Expression von Tausenden von Genen gleichzeitig überwachen. Aufgrund der so gewonnenen Daten weiß man, dass viele Gene in bestimmten Zelltypen selektiv exprimiert werden, beispielsweise in Hirn-, Leber- oder anderen differenzierten Zellen.

Der DNA-Microarray findet aber auch praktische Anwendung. Zum Beispiel hat man festgestellt, dass Krebserkrankungen, die bei mikroskopischer Untersuchung gleichen Ursprungs zu sein scheinen, bei Tests mit DNA-Microarrays manchmal andere Genexpressionsprofile aufweisen. Dank dieser Information ist man in der Lage, die Krebserkrankungen der Patienten genauer zu charakterisieren und die auf sie zugeschnittenen Behandlungsmethoden noch besser auf den jeweiligen Patienten abzustimmen.

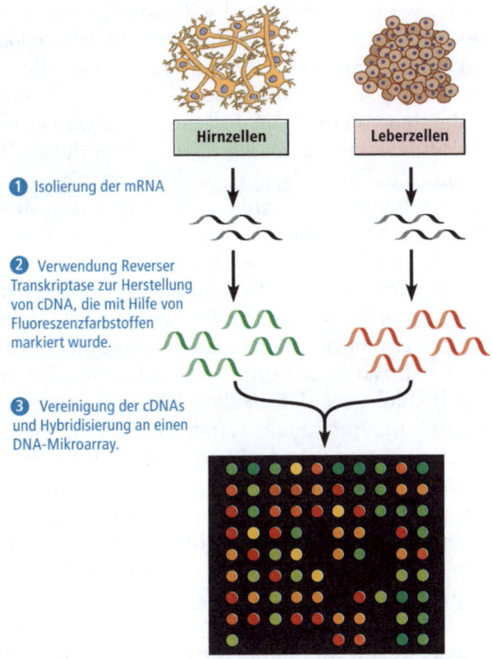

Abbildung 22.13: Untersuchung von Genexpressionsprofilen mit Hilfe des DNA-Microarrays. Bei diesem Experiment wird die Genexpression in Hirn- und Leberzellen miteinander verglichen. Dafür wird mit Hilfe der Reversen Transkriptase mRNA aus zwei Zellpopulationen isoliert, um cDNA-Kopien der mRNAs herzustellen. An die cDNAs der Hirnzelle wird ein grün fluoreszierender Farbstoff und an die cDNAs der Leberzelle ein rot fluoreszierender Farbstoff gebunden. Dann wird ein DNA-Microarray, der DNA-Fragmente enthält, die Tausende unterschiedlicher Gene repräsentieren, in eine Mischung aus den beiden cDNA-Populationen getaucht (hier ist nur ein kleiner Teil des DNA-Microarrays dargestellt). Jede cDNA hybridisiert mit einem Punkt auf dem Microarray, der das spezifische Gen enthält, dem die cDNA entspricht. Daher repräsentieren grüne Punkte Gene, die vorzugsweise in Hirnzellen exprimiert werden, rote Punkte repräsentieren Gene, die vorzugsweise in Leberzellen exprimiert werden, gelbe Punkte (eine Mischung aus grünem und rotem fluoreszierendem Farbstoff) repräsentieren Gene, deren Expression der Expression in beiden Zellpopulationen ähnelt, und dunkle Regionen (keine Punkte) repräsentieren Gene, die in keinem Zelltyp exprimiert werden.

22.3.3 Proximale Kontrollelemente liegen nahe am Promotor

Im Rahmen unserer Diskussion der Regulation der Gentranskription bei verschiedenen Zelltypen richten wir nun unser Augenmerk auf die Protein-kodierenden Gene, die von der RNA-Polymerase II transkribiert werden. Bereits in *Kapitel 20* haben Sie erfahren, dass die Spezifität der Transkription – das heißt, wo auf der DNA die Transkription initiiert wird – nicht von der RNA-Polymerase selber bestimmt wird, sondern von Proteinen, den sogenannten *Transkriptionsfaktoren*. (Im Gegensatz zu den bakteriellen Sigma-Faktoren, die auch die Initiationsspezifität bestimmen, wird keiner der eukaryotischen Transkriptionsfaktoren als integraler Bestandteil des RNA-Polymerase-Moleküls angesehen.)

Bei den von der RNA-Polymerase II transkribierten Genen vereinigen sich die allgemeinen Transkriptionsfaktoren am Kernpromotor mit der RNA-Polymerase. Der Kernpromotor ist eine Region in unmittelbarer Nachbarschaft des Transkriptionsstartpunktes (siehe *Abbildung 20.8b*). Die Wechselwirkung der allgemeinen Transkriptionsfaktoren und der RNA-Polymerase mit dem Kernpromotor führt oftmals zu einer langsamen Initiation der Transkription, sodass nur wenige Transkripte gebildet werden. Außer dem Kernpromotor haben auch die meisten Protein-kodierenden Gene kurze, weiter stromaufwärts (und in einigen Fällen auch stromabwärts) liegende DNA-Sequenzen, an die andere Transkriptionsfaktoren binden. Dadurch wird die Effizienz des Kernpromotors gesteigert. Wenn man diese zusätzlichen DNA-Elemente experimentell ausschaltet, verringern sich Häufigkeit und Genauigkeit der Transkription.

Für solche regulatorischen DNA-Sequenzen verwenden wir den Begriff **proximale Kontrollelemente**. Als proximale („nahe gelegene") Kontrollelemente bezeichnen wir stromaufwärts des Kernpromotors gelegene Sequenzen, die aber nicht weiter als 100 bis 200 Basenpaare entfernt liegen. Die Anzahl, die genaue Lage und die Identität dieser proximalen Kontrollelemente variiert bei den Genen. Allerdings gibt es drei häufig vorkommende Typen: die *CAAT-Box*, die *GC-Box* und das *Octamer* (die ersten beiden haben wir in *Kapitel 20* vorgestellt; sie sind in ▸*Abbildung 22.14* dargestellt). Die Transkriptionsfaktoren, die selektiv an eine dieser Boxen oder an andere Kontrollsequenzen außerhalb des Kernpromotors binden, bezeichnet man als **regulatorische Transkriptionsfaktoren**. Sie steigern (oder verlangsamen auch manchmal) die Initiation der Transkription, indem sie mit Komponenten aus dem Transkriptionsapparat in Wechselwirkung treten.

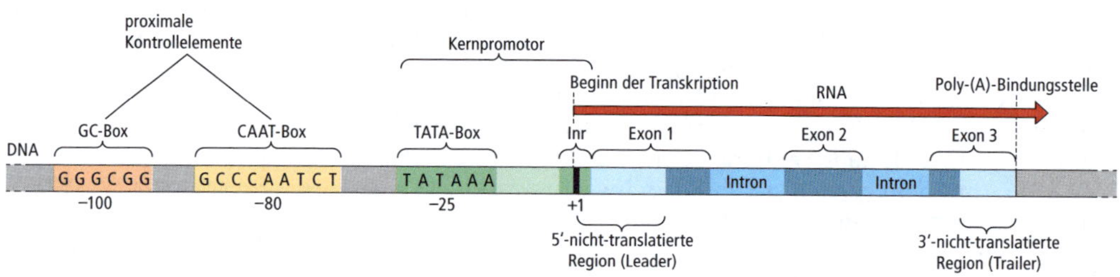

Abbildung 22.14: Anatomie eines typischen eukaryotischen Gens mit Kernpromotor und proximaler Kontrollregion. Die (nicht maßstabsgetreue) Zeichnung stellt ein typisches eukaryotische Gen dar, das von der RNA-Polymerase II transkribiert wird. Der Promotor – den man als Kernpromotor bezeichnet, um ihn von der proximalen Kontrollregion zu unterscheiden – enthält charakteristischerweise eine Initiatorsequenz (Inr), die den Transkriptionsstartpunkt umgibt, und eine TATA-Box, die ungefähr 25 bp stromaufwärts (auf der 5′-Seite) des Startpunktes liegt. Am Kernpromotor vereinigen sich die allgemeinen Transkriptionsfaktoren und die RNA-Polymerase zur Initiation der Transkription. Innerhalb von 100 Nucleotiden stromaufwärts des Kernpromotors liegen mehrere proximale Kontrollelemente. Durch Wechselwirkung mit Transkriptionsfaktoren stimulieren sie die Transkription des Gens. Anzahl, Identität und genaue Lage der proximalen Elemente variieren von Gen zu Gen. Wir stellen hier einen einfachen Fall vor, der jeweils eine Kopie der häufig vorkommenden Elemente enthält, der GC-Box und der CAAT-Box. Die Transkriptionseinheit umfasst eine nicht-translatierte Region am 5′-Ende (Leader) und eine nicht-translatierte Region am 3′-Ende (Trailer), die transkribiert und in die mRNA aufgenommen werden, aber keine Sequenzinformation zum Proteinprodukt beitragen. Am Ende des letzten Exons befindet sich eine Stelle, an der im primären Transkript die RNA gespalten wird und einen Poly-(A)-Schwanz erhält.

22.3.4 Enhancer und Silencer liegen unterschiedlich weit vom Promotor entfernt

Proximale Kontrollelemente liegen ebenso wie die meisten bakteriellen Kontrollelemente stromaufwärts vom Kernpromotor. Eine zweite Klasse von DNA-Kontrollsequenzen liegt entweder stromaufwärts oder stromabwärts der Gene, die sie regulieren, und häufig weit vom Promotor entfernt. Dieser zweite Typ von Kontrollregion wird dann als **Enhancer** bezeichnet, wenn er die Gene zur Transkription stimuliert, und als **Silencer**, wenn er die Transkription hemmt. Ursprünglich bezeichnete man diese Kontrollsequenzen als *distale Kontrollelemente*, denn sie üben ihre Funktion in einer Entfernung von bis zu mehreren Hunderttausend Basenpaaren stromaufwärts oder stromabwärts von dem Promotor aus, den sie regulieren (das Wort *distal* bedeutet „weit entfernt"). Das entscheidende Merkmal dieser Sequenzen ist allerdings nicht, wie weit sie vom Promotor entfernt liegen, sondern die Tatsache, dass ihre Lage zum Promotor ganz erheblich variieren kann. Ihre Ausrichtung kann sogar umgekehrt werden, ohne dass ihre Transkriptionsfähigkeit beeinträchtigt wird. Somit müssen Enhancer und Silencer nicht weit vom Promotor entfernt liegen. Sie können sogar recht nahe beim Promotor liegen und befinden sich manchmal sogar *innerhalb* von Genen. Ein Beispiel dafür ist ein Enhancer, der im Intron bestimmter Antikörpergene liegt.

Da wir Enhancer bisher besser verstehen als Silencer, werden wir uns zuerst mit Enhancern beschäftigen. Enhancer, deren spezifische Sequenz variiert, die aber gemeinsame Eigenschaften besitzen, sind mit vielen eukaryotischen Genen assoziiert. Ein typischer Enhancer enthält mehrere verschiedene Kontrollelemente. Jedes Kontrollelement besteht aus einer kurzen DNA-Sequenz, die als Bindestelle für einen anderen regulatorischen Transkriptionsfaktor dient. Einige dieser DNA-Sequenzen können mit proximalen Kontrollelementen identisch sein. Das Octamer und die GC-Box können beispielsweise sowohl als proximale Kontrollelemente und als Komponenten von Enhancern wirken. Damit ein Enhancer funktionieren kann, müssen die regulatorischen Transkriptionsfaktoren, die an verschiedene Kontrollelemente binden, vorhanden sein. Da Enhancer an der Aktivierung der Transkription mitwirken, bezeichnet man diese regulatorischen Transkriptionsfaktoren als **Aktivatoren**.

Zur Untersuchung der Eigenschaften von Enhancern haben Wissenschaftler rekombinante DNA-Techniken eingesetzt, um Position und Ausrichtung des Enhancers gegenüber dem zu regulierenden Gen zu verändern. Wie in ▸*Abbildung 22.15* dargestellt, zeigen diese Untersuchungen, dass Enhancer richtig funktionieren, wenn sie in variabler Entfernung von Transkriptionsstartpunkt liegen, vorausgesetzt, ein Promotor ist vorhanden (▸*Abbildung 22.15a, d–g*). Wenn der Promotor oder der Enhancer entfernt werden, findet keine Expression statt (▸*Abbildung 22.15b, c*). Die Aktivität wird beibehalten, wenn der Enhancer weiter stromaufwärts positioniert wird (▸*Abbildung 22.15e*), wenn seine Ausrichtung im Verhältnis zum Anfang des Gens umgekehrt wird (▸*Abbildung 22.15f*) oder wenn der Enhancer stromabwärts vom 3′-Ende des Gens positioniert wird (▸*Abbildung 22.15g*). Diese Eigenschaften macht man sich häufig zunutze, um Enhancer von proximalen Kontrollelementen zu unterscheiden, deren exakte Position innerhalb der DNA von größerer Bedeutung für ihre Funktion ist. Gleichwohl verschwammen die klaren Grenzen zwischen diesen beiden Kategorien immer mehr, je mehr neue Enhancer und proximale Kontrollelemente entdeckt und untersucht wurden. Nach heutigem Stand gibt es ein breites Spektrum von Transkriptionskontrollelementen, deren Eigen-

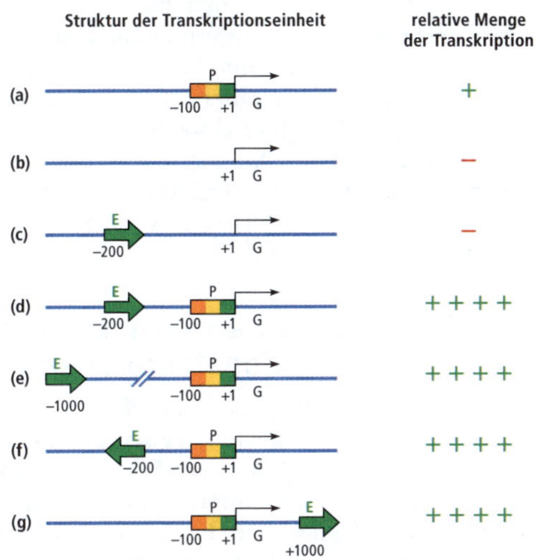

Abbildung 22.15: Auswirkungen von Ausrichtung und Position des Enhancers. Mit Hilfe rekombinanter DNA-Techniken wurden Ausrichtung und Position von DNA-Kontrollelementen verändert und die Auswirkung dieser Änderungen auf die Gentranskription untersucht. Die schwarzen Pfeile weisen in die Richtung der Transkription des Gens G. Der Startpunkt (das erste transkribierte Nucleotid) wurde mit +1 markiert. Die anderen Zahlen geben die Positionen der Nucleotide im Verhältnis zum Startpunkt an. (a) Nur der Kernpromotor (P) in seiner typischen Lage stromaufwärts von Gen G ermöglicht ein Grundniveau der Transkription. (b) Wenn man den Kernpromotor aus dem Gen entfernt, findet keine Transkription statt. (c) Ein Enhancer (E) allein kann die Promotorregion nicht ersetzen, aber (d) ein Enhancer kann in Kombination mit einem Kernpromotor eine wesentlich stärkere Transkription herbeiführen als ein Promotor allein. (e) Man kann die verstärkte Transkription auch beobachten, wenn der Enhancer weiter stromaufwärts verlegt wird, (f) wenn seine Ausrichtung umgekehrt wird und (g) sogar dann, wenn er an die 3′-Seite des Gens verlegt wird.

schaften sich überschneiden. Das eine Extrem sind bestimmte proximale Kontrollelemente, die exakt an spezifischen Positionen in der Nähe des Promotors lokalisiert sein müssen – wenn man diese nur 15 bis 20 Nucleotide vom Promotor entfernt, verlieren sie ihre Wirksamkeit. Das andere Extrem sind Enhancer, deren Position ganz erheblich variiert werden kann – um bis zu Zehntausende von Nucleotiden vom Promotor entfernt – ohne dass dies mit ihrer Fähigkeit, die Transkription zu aktivieren, interferieren würde.

Silencer haben mit Enhancern viele Eigenschaften gemeinsam, aber sie hemmen die Transkription anstatt sie anzuregen. Da die Bindung regulatorischer Transkriptionsfaktoren am Silencer die Gentranskription verringert, bezeichnet man diese Transkriptionsfaktoren als eukaryotische **Repressoren**. (Zwar ähneln sie bakteriellen Repressoren, weil sie die Transkription abschalten, aber die eukaryotischen Mechanismen unterscheiden sich und sind vielfältiger.) Wir sind bereits zuvor in diesem Kapitel Silencern begegnet, als wir die *SIR*-Hefegene diskutierten. Diese bilden Proteine, welche die Transkription der *HMLα*- und *HMRa*-Paarungstypen-Gene hemmen, indem sie an DNA-Sequenzen binden, die diese beiden Gene umgeben. Die von den *SIR*-Genen gebildeten Proteine sind Beispiele für Repressoren, und die DNA-Stellen in der Nähe von *HMLα* und *HMRa*, an welche diese Repressoren binden, Beispiele für Silencer.

Eine Komplikation, der man bei Silencern und Enhancern begegnet, beruht auf deren Fähigkeit, die Transkription weit entfernter Gene zu beeinflussen. Das könnte problematisch werden, wenn Gene mit entgegengesetzten Funktionen in benachbarten Regionen liegen. So könnte zum Beispiel eine Gengruppe, die in einem Zelltyp aktiv ist, in der Nähe eines anderen Gensatzes liegen, der in eben diesen Zellen nicht aktiv sein sollte. In solchen Fällen verhindern manchmal DNA-Sequenzen, die sogenannten *Isolatoren*, dass ein Enhancer (oder Silencer) unbeabsichtigt gleichzeitig auf beide Gengruppen wirkt. Isolator-Sequenzen bauen im Verbund mit ihren assoziierten Bindeproteinen physikalische Barrieren zwischen benachbarten DNA-Regionen auf und hindern dadurch Enhancer und Silencer daran, ihre Wirkung noch über diese Barriere hinaus auszuüben.

22.3.5 Coaktivatoren vermitteln die Interaktion zwischen regulatorischen Transkriptionsfaktoren und dem RNA-Polymerasekomplex

Da Enhancer und Silencer weit entfernt von den Genen liegen können, die sie kontrollieren, könnten Sie sich fragen, wie eine Regulation über eine derartige Entfernung überhaupt möglich ist. Zur Beantwortung dieser Frage wenden wir uns wieder den Enhancern zu (Silencer scheinen sich ähnlich zu verhalten). Die Interaktion zwischen Enhancern und den Genen, die sie regulieren, beruht auf zwei Grundprinzipien. Erstens kann durch Schleifenbildung eines DNA-Moleküls ein Enhancer in die Nähe eines Promotors gebracht werden, obwohl Enhancer und Promotor auf der DNA-Doppelhelix sehr weit voneinander entfernt liegen. Zweitens vermittelt eine vielfältige Gruppe von **Coaktivator**-Proteinen die Interaktion zwischen an den Enhancer gebundenen Aktivatoren und dem mit dem Promotor assoziierten RNA-Polymerasekomplex.

Mehrere Typen von Coaktivatoren spielen bei diesen Wechselwirkungen eine Rolle. Dazu gehören Chromatinremodellierungsproteine und Enzyme, die Histone modifizieren. Wir haben gesehen, dass diese Enzyme für die Änderung der Chromatinstruktur wichtig sind. Außerdem fungiert ein großer Multiproteinkomplex, der **Mediator**, als Coaktivator. Er bildet eine „Brücke", die an die mit dem Enhancer assoziierten Aktivatorproteine und an die RNA-Polymerase bindet. Dadurch werden die Enhancer an die Komponenten gebunden, die an der Initiation der Transkription an den RNA-Polymerase-II-Promotoren mitwirken. Der Mediator dient als zentrale Koordinierungseinheit der Genregulation. Er erhält sowohl positive als auch negative Eingaben und übermittelt diese an die Transkriptionsmaschinerie.

In ▸*Abbildung 22.16* ist dargestellt, wie diese Interaktionen die Genaktivierung auslösen können. In Schritt ❶ bindet eine Gruppe von Aktivatorproteinen an ihre jeweiligen DNA-Kontrollelemente im Enhancer und bildet einen Multiproteinkomplex, das sogenannte *Enhanceosom*. Eines oder mehrere dieser Aktivatorproteine veranlassen eine Krümmung der DNA, sodass eine DNA-Schleife entsteht, die den Enhancer näher an den Kernpromotor bringt. In Schritt ❷ interagieren die Aktivatoren mit Coaktivatoren wie Chromatinremodellierungsproteinen (SWI/SNF) und der Histonacetyltransferase. Sie ändern die Chromatinstruktur, sodass die DNA in der Promotorregion leichter zugänglich wird. Schließlich binden die Aktivatoren an den Mediator (Schritt ❸), der die richtige Positionierung der RNA-Polymerase und der allgemeinen Transkriptionsfaktoren an die Promotorstelle erleichtert. Somit kann die Transkription beginnen.

Die Ereignisabfolge und der jeweilige Satz von Komponenten, die an dem hier dargestellten Beispiel mitwirken, stellen ein allgemeines Modell dar, das bei den verschiedenen Genen und regulatorischen Proteinen unterschiedlich ausgeprägt ist. Diese Einzelheiten sind aber gegenüber dem Grundprinzip zu vernachlässigen: Wenn die für ein bestimmtes Gen notwendigen Aktivatorproteine in der Zelle vorkommen, können durch deren Bindung an einen Enhancer Interaktionen mit verschiedenen Coaktivatoren ausgelöst werden, die wiederum zur Bildung des Transkriptionskomplexes am Promotor führen. Daraus resultiert eine effektivere Initiation der Transkription. Somit wird die differenzielle Gentranskription in einer Zelle hauptsächlich von den Aktivatoren bestimmt, welche die Zelle bildet (sowie von Faktoren, welche die Aktivität der Aktivatoren kontrollieren – diesem Thema werden wir uns bald widmen).

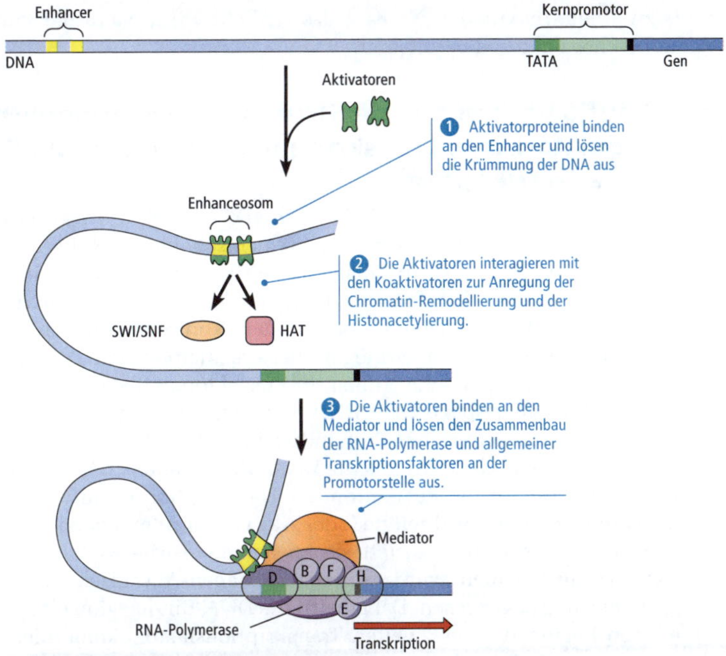

Abbildung 22.16: Modell der Wirkung von Enhancern. In diesem Modell wird ein Enhancer, der auf der DNA weit entfernt von dem proteinkodierenden Gen liegt, das er reguliert, dem Kernpromotor durch Schleifenbildung der DNA näher gebracht. ❶ Regulatorische Transkriptionsfaktoren, die Aktivatoren, binden zuerst an die Enhancerelemente. Dadurch führen sie eine Krümmung der DNA herbei, die den Aktivator näher an den Kernpromotor bringt. ❷ Die Aktivatoren interagieren dann mit Coaktivatorproteinen wie SWI/SNF, die eine Chromatinremodellierung herbeiführen, und HAT (Histonacetyltransferase), das die Histonacetylierung katalysiert. Der Nettoeffekt ist eine Dekondensation des Chromatins, und die DNA wird in der Promotorregion leichter zugänglich. ❸ Die Aktivatoren binden anschließend an einen anderen Coaktivator, den Mediator. Der Aktivator-Mediator-Komplex erleichtert die richtige Positionierung der allgemeinen Transkriptionsfaktoren und der RNA-Polymerase an die Promotorstelle, sodass die Transkription initiiert werden kann. Zur Vereinfachung des komplexen Geschehens wurden nur zwei Aktivatoren eingezeichnet, aber es wirken sechs oder mehr Aktivatoren mit.

22.3.6 Verschiedene DNA-Kontrollelemente und Transkriptionsfaktoren wirken miteinander

Die Erkenntnis, dass verschiedene DNA-Kontrollelemente und ihre Transkriptionsfaktoren an der Kontrolle der eukaryotischen Gentranskription mitwirken, führte zur Entwicklung des **kombinatorischen Modells der Genregulation**. Gemäß diesem Modell wirkt eine relativ geringe Zahl verschiedener DNA-Kontrollelemente und Transkriptionsfaktoren in unterschiedlichen Kombinationen; diese können in verschiedenen Zelltypen höchst spezifische und präzise kontrollierte Muster der Genexpression aufbauen.

Das Modell beruht auf der Annahme, dass einige Transkriptionsfaktoren in vielen verschiedenen Zelltypen vorkommen. Dazu gehören die allgemeinen Transkriptionsfaktoren, die für die Transkription in allen Zellen benötigt werden, sowie weitere regulatorische Faktoren, die für die Transkription konstitutiver und anderer häufig exprimierter Gene benötigt werden. Außerdem werden für die Transkription von Genen, die gewebespezifische Proteine kodieren, Transkriptionsfaktoren oder *Kombinationen* von Transkriptionsfaktoren benötigt, die nur in einzelnen Zelltypen vorkommen. Die ursprüngliche Version des kombinatorischen Modells postulierte „alles oder nichts". Das bedeutet, dass die Transkription eines Gens nur dann initiiert werden kann, wenn der vollständige Satz regulatorischer Faktoren des Gens vorliegt. Heute scheint es aber klar zu sein, dass für die meisten Gene eine breite Palette von Möglichkeiten zur Initiation der Transkription bereitsteht: von einem Grundniveau, das vorliegt, wenn *keine* regulatorischen Faktoren vorhanden sind, bis zu einem maximalen Niveau, das erreicht wird, wenn der vollständige Satz aktivierender regulatorischer Faktoren bereitsteht.

22.3.7 Mehrere häufig vorkommende Strukturmotive ermöglichen die Bindung regulatorischer Transkriptionsfaktoren an die DNA und aktivieren die Transkription

Zwar binden nicht alle Transkriptionsfaktoren direkt an die DNA, doch die Transkriptionsfaktoren, die binden, spielen bei der Kontrolle der Transkription eine entscheidende Rolle. Zur Kategorie dieser Proteine gehören der allgemeine Transkriptionsfaktor TFIID und, noch viel wichtiger, die große Vielfalt der regulatorischen Transkriptionsfaktoren (Aktivatoren und Repressoren). Sie erkennen und binden an spezifische DNA-Sequenzen in proximalen Kontrollelementen, Enhancern und Silencern. Aufgrund welcher Eigenschaften vermögen diese regulatorischen Transkriptionsfaktoren ihre Funktionen auszuüben? Regulatorische Transkriptionsfaktoren üben zwei unterschiedliche Aktivitäten aus. Sie binden an eine spezifische DNA-Sequenz und regulieren die Transkription. Diese beiden Aktivitäten liegen in getrennten Proteindomänen. Die Domäne, die eine spezifische DNA-Sequenz erkennt und an sie bindet, wird als die **DNA-Bindedomäne** des Transkriptionsfaktors bezeichnet. Die Proteinregion, die für die Regulation der Transkription verantwortlich ist, bezeichnet man als die **Transkriptionsregulationsdomäne** (oder **Aktivierungsdomäne**, denn viele Transkriptionsfaktoren aktivieren die Transkription anstatt sie zu hemmen). Die Existenz getrennter DNA-Binde- und DNA-Aktivierungsdomänen wurde durch „Domänen-Austausch"-Experimente (engl.: *„domaine-swap" experiments*) nachgewiesen. Dabei wird die DNA-Binderegion eines Transkriptionsfaktors mit verschiedenen Regionen eines zweiten Transkriptionsfaktors kombiniert. Dadurch entsteht ein Hybridmolekül, das die Transkription nur aktivieren kann, wenn es eine Aktivierungsdomäne enthält, die vom zweiten Transkriptionsfaktor bereitgestellt wird. Die Trennung der DNA-Binde- und DNA-Aktivierungsdomänen eines Transkriptionsfaktors wird auch auf andere Weise genutzt, und zwar für eine Technik, die man als Hefe-Zwei-Hybridsystem bezeichnet. Diese Technik wird standardmäßig zur Identifizierung interagierender Proteine eingesetzt.

Aus Untersuchungen ist bekannt, dass Aktivierungsdomänen häufig einen hohen Anteil an sauren Aminosäuren besitzen, die eine starke negative Ladung erzeugen, welche sich auf einer Seite einer α-Helix konzentriert. Mutationen, die zum Anstieg der negativen Ladungen führen, steigern die Fähigkeit des Proteins, die Transkription zu aktivieren, während Mutationen, welche die negative Ladung vermindern, die Bündelung auf einer Seite der α-Helix hemmen und damit die Fähigkeit, die Transkription zu aktiveren, verringern. Auch bei den Transkriptionsfaktoren wurden noch weitere Arten von Aktivierungsdomänen identifiziert. Einige sind mit der Aminosäure Glutamin angereichert, andere enthalten große Mengen von Prolin. Somit sind mehrere Arten von Proteinstrukturen in der Lage, eine Aktivierungsdomäne zu schaffen, welche die Gentranskription anregen kann.

In den DNA-Bindedomänen der Transkriptionsfaktoren hat man spezifische Arten von Proteinstrukturen nachgewiesen. Tatsächlich kann man die meisten regulatorischen Transkriptionsfaktoren auf Grundlage ihres Sekundärstrukturmusters oder *Motivs*, aus dem die DNA-Bindedomäne besteht, in eine geringe Anzahl von Kategorien einteilen. In den folgenden Abschnitten werden wir kurz auf diese DNA-Bindemotive eingehen.

Das Helix-Turn-Helix-Motiv Eines der am häufigsten vorkommenden DNA-Bindemotive, das man sowohl bei eukaryotischen als auch bei prokaryotischen Transkriptionsfaktoren nachgewiesen hat, ist das **Helix-Turn-Helix**-Motiv (HTH). Die Struktur besteht aus zwei α-Helices, die durch eine gekrümmte Polypeptidkette miteinander verbunden sind. Obwohl sich die Aminosäuresequenz bei den verschiedenen DNA-Bindeproteinen im Hinblick auf die Struktur unterscheidet, ist das Muster doch im Allgemeinen gleich: Eine α-Helix, die sogenannte *Erkennungshelix*, enthält Aminosäureseitenketten, die spezifische DNA-Sequenzen erkennen und an sie binden, indem sie Wasserstoffbrücken mit Basen bilden, die in der großen Furche der DNA-Doppelhelix liegen. Die zweite α-Helix stabilisiert die gesamte Konfiguration durch hydrophobe Wechselwirkungen mit der Erkennungshelix. Die *lac*- und *trp*-Repressoren, das CAP-Protein und viele Phagen-Repressorproteine sind Beispiele für prokaryotische Proteine, die das Helix-Turn-Helix-Motiv besitzen. Transkriptionsfaktoren, welche die embryonale Entwicklung regulieren (die Klasse von Faktoren, die von homöotischen Genen kodiert wird, auf die wir später eingehen werden), sind eukaryotische Beispiele.

Das Zinkfinger-Motiv Das **Zinkfinger**-DNA-Bindemotiv wurde erstmalig im Transkriptionsfaktor der 5S-rRNA-Gene (TFIIIA) identifiziert. Diese Struktur setzt sich aus einer α-Helix und einem β-Faltblatt aus zwei Segmenten zusammen. Die Wechselwirkung zwischen den präzise positionierten Cystein- und Histidinresten mit einem Zink-Ion hält die α-Helix und das β-Faltblatt zusammen. Die Anzahl der Zinkfinger pro Proteinmolekül variiert bei den Transkriptionsfaktoren mit Zinkfingern und reicht von zwei bis zu mehreren Dutzend oder noch mehr Zinkfingern. Die Zinkfinger ragen aus der Proteinoberfläche heraus und dienen als Kontaktpunkte für spezifische Basensequenzen in der großen Furche der DNA.

Das Leucin-Reißverschluss-Motiv Das **Leucin-Reißverschluss**-Motiv (Leucin-Zipper) beruht auf der Wechselwirkung zwischen zwei Polypeptidketten. Jede Polypeptidkette enthält eine α-Helix, in der Leucinreste in regelmäßigen Abständen auftreten. Da Leucine hydrophobe Aminosäuren sind, die miteinander in Wechselwirkung treten, kann sich der Leucinrest, der auf der äußeren Oberfläche einer α-Helix liegt, mit einem vergleichbaren Abschnitt von Leucinen auf einer anderen α-Helix verknüpfen. Dadurch bilden die beiden α-Helices eine Spirale und schließen sich gleich einem „Reißverschluss" (Zipper) zusammen. Bei einigen Transkriptionsfaktoren „verschließen" die Leucin-Zipper zwei identische Polypeptide. Bei anderen Transkriptionsfaktoren werden zwei Arten von Polypeptiden verknüpft. In jedem Fall beruht die DNA-Bindung auf zwei zusätzlichen Regionen mit α-Helices, die neben dem Leucin-Zipper liegen. Diese beiden α-Helix-Segmente, jeweils ein Segment von einem der beiden Polypeptide, passen in die große Furche der DNA und binden an spezifische Basensequenzen.

Das Helix-Loop-Helix-Motiv Das **Helix-Loop-Helix**-Motiv (HLH) besteht aus einer kurzen α-Helix, die über eine Schleife mit einer längeren α-Helix verknüpft ist. Ebenso wie die Leucin-Zipper enthalten die Helix-Loop-Helix-Motive hydrophobe Regionen, die im Allgemeinen zwei ähnliche oder unterschiedliche Polypeptide verbinden. Die Bildung eines Vier-Helix-Bündels führt zur Nebeneinanderstellung einer Erkennungshelix, die von einem Polypeptid stammt, und einer anderen Erkennungshelix, die von einem weiteren Polypeptid abgeleitet wurde, sodass die DNA-Bindedomäne aus zwei Teilen besteht.

22.3.8 DNA-Response-Elemente koordinieren die Expression nicht-benachbarter Gene

Bisher haben wir unser Augenmerk darauf gerichtet, wie Transkriptionsfaktoren an die DNA binden und die Transkription einzelner Gene regulieren. Allerdings müssen eukaryotische Zellen ebenso wie Bakterien häufig eine Gruppe verwandter Gene gleichzeitig aktivieren. Bei einzelligen Eukaryoten und bei Bakterien kann diese koordinierte Genregulation notwendig sein, um auf ein Signal aus der Umgebung zu reagieren. Bei vielzelligen Eukaryoten ist die koordinierte Genregulation von entscheidender Bedeutung für die Entwicklung und das Funktionieren spezialisierter Gewebe. Während der embryonalen Entwicklung können beispielsweise aus einer befruchteten Eizelle Trilliarden neuer Zellen Hunderter verschiedener Typen hervorgehen, von denen jeder Typ eine andere Gengruppe transkribiert – Nervenzellen, die Gene exprimieren, die für die Nervenfunktion benötigt werden, Muskelzellen, die Gene exprimieren, die für die Muskelfunktion gebraucht werden und so weiter. Wie koordinieren Eukaryoten unter diesen Bedingungen die Gruppen verwandter Gene?

Anders als bei Bakterien, bei denen die Gene mit verwandten Funktionen häufig nebeneinander in Operons liegen, müssen eukaryotische Gene, die über das Genom verstreut liegen, gleichzeitig angeschaltet (oder abgeschaltet) werden. Zur koordinierten Expression dieser physikalisch getrennten Gene nutzen Eukaryoten DNA-Kontrollsequenzen, die sogenannten **Response-Elemente**. Mit Hilfe der Response-Elemente schalten sie die Transkription *als Antwort auf* ein bestimmtes Signal aus der Umwelt oder Entwicklungssignal an oder ab. Response-Elemente können entweder als proximale Kontrollelemente oder als Komponenten von Enhancern wirken. In beiden Fällen kann durch Positionierung des gleichen Typs von Response-Elementen neben Genen, die auf verschiedenen Stellen des Chromosoms liegen, eine Kontrolle über diese Gene ausgeübt werden, obwohl sie nicht nebeneinander liegen.

Da Response-Elemente die koordinierte Kontrolle verschiedener Gengruppen ermöglichen, spielen sie bei der Regulation der Genexpression während der embryonalen Entwicklung und bei Antworten des Gewebes auf wechselnde physiologische Bedingungen und Umweltsituationen eine sehr wichtige Rolle. In den nächsten Abschnitten werden wir einige Beispiele für koordinierte Genregulation vorstellen.

22.3.9 Steroidhormonrezeptoren agieren als Transkriptionsfaktoren, die an Hormon-Response-Elemente binden

Das Phänomen der koordinierten Genregulation lässt sich sehr schön am Verhalten des *Steroidrezeptor*proteins veranschaulichen, das wir in *Kapitel 13* vorgestellt haben. Steroidrezeptoren, sowie die verwandten *Retinoidrezeptoren*, gehören zur Klasse der Zinkfinger-Transkriptionsfaktoren und bestehen typischerweise aus drei Domänen: Eine Domäne erkennt und bindet an ein spezifisches Response-Element in der DNA, eine zweite Domäne bindet an ein bestimmtes Steroidhormon und die dritte Domäne aktiviert die Transkription. Der genspezifische Effekt von Steroidhormonen beruht auf deren Fähigkeit, als Transkriptionsfaktoren zu wirken, die an DNA-Sequenzen binden, die sogenannten **Hormon-Response-Elemente**. Alle Gene, die von einem bestimmten Steroidhormon aktiviert werden, sind mit dem gleichen Typ von Response-Element assoziiert. Dadurch können sie zusammen reguliert werden. Gene, die beispielsweise von Östrogen aktiviert werden, haben ein 15 bp langes *Östrogen-Response-Element* nahe dem stromaufwärts gelegenen Ende ihrer Promotoren, während Gene, die von Glucocorticoiden aktiviert werden, neben einem *Glucocorticoid-Response-Element* liegen, das eine etwas andere Basensequenz besitzt.

Wie nutzen Steroidrezeptoren diese Hormon-Response-Elemente für die Kontrolle der Genaktivität? Zur anschaulichen Darstellung, wie dies bei einem spezifischen Steroidhormon abläuft, schauen wir uns das Beispiel von *Cortisol* (Hydrocortison) an. Cortisol ist Mitglied einer verwandten Gruppe von Steroidhormonen, den *Glucocorticoiden*. Der Name beruht darauf, dass sie die *Glucose*bildung anregen und in der Nebennieren*rinde* (Cortex) gebildet werden. Als Reaktion auf physikalischen Stress wird Cortisol aus der Nebenniere in den Blutkreislauf freigesetzt. Das hat viele verschiedene Auswirkungen; unter anderem gelangt das zirkulierende Cortisol in Zielzellen in der Leber und aktiviert die Transkription von Genen, die Enzyme kodieren, die an der Glucosesynthese aus Aminosäuren und Lipiden mitwirken.

Cortisol reguliert die Expression solcher Gene, indem es an den Glucocorticoidrezeptor (GR) bindet, der in den Zielzellen von Cortisol vorliegt. Normalerweise ist der Glucocorticoidrezeptor vor allem im Cytosol lokalisiert. Dort ist der Glucocorticoidrezeptor an Mitglieder der *Hsp*-Familie der Chaperone gebunden. Solange der Glucocorticoidrezeptor mit den Hsp-Proteinen assoziiert ist, kann er nicht in den Zellkern eindringen und an die DNA binden. Allerdings wird durch die Bindung von Cortisol an GR die Freisetzung der Hsp-Proteine ausgelöst. Das GR-Molekül (an das Cortisol gebunden ist) ist dann frei und kann sich in den Zellkern bewegen. Dort bindet es unabhängig von deren Position auf der DNA an Glucocorticoid-Response-Elemente. Die Bindung eines GR-Moleküls an ein Response-Element fördert wiederum die Bindung eines zweiten GR-Moleküls an das gleiche Response-Element. Daraus geht ein GR-*Dimer* hervor, das die Transkription benachbarter Gene aktiviert, indem es Coaktivatoren rekrutiert, welche den Zusammenbau der Transkriptionsmaschinerie fördern.

Die Bindung von zwei GR-Molekülen an die gleiche DNA-Stelle beruht darauf, dass die DNA-Sequenz des Glucocorticoid-Response-Elements eine **umgekehrte Wiederholungssequenz** enthält – das heißt, *zwei* Kopien der gleichen DNA-Sequenz, die in entgegengesetzte Richtungen weisen. Daher binden die beiden GR-Moleküle in einem GR-Dimer jeweils an eine der beiden DNA-Sequenzwiederholungen. Eine solche Bindung eines Proteindimers an eine umgekehrte Sequenzwiederholung innerhalb eines DNA-Kontrollelements kommt sehr häufig bei regulatorischen Transkriptionsfaktoren vor.

Da Glucocorticoid-Response-Elemente in der Nähe aller Gene lokalisiert sind, die von Cortisol angeschaltet werden, aktiviert Cortisol alle Gene gleichzeitig, ungeachtet ihrer Position auf dem Chromosom. Obwohl es geringe Unterschiede zwischen den verschiedenen Steroidhormonen gibt, bietet dieses Modell einen Rahmen, um zu verstehen, wie Steroidhormone, die vom Blutkreislauf praktisch zu allen Zellen des Körpers transportiert werden, einen spezifischen Gensatz im richtigen Zielgewebe anschalten können.

Obwohl Steroidhormonrezeptoren im Allgemeinen die Gentranskription anregen, gibt es auch Fälle, in denen sie die Gentranskription hemmen. Beispielsweise bindet der Glucocorticoidrezeptor an zwei Typen von DNA-Response-Elementen – ein Typ ist mit Genen assoziiert, deren Transkription aktiviert wird, der andere mit Genen, deren Transkription gehemmt wird. Nach Bindung an den inhibitorischen Typ bildet der Glucocorticoidrezeptor keine Dimere, was er bei Bindung an die aktivierenden Response-Elemente tun würde. Stattdessen unterdrückt der nicht als Dimer vorliegende Glucocorticoidrezeptor die Initiation der Gentranskription, indem er Histondeacetylase rekrutiert. Die Histondeacetylase fördert die Chromatinkondensation. Aufgrund der Existenz getrennter aktivierender und hemmender Response-Elemente, die für den gleichen Hormonrezeptor zuständig sind, kann ein einzelnes Hormon die Transkription von Genen anregen, die eine Proteingruppe kodieren, während es zugleich die Transkription von Genen unterdrückt, die andere Proteine kodieren.

22.3.10 CREBs und STATs sind Beispiele für Transkriptionsfaktoren, die durch Phosphorylierung aktiviert werden

Die gerade besprochenen Steroidhormonrezeptoren sind allosterische Proteine, welche die Genexpression regulieren, indem sie ihre DNA-Bindeaffinität als Antwort auf Steroidhormone ändern, ähnlich den bakteriellen Repressoren, die ihre DNA-Bindeeigenschaften ändern, nachdem sie mit den passenden kleinen Molekülen eine Bindung eingegangen sind. Eine alternative Vorgehensweise zur Kontrolle der Aktivität von Transkriptionsfaktoren beruht auf der *Proteinphosphorylierung* (dem Anfügen von Phosphatgruppen). Ein typisches Beispiel für diesen Kontrolltyp beruht auf der Wirkung von *cAMP* (*zyklisches AMP*), dem häufig vorkommenden Second Messenger, dessen Aufgabe darin besteht, die Wirkungen einer Vielzahl extrazellulärer Signalmoleküle zu vermitteln, die wir in *Kapitel 13* vorgestellt haben. In diesem Kapitel haben wir bereits gesehen, dass cAMP auch bei der Regulation der durch Katabolitrepression kontrollierten Operons bei Bakterien eine Rolle spielt. Bei Eukaryoten entfaltet cAMP seine Wirkung, indem es die Aktivität der Proteinkinase A anregt (*Abbildung 13.6*). Die Proteinkinase A katalysiert ihrerseits die Phosphorylierung einer Vielzahl von Proteinen, darunter des Transkriptionsfaktors CREB (▸*Abbildung 22.17*). Normalerweise bindet das CREB-Protein an DNA-Sequenzen, die sogenannten *cAMP-Response-Elemente (CRE*; engl.: *cAMP response elements)*. Diese liegen neben den Genen, deren Transkription durch cAMP induziert wird. Nachdem das CREB-Protein (engl.: *cAMP response element-binding protein*) phosphoryliert wurde, rekrutiert es einen Transkriptions-Coaktivator, das **CBP** (CREB-Bindeprotein). Anschließend katalysiert CBP die Histonacetylierung, wodurch die gepackten Nucleosomen gelockert werden, und interagiert mit der RNA-Polymerase, um das Zusammensetzen der Transkriptionsmaschinerie an den nahegelegenen Genpromotoren zu fördern.

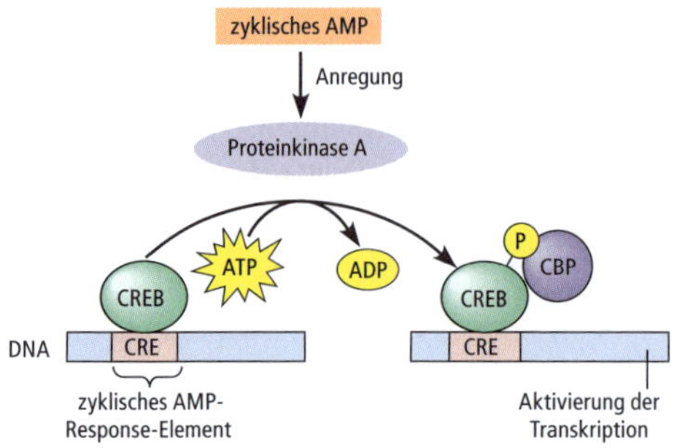

Abbildung 22.17: Aktivierung der Gentranskription durch cAMP. Die vom zyklischen AMP (cAMP) aktivierten Gene besitzen ein stromaufwärts gelegenes zyklisches AMP-Response-Element (CRE; engl.: *cyclic AMP response element*), das an einen Transkriptionsfaktor mit der Bezeichnung CREB bindet. In Gegenwart von zyklischem AMP wird die cytoplasmatische Proteinkinase A (PKA) aktiviert. Dessen aktivierte katalytische Untereinheit wandert dann in den Zellkern, wo sie die Phosphorylierung von CREB katalysiert. Das phosphorylierte CREB bindet wiederum an CBP, ein Transkriptions-Coaktivator mit Histonacetyltransferase-Aktivität. Abgesehen davon, dass CBP die Histonacetylierung katalysiert, wodurch die Packung der Nucleosomen gelockert wird, assoziiert CBP mit der RNA-Polymerase und erleichtert an Genpromotoren den Zusammenbau der Transkriptionsmaschinerie.

Die Proteinphosphorylierung wirkt auch an der Aktivierung einer Familie von Transkriptionsfaktoren mit, den sogenannten **STATs** (engl.: *signal transducers and activators of transcription*). Zu den Signalmolekülen, die STATs aktivieren, gehören die *Interferone*. Dabei handelt es sich um eine Gruppe von Glykoproteinen, welche tierische Zellen als Antwort auf eine Virusinfektion bilden und ausscheiden. Die sekretierten Interferone binden an Zelloberflächenrezeptoren benachbarter Zellen. Dadurch bilden die Zellen Proteine, welche die Resistenz der Zielzellen gegenüber der Virusinfektion steigern. Infolge der Bindung von Interferon an den Zelloberflächenrezeptor assoziiert und aktiviert die cytoplasmatische Domäne des Rezeptors eine intrazelluläre Proteinkinase mit der Bezeichnung *Janus-Kinase (Jak)*. Das aktivierte Jak-Protein katalysiert seinerseits die Phosphorylierung der STAT-Moleküle, die normalerweise in inaktiver Form im Cytoplasma vorliegen. Die Phosphorylierung veranlasst die STAT-Moleküle zu dimerisieren und vom Cytoplasma in den Zellkern zu wandern, wo sie an die geeigneten DNA-Response-Elemente binden und die Transkription aktivieren.

Der Jak-STAT-Signalweg hat eine beachtliche Spezifität. Die verschiedenen Interferonarten lösen beispielsweise die Phosphorylierung und Aktivierung verschiedener STAT-Proteine aus. Jedes STAT assoziiert mit seinem eigenen DNA-Response-Element und aktiviert die Transkription eines bestimmten Gensatzes. Neben den Interferonen gibt es noch mehrere andere Arten von Signalmolekülen, die an Zelloberflächenrezeptoren binden und die Phosphorylierung von STATs auslösen.

STATs und das CREB-Protein sind nur zwei der vielen Arten von Transkriptionsfaktoren, von denen bekannt ist, dass sie durch Phosphorylierung aktiviert werden. In *Kapitel 13* haben Sie zum Beispiel gelernt, dass die TGFβ-Familie der Wachstumsfaktoren an Plasmamembranrezeptoren bindet, durch deren Aktivierung die Phosphorylierung cytoplasmatischer Proteine, der sogenannten *Smads*, erfolgt. Die Smads wandern dann zum Zellkern und wirken als Transkriptionsfaktoren, welche die Transkription spezifischer Gene anschalten. In *Kapitel 18* haben wir erläutert, wie andere Wachstumsfaktoren die Aktivierung von Proteinkinasen, den *MAP-Kinasen*, auslösen. Sie phosphorylieren und aktivieren Transkriptionsfaktoren, die bei der Kontrolle des Zellwachstums und der Zellteilung eine Rolle spielen.

22.3.11 Homöotische Gene kodieren Transkriptionsfaktoren, welche die embryonale Entwicklung regulieren

Einige besonders faszinierende Beispiele für koordinierte Genregulation bei Eukaryoten umfasst eine ungewöhnliche Klasse von Genen, die sogenannten **homöotischen (oder homeotischen) Gene**. Wenn sich in einem dieser Gene eine Mutation ereignet, geschieht während der embryonalen Entwicklung etwas Seltsames – ein Teil des Körpers wird durch eine Struktur ersetzt, die normalerweise an einem anderen Ort auftritt. Diese Gengruppe bezeichnet man als homöotische Gene, denn *homöo* bedeutet im Griechischen „gleich“ und Mutationen in diesen Genen verändern ein Körpersegment von *Drosophila* auf die Weise, dass es einem anderen Segment ähnelt. Einen

Hinweis auf die Funktionsweise homöotischer Gene brachte die Entdeckung, dass die *Bithorax*- und *Antennapedia*-Gene jeweils nahe am 3′-Ende eine ähnliche 180-bp-Sequenz enthielten, die einer vergleichbaren Sequenz ähnelt, die man in anderen homöotischen Genen vorfindet. Die sogenannte **Homöobox** ist eine DNA-Sequenz, die einen Abschnitt von 60 Aminosäuren kodiert, eine sogenannte **Homöodomäne** (▸*Abbildung 22.18*).

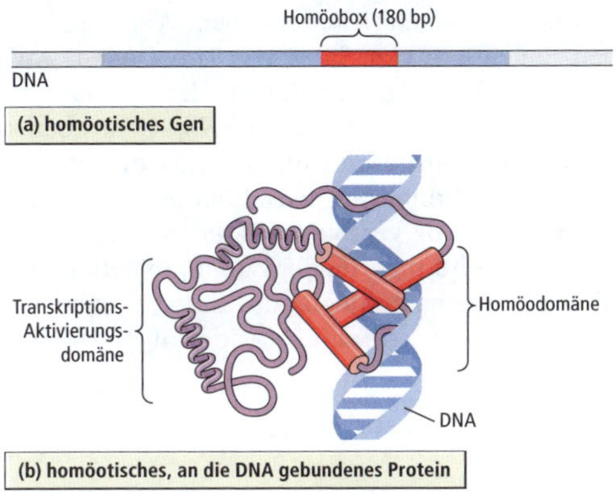

Abbildung 22.18: Homöotische Gene und Proteine. Bei homöotischen Mutanten liegen Mutationen in homöotischen Genen vor. (a) Alle homöotischen Gene enthalten ein 180-bp-Segment, die Homöobox, die im homöotischen Protein eine Homöodomäne kodiert. (b) Die Homöodomäne (rot) ist eine Helix-Turn-Helix-DNA-Bindedomäne, die in Kombination mit einer Transkriptions-Aktivierungs-Domäne das Protein befähigt, als regulatorischer Transkriptionsfaktor zu agieren. Beachten Sie, dass die Homöodomäne drei α-Helices besitzt (als Zylinder dargestellt).

Obwohl diese Phänomene auf den ersten Blick scheinbar eine Laune der Natur sind, legt das Wachsen eines Flügelpaars anstelle von Beinen nahe, dass homöotische Gene bei der Festlegung des Körperbauplans sich entwickelnder Fliegenembryos eine Schlüsselrolle übernehmen. Homöotische Gene üben ihren Einfluss aus, indem sie eine Familie regulatorischer Transkriptionsfaktoren kodieren, welche die Transkription von für die Entwicklung wichtigen Genen aktivieren (oder hemmen), indem sie an spezifische DNA-Sequenzen binden. Da alle Kopien an das geeignete DNA-Element im Genom binden, kann jeder homöotische Transkriptionsfaktor die Expression Dutzender oder sogar Hunderter Gene im wachsenden Embryo beeinflussen. Das Ergebnis dieser koordinierten Genregulation ist die Festlegung grundlegender Körpermerkmale, wie beispielsweise Form und Position einer Körperstruktur.

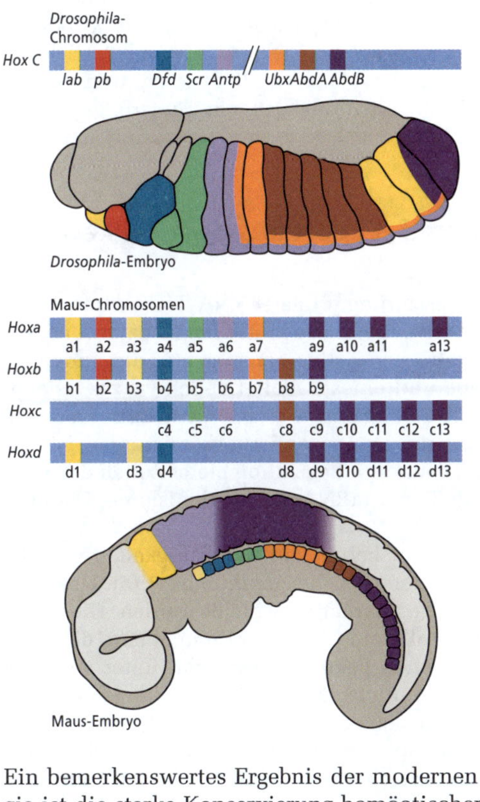

Abbildung 22.19: Organisation und Expression von *Hox*-Genen bei *Drosophila* und der Maus. Im *Drosophila*-Embryo bedeutet int = interkalares Segment, mx = Maxillarsegment, la = Labialsegment, T = Thoraxsegment, A = Abdomensegment. Beachten Sie, dass die Maus vier *Hox*-Komplexe besitzt, die mit a–d gekennzeichnet sind. Die entsprechenden Gene in jedem der vier *Hox*-Cluster der Maus sind durchnummeriert. Sie beginnen mit den geringsten Mengen, in der am weitesten anterioren Region. Achten Sie darauf, dass einige Gene in einigen Clustern nicht vorkommen. Gene gleicher Farbe stehen für ähnliche Gene. Beachten Sie außerdem, dass das einzige *AbdB*-Gen bei Fliegen (dunkelviolett) in der Maus mehrfach verdoppelt vorzuliegen scheint (Gene 9–13).

Ein bemerkenswertes Ergebnis der modernen Genomik und der molekularen Entwicklungsbiologie ist die starke Konservierung homöotischer Gene bei Tieren. Man hat bei so unterschiedlichen Organismen wie Nematoden, Seescheiden, Insekten, Fröschen, Mäusen und Menschen Sequenzen gefunden, die den Sequenzen in homöotischen Genen von Fliegen ähneln – eine evolutionäre Distanz von mehr als 500 Millionen Jahren. Bemerkenswerterweise blieb die physikalische Organisation dieser *Hox*-Gene bis auf wenige Ausnahmen über diesen großen Zeitraum erhalten. Sowohl bei den Fliegen als auch den Vertebraten entspricht die 3′-5′-Position dieser Gene in einem Chromosom der anterioren und posterioren Region entlang der von diesen Proteinen regulierten Körperachse (▸*Abbildung 22.19*). Bei den Wirbeltieren scheint eine Vervielfachung des ursprünglichen Gensatzes stattgefunden zu haben, den Taufliegen und andere einfache Tiere besaßen. Während Taufliegen einen Satz homöotischer Gene besitzen, haben Säugetiere vier Sätze von *Hox*-Genen. Aufgrund der Analyse des Expressionsmusters der *Hox*-Gene der Maus und der Folgen, die „Knockout"-Mutanten für einzelne und mehrere *Hox*-Gene mit sich bringen, ist klar, dass diese *Hox*-Gene ebenso wie ihre Gegenstücke bei den Fliegen die Festlegung von Körperstrukturen auf der anterior-posterioren Achse von Wirbeltieren kontrollieren. Man hat auch Mutationen in menschlichen *Hox*-Genen identifiziert. Beispielsweise führen Mutationen im *HoxD13*-Locus zu *Synpolydactylie*. Diese Störung ist charakterisiert durch das Vorkommen von zusätzlichen Fingern oder Zehen, die auch miteinander verwachsen sein können. Heutzutage arbeiten Evolutionsbiologie und Entwicklungsbiologie eng zusammen („EvoDevo"), um zu verstehen, wie auch nur geringfüge Änderungen in *Hox*-Genen den Körperbauplan höherer Tiere ändern können.

22.4 Eukaryotische Genregulation: Posttranskriptionale Kontrolle

Wir haben uns nun mit den ersten beiden Stufen der Regulation der eukaryotischen Genexpression beschäftigt, nämlich mit den genomischen und transkriptionalen Kontrollvorgängen. Nach der Transkription beinhaltet der Fluss der genetischen Information eine komplexe Reihe *posttranskriptionaler Ereignisse*, von denen jedes als regulatorischer Punkt dienen kann (siehe *Abbildung 22.8* Schritte ❸, ❹ und ❺). Die posttranskriptionale Kontrolle ist besonders dann von Bedeutung, wenn es um die Feinabstimmung der Genexpression geht, sodass Zellen auf vorübergehende Änderungen in der intrazellulären oder extrazellulären Umgebung reagieren können, ohne ihre Transkriptionsmuster umfassend ändern zu müssen.

22.4.1 Kontrolle von RNA-Prozessierung und -Export aus dem Zellkern nach der Transkription

Die posttranskriptionale Kontrolle beginnt mit der Prozessierung primärer RNA-Transkripte. Diese bietet viele Gelegenheiten zur Regulation der Genexpression. Wie Sie in *Kapitel 20* gelernt haben, durchlaufen praktisch alle RNA-Transkripte in eukaryotischen Zellkernen eine grundlegende Prozessierung. Dazu gehören das Anfügen einer 5′-Kappe und eines 3′-Poly-(A)-Schwanzes, chemische Modifikationen wie Methylierung, das Spleißen von Exons, was mit dem Entfernen von Introns einhergeht, und die RNA-Editierung. Von all diesen Prozessierungsereignissen ist das RNA-Spleißen eine besonders wichtige Kontrollebene, denn ihre Regulation bietet Zellen die Möglichkeit, aus einer prä-mRNA eine Vielzahl unterschiedlicher mRNAs zu synthetisieren. Dadurch kann ein Gen mehr als ein Proteinprodukt bilden.

Dieses Phänomen, das sogenannte **alternative Spleißen**, beruht auf der Fähigkeit der Zelle, einige Spleißstellen zu überspringen und andere zu aktivieren (siehe *Abbildung 20.15*). Ungefähr die Hälfte aller menschlichen Gene bildet prä-mRNAs, die alternativ gespleißt werden. Diese Tatsache untermauert die Auffassung, dass die Spleißkontrolle eine wichtige Komponente der Genregulation ist. Die Spleißmuster werden von verschiedenen Faktoren bestimmt, unter anderem von der Anwesenheit regulatorischer Proteine und kleiner nucleolärer RNA-Moleküle (snoRNAs), die an *Spleißenhancer*- oder *Spleißsilencer*sequenzen in der prä-mRNA binden. Die regulatorischen Moleküle eröffnen mehrere Möglichkeiten zum Spleißen einer bestimmten prä-mRNA, wodurch jedes einzelne Gen Dutzende oder sogar Hunderte alternativer mRNAs bilden kann. Das Innenohr der Vögel liefert ein bemerkenswertes Beispiel. Dort werden 576 alternativ gespleißte Formen von mRNA aus einem einzigen Kaliumkanal-Gen gebildet. Die Expression verschiedener

Untergruppen dieser mRNAs in verschiedenen Zellen des Innenohrs erleichtert die Wahrnehmung unterschiedlicher Geräuschfrequenzen.

In ▸*Abbildung 22.20* wird ein weiteres gut belegtes Beispiel für alternatives Spleißen vorgestellt. In diesem Fall wirkt die mRNA mit, die einen Antikörpertyp kodiert, das *Immunglobulin M (IgM)*. Das IgM-Protein existiert in zwei Formen, einer sekretierten Version und einer Version, die in die Plasmamembran der Zelle, die es bildet, eingebaut wird. Wie alle Antikörper setzt sich auch IgM aus vier Polypeptiduntereinheiten zusammen – zwei schweren und zwei leichten Ketten. Die Sequenz der schweren Kette bestimmt, ob IgM sekretiert oder an die Membran gebunden wird. Das Gen, das die schwere Kette kodiert, besitzt zwei alternative Poly-(A)-Stellen, an denen die RNA-Transkripte enden, sodass zwei Arten von prä-mRNA-Molekülen entstehen können, die sich am 3′-Ende unterscheiden. Die Exons in diesen prä-mRNAs werden dann auf zwei verschiedene Weisen zusammengespleißt. Daraus gehen mRNAs hervor, die entweder die sekretierte Version der schweren Kette kodieren oder in die Plasmamembran eingebaut werden. Nur das Spleißmuster der membrangebundenen Version besitzt Exons, welche die hydrophobe Aminosäuredomäne kodieren. Diese Aminosäuredomäne verankert die schwere Kette in der Plasmamembran.

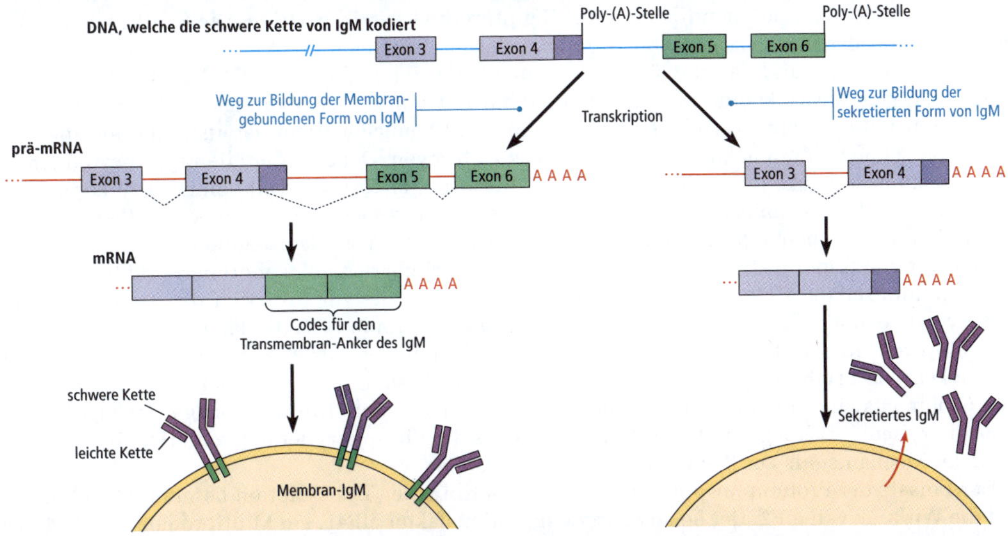

Abbildung 22.20: Alternatives Spleißen zur Bildung verschiedener Genprodukte. Das Antikörperprotein Immunglobulin M (IgM) existiert in zwei Formen: sekretiertes IgM und membrangebundenes IgM. Sie unterscheiden sich in den Carboxylenden ihrer schweren Ketten. Ein einzelnes Gen trägt die genetische Information für beide IgM-Typen der schweren Kette. Das Ende des Gens, das dem C-Terminus des Polypeptids entspricht, ist oben in der Abbildung dargestellt. Diese DNA hat zwei mögliche Stellen, an der eine neue Poly-(A)-Sequenz angefügt werden kann, wo die RNA-Transkripte enden können, und vier Exons, die in zwei alternativen Konfigurationen gespleißt werden können. Die in den primären Transkripten durchgeführten Spleißvorgänge sind durch die V-Form angegeben, unterhalb jeder prä-mRNA als dünne, gestrichelte Linien eingezeichnet. Ein Spleißmuster, das eine Spleißstelle innerhalb von Exon 4 nutzt und die Exons 5 und 6 beibehält, führt zur Synthese von Membran-IgM mit schweren Ketten, die in der Plasmamembran durch einen Transmembrananker gehalten werden, der von den Exons 5 und 6 kodiert wird. Das alternative Produkt wird sekretiert, weil im Exon 4 kein Spleißvorgang stattfindet, und das Transkript nach Exon 4 endet.

Nach dem Spleißen der RNA wird die mRNA im nächsten kontrollierten posttranskriptionalen Schritt durch die Kernporen in das Cytoplasma transportiert. Man weiß, dass dieser Schritt einer Kontrolle unterliegt, weil RNAs, die einen Defekt beim Capping oder Spleißen aufweisen, nicht ohne Weiteres aus dem Zellkern exportiert werden. Sogar bei normalen RNAs werden bestimmte Moleküle so lange im Zellkern zurückgehalten, bis ihr Export durch einen Reiz ausgelöst wird, der signalisiert, dass eine bestimmte mRNA für die Translation im Cytoplasma benötigt wird. Außerdem wurde bei viralen RNAs, die in infizierten Zellen gebildet werden, eine Kontrollfunktion nachgewiesen. Beispielsweise bildet HIV – das für AIDS verantwortliche Virus – ein RNA-Molekül, das so lange im Zellkern verbleibt, bis ein virales Protein, das Rev, synthetisiert wurde. Zur Aminosäuresequenz des Rev-Proteins gehört ein *Kern-Exportsignal* (*Abschnitt 17.5.2*). Dieses Exportsignal ermöglicht es Rev, den Export der viralen RNA durch die Kernporen in das Cytoplasma zu steuern.

22.4.2 Die Translationsgeschwindigkeit kann durch Initiationsfaktoren und Translationsrepressoren kontrolliert werden

Nachdem mRNA-Moleküle aus dem Zellkern in das Cytoplasma transportiert wurden, greifen mehrere Mechanismen zur Translationskontrolle. Sie regulieren die Geschwindigkeit, mit der jede mRNA in ihr Polypeptidprodukt translatiert wird. Einige Mechanismen der Translationskontrolle bewerkstelligen ihre Kontrollfunktion, indem sie Ribosomen oder Proteinsynthesefaktoren ändern, andere regulieren die Aktivität und/oder Stabilität der mRNA. Sowohl bei Bakterien als auch bei Eukaryoten findet eine Translationskontrolle statt, doch werden wir unsere Darstellung auf einige eukaryotische Beispiele begrenzen.

Ein gut untersuchter Fall der Translationskontrolle findet bei sich entwickelnden Erythrocyten statt. Hier sind *Globin*polypeptidketten das Hauptprodukt der Translation. Die Synthese von Globin hängt von der Verfügbarkeit von *Häm* ab – der eisenhaltigen prosthetischen Gruppe, die an Globinketten bindet und das endgültige Proteinprodukt, Hämoglobin, bildet. Normalerweise synthetisieren sich entwickelnde Erythrocyten Globin mit hoher Geschwindigkeit. Allerdings wäre die Globinsynthese reine Verschwendung, wenn nicht genügend Häm bereitstünde, um die Bildung von Hämoglobinmolekülen zum Abschluss zu bringen. Daher haben die Erythrocyten einen Mechanismus entwickelt, um die Polypeptidsynthese an die Verfügbarkeit von Häm zu koppeln.

An diesem Mechanismus wirkt eine Proteinkinase mit, der sogenannte *Häm-kontrollierte Inhibitor (HCI*; engl.: *heme-controlled inhibitor)*, dessen Aktivität von Häm reguliert wird. HCI ist in Gegenwart von Häm inaktiv. Wenn jedoch kein Häm verfügbar ist, phosphoryliert und hemmt HCI den Initiationsfaktor eIF2, eines von mehreren Proteinen, die zur Initiation der Translation bei Eukaryoten benötigt werden (*Abschnitt 21.2.1*). Die verminderte Aktivität von eIF2 senkt die gesamte Translationsaktivität. Jedoch machen Globinketten mehr als 90 % der Polypeptide in sich entwickelnden Erythrocyten aus, weshalb sich HCI in diesen Zellen vor allem auf die Synthese von Globin auswirkt. Man hat in verschiedenen Zelltypen andere Kinasen nachgewiesen, die eIF2 phosphorylieren. Das legt die Vermutung nahe, dass die Phosphorylierung von eIF2 ein weit verbreiteter Mechanismus zur Regulation der Translation ist.

Der Einsatz der Proteinphosphorylierung zur Kontrolle der Transkription beschränkt sich nicht auf die Wirkung von eIF2. Der eukaryotische Initiationsfaktor eIF4F, ein Multiproteinkomplex, der an die 5′-mRNA-Kappe bindet, wird ebenfalls durch Phosphorylierung reguliert. In diesem Fall wird der Initiationsfaktor durch die Phosphorylierung aktiviert und nicht gehemmt. Ein Beispiel für diesen Typ der Kontrolle findet man in Zellen, die mit dem Adenovirus infiziert sind. Das Adenovirus hemmt die Proteinsynthese in infizierten Zellen, indem es die Phosphorylierung von eIF4E blockiert, der Kappenbindeuntereinheit von eIF4F. Andere Viren hemmen den eIF4F-Komplex, indem sie Proteasen bilden, die eIF4F in zwei Fragmente spalten. Ein Fragment enthält die Stelle, die an die 5′-Kappe der mRNA-Moleküle bindet, und das andere die Ribosomenbindestelle. Überraschenderweise kann das Ribosomenbindefragment immer noch die Translation der viralen (aber nicht der zellulären) mRNA initiieren, indem es an die *IRES*-Sequenz bindet, die direkt stromaufwärts vom Startcodon einiger viraler mRNAs liegt (*Abschnitt 21.2.1*). Dadurch kann das Virus die Translationsmaschinerie kapern, um seine eigene mRNA zu translatieren, und zugleich die Translation normaler zellulärer mRNAs abschalten.

Die bisher besprochenen Mechanismen der Translationskontrolle sind relativ unspezifisch, denn sie betreffen die Translationsgeschwindigkeiten aller mRNAs in einer Zelle. Einem spezifischeren Typ der Translationskontrolle begegnen wir bei dem Beispiel von *Ferritin*, einem Eisenspeicherprotein, dessen Synthese selektiv durch die Gegenwart von Eisen angeregt wird. Der Schlüssel zu dieser selektiven Anregung liegt in der nicht-translatierten 5′-Leader-Sequenz der Ferritin-mRNA. Sie enthält ein 28-Nucleotidsegment – das **Eisen-Response-Element (IRE**; engl.: *iron-response element*). Es bildet eine Haarnadelschleife, die zur Anregung der Ferritinsynthese durch Eisen benötigt wird. Wenn die IRE-Sequenz experimentell in ein Gen inseriert wird, dessen Expression normalerweise nicht durch Eisen reguliert wird, wird die Translation der entstehenden mRNA Eisen-sensitiv.

22.4.3 Die Translation kann auch durch Regulation des mRNA-Abbaus kontrolliert werden

Die Translationsgeschwindigkeiten werden auch durch Änderungen der Stabilität der mRNA kontrolliert. Das bedeutet, wenn ein mRNA-Molekül schneller abgebaut wird, dann bleibt weniger Zeit für die Translation. Die Geschwindigkeit des Abbaus kann man mit *Pulse-Chase-Experimenten* messen: Zuerst werden die Zellen für kurze Zeit („Pulse") in einer radioaktiven Verbindung inkubiert, die in die mRNA eingebaut wird. Dann werden die Zellen in ein nicht-radioaktives Medium gegeben und weiter inkubiert („Chase"). Während der Chase-Phase nimmt die Zelle keine Radioaktivität mehr auf, sodass der Verlauf der zuvor in die mRNA eingebauten Radioaktivität gemessen werden kann. Mit Hilfe dieses Verfahrens können Wissenschaftler die *Halbwertszeit* einer mRNA messen. Die Halbwertszeit ist die Zeit, die benötigt wird, um 50 % der ursprünglichen (radioaktiven) RNA abzubauen.

Die Halbwertszeiten eukaryotischer mRNAs schwanken erheblich. Einige Wachstumsfaktor-mRNAs werden innerhalb von 30 Minuten oder kürzer abgebaut, mRNAs, die β-Globin kodieren, erst nach mehr als zehn Stunden. Die Länge des Poly-(A)-Schwanzes ist ein Faktor, der bei der Kontrolle der mRNA-Stabilität eine Rolle spielt. Messenger-RNAs mit kurzem Poly-(A)-Schwanz sind tendenziell weniger stabil als mRNAs mit längeren Poly-(A)-Schwänzen. In einigen Fällen wird die Stabilität auch von spezifischen Merkmalen der nicht-translatierten 3′-Region beeinflusst. Zum Beispiel haben kurzlebige mRNAs für mehrere Wachstumsfaktoren in dieser Region bestimmte *AU-reiche Elemente*. Die AU-reichen Sequenzen lösen das Entfernen des Poly-(A)-Schwanzes durch Abbauenzyme aus. Wenn man mit rekombinanten DNA-Techniken ein AU-reiches Element an das 3′-Ende einer normalerweise stabilen Globin-mRNA transferiert, hat die Hybrid-mRNA die für eine Wachstumsfaktor-mRNA typische Halbwertszeit.

Eine weitere Möglichkeit zur Regulation der mRNA-Stabilität stellen wir am Beispiel von Eisen vor. Eisen wirkt nicht nur an der soeben beschriebenen Translationskontrolle mit, sondern spielt auch bei der Kontrolle des mRNA-Abbaus eine wichtige Rolle. Die Aufnahme von Eisen in Säugetierzellen wird von einem Rezeptorprotein der Plasmamembran vermittelt, dem *Transferrinrezeptor.* Bei niedriger Eisenkonzentration wird die Synthese des Transferrinrezeptors durch einen Mechanismus angeregt, der die mRNA des Transferrinrezeptors vor dem Abbau schützt. Dadurch stehen mRNA-Moleküle zur Translation bereit. Wie in ▸*Abbildung 22.21* dargestellt, wirkt IRE an diesem Kontrollmechanismus mit (ähnlich der Ferritin-mRNA). IRE ist in der nicht-translatierten 3′-Region der Transferrinrezeptor-mRNA lokalisiert. Wenn die intrazelluläre Eisenkonzentration niedrig ist und Eisen aufgenommen werden muss, bindet das IRE-Bindeprotein an dieses IRE und schützt die mRNA vor dem Abbau. Bei hoher Eisenkonzentration in der Zelle und keinem weiteren Eisenbedarf bindet das IRE-Bindeprotein an ein Eisenatom und dissoziiert von der mRNA, sodass die mRNA abgebaut werden kann.

Es gibt zwei allgemeine Mechanismen zum Abbau von mRNAs. Der Hauptunterschied liegt darin, ob die mRNA in der 3′→5′-Richtung oder in der 5′→3′-Richtung abgebaut wird. Auf dem *3′→5′-Abbauweg* wird der Poly-(A)-Schwanz gekürzt, die Poly-(A)-Bindeproteine werden vom 3′-Ende der mRNA entfernt und die RNA-Kette wird vom cytoplasmatischen **Exosom** abgebaut. Das Exosom ist ein Komplex aus mehreren 3′→5′-Exonucleasen. Wenn das Exosom schließlich am 5′-Ende der mRNA angelangt ist, wird die 5′-Kappe von einem Enzym abgebaut. Im Gegensatz dazu findet auf dem 5′→3′-*Abbauweg* eine Kürzung des Poly-(A)-Schwanzes am 3′-Ende statt, woraufhin sofort die Kappe vom 5′-Ende entfernt wird. Anschließend wird die mRNA von 5′→3′-Endonucleasen abgebaut. Die am 5′→3′-Abbauweg mitwirkenden Enzyme sind in cytoplasmatischen Strukturen konzentriert, den sogenannten *mRNA-Prozessierungskörpern* oder einfach **P-Körpern** (engl.: *P bodies*). Die P-Körper spielen nicht nur beim mRNA-Abbau eine Rolle, sondern dienen auch vorübergehend als Speicherorte nicht-translatierter mRNAs sowie zur Rekrutierung von Proteinen, die an der RNA-Interferenz mitwirken. Mit der RNA-Interferenz werden wir uns nun beschäftigen.

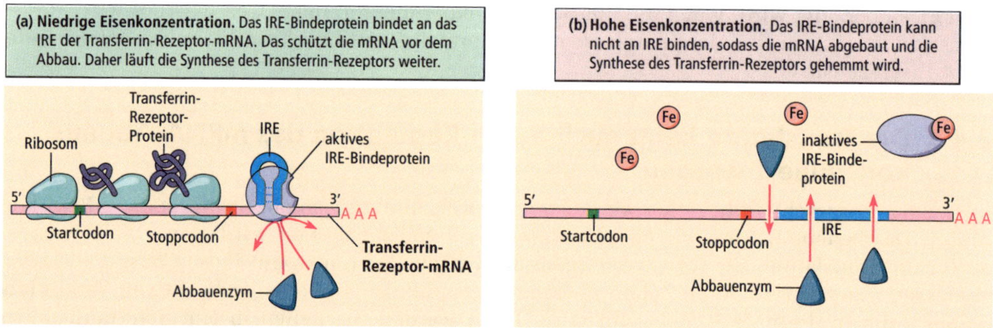

Abbildung 22.21: Kontrolle des mRNA-Abbaus als Antwort auf Eisen. Der Abbau der mRNA, die den Transferrinrezeptor kodiert, ein für die Eisenaufnahme benötigtes Protein, wird vom gleichen IRE-Bindeprotein reguliert. (a) Bei niedriger intrazellulärer Eisenkonzentration bindet das IRE-Bindeprotein in der nicht-translatierten 3′-Region der Transferrinrezeptor-mRNA an IRE. Das schützt die mRNA vor dem Abbau und das Transferrinrezeptorprotein kann synthetisiert werden. (b) Bei hoher Eisenkonzentration binden Eisenatome an das IRE-Bindeprotein, worauf das IRE dissoziiert. Dann ist die mRNA dem Zugriff von Abbauenzymen ausgesetzt.

22.4.4 Die RNA-Interferenz nutzt kleine RNAs zur Hemmung der Expression von Genen mit komplementären Basensequenzen

Regulatorische Proteine wie IRE-Bindeproteine und PUF-Proteine, die an spezifische mRNAs binden, sind nicht die einzigen Moleküle, mit deren Hilfe Zellen die Aktivität der mRNA kontrollieren. Einzelne mRNAs werden auch von einer Klasse kleiner RNA-Moleküle kontrolliert, welche die Expression von mRNAs hemmen, die Sequenzen enthalten, die mit Sequenzen in den kleinen RNAs komplementär sind. Diese RNA-vermittelte Inhibition, die sogenannte **RNA-Interferenz** (oder **RNAi**; engl.: *RNA interference*) beruht auf der Fähigkeit kleiner mRNAs, den mRNA-Abbau auszulösen, die mRNA-Translation zu hemmen oder die Translation des Gens zu hemmen, das eine bestimmte mRNA kodiert.

Der zuerst entdeckte Typ der RNA-Interferenz tritt bei doppelsträngiger RNA auf. Wenn beispielsweise Pflanzen mit einem Virus infiziert wurden, das im Laufe seiner Lebensspanne doppelsträngige RNA bildet, begrenzen die infizierten Zellen die Infektion, indem sie die Expression viraler Gene reduzieren. Außerdem ist dieser Effekt nicht auf virale Gene beschränkt. Wenn man mit gentechnischen Methoden ein normales Pflanzengen in ein Virus inseriert, verringern die mit dem Virus infizierten Zellen die Expression ihrer eigenen Kopie desselben Gens. 1998 wiesen Andrew Fire und Craig Mello die kausale Rolle der doppelsträngigen RNA bei diesem Typ des Gen-Silencing nach. Sie berichteten, dass sie durch Injektion doppelsträngiger RNA in Würmer die Mengen von RNA-Transkripten erheblich reduzieren konnten, die Sequenzen enthielten, die mit denen in der doppelsträngigen RNA komplementär waren. Da ihre Untersuchungen das Fundament für das neue Gebiet der Biologie legten, bei dem man sich mit den Rollen auseinandersetzt, die kleine RNAs bei der Kontrolle der Genexpression übernehmen, wurde die Leistung von Fire und Craig im Jahr 2006 mit dem Nobelpreis gewürdigt.

In ▸ *Abbildung 22.22* ist dargestellt, wie doppelsträngige RNAs die Expression spezifischer Gene ausschalten. Zuerst spaltet eine cytoplasmatische Ribonuclease, der sogenannte **Dicer**, die doppelsträngige RNA in Fragmente mit einer Länge von ungefähr 21 bis 22 Basenpaaren. Die resultierenden doppelsträngigen Fragmente, die **siRNAs** (engl.: *small interfering* oder *silencing RNAs*), verbinden sich dann mit einem Proteinkomplex, der die Genexpression hemmt, dem **RISC** (engl.: *RNA-induced silencing complex*). Diesen besonderen Typ von RISC bezeichnet man als siRISC, denn seine siRNA-Komponenten bestimmen, welches Gen für die Hemmung ausgewählt wird.

Nachdem die siRNA in einen siRISC eingebaut wurde, wird einer der siRNA-Stränge abgebaut. Die verbleibende einzelsträngige RNA bindet dann über eine komplementäre Basenpaarung an ein

Ziel-mRNA-Molekül. Wenn eine perfekte (oder fast perfekte) Paarung zwischen siRNA und mRNA gelungen ist, wird der mRNA-Abbau durch einen **Slicer** initiiert. Ein Slicer ist eine Ribonucleasekomponente der siRISC, welche die mRNA in der Mitte der komplementären Stelle spaltet. Wenn die Paarung zwischen siRNA und mRNA nicht perfekt gelungen ist, kann die Translation der mRNA gehemmt werden, aber die mRNA wird nicht abgebaut. Es gibt auch einige Fälle, in denen siRISC in den Zellkern gelangt und von seiner siRNA zu komplementären Kern-DNA-Sequenzen geführt wird. Nachdem siRISC mit diesen Gensequenzen assoziiert hat, legt er deren Expression still. Die Stilllegung erfolgt durch Anregen der DNA-Methylierung und/oder Rekrutierung eines Enzyms, das Methylgruppen an Histone anfügt. Dadurch wird die Bildung einer im Hinblick auf die Translation inaktiven, kondensierten Form von Chromatin (Heterochromatin) ausgelöst.

Die RNA-Interferenz mag in der Evolution zur zellulären Verteidigung gegen Viren entstanden sein, die doppelsträngige RNA nutzen. Die RNA-Interferenz hat sich als wichtiges Hilfsmittel im Labor erwiesen, denn sie gibt Wissenschaftlern die Möglichkeit, selektiv die Expression aller Gene abzuschalten, die sie untersuchen möchten. Da heutzutage vollständige Genomsequenzen vieler Organismen zur Verfügung stehen, kann die Funktion jedes einzelnen Gens systematisch untersucht werden, indem man das Gen mit Hilfe der RNA-Interferenz an- oder abschaltet. Dafür synthetisieren die Wissenschaftler einfach kurze siRNAs (oder erwerben sie kommerziell), die mit Sequenzen in Genen, die sie ausschalten möchten, komplementär sind. Durch Einbringen dieser synthetischen siRNAs in Zellen können einzelne Gene nacheinander abgeschaltet werden. Die außerordentliche Effektivität dieser Vorgehensweise wird deutlich, wenn man erfährt, dass 98 % der ungefähr 20.000 Protein-kodierenden Gene des Wurms *C. elegans* nacheinander abgeschaltet wurden.

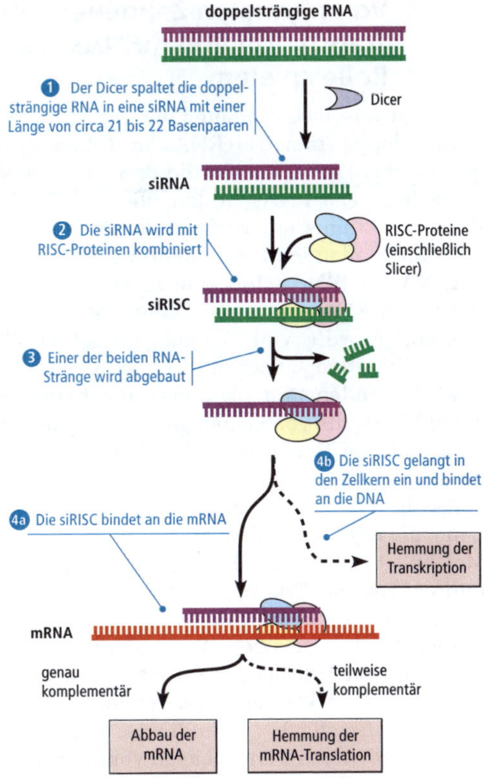

Abbildung 22.22: RNA-Interferenz durch doppelsträngige RNA. Wenn eine Zelle auf doppelsträngige RNA trifft, spaltet der Dicer sie in eine siRNA mit einer Länge von 21 bis 22 Basenpaaren. Die siRNA wird anschließend mit RISC-Proteinen kombiniert und bildet einen siRISC. Nachdem einer der beiden siRNA-Stränge abgebaut wurde, bindet der verbleibende Strang den siRISC über komplementäre Basenpaarung entweder an ein Ziel-mRNA-Molekül im Cytoplasma 4a oder an eine Ziel-DNA-Sequenz im Zellkern 4b. Dadurch wird die Genexpression entweder bei der Translation oder der Transkription stillgelegt. Am häufigsten (angezeigt durch die durchgehenden dunklen Pfeile) ist eine exakte komplementäre Paarung zwischen der siRNA und einer entsprechenden mRNA. Dadurch wird eine Spaltung der mRNA durch den Slicer ausgelöst, einer Enzymkomponente des siRISC.

Ein weiteres mögliches Anwendungsgebiet für siRNAs ist das Silencing von Genen, die an der Entwicklung von Krankheiten mitwirken. Man hat beispielsweise nachgewiesen, dass man durch Injektion von siRNAs, die gegen ein Gen gerichtet waren, das am Cholesterinmetabolismus beteiligt ist, den Cholesterinspiegel im Blut von Mäusen senken konnte. Obwohl Fragen im Hinblick auf Sicherheit, Nebenwirkungen und Wirksamkeit noch unbeantwortet sind, geht man davon aus, dass der Einsatz von siRNAs als Wirkstoffe zur Behandlung oder Vorbeugung gegen Erkrankungen beim Menschen eine große Zukunft haben wird. Mittlerweile sind einige therapeutische siRNAs zur gezielten Ausschaltung pathogener Proteine in der klinischen Erprobung.

22.4.5 Von normalen Zellgenen gebildete MikroRNAs hemmen die Translation von mRNAs, die für die Entwicklung eine wichtige Rolle spielen

Der Nachweis, dass die Genexpression durch Einführen doppelsträngiger RNAs in Zellen stillgelegt werden kann, brachte die Frage auf, ob alle normalen Gene RNAs bilden, die auf ähnliche Weise funktionieren. Auf der Suche nach solchen Molekülen entdeckte man die **MikroRNAs (miRNAs)**. miRNAs sind eine Klasse von einzelsträngigen RNAs mit einer Länge von 21 bis 22 Nucleotiden, die von Genen gebildet werden, die in fast allen Eukaryoten vorkommen. Diese miRNAs binden und regulieren die Expression von mRNAs, die von Genen gebildet werden, die nicht mit den Genen in Verbindung stehen, die miRNAs bilden.

Wie in ▸*Abbildung 22.23* dargestellt, werden Gene, die miRNAs bilden, zuerst in längere RNA-Moleküle transkribiert, die sogenannten *primären miRNAs (pri-miRNAs*; engl.: *primary microRNAs)*. Sie bilden Haarnadelschleifen. Die pri-miRNAs werden durch sequenzielle Prozessierung zu reifen miRNAs. Zuerst spaltet das Kernenzym **Drosha** die pri-miRNAs zu kleineren Haarnadel-RNAs, den *Vorläufer-MikroRNAs (pre-miRNAs*; engl.: *precursor microRNAs)* mit einer Länge von ungefähr 70 Nucleotiden. Dann werden die pre-miRNAs in das Cytoplasma transportiert, wo der Dicer die Haarnadelschleife spaltet, sodass zwei komplementäre kurze, 21 bis 22 Nucleotide lange RNA-Moleküle entstehen.

Eine der kurzen RNAs ist die reife miRNA, die mit einem Proteinkomplex einen **miRISC** bildet. Jeder miRISC hemmt die Expression von mRNAs, die eine Basensequenz enthalten, die mit der Basensequenz der miRNA komplementär ist, die im miRISC liegt. Die Wechselwirkungen zwischen miRISCs und ihren Ziel-mRNAs findet vor allem in cytoplasmatischen P-Körpern statt. Manchmal ist eine miRNA in einem bestimmten miRISC genau komplementär mit einer Sequenz in einer Ziel-mRNA. In solchen Fällen wird die Ziel-mRNA durch einen Mechanismus zerstört, der dem Mechanismus ähnelt, den man bei siRNAs beobachtet. Es kommt allerdings häufiger vor, dass miRNAs nur teilweise mit den Stellen in der Ziel-mRNA komplementär sind. Bei Bindung von miRISCs an partiell komplementäre Stellen wird nicht der Abbau der Ziel-mRNA ausgelöst, sondern die Translation der Ziel-mRNA wird gehemmt. Damit dieser inhibitorische Effekt greifen kann, müssen multiple miRISCs an verschiedene, teilweise komplementäre Stellen in einer bestimmten Ziel-mRNA binden. Diese Form der Inhibition ist aber nicht unbedingt von Dauer. Veränderte zelluläre Bedingungen können eine mRNA von den hemmenden miRISCs freisetzen. Dabei bewegt sich die mRNA von den P-Körpern zu aktiv translatierenden Ribosomen.

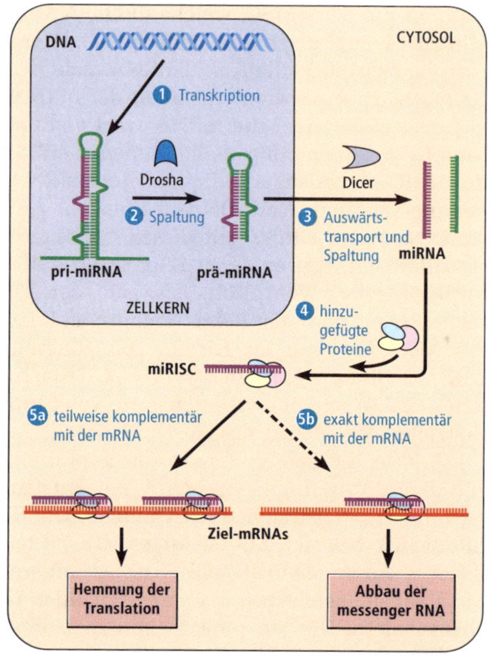

Abbildung 22.23: Translationales Silencing durch MikroRNAs. miRNAs werden in einem mehrstufigen Vorgang gebildet. ❶ Zuerst wird ein miRNA-Gen in ein primäres Transkript transkribiert (pri-miRNA), das eine Haarnadelschleife bildet. ❷ Das Kernenzym Drosha spaltet die pri-miRNA in kleinere (ungefähr 70 Nucleotide) lange Haarnadel-RNAs (prä-miRNA), die dann ❸ aus dem Zellkern transportiert und vom Dicer gespalten wird; das 21 bis 22 Nucleotide lange miRNA-Molekül wird freigesetzt. ❹ Dann verbindet die miRNA sich mit den RISC-Proteinen und bildet einen miRISC. Dieser wird von seiner miRNA zu mRNAs geleitet, deren Sequenzen mit denen der miRNA komplementär sind. 5a In den meisten Fällen binden multiple miRISCs über teilweise komplementäre Sequenzen an die gleiche mRNA und hemmen die Translation. 5b In einigen Fällen ist die miRNA genau mit einer Stelle in einer bestimmten mRNA komplementär. Das führt zum Abbau der mRNA durch einen Mechanismus, der dem bei siRNAs ähnelt.

In jüngster Zeit hat man Hinweise darauf gefunden, dass eukaryotische Genome zu ungefähr fünf Prozent aus Genen bestehen, die miRNAs kodieren. Bei Säugetieren entspricht dies ungefähr 1.000 miRNA-Genen. Die von diesen Genen gebildeten miRNAs können an die Zielstellen von etwa 200 verschiedenen mRNAs binden, und viele miRNAs zielen gemeinsam auf mehrere mRNAs ab. miRNAs scheinen bei der Steuerung der embryonalen Entwicklung eine wichtige Rolle zu spielen, vor allem bei der Bildung spezialisierter Zelltypen wie Neuronen, Immunzellen sowie Skelett- und Herzmuskelzellen. Bei einer Methode zur Aufklärung der Rollen, die miRNAs bei der Entwicklung spielen, arbeitete man mit der Gen-Knockout-Technik (*Abschnitt 19.9.5*). Mit Hilfe dieser Technik schaltete man spezifische miRNA-Gene in Mäuseembryos aus. Bei einem dieser Experimente führte die Deletion eines miRNA-Gens, *miR-1-2*, zu schweren Herzdefekten, an denen mehr als die Hälfte der Mäuse während der Embryonalentwicklung oder während der ersten Lebensmonate starben. Bisher hat man mindestens ein Dutzend mRNAs identifiziert, die für die Regulation durch miR-1-2-miRNAs bestimmt sind. Diese Gruppe umfasst mRNAs, die Transkriptionsfaktoren kodieren, welche die Entwicklung der Muskelzellen regulieren, sowie eine mRNA, die eine Untereinheit eines Kaliumkanals kodiert, der dazu beiträgt, das Ruhepotenzial der Membran aufrechtzuhalten.

22.4.6 Ubiquitin markiert Proteine für den Abbau durch Proteosomen

Aus dem zuvor dargestellten Beispiel ergibt sich die Frage, wie der Abbau einzelner Proteine selektiv reguliert wird. Bei der am häufigsten angewandten Methode zur Markierung spezifischer, zum Abbau bestimmter Proteine bindet an diese **Ubiquitin**, ein Polypeptid aus 76 Aminosäuren. Für den Vorgang der Bindung von Ubiquitin an Zielproteine werden drei Komponenten benötigt: ein *Ubiquitin-aktivierendes Enzym* (E1; engl.: *ubiquitin-activating enzyme*), ein *Ubiquitin-zusammenfügendes Enzym* (E2; engl.: *ubiquitin conjugating enzyme*) und ein *Substraterkennungsprotein* (engl.: *substrate recognition protein*) oder *Ubiquitinligase* (E3; engl.: *ubiquitin ligase*). Wie Sie in ▸*Abbildung 22.24* sehen, wird Ubiquitin zuerst aktiviert, indem es über eine ATP-abhängige Reaktion an E1 gebunden wird. Das aktivierte Ubiquitin wird dann zu E2 übertragen und anschließend über eine von E3 vermittelte Reaktion an einen Lysinrest im Zielprotein gebunden. Anschließend werden nacheinander weitere Ubiquitin-Moleküle angefügt, sodass kurze Ubiquitinketten entstehen.

Diese Ubiquitinketten dienen als Zielsignale, die von großen, Protein-abbauenden Strukturen erkannt werden, den sogenannten **Proteasomen**. Proteasomen sind die wichtigsten Proteasen (Protein-abbauenden Enzyme) im Cytosol und liegen häufig in hoher Konzentration vor. Proteasomen machen bis zu einem Prozent der zellulären Proteine aus. Jedes Proteasom hat ein Molekulargewicht von ungefähr 2 Millionen und besteht aus einem halben Dutzend Proteasen, die mit mehreren ATPasen und einer Bindestelle für Ubiquitinketten assoziiert sind. Das Proteasom hat die Form eines kurzen Zylinders. Es bindet an ubiquitinylierte Proteine und entfernt deren Ubiquitinketten. Dann werden die Proteine in den zentralen Kanal des Proteasoms geleitet. Ihre Peptidbindungen werden in einem ATP-abhängigen Vorgang hydrolysiert, woraus kleine Peptidfragmente hervorgehen, die am anderen Ende des Zylinders freigesetzt werden.

Der Schlüssel zur Regulation des Proteinabbaus liegt in der Fähigkeit, bestimmte Proteine für die Ubiquitinylierung zu selektieren. Diese Selektivität beruht zum Teil auf der Existenz multipler Formen von E3. Jede Form von E3 steuert die Bindung von Ubiquitin an verschiedene Zielproteine. Die Aminosäure am N-Terminus eines potenziellen Zielproteins ist ein Merkmal, das von den verschiedenen E3-Formen erkannt wird. Einige N-terminale Aminosäuren sorgen dafür, dass bestimmte Proteine schnell ubiquitinyliert und abgebaut werden. Andere Aminosäuren bewirken eine geringere Empfindlichkeit der Proteine für die Ubiquitinylierung.

Interne Aminosäuresequenzen, die sogenannten **Degrons**, sorgen auch dafür, dass bestimmte Proteine für den Abbau selektiert werden. In *Kapitel 18* haben Sie beispielsweise erfahren, dass der Durchlauf durch die letzten Stadien der Mitose von einem Anaphase-Förder-Komplex kontrolliert wird, der ausgewählte Proteine, wie mitotisches Cyclin, für den Abbau markiert. Der Anaphase-Förder-Komplex bewältigt diese Aufgabe als Ubiquitinligase (E3), die an Zielproteine bindet, die einen besonderen Typ von Degron enthalten, der die Ubiquitinylierung dieser Zielproteine durch E2 und ihren anschließenden Abbau durch Proteasomen fördert. Proteasomen sind nicht nur Bestandteil solcher selektiver Mechanismen für den zeitlich richtigen Abbau spezifischer Proteine, sondern sie spielen eine Rolle bei allgemeinen, stetig ablaufenden Mechanismen zur Eliminierung defekter Proteine aus Zellen. Es konnte gezeigt werden, dass bis zu 30 % aller neu synthetisierten Proteine Defekte aufweisen und sofort mit Ubiquitin markiert werden, wodurch ihr Abbau durch Proteasomen ausgelöst wird.

Abgesehen von der Ubiquitinylierung können Proteine auch eine ähnliche posttranslationale Modifikation durchlaufen, und zwar durch das Anfügen *kleiner Ubiquitin-verwandter Modifikatoren (SUMOs*; engl.: *small ubiquitin-related modifiers)*. Bei diesen Peptiden handelt es sich um Ubiquitin-ähnliche Polypeptide, die auf ähnliche Weise wie durch Ubiquitinylierung an zelluläre Proteine gebunden werden. Die SUMOylierung hat anscheinend viele Wirkungen: unter anderem die Veränderung der Proteinstabilität, den Transport in den Zellkern hinein und aus dem Zellkern hinaus sowie die Regulation der Funktion der Transkriptionsfaktoren.

Obwohl das Ubiquitin-Proteasom-System der von den Zellen bevorzugte Mechanismus zum Abbau von Proteinen ist, ist dies nicht das einzige den Zellen zur Verfügung stehende System. In *Kapitel 11* haben Sie gelernt, dass Lysosomen Verdauungsenzyme enthalten, die alle wichtigen Klassen von Makromolekülen abbauen, darunter auch Proteine. Lysosomen können cytosolische Proteine durch Einstülpung der lysosomalen Membran aufnehmen und abbauen. Dabei entstehen kleine Vesikel, die in das Lysosom aufgenommen werden und durch die hydrolytischen Enzyme der Organelle abgebaut werden können. Dieser Vorgang der **Mikroautophagie** selektiert die abgebauten Proteine nicht. Das Ergebnis ist ein langsames und kontinuierliches Recycling der Aminosäuren, die in den zellulären Proteinmolekülen vorkommen. Unter bestimmten Bedingungen würde ein nicht-selektiver Abbau von Proteinen der Zelle Schaden zu fügen. So könnte beispielsweise während einer längeren Hungerperiode der nicht-selektive Abbau zellulärer Proteine zu einem Mangel lebenswichtiger Enzyme oder regulatorischer Proteine führen. Unter diesen Bedingungen bauen Lysosomen vorzugsweise Proteine ab, die eine Zielsequenz enthalten, die aus Glutamin besteht, an das sich zu beiden Seiten ein Tetrapeptid anschließt, das aus sehr basischen, sehr sauren oder sehr hydrophoben Aminosäuren besteht. Proteine mit dieser Sequenz werden für den selektiven Abbau bestimmt, was vermutlich daran liegt, dass sie für die Zelle vorübergehend entbehrlich sind.

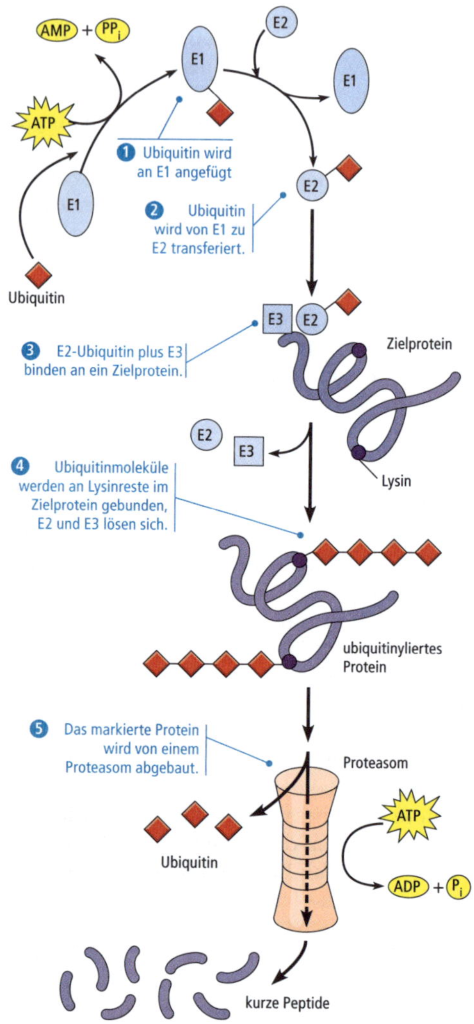

Abbildung 22.24: Das Ubiquitin-Proteasom-System zur Regulation des Proteinabbaus. Ubiquitin wird in Zielproteinen an Lysin geknüpft. Dies geschieht durch die sequenzielle Wirkung eines Ubiquitin-aktivierenden Enzyms (E1), eines Ubiquitin-zusammenfügenden Enzyms (E2) und einer Ubiquitinligase (E3). Dann baut ein Proteasom die Zielproteine zu kurzen Peptiden ab.

Bildnachweis

Fotografien **Kapitel 1:** 1.10a: Don W. Fawcett/ Photo Researchers, Inc. **Kapitel 3:** 3.1: Gregory J. Brewer, Southern Illinois University. 3.2b: Richard Rodewald/Biological Photo Service. 3.3: W. P. Wergin. **Kapitel 4:** 4.2: Matt Demmon. **Kapitel 5:** 5.4: Richard J. Feldmann, National Institute of Health. **Kapitel 6:** 6.10: Philippa Claude. 6.12: Ken Eward/Science Source/Photo Researchers, Inc. 6.18: Susumu Ito. **Kapitel 7:** 7.14: Helen E. Carr/Biological Photo Service. **Kapitel 9:** 9.2: The Keith R. Porter Endowment for Cell Biology, University of Pennsylvania. 9.3: From Lester Packer, "Ann. New York Academy of Sciences" vol 227 (1974):166. Copyright 1974 by the New York Academy of Sciences. Photo provided by H. T. Ngo. 9.4: A. Tzagoloff from Mitochondria (New York: Plenum, 1982). **Kapitel 10:** 10.2: W. P. Wergin. 10.14: Michael W. Clayton/University of Wisconsin Digital Collections. **Kapitel 11:** 11.5: Holger Jastrow. 11.8: John E. Heuser. **Kapitel 12:** 12.1: Jürgen Berger/Max Planck Institute for Developmental Biology, Tubingen, Germany. 12.8: G. L. Scott, J. A. Feilbach, and T. A. Duff. 12.11: S. G. Waxman. 12.15: From J. Cartaud, E.L. Bendetti, A. Sobel, and J. P. Changeux, *Journal of Cell Science* 29 (1978): 313. © The Company of Biologists Limited. 13.16: E. R. Lewis, Y. Y. Zeevi, and T. E. Everhart, University of California, Berkeley. **Kapitel 14:** 14.1: L. E. Roth, Y. Shigenaka, and D. J. Pihlaja/Biological Photo Service. 14.4: Kent L. McDonald. 14.5: T. J. Keating and G. G. Borisy, „Immunostructural Evidence for the Template Mechanism of Microtubule Nucleation." *Nat Cell Biol.* 2(6):352–357, Fig. 2A, 2000. 14.6: Adapted from C. E. Schutt et al., *Nature* 365 (1993): 810; Courtesy of M. Rozycki. 14.7: R. Niederman and J. Hartwig. 14.8: Roger W. Craig. 14.10: M. S. Mooseker and L. G. Tilney, *Journal of Cell Biology* 67 (1975):725–43, Fig 2. Reproduced by permission of The Rockefeller University Press. 14.11: Daniel Branton. 14.12: Alan Hall, University College, London, and Kate Nobes, University of Bristol. 14.13: P. A. Coulombe et al., "The 'ins' and 'outs' of intermediate filament organization," from *Trends in Cell Biology* 10: 420–28, Fig. 1. Reprinted with permission from Elsevier Science. Image courtesy Pierre A. Coulombe, Johns Hopkins University. **Kapitel 15:** 15.5: Lewis Tilney, University of Pennsylvania. 15.7: Hans Ris. 15.8: Clara Franzini- Armstrong. 15.17: A. Hall, Rho GTPasses at the actin cytoskeleton. *Science* 279: 509–14, 1998. Figs a, c, e, g. Reprinted with permission from the American Association for the Advancement of Science. 15.18: Adapted from K. M. Trybus and S. Lowey, *Journal of Biological Chemistry* 259 (1984):8564–71. **Kapitel 16:** 16.4: From Douglas E. Kelly, *The Journal of Cell Biology* 28 (1966): 51. Reproduced by permission of The Rockefeller University Press. 16.5: Philippa Claude. 16.6: From C. Peracchia and A.F. Dulhunty, *The Journal of Cell Biology* 70 (1976): 419. Reproduced by permission of The Rockefeller University Press. 16.7: Jerome Gross. 16.10: L. Rosenberg, W. Hellmann, and A. K. Kleinschmidt (1975). *Journal of Biological Chemistry* 250: 1877–1883. © The American Society for Biochemistry and Molecular Biology. 16.13: Daniel S. Friend. 16.14: Biophoto Associates/Photo Researchers, Inc. 16.15: G. F. Leedale/Photo Researchers, Inc. **Kapitel 17:** 17.2, unten, links und rechts: James C. Wang. 17.7, oben: Jack Griffith. 17.8: D. L. Robberson. 17.9: From L. Orci and A. Perrelet, *Freeze-Etch Histology.* Heidelberg: Springer-Verlag, 1975. 17.10: From A. C. Faberge, *Cell Tiss. Res.* 15 (1974): 403. Heidelberg: Springer-Verlag, 1974. 17.13: Luis Parada and Tom Misteli, National Cancer Institute, NIH. **Kapitel 18:** 18.2: Cold *Spring Harbor Symposium Quantitative Biology* 28 (1963): 44. 18.3: From D. J. Burks and P. J. Stambrook, *Journal of Cell Biology* 77 (1978): 766, fig 6. Reproduced with permission of the Rockefeller University Press. Photos provided by P. J. Stambrook. 18.16: Ed Reschke. 18.17, links: J. F. Gennaro/Photo Researchers, Inc. 18.17, rechts: CNRI/SPL/Photo Researchers, Inc. 18.20: Jeremy Pickett-Heaps, University of Melbourne. **Kapitel 19:** 19.15: Ross B. Inman, University of Wisconsin, Madison. 20A-1: Ralph L. Brinster, School of Veterinary Medicine, University of Pennsylvania. **Kapitel 21:** 21.1: James A. Lake.

Grafiken **Abb.** 2.6, 2.8, 2.12, 2.23, 6.2, 6.3, 6.4, 6.6, 6.11, 6.14, 6.15, 7.4, 7.5, 7.10, 9.10, 11.4, 11.8, 12.8, 13.1, 13.11, 14.3, 15.1, 15.19, 18.1, 18.7, 18.18, 19.15, 19.16, 19.20, 20.1, 20.8, 20.12, 20.15, 22.10, 22.17, 22.18: L. J. Kleinsmith and V. M. Kish, Principles of Cell and Molecular Biology, 2d ed. (New York, NY: HarperCollins, 1995). Reprinted by permission of Pearson Education, Inc. **Abb. 2.5:** Illustration, Irving Geis. Image from Irving Geis Collection, Howard Hughes Medical Institute. Rights owned by HHMI. Not to be reproduced without permission. Used by permission of Sandy Geis. **Abb. 5.6:** From N. A. Campbell and J. B. Reece, *Biology*, 6th ed., Fig. 6-15, p. 99. Copyright © 2002. Reprinted by permission of Pearson Education, Inc. **Abb. 7.8a, b:** Adapted from Protein Data Bank accession 2F1C. Original reference: Subbarao, G. V. and van den Berg, B. (2006). Crystal structure of the monomeric porin OmpG. *J. Mol. Biol.* 360: 750–759 (from Fig. 1, p. 752). **Abb. 7.8c:** Adapted from Protein Data Bank accession 3D9S. Original reference: Horsefield et al. (2008). High-resolution x-ray structure of human aquaporin 5. *Proc. Natl. Acad. Sci. USA* 105: 13327–13332. **Abb. 12.2:** From N. A. Campbell, J. B. Reece, and L. G. Mitchell, *Biology*, 5th ed., p. 995. Copyright © 1999. Reprinted by permission of Pearson Education, Inc. **Abb. 12.5:** Adapted from F. Bezanilla, "RNA Editing of a Human Potassium Channel Modifies Its Inactivation," *Nature Structural & Molecular Biology* 11 (2004): 915–916, Fig. 1. **Abb. 12.8b:** Reprinted from *Neuron* (May 2001), 30 (2), Mary E.T. Boyle et al., "Contactin Orchestrates Assembly of the Septate-like Junctions at the Paranode in Myelinated Peripheral Nerve," pp. 385–397, Fig. 6, Copyright 2001, with permission from Elsevier. **Abb. 12.14a:** Reprinted from *Current Opinion in Neurobiology*, 10 (3), C. C. Garner et al., "Molecular Determinants of Presynaptic Active Zones," pp. 321–27, Fig. 1, Copyright 2000, with permission from Elsevier. **Abb. 12.14b:** Adapted by permission from Macmillan Publishers Ltd: From Mark L. Harlow et al., "The Architecture of Active Zone Material at the Frog's Neuromuscularjunction," *Nature* 409: 479–84. Copyright 2001. **Abb. 15.2a:** Adapted by permission from Macmillan Publishers Ltd: *Nature Reviews Neuroscience*. From N. Hirokawa and R. Takemura, "Molecular Motors and Mechanisms of Directional Transport in Neurons," (March 2005), 6: 201–214, Fig. 1. Copyright © 2005. **Abb. 15.2b:** From *Molecular Cell Biology*, 3rd ed. by H. Lodish, A. Berk, S. L. Zipursky, P. Matsudaira, D. Baltimore, and J. Darnell, Fig. 23–11. © 1995 by W. H. Freeman and Company. Used with permission. **Abb. 15.4:** Source: Corthesy-Theulaz et al., "Cytoplasm Dynein Participates in the Centrosomal Localization of the Golgi Complex," *Journal of Cell Biology* (September 1992), 118 (6): 1333–45. **Abb. 15.16:** *Cell Movements* by Dennis Bray, p. 166. Copyright 1992 by Taylor & Francis Group LLCBooks. Reproduced with permission of Taylor & Francis Group LLC-Books via Copyright Clearance Center. **Abb. 16.2:** Reprinted from *Trends in Cell Biology*, vol. 9, no. 12, R. O. Hynes, "Cell Adhesion: Old and New Questions," pp. M33–M37, Copyright 1999, with permission from Elsevier. **Abb. 16.7:** From N. A. Campbell, J. B. Reece, and L. G. Mitchell, *Biology*, 5th ed., Fig. 36.3. Copyright © 1999. Reprinted by permission of Pearson Education, Inc.

Stichwortverzeichnis

Symbole

A

B

C

D

E

F

H

K

L

M

N

O

P

Q

R

S

T

U

V

W